Eberhard Ehlers
Chemie II – Kurzlehrbuch

Eberhard Ehlers

Chemie II

Kurzlehrbuch
Organische Chemie für Pharmazeuten

Eberhard Ehlers, Hofheim/Taunus

9., überarbeitete und erweiterte Auflage
mit 95 Abbildungen und 97 Tabellen

Deutscher
Apotheker Verlag

Anschrift des Autors
Prof. Dr. Eberhard Ehlers
Lorsbacher Str. 54B
65719 Hofheim/Taunus

Zuschriften an
lektorat@dav-medien.de

Bibliografische Information der Deutschen Nationalbibliothek
Die Deutsche Nationalbibliothek verzeichnet diese Publikation in der Deutschen Nationalbibliografie; detaillierte bibliografische Daten sind im Internet unter https://portal.dnb.de abrufbar.

9., überarbeitete und erweiterte Auflage 2018
ISBN 978-3-7692-6224-7 (Print)
ISBN 978-3-7692-7041-9 (E-Book, PDF)

Birkenwaldstr. 44, 70191 Stuttgart
www.deutscher-apotheker-verlag.de
Printed in Germany

Satz: primustype R. Hurler GmbH, Notzingen
Druck und Bindung: Kösel, Krugzell
Umschlaggestaltung: deblik, Berlin

Vorwort

Die novellierte Approbationsordnung (AAppO) vom 14. Dezember 2000 verlangt im 1. Abschnitt der Pharmazeutischen Prüfung Kenntnisse über „Allgemeine, anorganische und organische Chemie", wobei die pharmazeutische Relevanz des betreffenden Teilgebietes ein wichtiger Bestandteil der Prüfungsanforderungen ist (Anlage 13 AAppO).

Die beiden Themen der allgemeinen und anorganischen Chemie sind Gegenstand des Bandes Chemie I. Die Themenbereiche der organischen Chemie sind Gegenstand des vorliegenden Bandes Chemie II, der demzufolge mit Kapitel 3 beginnt. Die Gliederung der Chemie II erfolgt in Anlehnung an den aktuellen Gegenstandskatalog des Instituts für medizinische und pharmazeutische Prüfungsfragen (IMPP).

Der Text der neuen Auflage der Chemie II wurde komplett überarbeitet, gestrafft und den Themenschwerpunkten der aktuellen Multiple-Choice-Prüfungen angepasst. Ein neues Kapitel über photochemische Reaktionen wurde hinzugefügt. Der Säure-Base-Theorie in der organischen Chemie ist wiederum ein eigenständiges Kapitel gewidmet.

Wichtige Abschnitte des Textes – in Form grau unterlegter Textstellen – dienen dazu, wichtige Themenschwerpunkte des umfangreichen Lernstoffes komprimiert und gezielt wiederholen zu können. Querverweise auf „Chemie II-Prüfungsfragen" mit den originalen MC-Fragen bis zum Frühjahr 2013 – kenntlich gemacht durch Angabe der Fragennummer – sollen dazu dienen, rasch zu erkennen, in welcher Art und Weise einzelne Prüfungsinhalte abgefragt werden.

Mein Dank gilt Kolleginnen und Kollegen, aber auch vielen Studierenden der Pharmazie für ihre wertvollen Anregungen und Hinweise zur Überarbeitung des Textes. Besonders danken möchte ich dem Lektorat des Deutschen Apotheker Verlages für die vertrauensvolle Zusammenarbeit und tatkräftige Unterstützung. Das Lektorat hat entscheidend dazu beigetragen, dass die aktuelle Auflage der Chemie II den Prüfungskandidaten frühzeitig zur Verfügung steht.

Ich hoffe, dass die neue Auflage der Chemie II den Studierenden der Pharmazie bei ihren Prüfungsvorbereitungen wieder wertvolle Dienste leisten kann. Ich wünsche allen hierzu viel Erfolg.

Hofheim, im Herbst 2017 Eberhard Ehlers

Inhaltsverzeichnis

ANHANG

3 Organische Chemie

3.1 Chemische Bindung

(siehe auch Ehlers, **Chemie I**, ▸Kap. 1.4)

3.1.1 Orbitale, deren Hybridisierung und Überlappung

3.1.1.1 Atomorbitale

Als Folge der *Heisenbergschen Unschärferelation* lassen sich Ort und Impuls eines Elektrons *nicht gleichzeitig exakt* ermitteln. Man ist lediglich in der Lage, einen räumlichen Bereich in der Umgebung des Atomkerns anzugeben, in dem sich ein Elektron mit einer gewissen Wahrscheinlichkeit aufhält.

Die räumliche Wahrscheinlichkeitsverteilung des Elektrons kann quasi als eine über das Atom verteilte negative *„Ladungswolke"* angesehen werden, wobei die Wolke an den Stellen größter Aufenthaltswahrscheinlichkeit ihre größte Dichte besitzt.

Die *mathematische Darstellung* dieser *„Aufenthaltswahrscheinlichkeit"* hat die gleiche Form wie die einer Welle. Deshalb kann eine Wellenbewegung als Modell benutzt werden, um Elektronendichteverteilungen in einem Atom zu veranschaulichen.

Grundlage dieses *wellenmechanischen Atommodells,* d. h. der Beschreibung der Elektronenbewegung als Welle, ist die *Schrödinger-Gleichung.* Mit ihr werden die **Wellenfunktionen** ψ für Elektronen berechnet.

Zu jeder Wellenfunktion gehört ein Energiebetrag und eine Aussage über den *Aufenthaltsbereich* (Ladungsdichteverteilung) des betreffenden Elektrons im Raum um den Atomkern.

Wellenfunktionen, die Lösungen der Schrödinger-Gleichung sind, heißen **Eigenfunktionen** oder **Atomorbitale** (AO). Ein Atomorbital entspricht einem *stationären Zustand* im Bohrschen Atommodell.

Die Wellenfunktion Ψ selbst besitzt keine anschauliche Bedeutung, jedoch ist das Betragsquadrat $|\Psi|^2$ ein Maß für die Wahrscheinlichkeit *(Aufenthaltswahrscheinlichkeitsdichte)*, das Elektron in einem bestimmten Raumabschnitt um den Atomkern vorzufinden.

Eine anschauliche Vorstellung von Atomorbitalen vermittelt folgendes Gedankenexperiment: Wäre man in der Lage, den momentanen Aufenthaltsort eines Elektrons über einen längeren Zeitraum zu beobachten – dies ist aufgrund der Heisenbergschen Unschärferelation grundsätzlich nicht möglich – und könnte man dies graphisch festhalten, so würde sich für jedes Atomorbital eine negative *„Ladungswolke" (Elektro-*

Abb. 3.1 Atomorbitale der L-Schale
(+ und − sind arithmetische Zeichen, die mit der Wellenfunktion zusammenhängen; sie stellen keine elektrischen Ladungen dar)

nendichteverteilung) ergeben, wie sie zum Beispiel in Abb. 3.1 für die Elektronen der L-Schale (Hauptquantenzahl n=2) schematisch dargestellt sind.

Solche Ladungswolken besitzen nach außen hin keine scharfen Grenzen. Man kann jedoch eine Fläche konstanter Aufenthaltswahrscheinlichkeit, die sog. *Bindungssphäre,* einzeichnen, innerhalb derer das Elektron z. B. mit 90–99%iger Wahrscheinlichkeit anzutreffen ist. Meistens verzichtet man auf eine räumliche Darstellung der Orbitale und zeichnet nur wie in Abb. 3.1 die Bindungssphäre im Schnitt.

Wellenfunktionen Ψ, die Lösungen der Schrödinger-Gleichung sind, heißen Orbitale, wobei die Größe Ψ^2 proportional zur Ladungsdichte des Elektrons ist. Stark vereinfacht kann ein Atomorbital als „Aufenthaltsraum für Elektronen" aufgefasst und durch Konturen festgelegt werden, innerhalb derer das Elektron eine endliche Aufenthaltswahrscheinlichkeit besitzt. Man sagt, ein Elektron besetzt ein Orbital, und meint damit, dass es durch eine Wellenfunktion beschrieben werden kann. Ein Orbital ist durch die Quantenzahlen n, l und m charakterisiert und kann maximal zwei Elektronen aufnehmen, sofern sie antiparallelen Spin haben. Zu jedem Orbital gehört ein definierter Energiezustand.

Ein **s-Orbital** besitzt eine sphärische, kugelsymmetrische Ladungsdichteverteilung; **p-Orbitale** sind hantelförmige Gebilde, deren beide Hälften durch eine *Knotenfläche* voneinander getrennt sind, wie dies Abb. 3.2 veranschaulicht. Die Wahrscheinlichkeit ein Elektron innerhalb dieser Knotenfläche anzutreffen ist gleich Null. Das positive und negative Zeichen bzw. die unterschiedliche Schattierung der beiden Orbitallappen soll die entgegengesetzten Phasen der Wellenfunktion symbolisieren. Die arithmetischen Zeichen bestimmen, wie sich zwei oder mehr Wellenfunktionen miteinander kombinieren lassen und wie sie bei der Bindungsbildung miteinander in Wechselwirkung treten.

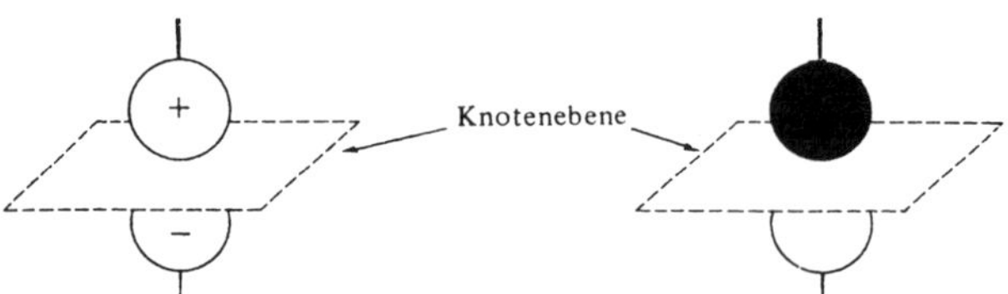

Abb. 3.2 Schematische Darstellung eines p-Orbitals

Für jede Hauptquantenzahl existiert nur *ein* s-Orbital. Demgegenüber gibt es – beginnend mit n = 2 – für jede Hauptquantenzahl jeweils *drei* p-Orbitale, die längs den Achsen eines rechtwinkligen Koordinatensystems orientiert sind und deshalb als **p_x-, p_y-** bzw. **p_z-Orbital** bezeichnet werden.

Bei den Elementen höherer Perioden wie z. B. Phosphor oder Schwefel können auch **d-Orbitale** an den Bindungen beteiligt sein (bzgl. der *Bindungsverhältnisse des Schwefels* siehe ▸Kap. 3.11.1.2).

3.1.1.2 Molekülorbitale

In einem Molekül werden die einzelnen Atome durch **Kovalenzbindungen** (*Atombindungen*) zusammengehalten, wobei ein *Elektronenpaar*, das zwei Atomen *gemeinsam* angehört, eine *kovalente Einfachbindung* zwischen diesen Atomen herbeiführt. Zwei oder drei gemeinsam genutzte Elektronenpaare ergeben *Doppel-* bzw. *Dreifachbindungen.*

Molekülstrukturen werden dabei als **Valenzstrichformeln** (*Lewis-Formeln*) gezeichnet, wobei jeder *Bindungsstrich* zwischen zwei Atomen ein gemeinsames Elektronenpaar symbolisiert. Auch freie Elektronenpaare an einem Atom werden in den Lewis-Formeln durch einen Strich kenntlich gemacht [vgl. **MC-Frage Nr. 22**].

Nach dem Konzept der Behandlung von **Atomorbitalen (AO)** als Wellenfunktionen kommt eine solche *Kovalenzbindung* nun dadurch zustande, dass sich zwei AO zu einem **Molekülorbital (MO)** durchdringen. Es entsteht durch *Überlappung* zweier einfach besetzter AO eine neue „Elektronenwolke", die beide Atomkerne umhüllt und die das bindende Elektronenpaar enthält. ○Abb. 3.3 zeigt diesen Vorgang für die Bildung des Wasserstoffmoleküls (H_2) aus zwei isolierten Wasserstoffatomen.

Die aus der Orbitalüberlappung resultierende Bindung ist umso stärker, je weitgehender sich die beiden AO durchdringen und je stärker das bindende Elektronenpaar auf den Raum zwischen beiden Kernen konzentriert ist (siehe auch ▸Kap. 3.1.1.4).

Für Molekülorbitale gelten die gleichen Gesetzmäßigkeiten (Pauli-Prinzip, Hundsche Regel) wie für Atomorbitale. Auch ein Molekülorbital kann nur mit maximal zwei Elektronen besetzt werden, sofern diese beiden Elektronen antiparallelen Spin besitzen.

Nach einer Modellvorstellung lassen sich Molekülorbitale näherungsweise durch *lineare Kombination* (Addition oder Subtraktion) atomarer Ein-Elektronen-AO konstruieren **(LCAO-Näherung)**.

Die lineare Kombination zweier AO mit gleichem Vorzeichen *(Addition der Eigenfunktionen)* liefert ein MO mit einer erhöhten Elektronendichte zwischen den Atomrümpfen. Ein solches MO wird aufgrund seiner höheren Stabilität (geringeren Energie)

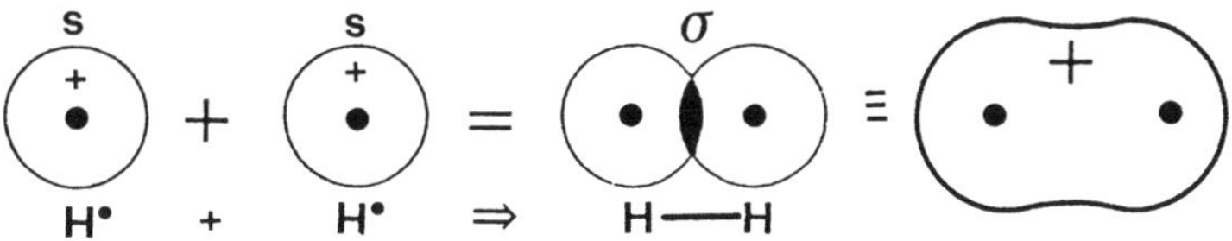

○ Abb. 3.3 Bildung des Wasserstoffmoleküls durch Überlappung der 1s-Orbitale zweier Wasserstoffatome

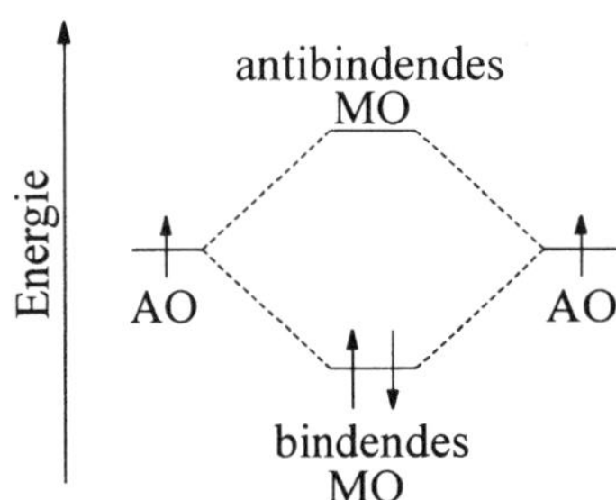

o Abb. 3.4 Bildung von Molekülorbitalen durch lineare Kombination zweier Atomorbitale (die Pfeile symbolisieren Elektronen)

als **bindendes Molekülorbital** bezeichnet. Wie oAbb. 3.4 zeigt, sind Elektronen in einem bindenden MO energieärmer als Elektronen in den AO, aus denen sie durch additive Wechselwirkung entstanden sind.

Treten zwei AO mit entgegengesetztem Vorzeichen miteinander in Wechselwirkung *(Subtraktion der Eigenfunktionen)*, so resultiert daraus ein MO mit einer Knotenfläche zwischen beiden Kernen. Das MO besitzt eine geringere Elektronendichte im Bereich zwischen den Atomrümpfen und wird **antibindendes Molekülorbital** genannt. Elektronen in antibindenden MO sind energiereicher als Elektronen in AO, aus denen sie durch subtraktive Kombination entstanden sind. Die Besetzung eines antibindenden MO mit Elektronen schwächt die Bindung zwischen den betreffenden Atomen. Antibindende Orbitale werden häufig mit einem Stern * gekennzeichnet.

Aufgrund der *Regel der Orbitalerhaltung* resultiert aus der linearen Kombination von Atomorbitalen stets die gleiche Anzahl von Molekülorbitalen. Mit anderen Worten, bei der Überlagerung von Atomorbitalen bleibt die Gesamtzahl der Orbitale unverändert.

Während die *kugelsymmetrischen s-Orbitale* kovalente Bindungen durch Orbitalüberlappung nach allen Richtungen hin erlauben, ist dies bei den *rotationssymmetrischen p-Orbitalen* nicht mehr der Fall. Solche axialsymmetrischen Orbitale überlappen sich am stärksten, wenn sie entlang der Kern-Kern-Bindungsachse miteinander in Wechselwirkung treten, wie dies schematisch in oAbb. 3.5 für die Überlappung eines s- mit einem p-Orbital dargestellt ist.

Eine Kovalenzbildung kann als eine lineare Kombination von AO zu MO betrachtet werden. Aus n Atomorbitalen werden n Molekülorbitale gebildet (Regel der Orbitalerhaltung), wobei die Hälfte (n/2) der MO bindend und die andere Hälfte antibindend wirkt.

Ein bindendes MO entsteht durch additive (verstärkende) Überlagerung zweier AO (AO mit gleichen Vorzeichen), während aus der subtraktiven (schwächenden) Überlagerung zweier AO (AO mit ungleichen Vorzeichen) ein antibindendes MO resultiert.

Die bindende Kombination entspricht einer Energieabnahme (größere Stabilität), die antibindende einer Energiezunahme (geringere Stabilität).

Die Energiedifferenz zwischen bindendem und antibindendem MO hängt vom Überlappungsgrad der Orbitale ab. Ein geringes Durchdringen beider AO führt zu zwei MO, die sich kaum in ihrer Energie unterscheiden. Aus einem hohen Überlappungsgrad resultiert ein großer Energieunterschied zwischen bindendem und antibindendem MO.

3.1.1.3 Hybridisierung (Hybridorbitale des Kohlenstoffs)

Kohlenstoff besitzt die Elektronenkonfiguration $1s^2 2s^2 2p_x 2p_y$, enthält also im Grundzustand zwei einfach besetzte 2p-AO.

o Abb. 3.5 Überlappung eines s-Orbitals mit einem p_x-Orbital

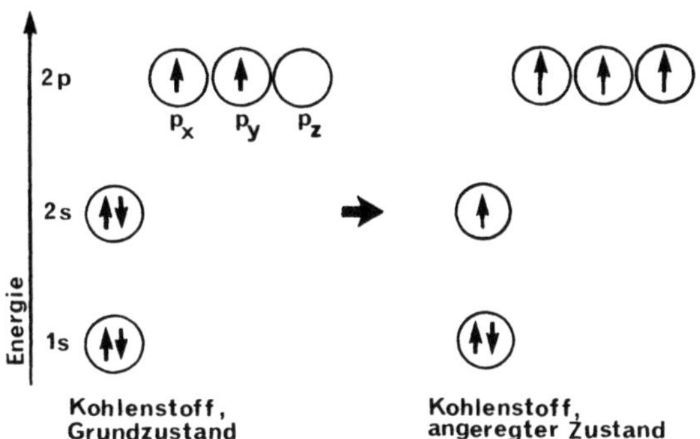

o Abb. 3.6 Orbitalbesetzung des Kohlenstoffs im Grundzustand und im angeregten Zustand (Valenzzustand) (jeder Kreis symbolisiert ein Orbital, jeder Pfeil symbolisiert ein Elektron)

Daraus wäre abzuleiten, dass Kohlenstoff nur zweibindig auftreten kann und Verbindungen vom Typ CR_2 bildet. Die beobachtete Vierbindigkeit des Kohlenstoffs würde sich erst mit der Annahme erklären lassen, dass eines der beiden 2s-Elektronen in das energetisch höher liegende leere $2p_z$-Orbital überwechselt. In diesem *„angeregten Zustand"* mit der Elektronenkonfiguration $1s^2 2s 2p_x 2p_y 2p_z$ vermag ein C-Atom nun vier unpaarige Elektronen für die Ausbildung von kovalenten Bindungen zur Verfügung zu stellen.

Ein solch hypothetischer Valenzzustand, wie er schematisch in o Abb. 3.6 dargestellt ist, kann aber die tatsächlichen Bindungsverhältnisse des Kohlenstoffs nicht befriedigend erklären, denn danach müsste man zum Beispiel für das **Methanmolekül** (CH_4) zwei unterschiedliche Typen von C-H-Bindungen erwarten: Eine kürzere C-H-Bindung, die aus der Überlappung des C-2s-Orbitals mit dem 1s-Orbital des Wasserstoffatoms resultiert, sowie drei längere Bindungen, die durch Kombination von H-1s-AO mit den drei 2p-Orbitalen des Kohlenstoffs gebildet werden. Die drei letztgenannten Bindungen wären gleichwertig und senkrecht zueinander angeordnet, während die vierte Bindung eine beliebige Richtung zu den drei übrigen einnehmen kann.

Demgegenüber zeigen physikalische Messungen, dass die vier Kovalenzbindungen des CH_4-Moleküls absolut gleichwertig, gleich lang und nach den Ecken eines *Tetraeders* gerichtet sind.

• sp^3-Hybridisierung

Dieser Widerspruch kann mit der Annahme von *„Hybridbindungen"* überwunden werden. Das Konzept der räumlichen Neuordnung von AO besagt, dass durch die

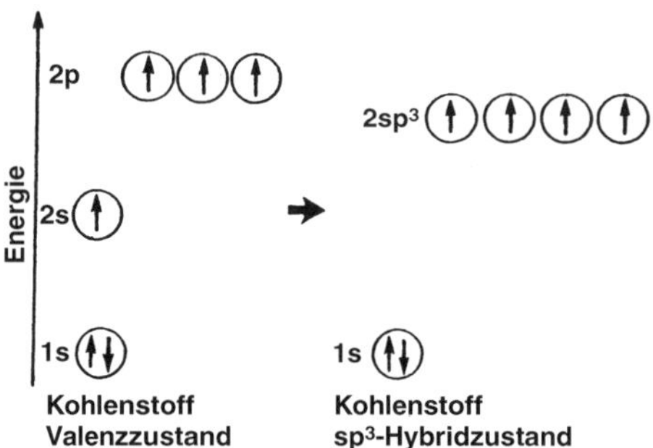

o Abb. 3.7 Orbitalbesetzung des Kohlenstoffs im Valenzzustand und im sp^3-Hybridzustand

Hybridisierung eines s-Orbitals und dreier p-Orbitale *vier* äquivalente **sp^3-Hybridorbitale** entstehen, die auf die Ecken eines Tetraeders gerichtet sind und einen *Winkel von* **109,47°** einschließen (o Abb. 3.7). [Es muss ausdrücklich betont werden, dass der in den folgenden Abbildungen symbolisierte Vorgang der Hybridisierung ein mathematisches, für Berechnungen entwickeltes Modell ist und keinerlei physikalische Realität besitzt. Die Hybridisierung ist lediglich ein Hilfsmittel zur Beschreibung der Elektronenstruktur eines Moleküls.]

o Abb. 3.8 zeigt nochmals in stark vereinfachter Form die Bildung von vier äquivalenten, tetraedrisch gerichteten sp^3-Hybridorbitalen aus den entsprechenden s- und p-Orbitalen.

Die lineare Kombination von vier sp^3-Hybrid-AO mit je einem 1s-Orbital eines H-Atoms zu vier C_{sp^3}-H_s-MO führt nun zu einer viel besseren Beschreibung der realen Bindungsverhältnisse im **Methan**.

Allerdings ist anzumerken, dass es *energetische Gründe* sind, und nicht die für ein isoliertes Atom postulierte Ladungsdichteverteilung, die eine bestimmte **Struktur** ergeben. Beispielsweise führt die tetraedrische Anordnung der vier H-Atome um das C-Atom beim **Methan** zur energieärmsten Struktur, weil durch die tetraedrische Anordnung der H-Atome die abstoßenden Wechselwirkungen zwischen den bindenden Elektronenpaaren am geringsten sind. o Abb. 3.9 zeigt einige graphische Darstellungsmöglichkeiten (Tetraeder-, Kugel-Stab-, Kalottenmodell) der Raumstruktur des Methanmoleküls. Im Kugel-Stab-Modell sind die Atome durch Kugeln und die Bin-

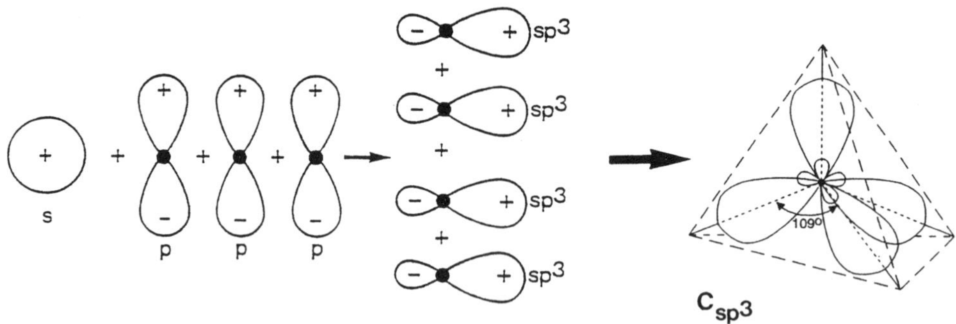

o Abb. 3.8 Bildung tetraedrisch gerichteter sp^3-Hybrid-AO

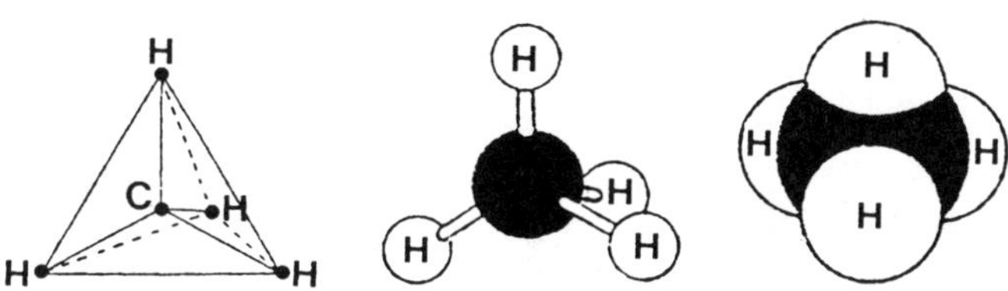

o **Abb. 3.9 Raummodelle des Methans**

dungen durch Stäbe gekennzeichnet. Das Kalottenmodell bringt anschaulich das Prinzip der Orbitaldurchdringung bei der Bindungsbildung zum Ausdruck.

• sp^2- und sp-Hybridisierung

An der Hybridisierung atomarer Wellenfunktion müssen aber nicht alle Orbitale der Valenzschale beteiligt sein.

Zum Beispiel ergibt, wie in oAbb. 3.10 gezeigt, die lineare Kombination eines s-Orbitals mit zwei p-Orbitalen *drei trigonal* gerichtete **sp^2-Hybrid-AO**, die miteinander einen Winkel von **120°** bilden. Darüber hinaus besitzt das C-Atom im sp^2-Hybridzustand noch ein einfach besetztes 2p-Orbital.

Die lineare Kombination eines s-Orbitals mit einem p-Orbital führt zu *zwei digonalen*, in entgegengesetzte Richtung weisende **sp-Hybrid-AO** (Winkel **180°**). Wie oAbb. 3.11 illustriert, besitzt ein C-Atom im sp-Hybridzustand zusätzlich noch zwei einfach besetzte und senkrecht zueinander angeordnete 2p-Orbitale.

Hybridisierung ist ein mathematisches Verfahren, bei dem atomare Wellenfunktionen so miteinander kombiniert werden, dass ein neuer Satz von gleichwertigen Orbitalen entsteht. Kovalente Bindungen, die unter Beteiligung von Hybridorbitalen bzw. von p-Orbitalen zustandekommen, sind gerichtet. Einzig bei den kugelsymmetrischen s-Orbitalen ist die Richtung, in der sie Bindungen bilden, unbestimmt.

sp^3-Hybridatomorbitale – tetraedrische Raumstruktur – Bindungswinkel 109,47°
sp^2-Hybridatomorbitale – trigonal-planare Raumstruktur – Bindungswinkel 120°
sp-Hybridatomorbitale – lineare Raumstruktur – Bindungswinkel 180°

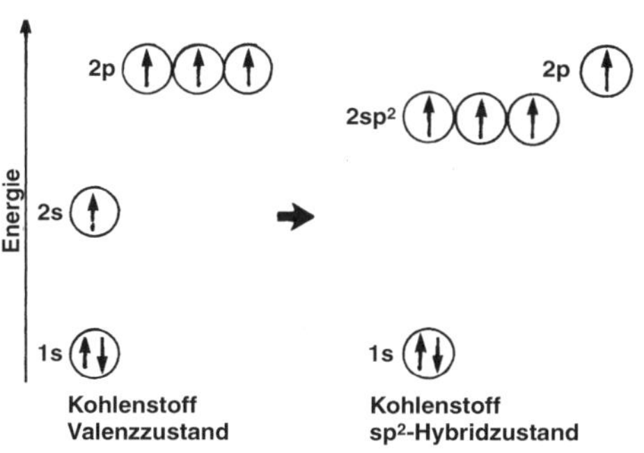

o **Abb. 3.10 Orbitalbesetzung des Kohlenstoffs im Valenzzustand und im sp^2-Hybridzustand**

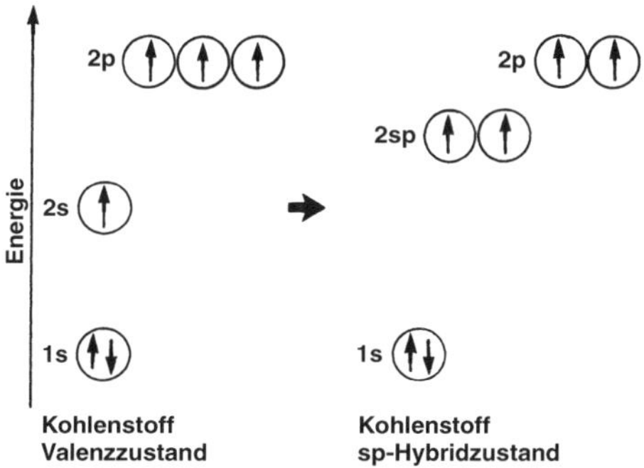

o **Abb. 3.11 Orbitalbesetzung des Kohlenstoffs im Valenzzustand und im sp-Hybridzustand**

Organische Chemie

- **s- und p-Charakter von Bindungen**

Den aus s- und p-AO gebildeten Hybridorbitalen kann man einen gewissen Anteil an s- und p-Charakter zuschreiben:

Hybrid-AO	sp^3	sp^2	sp
s-Anteil	25 %	33 1/3 %	50 %
p-Anteil	75 %	66 2/3 %	50 %

Elektronen in s-Orbitalen befinden sich relativ nahe am Kern. Sie haben eine niedrigere Energie als Elektronen in p-Orbitalen. Daher werden sich in Hybrid-AO die Elektronen dann bevorzugt in der Nähe des Atomkerns aufhalten und stärker angezogen werden, je höher der s-Anteil des betreffenden Hybridorbitals ist.

Demzufolge nimmt die *Elektronegativität hybridisierter C-Atome* in der Reihenfolge **$sp^3 < sp^2 < sp$** zu. Darüber hinaus sind kovalente Bindungen mit zunehmendem s-Charakter der an der Bindung beteiligten Orbitale kürzer und stärker [vgl. **MC-Fragen Nr. 9, 10, 14**].

3.1.1.4 Bindungsstärke und Überlappungsfähigkeit

Die Stärke einer Bindung hängt vom Typ der an ihrer Bildung beteiligten AO bzw. Hybrid-AO ab. Je größer die Ausdehnung eines Orbitals entlang der Bindungsachse ist, umso wirksamer kann es mit dem Orbital eines Bindungspartners überlappen. Aufgrund von Berechnungen kann man die *Überlappungsfähigkeit von Orbitalen* in einer Reihe ordnen, wobei, wie ∘ Abb. 3.12 dokumentiert, die Überlappungsfähigkeit des 2s-Orbitals willkürlich gleich 1 gesetzt wurde.

Aus den in ∘ Abb. 3.12 aufgelisteten Werten geht hervor, dass die Überlappungsfähigkeit in der Reihe

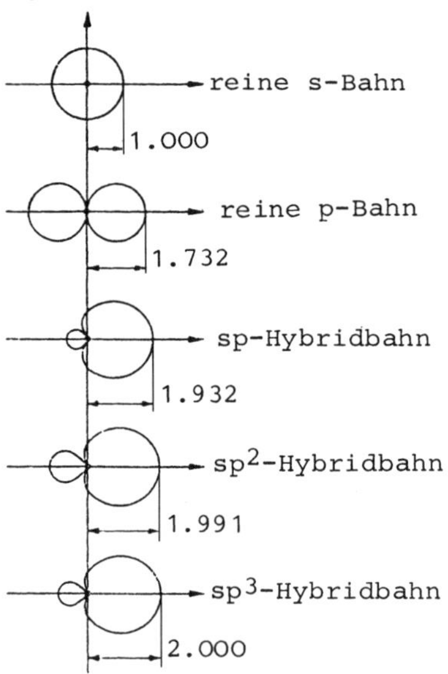

∘ **Abb. 3.12 Räumliche Ausdehnung der s-, p- und Hybrid-AO des Kohlenstoffs**

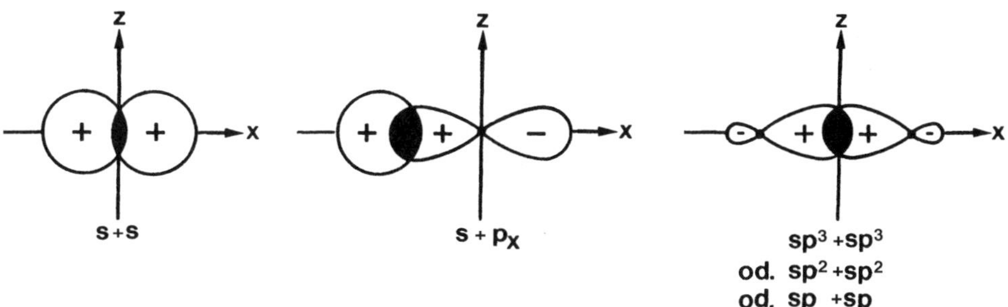

o Abb. 3.13 Zustandekommen von σ-Bindungen durch Orbitalüberlappung

s-Orbital < p-Orbital < Hybrid-AO

zunimmt und somit Bindungen, an denen sich Hybridorbitale beteiligen, stärker sind als solche, die durch Überlappung reiner s- und p-Orbitale entstehen.

3.1.1.5 σ-Bindungen und π-Bindungen

Bei einer Kovalenzbindung durchdringen sich die AO der bindenden Partner unter Bildung von MO, wobei jedes MO maximal zwei Elektronen mit entgegengesetztem Spin aufnehmen kann.

In den o Abb. 3.13 und o Abb. 3.14 sind einige mögliche lineare Kombinationen von Atomorbitalen und Hybrid-AO zu Molekülorbitalen schematisch dargestellt.

Die linearen Kombinationen von zwei s-Orbitalen, einem s- und einem p-Orbital oder von zwei sp^3-Hybrid-AO sind *rotationssymmetrisch* bezüglich der Kern-Kern-Bindungsachse und werden **σ-Molekülorbitale (σ-MO) [σ-Bindungen]** genannt. Auch die Überlappung zweier sp^2- oder zweier sp-Hybrid-AO sowie die Durchdringung von sp^3- mit sp^2-, mit sp- und von sp^2- mit sp-Hybridatomorbitalen führen zu einer σ-Bindung [vgl. **MC-Frage Nr. 18**].

Aus je zwei p_y- oder zwei p_z-Orbitalen gebildete MO besitzen eine *Knotenfläche* und es existieren zwei Bindungsbereiche ober- und unterhalb dieser Knotenfläche. Man nennt solche MO **π-Molekülorbitale (π-MO) [π-Bindungen]** [vgl. **MC-Frage Nr. 18**].

In der 2. Periode werden sie durch p-Orbitale **[p_π-p_π-Bindungen]** vermittelt. „Doppelbindungen" von Atomen der Elemente der 3. Periode resultieren aus der Überla-

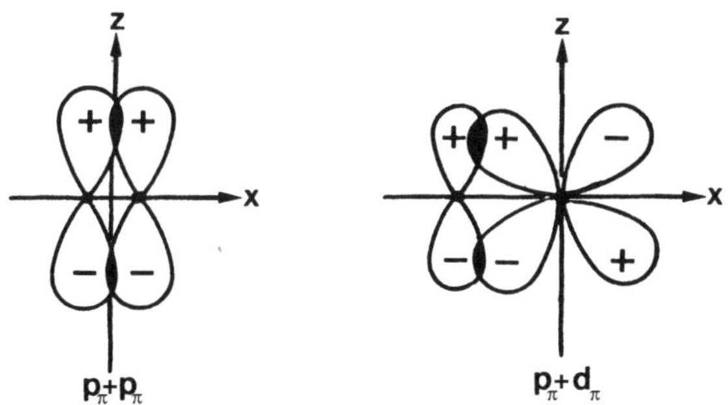

o Abb. 3.14 Zustandekommen von π-Bindungen durch Orbitalüberlappung (Knotenfläche in der Ebene der x-Achse)

gerung von einem p- mit einem d-Orbital **[p_π-d_π-Bindungen]** oder aus der Überlappung zweier d-Atomorbitale **[d_π-d_π-Bindungen]**.

3.1.2 Einfachbindungen

Die Bindungsverhältnisse in **Alkanen** können mit der Annahme einer **sp^3-Hybridisierung** des Kohlenstoffs erklärt werden. Wie o Abb. 3.15 am Beispiel des **Ethans** [H_3C-CH_3] zeigt, überlappen jeweils drei sp^3-Hybrid-AO des Kohlenstoffs mit den 1s-Orbitalen von sechs H-Atomen unter Bildung der C-H-σ-Bindungen. Die verbleibenden zwei sp^3-Orbitale der beiden C-Atome durchdringen sich gegenseitig unter Ausbildung der C-C-σ-Bindung [vgl. **MC-Fragen Nr. 1, 8**].

In analoger Weise kann auch eine C-O- oder C-N-Einfachbindung, wie sie z. B. in **aliphatischen Aminen, Ethern** oder **Alkoholen** auftritt, durch die lineare Kombination eines C-sp^3-Hybrid-AO mit einem sp^3-AO eines N- oder O-Atoms beschrieben werden (siehe ▸Kap. 3.1.6).

Eine charakteristische Eigenschaft solcher Einfachbindungen ist die *freie Drehbarkeit* um die Kern-Kern-Bindungsachse, da sich der Überlappungsgrad und damit die Bindungsstärke nicht ändert, wenn man z. B. die beiden Molekülhälften des Ethans um die C-C-Achse gegeneinander verdreht. Molekülstrukturen, die sich nur durch Rotation um eine oder mehrere Einfachbindungen voneinander unterscheiden, werden **Konformationen** genannt. Sie werden für Alkane und Cycloalkane noch explizit in den ▸Kap. 3.3.5 und ▸Kap. 3.3.6 vorgestellt.

Theoretisch sollten – je nach der relativen Stellung der H-Atome des einen Kohlenstoffatoms zu denen des anderen – eine Vielzahl von *rotationsisomeren Formen* des Ethans möglich sein. Die völlige freie Drehbarkeit um die C-C-Achse des **Ethans** wird jedoch durch die gegenseitige Beeinflussung der Wasserstoffatome eingeschränkt und führt zu Konformationen mit unterschiedlichen Energieinhalten. Die Energie der *ekliptischen Struktur* im Ethan, in der sich, wie o Abb. 3.16 ausweist, die H-Atome genau gegenüberstehen, ist um 12,6 kJ mol^{-1} höher als die Energie der stabileren *gestaffelten Konformation,* in der die Wasserstoffatome auf Lücke angeordnet sind. Bei einer Drehung um 60° geht die gestaffelte in die ekliptische Form über. Die Energiebarriere dieser Rotation ist jedoch so gering, dass sich beide Konformationen bei Raumtemperatur rasch ineinander umwandeln können und beide Formen *nicht* als stoffliche Individuen isolierbar sind [vgl. **MC-Frage Nr. 1325**].

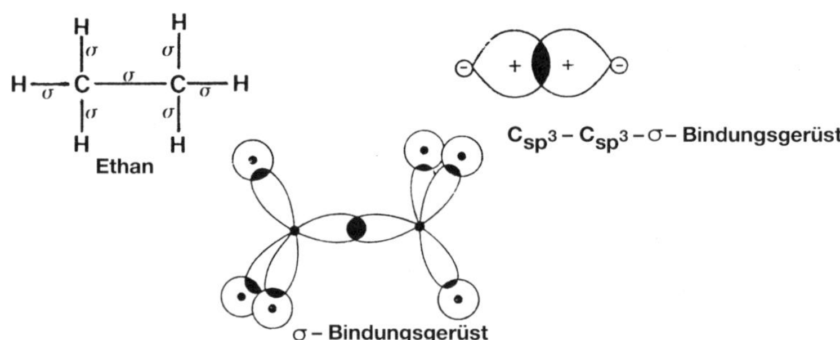

o **Abb. 3.15 Orbitalmodell des Ethanmoleküls**

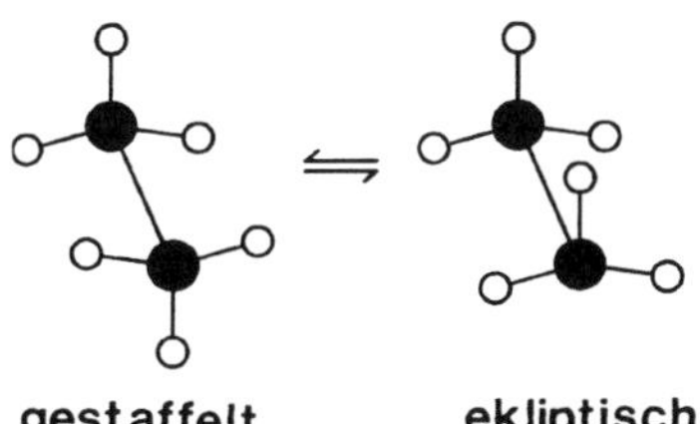

Abb. 3.16 Ausgewählte Konformationen des Ethans (• = C-Atom; o = H-Atom)

3.1.3 Doppelbindungen

3.1.3.1 Hybridorbitalmodell des Ethens

Eine C=C-Doppelbindung, wie sie im **Ethen** [$H_2C=CH_2$] oder einfachen **Alkenen** vorliegt, kann mit der Annahme einer **sp^2-Hybridisierung** der beiden C-Atome beschrieben werden. Wie Abb. 3.17 veranschaulicht, ergibt die Hybridisierung von zwei C-2p-AO (z. B. p_x und p_y) mit dem C-2s-AO drei äquivalente sp^2-Hybrid-AO, die in einer Ebene angeordnet sind und einen Winkel von 120° einschließen *(trigonale Geometrie)* [vgl. **MC-Fragen Nr. 2, 9**].

Die Überlappung zweier sp^2-Hybrid-AO führt zur **$C_{sp}{}^2$-$C_{sp}{}^2$-σ-Bindung**, während die zwei weiteren sp^2-Hybrid-AO der beiden C-Atome mit je einem 1s-AO eines H-Atoms vier **C_{sp2}-H_s-σ-Bindungen** bilden, woraus für die *geminalen* Wasserstoffatome im Ethen ein Bindungswinkel von 120° resultiert (siehe Abb. 3.18a).

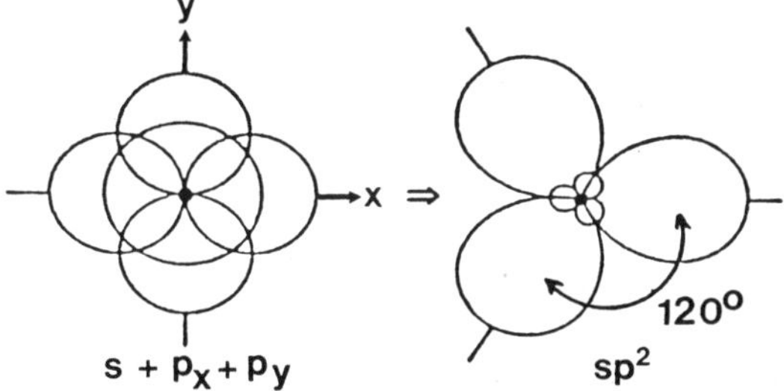

Abb. 3.17 sp^2-Hybridzustand des Kohlenstoffs (xy-Ebene)

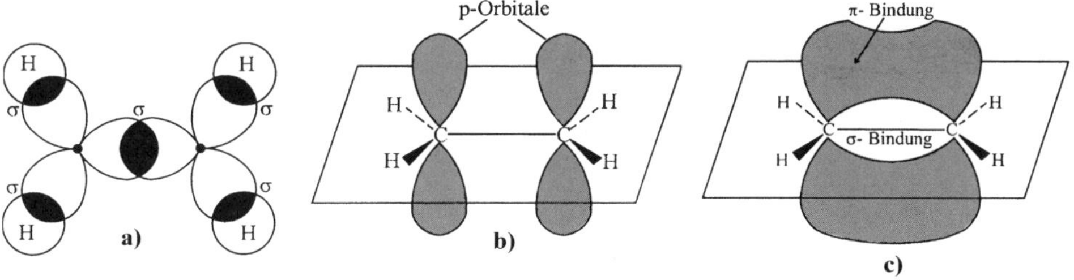

Abb. 3.18 Orbitalmodell des Ethens

a) σ -Bindungsgerüst aus sp^2-Hybrid-AO (xy-Ebene)
b) nicht-hybridisierte p-Orbitale
c) π-Bindung durch Verschmelzen der p-Orbitale

Organische Chemie

Die beiden verbleibenden p_z-Orbitale des Kohlenstoffs, die an der Hybridisierung nicht teilgenommen haben, stehen senkrecht auf der Ebene der sechs Atome und sind parallel zueinander angeordnet. Sie überlappen sich oberhalb und unterhalb der Molekülebene unter Ausbildung einer **π-Bindung** [siehe ▫Abb. 3.18b und ▫Abb. 3.18c sowie **MC-Frage Nr. 18**].

Die C=C-Doppelbindung setzt sich aus einer starken σ-Bindung und einer schwachen π-Bindung zusammen. Die Bindungsenergie der σ-Bindung im Ethen beträgt etwa 450 kJ mol^{-1}, die der π-Bindung ca. 270 kJ mol^{-1}. Die gesamte Bindungsenergie der C=C-Bindung (rund 720 kJ mol^{-1}) im Ethen ist deutlich höher als die der C-C-Bindung im Ethan (rund 368 kJ mol^{-1}). Entsprechend lässt sich die π-Bindung, z.B. in chemischen Reaktionen, leichter spalten. Dies erklärt auch den geringeren C-C-Abstand von 134 pm im Ethen verglichen mit 154 pm für Ethan.

In analoger Weise lassen sich auch die Bindungsverhältnisse des Kohlenstoffs in **Carbonylverbindungen** [$R_2C{=}O$] und deren Derivaten wie **Azomethinen** [$R_2C{=}N\text{-}R'$] oder **Oximen** [$R_2C{=}N\text{-}OH$] mit der Annahme einer sp^2-Hybridisierung des C-Atoms erklären. Die unterschiedlichen *Arten von Doppelbindungen* werden im ▸Kap. 3.1.9.1 vorgestellt.

Eine Konsequenz der *nicht* rotationssymmetrischen Elektronendichteverteilung entlang der C=C-Bindungsache in Alkenen ist die hohe Energiebarriere für Rotationen um diese Achse. Sie beträgt etwa 270 kJ mol^{-1}.

Aufgrund der *Behinderung der freien Drehbarkeit um die C=C-Doppelbindung* existieren für **Alkene** bei Raumtemperatur zwei stabile, trennbare geometrische Anordnungen des Molekülskeletts, die als *cis*- und *trans*-**Konfiguration** bezeichnet werden. ▫Abb. 3.19 zeigt die beiden *cis/trans*-Stereoisomeren von **But-2-en** [$CH_3\text{-}CH{=}CH\text{-}CH_3$] [vgl. **MC-Frage Nr. 326**].
Solche *cis/trans*-isomeren Verbindungen unterscheiden sich in ihren physikalischen und chemischen Eigenschaften. Im Allgemeinen ist das *trans*-Isomer stabiler als die *cis*-Form. Darüber hinaus nimmt die Stabilität von Alkenen mit steigendem Substitutionsgrad ($RCH{=}CH_2 < RCH{=}CHR < R_2C{=}CHR < R_2C{=}CR_2$) zu [siehe hierzu auch ▸Kap. 3.3.11 und **MC-Frage Nr. 23**].

3.1.3.2 Molekülorbital-Modell des Ethens

Auch die MO-Theorie kann zur Beschreibung von π-Elektronensystemen herangezogen werden. Die MO, in denen sich die π-Elektronen aufhalten, sind nicht auf die

▫ **Abb. 3.19** ***cis/trans*-Isomere des But-2-ens (• = C-Atom; o = H-Atom)**

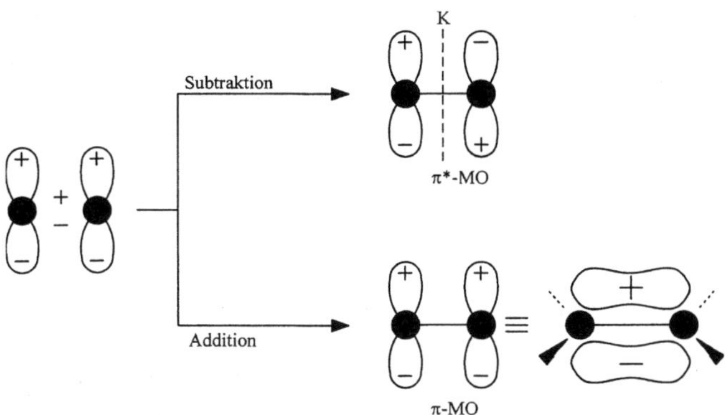

○ Abb. 3.20 MO-Modell des Ethens

Umgebung eines Atomkerns lokalisiert, sondern erstrecken sich über ein aus mehreren Atomen aufgebautes, durch σ-Bindungen zusammengehaltenes Gerüst.

Die *Addition* (symmetrische Kombination) gleichsinnig orientierter p-Orbitale ergibt das **bindende π-MO**, deren *Subtraktion* (antisymmetrische Kombination) führt zum energiereicheren, **antibindenden π^*-MO**, das eine *Knotenfläche* (K) enthält. Im Grundzustand befinden sich beide π-Elektronen der Doppelbindung im bindenden MO, das antibindende MO ist unbesetzt [siehe ○Abb. 3.20].

3.1.4 Dreifachbindungen

C≡C-Dreifachbindungen in **Alkinen** lassen sich am besten mit der Annahme einer sp-Hybridisierung der betreffenden Kohlenstoffatome beschreiben [vgl. **MC-Frage Nr. 4**].

Zum Beispiel überlappen sich im **Ethin** [H-C≡C-H] je ein sp-Hybrid-AO der beiden C-Atome zu einer **C_{sp}-C_{sp}-σ-Bindung** und die restlichen sp-Hybrid-AO bilden mit

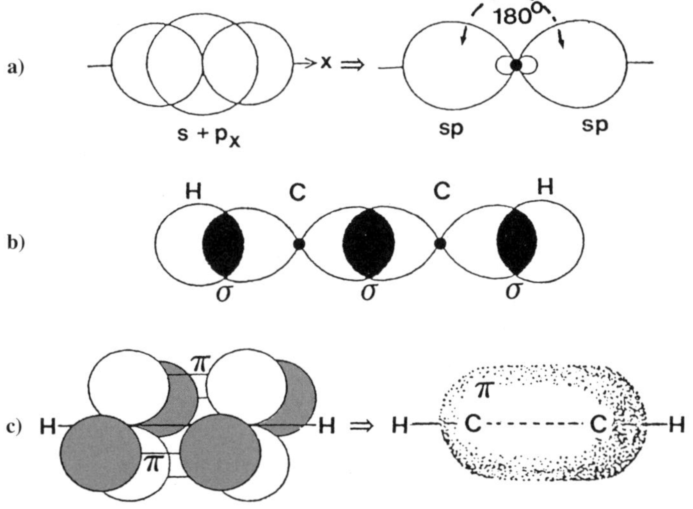

○ Abb. 3.21 Orbitalmodell des Ethins
a) Bildung digonal gerichteter sp-Hybrid-AO
b) lineares σ-Bindungsgerüst des Ethins
c) zentrosymmetrische Ladungsdichteverteilung der π-Bindungen

je einem 1s-AO des Wasserstoffs zwei **C_{sp}-H_s-σ-Bindungen**. Die an jedem C-Atom verbleibenden beiden p-Orbitale durchdringen sich paarweise in zwei senkrecht zueinander orientierten Ebenen. Auf diese Weise entstehen zwei **C-C-π-Bindungen**. Da sich die beiden π-Elektronenpaare prinzipiell nicht voneinander unterscheiden lassen, resultiert daraus eine um die C-C-Achse *zentrosymmetrische Ladungswolke*, wie dies schematisch ○Abb. 3.21c zeigt [vgl. **MC-Fragen Nr. 20, 540, 541**].

Die σ-Bindungen sind im Ethinmolekül *linear* (Bindungswinkel 180°) angeordnet, sodass geometrische Isomere *nicht* auftreten [vgl. **MC-Fragen Nr. 5, 19, 20, 25, 1763**].

Auch die Bindungsverhältnisse in **Nitrilen** [R-C≡N] können mit einer sp-Hybridisierung des C-Atoms und des N-Atoms erklärt werden (siehe auch ▸Kap. 3.1.6).

Darüber hinaus besitzt das zentrale Atom (Y) in *kumulierten Doppelbindungen* [X=**Y**=Z] sp-Hybridcharakter. Solche Bindungssysteme treten u.a. im **Kohlenstoffdioxid** [O=**C**=O], in **Allen-Derivaten** [R_2C=**C**=CR_2], in **Ketenen** [R_2C=**C**=O] oder in **Isocyanaten** [R-N=**C**=O] auf. Über das Orbitalmodell von Allen-Derivaten und dessen stereochemische Folgen informiert ▸Kap. 3.1.9.3 [vgl. **MC-Fragen Nr. 4-7, 9, 1763**].

Die C≡C-Dreifachbindung ist eine starke Bindung mit einer „zylindersymmetrischen" Elektronendichteverteilung entlang der C≡C-Bindungsachse.
Die Dreifachbindung ist aus einer starken σ-Bindung und zwei schwächeren orthogonal zueinander stehenden π-Bindungen aufgebaut. Ihre Bindungsenergie liegt bei 839 kJ mol^{-1}, der C≡C-Bindungsabstand im Ethin beträgt ca. 120 pm

3.1.5 Kohlenstoff-Wasserstoff-Bindungen

Die Bindungen zwischen Kohlenstoff und Wasserstoff werden in der Reihe **Ethan** [H_3C-CH_3], **Ethen** [H_2C=CH_2] und **Ethin** [HC≡CH] zunehmend stärker und kürzer. Ein geringerer C-C-Abstand korreliert mit einer Zunahme der jeweiligen C-H-Bindungsenergie [vgl. **MC-Fragen Nr. 14, 25**].

Über einige Eigenschaften von C-H-Bindungen in Abhängigkeit von der Hybridisierung des C-Atoms informiert ◻Tab. 3.1.

Man erkennt, dass sich mit zunehmendem s-Charakter des C-Hybrid-AO der C-H-Bindungsabstand verringert. Die C-H-Bindung im Ethin ist am stärksten und kann nur schwer *homolytisch* getrennt werden.

Demgegenüber werden die C-H-Bindungselektronen im **Ethin** vom elektronegativen, sp-hybridisierten Kohlenstoff stark angezogen. Bei dieser Substanz ist es daher am leichtesten, den Wasserstoff als Proton *heterolytisch* abzuspalten. Ethin ist eine

◻ Tab. 3.1 Eigenschaften von C-H-Bindungen

Hybridisierung des C-Atoms	Molekül	C-H-Abstand (in pm)	C-H-Bindungsenergie (in kJ mol^{-1})
sp	Ethin	106,0	506
sp^2	Ethen	108,7	444
sp^3	Ethan	109,4	431

sehr schwache C-H-Säure, die mit starken Basen Salze (**Acetylide**) bildet [siehe ▸Kap. 3.5.7.1 und **MC-Fragen Nr. 10, 14, 1649**].

$$HC{\equiv}CH + NaNH_2 \rightarrow HC{\equiv}C^-Na^+ + NH_3\uparrow$$

Die Acidität von Kohlenwasserstoffen steigt mit zunehmendem s-Anteil (steigender Elektronegativität) in der Reihe $sp^3 < sp^2 < sp$ (Ethan < Ethen < Ethin) an. In dieser Reihenfolge nehmen auch der C-H-Bindungsabstand ab und die C-H-Bindungsenergie zu.

3.1.6 Kohlenstoff-Sauerstoff-Bindungen und Kohlenstoff-Stickstoff-Bindungen

Das *Sauerstoffatom* kann für Bindungen zu anderen Atomen ebenfalls Hybridatomorbitale betätigen. In Verbindungen wie **Alkoholen** (R–O–H) oder **Ethern** (R–O–R) mit *einfach gebundenem* Sauerstoff benutzt das O-Atom vier sp^3-Hybridorbitale: Zwei zur Bildung von σ-Bindungen durch Überlappen mit je einem sp^3-Hybridorbital von zwei C-Atomen (in Ethern) bzw. mit einem C_{sp^3}-AO und einem s-Orbital eines H-Atoms (in Alkoholen). Die beiden restlichen sp^3-Hybridorbitale dienen zur Unterbringung der nichtbindenden Elektronenpaare des Sauerstoffs.

Kohlenstoff-Sauerstoff-Doppelbindungen in **Aldehyden** (R-CH=O), **Ketonen** ($R_2C=O$), **Carbonsäure-Derivaten** (R-COOH) oder **Chinonen** werden am besten mit einem sp^2-Hybrid-Modell beschrieben: Sauerstoff betätigt hierbei drei sp^2-Hybridorbitale, eines für die Bildung der C-O-σ-Bindung und die beiden anderen zur Aufnahme der freien Elektronenpaare des O-Atoms. Es verbleiben sowohl am Kohlenstoff als auch am Sauerstoff je ein nicht-hybridisiertes p-Orbital, die sich unter Bildung einer C-O-π-Bindung durchdringen können. Das Orbitalmodell einer Carbonylgruppe wie z. B. im **Formaldehyd** [$H_2C=O$] wird im ▸Kap. 3.2.15.2 vorgestellt [vgl. **MC-Frage Nr. 18**].

Auch beim *Stickstoff* kann man annehmen, dass zur Ausbildung von Bindungen mit Kohlenstoff Hybridorbitale verwendet werden. So lassen sich die Bindungsverhältnisse in **Aminen** (RNH_2, R_2NH, R_3N), **Aminoxiden** ($R_3N{\rightarrow}O$), **Hydrazin**- (R-NH-NH_2) und **Hydroxylamin-Derivaten** (R-NHOH) mit *einfach gebundenem Stickstoff* am besten mit der Annahme einer sp^3-Hybridisierung des jeweiligen N-Atoms beschreiben.

In Verbindungen wie **Pyridin**, **Pyridin-*N*-oxid**, **Azomethinen** (R-CH=N-R') oder **Oximen** ($R_2C=N$-OH), die eine *C=N-Doppelbindung* enthalten, liegen hingegen sp^2-Hybridorbitale vor [vgl. **MC-Fragen Nr. 18, 1325**].

In **Nitrilen** (R-C≡N) oder **Nitriloxiden** (R-C≡N→O) mit einer *C≡N-Dreifachbindung* betätigt der Stickstoff sp-Hybrid-AO [vgl. **MC-Fragen Nr. 4, 6**].

In all diesen Fällen dient eines der Hybridorbitale zur Aufnahme des freien Elektronenpaares am Stickstoffatom. Parallel mit der zunehmenden Elektronegativität des N-Atoms mit steigendem s-Anteil der Hybrid-AO nimmt auch die *Basizität des freien Elektronenpaars am Stickstoff* in der Reihenfolge $sp^3 > sp^2 > sp$ ab [siehe hierzu ▸Kap. 3.19.6 und **MC-Frage Nr. 10**].

Organische Chemie

Bei C-N-Mehrfachbindungen werden die π-Bindungen wiederum durch Überlappung nicht-hybridisierter p-Orbitale des Stickstoffs und des Kohlenstoffs gebildet.

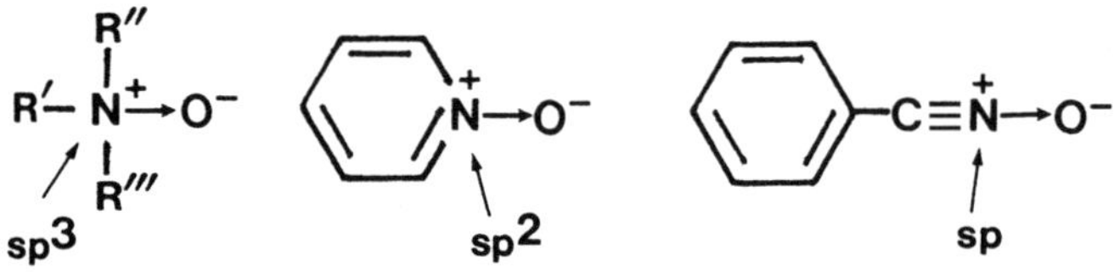

3.1.7 Bindungsparameter

3.1.7.1 Bindungslängen

Die Bindungslängen in organischen Molekülen können mithilfe der Röntgenstrukturanalyse kristalliner Feststoffe oder mit spektroskopischen Methoden (IR, Raman) bestimmt werden.

Wie ▫Tab. 3.2 ausweist, hängen die Bindungslängen primär von der *Größe* (den *Radien*) der *Atome* ab. Auch die *Polarität* der Bindung sowie die *Bindungsordnung* spielen eine wichtige Rolle [vgl. **MC-Fragen Nr. 9, 19, 20, 25, 540, 541, 1002**].

Stark polare Bindungen sind gewöhnlich kürzer als weniger polare Bindungen, weil die zwischen den entgegengesetzt polarisierten Atomrümpfen wirkende elektrostatische Anziehung die beiden Atome näher zusammenrücken lässt.
Der Einfluss der Bindungsordnung kann in gleicher Weise erklärt werden. Dreifachbindungen sind kürzer als Doppelbindungen, und diese wiederum kürzer als Einfachbindungen. Dies korreliert mit dem Hybridisierungsgrad der an der Bindung beteiligten Atome. Mit zunehmendem s-Anteil der Hybrid-AO werden die Bindungen kürzer.

Der Einfluss der Bindungsordnung und der Hybridisierung auf die Bindungslänge zeigt sich z. B. im abnehmenden C-C-Abstand im **Ethan, Ethen** und **Ethin**, für den folgende Werte (in pm) ermittelt wurden [vgl. **MC-Fragen Nr. 11, 12, 14, 19, 21**].

$$\underset{\text{Ethan}}{H_3C} \overset{153{,}5}{\text{———}} \underset{sp^3}{CH_3} \qquad \underset{\text{Ethen}}{H_2C} \overset{133{,}9}{=\!=\!=} \underset{sp^2}{CH_2} \qquad \underset{\text{Ethin}}{HC} \overset{120{,}3}{\equiv\!\equiv\!\equiv} \underset{sp}{CH_3}$$

Parallel zum abnehmenden C-C-Bindungsabstand wird auch die C-H-Bindung in der Reihe Ethan, Ethen und Ethin kürzer (siehe ▫Tab. 3.1).

Ebenso lässt sich die Verkürzung der C-C-Einfachbindungen in den Reihen **Propan, Propen** und **Propin (Methylacetylen)** bzw. ***n*-Butan, Buta-1,3-dien** und **Diacetylen** auf die Änderung des Hybridisierungsgrades der beteiligten C-Atome zurückführen.

Tab. 3.2 Bindungslängen von Kovalenzbindungen (in pm)

Bindung	Länge	Bindung	Länge	Bindung	Länge
C-C	154	C-O	143	O-H	97
C=C(Ar)	139	C=O	122	N-H	101
C=C	134	C-N	147	N-H	146
C≡C	120	C=N	130	N=H	125
C-Cl	177	C≡N	116	N≡H	110

(1 pm = 10^{-12} m) (Ar = Aren)

$H_3C \overset{152,6}{\text{———}} CH_2{-}CH_3$ — Propan, sp^3

$H_3C \overset{150,1}{\text{———}} CH{=}CH_2$ — Propen, sp^2

$H_3C \overset{145,9}{\text{———}} C{\equiv}CH$ — Propin, sp

$H_3C{-}H_2C \overset{153,3}{\text{———}} CH_2{-}CH_3$ — sp^3 sp^3 — *n*-Butan

$H_2C{=}HC \overset{147,6}{\text{———}} CH{=}CH_2$ — sp^2 sp^2 — Buta-1,3-dien

$HC{\equiv}C \overset{137,6}{\text{———}} C{\equiv}CH$ — sp sp — Diacetylen

Im **Buta-1,3-dien**, in dem alle C-Atome sp^2-hybridisiert sind, ist im Vergleich zu ***n*-Butan** mit ausschließlich sp^3-hybridisierten C-Atomen der Kern-Kern-Abstand der mittleren C2-C3-Einfachbindung von etwa 154 pm auf 148 pm verkürzt. Demgegenüber sind die beiden äußeren C=C-Doppelbindungen verglichen mit dem normalen C=C-Abstand von ca. 134 pm nur geringfügig verlängert, obwohl sie durch *Mesomerie an* Doppelbindungscharakter verlieren sollten [siehe ▸Kap. 3.1.9.2 und **MC-Fragen Nr. 3, 1764**].

3.1.7.2 Bindungsenergien (Bindungsenthalpien)

Unter **Bindungsenergie** versteht man die zur Trennung der Kovalenzbindung eines zweiatomigen Moleküls aufzuwendende Energie. Die *mittlere* Bindungsenergie bezieht sich auf mehratomige Moleküle und ist ein Mittelwert für gleichartige Bindungen. Bindungsenergien können mithilfe spektroskopischer Methoden gemessen werden. Energiewerte, die aus thermodynamischen Messungen stammen, sollten aber besser als **Bindungsenthalpien** bezeichnet werden.

Der Betrag der Bindungsenergie hängt hauptsächlich von drei Faktoren ab:

- der *Länge der Bindung,*
- der *Polarität der Bindung* und schließlich
- der *Bindungsordnung.*

Die Werte der mittleren Bindungsenergien in Tab. 3.3 lassen erkennen, dass die Bindungsenergie umso größer ist, je kürzer die Bindung und je höher deren Bindungsordnung ist. Eine Einfachbindung lässt sich leichter spalten als eine Doppelbindung und

Tab.3.3 Mittlere Bindungsenergien von Bindungen mit Kohlenstoff (in kJ mol^{-1})

Bindung	Bindungsenergie	Bindung	Bindungsenergie
C-C	348	C-N	305
C=C	614	C=N	615
C≡C	839	C≡N	891
C-F	489	C-O	358
C-Cl	339	C=O	740[1)]
C-Br	285	C=O	750[2)]
C-I	218	C-S	272
C-P	264	C=S	536

[1)] in Aldehyden [2)] in Ketonen

diese wiederum leichter als eine Dreifachbindung. Darüber hinaus sind polare Atombindungen schwerer zu spalten als unpolare [vgl. **MC-Frage Nr. 18**].

3.1.7.3 Dissoziationsenergien

Fragen zur chemischen Reaktivität können anhand dieser mittleren Bindungsenergien nicht befriedigend diskutiert werden. Ob eine bestimmte Bindung gespalten wird oder nicht, hängt allein von der *Dissoziationsenergie (Dissoziationsenthalpie)* der betreffenden Bindung ab. Die Dissoziationsenergie ist also die zum Aufbrechen einer bestimmten Kovalenzbindung benötigte Energie.

Über einige zur *homolytischen Trennung* bestimmter Bindungen aufzuwendenden Dissoziationsenergien informiert ◻Tab. 3.4. Sie spielen vor allem eine Rolle bei radikalisch verlaufenden chemischen Reaktionen [siehe hierzu auch ▸Kap. 3.1.11.1, ▸Kap. 3.2.4 und ▸Kap. 3.2.13 sowie **MC-Frage Nr. 15**].

Besonders niedrige Dissoziationsenergien von etwa 125–195 kJ mol^{-1} besitzen *Peroxide* und *Diazoalkane*, die bereits bei Temperaturen von 70–150 °C zerfallen und deshalb häufig bei radikalisch ablaufenden Reaktionen als *Initiatoren* eingesetzt werden [siehe auch ▸Kap. 3.2.4.3 und **MC-Frage Nr. 1726**].

$H_5C_6-C(=O)-O-O-C(=O)-C_6H_5$ Dibenzoylperoxid [125,5 kJ mol^{-1}]

$(CH_3)_3C-O-O-C(CH_3)_3$ Di-*tert*-butylperoxid [154,8 kJ mol^{-1}]

$NC-C(CH_3)_2-N{=}N-C(CH_3)_2-CN$ α,α'-Azobisisobutyronitril [129,7 kJ mol^{-1}]

$H_3C-N{=}N-CH_3$ Azomethan [192,5 kJ mol^{-1}]

Tab. 3.4 Dissoziationsenergien von Kohlenstoffbindungen (in kJ mol^{-1})

H_3C-H	426,8	H_3C-F	437,7	H_3C-OH	376,6
H_3CCH_2-H	401,7	H_3C-Cl	338,9	H_3C-NH_2	334,7
$(H_3C)_2CH$-H	384,9	H_3C-Br	280,3	H_3C-NO_2	238,5
$(H_3C)_3C$-H	372,4	H_3C-I	225,9	H_3C-CH_3	368,2
$C_6H_5CH_2$-H	322,2	C_6H_5-H	435,1	H_2C=$CHCH_2$-H	355,6

So spalten *Peroxide* wie **Dibenzoylperoxid** [C_6H_5-CO-O-O-CO-C_6H_5] oder **Diacetylperoxid** [CH_3-CO-O-O-CO-CH_3] leicht Kohlendioxid [CO_2] ab unter Bildung von Phenyl- [$C_6H_5^\bullet$] oder Methyl-Radikalen [$CH_3^\bullet$].

3.1.7.4 Verbrennungswärmen

Ein charakteristisches Merkmal organischer Substanzen ist ihre vollständige Verbrennung zu Kohlendioxid und Wasser.

$$[C, H] + O_2 \rightarrow CO_2 + H_2O + \text{Wärme}$$

Die Wärmemenge, die bei der Verbrennung von 1 Mol Substanz entsteht, wird als **Verbrennungswärme** bezeichnet. Sie hängt von der Struktur eines Moleküls ab und liefert daher wertvolle Informationen zur relativen Stabilität organischer Verbindungen. Je stabiler die Bindungen sind, umso geringer muss die resultierende Verbrennungswärme ausfallen.

Zum Beispiel trägt jede Methylengruppe [-CH_2-] etwa 658,6 kJ mol^{-1} zur Verbrennung bei, sodass innerhalb der homologen Reihe der **Alkane** die Verbrennungswärme mit steigender C-Zahl stetig zunimmt. **Alkene** gleicher C-Zahl zeigen eine im Vergleich zu den Alkanen geringere Verbrennungswärme.

Bei **Cycloalkanen** nimmt die Verbrennungswärme mit steigender Ringspannung ab. **Cyclopropan** besitzt demzufolge pro CH_2-Gruppe die höchste Verbrennungswärme [siehe auch ▸Kap. 3.3.6.1, ▫Tab. 3.34 und **MC-Frage Nr. 507**].

3.1.7.5 Hydrierungswärmen

Die *katalytische Hydrierung* ungesättigter Verbindungen, die im ▸Kap. 3.2.19.1 noch detailliert beschrieben wird, ist eine *exotherme Reaktion*, weil die entstehenden C-H-σ-Bindungen zusammen stärker sind als die H-H-σ- und die C-C-π-Bindungen, die gespalten werden [vgl. **MC-Fragen Nr. 324, 326**].

```
 | |              Kat.        | |
-C=C-   +   H-H  ------>    H-C-C-H  +  Hydrierungswärme
                              | |
```

Die Wärmemenge, die bei der Hydrierung von 1 Mol einer ungesättigten Verbindung frei wird, bezeichnet man als **Hydrierungswärme**. Sie beträgt für fast alle **Alkene** ca. 125,9 kJ mol^{-1} pro Doppelbindung.

Auch Hydrierungswärmen geben Auskunft über die relative Stabilität ungesättigter Verbindungen. So bestätigt ein Vergleich der Hydrierungswärmen von **But-1-en** und **But-2-en** die Regel, dass **Alkene** umso stabiler sind, je höher ihr *Substitutionsgrad* ist.

Die Messung von Hydrierungswärmen beweist auch die größere Stabilität von *trans*-konfigurierten Alkenen im Vergleich zu dem jeweiligen *cis*-Isomer. So ist die Hydrierungswärme für ***cis*-But-2-en** um etwa 4 kJ/mol größer als für ***trans*-But-2-en** [vgl. **MC-Fragen Nr. 23, 324**].

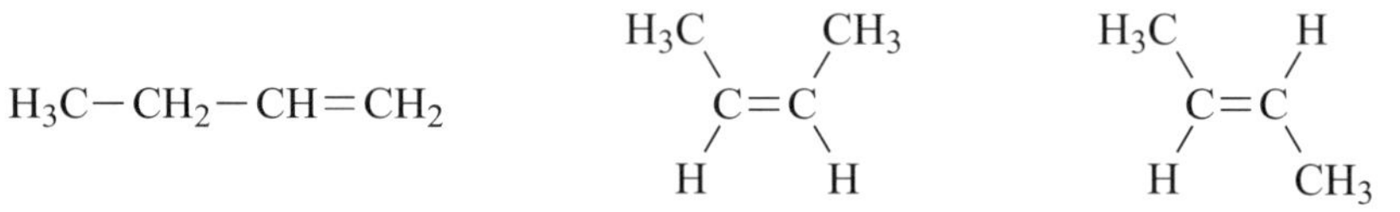

$H_3C-CH_2-CH=CH_2$ — But-1-en [125,9 kJ mol^{-1}]

$(H_3C)HC=CH(CH_3)$ — *cis*-But-2-en [119,7 kJ mol^{-1}]

$(H_3C)HC=CH(CH_3)$ — *trans*-But-2-en [115,5 kJ mol^{-1}]

3.1.8 Bindungspolarität

Eine „ideale" Kovalenzbindung mit symmetrischer Ladungsdichteverteilung kann nur zwischen gleichen Atomen bzw. gleichartigen Atomgruppen existieren. Bei Bindungspartnern unterschiedlicher **Elektronegativität** ist die Bindung stets mehr oder weniger *polar,* d. h., das bindende Elektronenpaar ist stärker zum elektronegativeren Atom hin verschoben.

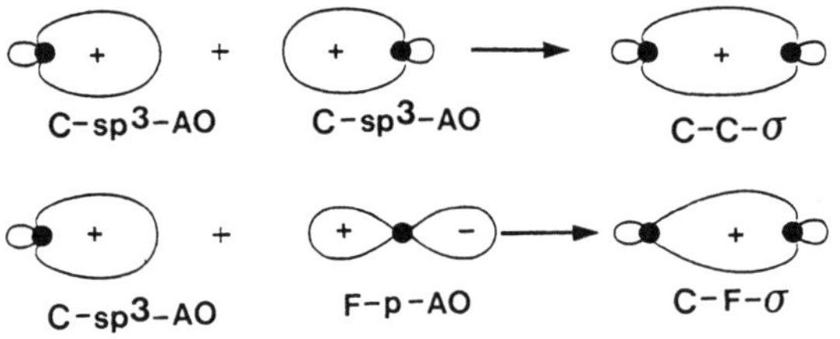

o Abb. 3.22 Asymmetrische Elektronendichteverteilung in polaren Bindungen

Durch die asymmetrische Ladungsdichteverteilung polarer Bindungen, wie dies in **o**Abb. 3.22 für die C-F-Bindung im Vergleich zur unpolaren C-C-Bindung dargestellt ist, wird die Elektronendichte beim elektronegativeren Atom größer und führt dort zu einer partiell negativen Ladung (δ^-). Beim anderen Bindungspartner resultiert daraus infolge der verringerten Elektronendichte eine positive *Partialladung* (δ^+).

$$\overset{\delta^+}{H_3C}-\overset{\delta^-}{F}$$

Experimentell manifestiert sich die Bindungspolarität in – verglichen mit unpolaren Bindungen – *erhöhten Bindungsenergien* und in den *Dipolmomenten* der betreffenden Substanzen [siehe hierzu Ehlers, **Chemie I**, ▸Kap. 1.4.5 und **MC-Fragen Nr. 16, 17, 58**].

3.1.8.1 Induktiver Effekt

Das durch einen Bindungsdipol verursachte elektrische Feld polarisiert weitere im Molekül vorhandene kovalente Bindungen. *Polarisationseffekte,* die durch elektronenanziehende oder -abstoßende Atome bzw. Atomgruppen ausgelöst und über σ-*Bindungen* übertragen werden, heißen **induktive Effekte (I-Effekte)**.

Da das elektrische Feld eines Dipols mit der dritten Potenz seiner Entfernung abnimmt, werden im Wesentlichen nur die Nachbarbindungen beeinflusst. So positiviert das Chloratom im ***n*-Propylchlorid** ($CH_3CH_2CH_2$**Cl**) in erster Linie den α-Kohlenstoff, weitaus schwächer das β- und nur noch in geringem Maße das γ-C-Atom.

$$\overset{\delta\delta\delta^+}{\underset{\gamma}{H_3C}}—\overset{\delta\delta^+}{\underset{\beta}{CH_2}}—\overset{\delta^+}{\underset{\alpha}{CH_2}}—\overset{\delta^-}{Cl}$$

Mit wachsender Zahl der Bindungen, d. h. mit zunehmendem Abstand vom Schlüsselatom, nimmt der Einfluss des induktiven Effektes stark ab. Als „Schlüsselatom" bezeichnet man das die Polarisierung einer Bindung verursachende Atom (bzw. Atomgruppe).

Zur Klassifizierung setzt man den induktiven Effekt einer gesättigten C-H-Bindung gleich Null und ordnet Substituenten einen **–I-Effekt** zu, wenn sie bei Bindung an ein C-Atom die Bindungselektronen stärker anziehen als Wasserstoff. Bei einem –I-Effekt besitzen Atome bzw. funktionelle Gruppen eine größere *Elektronegativität* als der Kohlenstoff und verringern dessen Elektronendichte. Umgekehrt bewirken Atome oder Atomgruppen mit einer niedrigeren Elektronegativität einen **+I-Effekt**; sie erhöhen die Elektronendichte an benachbarten C-Atomen.

$$\underset{+I}{\overset{\delta^+}{Y}\longrightarrow\overset{\delta^-}{C}} \qquad \underset{I=0}{C—H} \qquad \underset{-I}{\overset{\delta^+}{C}\longrightarrow\overset{\delta^-}{X}}$$

Einige Relationen zwischen verschiedenen Substituenten sind nachfolgend zusammengestellt:

[–I]	$-NR_2 < -OR < -F$	;	$-I < -Br < -Cl < -F$
	$-\overset{+}{N}R_3 < -\overset{+}{O}R_2$	;	$-NR_2 < =NR < \equiv N$
	$-CR{=}CR_2 < -C_6H_5 < -C{\equiv}CR$		
[+I]	$-CH_3 < -CH_2CH_3 < -CH(CH_3)_2 < -C(CH_3)_3 \ll -O^-$		

Alkylgruppen zeigen allerdings *nur in Lösung* einen Effekt, der als +I-Effekt interpretierbar ist. Die Unterschiede der induktiven Effekte verschiedener Alkylgruppen sind gering.

3.1.8.2 Polarisierbarkeit

Im Gegensatz zu C=C-Doppelbindungen mit symmetrischer Ladungsdichteverteilung zieht bei C=O- und C=N-Doppelbindungen der elektronegativere Bindungs-

Organische Chemie

partner neben den Elektronen der σ-Bindung vor allem die leicht beweglichen *(polarisierbaren)* Elektronen der π-Bindung an.

```
R                         R
 \     ⌒                   \    ⌒
  C=O     Keton      ;      C=N-R''    Azomethin
 /                         /
R'                        R'
```

Unter **Elektronenpolarisierbarkeit** versteht man die „Leichtigkeit", mit der Elektronen unter dem Einfluss eines äußeren elektrischen Feldes, z. B. der Dipolkraft eines Lösungsmittels, verschoben werden können.

Die Begriffe **Polarisation** und **Polarisierbarkeit** dürfen nicht miteinander verwechselt werden. Die Polarisierbarkeit kennzeichnet eine Elektronenverschiebung unter dem Einfluss eines äußeren elektrischen Feldes, während eine polarisierte Bindung auch ohne äußere Beeinflussung Dipolcharakter besitzt. *Im Allgemeinen sind π-Elektronen polarisierbarer als σ-Elektronen.*

3.1.9 Elektronendelokalisierung

3.1.9.1 Doppelbindungssysteme

Bei Verbindungen mit zwei und mehr C=C-Doppelbindungen unterscheidet man folgende Bindungssysteme:

- **isolierte Doppelbindung:** (Diolefintyp) $-\overset{|}{C}=\overset{|}{C}-(\underset{|}{\overset{|}{C}})_n-\overset{|}{C}=\overset{|}{C}-$
- **konjugierte Doppelbindung:** (Dientyp) $-\overset{|}{C}=\overset{|}{C}-\overset{|}{C}=\overset{|}{C}-$
- **kumulierte Doppelbindung:** (Allen-, Kumulentyp) $-\overset{|}{C}=(C)_n=\overset{|}{C}-$

Konjugierte Doppelbindungen liegen dann vor, wenn sie alternierend mit Einfachbindungen auftreten. In einem Molekül mit *kumulierten* Doppelbindungen folgen zwei oder mehr Doppelbindungen unmittelbar aufeinander. Sind Doppelbindungen hingegen durch mindestens zwei Einfachbindungen voneinander getrennt, spricht man von *isolierten* Doppelbindungen.

3.1.9.2 Konjugierte Doppelbindungen – Diene

Substanzen mit mehreren *isolierten* Doppelbindungen zeigen in ihrem chemischen Verhalten keine über die Reaktionsweise der Alkene hinausgehenden Besonderheiten. Unterschiede zu Alkenen treten jedoch bei Verbindungen mit *konjugierten* Doppelbindungen auf, in denen Einfachbindungen und Doppelbindungen alternieren. In diesem Bindungssystem treten *„Konjugationseffekte"* der π-Elektronen auf, die über mehrere Bindungen hinweg wirksam sind [siehe ▸Kap. 3.1.9.4 und **MC-Fragen Nr. 26, 27**].

Beispielsweise entspricht im **Buta-1,3-dien** die Bindungslänge der C=C-Doppelbindung mit 133,7 pm in etwa der des Ethens, während die mittlere C2-C3-Einfachbindung mit 147,6 pm deutlich kürzer ist als die C-C-Einfachbindung im *n*-Butan mit 153,3 pm.

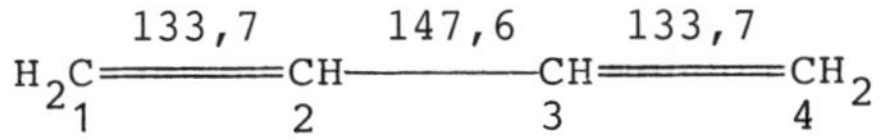

```
      133,7      147,6      133,7
H2C=========CH---------CH=========CH2
   1        2          3          4
```

Diese verminderte Bindungslänge der C2-C3-σ-Bindung ist auf den erhöhten s-Anteil der beiden sp^2-hybridisierten C-Atome zurückzuführen. Zudem besitzt die Bindung partiellen Doppelbindungscharakter. Der Unterschied zwischen Einfach- und Doppelbindungen verringert sich bei höheren *Polyenen* in noch stärkerem Maße. D.h., in konjugierten Polyenen wie beispielsweise **Hexa-1,3,5-trien** [$H_2C{=}CH{-}CH{=}CH{-}CH{=}CH_2$] sind die C-C-Einfachbindungen etwas kürzer als in einem Alkan und die C=C-Doppelbindungen etwas länger als in einem Alken [vgl. **MC-Fragen Nr. 3, 13**].

• Hybridorbitalmodell des Buta-1,3-diens

Die besonderen Bindungsverhältnisse im **Buta-1,3-dien** lassen sich nun anschaulich durch Verwendung von *sp^2-Hybrid-AO* darstellen. Danach verfügt jedes der vier C-Atome im Butadien über ein einfach besetztes p-Orbital, durch deren Überlappung die π-Bindungen aufgebaut werden. Wie ○Abb. 3.23 zeigt, können hierbei nicht nur die Orbitale an C-1 und C-2 bzw. an C-3 und C-4 miteinander in Wechselwirkung treten, sondern auch die der beiden mittleren Kohlenstoffatome C-2 und C-3. Dadurch wachsen diese Orbitale zu einem das ganze Molekül umfassenden Orbital zusammen. Man sagt, die π-Elektronen sind *delokalisiert,* weil sie dem gesamten konjugierten System angehören, und nicht – wie die π-Bindung im Ethen – auf jeweils zwei C-Atome lokalisiert sind [vgl. **MC-Frage Nr. 26**].

Die Orbitalüberlappung zwischen C-2 und C-3 ist allerdings infolge des größeren C-C-Abstandes geringer als die zwischen den Atomen C-1 und C-2 bzw. C-3 und C-4.

Verbindungen, die über delokalisierte π-Elektronen verfügen, sind *stabiler* als Substanzen mit isolierten (lokalisierten) Doppelbindungen, und zwar umso mehr, je ausgedehnter das konjugierte System ist. *Die Delokalisierung von Elektronen ist immer mit einem Energiegewinn verbunden.*

Die erhöhte Stabilität von Molekülen mit einem konjugierten Bindungssystem äußert sich u. a. in herabgesetzten *Verbrennungs-* und *Hydrierungswärmen.* Darüber hinaus lassen sich isolierte Doppelbindungen meistens leicht in eine konjugierte Position verschieben.

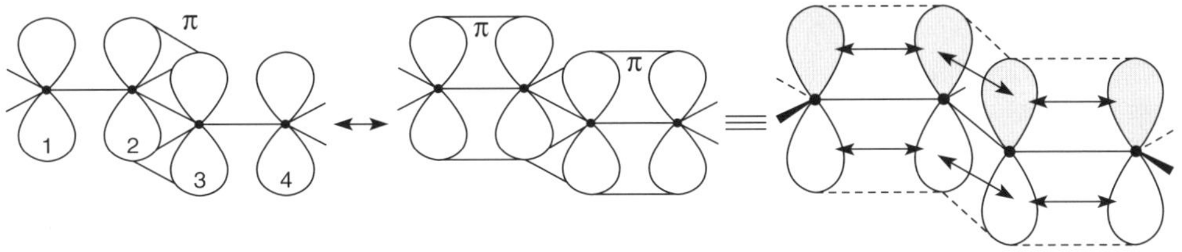

○ Abb. 3.23 Orbitalmodell des Buta-1,3-diens

```
 |  |  |   |         Base         |   |  |  |
-C=C-CH-C=O      ———————>      -CH-C=C-C=O
 γ  β                               β  α
```

β,γ-ungesättigte **α,β-ungesättigte**
Carbonylverbindung

Vinylessigsäure [$H_2C=CH-CH_2-COOH$] isomerisiert beim Erhitzen mit Alkalihydroxiden oder Schwefelsäure weitgehend zur *trans*-konfigurierten **Crotonsäure** [$H_3C-CH=CH-COOH$].

• MO-Modell des Buta-1,3-diens

Buta-1,3-dien besteht aus einer Kette von vier sp^2-hybridisierten C-Atomen, die jeweils noch ein senkrecht zur Molekülebene stehendes p-AO aufweisen. Nach dem **Hückel-Molekülorbital-Modell** (**HMO-Methode**), bei der σ- und π-Elektronen getrennt voneinander behandelt werden, können durch lineare Kombination der p-AO insgesamt vier π-MO gebildet werden, von denen zwei bindend und zwei antibindend sind. Ihre relativen Energien verglichen mit denen des Ethens sind in ○Abb. 3.24 skizziert [vgl. **MC-Fragen Nr. 3, 24**].

Das energieärmste π_1-MO im Buta-1,3-dien entsteht durch Addition aller vier p-AO und erstreckt sich über das gesamte Molekül. Es besitzt, wie ○Abb. 3.25 zeigt, keine Knotenebene und weist drei bindende Beziehungen zwischen den benachbarten p-Orbitalen auf.

Das nächsthöhere noch besetzte π_2-MO hat eine Knotenfläche (K) und es sind zwei bindende und eine antibindende Beziehung festzustellen.

Die antibindenden MO (π_3^*, π_4^*) besitzen zwei bzw. drei Knotenebenen und sind im Grundzustand nicht besetzt.

Aus ○Abb. 3.25 lassen sich einige Gesetzmäßigkeiten ableiten, die das *Formulieren der Molekülorbitale* auch für andere Moleküle mit einem π-Elektronensystem erlauben:

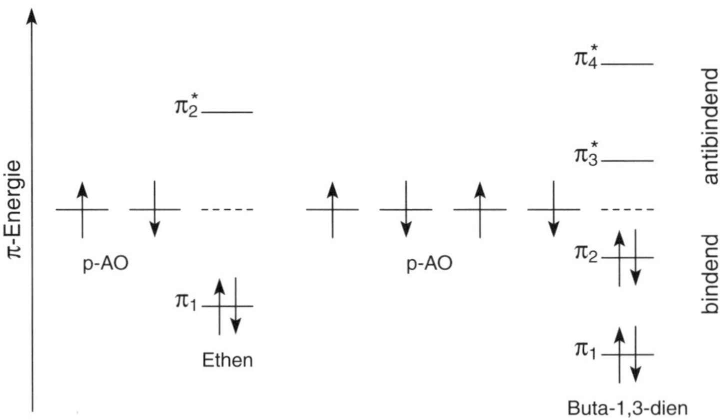

○ Abb. 3.24 Energieniveauschema des Ethens und Buta-1,3-diens (die Pfeile symbolisieren Elektronen)

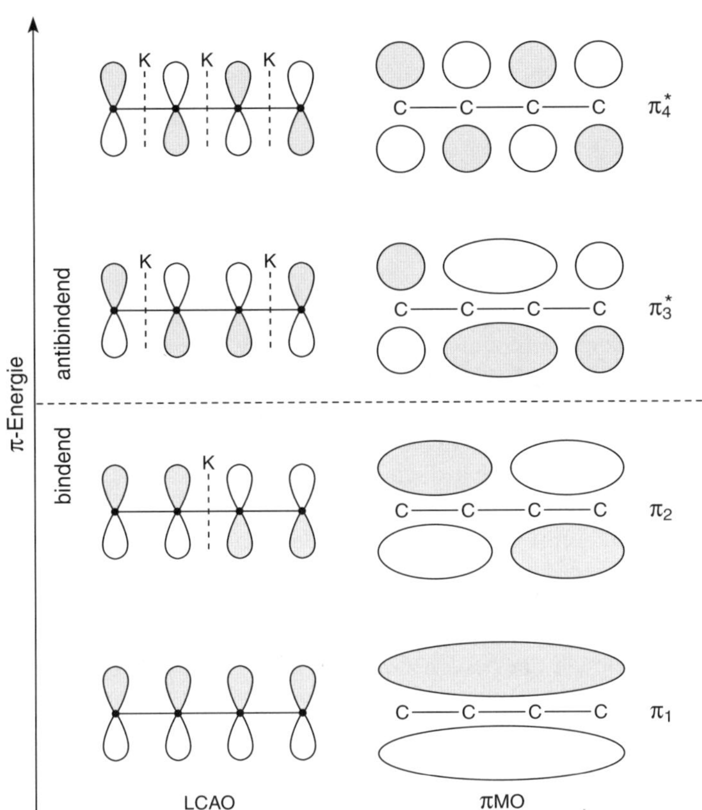

Abb. 3.25 π-Molekülorbitale des Buta-1,3-diens

- Die Zahl der MO entspricht der Zahl der Atome, die das Grundgerüst aufbauen.
- Das energieärmste MO ist dasjenige, das am wenigsten Knotenflächen ausweist.
- Die Anordnung der MO nach steigender Energie erfolgt mit zunehmender Zahl an Knotenflächen.
- Die π-Elektronen besetzen im Grundzustand paarweise die energieärmsten Orbitale.
- Zur Konstruktion der π-MO sei daran erinnert, dass nur Orbitalüberlappungen desselben Vorzeichens zu einer bindenden Wechselwirkung führen, während die Durchdringung von Orbitalen entgegengesetzten Vorzeichens eine antibindende Beziehung ergibt.

3.1.9.3 Kumulierte Bindungssysteme

Ein System mit kumulierten Doppelbindungen, wie z. B. im **Allen** [$H_2C{=}C{=}CH_2$], ist derart aufgebaut, dass das *mittlere C-Atom* im *sp-Hybridzustand* und die beiden äußeren im *sp²-Hybridzustand* miteinander verbunden sind [vgl. **MC-Fragen Nr. 27, 474–478**].

Wie Abb. 3.26 veranschaulicht, führt die Überlappung der p-Orbitale des mittleren C-Atoms mit den p-AO der beiden äußeren Kohlenstoffatome zu zwei π-Bindungen, deren Ebenen um 90° gegeneinander versetzt sind. Damit liegen auch

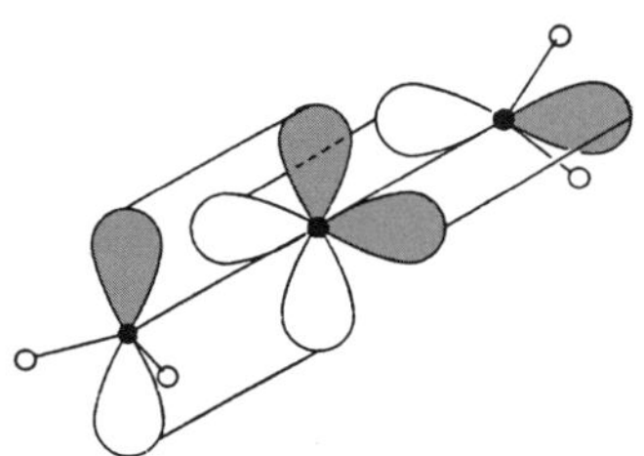

Abb. 3.26 Orbitalmodell des Allens

die Wasserstoffatome auf zwei um diesen Winkel gegeneinander verdrehten Ebenen. Diese räumliche Anordnung der Bindungen hat zur Folge, dass Derivate des Allens [R_2C=C=CR_2] in zwei stereoisomeren Formen existieren können, die sich zueinander wie *Bild zu Spiegelbild* verhalten (Abb. 3.27). Eine Isomerie dieser Art wird als *optische Isomerie* bezeichnet (siehe hierzu auch ▸Kap. 3.3.8.1).

Kumulierte Bindungssysteme finden sich auch in **Kumulenen** [R_2C=**C**=**C**=CR_2], **Ketenen** [R_2C=**C**=O], **Isocyanaten** [R-N=**C**=O], **Isothiocyanaten** (*Senföle*) [R-N=**C**=S] und im **Kohlenstoffdioxid** [O=**C**=O] [vgl. **MC-Fragen Nr. 4–7, 9, 64, 1763**].

3.1.9.4 Konjugationseffekte [Vinylogie- und Phenylogie-Prinzip]

Konjugierte Doppelbindungssysteme besitzen die Fähigkeit, Substituenteneinflüsse weiterzuleiten. So beeinflussen sich die beiden Gruppen X und Y in Verbindungen wie (II), in der sie durch eine oder mehrere Vinylgruppen (-CR=CR-) voneinander getrennt sind, in analoger Weise wie in (I):

```
         |                      | |     |
(I)    X-C-Y          (II)  X-(C=C) -C-Y
         |                         n |
```

Vinyloge oder *Vinylhomologe* zeigen vergleichbare chemische Eigenschaften. So ist **Pent-3-en-2-on** ein Vinylhomologes des Acetons und **Acrolein** ist vinylog zu Formaldehyd.

```
H3C-C-CH3  →  H3C-CH=CH-C-CH3   ;   H-CH=CH-C-H  ←  H-C-H
    ||                  ||                  ||          ||
    O                   O                   O           O
Aceton        Pent-3-en-2-on        Acrolein        Formaldehyd
```

In ähnlicher Weise können auch aromatische Systeme elektronische Effekte übertragen. Man spricht dann von *Phenylogie* bzw. von *Phenylhomologen.*

Zum Beispiel kann **Vanillin** (3-Methoxy-4-hydroxy-benzaldehyd) als phenyloge Ameisensäure aufgefasst werden, was seine im Vergleich zu anderen Phenolen höhere Acidität erklärt [vgl. **MC-Frage Nr. 1096**].

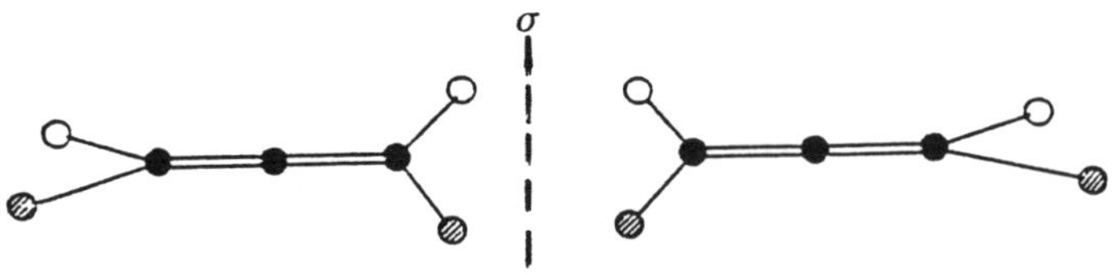

Abb. 3.27 Optische Isomerie von Allen-Derivaten

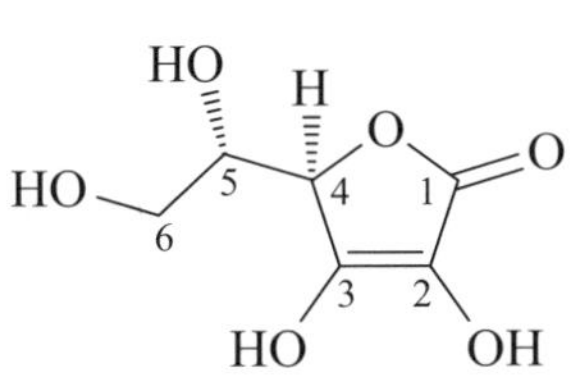

Ascorbinsäure 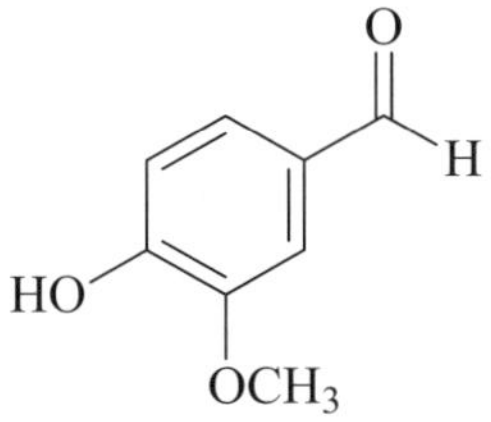 Vanillin 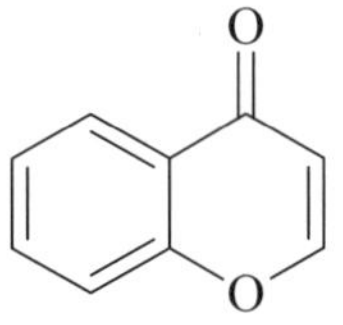 4-Chromon

Ein *phenyloges Carbonsäureamid* enthält das Strukturelement [R-**CO**-Ph-**NR**$_2$] und die Partialstruktur [R-**CO**-Ph-**NHOH**] kennzeichnet eine *phenyloge Hydroxamsäure* [vgl. **MC-Fragen Nr. 1714, 1715**].

Bei *vinylogen Carbonsäuren* handelt es sich um Verbindungen, in denen die Carbonylfunktion durch ein System konjugierter Doppelbindungen von der Hydroxylgruppe getrennt ist.

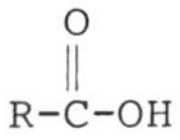

```
  O                  O
  ||                 ||  |  |
R-C-OH             R-C-(C=C) -OH
                            n
Carbonsäure        vinyloge Carbonsäure
```

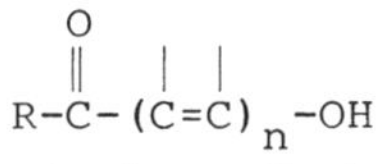

Als Beispiel einer vinylogen Carbonsäure [R-**CO**-(C=C)$_n$-**OH**] sei **Ascorbinsäure** angeführt. Die Säure besitzt eine relativ saure HO-Gruppe an C-3, während die Hydroxylgruppe an C-2 deutlich weniger acid reagiert. Alkyliert man die HO-Gruppe an C-3 der Ascorbinsäure, so liegen *vinyloge Carbonsäureester* vor [R-**CO**-(C=C)$_n$-**OR´**] [vgl. **MC-Fragen Nr. 1095, 1115, 1447, 1451**].

4-Chromon (Chromen-4-on, 1,4-Benzopyron) ist ein Beispiel für ein *vinyloges Lacton* [siehe ▸Kap. 3.14.3 und **MC-Frage Nr. 1227**].

Tetracyclin-Antibiotika wie **Doxycyclin**, die ein teilhydriertes Tetracen-Grundgerüst enthalten, stellen sowohl *vinyloge* [HO-C=C-C=O] als auch *phenyloge Carbonsäuren* [HO-Ph-C=O] dar. Zudem tritt im Doxycyclin-Molekül auch das Strukturelement einer *vinylogen Carbamidsäure* [HO-C=C-CONH$_2$] auf [vgl. **MC-Frage Nr. 1097**].

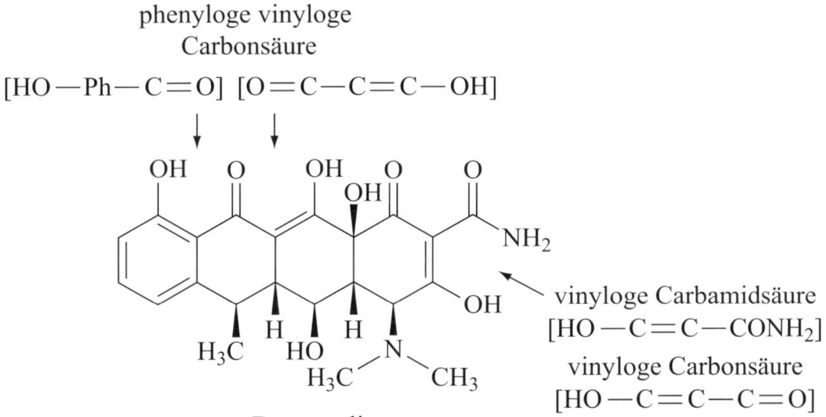

phenyloge vinyloge
Carbonsäure

[HO—Ph—C=O] [O=C—C=C—OH]

vinyloge Carbamidsäure
[HO—C=C—CONH$_2$]
vinyloge Carbonsäure
[HO—C=C—C=O]

Doxycyclin

Im polymeren **Oxonol** [O=C-[C=C]$_n$-OH] liegt eine *vinyloge Carbonsäure* vor. **Merocyanine** [R_2N-[C=C]$_n$-C=O], die zur Gruppe der *Polymethinfarbstoffe* zählen, können als *vinyloge Carbonsäureamide* angesehen werden [vgl. **MC-Fragen Nr. 1548, 1549**].

Tropolone ($pK_s \sim 7$) besitzen saure Eigenschaften und ihre Acidität liegt zwischen der Säurestärke des Phenols ($pK_s \sim 10$) und der von Essigsäure ($pK_s \sim 4{,}8$). Darüber hinaus treten substituierte Tropolon-Derivate in prototropen Formen auf [vgl. **MC-Frage Nr. 1094**].

$-H^+$

Tropolon

Die im Vergleich zu Pyridin deutlich erhöhte Basizität von **4-Aminopyridin** kann damit erklärt werden, dass die Substanz ein *cyclisches vinyloges Amidin* darstellt.

N=C–NH$_2$ ⟶ N=C–(CH=CH)$_n$–NH$_2$; 4-Aminopyridin

Amidin vinyloges Amidin 4-Aminopyridin

Bei *vinylogen Carbonylverbindungen* befinden sich C=C-Doppelbindungen in Konjugation (α, β-Position) zu einer Carbonylgruppe. Auch hier sind die π-Elektronen über das gesamte ungesättigte System delokalisiert.

$$\underset{\alpha}{-\text{CH}}-\overset{\delta^+}{\text{C}}=\overset{\delta^-}{\text{O}} \longleftrightarrow -\text{CH}-\overset{+}{\text{C}}-\text{O}^- \quad ; \quad \underset{\gamma}{-\text{CH}}-\overset{\delta^+}{\text{C}}=\underset{\beta}{\text{C}}-\underset{\alpha}{\text{C}}=\overset{\delta^-}{\text{O}} \longleftrightarrow -\text{CH}-\overset{+}{\text{C}}-\text{C}=\text{C}-\text{O}^-$$

Carbonylverbindung **vinyloge Carbonylverbindung**

Die Eigenschaften des Carbonylkohlenstoffs werden dadurch praktisch ungeschwächt auf das β-C-Atom bzw. bei Anwesenheit mehrerer konjugierter Doppelbindungen auf das jeweils endständige Kohlenstoffatom des konjugierten Systems übertragen. Daher reagiert das endständige C-Atom des vinylogen Systems mit Nucleophilen in ähnlicher Weise wie der α-Kohlenstoff einer Carbonylverbindung

Darüber hinaus ist die Acidität der H-Atome am vinylogen C-Atom einer Carbonylverbindung vergleichbar mit der Acidität der Wasserstoffatome am α-C-Atom. So kann beispielsweise **Crotonaldehyd (But-2-enal)** – ein Vinylhomologes des Acetaldehyds – aufgrund seiner CH-aciden Methylgruppe in *Aldolreaktionen* wie Acetaldehyd als *Methylenkomponente* eingesetzt werden (siehe ▸Kap. 3.12.6.1).

C_6H_5—CH=O + H_3C–CH=O → C_6H_5–CH=CH–CH=O
Benzaldehyd **Acetaldehyd** **Zimtaldehyd**

C_6H_5–CH=O + H_3C–CH=CH–CH=O → C_6H_5–CH=CH–CH=CH–CH=O
Benzaldehyd **Crotonaldehyd** **5-Phenyl-penta-2,4-dienal**

3.1.10 Aromatischer Zustand

Benzen („Benzol") [C_6H_6][1] ist der wichtigste Vertreter einer Gruppe von Substanzen, in denen Einfach- und Doppelbindungen alternierend in Ringen angeordnet sind, und zwar so, dass Systeme mit insgesamt **(4n+2)π-Elektronen** (n=0,1,2,...) entstehen. Für Benzen, bei dem alle C- und H-Atome in *einer Ebene* liegen, wurden von **Kekulé** die beiden nachfolgenden Strukturformeln (1) und (2) vorgeschlagen [vgl. **MC-Fragen Nr. 432, 555, 559**]:

(1) ⟷ (2)

Solche Strukturen würden jedoch dazu führen, dass z. B. für **1,2-Dimethylbenzen (*o*-Xylen)** zwei Konstitutionsisomere existieren müssten, was sich nicht nachweisen ließ. Es existiert nur ein *einziges ortho*-Disubstitutionsprodukt.

Darüber hinaus ergab die Messung der Bindungslängen, dass alle sechs *C-C-Bindungen im Benzen gleichwertig und gleich lang* **(139 pm)** sind, wohingegen die Länge einer normalen C-C-Einfachbindung 154 pm und die einer C=C-Doppelbindung 134 pm beträgt. Auch alle C-H-Bindungen im Benzen sind gleich lang (**108 pm**) [vgl. **MC-Frage Nr. 559**].

Des Weiteren bestätigte die experimentell ermittelte *Hydrierungswärme* von Benzen, dass es wesentlich stabiler ist, als man es aufgrund der von Kekulé vorgeschlagenen imaginären „Cyclohexa-1,3,5-trien-Struktur" erwarten würde.

Wie die Zahlenwerte in ○Abb. 3.28 belegen, ist die Hydrierungswärme von **Cyclohexa-1,3-dien** (1,2-Dihydrobenzen) etwa doppelt so groß wie die von **Cyclohexen**. Aufgrund der Additivität der Hydrierungswärmen sollte man daher erwarten, dass bei der katalytischen Hydrierung aller drei Doppelbindungen im Benzenmolekül zu Cyclohexan etwa –360 kJ mol^{-1} freigesetzt würden. Experimentell gefunden wurde jedoch eine Hydrierungswärme von ca. –209 kJ mol^{-1}, sodass **Benzen** um ca. 151 kJ mol^{-1} thermodynamisch stabiler ist als ein hypothetisches „Cyclohexa-1,3,5-trien" [vgl. **MC-Fragen Nr. 559, 560**].

Demgegenüber beträgt die Hydrierungswärme von **Cyclooctatetraen** zu Cyclooctan –410 kJ mol^{-1}. Dies entspricht etwa dem Vierfachen der Hydrierungswärme von Cycloocten, die zu –96 kJ mol^{-1} gefunden wurde.

1 Die Endung „ol" steht für die Bezeichnung einer Hydroxylgruppe, die im *„Benzol"* nicht vorhanden ist. Deshalb wird im Rahmen dieses Buches zur Benennung vieler Aromaten die international gebräuchliche *„Benzen-Nomenklatur"* benutzt. Da aber in der deutschsprachigen pharmazeutischen Literatur die älteren Namen noch üblich sind, wurde diese Bezeichnungsweise vorerst (in Klammer gesetzt) noch beibehalten.

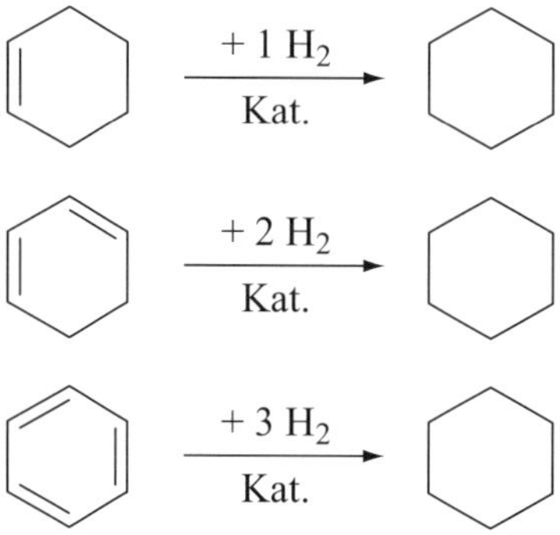

+ 1 H_2 / Kat. — $\Delta H \approx -120$ kJ mol^{-1}

+ 2 H_2 / Kat. — $\Delta H \approx -232$ kJ mol^{-1}

+ 3 H_2 / Kat. — $\Delta H \approx -209$ kJ mol^{-1}

erwartet: 3 • 120 = 360 kJ mol^{-1}

Differenz: 151 kJ mol^{-1}

○ Abb. 3.28 Hydrierungswärmen von Benzen, Cyclohexa-1,3-dien und Cyclohexen

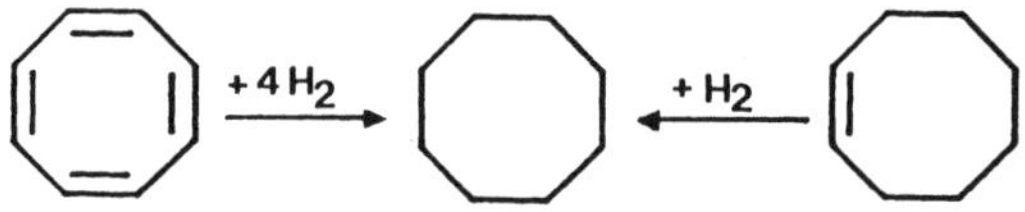

Cyclooctatetraen —(+ 4 H_2)→ Cyclooctan ←(+ H_2)— Cycloocten

Cyclooctatetraen besitzt somit *nicht* die für aromatische Ringsysteme charakteristische „Stabilisierung“. Das in einer Wannenform vorliegende Molekül zeigt die für konjugierte, cyclische Polyene typischen Eigenschaften (siehe auch ▸Kap. 3.1.10.4).

3.1.10.1 MO-Modell des Benzens

Das hexagonale σ-Bindungsgerüst des Benzens kann mit der Annahme von C-sp^2-Hybrid-AO zutreffend beschrieben werden. Die Wellenfunktionen der verbleibenden sechs p-Atomorbitale, die an der Hybridisierung nicht teilgenommen haben, ergeben durch lineare Kombination sechs delokalisierte **π-Molekülorbitale**, von denen – wie in ○Abb. 3.29 skizziert – drei *bindend* und drei *antibindend* sind. Im Grundzustand des Benzenmoleküls sind die bindenden Orbitale mit jeweils zwei Elektronen antiparallelen Spins besetzt.

Zur Konstruktion der π-MO des Benzens sei daran erinnert, dass sich überlappende Wellenfunktionen desselben Vorzeichens (der gleichen Schattierung) bindend sind. Wellenfunktionen, die durch eine Knotenebene voneinander getrennt sind, haben entgegengesetzte Vorzeichen (unterschiedliche Schattierungen) und wirken antibindend.

Das niedrigste, stabilste **π_1-MO** bildet eine ringförmige, alle sechs C-Atome umfassende Ladungswolke. Es besitzt eine Knotenfläche in der Ringebene, sodass zwei kreisförmige „Bindungsbezirke“ oberhalb und unterhalb der Ringebene entstehen. Es existieren insgesamt 6 bindende Beziehungen.

Die nächsthöheren, noch bindenden **π_2-MO** und **π_3-MO** sind *entartet (degeneriert)*, d. h. sie besitzen die gleiche Energie. Auch sie umfassen noch alle sechs C-Atome, aber

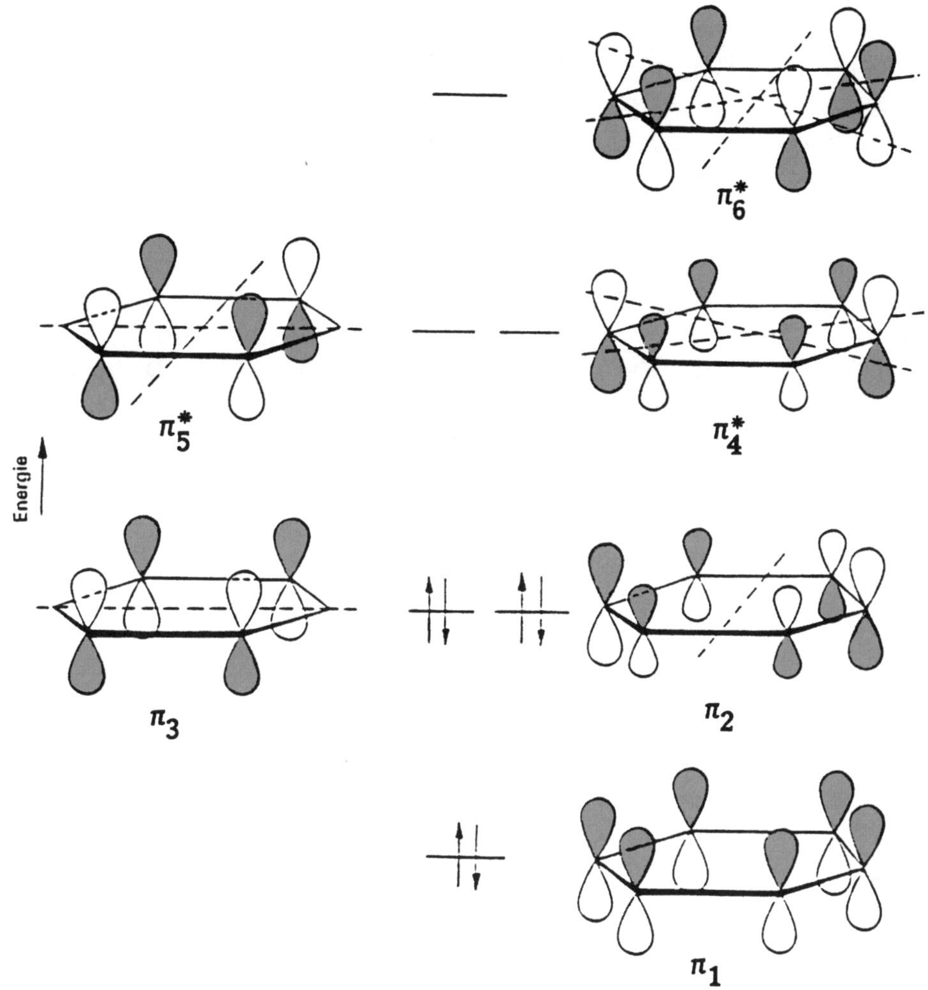

○ Abb. 3.29 π-Molekülorbitale und Energieniveaus des Benzens (Knotenflächen sind gestrichelt gezeichnet)

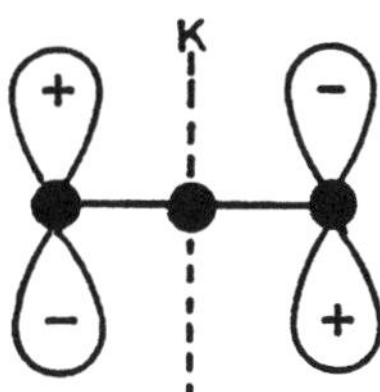

○ Abb. 3.30 Nichtbindende Wechselwirkung von Orbitalen

jedes der beiden MO enthält eine weitere Knotenfläche [π_2: 2 Knotenebenen, 4 bindende Beziehungen, 2 antibindende Beziehungen; π_3: 2 Knotenebenen, 2 bindende Beziehungen, 4 nichtbindende Beziehungen].

Geht in einem π-Elektronensystem eine Knotenfläche (K) durch eines der Atome des Molekülgerüsts, wie z. B. im π_3-MO des Benzens, so „verschwindet“ das dortige p-Orbital. ○ Abb. 3.30 illustriert diesen Sachverhalt. Die Beziehungen zu den Nachbarorbitalen sind dann weder bindend noch antibindend; sie werden als *nichtbindend* bezeichnet. Nichtbindende MO liegen auf einer Energieskala zwischen den bindenden und antibindenden Orbitalen; sie haben keinen Einfluss auf die Bindungsstärke. Dies zeigt sich auch daran, dass das π_3-MO des Benzens mit zwei bindenden und vier nichtbindenden Beziehungen auf demselben Energieniveau liegt wie das π_2-MO mit vier bindenden und zwei antibindenden Wechselwirkungen.

Zur vereinfachten graphischen Darstellung der π-MO des Benzens gibt man bei jedem C-Atom, wie ○ Abb. 3.31 veranschaulicht, nur noch das Vorzeichen des über der Molekülebene liegenden Teils der betreffenden p-Wellenfunktion an. Die punktierten Linien in dieser Abbildung markieren die zusätzlich zur Ringebene vorhandenen Knotenflächen.

Zusammenfassend ist auszuführen, dass im Grundzustand des Benzens die bindenden MO paarweise mit Elektronen *vollständig* besetzt und die sechs π-Elektronen im höchstmöglichen Maße *delokalisiert* sind. Diese *Elektronendelokalisierung* erklärt die im Vergleich zu einem hypothetischen „Cyclohexa-1,3,5-trien“ um etwa 151 kJ mol^{-1} erhöhte Stabilität des Benzens. Dies dokumentiert sich auch in dessen mangelnder Bereitschaft Additionsreaktionen einzugehen, weil hierdurch die Delokalisierung des π-Elektronensystems aufgehoben würde.

Alle C-Atome des Benzens sind sp^2-hybridisiert und bilden ein ebenes, reguläres Sechseck mit einem Bindungswinkel von 120°. Die C-C-Abstände (139 pm) und C-H-Abstände (108 pm) sind jeweils gleich groß. Die π-Bindungen sind konjugiert und cyclisch delokalisiert [vgl. **MC-Fragen Nr. 559, 564**].
Für das Orbitalmuster des Benzens ist typisch, dass das niedrigste π-MO ein einzelnes MO ist, während die höheren Orbitale – soweit möglich – als degenerierte Paare auftreten. Dieses Muster der MO ist charakteristisch für alle monocyclischen π-Elektronensysteme (siehe auch ▸Kap. 3.1.10.5).

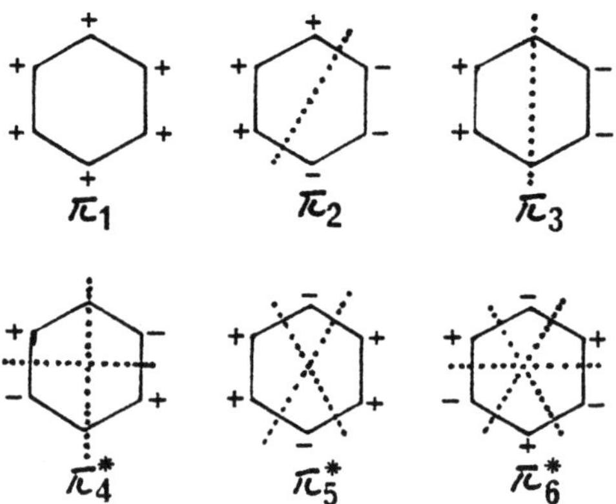

○ **Abb. 3.31 Vereinfachte Darstellung der π-MO des Benzens**

3.1.10.2 Valence-Bond-Modell des Benzens

Die Valence-Bond-Methode geht von der Überlegung aus, dass es in ungesättigten, konjugierten Systemen nicht möglich ist zu entscheiden, welches π-Elektron zu welchem C-Atom gehört, weil die π-Elektronen delokalisiert sind.

Die Ladungsdichteverteilung in solchen Molekülen kann jedoch durch eine lineare Kombination der ψ-Funktionen verschiedener *„Grenzstrukturen"* erhalten werden, die zwar keine Realität besitzen, die aber mit konventionellen **Lewis-Formeln** darstellbar sind. Der „wahre" Zustand des betreffenden Moleküls kann als eine Überlagerung solch einfacher, fiktiver Grenzstrukturen aufgefasst werden.

Beim Benzen verwendet man zur Beschreibung des tatsächlichen Molekülzustandes fünf Grenzstrukturen, nämlich die beiden **Kekulé-Strukturen** (K_1, K_2) und die drei valenzisomeren **Dewar-Formeln** (D_1, D_2, D_3) [vgl. **MC-Fragen Nr. 555, 559**].

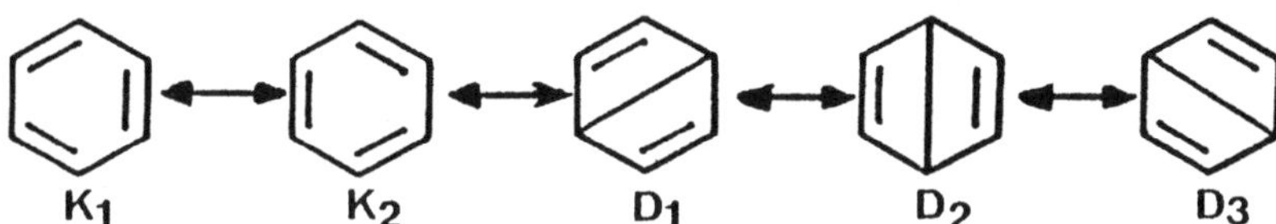

Das Phänomen, dass eine reale Struktur durch lineare Kombination von ψ-Funktionen nicht existierender Grenzstrukturen beschrieben werden kann, wird als **Mesomerie** oder **Resonanz** bezeichnet. Beide Ausdrücke meinen inhaltlich dasselbe wie der Begriff „Delokalisierung von π-Elektronen". Der *Mesomeriepfeil* (↔) bedeutet *nicht*, dass ein dynamisches Gleichgewicht zwischen verschiedenen Molekülarten existiert, sondern zeigt lediglich an, dass der tatsächliche Bindungszustand eines Moleküls zwischen verschiedenen, energiereicheren Grenzstrukturen liegt und von diesen umschrieben wird.

Anstelle der Kekulé-Formeln haben *Armit* und *Robinson* eine vereinfachte Schreibweise für das Benzenmolekül mit einem konzentrischen Kreis in der Formel vorgeschlagen. Diese **Robinson-Formel** soll ausdrücken, dass alle C-C-Bindungen im Benzenmolekül vollkommen gleichwertig sind und keine lokalisierten Doppelbindungen existieren wie es die beiden Kekulé-Formeln nahelegen.

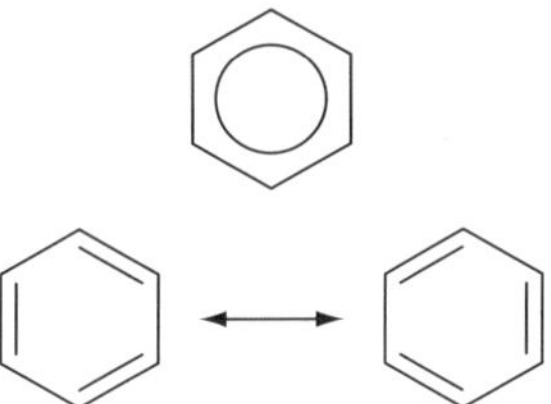

Die mathematische Behandlung der Mesomerie führt zu dem Ergebnis, dass der mesomere Zustand eines Moleküls eine geringere Energie besitzt als jede der verwendeten Grenzstrukturen. Diese Energiedifferenz – synonym mit der Delokalisierungsenergie des MO-Modells – wird als **Mesomerie-** oder **Resonanzenergie** bezeichnet. Sie entspricht, wie in ○Abb. 3.32 dargestellt, der Differenz zwischen der Energie des Grundzustandes des realen Moleküls und der Energie der energieärmsten Grenzstrukturen, hier den beiden Kekulé-Formeln.

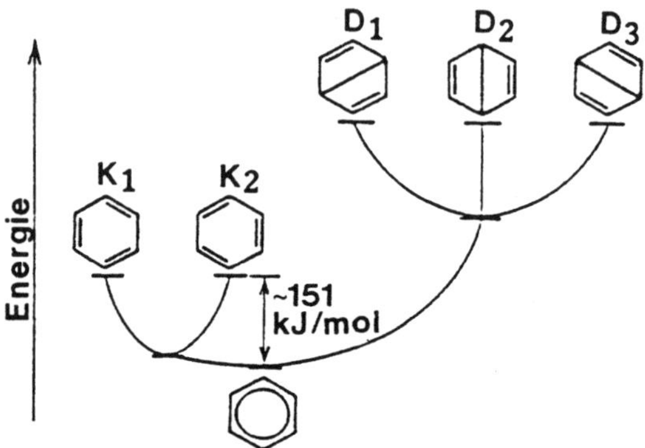

○ Abb. 3.32 Mesomerieenergie des Benzens

□ Tab. 3.5 Resonanzenergien einiger Kohlenwasserstoffe und Heteroaromaten (in kJ mol^{-1})

Verbindung	Resonanzenergie	Verbindung	Resonanzenergie
Benzen	150,2	Buta-1,3-dien	14,6
Naphthalen	255,2	Furan	68,8
Anthracen	359,0	Pyrrol	90,4
Phenanthren	415,1	Thiophen	121,8
Diphenyl	330,6	Pyridin	116,7

In □Tab. 3.5 sind die Mesomerieenergien von Buta-1,3-dien und einiger ausgewählter Aromaten und Heteroaromaten aufgelistet. Diese Substanzklassen werden noch ausführlich in den ▸Kap. 3.6.1 und ▸Kap. 3.15.2 besprochen.

3.1.10.3 Valenzisomere des Benzens

Neben den Kekulé- und Dewar-Formeln wurden weitere Versuche unternommen, Benzen mithilfe von Lewis-Formeln zu beschreiben.

Das **„Ladenburg-Benzol"** gibt zwar nicht die Struktur von Benzen wieder, ist aber eine annehmbare Struktur für eine organische Verbindung. Sie wird **Prisman** genannt. Das unter starker Ringspannung stehende Prisman (Tetracyclo[2.2.0.0^{2,6}.0^{3,5}]hexan) isomerisiert bei 90 °C oder unter UV-Bestrahlung zu Benzen.

„**Dewar-Benzol**" (Bicyclo[2.2.0]hexa-2,5-dien), das aufgrund seiner dachförmigen Struktur auch als **Tectadien** bezeichnet wird, wandelt sich bereits bei Raumtemperatur rasch in Benzen um [vgl. **MC-Fragen Nr. 553, 556–558**].

Prisman —(Δ oder hν)→ Benzen ←(Δ oder hν)— Tectadien

Prisman Benzen Tectadien

Zu den Valenzisomeren des Benzens zählt auch das instabile, zu explosionsartiger Zersetzung neigende **Benzvalen** (Tricyclo[3.1.0.0^{2,6}]hex-3-en), das als Ausgangsmaterial zur Herstellung von Prisman dient.

Benzvalen

Derartige photochemisch oder thermisch induzierte, synchron verlaufende „Umlagerungen" wie die Umwandlung von Prisman oder Tectadien in Benzen werden als *Valenzisomerisierungen* bezeichnet. *Valenzisomere* sind *Konstitutionsisomere*, die durch intramolekulare Umordnung von Bindungen entstehen und sich trennen lassen, wenn die Energiebarriere für ihre gegenseitige Umwandlung hoch genug ist. Es können sowohl σ- als auch π- Bindungen gelöst und neu gebildet werden, ohne dass dabei eine Wanderung von Atomen erfolgt (siehe auch ▸Kap. 3.2.14.3).

3.1.10.4 Kriterien des aromatischen Zustandes – Hückel-Regel

Kennzeichnend für aromatische Moleküle ist das Vorhandensein eines *cyclischen, planaren und delokalisierten π-Elektronensystems.* Alle Atome des Ringgerüsts sind sp^2-hybridisiert.

Die quantenmechanische Behandlung aromatischer Systeme liefert darüber hinaus das Ergebnis, dass zur Ausbildung eines solchen delokalisierten Bindungssystems insgesamt **(4n +2)π-Elektronen (Hückel-Regel)** (n = 0, 1, 2, 3 usw.) erforderlich sind, das betreffende Ringsystem also 2, 6, 10, 14 usw. π-Elektronen enthält [vgl. **MC-Fragen Nr. 29, 30, 562–566, 1764, 1767, 1779**].

Beispiele hierfür sind neben **Benzen** mit 6 π-Elektronen (n=1), das **Naphthalen (Naphthalin)** mit 10 π-Elektronen (n=2) sowie **Anthracen** und **Phenanthren** mit jeweils 14 π-Elektronen (n=3).

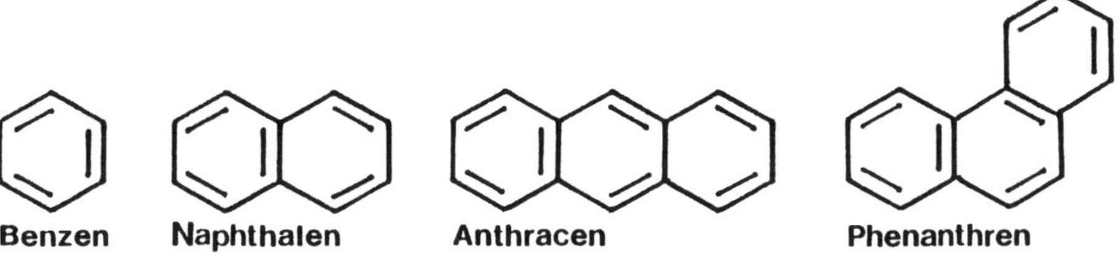

Die Eigenschaften von Molekülen mit cyclischer Konjugation [**(4n)π-Systeme)**], die *nicht* der Hückel-Regel gehorchen, bezeichnet man als *antiaromatisch.* Sie sind energiereicher als ihre offenkettigen Analoga.

So ist **Cyclobutadien** mit 4 π-Elektronen *antiaromatisch* und weit weniger stabil als das acyclische Buta-1,3-dien [vgl. **MC-Fragen Nr. 29, 563, 564, 569, 576**].

Valenzisomere des Cyclobutadiens

Auch für ein hypothetisches, *planares* **Cyclooctatetraen-Molekül** mit 8 π-Elektronen könnte man zwei valenzisomere Strukturen formulieren. Wie das Energieniveauschema in o Abb. 3.33 ausweist, besäße ein solches Molekül – im Gegensatz zu Benzen (o Abb. 3.29) – keine „komplette Orbitalschale" und hätte Diradikal-Eigenschaften. Cyclooctatetraen ist jedoch *nicht* planar gebaut, sondern hat eine *wannenförmige* Struktur mit *alternierenden* Einfach- und Doppelbindungen. Die Bindungsabstände und die Eigenschaften sind typisch für ein konjugiertes *Polyen* mit geringer Delokalisierungsenergie. Trotz seiner 8 π-Elektronen kann Cyclooctatetraen auch *nicht* als antiaromatisch angesehen werden, weil das Molekül *nicht eben* gebaut ist.

Hückel-Regel: Cyclische, planare konjugierte π-Systeme mit (4n+2)π-Elektronen sind stabiler als ihre offenkettigen Analoga gleicher C-Zahl. Sie besitzen aromatischen Charakter bzw. Aromatizität.
Ebene Ringsysteme mit (4n) konjugierten π-Elektronen sind weniger stabil als ihre acyclischen Analoga. Sie haben antiaromatischen Charakter.

3.1.10.5 Monocyclische, nichtbenzoide Aromaten

Die (4n+2)-Regel gilt auch für Strukturen, in denen das stabilisierte cyclische Teilchen ein Anion oder Kation ist. Hierzu zählen u. a. das **Cycloheptatrienylium-Kation (Tropylium-Ion)** und das **Cyclopentadienyl-Anion**, die beide über ein π-Elektronensextett verfügen [vgl. **MC-Fragen Nr. 28, 562, 570, 572–574**].

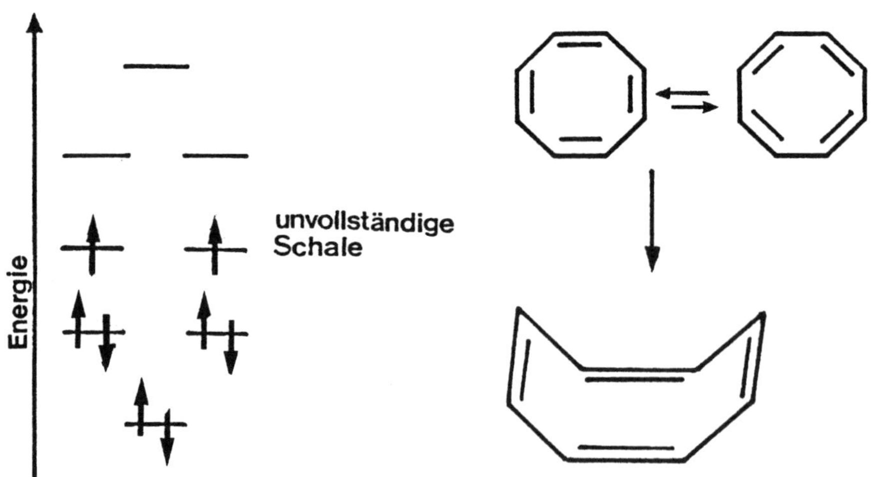

o **Abb. 3.33 Energieniveauschema der π-MO für ein „planares" Cyclooctatetraen**

Die leichte Deprotonierung des CH-aciden Cyclopenta-1,3-diens kann mit der Mesomeriestabilisierung des entstehenden Cyclopentadienyl-Anions erklärt werden. Salzartige *Alkalicyclopentadienide* wie **Natrium**- oder **Kaliumcyclopentadienid** bilden sich auch bei der direkten Umsetzung dieses cyclischen Diens mit den betreffenden Metallen. In den eben gebauten Cyclopentadieniden sind alle Atome sp^2-hybridisiert und die Bindungsabstände sind gleich lang [siehe auch ▸Kap. 3.19.4.3 und **MC-Fragen Nr. 3, 523, 554, 568, 569, 571–574**].

Salze des Cycloheptatrienylium-Kations erhält man z. B. durch Addition von Brom an Cyclohepta-1,3,5-trien mit nachfolgender Dehydrobromierung [vgl. **MC-Fragen Nr. 571, 579**].

Br_2
Br
Br
– HBr
Br
Br^-
Cyclohepta-1,3,5-trien

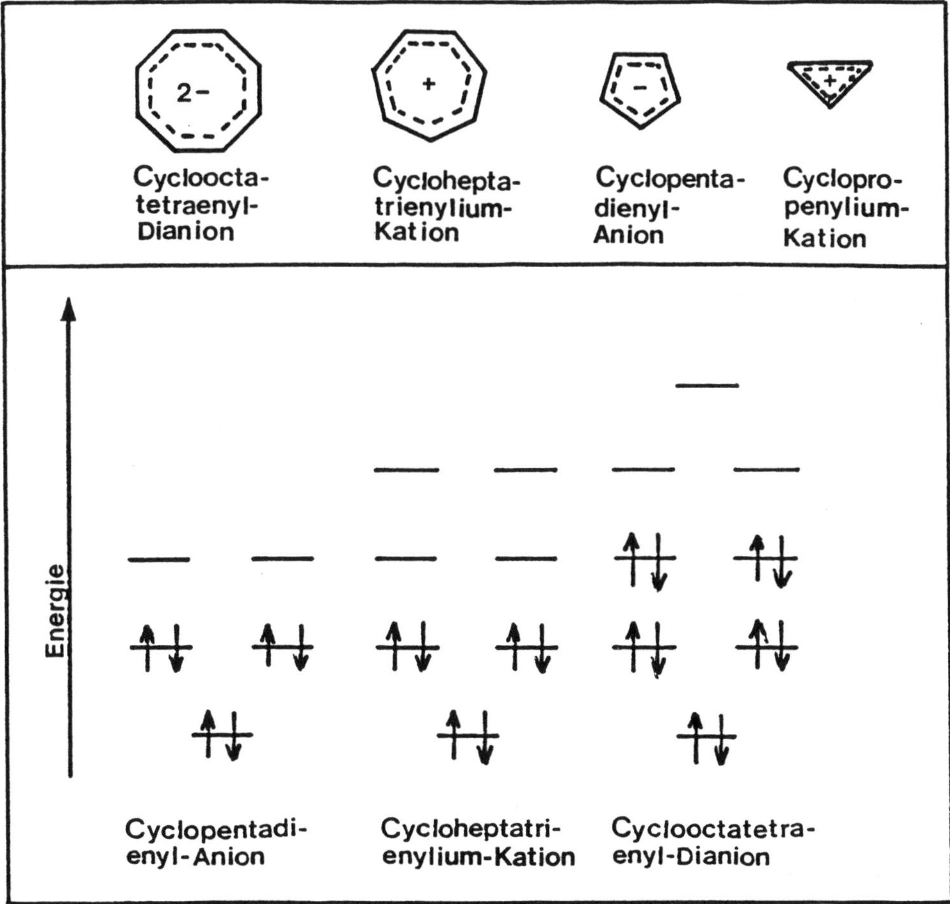

o Abb. 3.34 Energieniveauschema nichtbenzoider Aromaten

◦ Abb. 3.34 zeigt das Termschema dieser nichtbenzoiden aromatischen Verbindungen und belegt, dass deren höchste bindenden Orbitale *vollständig* mit Elektronen besetzt sind, wie es die Hückel-Regel für aromatische Systeme verlangt.

Das kleinste aromatische Ringsystem ist das **Cyclopropenylium-Kation** mit 2 π-Elektronen, das beispielsweise bei der Protonierung von 2,3-Diphenylcyclopropenon gebildet wird [vgl. **MC-Fragen Nr. 28, 29, 563, 564, 569, 571, 573, 575, 577, 578**].

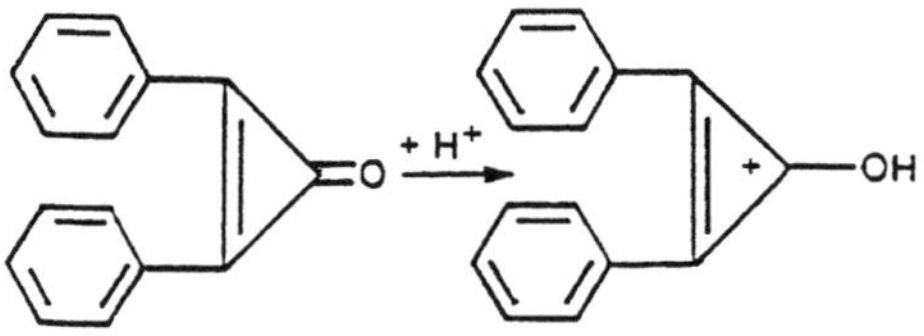

Ein weiteres Ringsystem mit insgesamt zwei π-Elektronen liegt im Dianion der **Quadratsäure** (3,4-Dihydroxy-cyclobut-3-en-1,2-dion) vor. Die Quadratsäure ist eine starke Säure (pK_{s1} = -0,59; pK_{s2} = 3,48) vergleichbar mit der Acidität der Schwefelsäure [vgl. **MC-Frage Nr. 574**].

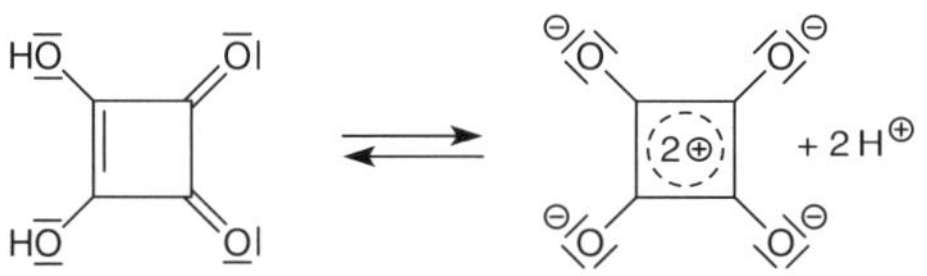

Quadratsäure

Zu den nichtbenzoiden Aromaten zählen ferner das **Cyclooctatetraenyl-Dianion** sowie das *dipolare* **Azulen**, die jeweils 10 π-Elektronen enthalten [vgl. **MC-Fragen Nr. 549, 563, 575**].

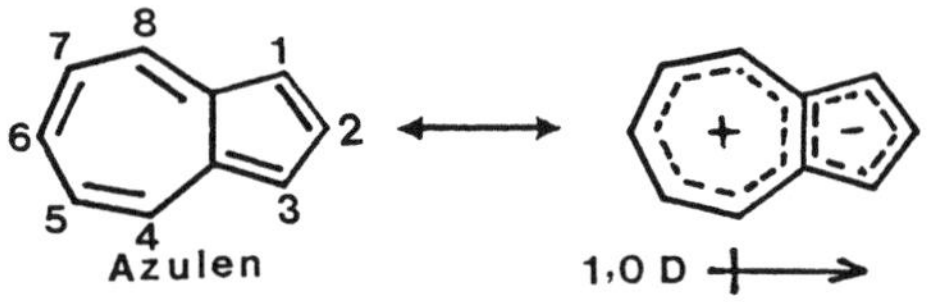

Azulen

1,0 D

Ein bemerkenswertes Ringsystem liegt im blau-gefärbten, in ätherischen Ölen vorkommendem **Azulen** (Bicyclo[5.3.0]deca-1,3,5,7,9-pentaen) vor. Das Molekül besitzt ein *Dipolmoment,* was darauf schließen lässt, dass vom Siebenring partiell π-Elektronen auf den Fünfring übertragen werden. Es kann als eine Kombination aus einem Cycloheptatrienylium-Kation und einem Cyclopentadienyl-Anion aufgefasst werden. Die Mesomerieenergie von Azulen beträgt ca. 176 kJ mol^{-1}.

Elektrophile Substitutionsreaktionen erfolgen sehr leicht an C-1 und C-3 des fünfgliedrigen Carbocyclus. Darüber hinaus ist der siebengliedrige Carbocyclus auch nucleophil substituierbar. Beim Erhitzen isomerisiert Azulen zu *Naphthalen*, ebenfalls ein 10π-Elektronensystem [vgl. **MC-Fragen Nr. 567, 570, 571, 575, 581–587**].

Azulen löst sich in starken Säuren. Dabei geht – je nach Konzentration – die blaue Farbe in Gelb, Braun oder einen rötlichen Farbton über. Unter diesen Bedingungen wird das basische Azulen zum **Azulenium-Kation** protoniert. Beim Verdünnen solcher Lösungen mit Wasser wird das Protolysegleichgewicht verschoben und es tritt erneut die blaue Farbe des nicht-protonierten Azulens auf.

$$+ \; H_3O^{\oplus} \rightleftharpoons \; + \; H_2O$$

Azulenium-Ion

Stabilisierte *Cyclopentadienide* liegen in vielen *Aromatenkomplexen* wie z. B. im orangeroten **Ferrocen** oder anderen *Metall-π-Komplexen* vor. Wie o Abb. 3.35 zeigt, befindet sich das Eisenatom im Ferrocen im Knotenpunkt eines Antiprismas, dessen Basisflächen zwei **Cyclopentadienyl-Anionen** bilden. Die C-Atome der beiden Ringe stehen auf Lücke. Die *„Sandwich-Struktur"* kommt dadurch zustande, dass die MO der π-Elektronensextette der carbocyclischen Ringsysteme mit d-Hybrid-AO des Metalls überlappen.

3.1.10.6 Heteroaromaten

Das Ringgerüst eines Aromaten muss nicht rein carbocyclisch sein. Aromatische Verbindungen, deren Ringe neben Kohlenstoff noch Heteroatome [N, O, S] enthalten, werden als *aromatische Heterocyclen* bezeichnet. Sie lassen sich unterteilen in **π-elektronenarme** und **π-elektronenreiche Heterocyclen** (siehe hierzu auch ▸ Kap. 3.15.2).

Im **Pyridin** und seinen Derivaten ersetzt ein sp^2-hybridisiertes N-Atom eine CH-Gruppe des Benzens. Das N-Atom bildet mit den beiden benachbarten C-Atomen eine σ-Bindung und das dritte N-sp^2-Hybrid-AO dient zur Aufnahme des freien Elektronenpaars am Stickstoffatom. Die π-Bindung entsteht schließlich durch Überlappung von je einem p-AO des Kohlenstoffs und Stickstoffs.

Als Beispiele π-elektronenarmer Heteroaromaten seien genannt [vgl. **MC-Fragen Nr. 1323, 1373, 1387–1389, 1753, 1779**]:

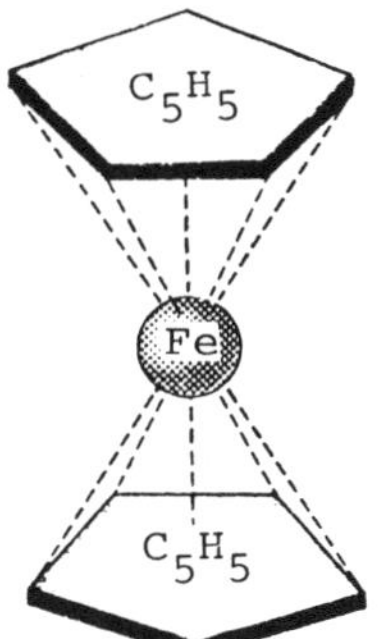

o **Abb. 3.35 Struktur des Ferrocens**

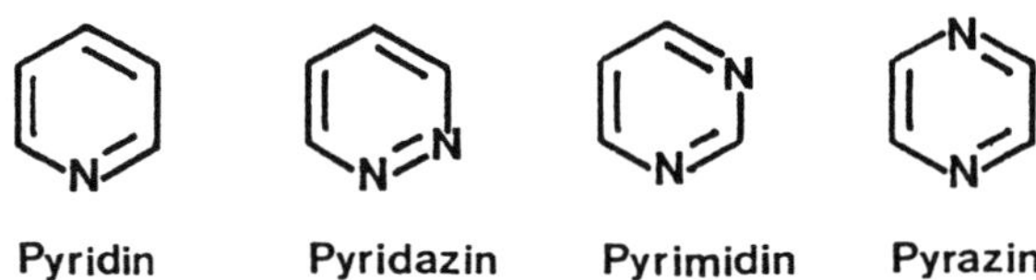

Ein Heteroatom, das zwei p-Elektronen zum aromatischen Sextett beisteuert, kann formal zwei CH-Gruppen des Benzens ersetzen. Dies erklärt den aromatischen Charakter von π-elektronenreichen Fünfringheterocyclen wie **Furan, Pyrrol** oder **Thiophen** [vgl. **MC-Fragen Nr. 1324, 1373, 1374, 1376, 1383**].

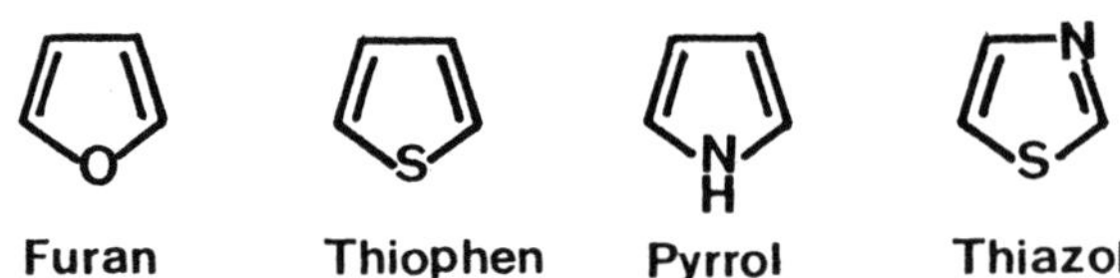

3.1.10.7 Ringstrom (Diamagnetische Anisotropie)

Die *Kernresonanzspektroskopie* hat ein weiteres Kriterium für den aromatischen Zustand geliefert.

Wie in ○ Abb. 3.36 dargestellt, induziert ein äußeres Magnetfeld (H) in den kreisförmigen MO der π-Elektronen eines Aromaten einen *Ringstrom* (R), der zur Entstehung eines kleineren, dem äußeren entgegengesetzt gerichteten Magnetfeldes (H') führt. Das Resonanzsignal der aromatischen Wasserstoffatome erscheint daher im Kernresonanzspektrum bereits bei einem kleineren äußeren Magnetfeld als das Signal von H-Atomen in Alkenen (siehe hierzu auch Ehlers, **Analytik II**, ▸ Kap. 11.10.3). Zusammenfassend kann über aromatische Verbindung folgendes ausgeführt werden:

> Aromatische Verbindungen sind cyclische, planare Systeme mit (4n+2)π-Elektronen, die einen diamagnetischen Ringstrom aufweisen, und in denen alle Ringatome in ein einziges konjugiertes System einbezogen sind.

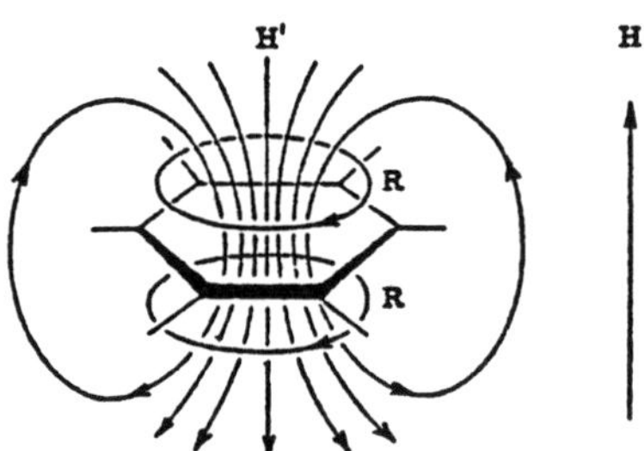

○ **Abb. 3.36 Diamagnetische Anisotropie**

3.1.10.8 Mesomerie (Resonanz)

Der Begriff **Mesomerie** (**Resonanz**) beschreibt den Sachverhalt, dass ein Molekül durch *Delokalisierung von π-Elektronen* stabilisiert ist. Das Molekül kann nur durch zwei oder mehrere Strukturen (Grenzformeln), die sich in ihrer Elektronenanordnung unterscheiden, wiedergegeben werden. Für ein mesomeres Molekül existiert daher keine eindeutige Lewis-Formel (Valenzstrichformel). Der *Mesomeriepfeil* (*Doppelpfeil*, ↔) soll symbolisieren, dass es sich hierbei *nicht* um ein chemisches Gleichgewicht zwischen verschiedenen realen Strukturen, sondern um einen Zwischenzustand zwischen unterschiedlichen Grenzstrukturen handelt.

Anzumerken ist auch, dass das reale Molekül stets stabiler ist als jede einzelne der fiktiven Grenzformeln. Diese Stabilitätszunahme wird als *Mesomerieenergie* (*Resonanzenergie*) bezeichnet. Die Mesomerieenergie ist umso größer, je größer die Zahl ähnlicher Grenzstrukturen ist.

Mesomerie tritt nicht nur bei neutralen Molekülen (**Benzen**, **Naphthalen**, **Pyridin**, **Buta-1,3-dien**, **Acrolein** u. a.) auf, sondern zeigt sich auch bei Anionen (**Carboxylat**-, **Enolat**-, **Cyclopentadienyl-Ion** u. a.) und Kationen (**Allyl-**, **Cyclopropenylium-**, **Guanidinium-Ion** u. a.). Diese Ionen enthalten – wie die u. a. MC-Beispiele belegen – konjugierte Mehrfachbindungen oder in Nachbarstellung zu einer Doppelbindung ein Atom mit einem freien Elektronpaar bzw. einer Elektronenpaarlücke. Beispiele für mesomeriestabilisierte Ionen sind [vgl. **MC-Fragen Nr. 27, 28, 31–35**]:

$$\left[H_2C{=}CH{-}\overset{\oplus}{C}H_2 \longleftrightarrow H_2\overset{\oplus}{C}{-}CH{=}CH_2\right]$$

$$\left[H_3C{-}\overline{\underline{O}}{-}\overset{\oplus}{C}H_2 \longleftrightarrow H_3C{-}\overset{\oplus}{\underline{O}}{=}CH_2\right]$$

$$\left[H_3C{-}\underset{H}{C}{=}\overset{\oplus}{\underline{O}}{-}H \longleftrightarrow H_3C{-}\underset{H}{\overset{\oplus}{C}}{-}\overline{\underline{O}}{-}H\right]$$

$$\left[H_3C{-}\underset{|\underline{O}H}{C}{=}\overset{\oplus}{\underline{O}}{-}H \longleftrightarrow H_3C{-}\underset{\oplus\underline{O}H}{C}{-}\overline{\underline{O}}{-}H\right]$$

$$\left[H_3C{-}\overset{\ominus}{\overline{C}}H{-}\underset{H}{C}{=}\overline{O} \longleftrightarrow H_3C{-}CH{=}\underset{H}{C}{-}\overline{\underline{O}}|^{\ominus}\right]$$

$$\left[H_3C{-}\underset{|O|}{C}{-}\overline{\underline{O}}|^{\ominus} \longleftrightarrow H_3C{-}\underset{|\underline{O}|^{\ominus}}{C}{=}\overline{O}\right]$$

$$\left[H_2\overset{\ominus}{\overline{C}}{-}\underset{CH_3}{C}{=}\overline{O} \longleftrightarrow H_2C{=}\underset{CH_3}{C}{-}\overline{\underline{O}}|^{\ominus}\right]$$

Mesomere Verbindungen haben einen geringeren Energieinhalt als jede einzelne fiktive Grenzstruktur, die zu ihrer Beschreibung herangezogen wird. Man sagt ein Molekül wird durch Mesomerie *stabilisiert*. Charakteristisch für mesomeriefähige Systeme ist die Möglichkeit, Ladungen und Elektronen – insbesondere *π-Elektronen* – über mehrere Atome zu *delokalisieren*. Zu beachten ist, dass Grenzstrukturen keinerlei physikalische Realität besitzen, sondern nur ein Mittel sind, ein Molekül, für das keine Lewis-Formel existiert, näherungsweise zu beschreiben.

• Mesomerie-Effekte

Unter *Mesomerie-Effekt (M-Effekt)* versteht man die Fähigkeit eines Substituenten mit einem benachbarten *ungesättigten* Bindungssystem in Resonanz zu treten.

Substituenten, die infolge von Mesomerie-Effekten eine gewisse Elektronendichte zum konjugierten System beisteuern, sind *Elektronendonatoren* und haben einen **+M-Effekt**. Substituenten, die die Elektronendichte derartiger Systeme erniedrigen, sind *Elektronenakzeptoren* und haben einen **–M-Effekt** [vgl. **MC-Frage Nr. 36**]

Berücksichtigt man, dass diese Substituenten noch über induktive Effekte verfügen, so ist folgende, in ◘Tab. 3.6 zusammengefasste Klassifizierung von Substituenten möglich [siehe auch ▸Kap. 3.1.8.1 und **MC-Fragen Nr. 675–679**]:

+M-Effekt: Zur Ausübung eines +M-Effektes muss der Substituent an dem zu einem Doppelbindungssystem unmittelbar benachbarten Atom über ein *freies Elektronenpaar* verfügen, das durch Wechselwirkung mit der Doppelbindung deren π-Elektronendichte erhöht.

```
   ↶           ⌒   ⌒
-C=C-X̄       -C=C-X=Y
 | |          | |
```

[+M-Effekt] [–M-Effekt]

–M-Effekt: -M-Substituenten sind dadurch gekennzeichnet, dass sie durch ihre Konjugation mit π-Elektronen zu einer Elektronenverschiebung aus dem Doppelbindungssystem heraus führen. Häufig handelt es sich um Gruppen der allgemeinen Form X=Y, wobei das doppelt gebundene Atom Y eine negative Ladung übernehmen kann. Der –M-Effekt ist umso ausgeprägter, je größer die Bereitschaft des Atoms Y zur Aufnahme negativer Ladung ist.

Da die optimale Wechselwirkung von Substituenten mit benachbarten π-Elektronen eine *koplanare Anordnung mehratomiger Substituenten zum Doppelbindungssystem* voraussetzt, können mesomere Effekte ganz oder teilweise aufgehoben sein, wenn eine ebene Atomanordnung aus sterischen Gründen nicht möglich ist.

• Hyperkonjugation

Der *induktive Effekt* von *Alkylgruppen* kann wie folgt geordnet werden (siehe auch ▸Kap. 3.1.8.1):

◘ Tab. 3.6 Substituenteneinflüsse

+M/+I	+M/-I		-M/-I	
$-O^-$	-F	-O-CO-R	$-NO_2$	-COOR
$-S^-$	-Cl	-SH	-CN	$-CONH_2$
$-CH_3$	-Br	-SR	-CHO	$-SO_2R$
$-CR_3$	-I	$-NH_2$	-CO-R	$-SO_3H$
	-OH	$-NR_2$	-COOH	$-CF_3$
	-OR	-NH-CO-R		

Methyl < Ethyl < Isopropyl < *tert*-Butyl
$[-CH_3]$ $[-CH_2CH_3]$ $[-CH(CH_3)_2]$ $[-C(CH_3)_3]$

Stehen die Alkylgruppen jedoch in Konjugation zu einem Doppelbindungssystem wie z. B. im **Propen** $[H_3C\text{-}CH\text{=}CH_2]$ oder **Toluen** (Toluol, Methylbenzen) $[C_6H_5\text{-}CH_3]$, so findet man meistens eine umgekehrte Rangfolge der Elektronendonator-Eigenschaften solcher Substituenten:

Methyl > Ethyl > Isopropyl > *tert*-Butyl

Dieser Effekt wird *Hyperkonjugation* genannt. Man hat ihn mit einer Erweiterung des mesomeren Effektes zu erklären versucht, wobei die Elektronendelokalisierung in folgender Weise stattfinden soll:

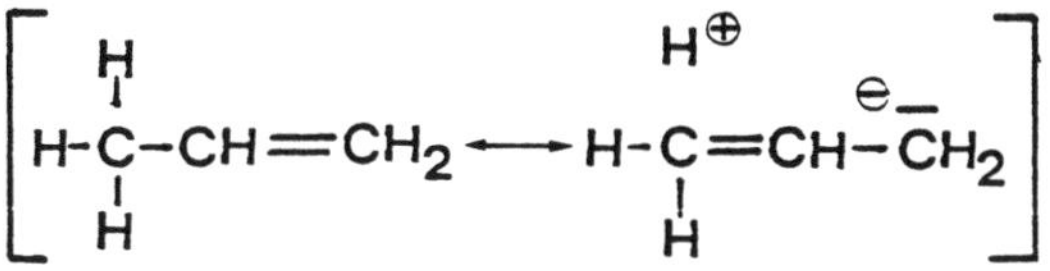

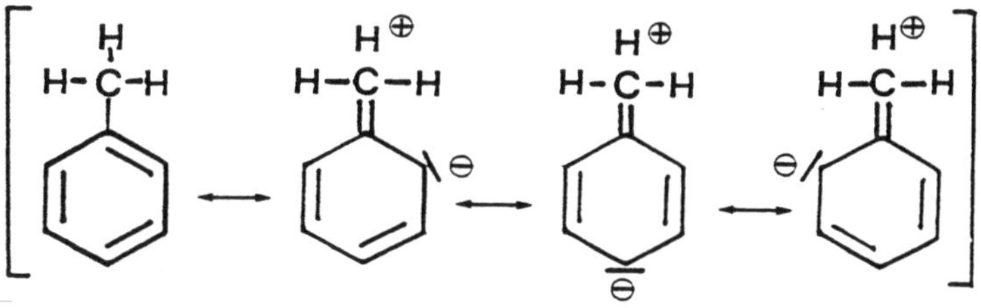

H-C(H)(H)-CH=CH₂ ⟷ H-C(H)(H⊕)=CH-CH₂⊖

Nach neueren Befunden spielt die Hyperkonjugation für die Grundzustände organischer Moleküle nur eine untergeordnete Rolle. Sie ist hingegen von Bedeutung für die Eigenschaften der Moleküle in angeregten Zuständen oder als elektronenliefernder Mechanismus in den *Übergangszuständen* chemischer Reaktionen.

Die Hyperkonjugation erklärt auch die erhöhte *Stabilität* von *Alkenen* mit zunehmendem *Substitutionsgrad.* So ist z. B. das dreifach substitutierte **2-Methylbut-2-en** thermodynamisch stabiler als das zweifach substituierte **2-Methylbut-1-en** [vgl. **MC-Frage Nr. 23**].

$H_3C\text{-}C(CH_3)\text{=}CH\text{-}CH_3$ stabiler als $H_2C\text{=}C(CH_3)\text{-}CH_2\text{-}CH_3$

2-Methylbut-2-en 2-Methylbut-1-en

Desgleichen kann die erhöhte Stabilität von tertiären Alkylradikalen ($R_3C\cdot$) im Vergleich zu primären ($RCH_2\cdot$) und sekundären Alkylradikalen ($R_2CH\cdot$) mit der Hyperkonjugation von Alkylgruppen erklärt werden [vgl. **MC-Fragen Nr. 38–42**].

Auch die im Vergleich zu **Benzen** $[C_6H_6]$ festgestellte erhöhte *Reaktivität* von **Toluen** $[C_6H_5\text{-}CH_3]$ gegenüber Elektrophilen kann als Hyperkonjugationseffekt gedeutet werden [vgl. **MC-Frage Nr. 37**].

3.1.11 Reaktive Zwischenstufen

3.1.11.1 Trennung chemischer Bindungen

Bei jeder chemischen Reaktion werden Bindungen getrennt und neue gebildet. Die Trennung kovalenter Bindungen kann wie folgt ablaufen:

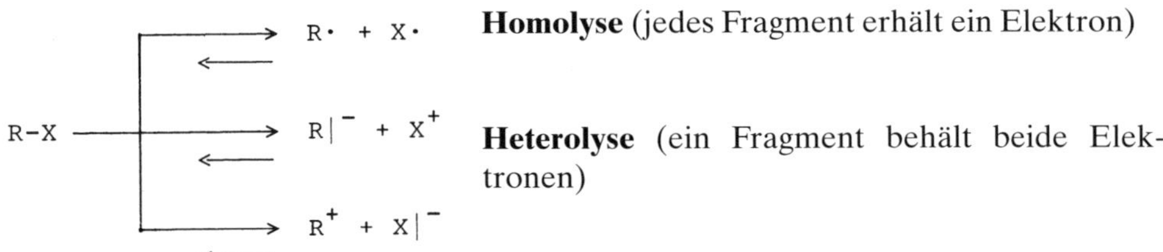

Bei der *homolytischen Bindungsspaltung* entstehen *Radikale* als reaktive Zwischenstufen, bei der *heterolytischen Spaltung* einer Bindung bilden sich *Ionen*. Wenn R und X nicht identisch sind, kann die Heterolyse in zweifacher Weise erfolgen, je nachdem, ob R oder X bei der Bindungstrennung das bindende Elektronenpaar erhalten [vgl. **MC-Frage Nr. 52**].

Trägt hierbei ein C-Atom eine positive Ladung, so spricht man von einem *Carbeniumion*, besitzt es eine negative Ladung, so liegt ein *Carbanion* vor. Als weitere reaktive Zwischenstufen werden in den nachfolgenden Abschnitten noch *Carbene* und *Nitrene* diskutiert.

3.1.11.2 Radikale

Radikale sind Atome, Moleküle oder Ionen, die ungepaarte Elektronen besitzen. Freie Radikale sind daher *paramagnetisch*. Sie entstehen fast immer durch *Homolyse* einer kovalenten Bindung und sind in der *Gasphase* nachweisbar. Darüber hinaus werden sie bei *Redoxvorgängen* gebildet, wenn dabei Ein-Elektronenübergänge stattfinden [siehe auch ▸Kap. 3.2.4.1 und **MC-Fragen Nr. 52–54**].

Für viele C-Radikale, wie z. B. das **Methyl-Radikal** ($CH_3^\bullet$), wird eine *planare Struktur* angenommen. Das einzelne Elektron besetzt das p-Orbital eines sp^2-hybridisierten Kohlenstoffs [vgl. **MC-Frage Nr. 53**].

Die *Stabilität* von Kohlenstoff-Radikalen nimmt in folgender Reihe zu [vgl. **MC-Fragen Nr. 55-57, 142**]:

primäres < sekundäres < tertiäres Alkyl- < Benzyl-
< Diphenylmethyl- < Triphenylmethyl-Radikal

Parallel zur erhöhten Stabilität nimmt auch die Bildungstendenz zu. So wird z. B. ein tertiäres Alkyl-Radikal leichter gebildet als ein primäres. Die hohe Stabilität tertiärer Alkyl-Radikale kann mit einem *Hyperkonjugationseffekt* der Substituenten erklärt werden [vgl. **MC-Fragen Nr. 55, 57, 142**].

Radikale reagieren meistens unter Verlust des Radikalcharakters. Für Radikale typische *Reaktionen* sind [vgl. **MC-Frage Nr. 52**]:

```
Substitution:            R-H + X· → HX + R· → Folgereaktionen
                                 | |        | |
Addition:                R· + -C=C- →  R-C-C· → Folgereaktionen
                                        | |

Rekombination:           R· + R· → R-R
                           | |     | |       | |      | |
Disproportionierung:     H-C-C· + H-C-C· → H-C-C-H + -C=C-
                           | |     | |       | |
                           R       R
                           | |     | |
Umlagerung:              R-C-C· → ·C-C-R →  Folgereaktionen
                           | |     | |

Fragmentierung:          R-COO· →  CO2 + R· → Folgereaktionen
```

Einen vertiefenden Einblick in radikalisch ablaufende Reaktionen geben die Abschnitte „*Radikalische Substitution*“ (▸Kap. 3.2.4) und „*Radikalische Addition*“ (▸Kap. 3.2.13).

3.1.11.3 Carbokationen

Carbokationen sind reaktive Zwischenstufen mit einem positiv geladenen Kohlenstoff. Sie lassen sich einteilen in [vgl. **MC-Frage Nr. 62**]:

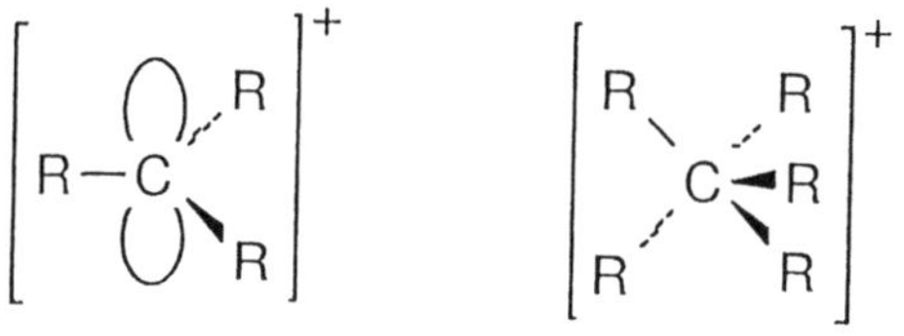

Carbeniumion   Carboniumion

- *Dreibindige* („klassische“) **Carbeniumionen [R_3C^+]**, die ein zentrales *sp^2-hybridisiertes C-Atom* mit einem *Elektronensextett* enthalten. Carbeniumionen sind *eben* gebaut und spielen eine wichtige Rolle als Zwischenprodukt bei monomolekularen *Substitutions-* und *Eliminierungsreaktionen* (siehe ▸Kap. 3.2.5.2 und 3.2.10.1).
- Fünffach (oder vierfach) koordinierte („nichtklassische“ oder „verbrückte“) **Carboniumionen** [z. B. **R_5C^+**], deren zentrales C-Atom durch drei Einfachbindungen und eine Zwei-Elektronen-Dreizentrenbindung mit anderen Bindungspartnern verknüpft ist. Beispielsweise würde der *Übergangszustand einer S_N2-Reaktion* dieser Vorstellung entsprechen (siehe ▸Kap. 3.2.5.1).

Es sei darauf hingewiesen, dass „nichtklassische Ionen“ wie das **2-Norbonyl-Kation** mittlerweile nachgewiesen wurden (siehe dazu Lehrbücher der organischen Chemie).

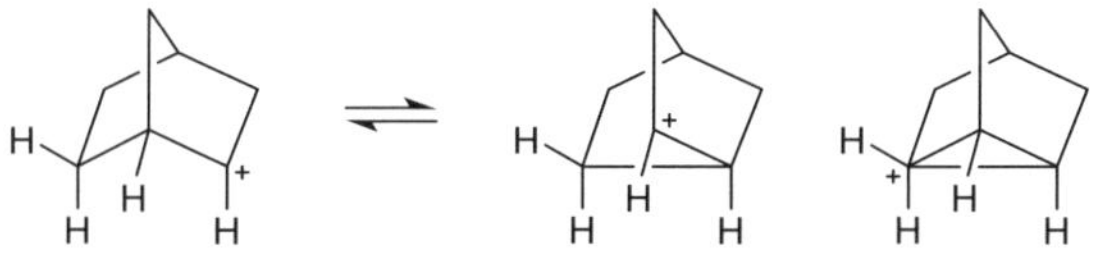

2-Norbornyl-Kation

Im folgenden Abschnitt sollen aber nur die Eigenschaften reaktiver Carbeniumionen detaillierter vorgestellt werden.

- **Carbeniumionen**

Bildung: Carbeniumionen sind im Allgemeinen sehr kurzlebig und können erzeugt werden

- durch heterolytische Bindungsspaltung neutraler Substanzen,

$$R_3C\text{-}X \rightarrow R_3C^+ + X^-$$

- durch Anlagerung von Kationen an neutrale Moleküle oder
- aus anderen Kationen, z. B. beim Zerfall von Diazoniumionen (siehe ▸Kap. 3.10.3.4).

$$R\text{-}N_2^+ \rightarrow R^+ + N_2\uparrow$$

Struktur: Wie ○Abb. 3.37 veranschaulicht, lassen sich Carbeniumionen am besten mit der Annahme einer sp^2-Hybridisierung des Kohlenstoffs beschreiben. Das zentrale C-Atom und die drei unmittelbar daran gebundenen Atome liegen in einer *Ebene* (a). Senkrecht dazu befindet sich ein *leeres* p-Orbital (b). Diese Anordnung ist energetisch begünstigt, weil hierdurch die drei Substituenten am C-Atom so weit wie möglich voneinander entfernt sind.

Stabilität: In Lösung haben Carbeniumionen eine kurze, aber endliche Lebensdauer. Sie können durch Delokalisierung ihrer positiven Ladung stabilisiert werden. Dies kann durch +I- oder +M-Effekte von Substituenten geschehen. Deshalb nimmt die Stabilität von Carbeniumionen aufgrund des +I-Effektes der Alkylgruppen in der folgenden Reihe von links nach rechts zu:

```
   H              H               R             R
   |              |               |             |
 H-C+     <     R-C+      <     R-C+    <     R-C+
   |              |               |             |
   H              H               H             R

Methyl-      primäres       sekundäres    tertiäres
Kation                    Carbeniumion
```

Die besondere Stabilität tertiärer Carbeniumionen zeigt sich u. a. daran, dass das ***n*-Butyl-Kation** [$CH_3CH_2CH_2CH_2^+$] leicht zum ***tert*-Butyl-Kation** [$(CH_3)_3C^+$] isomerisiert. *Primäre* aliphatische *Carbeniumionen* sind so instabil, dass sie als Reaktionszwischenprodukte *in Lösung* praktisch *nicht* vorkommen, während tertiäre Carbenium-

○ **Abb. 3.37 Struktur von Carbeniumionen**

ionen bei chemischen Reaktionen ziemlich häufig auftreten [vgl. **MC-Fragen Nr. 38–42, 784, 1687**].

Demgegenüber besitzen das **Benzyl-Kation** [$C_6H_5\text{-}CH_2^+$] bzw. das **Allyl-Kation** [$CH_2\text{=}CH\text{-}CH_2^+$] aufgrund von Resonanzeffekten eine erhöhte Stabilität, die in folgenden mesomeren Grenzstrukturen zum Ausdruck kommt [vgl. **MC-Fragen Nr. 38–42, 1687**]:

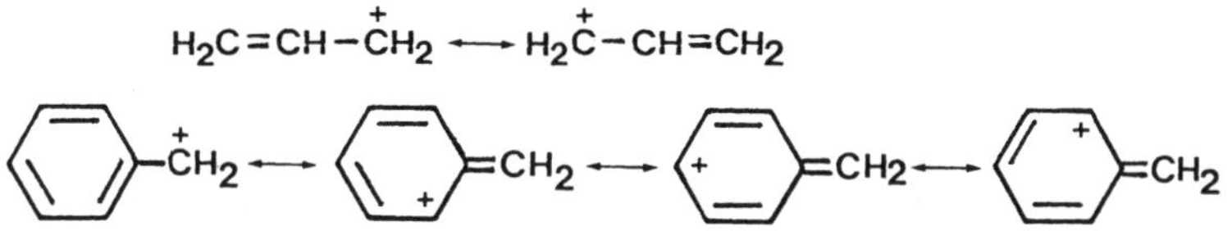

$$H_2C{=}CH{-}\overset{+}{C}H_2 \longleftrightarrow H_2\overset{+}{C}{-}CH{=}CH_2$$

> Die Stabilität eines elektrisch geladenen Teilchens kann durch Verteilung seiner Ladung erhöht werden. Daher destabilisieren Elektronenakzeptor-Gruppen Carbeniumionen, während Elektronendonatoren sie stabilisieren.
> Aufgrund des +I-Effektes von Alkylresten steigt im Allgemeinen die Stabilität in der Reihenfolge primäres < sekundäres < tertiäres Carbeniumion an. Auch die Delokalisierung der positiven Ladung führt zu einer beträchtlichen Erhöhung der Stabilität von Carbeniumionen, sodass sich folgende Reihe zunehmender Stabilität ergibt:
> Methyl- < primäres < sekundäres < tertiäres Alkyl- < Allyl- < Benzyl- < Diphenylmethyl- < Triphenylmethyl-Kation.

Reaktionen: Carbeniumionen gehen im Wesentlichen vier Arten von Reaktionen ein:

- Kombination mit einem Nucleophil (siehe ▸Kap. 3.2.5.2 „*S_N1-Reaktionen*"),
- Abspaltung eines Protons (siehe ▸Kap. 3.2.10.1 „*E1-Reaktionen*"),
- Anlagerung an eine Mehrfachbindung bzw. an ein aromatisches Ringsystem (siehe ▸Kap. 3.2.6.1 „*S_E-Reaktionen*"),
- Umlagerung (siehe ▸Kap. 3.2.16.1 „*Sextettumlagerungen am Kohlenstoff*").

Die ersten beiden Reaktionswege führen zu stabilen Endprodukten, während bei den letztgenannten neue Carbeniumionen gebildet werden, denen wiederum alle vier Reaktionsmöglichkeiten zur Verfügung stehen.

3.1.11.4 Carbanionen

Carbanionen enthalten einen *dreibindigen* Kohlenstoff mit einem *Elektronenoktett* [vgl. **MC-Fragen Nr. 60, 61**].

Bildung: Die basenkatalysierte, heterolytische Spaltung einer C-X-Bindung, wobei normalerweise Wasserstoff als Abgangsgruppe X fungiert, ist die allgemeinste Methode zur Darstellung von Carbanionen.

$$R_3C{-}X + B| \rightarrow R_3C|^- + B{-}X^+$$

Die aus **CH-aciden Verbindungen** gebildeten Carbanionen sind an zahlreichen Additions-, Substitutions-, Eliminations- und Umlagerungsreaktionen als reaktive Zwischenstufen beteiligt (siehe hierzu ▸Kap. 3.2.15.10, ▸Kap. 3.12.6 und ▸Kap. 3.14.6). Präparativ werden diese Reaktionen vor allem zur *Knüpfung von C-C-Bindungen* genutzt.

Struktur und Stabilität: Carbanionen sind *isoelektronisch* zu tertiären Aminen [$R_3N|$] und dürften wie diese *pyramidal* gebaut sein, wobei das freie Elektronenpaar ein AO besetzt, das näherungsweise sp^3-Hybridcharakter hat.

Die *Stabilität* einfacher Carbanionen nimmt in der Reihe primär > sekundär > tertiär ab. So ist das ***n*-Butyl-Anion** [$CH_3CH_2CH_2CH_2|^-$] thermodynamisch stabiler als das ***tert*-Butyl-Anion** [$(CH_3)_3C|^-$].

Wesentlich stabiler sind Carbanionen, deren *negative Ladung delokalisiert* ist. Derartige mesomeriestabilisierte Carbanionen erhält man leicht durch Deprotonierung von Aldehyden oder Ketonen mit α-ständigen H-Atomen (siehe hierzu auch ▸Kap. 3.2.15.4).

```
 [  |  |                 |  |      ]
 [ -C̲-C=O      ←→      -C=C-O| ⊖  ]
 [  ⊖                              ]
  Carbanion            Enolat-Anion
```

Mesomeriestabilisierte Carbanionen dürften *eben* gebaut sein, da nur so das in einem p-Orbital eines sp^2-hybridisierten Kohlenstoffs untergebrachte freie Elektronenpaar mit den π-Orbitalen konjugierter Doppelbindungen optimal in Wechselwirkung treten kann.

3.1.11.5 Carbene

Carbene sind nicht geladen und enthalten einen *zweibindigen* Kohlenstoff mit einem *Elektronensextett*. Das einfachste Carben wird **Methylen** [CH_2] genannt; der H-C-H-Bindungswinkel beträgt 103° [vgl. **MC-Fragen Nr. 43, 44, 59**].

Bildung: Carbene entstehen u. a. bei der Photolyse bzw. der thermischen Spaltung von **Diazoalkanen** und **Ketenen** [siehe auch ▸Kap. 3.10.5 und ▸Kap. 3.13.5 sowie **MC-Fragen Nr. 44, 47, 64**].

```
  ⊖ ⊕  _      -N2               -CO
R2C̲-N≡N   ──────→   R2C|  ←──────   R2C=C=O
Diazoalkan          Carben          Keten
```

Aus **Diazoketonen** bilden sich **Acylcarbene** und **Chloroform** liefert bei der Einwirkung von Alkalihydroxiden unter α-*Eliminierung* **Dichlorcarben** [vgl. **MC-Fragen Nr. 45, 46, 50, 63, 713, 715, 716, 1703**].

```
              ⊖ _  +     -N2
Diazoketon  R-C-C̄-N2   ──────→   R-C-C|    Acylcarben
              ‖ |                  ‖ |
              O H                  O H

CHCl3 + HO⁻  →  Cl⁻ + H2O + |CCl2      Dichlorcarben
```

Struktur: Für Carbene existieren zwei unterschiedliche Bindungszustände, je nachdem, ob die beiden freien Elektronen des Kohlenstoffs gepaart oder ungepaart sind (○Abb. 3.38) [vgl. **MC-Fragen Nr. 44, 47**].

Abb. 3.38 Singulett- und Triplett-Carben (die Pfeile symbolisieren Elektronen)

Im ersten Fall, wie z. B. im **Dichlorcarben** [CCl_2], verfügt das C-Atom über ein freies Elektronenpaar und eine Elektronenpaarlücke. In solchen **Singulett-Carbenen** befinden sich die beiden Elektronen mit antiparallelem Spin in einem sp^2-Hybrid-AO; ein p-Orbital bleibt unbesetzt. Singulett-Carbene sind gewinkelt gebaut [vgl. **MC-Frage Nr. 47**]

Demgegenüber besitzt z. B. **Diphenylcarben** [$(C_6H_5)_2C$] aufgrund seiner beiden ungepaarten Elektronen *Diradikal-Charakter*. Reaktive Zwischenstufen dieser Art werden als **Triplett-Carbene** bezeichnet. Die beiden Elektronen besetzen jeweils ein p-Orbital und das C-Atom in Triplett-Carbenen besitzt eine sp-Geometrie [vgl. **MC-Frage Nr. 47**].

Sofern die Nachbaratome des Carben-C-Atoms über freie Elektronenpaare verfügen, wie im **Dichlorcarben,** kann dies durch Kompensieren des Elektronenmangels am Carbenkohlenstoff zu einer gewissen Stabilisierung führen.

Dichlorcarben

Reaktionen: Carbene besitzen eine Elektronenpaarlücke und sind *Elektronenmangelverbindungen (Elektrophile)* hoher Reaktivität. Ihre Reaktionen mit *Nucleophilen* basieren auf dem Bestreben der Carbene als Lewis-Säure zu reagieren und ihr Elektronensextett zum Oktett aufzufüllen. Die Reaktionen von Carbenen lassen sich einteilen in [vgl. **MC-Fragen Nr. 44–48, 50, 51, 1703**]:

- Umlagerungen (bzw. Isomerisierungen); so lagern sich Carbene (R-CH_2-CH|) unter Wanderung eines Hydrid-Ions (~H^-) leicht in Alkene (R-CH=CH_2) um. Aus Acylcarbenen (R-CO-CH|) entstehen durch Wolff-Umlagerung Ketene (O=C=CH-R) (siehe auch ▸Kap. 3.2.16.2).
- Einschiebereaktionen (*Insertionen*), z. B. in C-H-Bindungen,
- Additionsreaktionen, z. B. an C=C-Doppelbindungen unter Bildung von Cyclopropan-Derivaten (siehe auch ▸Kap. 3.2.14.4 „*2+1-Cycloadditionen*“).

Beispielsweise kann sich **Isopropylcarben** unter C-H-Insertion zu **Methylcyclopropan** stabilisieren. Darüber hinaus bildet sich unter Hydrid-Wanderung auch **1,1-Dimethylethylen** [vgl. **MC-Frage Nr. 48**].

$$H_3C\text{-cyclopropyl} \leftarrow (CH_3)_2CH\text{-}\overline{C}H \rightarrow (CH_3)_2C{=}CH_2$$

Singulett-Carbene werden an Alkene *stereospezifisch* zu Cyclopropan-Derivaten addiert. Aus **Z-But-2-en** (CH_3-CH=CH-CH_3) bildet sich ***cis*-1,2-Dimethylcyclopropan**, aus ***E*-But-2-en** entsteht ***trans*-1,2-Dimethylcyclopropan**. Diradikalische *Triplett-Carbene* ergeben hingegen *cis*- und *trans*-Addukte [vgl. **MC-Frage Nr. 45**].

Dichlorcarben fungiert als *elektrophiles* Agens bei der *Isonitrilreaktion* primärer Amine und ist Edukt der *Reimer-Tiemann-Synthese* aromatischer Aldehyde [siehe hierzu auch ▸Kap. 3.6.4 und 3.10.3.3 und **MC-Fragen Nr. 50, 51, 634, 664, 665, 714, 716, 717, 861, 862, 1703**].

Acylcarbene sind Zwischenprodukte der *Arndt-Eistert-Reaktion* zur Synthese von Carbonsäuren; sie lagern sich dabei in **Ketene** ($R_2C{=}C{=}O$) um (siehe auch ▸Kap. 3.2.16.2).

Nucleophile Carbene oder Donor-stabilisierte Carbene sind *Lewis-Basen*. Ihre Stabilität rührt von der Auffüllung der Elektronenpaarlücke am Carben-Kohlenstoff durch benachbarte Elektronenpaar-Donatoren (N- oder S-Atome) her, wobei die beiden Donoratome am Carben-Kohlenstoff auch Teil eines Ringgerüstes sein können. Für solche Carbene werden folgende polare Grenzstrukturen diskutiert:

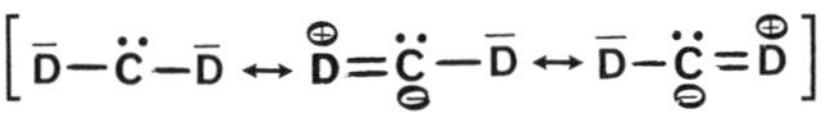

$$\left[\overline{D}-\ddot{C}-\overline{D} \leftrightarrow \overset{\oplus}{D}=\underset{\ominus}{\ddot{C}}-\overline{D} \leftrightarrow \overline{D}-\underset{\ominus}{\ddot{C}}=\overset{\oplus}{D}\right]$$

Als Beispiele für stabile Carbene seien die folgenden Imidazolidin- und Thiazolidin-Moleküle aufgeführt [vgl. **MC-Frage Nr. 49**].

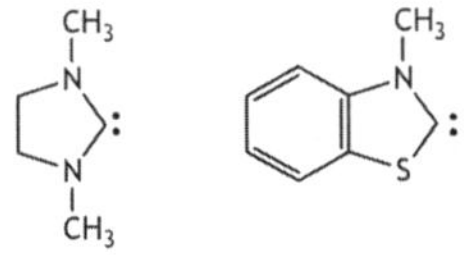

Nucleophile Carbene vom Imidazolidin- und Thiazolidin-Typ

Darüber hinaus wächst die Stabilität dieser Carbene mit steigender Raumerfüllung der Donorsubstituenten. Einige nucleophile Carbene vom Imidazolidin-Typ sind unzersetzt schmelzende, kristalline Verbindungen.

3.1.11.6 Nitrene

Nitrene enthalten einen *einbindigen* Stickstoff mit einem *Elektronensextett* in der Valenzschale. Sie sind wie Carbene Elektronenmangelverbindungen und können ebenfalls in einem Singulett- bzw. einem Triplett-Zustand existieren.

Sie entstehen bei der Photolyse von **Alkyl-** oder **Arylaziden**; bei der photochemischen Spaltung von **Carbonsäureaziden** bilden sich **Acylnitrene**.

$$R-\overset{\ominus}{\underline{\overline{N}}}-\overset{+}{N}\equiv\overline{N} \xrightarrow{-N_2} R-\underline{\overline{N}} \quad \text{Nitren}$$

$$R-\underset{\underset{O}{\|}}{C}-\overset{\ominus}{\underline{\overline{N}}}-\overset{+}{N}\equiv\overline{N} \xrightarrow{-N_2} R-\underset{\underset{O}{\|}}{C}-\underline{\overline{N}} \quad \text{Acylnitren}$$

Acylnitrene werden bei verschiedenen anionotropen Umlagerungen am Stickstoffatom als reaktive Zwischenprodukte gebildet (siehe ▸Kap. 3.2.16.3).

3.1.12 Elementaranalyse und Molekularformel

Die Methoden zur qualitativen und quantitativen Analyse chemischer Elemente in organischen Verbindungen werden in Ehlers, **Analytik I**, ▸Kap. 3.4 vorgestellt.

3.2 Chemische Reaktionstypen

3.2.1 Syntheseplanung organischer Stoffe

Die Synthese von Substanzen ist eine zentrale Aufgabe der Chemie. Sie erfordert vom Experimentator profunde Kenntnisse über die zur Verfügung stehenden Reaktionen, deren mechanistischen Ablauf und deren stereochemischen Verlauf. Jede Synthese bedarf der Planung. Ziel der Planung sollte sein, das zu synthetisierende Molekül in möglichst ökologischer und ökonomischer Weise herzustellen. Wichtige Aspekte bei der Auswahl eines Verfahrens sind auch die Verfügbarkeit entsprechender Startmaterialien sowie der zu erzielende Reinheitsgrad bzw. die zur Verfügung stehenden Reinigungsmethoden.

Im Allgemeinen verlaufen Synthesen organischer Stoffe *mehrstufig,* wobei sich die einzelnen Schritte einer Reaktionsfolge grob klassifizieren lassen in:

- Reaktionen, die zum **Aufbau des Molekülskeletts** dienen, meistens dem Knüpfen von C,C-Bindungen, und
- Reaktionen, mit denen **funktionelle Gruppen** in das Molekülgerüst eingeführt oder umgewandelt werden. Gegebenenfalls müssen parallel dazu andere funktionelle Gruppen durch Einführung von **Schutzgruppen** *reversibel* blockiert werden.

Die *prozentuale Gesamtausbeute* mehrstufiger Reaktionen ist gleich dem Produkt der Stufenausbeuten multipliziert mit 100. Verlaufen zum Beispiel die beiden ersten Schritte und der letzte Schritt einer vierstufigen Synthese jeweils mit 80% Ausbeute und der dritte aber nur mit 10%, so beträgt die Gesamtausbeute 5,1% (0,8 · 0,8 · 0,1 · 0,8 · 100) [vgl. **MC-Frage Nr. 70**].

Die Gesamtausbeute einer mehrstufigen Reaktionsfolge kann aber deutlich gesteigert werden, wenn anstelle einer „*linearen Synthese*", bei der die einzelnen Reaktionsschritte aufeinanderfolgen, eine „*konvergente Synthese*" zur Herstellung des Zielmoleküls angewendet wird.

Bei einer linearen Synthesestrategie erfolgt ein schrittweiser Aufbau eines komplexen Moleküls, bei einer konvergenten Synthese werden zunächst einzelne Fragmente des Moleküls hergestellt, die anschließend zum Zielmolekül zusammengefügt werden.

Lineare Synthese: A $\xrightarrow{B}$ A-B $\xrightarrow{C}$ A-B-C $\xrightarrow{D}$ A-B-C-D

Konvergente Synthese:
A + B → A-B ⎤
C + D → C-D ⎦ → A-B-C-D

Zur rationellen Syntheseplanung eines komplizierteren Zielmoleküls benutzt man oft das Konzept der sog. **Retrosynthese**. Dazu wird das zu synthetisierende Molekül durch geeignete *Bindungszerlegung* schrittweise und *rückwärts* in Zwischenprodukte gespalten, die ihrerseits aus einfachen und gegebenenfalls käuflichen Ausgangsverbindungen bequem darstellbar sind. Die einzelnen Schritte der Retrosynthese werden durch *offene Pfeile* (Doppelpfeil) [→] gekennzeichnet, die zu *trennenden Bindungen („strategische Bindungen")* sind *„fett"* markiert [vgl. **MC-Frage Nr. 69**].

Der erste Schritt der Retrosynthese ist also die zuletzt durchzuführende Reaktion; am Ende des letzten Schrittes steht das Startmaterial. Durch rückwärts gerichtetes, gedankliches Entknüpfen der Bindungen, das in der Regel *heterolytisch* erfolgt, zerlegt man das Zielmolekül in sog. **Synthone** (*„reaktive Fragmente"*). Die Reagenzien, die dann im Sinne von Synthonen miteinander reagieren, werden als **Syntheseäquivalente** bezeichnet. Das Konzept der Retrosynthese soll am Beispiel der einstufigen Synthese von **1-Phenyl-propan-2-ol** näher erläutert werden.

Zielmolekül		Synthone		Syntheseäquivalente
$C_6H_5-CH_2 \downarrow CH(OH)-CH_3$	→	$C_6H_5-\overline{C}H_2^{\ominus}$ + $HO-\overset{\oplus}{C}H-CH_3$	→	$C_6H_5-CH_2-MgBr$ + $O=CH-CH_3$

Der sekundäre Alkohol ist somit durch eine Grignard-Reaktion von Acetaldehyd mit Benzylmagnesiumbromid leicht zugänglich.

Als Beispiel einer zweistufigen Synthese sei die Darstellung von **Phthalimid** aus *o*-Xylen genannt, bei der neben dem Entknüpfen der C-N-Bindungen die Umwandlung einer funktionellen Gruppe, hier der Oxidation der Methylgruppe zur Carboxyl-Funktion, eine wichtige Rolle spielt.

Phthalimid (NH) ⇒ (Trennung C–N) Phthalsäure (COOH, COOH) ⇒ o-Xylen (CH_3, CH_3)

Phthalimid **Phthalsäure** **o-Xylen**

Eine rationelle Syntheseplanung organischer Moleküle umfasst im Allgemeinen

- Syntheseschritte zum Aufbau und zur Veränderung des *Kohlenstoffgerüstes*,
- Syntheseschritte zur Einführung und Umwandlung *funktioneller Gruppen*.

Bei der *Retrosynthese* geht man vom Zielmolekül aus und baut dieses gedanklich aus einer Folge reversibler Reaktionsschritte in umgekehrter Syntheserichtung auf; am Ende des letzten Schrittes steht dann erst das Startmaterial.

Bei der *Synthese chiraler Moleküle* (siehe ▸Kap. 3.3.2) kommt den sog. **Chirons** („chirale Synthone") besondere Bedeutung zu. Solche Chirons sind in der Regel abgeleitet von Verbindungen des *„chiral pool"*, zu denen einfache Hydroxycarbonsäuren [S-Milchsäure, S-Äpfelsäure, R,R-Weinsäure], native α-Aminosäuren und viele Monosaccharide [D-Ribose, D-Glucose, D-Mannose] zählen.

Abschließend sei darauf hingewiesen, dass bei der Retrosynthese in zunehmendem Maße Computer-gestützte Programme zur Anwendung kommen.

3.2.2 Methoden zur Untersuchung von Reaktionsabläufen

Chemische Reaktionen sind Vorgänge, bei denen Stoffe auf einem geeigneten Reaktionsweg mit einer definierten Geschwindigkeit in neue Substanzen umgewandelt werden. Diese *Stoffumwandlungen* sind in der Regel mit *Energieänderungen (Enthalpieänderungen)* verbunden und erreichen mit der Einstellung des chemischen Gleichgewichts ihren Endzustand.

Zum tieferen Verständnis des Ablaufs chemischer Vorgänge sind deshalb Kenntnisse über

- die thermodynamischen Voraussetzungen stofflicher Umwandlungsprozesse,
- das chemische Gleichgewicht und seine Beeinflussung sowie über die
- Kinetik chemischer Reaktionen

unerlässlich. Diese Themenbereiche werden in Ehlers, **Chemie I**, ▸Kap. 1.9, ▸Kap. 1.10, ▸Kap. 1.13, ausführlich vorgestellt.

Neben thermodynamischen Messungen kommen für die Untersuchung des *Ablaufs chemischer Reaktionen* vor allem spektroskopische Methoden in Betracht, wie z. B. die Kernresonanz oder Elektronenspinresonanz bzw. die Lichtabsorption organischer Moleküle im UV-VIS-IR-Bereich. Diese Methoden sind Gegenstand des ▸Kap. 11 in Ehlers, **Analytik II**. Im vorliegenden Abschnitt sollen deshalb nur die mechanistischen Aspekte organisch-chemischer Reaktionen detaillierter behandelt werden [vgl. **MC-Frage Nr. 68**].

Unter einem **Reaktionsmechanismus** versteht man die Gesamtheit aller Elementarprozesse, die während der Umwandlung der Reaktanden in die Produkte stattfinden.

Ziel mechanistischer Untersuchungen ist, die Zwischenzustände zu beschreiben, die beim Übergang der Edukte in Produkte durchlaufen werden. Hierbei muss man sich darauf beschränken, nicht alle Zwischenzustände eines reagierenden Systems, sondern lediglich einige ausgezeichnete Punkte des Reaktionsablaufs (*Übergangszu-*

stände, Zwischenprodukte) charakterisieren zu können. Untersuchungen zum Mechanismus chemischer Reaktionen laufen dann darauf hinaus, die elektronischen und räumlichen Strukturen der Reaktionspartner in diesen Zuständen zu bestimmen oder zu beschreiben.

Der Reaktionsmechanismus ist eine aufeinanderfolgende Darstellung der Übergangszustände und Zwischenprodukte einer chemischen Reaktion.

Als *Zwischenprodukte* bezeichnet man alle Teilchen (Atome, Moleküle, Ionen, Radikale), die während der Reaktion aus den Reaktanden in nachweisbaren Mengen entstehen, und die sich unter den gewählten Reaktionsbedingungen in die Produkte umwandeln. Die meisten organisch-chemischen Reaktionen verlaufen über mehrere Zwischenstufen. Solche **Mehrstufenreaktionen** bestehen deshalb aus einer Folge von Elementarreaktionen. Die Zahl der an einem *Elementarprozess* beteiligten Reaktionspartner bezeichnet man als seine **Molekularität**.

Einige Reaktionen (S_N2-Reaktionen, gewisse Additionen und Umlagerungen) laufen ohne Bildung von Zwischenprodukten ab und bestehen somit nur aus einem einzigen Elementarschritt.

Chemische Reaktionen besitzen im Allgemeinen eine *Energiebarriere*, die auf dem Weg der Reaktanden zu den Produkten überwunden werden muss. Alle während des Umwandlungsprozesses durchlaufenen Atomanordnungen haben eine bestimmte Energie. Die Energiedifferenz zwischen den Reaktanden und der Anordnung mit dem maximalen Energieinhalt ist die *Aktivierungsenergie (-enthalpie)* der betreffenden Reaktion. Die zu dieser maximalen Energie gehörende Struktur wird *Übergangszustand* genannt.

Das Fortschreiten einer Reaktion kann anschaulich in Form sog. **Reaktionsdiagramme** dargestellt werden, wie dies ○Abb. 3.39 für eine zweistufige, exergonische Reaktion zeigt. In diesen Diagrammen ist die *Energie (Enthalpie)* der jeweils durchlaufenen Strukturen gegen die *Reaktionskoordinate* aufgetragen. Im Allgemeinen verzichtet man auf eine Spezifizierung dieser Koordinate, da gewöhnlich die qualitative Betrachtung ausreicht.

Aus den Reaktionsdiagrammen lassen sich zwei wichtige Parameter entnehmen. Zum einen die Größe der *freien Standardenthalpie* ($\Delta G°$), die ein Maß für die *Triebkraft* einer Reaktion ist, und die die *Lage des Gleichgewichts* bestimmt. Zum anderen die *Aktivierungsenthalpie* ($\Delta H^{\neq}$) bzw. *Aktivierungsenergie* (E_a), welche die *Geschwindigkeit* bestimmt, mit der sich das Gleichgewicht einstellt. Der Schritt, der den Übergangszustand mit der höchsten Aktivierungsenergie umfasst, wird als **geschwindigkeitsbestimmender Schritt** bezeichnet.

Zur *Aufklärung von Reaktionsmechanismen,* d. h. für die Untersuchung der Übergangszustände und Zwischenprodukte chemischer Reaktionen sind folgende Methoden und Verfahren geeignet [vgl. **MC-Frage Nr. 67**]:

- Identifizierung und quantitative Bestimmung der Produkte,
- Isolierung, Abfangen und Nachweis von Zwischenprodukten mithilfe chemischer und physikalischer Methoden,

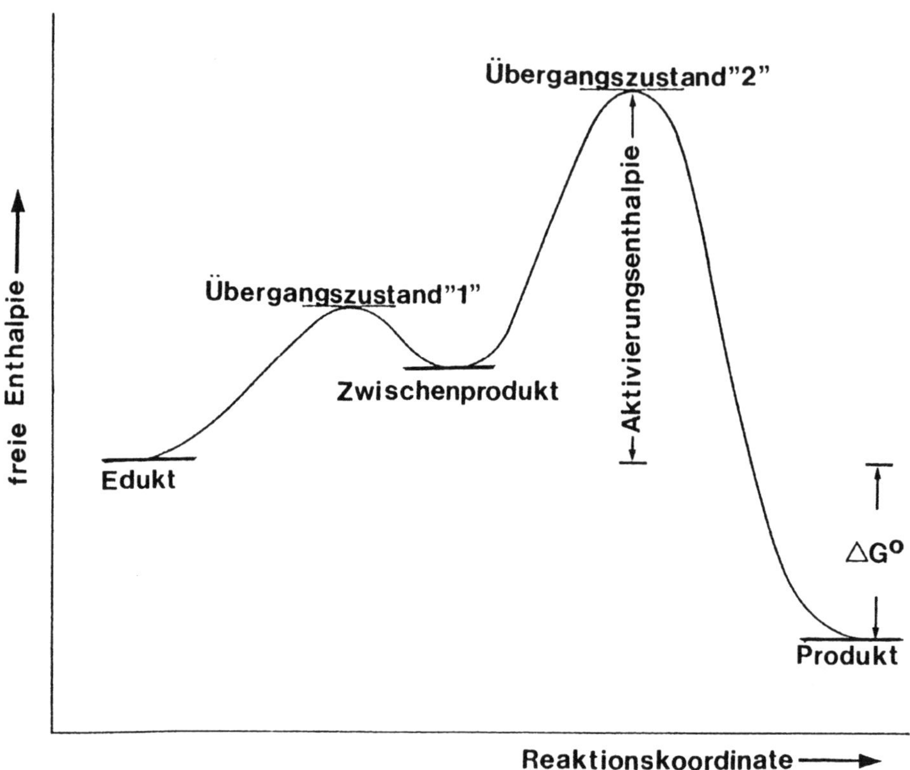

o **Abb. 3.39 Energieprofil einer zweistufigen, exergonischen Reaktion**

- Isotopenmarkierungen,
- kinetische Messungen,
- Analyse der Produktstereochemie sowie
- Kreuzexperimente.

3.2.3 Klassifizierung organisch chemischer Reaktionen

Reaktionen der organischen Chemie lassen sich nach verschiedenen Kriterien unterteilen:

3.2.3.1 Klassifizierung nach dem Reaktionsweg

1. **Substitutionen (Symbol: S),**
   bei denen ein Atom oder eine Atomgruppe durch ein anderes Atom oder eine andere Atomgruppe ersetzt wird.
   z.B.: R-**X** + Y^- → R-**Y** + X^- oder Ar-**H** + E^+ → Ar-**E** + H^+

2. **Eliminierungen (Symbol: E),**
   bei denen unter Abspaltung von Atomen oder Atomgruppen Mehrfachbindungen gebildet werden.
   z.B.: X-C-C-Y → -C=C- + X-Y

3. **Additionen (Symbol: A),**
   bei denen Atome oder Atomgruppen an Mehrfachbindungen angelagert werden.
   z.B.: -C=C- + X-Y → **X**-C-C-**Y** oder C=O + X-Y → **X**-C-O-**Y**

Auf allen drei genannten Reaktionswegen können **Umlagerungen** erfolgen. Einen weiteren Reaktionstyp bilden heterolytische **Fragmentierungen**.

3.2.3.2 Klassifizierung nach Art der Bindungsbildung

1. **Radikalische Reaktionen (Symbol: R)**
   Im Verlauf solcher Reaktionen werden Bindungen *homolytisch* gespalten. Es treten Radikale als Zwischenprodukte auf.
2. **Ionische Reaktionen**
   Hierbei werden Bindungen *heterolytisch* gespalten. Man unterteilt die ionischen Reaktionen in:
   a) **nucleophile (kernsuchende) Reaktionen (Symbol: N)**
   b) **elektrophile (elektronensuchende) Reaktionen (Symbol: E)**.

Die Feststellung, eine Reaktion sei nucleophil oder elektrophil, bezieht sich vereinbarungsgemäß auf das Reagenz. Als *Reagenz* bezeichnet man im Allgemeinen den weniger kompliziert gebauten Reaktionspartner, als *Substrat* den strukturell komplizierteren Reaktanden. Man sollte sich aber stets bewusst sein, dass nucleophile und elektrophile Reaktionen – ähnlich wie Oxidationen und Reduktionen – stets miteinander verknüpft sind.

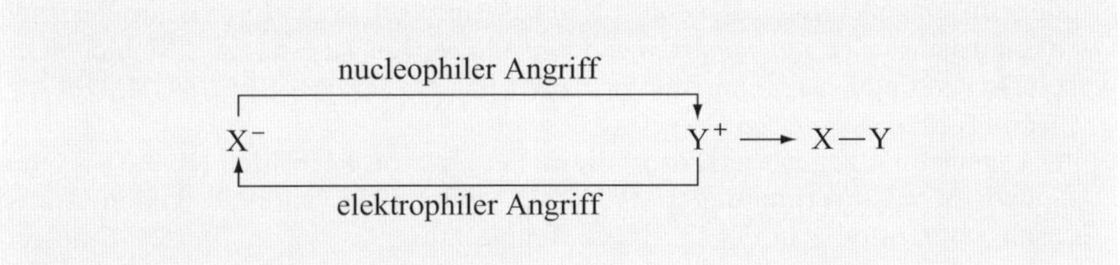

Zu den *nucleophilen Reagenzien* zählen:
- Anionen,
- Verbindungen mit freiem Elektronenpaar,
- Verbindungen mit C=C-Doppelbindungen,
- Aromaten.

Nucleophile Stoffe sind stets auch *Lewis-Basen.* Da sie einem Substrat Elektronen zuführen, stellen sie gleichzeitig auch *Reduktionsmittel* dar.
Zu den *elektrophilen Reagenzien* zählen:
- Kationen,
- Substanzen mit unvollständigen Elektronenschalen wie z. B. Carbene,
- Alkine,
- Halogene,
- Carbonylverbindungen.

Organische Chemie

Elektrophile Reagenzien sind somit *Lewis-Säuren*. Sie können auch als *Oxidationsmittel* aufgefasst werden, da sie einem Substrat Elektronen entziehen.

Die Abkürzungen R, N oder E werden den Reaktionssymbolen (S, E, A) als Indices hinzugefügt. Darüber hinaus kann man anzeigen, an welchem Substrat die Reaktion durchgeführt wird. So steht **S_EAr** für eine elektrophile Substitutionsreaktion an einem aromatischen Ringsystem.

3.2.3.3 Klassifizierung nach der Reaktionsmolekularität

Je nach der Zahl der Reaktanden, die am geschwindigkeitsbestimmenden Schritt einer Reaktion beteiligt sind, unterscheidet man zwischen:

- **monomolekularen (Symbol 1),**
- **bimolekularen (Symbol 2)** und
- **höhermolekularen Reaktionen.**

Die genannten Charakterisierungsmöglichkeiten chemischer Reaktionen werden oft miteinander verknüpft. Man spricht z. B. von einer bimolekularen nucleophilen Substitution und kennzeichnet diese Reaktion mit dem Symbol **S_N2**.

Substitutionen

3.2.4 Radikalische Substitution

3.2.4.1 Bildung und Nachweis von Radikalen

Die für die *Homolyse* einer Bindung unter Bildung von Radikalen erforderliche *Dissoziationsenergie* kann einem Molekül auf unterschiedliche Weise zugeführt werden. Es gilt die Regel, dass die zur Trennung einer Bindung notwendige Dissoziationsenergie umso niedriger ist, je stabiler die entstehenden Radikale sind. Neben elektrisch neutralen Radikalen kennt man auch *Radikalanionen* und *Radikalkationen*. Als wichtigste Methoden zur homolytischen Bindungsspaltung sind zu nennen [vgl. **MC-Fragen Nr. 52, 54, 71, 77**]:

- *Spaltung durch thermische Energie (Thermolyse)*
  Im Allgemeinen liegen die Dissoziationsenergien von **Peroxiden** (R-**O-O**-R) und aliphatischen **Azoverbindungen** (R-**N=N**-R) unter 195 kJ mol^{-1}, sodass in inerten Lösungsmitteln oder in der Gasphase Temperaturen zwischen 70–150 °C ausreichen, aus diesen Verbindungen Radikale zu erzeugen. Diese Substanzen sind deshalb als *Initiatoren* für radikalisch verlaufende Prozesse geeignet (siehe ▸Kap. 3.1.7.3). Oberhalb 600 °C laufen die meisten organisch-chemischen Reaktionen (*Pyrolysen, Crackprozesse)* radikalisch ab [vgl. **MC-Frage Nr. 1726**].
- *Spaltung durch Belichtung (Photolyse)*
  Voraussetzung für die Anwendung dieses Verfahrens ist, dass das betreffende Molekül elektromagnetische Strahlung des UV-VIS-Bereichs absorbiert und die eingestrahlte Lichtenergie mindestens so groß ist wie die Dissoziationsenergie der zu spaltenden Bindung.
- Homolyse einer Kovalenzbindung durch energiereiche Strahlen *(Radiolyse)* bzw. durch Zufuhr mechanischer Energie sowie die Bindungsspaltung als Folge von *Redoxprozessen* sind weitere Methoden zur Erzeugung von Radikalen.

Die derzeit beste Methode zum *Nachweis von Radikalen* ist die *Elektronenspinresonanz-Spektroskopie.* Sie beruht darauf, dass vom *Spin* des ungepaarten Elektrons ein magnetisches Moment erzeugt wird, das sich parallel oder antiparallel zu einem äußeren Magnetfeld ausrichten kann. Beide Spinrichtungen besitzen eine unterschiedliche Energie, und Übergänge von der einen Spinrichtung in die andere haben eine charakteristische Absorption im Mikrowellenlängenbereich zur Folge.

Darüber hinaus sind Radikale durch Umsetzung mit „Radikalfängern" nachweisbar, wenn dies kolorimetrisch verfolgt werden kann.

3.2.4.2 Stabilität von Radikalen

Die Beständigkeit von Radikalen hängt vor allem davon ab, inwieweit das ungepaarte Elektron durch die Struktur des Moleküls stabilisiert werden kann.

Daher wächst die Stabilität und somit die Bildungstendenz von **Alkylradikalen** in der Reihe primär < sekundär < tertiär,

$$CH_3\cdot < RCH_2\cdot < R_2CH\cdot < R_3C\cdot$$

weil das ungepaarte Elektron durch *Hyperkonjugation* umso stärker stabilisiert wird, je höher der Substitutionsgrad des Radikal-C-Atoms ist [siehe ▸Kap. 3.1.10.8 und **MC-Fragen Nr. 57, 77**].

Die *Delokalisierung* des ungepaarten Elektrons ist auch Ursache für die im Vergleich zu Alkylradikalen leichte Bildung und erhöhte Stabilität von **Allyl-** und **Benzylradikalen** [vgl. **MC-Frage Nr. 78**].

$$H_2\dot{C}-CH=CH_2 \longleftrightarrow H_2C=CH-\dot{C}H_2$$

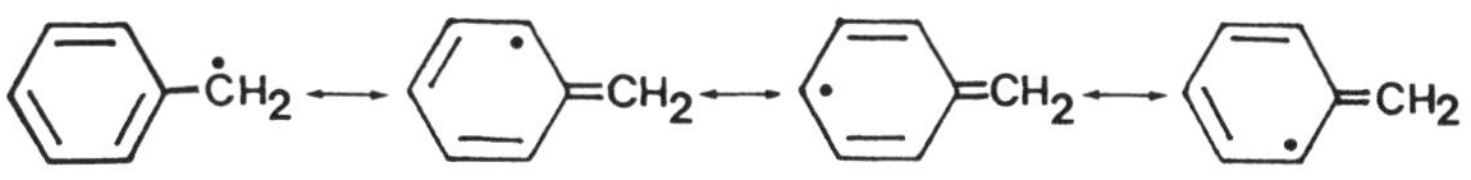

Für das **Triphenylmethyl-Radikal (Trityl-Radikal)** lassen sich sogar 10 verschiedene mesomere Grenzstrukturen formulieren. Das Molekül ist daher – trotz der nicht planaren Anordnung der Phenylreste – durch die Delokalisierung des einzelnen Elektrons so sehr stabilisiert, dass es in Lösung – im Gleichgewicht mit der dimeren Form – beständig ist [vgl. **MC-Fragen Nr. 53, 55, 56, 65**].

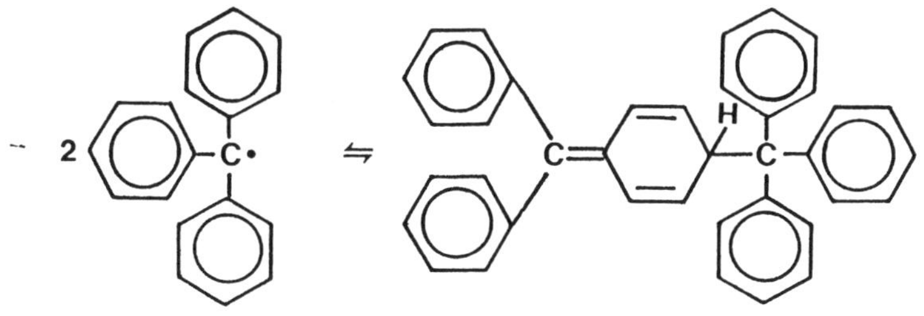

Trityl-Radikal

3.2.4.3 Reaktionen von Radikalen

Die Reaktionen von Radikalen wurden in Grundzügen bereits im ▸Kap. 3.1.11.2 vorgestellt. Sie lassen sich einteilen in:

* *Reaktionen unter Verlust der Radikaleigenschaft*
  - Rekombination
  - Disproportionierung
* *Reaktionen unter Übertragung der Radikaleigenschaft*
  - Umlagerungen (Isomerisierungen)
  - Additionen an Mehrfachbindungen (siehe ▸Kap. 3.2.13)
  - Substitutionen, insbesondere solche, bei denen C-H-Bindungen gespalten werden.

• Radikal-Kettenreaktionen

Die Übertragung der Radikaleigenschaft auf andere Moleküle kann sich in bestimmten Zyklen wiederholen, sodass die Gesamtreaktion kettenartig bis zu einem Kettenabbruch verläuft. Die Zahl der Reaktionszyklen pro Startradikal bezeichnet man als *Kettenlänge.* Bei photochemischer Initiierung entspricht die Zahl der durch ein Lichtquant ausgelösten Zyklen der *Quantenausbeute.*

Die prinzipiellen Teilschritte einer Kettenreaktion werden am Beispiel der *radikalischen Chlorierung von Alkanen* [RH] diskutiert [vgl. **MC-Fragen Nr. 72, 73, 75, 77**]:

Kettenstart	$Cl_2 \xrightarrow{h\nu} 2\ Cl\cdot$
Kettenfortpflanzung (Wachstum)	$Cl\cdot + R{-}H \rightarrow HCl + R\cdot$ $R\cdot + Cl_2 \rightarrow R{-}Cl + Cl\cdot$
Kettenabbruch	$(Cl\cdot + Cl\cdot \rightarrow Cl_2)$ $R\cdot + R\cdot \rightarrow R{-}R$ $R\cdot + Cl\cdot \rightarrow R{-}Cl$

In der *Startreaktion* werden die reaktionsfähigen Kettenträger gebildet. Im Prinzip braucht nur ein Chlormolekül homolysiert zu werden. Im Allgemeinen startet man eine Kettenreaktion jedoch durch Zusatz eines Radikalbildners *(Initiator)*. Ist eine Kettenreaktion stark exotherm, so vermag die freiwerdende Energie u.U. weitere Radikale zu bilden, sodass die Gesamtreaktion rasch, z.T. *explosionsartig* verläuft.

Ein *Kettenabbruch* durch Rekombination erfolgt immer dann, wenn zufällig zwei Radikale zusammenstoßen und die dabei übertragene Schwingungsenergie niedriger ist als die Bindungsenergie der neu geknüpften Bindung. Aus diesem Grund führt der Zusammenstoß zweier Chloratome nicht zum Kettenabbruch. Der Kettenabbruch kann auch durch Reaktion mit Lösungsmittelmolekülen oder Radikalfängern (*Inhibitoren*) erfolgen. Radikalrekombinationen verlaufen oft ohne Aktivierungsenergie [vgl. **MC-Frage Nr. 74**].

Inhibitoren sind entweder selbst Radikale (NO, O_2), die mit Kettenträgern rekombinieren, oder Substanzen **(Iod, Hydrochinon, Chinone)**, die die Radikaleigenschaft übernehmen und dabei Radikale bilden, die zu energiearm sind, um Ketten fortzupflanzen [vgl. **MC-Fragen Nr. 272, 1726**].

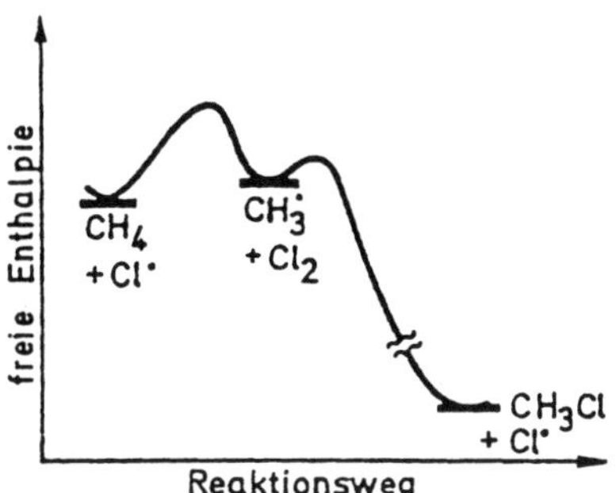

○ **Abb. 3.40 Reaktionsprofil der Methanchlorierung**

$$R\cdot + HO{-}C_6H_4{-}OH \rightarrow R{-}H + \cdot O{-}C_6H_4{-}OH \not\longrightarrow$$
Hydrochinon

$$R\cdot + I{-}I \rightarrow R{-}I + I\cdot \not\longrightarrow$$
Iod

Inhibitoren werden häufig als *Stabilisatoren* von ungesättigten Verbindungen eingesetzt, die zur Polymerisation neigen.

○ Abb. 3.40 zeigt am Beispiel der *Chlorierung von Methan* das Reaktionsdiagramm einer Radikal-Kettenreaktion. Die Chlorierung höherer Alkane verläuft analog [vgl. **MC-Frage Nr. 76**].

• Reaktivität und Selektivität von Radikalen

Ein Radikal ist zu einer Substitutionsreaktion nur dann befähigt, wenn die Umsetzung unter Energiefreisetzung *(exotherm)* verläuft. Bei einer Kettenreaktion können jedoch einzelne Schritte des Zyklus durchaus endotherm sein, sofern nur die Summe aller *Reaktionswärmen* (ΔH) *negativ* (exotherm) ist.

Die *Reaktionsenthalpien* in □ Tab. 3.7 belegen, dass Fluorierungen leicht und stark exotherm verlaufen; Bromierungen im Allgemeinen langsamer sind als Chlorierungen, während sich direkte radikalische Iodierungen *nicht* durchführen lassen, weil der erste Schritt der Kette zu stark endotherm ist. Iod fungiert deshalb als Inhibitor, da es zwar die Radikaleigenschaft übernimmt, diese jedoch nicht auf ein Substrat übertragen kann [vgl. **MC-Fragen Nr. 697, 698**].

□ **Tab. 3.7 Reaktionsenthalpien radikalischer Halogenierungen (in kJ mol^{-1})**

	F	Cl	Br	I
Start: $X_2 \rightarrow 2\,X\cdot$	+159,0	+239,4	+190,0	+148,6
Kette: $X\cdot + RH \rightarrow HX + R\cdot$ $R\cdot + X_2 \rightarrow RX + X\cdot$	−138,1 −251,0	−4,2 −96,2	+62,8 −87,9	+129,8 −71,1
Reaktionsenthalpie (ΔH)	−389,1	−100,4	−25,1	+58,7

Die Reaktionsfähigkeit eines Radikals gegenüber einem Substrat ist umso größer, je höher der Energiegewinn bei der Bildung der neu zu knüpfenden Bindung (hier der Halogenwasserstoffsäure) ist.

Betrachtet man andererseits die Reaktionen eines gegebenen Radikals mit verschiedenen *C-H-Bindungen,* so zeigt sich, dass die Leichtigkeit, mit der solche Bindungen angegriffen werden, von der *Dissoziationsenergie* der betreffenden Bindung abhängt. Die Reaktion verläuft umso exothermer, je niedriger die Dissoziationsenergie einer C-H-Bindung ist.

Tertiäre C-H-Bindungen reagieren leichter als sekundäre und diese wiederum leichter als primäre. Besonders leicht werden Allyl- und Benzyl-C-H-Bindungen angegriffen.

Bei der *Chlorierung von Propan* [CH_3-CH_2-CH_3] bildet sich bei ca. 300 °C ein Gemisch aus 48 % **1-Chlorpropan** (CH_3-CH_2-CH_2Cl) und 52 % **2-Chlorpropan** [CH_3-$CHCl$-CH_3], obwohl im Propan 6 Methyl-H-Atome (CH_3-) und nur 2 Methylen-H-Atome (-CH_2-) vorhanden sind. Dies ist eine Folge der höheren Stabilität von sekundären Alkylradikalen im Vergleich zu primären Alkylradikalen. Bei höheren Temperaturen von etwa 600 °C ist diese Selektivität deutlich verringert und es entsteht ein Produktgemisch von 1-Chlorpropan zu 2-Chlorpropan im statistischen Verhältnis von 3:1 (6:2).

Neben der Struktur des Substrats spielt auch die *Reaktivität* des Radikals eine wichtige Rolle. Als *relative Reaktivität* definiert man die Geschwindigkeit, mit der eine bestimmte Bindung einer Standardsubstanz angegriffen wird. Im Allgemeinen findet man folgende Reihe abnehmender Reaktivität:

$$F\cdot > HO\cdot > Cl\cdot > CH_3\cdot > Br\cdot > RCOO\cdot$$

Je reaktiver das betreffende Radikal ist, desto weniger selektiv geschieht der Angriff an einem Substrat. Die Selektivität nimmt in der Regel mit steigender Temperatur ab. Im Allgemeinen verlaufen jedoch alle radikalischen Reaktionen wenig selektiv und führen zu Produktgemischen.

- **Radikalische Halogenierung**

Der Ersatz des Wasserstoffs in C-H-Bindungen durch Halogen ist die wichtigste radikalische Substitutionsreaktion.

Die direkte *Fluorierung* von Alkanen ist schwer durchführbar. Sie erfolgt häufig so stark exotherm, dass neben der Substitution auch eine Fragmentierung des Moleküls *(Crackung)* beobachtet wird. Zur Herstellung definierter *Fluoralkane* ist man daher auf andere Methoden angewiesen (siehe hierzu ▸Kap. 3.7.2.1).

Auch die direkte *Iodierung* gesättigter C-H-Bindungen gelingt nicht, da Iod-Radikale nicht in der Lage sind, C-H-Bindungen unter Substitution anzugreifen. Vielmehr werden *Alkyliodide* von Iodwasserstoff zu Alkanen reduziert.

$$R{-}I + H{-}I \rightarrow R{-}H + I_2$$

Somit sind nur die **Chlorierung** und **Bromierung** von praktischer Bedeutung.

Chlorierung: Zur Initiierung radikalischer Chlorierungen mit elementarem *Chlor* verwendet man vorzugsweise energiereiches UV-Licht ($\lambda < 400$ nm). Die Selektivität der Reaktion ist gering, sodass die Alkanchlorierung keine allgemein anwendbare Reaktion zur gezielten Herstellung von *Alkylchloriden* ist. Präparative Bedeutung besitzt jedoch die *Seitenkettenchlorierung von Alkylaromaten.*

Bei der radikalischen Chlorierung von **Toluen (Toluol)** werden alle drei möglichen Produkte gebildet. Sie besitzen aufgrund ihrer leichten Hydrolysierbarkeit praktisches Interesse [vgl. **MC-Fragen Nr. 142, 144, 145, 599, 602, 656**].

$C_6H_5{-}CH_3$ →	$C_6H_5{-}CH_2Cl$ →	$C_6H_5{-}CHCl_2$ →	$C_6H_5{-}CCl_3$
Toluen	Benzylchlorid	Benzalchlorid	Benzotrichlorid
	↓ + H_2O	↓ + H_2O	↓ + H_2O
	$C_6H_5{-}CH_2OH$	$C_6H_5{-}CH{=}O$	$C_6H_5{-}COOH$
	Benzylalkohol	Benzaldehyd	Benzoesäure

Auch die großtechnisch durchgeführte *Methanchlorierung* liefert alle Substitutionsprodukte [CH_3Cl, CH_2Cl_2, $CHCl_3$, CCl_4], weil infolge der abnehmenden C-H-Bindungsstärke die partiell chlorierten Methane bevorzugt weiter substituiert werden. Bei hohem Methanüberschuss entsteht jedoch hauptsächlich **Chlormethan** [CH_3Cl] [vgl. **MC-Frage Nr. 75**].

Einheitlichere Chlorierungsprodukte erhält man dann, wenn alle H-Atome des Substrats äquivalent sind. So wird bei der Chlorierung von **Cyclohexan** vor allem das Monochlorierungsprodukt **Cyclohexylchlorid** gebildet.

Anstelle von Chlor kann unter Zusatz eines Initiators auch das selektiver wirksame *Sulfurylchlorid* [SO_2Cl_2] als Chlorierungsagens verwendet werden.

Bromierung: Radikalische Bromierungen besitzen eine größere Selektivität als Chlorierungen. Von Bedeutung ist auch hier die Bromierung von *Alkylaromaten,* wobei die Geschwindigkeit, mit der ein zweites H-Atom substituiert wird, deutlich herabgesetzt ist, sodass Benzotribromide nicht mehr gebildet werden. Bei der radikalischen Bromierung von **Toluen** entsteht deshalb **Benzylbromid** als Hauptprodukt [vgl. **MC-Frage Nr. 603**].

Halogenierung in Allylstellung: Bei der Umsetzung von Alkenen mit elementarem Halogen kann neben der radikalischen Addition auch eine Substitution in Allylstellung erfolgen.

$$-\overset{|}{C}=\overset{|}{C}-CH_2- \xrightarrow{+\,X_2} -\underset{|}{\overset{X}{\overset{|}{C}}}-\underset{X}{\underset{|}{\overset{|}{C}}}-CH_2- \quad [A_R]$$

$$-\overset{|}{C}=\overset{|}{C}-CH_2- \xrightarrow{+\,X_2,\ -HX} -\overset{|}{C}=\overset{|}{C}-\overset{|}{C}H-X \quad [S_R]$$

Verwendet man *N-Halogensuccinimide* oder andere N-Bromamide als Halogenierungsmittel, so findet ausschließlich eine Substitution in Allylstellung statt und die Doppelbindung bleibt erhalten (**Wohl-Ziegler-Reaktion**). Beispielsweise liefert die Umsetzung von Propen [$CH_3CH{=}CH_2$] mit *N*-Bromsuccinimid **3-Brompropen** (Allylbromid) [$BrCH_2CH{=}CH_2$] als Reaktionsprodukt. In analoger Weise führt die Reaktion von *Cyclohexen* mit *N*-Bromsuccinimid zu **3-Bromcyclohexen** [vgl. **MC-Fragen Nr. 79, 143, 522**].

$$-\overset{|}{C}=\overset{|}{C}-CH_2- \;+\; \text{N-Bromsuccinimid (NBS)} \longrightarrow -\overset{|}{C}=\overset{|}{C}-\overset{|}{C}H-Br \;+\; \text{Succinimid}$$

N-Bromsuccinimid(NBS) Succinimid

Bei der Allylbromierung von *Methylencyclohexen* (a) mit *N*-Bromsuccinimid entsteht aufgrund der Mesomeriestabilisierung des intermediär gebildeten Allylradikals ein Produktgemisch aus **2-Brom-1-methylencyclohexan** (b) und **Cyclohexenylmethylbromid** (c) [vgl. **MC-Frage Nr. 78**].

a ($=CH_2$; 1, 2) —N-Bromsuccinimid, Δ, Dibenzoylperoxid→ b ($=CH_2$, Br) und c (CH_2Br)

Auch die H-Atome in α-Stellung zu Carbonylgruppen [R-C**H**$_2$-CO-R], Alkinylresten [R-C≡C-C**H**$_2$-R] und Aromaten [Ar-C**H**$_2$-R] können mit *N*-Bromsuccinimid oder *N*-Chlorsuccinimid halogeniert werden. In der Regel initiiert man die Reaktionen mit Licht oder Peroxiden und führt sie in CCl_4 als Lösungsmittel durch.

- **Sulfochlorierung nach Reed**

Zur Herstellung von *Alkansulfonsäurechloriden* verwendet man ein Gemisch aus Chlor und Schwefeldioxid als Reagenz. Die Sulfochlorierung kann auch in schwach basischem Milieu mit Sulfurylchlorid [SO_2Cl_2] durchgeführt werden und läuft wahrscheinlich nach folgendem Radikal-Kettenmechanismus ab:

$$Cl_2 \xrightarrow{h\nu} 2\ Cl\cdot$$
$$R\text{-}H + Cl\cdot \longrightarrow R\cdot + HCl$$
$$R\cdot + SO_2 \longrightarrow R\text{-}\dot{S}O_2$$
$$R\text{-}\dot{S}O_2 + Cl_2 \longrightarrow R\text{-}SO_2Cl + Cl\cdot$$

Die entstehenden *Sulfochloride* [RSO_2Cl] finden Anwendung als Gerbstoffe. Die nach ihrer Verseifung gebildeten *Alkalisulfonate* sind Waschrohstoffe.

$$R\text{-}SO_2Cl + 2\ NaOH \rightarrow R\text{-}SO_3Na + NaCl + H_2O$$

Alkylsulfochlorid **Alkylsulfonat**

- **Oxidationen mit Sauerstoff**

Molekularer Sauerstoff ist ein *Diradikal* und reagiert unter milden Bedingungen (Raumtemperatur) mit zahlreichen C-H-Bindungen, wobei zunächst *Hydroperoxide* [R_3C-OOH] gebildet werden. Man bezeichnet solche Reaktionen auch als **Autoxidationen**; sie verlaufen nach einem zweistufigen Mechanismus.

$$X\cdot + H\text{-}R \xrightarrow{\text{(Start)}} X\text{-}H + R\cdot \xrightarrow[+\ O_2]{\text{(Kette)}} ROO\cdot \xrightarrow{+R\text{-}H} ROOH + R\cdot$$

Viele der lichtinduzierten Autoxidationen werden durch *Schwermetallionen* beschleunigt bzw. verlaufen *autokatalytisch.*

Das *Peroxidradikal* [ROO•] ist wenig reaktiv und somit recht selektiv. Es greift bevorzugt C-H-Bindungen hoher Reaktivität an, wie z. B.:

- C-H-Bindungen in Benzylstellung von Aromaten [Ar-C**H**$_2$-R],
- C-H-Bindungen in Allylstellung von Alkenen [R_2C=CR-C**H**$_2$-R],
- *tertiäre* C-H-Bindungen in Alkanen [R_3C-**H**] sowie
- C-H-Bindungen in Nachbarstellung zu einem Sauerstoffatom wie z.B. in *Carbonylverbindungen* [R-CO-C**H**$_2$-R] oder *Ethern* [R_3C-O-C**H**$_2$-R].

Von technischem Interesse ist die Oxidation des **Cumens** (Isopropylbenzen) zu **Cumenhydroperoxid**, dem Ausgangsprodukt der *Hockschen Phenolsynthese* (siehe ▸Kap. 3.2.16.4).

Autoxidation von Diethylether: Diethylether bildet beim Aufbewahren an der Luft unter Lichteinfluss schwerflüchtige *Peroxide,* die zu gefährlichen Explosionen führen können. Hierbei entsteht zunächst ein Hydroperoxid, das unter Abspaltung von Ethanol zum explosiven **Ethylidenperoxid** („Etherperoxid") polymerisiert [vgl. **MC-Fragen Nr. 273, 274, 1765**].

$$n\ CH_3CH_2\text{-}O\text{-}CH_2CH_3 + n\ O_2 \rightarrow n\ CH_3CH_2\text{-}O\text{-}\underset{}{\overset{O\text{-}O\text{-}H}{\overset{|}{C}}}H\text{-}CH_3 \xrightarrow{-\ n\ C_2H_5OH}$$

Diethylether "Etherhydroperoxid"

$$n\ CH_3\text{-}\dot{C}H\text{-}O\text{-}O\cdot \rightarrow \left[CH_3\text{-}\underset{|}{C}H\text{-}O\text{-}O\text{-}\right]_n$$

"Etherperoxid"

Autoxidation des Benzaldehyds: Benzaldehyd wird durch Luftsauerstoff autokatalytisch über Benzoyl- und Perbenzoyl-Radikale zu **Benzoesäure** oxidiert. Als Zwischenprodukt wurde **Perbenzoesäure** nachgewiesen [vgl. **MC-Fragen Nr. 271, 272, 998**].

$$\underset{\text{Benzaldehyd}}{C_6H_5\text{-}CH{=}O} \xrightarrow{+\,O_2} \underset{\text{Perbenzoesäure}}{C_6H_5\text{-}CO_3H} \xrightarrow{+\,C_6H_5\text{-}CH=O} \underset{\text{Benzoesäure}}{2\ C_6H_5\text{-}CO_2H}$$

Verdorbenheit von Fetten: Fette mit ungesättigten Fettsäuren wie *Ölsäure*, *Linolsäure* oder *Linolensäure* werden von Luftsauerstoff leicht in einer S_R-Reaktion in *Allylstellung* unter Bildung von **Hydroperoxiden** (R-OOH) angegriffen. Diese Hydroperoxide sind ein Maß für den Verdorbenheitsgrad eines Fettes und können iodometrisch erfasst werden [siehe Ehlers, **Analytik II**, ▸Kap. 7.2.3.7 „*Peroxidzahl*" und **MC-Frage Nr. 267**].

$$\text{-C=C-}\underset{\displaystyle H}{\underset{|}{\text{CH}}}\text{-} + O_2 \rightarrow \text{-C=C-}\underset{\displaystyle \text{O-O-H}}{\underset{|}{\text{CH}}}\text{-}$$

3.2.5 Nucleophile Substitution am gesättigten Kohlenstoff

Nucleophile Substitutionen zählen zu den wichtigsten Reaktionen der organischen Chemie. Sie laufen nach folgender allgemeiner Gleichung ab:

$$\underset{\text{Substrat}}{R\text{-}X} + \underset{\text{Nucleophil}}{|Y^-} \rightarrow \underset{\text{Produkt}}{R\text{-}Y} + \underset{\text{Abgangsgruppe}}{|X^-}$$

Dabei wird die kovalente polare Kohlenstoff-Ligand-Bindung (R_3C-X) derart *heterolytisch* gespalten, dass das bindende Elektronenpaar bei der **Abgangsgruppe** [X^-] (**nucleofuge Gruppe**) verbleibt und das **Nucleophil** [Y^-] die neue Bindung aufbaut. *Voraussetzung* für S_N-Reaktionen ist deshalb ein durch den *–I-Effekt* der Abgangsgruppe positiv polarisiertes Kohlenstoffatom [vgl. **MC-Frage Nr. 87**].

Die angreifende Gruppe muss immer eine *Lewis-Base* sein. Als *nucleophile Reagenzien* kommen daher Anionen und Neutralmoleküle mit freiem Elektronenpaar in Frage. In manchen Fällen fungiert das *Lösungsmittel* gleichzeitig auch als Reagenz. Man spricht dann von *Solvolysen* bzw. im speziellen Fall wässriger Lösungen von *Hydrolysen*.

3.2.5.1 Reaktionsmechanismus und Reaktionsmolekularität

Für nucleophile Substitutionen sind im Prinzip zwei Reaktionswege denkbar:

- Im ersten Fall erfolgen die Abspaltung von X^- und die Anlagerung von Y^- *gleichzeitig (synchron)*. Im Übergangszustand dieser Reaktion wird die neue Nucleophil-C-Bindung in dem Maße geknüpft, wie die ursprüngliche C-X-Bindung gelöst wird. Im Übergangszustand sind daher Abgangsgruppe (X) *und* Nucleophil (Y) mit dem Substitutionszentrum koordiniert. Diese *direkte* Substitution verläuft somit in einem einzigen Reaktionsschritt und kann durch ein Reaktionskoordinatendiagramm dargestellt werden, wie es ▫Abb. 3.41 zeigt [vgl. **MC-Fragen Nr. 83, 93, 94, 96, 97**].

```
   R                            R   R                           R
   |          langsam            \ /          schnell          |
R-C-X  + Y⁻  ────────→     Y...C...X  ────────→  X⁻  +  Y-C-R
   |                              |                             |
   R                              R                             R
Substrat                  Übergangszustand                  Produkt
```

- Im zweiten Fall erfolgen die Abspaltung von X^- und die Anlagerung von Y^- *nacheinander.* Bei diesem *Dissoziationsmechanismus* wird zunächst die alte Bindung gelöst und dann erst die neue gebildet. Die Reaktion verläuft über ein planares, sp^2-hybridisiertes **Carbeniumion** als *Zwischenprodukt*. Im Allgemeinen ist die Bildung des Carbeniumions der *geschwindigkeitsbestimmende Schritt* des Substitutionsvorganges. Die Reaktion kann durch ein Energie-Reaktionskoordinaten-Diagramm beschrieben werden, wie es in ○Abb. 3.42 in stark vereinfachter Form dargestellt ist. Ein detailliertes Energiediagramm für S_N1-Reaktionen findet sich im ▸Kap. 3.2.10.1, ○Abb. 3.52 [vgl. **MC-Fragen Nr. 81, 84, 89, 98**].

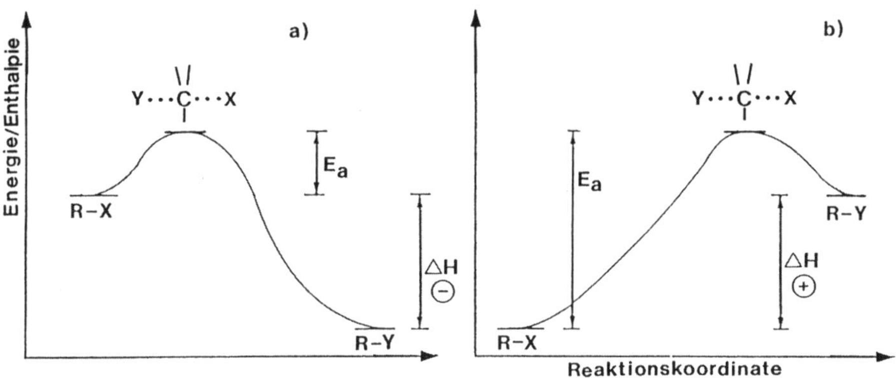

○ **Abb. 3.41 Reaktionsdiagramm einer S_N2-Reaktion**
a) exothermer b) endothermer Verlauf

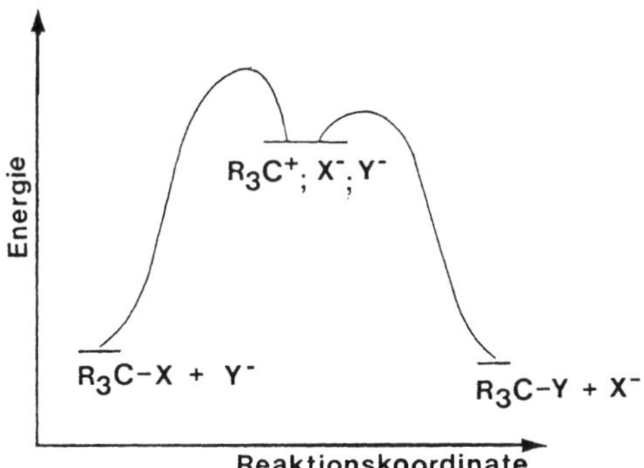

○ **Abb. 3.42 Reaktionsdiagramm einer S_N1-Reaktion**

```
     R                        R   R                       R
     |       langsam           \ /+       schnell         |
   R-C-X  ------------->        C      ------------->   R-C-Y
     |        - X⁻              |           + Y⁻          |
     R                          R                         R
  Substrat              Zwischenprodukt                Produkt
```

Die **Reaktionsmolekularität** ist definiert durch die Anzahl der Teilchen, die während des *geschwindigkeitsbestimmenden* (langsamsten) *Reaktionsschrittes* an der Bildung der neuen oder der Spaltung der alten Bindung beteiligt sind. Deshalb verläuft der direkte Substitutionsweg *bimolekular* **[S_N2]** und Substitutionen nach dem Dissoziationsmechanismus sind *monomolekular* **[S_N1]**.

3.2.5.2 Monomolekulare nucleophile Substitution (S_N1-Reaktion)

Der Ablauf einer S_N1-Reaktion ist dadurch gekennzeichnet, dass im geschwindigkeitsbestimmenden Schritt – unterstützt vom Lösungsmittel oder von Katalysatoren – die polare C-X-Bindung vollständig gespalten wird und über Ionenpaare schließlich solvatisierte *Carbeniumionen* als Zwischenverbindungen entstehen. Die nachfolgende Produktbildung verläuft – wie die meisten Ionenreaktionen – rasch, wobei neben der Substitution auch *Eliminierungen* und *Umlagerungen* als *Konkurrenzreaktionen* beobachtet werden.

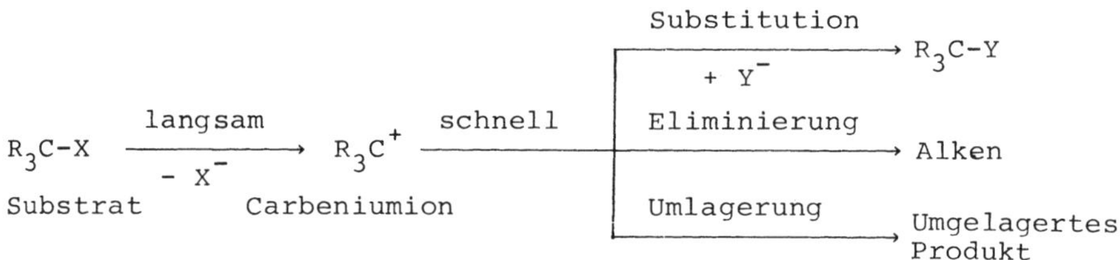

Für S_N1-Reaktionen sind folgende Merkmale charakteristisch [vgl. **MC-Fragen Nr. 80, 81, 88, 89, 1728, 1768**]:

- Die S_N1-Reaktion gehorcht im Idealfall einem **Zeitgesetz 1. Ordnung**. D.h., die Reaktionsgeschwindigkeit (RG) hängt nur von der Konzentration des Substrats ab und ist unabhängig von der Konzentration des Nucleophils.

  $$\mathbf{RG = k \cdot [Substrat]}$$

  Trägt man den *Logarithmus* der Konzentration des Substrats gegen die Zeit auf, so ergibt sich bei einem Zeitgesetz 1. Ordnung eine *Gerade*. Die Halbwertszeit ($t_{1/2}$) einer Reaktion 1.Ordnung ist umgekehrt proportional zur Geschwindigkeitskonstanten (k) und gegeben durch den Ausdruck: $\mathbf{t_{1/2} = ln2/k = 0{,}693/k}$.
- Da bei S_N1-Reaktionen Ionen solvatisiert werden müssen, hat die *Polarität des Lösungsmittels* einen großen Einfluss auf die Reaktionsgeschwindigkeit. S_N1-Reaktionen werden durch polare protische Lösungsmittel beschleunigt (siehe ▸Kap. 3.2.5.4).
- Bei S_N1-Reaktionen am *Chiralitätszentrum* eines *optisch aktiven Substrats* wäre eine weitgehende *Racemisierung* zu erwarten, da das Nucleophil an beiden Seiten des planaren Carbeniumions mit gleicher Wahrscheinlichkeit angreifen kann. Prak-

tisch überwiegt – in Abhängigkeit vom Substrat und vom Lösungsmittel – die eine oder andere Form. Unter dem Einfluss von Nachbargruppen können S_N1-Reaktionen auch unter vollständiger *Retention der Konfiguration* verlaufen (siehe ▸Kap. 3.2.5.11).

- Bei S_N1-Reaktionen werden häufig Alkene oder umgelagerte Verbindungen als *Nebenprodukte* gebildet, da diese Reaktionen gleichfalls über Carbeniumionen als Zwischenprodukte verlaufen können.

Eliminationen sind als Konkurrenzreaktionen vor allem dann zu erwarten, wenn die Abgangsgruppe an ein *tertiäres C-Atom* gebunden ist oder wenn das Nucleophil zugleich auch *stark basische Eigenschaften* besitzt. Da die Substitution gegenüber der Eliminierung thermodynamisch (stärker exergonisch) und kinetisch (geringere Aktivierungsenergie) begünstigt ist, machen sich Eliminierungsprodukte besonders bei *höheren Temperaturen* bemerkbar [siehe auch ▸Kap. 3.2.5.10 und **MC-Frage Nr. 85**].

Umlagerungen treten vor allem dann auf, wenn sich primäre und sekundäre Carbeniumionen in tertiäre umwandeln können. Ein Beispiel hierfür ist die Hydrolyse von **Neopentylchlorid** zu **2-Methylbutan-2-ol**. Im Verlaufe der Reaktion kommt es unter Bildung eines tertiären Carbeniumions zur 1,2-Verschiebung einer Methylgruppe. Diese als **Neopentylumlagerung** bekannte Reaktion ist auch ein Beispiel für eine *Wagner-Meerwein-Umlagerung* (siehe ▸Kap. 3.2.16.2).

$$\underset{\text{Neopentylchlorid}}{H_3C\text{-}C(CH_3)_2\text{-}CH_2\text{-}Cl} \xrightarrow{-\ Cl^-} \underset{\text{primäres}}{H_3C\text{-}C(CH_3)_2\text{-}CH_2^+} \xrightarrow{\sim\ CH_3^-} \underset{\text{tertiäres Carbeniumion}}{H_3C\text{-}\overset{+}{C}(CH_3)\text{-}CH_2\text{-}CH_3}$$

$$\xrightarrow{+\ HO^-} H_3C\text{-}C(OH)(CH_3)\text{-}CH_2\text{-}CH_3 \quad \text{2-Methylbutan-2-ol}$$

Voraussetzung für solche Umlagerungen ist, dass sich in Nachbarstellung zum Carbeniumion ein *quartäres C-Atom* befindet. Wie die Umsetzung von **Isobutanol** mit HBr zeigt, kann hierbei sowohl ein *Hydridion* als auch ein Alkylrest als *Carbanion* wandern, sodass neben *Isobutylbromid* auch etwas an *sek*- und *tert*-Butylbromid gebildet wird.

$$\underset{\text{Isobutanol}}{H_3C\text{-}CH(CH_3)\text{-}CH_2OH} \xrightarrow[-\ H_2O]{+\ H^+} H_3C\text{-}CH(CH_3)\text{-}CH_2^+ \xrightarrow{+\ Br^-} \underset{\text{Isobutylbromid}}{H_3C\text{-}CH(CH_3)\text{-}CH_2\text{-}Br}$$

$$\xrightarrow{\sim\ H^-} (CH_3)_3C^+ \xrightarrow{+\ Br^-} (CH_3)_3C\text{-}Br \quad \textit{tert}\text{-Butylbromid}$$

$$\xrightarrow{\sim\ CH_3^-} H_3C\text{-}\overset{+}{C}H\text{-}C_2H_5 \xrightarrow{+\ Br^-} H_3C\text{-}CHBr\text{-}C_2H_5 \quad \textit{sek}\text{-Butylbromid}$$

3.2.5.3 Bimolekulare nucleophile Substitution (S_N2-Reaktion)

Bei diesem *Einstufenprozess* erfolgen Bindungsspaltung und Bindungsbildung gleichzeitig *(konzertiert)*. Das Nucleophil nähert sich dem Substrat von der *Rückseite* her. Es wird ein *Übergangszustand mit pentakoordiniertem C-Atom* durchlaufen. Während der Reaktion bildet das C-Atom eine immer stärkere Bindung zum Nucleophil. Synchron dazu wird die Bindung zur austretenden Gruppe schwächer.

S_N2-Reaktionen zeigen folgende Charakteristika [vgl. **MC-Fragen Nr. 82, 92–97, 1728**]:

- Da sich Substrat und Nucleophil in einem Reaktionsschritt umsetzen, gehorcht die S_N2-Reaktion im Idealfall einem **Zeitgesetz 2. Ordnung**.

$$\mathbf{RG = k \cdot [Substrat] \cdot [Nucleophil]}$$

Am geschwindigkeitsbestimmenden (langsamsten) Schritt der S_N2-Reaktion sind beide Reaktionspartner (Substrat, Nucleophil) beteiligt. Daher bewirkt eine *Erhöhung der Konzentration des Nucleophils* eine Steigerung der Reaktionsgeschwindigkeit (RG). Allerdings sind die Verhältnisse häufig komplexer. Ist z. B. Wasser oder bei *Solvolysen* ein anderes Lösungsmittel als Reaktand beteiligt, so würde sich als Zeitgesetz ergeben:

$$\mathbf{RG = k \cdot [Substrat] \cdot [Solvens]}$$

Da sich aber die Konzentration des Lösungsmittels während der Reaktion praktisch nicht messbar ändert, weil es in einem großen Überschuss vorliegt, wäre es von einem Zeitgesetz der Form

$$\mathbf{RG = k' \cdot [Substrat]}$$

nicht zu unterscheiden. Kinetische Untersuchungen solcher Reaktionen führen dann zu einem Zeitgesetz 1. Ordnung, obwohl die Substitution bimolekular abläuft **(Reaktionen „pseudoerster" Ordnung)**.

- S_N2-Reaktionen verlaufen bei Verwendung *chiraler Edukte stereospezifisch,* da das Substitutionszentrum seine Vierbindigkeit in keiner Reaktionsphase verliert. Infolge des Angriffs des Nucleophils von der Rückseite her reagieren chirale Reaktionszentren unter *Konfigurationsumkehr* [*Walden-Umkehr/Inversion*] (siehe auch ▸Kap. 3.2.5.11). Umgekehrt lässt eine beobachtete Inversion auf eine S_N2-Reaktion schließen.
- S_N2-Reaktionen werden im Allgemeinen durch voluminöse Gruppen am Substitutionszentrum verlangsamt.
- Bei S_N2-Reaktionen lässt sich die Bildung von Alkenen und umgelagerten Produkten durch geeignete Wahl der Reaktionsbedingungen weitgehend vermeiden.

Abschließend ist festzuhalten, dass *reine* S_N1- oder S_N2-Reaktionen in der Praxis nur selten zu realisieren sind und Idealfälle darstellen. Aus präparativer Sicht ist jedoch von Bedeutung, dass man durch geeignete Wahl der Reaktionsbedingungen eine Substitution in die eine oder andere Richtung lenken kann, weil S_N-Reaktionen durch eine Reihe von Faktoren, die nachfolgend vorgestellt werden, zu beeinflussen sind.

3.2.5.4 Lösungsmitteleinflüsse und Katalysatoreinflüsse

Nucleophile Substitutionen lassen sich als polare Reaktionen *nur in Lösung* durchführen, sodass sie durch Lösungsmittel und deren Solvatationseffekte stark beeinflusst werden [vgl. **MC-Frage Nr. 87**].

- **Polar protische Lösungmittel** wie z. B. Wasser, Alkohole, niedere Carbonsäuren und Ammoniak besitzen nucleophile und elektrophile Eigenschaften. Sie können Wasserstoffbrücken ausbilden und vermögen, wie ○Abb. 3.43 veranschaulicht, sowohl Anionen als auch Kationen zu solvatisieren. Sie begünstigen daher **S_N1-Reaktionen** [vgl. **MC-Fragen Nr. 85, 88, 113, 1728**].
- **Dipolar aprotische Lösungsmittel** wie z. B. Aceton, Acetonitril, Nitromethan, Nitrobenzen, Dimethylsulfoxid (DMSO), Dimethylformamid (DMF) oder Hexamethylphosphorsäuretriamid (HMPT) besitzen nucleophile Eigenschaften, relativ hohe Dielektrizitätszahlen und Dipolmomente [vgl. **MC-Fragen Nr. 106, 114–116, 1689, 1766**].
  Sie können keine H-Brücken ausbilden und solvatisieren daher Anionen nur unzureichend. Deshalb sind diese Anionen „freier" und besitzen eine größere effektive Nucleophilie, sodass S_N-Reaktionen in dipolar aprotischen Solventien häufig schneller ablaufen als in Hydroxylgruppen-haltigen Lösungsmitteln. Substitutionen in dipolar aprotischen Solventien verlaufen eher nach einem **S_N2-Mechanismus**.
- **Elektrophile Katalyse:** Starke Lewis-Säuren [BF_3, $AlCl_3$, $ZnCl_2$, $SbCl_5$, $TiCl_4$] sowie Silber-Ionen besitzen die Fähigkeit zur Stabilisierung von Anionen. Sie begünstigen **S_N1-Reaktionen,** da sie mit Anionen koordinieren und so die Dissoziation der C-X-Bindung erleichtern.

3.2.5.5 Phasentransfer-Katalyse

Als *Phasentransfer-Katalyse* bezeichnet man ein Syntheseverfahren, das *Reaktionen von lipophilen Molekülen mit Anionen* ermöglicht bzw. beschleunigt, die sich in verschiedenen Phasen – z. B. zwei nicht miteinander mischbaren Flüssigkeiten – befinden.

Hierzu zählen *S_N-Reaktionen* wie die Umsetzung eines Alkylhalogenids mit konzentrierten wässrigen Alkalihydroxiden. Dabei liegt das Alkylhalogenid als reiner Stoff oder in einem unpolaren Lösungsmittel gelöst vor, während die hydratisierten HO^--Ionen Bestandteil der wässrigen Phase sind. Die Substitution des Halogenatoms

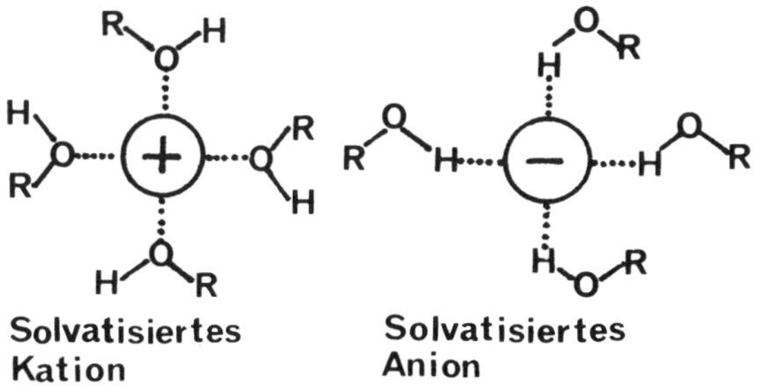

Solvatisiertes Kation

Solvatisiertes Anion

○ **Abb. 3.43 Solvatisierung von Anionen und Kationen durch protische Lösungsmittel** gegen das Hydroxid-Ion kann nur an der Grenzfläche beider Phasen eintreten und verläuft entsprechend langsam, weil die solvatisierten Anionen kaum in die unpolare organische Phase übergehen.

Die Geschwindigkeit solcher Reaktionen lässt sich merklich steigern, wenn man dem System eine katalytische Menge einer Substanz zusetzt, die einen Reaktanden (meistens das Anion) durch die Grenzfläche aus der einen in die andere Phase transportiert. Im Prinzip stehen hierfür zwei Möglichkeiten zur Verfügung.

Im ersten Fall benutzt man **Kronenether** als Katalysatoren (siehe ▸Kap. 3.9.6.4). Solche Substanzen komplexieren Kationen, wodurch diese lipophil werden und sich zusammen mit dem Anion als *Ionenpaar* im organischen Solvens lösen. Die Anionen sind kaum solvatisiert und quasi als „nackte" Ionen entsprechend reaktiv (nucleophil).

Im zweiten Fall – *der eigentlichen Phasentransfer-Katalyse* – arbeitet man, wie in ○Abb. 3.44 skizziert, in einem Zweiphasensystem [org. Solvens/Wasser] und setzt geringe Mengen von *Salzen mit lipophilem Kation* zu. Besonders geeignet als Phasentransfer-Katalysatoren sind **quartiäre Ammoniumsalze** [$R_4N^+X^-$] oder **quartäre Phosphoniumsalze** [$R_4P^+X^-$].

Die Kationen dieser Salze lösen sich in der organischen Phase und tauschen dabei ihre Anionen in mehr oder weniger starkem Ausmaß gegen das in der wässrigen Phase vorliegende und für die betreffende Reaktion erforderliche Anion aus. Dadurch wird das Nucleophil in die organische Phase übergeführt und die gewünschte Reaktion kann ablaufen.

Das Prinzip der Phasentransfer-Katalyse sei nochmals am Beispiel der *Kolbe-Nitrilsynthese* näher beschrieben. Die nucleophile Substitution

$$R\text{-}Cl + Na^+CN^- \rightarrow R\text{-}CN + Na^+Cl^-$$

kann als Zweiphasenreaktion zwischen wässrigem NaCN und dem im organischen Solvens gelösten Alkylchlorid [R-Cl] nicht oder nur sehr langsam stattfinden. Setzt man nun **Tetrabutylammoniumchlorid** [$(C_4H_9)_4N^+Cl^-$] zu, so bildet sich in der wässrigen Phase durch Anionenaustausch das reaktive und lipophile Ionenpaar

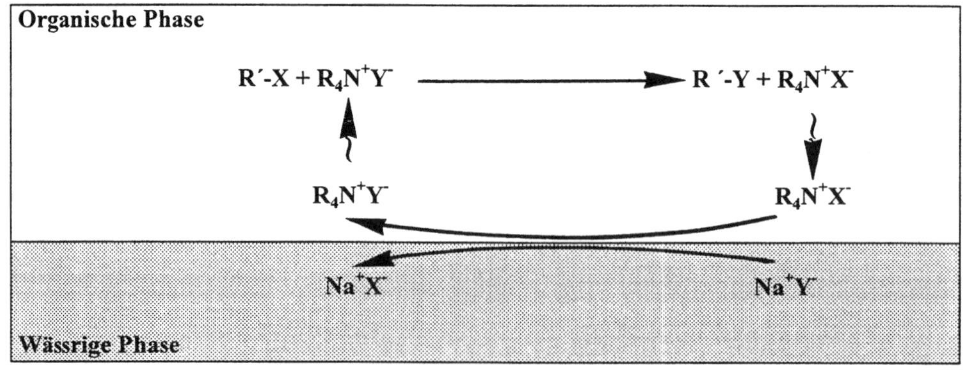

○ Abb. 3.44 Schematische Darstellung der Phasentransfer-Katalyse mit Tetraalkylammoniumsalzen bei S_N-Reaktionen

$[(C_4H_9)_4N^+CN^-]$, das in die organische Phase übertritt und dort mit R-Cl zum Nitril [R-CN] reagiert.

Quartäre Ammoniumsalze können die Umsetzung zweier Reaktanden in getrennten Phasen in deren Grenzflächenbereich vermitteln und dadurch beschleunigen. Der wesentliche Vorteil der Phasentransfer-Katalyse besteht in der Erhöhung der Reaktivität (Nucleophilie) von Anionen. Darüber hinaus hat sich das Verfahren bei der Herstellung wasserempfindlicher Substanzen bewährt.

3.2.5.6 Einflüsse der Molekülstruktur des Substrats

Die Struktur des Substrats besitzt einen erheblichen Einfluss auf den mechanistischen Ablauf nucleophiler Substitutionen.

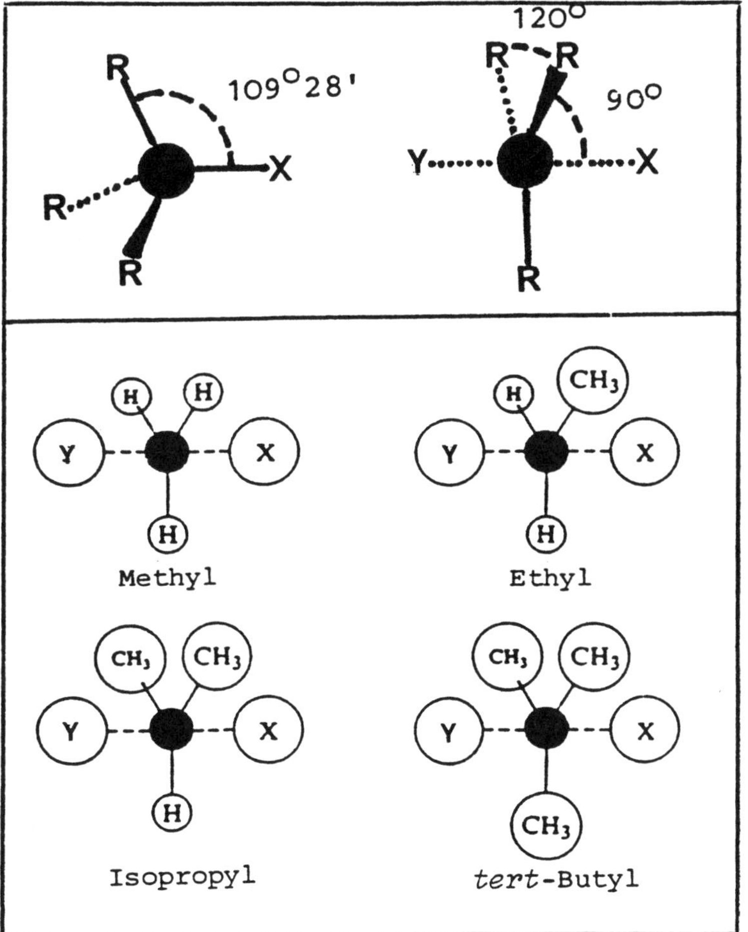

Abb. 3.45 Sterische Einflüsse bei S_N2-Reaktionen

Bei einer **S_N2-Reaktion** erfolgt der Angriff des Nucleophils aus der zur Abgangsgruppe entgegengesetzten Seite, sodass die Reaktion spürbar behindert ist, je stärker der rückwärtige Bereich abgeschirmt wird (*sterische Hinderung durch voluminöse Gruppen*). Zwar haben im Übergangszustand die Substituenten am Reaktionszentrum einen größeren Abstand voneinander als im Substrat (Bindungswinkel: 120° statt 109,3°), doch treten sie, wie ○Abb. 3.45 dokumentiert, in eine engere Wechselwirkung mit dem angreifenden Nucleophil und der nucleofugen Gruppe (Bindungswinkel 90°).

Die sterische Hinderung ist umso größer, je raumerfüllender die Substituenten sind. Bei tertiären Alkylverbindungen ist die Rückseite des Moleküls so stark blockiert, dass ein S_N2-Mechanismus nicht mehr möglich ist [vgl. **MC-Frage Nr. 9**].

Demgegenüber lässt sich für **S_N1-Reaktionen** ausführen, dass sie umso mehr bevorzugt sind, je besser das intermediär auftretende Carbeniumion stabilisiert werden kann. Die Beständigkeit von Carbeniumionen und damit die Geschwindigkeit von S_N1-Reaktionen nimmt deshalb aufgrund des +I-Effektes von primären über sekundäre zu tertiären Alkylverbindungen hin zu. Insgesamt kann man für den *Einfluss der Substratkonstitution*, folgende allgemeine Regeln aufstellen [vgl. **MC-Fragen Nr. 85, 88, 92, 95, 98, 100–102, 104, 105, 784, 1728, 1768**]:

Eine Gruppenhäufung erhöht die Energie des Übergangszustandes und verzögert S_N2-Reaktionen (Verlangsamung von S_N2-Reaktionen durch voluminöse Substituenten). Daher nimmt die Reaktionsgeschwindigkeit in der Reihe primäre > sekundäre > tertiäre Alkylverbindungen ab.

Tertiäre Alkylverbindungen reagieren bei Substitutionsreaktionen normalerweise monomolekular [S_N1], primäre Alkylverbindungen hingegen bimolekular [S_N2]. Sekundäre Alkylverbindungen nehmen eine Zwischenstellung ein. Ihre Reaktionen lassen sich häufig durch stark solvatisierende, polar protische Solventien in das S_N1-Gebiet drängen.

Alkylverbindung	**S_N1**	**S_N2**
Methyl	niemals	üblich
primär	niemals	üblich
sekundär	manchmal	manchmal
tertiär	üblich	niemals

Bei **S_N1-Reaktionen** verursacht die Bildung des Carbeniumions im geschwindigkeitsbestimmenden Schritt keine zusätzlichen sterischen Anforderungen. Im Gegenteil, man kann eher einen Verlust an sterischer Spannung erwarten, weil aus dem Tetraeder des Substrats ein trigonal-planares Carbeniumion gebildet wird und sich der Bindungswinkel von 109,3° auf 120° vergrößert.

Benzyl-Systeme und Allyl-Systeme: Die alkalische Hydrolyse von Benzylverbindungen wie z. B. **Benzylchlorid** [C_6H_5-CH_2Cl] oder **2-Brom-2-phenylpropan** folgt einem S_N1-Mechanismus, weil im geschwindigkeitsbestimmenden Schritt mesomeriestabilisierte Benzyl-Kationen [Ar-CH_2^+] entstehen.

$$C_6H_5\text{-}C(CH_3)_2\text{-}Br \xrightarrow{-\ Br^-} C_6H_5\text{-}C^+(CH_3)_2 \xrightarrow[\left[S_N1\right]]{+\ HO^-} C_6H_5\text{-}C(CH_3)_2\text{-}OH$$

2-Brom-2-phenylpropan **2-Phenylpropan-2-ol**

Ein stark mesomeriestabilisiertes Carbeniumion als Intermediat tritt auch bei der Hydrolyse von **Chlor**- oder **Bromtriphenylmethan** [$(C_6H_5)_3C\text{-}X$; X = Cl, Br] auf. Für das als Zwischenprodukt gebildete *Trityl-Kation* [$(C_6H_5)_3C^+$] lassen sich insgesamt 10 mesomere Grenzstrukturen formulieren [vgl. **MC-Frage Nr. 91**].

Analog zu den zuvor beschriebenen Benzylverbindungen können auch Allyl-Derivate ein Carbeniumion durch Mesomerie stabilisieren und einen S_N1-Mechanismus begünstigen. Andererseits ist eine S_N2-Reaktion möglich, weil das Reaktionszentrum im Übergangszustand mit den π-Elektronen der C=C-Doppelbindung in Wechselwirkung treten kann. Zu welchen Anteilen die Gesamtreaktion nach einem der beiden Mechanismen abläuft, hängt von den Reaktionsbedingungen ab, wobei starke Nucleophile die S_N2-Reaktion, polar protische Lösungsmittel einen S_N1-Mechanismus begünstigen.

Beispielsweise ist die alkalische Hydrolyse eines *Allylhalogenids* zum primären **Allylalkohol** eine typische S_N1-Reaktion [vgl. **MC-Frage Nr. 90**].

$$H_2C{=}CH\text{-}CH_2\text{-}X + HO^- \rightarrow H_2C{=}CH\text{-}CH_2\text{-}OH + X^-$$

Allylalkohol

Aufgrund der Mesomeriestabilisierung des *Allyl-Kations*

$$-\overset{|}{C}{=}\overset{|}{C}-\overset{|}{\underset{|}{C}}-X \xrightarrow{-\ X^-} \left[-\overset{|}{C}{=}\overset{|}{C}-\overset{|}{\underset{|}{C}}{}^{+} \leftrightarrow {}^{+}\overset{|}{\underset{|}{C}}-\overset{|}{C}{=}\overset{|}{C}- \right]$$

sind bei Reaktionen an Allylverbindungen neben den normalen Substitutionsprodukten auch umgelagerte Produkte zu erwarten **(Allyl-Umlagerung)**. Zum Beispiel liefert die Solvolyse von **Crotylchlorid** in wässrigem Aceton neben **Crotonalkohol** auch **But-3-en-2-ol** als Reaktionsprodukt.

$$\underset{\text{Crotylchlorid}}{H_3C-CH{=}CH-CH_2Cl} \xrightarrow[-\ HCl]{+\ H_2O} \begin{cases} \underset{\text{Crotonalkohol (But-2-en-1-ol)}}{H_3C-CH{=}CH-CH_2OH} \quad (56\,\%) \\ \underset{\text{But-3-en-2-ol}}{H_3C-CHOH-CH{=}CH_2} \quad (44\,\%) \end{cases}$$

Vinyl-Systeme und Phenyl-Systeme: Ungesättigte oder aromatische Gruppen, die direkt an das Substitutionszentrum gebunden sind, setzen die Reaktivität solcher Verbindungen stark herab.

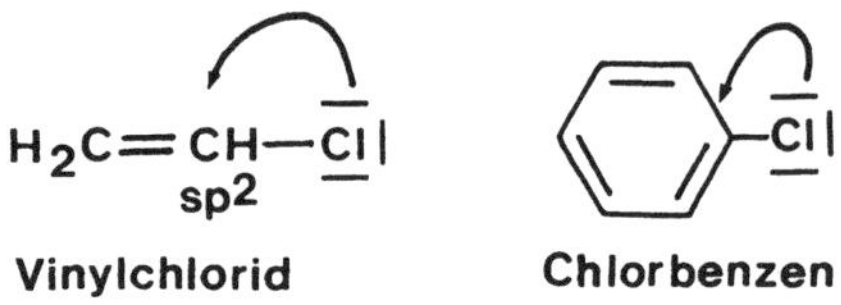

$H_2C{=}CH{-}\overline{\underline{Cl}}|$ (sp^2)

Vinylchlorid

Chlorbenzen

sp^2-hybridisierte C-Atome besitzen eine größere Elektronegativität als sp^3-hybridisierte. Daher ist die Elektronegativitätsdifferenz zwischen dem Kohlenstoffatom und der Abgangsgruppe geringer als in Alkyl- oder Allylverbindungen. Darüber hinaus ist bei nucleofugen Gruppen mit freiem Elektronenpaar als Folge der Konjugation mit dem π-Elektronensystem die Polarität der C-X-Bindung noch weiter herabgesetzt. Parallel zur verminderten Polarität der Bindung sinkt auch die Reaktivität dieser Substrate.

Vinyl- und *Arylhalogenide* reagieren mit Nucleophilen weder nach S_N1 noch nach S_N2. Ihr Halogenatom ist nur unter wesentlich drastischeren Bedingungen austauschbar. Die Substitutionen laufen zudem nach einem anderen Mechanismus ab (siehe ▸Kap. 3.2.7 und ▸Kap. 3.6.4.3).

3.2.5.7 Einflüsse der Abgangsgruppe

Die Geschwindigkeiten von S_N1- und S_N2-Reaktionen sind in hohem Maße von der Natur der austretenden Gruppe abhängig, weil in beiden Fällen im geschwindigkeitsbestimmenden Schritt die C-X-Bindung gespalten wird. Somit beeinflusst die Abgangsgruppe beide Substitutionswege in gleicher Weise.

Prinzipiell kann jede Gruppe als Abgangsgruppe fungieren, die die *konjugierte Base einer starken Säure* ist. Die nucleofuge Gruppe wird dabei umso leichter abgetrennt, je stärker die zugrundeliegende Säure ist. Somit lassen sich einige ausgewählte Abgangsgruppen in folgende Reihe *abnehmender* **Austrittstendenz** ordnen [vgl. **MC-Fragen Nr. 1728, 1768**]:

$$\mathbf{C_6H_5\text{-}SO_3^- > I^- > Br^- > Cl^- > F^- > CH_3COO^- > (CH_3)_3N}$$

> Die Leichtigkeit, mit der eine Gruppe bei S_N-Reaktionen als Abgangsgruppe fungieren kann, hängt von ihrer Basizität ab. Ist eine Gruppe eine schwache Base, dann wird sie in der betreffenden Reaktion eine gute Abgangsgruppe (nucleofuge Gruppe) darstellen.

Eine hervorragende Abgangsgruppe ist das Anion der *p*-Toluensulfonsäure [CH_3-C_6H_4-SO_3^-] *(Tosylat-Rest)*. Von den *Alkylhalogeniden* reagieren Alkyliodide am schnellsten, Alkylchloride am langsamsten. Alkylfluoride [$pK_s(HF) \sim 3$] sind als Substrate für S_N2-Reaktionen ungeeignet.

Das HO^--Ion [$pK_s(H_2O) = 15{,}7$] ist eine schlechte Abgangsgruppe. Dennoch können Substitutionsreaktionen an *Alkoholen* durchgeführt werden, wenn man in *sauren* Lösungen arbeitet. Die Hydroxylgruppe liegt dann protoniert als leichter abspaltbare H_2O^+-Gruppe [$pK_s(H_3O^+) = -1{,}7$] vor. Ist die Anwendung eines sauren Milieus ungünstig, so überführt man zweckmäßigerweise die Alkohole zunächst in ihre Sulfonsäureester.

$$R{-}OH + Br^- \not\longrightarrow R{-}Br + HO^-$$

$$R{-}OH + H^+ \rightleftharpoons R{-}\overset{+}{O}H_2 + Br^- \longrightarrow R{-}Br + H_2O$$

$$R{-}OH + Ar{-}SO_2Cl \xrightarrow[-HCl]{} \underset{\text{Sulfonsäureester}}{R{-}O{-}SO_2{-}Ar} \xrightarrow{+Br^-} R{-}Br + Ar{-}SO_3^-$$

Nucleophile Katalyse: Aufgrund seiner hohen Polarität vereint das *Iodid-Ion* in sich sowohl die Eigenschaften eines guten Nucleophils als auch die einer guten Abgangsgruppe. Es kann daher als Katalysator zur Beschleunigung nucleophiler Substitutionen eingesetzt werden, die normalerweise nur sehr langsam verlaufen.

$$R{-}Cl + H_2O \xrightarrow{\text{langsam}} R{-}OH + HCl$$

$$R{-}Cl + I^- \xrightarrow[-\,Cl^-]{\text{schnell}} R{-}I + H_2O \xrightarrow[-\,HI]{\text{schnell}} R{-}OH$$

3.2.5.8 Einfluss der Nucleophilie (Nucleophilizität)

Unter **Nucleophilie** versteht man die Fähigkeit eines Reagenzes, ein Elektronenpaar für die Bindung an Kohlenstoff zur Verfügung zu stellen. Ein Maß für die nucleophile Kraft von verschiedenen Reagenzien ist deren Reaktionsgeschwindigkeit mit der gleichen Referenzsubstanz.

Bei **S_N1-Reaktionen** ist die Nucleophilie *ohne Einfluss* auf die Reaktionsgeschwindigkeit, weil das Nucleophil am geschwindigkeitsbestimmenden Schritt – der Bildung des Carbeniumions – nicht beteiligt ist. Carbeniumionen besitzen eine hohe Reaktivität und somit nur eine geringe Selektivität. Bei mesomeriestabilisierten Carbeniumionen ist die Selektivität höher.

Bei **S_N2-Reaktionen** wird hingegen die Reaktion in dem Maße beschleunigt, in dem die nucleophile Kraft des angreifenden Reagenzes zunimmt.

Da Nucleophile gleichzeitig auch *Lewis-Basen* sind, sollte man erwarten, dass nucleophile Kraft und Basizität von Reagenzien miteinander korrelieren. Dies trifft jedoch nur bedingt zu, weil die *Basizität* durch das *thermodynamische Gleichgewicht* eines Elektronenpaardonators mit einem *Proton* charakterisiert ist, während die *Nucleophilie* eine *kinetische Größe* darstellt, und die *Reaktionsgeschwindigkeit* einer Lewis-Base gegenüber einem positivierten Zentrum wiedergibt. Neben der Basizität bestimmt vor allem die *Polarisierbarkeit* die nucleophile Kraft eines Reagenzes.

Eine große Nucleophilie kann sowohl durch eine hohe Basizität als auch durch eine hohe Polarisierbarkeit zustandekommen.

⟶ **zunehmende Basizität** ⟶

$$NO_3^- < H_2O < RCOO^- < ArO^- < HO^- < RO^-$$

⟶ **zunehmende Polarisierbarkeit** ⟶

$$F^- \ll Cl^- < Br^- < I^- < HS^- < RS^-$$

⟶ **zunehmende Nucleophilie** ⟶

Da die *Polarisierbarkeit* – zumindest innerhalb einer Gruppe des PSE – mit steigender *Atomgröße* zunimmt, reagiert bei der Umsetzung von Methyliodid mit Thiosulfat-Ionen [$S_2O_3^{2-}$] ausschließlich der Schwefel,

$$CH_3I + S_2O_3^{2-} \rightarrow H_3C\text{-}S\text{-}SO_3^- + I^-$$

obwohl das Reagenz 3 O-Atome und nur 1 S-Atom für einen nucleophilen Angriff bereitstellen kann.

Darüber hinaus müssen auch *Solvatationseffekte* berücksichtigt werden. Bei S_N2-Reaktionen haben leicht polarisierbare Reagenzien (RS^-, HS^-, I^-, NCS^-) in protischen *und* aprotischen Lösungsmitteln eine hohe nucleophile Kraft. Bei wenig polarisierbaren Ionen (F^-, Cl^-, CH_3COO^-) steigt dagegen die Nucleophilie stark an, wenn man von polar protischen zu dipolar aprotischen Lösungsmitteln wechselt [vgl. **MC-Frage Nr. 106**].

Basizität ist die Affinität einer Base zu einem Proton. Sie wird durch den Gleichgewichts-pK-Wert der konjugierten Säure gemessen und ist eine thermodynamische Größe. Nucleophilie ist die Affinität einer Base gegenüber einem C-Atom im Übergangszustand einer Substitutionsreaktion. Hierbei handelt es sich um eine kinetische Größe. Elemente der 3. und 4. Periode sind bei vergleichbarer Basizität stets nucleophiler als Elemente der 2. Periode des PSE, weil die großen Elemente relativ diffuse freie Elektronenpaare besitzen, die leichter polarisierbar sind. Bei Substraten, die sowohl nach S_N1 wie nach S_N2 reagieren können, bewirken starke Nucleophile eher die bimolekulare, schwache Nucleophile eher die monomolekulare Substitution.

3.2.5.9 Substitutionsreaktionen mit ambidenten Ionen

Einige Nucleophile besitzen mehrere reaktive Zentren. Sie werden als *ambident* oder *ambifunktionell* bezeichnet. Ihr Einsatz in S_N-Reaktionen führt häufig zu Produktgemischen [vgl. **MC-Fragen Nr. 107–111**].

Wichtige ambidente Reagenzien mit *zwei* reaktiven Zentren sind *Cyanid-* [CN^-], *Nitrit-* [NO_2^-], *Enolat-* [$C{=}C\text{-}O^-$] und *Phenolat-Ionen* [$Ar\text{-}O^-$].

Bei der Umsetzung von Alkylhalogeniden mit Alkalinitriten bildet sich nicht nur das *Nitroalkan,* sondern auch der *Salpetrigsäureester* (Alkylnitrit).

$$R\text{-}X + {}^-O\text{-}N{=}O \xrightarrow{-X^-} \begin{cases} R\text{-}NO_2 & \text{Nitroalkan } (S_N2) \\ R\text{-}O\text{-}NO & \text{Alkylnitrit } (S_N1) \end{cases}$$

Zum Beispiel reagiert ***n*-Hexylbromid** [$CH_3(CH_2)_4CH_2Br$] mit Nitrit-Ionen in *N,N*-Dimethylformamid als Lösungsmittel nach einem S_N2-Mechanismus zu **1-Nitrohexan** [$CH_3(CH_2)_4CH_2\text{-}\mathbf{NO_2}$] als Reaktionsprodukt. Unter S_N1-Bedingungen würde sich vorwiegend ***n*-Hexylnitrit** [$CH_3(CH_2)_4CH_2\text{-}\mathbf{O\text{-}N{=}O}$] bilden [vgl. **MC-Frage Nr. 112**].

Bei der *Kolbe-Nitrilsynthese* entstehen neben Nitrilen auch *Isonitrile.*

$$R{-}X + |CN^- \xrightarrow{-X^-} \begin{cases} R{-}C{\equiv}\overline{N} & \text{Nitril } (S_N2) \\ R{-}\overline{N}{=}C| & \text{Isonitril } (S_N1) \end{cases}$$

In analoger Weise reagieren die durch Deprotonierung CH-acider Carbonylverbindungen [$R^1R^2CH\text{-}CO\text{-}R^3$] gebildeten *Enolate* bzw. *Carbanionen* mit Alkylhalogeniden [RX] zu Enolethern (*O-Alkylierungsprodukt*) oder zu der am α-C-Atom alkylierten Carbonylverbindung [*C-Alkylierungsprodukt*). Im Allgemeinen überwiegt die C-Alkylierung. *Phenolate* reagieren in gleicher Weise, wobei dort die O-Alkylierung dominiert.

$$\mathbf{R}X + \underset{\textbf{Enolat-Ion}}{R^1R^2C{=}CR^3\text{-}O^-} \rightarrow \underset{\textbf{C-Alkylierung}}{R^1R^2\mathbf{R}C\text{-}CO\text{-}R^3} \textit{ oder } \underset{\textbf{O-Alkylierung}}{R^1R^2C{=}CR^3\text{-}O\mathbf{R}} + X^-$$

Zur Abschätzung der Produktbildung kann als *allgemeine Regel* für nucleophile Substitutionsreaktionen mit ambidenten Ionen gelten: *Primäre* Alkylhalogenide werden in einer **S_N2-Reaktion** bevorzugt vom Atom mit der höheren Polarisierbarkeit (geringere Elektronendichte, *geringere Elektronegativität*) angegriffen, während *tertiäre* Alkylhalogenide nach einem **S_N1-Mechanismus** vorzugsweise mit dem Atom mit der höheren Elektronendichte (geringere Polarisierbarkeit, *höhere Elektronegativität*) reagieren.

3.2.5.10 Konkurrenz zwischen Substitution und Eliminierung

Das Verhältnis Substitution/Eliminierung ist abhängig von [vgl. **MC-Fragen Nr. 85, 99**]:

- der Temperatur,
- der Basizität des Reagenzes,
- der Polarität des Lösungsmittels sowie
- den Eigenschaften von Substrat und Abgangsgruppe.

Zur Reaktionssteuerung können nachfolgende Befunde herangezogen werden:

$$H{-}\overset{|\beta}{\underset{|}{C}}{-}\overset{|\alpha}{\underset{|}{C}}{-}X$$

- *Primäre Alkylverbindungen,* die am *β-C-Atom nicht verzweigt* sind, reagieren ausschließlich nach einem *bimolekularen* Mechanismus. Mit Reagenzien hoher Nucleophilie überwiegt die S_N2-Reaktion. E2-Reaktionen lassen sich nur mit sperrigen Basen erreichen.
  Sind die *primären Alkylverbindungen* am *β-C-Atom verzweigt,* so bilden sich größere Mengen an Eliminierungsprodukten, da der S_N2-Prozess nun deutlich langsamer verläuft. Bei starken Nucleophilen liefert die Substitution aber immer noch das Hauptprodukt. Erst bei Verwendung sehr starker Basen dominiert die Eliminierung.
  Bei Substraten, die kein β-H-Atom enthalten, kann eine Eliminierung *nicht* stattfinden.

- In Abwesenheit starker Basen reagieren *tertiäre Alkylverbindungen* nach einem *monomolekularen* Mechanismus (S_N1, E1). Man erhält Produktgemische. In Gegenwart starker Basen, besonders in hoher Konzentration und bei erhöhten Temperaturen überwiegt die Elimination.
- *Sekundäre Alkylverbindungen* zeigen ein differenziertes Verhalten. Starke Nucleophile begünstigen die S_N2-Reaktion, mit starken Basen in hoher Konzentration ist eher mit einem E2-Mechanismus zu rechnen.
- Höhere *Temperaturen* begünstigen Eliminierungen.

3.2.5.11 Sterischer Verlauf nucleophiler Substitutionen

S_N2-Reaktionen am asymmetrischen C-Atom chiraler Substanzen verlaufen *stereospezifisch.* Sie sind stets mit einer **Konfigurationsumkehr** *(Walden-Umkehr; Inversion)* verbunden [siehe ○Abb. 3.46 und **MC-Fragen Nr. 82, 92, 93, 95, 119, 121, 124**].

Zum Beispiel führt die Hydrolyse von ***cis*-2-Ethylcyclopentylbromid** unter S_N2-Bedingungen zu ***trans*-2-Ethylcyclopentanol** [vgl. **MC-Frage Nr. 117**].

Die vollständige Inversion der Konfiguration eines Substrats ist stets ein sicherer Beweis für den S_N2-Mechanismus, da das Nucleophil immer von der Rückseite des Substrats her angreift und synchron dazu die Abgangsgruppe in der entgegengesetzten Richtung aus der Bindung an das Substrat herausgedrängt wird.

Substitutionen nach einem **S_N1-Mechanismus** verlaufen komplizierter. Die durch S_N1-Reaktionen an einem asymmetrisch substituierten C-Atom erhaltenen Produkte sind chiral. Man würde nun bei S_N1-Reaktionen – ausgehend von einem reinen chiralen Edukt, wie dies ○Abb. 3.47 veranschaulicht – eine *vollständige Racemisierung* erwarten, weil der Angriff des Nucleophils an das *planare Carbeniumion* im Idealfall von beiden Seiten her mit gleicher Wahrscheinlichkeit erfolgen kann. Die eine Hälfte der Moleküle des ursprünglichen Enantiomers erfährt hierbei eine Inversion, während die andere Hälfte ihre Konfiguration beibehält [vgl. **MC-Fragen Nr. 88, 120**].

Bei vielen Experimenten beobachtet man aber nur eine *partielle Racemisierung,* die in weiten Grenzen schwanken kann. Eine Erklärung für diesen Befund ist, dass die Substitution häufig schon stattfindet, wenn die Abgangsgruppe dem Carbenium-

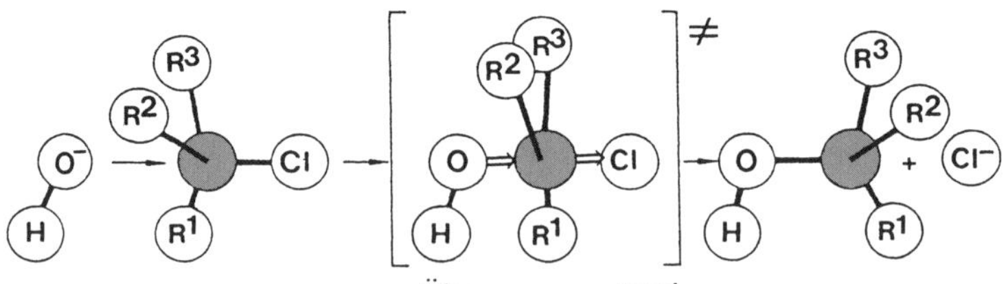

○ Abb. 3.46 Stereochemie der S_N2-Reaktion

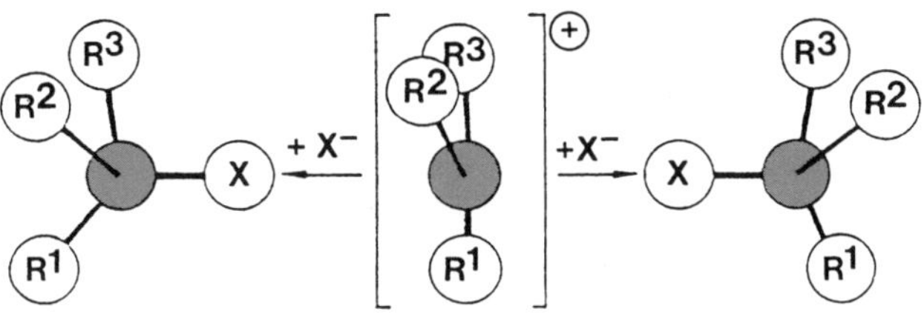

Carbeniumion

○ Abb. 3.47 Stereochemie der S_N1-Reaktion

ion noch eng benachbart ist, d. h. sich im Stadium des solvatisierten *Ionenpaares* befindet. Je enger beide Ionen benachbart sind, je nucleophiler also das solvatisierende Lösungsmittel ist, desto höher ist der Anteil an inversem Produkt. *Andererseits ist die Racemisierung umso vollständiger, je stabiler das betreffende Carbeniumion ist.*

R-X	→	R^+X^-	→	R^+ | X^-	→	R^+ + X^-
Substrat		Enges Ionenpaar		Solvensgetrenntes Ionenpaar		Solvatisierte, getrennte Ionen
		↑		↑		↑
		Inversion		Inversion und Racemisierung		Racemisierung

3.2.5.12 Innere nucleophile Substitution (S_Ni)

Man kennt auch nucleophile Substitutionen, die unter **Konfigurationserhalt** *(Retention)* ablaufen. Ein Beispiel hierfür ist der Ersatz einer Hydroxylgruppe in *Alkoholen* durch ein Chloratom mit *Thionylchlorid* [$SOCl_2$] (in Abwesenheit von Aminen!). Die Reaktionsgeschwindigkeit gehorcht einem Zeitgesetz 2. Ordnung und ist proportional zur Konzentration des Alkohols [ROH] *und* des Thionylchlorids [$SOCl_2$]. Als Zwischenprodukt wird ein *Chloralkylsulfit* gebildet, das beim Erwärmen in Schwefeldioxid [SO_2] und das betreffende *Alkylchlorid* [RCl] zerfällt [vgl. **MC-Fragen Nr. 1702, 1797**].

$$-\overset{|}{\underset{|}{C}}-OH + SOCl_2 \xrightarrow{-HCl\uparrow} -\overset{|}{\underset{|}{C}}\begin{matrix}-O- \\ \cdots Cl-\end{matrix}S{=}O \xrightarrow{\Delta} -\overset{|}{\underset{|}{C}}-Cl + SO_2$$

Chloralkylsulfit

Erfolgt die Umsetzung in Anwesenheit von *Aminen* wie z. B. *Pyridin,* so wird eine Inversion beobachtet, weil der entstehende Chlorwasserstoff als Ammoniumchlorid [$R_3NH^+Cl^-$] abgefangen wird und anschließend das nucleophile Chloridion von der Rückseite her an das intermediäre Chloralkylsulfit herantritt.

```
        ↷  |          ⌈   \ /       ⌉   -Cl⁻            |
Cl|⁻  +  -C-O-SO-Cl → |Cl⁻..C..O-SO-Cl| ———→  Cl-C-  +  SO2
           |          ⌊     |       ⌋               |
```

Auch die Umsetzung von Alkoholen mit Phosphorhalogeniden über Esterzwischenstufen folgt einem normalen S_N2-Mechanismus [vgl. **MC-Frage Nr. 1702**].

3.2.5.13 Nachbargruppeneffekte

Substitutionsreaktionen unter *vollständiger Retention der Konfiguration* können auch ablaufen, wenn sich in unmittelbarer Nähe des Substitutionszentrums ein Atom oder eine Atomgruppe mit freiem Elektronenpaar befindet [vgl. **MC-Frage Nr. 80**].

Diese *Nachbargruppe* beteiligt sich an der Reaktion in der Weise, dass sie zunächst als Nucleophil das Reaktonszentrum angreift und erst in einem nachfolgenden Schritt von einem Nucleophil aus dem Reaktionsmedium verdrängt wird.

```
  X|                                  X+
  |          - Y|⁻                   / \            + Z|⁻
R-CH-CH-R' ——————————————→      R-CH-CH-R'  ——————————————→
     |       1. Inversion                        2. Inversion
     Y

     X            X
     |            |
R-CH-CH-R'  +  R-CH-CH-R'
  |                 |
  Z                 Z
```

Die beobachtete Retention erweist sich somit als eine Folge zweier Inversionen. Diese heben sich gegenseitig auf, sodass die Konfiguration erhalten bleibt.

Ein Beispiel für eine S_N-Reaktion unter Beteiligung einer Nachbargruppe ist die alkalische Hydrolyse optisch aktiver *α-Halogencarbonsäuren* [vgl. **MC-Fragen Nr. 122, 123**]:

D-2-Brompropionat —(△, -Br⁻)→ [α-Lacton] —(+HO⁻)→ D-Lactat

Hierbei greift zunächst das Carboxylat-Ion als Nucleophil das α-C-Atom von der Rückseite her an. Es bildet sich ein gespanntes *α-Lacton* inverser Konfiguration. Dieses wird anschließend – unter erneuter Konfigurationsumkehr – durch Wasser zur α-Hydroxycarbonsäure gespalten [vgl. **MC-Frage Nr. 123**].

Ein weiteres interessantes Beispiel für die Beteiligung einer Nachbargruppe ist die Bildung von ***trans*-1,2-Dibromcyclohexan** sowohl aus ***cis-*** wie auch aus ***trans*-2-Bromcyclohexanol** bei der Behandlung mit Bromwasserstoff (HBr). Dieser Befund ist erklärbar mit der Annahme, dass nach der Protonierung des alkoholischen Hydroxyls das benachbarte Bromatom die H_2O-Abgangsgruppe synchron unter Bildung eines *cyclischen Bromoniumions* aus dem Molekül verdrängt [siehe auch ▸Kap. 3.2.11.3 und **MC-Fragen Nr. 118, 451**].

◻ Tab. 3.8 Nucleophile Substitutionen an Alkylhalogeniden, Alkylsulfaten und Alkylsulfonaten

$R'-X$ + (Substrat)

Nucleophil	Produkt		Namensreaktion	Kapitel
Hal^-	$R'-Hal$	Alkylhalogenid	Finkelstein	3.7.2.1
HO^-	$R'-OH$	Alkohol (Epoxid)		3.9.2.1
RO^-	$R'-OR$	Ether	Williamson	3.9.6.1
HS^-	$R'-SH$	Mercaptan (Thiol)		3.11.2.1
RS^-	$R-SR'$	Sulfid (Thioether)		3.11.3.1
R_2S	$R_2\overset{+}{S}-R'\ X^-$	Sulfoniumsalz		3.11.3.2
CN^-	$R-CN$	Nitril	Kolbe	3.13.8.1
	$R-\overset{+}{N}C^-$	Isonitril		3.13.8.1
NO_2^-	$R-NO_2$	Nitroalkan		3.10.7.1
	$R-O-N=O$	Alkylnitrit		3.10.7.1
NH_3	$R'-NH_2$ $R'_2NH,\ R'_3N$	Amine (meist Gemische)		3.10.2.1
R_3N	$R_3\overset{+}{N}-R']X^-$	quart. Ammoniumsalz		3.10.2.1
R_3P	$R_3\overset{+}{P}-R']X^-$	Phosphoniumsalz	Wittig	3.5.3
Ar-H	Ar-R'	Alkylbenzen	Friedel-Crafts	3.6.4.2
$RCOO^-$	$R-COOR'$	Ester		3.13.6.1
$-\overset{\mid}{\underset{\mid}{C}}\mid^-$ Carbanion	Alkylierte Malonester bzw. Acetessigester			3.14.6.2 3.14.6.3
RMgX	R-R'	Alkan	Grignard	3.8.3.1

Organische Chemie

cis / trans — $+H^{\oplus}$, $-H_2O$ — Bromoniumion — $+Br^{\ominus}$ — trans

3.2.5.14 Nucleophile Substitutionsreaktionen

Über die wichtigsten nucleophilen Substitutionsreaktionen am gesättigten Kohlenstoff – ausgehend von *Alkylhalogeniden* [RX], *Alkylsulfaten* [R-OSO_3H(R)] oder *Alkylsulfonaten* [R-OSO_2R'] – informiert ▫Tab. 3.8 [vgl. **MC-Fragen Nr. 86, 87**].

Zu den S_N-Reaktionen an aliphatischen C-Atomen zählen ferner die Veresterung von *Alkoholen* mit Halogenwasserstoffsäuren oder anderen anorganischen Säuren (siehe ▸Kap. 3.7.2.1) sowie die sauer katalysierte Bildung von *Ethern* und die Methoden zu ihrer Spaltung (siehe ▸Kap. 3.9.6.1 und 3.9.6.5). Weitere Beispiele für S_N-Reaktionen sind die Hydrolyse aliphatischer *Diazoniumsalze* (siehe ▸Kap. 3.10.3.4) und die nucleophile Ringöffnung von *Epoxiden (Oxiranen)* (siehe ▸Kap. 3.9.6.6).

3.2.6 Elektrophile Substitution an Aromaten und Heteroaromaten

Bei der elektrophilen Substitution an aromatischen Systemen (Ar-H) erfolgt im Allgemeinen der *Ersatz eines Wasserstoffatoms* durch ein elektrophiles Reagenz (E^+).

$$\text{Ar-H} + E^+ \rightarrow \text{Ar-E} + H^+$$

Obwohl das Elektrophil auf unterschiedliche Weise erzeugt werden kann, verlaufen die meisten elektrophilen Substitutionen an Aromaten [S_EAr] nach einem *einheitlichen Mechanismus*.

Die nachfolgende ▫Tab. 3.9 informiert über die wichtigsten elektrophilen Substitutionen an Aromaten und Heteroaromaten. Diese **S_EAr-Reaktionen** werden noch detailliert im ▸Kap. 3.6.4.2 bzw. im ▸Kap. 3.15.4 behandelt [vgl. **MC-Fragen Nr. 565, 589–596, 608, 663**].

3.2.6.1 Reaktionsmechanismus [σ-Komplexe und π-Komplexe]

Nach neueren Vorstellungen laufen S_E-Reaktionen an Aromaten nach folgendem, *zweistufigen* Mechanismus ab:

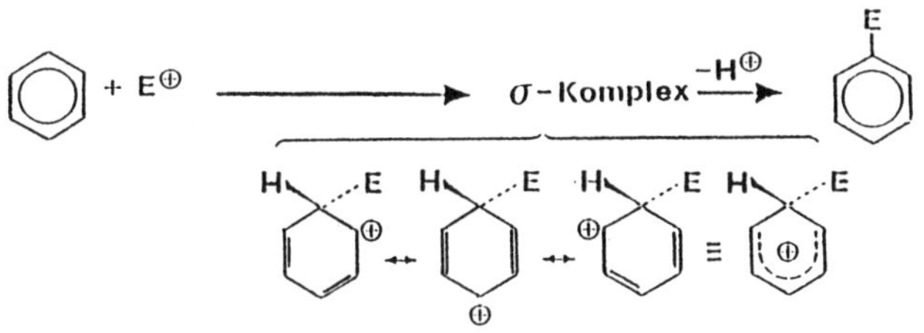

Zunächst bildet sich aus dem aromatischen Molekül und dem jeweiligen elektrophilen Reagenz durch Ladungstransfer vom Aromaten *(Donor)* zum Elektrophil *(Akzeptor)* ein mesomeriestabilisiertes **Carbeniumion** [**Areniumion/σ-Komplex**], in dem der Aromat zwei Elektronen seines Sextetts dem Elektrophil für die Kovalenzbindung zur Verfügung stellt. Im σ-Komplex sind vier π-Elektronen über fünf sp^2-hybridisierte Ring-C-Atome delokalisiert; das sechste Kohlenstoffatom, das den neu eintretenden Substituenten trägt, besitzt sp^3-Hybridcharakter. Die als reaktionsfähige, energiereiche Zwischenverbindungen entstehenden σ-Komplexe stabilisieren sich unter *Rearomatisierung* ihres π-Elektronensystems durch die Abspaltung eines Protons.

Ob der Bildung des σ-Komplexes ein **π-Komplex** (charge transfer-Komplex) vorausgeht, wird kontrovers diskutiert. Solche π-Komplexe, in denen das Elektrophil nur relativ locker an den Aromaten gebunden und senkrecht zur Ebene des Ringgerüstes angeordnet ist, lassen sich zum Beispiel in Gemischen von Benzen mit Halogenen oder Halogenwasserstoffen (in Abwesenheit von Lewis-Säuren) spektroskopisch nachweisen. Nach neueren Befunden muss man jedoch annehmen, dass bei S_EAr-Reaktionen wahrscheinlich *direkt das Areniumion* (σ-Komplex) gebildet wird. Teilweise wird auch ein Abgangs-π-komplex aus substituiertem Aromaten und abgespaltenem Proton formuliert.

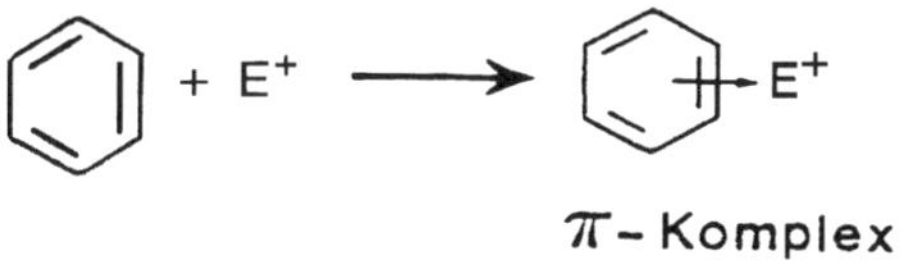

π-Komplex

o Abb. 3.48 zeigt in vereinfachter Form das **Energiediagramm** der elektrophilen Substitution (S_E) am Aromaten im Vergleich zur elektrophilen Addition (A_E) an eine C=C-Doppelbindung [vgl. **MC-Frage Nr. 588**].

In der ersten Reaktionsphase entsprechen sich beide Reaktionstypen. Während jedoch bei der Addition nach Anlagerung des Elektrophils das gebildete Carbeniumion durch ein Nucleophil abgesättigt wird, ist beim σ-Komplex der S_EAr-Reaktion die Abspaltung eines Protons energetisch günstiger, weil auf diese Weise der aromatische Zustand wiederhergestellt wird.

Die in zwei Schritten verlaufende elektrophile Substitution gehorcht einem **Zeitgesetz 2. Ordnung**, wobei *meistens die Bildung des σ-Komplexes geschwindigkeitsbestimmend* ist. Die nachfolgende Umwandlung des σ-Komplexes in das Reaktionsprodukt vollzieht sich hingegen rasch. Eine Ausnahme ist die *reversibel* verlaufende und *thermodynamisch gesteuerte Sulfonierung* von Aromaten [siehe auch Ehlers, **Chemie I**, ▸Kap. 1.13.4.3 und ▸Kap. 3.6.4.2 sowie **MC-Frage Nr. 591**].

Tab. 3.9 Elektrophile Substitutionsreaktionen an Aromaten

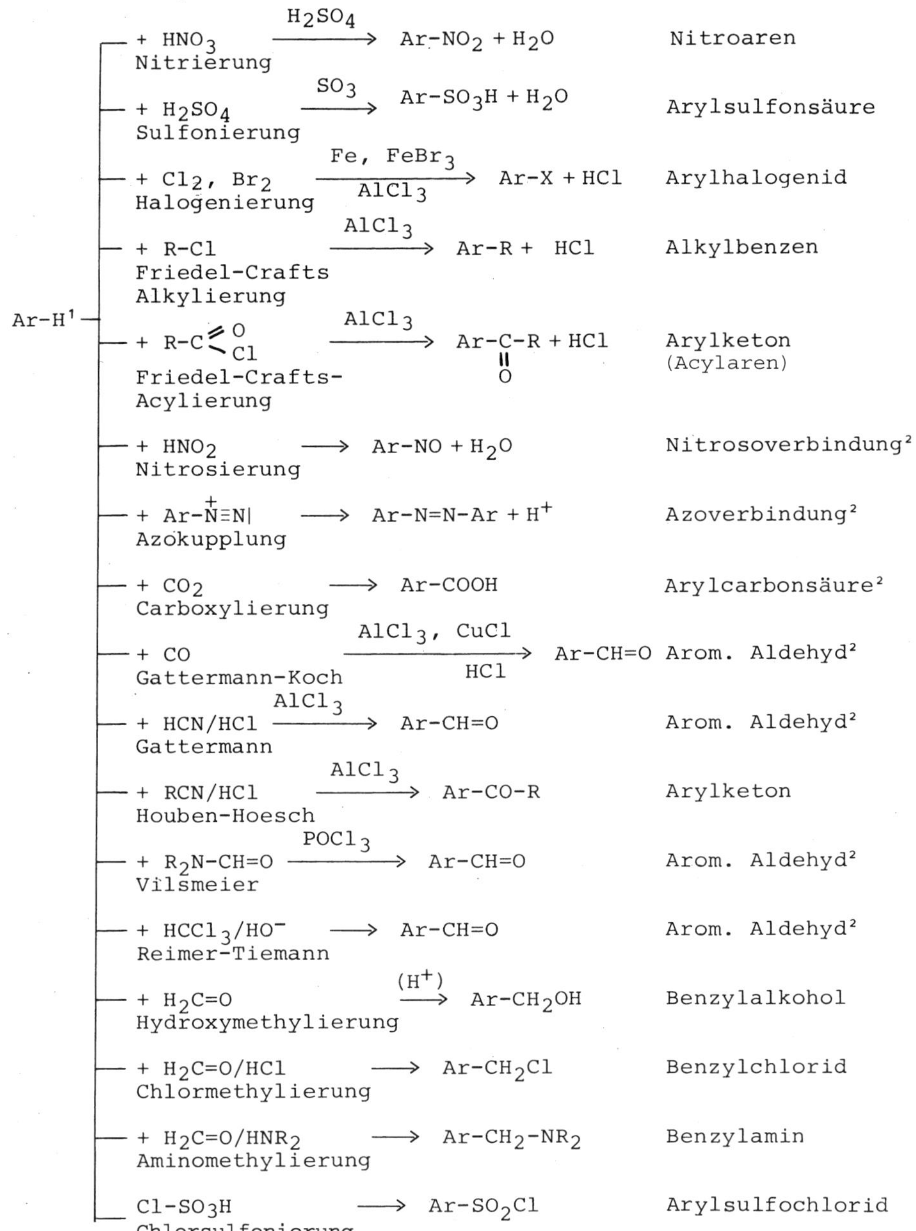

Ar-H[1] + Reagens (Reaktion)	Bedingungen	Produkt	Produktklasse
+ HNO_3 (Nitrierung)	H_2SO_4	$Ar\text{-}NO_2 + H_2O$	Nitroaren
+ H_2SO_4 (Sulfonierung)	SO_3	$Ar\text{-}SO_3H + H_2O$	Arylsulfonsäure
+ Cl_2, Br_2 (Halogenierung)	Fe, $FeBr_3$ / $AlCl_3$	$Ar\text{-}X + HCl$	Arylhalogenid
+ R-Cl (Friedel-Crafts Alkylierung)	$AlCl_3$	$Ar\text{-}R + HCl$	Alkylbenzen
+ $R\text{-}C(=O)Cl$ (Friedel-Crafts-Acylierung)	$AlCl_3$	$Ar\text{-}C(=O)\text{-}R + HCl$	Arylketon (Acylaren)
+ HNO_2 (Nitrosierung)		$Ar\text{-}NO + H_2O$	Nitrosoverbindung[2]
+ $Ar\text{-}\overset{+}{N}{\equiv}N|$ (Azokupplung)		$Ar\text{-}N{=}N\text{-}Ar + H^+$	Azoverbindung[2]
+ CO_2 (Carboxylierung)		Ar-COOH	Arylcarbonsäure[2]
+ CO (Gattermann-Koch)	$AlCl_3$, CuCl / HCl	Ar-CH=O	Arom. Aldehyd[2]
+ HCN/HCl (Gattermann)	$AlCl_3$	Ar-CH=O	Arom. Aldehyd[2]
+ RCN/HCl (Houben-Hoesch)	$AlCl_3$	Ar-CO-R	Arylketon
+ $R_2N\text{-}CH{=}O$ (Vilsmeier)	$POCl_3$	Ar-CH=O	Arom. Aldehyd[2]
+ $HCCl_3/HO^-$ (Reimer-Tiemann)		Ar-CH=O	Arom. Aldehyd[2]
+ $H_2C{=}O$ (Hydroxymethylierung)	(H^+)	$Ar\text{-}CH_2OH$	Benzylalkohol
+ $H_2C{=}O/HCl$ (Chlormethylierung)		$Ar\text{-}CH_2Cl$	Benzylchlorid
+ $H_2C{=}O/HNR_2$ (Aminomethylierung)		$Ar\text{-}CH_2\text{-}NR_2$	Benzylamin
$Cl\text{-}SO_3H$ (Chlorsulfonierung)		$Ar\text{-}SO_2Cl$	Arylsulfochlorid

[1] Ar bedeutet „Aryl“, d. h. irgendein aromatisches System, wobei das zu substituierende H-Atom direkt an den Ring gebunden ist.

[2] Diese Reaktionen lassen sich nur mit sehr reaktionsfähigen Aromaten durchführen.

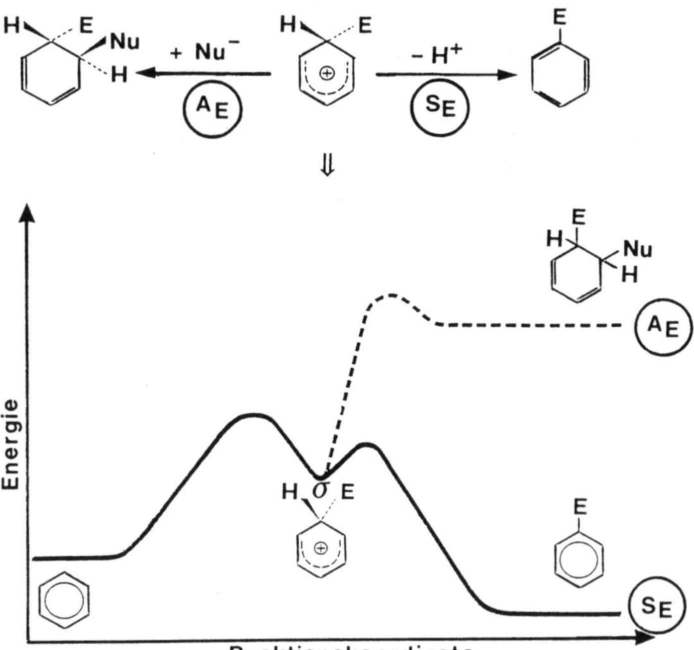

o Abb. 3.48 Vereinfachtes Reaktionsprofil der elektrophilen Substitution und Addition an Benzen (E = Elektrophil; Nu = Nucleophil)

Infolge des zwischenzeitlichen Verlustes an Mesomerieenergie ist die *Aktivierungsenthalpie* elektrophiler aromatischer Substitutionen relativ hoch. S_E-Reaktionen verlaufen im Allgemeinen langsamer als elektrophile Additionen an die C=C-Doppelbindung. Trotzdem lassen sich einige elektrophile Substitutionen an Aromaten schon bei Raumtemperatur durchführen. Zwei Faktoren tragen dazu bei. Zum einen wird Energie frei, wenn die neue Bindung zum angreifenden Elektrophil geknüpft wird, zum anderen kann sich der positiv geladene σ-Komplex durch Elektronendelokalisierung in gewissem Umfang stabilisieren.

Für aromatische Ringsysteme sind elektrophile Substitutionsreaktionen charakteristisch, wobei der Aromat als Elektronendonator (Lewis-Base) fungiert.
Diese Reaktionen verlaufen zweistufig. Bis auf wenige Ausnahmen (Sulfonierung) ist die Anlagerung des Elektrophils an ein Ring-C-Atom unter Bildung des σ-Komplexes (Areniumion) geschwindigkeitsbestimmend. Die nachfolgende Abspaltung eines Protons unter Rearomatisierung verläuft rasch.
S_E-Reaktionen an Aromaten sind meistens irreversibel und zeigen bei Verwendung deuterierter Aromaten als Substrate keinen merklichen kinetischen Isotopeneffekt. D.h., Wasserstoffisotope werden bei diesen Reaktionen mit gleicher Geschwindigkeit ausgetauscht. Eine Ausnahme bildet die elektrophile Sulfonierung und die Friedel-Crafts-Alkylierung; beide Reaktionen verlaufen zudem reversibel.

3.2.6.2 Substituenteneffekte (Elektrophile Zweitsubstitution)

Unterwirft man ein *monosubstituiertes Benzen-Derivat* einer elektrophilen Substitutionsreaktion, so kann der zusätzliche Substituent in Bezug auf den bereits vorhandenen in die ***ortho-***, ***meta-*** oder ***para*-Position** eintreten. Darüber hinaus kann die *Reaktionsgeschwindigkeit* größer oder kleiner sein als die des unsubstituierten Benzens.

R +E⁺ —(−H⁺)→ ortho (o) / meta (m) / para (p)

Wie ◘Tab. 3.10 ausweist, findet man im Prinzip *zwei Substitutionsmuster*: Entweder überwiegt das *meta*-Isomer oder man erhält ein Gemisch aus *ortho*- und *para*-Disubstitutionsprodukten. Im ersten Fall ist die Geschwindigkeit der Zweitsubstitution immer kleiner als die Reaktionsgeschwindigkeit des unsubstituierten Benzens. Bei der bevorzugten Bildung von *o*/*p*-Produkten verläuft die Reaktion häufig (nicht immer!) schneller als beim Benzen.

Der Einfluss des Erstsubstituenten lässt sich weitgehend mit *elektronischen Effekten* begründen. Darüber hinaus spielen auch *sterische Faktoren* eine Rolle; sie wirken sich allerdings nur auf die *ortho-Position* aus.

Man *klassifiziert* nun *Substituenten* am Aromaten hinsichtlich ihrer **Orientierung** als

- *meta-dirigierend* oder
- *ortho/para-dirigierend,*

und hinsichtlich der **Reaktivität** des aromatischen Substrats als

- *aktivierend* oder
- *desaktivierend,*

◘ **Tab.3.10 Prozentuale Produktanteile der elektrophilen Nitrierung von Benzen-Derivaten**

Aromat	%-*ortho*	%-*meta*	%-*para*
Toluen	56,5	3,5	40,0
Anisol	43,0	1,0	56,0
Benzylchlorid	32,0	15,5	52,5
Chlorbenzen	29,6	0,9	68,9
Nitrobenzen	6,4	93,2	0,3
Benzoesäureethylester	28,3	68,4	3,3
Trifluormethylbenzen	–	100,0	–

je nachdem, ob sie im Vergleich zu Benzen die Substitutionsgeschwindigkeit erhöhen oder erniedrigen. (Es muss ausdrücklich betont werden, dass ein Elektrophil prinzipiell alle verfügbaren Stellen eines aromatischen Ringes angreift, nur verläuft die Reaktion an bestimmten Positionen schneller als an anderen.)

- **Substitutionsgeschwindigkeit**

Die S_E-Reaktion ist im Allgemeinen eine **kinetisch gesteuerte Reaktion**. Daher wird das Mengenverhältnis der Substitutionsprodukte *nicht* durch deren relative Stabilitäten, sondern durch die unterschiedlichen *Aktivierungsenergien* (Energiedifferenz zwischen Grundzustand und Übergangszustand) bzw. durch die relativen *Reaktionsgeschwindigkeiten* bestimmt, mit denen ein Elektrophil an den verschiedenen Ringpositionen monosubstituierter Benzen-Derivate angreift.

Allerdings ist es schwierig, exakte Angaben über den Einfluss des Erstsubstituenten auf die Struktur und die Ladungsdichteverteilung der verschiedenen (*o, m, p*) *Übergangszustände* zu machen. Nach **Hammond** wählt man deshalb die jeweiligen *σ-Komplexe als Modell* für diese Übergangszustände.

Erst bei der Bildung des σ-Komplexes entscheidet es sich, welche Position im Aromaten der neue Substituent besetzt. Der bereits vorhandene Substituent beeinflusst jedoch die drei alternativen (*o, m, p*) Übergangszustände in unterschiedlichem Maße, wie dies in o Abb. 3.49 die Reaktionsdiagramme der elektrophilen Zweitsubstitution an ausgewählten Aromaten belegen. Die verschiedenen *Aktivierungsenergien* haben nach der **Arrhenius-Gleichung** aber unterschiedliche Geschwindigkeiten der konkurrierenden Reaktionsschritte zur Folge (siehe Ehlers, **Chemie I**, ▸Kap. 1.13.2.6).

Da die Energien der Übergangszustände für die *o*-, *m*- und *p*-Substitution nicht bekannt sind, betrachtet man an deren Stelle die entsprechenden σ-Komplexe und nimmt an, dass die damit verbundenen Abweichungen nicht allzu groß sind.

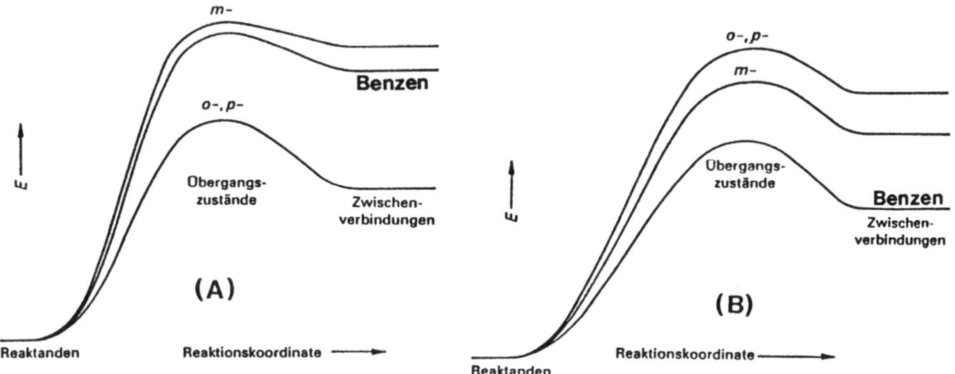

o Abb. 3.49 Energiediagramm für S_E-Reaktionen an Aromaten
(A) Anisol (aktivierend, *o, p*-dirigierend)
(B) Nitrobenzen (desaktivierend, *m*-dirigierend)

Jeder Substituent am Aromaten beeinflusst die Reaktivität des aromatischen Systems und die Orientierung des neu eintretenden Substituenten.
Die Reaktivität hängt von der Fähigkeit des Erstsubstituenten ab, Elektronen abzugeben oder anzuziehen. Elektronendonatoren aktivieren, Elektronenakzeptoren desaktivieren das aromatische Ringgerüst.
Die Orientierung des Zweitsubstituenten ist aufgrund der kinetischen Reaktionssteuerung eine Folge der unterschiedlichen Aktivierungsenergien für die jeweilige Ringposition und ist letztlich auf elektronische Einflüsse des bereits vorhandenen Substituenten zurückzuführen.

- **Substituenten mit +I-Effekt [σ-Donor]**

+I-Substituenten (z. B. Alkylgruppen) bewirken eine stabilisierende Delokalisierung der positiven Ladung in allen drei σ-Komplexen. Sie *aktivieren* den Aromaten für S_E -Reaktionen. Allerdings nimmt der induktive Effekt mit zunehmender Entfernung des „Schlüsselatoms" vom Reaktionszentrum deutlich ab, sodass vor allem das Nachbar-C-Atom unter dem Einfluss des Erstsubstituenten steht. Die σ-Komplexe mit dem Zweitsubstituenten in *o*- und *p*-Stellung tragen an dieser Stelle eine positive Ladung, sodass sie durch den +I-Effekt stärker stabilisiert werden als der *meta*- σ-Komplex [siehe auch ▸Kap. 3.1.8.1 und **MC-Fragen Nr. 597, 686**].

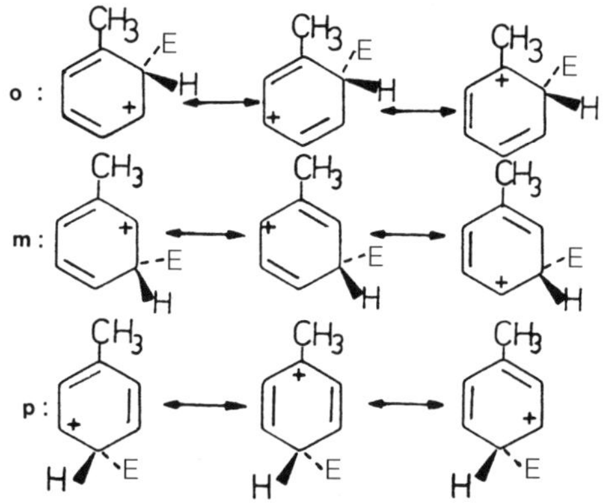

+I-Substituenten erhöhen die Reaktivität aller Positionen des Ringes, dirigieren aber nach *ortho* und *para*, weil sie diese Stellen stärker aktivieren. Die Reaktivität des Aromaten nimmt zu mit steigender Anzahl von Alkylgruppen. Die Aktivierung des Aromaten durch eine Methylgruppe wird mit einem hyperkonjugativen Effekt erklärt (siehe ▸Kap. 3.1.10.8).

- **Substituenten mit -I-Effekt [σ-Akzeptor]**

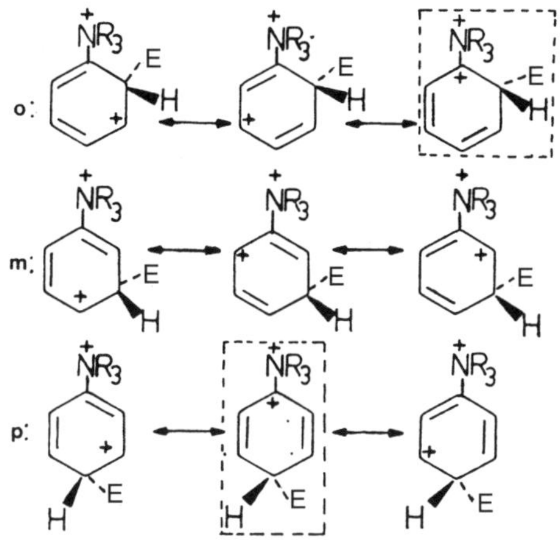

–I-Substituenten (z. B. Trialkylammonium- oder Trifluormethylgruppe) erhöhen die positive Ladung des Ringes und destabilisieren die drei σ-Komplexe. Sie wirken auf alle Positionen des Ringgerüstes *desaktivierend*. Im *ortho-* und *para-*σ-Komplex befindet sich die positive Ladung auch an dem C-Atom, das z. B. mit der quartären Ammoniumgruppe verbunden ist. Diese Struktur mit zwei positiven Ladungen in enger Nachbarschaft ist energetisch besonders ungünstig und kann nur durch einen Angriff in der *meta-*Stellung vermieden werden [vgl. **MC-Fragen Nr. 680, 682–684, 686, 1739**].

> –I-Substituenten desaktivieren den Aromaten und dirigieren das angreifende Elektrophil in die *meta*-Position.

- **Substituenten mit +M-Effekt [π-Donor]**

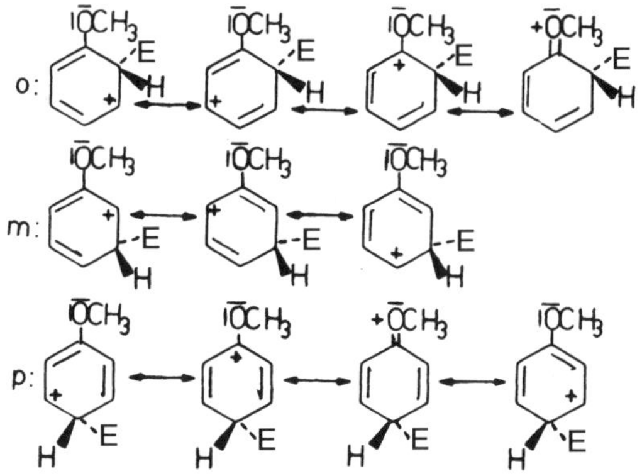

Bei **+M-Substituenten**, deren freies Elektronenpaar mit dem π-System des Aromaten in Wechselwirkung treten kann, lässt sich für die zur *o*/*p*-Substitution führenden σ-Komplexe eine zusätzliche mesomere Grenzstruktur formulieren. Deshalb ist die Stabilisierung dieser Komplexe durch den Erstsubstituenten wirkungsvoller als beim *meta*-σ-Komplex.

+M-Substituenten aktivieren zwar alle Positionen des Ringgerüstes, die *o*-/*p*-Stellung wird aber besonders stark aktiviert, sodass +M-Substituenten ausgesprochen *ortho*/*para* dirigierend wirken.

- **Substituenten mit -M-Effekt [π-Akzeptor]**

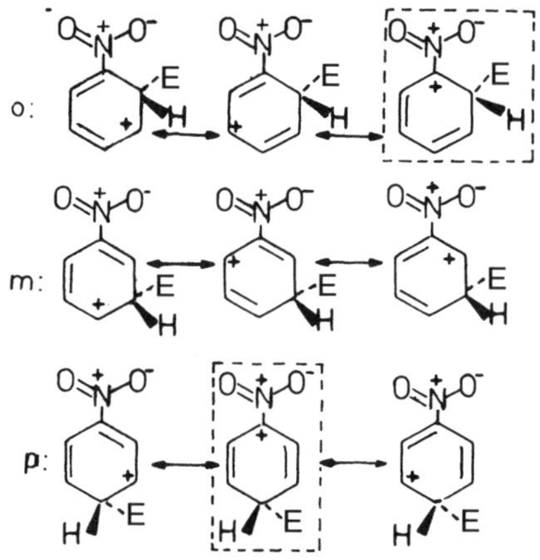

o:

m:

p:

Aus den o. a. Grenzstrukturen der σ-Komplexe der elektrophilen Zweitsubstitution des *Nitrobenzens* ist zu erkennen, dass aufgrund unmittelbar benachbarter positiver Ladungen eine Substitution in der *ortho*- oder *para*-Stellung besonders ungünstig ist [vgl. **MC-Fragen Nr. 661, 683–686, 708, 1739**].

-M-Substituenten desaktivieren alle Positionen des Ringes, vor allem jedoch die *o*- und *p*-Stellung; sie dirigieren bevorzugt in die *meta*-Position.

- **Gesamteffekt von Erstsubstituenten**

Wie ◘Tab. 3.11 ausweist, sind bei zahlreichen Substituenten *induktive* und *mesomere Effekte gleichzeitig* wirksam und addieren sich zu einem **Gesamteffekt** [vgl. **MC-Fragen Nr. 601, 621, 675–679, 686–693, 1011, 1701**].

Aufgrund ihres Gesamteffektes lassen sich Substituenten an aromatischen Ringsystemen einteilen in:

(1) *Substituenten* [z. B. $-CH_3$, $-C(CH_3)_3$, $-OCH_3$, $-NH_2$], die alle Stellen im Ring *aktivieren* und nach *ortho und para dirigieren.*

Tab. 3.11 Einfluss von Substituenten auf die Orientierung und die Geschwindigkeit der elektrophilen Zweitsubstitution an Benzen-Derivaten

Substituent	Art	Effekt	dirigierend nach	Wirkung auf die Reaktivität
O^-	1	+I, +M	o, p	sehr stark aktivierend
NR_2, NHR, NH_2	1	–I, +M	o,p	stark aktivierend
OH, OR	1	–I, +M	o, p	
NHCOR, OCOR, COO^-	1 1	–I, +M +I	o, p o, p	aktivierend
C_6H_5	1	–I, +M	o, p	mäßig aktivierend
Alkylgruppen	1	+I	o, p	
[H]	–	–	–	–
F	2	–I, +M	o, p	(wie Benzen)
Cl, Br, I	2	–I, +M	o, p	schwach desaktivierend
CH=CH-COOH	2	–I, +M	o, p	
COOR, COOH, CN	3	–I, –M	m	stark desaktivierend
CHO, COR, NO_2	3	–I, –M	m	
SO_3H, SO_3R	3	–I, –M	m	
NH_3^+, NR_3^+, CF_3	3	–I	m	

(2) *Substituenten* [z. B. -Cl, -Br, -CH_2Cl], die alle Stellen im Ring *desaktivieren* und nach *ortho und para dirigieren.*
(3) *Substituenten* [z. B. -NO_2, -$COOC_2H_5$, -$N(CH_3)_3$, -CF_3], die alle Stellen im Ring *desaktivieren* und nach *meta dirigieren.*

Zu einzelnen Substituentengruppen kann ergänzend ausgeführt werden:

[-M/-I]: Der *gleichgerichtete* mesomere und induktive Effekt solcher Substituenten hat einen *desaktivierenden* Einfluss auf das aromatische Ringsystem, der in der Reihe

$$\mathbf{R_3N^+ > NO_2 > CN > SO_3H > CO\text{-}R > COOH}$$

von links nach rechts abnimmt, während in umgekehrter Richtung die Reaktionsgeschwindigkeit des betreffenden Aromaten ansteigt [vgl. **MC-Fragen Nr. 675, 676**].

[+M > -I]: Bei diesen Substituenten überwiegt der *aktivierende*, die Reaktivität des Aromaten steigernde Einfluss, der in nachfolgender Reihe von links nach rechts zunimmt.

$$\mathbf{O\text{-}COR < NH\text{-}COR < OR < OH < NH_2 < NHR < NR_2}$$

Sekundäre (Ar-NHR) und *tertiäre* Aminogruppen (Ar-NR_2) aktivieren aufgrund der Elektronendonatoreigenschaften der Alkylgruppen stärker als die *primäre* Aminogruppe (Ar-NH_2). Zu beachten ist, dass das für den +M-Effekt verantwortliche freie Elektronenpaar einer Aminogruppe in *saurer Lösung* protoniert vorliegt. *Protonierte*

Aminogruppen (-NH_3^+, -NH_2R^+, -NHR_2^+) besitzen nur noch einen –I-Effekt und desaktivieren das aromatische Ringsystem; sie dirigieren den Zweitsubstituenten in die *meta*-Stellung.

Die im Vergleich zu Phenolen (Ar-OH) oder Anilin-Derivaten (Ar-NH-R) nur *mäßig aktivierende* Wirkung der Substituenten in *Phenolestern* (Ar-O-COR) oder *Aniliden* (Ar-NH-COR) ist auf die partielle Delokalisierung des freien Elektronenpaars zur benachbarten Carbonylfunktion zurückzuführen.

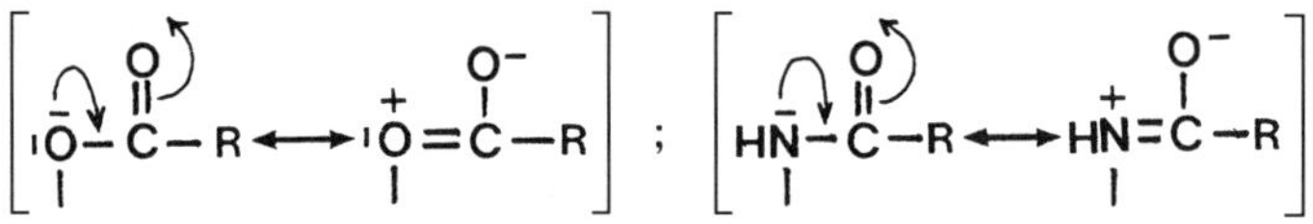

Da aber die Acylaminogruppe (-NH-COR) in saurer Lösung nicht protoniert wird, kann man z.B. **Anilin** [C_6H_5-NH_2] in *o*/*p*-Stellung nitrieren, wenn man zuvor einen Acylrest (-CO-R), insbesondere den Acetylrest (-CO-CH_3), als *Schutzgruppe* einführt und diese nach erfolgter Nitrierung wieder abspaltet [vgl. **MC-Fragen Nr. 614, 615**].

[+M/+I]: In *Phenolaten* (Ar-O^-) sind mesomere und induktive Effekte *gleichgerichtet*. Durch die starke *Aktivierung* des Aromaten erfolgt ein elektrophiler Angriff an Phenolaten rascher als an Phenolen (Ar-OH). Da jedoch die meisten S_EAr-Reaktionen im sauren Milieu durchgeführt werden, spielt dieser Effekt – mit Ausnahme bei der *Reimer-Tiemann-Reaktion* und der *Azokupplung an Phenolen* – kaum eine Rolle [vgl. **MC-Frage Nr. 675**].

[+M < –I]: Der starke –I-Effekt von Halogenenatomen verursacht eine im Vergleich zu Benzen verminderte Reaktivität von *Arylhalogeniden* (Ar-Hal). Allerdings wird **Fluorbenzen** [C_6H_5-F] fast so schnell angegriffen wie Benzen. Aufgrund ihres freien Elektronenpaars in Konjugation zum aromatischen Ringsystem dirigieren Halogenatome einen neu eintretenden Substituenten in die *ortho*- und *para*-Position [vgl. **MC-Fragen Nr. 601, 686**].

Ähnlich wie Halogenbenzene verhalten sich auch Verbindungen wie **Styren** [C_6H_5-CH=CH_2] oder **Zimtsäure** [C_6H_5-CH=CH-COOH], die zum Aromaten konjugierte Doppelbindungen enthalten. Im *ortho*- und *para*-σ-Komplex wird die positive Ladung in einem gewissen Umfang über die ungesättigte Seitenkette delokalisiert, was beim *meta*-σ-Komplex nicht möglich ist. Die Desaktivierung des Ringgerüstes ist deshalb für die *o*- und *p*-Stellung am geringsten.

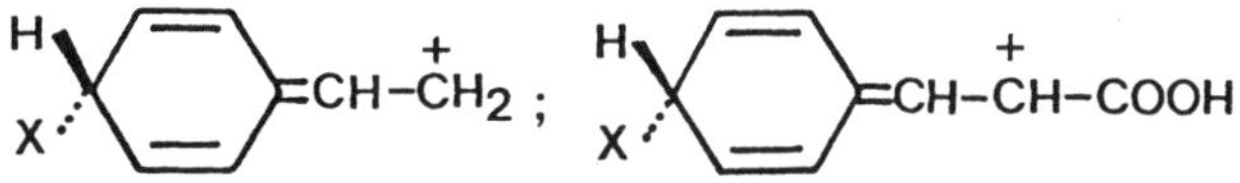

3.2.6.3 Partielle Geschwindigkeitsfaktoren und Selektivität

Die auf kinetischen Messungen basierenden *partiellen Geschwindigkeitsfaktoren* (f) sind ein quantitatives Maß für die verschiedenen Ringpositionen eines aromatischen Substrats im Vergleich zur analogen Position im Benzenmolekül. Die von der Reaktionstemperatur abhängenden Geschwindigkeitsfaktoren geben Auskunft über die **Isomerenverteilung** bei einer bestimmten S_EAr-Reaktion.

Für die *ortho-Stellung* des **Toluens** (Toluol) berechnet sich der Geschwindigkeitsfaktor (f_o) nach folgender Gleichung:

$$f_o = (\text{o-Anteil}) \cdot \frac{\text{Anzahl der Benzen-Positionen [6]}}{\text{Anzahl der ortho-Positionen [2]}} \cdot \frac{\text{Reaktivität des Toluens}}{\text{Reaktivität des Benzens}}$$

Für einige S_E-Reaktionen an *Alkylbenzenen* wurden die nachfolgenden partiellen Geschwindigkeitsfaktoren gefunden:

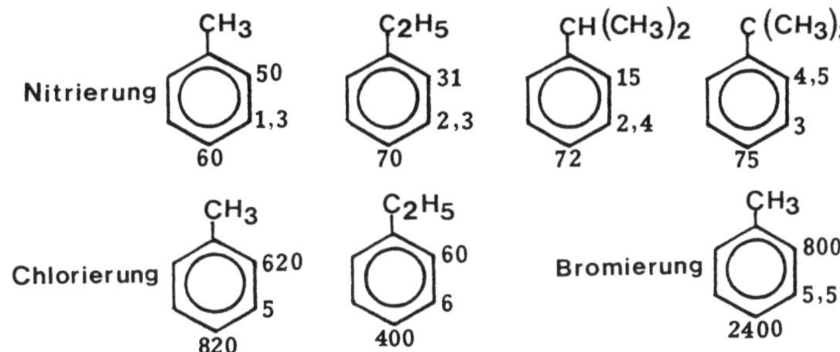

Ein f-Wert größer 1 bedeutet, dass die Ringposition stärker aktiviert ist als im Benzenmolekül. Beispielsweise sind alle f-Werte für Toluen >1, sodass die Methylgruppe (Ar-$\mathbf{CH_3}$) als aktivierender Substituent anzusehen ist. f-Werte kleiner 1 weisen auf desaktivierende Substituenten hin.

Darüber hinaus zeigen die f_o-Werte des Toluens für die Nitrierung ($f_o = 50$), Chlorierung ($f_o = 620$) oder die Bromierung ($f_o = 800$), dass die dirigierende Wirkung eines Substituenten bei elektrophilen Zweitsubstitutionen auch von der Reaktivität (Selektivität) des angreifenden Reagenzes abhängt. Die f_o-Werte steigen in der Reihe **Nitrierung < Chlorierung < Bromierung** in dem Maße an, wie die *Reaktivität des Elektrophils* abnimmt. Elektrophile hoher Reaktivität vermögen zwischen den einzelnen Ringpositionen kaum zu differenzieren.

Die f_m-Werte von **Toluen** ($f_m = 1{,}3$) und von ***tert*-Butylbenzen** ($f_m = 3{,}0$) für die Nitrierung belegen, dass der elektronenliefernde Effekt einer *tert*-Butylgruppe [$\mathbf{(CH_3)_3C}$-Ar] größer ist als der einer Methylgruppe [$\mathbf{CH_3}$-Ar].

Die starke Abnahme der f_o-Werte für die Nitrierung des Toluens ($f_o = 50$) und *tert*-Butylbenzens ($f_o = 4{,}5$) sind eine Folge der *sterischen Hinderung* durch die zunehmende Raumerfüllung der *tert*-Butylgruppe.

3.2.6.4 Sterische Effekte und ortho/para-Verhältnis

Da in monosubstituierten Benzen-Derivaten zwei *ortho*- aber nur eine *para*-Position für die elektrophile Zweitsubstitution zur Verfügung stehen, sollte man etwa 67% an *ortho*- und 33% an *para*-Produkt erwarten. In der Praxis beobachtet man aber selten ein statistisches *o*/*p*-Verhältnis von 2 : 1. In der Regel *überwiegt das para-Produkt* [*o*/*p*-Verhältnis < 1], was verschiedene Ursachen hat.

▫ Tab. 3.12 *o/p*-Verhältnis der Nitrierung von Alkylaromaten und Halogenbenzenen sowie bei elektrophilen Substitutionsreaktionen an Chlorbenzen (in %/%)

Substrat: C_6H_5-R/Nitrierung				Substrat: C_6H_5-Cl	
Substituent R	*o/p*	Substituent R	*o/p*	S_E-Reaktion	*o/p*
CH_3	1,57	Fluor	0,14	Chlorierung	0,77
C_2H_5	0,93	Chlor	0,44	Nitrierung	0,44
$CH(CH_3)_3$	0,48	Brom	0,60	Bromierung	0,14
$C(CH_3)_3$	0,22	Iod	0,63	Sulfonierung	0,01

Zum einen ist die *para*-Position für den elektrophilen Angriff günstiger als die *ortho*-Position, weil diese durch den vorhandenen Substituenten teilweise *sterisch abgeschirmt* wird. Allgemein geht der Anteil an *ortho*-Disubstitutionsprodukten umso stärker zurück, je voluminöser der Erstsubstituent ist, wie dies die in ▫Tab. 3.12 aufgelisteten Zahlenwerte für die elektrophile Nitrierung von *Alkyl-* und *Halogenbenzen-Derivaten* belegen.

Darüber hinaus zeigen unterschiedliche S_EAr-Reaktionen an **Chlorbenzen** [C_6H_5-Cl], dass ein kleines *o/p*-Verhältnis auch dann zu erwarten ist, wenn das elektrophile Agens *voluminöser* wird [Chlorierung vs. Sulfonierung].

Neben sterischen Faktoren sind auch *induktive Effekte* zu berücksichtigen. Im Gegensatz zum Mesomerie-Effekt, der sich in einem konjugierten System nahezu ungeschwächt fortpflanzt, nehmen induktive Effekte mit der Entfernung stark ab. I-Effekte wirken sich deshalb vor allem auf die *ortho-Position* aus. Beispielsweise nimmt der –I-Effekt vom Fluor zum Iod hin ab. Daher wird **Iodbenzen** [C_6H_5-I] vor allem in *ortho*-Stellung nitriert, obwohl die van-der-Waals-Radien vom Fluor- zum Iodatom hin ansteigen.

Auch das verwendete Lösungsmittel spielt für das *o/p*-Verhältnis bei der elektrophilen Zweitsubstitution eine wichtige Rolle.

Gelegentlich beobachtet man, dass der Zweitsubstituent *fast vollständig in die ortho-Stellung* dirigiert wird. In solchen Fällen, wie z. B. bei der *Kolbe-Schmitt-Synthese* wird das angreifende Elektrophil in irgendeiner Weise an den bereits vorhandenen Substituenten gebunden, und von dort zwangsläufig in die nächstliegende (*ortho*) Stellung eingeschleust [siehe auch ▸Kap. 3.6.4.2 und **MC-Fragen Nr. 642–644**].

3.2.6.5 S_E-Reaktion an polysubstituierten Benzen-Derivaten

Trägt eine aromatische Verbindung bereits zwei oder mehrere Substituenten, dann summieren sich deren Einflüsse auf die Orientierung weiterer Substitutionsreaktionen.

Im einfachsten Fall (***m*-Xylen, *p*-Nitrotoluen, *p*-Chlorbenzoesäure, *m*-Nitrobenzensulfonsäure, *m*-Dichlorbenzen**) dirigieren alle schon vorhandenen Gruppen das Elektrophil in die *gleiche* Stellung.

Schwieriger werden Voraussagen über die Orientierung, wenn die Substituenteneffekte entgegengesetzt gerichtet sind. Folgende *Regeln* können *zur Voraussage des Substitutionsortes* herangezogen werden.

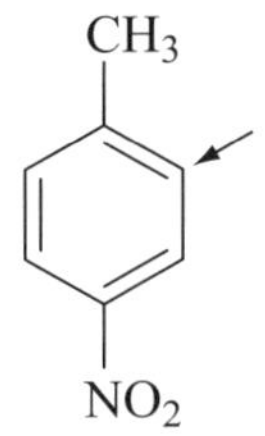

p-Nitrotoluen	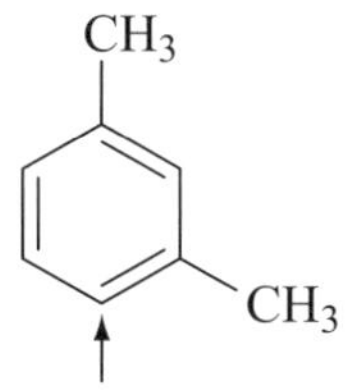 *m*-Xylen	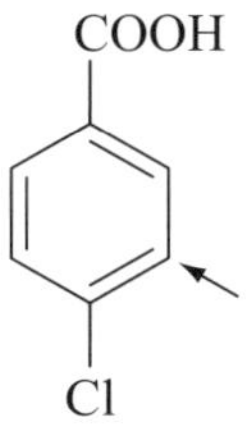 *p*-Chlorbenzoesäure	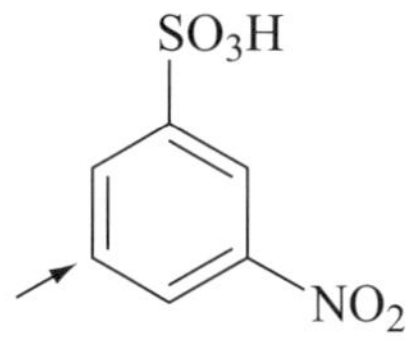 *m*-Nitrobenzensulfonsäure
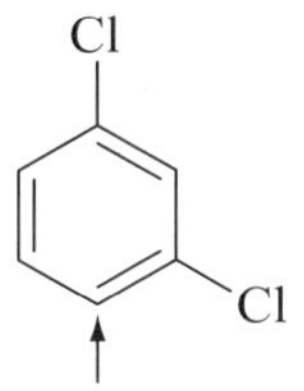 *m*-Dichlorbenzen	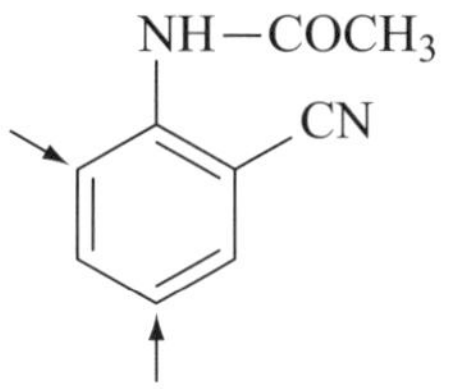 *o*-Cyanoacetanilid	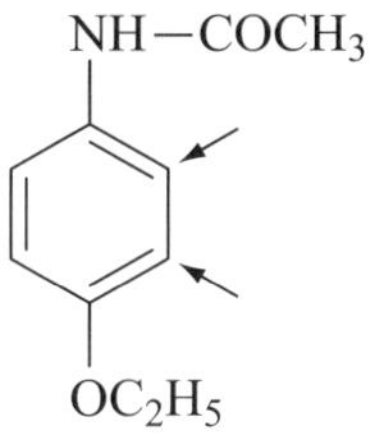 *p*-Ethoxyacetanilid	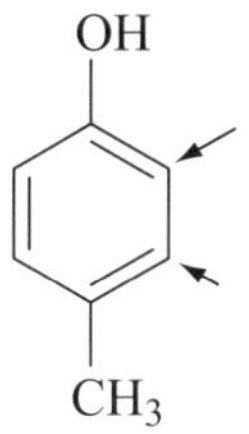 *p*-Kresol
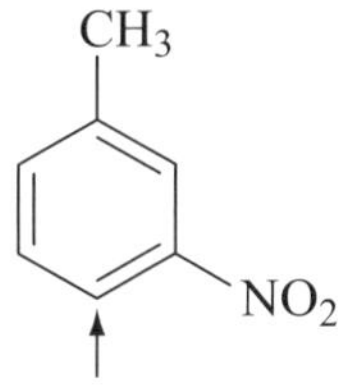 *m*-Nitrotoluen	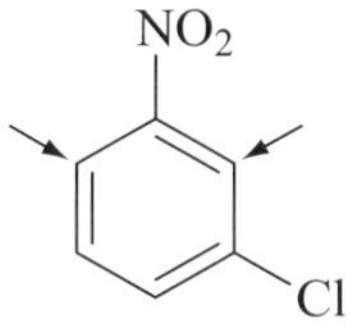 *m*-Nitrochlorbenzen	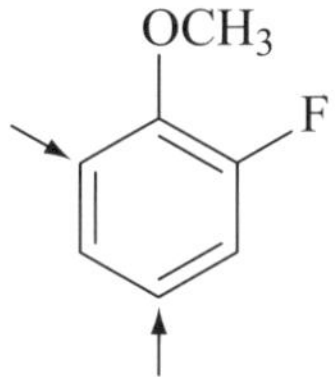 *o*-Fluoranisol	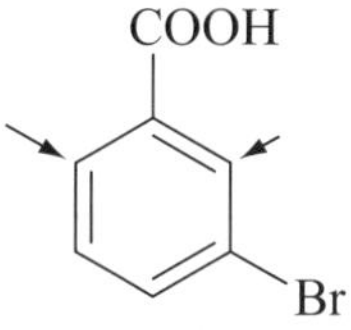 *m*-Brombenzoesäure

- Ist das aromatische System mit mehreren gleichstark aktivierenden Gruppen (***p*-Ethoxyacetanilid**) substituiert, so entstehen alle denkbaren Reaktionsprodukte nebeneinander.
- Sind am Aromaten sowohl stark aktivierende als auch schwach aktivierende Gruppen (***p*-Kresol**) bzw. ein desaktivierender Substituent vorhanden (***o*-Cyanoacetanilid, *o*-Fluoranisol**), so steuert die *stark aktivierende Gruppe* die Substitutionsrichtung.
- Befindet sich eine *meta*-dirigierende Gruppe in *m*-Stellung zu einer *o*/*p*-dirigierenden (***m*-Nitrotoluen, m-Nitrochlorbenzen**), so orientiert sich der neu eintretende Substituent in die *o*-Position zur *meta*-ständigen Gruppe.
- Die Einflüsse aller *o*/*p*-dirigierenden Substituenten übertreffen die der *meta*-dirigierenden (***o*-Cyanoacetanilid, *m*-Nitrochlorbenzen, *m*-Brombenzoesäure**).
- Zwischen zwei *meta*-ständigen Substituenten tritt im Allgemeinen keine Substitution ein.

3.2.6.6 S_E-Reaktionen an kondensierten Aromaten

Kondensierte aromatische Ringsysteme vermögen die positive Ladung des σ-Komplexes stärker zu delokalisieren, sodass mehrkernige Aromaten im Vergleich zu Benzen reaktiver sind.

Beispielsweise lässt sich **Naphthalen** unter relativ milden Bedingungen elektrophil substituieren. Hierbei wird das Atom C-1 (*α-Stellung*) leichter angegriffen als C-2 (*β-Stellung*), weil der σ-Komplex, der zur α-Substitution führt, energetisch begünstigt ist [vgl. **MC-Fragen Nr. 595, 596**].

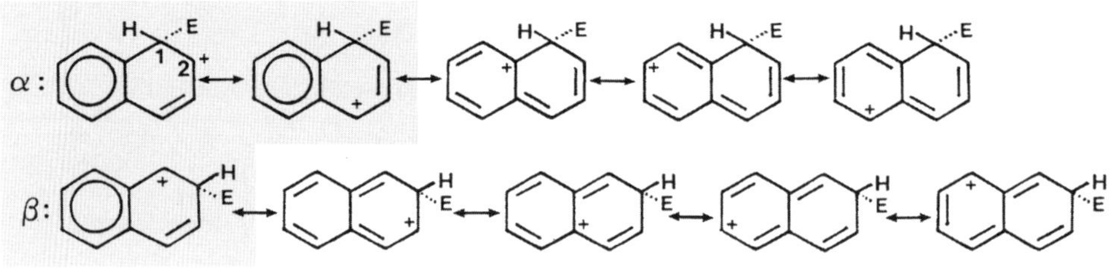

Für den σ-Komplex der α-Substitution können zwei Grenzstrukturen formuliert werden, in denen der eine Ring ein intaktes aromatisches π-Elektronensextett besitzt, während bei der β-Substitution nur eine dieser Grenzstrukturen möglich ist. Da solche Resonanzstrukturen zum tatsächlichen Zustand des mesomeriestabilisierten Carbeniumions einen wesentlich höheren Beitrag leisten, resultiert daraus zwangsläufig eine erhöhte Stabilität des σ-Komplexes der α-Substitution.

β-Substitution am Naphthalen-System tritt vor allem dann auf, wenn die betreffende Reaktion *thermodynamisch gesteuert* ist und man unter Bedingungen arbeitet, bei denen sich ein *Gleichgewicht* einstellen kann. So ergibt die *Sulfonierung* von Naphthalen bei Temperaturen von unter 80 °C **Naphthalen-1-sulfonsäure**, während man oberhalb von 120 °C **Naphthalen-2-sulfonsäure** erhält [siehe auch ▸Kap. 3.6.4.2 und **MC-Fragen Nr. 595, 596, 619, 620**].

Die Orientierung von S_EAr-Reaktionen an Naphthalen hängt auch vom verwendeten Lösungsmittel ab. So ergibt die *Friedel-Crafts-Acylierung* mit Acetylchlorid/$AlCl_3$ in Nitrobenzen **2-Acetylnaphthalen**, während in Schwefelkohlenstoff überwiegend **1-Acetylnaphthalen** gebildet wird.

Darüber hinaus kann auch bei kinetischer Reaktionssteuerung eine *β-Orientierung* eintreten, wenn sperrige, voluminöse Elektrophile als Agens eingesetzt werden, wie z.B. das *tert*-Butyl-Kation.

○ Abb. 3.50 gibt Auskunft über die bevorzugten Positionen für elektrophile Substitutionsreaktionen an einigen polycyclischen Aromaten.

3.2.6.7 Elektrophile Substitution an Heteroaromaten

(siehe auch ▸Kap. 3.15.2 und ▸Kap. 3.15.4)

π-Elektronenreiche Fünfringheterocyclen verhalten sich wie reaktive Benzen-Derivate und reagieren schon unter milden Bedingungen mit vielen Elektrophilen (E). Fünfringheteroaromaten wie **Pyrrol** [X = NH], **Furan** [X = O] oder **Thiophen** [X = S]

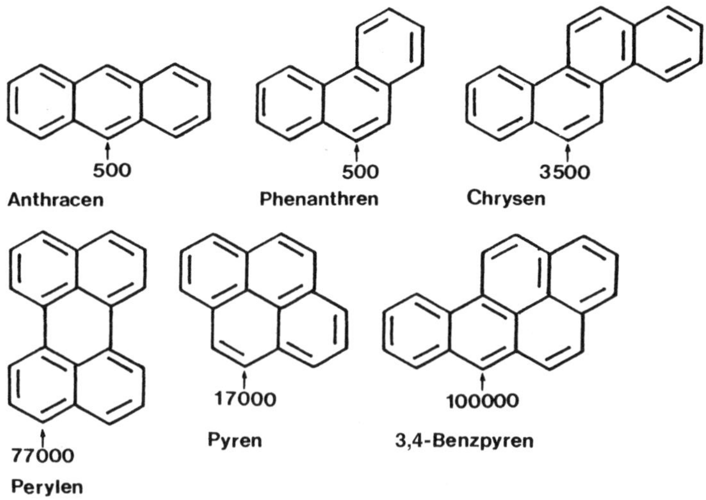

○ Abb. 3.50 Partielle Geschwindigkeitsfaktoren für S_E-Reaktionen an kondensierten Aromaten

werden aufgrund der stärkeren Ladungsdelokalisierung des σ-Komplexes bevorzugt in *Stellung 2* substituiert. Ist die Position 2 besetzt, so erfolgt der elektrophile Angriff auch in Stellung 3 [vgl. **MC-Fragen Nr. 1373, 1374, 1376, 1380–1382**].

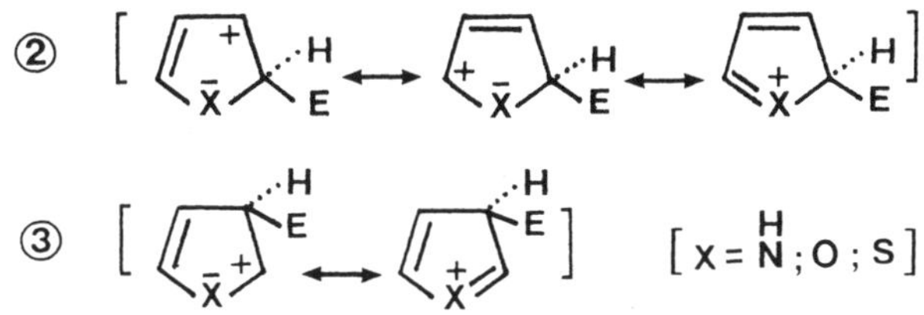

Pyrrol kann in seiner Reaktivität mit dem Phenolat-Ion verglichen werden. Infolge der höheren Elektronegativität des Sauerstoffatoms wird in den σ-Komplexen des **Furans** die positive Ladung in etwas geringerem Ausmaß über das Heteroatom delokalisiert. Furan ist deshalb gegenüber einem elektrophilen Angriff weniger reaktionsfähig als Pyrrol. Obwohl die p-AO des Schwefelatoms im **Thiophen** aufgrund des größeren van-der-Waals-Radius weniger stark mit den p-AO des Kohlenstoffs überlappen können, ist Thiophen infolge der geringeren Elektronegativität des S-Atoms reaktionsfähiger als Furan, da die positive Ladung des σ-Komplexes besser stabilisiert werden kann.

Beim **Indol** tritt bevorzugt eine elektrophile Substitution in *Stellung 3* ein, weil hierbei der aromatische Charakter des Benzenrings erhalten bleibt.

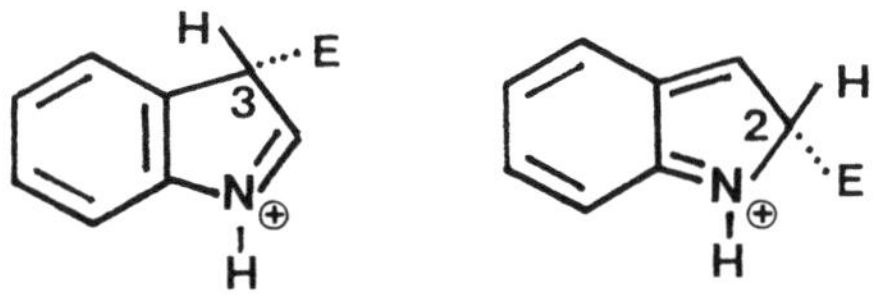

Organische Chemie

Für *π-elektronenarme Sechsringheterocyclen* wie z. B. **Pyridin** können folgende σ-Komplexe formuliert werden:

Aufgrund der höheren Elektronegativität des N-Atoms ist die positive Ladung des σ-Komplexes in allen Fällen weniger stark delokalisiert als beim Benzen. Daher sind alle Stellen des Pyridinringes – ähnlich wie im **Nitrobenzen** – für einen elektrophilen Angriff *desaktiviert.* Die elektrophile Substitution erfolgt in *Position 3,* da zur Beschreibung des *ortho-* und *para-*σ-Komplexes sehr instabile Grenzstrukturen verwendet werden, in denen die positive Ladung an einem zweibindigen Stickstoff lokalisiert ist. In *sauren Lösungen* liegen Pyridin-Derivate protoniert als **Pyridiniumionen** vor, die gegenüber elektrophilen Reagenzien noch reaktionsträger sind [vgl. **MC-Fragen 1374, 1387–1389, 1720**].

Chinolin und **Isochinolin** sind gleichfalls weniger reaktionsfähig als Benzen. Die Desaktivierung ist jedoch geringer als beim Pyridin. In diesen Heteroaromaten tritt bevorzugt eine elektrophile Substitution am Benzenring an C-5 bzw. C-8 ein [vgl. **MC-Frage Nr. 1393**].

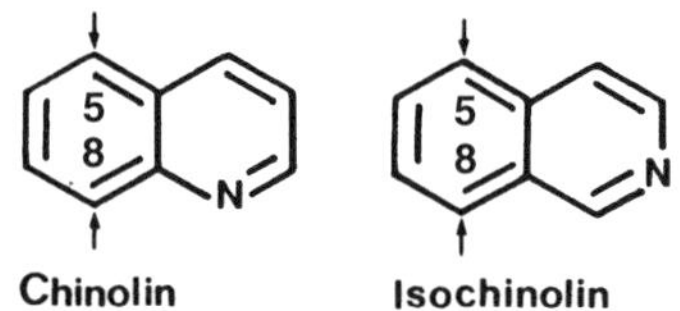

Chinolin Isochinolin

3.2.7 Nucleophile Substitution an Aromaten und Heteroaromaten

Ar–X +	Nu|⁻	→	Ar–Nu +	X|⁻
Substrat	Nucleophil		Produkt	Abgangsgruppe

Nucleophile reagieren langsam und oft nur unter drastischen Bedingungen mit Aromaten. Dies hat zwei Ursachen. Zum einen muss das Nucleophil die negative π-Elektronenwolke des aromatischen Systems durchdringen, zum anderen ist eine Stabilisierung der anionischen Zwischenstufe schwieriger als die Delokalisierung der positiven Ladung des σ-Komplexes bei S_E-Reaktionen.

Beide Hemmnisse für S_NAr-Reaktionen lassen sich durch starke *Elektronenakzeptorgruppen*, wie z.B. eine Nitrogruppe, als Substituenten am Aromaten überwinden. Während –I- und –M-Substituenten die Basizität des Aromaten herabsetzen und einen elektrophilen Angriff erschweren, begünstigen solche Gruppen die nucleophile Substitution. Ihre Wirkung ist dann besonders ausgeprägt, wenn sie in *ortho*- oder *para*-Stellung zur Abgangsgruppe stehen.

Als *Abgangsgruppen* fungieren *Sulfogruppen, Halogen*- und *Wasserstoffatome* (als Hydridion!). Sie lassen sich u. a. austauschen gegen Hydroxyl-, Alkoxy-, Amino- und Mercaptogruppen.

Präparative Beispiele für S_N-Reaktionen an Aromaten und Heteroaromaten werden in den ▸Kap. 3.6.4.3 und ▸Kap. 3.15.4.2 noch ausführlich besprochen [vgl. **MC-Fragen Nr. 593, 653**].

Im Gegensatz zur elektrophilen Arylsubstitution, die nahezu ausschließlich nach dem π-Komplex-Mechanismus über ein Cyclohexadienyl-Kation abläuft, existieren für die nucleophile Aromatensubstitution unterschiedliche **Reaktionsmechanismen**:

- **Additions-Eliminations-Mechanismus** (*bimolekularer Verlauf*), bei dem zuerst die neue Bindung zum Nucleophil geknüpft und danach die alte Bildung zur Abgangsgruppe gelöst wird.
- **Eliminations-Additions-Mechanismus**, bei dem zunächst die nucleofuge Gruppe abgespalten und dann das Nucleophil angelagert wird. Hierfür bieten sich zwei Alternativen an:
  - *Dissoziationsmechanismus* über *Areniumionen* (Arylkationen) (*monomolekularer Verlauf*),
  - *Arin-Mechanismus*.

3.2.7.1 S_N-Reaktionen an Aromaten und Heteroaromaten nach einem Additions-Eliminations-Mechanismus

X, Z, + Nu⊖, (A), Nu, Meisenheimer-Komplex, ≡, (E), Nu, + X⊖

Bei der überwiegenden Zahl nucleophiler Aromatensubstitutionen wird das Nucleophil (Nu^-) in der ersten Reaktionsphase unter Bildung einer anionischen *Zwischenverbindung*, dem sog. **Meisenheimer-Komplex**, angelagert. Erst im zweiten Reaktionsschritt wird die Bindung zur Abgangsgruppe gelöst. Die Reaktion gehorcht zwar einem **Zeitgesetz 2. Ordnung**,

$$\mathbf{RG = k \cdot [Ar\text{-}X] \cdot [Nu^-]}$$

ähnelt aber nur *formal* einer S_N2-Reaktion am gesättigten Kohlenstoff [vgl. **MC-Fragen Nr. 177, 646, 652**].

Im Gegensatz zur S_N2-Reaktion handelt es sich beim Meisenheimer-Komplex nicht um einen Übergangszustand, sondern um ein echtes Zwischenprodukt. Weiterhin ist ein Synchronmechanismus wie bei S_N2-Reaktionen nicht möglich, da die Ringstruktur des Aromaten ein „Umklappen der Liganden" beim Angriff des Nucleophils von der Rückseite her verhindert.

Im Allgemeinen ist der erste Schritt, die *Anlagerung des Nucleophils, geschwindigkeitsbestimmend* für die Gesamtreaktion. Obwohl die *C-X-Bindung* am langsamsten Teilschritt der Reaktion *nicht* beteiligt ist, beschleunigen stark *elektronenanziehende Abgangsgruppen* (X) am Reaktionszentrum den Anlagerungsschritt, weil sie das Ring-C-Atom stärker positivieren und es dadurch dem angreifenden Nucleophil leichter zugänglich machen. Darüber hinaus stabilisieren solche Abgangsgruppen auch besser die anionische Zwischenstufe.

Deshalb lassen sich *aktivierte Halogenatome* bei S_N-Reaktionen an Aromaten in der Reihe

$$\mathbf{I < Br < Cl << F}$$

zunehmend leichter austauschen. Der Befund, dass das *Fluorid-Ion* die *beste Abgangsgruppe* bei nucleophilen aromatischen Substitutionen darstellt, ist ein weiterer Beweis dafür, dass die Reaktion anders ablaufen muss als eine S_N2-Reaktion am gesättigten C-Atom. Bei diesen Reaktionen ließ sich ein F-Atom am schwierigsten ersetzen.

S_N-Reaktionen nach einem Additions-Eliminierungs-Mechanismus verlaufen dann besonders glatt, wenn an das aromatische Ringgerüst zusätzlich noch *Elektronenakzeptorgruppen* (Z) gebunden sind. Aufgrund ihres *–M-Effektes* können sie den **Meisenheimer-Komplex** durch Ladungsdelokalisierung stabilisieren. Solche Gruppen sind am wirkungsvollsten, wenn sie die *ortho-* oder *para-Position* zur Abgangsgruppe (X) einnehmen (in m-Stellung üben diese Substituenten nur einen –I-Effekt aus!) [vgl. **MC-Fragen Nr. 177, 646, 1690, 1743**].

> Elektronenanziehende –M-Substituenten aktivieren den Aromaten für S_N-Reaktionen und dirigieren das angreifende Nucleophil in die *ortho-* oder *para*-Stellung. Sie verstärken die Resonanzstabilisierung des Meisenheimer-Komplexes.

p: [NO_2 … H Nu ↔ NO_2 … H Nu ↔ N … H Nu ↔ N … H Nu] ≙ H Nu m:

Außer der *Nitro-Gruppe* können auch $COCH_3$-, CN- oder SO_2CH_3-Gruppen die nucleophile Aromatensubstitution erleichtern. Sie wirken jedoch weit weniger aktivierend als die NO_2-Gruppe.

Elektronenanziehende Heteroatome im Ring verhalten sich ähnlich. So wird z. B. **Pyridin** glatt mit Alkaliamiden in **2-Aminopyridin** übergeführt [siehe ▸Kap. 3.6.4.3 „*Tschitschibabin-Reaktion*" und **MC-Fragen Nr. 653, 660, 1390, 1391, 1720**].

Die Herstellung von *Phenolen* aus Halogenbenzen-Derivaten durch Umsetzung mit Akalihydroxiden ist ein weiteres Beispiel für diesen Reaktionstyp [siehe ▸Kap. 3.9.4.1 und **MC-Fragen Nr. 86, 653, 654, 657, 658**].

Die wichtigsten Merkmale der beschriebenen S_NAr-Reaktionen lassen sich wie folgt zusammenfassen:

Die bimolekulare nucleophile Substitution an Aromaten verläuft schrittweise nach einem Additions-Eliminations-Mechanismus. Im geschwindigkeitsbestimmenden Primärschritt wird durch die Anlagerung eines Nucleophils ein mesomeriestabilisiertes Carbanion (Meisenheimer-Komplex) als Zwischenprodukt gebildet. Die nachfolgende Eliminierung der Abgangsgruppe erfolgt rasch.
Elektronenanziehende -M-Substituenten, besonders wenn sie in *ortho*- oder *para*-Stellung zum Substitutionszentrum angeordnet sind, fördern die Reaktion.

3.2.7.2 S_N-Reaktionen an Aromaten und Heteroaromaten nach einem monomolekularen Dissoziationsmechanismus

Aromatische Diazoniumionen **[$Ar\text{-}N_2^+$]** spalten beim Erhitzen leicht molekularen Stickstoff ab unter Bildung von *Areniumionen (Arylkationen)*. Diese reagieren dann spontan mit einem im Reaktionsansatz vorhandenen Nucleophil ($X^- = HO^-, RO^-, HS^-, RS^-, BF_4^-$, u.a.) unter Bildung des entsprechend substituierten Aromaten (Ar-**X**).

langsam
- N_2
schnell
+ X^-

Diazoniumion Phenylkation

Der *geschwindigkeitsbestimmende Schritt* der Reaktion ist die reversible Bildung des Arylkations – im einfachsten Fall des *Phenylkations* – dem sich die rasche, irreversible Anlagerung des Nucleophils anschließt. Die Reaktionsgeschwindigkeit (RG) ist unabhänig von der Konzentration des Nucleophils und gehorcht einem **Zeitgesetz 1. Ordnung**.

$$\mathbf{RG = k \cdot [Ar\text{-}N_2^+]}$$

Der exergonische Verlauf dieser Reaktion hat seine Ursache in der ausserordentlich guten Eignung von molekularem Stickstoff (N_2) als Abgangsgruppe. Aufgrund ihrer hohen Reaktivität besitzen Arylkationen gegenüber Nucleophilen nur eine geringe Selektivität.

Ausgewählte Reaktionen von aromatischen Diazoniumsalzen werden im ▸Kap. 3.10.6.3 noch ausführlich vorgestellt [vgl. **MC-Fragen Nr. 653, 913, 921, 922**].

3.2.7.3 S_N-Reaktionen an Aromaten und Heteroaromaten nach dem Arin-Mechanismus

Nicht-aktivierte Arylhalogenide reagieren unter normalen Bedingungen kaum mit Nucleophilen. Sie zeigen jedoch gegenüber manchen starken Basen eine außerordentlich hohe Reaktivität. Zum Beispiel kann man Halogenbenzene mit *Alkaliamiden* in verflüssigtem Ammoniak zu *Anilin-Derivaten* umwandeln, wobei die Reaktivität des Halogenbenzens in der Reihe **Br > I Cl > Cl >> F** abnimmt [vgl. **MC-Fragen Nr. 648, 650, 651, 1727**].

Dies steht nicht im Einklang mit einem Additions-Eliminations-Mechanismus, bei dem das F-Atom die beste Abgangsgruppe darstellte. Darüber hinaus zeigten Untersuchungen mit ^{14}C-markiertem **Chlorbenzen**, dass der neu eintretende Substituent nicht nur die Stelle der Abgangsgruppe einnimmt, sondern auch an das benachbarte C-Atom tritt.

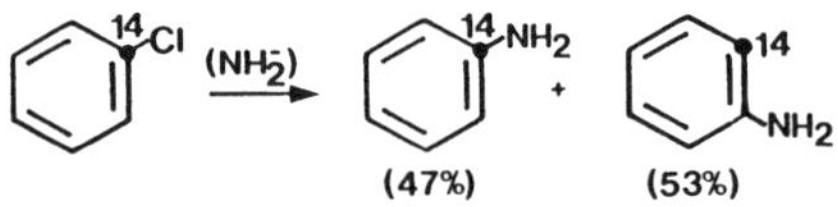

Bei der Reaktion von ***o*-Bromanisol** mit Natriumamid [$NaNH_2$] wird ***m*-Aminoanisol** gebildet. Das gleiche Produkt wird auch erhalten, wenn man ***m*-Bromanisol** als Substrat einsetzt.

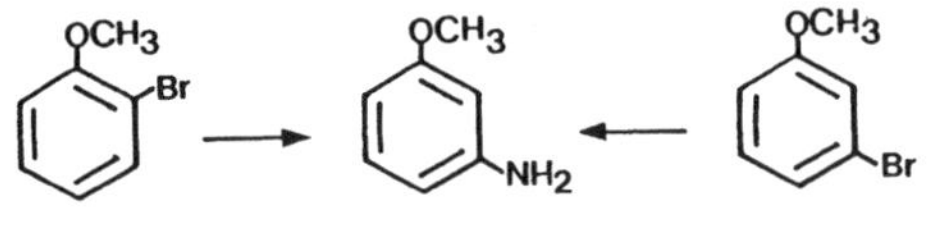

Die analoge Umsetzung des ***p*-Chlortoluens** liefert nicht nur das erwartete ***p*-Toluidin** (4-Aminotoluen), sondern vor allem das *meta*-Isomer (3-Aminotoluen), während das *ortho*-Isomer nicht gebildet wird [vgl. **MC-Frage Nr. 647**].

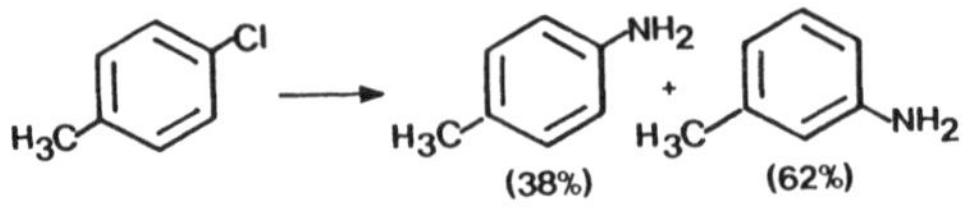

Diese Befunde lassen sich nur mit der Annahme eines *Arins* (**Dehydrobenzen**) als Zwischenstufe erklären, d. h. eines ringförmigen, eine „Dreifachbindung" enthaltenden aromatischen Systems [vgl. **MC-Frage Nr. 645**].

Im *geschwindigkeitsbestimmenden Schritt* wird unter dem Einfluss einer starken Base die *C-H-Bindung gelöst* und ein Proton abgespalten. Anschließend erfolgt die Elimination des Halogenid-Ions. [Benzen ist zwar eine schwache Säure ($pK_s \sim 43$), aber erheblich acider als Alkane ($pK_s \sim 50$)]. Im nachfolgenden Additionsschritt kann das Nucleophil an jedem der beiden C-Atome der „Dreifachindung" angreifen. Ein Beweis für diesen Eliminations-Additions-Mechanismus ist auch, dass Halogenbenzen-Derivate, denen ein Wasserstoffatom in *ortho*-Stellung fehlt, *nicht* mit $NaNH_2$ reagieren.

Base, $-H^+$; $-X^-$; $+ Y^-$; Dehydrobenzen; $+H^+$

> Bei S_N-Reaktionen an Aromaten über Arine wird zunächst ein Proton zusammen mit der Abgangsgruppe aus dem Substrat eliminiert. Danach erfolgt die Addition des Nucleophils. Reaktionen, die über Arine als Zwischenprodukte verlaufen, erfordern im Allgemeinen starke Basen als Nucleophile.

Arine sind instabil und lassen sich nicht als Substanzen isolieren. Zu ihrem *Nachweis* nutzt man, dass sie in *Diels-Alder-Reaktionen* als sehr reaktive *Dienophile* fungieren können (siehe ▸Kap. 3.2.14.5).

Ausgangsverbindungen zur *Bildung von Dehydrobenzen* sind diazotierte **Anthranilsäure** (1), **Fluorbenzen** (2) oder **1-Aminobenzotriazol** (3). Des Weiteren entsteht Dehydrobenzen bei der Photolyse von **Phthaloylperoxid** (4) und bei der Thermolyse von **Benzthiadiazol-S,S-dioxid** (5) [vgl. **MC-Frage Nr. 649**].

COOH; NH_2; (1); COO^-; $\overset{+}{N}_2$; Δ; $-N_2$; $-CO_2$; hν; $-2\,CO_2$; (4); F; LiC_6H_5; $-C_6H_6$; Li; Δ; -Li; (2); $Pb(OAc)_4$; $-2\,N_2$; Δ; $-N_2$;$-SO_2$; (3); NH_2; (5)

○ Abb. 3.51 Orbitalstruktur von Dehydrobenzen

Darüber hinaus erhält man **Dehydrobenzen** bei der Umsetzung von ***o*-Bromfluorbenzen** mit metallischem Magnesium in Tetrahydrofuran (THF) als Lösungsmittel (siehe ▸Kap. 3.8.2).

Bei Arinen kann es sich *nicht* um eine „acetylenische" Dreifachbindung handeln, denn dies hätte eine starke Verzerrung des Benzenringes zur Folge. Es müsste in einem sechsgliedrigen Ringsystem zweimal ein Bindungswinkel von 180°, der durch die lineare Anordnung sp-hybridisierter C-Atome vorgegeben ist, untergebracht werden, was nicht möglich ist.

Einige Befunde deuten darauf hin, dass das π-Orbitalsystem des Benzens weitgehend unverändert bleibt und die beiden zusätzlichen Elektronen ein π-MO besetzen, das sich, wie ○Abb. 3.51 veranschaulicht, zwar in der Ringebene, aber außerhalb des C-σ-Bindungsgerüstes befindet. Dieses Orbital kann mit der π-Elektronenwolke des aromatischen Ringsystems nicht in Wechselwirkung treten.

3.2.7.4 Nucleophile Zweitsubstitution an Aromaten nach dem Arin-Mechanismus

Die Position, an die das Nucleophil bindet, hängt beim Arin-Mechanismus von der Richtung der Elimination sowie der dirigierenden Wirkung des Erstsubstituenten (Z) ab.

Befindet sich die Abgangsgruppe (X) in *ortho-* oder *para*-Stellung zum Erstsubstituenten, so kann sich nur ein einziges Arin bilden; steht sie hingegen in *m*-Stellung, so können zwei unterschiedliche Arine entstehen.

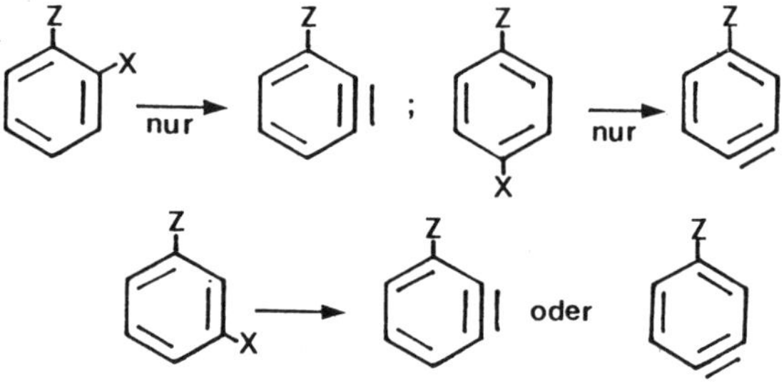

Im letztgenannten Fall wird die Elimination bevorzugt so verlaufen, dass das *acideste Wasserstoffatom* abgetrennt wird. Ist Z ein elektronenanziehender Substituent, so wird hauptsächlich das *ortho*-H-Atom als Proton eliminiert, während ein Elektronendonator die Elimination des *para*-Wasserstoffs begünstigt.

Die dirigierende Wirkung des Erstsubstituenten beruht darauf, dass das Arin vom Nucleophil an zwei unterschiedlichen Positionen angegriffen werden kann. Die Addition verläuft normalerweise so, dass sich das stabilere der beiden möglichen Carbanionen bildet. Bei –I-Substituenten trägt dieses die negative Ladung näher dem Substituenten (Z). Als Beispiel sei die Umsetzung der drei isomeren *Dichlorbenzene* mit Natriumamid genannt.

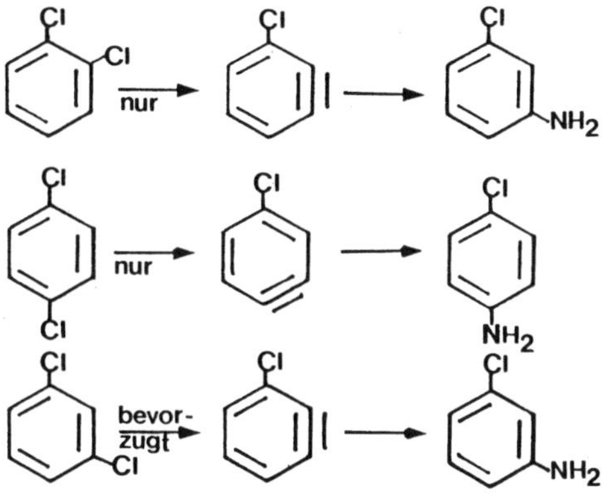

nur

nur

bevorzugt

3.2.8 Nucleophile Substitution an Acylverbindungen

S_N-Reaktionen nach einem *Additions-Eliminations-Mechanismus* sind auch am Carbonyl-C-Atom von Acylverbindungen, insbesondere **Carbonsäure-Derivaten** möglich. Beispiele für Reaktionen dieses Typs sind:

- *Hydrolyse oder Alkoholyse von Carbonsäurehalogeniden und Carbonsäureanhydriden* (siehe ▸Kap. 3.13.6.1),
- *Hydrolyse von Carbonsäureestern* (siehe ▸Kap. 3.13.6.3),
- *Acylierung von Aminen* (siehe ▸Kap. 3.13.7.1),
- *Veresterung von Carbonsäuren* (siehe ▸Kap. 3.13.6.1),
- *Umesterung von Carbonsäureestern* (siehe ▸Kap. 3.13.6.1),
- *Claisen-Kondensation (Esterkondensationen)* (siehe ▸Kap. 3.14.4.3).

3.2.8.1 Mechanismus von S_N-Reaktionen an Carbonylverbindungen (S_N2t-Reaktionen)

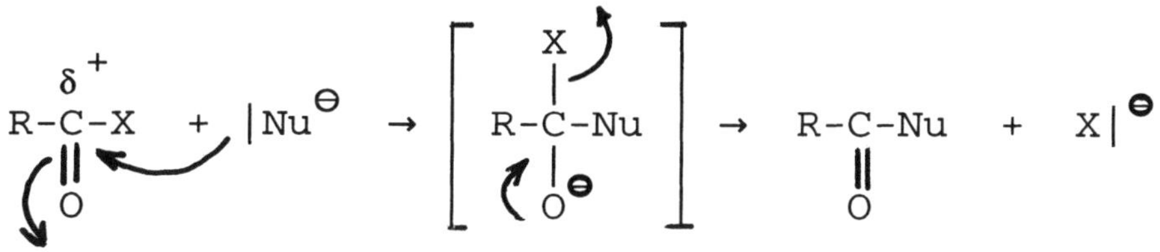

$$\text{R-}\overset{\delta+}{\text{C}}(=\text{O})\text{-X} + |\text{Nu}^{\ominus} \rightarrow \left[\text{R-C(X)(O}^{\ominus}\text{)-Nu}\right] \rightarrow \text{R-C(=O)-Nu} + \text{X}|^{\ominus}$$

X = OH, Cl, OOCR′, NH_2, OR′ u.a.

Zunächst lagert sich das Nucleophil (Nu^-) mit seinem freien Elektronenpaar an das positiv polarisierte, trigonale C-Atom der Carbonylgruppe an, wodurch ein *tetraedrisches Zwischenprodukt* mit sp^3-hybridisiertem Kohlenstoff entsteht. Die nachfolgende Eliminierung der Abgangsgruppe (X^-) ergibt wieder ein sp^2-hybridisiertes C-Atom.

Werden solche Reaktionen im *sauren* Milieu durchgeführt, so ist der Substitution ein *Protolyse-Gleichgewicht* vorgelagert. In der protonierten Carbonylverbindung ist die Elektronendichte am Carbonyl-C-Atom deutlich erniedrigt. Dadurch wird die nachfolgende Anlagerung des Nucleophils erleichtert. Nach der Substitution wird das *Proton* wieder abgespalten, sodass es lediglich die Funktion eines *Katalysators* besitzt.

```
  (sp2)                  ┌  (sp2)          +(sp2)┐
R-C-X  + H+    ⇌         │ R-C-X  ↔  R-C-X      │ + Nu-  ⇌
  ‖                      │   ‖         |        │
  O                      └  +O-H       O-H      ┘

        Nu
        | (sp3)  - X-        + (sp2)  - H+       (sp2)
  ⇌   R-C-X    ────────→   R-C-Nu   ────────→   R-C-Nu
        |                    |                    ‖
        O-H                  O-H                  O
```

In einigen Fällen ist anstelle der *Säurekatalyse* auch eine *Katalyse durch Basen* möglich. Formal laufen dabei zwei Substitutionsreaktionen nacheinander ab.

```
                                          + Nu-
R-C-X  + B-   ────────→   R-C-B   ────────→   R-C-Nu
  ‖             - X-        ‖        - B-        ‖
  O                         O                    O
```

Substitutionen an Acylverbindungen folgen einem **Zeitgesetz 2. Ordnung**. Daher hängt die Reaktionsgeschwindigkeit von der Konzentration des Substrats und der des Nucleophils ab.

Die Abkürzung **S_N2t** für den beschriebenen Additions-Eliminierungs-Mechanismus bedeutet, dass es sich hierbei um eine *nucleophile Substitutionsreaktion zweiter Ordnung mit tetraedrischem Zwischenprodukt* handelt.

3.2.8.2 Einflüsse auf den Ablauf von S_N2t-Reaktionen

S_N2t-Reaktionen erfolgen im Allgemeinen rascher als S_N2-Reaktion am gesättigten Kohlenstoff. Die Reaktionen verlaufen umso schneller, je höher die *Nucleophilie* des angreifenden *Reagenzes* und je stärker die *Carbonylgruppe polarisiert* ist (siehe hierzu ▸Kap. 3.2.5.8 und ▸Kap. 3.2.15.3). Darüber hinaus verlaufen S_N2t-Reaktionen umso rascher, je leichter die *Abgangsgruppe* (X) aus einem Substrat verdrängt werden kann, d.h. je *schwächer basisch* das gebildete Anion (X^-) ist.

Aus diesem Grund sind S_N-Reaktionen an Acylverbindungen nur bei **Carbonsäure-Derivaten** [R-CO-X] möglich. *Ketone* [R-CO-R] oder *Aldehyde* [R-CO-H] sind als Substrate *vollkommen ungeeignet,* da die zu verdrängenden Abgangsgruppen [H^-, R^-] extrem starke Basen darstellen.

Auch *sterische Faktoren* beeinflussen die Reaktionsgeschwindigkeit. Bei sperrigen Nucleophilen oder bei Substraten, deren Carbonyl-C-Atom durch voluminöse Reste abgeschirmt wird, verläuft die Substitution langsamer *(sterische Hinderung durch Gruppenhäufung).*

Weiterhin spielen die Einflüsse der *Abgangsgruppe* eine wichtige Rolle für die *Reaktivität von Acylverbindungen.* +M-Substituenten stabilisieren das Substrat durch Delokalisierung der π-Elektronen der Carbonylgruppe, sodass die Reaktivität mit zunehmendem +M-Effekt der zu ersetzenden Gruppe abnimmt. Andererseits vermögen –I-Substituenten die Ladung des tetraedrischen Zwischenproduktes zu delokalisieren und damit die Reaktivität des Substrates zu erhöhen. In der Reihe N < O < Cl nimmt der +M-Effekt ab und der –I-Effekt zu, sodass Carbonäure-Derivate in folgende Reihe *zunehmender Reaktivität* geordnet werden können (siehe auch „**Carbonylaktivität**“, ▸Kap. 3.2.15.3).

```
R-C-NH2 < R-C-OH < R-C-OR' < R-C-O-C-R' < R-C-Cl
  ||        ||       ||         ||  ||        ||
  O         O        O          O   O         O
```

Nahezu alle nucleophilen Substitutionsreaktionen an Carbonsäure-Derivaten laufen nach einem Additions-Eliminations-Mechanismus über eine tetraedrische Zwischenverbindung ab. Elektronenanziehende Substituenten am Reaktionszentrum begünstigen den Additionsschritt, während er durch sperrige Gruppen am Substrat verzögert wird. Der Eliminationsschritt wird bestimmt durch die austretende Gruppe, wobei insbesondere schwache Basen leicht abgespalten werden.

S_N2t-Reaktionen an Acylverbindungen können durch Säuren und Basen katalysiert werden.

3.2.9 Elektrophile Substitution am gesättigten Kohlenstoff

Elektrophile Substitutionsreaktionen am aliphatischen, sp^3-hybridisierten C-Atom sind selten, prinzipiell aber möglich. Sie laufen nach folgendem Schema ab:

```
  |                  |
 -C-X + E+   →      -C-E + X+
  |   Elektrophil    |   Abgangsgruppe
Substrat           Produkt
```

Solche Reaktionen erfordern, dass im Substrat (C-X) das C-Atom eine negative und die Abgangsgruppe (X) [meistens ein H-Atom oder ein Metallatom] eine positive Partialladung tragen, das C-Atom also carbanionoiden Charakter besitzt. Als präparativ wichtige Beispiele für S_E-Reaktionen am gesättigten C-Atom seien genannt [vgl. **MC-Frage Nr. 86**]:

- *α-Halogenierung von Aldehyden und Ketonen* (siehe ▸Kap. 3.7.2.2)

```
 | |        [H+ oder OH−]        | |
-C-C=O + X2 ─────────────→      -C-C=O + HX
 |                               |
 H   Aldehyd/Keton               X   α-Halogenaldehyd/-keton
```

  Ein Spezialfall dieser Reaktion ist die *Haloform-Reaktion*.

- *α-Halogenierung von Carbonsäuren (Hell-Volhard-Zelinsky-Reaktion)* (siehe ▸Kap. 3.7.2.2)

```
 |              [PX3]           |
-C-COOH + X2 ──────────→       -C-COOH + HX (HCl, HBr)
 |                              |
 H   Carbonsäure                X   α-Halogencarbonsäure
```

- *Nitrosierung CH-acider Verbindungen* (siehe ▸Kap. 3.2.18.1)

```
             [HNO2]
-CH-Z  ───────────────→  -CH-Z  ⇌  -C-Z      [Z = -CHO, -COR, -NO2,
 |          - H2O          |        ‖              - COOR u.a.]
 H                        N=O      N-O-H
                     C-Nitroso-    Oxim (Isonitroso-
                     verbindung    verbindung)
```

- *Umsetzung von Aryldiazoniumionen mit CH-aciden Verbindungen* (siehe ▸Kap. 3.10.6.3)

```
        |                  - H+              |                  |
-CH2-C=O  +  Ar-N2+   ──────────→    -CH-C=O   ⇌    -C-C=O
                                      |                  ‖
                                     N=N-Ar            N-NH-Ar    Hydrazon
```

- *Reaktionen von metallorganischen Verbindungen,* insbesondere von Grignard-Reagenzien (siehe ▸Kap. 3.8.3.1).
- *Bildung metallorganischer Verbindungen* durch Reaktion von Halogenalkanen mit Metallen (siehe ▸Kap. 3.8.2).

3.2.9.1 Ablauf von S_E-Reaktionen an aliphatischen C-Atomen

Elektrophile Substitutionen am gesättigen Kohlenstoff erfolgen nur dann, wenn die zu spaltende *C-X-Bindung* so *polarisiert* ist, dass das *C-Atom* eine *negative* und die *Abgangsgruppe* eine *positive Partialladung* tragen. Diese Voraussetzung erfüllen vor allem **CH-acide Substrate**, bei denen ein Proton abgespalten wird, und **metallorganische Verbindungen**, bei denen Metallatome als Abgangsgruppe fungieren.

Die Abspaltung eines Protons aus einer C-H-aciden Verbindung erfordert im Allgemeinen eine hohe Aktivierungsenergie. Daher sind S_E-Reaktionen am gesättigten Kohlenstoff normalerweise *nicht* durchzuführen. Die *Heterolyse der C-H-Bindung* ist allerdings relativ leicht möglich, wenn das Substitutionszentrum *Carbanion-Charakter* besitzt, wie dies für die α-C-H-Gruppe vieler Carbonylverbindungen und heteroanaloger Carbonylverbindungen zutrifft (siehe ▸Kap. 3.2.15.4).

```
 | |                  | |
-C-C=O  +  E+   →    -C-C=O  +  H+
 |                    |
 H                    E
```

Bei der **bimolekularen elektrophilen Substitution (S_E2-Reaktion)** erfolgen Bindungsspaltung und -neubildung nahezu *synchron.* Im Gegensatz zu S_N2-Reaktionen verlaufen jedoch S_E2-Prozesse an chiralen C-Atomen unter *Konfigurationserhaltung (Retention),* weil das elektronensuchende Agens das Reaktionszentrum von der Vorderseite her angreift.

```
 |   + |E|+              |
--C--X      ──────→    --C--E  +  |X|+
```

Monomolekulare elektrophile Substitutionen, bei denen zunächst die C-X-Bindung getrennt wird und die einem **Zeitgesetz 1. Ordnung** gehorchen, können wie folgt formuliert werden:

```
  |      langsam       | _      schnell       |
-C-X  ------------->  -C|   ------------->  -C-E
  |       - X+         |        + E+          |
```

Der *sterische Verlauf* solcher S_E1-Reaktionen ist nicht einheitlich und wird vom verwendeten Lösungsmittel beeinflusst:

- in unpolaren Solventien bleibt die Konfiguration häufig erhalten,
- in polaren Lösungsmitteln wird meistens eine Inversion beobachtet, und
- in mäßig polaren, aprotischen Solventien findet oft eine weitgehende Racemisierung statt.

Eliminierungen

3.2.10 Eliminierungen unter Bildung von C,C-Mehrfachbindungen

Unter *Elimination (Eliminierung)* versteht man die Abspaltung zweier Atome (Atomgruppen) aus einem Molekül, ohne dass andere Substituenten an deren Stelle treten. Der Austritt der Gruppen erfolgt meistens aus einer *vicinalen (**1,2**) Position* unter *Bildung ungesättigter Produkte* mit Doppel- und Dreifachbindungen.

```
  | |      -XY       | |               | |     -XY
X-C-C-Y  ------>   -C=C-     oder    X-C=C-Y  ------>   -C≡C-
  | |                                  1 2
                   Alken                                Alkin
```

Die bei **1,2-** oder **β-Eliminierungen** abgespaltenen Gruppen können sowohl an C-Atomen als auch an Heteroatomen gebunden sein.

```
             | |     - H2O       | |
Alkohol    H-C-C-OH  ------->   -C=C-     Alken
             | |

               | |   -H2O        |
Halbaminal  HO-C-N-H ------->   -C=N-     Azomethin
               |

             |        -H2O
Aldoxim    H-C=N-OH  ------->   -C≡N      Nitril
```

In den nachfolgenden Abschnitten sollen nur *β-Eliminierungen* beschrieben werden, die zu C,C-Mehrfachbindungen führen. Die wichtigsten Eliminierungsreaktionen sind in ◘Tab. 3.13 aufgelistet. Präparative Aspekte dieser Reaktionen werden im ▸Kap. 3.5.3 behandelt [vgl. **MC-Fragen Nr. 125, 126, 132, 133, 1729, 1730**].

Bei *β-Eliminierungen* wird das Atom, das die Abgangsgruppe trägt, als C-1 oder α-C-Atom, und das Atom, von dem (normalerweise) ein Proton abgespalten wird, als C-2 oder β-Atom bezeichnet.

```
(α) | (1)      (β) | (2)          - HX       | |
 ——C————————————C——          ————————→   -C=C-        β-Eliminierung
   |              |
   X              H
```

Neben 1,2-Eliminierungen sind auch **1,1-**, **1,3-** sowie **1,4-** und höhere **Eliminationen** möglich. Bei *1,1-* oder *α-Eliminierungen* stammen die beiden austretenden Atome oder Atomgruppen vom selben C-Atom. Ein Beispiel hierfür ist die Bildung von *Dichlorcarben* (CCl_2) aus *Chloroform* ($CHCl_3$) [siehe ▸Kap. 3.1.11.5 und **MC-Fragen Nr. 45, 46, 713, 715, 716, 1703**].

```
  |      -XY        |
X-C-Y  ————————→  -C|   α-Eliminierung
  |
```

1,3- oder *γ-Eliminierungen* sowie Eliminationen höherer Ordnung liefern häufig unter Ringschluss *cyclische Produkte.* Beispielsweise führt die Umsetzung von 1,3-Dihalogeniden (X,Y = Hal) mit unedlen Metallen zu Cyclopropan-Derivaten.

Tab. 3.13 Bildung von Alkenen durch β-Eliminierung

Substrat	Reaktion
H-C-C-OH	**Saure Dehydratisierung von Alkoholen** [tertiär > sekundär > primär]
H-C-C-X (1)	Basenkatalysierte **Dehydrohalogenierung von Halogenalkanen** [tertiär > sekundär > primär]
X-C-C-X	**Dehalogenierung vicinaler Dihalogenide** mit unedlen Metallen (z. B. Zink)
$H-C-C-\overset{+}{N}R_3$ HO^-	**Hofmann-Eliminierung von quartären Ammoniumbasen** (siehe Kap. 3.2.10.5)
H-C-C-O-C(=O)-R	**Thermische Spaltung von Carbonsäureestern (Esterpyrolyse)** (siehe Kap. 3.2.10.7)
H-C-C-O-C(=S)-SR	**Tschugaew-Reaktion (Xanthogenat-Pyrolyse)** (siehe Kap. 3.2.10.7)
$H-C-C-\overset{+}{N}R_2-O^-$	**Cope-Eliminierung von Aminoxiden** (siehe Kap. 3.2.10.7)

(1) X = Halogen, Sulfat oder Tosylat

```
   1 2 3
   | | |         -XY          C
 X-C-C-C-Y   ─────────→    C  |     Cyclopropan-Derivat
   | | |                      C
```

Als weiteres Beispiel sei die Thermolyse (bei 200 °C) von **γ-Chlorbuttersäure** angeführt, die unter HCl-Abspaltung **γ-Butyrolacton** ergibt. Das Lacton wird auch erhalten, wenn man die Säure mit Natriumethanolat behandelt [vgl. **MC-Frage Nr. 126**].

```
H2C────CH2                      H2C────CH2
 |      |       (EtO⁻)           |      |
H2C    C=O    ────────→         H2C    C=O
 |      |                          \  /
Cl     OH                           O
γ-Chlorbuttersäure              γ-Butyrolacton
```

Hinsichtlich des *molekularen Ablaufs* von β-Eliminierungen sind im Prinzip drei **Reaktionsmechanismen** denkbar:

(1) Die Reaktion verläuft nach einem *synchronen* (*konzertierten*) Einstufenprozess ab, wobei Abgangsgruppe und Proton gleichzeitig abgespalten werden [**bimolekulare Eliminierung (E2)**]. Die bimolekulare Eliminierung gehorcht einen **Zeitgesetz 2. Ordnung**, sodass die Geschwindigkeiten von E2-Reaktionen von der Konzentration des Substrats und der Konzentration der eingesetzten Base (Protonenakzeptor) abhängen [vgl. **MC-Fragen Nr. 127, 130, 132**].

```
B| +  H
      | |        - BH+X-         | |
     -C-C-   ──────────────→    -C=C-
      | |
        X
```

(2) Die Reaktion erfolgt *stufenweise*. Im ersten Reaktionsschritt löst sich die Abgangsgruppe unter Bildung eines *Carbeniumions*; im zweiten Schritt wird unter Verlust eines Protons die ungesättigte Verbindung gebildet [**monomolekulare Eliminierung (E1)**].

```
 H                         B| + H
 | |     langsam                | +     schnell        | |
-C-C-  ───────────→           -C-C-   ───────────→    -C=C-
 | |       - X-                 | |      - BH+
   X                        Carbeniumion
```

(3) Die Reaktion verläuft *stufenweise,* wobei zunächst die C-H-Bindung unter Bildung eines *Carbanions* heterolytisch gespalten wird. Danach erst erfolgt der Austritt der Abgangsgruppe **[monomolekulare Eliminierung über die konjugierte Base des Reaktanden ($E1_{CB}$)]**.

```
B|  +  H
       | |      - BH+        ⊖ |       - X-       | |
      -C-C-    ------->     -C-C-    ------->    -C=C-
       | |                   | |
         X                     X
                          Carbanion
```

3.2.10.1 **Monomolekulare β-Eliminierungen [E1-Reaktion]**

Geschwindigkeitsbestimmender Schritt der E1-Reaktion ist die *Bildung eines Carbeniumions.* Die Reaktionsgeschwindigkeit hängt somit nur von der Substratkonzentration ab. Das gebildete Carbeniumion kann sich anschließend durch Abspaltung eines Protons vom Nachbar-C-Atom [E1] oder durch Anlagerung eines Nucleophils [S_N1] absättigen. In vielen Fällen wirkt das eingesetzte Lösungsmittel als Base und bindet das Proton. Auf beiden Reaktionswegen können *Umlagerungen* in stabilere Carbeniumionen erfolgen.

```
                                              | |
                                        ----> H-C-C-Y          [SN1]
  | |     - X-      | |      + Y-      |        | |
H-C-C-X  ------>  H-C-C+  -------------|
  | |               | |                |        | |
                                        ----> -C=C-  + H-Y     [E1]
```

Das *Verhältnis* **E1/S_N1** hängt vor allem von der *Reaktionstemperatur* und der *Struktur des Substrats* ab. Es ist weitgehend *unabhängig* von der Art der *Abgangsgruppe* [siehe auch ▸Kap. 3.2.5.10 und **MC-Frage Nr. 99**].

Je stabiler das intermediär gebildete Carbeniumion ist, desto leichter erfolgt die Elimination. Daher nimmt die Eliminierung beim Übergang von primären über sekundäre zu tertiären Alkylverbindungen hin zu. Primäre Alkylhalogenide reagieren nicht nach E1 [vgl. **MC-Frage Nr. 103**].

Darüber hinaus sind Eliminierungen gegenüber Substitutionen umso stärker begünstigt, je verzweigter die Alkylreste am Carbeniumion sind. So entsteht z. B. das entsprechende Alken bei der *Solvolyse* von ***tert*-Amylchlorid** (a) zu 34 %, aus **2-Chlor-2,2,4-trimethylpentan** (b) zu 65 % und aus **4-Chlor-2,2,4,6,6-pentamethylheptan** (c) sogar zu 100 %.

```
              CH3                           CH3
              |          - HCl              |
(a)  CH3-CH2-C-CH3      ------>  CH3-CH=C-CH3                      (34 %)
              |
              Cl
        CH3     CH3                           CH3   CH3
        |       |          - HCl              |     |
(b)  CH3-C-CH2-C-CH3      ------>       CH3-C-CH=C-CH3             (65 %)
        |       |                             |
        CH3     Cl                            CH3
        CH3     CH3     CH3                      CH3    CH3    CH3
        |       |       |         - HCl          |      |      |
(c)  CH3-C-CH2-C-CH2-C-CH3      ----->    CH3-C-CH2-C=CH-C-CH3    (100 %)
        |       |       |                        |             |
        CH3     Cl      CH3                      CH3           CH3
```

Den *Einfluss der Temperatur* auf das Verhältnis von Substitution zu Eliminierung zeigen folgende Reaktionsbeispiele:

$$2\ C_2H_5OH \xrightarrow{[H_2SO_4\ -\ 130°C]} H_5C_2\text{-}O\text{-}C_2H_5 + H_2O \quad \text{(Substitution)}$$

Ethanol → Diethylether

$$C_2H_5OH \xrightarrow{[H_2SO_4\ -\ 180°C]} H_2C{=}CH_2 + H_2O \quad \text{(Eliminierung)}$$

Ethanol → Ethen

Erhöhte Temperaturen begünstigen generell die *Elimination*, weil die Eliminierung, wie das Energiediagramm in ○Abb. 3.52 ausweist, gegenüber der Substitution sowohl kinetisch als auch thermodynamisch benachteiligt ist. *Eliminationen benötigen im Allgemeinen höhere Aktivierungsenergien als Substitutionen.*

Der *geschwindigkeitsbestimmende Schritt* von E1-Reaktionen – die Bildung von Carbeniumionen – ist identisch mit dem von S_N1-Prozessen, sodass monomolekulare Eliminierungen durch dieselben Faktoren beeinflusst werden wie S_N1-Reaktionen.

Zu den beeinflussenden Faktoren zählen auch die angewandten *Solvolysebedingungen*. Danach verlaufen Eliminierungsreaktionsreaktion in *schwach basischen*, jedoch gut solvatisierenden *Lösungsmitteln* (Wasser, niedere Alkohole und Carbonsäuren) vorzugsweise nach einem E1-Mechanismus [vgl. **MC-Frage Nr. 127**].

3.2.10.2 Bimolekulare β-Eliminierungen [E2-Reaktion]

Bei Eliminierungen nach einem bimolekularen **Synchronmechanismus** greift die am Übergangszustand beteiligte *Base* (Y^-) an einem H-Atom des β-Kohlenstoffs an. Simultan dazu wird am α-C-Atom der Substituent (X) aus dem Molekül verdrängt.

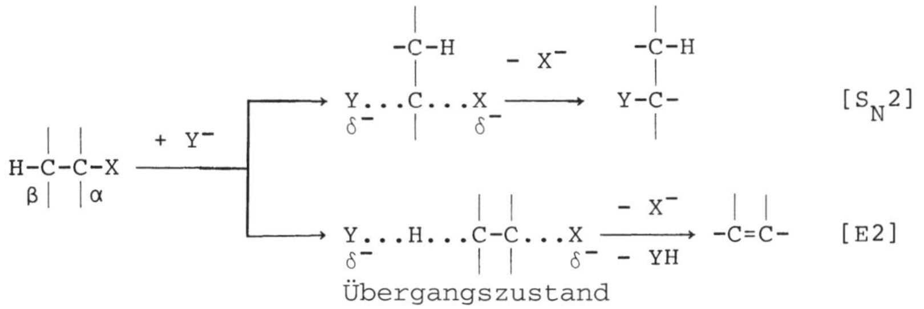

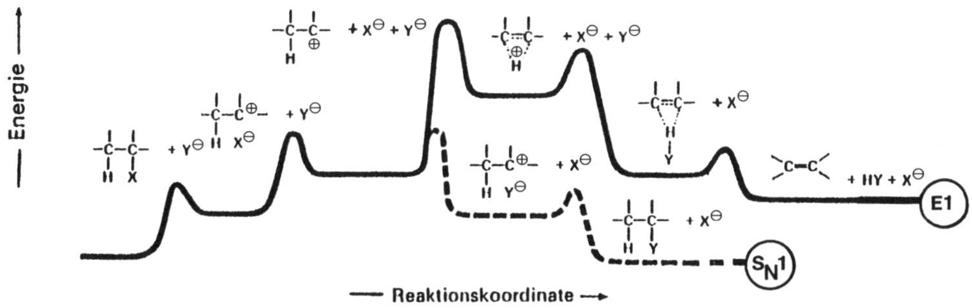

H-C(β)-C(α)-X + Y^- → Y...C...X (δ^- ... δ^-) → ($-X^-$) → Y-C- (mit -C-H) [S_N2]

H-C(β)-C(α)-X + Y^- → Y...H...C-C...X (δ^- ... δ^-) Übergangszustand → ($-X^-$, $-YH$) → -C=C- [E2]

○ **Abb. 3.52 Reaktionsprofil von E1- und S_N1-Reaktionen**

Während für die S_N2-Reaktion die Nucleophilie des Reagenzes (Reaktivität gegenüber einem positivierten C-Atom) entscheidend ist, wird die bimolekulare Eliminierung durch die *Basizität des Nucleophils* (Reaktivität gegenüber einem Proton) bestimmt. Deshalb ist die E2-Reaktion gegenüber dem S_N2-Prozess begünstigt, wenn möglichst *hochkonzentrierte starke Basen* [R_3N, HO^-, RO^-, NH_2^- u. a.] als Nucleophile verwendet werden. Durch den Einsatz *voluminöser Basen* [z. B. *tert*-Butanolat], die nur das H-Atom in der Peripherie eines Moleküls und nicht den räumlich schwerer zugänglichen positivierten Kohlenstoff erreichen können, lässt sich die Reaktion noch weiter zu Gunsten der Eliminierung verschieben.

Während die Art der *Abgangsgruppe* bei E1-Reaktionen ohne Einfluss auf das Verhältnis Elimination/Substitution ist, trifft dies für bimolekulare Eliminierungen nicht mehr zu. Als beste Abgangsgruppen haben sich die Anionen starker Säuren erwiesen. Deshalb reagieren z. B. Alkylbromide schneller als Alkylchloride. Darüber hinaus begünstigen *sperrige,* stark elektronenanziehende *Abgangsgruppen* [$-NR_3^+$, $-SR_2^+$] den **E2-Prozess**, da sie die Abspaltung des β-H-Atoms erleichtern.

Die E2-Reaktion liefert im Allgemeinen ein Gemisch aller möglichen Alkene, wobei das stabilste Alken, das am höchsten substituierte, im Produktgemisch überwiegt. Bei möglicher *cis*/*trans*-Isomerie [*E*/*Z*-Isomerie] überwiegt in der Regel das *trans*-Alken (*E*-Isomer). Als Beispiel sei die *Dehydrobromierung* von **2-Brompentan** mit Kaliumethanolat in Ethanol angeführt, bei der **(*E*)-Pent-2-en** (51%) als Hauptprodukt entsteht. Daneben bildet sich das (*Z*)-Isomer (18%) sowie **Pent-1-en** (31%) [vgl. **MC-Frage Nr. 1730**].

$$CH_3CH_2CH_2\text{-}\underset{\large Br}{\underset{|}{CH}}\text{-}CH_3 \xrightarrow[\text{(EtOK)}\; - HBr]{\Delta} \underset{\text{(trans: 51\%) (cis: 18\%)}}{CH_3CH_2\text{-}CH{=}CH\text{-}CH_3} + \underset{(31\%)}{CH_3CH_2CH_2\text{-}CH{=}CH_2}$$

Die bimolekulare Eliminierung wird – auf Kosten der Substitution – begünstigt durch:
- Verzweigung am α- oder β-C-Atom des Substrats,
- -I- und -M-Substituenten am β-C-Atom des Substrats,
- sperrige, positiv geladene Abgangsgruppen,
- Verwendung hochkonzentrierter, starker Basen als Reagenzien,
- schwächer polare Lösungsmittel und
- erhöhte Temperaturen.

Im Allgemeinen ist die Ausbeute an Alkenen bei einer E2-Reaktion höher als bei einem E1-Prozess. Die Alkenausbeute wächst z. B. bei Bromalkanen in der Reihe primär < sekundär < tertiär. Parallel dazu erhöht sich auch die Geschwindigkeit der E2-Reaktion mit steigender Zahl der Substituenten am Reaktionszentrum.

3.2.10.3 Eliminierungen nach einem $E1_{CB}$-Mechanismus

Bei Eliminationen aus der konjugierten Base des Substrats erfolgt die Bildung des intermediären *Carbanions* rasch und reversibel. Der nachfolgende Schritt – die Abspaltung der Abgangsgruppe – verläuft langsam und ist geschwindigkeitsbestimmend.

```
  H                                ⊖
  |  |      + RO⁻/- ROH          ↷ |        - X⁻            |  |
 -C-C-    ⇌                    -C-C-    ──────────→      -C=C-
  |  |        schnell            |  |↷    langsam
     X                              X
                              Carbanion
```

$E1_{CB}$-Reaktionen sind selten, da die Aktivierungsenthalpien für solche Prozesse deutlich höher sind als die von E2-Reaktionen. Wahrscheinlich laufen aber Eliminierungen von *β-substituierten Carbonylverbindungen* [C**X**-C**H**-C=O] (mit X = Hydroxyl, Halogen) über Carbanionen ab, weil sich ein zur Carbonylgruppe α-ständiges H-Atom relativ leicht mit Basen als Proton abspalten lässt und das gebildete Carbanion durch Ladungsdelokalisierung stabilisiert ist.

```
 | | |      + B|      [ | | |            | | |    ]    -X⁻      | | |
-C-C-C=O  ───────→    [-C-C-C=O  ←→  -C-C=C-O⁻ ]  ───────→  -C=C-C=O
 | |       -BH⁺       [ | ⊖            |        ]            β α
 X H                  [ X              X        ]
                       Carbanion     Enolat-Ion        vinyloge
                                                       Carbonylverbindung
```

3.2.10.4 Regioselektivität bei β-Eliminierungen

In sekundären und tertiären Substraten können verschiedenartige β-Wasserstoffatome vorliegen und die Eliminierung kann in *zwei Richtungen* unter Bildung *isomerer Alkene* erfolgen, die als **Saytzew-** bzw. **Hofmann-Produkt** bezeichnet werden. In der Regel entstehen Produktgemische, häufig überwiegt jedoch das eine der beiden möglichen Isomere.

```
                                  R R H
                                  | | |
  R R H                  ┌──→  R-C=C-C-H        Saytzew-Produkt
  | | |       - HX       │          |
R-C-C-C-H ───────────────┤        R   H
  | | |                  │        |
  H X H                  └──→  R-C-C=C-H        Hofmann-Produkt
                                  | | |
                                  H R H
```

Beispielsweise wird bei der Dehydrobromierung von **2-Brombutan** zu 81% **But-2-en** als Saytzew- und zu 19 % **But-1-en** als Hofmann-Produkt gebildet.

```
                  (EtO⁻)
CH3CH2-CH-CH3  ──────────→  CH3-CH=CH-CH3  +  CH3CH2-CH=CH2
       |          - HBr          81%                19%
       Br
```

Bei Eliminationen wird ein Alken umso leichter gebildet, je stabiler es ist. Daher steigt die Bildungstendenz der Alkene mit zunehmendem Substitutionsgrad in folgender Reihe an:

$$H_2C{=}CH_2 < RCH{=}CH_2 < RCH{=}CHR < R_2C{=}CH_2 < R_2C{=}CHR < R_2C{=}CR_2$$

Von *Saytzew-Orientierung* spricht man, wenn das höher substituierte (stärker verzweigte), thermodynamisch stabilere Alken entsteht. *Hofmann-Orientierung* liegt vor, wenn das Alken mit der geringeren Anzahl an Substituenten (weniger verzweigte) gebildet wird [vgl. **MC-Frage Nr. 129**].

Zur *Voraussage der Eliminierungsrichtung* in Abhängigkeit von elektronischen und sterischen Einflüssen können folgende *empirische Regeln* herangezogen werden:

(1) Besteht die Möglichkeit zur *Konjugation* mit einer im Molekül schon vorhandenen ungesättigten Gruppierung, so erfolgt die Elimination bevorzugt in diese Richtung (Ar = Aryl-, R = Alkylrest).

$$\underset{\beta}{Ar\text{-}CH_2}\text{-}\underset{\underset{X}{|}}{\overset{\alpha}{CH}}\text{-}\overset{\beta}{CH_3} \xrightarrow{-\,HX} Ar\text{-}CH{=}CH\text{-}CH_3$$

$$R\text{-}\overset{\beta}{CH_2}\text{-}\underset{\underset{X}{|}}{\overset{\alpha}{CH}}\text{-}\overset{\beta}{CH_2}\text{-}CH{=}O \xrightarrow{-\,HX} R\text{-}CH_2\text{-}CH{=}CH\text{-}CH{=}O$$

(2) Wie die *Dehydrohalogenierung von 2-Halogenpentanen* in ◘Tab. 3.14 dokumentiert, ist die Bildung des **Saytzew-Produktes** umso stärker begünstigt, je höher die **Austrittstendenz** des zu eliminierenden Substituenten ist. Schwer austretende Gruppen, wie z. B. das Fluoridion, erhöhen im Allgemeinen den Anteil an Hofmann-Produkt [vgl. **MC-Frage Nr. 128**].

$$CH_3CH_2CH_2\text{-}\underset{\underset{X}{|}}{CH}\text{-}CH_3 \xrightarrow{(EtOK)} \begin{cases} CH_3CH_2CH_2\text{-}CH{=}CH_2 & \text{Hofmann} \\ CH_3CH_2\text{-}CH{=}CH\text{-}CH_3 & \text{Saytzew} \end{cases}$$

(3) Bei **E1-Reaktionen** überwiegt häufig die **Saytzew-Orientierung**. Aufgrund der *kinetischen Reaktionssteuerung* des E1-Prozesses spiegelt deshalb das Mengenverhältnis [Hofmann/Saytzew] die relativen Reaktionsgeschwindigkeiten wider, sofern Isomerisierungen während der Reaktion auszuschließen sind.

◘ Tab. 3.14 Abhängigkeit der Eliminierungsrichtung von der Austrittstendenz des abzuspaltenden Substituenten

Substituent (X)	F	Cl	Br	I
Hofmann (in %)	83	36	25	20
Saytzew (in %)	17	64	75	80

◘ Tab. 3.15 Abhängigkeit der Eliminierungsrichtung von der Natur der Abgangsgruppe

Substituent (X)	–Br	$-\overset{+}{S}(CH_3)_2$	$-\overset{+}{N}(CH_3)_3$
Hofmann (in %)	19	74	95
Saytzew (in %)	81	26	5

(4) Bei **E2-Reaktionen** wird die Richtung der Eliminierung *(Regioselektivität)* durch die *Art der Substituenten* in *β-Stellung,* die *Natur der Abgangsgruppe,* die *Hilfsbase* und das *Lösungsmittel* beeinflusst.
Zum Beispiel ergeben, wie ◘Tab. 3.15 belegt, große, positiv geladene Gruppen [-NR_3^+, -SR_2^+] bei bimolekularen Eliminierungen an 2-substituierten Butan-Derivaten einen hohen Anteil an **Hofmann-Produkt**.

```
CH3CH2-CH-CH3  ------>  CH3CH2-CH=CH2  +  CH3-CH=CH-CH3
       |        - HX
       X                Hofmann-           Saytzew-Produkt
```

(5) Sterische Einflüsse, die sowohl vom *Reagenz* als auch vom *Substrat* ausgehen können, spielen eine wesentliche Rolle bei der Orientierung von β-Eliminierungen.

Wie die monomolekulare *Dehydratisierung* von **2,4,4-Trimethyl-pentan-2-ol** beweist, wird umso mehr an Hofmann-Produkt gebildet, je schwerer die deprotonierende Base an das für die Saytzew-Orientierung zu lösende „innere" H-Atom gelangen kann.

```
 H3C       CH3                H3C
   |        |      + H+          |  3   + 1                    - H3O+
H3C-C-CH2-C-CH3   ------>   H3C-C-CH-C-CH2-H   <-\            ------>
   |        |      - H2O         |  |  |
 H3C       OH                H3C  H  CH3          + OH2
                                     <------------/

           CH3                     CH3
            |                       |
(CH3)3C-CH=C-CH3    +    (CH3)3C-CH2-C=CH2

Saytzew-Produkt          Hofmann-Produkt
    (20%)                    (80%)
```

Im o.a. Beispiel kann das Lösungsmittel Wasser nur schwer ein Proton von C-3 ablösen, da diese Position durch die sperrigen Methylgruppen stark abgeschirmt wird. Es greift deshalb bevorzugt am Rande des Moleküls an C-1 unter Bildung des Hofmann-Produktes an.

Die basenkatalysierte *Dehydrobromierung* von **2-Brom-2-methylbutan** ist ein Beispiel für den ausgeprägten Einfluss der *Hilfsbase* [ROK] auf die Regioselektivität bei **E2-Prozessen**.

```
          CH3                      CH3             CH3
           |      - ROK             |               |
CH3-CH2-C-CH3   -------->   CH3-CH=C-CH3  +  CH3CH2-C=CH2
           |      -ROH
          Br      -KBr      Saytzew-          Hofmann-Produkt
```

▫ Tab. 3.16 Abhängigkeit der E2-Orientierung vom Raumbedarf der eingesetzten Hilfsbase

Base (ROK)	CH_3CH_2OK	$(CH_3)_3COK$	$(C_2H_5)_3COK$
Hofmann (in %)	29	72	89
Saytzew (in %)	71	28	11

Die Werte in ▫Tab. 3.16 lassen erkennen, dass mit dem wenig voluminösen Kaliumethanolat [CH_3CH_2OK] hauptsächlich das Saytzew-Produkt gebildet wird, während mit der raumerfüllenden, sperrigen Hilfsbase Kalium-*tert*-butanolat [$(CH_3)_3COK$] das Hofmann-Produkt überwiegt [vgl. **MC-Fragen Nr. 128, 129, 1688**].

Im Allgemeinen ist die Hofmann-Orientierung gegenüber der Saytzew-Orientierung bevorzugt, wenn man die sterische Gruppenhäufung am Reaktionszentrum erhöht.

Abschließend sei noch erwähnt, dass von einem *Brückenkopf-C-Atom* keine Doppelbindung ausgehen kann *(Regel von Bredt)*, sodass der Bicyclus (a) ausschließlich zum Produkt (b) reagiert, während die Verbindung (c) nicht gebildet wird. Aus einem Substrat wie (d) ist überhaupt keine Eliminierung möglich. Ausnahmen der Bredtschen Regel sind allerdings bekannt [vgl. **MC-Frage Nr. 518**].

3.2.10.5 Hofmann-Eliminierung quartärer Ammoniumverbindungen

Durch *Alkylierung von Aminen* – meistens durch *erschöpfende Methylierung* mit Methyliodid oder Dimethylsulfat – erhält man *quartäre Ammoniumsalze,* die beim Behandeln mit feuchtem Silberoxid in **quartäre Ammoniumhydroxide** umgewandelt werden. Diese zerfallen beim Erhitzen auf 100–200 °C in ein **Alken**, ein **tertiäres Amin** und **Wasser** [vgl. **MC-Fragen Nr. 125, 126, 521, 525**].

$$\underset{\text{prim. Amin}}{H\text{-}C\text{-}C\text{-}NH_2} + 3\ CH_3I \rightarrow \underset{\text{quart. Ammoniumsalz}}{H\text{-}C\text{-}C\text{-}\overset{+}{N}(CH_3)_3\ I^-} \xrightarrow[-\ AgI]{+\ Ag_2O}$$

$$\underset{\text{quart. Ammoniumhydroxid}}{H\text{-}C\text{-}C\text{-}\overset{+}{N}(CH_3)_3\ HO^-} \xrightarrow{\Delta} -C{=}C- + \underset{\text{tert. Amin}}{N(CH_3)_3} + H_2O$$

Die Reaktion verläuft *bimolekular* und liefert überwiegend **Hofmann-Produkte** [vgl. **MC-Fragen Nr. 138, 139**].

$$\underset{\beta\;\;\alpha\;\;\beta}{} H_3C\text{-}\underset{|\;{}^{+}N(CH_3)_3\;\; HO^-}{CH}\text{-}CH_2\text{-}CH_3 \xrightarrow[-H_2O,\; -N(CH_3)_3]{\Delta} \underset{(95\%)}{H_2C{=}CH\text{-}C_2H_5} + \underset{(5\%)}{H_3C\text{-}CH{=}CH\text{-}CH_3}$$

Buten-1-en [$H_2C{=}CH\text{-}C_2H_5$] als Reaktionsprodukt wird auch erhalten, wenn man anstelle von 2-Methylpropyl-trimethylammoniumhydroxid das stellungsisomere *n*-Butyl-trimethylammoniumhydroxid [$(CH_3CH_2CH_2CH_2N(CH_3)_3)^+HO^-$] als Edukt einsetzt [vgl. **MC-Frage Nr. 138**].

Ist infolge des Fehlens eines β-ständigen H-Atoms keine Elimination möglich, beobachtet man Substitution [vgl. **MC-Frage Nr. 520**].

$$CH_3\text{-}\overset{+}{N}(CH_3)_3 + HO^- \rightarrow CH_3OH + N(CH_3)_3$$

Die Reaktion besitzt Bedeutung für die *Konstitutionsermittlung heterocyclischer N-haltiger Ringsysteme.* Solche Verbindungen lassen sich durch stufenweisen Abbau in offenkettige, stickstofffreie Verbindungen überführen. Zunächst entsteht aus dem cyclischen Amin ein Aminoalken. Wiederholt man die Reaktion, so bildet sich schließlich ein *Dien*. Zum Beispiel lässt sich auf diese Weise **Piperidin** in **Piperylen** (Penta-1,3-dien) umwandeln.

Piperidin — 1. CH_3I 2. Ag_2O → ... → CH_3I, Ag_2O → ... → [Penta-1,4-dien] → Piperylen

In analoger Weise kann aus **Pyrrolidin** bzw. **N-Methylpyrrolidin** nach erschöpfender Methylierung **Buta-1,3-dien** hergestellt werden. **3-Methylpyrrolidin** lässt sich zu **Isopren** (**2-Methylbuta-1,3-dien**) abbauen [vgl. **MC-Frage Nr. 137**].

Abbau-Regeln: Bei der Thermolyse von quartären Ammoniumhydroxiden, die am Stickstoff *unterschiedliche Alkylreste* tragen, wird vorzugsweise das Alken mit der geringsten Anzahl von Alkylsubstituenten gebildet. Zum Beispiel entsteht nach erschöpfender Methylierung von **Ethylpropylamin** beim anschließenden Hofmann-Abbau Ethen, Wasser und **Dimethylpropylamin** [vgl. **MC-Frage Nr. 136**].

$$(CH_3)_2\overset{+}{N}(CH_2CH_3)-CH_2CH_2CH_3 \; HO^- \xrightarrow[-\,H_2O]{\Delta} H_2C{=}CH_2 + (CH_3)_2N-CH_2CH_2CH_3$$

$$\underset{\text{schwächer acid}}{\text{Alkyl-}\overset{\beta}{C}H(H)}-CH(^{+}NR_3)-\underset{\text{stärker acid}}{\overset{\beta}{C}H_2(H)}$$

Das *Proton* wird dabei von dem β-ständigen C-Atom abgelöst, das den geringsten Substitutionsgrad besitzt, also am *acidesten* ist. (Abschwächung der Acidität der β-C-H-Bindung durch den +I-Effekt von Alkylgruppen. – Dies erklärt auch, warum die E2-Reaktion von *tert*-Butylchlorid mit Alkoholaten rascher verläuft als die von *n*-Butylchlorid.) [vgl. **MC-Frage Nr. 128**].

Daher wird bei der Hofmann-Eliminierung von Isopentyltrimethylammoniumhydroxid **Pent-1-en** [$CH_3CH_2CH_2$-CH=CH_2] als Hauptprodukt gebildet.

$$CH_3CH_2-\overset{\beta}{C}H_2-CH(\beta CH_3)-\overset{+}{N}(CH_3)_3 \; HO^- \xrightarrow[-\,H_2O]{\Delta} CH_3CH_2CH_2-CH{=}CH_2 + N(CH_3)_3$$

Die Abbau-Regel wird *nicht* befolgt, wenn das β-ständige C-Atom mit einer ungesättigten Gruppe oder einem Phenylrest verbunden ist und sich dadurch bei der Eliminierung ein konjugiertes System ausbilden kann.

$$C_6H_5-CH_2-CH_2-\overset{+}{N}(CH_3)_2-CH_2-CH_3 \; HO^- \xrightarrow{\Delta} \underset{(94\%)}{C_6H_5-CH{=}CH_2} + \underset{(6\%)}{H_2C{=}CH_2}$$

Quartäre Ammoniumhydroxide unterliegen beim Erhitzen einer β-Eliminierung unter Bildung eines tertiären Amins und eines Alkens. Die Reaktion, bei der das Hydroxidion die angreifende Base darstellt, verläuft nach einem E2-Mechanismus. Die Abspaltung des β-H-Atoms erfolgt in der Reihe R_2CH- < RCH_2- < CH_3- zunehmend leichter. Man beobachtet in hohem Maße Hofmann-Orientierung.

3.2.10.6 Dynamische Stereochemie der β-Eliminierung

Für Untersuchungen zum stereochemischen Ablauf von Eliminierungsreaktionen müssen *chirale alicyclische* (offenkettige) oder *cyclische Verbindungen* als Edukte gewählt werden, deren Stereoisomere unterscheidbar sind. Experimentelle Studien an solchen Edukten führten zu folgenden Befunden.

E1-Reaktionen: Sie verlaufen in der Regel *nicht stereospezifisch,* weil im intermediär gebildeten Carbeniumion Rotationen um die Bindungen des positiv geladenen Kohlenstoffs möglich sind.

Bindet jedoch die Abgangsgruppe anstelle des Lösungsmittels das Proton und erfolgt dessen Ablösung bereits im Stadium des „engen Ionenpaares“, so beobachtet man in einigen Fällen eine ***Syn-Eliminierung*** (**Cis-Eliminierung**). Der Ausdruck Cis-Elimination bezieht sich auf die *cis*-Lage der abzuspaltenden Substituenten. *Syn*-Eliminierung kann auch an cyclischen Systemen beobachtet werden.

E2-Reaktionen: Bei *alicyclischen Verbindungen* kann die Eliminierung prinzipiell aus zwei Grenzkonformationen heraus erfolgen.

anti-periplanar

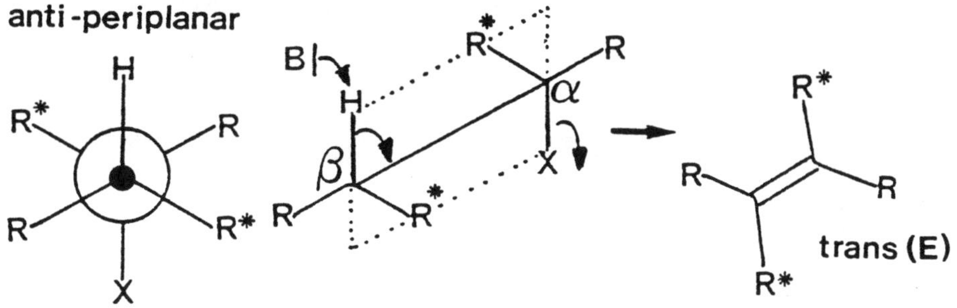

trans (E)

syn-periplanar

cis (Z)

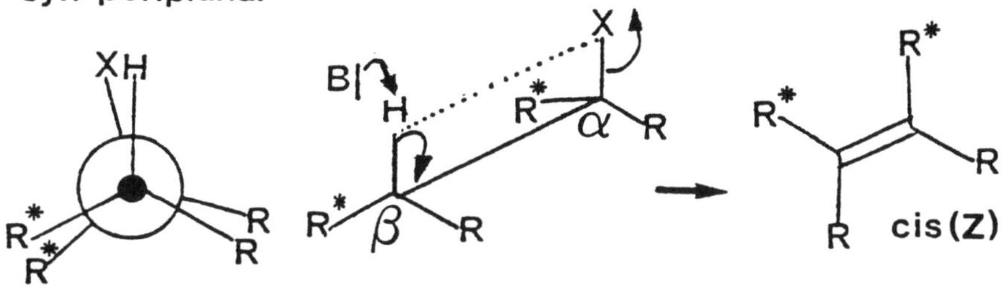

Unter der Voraussetzung, dass in diesen Substraten sowohl das C_β als auch das C_α chiral sind, würden Eliminationen aus beiden Konformationen zu unterschiedlichen Produkten führen. Aus der *anti-periplanaren (anti-koplanaren)* Anordnung entstünde ein *trans-Alken,* [(*E*)-Alken], aus der *syn-periplanaren* Anordnung der Substituenten würde ein *cis-Alken* [(*Z*)-Alken] gebildet [vgl. **MC-Frage Nr. 130**].

Bei den meisten offenkettigen Verbindungen dominiert aus folgenden Gründen die ***anti-Eliminierung*** (**Trans-Eliminierung**):

- In der anti-periplanaren Konformation sind die ein- und austretenden Elektronenpaare möglichst weit voneinander entfernt.
- Die gestaffelte Konformation in der *anti*-periplanaren Anordnung ist energetisch günstiger als die ekliptische Konformation in der *syn*-periplanaren Anordnung [vgl. **MC-Frage Nr. 127**].

Der Ausdruck *Trans-Elimination* bezieht sich wiederum auf die trans-Lage der abzuspaltenden Substituenten und nicht auf die Geometrie des gebildeten Produktes.

> **Ingold-Regel:** Die E2-Reaktion verläuft stereospezifisch, in manchen Fällen sogar stereoselektiv (Anti-Eliminierung) (siehe hierzu auch ▸Kap. 3.3.2). Die an der Reaktion beteiligten vier Reaktionszentren müssen in einer Ebene angeordnet sein. Die Elimination erfolgt dabei besonders leicht, wenn die abzuspaltenden Gruppen in einer anti-periplanaren Stellung zueinander stehen. Die ***Anti*-Eliminierung** ist infolge sterischer und elektronischer Effekte bei E2-Reaktionen begünstigt.

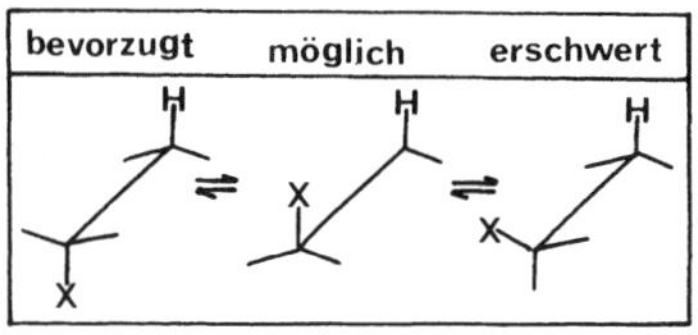

bevorzugt ⇌ möglich ⇌ erschwert

Bei *einfachen offenkettigen Verbindungen* haben allerdings die Konformationsverhältnisse keinen bestimmenden Einfluss auf die Stereochemie der Eliminierung, weil sich infolge der niedrigen Energiebarrieren zwischen den einzelnen Konformeren die für die Eliminierung notwendige *trans*-Lage im Allgemeinen leicht einstellt.

Als Beispiel für den stereochemischen Verlauf von E2-Reaktionen an *chiralen* Verbindungen sei die Behandlung diastereomerer **1,2-Diphenylpropyltrimethylammonium-Ionen** mit einem Alkanolat genannt. Das Ammonium-Ion besitzt zwei Chiralitätszentren und kann in zwei *threo-* und zwei *erythro-Formen* existieren (siehe ▸Kap. 3.3.7.4). Man fand, wie in ∘Abb. 3.53 graphisch dargestellt, dass bei solchen Substraten die ***erythro*-Form *cis*-Alkene** und die ***threo*-Form *trans*-Alkene** liefert.

In analoger Weise führt auch die HBr-Abspaltung aus ***threo-*** bzw. ***erythro*-1,2-Dibrom-1,2-diphenylethan** zu unterschiedlich konfigurierten Bromstilben-Derivaten (Zuordnung der Substituenten gemäß ∘Abb. 3.53: G = Ph, M = Br, K = H) [vgl. **MC-Frage Nr. 131**].

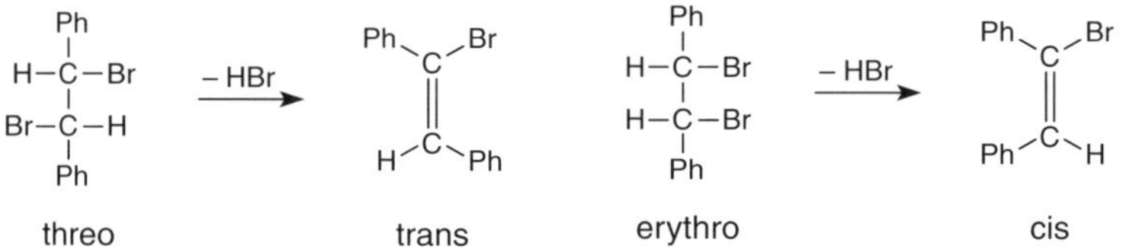

threo $\xrightarrow{-\text{HBr}}$ trans   erythro $\xrightarrow{-\text{HBr}}$ cis

> Bimolekulare Eliminierungen verlaufen dann besonders glatt, wenn die an der Elimination beteiligten Reaktionszentren in einer Ebene liegen, d. h. koplanar angeordnet sind. Bei Alkylhalogeniden beobachtet man nahezu ausschließlich Trans-Elimination. Enthält das Substrat zwei Chiralitätszentren, so ergeben die *erythro*-Formen das *cis*- (Z-Form) und die *threo*-Formen das *trans*-Alken (*E*-Form).

o Abb. 3.53 Sterischer Verlauf der E2-Reaktion an chiralen Substraten
[Raumerfüllung der Substituenten: G = groß, M = mittel, K = klein]

Auch an *cyclischen Verbindungen* zeigt sich der stereospezifische Charakter der E2-Reaktion. Experimentelle Untersuchungen ergaben, dass das Ausmaß an *Trans*-Eliminierung von Cyclobutan- zu Cyclohexan-Derivaten hin zunimmt, und bei Cycloheptan-Verbindungen wieder zurückgeht. Die ausgeprägte *Trans-Selektivität von Cyclohexan-Derivaten* hat ihre Ursache in der leichten Bildung sog. *trans-diaxialer Konformationen,* aus denen heraus die Eliminierung bevorzugt abläuft.

Barton-Regel: Bimolekulare Eliminierungen an Cyclohexan-Derivaten sind leicht möglich, wenn beide abzuspaltenden Substituenten die bis-axiale (*trans*) Lage einnehmen. Eliminationen aus bis-äquatorialer Position laufen im Allgemeinen nicht ab. *Cis*-Verbindungen reagieren langsam oder überhaupt nicht.

Die folgenden Beispiele sollen diese Regel belegen:

- ***E*-2-Methylcyclohexyltosylat** liefert bei der Eliminierung von Toluensulfonat unter E2-Bedingungen in Gegenwart von Alkoholaten ausschließlich **3-Methylcyclohexen**. Im stabileren Konformer nehmen die beiden *trans*-ständigen Substituenten eine bis-äquatoriale (e) Lage ein. Sie ist für die Elimination ungünstig. Daraus kann jedoch das Konformer mit bis-axialer (a) Anordnung entstehen. Hier liegen das

H-Atom an C-6 und der Tosylat-Rest [-OTs] in einer *trans*-Stellung vor, sodass die E2-Reaktion zum 3-Methylcyclohexen ablaufen kann.

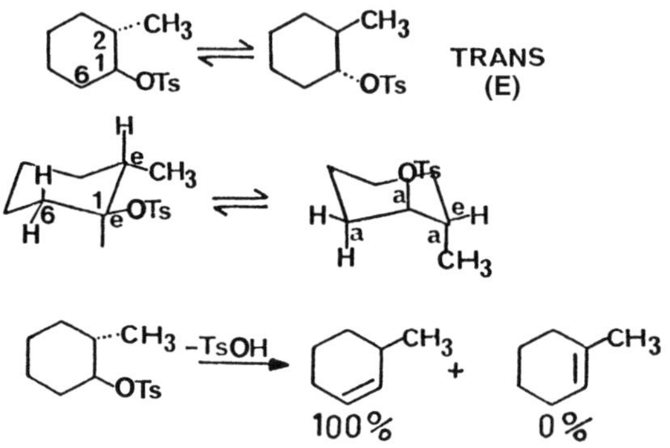

TRANS (E)

100 % 0 %

- Beim **Z-2-Methylcyclohexyltosylat** nimmt die voluminöse Tosylgruppe im energiereicheren Konformer die axiale Position ein (siehe auch ▸Kap. 3.3.6.3). Sowohl an C-2 als auch C-6 befindet sich ein koplanares, *trans*-ständiges H-Atom, sodass Hofmann- und Saytzew-Produkt gebildet werden. Im Reaktionsgemisch überwiegt erwartungsgemäß mit 64% das Saytzew-Produkt.

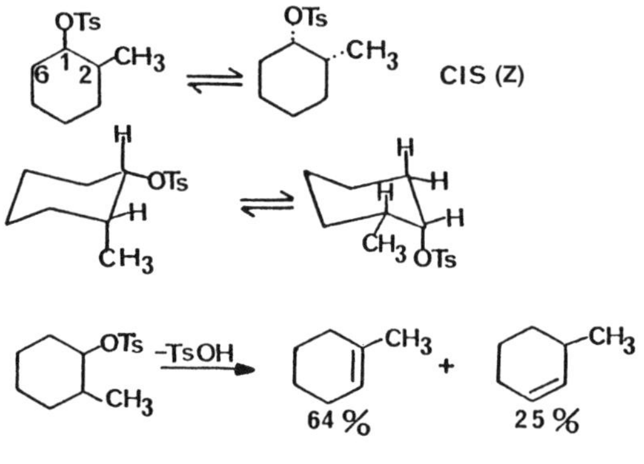

CIS (Z)

64 % 25 %

- Bei der bimolekularen Eliminierung aus **Menthylchlorid** oder **Menthyltosylat**, in dem die Isopropyl-Gruppe und der Tosylat-Rest bzw. das Chloratom *trans*-ständig angeordnet sind, entsteht ausschließlich das Hofmann-Produkt **Menth-2-en** [vgl. **MC-Fragen Nr. 134, 135**].

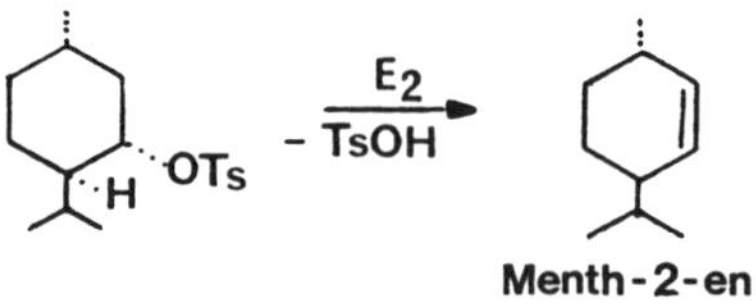

Menth-2-en

- Dagegen bildet sich bei der HCl-Abspaltung unter E2-Bedingungen aus **Neomenthylchlorid**, bei dem Isopropyl-Gruppe und Chloratom *cis*-ständig angeordnet sind, in Gegenwart von Alkoholaten ein Gemisch aus **Menth-2-en** und **Menth-3-en**. Dabei überwiegt Menth-3-en als Saytzew-Produkt.

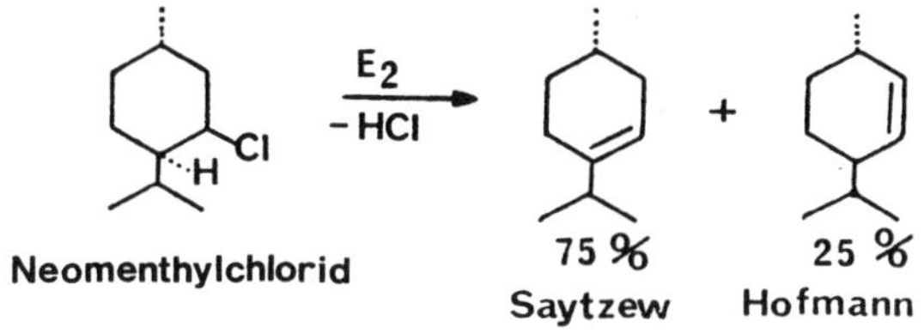

Neomenthylchlorid $\xrightarrow[-HCl]{E_2}$ 75 % Saytzew + 25 % Hofmann

Abschließend sei noch darauf hingewiesen, dass *Ausnahmen* für die *Barton-Regel* existieren und die Eliminierung aus cyclischen Ringsystemen auch als *Syn-Elimination* ablaufen kann, insbesondere dann, wenn dabei konjugierte Systeme gebildet werden, wie zum Beispiel bei der Herstellung von **Phenylcyclohexen**.

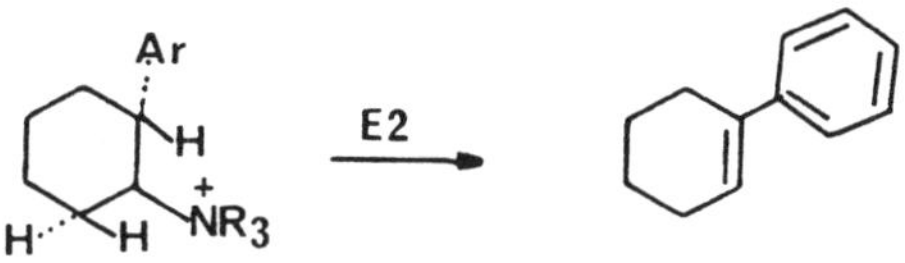

Darüber hinaus ist in cyclischen Systemen die Syn-Eliminierung immer dann bevorzugt, wenn die koplanare Anordnung der abzuspaltenden Atome bei einer Syn-Elimination besser möglich ist als bei der Trans-Elimination. Zum Beispiel erfolgt beim ***trans*-2,3-Dichlorbornan** die HCl-Abspaltung zu **2-Chlorbornen** über eine Syn-Eliminierung, weil hier die starre Struktur des Moleküls eine Konformation mit anti-periplanaren Abgangsgruppen nicht zulässt.

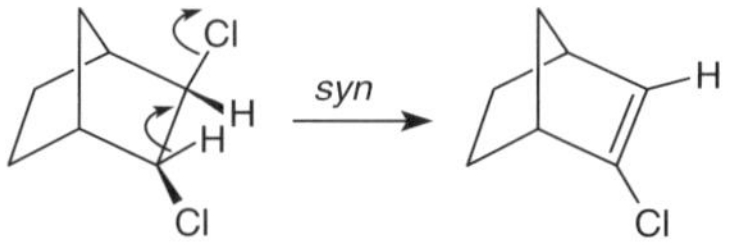

2-Chlorbornen

3.2.10.7 Thermische (pyrolytische) Cis-Eliminierungen

Von zahlreichen Verbindungen, bei deren Pyrolyse eine Eliminierung eintritt, reagieren zumindest drei Substanzklassen nach einem *monomolekularen*, *synchronen Mechanismus* über einen *cyclischen Übergangszustand:*

- **Carbonsäureester (Esterpyrolyse)**

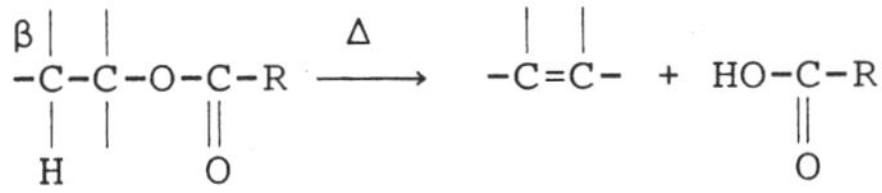

```
β|  |              Δ        |  |
-C-C-O-C-R  ——————→   -C=C-  +  HO-C-R
 |  |    ||                        ||
 H       O                         O
```

Xanthogenate (Tschugaew-Reaktion)

```
β|  |            Δ      | |
-C-C-O-C-S-R  ───→  -C=C-  +  O=C=S  +  HS-R
 |  |  ||
 H     S
```

Trialkylaminoxide (Cope-Reaktion)

```
β|  | +         Δ        | |
-C-C-NR2     ───→     -C=C-  +  R2N-OH
 |  | |
 H    O-
```

Die auch als *intramolekulare Eliminierungen* (**E_i**) bezeichneten Reaktionen verlaufen *stereospezifisch* als *Syn-Elimination*, weil im cyclischen Übergangszustand der Wasserstoff am β-C-Atom sowie die Abgangsgruppe an C_α eine syn-periplanare Position einnehmen. Im cyclischen Übergangszustand erfolgen Bindungsbruch und Bindungsbildung nahezu gleichzeitig *(konzertiert)*.

• Cope-Eliminierung von tertiären Aminoxiden

Sie läuft unter relativ milden Bedingungen ab. Als Produkte entstehen ein Alken und ein *N,N*-Dialkylhydroxylamin-Derivat.

$$R_2C(H)-CR_2-NR_2 \xrightarrow[-H_2O]{+H_2O_2} R_2C(H)-C(R_2)-\overset{+}{N}R_2-O^- \xrightarrow{80-160\,°C} R_2C{=}CR_2 + R_2N-OH$$

tert. Amin — Aminoxid — Alken — *N,N*-Dialkylhydroxylamin

Die Cope-Elimination zeigt von allen E_i-Reaktionen die höchste Cis-Selektivität.

• Tschugaew-Reaktion von Xanthogenaten

Hierbei wird aus einem Alkoholat und Schwefelkohlenstoff [CS_2] zunächst das Alkalisalz eines sauren Xanthogenats hergestellt. Dieses wird in situ mit Alkylhalogeniden in einen *Xanthogensäureester* (Xanthogensäure-O-alkyl-S-alkylester) umgewandelt, der anschließend pyrolytisch gespalten wird.

$$\underset{\text{Alkoholat}}{R-CH_2-CH_2-O^-Na^+} + CS_2 \rightarrow \underset{\text{Saures Xanthogenat}}{R-CH_2-CH_2-O-\overset{S}{\overset{\|}{C}}-S^-Na^+} \xrightarrow[-\,NaX]{+\,R'X}$$

$$\underset{\text{Xanthogensäureester}}{H_2C(-O-C(=S)-SR')-CHR\cdots H\cdots S} \xrightarrow{100-250\,°C} R-CH{=}CH_2 + O{=}C{=}S + R'-SH$$

Im Gegensatz zum fünfgliedrigen Übergangszustand der Cope-Reaktion wird bei der *Thermolyse* von *Xanthogenaten* und *Carbonsäureestern* ein cyclischer, sechsgliedriger Übergangszustand durchlaufen, der flexibler ist als der fünfgliedrige. Die Eliminierung kann deshalb auch aus einer nicht syn-periplanaren Anordnung der Substituenten erfolgen, sodass die Cis-Selektivität dieser Reaktionen geringer ist als bei der Cope-Eliminierung.

• Thermolyse von Carbonsäureestern (Esterpyrolyse)

Erhitzt man Carbonsäureester, deren Alkoholkomponente ein β-H-Atom enthält, auf Temperaturen von 300–500 °C, so tritt ein heterolytischer Zerfall des Esters ein in ein *Alken* und die betreffende *Carbonsäure* [vgl. **MC-Fragen Nr. 125, 145, 520, 521**].

Die Reaktion besitzt präparatives Interesse zur Herstellung von **1-Alkenen** aus *primären Alkoholen* über die leicht zugänglichen *Alkylacetate (Essigsäureester)*. Ester von sekundären und tertiären Alkoholen führen meistens zu Produktgemischen, deren Zusammensetzung statistisch bestimmt ist. So erhält man bei der Pyrolyse von **2-Butylacetat** etwa 51% **But-1-en** und 49% **But-2-en** als Reaktionsprodukte.

$H_3C-HC(-O-)C-CH_3$ / $H_3C-HC \cdots H \cdots O$ $\xrightarrow{\Delta}$ $CH_3-CH=CH-CH_3$ (49%)

$H_3C-C(-O-)C-C_2H_5$ / $O \cdots H \cdots CH_2$ $\xrightarrow{\Delta}$ $CH_3CH_2-CH=CH_2$ (51%)

Nach demselben Mechanismus, bei dem ein cyclischer, über Wasserstoffbrücken stabilisierter Übergangszustand durchlaufen wird, vollzieht sich auch die *Decarboxylierung* von substituierten **Malonsäuren** und **β-Ketosäuren**. Die Ausbildung der H-Brücke im cyclischen Übergangszustand erniedrigt erheblich die Aktivierungsenergie für die Decarboxylierung und fördert somit deren Ablauf. Bei beiden Substraten entsteht zunächst durch die CO_2-Abspaltung ein *Enol*, das spontan zum energieärmeren Keton tautomerisiert. Kann das entstehende Keton nicht enolisieren, so ist die Ausgangsketosäure stabil, wie dies zum Beispiel für α-Ketosäuren zutrifft [siehe auch ▸Kap. 3.13.3 und **MC-Fragen Nr. 1105–1108**].

$R_2C(COOH)-COOH$ (subst. Malonsäure) ≡ $O=C(-O\cdots H\cdots O=)C(-OH)$ über CR_2 $\xrightarrow[-\,CO_2]{\Delta}$ $HO-C(-OH)=CR_2$ (Enol) ⇌ $HO-C(=O)-CR_2-H$ (disubst. Essigsäure)

$R'-C(=O)-CR_2-COOH$ (β-Ketosäure) ≡ $O=C(-O\cdots H\cdots O=)C(-R')$ über CR_2 $\xrightarrow[-\,CO_2]{\Delta}$ $HO-C(-R')=CR_2$ (Enol) ⇌ $O=C(-R')-CR_2-H$ (Keton)

Additionen

3.2.11 Elektrophile Addition an C,C-Mehrfachbindungen

C,C-Mehrfachbindungen in *Alkenen* und *Alkinen* sind leicht polarisierbar und zeichnen sich je nach den gewählten Bedingungen durch ihre Bereitschaft für *elektrophile, nucleophile* oder *radikalische Additionsreaktionen* aus [vgl. **MC-Frage Nr. 140**].

Durch die Anhäufung von π-Elektronen ober- und unterhalb der C=C-Bindungsachse besitzen Alkene eine hohe negative Ladungsdichte und lagern als *Lewis-Basen* vorzugsweise elektrophile Reagenzien (Lewis-Säuren) an. Die **A_E-Reaktion**, der wichtigste Reaktionstyp von Alkenen, kann somit als eine Lewis-Säure/Base-Reaktion aufgefasst werden [vgl. **MC-Frage Nr. 146**].

Die *Addition von Elektrophilen* gelingt umso leichter, je basischer (nucleophiler) das Alken ist. Deshalb steigern *+M/+I-Substituenten* die *Reaktivität* von Alkenen gegenüber Elektrophilen, weil sie die negative Ladungsdichte des Substrats erhöhen. *–M/–I-Substituenten* setzen hingegen die Basizität eines Alkens und somit seine Reaktionsfähigkeit gegenüber elektrophilen Reagenzien herab. Solche Substanzen sind auch nucleophil angreifbar (siehe ▸Kap. 3.2.12).

Die *Basizität von Doppelbindungssystemen* und somit die Leichtigkeit zur elektrophilen Addition steigt in folgender Reihe an [vgl. **MC-Frage Nr. 156**].

$$Cl{-}CH{=}CH_2 < HOOC{-}CH{=}CH_2 < CH_2{=}CH_2 < Alk{-}CH{=}CH_2$$
$$< (Alk)_2C{=}CH_2 < Alk{-}CH{=}CH{-}Alk < (Alk)_2C{=}C(Alk)_2$$
(Alk= Alkylrest)

Darüber hinaus nimmt die Reaktivität für einen elektrophilen Angriff mit steigender Acidität des Reagenzes zu, sodass Alkene z. B. mit *Halogenwasserstoffsäuren* in der Reihe **HF < HCl < HBr < HI** zunehmend leichter reagieren. Zusätzlich erhöhen *elektrophile Katalysatoren* (Lewis-Säuren wie $AlCl_3$, $ZnCl_2$, BF_3) die Bereitschaft zur Anlagerung.

Im Allgemeinen verlaufen Additionsreaktionen *exotherm* und zugleich auch *exergonisch,* weil diese Prozesse mit einer Zunahme an Bindungsenergie verbunden sind (aus einer „schwachen" Doppelbindung entstehen zwei neue Einfachbindungen).

```
 |  |              |  |
-C=C-  +  H-X  →  H-C-C-X     [ΔH < 0]
                   |  |
```

▫Tab. 3.17 enthält in zusammengefasster Form die wichtigsten elektrophilen Additionsreaktionen an Alkene. Die präparativen Aspekte einiger Reaktionen werden im ▸Kap. 3.5.4 behandelt [vgl. **MC-Fragen Nr. 148, 149**].

3.2.11.1 Elektrophile Addition von Protonsäuren

Die *Addition starker Protonsäuren* [Halogenwasserstoffe, Wasser/Schwefelsäure] an Alkene verläuft nach einem gleichartigen Mechanismus. Im geschwindigkeitsbestimmenden Primärschritt erfolgt durch Anlagerung eines Protons an die C=C-Doppelbin-

Tab. 3.17 Additionsreaktionen an C=C-Doppelbindungen [Substrat: $RCH=CR_2$]

Reagenz	Produkt		Reaktion	Kapitel
H-X (X = Halogen)	$-CH_2-C(-)(-)-X$	Alkylhalogenid	Anlagerung von Halogenwasserstoffsäuren	3.7.2.1
H_2SO_4	$-CH_2-C(-)(-)-OSO_3H$	Alkylsulfat	Anlagerung von Schwefelsäure	3.9.3.1
H_2O/H_2SO_4	$-CH_2-C(-)(-)-OH$	Alkohol	Saure Hydratisierung	3.5.4
ROH/H_2SO_4	$-CH_2-C(-)(-)-OR$	Ether	Addition von Alkoholen	3.9.6.1
$RX/AlCl_3$	$-CHR-C(-)(-)-X$	Alkylhalogenid	Anlagerung von Alkylhalogeniden	3.7.2.1
X_2	$-CHX-C(-)(-)-X$	vicinales Dihalogenid	Addition von Halogenen oder Interhalogenen	3.2.11.3
XOH	$-CHX-C(-)(-)-OH$	Halogenhydrin	Add. von Unterhalogenigen Säuren	3.2.11.4
RCO_3H	$-CH-C(-)-$ (über O verbrückt)	Epoxid (Oxiran)	Epoxidation, Prileschajew-Reaktion	3.2.18.3
RCO_3H/H^+ od. H_2O_2/HO^-	$-CH(-OH)-C(-)(-OH)-$ (HO-C-)	trans-Glycol	Hydroxylierung von Alkenen	3.2.18.3
MnO_4^- od. OsO_4	$-CH(-OH)-C(-)(-OH)-$	cis-Glycol		
1) B_2H_6 2) H_2O_2/HO^-	$-CH(OH)-CH(-)-$	Alkohol	Hydroborierung	3.5.4
H_2/Katalysator	$-CH_2-CH(-)-$	Alkan	katalytische Hydrierung	3.2.19.1

dung die *direkte* Bildung eines eben gebauten Carbeniumions, das sich anschließend rasch mit einem nucleophilen Reaktionspartner absättigt [vgl. **MC-Fragen Nr. 155, 167**].

```
 | |             langsam     + |      schnell        | |
-C=C-  +  H+   <=========>  -C-C-H  <=========>   X-C-C-H
                             | |       + X-          | |

Edukt                       Carbeniumion          Produkt
```

Beweisend für das Auftreten eines Carbeniumions ist:

- die in bestimmten Fällen beobachtete Bildung *cis- und trans-konfigurierter Addukte* nebeneinander. Die Addition von Protonsäuren an Alkene verläuft *nicht stereospezifisch.*
- die Bildung von *umgelagerten Produkten.*

Beispielsweise liefert die Anlagerung von HCl an **3,3-Dimethylbut-1-en** neben dem erwarteten **2-Chlor-3,3-dimethylbutan** hauptsächlich **2-Chlor-2,3-dimethylbutan**. Dessen Bildung kann durch eine *Wagner-Meerwein-Umlagerung* des zunächst gebildeten sekundären Carbeniumions in ein stabileres tertiäres Carbeniumion erklärt werden (siehe auch ▸Kap. 3.2.16.2).

```
     CH3                     CH3                         CH3
     |          + H+         |            ~ CH3-         |
 H3C-C-CH=CH2 --------> H3C-C-CH-CH3  ------------> H3C-C-CH-CH3
     |                       |  +                        + |
    H3C                     H3C                           CH3

3,3-Dimethyl-                ↓ + Cl-                      ↓ + Cl-
but-1-en
                             CH3                         CH3
                             |                           |
                        H3C-C-CH-CH3         +      H3C-C-CH-CH3
                             |  |                        |  |
                           H3C Cl                       Cl CH3

                        2-Chlor-3,3-dime-           2-Chlor-2,3-dime-
                        thylbutan                   thylbutan
```

Die frühere Annahme, dass dem Carbeniumion eine lockere Wechselwirkung des Protons mit den π-Elektronen der Doppelbindung unter Bildung eines *π-Komplexes* vorgelagert ist, kann nach jüngsten Befunden nicht länger aufrechterhalten werden. Allerdings deuten einige experimentelle Ergebnisse darauf hin, dass bei unverzweigten, sterisch wenig gehinderten Alkenen die Addition von Halogenwasserstoffen auch über einen „trimolekularen" Übergangszustand ablaufen kann, an dem ein Alkenmolekül sowie zwei HX-Moleküle beteiligt sind. Dieser „trimolekulare" Mechanismus führt bevorzugt zu *anti-Produkten.*

```
                                                                  H
 | |             schnell       | |                 langsam       | |
-C=C-  + H-X   <=========>   -C=C-  + H-X        <=========>   -C-C-  + H-X
                               ↓                                 | |
                              H-X                                X
```

Befindet sich hingegen wie in **Styren-Derivaten** die C=C-Doppelbindung in Konjugation zu einem Phenylrest, der das intermediäre Carbeniumion stabilisieren kann, so beobachtet man vorwiegend *syn-Additionsprodukte.*

$$\text{Ph-CH=CR}_2 + \text{HX} \rightarrow \text{Ph-}\underset{\textbf{X}}{\text{CH}}\text{-}\underset{\textbf{H}}{\text{CR}_2}$$

C≡C-Dreifachbindungen werden ebenfalls von Halogenwasserstoffsäuren angegriffen. Es bilden sich vorwiegend *trans-Produkte.* So entsteht bei der Anlagerung von HBr an **Acetylendicarbonsäure 2-Bromfumarsäure** als Hauptprodukt und die HCl-Addition an **Propiolsäure** führt zu **2-Chlorcrotonsäure**.

HOOC-C≡C-COOH + HBr → (HOOC)(H)C=C(Br)(COOH) + (HOOC)(H)C=C(COOH)(Br)

Acetylendicarbonsäure; 2-Bromfumarsäure (70%); 2-Brommaleinsäure (30%)

H_3C-C≡C-COOH + HCl → (H_3C)(H)C=C(Cl)(COOH) 2-Chlorcrotonsäure

Propiolsäure

Obwohl die Elektronendichte einer C≡C-Dreifachbindung größer ist als die einer C=C-Doppelbindung und darüber hinaus elektrophile Additionen an *Alkine* stärker exotherm verlaufen als an Alkene, sind Acetylen-Derivate in der Regel gegenüber Elektrophilen *reaktionsträger* als Alkene.

Diese Anomalie im Reaktionsverhalten hat ihre Ursache in der unterschiedlichen Stabilität der intermediär gebildeten Carbeniumionen. Bei der Anlagerung eines Protons an Alkine entsteht ein Vinyl-Kation, das im Allgemeinen wesentlich instabiler ist als ein Alkyl-Kation, sodass sich Vinyl-Kationen nur schwer bilden.

$$\text{R-C≡CH} + \text{H}^+ \rightarrow \text{R-}\overset{+}{\text{C}}\text{=CH}_2 \qquad \textbf{Vinyl-Kation}$$

$$\text{R-CH=CH}_2 + \text{H}^+ \rightarrow \text{R-}\overset{+}{\text{C}}\text{H-CH}_3 \qquad \textbf{Alkyl-Kation}$$

3.2.11.2 Regioselektivität der Addition [Markownikow-Regel]

Bei *unsymmetrischen Alkenen* kann die Addition im Prinzip in zwei Richtungen erfolgen [vgl. **MC-Frage Nr. 162**].

$$\text{R-CH=CH}_2 \xrightarrow{+\text{HX}} \text{R-}\underset{\text{X}}{\text{CH}}\text{-CH}_3 \quad \text{Markownikow-Produkt}$$

$$\text{R-CH=CH}_2 \xrightarrow{+\text{HX}} \text{R-CH}_2\text{-CH}_2\text{-X} \quad \text{anti-Markownikow-Produkt}$$

Zum Beispiel sind bei der HCl-Anlagerung an **Propen** die beiden folgenden *Additionsrichtungen* denkbar, wobei die Reaktion vor allem zu **2-Chlorpropan** [CH_3-CHCl-CH_3] führt [vgl. **MC-Fragen Nr. 146, 163, 164, 166, 167**].

$$CH_3-CH=CH_2 \xrightarrow{+H^+} \begin{cases} CH_3-\overset{+}{C}H-CH_3 \xrightarrow{+Cl^-} CH_3-CH(Cl)-CH_3 \\ \not\rightarrow CH_3-CH_2-CH_2^+ \not\xrightarrow{+Cl^-} CH_3-CH_2-CH_2-Cl \end{cases}$$

Propen

Diese *Regioselektivität* bei der Addition von Protonsäuren an Alkene kann wie folgt erklärt werden: Die einleitende Anlagerung eines Protons (H^+) an die C=C-Doppelbindung bestimmt die Orientierung der elektrophilen Addition. Dabei wird bevorzugt das *stabilere Carbeniumion* gebildet, während das Nucleophil (X^-) vom stärker substituierten C-Atom des Alkens gebunden wird. Aus diesem Grund entsteht bei der HBr-Anlagerung an **Isobuten** (2-Methylpropen) [$(CH_3)_2C=CH_2$] vor allem ***tert*-Butylbromid** [$(CH_3)_3C$-Br] als Additionsprodukt, weil ein *tertiäres* Carbeniumion [$(CH_3)_3C^+$] stabiler ist als ein *sekundäres* [CH_3-CH^+-CH_3] [vgl. **MC-Frage Nr. 147**].

$$(CH_3)_2C=CH_2 + HBr \rightarrow (CH_3)_3C\text{-}Br$$

Markownikow-Regel: Die *elektrophile Addition von Protonsäuren* an unsymmetrisch substituierte Alkene verläuft *regiospezifisch*, weil das H-Atom vom wasserstoffreichsten C-Atom der C=C-Doppelbindung gebunden wird. Die Markownikow-Regel gilt *nicht* für radikalische und nucleophile Additionen an Alkene.

Die Markownikow-Regel lässt sich sinngemäß auch auf Wasser (HO-H), Hypohalogenige Säuren (HO-Z) und Interhalogene (XY) anwenden. Jedoch treten hier in einigen Fällen Abweichungen auf [vgl. **MC-Frage Nr. 167**].

```
R
|
CH          X          OH        Cl            OH
||    +     |    =     |    ;    |        ;    |       (Z = Halogen)
CH2         H          H         I(Br)         Z
```

Können bei einem Substrat zwei Carbeniumionen vergleichbarer Stabilität gebildet werden, so erhält man bei der elektrophilen Addition an unsymmetrisch substituierten Alkenen stets Produktgemische. Wird die relative Stabilität des Carbeniumions aber nicht ausschließlich durch den +I-Effekt von Alkylgruppen bestimmt, so ist auch eine *anti-Markownikow-Orientierung* möglich.

Beispiele hierfür sind die Bildung von **β-Chlorpropionsäure** [$ClCH_2$-CH_2-COOH] bei der HCl-Anlagerung an **Acrylsäure** (Propensäure) [CH_2=CH-COOH] oder die Bildung von **3-Chlor-1,1,1-Trifluorpropan** [CF_3-CH_2-CH_2Cl] bei der HCl-Addition an **3,3,3-Trifluorpropen** [CF_3-CH=CH_2]. In beiden Fällen sind die zum *anti*-Markownikow-Produkt führenden Carbeniumionen als Folge des starken –I-Effektes der

COOH- bzw. der CF_3-Gruppe thermodynamisch stabiler und werden bevorzugt gebildet [vgl. **MC-Fragen Nr. 165, 166**].

$$H_2C{=}CH{-}COOH + H^+ \longrightarrow H_2\overset{+}{C}{-}CH_2{-}COOH \longrightarrow Cl{-}CH_2{-}CH_2{-}COOH$$

Acrylsäure — $\not\longrightarrow H_3C{-}\overset{+}{C}H{-}COOH$ — β-Chlorpropionsäure

$$H_2C{=}CH{-}CF_3 + H^+ \longrightarrow H_2\overset{+}{C}{-}CH_2{-}CF_3 \xrightarrow{+\,Cl^-} Cl{-}CH_2{-}CH_2{-}CF_3$$

$\not\longrightarrow H_3C{-}\overset{+}{C}H{-}CF_3$

Eine anti-Markownikow-Orientierung wird gleichfalls beobachtet bei der Anlagerung von Protonsäuren an **Acrolein** [$H_2C{=}CH{-}CH{=}O$] oder **Crotonsäure** [$H_3C{-}CH{=}CH{-}COOH$] [vgl. **MC-Frage Nr. 164**].

An *Vinylsystemen,* wie z. B. beim **Vinylchlorid**, verläuft die Addition von HCl gemäß der Markownikow-Regel unter Bildung von **1,1-Dichlorethan**, weil das Chloratom durch seinen +M-Effekt das intermediäre Carbeniumion stabilisieren kann. Der gleichzeitig wirksame –I-Effekt des Cl-Atoms äussert sich in der im Vergleich zu Ethen herabgesetzten Additionsgeschwindigkeit [vgl. **MC-Frage Nr. 166**].

$$H_2C{=}CH{-}Cl + H^+ \longrightarrow \left[H_3C{-}\overset{+}{C}H{-}\overline{Cl} \longleftrightarrow H_3C{-}CH{=}\overset{+}{Cl}\right] \xrightarrow{+\,Cl^-} H_3C{-}CHCl_2$$

Vinylchlorid — $\not\longrightarrow H_2\overset{+}{C}{-}CH_2{-}Cl$ — 1,1-Dichlorethan

3.2.11.3 Elektrophile Addition von Halogenen

Die Halogenaddition ist eine der wichtigsten Reaktionen von Alkenen. Sie läuft auch ohne Zusatz von Katalysatoren rasch ab und dient als einfache *Nachweisreaktion* von C=C-Doppelbindungen (Entfärben von Bromwasser) [vgl. **MC-Fragen Nr. 143, 150**].

Nur einige sterisch gehinderte Alkene wie z. B. **Tetraphenylethen** [$(C_6H_5)_2C{=}C(C_6H_5)_2$] und manche vinyloge Carbonylverbindungen [R-CH=CH-CH=O] reagieren langsam oder überhaupt nicht. Die Reaktion gehorcht im Allgemeinen einem **Zeitgesetz 2. Ordnung**:

$$\mathbf{RG = k \cdot [Alken] \cdot [Halogen]}$$

Fluor reagiert aufgrund der hohen Bindungsenergie der resultierenden C-F-Bindung am heftigsten. Dies führt oft zu einem Abbau des C-Gerüstes. Die Anlagerung von *Iod* ist aus sterischen Gründen erschwert (voluminöse Atome) und verläuft zudem reversibel, so dass vor allem die *Chlorierung* und *Bromierung von Alkenen* präparatives Interesse besitzen.

Über den exakten Reaktionsmechanismus der polaren Halogenaddition besteht noch keine völlige Klarheit. Man vermutet, dass die Reaktion *zweistufig* und wahrscheinlich über ein cyclisches **Halogenoniumion** als *Zwischenprodukt* abläuft [vgl. **MC-Frage Nr. 150**].

Organische Chemie

```
 |                      |                           |                       |
-C          schnell    -C          langsam         -C         schnell      X-C-
 ||  + X2  <=======>  -|-->  X-X  ---------->       |>X+    ----------->     |
-C                     -C         +X2/-X3-         -C        +X3-/-X2      -C-X
 |                      |                           |                       |
                    π-Komplex               Halogenoniumion
```

Für einen Zweistufenmechanismus sprechen folgende Befunde:

- Führt man die *Halogenaddition in Gegenwart nucleophiler Reagenzien* (Y^-) [NO_3^-, Cl^-, H_2O u. a.] durch, so findet man neben dem erwarteten vicinalen 1,2-Dihalogenid auch Reaktionsprodukte, die ein anderes Nucleophil enthalten.

```
                                                        Br
                                          +Br-      |   |
 |                      |               ---------> -C---C-
-C          -Br-       -C                           |   |
 ||  + Br2  ------->    |>Br+  --|                  Br
-C                     -C                               Br
 |                      |                           |   |
                                        ---------> -C---C-
                 Bromoniumion             + Y-      |   |
                                                    Y
```

Addiert man beispielsweise Halogene in *wässriger Lösung* an Alkene, so treten auch *Halogenhydrine* als Nebenprodukte auf [vgl. **MC-Frage Nr. 152**].

```
 | |              -Cl-         |          |        +H2O            | |
-C=C-  +  Cl2  ---------->   -C----------C-     --------->   HO-C-C-Cl
                                \      /          - H+           | |
                                  Cl+
                            Chloroniumion                 Chlorhydrin
```

- Das cyclische *Halogenoniumion* hat einen wesentlichen Einfluss auf die *Stereochemie der Halogenaddition*. Untersuchungen an *Cycloalkenen* oder *prochiralen Alkenen* zeigen, dass die Anlagerung von Halogenen *stereospezifisch* als ***Trans*-Addition** *(Anti-Addition)* abläuft.

Zum Beispiel liefert die **Bromierung** von **Cyclohexen *trans*-1,2-Dibromcyclohexan**, wobei von den beiden möglichen *trans*-Formen primär das diaxiale Produkt gebildet wird, das allerdings sofort in das stabilere diäquatoriale Konformer übergeht [vgl. **MC-Fragen Nr. 153, 154**].

(Br^+) → (Br^-) →

Br a H H a Br ≡ Br Br

Die Addition von Brom an **Maleinsäure** führt zu (racemischer) **D,L-2,3-Dibrombernsteinsäure** [vgl. **MC-Frage Nr. 168**].

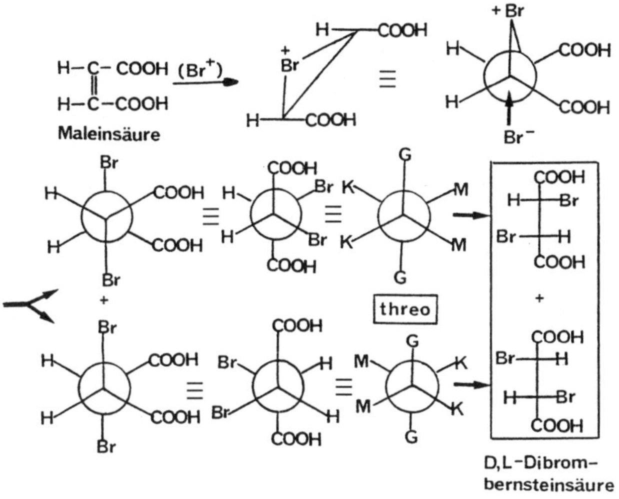

Fumarsäure und ihre Ester reagieren dagegen mit Brom zur optisch inaktiven ***meso*-2,3-Dibrombernsteinsäure** [vgl. **MC-Fragen Nr. 150, 169, 341**].

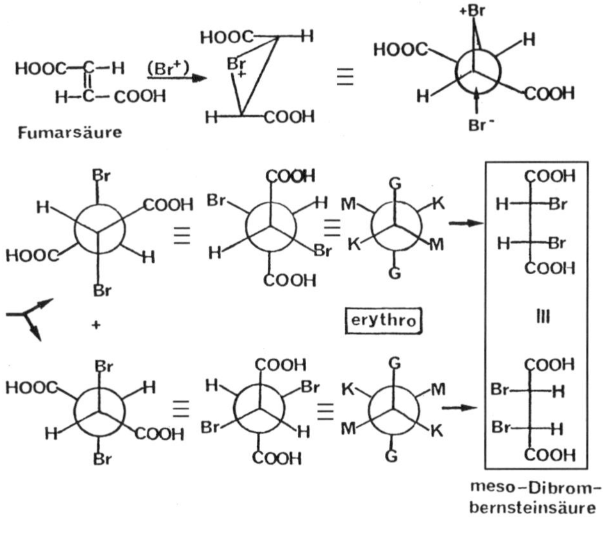

In analoger Weise erhält man bei der Addition von Brom an **(*Z*)-But-2-en** ausschließlich *racemisches* **(+)/(−)-2,3-Dibrombutan**, während **(*E*)-Buten-2-en** zu ***meso*-2,3-Dibrombutan** reagiert bzw. bei der Chloraddition ***meso*-2,3-Dichlorbutan** ergibt [vgl. **MC-Fragen Nr. 170, 1770**].

Die stereospezifische *Anti-Addition* beweist ebenfalls den Zweistufenmechanismus und spricht für das Auftreten eines cyclischen Halogenoniumions, weil dieses im nachfolgenden Schritt vom nucleophilen Halogenidion *nur* von der *Rückseite* her angegriffen werden kann, wobei zwangsläufig das *trans*-Produkt gebildet wird.

Anzumerken ist, dass die Anlagerung von *Chlor* an Alkene *weniger selektiv* verläuft als die Bromaddition. Mit einer solchen Verringerung der *Trans*-Stereoselektivität ist immer dann zu rechnen, wenn Strukturelemente des Moleküls ein Carbeniumion stabilisieren können.

Die elektrophile Addition von Chlor und Brom an Alkene verläuft *stereoselektiv* und *stereospezifisch*. Sie ist völlig stereoselektiv, weil aus einem gegebenen Alken nur ein Diastereomer (bzw. ein Enantiomerenpaar) gebildet wird. Sie ist stereospezifisch, weil die Stereochemie des Additionsproduktes von der Geometrie des Eduktes abhängt. Die Halogenaddition an Alkene verläuft als *Anti*-Addition.

Abschließend ist noch darauf hinzuweisen, dass sich bestimmte Additionsreaktionen an Alkene wie z. B. die *Bis-Hydroxylierung* mit $KMnO_4$ oder OsO_4 (►Kap. 3.2.18.3), die *katalytische Hydrierung* (►Kap. 3.2.19.1) sowie die *Epoxidierung* (►Kap. 3.2.18.3) durch eine hohe *Cis-Selektivität* auszeichnen. Auch die *Hydroborierung* von Alkenen erfolgt stereospezifisch als *Syn-Addition* (siehe ►Kap. 3.5.4).

3.2.11.4 Addition von Unterhalogenigen Säuren an Alkene

Der Mechanismus dieser Reaktion ist noch nicht in allen Einzelheiten geklärt. Aufgrund der Analogie zur *Trans-Selektivität* der Bromaddition deutet manches auf die Beteiligung von *Halogenoniumionen* hin. Allerdings häufen sich die Befunde, dass in manchen Fällen auch halogenierte, „klassische" Carbeniumionen auftreten.

Bei der Anlagerung von Unterhalogenigen Säuren an unsymmetrische Alkene greift das Halogen an dem Kohlenstoffatom der C=C-Doppelbindung an, das die größere Anzahl von Wasserstoffatomen besitzt. So reagiert **2-Methylpropen** (Isobuten) mit Hypobromiger Säure (HOBr) zu **1-Brom-2-methylpropan-2-ol**. Das gleiche Produkt wird auch erhalten, wenn 2-Methylpropen mit Brom in Gegenwart von Wasser reagiert [vgl. **MC-Frage Nr. 152**].

```
   CH3                       CH3
   |                         |
H3C-C=CH2  +  HO-Br   →   H3C-C-CH2Br
                             |
                             OH

Isobuten                  1-Brom-2-methylpropan-2-ol
(2-Methylpropen)
```

In Abwesenheit von Wasser läuft dagegen eine normale Halogenaddition an die C=C-Doppelbindung ab; so liefert die Chloraddition an 2-Methylpropen unter polaren Bedingungen **1,2-Dichlor-2-methylpropan** [CH_3-$CCl(CH_3)$-CH_2Cl] als Reaktionsprodukt [vgl. **MC-Frage Nr. 151**].

3.2.11.5 Elektrophile Addition an konjugierte Diene

A_E-Reaktionen an Diene laufen unter den gleichen Bedingungen und nach dem gleichen Mechanismus ab wie an Alkene. *1,3-Diene* sind jedoch infolge der Resonanzstabilisierung ihres konjugierten π-Elektronensystems weniger reaktionsfähig als Alkene (siehe auch ▸Kap. 3.1.9.2). Zudem erhält man bei der elektrophilen Addition an Diene häufig Gemische zweier unterschiedlicher Produkte, dem sog. *1,2-* und *1,4-Addukt*. Ist das Dien unsymmetrisch gebaut, so können darüber hinaus zwei verschiedene 1,2-Additionsprodukte gebildet werden.

```
                           | | | |
                    ┌────→ H-C-C-C=C-       1,2-Addukt
 | | | |            │        | |
-C=C-C=C- + HBr ────┤        Br
                    │
                    │      | | | |
                    └────→ H-C-C=C-C-Br     1,4-Addukt
                             |     |
```

Der Primärschritt der Reaktion führt auch hier zur Bildung eines Carbeniumions. Dabei erfolgt der Angriff des Elektrophils immer an einem endständigen C-Atom des konjugierten Systems, weil sich dadurch ein mesomeriestabilisiertes **Allyl-Kation** bilden kann. Die A_E -Reaktion an Diene folgt somit der *Markownikow-Regel.* Das Allyl-Kation reagiert anschließend mit Nucleophilen zu einem Produktgemisch, das typisch für *Allyl-Systeme* ist [vgl. **MC-Fragen Nr. 158, 159**].

```
 | | | |            ┌ | | | |        | | | | ┐
-C=C-C=C-  + H⁺ →   │H-C-C-C=C-  ↔  H-C-C=C-C⁺│
 1 2 3 4            │  | +            |     | │
                    └                         ┘
                         ↓              ↓
                    1,2-Addukt     1,4-Addukt
```

Das *Mengenverhältnis,* in dem beide Produkte entstehen, hängt von den gewählten Reaktionsbedingungen ab. Bei niedrigen Temperaturen in unpolaren Lösungsmitteln überwiegt das 1,2-Addukt. Bei höheren Temperaturen in polaren Medien sowie bei längeren Reaktionszeiten dominiert die 1,4-Verbindung [vgl. **MC-Fragen Nr. 157, 159**].

Zum Beispiel bildet sich bei der Anlagerung von Chlor an **Buta-1,3-dien** in einem polaren Lösungsmittel vor allem ***trans*-1,4-Dichlorbut-2-en** und nur geringe Mengen an vicinalem Dihalogenid. In analoger Weise verläuft auch die Addition von Brom an Buta-1,3-dien. Anzumerken ist, dass das 1,2-Addukt der Halogenaddition an Buta-1,3-dien ein asymmetrisch substituiertes C-Atom besitzt [siehe auch ▸Kap. 3.3.7.1 und **MC-Fragen Nr. 143, 157, 158**].

```
                                   ClCH2       H
                                        \     /
CH2=CH-CH=CH2  +  Cl2    →               C=C
                                        /     \
                                       H       CH2Cl
                                   1,4-Dichlorbut-2-en
```

Wie das Reaktionsdiagramm in ∘Abb. 3.54 ausweist, ist die *Aktivierungsenergie* für die 1,2-Addition geringer als für den 1,4-Prozess, so dass sich das 1,2-Addukt schneller bildet. Die *1,2-Addition* an Diene ist *kinetisch kontrolliert.* Demgegenüber ist die 1,4-Verbindung aufgrund der höher substituierten C=C-Doppelbindung thermodynamisch stabiler. Der *1,4-Prozess* verläuft *thermodynamisch gesteuert* [siehe auch Ehlers, **Chemie I**, ▸Kap. 1.13.4.3 und **MC-Fragen Nr. 157–159**].

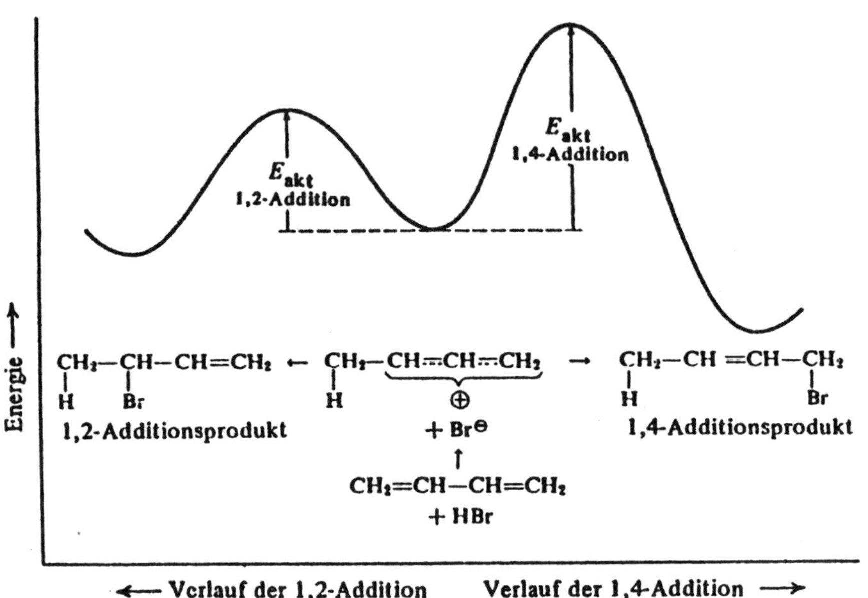

Abb. 3.54 Energiediagramm der elektrophilen Addition an konjugierte Diene

Bei der elektrophilen Bromaddition an ein unsymmetrisch substituiertes Dien wie **1-Ethenylcyclohexen** (1-Vinylcyclohexen) entsteht durch **1,2-Addition** 1,2-Dibrom-1-ethenylcyclohexan (**1**) und 1,2-Dibrom-(cyclohex-1-enyl)-ethan (**4**). Bei der **1,4-Addition** muss man noch die *cisoide* und *transoide* Konformation des Eduktes berücksichtigen, sodass auch das *cis*- (**3**) und das *trans*-konfigurierte (**2**) Dibromaddukt als Reaktionsprodukte gebildet werden [vgl. **MC-Frage Nr. 161**].

(1) (2) (3) (4)

Bei kinetisch kontrollierten Additionen wird die Produktzusammensetzung durch die relativen Geschwindigkeiten der Anlagerung des nucleophilen Teilchens an die beiden positivierten Reaktionszentren des Diens bestimmt. Bei thermodynamischer Reaktionskontrolle hängt das Mengenverhältnis der Addukte von der Gleichgewichtslage der beiden Isomere ab.

Die *Anlagerung von Protonsäuren* (HX = HCl, HBr) an Diene wie Buta-1,3-dien folgt der *Markownikow-Regel* und startet mit der Addition eines Protons an ein endständiges C-Atom des konjugierten Systems, da dieser Reaktionsschritt zur Bildung des stabileren Carbeniumions führt [vgl. **MC-Fragen Nr. 159, 160, 164**].

$$H_3C{=}CH{-}CH{=}CH_2 + HX \rightarrow H_2C{=}CH{-}CHX{-}CH_3 + CH_3{-}CH{=}CX{-}CH_3$$

Auch bei der *katalytischen Hydrierung* (siehe ▸Kap. 3.2.19.1) von Dienen konkurrieren 1,2- und 1,4-Addition miteinander, während die *Epoxidation* (siehe ▸Kap. 3.2.18.3) ausschließlich zum 1,2-Epoxid (Oxiran) führt.

3.2.12 Nucleophile Addition an C,C-Mehrfachbindungen

Prinzipiell ist auch ein nucleophiler Angriff an eine C,C-Mehrfachbindung denkbar, wobei anstelle eines Carbeniumions ein *Carbanion* als Intermediat gebildet wird.

```
 | |                 | |      + Y+        | |
-C=C-  + X|-   →   -C-C-X   ————————→   Y-C-C-X
                    ⊖  |                  | |
                  Carbanion
```

Bei reinen *Alkenen* ist die nucleophile Addition nicht möglich, weil die hohe negative Ladungsdichte der C=C-Doppelbindung die Anlagerung eines Nucleophils erschwert. Befinden sich jedoch elektronenanziehende *–I-* oder *–M-Substituenten* an der Doppelbindung, so ist deren π-Elektronendichte vermindert und der Angriff des nucleophilen Reaktanden erleichtert. Darüber hinaus können solche Substituenten auch das entstehende *Carbanion* durch Ladungsdelokalisierung stabilisieren. Die Wirksamkeit dieser Substituenten nimmt in der Reihe **CHO > COR > COOR > CN > NO_2** deutlich ab. Die leichter durchzuführenden nucleophilen Additionsreaktionen an *Alkine* werden im ▸Kap. 3.5.7.2 vorgestellt.

3.2.12.1 Nucleophile Addition an vinyloge Carbonylverbindungen

Bei *α,β-ungesättigten Carbonylverbindungen* [C=C-C=O] ist neben der nucleophilen 1,2-Addition an die C=O-Doppelbindung, die im ▸Kap. 3.2.15.6 beschrieben wird, auch eine 1,4-Addition an das gesamte *konjugierte System* möglich. Hierbei bildet sich zunächst ein *Enol,* das rasch zu einer Carbonylverbindung tautomerisieren kann, so dass der *1,4-Prozess* letztlich auf eine *1,2-Addition an die C=C-Doppelbindung* hinausläuft.

```
      δ+δ-             δ+    δ-
 4 3  2 1              4 3  2 1
-C=C-C=O      ;       -C=C-C=O      ≡      -C=C-C=O
 | | |                 | | |                 | | |
      ↑ ↑              ↑     ↑               ↑ ↑
 1,2-Addition         1,4-Addition
```

Welche der beiden Additionsrichtungen überwiegt, hängt vor allem vom *Substrat* ab. Beispielsweise verläuft die Anlagerung von Cyanwasserstoff an Aldehyde rascher als an Ketone. Beim **Crotonaldehyd** findet deshalb bevorzugt die kinetisch kontrollierte 1,2-Addition zum *Cyanhydrin* statt, während **But-3-en-2-on (Methylvinylketon)** mit

HCN unter 1,4-Addition reagiert. Das enolische Primärprodukt tautomerisiert anschließend zum **4-Cyanobutan-2-on**.

```
H3C-CH=CH-CH=O + HCN  →  H3C-CH=CH-CH-CN
                                   |
Crotonaldehyd                      OH

   CH3                   CH3               CH3
   |      + HCN          |                 |
H2C=CH-C=O ——→ NC-CH2-CH=C-OH ⇌ NC-CH2-CH2-C=O
Methylvinylketon                  4-Cyanobutan-2-on
```

Auch die *Reversibilität* der Reaktion spielt eine Rolle. Bei reversiblem Verlauf unterliegt die Reaktion der thermodynamischen Kontrolle und die Bildung des stabileren 1,4-Produktes ist bevorzugt. Darüber hinaus beeinflussen *sterische Faktoren* die Orientierung der Addition.

```
          Y                    Y
          |                    |
X\        |           X\       |
  C=CH-C=O              C=CH-C=O
X/      ↑             X/ ↑
```

Man kann erwarten, dass kleine Substituenten Y und sperrige Gruppen X die 1,2-Addition begünstigen, hingegen Verbindungen mit kleinen Substituenten X und einem voluminösen Rest Y vor allem das 1,4-Addukt ergeben.

Enthält das konjugierte System mehrere C=C-Doppelbindung, so greift das nucleophile Reagenz immer am endständigen C-Atom des konjugierten Bindungssystems an [vgl. **MC-Frage Nr. 1038**].

Ar-CH_2-SH + H_2C=CR-CH=CH-CO-R´ → **Ar-CH_2-S**-CH_2-C**H**R-CH=CH-CO-R´

3.2.12.2 Ablauf von A_N-Reaktionen an vinyloge Carbonylverbindungen

Die Addition erfolgt in der Weise, dass das Nucleophil am endständigen C-Atom des konjugierten Systems angreift. Daraus resultiert für die Addition an die C=C-Doppelbindung eine *anti-Markownikow-Orientierung.*

```
 |  |  |              |  |  |
-CH=C-C=O  +  HX → X-CH-CH-C=O
```

Die folgenden Beispiele sollen dies belegen [vgl. **MC-Fragen Nr. 165, 166, 673**]:

```
H2C=CH-CH=O + HCl →  ClCH2-CH2-CH=O
Acrolein            β-Chlorpropionaldehyd

H2C=CH-COOH + HCl →  ClCH2-CH2-COOH
Acrylsäure          β-Chlorpropionsäure
                        (H2SO4)
H3C-CH=CH-COOH + H2O ————→ H3C-CH(OH)-CH2-COOH
Crotonsäure                β-Hydroxybuttersäure
```

> Die Anwesenheit der Carbonylgruppe in α,β-ungesättigten Carbonylverbindungen beeinträchtigt die Reaktivität der C=C-Doppelbindung und beeinflusst die nucleophile Addition. Die Addition erfolgt regioselektiv *entgegen* der Markownikow-Regel, d. h., das Nucleophil greift am β-C-Atom der vinylogen Carbonylverbindung an.

Wichtige Vertreter vinyloger Carbonylverbindungen sind: **Acrolein** (Prop-2-enal) [H_2C=CH-CHO] – **Crotonaldehyd** (But-2-enal) [H_3C-CH=CH-CHO] – **Zimtaldehyd** (3-Phenyl-prop-2-enal) [C_6H_5-CH=CH-CHO] – **Methylvinylketon** (But-3-en-2-on) [H_2C=CH-CO-CH_3] – **Acrylsäureester** [H_2C=CH-COOR] – **Methacrylsäureester** [H_2C=C(CH_3)-COOR] und **Acrylnitril** [H_2C=CH-CN]. Sie lassen sich in folgende Reihe *abnehmender Reaktivität* einordnen:

> α,β-ungesättigte Aldehyde > α,β-ungesättigte Ketone > α,β-ungesättigte Nitrile > α,β-ungesättigte Carbonsäureester > α,β-ungesättigte Carbonsäureamide

Die in Gegenwart basischer Katalysatoren meist stark exotherm und oft reversibel verlaufenden *Additionen an Acrylnitril* bezeichnet man als *Cyanethylierungen.* Ihre präparative Bedeutung liegt in der Einführung eines Restes aus drei C-Atomen, dessen endständige Cyanogruppe weiter funktionalisiert werden kann (siehe auch ►Kap. 3.13.8.2).

$$\mathrm{HX + H_2C{=}CH{-}C{\equiv}N \rightarrow X{-}CH_2{-}CH_2{-}C{\equiv}N}$$

Acrylnitril

Als additionsfähige Reagenzien können Verbindungen mit freiem Elektronenpaar [NH_3, primäre und sekundäre Amine, H_2O, Alkohole, Phenole, H_2S, Mercaptane, Thiophenole, Halogenwasserstoffe] und CH-acide Verbindungen [HCN, Aldehyde, Ketone, β-Dicarbonylverbindungen] eingesetzt werden.

Die Reaktion wird durch saure oder basische Katalysatoren beschleunigt. Starke Nucleophile reagieren auch ohne Katalysator. Die *Basenkatalyse* durch Alkalihydroxide, Alkalialkoholate, tertiäre Amine dient der *Aktivierung des Nucleophils.*

```
                  HX + HO⁻ → H₂O + X⁻

 | | |                 | | |      + H₂O       | | |              | |   |
-C=C-C=O + X⁻ → X-C-C=C-O⁻  ──────────→  X-C-C=C-OH  ⇌  X-C-CH-C=O
                    |             - HO⁻        |                 |
```

Demgegenüber wird bei der *Säurekatalyse* [H_2SO_4, HOAc, BF_3] durch die Protonierung des Sauerstoffs die elektronenanziehende Wirkung der Carbonylgruppe verstärkt.

```
 | | |                ┌ | | | +               | | |   ┐   + HX
-C=C-C=O + H⁺ →  │-C=C-C=O-H  ↔  -C-C=C-OH│ ──────→
                        └                         +       ┘

   +  | | |        - H⁺      | | |              | |   |
H-X-C-C=C-OH  ──────→  X-C-C=C-OH  ⇌  X-C-CH-C=O
      |                       |                    |
```

Tab.3.18 Nucleophile Additionen an vinyloge Carbonylverbindungen [Substrat: -C=C-C=O]

Reagenz	Produkt	Reaktion
R_2NH	R_2N-C-CH-C=O	Addition von Ammoniak, prim. und sek. Aminen
ROH	RO-C-CH-C=O	Addition von H_2O, Alkoholen, Phenolen
RSH	RS-C-CH-C=O	Addition von H_2S, Mercaptanen, Thiophenolen
HHal	Hal-C-CH-C=O	Addition von Halogenwasserstoffen
R_3C-H (CH-acid)	R_3C-C-CH-C=O	Michael-Addition (Kap. 3.2.13.3)
R-Mg-Hal	R-C-CH-C=O	Grignard-Reaktion (Kap. 3.8.3.1)
HCN	N≡C-C-CH-C=O	Addition von Cyanwasserstoff

(R=H, Alkyl, Aryl)

In Tab. 3.18 sind die wichtigsten nucleophilen Additionsreaktionen an vinyloge Carbonylverbindungen zusammengefasst.

CH-acide Verbindungen müssen in einer vorgelagerten Deprotonierung in anlagerungsfähige *Carbanionen* übergeführt werden. Ihre Reaktionen sind daher häufig basenkatalysiert.

Amine können unter milden Bedingungen leicht an vinyloge Carbonylverbindungen addiert werden. Zum Beispiel kann man auf diese Weise aus *Ammoniak* und einem **Acrylsäureester** mit anschließender Verseifung des intermediären Adduktes bequem **β-Alanin** herstellen.

$$NH_3 + \underset{\textbf{Acrylsäureester}}{H_2C{=}CH\text{-}COOR} \rightarrow H_2N\text{-}CH_2\text{-}CH_2\text{-}COOR \rightarrow \underset{\textbf{β-Alanin}}{H_2N\text{-}CH_2\text{-}CH_2\text{-}COOH}$$

Bei primären aliphatischen Aminen werden je nach Temperatur und Mengenverhältnis der Reaktanden Mono- und Bis-Addukte gebildet, wie die nachfolgende Umsetzung von Acrylnitril [H_2C=CH-CN] mit einem *primären* Amin [RNH_2] belegt.

$$R\text{-}NH_2 + H_2C{=}CH\text{-}CN \rightarrow RNH\text{-}CH_2CH_2\text{-}CN \xrightarrow{+\ H_2C{=}CH\text{-}CN} RN(CH_2CH_2CN)_2$$

Die Anlagerung von *Wasser* oder *Alkoholen* wird entweder säure- oder basenkatalysiert durchgeführt. Die Addition von *Schwefelwasserstoff* bzw. *Mercaptanen* verläuft rascher als die von Wasser oder Alkoholen, weil Schwefelverbindungen stärkere Nucleophile darstellen. Die Anlagerung von *Halogenwasserstoffen* ermöglicht eine einfache Synthese *β-halogenierter Carbonylverbindungen.*

```
                                    β  α
HHal  +  -C=C-C=O   →   Hal-C-CH-C=O
          |  |  |            |  |  |
```

3.2.12.3 Michael-Addition

Unter *Michael-Addition* versteht man die reversible *Anlagerung einer CH-aciden Verbindung an eine vinyloge Carbonylverbindung* in Gegenwart basischer Katalysatoren (Alkalihydroxide, Alkalialkoholate, sekundäre und tertiäre Amine) [vgl. **MC-Fragen Nr. 173, 1086**].

```
                  | |            | |
Z'-CH2-Z''  +  -C=C-Z → Z''-CH-C-C-Z   [Z,Z',Z'' = elektronenanzie-
                             | | |       hende Gruppe]
CH-acide       vinyloge     Z'  H
Komponente     Carbonylverbindung
```

Als Beispiel für die Michael-Addition sei die Umsetzung von **Cyanessigsäureethylester** als CH-acider Komponente und **Acrylnitril** als vinyloger Carbonylverbindung angeführt [vgl. **MC-Frage Nr. 171**].

```
NC-CH2-COOEt + H2C=CH-CN → NC-CH-CH2-CH2-CN
Cyanessigester Acrylnitril     |
                              COOEt
```

Die Reaktion ist eine allgemein anwendbare Methode zur *Knüpfung von C-C-Einfachbindungen.* Beide Komponenten sind im hohen Maße variierbar.

Als *CH-acide Komponente (Methylenkomponente)* werden vor allem Verbindungen der allgemeinen Formel [Z'-CH_2-Z''] mit Z', Z'' = -COOR, -$CONH_2$, -COR, -CHO, -CN, -NO_2 und -SO_2R (Elektronenakzeptorgruppen) eingesetzt. Wichtige Substrate sind **Malonsäureester** [$H_2C(COOR)_2$], **Acetessigester** [H_3C-CO-CH_2-COOR], **Cyanessigester** [NC-CH_2-COOR] und aliphatische Nitroverbindungen wie z.B. **Nitromethan** [H_3C-NO_2].

Wichtige ungesättigte Verbindungen der allgemeinen Formel [C=C-Z] mit Z = -COOR, -COR, -CN, -$CONH_2$, -NO_2 oder -SO_2R sind *α,β-ungesättigte Aldehyde, Ketone, Ester* und *Nitrile.* Auch Acetylen-Derivate und Chinone sind einsetzbar. Die Reaktivität der Alken-Komponente steigt mit der *Polarisierbarkeit* der C=C-Doppelbindung [vgl. **MC-Frage Nr. 173**].

Der *Reaktionsmechanismus* kann als eine basenkatalysierte *nucleophile Addition* an eine *vinyloge Carbonylverbindung* formuliert werden, wobei im ersten Schritt aus der CH-aciden Verbindung unter der Einwirkung der Katalysatorbase ein *Carbanion* als Nucleophil gebildet wird. Dieses lagert sich anschließend im geschwindigkeitsbestimmenden Teilschritt an die C=C-Doppelbindung des vinylogen Systems an (*anti-Markownikow-Orientierung*).

Besitzt die CH-acide Verbindung mehrere reaktionsfähige Wasserstoffatome, so können außer dem Monoaddukt auch höhere Addukte gebildet werden. Ein Beispiel hierfür ist die *Cyanethylierung* von **Cyclohexanon** mit überschüssigem **Acrylnitril**.

Cyclohexanon + 4 CH_2=CH-CN ⟶ (NC-CH_2-CH_2)$_2$/(CH$_2$-CH$_2$-CN)$_2$-Cyclohexanon

Cyclohexanon

> Die nucleophile Addition eines Carbanions an eine α,β-ungesättigte Carbonylverbindung wird Michael-Addition genannt. Die Reaktion verläuft dann besonders glatt, wenn die CH-acide-Komponente relativ sauer ist. Die treibende Kraft der **Michael-Addition** ist die Knüpfung einer C-C-Einfachbindung auf Kosten der π-Bindung des ungesättigten Systems.

Ähnlich wie bei anderen Reaktionen von Carbonylverbindungen sind die entstehenden Michael-Addukte zu weiteren Umwandlungen befähigt. Zum Beispiel kann sich an die Michael-Addition von **Methylvinylketon** (**But-3-en-2-on**) an **2-Methylcyclohexanon** zum 1,5-Diketon in Gegenwart einer starken Base eine *intramolekulare Aldolreaktion* zu einem Cyclohexen-Derivat anschließen *(Robinson-Anellierung)* [vgl. **MC-Frage Nr. 172**].

$$\text{2-Methylcyclohexanon} + CH_2{=}CHCCH_3 \xrightarrow[\text{EtOH}]{\text{KOH}} [\ldots] \xrightarrow{\text{KOH}} [\ldots] \longrightarrow \ldots$$

2-Methylcyclohexanon

3.2.13 Radikalische Addition an C,C-Mehrfachbindungen

Die Addition von Radikalen an C=C-Doppelbindungen zählt zu den wichtigsten radikalisch verlaufenden Reaktionen. Von großer Bedeutung sind die:

- *radikalische Polymerisation* (siehe ▸Kap. 3.18.2.1),
- *radikalische Halogenaddition,*
- *radikalische Addition von Halogenwasserstoffen*

an *Alkene*. Darüber hinaus können Radikale auch an *C≡C-Dreifachbindungen* und an *Diene* angelagert werden. Aufgrund des intermediär gebildeten, mesomeriestabilisierten *Allyl-Radikals* sind Diene in A_R-Reaktionen wesentlich reaktiver als einfache Alkene.

Addition von Bromwasserstoff: Die Addition von HBr an Alkene erfolgt bei völligem Ausschluss von Initiatoren wie Sauerstoff und Peroxiden stets nach einem ionischen Mechanismus und liefert das *Markownikow-Produkt*.

```
                              ┌──→ CH3-CH-CH3          [AE]
H2C=CH-CH3  +  HBr  ──────────┤        |
Propen                        │        Br
                              └──→ Br-CH2-CH2-CH3      [AR]
```

Bei Verwendung unreiner Edukte oder unreiner Lösungsmittel sowie in Gegenwart von *Sauerstoff*, *Peroxiden* („**Peroxid-Effekt**") bzw. anderen *Radikalstartern* erhält man bei der HBr-Addition an Alkene *anti-Markownikow-Produkte*, weil jetzt die Reaktion über *freie Radikale* in Form einer **Kettenreaktion** abläuft (X = Radikalbildner, Sauerstoff) [vgl. **MC-Fragen Nr. 142, 146**].

```
X·  +  HBr  →  H-X  +  Br·                                (Kettenstart)

  | |                 |  .      + HBr           | |
H-C=C-  +  Br·  →  H-C-C-  ─────────────→  H-C-C-H        (Kettenfort-
  | |                 | |       - Br·           | |        pflanzung)
                      Br                        Br
```

Die anti-Markownikow-Orientierung bei A_R-Reaktionen ist damit zu erklären, dass die *Stabilität von Alkylradikalen* in der Reihe tertiär > sekundär > primär abnimmt (verminderte Delokalisierung des ungepaarten Elektrons durch den +I-Effekt von Alkylresten). Die Umkehrung der Orientierung ist also eine Folge der Tatsache, dass bei der radikalischen Addition von HBr im ersten Reaktionsschritt kein Proton sondern ein Bromradikal angelagert wird. Unabhängig vom Mechanismus bildet sich daher bei der Addition von Bromwasserstoff an Alkene stets das stabilere Zwischenprodukt.

Beispielsweise erhält man bei der radikalischen HBr-Addition an **Allylbromid** (3-Brompropen) in Gegenwart von Diacetylperoxid **1,3-Dibrompropan** als Reaktionsprodukt, während bei ionischem Verlauf entsprechend der Markownikow-Regel **1,2-Dibrompropan** gebildet wird. Häufig treten jedoch bei der HBr-Anlagerung an Allylverbindungen Produktgemische auf [vgl. **MC-Frage Nr. 141**].

```
H2C=CH-CH2Br + HBr → BrCH2-CH-CH2Br stabiler CH2-CHBr-CH2Br
Allylbromid                 ·           als    ·
                            |                       |
                            ↓                       ↓
                    BrCH2-CH2-CH2Br          CH3-CHBr-CH2Br
                    1,3-Dibrompropan         1,2-Dibrompropan
```

▫ Tab. 3.19 Reaktionsenthalpien der radikalischen Addition von Halogenwasserstoffen an Alkene (in kJ mol^{-1})

H-X	ΔH^1	ΔH^2	H-X	ΔH^1	ΔH^2
H-F	-188	+155	H-Br	-21	-46
H-Cl	-109	+21	H-I	+29	-113

Bromwasserstoff ist allerdings die *einzige* Halogenwasserstoffsäure, die glatt nach einem Radikalmechanismus mit Alkenen reagieren kann, weil, wie die Enthalpiewerte in ▫Tab. 3.19 belegen, *beide* kettenfortpflanzenden Schritte *exotherm* sind.

$$X\cdot + CH_2{=}CH_2 \rightarrow X{-}CH_2{-}CH_2\cdot \qquad [\Delta H^1]$$

$$X{-}CH_2{-}CH_2\cdot + H{-}X \rightarrow X{-}CH_2{-}CH_3 + X\cdot \qquad [\Delta H^2]$$

Im Allgemeinen laufen radikalische Additionen nur dann rasch ab, wenn *beide* Kettenfortpflanzungsschritte *exotherm* sind [ΔH^1 und ΔH^2 = negativ]. Ist einer dieser Schritte endotherm [ΔH = positiv], so wird eine langsame reversible Reaktion begünstigt, und die Kette bricht ab.

In bestimmten Fällen ist aber eine radikalische Anlagerung von *Chlorwasserstoff* an Alkene möglich. Da jedoch der zweite Teilschritt der HCl-Addition endotherm verläuft, tritt hier die *Polymerisation* mit der einfachen Addition in Konkurrenz. HF und HI können an einfache Alkene unter radikalischen Bedingungen *nicht* addiert werden.

Addition von Halogenen: Die radikalische Addition von Chlor oder Brom wird vor allem in der Gasphase, in unpolaren Lösungsmitteln, in Gegenwart von UV- oder Sonnenlicht sowie bei Zusatz von Radikalstartern beobachtet.

$$X_2 \xrightarrow{(h\nu)} 2\ X\cdot$$

$$R{-}CH{=}CH_2 + X\cdot \rightarrow R{-}\dot{C}H{-}CH_2X \xrightarrow[-\ X\cdot]{+\ X_2} R{-}CHX{-}CH_2X$$

Das intermediär gebildete Alkylradikal reagiert so rasch mit einem weiteren Halogenmolekül, dass es nicht zu einer Polymerisation kommt. Im Gegensatz zur irreversiblen Chloraddition ist die radikalische Bromanlagerung an Alkene umkehrbar.

3.2.14 Pericyclische Reaktionen

Pericyclisch nennt man Reaktionen, bei denen Kovalenzbindungen *konzertiert (synchron)* gebildet bzw. gelöst werden und bei denen ein *cyclischer Übergangszustand* durchlaufen wird. Die Reaktionen zeichnen sich durch folgende gemeinsame Charakteristika aus [vgl. **MC-Fragen Nr. 175, 182**]:

- Es treten weder ionische noch radikalische Zwischenstufen auf.
- Sie werden durch Katalysatoren oder Lösungsmittel *nicht* beeinflusst und benötigen keine „Startersubstanzen".

- Sie werden ausschließlich durch Wärme *(thermisch)* oder Licht *(photochemisch)* in Gang gesetzt.
- Sie verlaufen *stereospezifisch*, wobei die Stereochemie durch die *Symmetrie der an der Reaktion beteiligten Atomorbitale* bestimmt wird. Der Reaktionsausgang und die Stereochemie der Produkte können somit vorhergesagt werden.

Als wichtige Beispiele pericyclischer Reaktionen sind zu nennen:

- *elektrocyclische Reaktionen,*
- *cheletrope Reaktionen,*
- *sigmatrope Verschiebungen,*
- *Cycloadditionen* und *Cycloreversionen.*

Einige weitere Reaktionen, die gleichfalls über einen cyclischen Übergangszustand verlaufen, wie z. B. **E_i-Prozesse**, wurden bereits in voranstehenden Abschnitten vorgestellt (siehe ▸Kap. 3.2.10.7).

3.2.14.1 Ablauf pericyclischer Reaktionen

Eine *bindende Wechselwirkung* zweier Orbitale, die zu einer Kovalenzbindung führt, kommt dadurch zustande, dass sich Atomorbitale *gleichen Vorzeichens* durchdringen (siehe ▸Kap. 3.1.1.2). Dies bedeutet aber auch, dass der Ablauf einer Reaktion aus den Vorzeichen der daran beteiligten Orbitale, d. h. aus ihrer Symmetrie abgeleitet werden kann.

Die hierfür postulierten **Woodward-Hoffmann-Regeln** ermöglichen eine Einteilung konzertierter Reaktionen in [vgl. **MC-Frage Nr. 174**]:
- *symmetrieerlaubte* (Erhaltung der Orbitalsymmetrie) und
- *symmetrieverbotene Reaktionen* (Nichterhaltung der Orbitalsymmetrie).

Die Regeln gestatten auch Aussagen darüber, ob die betreffende Reaktion *thermisch* (Δ) oder *photochemisch* (hν) initiiert werden muss und wie sie stereochemisch abläuft.

Um abzuklären, ob bei einer Reaktion die **Orbitalsymmetrie** erhalten bleibt oder nicht, müssen vor allem die Symmetrieeigenschaften der Orbitale von Edukt und Produkt ermittelt werden, die unmittelbar an der Reaktion teilnehmen.

Zum Beispiel bildet sich bei einer Reaktion unter *Ringschluss* eine neue C-C-σ-Bindung zwischen den beiden endständigen Atomen der Kette, sodass deren Orbitale den Verlauf der Reaktion bestimmen.

Für das Zustandekommen einer bindenden Wechselwirkung zweier Orbitale gleichen Vorzeichens existieren dabei die folgenden beiden Möglichkeiten:

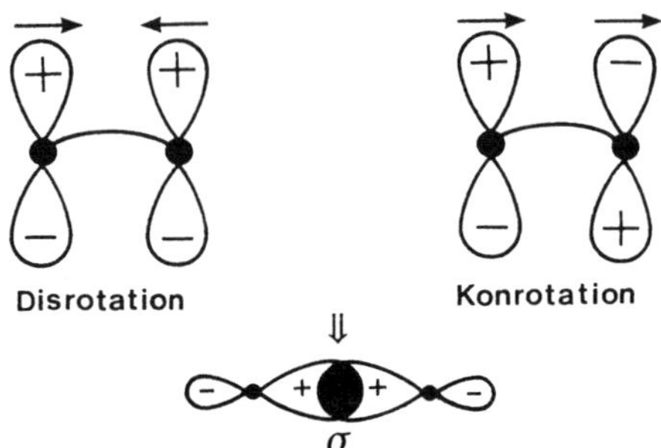

- Die Rotationen zweier Orbitale verlaufen während der Bindungsbildung *gegensinnig,* wenn die Orbitale spiegelsymmetrisch zueinander sind (**disrotatorische Bewegung**).
- Die Rotationen erfolgen *gleichsinnig,* wenn sie rotationssymmetrisch zueinander sind (**konrotatorische Bewegung**).

Nach einem von **Fukui** propagierten Konzept sind für die Betrachtung der Orbitalwechselwirkung besonders wichtig das:
- höchste besetzte Molekülorbital [**HOMO**],
- niedrigste unbesetzte Molekülorbital [**LUMO**].

Diese *Grenzorbitale* bestimmen im wesentlichen die Reaktivität der Reaktanden und die Stereoselektivität der Reaktion (**HOMO-LUMO-Modell**) [vgl. **MC-Frage Nr. 175**].

Während einer pericyclischen Reaktion wandeln sich die Molekülorbitale (MO) der Edukte *kontinuierlich* in die MO der Produkte um (**konzertierte Reaktion**). Damit dies möglich ist, muss die Symmetrie der betreffenden MO während der *gesamten* Reaktion erhalten bleiben. Der dabei durchlaufene *cyclische Übergangszustand,* in dem die Orbitale miteinander in Wechselwirkung treten, und in dem eine ringförmige Elektronenanordnung vorliegt, besitzt je nach der Anzahl der involvierten Elektronen einen *aromatischen* [4n+2] oder *antiaromatischen* [4n] *Charakter* (siehe ▸Kap. 3.1.10.4).

Daraus lassen sich für pericyclische Reaktionen folgende Regeln ableiten:

- Thermische pericyclische Reaktionen laufen im Grundzustand über aromatische Übergangszustände ab und werden durch die Orbitalsymmetrie des HOMO bestimmt.
- Photochemisch ausgelöste pericyclische Reaktionen verlaufen über antiaromatische Übergangszustände (angeregte Zustände) und werden durch die Orbitalsymmetrie des LUMO bestimmt.

3.2.14.2 Elektrocyclische Reaktionen

Als *elektrocyclische Reaktionen* bezeichnet man Prozesse, bei denen *konjugierte Polyene* unter dem Einfluss von Licht oder Wärme *cyclisieren.* Hierbei entsteht zwischen den beiden Enden des konjugierten Systems eine neue Einfachbindung, während eine Doppelbindung verschwindet und die übrigen Doppelbindungen ihre Lage verändern. Auch *Ringöffnungen* sind durchführbar, wobei cyclische ungesättigte Verbindungen in offenkettige, konjugierte Polyene umgewandelt werden.

So lassen sich **Buta-1,3-dien** und **Cyclobuten** sowie **Hexa-1,3,5-trien** und **Cyclohexa-1,3-dien** wechselseitig ineinander überführen. Aus **3-Methylhexa-1,3,5-trien** entsteht unter Ringschluss **2-Methylcyclohexa-1,3-dien** [vgl. **MC-Frage Nr. 177**].

π π σ ; π π σ
π π π

Buta-1,3-dien **Cyclobuten; Hexa-1,3,5-trien** **Cyclohexa-1,3-dien**

Elektrocyclische Reaktionen verlaufen streng *stereospezifisch.* Zum Beispiel wird bei der *thermischen Cyclisierung* von **(*E*,*Z*,*E*)-Octa-2,4,6-trien** ausschließlich **(*Z*)-5,6-Dimethylcyclohexa-1,3-dien** gebildet, während die *photochemische* Reaktion zu **(*E*)-5,6-Dimethylcyclohexa-1,3-dien** führt (zur *E/Z-Isomerie* siehe ▸Kap. 3.3.4).

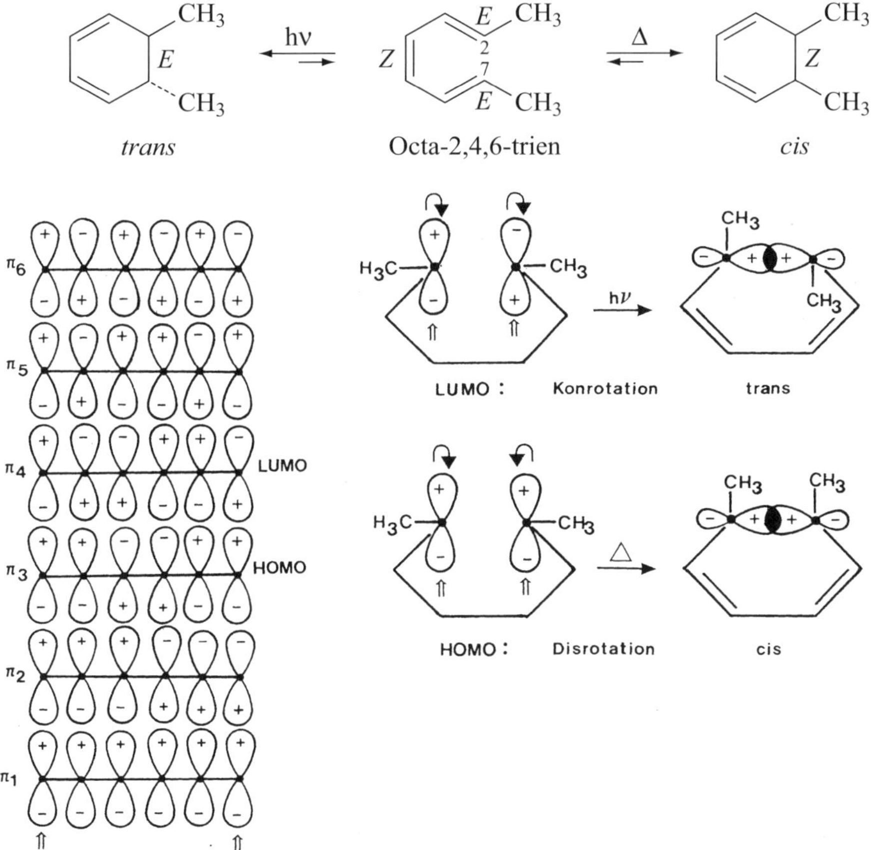

o Abb. 3.55 MO-Schema von Hexa-1,3,5-trien-Systemen und Cyclisierung von Octa-2,4,6-trien
[Die Regeln zur Formulierung der Molekülorbitale von π-Elektronensystemen wurden bereits im ▸Kap. 3.1.9.2 beschrieben.]

Zur vereinfachten Erklärung des Reaktionsablaufs betrachtet man die sechs **[4n+2]** π-MO des Hexatrien-Systems, die in ○ Abb. 3.55 schematisch dargestellt sind.

Diese MO können auch zur Beschreibung der Bindungsverhältnisse im Octa-2,4,6-trien verwendet werden, wobei für die *thermische Cyclisierung* die Orbitalsymmetrie des **HOMO**, für die *photochemische Reaktion* die Orbitalsymmetrie des **LUMO** zu beachten ist.

Zum *Ringschluss* des **Octa-2,4,6-triens** müssen die beiden p-Orbitale an den Atomen C-2 und C-7, die die Methylsubstituenten tragen, miteinander in Wechselwirkung treten.

Bei der *thermischen Cyclisierung,* für die die Orbitalsymmetrie des **HOMO** maßgebend ist, führt nur die *disrotatorische Bewegung* zu einer bindenden Wechselwirkung und liefert das *cis-Isomer.* Die Konrotation würde zwei Orbitallappen mit entgegengesetztem Vorzeichen in enge Nachbarschaft bringen. Sie überlappen nicht und führen zu einer antibindenden Beziehung. Demgegenüber wird die *Photoreaktion* des Moleküls durch das **LUMO** bestimmt. Hier ergibt nur die *konrotatorische Bewegung* eine bindende Wechselwirkung, aus der das *trans-Isomer* des **5,6-Dimethylcyclohexa-1,3-diens** resultiert.

Beim ***(E,E)*-Hexa-2,4-dien**, dessen Elektronensystem mit vier **[4n]** π-Elektronen dem des Buta-1,3-diens entspricht, findet man, dass der *thermische Prozess konrotatorisch* abläuft. Als Reaktionsprodukt entsteht nahezu ausschließlich ***trans*-2,3-Dimethylcyclobuten**. Die *photochemische Cyclisierung* ergibt in einer *disrotatorischen Bewegung* das *cis-Isomer* [vgl. **MC-Frage Nr. 176**] (zum MO-Schema von Butadien-Systemen siehe ▸ Kap. 3.1.9.2, ○ Abb. 3.25).

Z H_3C CH_3 ⇌ (hν) H_3C–(*E*)–(*E*)–CH_3 ⇌ (Δ) *E* H_3C CH_3

cis Hexa-2,4-dien *trans*

Daraus lassen sich folgende allgemeine Regeln ableiten:

- Thermische Ringschlüsse [Ringöffnungen] offenkettiger konjugierter Systeme [ungesättigter cyclischer Verbindungen] mit [4n]-π-Elektronen verlaufen konrotatorisch.
- Photochemische Ringschlüsse [Ringöffnungen] offenkettiger konjugierter Systeme [ungesättigter cyclischer Verbindungen] mit [4n]-π-Elektronen verlaufen disrotatorisch.
- Thermische Ringschlüsse [Ringöffnungen] offenkettiger konjugierter Systeme [ungesättigter cyclischer Verbindungen] mit [4n+2]-π-Elektronen verlaufen disrotatorisch.
- Photochemische Ringschlüsse [Ringöffnungen] offenkettiger konjugierter Systeme [ungesättigter cyclischer Verbindungen] mit [4n+2]-π-Elektronen verlaufen konrotatorisch.

Anzahl der π-Elektronen	Thermische Reaktion	Photochemische Reaktion
[4n]	konrotatorisch	disrotatorisch
[4n+2]	disrotatorisch	konrotatorisch

3.2.14.3 Sigmatrope Verschiebungen

Unter einer *sigmatropen Verschiebung* versteht man eine konzertierte, intramolekulare Wanderung einer σ-Bindung entlang eines Gerüstes aus π-Elektronen unter gleichzeitiger Reorganisation des π-Systems.

Die **sigmatrope [i,j]-Wasserstoffverschiebung** in *offenkettigen Polyenen* kann schematisch durch folgende Formelgleichung beschrieben werden:

$$R^1R^2C(H)-(CH=CH)_n-CH=CR^3R^4 \longrightarrow R^1R^2C=CH-(CH=CH)_n-C(H)R^3R^4$$

Ein Beispiel hierfür ist das Isomeren-Gleichgewicht zwischen **Hexa-1,3-dien** und **Hexa-2,4-dien**. Es handelt sich hierbei um eine [1,5]-Wasserstoffverschiebung und das Gleichgewicht liegt auf Seiten des stabileren Hexa-2,4-diens, weil bei diesem Dien mehr Methylgruppen an die sp^2-hybridisierten C-Atome gebunden sind. Es wird ein cyclischer, aromatischer Übergangszustand mit 6π-Elektronen durchlaufen [vgl. **MC-Frage Nr. 178**].

Hexa-1,3-dien ⇌ Hexa-2,4-dien

Solche sigmatropen Umlagerungen sind *thermisch erlaubt,* wenn die *Zahl der beteiligten Elektronenpaarbindungen ungerade* ist und sich die wandernde Gruppe auf derselben Seite des π-Systems bewegt (**suprafaciale Verschiebung**). **Antarafaciale Umlagerungen**, bei denen eine Phasenumkehr auftritt, sind thermisch nur dann erlaubt, wenn eine *gerade Anzahl von Elektronenpaarbindungen* an der Verschiebung beteiligt ist.

[1,5] suprafacial

[1,7] antarafacial

> Für sigmatrope Verschiebungen sind topologisch zwei unterschiedliche Wege denkbar. Wird die neue σ-Bindung auf derselben Seite des π-Gerüstes gebildet oder gelöst, so nennt man den Vorgang „suprafacial" (s). Wird die σ-Bindung auf der entgegengesetzten Seite gebildet oder gelöst, so bezeichnet man den Ablauf als „antarafacial" (a).

Als zweites Beispiel einer [1,5]-Wasserstoffverschiebung sei die *Isomerisierung* von *β,γ-ungesättigten* zu *α,β-ungesättigten Carbonylverbindungen* genannt, die thermisch (oder durch Säurekatalyse) ausgelöst werden kann.

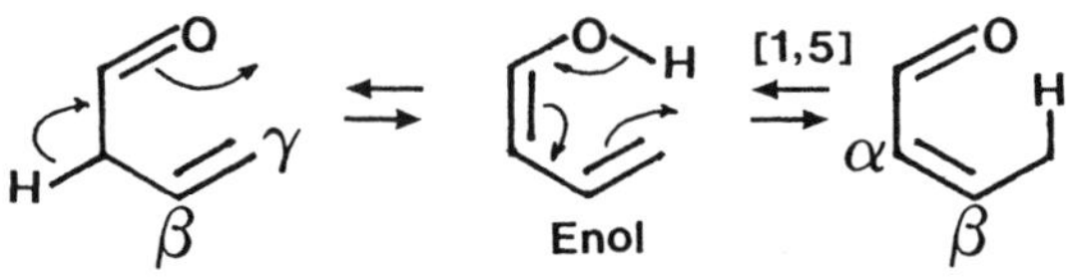

Enol

Andere sigmatrope Verschiebungen, die unter der *Wanderung von Kohlenstoffatomen* zustandekommen, sind:

- **Thermische Isomerisierung von 1,5-Dienen (Cope-Umlagerung)**

Die reversible Reaktion ist auch ein Beispiel einer *Valenztautomerie* und führt im Allgemeinen zu einem Gleichgewicht, in dem das thermodynamisch stabilere Isomer überwiegt. Die Cope-Umlagerung kann nur beobachtet werden bei unsymmetrischen 1,5-Dienen wie beim ***meso*-3,4-Dimethylhexa-1,5-dien**, das zu **Octa-2,6-dien** isomerisiert. Ein weiteres Beispiel für die Cope-Umlagerung ist die Bildung von **Hepta-1,5-dien** aus dem valenztautomeren **3-Methylhexa-1,5-dien** [vgl. **MC-Fragen Nr. 177, 488**].

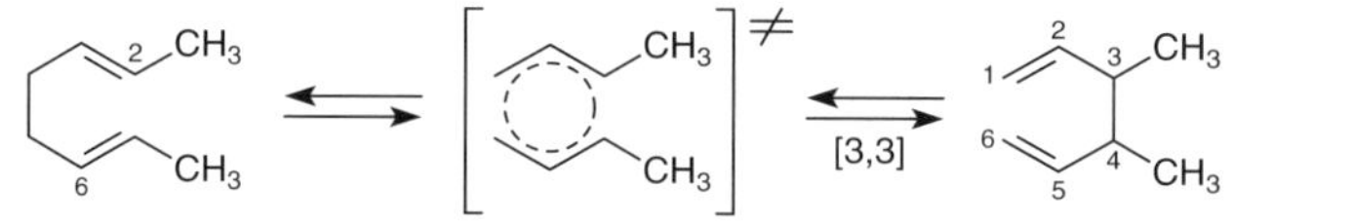

Octa-2,6-dien 3,4-Dimethylhexa-1,5-dien

3-Methylhexa-1,5-dien Hepta-1,5-dien

Demgegenüber führt die Cope-Umlagerung beim symmetrischen **Hexa-1,5-dien** zur selben Substanz; die Umlagerung ist entartet.

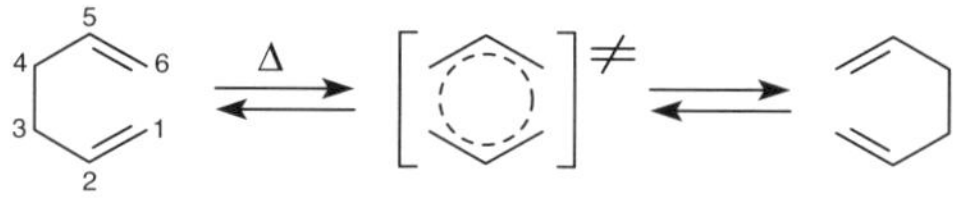

Hexa-1,5-dien

Die Cope-Umlagerung ist eine typische *sigmatrope [3,3]-Verschiebung* und zeigt alle Charakteristika einer pericyclischen Reaktion. An der Cope-Umlagerung können auch Heteroatome (N, O) beteiligt sein, wie das nachfolgende Beispiel einer *Diaza-Cope-Umlagerung* zeigt. Eine solche [3,3]-sigmatrope Umlagerung spielt auch eine Rolle bei der Indol-Synthese nach Fischer [siehe ▸Kap. 3.15.3.1 und **MC-Fragen Nr. 1362–1364, 1769**].

- **Claisen-Umlagerung von Allylvinylethern und Allylphenylethern**

Erhitzt man *Arylallylether* auf ca. 200 °C, so lagern sie sich nahezu quantitativ in *o-Allylphenole* um.

Allylphenylether

o-Allylphenol

Die Reaktion bedarf keiner Katalyse. Die Claisen-Umlagerung ist aber nicht auf Phenylether beschränkt, sondern läuft auch mit aliphatischen *Enolethern* in analoger Weise ab, wie dies die Umlagerungen von Allylvinylether oder von Cyclohexenylethern dokumentieren [vgl. **MC-Fragen Nr. 179, 180, 181, 1225**].

Allylvinylether

Allylacetaldehyd

Im mechanistischen Sinne kann man die Reaktion als [3,3]-sigmatropen Prozess auffassen. Darüber hinaus konnte mithilfe ^{14}C-markierter Verbindungen bewiesen werden, dass diese *intramolekulare* Umlagerung quasi unter vollständiger Inversion der Allylkette über ein Cyclohexadienon-Derivat als Zwischenstufe abläuft [vgl. **MC-Frage Nr. 179**].

Wenn beide *ortho*-Positionen blockiert sind, schließt sich eine Cope-Umlagerung an und man erhält *p-Allylphenole.*

3.2.14.4 Cycloadditionen und Cycloreversionen

Bei *Cycloadditionen* reagieren meistens zwei ungesättigte Moleküle in der Weise miteinander, dass aus zwei π-Bindungen unter *Ringschluss* zwei neue σ-Bindungen gebildet werden. Die Reaktionen verlaufen *reversibel.* Die Ringöffnungsreaktionen bezeichnet man auch als *Cycloreversionen* [vgl. **MC-Frage Nr. 182**].

$$\pi\,\begin{matrix}A\\ \|\\ B\end{matrix} \;+\; \begin{matrix}C\\ \|\\ D\end{matrix}\,\pi \;\underset{\text{Cycloreversion}}{\overset{\text{Cycloaddition}}{\rightleftharpoons}}\; \begin{matrix}A \overset{\sigma}{-} C\\ |\quad\;\; |\\ B \underset{\sigma}{-} D\end{matrix}$$

Nicht alle Cycloadditionen verlaufen konzertiert über einen cyclischen Übergangszustand. Manche Cycloadditionen können unter bestimmten Reaktionsbedingungen konzertiert, unter anderen auch stufenweise ablaufen. Ob ein *Synchronmechanismus* möglich ist, hängt von der *Orbitalsymmetrie* ab.

Damit eine *symmetrieerlaubte Reaktion* erfolgen kann, müssen das **HOMO** der einen Komponente und das **LUMO** des anderen Reaktanden in eine bindende Wechselwirkung miteinander treten, wobei es gleichgültig ist, welcher der beiden Reaktionspartner das HOMO bzw. LUMO für die Bindungsbildung zur Verfügung stellt.

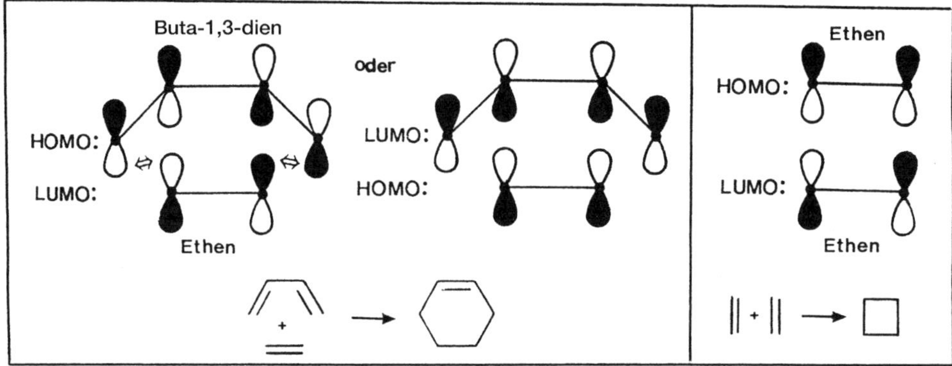

Beispielsweise ist die *Diels-Alder-Reaktion*, eine **[4+2]Cycloaddition**, zwischen **Buta-1,3-dien** und **Ethen** *symmetrieerlaubt* und kann *thermisch* ablaufen. Man erkennt, dass durch suprafaciale (s) Wechselwirkungen zwischen dem HOMO des einen und dem LUMO des anderen Cycloadditionspartners zwei σ-Bindungen zustande kommen, da die Orbitale an den Enden der reagierenden Systeme gleiche Vorzeichen tragen.

Anders liegen die Verhältnisse bei der *Cyclodimerisierung von Alkenen* zu *Cyclobutan-Derivaten,* einer **[2+2]Cycloaddition**. Hier ist der *thermische Reaktionsweg symmetrieverboten.* Allerdings kann der Prozess als *Photoreaktion* durchgeführt werden bzw. auch nicht-konzertiert über ein Diradikal als Zwischenstufe ablaufen.

Dies führt zu folgender Verallgemeinerung:

Thermische, konzertierte [s+s]Cycloadditionen, an denen eine *gerade* Anzahl von π-Elektronenpaaren beteiligt ist, sind symmetrieverboten. Sie können nur photochemisch initiiert werden. Thermische, konzertierte [s+s]Cycloadditionen, an denen eine *ungerade* Zahl von π-Elektronenpaaren beteiligt ist, sind symmetrieerlaubt, wie z. B. die Diels-Alder-Reaktion mit insgesamt drei π-Elektronenpaaren [s = suprafacial].

Nachfolgend sollen einige Aspekte präparativ wichtiger Cycloadditionen zusammenfassend dargestellt werden.

- **[2+1]Cycloadditionen (Cheletrope Reaktionen)**

Bei diesen Reaktionen werden vom freien Elektronenpaar eines Atoms ausgehend zwei σ-Bindungen zu zwei Atomen einer C=C-Doppelbindung geknüpft.

$$\mathrm{C{=}C} + |\mathrm{X} \rightarrow \text{Dreiring (C–C–X)}$$

Als Reagenzien (X|) sind *Carbene* **[$R_2C|$]** und *Nitrene* **[RN|]** geeignet, wobei *Cyclopropan-* bzw. *Aziridin-Derivate* entstehen (siehe ▸Kap. 3.1.11.5). Auch die Bildung des *Halogenoniumions* bei A_E-Halogenierungen (siehe ▸Kap. 3.2.11.3) oder die *Epoxidierung* von Alkenen (siehe ▸Kap. 3.2.18.3) können als Beispiele für diesen Reaktionstyp herangezogen werden.

Als Beispiel für eine cheletrope Reaktion sei die **Simmons-Smith-Reaktion** genannt, bei der *Diiodmethan* (CH_2I_2) als *carbenoides* Reagenz mit einem Alken in Gegenwart von aktiviertem Zink zu einem Cyclopropan-Derivat umgesetzt wird [vgl. **MC-Frage Nr. 735**].

$$\mathrm{-C{=}C-} + CH_2I_2 + Zn \rightarrow \text{Cyclopropan (C–C–}CH_2\text{)} + ZnI_2$$

- **[2+2]Cycloadditionen (Dimerisierung von Alkenen)**

Die Dimerisierung von Alkenen führt zu *Cyclobutan-Derivaten.* Als Substrate werden u. a. Acrylnitril, fluorierte Alkene, Ketene oder Allen-Derivate verwendet. Sofern diese Reaktionen thermisch durchgeführt werden, verlaufen sie *nicht* konzertiert und *nicht* stereospezifisch.

$$\mathrm{C{=}C} + \mathrm{X{=}Y} \longrightarrow \text{Vierring (C–X, C–Y)}$$

Zum Beispiel dimerisiert ein Gemisch aus **(*E*)-** und **(*Z*)-Zimtsäure** beim Belichten (hν) zu einem Gemisch von **Truxillsäure** (2,4-Diphenylcyclobutan-1,3-dicarbonsäure) und **Truxinsäure** (3,4-Diphenylcyclobutan-1,2-dicarbonsäure) [vgl. **MC-Fragen Nr. 510, 1064, 1065**].

$$\begin{array}{ccccc} & h\nu & C_6H_5\text{-CH-CH=COOH} & & C_6H_5\text{-CH-CH=COOH} \\ 2\ C_6H_5\text{-CH=CH-COOH} & \rightarrow & | \quad | & + & | \quad | \\ \text{Zimtsäure} & & \text{HOOC-CH-CH-}C_6H_5 & & C_6H_5\text{-CH-CH=COOH} \\ & & \text{Truxillsäure} & & \text{Truxinsäure} \end{array}$$

Allen ($H_2C{=}C{=}CH_2$) dimerisiert beim Erhitzen auf etwa 550 °C zu **1,2-Dimethylen-cyclobutan** [vgl. **MC-Frage Nr. 510**].

$$\begin{array}{ccc} H_2C{=}C{=}CH_2 & & H_2C\text{-}C{=}CH_2 \\ + & \rightarrow & | \quad | \\ H_2C{=}C{=}CH_2 & & H_2C\text{-}C{=}CH_2 \end{array}$$

Die Umsetzung von *Ketenen* mit Alkenen liefert *Cyclobutanon-Derivate*. **Keten** selbst dimerisiert zu **Diketen** (β-Methylenpropiolacton, 4-Methylenoxetan-2-on) [vgl. **MC-Fragen Nr. 510, 1228**].

$$\begin{array}{ccc} H_2C{=}C{=}O & & H_2C{=}C\text{—}O \\ + & \longrightarrow & | \qquad | \quad \text{Diketen} \\ H_2C{=}C{=}O & & H_2C\text{—}C{=}O \end{array}$$

Der Grundkörper **β-Propiolacton** (Propan-3-olid, Oxetan-2-on) kann aus **Keten** ($H_2C{=}C{=}O$) und **Formaldehyd** ($H_2C{=}O$) in wasserfreiem Milieu in Gegenwart von $ZnCl_2$ hergestellt werden (siehe auch ▸Kap. 3.14.3.1).

- **[2+3]Cycloadditionen (1,3-dipolare Cycloaddition)**

Mit dieser Reaktion lassen sich fünfgliedrige, insbesondere heterocyclische Ringsysteme aufbauen. Der erste Schritt der *Bis-Hydroxylierung* von Alkenen mit OsO_4 oder $KMnO_4$ bzw. die *Ozonolyse* von Alkenen (siehe ▸Kap. 3.2.18.3) sind Beispiele solcher Reaktionen. Die meisten 1,3-dipolaren Cycloadditionen verlaufen *stereospezifisch* als *Syn-Addition.*

$$\begin{array}{ccccc} -\overset{|}{C} & & {}^{+}X & & -\overset{|}{C}\text{—}X \\ \| & + & Y & \longrightarrow & | \qquad Y \\ -\underset{|}{C} & & {}^{-}Z & & -\underset{|}{C}\text{—}Z \end{array}$$

Als *Dipolarophile* können ungesättigte Systeme mit Doppel- und Dreifachbindungen (C=C, C≡C, C≡N, N=N, C=O, C=S usw.) wie Alkene, Alkine, Alkinone oder Nitrile eingesetzt werden [vgl. **MC-Frage Nr. 184**].

Als *1,3-Dipole* fungieren u.a. *Diazoalkane* ($RCHN_2$), *Azide* (RN_3), *Säureazide* ($RCON_3$) oder *Ozon* (O_3). Die dipolaren Addenden werden häufig erst in situ erzeugt [vgl. **MC-Frage Nr. 183**].

Präparative Bedeutung besitzt die Reaktion zur Synthese heterocyclischer Ringsysteme. So reagieren *Azide* mit *Alkinen* zu *1,2,3-Triazol-Derivaten*, während die Umsetzung mit *Alkenen* zu *Dihydrotriazolen* führt. Die 1,3-dipolare Cycloaddition von Aziden an *Nitrile* liefert *Tetrazol-Derivate* [vgl. **MC-Fragen Nr. 185, 186**].

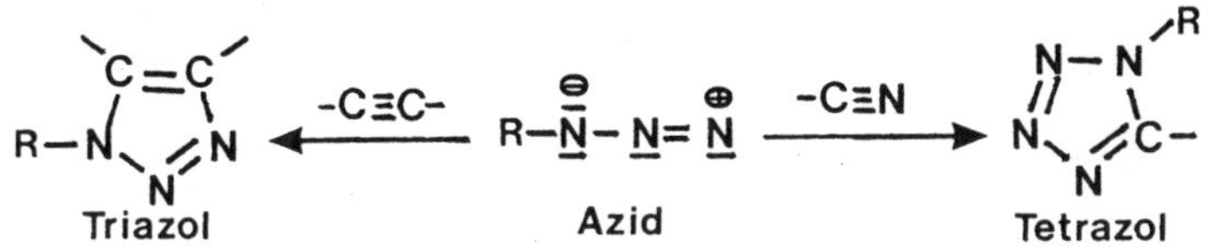

Triazol ← -C≡C- — Azid — -C≡N → Tetrazol

Durch Umsetzung von Acetylendicarbonsäureester mit Diazoessigester als 1,3-Dipol gewinnt man **Pyrazol-3,4,5-tricarbonsäureester** [vgl. **MC-Frage Nr. 1355**].

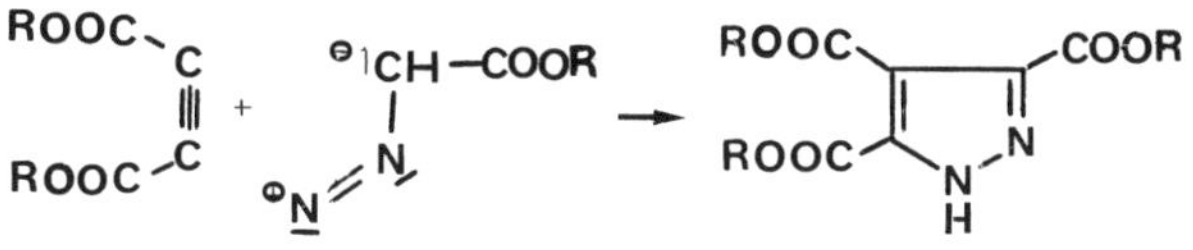

- **[4+2]Cycloadditionen**

Bei diesen Ringschlussreaktionen bilden sich durch Umsetzung eines *konjugierten Diens mit 4π-Elektronen* und einem *Monoen mit 2π-Elektronen* sechsgliedrige Ringsysteme. Die präparativ wichtigste Methode ist die nachfolgend vorgestellte *Diels-Alder-Reaktion* [vgl. **MC-Fragen Nr. 182, 334, 338, 662, 669**].

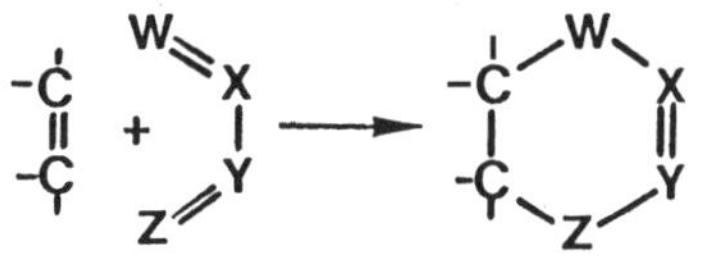

3.2.14.5 Diels-Alder-Reaktion

Unter einer *„Diensynthese"* versteht man die Anlagerung eines Alkens [**Dienophil, Philodien**] an die Enden eines konjugierten Doppelbindungssystems [**Dienkomponente**]. Meistens entsteht ein *Cyclohexen-Derivat* als Reaktionsprodukt. Bei dieser *konzertierten Reaktion* werden formal zwei neue σ-Bindungen auf Kosten zweier π-Bindungen geknüpft.

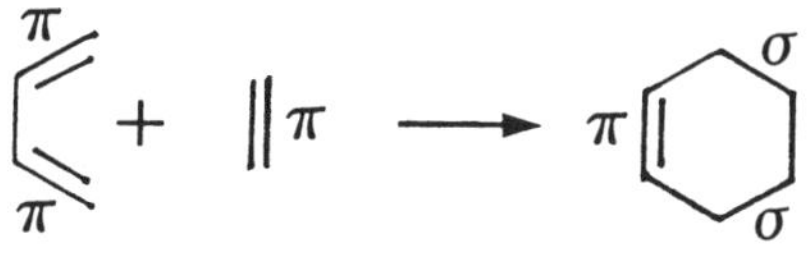

Dien	Dienophil	Addukt
Buta-1,3-dien	Ethen	Cyclohexen

Die Diels-Alder-Reaktion verläuft dann besonders glatt, wenn sich Dien und Dienophil in ihrem elektronischen Charakter unterscheiden.

> Die Dienkomponente sollte durch +I/+M-Substituenten besonders elektronenreich, das Dienophil durch Konjugation mit -M-Substituenten besonders elektronenarm sein.

Die meisten Dienophile besitzen daher die Struktur **[C=C-Z]** oder **[Z'-C=C-Z]** mit Z,Z' = CHO, COR, COOH, COOR, CN, NO_2. Alkene mit -I-Substituenten sind als Dienophile weniger gut geeignet.

Die *Notwendigkeit der Aktivierung des Dienophils* erkennt man z. B. daran, dass **Buta-1,3-dien** mit **Ethen** selbst bei Temperaturen um 200 °C und unter Druck nur zu 18% **Cyclohexen** ergibt, während zu 18 % **Cyclohexen** ergibt, während das Dien mit **Maleinsäureanhydrid** bereits bei 15 °C quantitativ zu **Tetrahydrophthalsäureanhydrid** reagiert (siehe ◘Tab. 3.21).

Retro-Diels-Alder-Reaktion: Charakteristisch für viele Diensynthesen ist ihre *Reversibilität*. Der Umkehrvorgang wird als *Retro-Diels-Alder-Reaktion* bezeichnet. Zum Beispiel liefert die *Cycloreversion* von **7-Azanorbornadien** als Reaktionsprodukte **Pyrrol** und **Ethin** [vgl. **MC-Frage Nr. 210**].

HN ⟶ (Pyrrol, N-H) + HC≡CH

Anzumerken ist, dass die thermisch induzierte Retro-Diels-Alder-Reaktion des unten angeführten Oxabicyclo[2.2.1]-heptan-Derivates auf unterschiedlichen Reaktionswegen erfolgen kann [vgl. **MC-Frage Nr. 209**]

O, Me, Me ⟶ (Furan, O) + Me—≡—Me
⟶ (3,4-Dimethylfuran: Me, Me, O) + H—≡—H

Dienkomponenten: Als konjugierte 4π-Elektronensysteme verwendet man *offenkettige* [Buta-1,3-dien, Isopren u. a.] oder *cyclische 1,3-Diene* [Cyclopenta-1,3-dien, Cyclohexa-1,3-dien u. a.], gewisse *aromatische Verbindungen* mit aufgelockertem π-Elektronensystem [Anthracen, höhere Acene, Cumarine u. a.] sowie bestimmte *„heterocyclische Diene"* [z. B. Furan]. **Benzen** selbst ist jedoch äußerst reaktionsträge gegenüber Dienophilen [vgl. **MC-Fragen Nr. 190, 191, 207**].

Darüber hinaus können auch Substanzen als Dienkomponente eingesetzt werden, die anstelle einer C=C-Doppelbindung eine C≡C- oder C≡N-Dreifachbindung [z. B. Acrylnitril] bzw. eine C=O-Doppelbindung [z. B. Acrolein] enthalten.

Von den Fünfringheteroaromaten besitzt nur **Furan** einen hinreichenden „Diencharakter“ und reagiert z. B. mit Maleinsäureanhydrid zu einem Diels-Alder-Addukt [siehe ◘Tab. 3.23 und **MC-Fragen Nr. 189, 190, 1374–1376, 1379, 1380**].

Pyrrol geht im Allgemeinen keine [4+2]Cycloaddition ein. Auch **Thiophen** reagiert unter den *üblichen Bedingungen nicht* mit Dienophilen, liefert aber bei 100 °C unter *hohem Druck* (15–20 kbar) mit Maleinsäureanhydrid ein Diels-Alder-Addukt in der exo-Form [vgl. **MC-Fragen Nr. 190, 196, 1382**].

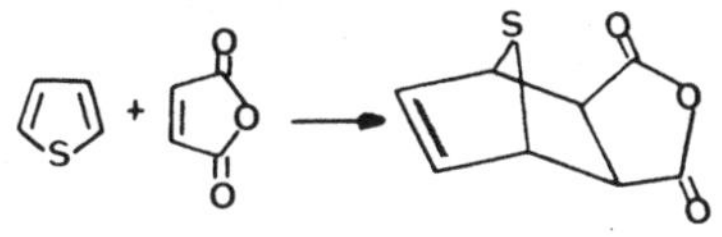

Zur Diensynthese sind nur *cis-konfigurierte Diene* befähigt, während *trans-fixierte Diene nicht* reagieren. Die nachfolgend vorgestellten Diene sind als Dienkomponente geeignet (+) bzw. nicht geeignet (–) [vgl. **MC-Fragen Nr. 189–194**].

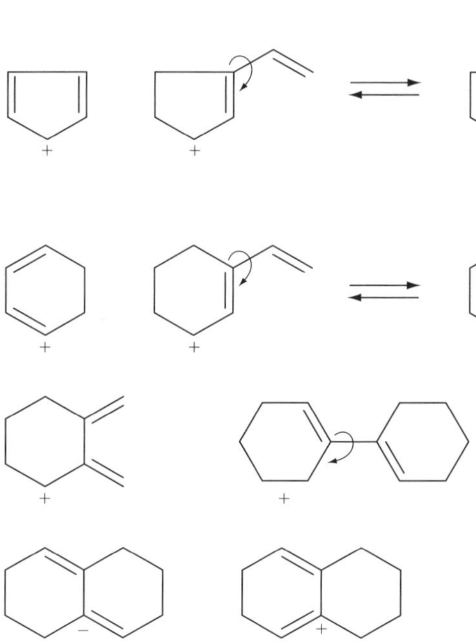

+ +

+ +

+ +

– +

Acyclische Diene müssen für die Reaktion erst eine *cisoide (s-cis) Konformation* einnehmen. Daher reagieren *cyclische Diene* wie **Cyclopenta-1,3-dien** mit fixierter cisoider Geometrie rascher als offenkettige Diene, bei denen normalerweise das thermodynamisch stabilere *transoide* Konformer überwiegt (siehe auch ▸Kap. 3.3.5.2).

transoid cisoid

Cisoide und transoide Konformationen stehen miteinander im Gleichgewicht. Das Gleichgewicht wird durch *cis*-ständige Substituenten (R) an C-1 zu Gunsten der *transoiden*-Form verschoben, sodass die Additionsgeschwindigkeit noch weiter verlangsamt ist. Umgekehrt rufen große Substituenten an C-2, welche die *cisoide* Konformation begünstigen, eine Reaktionsbeschleunigung hervor.

Dienophile: Die wichtigsten Philodiene (2π-Elektronensysteme) leiten sich von den in ◘Tab. 3.20 genannten Stoffklassen ab. Ethylen (Ethen) und andere einfache Alkene sind schlechte Dienophile; glatt reagieren dagegen Alkene mit Elektronenakzeptor-Substituenten. Besonders oft werden Cyano-substituierte Ethen-Derivate, Maleinsäureanhydrid, Maleinsäureimid oder Chinone eingesetzt. Alkine können

◘ **Tab. 3.20 Wichtige Dienophile**

Maleinsäure-anhydrid (-ester)	Fumarsäure (-ester)	*p*-Benzochinon	Arine (Dehydrobenzen)
α,β-ungesätt. Aldehyde ▪ Acrolein ▪ Crotonaldehyd ▪ Zimtaldehyd	α,β-ungesätt. Ketone ▪ Methylvinylketon	Acrylsäure ▪ ester (X = COOR) ▪ nitril (X = CN)	α,β-ungesätt. Nitroderivate ▪ Nitrostyren
Tetracyanoethen	Acetylendicar-bonsäure (-ester)	Azodicarbon-säureester	Allen

◘ Tab. 3.21 Diels-Alder-Addukte mit Buta-1,3-dien

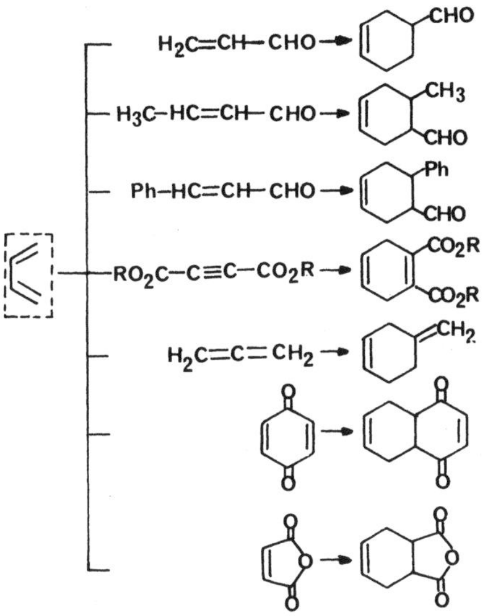

$H_2C{=}CH{-}CHO$ →
$H_3C{-}HC{=}CH{-}CHO$ →
$Ph{-}HC{=}CH{-}CHO$ →
$RO_2C{-}C{\equiv}C{-}CO_2R$ →
$H_2C{=}C{=}CH_2$ →

ebenfalls als Dienophile reagieren, wobei auch hier Elektronenakzeptorgruppen die Reaktion begünstigen.

Die ◘Tab. 3.21 und ◘Tab. 3.22 mit den Dienen **Buta-1, 3-dien** und **Cyclopenta-1,3-dien** verdeutlichen nochmals das Synthesepotential der Diels-Alder-Reaktion. In ◘Tab. 3.23 sind einige Reaktionen mit **Maleinsäureanhydrid** als Dienophil zusammengestellt [vgl. **MC-Fragen Nr. 196–206, 337, 806, 826, 827, 1692, 1713**].
Manche Diene können zugleich als Dienkomponente und als Dienophil im Sinne einer Diels-Alder-Reaktion miteinander reagieren. Ein Beispiel hierfür ist **Cyclo-**

◘ Tab. 3.22 Diels-Alder-Addukte mit Cyclopenta-1,3-dien

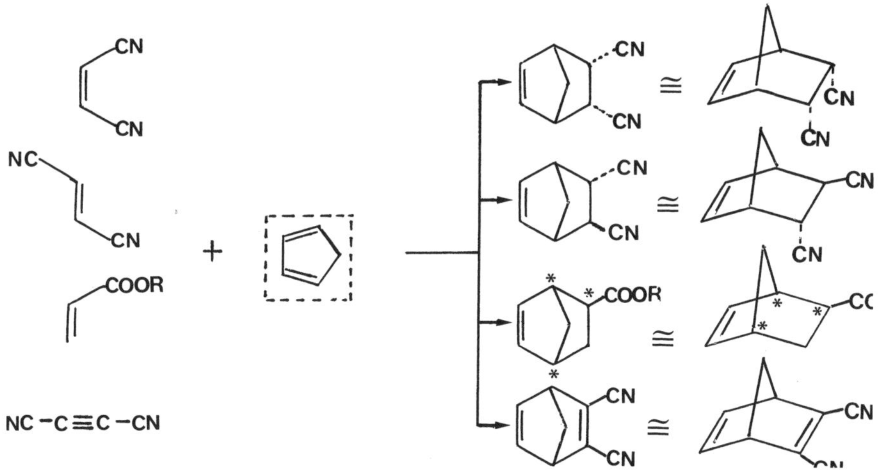

$NC{-}C{\equiv}C{-}CN$

Tab. 3.23 Diels-Alder-Addukte mit Maleinsäureanhydrid als Dienophil

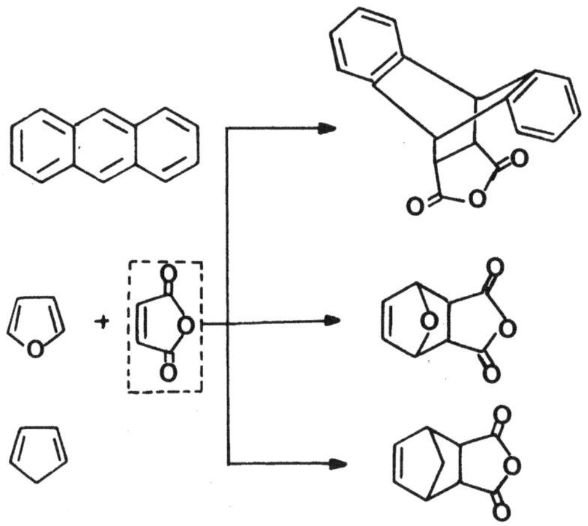

penta-1,3-dien, das zu Dicyclopentadien dimerisiert. Letzteres kann durch Erhitzen auf 200 °C wieder in das Monomer gespalten werden.

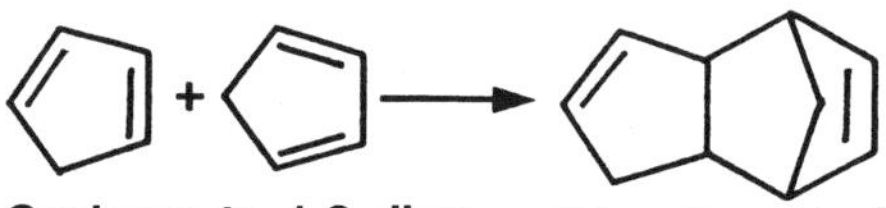

Cyclopenta-1,3-dien Dicyclopentadien

Hetero-Diels-Alder-Reaktion: Diels-Alder-Reaktionen, bei denen ein C-Atom im Dien oder im Dienophil durch ein Heteroatom ersetzt ist, werden als Hetero-Diels-Alder-Reaktionen bezeichnet. Hier wird das Heteroatom in das cyclische System eingebaut. Beispielsweise kann **Acrolein** ($H_2C{=}CH{-}CH{=}O$) sowohl als Philodien wie auch als sauerstoffanaloges Dien mit sich selbst zu **2-Formyl-2,3-dihydropyran** reagieren. Die Reaktion erfolgt nach dem sog. „*Prinzip der größten Sauerstoffdichte*" [vgl. **MC-Frage Nr. 1692**].

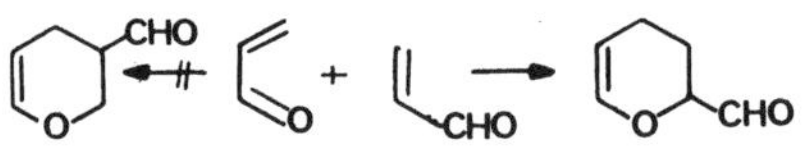

CHO CHO CHO

Acrolein 2-Formyl-2, 3-dihydropyran

Dihydropyran-Derivate werden auch erhalten bei der Umsetzung substituierter Diene mit *Glyoxylsäureestern* ($O{=}CH{-}COOCH_3$). Die Reaktion verläuft zwar *regioselektiv,* führt aber zu einem Gemisch von diastereomeren *cis-* und *trans-*Cycloaddukten [siehe auch ▸Kap. 3.3.7.3 und **MC-Frage Nr. 208**].

OMe + H–C(=O)–COOMe → [E] + [Z]

Inverse Diels-Alder-Reaktion: Diels-Alder-Addukte bilden sich ebenso bei der Umsetzung von elektronenarmen Dienen mit elektronenreichen Philodienen.

Orientierung der Addenden: Wie das nachfolgende Beispiel der Umsetzung von **Isopren** (2-Methylbuta-1,3-dien) mit **Methylvinylketon** dokumentiert, führen Diels-Alder-Reaktionen in Abhängigkeit von der Orientierung des Diens und des Dienophils häufig zu einem Isomerengemisch. Die beiden möglichen Orientierungen werden als Kopf-an-Schwanz- bzw. Kopf-an-Kopf-Orientierung bezeichnet.

(30%)

Kopf-an-Kopf-Orientierung

(70%)

Kopf-an-Schwanz-Orientierung

Nachweis von Arinen (siehe auch ▸Kap. 3.2.7.3): **Dehydrobenzen** ist ein reaktionsfreudiges Dienophil und ergibt mit **Furan** oder **Anthracen** ein Diels-Alder-Addukt [vgl. **MC-Frage Nr. 189**].

Anthracen

Trypticen

Furan

(H^+)

1-Naphtol

Mechanismus und Stereochemie: Die *Stereoselektivität* der Reaktion *(Syn-Addition)* spricht für eine *konzertierte* simultane Bildung beider σ-Bindungen. Die *Aktivierungsentropie* ist stark negativ, was auf einen geordneten, cyclischen Übergangszustand schließen lässt. Man nimmt an, dass bei der Diels-Alder-Reaktion eine Hückelsche cyclische Elektronenanordnung mit 6 π-Elektronen durchlaufen wird, der Übergangszustand also aromatischen Charakter besitzt [vgl. **MC-Fragen Nr. 187, 188**].

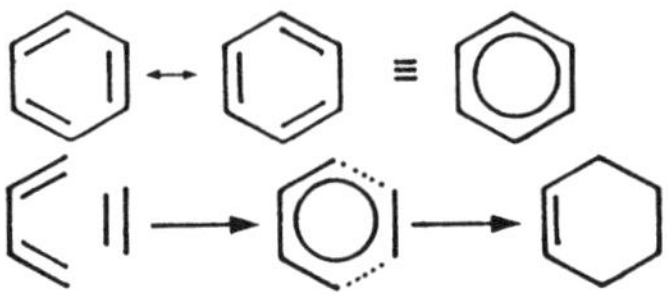

Dies hat stereochemische Konsequenzen, weil bei pericyclischen Reaktionen über aromatische Übergangszustände das *cis*-Isomer viel schneller gebildet wird als das *trans*-Isomer.

Diels-Alder-Reaktionen sind **stereospezifische Syn-Additionen**. Sie verlaufen sowohl am Dien als auch am Dienophil unter Beibehaltung der ursprünglichen Stereochemie [vgl. **MC-Fragen Nr. 187, 188, 335**].

Zum Beispiel liefern **Maleinsäuredimethylester** und **Fumarsäuredimethylester** mit **Buta-1,3-dien** entsprechend der Stereochemie des Dienophils ***cis***- bzw. ***trans***-konfigurierte **Cyclohexen-4,5-dicarbonsäureester** (1,2,3,6-Tetrahydrophthalsäureester) [vgl. **MC-Fragen Nr. 191, 199**].

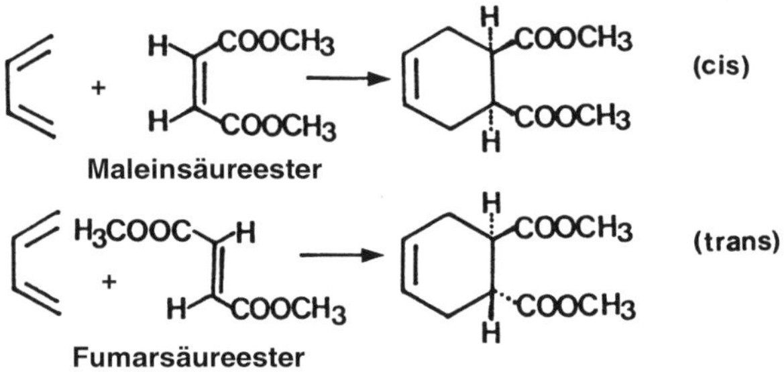

Maleinsäureester (cis)

Fumarsäureester (trans)

In analoger Weise reagieren **Buta-1,3-dien** oder **Isopren** (2-Methylbuta-1,3-dien) mit **Maleinsäureanhydrid** zu *cis-verknüpften* Derivaten des 1,2,3,6-Tetrahydrophthalsäureanhydrids. Ebenso ergeben **(*E*)-** und **(*Z*)-Dicyanoethylen** (Ethylen-1,2-dicarbonitril) [NC-CH=CH-CN] *cis*- bzw. *trans*-substituierte Cyclohexen-Derivate [siehe ▫Tab. 3.21 und 22 sowie **MC-Fragen Nr. 202–204**].

Endo-exo-Cycloaddukte: Verwendet man als *Dienkomponente eine cyclische Verbindung* [z. B. Anthracen, Cyclopenta-1,3-dien, Furan], so können zwei unterschiedliche Addukte gebildet werden, die als *endo-Addukt* (größerer Teil des Dienophils unterhalb des Ringes) und als *exo-Addukt* (kleinerer Teil des Dienophils unterhalb des Ringes) bezeichnet werden. Der Ausdruck **„endo"** besagt, dass in bi- oder höhercyclischen Verbindungen funktionelle Gruppen oder Molekülteile einander zugewandt oder in das Innere eines Ringsystems gerichtet sind. **„exo"** steht für „nach außen" oder „außerhalb".

Bei möglicher *endo-exo*-Konkurrenz entsteht unter den üblichen Bedingungen (bei niederer Temperatur) in einer *kinetisch gesteuerten Reaktion* meistens das *thermodynamisch instabilere endo-Produkt.* D.h., der Übergangszustand, der zum *endo*-Addukt führt, ist aufgrund verminderter sterischer Wechselwirkung energetisch günstiger. Bei höheren Temperaturen kann das *endo*-Cycloaddukt zum thermodynamisch stabileren *exo*-Produkt isomerisieren [vgl. **MC-Fragen Nr. 188, 195, 205**].

Die aus der Diels-Alder-Reaktion von **Cyclopenta-1,3-dien** und **Maleinsäureanhydrid** gebildeten *endo-exo*-Addukte sind *diastereomer* zueinander.

Die Diels-Alder-Reaktion ist eine konzertierte, reversible [4+2]Cycloaddition, bei der ein Dien und ein Monoen zu einem sechsgliedrigen Ringsystem miteinander reagieren. Elektronendonatorgruppen am Dien und Elektronenakzeptorgruppen am Dienophil fördern die Reaktion.
Die Diels-Alder-Reaktion verläuft – über einen aromatischen Übergangszustand – stereospezifisch als Syn-Addition. Aufgrund der kinetischen Reaktionskontrolle wird bei möglicher *endo-exo*-Konkurrenz bei tiefen Temperaturen bevorzugt das *endo*-Addukt gebildet.

3.2.14.6 En-Reaktion

Hierunter versteht man die Addition eines Alkens, das in Allylstellung ein Wasserstoffatom besitzt *(En-Komponente)* an ein aktiviertes Doppelbindungssystem *(Enophil).* Ein konzertierter Reaktionsablauf wird als wahrscheinlich erachtet. Zum Beispiel würde die En-Reaktion von **Ethen** mit **Propen** zu **Pent-1-en** führen [vgl. **MC-Fragen Nr. 337, 1245**].

Bei dieser Reaktion spielt die En-Komponente eine analoge Rolle wie das Dien bei der Diels-Alder-Reaktion. Auch hinsichtlich des Elektronenbedarfs der beiden Komponenten besteht die gleiche Beziehung. Die En-Synthese verläuft deshalb gut mit elektronenarmen Enophilen wie Maleinsäureanhydrid.

3.2.15 Nucleophile Addition an Carbonylverbindungen

3.2.15.1 Klassifizierung von Carbonylverbindungen

Sauerstoff und Kohlenstoff können auch über eine *Doppelbindung* miteinander verbunden sein. In ▫Tab. 3.24 sind die wichtigsten Substanzklassen mit einer C=O-Gruppe aufgelistet. Im engeren Sinne gehören zu den *Carbonylverbindungen* aber nur die Stoffklassen der *Aldehyde* [R-CH=O] und *Ketone* [R_2C=O]. Die übrigen genannten Substanzen werden als Derivate von Carbonsäuren angesehen und dementsprechend als *Carboxylverbindungen* bezeichnet.

3.2.15.2 Struktur der Carbonylgruppe

Die Bindungsverhältnisse der Carbonylgruppe lassen sich am besten mit der Annahme einer *sp^2-Hybridisierung* von *Sauerstoff* und *Kohlenstoff* beschreiben. Ein sp^2 -Hybrid-AO des O-Atoms dient zur Bildung der **C_{sp^2}-O_{sp^2}-σ-Bindung**, die beiden übrigen zur Unterbringung der nichtbindenden Elektronenpaare des Sauerstoffs. Allerdings existieren Hinweise, dass sich die beiden *freien Elektronenpaare* am Sauerstoff auch in unterschiedlichen Orbitalen – im Extremfall sp- und p-AO – aufhalten können. Sowohl der Sauerstoff als auch der Kohlenstoff besitzen noch ein p-Orbital, das nicht an der Hybridisierung teilgenommen hat. Die Überlappung der beiden p-Orbitale führt zur **C=O-π-Bindung**, wie dies schematisch in ∘Abb. 3.56 für Formaldehyd (Methanal) [H_2C=O] dargestellt ist [vgl. **MC-Fragen Nr. 211, 212, 1002**].

Aufgrund der sp^2-Hybridisierung beider Bindungspartner ist die C=O-Gruppe *planar* gebaut mit einem nahezu idealen Bindungswinkel von 120°. Die Länge der C=O-Bindung beträgt etwa 122 pm, ihre Bindungsenergie ca. 750 kJ mol^{-1}.

▫ **Tab. 3.24 Substanzklassen mit einer C=O-Doppelbindung**

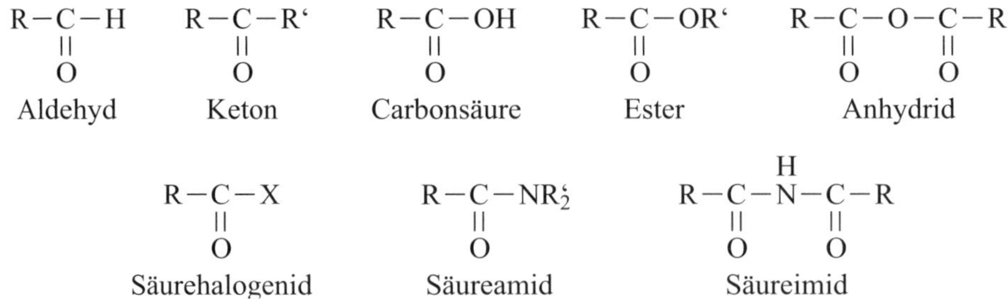

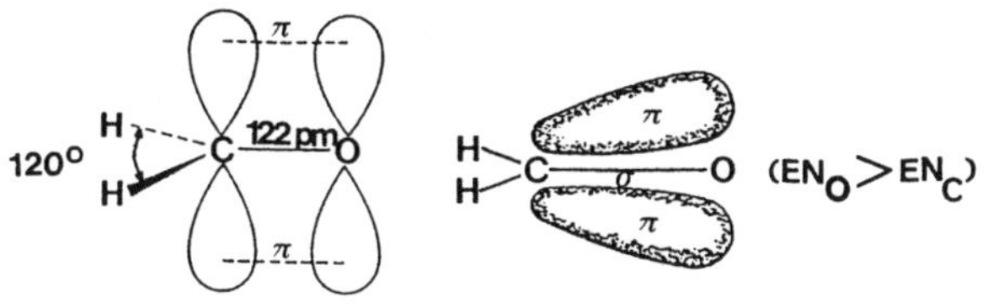

120° H H C 122 pm O π π H H C σ O π π ($EN_O > EN_C$)

o Abb. 3.56 Orbitalmodell des Formaldehyds

Das Sauerstoffatom ist *elektronegativer* als der Kohlenstoff. Dies führt zu einer starken *Polarisierung* der C=O-Bindung. Zusätzlich zur induktiven Beeinflussung der σ-Bindung bestimmt die Polarisierbarkeit der *π-Elektronen* das reaktive Verhalten von Carbonylverbindungen, was sich am besten mit folgenden Grenzstrukturen beschreiben lässt:

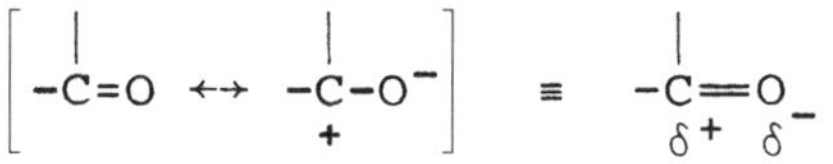

$$\left[\ -\overset{|}{C}=O \ \longleftrightarrow\ -\overset{|}{\underset{+}{C}}-O^- \ \right] \equiv -\overset{|}{\underset{\delta+}{C}}=\underset{\delta-}{O}$$

Diese *Bindungspolarität* äußert sich z. B. in den relativ hohen *Dipolmomenten* von Carbonylverbindungen.

Als Folge der C=O-Bindungspolarität besitzt das *Carbonyl-C-Atom saure (elektrophile) Eigenschaften* und kann mit Basen (Nucleophilen) reagieren. Die freien Elektronenpaare am *Sauerstoff* haben dagegen einen schwach *basischen (nucleophilen) Charakter,* sodass z. B. **Aceton** in sauren Lösungen partiell protoniert wird. Die Basizität des Acetons ist allerdings deutlich geringer als die von Wasser. Erst in 82%iger H_2SO_4 liegt das Aceton-Molekül zur Hälfte in protonierter Form vor [vgl. **MC-Frage Nr. 1667**].

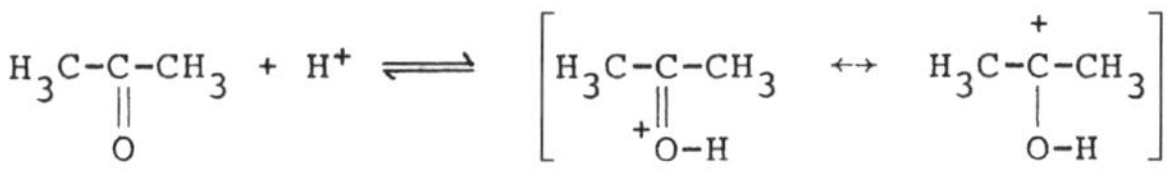

$$H_3C-\underset{\underset{O}{||}}{C}-CH_3 + H^+ \rightleftharpoons \left[H_3C-\underset{\underset{^+O-H}{||}}{C}-CH_3 \longleftrightarrow H_3C-\overset{+}{\underset{\underset{O-H}{|}}{C}}-CH_3 \right]$$

3.2.15.3 Reaktivität der Carbonylgruppe (Carbonylaktivität)

Die Reaktivität einer Carbonylgruppe beruht auf der durch den –I-Effekt des O-Atoms verursachten *Polarität* der σ-Bindung und auf der leichten *Polarisierbarkeit* der π-Elektronen. Je stärker polarisiert die C=O-Doppelbindung ist, desto höher ist ihre *Carbonylaktivität.* Parallel dazu steigt die Bereitschaft der betreffenden Carbonylverbindung mit einem Nucleophil zu reagieren. Die verschiedenen Carbonylverbindungen lassen sich in folgende Reihe *steigender Reaktivität (Carbonylaktivität)* einordnen [vgl. **MC-Fragen Nr. 213–217, 1012, 1046, 1104, 1157, 1231**].

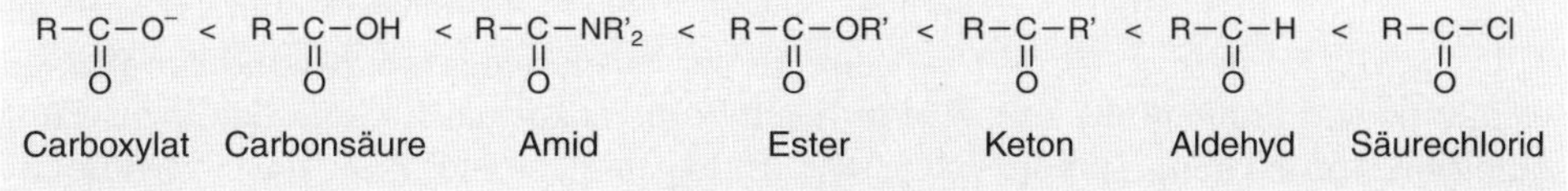

R–C(=O)–O⁻	<	R–C(=O)–OH	<	R–C(=O)–NR'₂	<	R–C(=O)–OR'	<	R–C(=O)–R'	<	R–C(=O)–H	<	R–C(=O)–Cl
Carboxylat		Carbonsäure		Amid		Ester		Keton		Aldehyd		Säurechlorid

Auch der mit der Carbonylgruppe verbundene Rest (R) beeinflusst die Carbonylaktivität. –I/–M-Substituenten steigern die Reaktionsfähigkeit der C=O-Gruppe gegenüber nucleophilen Reagenzien. +I/+M-Substituenten senken dagegen die C-Reaktivität und erhöhen die O-Basizität. Aufgrund des –I-Effektes der α-ständigen Cl-Atome hat beispielsweise **Chloral** [$Cl_3C\text{-}CHO$] eine deutlich höhere Carbonylreaktivität als **Acetaldehyd** [$H_3C\text{-}CHO$]. Infolge des +I-Effektes der Methylgruppe ist die Carbonylaktivität von Acetaldehyd geringer als die von **Formaldehyd** [H-CH=O]. Die ausgeprägteste Carbonylreaktivität zeigen **Ketene** [$R_2C{=}C{=}O$] [vgl. **MC-Frage Nr. 992**].

Die Carbonylaktivität (*Elektrophilie des Carbonylkohlenstoffs*) kann durch Zusatz von Säuren erhöht werden. Die mechanistischen Aspekte der Reaktionen von Carbonylverbindungen mit Nucleophilen (Elektronenpaardonatoren) werden im nachfolgenden ▸Kap. 3.2.15.6 vorgestellt.

3.2.15.4 CH-Acidität von Carbonylverbindungen

Die acidifizierende Wirkung einer Carbonylgruppe auf die benachbarte (α-ständige) Alkylgruppe hat ihre Ursachen

- in der durch den –I-Effekt der C=O-Gruppe erhöhten Polarität der C-H-Bindung und
- in der Mesomeriestabilisierung des durch Deprotonierung gebildeten *Carbanions.*

```
  | |              ┌ | |         | |    ┐
H-C-C=O  +  B| →   │-C-C=O  ↔  -C=C-O⊖ │  +  BH+
  |                └ ⊖                  ┘
                   Carbanion  Enolat-Anion
```

Dies belegen auch die stark unterschiedlichen Säureexponenten (pK_s-Werte) von **Aceton** [$CH_3\text{-}CO\text{-}\mathbf{CH_3}$] und **Ethan** [$CH_3\text{-}\mathbf{CH_3}$], wobei eine Substanz eine umso höhere Säurestärke besitzt, je kleiner ihr pK_s-Wert ist (siehe auch Ehlers, **Chemie I**, ▸Kap. 1.11.3.1).

$$H_3C\text{-}CH_3 \rightarrow H_3C\text{-}CH_2^- + H^+ \qquad [pK_S = 50]$$

$$H_3C\text{-}\underset{\underset{O}{\|}}{C}\text{-}CH_3 \rightarrow \left[H_3C\text{-}\underset{\underset{O}{\|}}{C}\text{-}CH_2^- \leftrightarrow H_3C\text{-}\underset{\underset{O^-}{|}}{C}{=}CH_2\right] + H^+ \qquad [pK_S = 20]$$

Die negative Ladung des bei der *Deprotonierung von Ethan* entstehenden Anions ist am C-Atom lokalisiert. Ein solches Teilchen ist energiereich und die dahin führende Reaktion stark endotherm, während die *Deprotonierung von Aceton* zu einem energetisch begünstigten, mesomeriestabilisierten Anion (konjugierte Base) führt [vgl. **MC-Fragen Nr. 33, 34**].

Dies macht aber auch verständlich, warum bei Carbonylverbindungen *nur die H-Atome in α-Position acidifiziert* werden. Aus der Abspaltung eines β-ständigen Wasserstoffatoms würde ebenfalls kein Anion resultieren, das durch Ladungsdelokalisierung stabilisiert werden kann. Aus dem gleichen Grund gelingt es auch *nicht*, die C-H-Bindung der Aldehydgruppe auf direktem Wege heterolytisch zu spalten, weil auch hierdurch kein mesomeriefähiges System gebildet würde [vgl. **MC-Fragen Nr. 1001, 1011**].

```
 β|      α|
 —C——————C——————C=O
  |      |      |
  H      H      H
nicht  acid   nicht
acid          acid
```

In *β-Dicarbonylverbindungen* (1,3-Dicarbonylverbindungen), wie beispielsweise **Malonester** [RO-CO-C**H_2**-CO-OR], **Acetessigester** [CH_3-CO-C**H_2**-CO-OR] oder **Acetylaceton** [CH_3-CO-CH_2-CO-CH_3], sind sowohl der induktive Effekt (–I) als auch die Möglichkeiten zur Delokalisierung der negativen Ladung des nach Deprotonierung gebildeten Carbanions noch stärker ausgeprägt, sodass diese Substanzen eine den Phenolen [Ar-O**H**] und Carbonsäuren [R-COO**H**] vergleichbare Säurestärke besitzen.

In ◘Tab. 3.25 sind die pK_s-Werte einiger CH-acider Verbindungen aufgelistet. Weitere CH-Säuren, insbesondere acide Kohlenwasserstoffe, finden sich in den ▸Kap. 3.5.7.1 und 3.19.4.3 [vgl. **MC-Fragen Nr. 223–227, 233, 1251, 1618, 1634, 1642, 1647, 1649, 1659, 1666, 1732, 1788**].

Auch *Nitroso-* [-NO], *Nitro-* [-NO_2] und *Sulfonsäuregruppen* [-SO_3H] wirken stark acidifizierend auf benachbarte C-H-Bindungen. Dabei lassen sich die einzelnen Stoffklassen in folgende Reihe *abnehmender CH-Acidität* einordnen [vgl. **MC-Fragen Nr. 937, 1034, 1643, 1651, 1653, 1655, 1661, 1662**].

R-CH_2-N=O > R-CH_2-NO_2 > R-CH_2-CH=O > R-CH_2-CO-R' >
R-CH_2-SO_3R' > R-CH_2-COOR' > R-CH_2-COOH

3.2.15.5 Tautomerie-Gleichgewichte

Bei *prototropen Tautomerie-Gleichgewichten* stehen zwei *Konstitutionsisomere* miteinander in einem dynamischen Gleichgewicht, die sich in der Stellung eines Wasserstoff-

◘ **Tab. 3.25 pK_s-Werte CH-acider Verbindungen**

Säure	pK_s	Säure	pK_s
Methan	ca. 48	Cyanessigester	10,5
Ethen	ca. 44	Nitromethan	10,2
Triphenylmethan	ca. 33	Benzoylaceton	9,4
Acetylen (Ethin)	ca. 25	Cyanwasserstoff	9,3
Acetonitril	ca. 25	Acetylaceton	9,0
Methylacetat	ca. 24	Nitroethan	8,6
Acetaldehyd	ca. 17	Dimedon	6,0
Malonsäurediethylester	12,9	Malondialdehyd	5,0
Malonsäuredinitril	11,1	Dinitromethan	3,6
Acetessigester	10,8	Trinitromethan	< 1

atoms voneinander unterscheiden. Simultan mit der Wanderung des Protons *(Prototropie)* erfolgt stets auch eine Verschiebung der Lage einer Doppelbindung. Tautomerievorgänge können somit durch folgende allgemeine Formelgleichung beschrieben werden [vgl. **MC-Fragen Nr. 218, 1395**],

$$\text{H-X-CH=Y} \rightleftharpoons \text{X=CH-Y-H} \quad [\text{X, Y = meistens C, N, O, S}]$$

wobei die Isomerisierung über das mesomere Anion abläuft (zum Isomeriebegriff siehe ▸Kap. 3.3.1):

$$\text{H-X-CH=Y} \xrightarrow{-\,H^+} [\,^-\text{X-CH=Y} \leftrightarrow \text{X=CH-Y}^-\,] \xrightarrow{+\,H^+} \text{X=CH-Y-H}$$

Entsprechende Gleichgewichte kann man auch für *vinyloge Verbindungen* formulieren (siehe ▸Kap. 3.1.9.4).

$$\text{H-X(CH=CH)}_n\text{-CH=Y} \rightleftharpoons \text{X=CH-(CH=CH)}_n\text{-Y-H}$$

Wenn X und Y Atome mit hoher *Elektronegativität* sind, vollzieht sich die Tautomerie so rasch, dass eine Trennung beider Formen *nicht* möglich ist. Im Gegensatz dazu ist bei Tautomeren, in denen X oder Y ein C-Atom bedeuten, die Gleichgewichtseinstellung so stark verlangsamt, dass u.U. eine Isolierung der einzelnen Tautomeren gelingt.

Verbindungen, die sich voneinander in der Stellung eines Protons und in der Lage einer oder mehrerer Doppelbindungen unterscheiden und miteinander im Gleichgewicht stehen, werden Tautomere genannt.

- **Lactim-Lactam-Tautomerie (Amino-Imid-Tautomerie):**

Bei normalen *Carbonsäureamiden* liegt das Gleichgewicht ganz auf der Seite der Amid-Form.

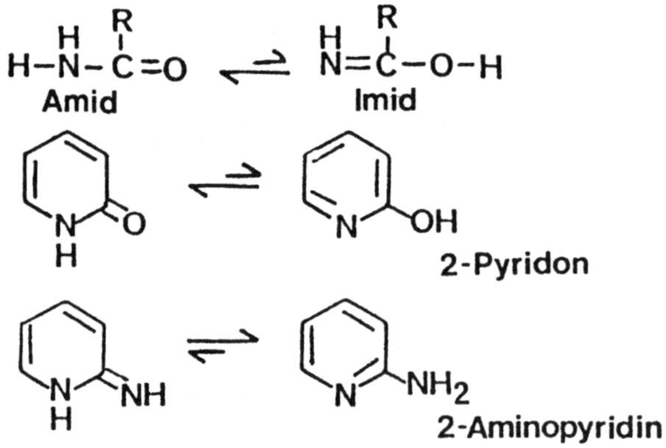

H-N(H)-C(R)=O ⇌ HN=C(R)-O-H

Amid Imid

2-Pyridon

2-Aminopyridin

Bei cyclischen Säureamiden *(Lactamen)* von der Art des **2-Pyridons (2-Hydroxypyridin, α-Pyridon)** sprechen die physikalischen Eigenschaften für ein Überwiegen der Lactam-Form, obwohl die Lactim-Form durch die Aromatisierung des Ringes begünstigt wäre. Beim **2-Aminopyridin** ist dagegen die Amino-Form bevorzugt. Ähnliche Stabilitätsverhältnisse finden sich auch bei zahlreichen Hydroxy-, Mercapto- und Amino-substituierten Purin- und Pyrimidin-Derivaten [vgl. **MC-Frage Nr. 268**].

- **Keto-Enol-Tautometrie**

```
 | |          | |
H-C-C=O  ⇌  -C=C-O-H
 |
Keto-Form    Enol-Form
```

Wie die Werte in ◻Tab. 3.26 ausweisen, ist bei *einfachen gesättigten Ketonen* der *Enolgehalt* äußerst *gering*, weil die Keto-Form um 45–65 kJ mol^{-1} stabiler ist als die Enol-Form. Die gegenseitige Umwandlung von Enol- und Keto-Formen wird durch Säuren oder Basen katalysiert [vgl. **MC-Fragen Nr. 34, 220, 230, 232, 1010, 1395**].

Die Stabilitätsverhältnisse können sich jedoch total umkehren, wenn die Bindungsverhältnisse die Enol-Form begünstigen, wie dies z. B. beim **Phenol** der Fall ist [vgl. **MC-Fragen Nr. 494, 816, 1778**].

Phenol; Anthron ⇌ Anthranol

◻ **Tab. 3.26 Enolgehalte ausgewählter Carbonylverbindungen**

Substanz	%-Enol	Substanz	%-Enol
Aceton	$2{,}5 \cdot 10^{-4}$	Acetessigester	
Butan-2-on	$1{,}2 \cdot 10^{-1}$	flüssig	7,6
Cyclopentanon	$4{,}8 \cdot 10^{-3}$	gasförmig	52,0
Cyclohexanon	$2{,}0 \cdot 10^{-2}$	in Wasser	0,4
Benzoylaceton	89,2	in Eisessig	5,7
Diacetyl	$5{,}6 \cdot 10^{-3}$	in Ethanol	10,5
Cyclopentan-1,2-dion	99,0	in Benzen	16,2
Cyclohexan-1,2-dion	40,0	in Hexan	46,4
Cyclohexan-1,3-dion	95,0	Acetylaceton	
Dimedon	95,0	flüssig	76,0
Malonsäureester	0,01	gasförmig	93,7
		in Wasser	15,5
		in Hexan	92,0

Da mit zunehmender linearer Anellierung aromatischer Ringsysteme der Energieaufwand zur „Entaromatisierung“ des zentralen Ringes geringer wird, ist schon das **9-Hydroxyanthracen (Anthranol)** weniger stabil als die entsprechende Keto-Form, das **Anthron**. Weil das Proton hierbei über das Ringgerüst hinwegwandert, spricht man auch von einer sog. **Transanular-Tautomerie**.

Resorcin (**Diketo-Dienol-Tautomerie**) und **Phloroglucin** (**Triketo-Trienol-Tautomerie**) zeigen sowohl die Eigenschaften eines Ketons als auch die eines Phenols. Zum Beispiel bildet Resorcin (1,3-Dihydrobenzen) mit Acetanhydrid einen Bis-Ester und mit Hydroxylamin reagiert es zum Dioxim. Phloroglucin (1,3,5-Trihydroxybenzen) zeigt die für Phenole typische positive $FeCl_3$-Reaktion, lässt sich mit Diazomethan verethern und mit Acetanhydrid verestern; andererseits reagiert Phloroglucin mit Hydroxylamin zu einem Trioxim [vgl. **MC-Fragen Nr. 228, 813, 814, 816**].

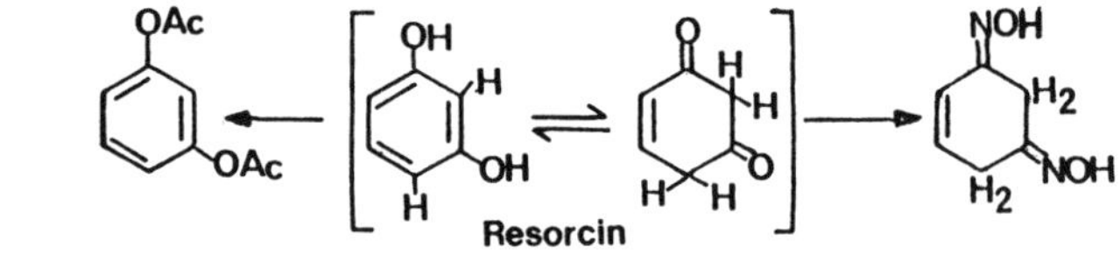

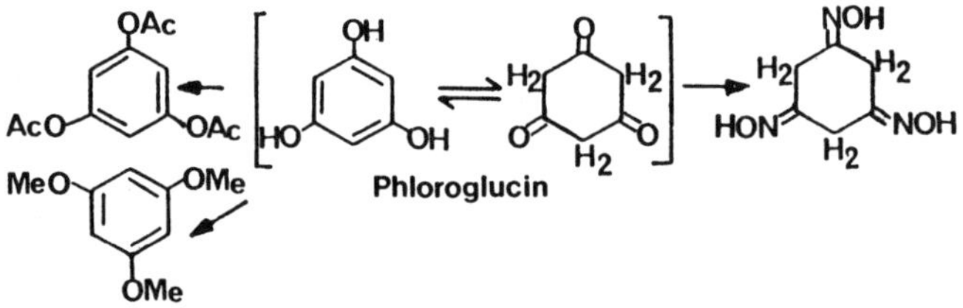

Resorcin

Phloroglucin

Besonders eingehend untersucht wurden die Tautomerie-Gleichgewichte von *β-Dicarbonylverbindungen* wie z. B. *β-Diketone* (*1,3-Diketone*) [**Acetylaceton** (Pentan-2,4-dion), **Benzoylaceton**] oder *β-Ketocarbonsäureester (β-Ketoester)* [**Acetessigsäureethylester** (Acetessigester), **Benzoylessigsäureester** (3-Oxo-3-phenyl-propionsäureester)][vgl. **MC-Fragen Nr. 224, 228–233, 1012, 1040, 1041, 1249, 1250, 1257, 1259, 1260, 1269, 1270, 1666**].

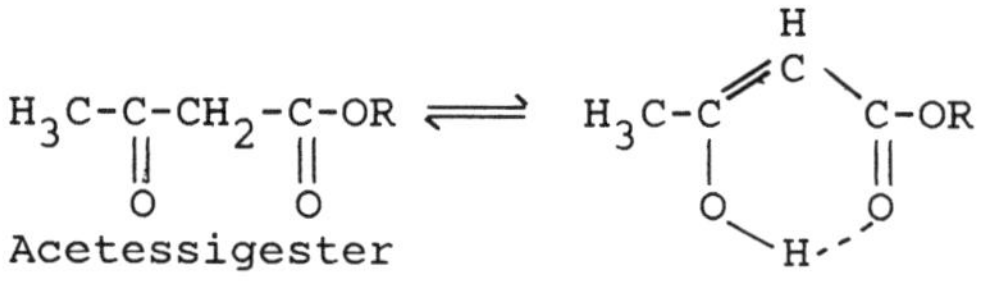

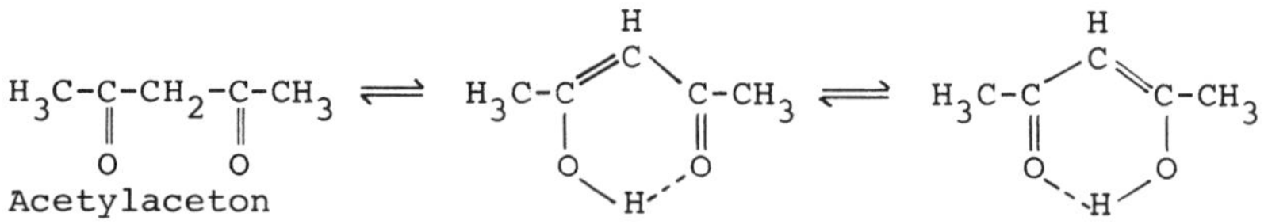

```
                                          H
                                          C
H3C-C-CH2-C-OR  ⇌   H3C-C         C-OR
    ||     ||                |          ||
    O      O                 O          O
Acetessigester                   H

                                          H                          H
                                          C                          C
H3C-C-CH2-C-CH3  ⇌  H3C-C         C-CH3  ⇌  H3C-C         C-CH3
    ||     ||                |          ||              ||          |
    O      O                 O          O               O           O
Acetylaceton                     H                           H
```

Bei diesen Verbindungen ist durch die Konjugation der C=C-Doppelbindung im Enol zur zweiten C=O-Gruppe der Übergang in die Enol-Form erleichtert. Zusätzlich wird die Enol-Form durch eine *intramolekulare Wasserstoffbrückenbindung* stabilisiert, was folgende Verallgemeinerung zulässt [vgl. **MC-Fragen Nr. 233, 1041**]:

> Die Enolisierungstendenz einer Carbonylverbindung ist umso größer, je acider die α-Methylenwasserstoffe sind und je stärker das Enol durch Konjugation des Bindungssystems stabilisiert wird.

Den Einfluss der Konjugation erkennt man auch daran, dass bei der Enolisierung von **Phenylaceton** (C_6H_5-CH_2-CO-CH_3) bevorzugt das Tautomer mit einer C=C-Doppelbindung in Konjugation zum aromatischen Ringsystem hin entsteht [vgl. **MC-Frage Nr. 233**].

Der unterschiedliche Enolgehalt von **Acetessigester** und **Acetylaceton** ist darauf zurückzuführen, dass die COOR-Gruppe als Konjugationspartner für eine C=C-Doppelbindung weniger gut geeignet ist als eine C=O-Funktion. Analoges trifft für Sulfonyl-Gruppen [RSO_2-] zu, die aufgrund ihres starken –I-Effektes die CH-Acidität beträchtlich erhöhen, sich aber schlecht als Konjugationspartner eignen, sodass solche Substanzen kaum enolisiert vorliegen.

Wie ▫Tab. 3.26 belegt, sind Keto-Enol-Gleichgewichte in hohem Maße von der Temperatur und dem verwendeten Lösungsmittel abhängig. Die Enolgehalte sind besonders hoch in der Gasphase und in unpolaren, aprotischen *Lösungsmitteln*. In polaren Lösungsmitteln können die β-Dicarbonyl-Form und die Enol-Form H-Brücken mit Lösungsmittelmolekülen eingehen, sodass eine intramolekulare Wasserstoffbrückenbindung zu keiner zusätzlichen Stabilisierung des Moleküls führt [vgl. **MC-Fragen Nr. 232, 233, 1012, 1251**].

Auch *cyclische Diketone* [**Resorcin, 5,5-Dimethyldihydroresorcin ≡ Dimedon**] sind stärker enolisiert als offenkettige Verbindungen, obwohl sich bei diesen Substanzen keine intramolekularen H-Brücken ausbilden können [vgl. **MC-Frage Nr. 1647**].

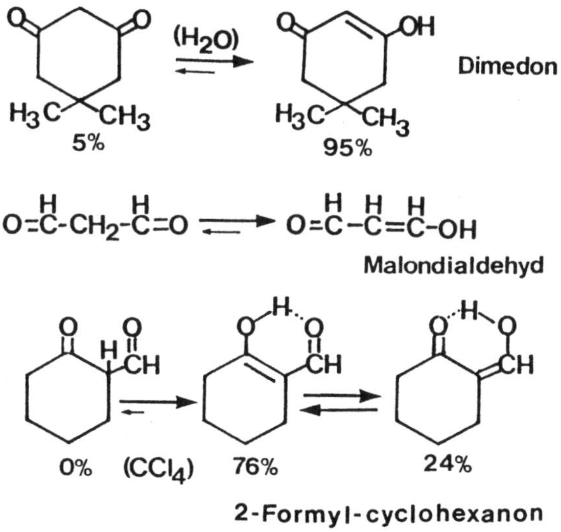

(H₂O) 5% ⇌ 95% Dimedon

O=CH-CH₂-CH=O ⇌ O=CH-CH=CH-OH Malondialdehyd

0% (CCl₄) 76% 24%

2-Formyl-cyclohexanon

β-Ketoaldehyde und *β-Dialdehyde* wie z. B. **Malondialdehyd** [$O{=}CH{-}CH_2{-}CH{=}O$] oder **2-Formylcyclohexanon** existieren fast ausschließlich in der Enol-Form. Demgegenüber ist der Enolgehalt von *Malonsäureestern* vernachlässigbar gering, sodass Malonester-Derivate *keine* positive $FeCl_3$-Reaktion ergeben.

α-Hydroxycarbonylverbindungen gehen unter bestimmten Bedingungen in die *Endiol-Form* über (**Ketol-Endiol-Tautomerie**) und besitzen stark reduzierende Eigenschaften [vgl. **MC-Fragen Nr. 219, 1029, 1446, 1447, 1449**].

```
  OH              OH               O H
  |               |                || |
R-C-C-R'  ⇌  R-C=C-R'  ⇌  R-C-C-R'
  | ||              |                  |
  H O              OH                 OH
Ketol          Endiol           Ketol
```

Die Enolisierung offenkettiger *1,2-Diketone* wie **Diacetyl** [$H_3C{-}CO{-}CO{-}CH_3$] ist gering und kaum größer als bei einfachen aliphatischen Ketonen. Auch hier wird die Enolisierung durch die Cyclisierung beeinflusst. **Cyclopentan-1,2-dion** ist fast vollständig enolisiert.

Enole [C=C-OH] weisen einen deutlich sauren Charakter auf und reagieren mit Eisen(III)-chlorid oder anderen Schwermetallsalzen unter Bildung von gefärbten Chelatkomplexen. Darüber hinaus entfärben Enole eine wässrige Bromlösung. Diese Bromaddition ist eine der Methoden zur quantitativen Bestimmung des Enolgehaltes.

• Nitro-aci-Nitro-Tautomerie

Die Tautomerie stark CH-acider primärer und sekundärer Nitroalkane ist eng verwandt mit der Keto-Enol-Tautomerie [siehe auch ▸Kap. 3.10.7.1 und **MC-Frage Nr. 937**].

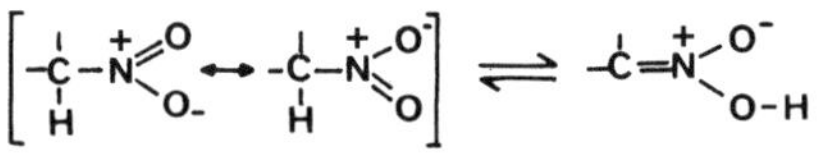

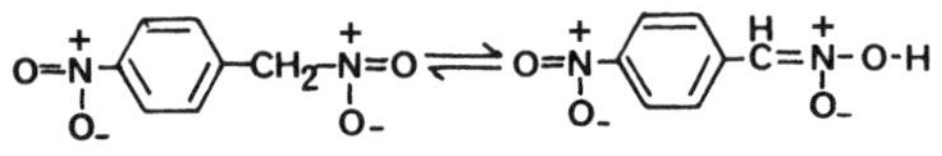

Nitro-Form aci-Nitro-Form

Durch die Mesomeriestabilisierung der Nitrogruppe überwiegt bei einfachen Nitroalkanen die Nitro-Form. Diese Resonanzstabilisierung geht beim Übergang in die aci-Nitro-Form verloren. Nur wenn das Bindungssystem der aci-Form durch Konjugationseffekte begünstigt wird, wie in *Arylnitromethanen* [$Ar{-}CH_2{-}NO_2$], sind im Gleichgewichtsgemisch die aci-Formen in messbarer Konzentration vorhanden. So liegt beispielsweise ***p*-Nitrophenyl-nitromethan** [$O_2N{-}C_6H_4{-}CH_2{-}NO_2$] (siehe obige Formel) in Methanol zu 0,8% und in Pyridin zu 16% in der aci-Nitro-Form vor.

• Weitere Beispiele tautomeriefähiger Bindungssysteme

Die nachfolgenden Beispiele sollen den Tautomerie-Begriff weiter vertiefen.

Primäre und sekundäre C-Nitroso-Derivate *(Isonitrosoverbindungen)* sind instabil und isomerisieren quantitativ zu *Oximen* (**Isonitroso-Oxim-Tautomerie**) [vgl. **MC-Frage Nr. 221**].

$$\text{Isonitrosoverbindung}\quad R_2\overset{H}{C}\text{-N=O} \rightleftharpoons R_2C\text{=N-O-H}\quad \text{Oxim}$$

Ein Beispiel hierfür ist die Tautomerie zwischen ***p*-Nitrosophenol** und ***p*-Benzochinonmonoxim** [vgl. **MC-Frage Nr. 219**].

$$O{=}N\text{-}C_6H_4\text{-}OH \rightleftharpoons HO\text{-}N{=}C_6H_4{=}O$$

p-Nitrosophenol *p*-Benzochinonmonoxim

In analoger Weise stehen *N-Nitrosamine* mit *Diazohydroxiden* (Diazenole) in einem tautomeren Gleichgewicht (**Nitroso-Diazo-Tautomerie**) [vgl. **MC-Frage Nr. 222**].

$$\text{N-Nitrosamin}\quad R\text{-}\overset{H}{N}\text{-N=O} \rightleftharpoons R\text{-N=N-O-H}\quad \text{Diazohydroxid}$$

Tautomerie wird auch bei bestimmten *Triazenen* (Diazoaminoverbindungen) und *Azomethinen* beobachtet.

$$\text{Triazen}\quad Ar\text{-N=N-}\overset{H}{N}\text{-}Ar' \rightleftharpoons Ar\text{-}\overset{H}{N}\text{-N=N-}Ar'$$

$$\text{Azomethin}\quad R\text{-}CH_2\text{-N=CH-}R' \rightleftharpoons R\text{-CH=N-}CH_2\text{-}R'$$

Ebenso können *Hydroxamsäuren* in tautomeren Formen existieren.

$$\text{Hydroxamsäure}\quad HO\text{-}\underset{H}{N}\text{-}\underset{R}{C}\text{=O} \rightleftharpoons HO\text{-N=}\underset{R}{C}\text{-O-H}$$

Cyansäure (H-O-C≡N) und **Isocyansäure** (O=C=N-H) sind gleichfalls tautomer zueinander. Mit *Cyansäurestern* (RO-CN) und *Isocyanaten* (R-N=C=O) existieren von beiden Substanzen organische Derivate. Auch ***p*-Benzochinonphenylhydrazon** und ***p*-Hydroxyazobenzen** bilden tautomere Formen [vgl. **MC-Fragen Nr. 219, 485**].

$$O{=}C_6H_4{=}N\text{-}\overset{H}{N}\text{-}C_6H_5 \rightleftharpoons HO\text{-}C_6H_4\text{-N=N-}C_6H_5$$

p-Benzochinonphenylhydrazon *p*-Hydroxyazobenzen

3.2.15.6 Ablauf nucleophiler Additionen an Carbonylverbindungen

Durch die *Polarisation der Carbonylgruppe* sind bei Additionsreaktionen an *Aldehyde* und *Ketone* Art und Richtung des Angriffs von Reagenzien weitgehend festgelegt. Entweder greift das *Nucleophil* am positivierten *Carbonyl-C-Atom* an oder es erfolgt die Anlagerung eines *Elektrophils* am *Carbonylsauerstoff* [vgl. **MC-Fragen Nr. 212, 1001, 1002**].

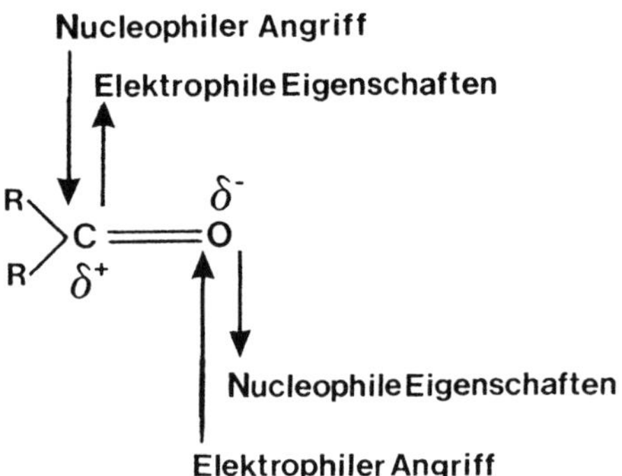

Aus praktischer Sicht hat der elektrophile Angriff am Sauerstoff nur geringe Bedeutung, außer im Falle eines *Protons*, dessen rasche und reversible Anlagerung dem *geschwindigkeitsbestimmenden Angriff des Nucleophils* am Carbonylkohlenstoff vorausgeht. Die Protonierung erhöht die Polarität der Carbonylgruppe und damit deren Bereitschaft mit einem Nucleophil zu reagieren. Manche *Lewis-Säuren* erzeugen denselben Effekt.

$$-C{=}\overline{\underline{O}} + H^+ \overset{\text{schnell}}{\rightleftharpoons} \left[-C{=}\overset{+}{\underline{O}}-H \leftrightarrow -\underset{+}{C}-\overline{\underline{O}}-H \right] \underset{+\ HX|}{\overset{\text{langsam}}{\rightleftharpoons}}$$

$$H-\overset{+}{X}-C-OH \underset{-\ H^+}{\overset{\text{schnell}}{\rightleftharpoons}} |X-C-OH$$

Im langsamen **Additionsschritt** entsteht aus der ebenen, trigonalen Carbonylverbindung ein tetraedrisches Addukt, in dem die Substituenten näher zusammenrücken. Der R-C-R'-Bindungswinkel nimmt von 120° auf 109,5° ab. Aus diesem Grund erfolgt die Anlagerung eines Nucleophils umso schwerer, je sperriger die Reste am Carbonyl-C-Atom sind. Mit anderen Worten: *Sterisch anspruchsvolle Substituenten erschweren den Übergang vom* sp^2*- zum* sp^3*-hybridisierten Kohlenstoff.*

Die meisten Additionsreaktionen an Carbonylverbindungen verlaufen *reversibel.* Nur bei starken Nucleophilen wie komplexen Hydriden und Grignard-Reagenzien liegt das Gleichgewicht auf der Seite der Produkte.

Die primären Additionsprodukte sind relativ instabil und lassen sich nur in Einzelfällen isolieren. Sie gehen leicht in einem nachgeschalteten **Kondensationsschritt** – meistens unter *Abspaltung von Wasser* – in ungesättigte Verbindungen über.

```
 |                schnell      [    +           +   ]    + H2X            + |
-C=O   + H+   ─────────────→   [ -C=O-H  ↔  -C-O-H ]  ──────────→   H-X-C-O-H
                               [  |          |      ]   Addition         | |
                                                        langsam          H

  - H+              |       + H+          | +       Kondensation
─────────→   H-X-C-O-H   ────────→   H-X-C-O-H   ─────────────────→
 schnell            |                     | |         - H2O
                                          H          langsam
                                     Oxoniumion

 [      |+         + | ]          - H+                    |
 [ H-X-C+   ↔  H-X=C  ]  ──┬─────────────────→         X=C-          [E]
 [      |            | ]   │
 Carbeniumion              │      + H2X
                           └─────────────────→        H-X-C-X-H       [SN]
                                  - H+                     |
```

Im Kondensationsschritt wird das Additionsprodukt durch eine im Reaktionsansatz anwesende Säure unter Bildung eines *Oxoniumions* protoniert. Daraus entsteht unter (reversibler) *Dehydratisierung* ein *mesomeriestabilisiertes Carbeniumion,* das durch Deprotonierung bzw. durch den Angriff eines weiteren Nucleophils zu neutralen Produkten weiterreagieren kann.

Verfügt das angreifende Nucleophil (Base) über kein zweites H-Atom und besitzt die Carbonylverbindung einen α-ständigen Wasserstoff, so reagieren beide Reaktanden in folgender Weise miteinander.

```
  |  |                         |      + H+          | +        -H2O
 -CH-C=O     + HX  ───→    X-C-OH  ───────→     X-C-OH2   ──────→
  α                            |                    |
                             H-C-                 H-C-
                               |                    |
                                                Oxoniumion

 [   | +         |   + ]      - H+                 | |
 [ H-C-C-X  ↔  H-C-C=X ]  ──┬──────────────→     -C=C-X            [E]
 [   | |         | |   ]    │
 Carbeniumion               │
                            │   + HX                | |
                            └──────────────→     -CH-C-X           [SN]
                                - H+              α  |
                                                     X
```

Besitzt weder das angreifende Reagenz ein zweites H-Atom noch die Carbonylverbindung einen α-ständigen Wasserstoff, so steht nur noch der „Substitutionsweg" offen.

$$-\overset{|}{C}=O \; + HX \rightleftharpoons X-\overset{|}{\underset{|}{C}}-O-H \xrightarrow[-\,H_2O]{+\,HX} X-\overset{|}{\underset{|}{C}}-X \quad [S_N]$$

Die *Geschwindigkeit der Gesamtreaktion* kann sowohl durch den Additionsschritt als auch durch den Kondensationsschritt bestimmt werden. Bei der Umsetzung von Carbonylverbindungen mit *starken Nucleophilen* erfolgt im neutralen oder basischen Milieu die Addition meistens rasch und die *Kondensation* ist *geschwindigkeitsbestimmend.* Da dieser Schritt immer säurekatalysiert abläuft, wird er durch den Zusatz einer Säure beschleunigt.

Über die wichtigsten Additionsreaktionen von Nucleophilen an Aldehyde und Ketone informiert ◘Tab. 3.27. Die präparativen Aspekte dieser Reaktionen werden im ▸Kap. 3.12.5 detailliert beschrieben.

Typische Reaktionen von Aldehyden und Ketonen sind nucleophile Additionen an die Carbonylgruppe, wobei Aldehyde leichter reagieren als Ketone. Aus der planaren C=O-Gruppe entsteht durch die Anlagerung des Nucleophils ein tetraedrisches Addukt, sodass bei diesen Reaktionen mit einer gewissen sterischen Hinderung durch Gruppenhäufung zu rechnen ist. Elektronenakzeptoren an der Carbonylgruppe erleichtern die Addition. Auch die Säurekatalyse beschleunigt den nucleophilen Angriff. Im Allgemeinen ist dem Additionsschritt ein Kondensationsschritt nachgeschaltet, wobei unter Abspaltung von Wasser z. B. Azomethine, Enamine, Oxime oder Hydrazone gebildet werden. Daneben besteht die Möglichkeit, die HO-Gruppe des Additionsproduktes nucleophil zu substituieren, wodurch Aminale, Acetale, Ketale und Mercaptale zugänglich werden.

3.2.15.7 **Reaktivität von Carbonylverbindungen**

Die Reaktionsfähigkeit von Aldehyden und Ketonen wird durch *sterische* und *elektronische Faktoren* beeinflusst.

Erwartungsgemäß erhöhen elektronenanziehende Substituenten an der C=O-Gruppe die Additionsgeschwindigkeit von Nucleophilen, während sie durch elektronenliefernde Gruppen wie z. B. Alkylreste verringert wird. Daher sind *Ketone* im Allgemeinen *reaktionsträger als Aldehyde.*

Voluminöse Substituenten, insbesondere dann, wenn das α-C-Atom sperrige Reste trägt, vermindern gleichfalls die Geschwindigkeit des Additionsschrittes, sodass man für einfache Carbonylverbindungen folgende *Reihe abnehmender Reaktivität* findet.

$$H_2C{=}O > CH_3CH{=}O > CH_3COCH_3 > CH_3COC(CH_3)_3 > (CH_3)_3CCOC(CH_3)_3$$

Auch bei unveränderter Carbonylkomponente aber wachsendem Raumbedarf des Nucleophils verlangsamt sich die Additionsgeschwindigkeit.

Aufgrund der Konjugation des π-Elektronensystems zur C=O-Gruppe sind *aromatische Aldehyde und Ketone in der Regel weniger reaktionsfähig als aliphatische Carbonylverbindungen.* Trägt der aromatische Rest in *ortho-* oder *para-*Stellung +M-Substi-

Tab. 3.27 Reaktionen von Carbonylverbindungen mit Basen [Substrat –C=O]

Base [Nucleophil]	Produkt
prim. Amin [$R-NH_2$]	Azomethin (Imin) [–C=N–R]
sek. Amin [R_2NH]	Enamin [–C=C–NR_2]
	Aminal [–C(NR_2)$_2$]
Hydroxylamin [HO–NH_2]	Oxim [–C=N–OH]
Hydrazin [H_2N-NH_2]	Hydrazon [–C=N–NH_2]
	Azin [–C=N–N=C–]
subst. Hydrazin [R–NH–NH_2]	Hydrazon [–C=N–NH–R]
Semicarbazid [H_2N–CO–NH–NH_2]	Semicarbazon [–C=N–NH–CO–NH_2]
Alkohol [ROH]	Acetal, Ketal [–C(OR)$_2$]
Mercaptan [RSH]	Mercaptal [–C(SR)$_2$]
Wasser [HOH]	Hydrat (1,1-Diol) [–C(OH)$_2$]

tuenten [OH, NH_2 u. a.], so ist die Reaktivität noch weiter herabgesetzt, während –M-Substituenten [NO_2 u. a.] die Reaktionsfähigkeit dieser Verbindungen steigern.

3.2.15.8 Katalyse von A_N-Reaktionen an Carbonylverbindungen

Viele A_N-Reaktionen von Aldehyden und Ketonen werden durch den Zusatz von *Säuren* oder *Basen* beschleunigt. Die katalytische Wirkung einer *Base* beruht auf der Umwandlung eines schwachen Nucleophils (HX) in ein stärkeres (X^-) [Bsp.: HCN zu CN^-].

Die *Säurekatalyse erhöht die Carbonylaktivität.* Sie senkt die Aktivierungsenergie für den nucleophilen Angriff und erleichtert dadurch die Anlagerung des Nucleophils. Die katalytische Wirkung einer Säure ist umso notwendiger, je schwächer nucleophil das Reagenz und je geringer die Carbonylreaktivität des Substrats ist. Allerdings ist bei sauer katalysierten Reaktionen zu beachten, dass die Zugabe einer Säure (HA) die effektive Konzentration des Nucleophils im Reaktionsgemisch zurückdrängen kann.

$$CN^- + HA \rightleftharpoons HCN + A^-$$
$$R-NH_2 + HA \rightleftharpoons R-NH_3^+ + A^-$$

Daher ist für viele A_N-Reaktionen an Carbonylverbindungen die *Einstellung eines optimalen pH-Wertes* essentiell. Dieser liegt im Allgemeinen im Bereich des *pK_s-Wertes des nucleophilen Reagenzes.*

So besitzt z. B. die Reaktion von **Phenol** [$pK_s = 9{,}9$] mit Formaldehyd ihre maximale Geschwindigkeit bei pH = 10 und sinkt bei höheren und tieferen pH-Werten rasch ab. Ebenso ist die Geschwindigkeit der Umsetzung von **Semicarbazid** [$pK_s = 3{,}6$] mit Aldehyden oder Ketonen in acetatgepufferter Lösung (pH = 4) am größten. Beim schwächer basischen **2,4-Dinitrophenylhydrazin** katalysiert die Essigsäure nur schwach, während eine Mineralsäure die 2,4-Dinitrophenylhydrazon-Bildung stark beschleunigt.

Spezifische Säurekatalyse: Hier wird die *Reaktionsgeschwindigkeit nur* durch den Zusatz der *konjugierten Säure* des *Lösungsmittels* erhöht.

Im Falle *wässriger Lösungen* ist die Reaktionsgeschwindigkeit somit eine Funktion der *H_3O^+-Konzentration,* d. h., sie hängt vom *pH-Wert* ab. Deshalb ändert sich die Reaktionsgeschwindigkeit nicht bei Zugabe anderer Protonendonatoren (z. B. NH_4^+-Ionen), es sei denn, die H_3O^+-Konzentration (bzw. der pH-Wert) würde dadurch verändert werden.

Häufig beobachtet man bei spezifisch säurekatalysierten Reaktionen ein *Maximum der Reaktionsgeschwindigkeit in einem bestimmten pH-Bereich.* Die spezifische Säurekatalyse ist charakteristisch für Reaktionen mit einem schnellen, reversiblen Protonierungsschritt *vor* dem geschwindigkeitsbestimmenden Teilschritt. Beispiele hierfür sind die:

- *Veresterung von Carbonsäuren,*
- *saure Verseifung von Carbonsäureestern.*
- *Bildung und Spaltung von Acetalen,*

$$\underset{\text{Acetal}}{R\text{-}CH(OR')_2} + H_3O^+ \xrightarrow[-\,H_2O]{\text{schnell}} R\text{-}CH(OR')(\overset{+}{O}R'H) \xrightarrow[-\,R'OH]{\text{langsam}} R\text{-}CH{=}\overset{+}{O}R'$$

$$\xrightarrow[\text{schnell}]{+\,2\,H_2O} R\text{-}CH{=}O + R'OH + H_3O^+$$

Allgemeine Säurekatalyse: Hier wird die Reaktion von allen Protonendonatoren katalysiert. Selbst schwache Säuren wie Carbonsäuren oder Phenole steigern die Reaktionsgeschwindigkeit.

Eine *allgemeine Säurekatalyse* ist charakteristisch für Reaktionen, in denen die Protonierung des Substrats geschwindigkeitsbestimmend ist, gefolgt von einer raschen Umwandlung der gebildeten Zwischenprodukte. Als Beispiel sei die *Verseifung von Orthoestern* genannt [vgl. **MC-Frage Nr. 1184**].

$$\underset{\text{Orthoester}}{R{-}C(OR')_2{-}OR'} + HX \xrightarrow[-\,R'OH,\ -\,X^-]{\text{langsam}} R{-}C(=\overset{+}{O}R'){-}OR' \xrightarrow[-\,R'OH,\ -\,H^+]{+\,H_2O,\ \text{schnell}} \underset{\text{Carbonsäureester}}{R{-}C(=O){-}OR'}$$

Darüber hinaus sind Reaktionen bekannt, die sowohl spezifisch als auch allgemein säurekatalysiert ablaufen können. Ein Beispiel dafür ist die *Hydratbildung von Aldehyden* in wässriger Lösung.

Spezifische Basenkatalyse: In diesem Falle ist die Reaktionsgeschwindigkeit in wässriger Lösung proportional zur Konzentration an HO^--Ionen. Charakteristisch für solche Reaktionen ist eine rasche, reversible Deprotonierung des Substrats *vor* dem geschwindigkeitsbestimmenden Teilschritt.

Allgemeine Basenkatalyse: Sie können in wässriger Lösung auch durch andere Basen als HO^--Ionen beschleunigt werden. Ein Beispiel hierfür ist die basenkatalysierte *α-Halogenierung von Ketonen* (siehe ▸Kap. 3.7.2.2). Typisch für allgemein basenkatalysierte Reaktionen ist die langsame, geschwindigkeitsbestimmende Deprotonierung des Substrats gefolgt von der raschen Umwandlung der gebildeten Zwischenprodukte.

3.2.15.9 Dynamische Stereochemie nucleophiler Additionen

Die Carbonylgruppe ist wie die C=C-Doppelbindung *eben* gebaut. Nucleophile Reagenzien können daher mit gleicher Wahrscheinlichkeit von zwei Seiten an das positivierte Carbonyl-C-Atom herantreten. Ob die Anlagerung als Syn- oder Anti-Addition abläuft, lässt sich nicht entscheiden, weil sich die beiden möglichen Addukte durch Rotation um die C-O-Einfachbindung ineinander umwandeln können.

Deshalb führt die Addition eines Reagenzes [HX] an ein *prochirales Keton* [R'RC=O mit R ≠ R'], bei der ein neues Chiralitätszentrum erzeugt wird, zu einem *Racemat.* Die Reaktion verläuft *nicht stereoselektiv.*

Ist jedoch die *Carbonylverbindung chiral,* dann sind die beiden Seiten der planaren C=O-Gruppe nicht mehr äquivalent. Insbesondere, wenn das α-C-Atom chiral ist, erfolgt die Addition des Nucleophils von „oben" und „unten" mit unterschiedlicher

Wahrscheinlichkeit. Das gebildete Produkt besitzt nun zwei Chiralitätszentren, sodass ein Gemisch zweier Diastereomerer entsteht, wenn man von einem reinen Enantiomer ausgeht.

$$R^1\text{–}\overset{R^2}{\underset{R^3}{\overset{*}{C}}}\text{–}\underset{O}{\underset{\|}{C}}\text{–}R^4 \xrightarrow[(LiAlH_4)]{\text{„2 H"}} R^1\text{–}\overset{R^2}{\underset{R^3}{\overset{*}{C}}}\text{–}\overset{H}{\underset{OH}{\overset{*}{C}}}\text{–}R^4 + R^1\text{–}\overset{R^2}{\underset{R^3}{\overset{*}{C}}}\text{–}\overset{OH}{\underset{H}{\overset{*}{C}}}\text{–}R^4$$

Häufig findet man in diesen Fällen, dass die *Addition infolge asymmetrischer Induktion stereoselektiv* abläuft, d. h., die beiden möglichen Produkte liegen *nicht* mehr im Verhältnis 1:1 vor (siehe ▸Kap. 3.3.2). Bei reversiblen Reaktionen überwiegt das thermodynamisch stabilere Produkt. Bei irreversiblem Verlauf entsteht bevorzugt das Produkt, das sich rascher bildet *(kinetische Reaktionskontrolle)*. Welche Verbindung dies ist, kann mithilfe der **Cramschen Regel** vorausgesagt werden.

Hierzu nimmt man an, dass eine Carbonylverbindung aus der Konformation heraus reagiert, bei der sich der Carbonylsauerstoff und der Größte der drei Substituenten am α-C-Atom in einer anti-Stellung zueinander befinden. Kennzeichnet man diese Substituenten mit G (groß), M (mittel) und K (klein), so besagt die Cramsche Regel:

Bildet sich bei der Addition an eine Carbonylverbindung ein neues Chiralitätszentrum unmittelbar neben einem bereits vorhandenen, so wird im stabilsten Übergangszustand die C=O-Doppelbindung von dem am wenigsten voluminösen Substituenten flankiert, und das Nucleophil lagert sich an die C=O-Gruppe von der am wenigsten behinderten Seite an.

3.2.15.10 Reaktionen von Carbonylverbindungen mit CH-aciden Verbindungen

Eine Reihe *CH-acider Verbindungen* (**Methylenkomponente**) wie z. B. Aldehyde, Ketone, Ester, Säureanhydride, Nitrile oder Nitroalkane mit einem *H-Atom in α-Stellung* zur funktionellen Gruppe sowie Acetylen-Derivate und Cyanwasserstoff sind zur Bildung von *Carbanionen* befähigt und können nucleophil an *Carbonylverbindungen* (**Carbonylkomponente**) angelagert werden. Dem einleitenden **Additionsschritt** schließt sich häufig ein **Kondensationsschritt** unter *Dehydratisierung* an.

```
Z                  R'            Z        R'
  >CH2   +   O=C<      ------>     >C=C<
R                  R''  - H2O    R        R''
Methylen-    Carbonyl-
komponente   komponente      [Z = CHO, COR, COOR, CN, NO2]
```

Solche Reaktionen besitzen ein großes präparatives Interesse und dienen zur *Knüpfung von C,C-Bindungen und somit zum Aufbau von Kohlenstoffgerüsten.*

In der Regel erfolgen die Umsetzungen in Gegenwart einer *Base.* Die Katalysatorbase deprotoniert die CH-acide Verbindung unter Bildung eines Carbanions. Im anschließenden *geschwindigkeitsbestimmenden Schritt* addiert sich das Carbanion an die Carbonylkomponente. Nach der Protonierung des gebildeten Alkoholat-Ions, wobei das Proton auch aus dem verwendeten Lösungsmittel stammen kann, erfolgt die Dehydratisierung des Moleküls. Die Abspaltung von Wasser muss bei basenkatalysierten Reaktionen nicht immer eintreten. Für diesen Teilschritt wird ein $E1_{CB}$ – oder ein E2-Mechanismus diskutiert (siehe ▸Kap. 3.2.10.3).

$$\underset{\text{Methylenkomponente}}{R\text{-}CH_2\text{-}Z \;+\; B} \xrightarrow{-\,BH^+} \underset{\text{Carbanion}}{R\text{-}\overset{\ominus}{\underline{C}}H\text{-}Z} \xrightarrow[\text{Addition}]{+\,R'R''C{=}O} R\text{-}C(Z)(H)\text{-}C(R')(O^-)\text{-}R''$$

$$\xrightarrow[-\,B]{+\,BH^+} R\text{-}C(Z)(H)\text{-}C(R')(OH)\text{-}R'' \xrightarrow[{[E1_{CB}\text{ oder }E2]}]{\text{Kondensation}} R\text{-}C(Z){=}C(R')\text{-}R'' \;+\; H_2O$$

Die zugesetzte Base (B) besitzt lediglich die Funktion eines Katalysators. Sie überführt in einer vorgelagerten Reaktion die CH-acide Verbindung in das Carbanion. Zwar liegt das Säure-Base-Gleichgewicht weitgehend auf der Seite der Edukte, sodass im *Reaktionsgemisch freie Carbanionen nur in geringer Konzentration* vorhanden sind, jedoch ist das Gleichgewicht des nachfolgenden Additionsschrittes zur Adduktseite hin verschoben. Dadurch werden die gebildeten Carbanionen dem Gleichgewicht laufend entzogen und die Umsetzungen sind mit befriedigenden Ausbeuten durchführbar.

Die Reaktionen von CH-aciden Verbindungen mit Aldehyden oder Ketonen können auch durch *Säuren* beschleunigt werden. Die Säure erhöht die Carbonylaktivität und katalysiert die Enolisierung der Methylenkomponente.

$$\text{Carbonylkomponente:}\quad R_2C{=}O + H^+ \rightarrow \left[R_2C{=}\overset{+}{O}\text{-}H \leftrightarrow R_2\overset{+}{C}\text{-}O\text{-}H\right]$$

$$\text{Methylenkomponente:}\quad R\text{-}CH_2\text{-}C(R'){=}O \overset{(H^+)}{\rightleftharpoons} R\text{-}CH{=}C(R')\text{-}OH$$

Das *Enol* kann anschließend aufgrund der basischen Eigenschaften der C=C-Doppelbindung als Nucleophil an die protonierte Carbonylkomponente addiert werden.

```
R'H          R         R'H R              R'H R
| |          |         | | |      - H+    | | |
HO-C=C-R  +  HO-C-R →  HO-C-C-C-R ──────→ O=C-C-C-R
                 +     + | |                | |β
                         R OH               R OH
             R'R R
  - H2O      | | |
─────────→   O=C-C=C-R   [α,β-ungesättigte Carbonylverbindung]
  (+ H+)
```

Unter *sauren Reaktionsbedingungen* wird die primär gebildete *β-Hydroxycarbonylverbindung stets dehydratisiert.*

▫Tab. 3.28 fasst die wichtigsten Beispiele der nucleophilen Addition CH-acider Verbindungen an Carbonylverbindungen zusammen.

▫ Tab. 3.28 Nucleophile Additionen von CH-aciden Verbindungen an Carbonylverbindungen [Substrat: $R_2C{=}O$]

Reaktion	Methylenkomponente	Produkt	Kapitel
Cyanhydrin-Synthese	Cyanwasserstoff (HCN)	$R_2C(OH)$-CN	3.12.6.4
Ethinylierung	Alkin (HC≡CH, RC≡CH)	$R_2C(OH)$-C≡C-R(H)	3.5.7.3
Aldolreaktion	Aldehyd, Keton, Ester, Nitroalkan (R'-CH_2-X) [X = CHO, COR, COOR, NO_2]	$R_2C(HO)$-CH(R')-X ↓ − H_2O R_2C=C(R')-X	3.12.6.1
Knoevenagel-Reaktion	X-CH_2-Y (stark CH-acid) [X = Y; X ≠ Y]	R_2C=C(Y)-X	3.12.6.2
Perkin-Reaktion	Anhydrid (z.B. Ac_2O)	ArCH=CH-COOH	3.12.6.3
Darzens-Reaktion	Chloressigester	R_2C—CH-COOR (Epoxid, über O verbrückt)	3.12.2.1
Esterkondensation	Ester, Keton Nitril ($R'CH_2X$) [X = COOR, COR, CN]	**R-C(=O)-CH(R')-X** u.a.	3.14.4.3
Mannich-Reaktion	Keton ($R''CH_2COR'$) + sek. Amin (R_2NH)	R'-C(=O)-C(R'')(H)—C(R)(H)-NR_2 (β)	3.12.6.6

3.2.15.11 Heteroanaloge Carbonylverbindungen

Mit der Carbonylgruppe eng verwandt sind eine Reihe *heteroanaloger Carbonylgruppen*, bei denen formal das O-Atom der C=O-Gruppe durch ein anderes Heteroatom ersetzt wurde.

$$\overset{\delta^+\delta^-}{R_2C{=}O} \;:\; \underset{\text{Thioketon}}{\overset{\delta^+\delta^-}{R_2C{=}S}} \;;\; \underset{\text{Azomethin}}{\overset{\delta^+\delta^-}{R_2C{=}N{-}R'}} \;;\; \underset{\text{Nitril}}{\overset{\delta^+\delta^-}{R{-}C{\equiv}N}}$$

Die Analogie zu den Reaktionen von Carbonylverbindungen ist bei den *Azomethinen* am größten. Jedoch ist die *Elektronegativität* des Stickstoffs geringer als die des Sauerstoffs, sodass *Azomethine* im neutralen und alkalischen Milieu reaktionsträger sind als Carbonylverbindungen. Im sauren pH-Bereich steigt die Reaktivität durch den –I-Effekt des nun protonierten N-Atoms stark an.

Daher lassen sich Azomethine – wie andere Substanzen mit C=N-Doppelbindungen (Hydrazone, Semicarbazone, Oxime) – durch verdünnte Säuren wieder zu Carbonylverbindungen hydrolysieren.

Nitrile [R-C≡N] ähneln in ihrem Verhalten den Azomethinen. Allerdings ist die Reaktionsfähigkeit einer C≡N-Dreifachbindung deutlich geringer als die einer C=N-Doppelbindung, sodass „Carbonylreaktionen" an Nitrilen drastischere Reaktionsbedingungen und starke Katalysatoren erfordern.

Zu den heteroanalogen Carbonylverbindungen zählen aber auch Stoffklassen, in denen formal das Carbonyl-C-Atom durch ein Heteroatom ersetzt wurde. Wichtige Substanzklassen dieser Art sind:

$$\overset{\delta^+\delta^-}{R_2C{=}O} \;:\; \underset{\text{Nitrosoverbindung}}{\overset{\delta^+\delta^-}{R{-}N{=}O}} \;;\; \underset{\text{Nitroverbindung}}{R{-}\overset{+}{N}(=O){-}O^-} \;;\; \underset{\text{Sulfonylverbindung}}{\overset{\delta^+\delta^-}{R{-}S(X){=}O}}$$

Die Carbonylaktivität einer *Nitroso-Gruppe* ist mit der einer Aldehydfunktion vergleichbar. Die *Nitro-Gruppe* besitzt im Vergleich zur N=O-Gruppierung eine geringere Carbonylreaktivität. Aufgrund der stark ausgeprägten Mesomerie der *Sulfonyl-Gruppe* ist die S=O-Reaktivität noch weiter herabgesetzt. Daher findet man im Allgemeinen folgende *Reihe abnehmender Carbonylaktivität.*

$$R{-}N{=}O \sim R{-}CH{=}O > R_2C{=}O > R{-}\overset{+}{N}(O^-){=}O > R{-}C(OH){=}O > R{-}S(=O)(O^-){=}O$$

Umlagerungen

3.2.16 Anionotrope, kationotrope und radikalische Umlagerungen

Umlagerungen sind Reaktionen, bei denen das Molekülgerüst *stufenweise* verändert wird. Besonders häufig werden *1,2-Verschiebungen* beobachtet. Hierbei wird ein Atom oder eine Atomgruppe (W), meistens von einem C-Atom, auf ein unmittelbar benachbartes C-, N- oder O-Atom übertragen. Die Wanderung der Gruppe wird durch das Zeichen ~ kenntlich gemacht.

```
 W               W
 | |     ~W      | |          [X = meistens C
-X-Y-  ----->  -X-Y-           Y = meistens C, N, O]
1| |2            | |
```

1,3- und *1,4-Umlagerungen* erfolgen demgegenüber verhältnismäßig selten. Aus präparativer Sicht spielen auch *radikalisch* verlaufende Umlagerungen nur eine untergeordnete Rolle.

Ionisch ablaufende **1,2-Umlagerungen** lassen sich unterteilen in:

- **Anionotrope Umlagerungen oder Sextettumlagerungen**

```
 W                  W
 | +     ~W⁻      + |
-X-Y-  ----->   -X-Y-   ----->  Folgereaktionen
 | |              | |
```

Bei der Mehrzahl aller Umlagerungsreaktionen wandert ein Rest (W) als *Anion* unter Mitnahme des bindenden Elektronenpaars. Das Nachbaratom muss über ein *Elektronensextett* verfügen. (Elektronenpaarlücke) verfügen. Treibende Kraft aller anionotropen Umlagerungen ist daher der Elektronenbedarf am „Endpunkt der Wanderung".

- **Kationotrope Umlagerungen oder Oktettumlagerungen**

```
 W                  W
 | -     ~W⁺      - |
-X-Y-  ----->   -X-Y-   ----->  Folgereaktionen
 | |              | |
```

Die umgelagerte Gruppe (W) wandert unter Zurücklassen des bindenden Elektronenpaars als *Kation* und wird von einem Atom mit einem *freien Elektronenpaar* („Elektronenoktett") übernommen.

Bezüglich des wandernden Restes existiert ein weiteres Unterscheidungsmerkmal. Die umgelagerte Gruppe kann erneut mit dem Molekül eine Bindung eingehen, von dem sie abgespalten wurde. Solche Umlagerungen verlaufen *intramolekular*. Andererseits kann die wandernde Gruppe auch von einem anderen Molekül gebunden werden. Diese Reaktionen bezeichnet man als *intermolekular.* Zwischen intra- und intermolekularen Umlagerungen kann mithilfe von *Kreuzexperimenten* unterschieden werden (siehe ▸Kap. 3.2.17.1).

3.2.16.1 Ablauf anionotroper Umlagerungen

Anionotrope (nucleophile) 1,2-Verschiebungen sind immer dann zu erwarten, wenn im Verlaufe einer Reaktion an einem C-Atom oder einem Heteroatom ein *Elektronensextett* auftritt.

Solche Sextett-Zwischenstufen wie z. B. *Carbeniumionen* können sich durch Abspaltung eines Protons von einem Nachbaratom (E1) oder durch Anlagerung eines Nucleophils (S_N1) absättigen. Eine Stabilisierung des Carbeniumions kann aber auch dadurch erfolgen, dass ein in α-Stellung befindlicher Substituent mit seinem Bindungselektronenpaar zum Sextettatom wandert und dort ein stabiles Oktett aufbaut.

An dem Atom, von dem sich die umgelagerte Gruppe gelöst hat, wird ein neues Elektronensextett erzeugt, das sich in gewohnter Weise (nach E1 oder S_N1) stabilisieren kann.

```
    R2 X                  R2                                     R2 H
    |  |        - X-      |  +              - H+ [E1]            |  |
R1-C--C-R3   -------->  R1-C-C-R3   ---------------------->  R1-C==C-R3
    |  |                   |  |       |
    H  H                   H  H       |                          R2  Y
                     Carbeniumion     |  + Y-   [SN1]            |   |
                                      |------------------->  R1-C---C-R3
                    ~R2  |                                       |   |
                         |                                       H   H
                         v

     R2                      R2                          Y R2
     |          - H+       + |             + Y-          | |
R1-C=C--R3  <----------  R1-C-C-R3   ------------->  R1-C-C--R3
   |            [E1]        | |             [SN1]        | |
   H                        H H                          H H
                        Carbeniumion
```

Bei vielen Sextettumlagerungen *löst sich der wandernde Rest in keiner Phase vollständig vom Molekül, sondern verbleibt in dessen Wirkungssphäre.* In diesem Fall tritt er wieder an dasselbe Einzelmolekül *(intramolekularer Verlauf),* meistens unter Beibehaltung seiner ursprünglichen Konfiguration.

Häufig erfolgen der Austritt der Abgangsgruppe und die Umlagerung *synchron* und man beobachtet kein „klassisches" Carbeniumion als Zwischenstufe (**S_N2-artiger Mechanismus**).

```
 W              ,W,                    W               W
 | |    - X-   / + \       ~W-       + |      + Y-     | |
-C-C-X ----->  -C---C-   ------->   -C-C-   ------>  Y-C-C-
 | |            |   |                | |               | |
```

In Einzelfällen wird aber auch ein **S_N1-artiger Mechanismus** diskutiert, vor allem dann, wenn sich beim Ausschleusen der Abgangsgruppe ein relativ stabiles Carbeniumion bilden kann.

```
 W              W              W              W
 | |    - X-    | +    ~W-   + |     + Y-     | |
-C-C-X ----->  -C-C- -----> -C-C-  ------>  Y-C-C-
 | |            | |          | |              | |
```

Sind die Substituenten am Carbeniumion verschieden, so existieren prinzipiell drei Umlagerungsmöglichkeiten, die zu unterschiedlichen Reaktionsprodukten führen.

```
 R2                         R2                               
 |           ~R1            |          ~R2              +
+C-CH2-R1   <-----    R1-C-CH2+      ----->     R1-C-CH2-R2
 |                          |                       |
 R3                         R3                      R3
                            |
                            | ~R3
                            v
                            R2
                            |
                      R1-C-CH2-R3
                            +
```

Im Allgemeinen ist jedoch *eine Umlagerungsrichtung begünstigt.* Es wandert bevorzugt der Substituent, dessen nucleophile Kraft am größten ist. In der Regel nimmt die relative **Wanderungsgeschwindigkeit** in folgender Reihe zu:

$-H < -CH_3 < -C_2H_5 < -iC_3H_7 < -tert\text{-}C_4H_9 < -C_6H_5$

Für *substituierte Phenylgruppen* [**R**-C_6H_4-] findet man folgende Abstufung:

$p\text{-}NO_2\text{-} < p\text{-}Cl\text{-} < H\text{-} < p\text{-}C_6H_5\text{-} < p\text{-}CH_3\text{-} < p\text{-}CH_3O\text{-}$

Diese Reihenfolgen gelten für die meisten Sextettumlagerungen, allerdings gehorchen *Schmidt-* oder *Beckmann-Umlagerung* anderen Kriterien (siehe ▸Kap. 3.2.16.3).

Anionotrope Umlagerungen können auch an *Carbenen* und *Nitrenen* stattfinden, die wie Carbeniumionen über ein Elektronensextett verfügen (siehe hierzu ▸Kap. 3.2.16.2).

```
R2      _                R1     ⊖             R1
  \    /Y|     ~R2         \  + _               \    _
   C         ------>        C-Y-R2    ---->      C=Y-R2  ---->  Folgereaktionen
  /    \                   /  ‾                 /
R1      R3               R3                   R3
```

3.2.16.2 Anionotrope Umlagerungen am Kohlenstoffatom

• Pinakol-Pinakolon-Umlagerung

Bei der Dehydratisierung von **2,3-Dimethylbutan-2,3-diol** (**Pinakol**) an Al_2O_3-Kontakten werden zwei Moleküle Wasser abgespalten und es bildet sich **2,3-Dimethylbuta-1,3-dien**. Behandelt man hingegen die Substanz mit konzentrierten Mineralsäuren, so wird nur ein Wassermolekül eliminiert und unter intramolekularer Verschiebung einer Methylgruppe als Carbanion entsteht **3,3-Dimethylbutan-2-on** (**Pinakolon**, ***tert*-Butylmethylketon**).

```
H3C CH3                                H3C CH3
   |  |            - 2 H2O                |  |
H3C-C-C-CH3   ------------------>    H2C=C-C=CH2       2,3-Dimethyl-buta-1,3-dien
    |  |        |  [Al2O3]
   HO OH        |                      H3C
                |  - H2O                  |
Pinakol         ----------------->   H3C-C-C-CH3       Pinakolon = tert-
                                          |  ||        Butylmethylketon
                                        H3C  O
```

Dieses Reaktionsverhalten trifft generell für die *sauer katalysierte Dehydratisierung* von **1,2-Diolen** (*Glycolen*) [R-**CHOH-CHOH**-R] zu. In der Regel bilden sich *Carbonylverbindungen* und nur in seltenen Fällen entstehen konjugierte Diene [vgl. **MC-Frage Nr. 236**].

Die Protonierung des Glycols führt zu einem *Oxoniumion*, das sich unter Abspaltung eines Wassermoleküls in ein *Carbeniumion* umwandelt. In die so entstandene „Oktettlücke" wandert vom Nachbaratom ein Rest als Carbanion, wobei ein neues, stabileres Carbeniumion erzeugt wird, dessen Deprotonierung zum Reaktionsprodukt führt [vgl. **MC-Fragen Nr. 234, 235**].

```
R1        R3     + H+     R1          R3   - H2O    R1         R3
  \      /                  \        /                \       /
   C----C        <====>      C------C     ------->     C-----C+
  /|    |\                  /|      |\                /|       \
R2 |    | R4              R2 |      | R4            R2 |        R4
  HO    OH                  HO     +OH2                HO
  Glycol                    Oxoniumion                 Carbeniumion

         [      R2                 R2    ]                R2
 ~R2     [      |                  |     ]    - H+        |
------>  [ R1-C+---C-R3  <-->  R1-C----C-R3 ] -------> R1-C----C-R3
         [    |    |              ||+  |  ]              ||    |
         [   HO    R4            HO    R4 ]              O     R4
                Carbeniumion                       Carbonylverbindung
```

Sind die Reste (R^1-R^4) verschieden, so wird die *Richtung der Umlagerung* durch die Stabilität des intermediär auftretenden Carbeniumions bestimmt. D.h., es wird die Hydroxylgruppe als Wasser eliminiert, deren Abspaltung zum *stabileren Carbeniumion* führt. Die *Abspaltungstendenz von Hydroxylgruppen* nimmt deshalb in folgender Reihe zu:

```
               |            |          |          |
-CH2OH < R-CHOH < Ar-CHOH < R2COH < Ar2COH
```

Beispielsweise erhält man bei der Umlagerung von **Isobutylenglycol** nur **Isobutyraldehyd**, weil sich ein tertiäres Carbeniumion viel leichter bildet als ein primäres. **Phenylglycol** wird in analoger Weise beim Behandeln mit starken Säuren in **Phenylacetaldehyd** umgewandelt.

$$(CH_3)_2C(OH)-CH_2OH \xrightarrow[-H_2O]{+H^+} (CH_3)_2\overset{+}{C}-CH_2OH \xrightarrow{\sim H^-} (CH_3)_2CH-\overset{+}{C}HOH$$

Isobutylenglycol — tertiär

$$(CH_3)_2C(OH)-CH_2OH \not\longrightarrow (CH_3)_2C(OH)-CH_2^+ \text{ (primär)}$$

$$(CH_3)_2CH-\overset{+}{C}HOH \xrightarrow{-H^+} (CH_3)_2CH-CH=O$$

Isobutyraldehyd

$$C_6H_5-CH(OH)-CH_2OH \xrightarrow[-H_2O]{+H^+} C_6H_5-\overset{+}{C}H-CH_2OH \xrightarrow{\sim H^-} C_6H_5-CH_2-\overset{+}{C}HOH$$

Phenylglycol

$$C_6H_5-CH(OH)-CH_2OH \not\longrightarrow C_6H_5-CHOH-CH_2^+$$

$$C_6H_5-CH_2-\overset{+}{C}HOH \xrightarrow{-H^+} C_6H_5-CH_2-CH=O$$

Phenylacetaldehyd

Bei *alicyclischen 1,2-Diolen* ist die Umlagerung oft mit einer *Ringverengung* oder *Ringerweiterung* verbunden. Zum Beispiel ergibt ***trans*-Cyclohexan-1,2-diol** bei der Pinakol-Umlagerung den fünfgliedrigen **Cyclopentancarbaldehyd** als Reaktionsprodukt [vgl. **MC-Fragen Nr. 236, 238**].

trans-Cyclohexan-1,2-diol (OH, OH) $\xrightarrow{(H^+)}$ Cyclopentan–CHO

Bei solchen Ringsystemen wandert vorzugsweise der zur austretenden Hydroxylgruppe *trans-ständige* Substituent. Daher führt die Dehydratisierung von ***cis*-1,2-Dimethylcyclohexan-1,2-diol** unter anionotroper Verschiebung einer Methylgruppe zu **2,2-Dimethylcyclohexanon** [a], während das *trans*-Isomer unter Ringverengung zu einem Cyclopentan-Derivat [b] reagiert.

(a) Cyclohexan-Sessel mit $^+OH_2$, CH_3, OH, CH_3 ⟶ 2,2-Dimethylcyclohexanon (CH_3, CH_3, O)

(b) Cyclohexan-Sessel mit CH_3, $\overset{+}{O}H_2$, OH, CH_3 ⟶ Cyclopentan mit $CO-CH_3$ und CH_3

• **Tiffeneau-Demjanow-Umlagerung**

Die *Desaminierung von α-Aminoalkoholen* mit Salpetriger Säure (HNO_2) ähnelt in ihrem Ablauf der Pinakolon-Umlagerung. Aus dem zunächst gebildeten Diazoniumion wird Sticksoff (N_2) eliminiert und es bildet sich ein Carbeniumion. Nach anionotroper Wanderung eines Restes entstehen *Aldehyde* bzw. *Ketone*.

$$R^1\text{-}C(OH)(R^2)\text{—}C(R^3)(NH_2)\text{-}R^4 \xrightarrow[(-H_2O)]{(HNO_2)} R^1\text{-}C(OH)(R^2)\text{—}C(R^3)(^+N_2)\text{-}R^4 \xrightarrow{-N_2} R^1\text{-}C(OH)(R^2)\text{—}\overset{+}{C}(R^3)\text{-}R^4 \xrightarrow{\sim R^2}$$

$$R^1\text{-}\overset{+}{C}(OH)\text{—}C(R^2)(R^4)\text{-}R^3 \xrightarrow{-H^+} R^1\text{-}C(=O)\text{—}C(R^2)(R^4)\text{-}R^3$$

Die Reaktion eignet sich auch zu Ringerweiterungen, wie das Beispiel der Umwandlung von **1-Aminomethylcyclohexanol** in **Cycloheptanon** (*Suberon*) belegt (**Demjanow-Umlagerung**).

HO, $CH_2\text{-}NH_2$ (Cyclohexan) $\xrightarrow{HNO_2}$ HO, $CH_2\text{-}\overset{+}{N}_2$ (Cyclohexan) $\xrightarrow{-N_2}$ OH (Cycloheptyl-Kation, +) $\xrightarrow{-H^+}$ O (Cycloheptanon)

Cycloheptanon

Als weiteres Beispiel sei die Umsetzung von **Aminomethylcyclopropan** mit Salpetriger Säure genannt, bei der neben *Hydroxymethylcyclopropan* unter Ringerweiterung auch **Cyclobutanol** gebildet wird [vgl. **MC-Frage Nr. 510**].

(Cyclopropan)$\text{-}CH_2NH_2 \longrightarrow$ (Cyclobutan)$\text{-}OH$

• **Wagner-Meerwein-Umlagerung**

Umlagerungen an Kohlenstoffatomen mit Elektronensextett wurden bereits bei den nucleophilen Substitutionsreaktionen an *Alkoholen* und *Alkylhalogeniden* vorgestellt (siehe ▸Kap. 3.2.5.2). Solche anionotropen 1,2-Verschiebungen über ein Carbeniumion als Zwischenstufe erfolgen häufig dann, wenn sich der abzuspaltende Substituent (Hal, HO) in α-Stellung zu einem *quartären C-Atom* befindet [vgl. **MC-Frage Nr. 235**].

$$R^2\text{-}\overset{\alpha}{C}(R^1)(R^3)\text{—}C(OH)(H)\text{-}R^4 \xrightarrow[-H_2O]{+H^+} R^2\text{-}C(R^1)(R^3)\text{—}\overset{+}{C}(H)\text{-}R^4 \xrightarrow{\sim R^1} R^2\text{-}\overset{+}{C}(R^3)\text{—}C(R^1)(H)\text{-}R^4 \xrightarrow{-H^+} (R^2)(R^3)C{=}C(R^1)(R^4)$$

Ein Beispiel hierfür ist die sauer katalysierte Dehydratisierung von **3,3-Dimethylbutan-2-ol** zu **2,3-Dimethylbut-2-en**.

$$(CH_3)_3C\text{-}CHOH\text{-}CH_3 \xrightarrow[-H_2O]{(+H^+)} (CH_3)_2C{=}C(CH_3)_2$$

3,3-Dimethylbutan-2-ol 2,3-Dimethylbut-2-en

Wagner-Meerwein-Umlagerungen verlaufen stets *stereospezifisch,* d.h., der wandernde Rest nähert sich dem Carbeniumion aus der zur Abgangsgruppe entgegengesetzten Richtung. Deshalb tritt am Sextettkohlenstoff eine *Konfigurationsumkehr* ein.

Bei Wagner-Meerwein-Reaktionen an alicyclischen Systemen können Ringverengungen bzw. Ringerweiterungen eintreten. Ein Beispiel hierfür ist die Dehydratisierung von **Tetrahydrofurfurylalkohol** zu **Dihydropyran** [vgl. **MC-Frage Nr. 237**].

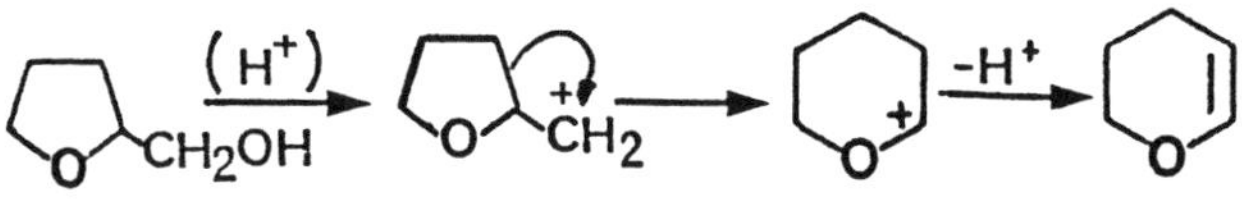

(H+) CH2OH → +CH2 → -H+ →

Dihydropyran

Auch das nachfolgende Beispiel – die Herstellung eines teilhydrierten Phenanthren-Derivates – stellt eine Wagner-Meerwein-Umlagerung unter Ringerweiterung dar [vgl. **MC-Frage Nr. 239**].

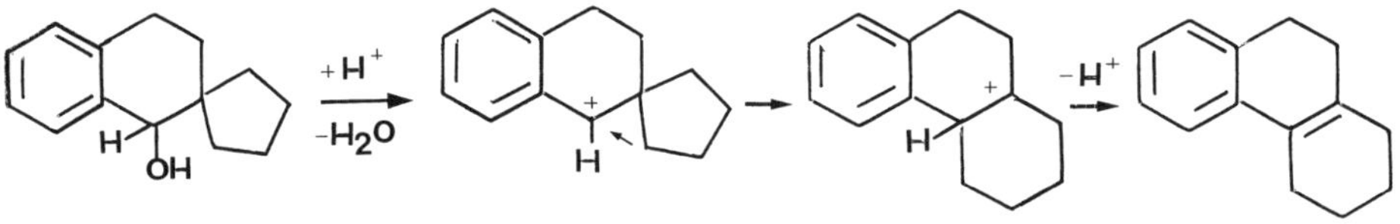

+H+ / -H2O, -H+

Unter Ringerweiterung verläuft auch die Umlagerung von **2-Cyclopropylpropan-2-ol** zu **1,2-Dimethylcyclobutylbromid** beim Behandeln mit HBr [vgl. **MC-Frage Nr. 240**].

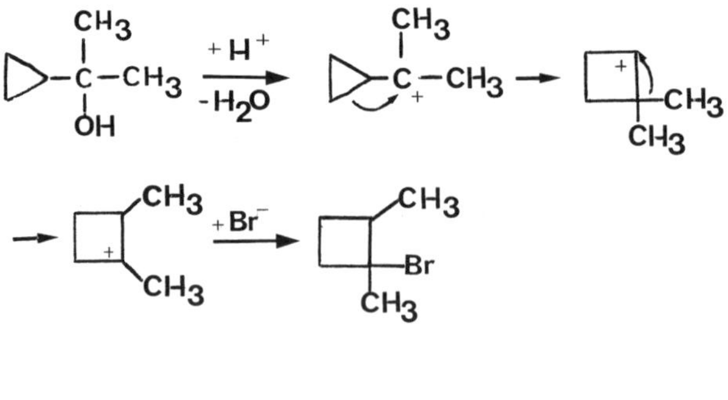

+H+ / -H2O, +Br−

Anionotrope 1,2-Umlagerungen an Kohlenstoffatomen, bei denen ein Hydridion oder ein Carbanion zu einem elektronendefizienten Nachbaratom wandert, sind immer dann zu erwarten, wenn sich durch die 1,2-Verschiebung ein stabileres Carbeniumion bilden kann. Daher werden solche Umlagerungen bei allen Reaktionen beobachtet, in denen intermediär primäre oder sekundäre Carbeniumionen auftreten. Dies ist der Fall bei:

- nucleophilen Substitutionen nach dem S_N1-Mechanismus,
- Eliminierungen, insbesondere Dehydratisierungen nach einem E1-Mechanismus,
- elektrophilen Additionen von Protonsäuren an Alkene.

• Benzilsäure-Umlagerung

Beim Erhitzen von *1,2-Diketonen (α-Diketone)* in wässrig-alkoholischen Alkalihydroxid-Lösungen entstehen unter *intramolekularer Disproportionierung α-Hydroxycarbonsäuren*. Die Reaktion ist fast nur mit (nicht-enolisierbaren) aromatischen 1,2-Diketonen möglich, da aliphatische Diketone häufig eine α-CH-Gruppierung enthalten, so dass in Gegenwart starker Basen vorzugsweise Aldolreaktionen ablaufen [vgl. **MC-Fragen Nr. 241, 242, 592, 980, 1043, 1101, 1203**].

```
R-C-C-R   +   HO⁻   →   R2C-COO⁻
  ‖ ‖                      |
  O O                      OH
Diketon              α-Hydroxysäure
```

Bekannte Beispiele sind die Umlagerungen von **Benzil** in **Benzilsäure** und von **Furil** in **Furilsäure**. Aus **Phenanthrenchinon** bildet sich unter Ringverengung **9-Hydroxyfluoren-9-carbonsäure** [vgl. **MC-Fragen Nr. 243, 244, 1042**].

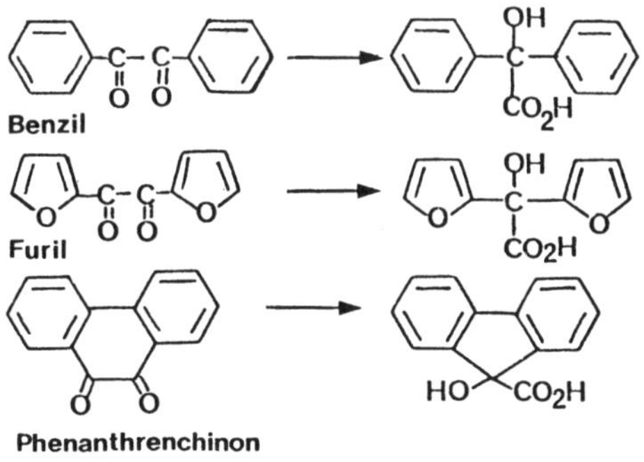

Benzil → (C(OH)(CO2H))

Furil → (C(OH)(CO2H))

Phenanthrenchinon → (HO, CO2H)

Bei dieser 1,2-Verschiebung wird zunächst ein Hydroxid-Ion an eine der beiden Carbonylgruppen des Diketons addiert. Das Addukt wird anschließend zu einem Dianion deprotoniert. Der durch den *+I-Effekt* der negativ geladenen Sauerstoffatome verursachte „Elektronenüberschuss" an diesem C-Atom ermöglicht die Ablösung einer Arylgruppe als Carbanion. Diese wandert an das positivierte C-Atom der benachbarten Carbonylgruppe unter Bildung des Dianions einer α-Hydroxycarbonsäure.

$$Ar-\overset{O}{\overset{\|}{C}}-\overset{O}{\overset{\|}{C}}-Ar \underset{}{\overset{+HO^-}{\rightleftharpoons}} HO-\underset{Ar}{\overset{^-O}{\overset{|}{C}}}-\overset{O}{\overset{\|}{C}}-Ar \underset{-H_2O}{\overset{+HO^-}{\rightleftharpoons}} {}^-O-\underset{Ar}{\overset{^-O}{\overset{|}{C}}}-\overset{O}{\overset{\|}{C}}{}^{\delta+}-Ar \xrightarrow{\sim Ar^-}$$

Diketon

$${}^-O-\overset{O}{\overset{\|}{C}}-\overset{O^-}{\overset{|}{C}}(Ar)_2 \underset{-HO^-}{\xrightarrow{+H_2O}} {}^-O-\overset{O}{\overset{\|}{C}}-\overset{OH}{\overset{|}{C}}(Ar)_2$$

α-Hydroxysäure

• **Wolff-Umlagerung (Arndt-Eistert-Synthese)**

Diazoketone spalten thermisch, photolytisch oder beim Behandeln mit festem Silberoxid elementaren Stickstoff ab unter Bildung von *Acylcarbenen.* Diese stabilisieren sich unter anionotroper Wanderung eines Restes (R), wodurch *Ketene* entstehen. Die alternative 1,2-Verschiebung eines Hydridions führt zu einer vinylogen Carbonylverbindung. Das Verhältnis beider möglichen Reaktionsprodukte hängt vorrangig von der Temperatur ab [vgl. **MC-Fragen Nr. 234, 241, 664**].

$$\left[R^1-\underset{O}{\underset{\|}{C}}-\underset{CH_2-R^2}{\underset{|}{\overset{\ominus}{\bar{C}}}}-\overset{+}{N_2} \longleftrightarrow R^1-\underset{\ominus O}{\underset{|}{C}}=\underset{CH_2-R^2}{\underset{|}{C}}-\overset{+}{N_2} \right] \underset{-N_2}{\xrightarrow{(h\nu)}} R^1-\underset{O}{\underset{\|}{C}}-\bar{C}-CH_2-R^2$$

Diazoketon — Acylcarben

$$\xrightarrow[\sim R^1]{T > 50\,°C} O=C=\underset{R^1}{\underset{|}{C}}-CH_2-R^2 \quad \text{Keten}$$

$$\xrightarrow[\sim H^-]{T < 50\,°C} R^1-\underset{O}{\underset{\|}{C}}-CH=CH-R^2 \quad \alpha,\beta\text{-ungesätt. Keton}$$

Das entstandene *Keten* kann anschließend mit Hydroxyl- oder Aminogruppen-haltigen Substanzen zu *Carbonsäure-Derivaten* weiterreagieren, wobei die freie Säure, deren Ester oder Amide gebildet werden [vgl. **MC-Fragen Nr. 1150, 1151**].

R-CH=C=O (Keten)

- $+ H_2O \rightarrow R-CH_2-COOH$ Säure
- $+ R'OH \rightarrow R-CH_2-COOR'$ Ester
- $+ R_2NH \rightarrow R-CH_2-CONR_2$ Amid

Arndt und **Eistert** nutzen die Wolff-Umlagerung zur *Kettenverlängerung von Carbonsäuren* um eine CH_2-Gruppe zur nächsthöheren *(homologen) Carbonsäure.*

$$R\text{-}COOH \rightarrow R\text{-}\mathbf{CH_2}\text{-}COOH$$

Hierzu wird ein *Säurehalogenid* mit *Diazomethan* umgesetzt. Das entstandene *Diazoniumbetain* geht spontan unter Eliminierung von HCl in ein mesomeriestabilisiertes *Diazoketon* über. Diazoketone verlieren beim Erhitzen, besonders in Gegenwart von Cu, Ag oder Ag_2O, Stickstoff unter Bildung eines *Acylcarbens,* das sich zum *Keten* umlagert. Letzteres reagiert mit Wasser zur *homologen Carbonsäure* [vgl. **MC-Fragen Nr. 246, 911**].

$$\underset{\text{Carbonsäure}}{R\text{-}COOH} \xrightarrow{(SOCl_2)} \underset{\text{Säurechlorid}}{R\text{-}C(=O)\text{-}Cl} + CH_2N_2 \longrightarrow \underset{\text{Diazoniumbetain}}{\left[R\text{-}C(Cl)(O^-)\text{-}C(H)(H)\text{-}N_2^+\right]} \xrightarrow{-HCl}$$

$$\underset{\text{Diazoketon}}{R\text{-}C(=O)\text{-}CHN_2} \xrightarrow[-N_2]{\Delta} \underset{\text{Acylcarben}}{R\text{-}C(=O)\text{-}\bar{C}H} \xrightarrow{\sim R^-} \underset{\text{Keten}}{O{=}C{=}CH\text{-}R} \xrightarrow{+H_2O} \underset{\text{Homologe Carbonsäure}}{R\text{-}CH_2\text{-}COOH}$$

Zum Beispiel lässt sich auf diese Weise **3,3-Dimethylbuttersäure** aus **2,2-Dimethylpropionsäure** (**Trimethylessigsäure**) herstellen [vgl. **MC-Fragen Nr. 247, 248**].

$$(CH_3)_3C\text{-}COOH \xrightarrow[2.\ Ag\ oder\ Ag^+]{1.\ (CH_2N_2)} (CH_3)_3C\text{-}CH_2\text{-}COOH$$

Die Arndt-Eistert-Reaktion ist eine Synthesemethode zur Kettenverlängerung einer Carbonsäure (bzw. eines Carbonsäure-Derivates) um eine CH_2-Gruppe. Hierbei dienen Diazomethan und ein Säurehalogenid als Reaktanden. Aus dem zunächst entstehenden Diazoketon wird Stickstoff unter Bildung eines Acylcarbens eliminiert. Die nachfolgende Wolff-Umlagerung führt zu einem Keten, aus dem durch Anlagerung von Wasser die nächsthöhere homologe Carbonsäure gebildet wird.

3.2.16.3 Anionotrope Umlagerungen am Stickstoffatom

Bei den *Säureabbaureaktionen* nach **Hofmann**, **Lossen** oder **Curtius** sowie bei der **Schmidt-** und **Beckmann-Reaktion** werden die Umlagerungen durch ein Elektronensextett an einem N-Atom ausgelöst. Diese 1,2-Verschiebungen lassen sich *formal* mit folgenden Gleichungen beschreiben [vgl. **MC-Fragen Nr. 233, 892**]:

Hofmann: $R\text{-}C(=O)\text{-}NH_2$ (prim. Amid)
Lossen: $R\text{-}C(=O)\text{-}NHOH$ (Hydroxamsäure)
Curtius: $R\text{-}C(=O)\text{-}N_3$ (Azid)
Schmidt: $R\text{-}C(=O)\text{-}OH$ (Säure)

$$\longrightarrow \underset{\text{"Acylnitren"}}{R\text{-}C(=O)\text{-}\bar{\underline{N}}} \xrightarrow{\sim R^-} \underset{\text{Isocyanat}}{O{=}C{=}\bar{N}\text{-}R} \longrightarrow \text{Folgereaktionen}$$

Organische Chemie

```
Schmidt     R'     +
              >C=N-N2  ──┐
            R            │        R'                ~R⁻          +
                         ├──────>    C=N̄⁺    ──────────> R'-C=N̄-R
            R'           │        R
Beckmann      >C=N-OH  ──┘
            R                            + H2O        ↓   - H⁺
                                                      O
                                                      ‖
                                                   R'-C-NH-R
                                                 Carbonsäureamid
```

• **Carbonsäureamid-Abbau nach Hofmann**

Behandelt man *primäre Carbonsäureamide* mit alkalischen Hypohalogenit-Lösungen [Cl_2/NaOH – Br_2/NaOH], so entstehen *primäre Amine,* die ein C-Atom *weniger* enthalten als das Startmaterial.

$$R\text{-}CO\text{-}NH_2 + NaOBr \rightarrow R\text{-}NH_2 + CO_2 + NaBr$$

Beispielsweise bildet sich **Methylamin** (CH_3NH_2) beim Hofmann-Abbau von Acetamid (CH_3CONH_2) und aus Propionamid ($CH_3CH_2CONH_2$) wird **Ethylamin** ($CH_3CH_2NH_2$) erhalten [vgl. **MC-Frage Nr. 864**].

$$CH_3\text{-}CONH_2 + NaOBr \rightarrow CH_3\text{-}NH_2 + CO_2 + NaBr$$
$$CH_3CH_2\text{-}CONH_2 + NaOBr \rightarrow CH_3CH_2\text{-}NH_2 + CO_2 + NaBr$$

Unter dem Einfluss der alkalischen Hypohalogenit-Lösung entsteht aus dem NH-aciden Carbonsäureamid ein *N-Halogenamid* [X = Cl, Br], das acider ist als das Ausgangsamid und leicht deprotoniert wird. Die nachfolgende Abspaltung des Halogenidions (*α-Eliminierung*) und die anionotrope Verschiebung des Restes (R) erfolgen nahezu *synchron.* Die wandernde Gruppe kann ein Alkyl-, Aryl- oder Heteroaryl-Rest sein. An das gebildete *Isocyanat* lagert sich Wasser an. Die entstehende *Carbaminsäure* (*Carbamidsäure*) ist thermisch nicht stabil und zerfällt spontan in Kohlendioxid und ein primäres Amin [vgl. **MC-Fragen Nr. 259–261, 849–853, 1792**].

```
                                         H                    ┌     R      ┐⁻
                       - HO⁻            /       + HO⁻         │   ╱   ╲    │
R-C-NH2  +  XO⁻   ──────────>  R-C-N         ──────────>      │ C───────N-X│
  ‖                              ‖  \       - H2O             │ ‖          │
  O                              O   X                        └ O          ┘
prim. Amid                 N-Halogenamid

                                      ┌    O      ┐
  - X⁻                 + H2O          │    ‖ H    │
──────> O=C=N-R  ──────────────>      │ HO-C-N-R  │ → CO2 + R-NH2
        Isocyanat                     Carbaminsäure       prim. Amin
```

Arbeitet man beim Hofmann-Abbau in alkoholischer Lösung, so bildet sich ein stabiler *Carbaminsäureester (Urethan).*

```
R-N=C=O  +  R'OH  ──>  R-N-C-OR'        Urethan
                         | ‖
                         H O
```

In Abwesenheit von protischen Lösungsmitteln sind *Isocyanate* stabil und isolierbar.

Wie die meisten 1,2-Verschiebungen verläuft die *Umlagerung intramolekular unter vollständiger Retention der Konfiguration der wandernden Gruppe.*

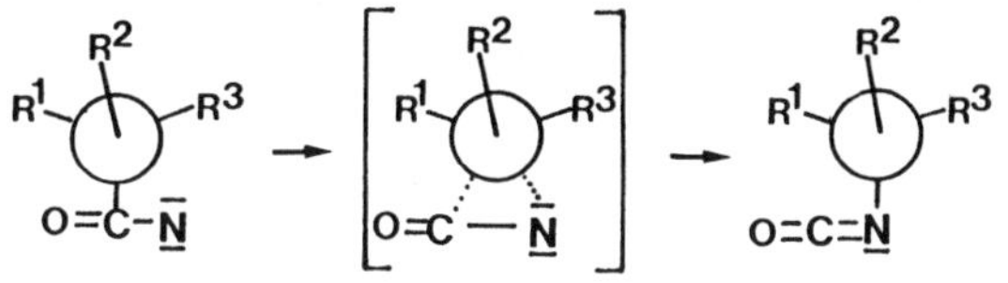

In der Technik nutzt man den Hofmann-Abbau zur Darstellung von **Anthranilsäure** aus **Phthalimid**, wobei zunächst durch Partialhydrolyse **Phthalsäurehalbamid** gebildet wird [vgl. **MC-Fragen Nr. 263–266, 854**].

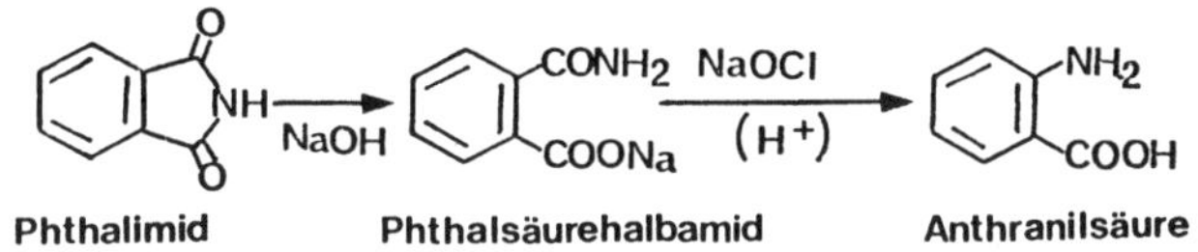

Phthalimid → (NaOH) Phthalsäurehalbamid → (NaOCl, (H^+)) Anthranilsäure

In analoger Weise erhält man **β-Alanin** aus **Bernsteinsäurehalbamid**, das durch Partialhydrolyse von **Succinimid** herstellbar ist [vgl. **MC-Frage Nr. 262**].

$$HOOC\text{-}CH_2\text{-}CH_2\text{-}CONH_2 \rightarrow HOOC\text{-}CH_2\text{-}CH_2\text{-}NH_2$$

Bernsteinsäurehalbamid **β-Alanin**

Das sonst nur schwer zugängliche **3-Aminopyridin** kann leicht durch den Abbau von **Nicotinsäureamid** (**Pyridin-3-carbonsäureamid**) hergestellt werden.

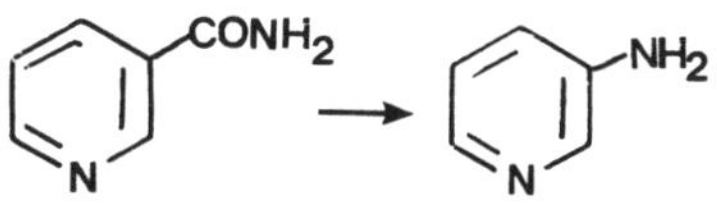

Behandelt man ein primäres Carbonsäureamid in Gegenwart einer wässrigen Base mit Chlor oder Brom, so entsteht unter Verlust eines C-Atoms ein primäres Amin. Als Zwischenstufen treten ein N-Halogenamid und – nach Umlagerung eines Restes von einem C-Atom an ein N-Atom mit einem Elektronensextett – ein Isocyanat auf. Letzteres addiert Wasser unter Bildung einer Carbaminsäure, die leicht zum primären Amin decarboxyliert. Die Umlagerung verläuft intramolekular unter Erhalt der Konfiguration der wandernden Gruppe.

- **Curtius-Abbau**

Carbonsäureazide spalten thermisch oder photolytisch Stickstoff ab. Nur bei der photochemischen Zersetzung sind Reaktionsprodukte nachweisbar, die auf die Bildung eines *Acylnitrens* hinweisen. Bei der Thermolyse der Azide wird eine mit der Stickstoff-Abspaltung simultane 1,2-Wanderung des Restes (R) angenommen.

Arbeitet man in einem inerten, wasserfreien Lösungsmittel, so können die gebildeten *Isocyanate* als Substanzen isoliert werden. Enthält das Reaktionsmedium Spuren von Wasser, so entstehen aus der nachfolgenden Umsetzung des in geringen Mengen gebildeten Amins mit überschüssigem Isocyanat N,N-disubstituierte *Harnstoff-Derivate.* In wässrigen oder alkoholischen Lösungen erhält man *primäre Amine* bzw. *Carbaminsäureester* (*Urethane*) als Reaktionsprodukte [vgl. **MC-Fragen Nr. 849, 855, 900**].

$$\underset{\text{Azid}}{R{-}C({=}O){-}N_3} \xrightarrow{(h\nu)} \underset{\text{Acylnitren}}{R{-}C({=}O){-}\bar{N}} \xrightarrow{\sim R^-} \underset{\text{Isocyanat}}{O{=}C{=}\bar{N}{-}R}$$

O=C=N−R (Isocyanat):

- $+ H_2O \rightarrow R{-}NH_2 + CO_2$ — prim. Amin
- $+ R'OH \rightarrow R'O{-}C({=}O){-}NH{-}R$ — Urethan
- $+ H_2O$ (Spur) $\rightarrow R{-}NH_2 + CO_2$
- $+ R{-}NH_2 \rightarrow R{-}NH{-}C({=}O){-}NH{-}R$ — N,N-disubst. Harnstoff

Die als Edukte eingesetzten *Azide* werden aus Säurechloriden [R-COCl] und NaN_3 bzw. aus Carbonsäurehydraziden [R-CONH-NH_2] und HNO_2 hergestellt. Die Curtius-Reaktion ist eine wichtige Methode zur *Synthese von Isocyanaten.* Des Weiteren ist die Umsetzung von primären Aminen mit Phosgen eine gängige Synthesevariante zur Herstellung von Isocyanaten.

$$R{-}NH_2 + Cl{-}C({=}O){-}Cl \xrightarrow[-\,HCl]{} R{-}N(H){-}C({=}O){-}Cl \xrightarrow[-\,HCl]{} \underset{\text{Isocyanat}}{R{-}N{=}C{=}O}$$

• Schmidt-Reaktion

Hierunter fasst man eine Reihe von Reaktionen an Carbonylverbindungen zusammen, denen die Verwendung von Stickstoffwasserstoffsäure [HN_3] in Gegenwart von Schwefelsäure gemeinsam ist.

Aus *Carbonsäuren* entstehen *primäre Amine,* wobei die Reaktion über folgende Zwischenstufen abläuft [vgl. **MC-Frage Nr. 1148**].

$$R{-}C({=}O){-}OH + HN_3 \rightarrow \left[R{-}C(O^-)(OH){-}N(H){-}\overset{+}{N}_2 \xrightarrow[-H_2O]{+H^+} R{-}C({=}O){-}N(H){-}\overset{+}{N}_2 \xrightarrow{-N_2} R{-}C({=}O){-}N^+{-}H \right]$$

$$\xrightarrow[-H^+]{\sim R^-} O{=}C{=}N{-}R \xrightarrow{+H_2O} \left[HO{-}C({=}O){-}N(H){-}R \right] \rightarrow R{-}NH_2 + CO_2$$

Dicarbonsäuren mit mehr als einer CH_2-Gruppe zwischen beiden Carbonylen ergeben *Diamine.*

$$\underset{\text{Adipinsäure}}{HOOC\text{-}CH_2CH_2CH_2CH_2\text{-}COOH} \xrightarrow[(H_2SO_4)]{(HN_3)} \underset{\text{1,4-Diaminobutan}}{H_2N\text{-}CH_2CH_2CH_2CH_2\text{-}NH_2}$$

Ketone reagieren mit Stickstoffwasserstoffsäure zu *Carbonsäureamiden.* Mit überschüssiger HN_3 bilden sich auch *Tetrazol-Derivate.*

$$R'(R)C{=}O + HN_3 \rightarrow \left[R'(R)C(O^-)\text{-}N(H)\text{-}\overset{+}{N_2} \xrightarrow[-H_2O]{+H^+} R'(R)C{=}N\text{-}\overset{+}{N_2} \right] \xrightarrow{-N_2}$$

$$R'(R)C{=}N^+ \xrightarrow{\sim R^-} \left[R'\text{-}\overset{+}{C}{=}\bar{N}\text{-}R \leftrightarrow R'\text{-}C{\equiv}\overset{+}{N}\text{-}R \right]$$

$$\xrightarrow{+H_2O} R'\text{-}C(OH){=}N\text{-}R \rightleftharpoons R'\text{-}C({=}O)\text{-}N(H)\text{-}R \quad \text{Säureamid}$$

$$\xrightarrow{+HN_3} R'\text{-}C({=}N\text{-}R)\text{-}N(H)\text{-}\overset{+}{N}{\equiv}N \xrightarrow{-H^+} \text{R'-C=N-N=N-N(R)- (Ring)} \quad \text{Tetrazol}$$

Wahrscheinlich erfolgen die N_2-Eliminierung und die Wanderung des *trans-ständigen* Restes nahezu synchron.

$$R'(R)C{=}N\text{-}\overset{+}{N}{\equiv}N \xrightarrow{-N_2} R'\text{-}\overset{+}{C}{=}N\text{-}R \quad (\text{nicht: } R\text{-}\overset{+}{C}{=}N\text{-}R')$$

Da die C=N-Doppelbindung die räumliche Lage der Substituenten (R, R') festlegt, kann man einen sterisch einheitlichen Verlauf der Reaktion erwarten, zumal sich nach der Abspaltung von Wasser der voluminösere Rest in *anti-Stellung* zur Diazoniumgruppe befindet. Daraus resultiert folgende relative **Wanderungstendenz** für die jeweiligen Substituenten am Carbonyl-C-Atom.

tert-$C_4H_9 > C_6H_5 > iC_3H_7 > C_2H_5 > CH_3$

- **Beckmann-Umlagerung**

Behandelt man *Ketoxime* mit anorganischen Säurehalogeniden [BF_3, PCl_5, $SOCl_2$ u. a.] bzw. konzentrierten Mineralsäuren [H_2SO_4, HCl_g], so erfolgt eine anionotrope Umlagerung zu isomeren, *N-substituierten Carbonsäureamiden.*

Zum Beispiel kann auf diese Weise **Benzanilid** aus **Benzophenonoxim** hergestellt werden, und **Cyclohexanonoxim** lagert sich in **ε-Caprolactam** um, einem technisch wichtigen Ausgangsmaterial zur Darstellung von *Perlon* [siehe auch ▸Kap. 3.18.2.3 und **MC-Fragen Nr. 257, 258, 1590, 1591**].

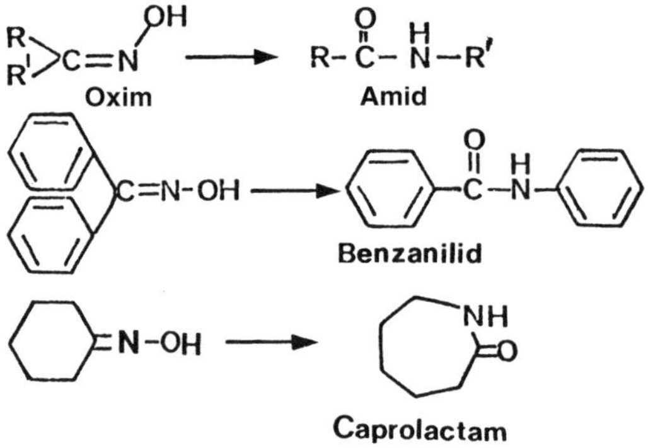

R(R')C=N–OH ⟶ R–C(=O)–NH–R'

Oxim Amid

$(C_6H_5)_2$C=N-OH ⟶ C_6H_5–C(=O)–NH–C_6H_5

Benzanilid

Cyclohexanon=N-OH ⟶ NH / C=O (Siebenring)

Caprolactam

Aldoxime lagern sich unter den beschriebenen Bedingungen selten um. Sie werden vielmehr in Anwesenheit dehydratisierender Agenzien in *Nitrile* übergeführt (siehe ▸Kap. 3.13.8.1).

Aldoxim R-CH=N-OH → R-C≡N Nitril

Der mechanistische Ablauf der Beckmann-Reaktion kann wie folgt formuliert werden. Im einleitenden Reaktionsschritt addiert sich ein Proton an das freie Elektronenpaar des O-Atoms im Ketoxim. Daraus entsteht durch Eliminierung von Wasser ein *Nitreniumion*, dessen Elektronenlücke am Stickstoff durch anionotrope Verschiebung eines Substituenten aufgefüllt wird. An das resultierende *Carbeniumion* lagert sich Wasser an unter Bildung eines *N-substuierten Carbonsäureamids*. Wahrscheinlich tritt das Carbeniumion nicht frei auf, sondern die Wasserabspaltung und die Verschiebung des Restes erfolgen nahezu gleichzeitig. Ist der wandernde Rest *chiral*, so bleibt seine *Konfiguration erhalten* [vgl. **MC-Fragen Nr. 254–256**].

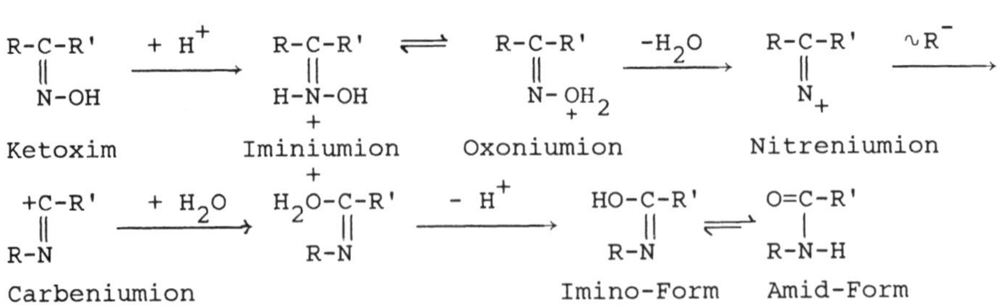

```
R-C-R'     + H+      R-C-R'    ⇌    R-C-R'     -H2O     R-C-R'     ~R-
  ||      ------>      ||             ||       ------>    ||      ------>
 N-OH                H-N-OH          N-OH2                N+
                       +               +
Ketoxim             Iminiumion     Oxoniumion           Nitreniumion
                       +
 +C-R'     + H2O    H2O-C-R'     - H+       HO-C-R'       O=C-R'
  ||      ------>      ||      -------->      ||      ⇌     |
 R-N                  R-N                    R-N          R-N-H
Carbeniumion                                Imino-Form    Amid-Form
```

Die Beckmann-Umlagerung verläuft *stereospezifisch.* D.h., es *wandert* stets der zur austretenden Hydroxylgruppe *trans-ständige Rest.* Daher entsteht z.B. ***N*-Methylbenzamid** aus **(*Z*)-Acetophenonoxim** und aus **(*E*)-Acetophenonpoxim** bildet sich **Acetanilid**.

Z: C_6H_5-C(CH_3)=N-OH (HO trans zu CH_3) ⟶ C_6H_5-C(=O)-NH-CH_3 **N-Methylbenzamid**

E: C_6H_5-C(CH_3)=N-OH (OH trans zu Phenyl) ⟶ H_3C-C(=O)-NH-C_6H_5 **Acetanilid**

> Die Beckmann-Umlagerung von Ketoximen [$R_2C{=}N{-}OH$] in Gegenwart starker Säuren führt zu isomeren *N*-substituierten Carbonsäureamiden [R-NH-CO-R]. Die Reaktion verläuft stereospezifisch. Es wandert der zur Hydroxylgruppe *trans*-ständige Rest.

3.2.16.4 Anionotrope Umlagerungen am Sauerstoffatom

• Phenol-Synthese nach Hock

Behandelt man **Cumenhydroperoxid** mit verdünnten Säuren, so wird das Molekül unter Umlagerung des C-Gerüstes in **Phenol** und **Aceton** gespalten.

Dabei wird zunächst die HO-Gruppe des Hydroperoxids protoniert und anschließend Wasser eliminiert. In die Elektronenlücke des entstehenden *Oxeniumions* wandert der Phenylrest als Carbanion unter Bildung eines Carbeniumions. Die nucleophile Addition von Wasser ergibt ein protoniertes *Halbketal,* das unter den Reaktionsbedingungen spontan in Phenol und Aceton zerfällt [vgl. **MC-Fragen Nr. 249–251, 803–805, 1004**].

$$C_6H_5{-}C(CH_3)_2{-}O{-}OH \xrightarrow{+H^+} C_6H_5{-}C(CH_3)_2{-}O{-}\overset{+}{O}H_2 \xrightarrow{-H_2O} C_6H_5{-}C(CH_3)_2{-}O^+ \xrightarrow{\sim Ph^-}$$

Cumenhydroperoxid — Oxoniumion — Oxeniumion

$$^{+}C(CH_3)_2{-}O{-}C_6H_5 \xrightarrow{+H_2O} H_2\overset{+}{O}{-}C(CH_3)_2{-}O{-}C_6H_5 \xrightarrow{-H^+} (CH_3)_2C{=}O + C_6H_5{-}OH$$

Carbeniumion — Halbketal — Aceton — Phenol

Die Abspaltung von Wasser und die Verschiebung des Phenylrestes erfolgen wahrscheinlich synchron. Das als Edukt verwendete Cumenhydroperoxid ist durch Luftoxidation von Cumen zugänglich. **Cumen** (**Isopropylbenzen**) wird durch Friedel-Crafts-Alkylierung von Benzen mit Propen hergestellt [siehe ▸Kap. 3.6.4.2 und **MC-Frage Nr. 630**].

- **Baeyer-Villiger-Oxidation**

Beim Behandeln von *Ketonen* [R-CO-R] mit *Peroxycarbonsäuren,* insbesondere Trifluorperoxyessigsäure [CF_3CO_3H], bilden sich *Carbonsäureester* [R-CO-OR]. Aus *cyclischen Ketonen* entstehen *Lactone*. Beispielsweise bildet sich aus **Cyclohexanon** beim Behandeln mit Persäuren **ε-Caprolacton** [vgl. **MC-Frage Nr. 252**].

$$R{-}\overset{O}{\overset{\|}{C}}{-}R \xrightarrow{R'CO_3H} R{-}\overset{O}{\overset{\|}{C}}{-}OR$$

Man nimmt an, dass sich zunächst die Peroxysäure an die Carbonylverbindung addiert. Anschließend wird die O-O-Bindung heterolytisch gespalten. Dabei wird synchron ein Rest anionotrop an das Sauerstoffatom verschoben.

$$R_2C{=}O + R'{-}\overset{O}{\overset{\|}{C}}{-}O{-}OH \longrightarrow R_2\overset{OH}{\overset{|}{C}}{-}O{-}O{-}\overset{O}{\overset{\|}{C}}{-}R' \xrightarrow{\sim R^-} R{-}\overset{^+OH}{\overset{\|}{C}}{-}O{-}R + {}^-O{-}\overset{O}{\overset{\|}{C}}{-}R'$$

$$\longrightarrow R{-}COOR + R'{-}COOH$$

Symmetrische Ketone ergeben nur ein Reaktionsprodukt. Bei unsymmetrischen Ketonen treten manchmal zwei Oxidationsprodukte auf. Die **Wanderungstendenz** nimmt in folgender Reihe ab:

$$-H > -C_6H_5 > -CR_3 > -CHR_2 > -CH_2R > -CH_3$$

Daher bildet sich aus ***tert*-Butylmethylketon** [$(CH_3)_3C{-}CO{-}CH_3$] vorwiegend **Essigsäure-*tert*-butylester** [$CH_3{-}CO{-}O{-}C(CH_3)_3$] und **Acetophenon** [$C_6H_5{-}CO{-}CH_3$] reagiert mit Persäuren zu **Essigsäurephenylester** [$CH_3{-}CO{-}O{-}C_6H_5$].

3.2.16.5 Kationotrope Umlagerungen

Bei diesen Reaktionen wird in der Regel eine CH-Bindung heterolytisch unter Bildung eines mesomeriestabilisierten *Carbanions* gespalten.

• **Stevens-Umlagerung**

Quartäre Ammoniumsalze, die am α-C-Atom zum quartären N-Atom einen –M-Substituenten (Z) tragen, lagern sich beim Behandeln mit starken Basen [$NaNH_2$] intramolekular in *tertiäre Amine* um.

$$Z\text{-}\overset{\alpha}{C}H_2\text{-}\overset{+}{N}R^1R^2R^3 \xrightarrow[-\,BH^+]{+\,B} Z\text{-}\overset{\ominus}{\bar{C}}H\text{-}\overset{+}{N}R^1R^2R^3 \xrightarrow{\sim R^3} Z\text{-}CH(R^3)\text{-}\bar{N}R^1R^2$$

Wie das folgende Beispiel illustriert, werden Allyl- und Benzylgruppen besonders leicht umgelagert.

$$(CH_3)_2\overset{+}{N}(CH_2\text{-}C_6H_5)\text{-}\overset{\alpha}{C}H_2\text{-}C_6H_5 \xrightarrow[-\,H_2O]{+\,HO^-} (CH_3)_2N\text{-}CH(CH_2\text{-}C_6H_5)\text{-}C_6H_5$$

• **Wittig-Umlagerung**

Unter dem Einfluss sehr starker Basen [$NaNH_2$, C_6H_5Li] verändern auch *Allyl-* und *Benzylether* ihr C-Gerüst unter Bildung von *Alkoholen.*

$$H_3C\text{-}O\text{-}CH_2\text{-}C_6H_5 \xrightarrow[-\,BH^+]{+\,B} H_3C\text{-}O\text{-}\overset{\ominus}{\bar{C}}H\text{-}C_6H_5 \xrightarrow{\sim CH_3^+} {}^-O\text{-}CH(CH_3)\text{-}C_6H_5$$

$$\xrightarrow[-\,B]{+\,BH^+} HO\text{-}CH(CH_3)\text{-}C_6H_5$$

• **Favorski-Umlagerung**

α-Halogenketone lassen sich durch Reaktion mit Alkoholaten in *Carbonsäureester* mit verändertem Kohlenstoffgerüst überführen, wobei durch 1,3-Eliminierung vermutlich ein *Cyclopropanon-Derivat* als Intermediat auftritt [vgl. **MC-Frage Nr. 241**].

$$R^1R^2CH\text{-}CO\text{-}C\mathbf{X}R^3R^4 + RO^- \rightarrow R^3R^4CH\text{-}CR^1R^2\text{-}CO\text{-}OR + X^- \; [X = Br, Cl]$$

Cyclische α-Halogenketone reagieren unter Ringverengung. Beispielsweise lässt sich **α-Chlorcyclohexanon** unter dem Einfluss eines Alkoholats in einen *Cyclopentancarbonsäureester* umwandeln.

$$\text{2-Chlorcyclohexanon (Cl, O)} \xrightarrow{[RO^-]} \text{Cyclopentyl-COOR}$$

3.2.17 Umlagerungen an Aromaten

Es sind eine Reihe von Reaktionen bekannt, bei denen sich *N-substituierte Anilin-Derivate* und *O-substituierte Phenol-Derivate* in Gegenwart von Säuren in die entsprechenden *ortho-* und *para*-kernsubstituierten Verbindungen umlagern. Die Reaktionen verlaufen in der Regel *intermolekular.* D.h., ein Rest löst sich als Kation vollständig vom Substrat und reagiert danach mit dem aromatischen Ringgerüst im Sinne einer S_E-*Reaktion*.

X—Y, +H⊕, −H⊕, H···X···Y (+), H—X, + Y⊕, −H⊕, H—X, Y, bzw., H—X, Y

Beispiele für Umlagerungen an aromatischen Ringsystemen sind:

- Umlagerung von *Diazoaminoverbindungen (Triazenen)* in *p*-Aminoazoverbindungen.

R, N-N=N, N=N, H, N-R

- Umlagerung von *Phenylhydroxylamin-Derivaten* zu *p*-Aminophenolen.

H, N-OH, HO, NH_2

Phenylhydroxylamin ***p*-Aminophenol**

- Umlagerung von *N-Chloracetaniliden* zu *o/p*-Chloracetaniliden (**Orton-Umlagerung**).

O, N-C-CH_3, Cl, H O, N-C-CH_3, Cl (*o,p*)

- Umlagerung von *N*-Nitrosoverbindungen sekundärer Anilin-Derivate zu kernnitrosierten Produkten (**Fischer-Hepp-Umlagerung**).

N-R, N=O, O=N, H, N-R

3.2.17.1 Fries-Reaktion

Phenolester lagern sich in Gegenwart äquimolarer Mengen einer *Lewis-Säure* [$AlCl_3$, $TiCl_4$, $FeCl_3$, BF_3, $ZnCl_2$] zu *Acylphenolen* um.

Je nach Wahl der Lewis-Säure und den jeweiligen Reaktionsbedingungen führt die Umlagerung zu *ortho-* oder *para*-acylierten Phenolen. Bei niedrigen Temperaturen wird vorwiegend *para*-Substitution beobachtet, bei höheren Temperaturen treten überwiegend *o*-Acylphenole auf.

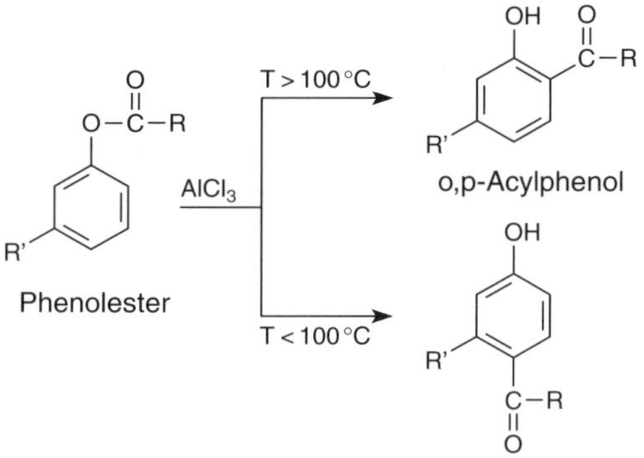

Phenolester

$AlCl_3$

T > 100 °C

T < 100 °C

o,p-Acylphenol

Die Tendenz zur Bildung des *ortho*-Produktes nimmt mit steigender Kettenlänge des Acylrestes zu. Die Friessche Verschiebung verläuft, wie das nachfolgende *Kreuzexperiment* beweist, zumindest teilweise *intermolekular.* Die Tatsache, dass der Acetyl-Rest (Ac) und die Benzoyl-Gruppe (Bz) auch im jeweils anderen Produkt wiederzufinden sind, zeigt, dass sie sich zuvor weitgehend aus der Sphäre des Moleküls gelöst haben, an das sie ursprünglich gebunden waren.

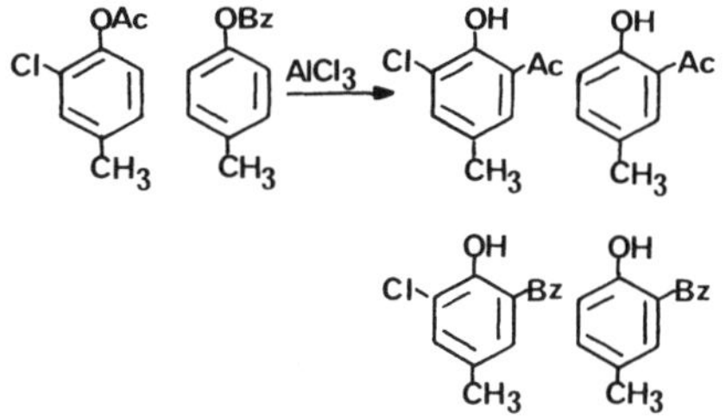

Der Primärschritt der Fries-Umlagerung besteht in einer koordinativen Anlagerung der Lewis-Säure an den Acylsauerstoff. Dadurch wird die Heterolyse der C-O-Bindung unter Bildung eines *Acylkations* erleichtert. Letzteres greift anschließend als Elektrophil den Aromaten an, wobei für die *ortho*-Wanderung ein *Chelatmechanismus* diskutiert wird [vgl. **MC-Frage Nr. 666**].

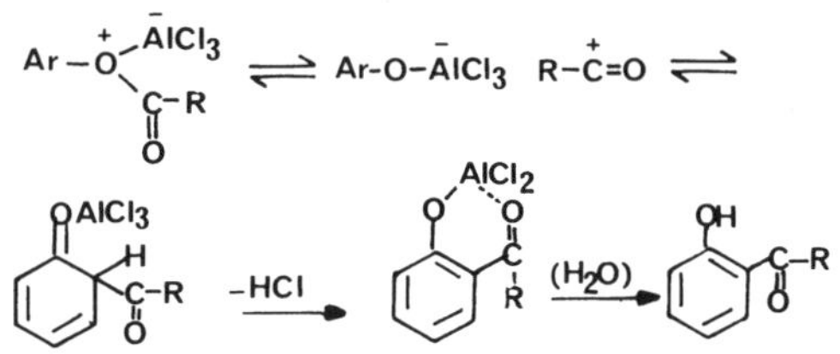

3.2.17.2 Benzidin-Umlagerung

Behandelt man **Hydrazobenzen** mit *starken Säuren*, so entsteht **Benzidin (4,4'-Diaminobiphenyl)**. Als Nebenprodukt tritt stets auch etwas **Diphenylin** auf. Während bei der Umlagerung des Hydrazobenzens kaum ***o*-Benzidin** gebildet wird, kommt es in der Naphthalen-Reihe verstärkt zur *ortho*-Umlagerung. Ist eine der *para*-Positionen im Hydrazobenzen besetzt, so erhält man in Abhängigkeit von der Natur des Substituenten *Diphenylin, para-* und *ortho-Semidine.* Sind beide *para*-Positionen blockiert, so bildet sich nur ein *o-Semidin-Derivat* [vgl. **MC-Fragen Nr. 254, 846, 851, 894, 985**].

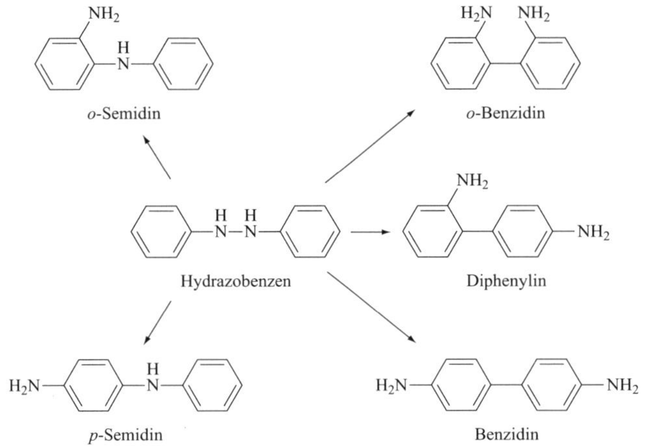

o-Semidin

o-Benzidin

Hydrazobenzen

Diphenylin

p-Semidin

Benzidin

Im Gegensatz zu den bisher vorgestellten Umlagerungen an Aromaten verläuft die Benzidin-Umlagerung *intramolekular*.

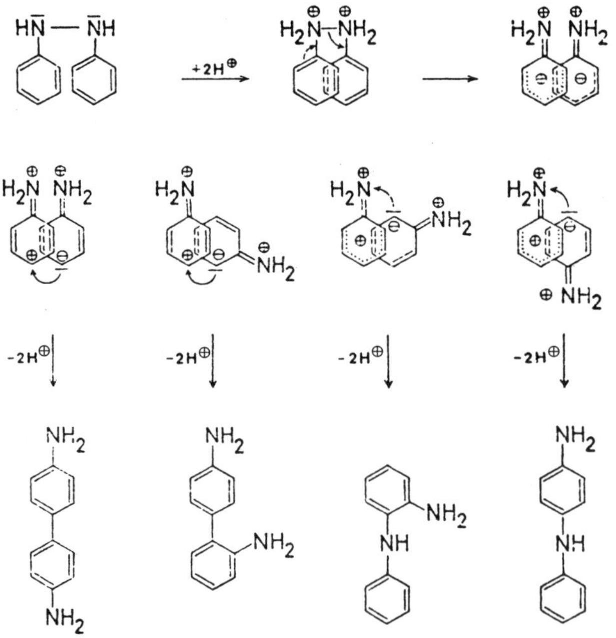

$+2H^{\oplus}$

$-2H^{\oplus}$ $-2H^{\oplus}$ $-2H^{\oplus}$ $-2H^{\oplus}$

Benzidin Diphenylin *o*-Semidin *p*-Semidin

Man nimmt an, dass die beiden unmittelbar benachbarten positiven Ladungen in dem durch Protonierung des Hydrazobenzens gebildeten *„Dikation"* eine starke elektrostatische Abstoßung bewirken und die Heterolyse der N-N-Bindung erleichtern. Die zur Bindungsspaltung notwendige Energie wird durch die Resonanzstabilisierung des entstehenden Anilins bzw. Immoniumions sowie durch die günstige, *sandwichartige Lage der beiden Arenringe* des sich bildenden *π-Komplexes* erbracht. Der π-Komplex kann sich anschließend auf verschiedenen Wegen stabilisieren. Knüpfen beide *para*-C-Atome eine Bindung, so entsteht Benzidin. Ist dies nicht möglich, so können sich die beiden Ringsysteme des π-Komplexes gegeneinander verschieben, und man gelangt zu Diphenylin, *o*- oder *p*-Semidin.

Eine Benzidin-ähnliche Umlagerung ist auch ein Teilschritt der *Fischer-Indolsynthese* (siehe ▸Kap. 3.15.3.1). Desweiteren ist die Benzidin-Umlagerung ein Beispiel für eine **[5,5] sigmatrope Verschiebung** (siehe ▸Kap. 3.2.14.3). Der Übergangszustand besitzt als *10π-Elektronensystem* aromatischen Charakter.

Oxidationen und Reduktionen

Die allgemeinen Grundlagen von Redoxreaktionen wurden bereits in Ehlers, **Chemie I**, ▸Kap. 1.12 detailliert beschrieben. Daher sollen in den folgenden Abschnitten lediglich die speziellen Aspekte von Redoxreaktionen der organischen Chemie näher vorgestellt werden.

3.2.18 Oxidationsreaktionen

3.2.18.1 Oxidation von Methylgruppen und Methylengruppen

• Oxidation von Alkanen

Alkane sind gegenüber den gängigen Oxidationsmitteln ziemlich resistent. Sie werden erst von sehr starken Oxidantien, wie z. B. heisse Chromschwefelsäure angegriffen. Die Oxidation setzt vorrangig an tertiären und sekundären C-H-Bindungen ein. In komplexen, radikalisch und ionisch ablaufenden Prozessen entstehen Alkohole [ROH], Ketone [$R_2C{=}O$], Carbonsäuren [RCOOH] sowie Kohlendioxid und Wasser.

$$\underset{\textbf{Alkan}}{RCH_3} \rightarrow \underset{\textbf{Alkohol}}{RCH_2OH} \rightarrow \underset{\textbf{Aldehyd}}{RCH{=}O} \rightarrow \underset{\textbf{Carbonsäure}}{RCOOH}$$

$$\underset{\textbf{Alkan}}{R_2CH_2} \rightarrow \underset{\textbf{Alkohol}}{R_2CHOH} \rightarrow \underset{\textbf{Keton}}{R_2C{=}O} \rightarrow (\text{RCOOH unter C-C-Spaltung})$$

Beispielsweise erhält man bei 165 °C in Gegenwart von Co(II)-acetat durch Luftoxidation von **Butan** [$CH_3CH_2CH_2CH_3$] ein Gemisch aus Butan-2-on [$CH_3COCH_2CH_3$], Essigsäure [CH_3COOH], Methylacetat [CH_3COOCH_3] und Ethylacetat [$CH_3COOC_2H_5$].

Die Oxidation von *Cycloalkanen* verläuft einheitlicher. So bildet sich bei der Oxidation von **Cyclohexan** mit O_2 hauptsächlich **Adipinsäure**; in Gegenwart von Co(II)-acetat bleibt das Ringgerüst intakt und man isoliert **Cyclohexanol** und **Cyclohexanon** als Reaktionsprodukte. Adipinsäure wird auch erhalten bei der Oxidation von Cyclohexanon mit HNO_3 [vgl. **MC-Frage Nr. 290**].

Organische Chemie

Cyclohexan → Cyclohexanol → Cyclohexanon (HNO_3) → $HOOC\text{-}(CH_2)_4\text{-}COOH$ Adipinsäure

Cyclohexan → $HOOC\text{-}(CH_2)_4\text{-}COOH$ Adipinsäure

In bestimmten Fällen sind Alkane [R_3C-H], die tertiäre C-H-Bindungen enthalten, mit alkalischen $KMnO_4$-Lösungen selektiv unter Erhalt ihrer Konfiguration zu Alkoholen [R_3C-OH] oxidierbar.

• Oxidation von aktivierten Methylgruppen und Methylengruppen

Die Oxidierbarkeit einer *Alkylgruppe* wird wesentlich erleichtert, wenn sich der Alkylrest in *Konjugation zu einer Carbonylgruppe* oder zu einem *aromatischen Ringsystem* befindet. Auch hier bilden *Carbonsäuren* die Endstufe der Oxidation, jedoch lassen sich bei geeigneter Wahl der Reaktionsbedingungen *Aldehyde* und im Einzelfall sogar *Alkohole* als Produkte isolieren.

- *Methyl-* oder *Methylengruppen* in α-Stellung zu einer Carbonylgruppe können mit *Salpetriger Säure* oder durch Oxidation mit *Selendioxid* in *1,2-Dicarbonylverbindungen* umgewandelt werden [vgl. **MC-Frage Nr. 286**].

Versetzt man das Carbonyl-Derivat mit einer salzsauren Alkalinitrit-Lösung, so wird die Verbindung zunächst in α-Stellung zur Carbonylgruppe elektrophil nitrosiert. Die gebildete C-Nitrosoverbindung tautomerisiert zum Oxim, das zur α-Dicarbonylverbindung hydrolysiert werden kann.

Wie die Umwandlung von **Butan-2-on (Ethylmethylketon)** in **Diacetyl (Butan-2,3-dion)** zeigt, werden im Allgemeinen Methylengruppen leichter nitrosiert als Methylgruppen [vgl. **MC-Frage Nr. 1043**].

$$CH_3\text{-}CO\text{-}CH_2\text{-}CH_3 \xrightarrow{(HNO_2)} CH_3\text{-}CO\text{-}CH(N{=}O)\text{-}CH_3 \longrightarrow CH_3\text{-}CO\text{-}C({=}N\text{-}OH)\text{-}CH_3 \longrightarrow CH_3\text{-}CO\text{-}CO\text{-}CH_3$$

Diacetyl

Selendioxid [SeO_2] überführt Carbonylverbindungen ebenfalls in *α-Diketone* bzw. *α-Ketoaldehyde* und wird dabei zu elementarem Selen reduziert. Die Umsetzung von **Butan-2-on** zu **Ethylglyoxal** dokumentiert, dass Methylgruppen leichter oxidiert werden als Methylengruppen [vgl. **MC-Frage Nr. 1042**].

$$CH_3\text{-}CH_2\text{-}CO\text{-}CH_3 \rightarrow CH_3\text{-}CH_2\text{-}CO\text{-}CH{=}O\ (17\%) + CH_3\text{-}CO\text{-}CO\text{-}CH_3\ (1\%)$$

Butan-2-on **Ethylglyoxal** **Diacetyl**

Die nachfolgenden Beispiele sollen das Synthesepotential der SeO_2-Oxidation nochmals verdeutlichen.

Acetaldehyd	$CH_3CH{=}O$	→	$O{=}CH\text{-}CH{=}O$	**Glyoxal**
Acetophenon	$C_6H_5\text{-}CO\text{-}CH_3$	→	$C_6H_5\text{-}CO\text{-}CH{=}O$	**Phenylglyoxal**
Malonester	$CH_2(COOR)_2$	→	$O{=}C(COOR)_2$	**Mesoxalsäureester**

Auch durch benachbarte Arylreste aktivierte Methylengruppen lassen sich selektiv mit SeO_2 zu C=O-Gruppen oxidieren. Zum Beispiel reagiert **Tetralin** mit SeO_2 zu **α-Tetralon**, während die Oxidation mit CrO_3 oder $KMnO_4$ unter Ringspaltung zu **Phthalsäure** führt.

α-Tetralon ← (SeO_2) Tetralin → (CrO_3) Phthalsäure

- *Alkyl-substituierte Aromaten* können mit starken Oxidationsmitteln [CrO_3 in HOAc oder H_2SO_4 – alkalische $KMnO_4$-Lösung – HNO_3] in *aromatische Carbonsäuren* umgewandelt werden. Industriell wichtig ist die Oxidation von **Toluen** [C_6H_5-CH_3] zu **Benzoesäure** [C_6H_5-COOH] und von ***p*-Xylen** [CH_3-C_6H_4-CH_3] zu **Terephthalsäure** [HOOC-C_6H_4-COOH]. *Alkyl-substituierte Heteroaromaten* sind ebenfalls als Substrate einsetzbar [vgl. **MC-Fragen Nr. 285, 802–804, 1102, 1116, 1124**].

2-/3-/4-Methylpyridin → (Ox.) Pyridincarbonsäure (COOH)

2 : Picolinsäure
3 : Nicotinsäure
4 : Isonicotinsäure

Bei der Oxidation aromatischer Alkylgruppen tritt wahrscheinlich ein *Benzyl-Kation* als Intermediat auf.

$$Ar\text{-}CH_3 \rightarrow Ar\text{-}CH_2^+ \rightarrow Ar\text{-}CH_2OH \rightarrow Ar\text{-}CH{=}O \rightarrow Ar\text{-}COOH$$

Längere Seitenketten werden z.T. vollständig oxidiert. Diese Reaktionen verlaufen vermutlich über Alkene als Zwischenstufen [vgl. **MC-Frage Nr. 285**].

$$Ar\text{-}CH_2CH_2CH_3 \rightarrow Ar\text{-}\overset{+}{C}HCH_2CH_3 \rightarrow Ar\text{-}CH{=}CHCH_3 \rightarrow Ar\text{-}COOH$$
$$Ar\text{-}CH(CH_3)_2 \rightarrow Ar\text{-}\underset{+}{C}(CH_3)_2 \rightarrow Ar\text{-}C(CH_3){=}CH_2 \rightarrow Ar\text{-}COOH$$

Alkylaromaten *ohne* benzylischen Wasserstoff sind weitgehend oxidationsresistent. Unter drastischen Reaktionsbedingungen wird das aromatische Ringgerüst gespalten.

In *mehrfach methylierten Aromaten* wie ***o*-Xylen** wird mit verdünnter Salpetersäure nur eine Methylgruppe oxidiert und es bildet sich ***o*-Toluylsäure**, während *o*-Xylen mit Chrom(VI)-oxid zu **Phthalsäure** reagiert.

o-Xylen → (CrO_3) Phthalsäure
o-Xylen → (HNO_3 verd.) *o*-Toluylsäure

- *Methyl-substituierte Aromaten* lassen sich auch in *aromatische Aldehyde* umwandeln. Da die Aldehyd-Funktion aber leichter als eine Methylgruppe oxidiert wird, muss der gebildete Aldehyd in Form beständiger Derivate laufend aus dem Reaktionsgemisch entfernt werden.

Beispielsweise wird bei der Oxidation mit Chromsäure [CrO_3] in Essigsäureanhydrid [$(CH_3CO)_2O$] der aromatische Aldehyd als geminales Diacetat abgefangen und danach der Diester hydrolytisch zur Carbonylverbindung gespalten.

$$\text{Ar-CH}_3 \xrightarrow[\text{Ac}_2\text{O}]{\text{CrO}_3} \text{Ar-CH(OOCCH}_3)_2 \longrightarrow \text{Ar-CH(OH)}_2 \longrightarrow \text{Ar-CH=O}$$

Alternativ dazu kann die Methylgruppe auch mit Chromylchlorid [CrO_2Cl_2] (**Etard-Reagenz**) zur Aldehyd-Funktion oxidiert werden.

3.2.18.2 Oxidation von Aromaten

Unsubstituierte Aromaten sind infolge ihrer hohen Resonanzstabilisierung nur unter drastischen Bedingungen oxidierbar. Häufig wird dabei das aromatische Ringgerüst zerstört. Mit *Ozon* tritt stets eine Ringöffnung ein (siehe ▸Kap. 3.2.18.3). So reagiert **Phenanthren** mit Chromsäure zu **9,10-Phenanthrenchinon**, während mit Ozon **Diphensäure** (**Biphenyl-2,2-dicarbonsäure**) gebildet wird.

Auch *Heteroaromaten* werden von Oxidationsmitteln angegriffen. Zum Beispiel wird **Chinolin** von CrO_3 oder $KMnO_4$ zu **Chinolinsäure** (**Pyridin-2,3-dicarbonsäure**) oxidiert, die beim Erhitzen zu **Nicotinsäure** decarboxyliert [vgl. **MC-Frage Nr. 1394**].

Naphthalen und **Anthracen** sind leichter zu oxidieren als Benzen. Die Oxidation von **Naphthalen** in CrO_3/H_2SO_4 ergibt **1,4-Naphthochinon**, während mit V_2O_5/O_2 **Phthalsäureanhydrid** gebildet wird. **Anthracen** wird von Chromschwefelsäure in **9,10-Anthrachinon** übergeführt. Im Gegensatz zu **Toluen**, das in **Benzoesäure** umgewandelt wird, liefert **2-Methylnaphthalen** durch Chromsäure-Oxidation **2-Methyl-1,4-naphthochinon**, sodass Naphthalencarbonsäuren auf diese Weise *nicht* darstellbar sind [vgl. **MC-Frage Nr. 267**].

Naphthalen

Anthracen

2-Methylnaphthalen ; Toluen

3.2.18.3 Oxidation von C=C-Doppelbindungen

• Epoxidation von Alkenen (Prileschajew-Reaktion)

Bei der Einwirkung von *Peroxycarbonsäuren* [RCO_3H] (Trifluorperoxyessigsäure, *m*-Chlorperoxybenzoesäure u. a.) auf *Alkene* in einem indifferenten Lösungsmittel (Ether, $CHCl_3$) entstehen in fast quantitativer Ausbeute *Epoxide (Oxirane)*.

$R_2C{=}CR_2$ (Alken) + $R'CO_3H$ (Peroxysäure) ⟶ [Übergangszustand] $\xrightarrow{-\ R'CO_2H}$ Oxiran

Mit Ausnahme von Amino- und Thioethergruppen werden anderen funktionelle Gruppierungen kaum angegriffen. So liefern vinyloge Carbonsäureester *Glycidester* und *Allylchlorid* wird in *Epichlorhydrin* umgewandelt.

$R_2C{=}CR{-}COOR'$ ⟶ $R_2C{-}CR{-}COOR'$ (über O verbrückt) Glycidester

$H_2C{=}CH{-}CH_2Cl$ ⟶ $H_2C{-}CH{-}CH_2Cl$ (über O verbrückt) Epichlorhydrin

Verwendet man Wasserstoffperoxid (H_2O_2) in wässriger, essigsaurer oder natronalkalischer Lösung als Oxidationsmittel, so kommt es anschließend zu einer *hydrolytischen Ringöffnung* des gebildeten Epoxids. Da die Ringöffnung nach einem S_N2-Mechanismus abläuft, entstehen bei sterisch fixierten Systemen ***trans*-Glycole** (*trans*-1,2-Diole) [vgl. **MC-Fragen Nr. 287, 792–794, 843**].

$$R_2C{=}CR_2 \text{ (Alken)} \xrightarrow[-\,H_2O]{+\,H_2O_2} \text{Epoxid } (R_2C\text{–}CR_2\text{, O-verbrückt}) \xrightarrow{+\,H^+} R_2C\text{–}CR_2\text{ (protoniertes Epoxid, }O^+\text{–H)} \xrightarrow{+\,H_2O} H_2\overset{+}{O}\text{–}CR_2\text{–}R_2C\text{–OH} \xrightarrow{-\,H^+} R_2C(OH)\text{–}CR_2(OH)$$

$$\text{Epoxid} \xrightarrow{+\,HO^-} HO\text{–}CR_2\text{–}R_2C\text{–}O^- \xrightarrow[-\,HO^-]{+\,H_2O} R_2C(OH)\text{–}CR_2(OH)$$

trans-Glycol

Beispielsweise führt die Oxidation von **Cyclohexen** mit *m*-Chlorper(oxy)benzoesäure und anschließender saurer Hydrolyse zu ***trans*-Cyclohexan-1,2-diol** [vgl. **MC-Fragen Nr. 288, 1783**].

Cyclohexen → *trans*-Cyclohexan-1,2-diol (OH, OH)

Epoxide wie **Ethylenoxid** sind reaktive Verbindungen, an die man in Gegenwart saurer oder basischer Katalysatoren Nucleophile (Wasser, Alkohole, Mercaptane, Amine, Grignard-Verbindungen) unter Ringöffnung anlagern kann [vgl. **MC-Fragen Nr. 842, 843**].

Ethylenoxid (H_2C–CH_2, O-verbrückt)

$$+\,H_2O \longrightarrow HO\text{–}CH_2CH_2\text{–}OH$$
$$+\,ROH \longrightarrow HO\text{–}CH_2CH_2\text{–}OR$$
$$+\,NH_3 \longrightarrow HO\text{–}CH_2CH_2\text{–}NH_2$$
$$+\,RMgX \longrightarrow RCH_2CH_2\text{–}OMgX \xrightarrow[-MgOHX]{+H_2O} RCH_2CH_2\text{–}OH$$

• **Bis-Hydroxylierung von Alkenen (Syn-Hydroxylierung)**

Bei der Hydroxylierung von *Alkenen* mit *Osmiumtetroxid* oder schwach alkalischer *Kaliumpermanganat-Lösung* bilden sich durch *Syn-Addition* cyclische Ester. Deren Hydrolyse führt zu ***cis*-Glycolen**, weil bei der Spaltung der cyclischen Ester das Wassermolekül am Metallatom angreift, sodass die *cis*-Glycolstruktur erhalten bleibt [vgl. **MC-Fragen Nr. 287, 292, 792–794**].

$$R_2C{=}CR_2 \xrightarrow{(OsO_4)} R_2C(\text{–O–})_2OsO_2\text{ (cycl. Ester)} \xrightarrow{(H_2O)} R_2C(OH)\text{–}R_2C(OH)$$

$$R_2C{=}CR_2 \xrightarrow{(MnO_2^-)} R_2C(\text{–O–})_2MnO_2^-\text{ (cycl. Ester)} \xrightarrow{(H_2O)} R_2C(OH)\text{–}R_2C(OH)$$

cis-Glykol

Daher ergibt die *stereospezifisch* verlaufende *Syn-Hydroxylierung* von ***cis*-But-2-en** mit $KMnO_4$ in Aceton das optisch inaktive ***meso*-Butan-2,3-diol**. Aus **Cyclopenten** entsteht ***cis*-Cyclopentan-1,2-diol** und **Cyclohexen** liefert mit den genannten Oxidationsmitteln ***cis*-Cyclohexan-1,2-diol**, die beide ebenfalls optisch inaktive *meso*-Formen darstellen [vgl. **MC-Fragen Nr. 291, 293, 340, 1783**].

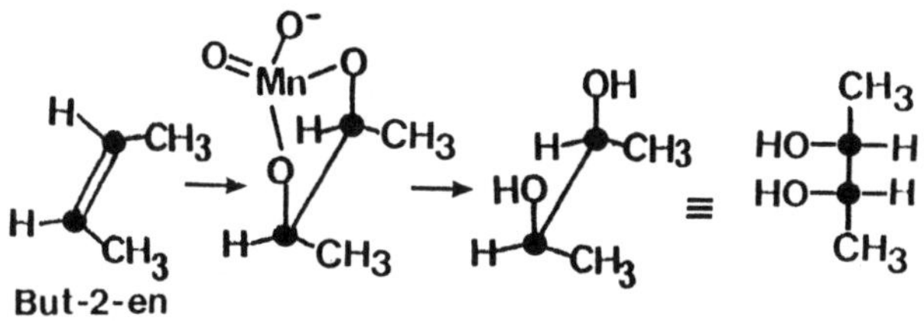

Die *Stereochemie der Syn-Hydroxylierung von Cycloalkenen* kann wie folgt verallgemeinert werden. Bei Raumtemperatur ist bis zum *Cyclohepten* nur das *cis*-Isomer stabil. Höhergliedrige Cycloalkene wie **Cycloocten** können dagegen in einer *cis*- und einer *trans*-Konfiguration existieren. Hier ergibt die *Syn*-Addition an das *trans*-Isomer stereospezifisch ein *trans*-1,2-Diol; das *cis*-Isomer liefert hingegen ein *cis*-1,2-Diol [vgl. **MC-Frage Nr. 289**].

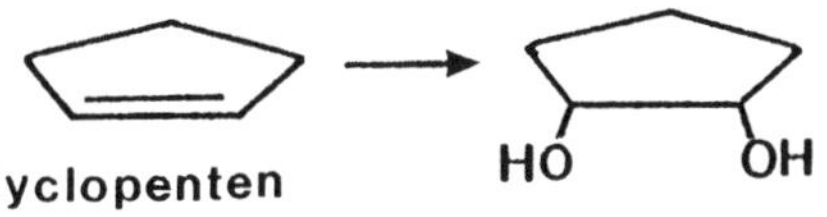

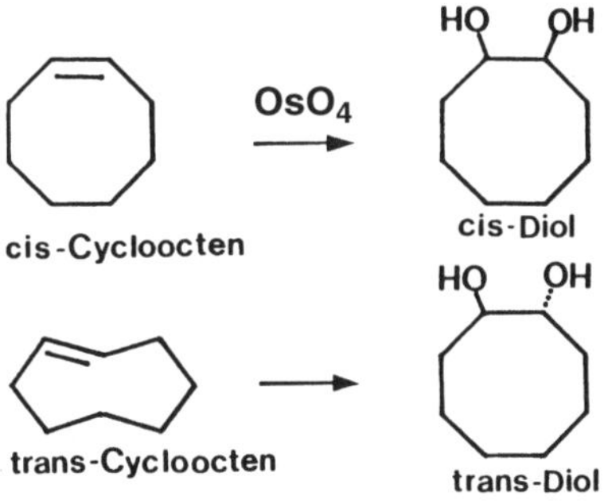

Auch bei *alicyclischen Alkenen* führt die Bis-Hydroxylierung der *cis*- und *trans*-Isomeren zu unterschiedlichen Glycolen. Bei einem *symmetrischen Alken* wie **But-2-en** [$CH_3CH{=}CHCH_3$] entsteht aus dem *cis*-Isomer ein *meso-Diol*, während bei der Hydroxylierung des *trans*-Isomers ein racemisches Gemisch der beiden *threo-Formen* gebildet wird (siehe auch ▸Kap. 3.3.7.4).

```
                      R                      R
                      |                      |
H-C-R               H-C-OH                 HO-C-H
  ||       ——→        |          ≡           |          meso-Diol
H-C-R               H-C-OH                 HO-C-H
                      |                      |
 cis                  R                      R

                      R                      R
                      |                      |
R-C-H               HO-C-H                 H-C-OH
  ||       ——→        |          +           |          threo-Diole
H-C-R               H-C-OH                 HO-C-H
                      |                      |
 trans                R                      R
```

Bei einem *unsymmetrischen Alken* wie **Pent-2-en** [$CH_3CH{=}CHC_2H_5$] führt die Syn-Hydroxylierung mit OsO_4 oder $KMnO_4$ bei beiden Isomeren zu einem racemischen Gemisch. Aus dem *trans*-Isomer bilden sich wiederum die beiden *threo*-Formen und das *cis-Isomer* ergibt die *erythro-Formen.*

```
                      R'                     R'
                      |                      |
H-C-R'              H-C-OH                 HO-C-H
  ||       ——→        |          +           |          erythro-Diole
H-C-R               H-C-OH                 HO-C-H
                      |                      |
 cis                  R                      R
```

Oxidationen mit OsO_4 verlaufen einheitlich und mit guten Ausbeuten. Bewährt hat sich die Verwendung von H_2O_2 als Oxidationsmittel in Gegenwart katalytischer Mengen an OsO_4. Hierbei bildet sich zunächst ein Osmiumester, der anschließend unter Regenerierung von OsO_4 durch H_2O_2 in das *cis*-Diol umgewandelt wird.

$$R_2C{=}CR_2 + H_2O_2 \xrightarrow{(OsO_4)} \underset{\text{HO}\ \ \ \text{OH}}{R_2C{-}CR_2}$$

Bei den Hydroxylierungen mit $KMnO_4$ – vor allem bei höheren Temperaturen und in konzentrierten Lösungen – kann es zur C-C-Bindungsspaltung des Diols kommen, wobei in Abhängigkeit von der Substitution des Alkens unterschiedliche Produkte gebildet werden (siehe auch ▸Kap. 3.2.18.5 „*Glycolspaltung*").

$$R_2C{=}CHR \rightarrow R_2C{=}O + HOOC\text{-}R$$
$$RCH{=}CH_2 \rightarrow R\text{-}COOH + CO_2$$

Zum Beispiel führt die Oxidation von **Cyclohexen** mit $KMnO_4$ unter Ringöffnung zu **Adipinsäure** (Hexandisäure) [vgl. **MC-Frage Nr. 270**].

KMnO4 →
COOH
COOH

Die Entfärbung einer alkalischen Permanganat-Lösung unter Abscheidung von hydratisiertem Mangan(IV)-oxid [$MnO(OH)_2$] wird auch zum *unspezifischen Nachweis von C=C-Doppelbindungen* herangezogen (*Baeyer-Probe*).

• **Ozonolyse**

Die Spaltung einer C=C-Doppelbindung bei tiefen Temperaturen (-78 °C) mit *Ozon*, wobei *Aldehyde* oder *Ketone* gebildet werden, hat eine große Bedeutung zur *Strukturaufklärung von Alkenen*, weil die bei der Ozonisierung entstehenden Spaltprodukte Rückschlüsse auf die Lage der C=C-Doppelbindung im betreffenden Alken zulassen [vgl. **MC-Fragen Nr. 304, 793, 843**].

$$R^1R^2C{=}CR^3R^4 \xrightarrow{(O_3)} R^1R^2C{=}O + O{=}CR^3R^4$$

Die folgenden Reaktionsbeispiele sollen dies nochmals verdeutlichen [vgl. **MC-Fragen Nr. 294–300, 303**]:

$CH_3CH_2CH_2\text{-}CH{=}CH_2 \rightarrow CH_3CH_2CH_2\text{-}CH{=}\mathbf{O} + \mathbf{O}{=}CH_2$
Penten **Butanal** **Methanal**

$CH_3CH_2CH_2\text{-}CH{=}CH\text{-}CH_3 \rightarrow CH_3CH_2CH_2\text{-}CH{=}\mathbf{O} + \mathbf{O}{=}CH\text{-}CH_3$
Hex-2-en **Butanal** **Ethanal**

$CH_3\text{-}CH{=}C(CH_3)_2 \rightarrow CH_3\text{-}CH{=}\mathbf{O} + \mathbf{O}{=}C(CH_3)_2$
2-Methylbut-2-en **Ethanal** **Aceton**

$CH_3\text{-}C(OMe){=}CH\text{-}COOMe \rightarrow CH_3\text{-}C\mathbf{O}\text{-}OMe + \mathbf{O}{=}CH\text{-}COOMe$ [Me = Methyl]
3-Methoxybut-2-ensäuremethylester **Methylacetat** **2-Oxoessigsäuremethylester**

$CH_3CH_2\text{-}C(Ph){=}CH\text{-}CH_3 \rightarrow Ph\text{-}C\mathbf{O}\text{-}CH_2CH_3 + \mathbf{O}{=}CH\text{-}CH_3$ [Ph = Phenyl]
3-Phenylpent-2-en **Propiophenon** **Ethanal**

$PhCH_2\text{-}C(CH_3){=}CH\text{-}CH_3 \rightarrow PhCH_2\text{-}C\mathbf{O}\text{-}CH_3 + \mathbf{O}{=}CH\text{-}CH_3$
3-Methyl-4-phenylbut-2-en **Benzylmethylketon** **Ethanal**

Zur Ozonolyse leitet man O_3 in die wasserfreie Lösung der ungesättigten Verbindung ein. Als Lösungsmittel können Alkane, halogenierte Alkane, Eisessig oder Essigester verwendet werden.

Aus dem Alken und Ozon entsteht zunächst durch **1,3-dipolare Cycloaddition** das instabile *Primärozonid (1,2,3-Trioxolan)*, das spontan in ein *Carbonyloxid* und eine Carbonylverbindung zerfällt (siehe auch ▸Kap. 3.2.14.4). Beide Komponenten vereinigen sich in einer erneuten 1,3-dipolaren Cycloaddition zum eigentlichen *Ozonid (1,2,4-Trioxolan)*, in dem beide C-Atome der ursprünglichen Doppelbindung über eine *Peroxid-Funktion* und eine *Sauerstoff-Brücke* miteinander verbunden sind [vgl. **MC-Fragen Nr. 302, 304**].

Organische Chemie

$$R_2C{=}CR_2 + \left[\,{}^{+}\bar{O}{-}O{-}\bar{O}{}^{-} \leftrightarrow O{=}O^{+}{-}O^{-}\,\right] \longrightarrow \text{Primärozonid (Molozonid)} \longrightarrow R_2C{=}O +$$

$$[R_2\overset{+}{C}{-}O{-}O^{-} \leftrightarrow R_2C{=}\overset{+}{O}{-}O^{-}] \longrightarrow \text{Ozonid}$$

Carbonyloxid

Ozonid

Bei der nachfolgenden Hydrolyse des Ozonids werden die Sauerstoffbrücken unter Bildung von Carbonylverbindungen gespalten. Da das gleichzeitig entstehende *Wasserstoffperoxid* auf Aldehyde oxidierend wirkt, arbeitet man zweckmäßigerweise den Reaktionsansatz *unter reduzierenden Bedingungen* auf (Zn/Eisessig oder kat. Hydrierung).

$$\text{Ozonid} \xrightarrow{+H_2O} R_2C(O{-}O)(OHHO)CR_2 \xrightarrow[-H_2O_2]{+H_2O} 2\,R_2C(OH)_2 \xrightarrow{-H_2O} 2\,R_2C{=}O$$

$$\text{Ozonid} \xrightarrow{+H_2} R_2C(OH){-}O{-}CR_2(OH) \xrightarrow{-H_2O} 2\,R_2C{=}O$$

Einfache Alkene reagieren meistens schon bei tiefen Temperaturen quantitativ mit Ozon, während *Aromaten* erst bei Raumtemperatur und hohen O_3-Konzentrationen angegriffen werden. So reagiert z. B. **Benzen** mit Ozon zu einem Triozonid, das sich bei reduktiver Aufarbeitung in drei Moleküle **Glyoxal** spalten lässt [vgl. **MC-Frage Nr. 304**].

$$\text{Benzen} \longrightarrow 3\,H{-}C({=}O){-}C({=}O){-}H \;(\text{Glyoxal})$$

Aufgrund der unterschiedlichen Reaktivität aromatischer und olefinischer C=C-Doppelbindungen kann man *Aromaten mit ungesättigter Seitenkette* selektiv ozonisieren. Ein Anwendungsbeispiel ist die Ozonolyse von **Isoeugenol** [2-Methoxy-4-(1propenyl) phenol] zu **Vanillin** [4-Hydroxy-3-methoxybenzaldehyd].

$$\text{Isoeugenol (OH, }OCH_3\text{, }CH{=}CHCH_3) \longrightarrow \text{Vanillin (OH, }OCH_3\text{, }CH{=}O)$$

Die Ozonisierung von C≡C-Dreifachbindungen liefert in der Regel uneinheitliche Produktgemische.

Von präparativer Bedeutung ist die Ozonolyse vor allem zur Darstellung der sonst nur sehr schwer zugänglichen *Dialdehyde* aus *Cycloalkenen* bzw. *Dienen.* Beispielsweise kann **Succindialdehyd** aus **Hexa-1,5-dien** oder **Adipindialdehyd** aus **Cyclohexen** durch Behandeln mit Ozon hergestellt werden. Die Ozonolyse von **1,2-Dimethylcyclohexen** liefert **Octa-2,7-dion**.

$$H_2C{=}CH{-}(CH_2)_2{-}CH{=}CH_2 \longrightarrow OHC{-}(CH_2)_2{-}CHO + 2\,H_2CO$$

Hexa-1,5-dien → Succindialdehyd

Cyclohexen $\longrightarrow$ $OHC{-}(CH_2)_4{-}CHO$

Adipindialdehyd

1,2-Dimethylcyclohexen $\longrightarrow$ $H_3C{-}C({=}O){-}(CH_2)_4{-}C({=}O){-}CH_3$

Octa-2,7-dion

In analoger Weise kann man **Cyclononan-1,5-dion** durch Ozonolyse des bicyclischen 4,5,6,7-Tetrahydroindans gewinnen [vgl. **MC-Frage Nr. 301**]

4,5,6,7-Tetrahydroindan → Cyclononan-1,5-dion

Die Ozonolyse von Alkenen mit nachfolgender Reduktion der gebildeten Carbonylverbindungen hat für die präparative *Herstellung von Alkoholen* kaum Bedeutung, da sie häufig zu Produktgemischen führt. So resultiert aus der Ozonolyse von **3,6-** oder **4,6-Dimethylhepta-2,4-dien** und anschließender Reduktion ein Gemisch aus *Ethanol, Isobutanol* und *Propan-1,2-diol* [vgl. **MC-Frage Nr. 297**].

3.2.18.4 Dehydrierungsreaktionen

Bei *Dehydrierungen* handelt es sich um Oxidationsprozesse, bei denen formal einem Substrat Wasserstoff (bzw. zwei Elektronen und zwei Protonen) entzogen wird.

Erhitzt man z. B. *Alkane* unter Luftausschluss auf Temperaturen um 500 °C, so zersetzen sie sich unter Dehydrierung und Spaltung (*Crackung*).

$$CH_3CH_2CH_3 \longrightarrow CH_2{=}CH_2 + CH_4 \quad \text{(Crackung)}$$

$$CH_3CH_2CH_3 \rightleftharpoons CH_2{=}CHCH_3 + H_2 \quad \text{(Dehydrierung)}$$

Im Gegensatz zur *irreversiblen Crackreaktion* ist die *Dehydrierung* eine *reversible Reaktion*, die mit der Hydrierung im Gleichgewicht steht und durch dieselben Katalysatoren beschleunigt wird [siehe ▸Kap. 3.2.19.1 und **MC-Frage Nr. 323**].

$$R\text{-}CH_2\text{-}CH_2\text{-}R \underset{\text{Hydrierung}}{\overset{\text{Dehydrierung}}{\rightleftharpoons}} R\text{-}CH{=}CH\text{-}R + H_2$$

Während die Hydrierung bei niedrigen Temperaturen überwiegt, dominiert bei höheren Temperaturen die Dehydrierung. In beiden Fällen handelt es sich um eine *Oberflächenreaktion* am Katalysator.

Die *Leichtigkeit der Dehydrierung* steigt im Allgemeinen mit der Zahl der schon vorhandenen Doppelbindungen an und nimmt in folgender Reihe zu:

Alkan < Alken < Cycloalkan < Cycloalken

Dehydrierungsreaktionen spielen eine große Rolle bei der Synthese *polycyclischer aromatischer Kohlenwasserstoffe* aus (partiell) hydrierten Vorstufen wie z. B. bei der Darstellung von **Naphthalen** aus **Tetralin** oder **Decalin**. Man bezeichnet dieses Verfahren auch als *Aromatisierung.*

Einem organischen Molekül kann Wasserstoff auch mit *Dehydrierungsmitteln* entzogen werden, die in die Reaktionsbilanz eingehen. Beispiele hierfür sind Schwefel (Reduktion zu H_2S), Selen (Reduktion zu H_2Se), Chinone (Reduktion zu Hydrochinonen) und andere mild wirkende Oxidationsmittel wie $FeCl_3$ oder Nitrobenzen. Die Dehydrierung mit Nitrobenzen ist der abschließende Reaktionsschritt der *Skraupschen Chinolinsynthese* (siehe ▸Kap. 3.15.3.3).

3.2.18.5 Oxidation von Alkoholen

Primäre und *sekundäre Alkohole* reagieren mit zahlreichen Oxidationsmitteln unter Bildung von *Carbonylverbindungen. Tertiäre Alkohole* lassen sich nur schwer und unter C-C-Spaltung oxidieren. **Methanol** (CH_3OH) kann bis zum CO_2 oxidiert werden [vgl. **MC-Fragen Nr. 270, 275, 278, 279, 778, 782–784, 786, 1007**].

RCH_2OH → $RCH{=}O$ → $RCOOH$ | $R_2CH\text{-}OH$ → $R_2C{=}O$
prim.Alkohol **Aldehyd** **Carbonsäure** | **sek.Alkohol** **Keton**

z.B.: CH_3OH → $H_2C{=}O$ → $HCOOH$
Methanol **Formaldehyd** **Ameisensäure**

CH_3CH_2OH → $CH_3CH{=}O$ → CH_3COOH
Ethanol **Ethanal (Acetaldehyd)** **Essigsäure**

Cl_3CCH_2OH → $Cl_3CCH{=}O$ → Cl_3CCOOH
Trichlorethanol **Chloral (Trichloracetaldehyd)** **Trichloressigsäure**

$CH_3CH_2CH_2OH$ → $CH_3CH_2CH{=}O$ → CH_3CH_2COOH
Propan-1-ol **Propanal** **Propionsäure**

$(CH_3)_2CHOH$ → $(CH_3)_2C{=}O$
Propan-2-ol (Isopropanol) **Aceton (Dimethylketon)**

• Oxidation primärer Alkohole

Sie führt in Gegenwart starker Oxidantien bis zur Stufe der *Carbonsäuren.* Häufig bereitet es Schwierigkeiten, die Oxidation auf der Aldehydstufe anzuhalten, weil im Allgemeinen *Aldehyde* in wässriger Lösung leichter und schneller zu oxidieren sind als Alkohole. Jedoch lassen sich niedere Aldehyde aufgrund ihres im Vergleich zu den Ausgangsalkoholen niedrigeren Siedepunktes kontinuierlich durch *Destillation* aus dem Reaktionsgemisch abtrennen.

Als Oxidationsmittel sind Chromsäure, HNO_3, $KMnO_4$, MnO_2 und Halogene (Cl_2, Br_2) geeignet. Säureempfindliche Alkohole können mit einer Lösung von Chromtrioxid (Chromsäureanhydrid, CrO_3) in Pyridin (*Collins-Reagenz*) oxidiert werden. Zur schonenden Oxidation primärer Alkohole zu Aldehyden hat sich auch durch Oxalylchlorid aktiviertes Dimethylsulfoxid (*Swern-Oxidation*) bewährt [vgl. **MC-Fragen Nr. 276–278**].

Besonders eingehend wurde die Oxidation von Alkoholen mit $K_2Cr_2O_7/H_2SO_4$ *(Jones-Reagenz)* untersucht. Man nimmt an, dass *Chromsäureester* als Zwischenstufen durchlaufen werden.

$$RCH_2OH + CrO_2(OH)_2 \xrightarrow{-H_2O} \text{Chromsäureester} \longrightarrow RCH{=}O + CrO(OH)_2$$

Chromsäureester

Da CrO_3 C=C-Doppelbindungen nur langsam angreift, können *ungesättigte Alkohole* selektiv mit $K_2Cr_2O_7/H_2SO_4$ oxidiert werden. $KMnO_4$ in neutraler oder alkalischer Lösung oxidiert demgegenüber C=C-Doppelbindungen rasch zu vicinalen Diolen.

Cyclohex-2-en-1-on $\xleftarrow{CrO_3}$ Cyclohex-2-en-1-ol $\xrightarrow[\text{pH}=7-10]{KMnO_4}$ Cyclohexan-1,2,3-triol

Cyclohex-2-en-1-on Cyclohex-2-en-1-ol Cyclohexan-1,2,3-triol

• Oxidation sekundärer Alkohole

Sekundäre Alkohole sind leichter und in höheren Ausbeuten oxidierbar als primäre. Die entstehenden *Ketone* sind relativ stabil gegenüber einer Weiteroxidation. Im Allgemeinen wird Dichromat/H_2SO_4 als Oxidationsmittel eingesetzt.

Eine schonende Methode zur Dehydrierung sekundärer Alkohole ist die sog. **Oppenauer-Oxidation**. Hierbei wird der sekundäre Alkohol mit *Aceton* oder *Cyclohexanon* als Dehydrierungsmittel in Gegenwart von Aluminium-*tert*-butanolat oder Aluminiumisopropylat als Katalysator umgesetzt. Es handelt sich um eine typische Gleichgewichtsreaktion. Durch einen hohen Überschuss an Dehydrierungsmittel wird das Gleichgewicht zur Produktseite hin verschoben [vgl. **MC-Frage Nr. 667**].

$$R_2CHOH + (H_3C)_2C{=}O \xrightleftharpoons{[Al(OR)_3]} R_2C{=}O + (H_3C)_2CHOH$$

sek. Alkohol, Aceton, Keton, Isopropanol

Bei dieser für sekundäre Hydroxylgruppen sehr spezifischen Reaktion werden C=C-Doppelbindungen, phenolische HO-Gruppen und Amino-Funktionen nicht angegriffen.

Die Oppenauer-Oxidation stellt formal die Umkehrung der *Meerwein-Ponndorf-Verley-Reduktion* dar und verläuft unter *Hydridübertragung* über einen *cyclischen Übergangszustand* [siehe auch ▸Kap. 3.2.19.5 und **MC-Frage Nr. 284**].

Primäre Alkohole [RCH_2OH] können zu Carbonsäuren [RCOOH] oxidiert werden. Aldehyde [RCHO] werden als Reaktionsprodukte nur erhalten, wenn man sie mithilfe spezieller Methoden kontinuierlich aus dem Reaktionsgemisch entfernt, ehe sie weiterreagieren.
Sekundäre Alkohole [R_2CHOH] werden zu Ketonen [R_2CO] oxidiert.
Tertiäre Alkohole [R_3COH] werden unter alkalischen Reaktionsbedingungen nicht angegriffen. In Anwesenheit von Säuren erfolgt jedoch eine rasche Dehydratisierung zu Alkenen, die anschließend oxidiert werden.

- **Glycolspaltung**

1,2-Diole lassen sich mit Bleitetraacetat [$Pb(OOCCH_3)_4$] *(Criegee-Reaktion)* oder Periodsäure [HIO_4] *(Malaprade-Reaktion)* selektiv zu *Carbonylverbindungen* spalten.

Beispielsweise liefert **Butan-2,3-diol** (CH_3-CHOH-CHOH-CH_3) bei der Glycolspaltung 2 Moleküle **Acetaldehyd** (CH_3CH=O). Im Allgemeinen reagieren *cis*-Glycole rascher als *trans*-konfigurierte 1,2-Diole [vgl. **MC-Fragen Nr. 280, 281, 283**].

$$R_2C(OH)-CR_2(OH) \xrightarrow{\text{Glycolspaltung}} R_2C=O + O=CR_2$$

Die Glycolspaltung mit $Pb(OAc)_4$ in Eisessig als Lösungsmittel läuft ionisch ab, wobei ein fünfgliedriges Blei(IV)-glycolat-Chelat als Zwischenprodukt diskutiert wird [vgl. **MC-Frage Nr. 282**].

$$\begin{matrix} R_2C-OH \\ | \\ R_2C-OH \end{matrix} \xrightarrow[-\ 2\ HOAc]{+\ Pb(OAc)_4} \begin{matrix} R_2C-O \\ | \\ R_2C-O \end{matrix} Pb(OAc)_2 \xrightarrow{-\ Pb(OAc)_2} \begin{matrix} R_2C=O \\ + \\ R_2C=O \end{matrix}$$

Die Malaprade-Reaktion mit $NaIO_4$ eignet sich zur quantitativen Bestimmung von Glycolen. Sie verläuft über einen cyclischen Diester der Periodsäure, dessen Zersetzung zwei Carbonylfragmente und Iodsäure liefert (siehe Ehlers, **Analytik II**, ▸Kap. 7.2.4 „*Periodatometrie*“).

$$HOCR_2\text{-}CR_2OH + HIO_4 \rightarrow 2\ R_2C=O + HIO_3 + H_2O$$

In analoger Weise wie Glycole reagieren *α-Aminoalkohole, α-Ketole* und *α-Dicarbonylverbindungen* wie z. B. **Diacetyl** (**Butan-2,3-dion**), das von $NaIO_4$ zu Essigsäure gespalten wird [vgl. **MC-Frage Nr. 1043**].

$$CH_3\text{-}CO\text{-}CO\text{-}CH_3 \xrightarrow{(NaIO_4)} 2\ CH_3\text{-}COOH$$

3.2.18.6 Oxidation von Aldehyden und Ketonen

Aldehyde werden leicht zu *Carbonsäuren* oxidiert; sie neigen zur *Autoxidation* und müssen daher zum Aufbewahren mit Radikalfängern stabilisiert werden.

Als Oxidationsmittel haben sich Ag_2O, H_2O_2, CH_3CO_3H, $KMnO_4$ und CrO_3 bewährt. Ein sehr mildes und selektiv wirkendes Reagenz für die Oxidation von Aldehyden ist Silberoxid, das C=C-Doppelbindungen *nicht* angreift [vgl. **MC-Frage Nr. 1099**].

$$\text{R-CH=CH-CH=O} \xrightarrow[\text{(- Ag)}]{\text{(+ Ag}_2\text{O)}} \text{R-CH=CH-COOH}$$

Auch die beiden zum unspezifischen Nachweis der Aldehyd-Funktion häufig genutzten Reaktionen mit *Fehlingscher Lösung* [alkalische Cu(II)-tartrat-Lösung] und *Tollens-Reagenz* [ammoniakalische $AgNO_3$-Lösung] beruhen auf der leichten Oxidierbarkeit der CHO-Gruppe. Die Umsetzung von *Ketolen (α-Ketoalkoholen)* [R-CO-CH_2OH] mit diesen Reagenzien führt zu Dicarbonylverbindungen. Aus *Endiolen* (HO-C=C-OH) wie **Ascorbinsäure** entstehen Dicarbonylverbindungen. Im Gegensatz zu Aldehyden besitzen *einfache Ketone* wie **Aceton** keine reduzierenden Eigenschaften und reagieren *nicht* mit diesen oxidierenden Reagenzien [siehe auch Ehlers, **Analytik I**, ▸Kap. 3.5.2 und **MC-Fragen Nr. 267, 305, 1445**].

Einfache *Ketone* lassen sich nur unter relativ drastischen Reaktionsbedingungen oxidieren, wobei in der Regel die Bindung zwischen dem Carbonylkohlenstoff und dem α-C-Atom gespalten wird. Zum Beispiel wird bei der Oxidation von *Methylketonen* die CH_3CO-Gruppe als Essigsäure abgetrennt.

$$\text{R-}\overset{\alpha}{\text{CH}_2}\text{-CO-CH}_3 \rightarrow \text{R-COOH} + \text{HOOC-CH}_3$$

Zur Oxidation von Ketonen mit Peroxycarbonsäuren (RCO_3H) siehe ▸Kap. 3.2.16.4 „*Baeyer-Villiger-Oxidation*".

3.2.18.7 Haloform-Reaktion (Einhorn-Reaktion)

Methylketone [CH_3-CO-R] bzw. *Methylcarbinole* [CH_3-CHOH-R] lassen sich unter Verlust des Methyl-C-Atoms mit Hypohalogeniten oder mit Halogenen in alkalischer Lösung zu Carbonsäuren oxidieren, wobei C=C-Doppelbindungen *nicht* angegriffen werden. Als Zwischenstufe wird ein *α-Trihalogenmethylketon* gebildet, dessen alkalische Hydrolyse ein Haloform-Derivat und das um ein C-Atom ärmere Carboxylat liefert [siehe auch ▸Kap. 3.7.2.2 und **MC-Fragen Nr. 286, 719–725**].

$$\underset{\text{Methylcarbinol}}{\text{H}_3\text{C-CH(OH)-R}} \xrightarrow[\text{Oxidation}]{(\text{X}_2/\text{HO}^-)} \underset{\text{Methylketon}}{\text{H}_3\text{C-C(=O)-R}} \xrightarrow[\text{Halogenierung}]{(\text{X}_2/\text{HO}^-)} \underset{\text{Trihalogenmethylketon}}{\text{X}_3\text{C-C(=O)-R}}$$

$$\xrightarrow[\text{Hydrolyse}]{(\text{H}_2\text{O}/\text{HO}^-)} \underset{\text{Haloform}}{\text{X}_3\text{C-H}} + \underset{\text{Carboxylat}}{\text{R-COO}^-} \qquad [\text{X}_2 = \text{Cl}_2, \text{Br}_2, \text{I}_2]$$

Die *Haloform-Reaktion* ist eine geeignete Synthesemethode zur *Herstellung aromatischer Carbonsäuren*, weil die als Ausgangssubstanzen eingesetzten *Arylmethylketone* leicht durch *Friedel-Crafts-Acylierung* zugänglich sind. Auf diese Weise kann aus **Benzen** (Ar = C_6H_5) über **Acetophenon** (Ar = C_6H_5) **Benzoesäure** (Ar = C_6H_5) erhalten werden (siehe auch ▸Kap. 3.6.4.2).

$$\text{Ar-H} \rightarrow \text{Ar-CO-CH}_3 \rightarrow \text{Ar-COOH} + \text{CHX}_3$$

In der analytischen Chemie dient das Verfahren zum qualitativen *Nachweis* von $CH_3CH(OH)$- und CH_3CO-Gruppen, indem man mit Iod und Alkali arbeitet. Das gebildete *gelbe Iodoform* [CHI_3] besitzt einen charakteristischen Geruch und Schmelzpunkt. Beispielsweise ergibt **Aceton** [CH_3COCH_3] eine positive Iodoform-Probe und wird dabei in Acetat [CH_3COO^-] umgewandelt [siehe auch Ehlers, **Analytik I**, ▸Kap. 3.5.3.11 „*Iodoform-Reaktion*" und **MC-Fragen Nr. 719, 1006, 1008, 1100**].

3.2.19 Reduktionsreaktionen

3.2.19.1 Katalytische Hydrierung

Die *Addition von Wasserstoff* an Moleküle mit Mehrfachbindungen verläuft *stark exotherm*. Aufgrund der *hohen Aktivierungsenergie* ist jedoch die Reaktionsgeschwindigkeit von Hydrierungen ohne *Zusatz eines Katalysators* sehr gering [siehe auch ▸Kap. 3.1.7.5 und **MC-Fragen Nr. 148, 321, 323, 324, 326**].

Als *Katalysatoren*, die die Aktivierungsenergie herabsetzen, sind *Edelmetalle* [Pd, Pt] und *Raney-Nickel* (RaNi) gebräuchlich. Die Hydrierung erfolgt normalerweise als *heterogene Reaktion*. D.h., es liegt ein im Reaktionsmedium unlöslicher Katalysator vor. Der Hydrierungskatalysator wird dabei direkt als fein verteiltes Metall eingesetzt oder er wird auf einen inerten Träger [Aktivkohle, $CaCO_3$, $BaSO_4$] aufgebracht. Die Praxis zeigt, dass lediglich ein kleiner Teil der gesamten Metalloberfläche (sog. „*aktive Zentren*") katalytisch wirksam ist. Diese Zentren können durch zahlreiche Verbindungen, insbesondere schwefelhaltige Substanzen *vergiftet* werden. Zur Hydrierung in *homogener Phase* werden lösliche Rhodium- oder Ruthenium-Phosphin-Komplexe verwendet. Im Allgemeinen führt man Hydrierungen bei Raumtemperatur und geringem Wasserstoffüberdruck durch. Manchmal sind höhere Drücke (bis 150 bar) und höhere Temperaturen (bis 200 °C) erforderlich. Die Ausbeuten sind meistens hoch [vgl. **MC-Fragen Nr. 322, 324, 325**].

Der mechanistische Ablauf der katalytischen Hydrierung ist komplex. Wichtig ist der Befund, dass sowohl das Substrat als auch der Wasserstoff exotherm und reversibel mit der Oberfläche des Katalysators reagieren (**Chemiesorption**).

```
 H2        H  H              H  H  X=Y     H-X-Y-H
 +    →    |  |   + X=Y  →   |  |   |   →     +
----      ----              ---------     -------
////      ////              /////////     ///////
```

Man vermutet, dass bei der Hydrierung eines Alkens an einer Metalloberfläche eine fast gleichzeitige Addition zweier Wasserstoffatome an das parallel zur Metalloberfläche orientierte Alkenmolekül erfolgt. Der Wasserstoff tritt dabei von der Seite an die Doppelbindung heran, die mit der Katalysatoroberfläche koordiniert ist.

Ein wichtiges Merkmal von Hydrierungskatalysatoren stellt ihre Neigung zur stereoselektiven Syn-Addition dar. Sie lässt sich beweisen, wenn man *Cycloalkene* oder *Aromaten* als Reaktanden einsetzt. Beispielsweise entsteht aus **1,2-Dimethylcyclohexen** zu 73% ***cis*-1,2-Dimethylcyclohexan** und nur zu 27% das entsprechende *trans*-Isomer. Aus *Salicylsäureestern* bilden sich überwiegend *cis*-Hexahydrosalicylsäureester [vgl. **MC-Fragen Nr. 322, 323, 325**].

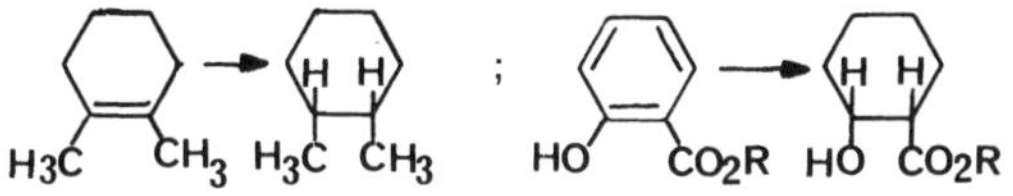

Allerdings läuft die Hydrierung nicht immer nach einem Syn-Mechanismus ab. Manchmal wird auch eine Anti-Addition beobachtet. Eine verminderte Stereoselektivität ist auf eine nicht-gleichzeitige Übertragung beider H-Atome zurückzuführen. ▫Tab. 3.29 zeigt eine Übersicht der wichtigsten Hydrierungsreaktionen.

▫ Tab. 3.29 Katalytische Hydrierung ungesättigter Stoffklassen

Substrat	Produkt	Reaktion
$R_2C{=}CR_2$	$R_2CH\text{-}CHR_2$	Alken → Alkan
$R\text{-}C{\equiv}C\text{-}R$	$R\text{-}CH_2\text{-}CH_2\text{-}R$ $R\text{-}CH{=}CH\text{-}R$	Alkin → Alkan Alkin → Z-Alken (Lindlar-Katalysator)
$R\text{-}CH{=}O$	$R\text{-}CH_2OH$	Aldehyd → primärer Alkohol
$R_2C{=}O$	R_2CHOH	Keton → sekundärer Alkohol
$R\text{-}CO\text{-}Cl$	$R\text{-}CH_2OH$ $R\text{-}CH{=}O$	Säurechlorid → primärer Alkohol Säurechlorid → Aldehyd (Rosenmund-Reduktion)
$R\text{-}CO\text{-}NR_2$	$R\text{-}CH_2\text{-}NR_2$	Carbonsäureamid → Amin
$R\text{-}COOR'$	$R\text{-}CH_2OH$	Carbonsäureester → primärer Alkohol
$R_2C(SR')_2$	R_2CH_2	Mercaptal (Dithiolan) → Kohlenwasserstoff
$R_2C{=}N\text{-}R'$	$R_2CH\text{-}NHR'$	Azomethin → sekundäres Amin
$R_2C{=}N\text{-}OH$	$R_2CH\text{-}NH_2$	Oxim → primäres Amin
$R\text{-}C{\equiv}N$	$R\text{-}CH_2\text{-}NH_2$	Nitril → primäres Amin
$R\text{-}N{=}N\text{-}R$	$R\text{-}NH\text{-}NH\text{-}R$	Azoverbindung → disubst. Hydrazin
$R\text{-}N{=}O$	$R\text{-}NH_2$	Nitrosoverbindung → primäres Amin
$R\text{-}NO_2$	$R\text{-}NH_2$	Nitroverbindung → primäres Amin
Benzen	Cyclohexan	Aromat → Cycloaliphat
Naphthalen	Z/E-Decalin Tetralin	
Kresol	Methylcyclohexanol	
Naphthol	Z-Decalol	
Pyridin	Piperidin	Heteroaromat → Heteroaliphat
Pyrrol	Pyrrolidin	
Furan	Tetrahydrofuran	

Obwohl die Addition von Wasserstoff an Mehrfachbindungen stark exotherm abläuft, reagieren ungesättigte Substrate infolge der hohen Aktivierungsenergie kaum mit Wasserstoff. Edelmetalle und andere Nebengruppenelemente senken die Aktivierungsenergie für Hydrierungen beträchtlich. Ein wichtiges Merkmal dieser Katalysatoren ist ihre Fähigkeit zur Syn-Addition.

- **Hydrierung von Alkenen und Alkinen**

Die katalytische Hydrierung von Alkinen und Alkenen führt normalerweise zu *Alkanen.* Im Allgemeinen verlaufen die Hydrierungen im sauren Medium rascher als im alkalischen und in polaren Lösungsmitteln wie Ethanol rascher als in unpolaren. Darüber hinaus nimmt die Geschwindigkeit der Hydrierung von *Alkenen* mit steigendem Substitutionsgrad ab, weil die Annäherung des Alkenmoleküls an die Metalloberfläche durch Substituenten erschwert wird. *cis*-Alkene werden in der Regel schneller hydriert als das jeweilige *trans*-Isomer. Enthält das Alkenmolekül noch andere ungesättigte Gruppen, so lassen sich fast immer Reaktionsbedingungen finden, die eine selektive Hydrierung der C=C-Doppelbindung erlauben [vgl. **MC-Frage Nr. 522**].

$$\underset{\text{Alkin}}{R\text{-}C{\equiv}C\text{-}R} \xrightarrow{+\,H_2} \underset{\text{Alken}}{R\text{-}CH{=}CH\text{-}R} \xrightarrow{+\,H_2} \underset{\text{Alkan}}{R\text{-}CH_2\text{-}CH_2\text{-}R}$$

Alkine werden im Allgemeinen leichter als Alkene zu Alkanen hydriert. Darüber hinaus lassen sich Alkine mithilfe eines *Lindlar-Katalysators* [Pd auf $CaCO_3$ als Träger, Desaktivierung mit Blei(II)-acetat] stereoselektiv nur bis zur Stufe eines *Alkens* hydrieren, wobei *cis*-Alkene gebildet werden. Demgegenüber entstehen bei der *Reduktion von Alkinen* mit elektronenübertragenden Reagenzien [Na oder Li in flüssigem NH_3] *trans*-Alkene [vgl. **MC-Fragen Nr. 321, 324**].

$$\underset{\substack{trans\\(E)}}{(R)(H)C{=}C(H)(R)} \xleftarrow{(Na/NH_{3\,fl})} R\text{-}C{\equiv}C\text{-}R \xrightarrow{(H_2)} \underset{\substack{cis\\(Z)}}{(H)(R)C{=}C(H)(R)}$$

- **Hydrierung von Aromaten**

Aromatische Ringsysteme sind in Gegenwart von *Platin* zu *Cycloaliphaten* hydrierbar. Beispielsweise kann mit Pt als Katalysator **Styren** (*Vinylbenzen*) zu **Ethylcyclohexan** hydriert werden. *Raney-Nickel* und *Palladium* erreichen nicht die Aktivität des Platins, sodass mit diesen Katalysatoren selektive Hydrierungen möglich sind und bei Aromaten mit ungesättigter Seitenkette nur die olefinische Doppelbindung angegriffen wird. Die Hydrierung von Styren bleibt auf der Stufe von **Ethylbenzen** stehen [vgl. **MC-Frage Nr. 321**].

$$\underset{\text{Styren (Vinylbenzen)}}{C_6H_5\text{-}CH{=}CH_2} \xrightarrow{(RaNi/H_2)} \underset{\text{Ethylbenzen}}{C_6H_5\text{-}CH_2\text{-}CH_3} \xrightarrow{(Pt/H_2)} \underset{\text{Ethylcyclohexan}}{C_6H_{11}\text{-}CH_2\text{-}CH_3}$$

Ein weiteres Beispiel einer selektiven Hydrierung ist die Umwandlung von **Benzalaceton** [**4-Phenylbut-3-en-2-on**] in **4-Phenylbutan-2-on**.

$$\underset{\text{Benzalaceton}}{C_6H_5\text{-CH=CH-}\overset{O}{\overset{\|}{C}}\text{-}CH_3} \xrightarrow{(RaNi/H_2)} C_6H_5\text{-}CH_2\text{-}CH_2\text{-}\overset{O}{\overset{\|}{C}}\text{-}CH_3$$

Mehrkernige, kondensierte Aromaten wie **Naphthalen** oder **Anthracen** sind leichter hydrierbar als Benzen. Die katalytische Hydrierung von **Naphthalen** liefert entweder **Tetralin** [RaNi/H_2/Druck] oder ***cis***- und ***trans*-Decalin**, wobei häufig das *cis*-Isomer überwiegt. **Anthracen** kann unter geeigneten Bedingungen [Rh/H_2/Al_2O_3] partiell zu **9,10-Dihydroanthracen** hydriert werden [vgl. **MC-Fragen Nr. 321, 328**].

• **Hydrierung von Carbonylverbindungen**

Aldehyde [R-CH=O] sind leicht zu *primären* [R-CH_2OH] und *Ketone* [R-CO-R] zu *sekundären Alkoholen* [R-CHOH-R] hydrierbar. Die Verwendung unterschiedlicher Edelmetalle sowie Variationen des Trägermaterials erlauben wiederum – z. B. bei α,β-ungesättigten Ketonen – selektive Hydrierungen [vgl. **MC-Fragen Nr. 327, 780, 783**].

$$\underset{\text{Butan-2-ol}}{H_3C\text{-}CH_2\text{-}\overset{OH}{\overset{|}{C}H}\text{-}CH_3} \xleftarrow{(Pt)} \underset{\text{But-3-en-2-on}}{H_2C\text{=CH-}\overset{O}{\overset{\|}{C}}\text{-}CH_3} \xrightarrow{(Pt/Kohle)} \underset{\text{Butan-2-on}}{H_3C\text{-}CH_2\text{-}\overset{O}{\overset{\|}{C}}\text{-}CH_3}$$

Führt man die Hydrierung von Aldehyden oder Ketonen in Gegenwart von NH_3, primären oder sekundären Aminen durch, so erhält man *Amine* als Reaktionsprodukte (*reduktive Aminierung*). Die Reaktion verläuft wahrscheinlich über Imine, Azomethine bzw. Enamine als Zwischenstufen [vgl. **MC-Frage Nr. 322**].

$$R_2C\text{=O} + NH_3 + H_2 \xrightarrow{(-\,H_2O)} R_2CH\text{-}NH_2 \quad \text{prim. Amin}$$
$$R_2C\text{=O} + H_2N\text{-}R' + H_2 \longrightarrow R_2CH\text{-NH-}R' \quad \text{sek. Amin}$$
$$R_2C\text{=O} + HNR_2 + H_2 \longrightarrow R_2CH\text{-}NR_2 \quad \text{tert. Amin}$$

• **Hydrierung heteroanaloger Carbonylverbindungen**

Nitrile, Azomethine oder *Oxime* werden in Anwesenheit von Edelmetallkatalysatoren leicht zu *Aminen* hydriert. RaNi erfordert im Allgemeinen Temperaturen um 100 °C [vgl. **MC-Fragen Nr. 850, 858**].

$$\text{Nitril} \quad R\text{-C≡N} + 2\,H_2 \longrightarrow R\text{-}CH_2\text{-}NH_2 \quad \text{prim. Amin}$$
$$\text{Azomethin} \quad R\text{-CH=N-}R' + H_2 \longrightarrow R\text{-}CH_2\text{-NH-}R' \quad \text{sek. Amin}$$
$$\text{Oxim} \quad R_2C\text{=N-OH} + 2\,H_2 \longrightarrow R_2CH\text{-}NH_2 + H_2O \quad \text{prim. Amin}$$

Organische Chemie

• Hydrierung von Carbonsäure-Derivaten

Carbonsäure-Derivate werden unter den Bedingungen *nicht* hydriert, unter denen Aldehyde, Ketone und heteroanaloge Carbonylverbindungen reduzierbar sind. Zur katalytischen Hydrierung von *Carbonsäuren* und ihren Derivaten zu *Alkoholen* eignen sich am besten Cu-chromit-Katalysatoren bei hohen Temperaturen und hohen Drucken.

Bei der *Rosenmund-Reduktion* von *Carbonsäurechloriden* in Gegenwart eines *Lindlar-Katalysators* entstehen *Aldehyde*, während in Anwesenheit normaler Edelmetallkatalysatoren Säurechloride zu *primären Alkoholen* reduziert werden. Die selektive Reduktion zu Aldehyden ist möglich, weil Acylhalogenide normalerweise reaktiver sind als Aldehyde [vgl. **MC-Fragen Nr. 982, 985**].

$$\text{R-CH}_2\text{OH} \xleftarrow[(\text{H}_2)]{(\text{Pt})} \text{R-CO-Cl} \xrightarrow[(\text{H}_2)]{\text{Rosenmund}} \text{R-CH=O}$$

3.2.19.2 Hydrogenolyse

Als *Hydrogenolyse* bezeichnet man eine Reaktion, bei der *Wasserstoff* durch katalytische Hydrierung, durch Reduktion mit komplexen Hydriden [$LiAlH_4$] oder anderen Reagenzien [Na/NH_3] unter *gleichzeitiger Trennung einer Bindung* übertragen wird.

$$\text{R-X} + „\text{H}_2“ \rightarrow \text{R-H} + \text{H-X}$$

Besonders leicht werden durch katalytische Hydrierung unter milden Bedingungen *Benzylreste* als **Toluen** abgespalten. Sie eignen sich daher gut als *Schutzgruppen* für HO-, HS-, NH-gruppenhaltige Substrate [vgl. **MC-Frage Nr. 322**].

$$\underset{\text{Benzylester}}{\text{R-COO-CH}_2\text{-C}_6\text{H}_5} + \text{H}_2 \rightarrow \underset{\text{Carbonsäure}}{\text{R-COOH}} + \underset{\text{Toluen}}{\text{C}_6\text{H}_5\text{-CH}_3}$$

$$\underset{\text{Benzylether}}{\text{R-O-CH}_2\text{-C}_6\text{H}_5} + \text{H}_2 \rightarrow \underset{\text{Alkohol/Phenol}}{\text{R-OH}} + \text{C}_6\text{H}_5\text{-CH}_3$$

Abgesehen von einigen Benzylalkoholen lassen sich *Alkohole nicht* direkt hydrogenolysieren. Man überführt sie deshalb zunächst mit Tosylchlorid in die entsprechenden *Tosylate (Toluensulfonsäureester)*, die anschließend mit $LiAlH_4$ reduzierbar sind. *Alkylhalogenide* reagieren ähnlich.

$$\underset{\text{Alkohol}}{\text{R-CH}_2\text{OH}} \longrightarrow \underset{\text{Tosylat}}{\text{R-CH}_2\text{-O-SO}_2\text{-R'}} \xrightarrow{(\text{H}^-)} \text{R-CH}_3 + \text{R'-SO}_3^-$$

Abschließend sei noch an die *hydrogenolytische Abspaltung organisch gebundenen Halogens* mit einer Ni-Al-Legierung in Ethanol erinnert (siehe hierzu Ehlers, **Analytik I**, ▸Kap. 3.5.3.4).

3.2.19.3 Birch-Reduktion

Bei dieser Reaktion dient Natrium oder Lithium in flüssigem Ammoniak als Elektronenüberträger. Ethanol oder ein anderer Alkohol fungieren als Protonendonatoren.

Lösungen von Alkalimetallen in wasserfreiem, flüssigem NH_3 enthalten *„solvatisierte Elektronen“*, die aromatische Verbindungen in Anwesenheit eines Protonendonators zu *Dihydroaromaten* reduzieren können.

$$Na + 2\,n\,NH_{3fl} \longrightarrow [Na(NH_3)_n]^+ + [e(NH_3)_n]^-$$

Zunächst entsteht aus dem Aromaten durch Ein-Elektronentransfer ein Radikalanion, das anschließend unter Protonenaufnahme in ein neutrales *Cyclohexadienyl-Radikal* umgewandelt wird. Die erneute Ein-Elektronenübertragung und nachfolgende Protonierung führt schließlich zum nicht-konjugierten *1,4-Dihydroaromaten.* Isolierte Doppelbindungen werden nicht angegriffen, sodass keine weitere Reduktion des Dihydroaromaten stattfindet.

Benzen, +e⁻, +ROH/-RO⁻, +e⁻, +ROH/-RO⁻

Naphthalen → Δ2-Dialin

o-Xylen → ; Benzoesäure →

Auch funktionalisierte Aromaten werden reduziert. Hierbei vermindern elektronenliefernde Substituenten [Alkyl-, Alkoxygruppen] die Ausbeute und erscheinen in der nicht-reduzierten Position wie das Beispiel des ***o*-Xylens** zeigt. Demgegenüber wirken elektronenanziehende Substituenten wie in der **Benzoesäure** ausbeutesteigernd und finden sich in den reduzierten Positionen wieder.

3.2.19.4 Reduktion mit komplexen Hydriden

Komplexe Hydride [$NaBH_4$, $LiAlH_4$] übertragen *Hydridionen irreversibel* auf Carbonylgruppen und heteroanaloge Carbonylverbindungen. Sie reduzieren die *C=O-Gruppe* von Aldehyden, Ketonen, Carbonsäuren und deren Ester zur *Alkohol-Funktion* bzw. die von Amiden zur Methylengruppe, *ohne* gleichzeitig im Molekül vorhandene C,C-Mehrfachbindungen anzugreifen.

Solche Reaktionen, bei denen ein bevorzugter oder ausschließlicher Angriff eines Reagenzes an nur einer von mehreren funktionellen Gruppen erfolgt, verlaufen *che-*

Organische Chemie

moselektiv. Nur in *α,β-ungesättigten Carbonylverbindungen* wird mit komplexen Hydriden neben der C=O-Gruppe gelegentlich auch die C=C-Doppelbindung reduziert. Aus *prochiralen Ketonen* (RR'C=O) entstehen racemische Gemische sekundärer Alkohole [vgl. **MC-Fragen Nr. 307, 313, 317–320, 779–782**].

chemoselektiv nichtselektiv

$$\text{HOCH-C=C-} \leftarrow \text{O=C-C=C-} \rightarrow \text{HOCH-CH}_2\text{-CH}_2\text{-}$$

Der *Hydridionen-Transfer* erfolgt stufenweise. Es entsteht ein Lithiumaluminiumalkoholat, das anschließend mit einem protischen Lösungsmittel (Wasser, Alkohol) gespalten wird. Ein H-Atom des Produktalkohols stammt somit aus dem Aluminat-Ion (AlH_4^-), das zweite, am O-Atom gebundene, aus dem zur Aufarbeitung verwendeten Lösungsmittel.

$$4\ R_2C{=}O + LiAl\mathbf{H}_4 \longrightarrow Li^+[Al(OC\mathbf{H}R_2)]^- \xrightarrow[-\ LiAlO_2]{+\ 2\ H_2O} 4\ R_2CHOH$$

▫Tab. 3.30 informiert über die wichtigsten Einsatzmöglichkeiten von Lithiumaluminiumhydrid (Lithiumalanat, $LiAlH_4$). Sind in den betreffenden Substraten *acide H-Atome* vorhanden, so reagieren diese bevorzugt mit Lithiumalanat unter Freisetzung von Wasserstoff. Stark CH-acide Carbonylverbindungen können daher als Nebenreaktion Enolate bilden [vgl. **MC-Fragen Nr. 313, 993**].

$$4\ H\text{-}X + LiAlH_4 \rightarrow LiAlX_4 + 4\ H_2\uparrow$$

Aus dem gleichen Grund müssen für die Umsetzungen mit Lithiumalanat wasserfreie, *aprotische Lösungsmittel* verwendet werden. Als Lösungsmittel für die stark *exothermen* Reaktionen dienen Ether, THF oder Dioxan, in Einzelfällen auch Pyridin oder *N*-Ethylmorpholin [vgl. **MC-Frage Nr. 312**].

Lithiumalanat ist nicht einsetzbar zur Reduktion von Substraten wie z. B. *Zucker*, die in diesen Solventien unlöslich sind. Man verwendet dann Natriumboranat ($NaBH_4$) als Reduktionsmittel. Es wird von Wasser oder einem wässrigen Alkohol nur sehr langsam zersetzt [vgl. **MC-Frage Nr. 313**].

$NaBH_4$ hat jedoch den Nachteil, dass es nur Aldehyde, Ketone und Säurechloride mit hinreichender Geschwindigkeit zu reduzieren vermag. Neben den bisher genannten Hydriden sind in den letzten Jahren weitere Reagenzien der allgemeinen Formel $[MeH_n(OR)_{4-n}]$ entwickelt worden, die z.T. selektive Hydridübertragungen gestatten.

Die Reduktionen mit komplexen Hydriden besitzen einige Vorteile. Sie laufen im Allgemeinen unter milden Bedingungen (z.T. schon bei Temperaturen von –78 °C) schnell und in hohen Ausbeuten ab. Sie gestatten die Reduktion selbst reaktionsträger Carbonsäure-Derivate. C=C-Doppelbindungen und C-Halogen-Bindungen werden normalerweise *nicht* angegriffen.

Bei cyclischen Verbindungen erfolgt die Hydridübertragung *stereoselektiv* von der sterisch weniger behinderten Seite. Zum Beispiel werden *Cyclohexanon-Derivate* bevorzugt zu *Cyclohexanolen mit äquatorialer HO-Gruppe* reduziert (siehe auch ▸Kap. 3.3.6.3).

Tab. 3.30 Reduktionen mit Lithiumaluminiumhydrid

Edukt (1 Mol)	Reaktionsprodukt	Mol $LiAlH_4$
Aldehyd	primärer Alkohol	0,25
Keton	sekundärer Alkohol	0,25
Ester, Säurechlorid	Alkohol	0,50
Carbonsäure	Alkohol	0,75
Amid ($RCONH_2$)	primäres Amin	1,00
Amid (RCONHR)	sekundäres Amin	
Amid ($RCONR_2$)	tertiäres Amin	0,50
Säurechlorid, Amid	Aldehyd*)	
Nitril (Dinitril)	primäres Amin (Diamin)	1,50
Nitril	Aldehyd*)	
Oxim	primäres Amin	
Nitroalkan	primäres Amin	
Lacton	Diol	
Epoxid	Alkohol	

*) unter speziellen Bedingungen

4-*tert*-Butylcyclohexanon **→** ***trans*-4-*tert*-Butylcyclohexanol** (92 %) + ***cis*-4-*tert*-Butylcyclohexanol** (8 %)

Daraus folgt, dass der Angriff des Reagenzes vorzugsweise aus axialer Richtung stattfindet. Wenn aus sterischen Gründen die Annäherung aus dieser Richtung behindert ist, steigt der Anteil des Isomers mit axialer Hydroxylgruppe.

Bei der Umsetzung von *Carbonsäuren* mit $LiAlH_4$ bildet sich zunächst ein Lithiumcarboxylat. Das Aluminat-Ion ist jedoch so reaktiv, dass es anschließend das Carboxylat-Ion zum *primären Alkohol* reduzieren kann.

$$R\text{-}COOH + LiAlH_4 \rightarrow R\text{-}COOLi + H_2 + AlH_3 \qquad R\text{-}COOLi \downarrow R\text{-}CH_2OH$$

Obwohl *Carbonsäurehalogenide* schneller als Aldehyde reduziert werden, kann die Reduktion mit $LiAlH_4$ nicht auf der Aldehydstufe angehalten werden und liefert ebenfalls primäre Alkohole als Reaktionsprodukte. Zur selektiven Reduktion von Acylhalogeniden zu Aldehyden eignet sich jedoch Lithium-*tert*-butoxyhydridoaluminat [$LiAlH(tert\text{-}OC_4H_9)_3$] [vgl. **MC-Fragen Nr. 315, 316**].

Auch *Carbonsäureester* werden von $LiAlH_4$ oder $LiBH_4$ zu *primären Alkoholen* reduziert. *Lactone* ergeben unter gleichzeitiger hydrogenolytischer Ringöffnung

Diole. Ein Beispiel hierfür ist die Reduktion von **γ-Butyrolacton** mit Lithiumalanat zu **Butan-1,4-diol** [vgl. **MC-Fragen Nr. 311, 986, 1180, 1183**].

```
H2C——CH2
 |    |        ——>   HO-CH2-CH2-CH2-CH2-OH
H2C   C=O
   \O/                   Butan-1,4-diol
```

Carbonsäureamide werden in der Regel mit komplexen Hydriden zu *Aminen* reduziert. Zum Beispiel ist ***N*-Methylbenzylamin** [C_6H_5-**CH_2**-NH-**CH_3**] durch Reduktion von *N*-Methylbenzamid [C_6H_5-C**O**-NH-CH_3] oder *N*-Benzylformamid [C_6H_5-CH_2-NH-C**O**-H] mit Lithiumaluminiumhydrid herstellbar. Mit *Lithiumtriethoxyhydridoaluminat* [$LiAlH(OEt)_3$] bleibt die Reduktion eines Amids auf der Stufe des Aldehyds stehen [vgl. **MC-Fragen Nr. 314, 858, 859**].

```
                    H
R-CO-NR2  ——>  R-C=NR2   ——>   R-CH2-NR2
       + H2O      |
                  └————>  R-CH=O
```

Die Reduktionen von Carbonsäure-Derivaten mit komplexen Hydriden laufen nach einem S_N2t-Mechanismus ab, wobei das Hydridion als Nucleophil fungiert.

Die Reduktion von *Nitrilen* mit $LiAlH_4$ führt zu *primären Aminen*. Beispielsweise wird **Adipinsäuredinitril** [N≡C-$(CH_2)_4$-C≡N] in **Hexamethylen-1,6-diamin** [H_2N-$(CH_2)_6$-NH_2] umgewandelt. Wie bei der Reduktion von Amiden gelingt es, die Reaktion auf der Stufe des Imins anzuhalten. Die nachfolgende Hydrolyse des Imins liefert Aldehyde. Ein hierfür besonders geeignetes Reagenz ist Diisobutylaluminiumhydrid (**DIBAH**) [$(CH_3CH(CH_3)CH_2)_2AlH$] [vgl. **MC-Frage Nr. 1188**].

```
R-C≡N  ——>  R-CH=NH  ——>  R-CH2-NH2
      + H2O |
            └————>  R-CH=O
```

3.2.19.5 Reduktion von Carbonylverbindungen

Aldehyde und *Ketone* können zu *Kohlenwasserstoffen* oder zu *Alkoholen* reduziert werden [vgl. **MC-Frage Nr. 306**].

Darüber hinaus ist auch eine Reduktion zu Aminen möglich. Diese als *Eschweiler-Clarke-* oder *Leuckart-Wallach-Reaktion* bekannte Synthese wird im ▸Kap. 3.10.2.1 vorgestellt.

Reduktion zu Kohlenwasserstoffen $R_2C{=}O \rightarrow R_2CH_2$

- **Clemmensen-Reduktion**

Durch Einwirken von amalgamiertem Zink in konzentrierter Salzsäure auf Aldehyde bzw. Ketone werden Kohlenwasserstoffe gebildet [vgl. **MC-Frage Nr. 306**].

$$R_2C{=}O + 2\,Zn + 4\,H^+ \rightarrow R_2CH_2 + H_2O + 2\,Zn^{2+}$$

Die Amalgamierung des Zinks erzeugt eine hohe Wasserstoffüberspannung und erhöht beträchtlich das Abscheidungspotential für Wasserstoff. Erst dadurch wird eine Reduktion der Carbonyl-Funktion zur Methylengruppe in saurer Lösung mit einem unedlen Metall wie Zink ermöglicht.

Der mechanistische Ablauf der *Carbonyl-Methylen-Reduktion* ist im Detail noch ungeklärt. Vermutlich läuft die Reaktion aber *nicht* über den entsprechenden Alkohol als Zwischenstufe ab, weil Alkohole nach Clemmensen nicht zu Methylenverbindungen reduzierbar sind.

- **Wolff-Kishner-Reduktion**

Hierzu werden die *Hydrazone* von Aldehyden oder Ketonen in Gegenwart einer starken Base [z.B. eines Alkoholats] auf Temperaturen um 200°C erhitzt [vgl. **MC-Frage Nr. 306**].

$$\underset{\text{Keton}}{R_2C{=}O} + \underset{\text{Hydrazin}}{H_2N{-}NH_2} \xrightarrow{-\,H_2O} \underset{\text{Hydrazon}}{R_2C{=}N{-}NH_2} \xrightarrow[-\,R'OH]{+\,R'O^-} \left[R_2C{=}\overline{N}{-}\overset{\ominus}{\underline{N}}H \leftrightarrow R_2\overset{\ominus}{C}{-}\overline{N}{=}NH\right]$$

$$\xrightarrow[-\,R'O^-]{+\,R'OH} R_2CH{-}N{=}NH \xrightarrow[-\,R'OH]{+\,R'O^-} R_2CH{-}\overline{N}{=}\overset{\ominus}{\underline{N}} \xrightarrow{-N_2} R_2\overset{\ominus}{C}H$$

$$\xrightarrow[-\,R'O^-]{+\,R'OH} \underset{\text{Methylenverbindung}}{R_2CH_2}$$

Nach der Methode von *Huang-Minlon* wird das Hydrazon nicht isoliert, sondern man erhitzt die Carbonylverbindung zusammen mit Hydrazinhydrat und NaOH in einem hochsiedenden Lösungsmittel (Ethylenglycol) auf etwa 150 °C. Bei Verwendung von Dimethylsulfoxid als Lösungsmittel in Gegenwart von *tert*-Butanolat als Base lässt sich die Reaktion bei Raumtemperatur ausführen.

Ketone und Ketosäuren reagieren glatt. Für *β-Ketoester* ist die Wolff-Kishner-Reaktion *kein* geeignetes Verfahren zur Reduktion der C=O-Gruppe zur Methylengruppe, weil aus β-Ketocarbonsäureestern und Hydrazin durch cyclisierende Kondensation *Pyrazolinon-Derivate* entstehen (siehe ▸Kap. 3.15.3.2).

Bei Verwendung von Aldehyden werden leicht *Azine* [R-CH=N-N=CH-R] gebildet. Bei α,β-ungesättigten Carbonylverbindungen wird auch die C=C-Doppelbindung reduziert.

- **Reduktion von Mercaptalen**

Hierzu überführt man Ketone mit *Thioglycol* (Ethan-1,2-dithiol) in *1,3-Dithiolane* (Thioethylenacetale, -ketale), die anschließend mit RaNi/H_2 hydrogenolytisch gespalten werden.

$$R_2C{=}O + \begin{matrix} HS\text{-}CH_2 \\ | \\ HS\text{-}CH_2 \end{matrix} \xrightarrow{-\,H_2O} R_2C\begin{matrix} \diagup S\text{-}CH_2 \\ \quad | \\ \diagdown S\text{-}CH_2 \end{matrix} \xrightarrow[\text{RaNi}]{+\,2\,H_2} R_2CH_2 + \begin{matrix} HS\text{-}CH_2 \\ | \\ HS\text{-}CH_2 \end{matrix}$$

1,3-Dithiolan

Reduktion zu Alkoholen $R_2C{=}O \rightarrow R_2CH\text{-}OH$

Wie in den voranstehenden Abschnitten bereits ausgeführt wurde, können Aldehyde und Ketone von Wasserstoff oder komplexen Hydriden leicht zu den entsprechenden primären bzw. sekundären Alkoholen reduziert werden. Die Reduktion von Aldehyden zu Alkoholen durch Hydridübertragung in Form der *gekreuzten Cannizzaro-Reaktion* ist Gegenstand des ▸Kap. 3.12.7.1.

- **Meerwein-Ponndorf-Verley-Reduktion**

Aldehyde und *Ketone* lassen sich *mit Magnesium- oder Aluminiumalkoholaten* (vor allem Aluminiumisopropylat) als Hydriddonator zu *primären* bzw. *sekundären Alkoholen* reduzieren [vgl. **MC-Fragen Nr. 269, 307–309, 1076**].

Die Alkoholate sekundärer Alkohole sind dabei stärkere Reduktionsmittel als die primärer Alkohole. Sie neigen weniger zu Nebenreaktionen (siehe auch ▸Kap. 3.12.6.1 „*Aldolreaktion*"). Tertiäre Alkoholate können *nicht* als Hydrid-Donatoren eingesetzt werden.

Die Reaktion verläuft über einen *cyclischen Übergangszustand* unter *Hydridübertragung*. Das Metallion erhöht als Lewis-Säure die Reaktivität der C=O-Doppelbindung und gleichzeitig übt das im aktivierten Komplex negativierte Aluminium einen Elektronenschub auf die von ihm ausgehenden Bindungen aus.

$$\begin{matrix} R_2C \\ \| \\ O \end{matrix} + \begin{matrix} H\diagdown\;\; CR_2' \\ \quad | \\ Al/3\text{—}O \end{matrix} \rightleftharpoons \begin{matrix} R_2C\cdots H\cdots CR_2' \\ \| \qquad\quad | \\ O\cdots Al/3\cdots O \end{matrix} \rightleftharpoons R_2CH\text{-}O\text{-}Al/3 + R_2'C{=}O$$

Die Reaktion ist eine typische *Gleichgewichtsreaktion* und ergibt nur dann gute Ausbeuten, wenn man die aus dem Al-Alkoholat gebildete Carbonylverbindung laufend aus dem Gleichgewicht entfernt. Deshalb verwendet man vor allem *Al-Isoprophylat* in Isopropanol als Reduktionsmittel, weil das entstehende *Aceton* die flüchtigste Komponente des Reaktionsgemischs darstellt und leicht abdestilliert werden kann [vgl. **MC-Frage Nr. 309**].

Vorteil dieser Reduktionsmethode ist, dass C=C-Doppelbindungen – auch zur Carbonylgruppe konjugierte – erhalten bleiben und Nitrogruppen, Esterfunktionen sowie C-Halogenbindungen im Allgemeinen *nicht* angegriffen werden. Die folgenden Beispiele sollen das Synthesepotential der Reaktion nochmals verdeutlichen [vgl. **MC-Fragen Nr. 308, 310, 979**]:

$H_2C{=}CH{-}CH{=}O$	→	$H_2C{=}CH{-}CH_2OH$
Acrolein		**Allylalkohol**
$Cl_3C{-}CH{=}O$	→	$Cl_3C{-}CH_2OH$
Chloral		**Trichlorethanol**
$C_6H_5{-}CH{=}CH{-}CH{=}O$	→	$C_6H_5{-}CH{=}CH{-}CH_2OH$
Zimtaldehyd		**Zimtalkohol**
$C_6H_5{-}CO{-}C_2H_5$	→	$C_6H_5{-}CH(OH){-}C_2H_5$
Propiophenon		**1-Phenylpropanol**

Die *Reversibilität* der Reaktion gestattet, auch einen Alkohol mithilfe eines Ketons oder Aldehyds zur betreffenden Carbonylverbindung zu oxidieren [siehe ▸Kap. 3.2.18.5 „*Oppenauer Oxidation*" und **MC-Frage Nr. 309**].

- **Pinakol-Bildung**

Reduziert man *Ketone* elektrolytisch bzw. mit einem unedlen Metall (Al, Mg, Zn) oder deren Amalgamen in Abwesenheit eines Protonendonators, so erhält man **1,2-Diole**. **Aceton** selbst ergibt bei seiner elektrolytischen Reduktion **Tetramethylethylenglycol** (*Pinakol*). Die Reaktion verläuft über Radikalanionen, sog. *Ketyle*, als Zwischenstufe. Diese reduktive Kupplung zweier Ketonmoleküle wird auch als **Hydrodimerisierung** bezeichnet. Die analoge Reaktion von Carbonsäureestern wird im nachfolgenden Abschnitt als *Acyloin-Kondensation* beschrieben [vgl. **MC-Frage Nr. 794**].

$$2\,R_2C{=}O \xrightarrow{Mg} R_2C(OH){-}C(OH)R_2$$

3.2.19.6 Reduktion von Carbonsäure-Derivaten

Carbonsäuren und ihre Derivate können mit $\mathbf{LiAlH_4}$ zu Alkoholen bzw. Aminen reduziert werden. Die selektive Reduktion zu Aldehyden erfordert die Anwendung spezieller Methoden. Zum Beispiel lassen sich *Carbonsäurehalogenide* nach *Rosenmund* in Gegenwart eines Lindlar-Katalysators durch katalytische Hydrierung in Aldehyde überführen.

Durch die *Stephen-Reduktion* von *Nitrilen* werden gleichfalls Aldehyde erhalten. Hierzu leitet man gasförmigen Chlorwasserstoff in die etherische Lösung eines Nitrils, die wasserfreies Zinn(II)-chlorid [$SnCl_2$] enthält. Aromatische Nitrile ergeben nur geringe Ausbeuten [vgl. **MC-Frage Nr. 1192**].

$$R{-}C{\equiv}N + SnCl_2 + HCl \rightarrow [R{-}C{\equiv}NH]^+ + [SnCl_3]^- \xrightarrow{(+\,HCl)}$$

$$[R{-}CH{=}\overset{+}{N}H_2]_2 + [SnCl_6]^{2-} \xrightarrow{(+\,H_2O)} R{-}CH{=}O$$

- **Bouveault-Blanc-Reduktion**

Carbonsäureester können durch Natrium in Ethanol zu *primären Alkoholen* reduziert werden, wobei pro 1 Mol Ester 4 Mol Natrium und 2 Mol Ethanol benötigt werden [vgl. **MC-Fragen Nr. 1148, 1180, 1182**].

Organische Chemie

$$\text{R-CO-OR'} \xrightarrow[\Delta]{\text{Na/EtOH}} \text{R-CH}_2\text{OH} + \text{R'OH}$$

Die Bouveault-Blanc-Reduktion liefert auch bei *Nitrilen* und *Oximen* gute Ausbeuten; es entstehen *primäre* bzw. *sekundäreAmine.*

$$\underset{\text{Nitril}}{\text{R-C}\equiv\text{N}} \xrightarrow[\Delta]{\text{Na/EtOH}} \text{R-CH}_2\text{-NH}_2 \quad ; \quad \underset{\text{Oxim}}{\text{R}_2\text{C=N-OH}} \xrightarrow[\Delta]{\text{Na/EtOH}} \text{R}_2\text{CH-NH}_2$$

- **Acyloin-Kondensation**

Erhitzt man *Carbonsäureester* (oder Säurechloride) mit metallischem Natrium in einem inerten Lösungsmittel (Benzen, Chloroform), so werden *Acyloine (α-Hydroxyketone)* gebildet.

Im einleitenden Reaktionsschritt entsteht durch Elektronentransfer ein Radikalanion *(Ketyl)*, das zum Diketon dimerisiert. Letzteres wird anschließend zum *Acyloin* reduziert.

$$\underset{\text{Ester}}{2\ \text{R–C(=O)–OR'}} \xrightarrow[-2\ \text{Na}^+]{+2\ \text{Na}\cdot} \underset{\text{Ketyl}}{2\ \text{R–}\dot{\text{C}}(\text{O}^\ominus)\text{–OR'}} \longrightarrow \text{R–C(O}^\ominus\text{)(OR')–C(O}^\ominus\text{)(OR')–R} \xrightarrow{-2\ \text{R'O}^-} \underset{\text{Diketon}}{\text{R–C(=O)–C(=O)–R}}$$

$$\xrightarrow[-2\ \text{Na}^+]{+2\ \text{Na}\cdot} \left[\text{R–}\overset{\ominus}{\text{C}}(\text{O}^\ominus)\text{–C(=O)–R} \longleftrightarrow \text{R–C(O}^\ominus\text{)=C(O}^\ominus\text{)–R}\right] \xrightarrow{+2\ \text{H}^+} \underset{\text{Endiol}}{\text{R–C(OH)=C(OH)–R}} \rightleftharpoons \underset{\text{Acyloin}}{\text{R–C(=O)–}\overset{\alpha}{\text{C}}\text{H(OH)–R}}$$

Sauerstoff stört die Reaktion aufgrund seines Diradikalcharakters.

3.2.19.7 Reduktion aromatischer Nitrogruppen

Die Reduktion aromatischer Nitroverbindungen ist die wichtigste Methode zur *Darstellung primärer aromatischer Amine.* Sie gelingt mit unedlen Metallen, durch katalytische Hydrierung sowie mit einer Reihe weiterer chemischer Reduktionsmittel. Die Reduktion verläuft über mehrere Zwischenstufen, die sich unter geeigneten Bedingungen z. T. isolieren lassen. Die unter den jeweiligen Bedingungen bei der *Reduktion von Nitrobenzen* erhaltenen Produkte sind in ◘Tab. 3.31 aufgelistet.

Reduktion in saurer Lösung: Die Reduktion von *Nitroarenen* in saurer Lösung führt zu *primären aromatischen Aminen,* wobei beim **Nitrobenzen** folgende Zwischenstufen durchlaufen werden [vgl. **MC-Fragen Nr. 330–332**].

$$\underset{\textbf{Nitrobenzen}}{C_6H_5\text{-}NO_2} \rightarrow \underset{\textbf{Nitrosobenzen}}{C_6H_5\text{-}N{=}O} \rightarrow \underset{\textbf{Phenylhydroxylamin}}{C_6H_5\text{-}NHOH} \rightarrow \underset{\textbf{Anilin}}{C_6H_5\text{-}NH_2}$$

Tab. 3.31 Reduktionsprodukte von Nitrobenzen

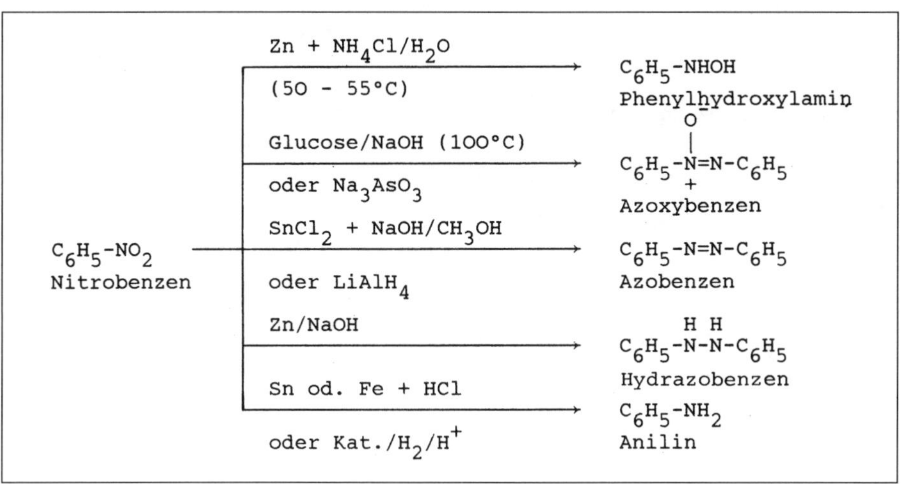

Reduziert man mit Zink in Eisessig/Acetanhydrid, so werden direkt die acylierten Anilin-Derivate erhalten.

$$\text{Ar-NO}_2 \xrightarrow{\text{Zn/HOAc/Ac}_2\text{O}} \text{Ar-HN-CO-CH}_3$$

Auch Natrium- und Ammoniumsulfid bzw. die betreffenden Hydrogensulfide sowie Natriumdithionit sind zur Reduktion aromatischer Nitrogruppen geeignet. Vorteil dieser Methode ist die partielle Reduktion von Polynitroaromaten wie z. B. die Darstellung von *Nitroanilinen* aus *Dinitrobenzen-Derivaten.*

$$C_6H_4(NO_2)_2 \longrightarrow C_6H_4(NO_2)(NH_2)$$

Nitroarene lassen sich auch elektrolytisch reduzieren. Ebenso kann Hydrazin als Reduktionsmittel verwendet werden. Technische Bedeutung besitzt die Reduktion der Nitrogruppe mit Eisen in salzsaurem Milieu (*Béchamp-Verfahren*) [vgl. **MC-Frage Nr. 869**].

$$4\ C_6H_5\text{-}NO_2 + 9\ Fe + 4\ H_2O \xrightarrow{(HCl)} 4\ C_6H_5\text{-}NH_2 + 3\ Fe_3O_4$$

Reduktion in neutraler oder schwach saurer Lösung: Neutrale bis schwach saure Lösungen [Zinkstaub in gesättigter NH_4Cl-Lösung] erfordern ein höheres Redoxpotential. Daher läuft die Reduktion der Nitrogruppe bei diesen pH-Werten so langsam ab, dass Hydroxylamin-Derivate isolierbar werden. **Phenylhydroxylamin** kann anschließend in schwefelsaurer Lösung mit Dichromat zu **Nitrosobenzen** oxidiert werden [vgl. **MC-Fragen Nr. 330, 332, 939**].

$$C_6H_5\text{-}NO_2 \xrightarrow[(H_2O)]{Zn/NH_4Cl} C_6H_5\text{-}NHOH \xrightarrow[(H_2SO_4)]{K_2Cr_2O_7} C_6H_5\text{-}N{=}O$$

Reduktion in alkalischer Lösung: Mit Zn/NaOH ist sowohl die Reduktion der Nitrosoverbindung als auch die des Hydroxylamins so stark verzögert, dass das freie Hydroxylamin sich nucleophil an das Arylnitrosoderivat unter Bildung des zweikernigen *Azoxybenzens* addieren kann. Dieses wird über die nicht isolierbare Stufe des *Azobenzens zu Hydrazobenzen* weiterreduziert [vgl. **MC-Fragen Nr. 329–331, 905**].

$$\underset{\text{Phenylhydroxylamin}}{C_6H_5\text{-}NHOH} + \underset{\text{Nitrosobenzen}}{C_6H_5\text{-}N{=}O} \longrightarrow \left[C_6H_5\text{-}\overset{+H}{N}(OH)\text{-}N(O^-)\text{-}C_6H_5 \right] \xrightarrow{-\,H_2O}$$

$$\underset{\text{Azoxybenzen}}{C_6H_5\text{-}N{=}\underset{O^-}{\overset{+}{N}}\text{-}C_6H_5} \longrightarrow \underset{\text{Azobenzen}}{C_6H_5\text{-}N{=}N\text{-}C_6H_5} \longrightarrow \underset{\text{Hydrazobenzen}}{C_6H_5\text{-}\overset{H}{N}\text{-}\overset{H}{N}\text{-}C_6H_5}$$

Durch die folgenden Reaktionen können diese Produkte selektiv ineinander umgewandet werden.

$$\text{Azoxybenzen} \underset{H_2O_2/HOAc}{\overset{P(OEt)_3}{\rightleftharpoons}} \text{Azobenzen} \underset{O_2 \text{ oder NaOBr}}{\overset{Pd/C\, +\, H_2H\text{-}NH_2}{\rightleftharpoons}} \text{Hydrazobenzen}$$

Hydrazobenzen kann schließlich hydrogenolytisch mit Zink in Salzsäure zu **Anilin** gespalten werden [vgl. **MC-Fragen Nr. 333, 895**].

Aufgrund der leichten Einführung von Nitrogruppen in aromatische Ringsysteme spielt die Reduktion von Nitroverbindungen zu primären Aminen in der vermutlich wichtigsten Reaktionsfolge der Chemie aromatischer Verbindungen eine zentrale Rolle.

$$Ar\text{-}H \longrightarrow Ar\text{-}NO_2 \longrightarrow Ar\text{-}NH_2 \longrightarrow \begin{cases} Ar\text{-}X\ (X = Hal) \\ Ar\text{-}OH \\ Ar\text{-}CN \longrightarrow Ar\text{-}COOH \\ Ar\text{-}N{=}N\text{-}Ar \end{cases}$$

Umlagerungen in Gegenwart von Säuren: Mit Ausnahme des Nitrosobenzens und des stabilen Azobenzens lassen sich alle Zwischenprodukte der Reduktion aromatischer Nitroverbindungen in Gegenwart starker Säuren umlagern (siehe hierzu ▸Kap. 3.2.17). Phenylhydroxylamin liefert *p*-Aminophenol, Azoxybenzen wird in *p*-Hydroxyazobenzen umgewandelt und Hydrazobenzen geht in Benzidin über.

In ○Abb. 3.57 sind nochmals die Reaktionsprodukte der Reduktion aromatischer Nitroverbindungen und der sich anschließenden Folgereaktionen zusammengestellt. [vgl. **MC-Frage Nr. 850**].

o **Abb. 3.57 Reduktion von Nitroarenen und Folgereaktionen**

3.2.20 Photochemie

3.2.20.1 Grundlagen photochemischer Reaktionen

Unter dem Begriff **Photochemie** fasst man eine Reihe chemischer Reaktionen zusammen, die durch *Einstrahlen von Licht* definierter Wellenlänge, d.h. definierter Energie [$E = h\nu = hc/\lambda$], gestartet werden. Voraussetzung für photochemische Reaktionen ist daher, dass zumindest eines der Reaktandenmoleküle das Licht absorbiert und dabei in einen angeregten Zustand übergeht.

Neben dieser direkten Anregung kennt man auch photochemische Reaktionen, bei denen ein *Photosensibilisator* zugesetzt wird, der durch das eingestrahlte Licht angeregt wird und danach die Anregungsenergie auf die zu reagierenden Moleküle überträgt.

Da die Absorption von Licht geeigneter Wellenlänge ein Molekül in einen elektronenenergetisch angeregten Zustand überführt, können aus diesem Zustand heraus Reaktionen beobachtet werden, die im elektronischen Grundzustand auf thermischem Wege nicht ablaufen bzw. nicht erlaubt sind (siehe hierzu „*Woodward-Hoffmann-Regeln*“, ▸Kap. 3.2.14.1). Mit anderen Worten, die gegenüber dem Grundzustand veränderte Elektronenstruktur von Molekülen verursacht ein verändertes Reaktionsverhalten des angeregten Moleküls im Vergleich zur thermischen Reaktion. Im Allgemeinen sind photochemische Reaktionen *selektiver* als thermische Reaktionen.

Da die Moleküle aus dem angeregten Zustand heraus miteinander reagieren, sind die *strahlungslose Desaktivierung* (*internal conversion*) bzw. die *Photoemission* (Fluoreszenz, Phosphoreszenz) angeregter Moleküle ausbeutelimitierende Konkurrenzreaktionen (siehe Ehlers, **Analytik II**, ▸Kap. 11.7.1.1).

Photochemische Reaktionen werden im Laboratorium am besten mithilfe sog. *Tauchapparaturen* durchgeführt, die in das Reaktionsmilieu eintauchen. Im Allgemeinen handelt es sich hierbei um ein doppelwandiges Tauchrohr, in dem sich die Lichtquelle befindet. In den Doppelmantel kann ein Kühlmittel eingebracht werden. Die verwendeten Lösungsmittel dürfen zur Anregung im relevanten Wellenlängenbereich nicht absorbieren, es sei denn, sie fungieren als Sensibilisatoren. Da der Sauerstoff der Luft zu Nebenreaktionen führt, überlagert man das Reaktionsgemisch in der Regel mit einem Schutzgas (N_2, Ar). Häufig leitet man während der Reaktion ein Inertgas durch die Lösung, um ein besseres Durchmischen des Reaktionsmediums zu gewährleisten.

3.2.20.2 Beispiele photochemischer Reaktionen

An Beispielen photochemisch initiierter Reaktionen seien genannt:

- Durch Licht ausgelöste *Kettenreaktionen*, bei der die Reaktionen aufgrund der *Homolyse von Bindungen* durch Radikale gestartet werden. Hierzu zählen die Photochlorierung von Alkanen, die Seitenkettenhalogenierung alkylierter Aromaten oder die Sulfochlorierung von Alkanen (siehe hierzu „*Radikalische Substitutionen*", ▸Kap. 3.2.4.3). Auch die photochemische Abspaltung von Kohlenmonoxid (*Decarbonylierung*) aus *Carbonylverbindungen* gehört in diese Rubrik. Darüber hinaus sei an die *Photolyse* von *Diazoalkanen* oder *Ketenen*, die zu *Carbenen* führt, erinnert (siehe ▸Kap. 3.1.11.5).
- *Elektrocyclische Reaktionen* wie die [2+2]Cycloaddition von Alkenen (*Photodimerisierung*), bei der Cyclobutan-Derivate gebildet werden. Als weiteres Beispiel sei die Umwandlung von *Diphenylamin* in *Carbazol* genannt (siehe ▸Kap. 3.2.14.4).

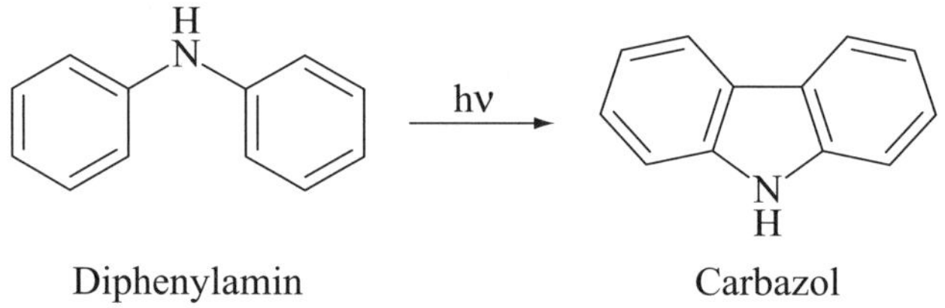

- *Photoisomerisierungen* wie die Bildung von „*Dewar-Benzol*" oder *Benzvalen* aus *Benzol* (siehe ▸Kap. 3.1.10.3). Als weiteres Beispiel sei die Isomerisierung von *Cycloheptatrien* zu *Toluen* angeführt.

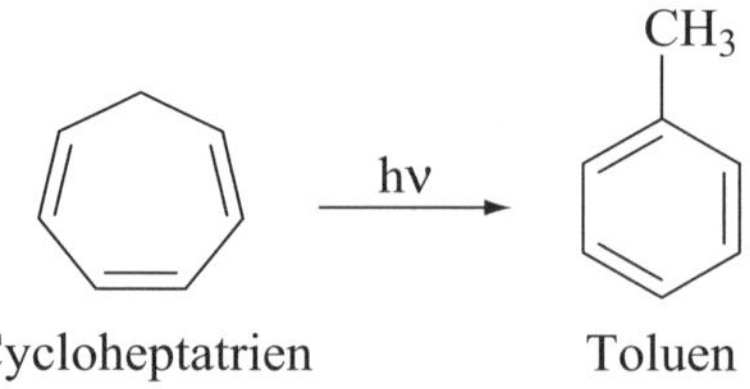

- *cis-trans*-Isomerisierungen wie die gegenseitige Umwandlung von *cis/trans-Stilben* [C_6H_5-CH=CH-C_6H_5] oder von *cis/trans-Azobenzen* [C_6H_5-N=N-C_6H_5]. Hierzu zählt auch die Umwandlung von *Maleinsäure* in *Fumarsäure* [HOOC-CH=CH-COOH] und umgekehrt. All diese Reaktionen führen zu einem Photogleichgewicht, dessen Lage durch die Anregungswellenlänge (Anregungsenergie) gesteuert werden kann.

3.3 Stereochemie

3.3.1 Ausgewählte Begriffe der Stereochemie

Für das Verständnis der molekularen Struktur organischer Stoffe sind neben der *Summenformel* (elementare Zusammensetzung) vor allem folgende Begriffe von grundlegender Bedeutung [vgl. **MC-Frage Nr. 343**]:

Konstitution: Die Konstitution gibt die Art und Reihenfolge der Bindungen *(Bindungssequenz)* und die gegenseitige Verknüpfung der Atome in einem Molekül an. Das Molekül kann im Allgemeinen durch eine *Lewis-Formel* (*Valenzstrichformel*) dargestellt werden, wobei jeder Bindungsstrich ein Elektronenpaar symbolisiert [vgl. **MC-Frage Nr. 344**].

Konfiguration: Die Konfiguration gibt die *räumliche, dreidimensionale Anordnung der Atome* wieder, *ohne* Berücksichtigung der verschiedenen Strukturen, die man durch Rotation um Einfachbindungen (σ-Bindungen) erhält. Man unterscheidet zwischen der *absoluten* und der *relativen Konfiguration* eines Moleküls.

Konformation: Die Konformation beinhaltet die genaue *räumliche Struktur eines Moleküls.* Als Konformationen bezeichnet man Atomanordnungen, die ausschließlich durch *Drehung (Rotation)* um Einfachbindungen ineinander übergehen können. Ein Molekül von definierter Konfiguration kann in vielen Konformationen auftreten [vgl. **MC-Frage Nr. 350**].

Für die molekulare Beschreibung organischer Stoffe nimmt der Informationsgehalt in folgender Reihe zu: Summenformel < Konstitution < Konfiguration < Konformation.

Isomerie: Substanzen, die trotz gleicher Molekularformel (Summenformel) unterschiedliche Eigenschaften besitzen, nennt man *isomer.* Man unterteilt isomere Substanzen in:

- *Strukturisomere,*
- *Stereoisomere.*

Verbindungen mit gleicher Strukturformel, die jedoch verschiedene Isotope enthalten, bezeichnet man als *Isotopomere* [vgl. **MC-Frage Nr. 352**].

3.3.1.1 Strukturisomerie (Konstitutionsisomerie)

Beruht die Isomerie auf der unterschiedlichen Verknüpfung der Atome im Molekül, so spricht man von *Strukturisomerie.* Bei diesem einfachen Isomerietyp lassen sich weitere Unterteilungen vornehmen.

- **Gerüstisomerie:** Hier unterscheiden sich die einzelnen Isomere im Aufbau des Kohlenstoff-Gerüstes. Zum Beispiel kann ein Alkan der Summenformel C_4H_{10} folgende Konstitution besitzen:

  CH_3-CH_2-CH_2-CH_3 ***n*-Butan** und CH_3-CH(CH_3)-CH_3 **Isobutan (2-Methylpropan)**

  Auch offenkettige und cyclische Verbindungen können als Konstitutionsisomere auftreten. So haben *Allen* [$H_2C{=}C{=}CH_2$], *Propin* [$H_3C{-}C{\equiv}CH$] und *Cyclopropen* mit C_3H_4 die gleiche Summenformel [vgl. **MC-Frage Nr. 345**].

- **Stellungsisomerie**, bei der funktionelle Gruppen unterschiedliche Positionen einnehmen [vgl. **MC-Fragen Nr. 346, 348, 496, 786**].

  CH_3-CH_2-CH_2OH **Propan-1-ol** und CH_3-CHOH-CH_3 **Propan-2-ol (Isopropanol)**

  CH_3-$CHNH_2$-COOH **L-Alanin** und H_2N-CH_2-CH_2-COOH **β-Alanin**

  Hierzu zählen auch die verschiedenen Substitutionsmuster (*ortho, meta, para) aromatischer Verbindungen* wie z. B. *o*-Nitrophenol und *p*-Nitrophenol oder Dihydroxybenzen-Derivate wie Brenzcatechin, Resorcin und Hydrochinon. Auch *stellungsisomere, disubstituierte Cycloalkane* wie 1,2- und 1,3-Dichlorcyclohexan können hier beispielhaft genannt werden [siehe auch ▸Kap. 3.3.12 und **MC-Fragen Nr. 440, 812**].

- **Funktionelle Isomerie:** Bei Substanzen, die außer Kohlenstoff und Wasserstoff noch andere Elemente enthalten, können Strukturisomere auch dadurch formuliert werden, dass sie verschiedene *funktionelle Gruppen* besitzen und somit unterschiedlichen Stoffklassen angehören.

  H_3C-CH_2OH **Ethanol** und H_3C-O-CH_3 **Dimethylether**

  Konstitutionsisomere, die miteinander in einem dynamischen Gleichgewicht stehen, bezeichnet man als *Tautomere.* Ein Beispiel für diese Konstitutionsisomerie ist das Substanzpaar *Acetaldehyd* und *Vinylalkohol* [siehe auch ▸Kap. 3.2.15.5 und **MC-Fragen Nr. 34, 218, 349**].

  H_2C=CH-OH **Vinylalkohol** und H_3C-CH=O **Acetaldehyd**.

3.3.1.2 Stereoisomerie

Stereoisomere Moleküle besitzen die gleiche Konstitution, d. h. die gleiche Sequenz kovalenter Bindungen. Sie unterscheiden sich aber in der räumlichen Lage ihrer Atome. Man unterteilt sie in:

- *Konformationsisomere (Konformere),*
- *Konfigurationsisomere.*

Generell muss zur *gegenseitigen Umwandlung von Stereoisomeren* eine bestimmte *Energiebarriere* überwunden werden. Ist diese Energie gering, so ist die gegenseitige Umwandlungsgeschwindigkeit von Stereoisomeren groß. Die verschiedenen Isomeren lassen sich dann *nicht* als Reinsubstanzen (stoffliche Individuen) isolieren. Man erhält Isomerengemische.

Konformationsisomerie: Sind Isomere durch *Rotation um eine Einfachbindung* ineinander umwandelbar, so ist die *Energiebarriere* zwischen den isomeren Strukturen meistens *gering*. Die gegenseitige Umwandlung erfolgt leicht und spontan. Eine Ausnahme bilden die sog. **Atropisomere** (siehe ▸Kap. 3.3.8.3).

Konformationen, die einem Energieminimum entsprechen, werden **Konformere** genannt. Hierzu zählen u. a. die gestaffelten *Konformationen* des *Ethans* und *n-Butans*, die gauche-Konformationen des *n*-Butans sowie die Sessel- und Twist-Formen des *Cyclohexans* (siehe ▸Kap. 3.3.5.1 und ▸Kap. 3.3.6.3).

Konfigurationsisomerie: Unterscheiden sich die stereoisomeren Moleküle in ihrer Konfiguration, so sind die räumlichen Atomanordnungen so stark voneinander verschieden, dass sie nicht durch Rotation um Einfachbindungen ineinander überführbar sind.

Die zwischen Konfigurationsisomeren vorhandene *Energiebarriere* ist relativ *groß*, weil zu ihrer gegenseitigen Umwandlung Bindungen getrennt und neu geknüpft werden müssen. Als Beispiel von Konfigurationsisomerie sei die *cis-trans-Isomerie von Alkenen oder disubstituierten Cyclohexan-Derivaten* genannt (siehe ▸Kap. 3.3.11.1 und ▸Kap. 3.3.12).

3.3.1.3 Spiegelbildisomerie (Enantiomerie)

Stereoisomere Moleküle – sowohl Konformere wie Konfigurationsisomere – können auch aufgrund ihrer *Symmetrieeigenschaften* klassifiziert werden. Diese Unterteilung beruht auf einem sehr einfachen Kriterium:

> Entweder besteht zwischen den Isomeren die Beziehung von Bild zu Spiegelbild, wobei Bild und Spiegelbild auf keine Art und Weise miteinander zur Deckung zu bringen sind, oder diese Beziehung besteht nicht.

Verhalten sich zwei Stereoisomere wie Bild zu Spiegelbild, so bezeichnet man sie als **Enantiomere**. Ist diese Beziehung nicht gegeben, so nennt man sie **Diastereomere**.

> Zwei Stereoisomere sind entweder enantiomer oder diastereomer, je nachdem ob sie sich wie Bild zu Spiegelbild verhalten oder nicht. Zwei Stereoisomere können nicht gleichzeitig enantiomer oder diastereomer zueinander sein. Ein Molekül kann stets nur ein Enantiomer haben, aber – sofern die strukturellen Voraussetzungen gegeben sind – kann es zu einem Molekül viele Diastereomere geben.

Enantiomere reagieren gleich schnell mit achiralen Partnern und besitzen identische physikalische Eigenschaften (Schmelzpunkt, Siedepunkt, Brechungsindex, Dichte,

Löslichkeit in den gängigen Solventien u. a.). *Enantiomere unterscheiden sich aber in ihrer Wechselwirkung gegenüber polarisiertem Licht.* D.h., Enantiomere sind in der Lage polarisiertes Licht in unterschiedlichem Maße zu absorbieren und zu brechen. Diese Fähigkeit von Substanzen wird als *optische Aktivität* bezeichnet [vgl. **MC-Fragen Nr. 354, 362**].

Weil nun das eine Enantiomer die Schwingungsebene von polarisiertem Licht nach links, das andere – gleiche Bedingungen vorausgesetzt – die Polarisationsebene um den gleichen Betrag nach rechts dreht, bezeichnet man Enantiomere auch als **optische Antipoden**. Um als Enantiomere existieren zu können, muss ein Molekül *chiral* sein [siehe auch Ehlers, **Analytik II**, ▸Kap. 11.3.1.1 „*Polarimetrie*" und **MC-Fragen Nr. 355, 360**].

Enantiomere stimmen in ihren physikalischen Eigenschaften überein, außer in ihrer Wechselwirkung mit polarisiertem Licht.
Enantiomere stimmen in ihren chemischen Eigenschaften überein; sie besitzen die gleiche Reaktivität gegenüber achiralen Reagenzien, sie unterscheiden sich jedoch in ihrer Reaktivität gegenüber chiralen Reagenzien.

Diastereomere sind Stereoisomere, die keine Enantiomere sind. Sie haben verschiedene Energieinhalte und unterscheiden sich in all ihren physikalischen Eigenschaften sowie in ihrem chromatographischen Verhalten. Darüber hinaus zeigen Diastereomere auch unterschiedliche biologische (pharmakologische) Aktivitäten [vgl. **MC-Fragen Nr. 370–372**].

Diastereomere haben ähnliche chemische Eigenschaften, da sie zur gleichen Stoffklasse gehören. Die chemischen Eigenschaften sind aber nicht identisch.

Diastereomere können chirale Strukturelemente enthalten. Mit anderen Worten, mehrere *(mindestens zwei)* im Molekül vorhandene asymmetrisch substituierte C-Atome können *Diastereomerie* verursachen [siehe ▸Kap. 3.3.7.3 und **MC-Fragen Nr. 356, 357**].

Chiralität (Disymmetrie): Ein Molekül, das mit seinem Spiegelbild *nicht* zur Deckung gebracht werden kann, nennt man *chiral.* Ein solches Molekül existiert in enantiomeren Formen.

Chiralität ist somit die notwendige und ausreichende Voraussetzung für das Auftreten von Enantiomerie.

Chiralität wird beobachtet, wenn das betreffende *Molekül weder eine Symmetrieebene, noch ein Symmetriezentrum, noch eine Drehspiegelachse* besitzt [vgl. **MC-Fragen Nr. 356, 357**].

Moleküle, die sich nicht mit ihrem Spiegelbild decken, bezeichnet man als chiral. Chirale Verbindungen kommen in Enantiomeren vor. Substanzen, die achiral sind, besitzen keine Enantiomeren.

Enthält eine chemische Verbindung als Strukturelement nur *ein* asymmetrisches Kohlenstoffatom (Chiralitätszentrum – C-Atom mit vier unterschiedlichen Substituenten) wie das Methanderivat **CHFClBr**, so ist das Molekül *immer chiral* (*zentrale Chiralität*) und tritt in enantiomeren Formen auf [siehe auch ▸Kap. 3.3.7 und **MC-Frage Nr. 358**].

Ein chiraler (disymmetrischer) Gegenstand muss nicht zwangsläufig asymmetrisch sein, er kann durchaus eine Reihe von Drehachsen als Symmetrieelement besitzen, wie z. B. eine zweizählige Drehachse (C_2). Der Gegenstand wird somit bei einer Drehung um 180° mit sich selbst zur Deckung gebracht. Eine Substanz kann aber auch chiral sein, ohne ein asymmetrisch substituiertes Atom als Strukturelement zu enthalten. Beispiele von *axialer* und *planarer Chiralität* werden im ▸Kap. 3.3.8 vorgestellt [vgl. **MC-Frage Nr. 359**].

Symmetrieelemente: Ganz allgemein wird ein Gegenstand als spiegelsymmetrisch bezeichnet, wenn er sich mit seinem Spiegelbild zur Deckung bringen lässt. Die zur Beurteilung von spiegelbildisomeren Gegenständen wichtigen Symmetrieelemente sind: *Symmetrieebene – Symmetriezentrum – Drehspiegelachse.*

Eine *Symmetrieebene* (Symbol: σ) ist eine Spiegelebene, die eine geometrische Figur so in zwei Hälften teilt, dass die eine Hälfte der Figur auf der einen Seite dieser Ebene das genaue Spiegelbild der zweiten Hälfte auf der anderen Seite der Ebene darstellt.

Eine *Drehachse* (n-zählige Symmetrieachse) (Symbol: C_n) ist eine gedachte Linie, die ein Molekül so durchläuft, dass man bei der Drehung des Moleküls um einen Winkel von 360°/n um diese Achse eine dreidimensionale Anordnung erhält, die von der ursprünglichen Struktur nicht zu unterscheiden ist.

Da jedes Molekül (achirale wie chirale) nach einer Drehung um 360° um eine beliebige Achse mit sich selbst zur Deckung gebracht werden kann, ist das Symmetrieelement $\mathbf{C_1}$ (einzählige Drehachse) zwar universell aber wenig aussagekräftig [vgl. **MC-Fragen Nr. 385, 1738**].

Ein Molekül, das eine *Drehspiegelachse* (Symbol: S_n) besitzt, geht durch Spiegelung an einer zu dieser Achse senkrechten Ebene und durch anschließende Drehung um einen Winkel von 360°/n um diese Achse in sich selbst über. Ein *Symmetriezentrum* kann als einzählige Drehspiegelachse aufgefasst werden.

3.3.1.4 Meso-Formen

Die meso-Form einer Substanz ist ein Molekül, das mit seinem Spiegelbild deckungsgleich ist. Meso-Formen können daran erkannt werden, dass sie – innerhalb eines Moleküls mit mindestens *zwei* asymmetrischen Atomen – eine Symmetrieebene oder ein Symmetriezentrum besitzen. *Meso-Formen sind optisch inaktiv*.

Die nachfolgenden Beispiele von **Erythrit** (*meso*-1,2,3,4-Butantetrol), der **2,3-Dihydroxybutandisäure** (*meso*-Weinsäure) und die **2,3,4-Trihydroxypentandisäure** sollen das Präfix „*meso*" nochmals verdeutlichen. Die Symmetrieebenen in diesen Molekülen sind mit σ gekennzeichnet [siehe auch ▸Kap. 3.3.7.4 und **MC-Fragen Nr. 356, 357, 361, 376–378, 405–407, 1734**].

```
                                                        COOH
     CH2OH                 COOH                          |*
      |*                    |*                        H-C-OH
   H-C-OH                HO-C-H                          |*
 ---- |* --- σ   ;    --- |* --- σ   ;     ---HO-C-H --- σ
   H-C-OH                HO-C-H                          |*
      |                     |                         H-C-OH
     CH2OH                 COOH                          |
                                                        COOH
```


3.3.1.5 Racemate

Als *Racemat* (veraltet: *racemisches Gemisch)* bezeichnet man das äquimolare (1:1) Gemisch zweier Enantiomerer. Racemate zeigen *in verdünnter Lösung* mit Ausnahme ihres optischen Verhaltens die gleichen physikalischen Eigenschaften wie die reinen Enantiomeren. Racemate entstehen durch [vgl. **MC-Frage Nr. 373**]:

- *Mischen äquimolarer Anteile des (+)- und (–)-Enantiomers,*
- *Synthese chiraler Verbindungen in Abwesenheit chiraler Einflüsse,*
- *Racemisierung.*

Als **Racemisierung** bezeichnet man einen Prozess, bei dem ein Enantiomer irreversibel in ein Racemat umgewandelt wird. Racemisierungen machen sich durch den Verlust der optischen Aktivität bemerkbar. Häufig verlaufen Racemisierungen über *Carbanionen* oder *Carbeniumionen* als Zwischenstufen.

```
      R2                    ┌    R2                      R2          ┐
      |*           + B      │    |                       |           │   + BH+
R1–C*–C–R3      ⇌          │ R1–C–C–R3    ←――→     R1–C=C–R3      │     ⇌
   |   ||         – BH+     │    ⊖  ||                     |           │    – B
   H   O                    └       O                      O⊖         ┘
                                        Carbanion

      H                     R2
      |*                    |*
R1–C*–C–R3     +    R1–C*–C–R3
   |   ||                |   ||
   R2  O                 H   O

          Racemat
```

Zum Beispiel racemisieren Substanzen, die am Chiralitätszentrum neben einem H-Atom noch eine Carbonylgruppe tragen, leicht unter dem Einfluss von Basen. Ursache hierfür ist das intermediär durch Deprotonierung gebildete, mesomeriestabilisierte Carbanion. Dieses ist *achiral*, sodass die Wiederanlagerung eines Protons von beiden Seiten aus an das *planare Carbanion* erfolgen kann. Dies führt zwangsläufig zu einem Gemisch beider Enantiomere und somit zur Racemisierung.

Racemate sind optisch inaktiv. Im *gasförmigen, flüssigen* oder *gelösten Zustand* bilden sie ein ideales Gemisch. Im *festen (kristallinen) Zustand* ist jedoch zu berücksichtigen, dass die Anziehungskräfte zwischen (+)- und (–)-Molekülen meistens nicht exakt gleich sind mit jenen Kräften, die zwischen (+)- und (+)- bzw. zwischen (–)- und (–)-Molekülen auftreten. [(+) steht dabei für rechtsdrehend, (–) für linksdrehend.]

Sind die Kräfte zwischen gleichsinnig drehenden Molekülen (also den jeweiligen Enantiomeren unter sich) größer als zwischen (+)- und (–)-Molekülen, kristallisiert aus der Schmelze oder Lösung ein Gemisch von Kristallen beider Enantiomerer aus, das man als **Konglomerat** (*eutektisches Gemisch)* bezeichnet [vgl. **MC-Frage Nr. 374**].

Der *Schmelzpunkt* eines Konglomerats ist stets scharf und *niedriger* als der Schmelzpunkt des reinen Enantiomers. Die Löslichkeit des Konglomerats ist dagegen größer als die der reinen Enantiomeren. In bestimmten Fällen lässt sich ein Konglomerat durch Auslesen der Kristalle in die Enantiomeren trennen.

In der Regel sind aber die Anziehungskräfte zwischen den (+)- und (–)-Molekülen größer als zwischen den Molekülen eines Enantiomers untereinander. Sie vereinigen sich im Kristallgitter *paarweise* und bilden im *festen Zustand eine echte Molekülverbindung* im Verhältnis (1:1), die als **Racemat** bezeichnet wird. Racemate besitzen andere physikalische Eigenschaften als die Enantiomeren. Racemate können z. B. höher, niedriger oder bei der gleichen Temperatur schmelzen wie das reine Enantiomer.

Die Unterscheidung zwischen Konglomerat und Racemat bezieht sich nur auf den festen Aggregatzustand. In verdünnten Lösungen verschwinden die Unterschiede.

Stereoisomere sind Substanzen mit gleicher Bindungssequenz, die sich in der räumlichen Lage ihrer Atome unterscheiden. Entweder teilt man sie ein in:

- Enantiomere, die sich wie Bild zu Spiegelbild verhalten,
- Diastereomere, die sich *nicht* wie Bild zu Spiegelbild verhalten,

oder man klassifiziert sie danach, wie sie ineinander umgewandelt werden können, in:

- Konfigurationsisomere, die durch Bindungsspaltung und Inversion ineinander übergehen,
- geometrische Isomere, die sich formal durch die „Rotation" um eine Doppelbindung ineinander umwandeln,
- Konformationsisomere, die durch Rotationen um Einfachbindungen ineinander übergehen.

3.3.2 Chemische Reaktionen und Stereoisomerie

Von achiralen Reaktanden ausgehend führt – in Abwesenheit chiraler Hilfsstoffe und Katalysatoren – jede *Synthese eines chiralen Moleküls* zu einem *Racemat,* weil die Wahrscheinlichkeit für die Bildung des einen oder anderen Enantiomers gleich groß ist. Dies ist nur ein Aspekt einer viel allgemeineren Regel: *Optisch inaktive Edukte bilden optisch inaktive Produkte.*

Ein weiteres Axiom der Stereochemie ist, dass die Reaktion eines chiralen Substrats unter Beibehaltung der Konfiguration *(Retention)* abläuft, wenn keine Bindung zum Chiralitätszentrum gelöst wird. Die Beziehung zwischen den Konfigurationen zweier chiraler Moleküle kann daher ermittelt werden, wenn man eine der Substanzen durch eine Reaktionsfolge in die andere umwandelt, bei der keine Bindung zum Asymmetriezentrum gespalten wird.

Für Reaktionen, bei denen eine Bindung zu einem Chiralitätszentrum geöffnet wird, gibt es keine allgemeine Regel hinsichtlich ihres sterischen Ablaufs, außer dass sich die Konfiguration ändern kann (**Inversion**, Symbol: **I**) und dies im Allgemeinen wahrscheinlicher ist als ein Erhalt der Konfiguration (**Retention**, Symbol: **R**).

Hinsichtlich des stereochemischen Verlaufs kann man Reaktionen einteilen in:

- *stereoselektive Reaktionen,*
- *stereospezifische Reaktionen,*
- *stereounspezifische Reaktionen.*

Stereoselektivität: Eine Reaktionsweise bezeichnet man als *stereoselektiv,* wenn von zwei oder mehreren möglichen stereoisomeren Produkten überwiegend nur ein Stereoisomer gebildet wird oder reagiert. Beispielsweise ist die HCl-Abspaltung aus **1,2-Diphenylchlorethan** stereoselektiv, da sie bevorzugt zu ***trans*-Stilben** neben wenig ***cis*-Stilben** führt.

```
     H H
     | |               - HCl        C6H5\      /H
C6H5-C-C-C6H5       -------->            C==C
     | |                             H/      \C6H5
     H Cl                             trans-Stilben
```

Das *Ausmaß der Stereoselektivität* chemischer Reaktionen kann stark variieren. Bei bestimmten Reaktionen lässt sich aber die Stereoselektivität mithilfe der *Cramschen Regel* vorhersagen (siehe ▸Kap. 3.2.15.9).

Stereospezifität: Eine Reaktion wird *stereospezifisch* genannt, wenn aus stereochemisch unterschiedlichen Ausgangsstoffen wiederum stereochemisch unterschiedliche Produkte entstehen. Zum Beispiel liefert die stereospezifische Trans-Addition von Brom an **(*E*)-But-2-en *meso*-2,3-Dibrombutan**, während aus **(Z)-But-2-en** *racemisches* **2,3-Di-brombutan** gebildet wird [siehe auch ▸Kap. 3.2.11.3 und **MC-Fragen Nr. 170, 1770**].

Alle stereospezifischen Reaktionen verlaufen auch stereoselektiv. Die umgekehrte Schlussfolgerung trifft *nicht* immer zu.

Asymmetrische Synthesen: Hierunter fasst man Reaktionen zusammen, bei denen aus einer prochiralen eine chirale Gruppe so erzeugt wird, dass die Stereoisomeren (Enantiomere/Diastereomere) in ungleichen Mengen entstehen. Ziel der asymmetrischen Synthese ist die Herstellung möglichst enantiomerenreiner Verbindungen. D.h., ein neues Stereozentrum wird so aufgebaut, dass von den beiden möglichen Konfigurationen möglichst nur eine entsteht.

Bei diesen Synthesen ist der *Enantiomerenüberschuss* (*enantiomeric excess*, **ee,** in Prozent) wie folgt definiert:

$$\mathbf{ee}\,(\%) = \%(\mathbf{R}) - \%\left(\mathbf{S}\right) = \frac{(\mathbf{R}) - (\mathbf{S})}{(\mathbf{R}) + (\mathbf{S})} \times \text{mit } (R) > (S)$$

(R) und (S) kennzeichnen die beiden Enantiomeren nach dem CIP-System (siehe ▸Kap. 3.3.4.2). Nach dieser Gleichung liegen bei ee = 80 % die beiden Enantiomere im Verhältnis 90 % : 10 % vor. Entsteht ein Racemat, so ist ee = 0 % [vgl. **MC-Fragen Nr. 368, 369**].

Unter *optischer Reinheit* eines Reaktionsproduktes versteht man den Quotienten aus der gemessenen spezifischen Drehung eines Enantiomerengemischs und der spezifischen Drehung des reinen Enantiomers [siehe Ehlers, **Analytik II**, ▸Kap. 11.3.1.2 und **MC-Frage Nr. 367**].

Ein wichtiges Werkzeug zur Darstellung von Isomeren mit hoher optischer Reinheit sind *asymmetrisch induzierte Reaktionen.*

Als **asymmetrische Induktion** bezeichnet man ganz allgemein das Phänomen, dass bei der *Umwandlung chiraler Substrate mit chiralen Reagenzien* bzw. in einem *chiralen Solvens* oder in Gegenwart *chiraler Katalysatoren*, wie z. B. Enzymen, *ein Konfigurationsisomer bevorzugt gebildet wird.*

Reagieren nämlich zwei Enantiomere eines chiralen Substrats mit einer anderen chiralen Substanz oder in einer chiralen Umgebung, so sind die Reaktionsgeschwindigkeiten der Enantiomeren im Allgemeinen nicht gleich, weil die beiden *Übergangszustände zueinander diastereomer* und nicht enantiomer sind. „Diastereomere Übergangszustände" besitzen aber unterschiedliche Energien und eines der Enantiomeren wird mit dem chiralen Reagenz schneller reagieren als das andere. *Gegenüber achiralen Reagenzien besitzen beide Enantiomere jedoch die gleiche Reaktivität.*

3.3.3 Graphische Darstellung von Stereoisomeren

3.3.3.1 Darstellung von Konformationsisomeren

Zur Veranschaulichung von Konformationen verwendet man häufig die in ∘Abb. 3.58 gezeigten graphischen Darstellungen.

Die Darstellungen (I) in ∘Abb. 3.58 sind identisch und werden als *gestaffelte (staggered) Konformation* bezeichnet. Die Graphiken (II) sind ebenfalls identisch und werden als *ekliptische (eclipsed) Konformation* bezeichnet (siehe auch ▸Kap. 3.3.5.1).

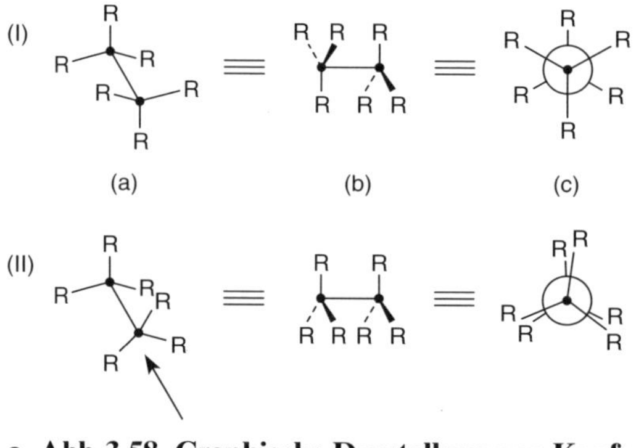

∘ Abb. 3.58 Graphische Darstellung von Konformationsisomeren

(a) Sägebock-Projektion (perspektivische Darstellung)

(b) Keil-Strich-Projektion, bei der das Molekül von der Seite her betrachtet wird. In dieser Darstellung ragt eine punktierte (gestrichelte) Bindung vom Beobachter weg (nach hinten), eine dicke keilförmige Bindung weist (nach vorn) auf ihn zu. Die durchgezogenen Bindungslinien liegen in der Papierebene.

(c) Newman-Projektion, bei der man ein Molekül von vorne entlang der C-C-Bindungsachse betrachtet. Die am vorderen C-Atom sitzenden Substituenten sind dadurch gekennzeichnet, dass ihre Bindungen bis zum Zentrum eines Hilfskreises eingezeichnet sind. Die bis zum Kreis reichenden Bindungen kennzeichnen die Substituenten am hinteren Kohlenstoffatom. (Man hat sich ein C-Atom als feststehend zu denken und kann dann das andere um einen beliebigen Winkel drehen.)

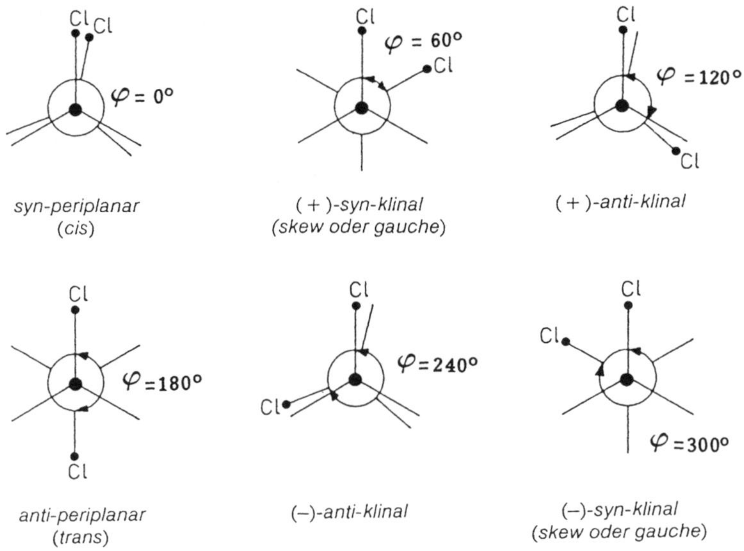

Cl Cl φ = 0°

syn-periplanar (cis)

Cl φ = 60° Cl

(+)-syn-klinal (skew oder gauche)

Cl φ = 120° Cl

(+)-anti-klinal

Cl φ = 180° Cl

anti-periplanar (trans)

Cl φ = 240° Cl

(–)-anti-klinal

Cl Cl φ = 300°

(–)-syn-klinal (skew oder gauche)

o Abb. 3.59 Bezeichnung von Konformationen nach Klyne-Prelog (Newman-Projektion)

Die Newman-Projektionen (c) zeigen, dass bei einer Drehung um 60° die ekliptische in die gestaffelte Konformation übergeht und umgekehrt [vgl. **MC-Frage Nr. 412**]. Über weitere Konformationen und ihre Bezeichnungsweise nach dem **Klyne-Prelog-System** informiert oAbb. 3.59 am Beispiel des **1,2-Dichlorethans** [vgl. **MC-Frage Nr. 414**].

3.3.3.2 Graphische Darstellung von Konfigurationsisomeren

Die graphische Darstellung optisch aktiver Verbindungen durch perspektivische Strukturformeln ist unpraktisch. Um die *relative Konfiguration* eines Moleküls mit chiralem C-Atom wiederzugeben, benutzt man häufig die von *Emil Fischer* vorgeschlagenen *Projektionsformeln.*

Bei der **Fischer-Projektion** denkt man sich das Chiralitätszentrum in der Papierebene liegend. Die beiden Bindungen, die nach vorne aus der Papierebene herausragen, werden durch horizontale Linien, die beiden nach hinten gerichteten Bindungen durch vertikale Striche dargestellt [vgl. **MC-Fragen Nr. 407, 418**].

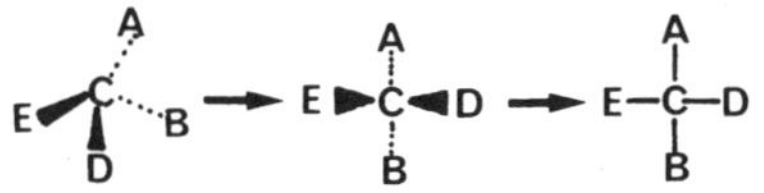

A, E, C, B, D → A, E, C, D, B → A, E—C—D, B

Bei der Erstellung solcher Projektionsformeln sind folgende **Regeln** zu beachten:

- Das Asymmetriezentrum einer zentral chiralen Verbindung liegt in der Papierebene.
- Die durch *senkrechte* Striche mit dem Asymmetriezentrum verbundenen Substituenten liegen *in* oder *hinter* der Papierebene. Die so angeordneten Atome werden auch als *Hauptkette* bezeichnet.

Organische Chemie

- Diese Kette wird so orientiert, dass am oberen Kettenende das Kohlenstoffatom mit der höheren Oxidationsstufe liegt.
- Die durch waagrechte Striche mit dem Asymmetriezentrum verbundenen Substituenten liegen *vor* der Papierebene. Die so angeordneten Atome werden auch als *Seitenkette* bezeichnet.
- Die Fischer-Projektion lässt *Konformationsunterschiede* ausser acht.
- In der Papierebene darf die Formel um *180° gedreht* werden, ohne dass dadurch eine andere Konfiguration dargestellt wird.

$$\begin{array}{c} \mathbf{A} \\ | \\ \mathbf{E}-\mathbf{C}-\mathbf{D} \\ | \\ \mathbf{B} \end{array} \quad \textbf{ist identisch mit} \quad \begin{array}{c} \mathbf{B} \\ | \\ \mathbf{D}-\mathbf{C}-\mathbf{E} \\ | \\ \mathbf{A} \end{array}$$

- Eine *Drehung* der Formel um *90°* in der Projektionsebene (oder einem ungeradzahligen Vielfachen davon) *ist nicht erlaubt;* sie ergäbe die Konfiguration des anderen Enantiomers.
- Der *Austausch von 2 mal 2 Substituenten* ergibt das identische Molekül.

$$\begin{array}{c} \mathbf{A} \\ | \\ \mathbf{E}-\mathbf{C}-\mathbf{D} \\ | \\ \mathbf{B} \end{array} \equiv \begin{array}{c} \mathbf{E} \\ | \\ \mathbf{A}-\mathbf{C}-\mathbf{B} \\ | \\ \mathbf{D} \end{array} \equiv \begin{array}{c} \mathbf{D} \\ | \\ \mathbf{B}-\mathbf{C}-\mathbf{A} \\ | \\ \mathbf{E} \end{array} \equiv \begin{array}{c} \mathbf{B} \\ | \\ \mathbf{D}-\mathbf{C}-\mathbf{E} \\ | \\ \mathbf{A} \end{array}$$

- Der *Austausch von 1 mal 2 Substituenten* ergibt die Konfiguration des anderen Enantiomers.
- Mit der Fischer-Projektion können auch Moleküle mit mehreren Chiralitätszentren graphisch dargestellt werden.

Ein *Nachteil* der Fischer-Projektion ist, dass sie Konformationen nicht berücksichtigt und Moleküle in der ekliptischen Konformation wiedergibt. Bei der Mehrzahl aller Moleküle überwiegt jedoch die gestaffelte Konformation.

○ Abb. 3.60 veranschaulicht nun am Beispiel der *threo-* und *erythro*-Form der *Weinsäure*, wie sich eine Fischer-Projektionsformel in die **Newman-Projektion** überführen lässt, die für die Darstellung von Molekülkonformationen besser geeignet ist.

Hierzu zeichnet man – ausgehend von der Fischer-Projektionsformel – zunächst die perspektivische Formel der ekliptischen Konformation. Daraus erhält man die perspektivische Formel der gestaffelten Konformation durch Drehung des einen C-Atoms samt seiner Substituenten um die zentrale C-C-Bindungsachse. Aus dieser perspektivischen Darstellung ergibt sich die Newman-Projektion in der in ○ Abb. 3.60 gezeigten Weise.

Auch **Keil-Strich-Formeln** lassen sich auf einfache Weise in eine Fischer Projektion umwandeln, wie dies ○ Abb. 3.61 für das Molekül **D-Arabinose** belegt. Bei der Keil-Strich-Projektion ist zu berücksichtigen, dass ein Molekül von der Seite her betrachtet wird, durchgezogene Bindungslinien in der Projektionsebene liegen, eine punktierte erythro — ekliptisch — gestaffelt — threo — ekliptisch — gestaffelt

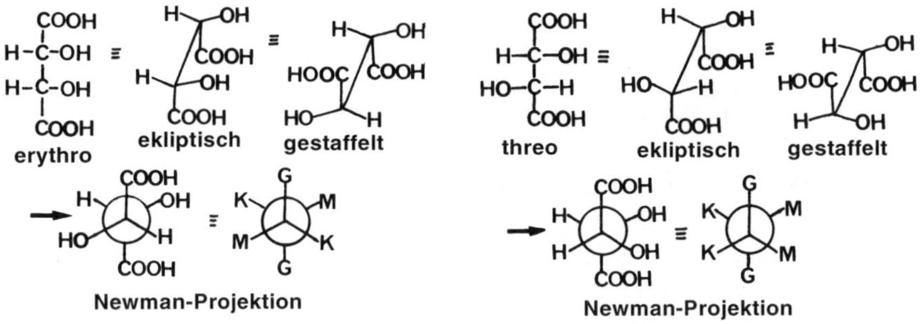

Newman-Projektion — Newman-Projektion

o Abb. 3.60 Umwandlung der Fischer-Projektion in eine Newman-Projektion am Beispiel der Weinsäure [Die einzelnen Substituenten sind entsprechend ihrer Größe gekennzeichnet mit: G (groß), M (mittel) und K (klein)]

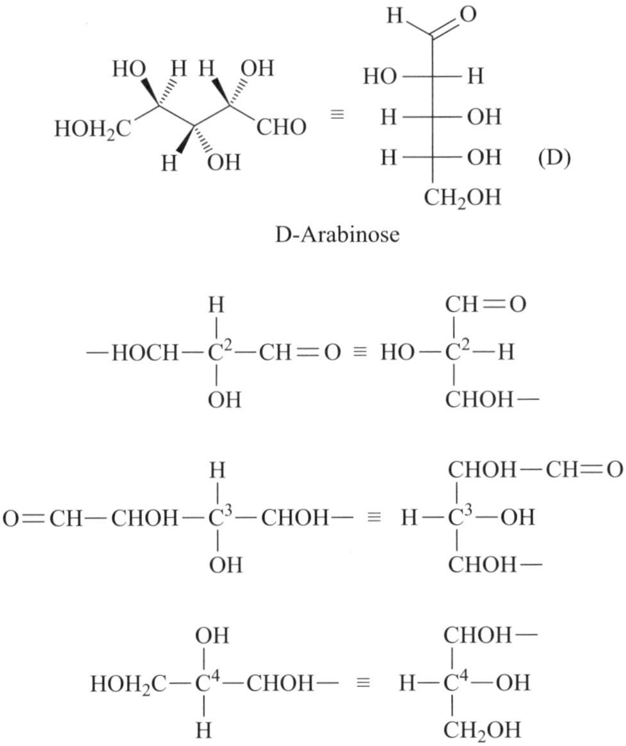

HOH_2C … CHO ≡ (D)

D-Arabinose

$-HOCH-C^2(H)(OH)-CH{=}O \equiv HO-C^2(CH{=}O)(CHOH-)-H$

$O{=}CH-CHOH-C^3(H)(OH)-CHOH- \equiv H-C^3(CHOH-CH{=}O)(CHOH-)-OH$

$HOH_2C-C^4(OH)(H)-CHOH- \equiv H-C^4(CHOH-)(CH_2OH)-OH$

o Abb. 3.61 Umwandlung der Keil-Strich-Projektion in eine Fischer-Projektion

(gestrichelte) Linie vom Beobachter weg (nach hinten) zeigt und eine keilförmige Bindung auf den Betrachter zu weist (nach oben, nach vorn). Ferner ist zu beachten, dass in der Fischer Projektion der Austausch von 2x2 Substituenten das identische Molekül ergibt [vgl. **MC-Frage Nr. 1736**].

3.3.4 Nomenklatur von Konfigurationsisomeren

Hat man die beiden Enantiomeren einer chiralen Substanz getrennt, so stellt sich die Frage der Konfigurationszuordnung. Hierbei ist generell zu beachten, dass zwischen dem *Drehsinn einer Verbindung, der mit (+) für rechtsdrehend und (–) für linksdrehend* gekennzeichnet wird, und der Konfiguration dieser Substanz *kein* Zusammenhang besteht. Beispielsweise erhält man aus der rechtsdrehenden *Milchsäure* [CH_3-*CHOH-COOH] bei ihrer Veresterung mit Methanol unter *Retention* der Konfiguration den linksdrehenden *Milchsäuremethylester* [CH_3-*CHOH-$COOCH_3$] [vgl. **MC-Frage Nr. 354**].

> Es existiert keine einfache Beziehung zwischen dem Vorzeichen der optischen Drehung und der absoluten Raumstruktur eines Moleküls.

3.3.4.1 Fischer-Nomenklatur (D,L-System)

Zur *Kennzeichnung der relativen Konfiguration* einer optisch aktiven Substanz wählte man zunächst **Glycerinaldehyd** als *Bezugssubstanz*. Dem rechtsdrehenden (+)-Glycerinaldehyd wurde *willkürlich* die als **D-Form (D = dexter)** bezeichnete räumliche Struktur zugeschrieben. Das linksdrehende (–)-Enantiomer wurde L-Glycerinaldehyd **(L = laevis)** genannt.

Die Strukturen anderer chiraler Moleküle wurden mit der des Glycerinaldehyds korreliert, indem man sie entweder durch chemische Reaktionen in Glycerinaldehyd überführte (z. B. Glucose → Glycerinaldehyd) oder von diesem ausgehend synthetisierte (z. B. Glycerinaldehyd → Milchsäure), wobei während der mehrstufigen Reaktion keine Racemisierungen eintreten dürfen.

```
  CHO                      COOH                     COOH
   |*         "R"           |*          "R"           |*
 H-C-OH    -------->     H-C-OH     -------->      H-C-OH
   |                        |                        |
  CH2OH                    CH2OH                    CH3
D(+)-Glycerin-          D(-)-Glycerin-          D(-)-Milch-
     aldehyd                 säure                   säure
```

```
   CHO
    |*
  H-C-OH        CHO
    |*           |*
 HO-C-H       HO-C-H         CHO
    |*           |*           |*
  H-C-OH       H-C-OH       H-C-OH       CHO
    |*     -->   |*     -->   |*    -->   |*
  H-C-OH       H-C-OH       H-C-OH      H-C-OH
    |            |            |           |
   CH2OH        CH2OH        CH2OH       CH2OH

D-Glucose    D-Arabinose  D-Erythrose  D-Glycerinaldehyd
```

Die Festlegung der relativen Konfiguration einer Substanz erfolgt dadurch, dass sie durch sterisch eindeutig verlaufende Reaktionen in D- (bzw. L-) Glycerinaldehyd übergeführt oder in eine andere Substanz umgewandelt wird, deren relative Konfiguration bekannt ist.

Sterische eindeutige Reaktionen sind solche, die unter Konfigurationserhalt [*Retention* (**R**)] oder unter Konfigurationsumkehr [*Inversion* (**I**)] ablaufen (siehe ▸Kap. 3.2.5.11).

```
   COOH                COOH                 COOH                     COOH
    |*      Br⁻         |*      N3⁻          |*       H2/Pt           |*
HO-C-H    ------>   H-C-Br   ------>   N3-C-H    ------------>   H2N-C-H
    |       (I)         |       (I)          |         (R)            |
   CH3                 CH3                  CH3                      CH3
L-Milchsäure       D-α-Brom-           L-α-Azido-                L-Alanin
                   propionsäure        propionsäure
```

Die *Großbuchstaben* **D** und **L** *charakterisieren* lediglich die *Konfiguration* am asymmetrisch substituierten C-Atom. Sie sagen nichts aus über das optische Verhalten einer Verbindung. Soll der *Drehsinn* zusätzlich gekennzeichnet werden, setzt man den Präfixen D- bzw. L- noch (+) *für rechtsdrehend* und (–) *für linksdrehend* hinzu. Bei optisch aktiven Verbindungen – besonders bei Naturstoffen mit mehreren Chiralitätszentren – wird nur der jeweilige Drehsinn mit (+) und (–) angegeben [vgl. **MC-Frage Nr. 354**].

D(+)-Glycerinaldehyd ist auch die *Bezugssubstanz* für die Bezeichnung von **Hydroxycarbonsäuren** und **Kohlenhydraten**. *Die Zugehörigkeit zur D-Reihe wird hier durch die Rechtsstellung der Hydroxylgruppe am höchsten bezifferten asymmetrischen C-Atom bestimmt.* Das „D" in **D-Ribose** bedeutet somit, dass das C-Atom 4 der D(–)-Ribose die gleiche Konfiguration hat wie das Atom C-2 von D-Glycerinaldehyd. Bei einer Hexose wie der **D(+)-Glucose** wird damit die Konfiguration an C-5 gekennzeichnet [vgl. **MC-Fragen Nr. 354, 419, 420**].

```
   CHO
    |*
 H-C-OH           COOH              COOH
    |*              |*                |*
 H-C-OH          H-C-OH           HO-C-H               COOH
    |*              |*                |*                 |*
 H-C-OH   ;     HO-C-H     ;       H-C-OH    ;        H-C-OH
    |               |                 |                  |
   CH2OH          COOH              COOH                CH3
 D-Ribose      L-Weinsäure       D-Weinsäure        D-Milchsäure
```

Bei **Aminosäuren** *entscheidet die Stellung der α-ständigen Aminogruppe über die Zugehörigkeit zur D- oder L-Reihe.* Dies gilt auch für Aminosäuren mit mehreren Asymmetriezentren wie z. B. Threonin [vgl. **MC-Frage Nr. 354**].

```
    COOH              COOH              COOH               COOH
     |*                |*                |*                 |*
  H2N-C-H     ;     H-C-NH2     ;    H2N-C-H      ;      H-C-NH2
     |                 |                 |*                 |
    CH3               CH3             H-C-OH              CH2SH
                                         |
  L-Alanin          D-Alanin            CH3              D-Cystein
                                     L-Threonin
```

3.3.4.2 Cahn-Ingold-Prelog-Nomenklatur (R,S-System/CIP-System)

Die Bezeichnung der Konfiguration mit D bzw. L anhand der Fischer-Projektion bereitet Schwierigkeiten, wenn nicht klar ist, aufgrund welcher Konvention an einem chiralen C-Atom die Unterscheidung getroffen werden soll. So würde z. B. **L-Threonin** nach der Konvention für Kohlenhydrate der D-Reihe angehören.

Deshalb wurde von Cahn, Ingold und Prelog ein *Nomenklaturprinzip* entwickelt, das die *eindeutige Wiedergabe der Konfiguration eines asymmetrisch substituierten C-Atoms* erlaubt. Das System hängt von keiner Bezugssubstanz ab [vgl. **MC-Frage Nr. 353**].

In Substanzen mit *mehreren asymmetrischen C-Atomen* kann man die *Konfiguration an jedem Chiralitätszentrum* angeben. Darüber hinaus ist das System auch auf Stoffe mit chiralen *Heteroatomen* sowie unter Zuhilfenahme einiger zusätzlicher Regeln auf alle übrigen Klassen chiraler Verbindungen [Allene, Spirane, Atropisomere u. a. m.] anwendbar.

Bei der Zuordnung der Konfiguration nach dem CIP-System ist wie folgt vorzugehen:

- Man ordnet die *direkt* an ein chirales C-Atom gebundenen Atome in einer *Prioritätsreihe nach abnehmender Ordnungszahl* (OZ) und bei gleicher Ordnungszahl (z. B. bei Isotopen) nach *abnehmender Massenzahl. Freie Elektronenpaare* werden als Substituenten betrachtet und besitzen die *niedrigste Priorität* (**Sequenzregel**).
- Haben die unmittelbar mit dem Chiralitätszentrum verbundenen Atome die gleiche Ordnungszahl, so wird die Reihenfolge der Prioritäten anhand des *Substitutionsgrades*, d. h. anhand von Atomen ermittelt, die im gleichen Liganden vom Asymmetriezentrum weiter entfernt liegen.

Sind die „ersten Atome" in ihrer Priorität gleichwertig, so werden die Ordnungszahlen der mit ihnen verbundenen „zweiten" Atome für die Zuordnung herangezogen. Gegebenenfalls muss man noch die in „dritter" oder „vierter" (usw.) Position befindlichen Atome zur *Ermittlung des ersten Differenzpunktes* berücksichtigen.

Diese Vorgehensweise sei am Beispiel des **Butan-2-ols** erläutert. In dem sekundären Alkohol sind zwei C-Atome mit dem Asymmetriezentrum verknüpft. Die *„Zweitatome"* in der *Methylgruppe* sind **H, H, H** und in der *Ethylgruppe* **C, H, H**. Da der Kohlenstoff eine höhere Ordnungszahl als Wasserstoff besitzt, kommt der Ethylgruppe eine höhere Priorität zu. Die vollständige Rangfolge der Substituenten im

Butan-2-ol lautet somit: **OH**, **C_2H_5**, **CH_3**, **H**. (Die hochgestellten Zahlen in der nachfolgenden Zeichnung geben die jeweilige Ordnungszahl an.)

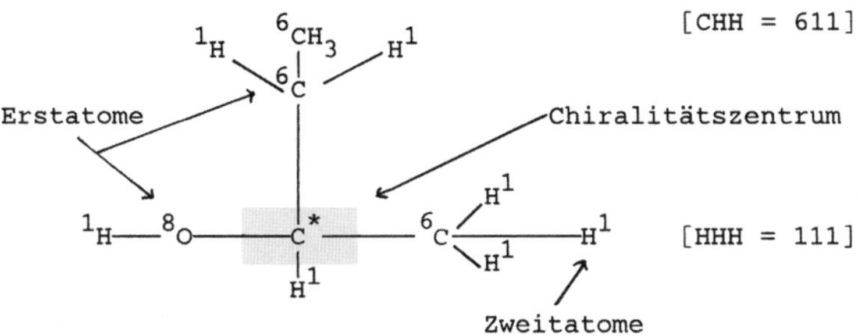

> Mehrfachbindungen werden formal als mehrfache Einfachbindungen behandelt, indem man eine Verdopplung bzw. Verdreifachung jedes Atoms der Mehrfachbindung vornimmt.

Zum Beispiel entspricht:

```
          N C               C C            |        |
          | |               | |            |        |
 -C≡N  =  -C-N  ;  -C≡C-  = -C-C-  ;  -C=O  =  -C-O
          | |               | |                 | |
          N C               C C                 O C

           H H                H                     H H
           | |                |                     | |
 -CH=CH- = -C-C-  ; -CH=O  = -C-O  ;  -CH=CH2  =  -C-C-C-
           | |                | |                   | |
           C C                O C                   C H
```

In ◻Tab. 3.32 sind einige Atome, Isotope und funktionelle Gruppen in der *Reihenfolge abnehmender Priorität* aufgelistet.

◻ Tab. 3.32 Reihenfolge der Prioritäten ausgewählter Substituenten

Atome:	I, Br, Cl, S, F, O, N, C, H, freies Elektronenpaar	
Isotope:	T, D, H	
Gruppen:	(a)	$-C(CH_3)_3$, $-CH(CH_3)_2$, $-CH_2CH_3$, $-CH_3$
	(b)	$-C(CH_3)_3$, $-CH(CH_3)C_2H_5$, $-CH_2CH(CH_3)_2$, $-(CH_2)_3CH_3$
	(c)	$-COOCH_3$, $-COOH$, $-CONH_2$, $-COCH_3$, $-CHO$
	(d)	$-C{\equiv}N$, $-C_6H_5$, $-C{\equiv}CH$, $-CH{=}CH_2$

Danach ergibt sich z. B. für **2-Cyano-2-acetyl-phenylacetamid** folgende Substituentenrangfolge fallender Priorität [vgl. **MC-Frage Nr. 424**].

$$\begin{array}{c} CN \\ |\,* \\ C_6H_5\text{-}C\text{-}CONH_2 \\ | \\ COCH_3 \end{array} :$$

	$-CONH_2$	>	$-COCH_3$	>	$-CN$	>	$-C_6H_5$
	O^8		O^8		N^7		C^6
	$-^6C-O^8$		$-^6C-O^8$		$-^6C-N^7$		$-^6C-C^6$
	N^7		C^6		N^7		C^6
OZ:	[887]		[886]		[777]		[666]

Die folgenden Beispiele sollen das Prinzip der Festlegung von Prioritäten nochmals belegen, wobei C* das Chiralitätszentrum markiert [vgl. **MC-Frage Nr. 425**].

6		6		6		6
C^*-CH_2SH	>	C^*-CF_3	>	$C^*-C(OCH_3)_3$	>	$C^*-CH_2N(CH_3)_2$
[SHH = 1611]		[FFF = 999]		[OOO = 888]		[NHH = 711]

- Zur Konfigurationszuordnung wird das Molekül im Tetraedermodell in der Weise betrachtet, dass der *Substituent mit der niedrigsten Priorität* (meistens ein H-Atom) nach hinten ragt, und die drei übrigen Gruppen oder Atome ein Dreieck bilden. Das Dreieck befindet sich also zwischen dem Betrachter und der Gruppe (bzw. dem Atom) niedrigster Priorität. Nimmt die Priorität der drei restlichen Gruppen (Atome) *im Uhrzeigersinn ab*, so kennzeichnet man die *Konfiguration mit R* (*R* = **rectus**). Nimmt die Priorität *entgegen dem Uhrzeigersinn ab*, so erhält die *Konfiguration* die Bezeichnung *S* (*S* = **sinister**).
- Bei Verbindungen mit *mehreren Chiralitätszentren* wird jedes Asymmetriezentrum gekennzeichnet, und man gibt durch Numerierung an, welche Bezeichnung (R, S) zu welchem Atom gehört.

o Abb. 3.62 zeigt nochmals am Beispiel des sekundären Butylalkohols die Anwendung der CIP-Methode zur Konfigurationsfestlegung. Nach der ***R,S*-Regel** kommen den optischen Antipoden untenstehende Konfigurationen zu (siehe auch ▸Kap. 3.3.7.1, **o** Abb. 3.71).

Wie das Beispiel **D-Cystein ≡ S-Cystein** zeigt, muss eine D(L)-Konfiguration in der Fischer-Nomenklatur *nicht* der *R*(*S*)-Konfiguration nach dem Cahn-Ingold-Prelog-System entsprechen. (Bei der Ermittlung der Konfiguration wurde die Regel angewandt, dass beim Tausch von 2 mal 2 Substituenten in der Fischer Projektion einer chiralen Substanz ein identisches Molekül erhalten wird. Zweckmäßigerweise wird

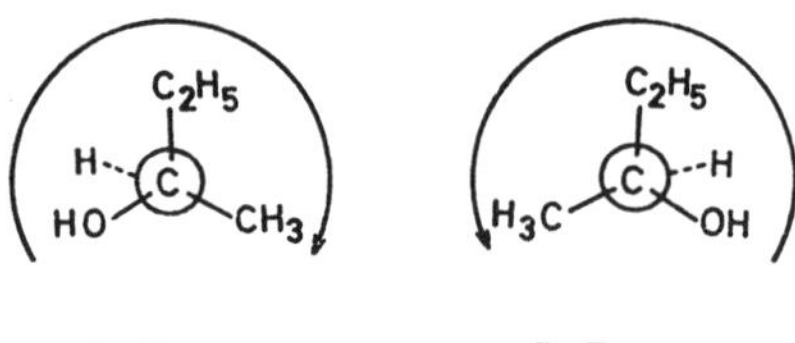

R-Form S-Form

o Abb. 3.62 R,S-Konfiguration von Butan-2-ol

dabei der Substituent niedrigster Priorität (4) mit der in der Projektionsformel unten stehenden Atomgruppe vertauscht.)

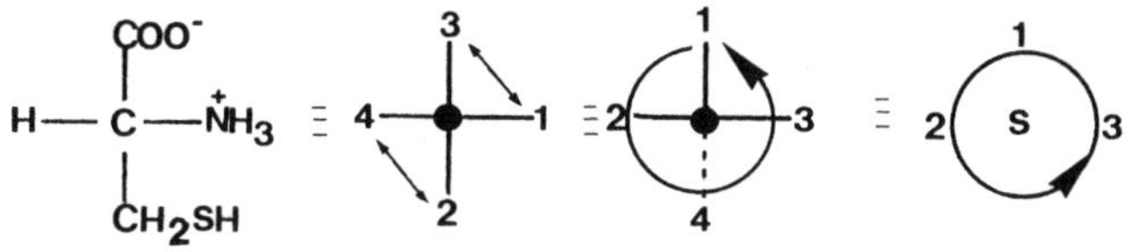

D-Cystein

Bei Vorliegen tetraedrischer Molekülformeln bietet sich zur Festlegung der Konfiguration folgende Vorgehensweise an [vgl. **MC-Fragen Nr. 124, 426, 427, 429**].

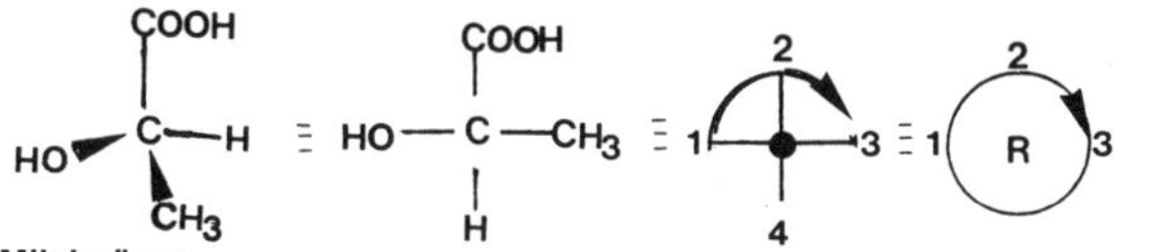

Milchsäure

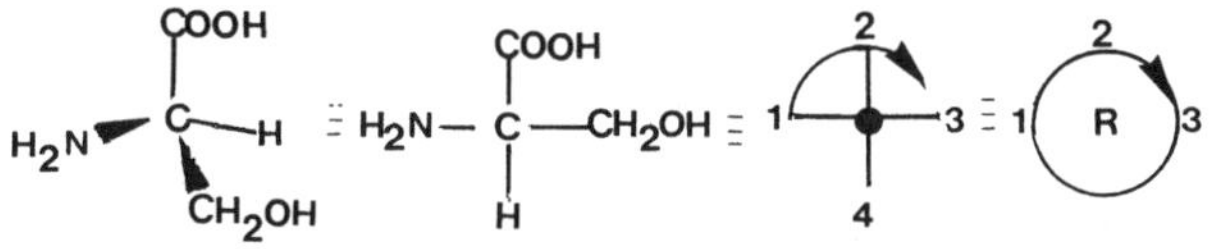

Serin

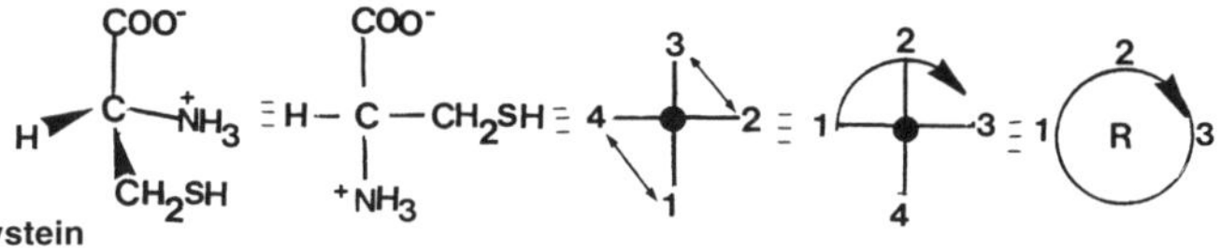

Cystein

Die Ermittlung der Konfiguration von Substanzen mit *mehreren Chiralitätszentren* soll am Beispiel des ***2S,3S*-Dichlorpentans** erläutert werden [vgl. **MC-Frage Nr. 428**].

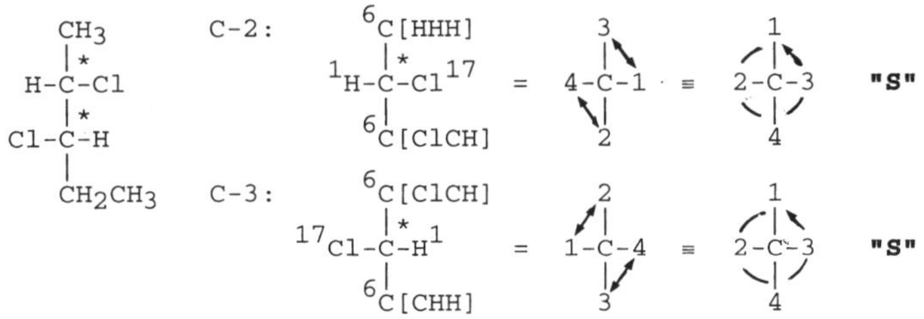

```
   CH3        C-2:       6C[HHH]          3          1
   |*                     |*              |\        /|\
 H-C-Cl               1H-C-Cl17   =   4-C-1   ≡  2-C-3     "S"
   |*                     |               \|        \|/
Cl-C-H                   6C[ClCH]          2          4
   |
   CH2CH3     C-3:       6C[ClCH]          2          1
                          |*              /|        /|\
                     17Cl-C-H1    =   1-C-4   ≡  2-C-3     "S"
                          |                |/       \|/
                         6C[CHH]           3          4
```

In ähnlicher Weise lässt sich auch die Konfiguration bei *chiralen Ringverbindungen* angeben. Zum Beispiel lautet für **Menthol** (2-Isopropyl-5-methylcyclohexanol) die Konfiguration der chiralen C-Atome in der folgenden Formelabbildung nach dem Cahn-Ingold-Prelog-System: **1*R*, 2*R*, 4*S***. Die Bezifferung der C-Atome erfolgte gemäß der MC-Frage (!). Die IUPAC-Bezeichnung für Menthol lautet (1*R*,2*S*,5*R*)-2-Isopropyl-5-methylcyclohexanol, da das die Hydroxylgruppe tragende Atom als C-1 des Ringgerüstes fungiert [vgl. **MC-Frage Nr. 430**].

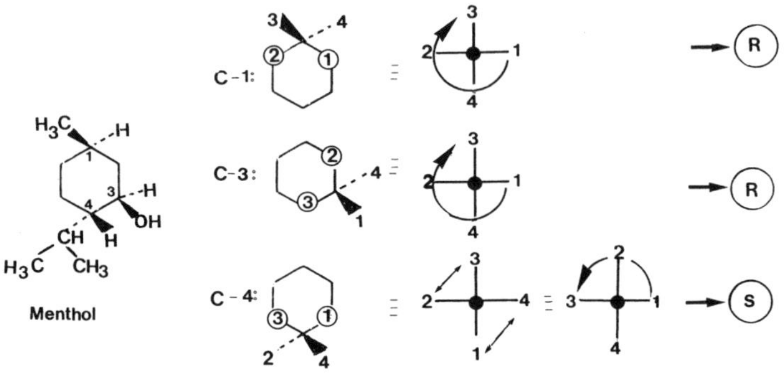

3.3.4.3 Absolute Konfiguration

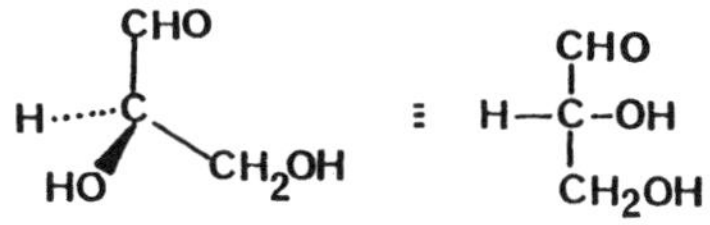

Die Zuordnung der hier nochmals in perspektivischer Darstellung und in der Fischer-Projektion gezeigten *D-Form* [R-Form] *des Glycerinaldehyds* [Prioritätsreihe: OH, CHO, CH_2OH, H] zum *rechtsdrehenden Isomer* dieser Verbindung geschah zunächst willkürlich.
Es konnte jedoch anhand der *Röntgenstrukturanalyse* für ein Enantiomer eines Salzes der L-Weinsäure [deren Beziehung zum D-Glycerinaldehyd bekannt war] bewiesen werden, dass diese Konfigurationszuordnung richtig war.

Damit ist für D-Glycerinaldehyd die *absolute Konfiguration* bekannt. Man kann nun für alle anderen Enantiomeren, deren relative, auf D-Glycerinaldehyd bezogene Konfiguration ermittelt wurde, die absolute Konfiguration angeben.

3.3.4.4 Nomenklatur von cis/trans-Isomeren [E/Z-System]

Die Kennzeichnung von geometrischen Isomeren mit *cis* und *trans* bzw. mit *syn* und *anti* erweist sich bei Vorliegen stark unterschiedlicher Substituenten als nicht ausreichend, zumal die *cis/trans*-Isomerie nicht auf C=C-Doppelbindungen beschränkt ist.

Es wurde deshalb zur Festlegung der Konfiguration vorgeschlagen, die Substituenten (a) bis (d) an einer Doppelbindung gemäß dem *Cahn-Ingold-Prelog-System* nach ihrer Priorität, d. h. nach abnehmender Ordnungszahl zu bewerten.

Wie ○Abb. 3.63 veranschaulicht, können bei *cis/trans*-Isomeren die beiden Substituenten mit der jeweils höheren Priorität auf der gleichen Seite bzw. auf verschiedenen Seiten der X=Y-Doppelbindung liegen. Die Konfiguration, in der die *Substituenten mit den höheren Prioritäten* auf derselben Seite liegen, bezeichnet man als **Z-Form** *(Z = zusammen)*, und die Konfiguration, in der sie sich diametral gegenüberstehen, wird ***E*-Form** *(E = entgegen)* genannt.

Die Anwendung der *E/Z-Nomenklatur* zur Konfigurationsfestlegung von *Alkenen* sei am Beispiel des **1-Brom-1,2-dichlorethens** und des **1-Fluor-1,2-diiodethens** näher

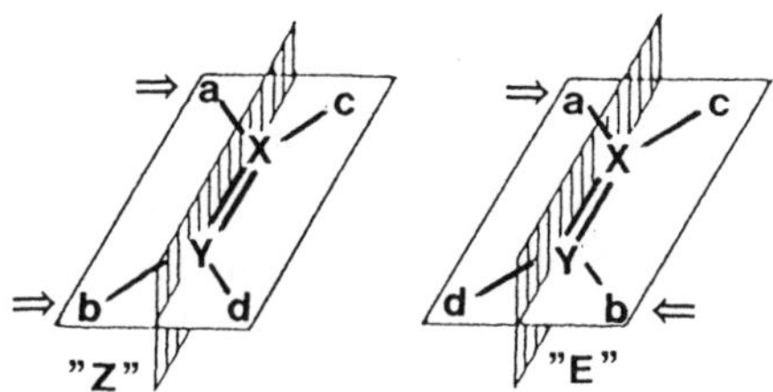

Abb. 3.63 Konfigurationszuordnung nach dem *E*/*Z*-System

erläutert. Die Substituenten weisen gemäß ihren Ordnungszahlen folgende Rangfolge abnehmender Priorität auf: I, Br, Cl, F, H. Die in [] gesetzten Zahlen geben die jeweiligen Prioritäten am betreffenden C-Atom an [vgl. **MC-Frage Nr. 466**].

```
[1]        [1]    [1]        [2]      [1]        [1]  [1]        [2]
Cl        Br      Cl         Cl       I          I    I          H
   \     /          \       /           \      /        \      /
    C=C              C=C                 C=C             C=C
   /     \          /       \           /      \        /      \
H        Cl       H          Br       F          H    F          I
[2]        [2]    [2]        [1]      [2]        [2]  [2]        [1]
   Z-Form            E-Form              Z-Form          E-Form
   1-Brom-1,2-dichlorethen               1-Fluor-1,2-diiodethen
```

Das *E*/*Z*-System für Alkene wird durch die nachfolgenden Beispiele nochmals verdeutlicht [vgl. **MC-Fragen Nr. 467–469**].

```
[2]C6H5-C-C≡N[1]          [2]H-C-CH3[1]        [1]C6H5-C-CH3[2]
        ||                     ||                      ||
[2]CH3-C-COOCH3[1]        [2]CH3-C-Cl[1]       [1]N≡C-C-C6H5[2]
     Z-Form                    Z-Form                 Z-Form
```

Auch Verbindungen mit C=N-Doppelbindungen können in *E*/*Z*-Formen existieren, wie dies z. B. die *Oxime* von Benzaldehyd und Acetophenon belegen. Oxime von symmetrischen Ketonen wie Aceton, Benzophenon oder Cyclohexanon können naturgemäß nicht als *E*/*Z*-Isomere auftreten [vgl. **MC-Fragen Nr. 465, 472, 473, 497**].

```
[1]        [2]     [1]        [2]        [1]        [2]      [1]        [2]
C6H5—C—H           C6H5—C—H              C6H5—C—CH3          C6H5—C—CH3
     ||                 ||                    ||                  ||
    :N—OH            HO—N:                   :N—OH              HO—N:
       [1]          [1]                         [1]            [1]
  E-Form             Z-Form                E-Form              Z-Form

        Benzaldehydoxim                          Acetophenonoxim
```

3.3.5 Konformationsisomerie von Alkanen und Dienen

3.3.5.1 Konformere von Alkanen

Die Energiebarrieren für Rotationen um C-C-Einfachbindungen sind gering, sodass Alkane bei Raumtemperatur normalerweise als Gemische konformationsisomerer Strukturen vorliegen.

Betrachtet man zum Beispiel das **Ethanmolekül**, so sollten im Prinzip die beiden Methylgruppen um die rotationssymmetrische σ-C-C-Bindung vollkommen frei beweglich sein. Bei einer solchen Drehung durchlaufen die Atome – wie ○Abb. 3.64 veranschaulicht – zwei ausgezeichnete Positionen, die als *ekliptische* [Diederwinkel: 0°] und *gestaffelte Konformation* [Diederwinkel: 60°] bezeichnet werden [vgl. **MC-Frage Nr. 412**].

Genauere Untersuchungen zeigten aber, dass die völlige freie Drehbarkeit um C-C-Einfachbindungen Einschränkungen unterliegt, und die einzelnen Konformationen des Ethans energetisch nicht gleichwertig sind. Wie ○Abb. 3.65 belegt, macht sich dies im Anstieg der potentiellen Energie bemerkbar, wenn man vom Diederwinkel der gestaffelten Konformation abweicht. *Die gestaffelte Konformation des Ethans ist um* ***12,6 kJ mol⁻¹*** *energieärmer als die ekliptische.* Partiell trägt auch die abstoßende räumliche Wechselwirkung der H-Atome zur Rotationsbarriere bei. [In der gestaffelten Konformation beträgt der H-H-Abstand 255 pm, in der ekliptischen nur 229 pm.] Die Energiebarriere zwischen der gestaffelten und ekliptischen Konformation des Ethans, die bei der Rotation überwunden werden muss, ist aber so gering, dass die Energie der thermischen Bewegung ausreicht, die beiden Konformationen wechselseitig ineinander zu überführen. Allerdings nimmt selbst im Gaszustand ein Großteil der Ethanmoleküle die gestaffelte Konformation ein. Im Kristallgitter des festen Ethans liegt ausschließlich die gestaffelte Konformation vor.

Im **Propan** bezieht sich die *Energiebarriere* auf die σ-C-C_2H_5-Bindung. Sie ist mit **14,6 kJ mol^{-1}** geringfügig größer als im Ethan. Wie ○Abb. 3.66 illustriert, ist die Kon-

gestaffelt ekliptisch

○ Abb. 3.64 Newman-Projektion der ekliptischen und gestaffelten Konformation des Ethans

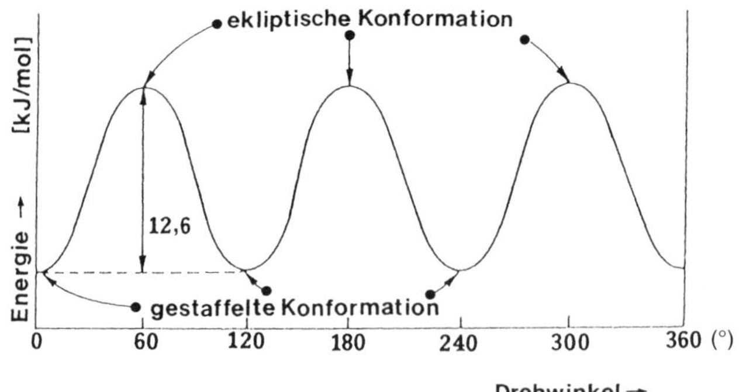

○ Abb. 3.65 Potentielle Energie des Ethans als Funktion des Drehwinkels um die σ-C-C-Bindung

o Abb. 3.66 Gestaffelte Konformation des Propans

formation des Propans am stabilsten, bei der die Bindungen völlig gestaffelt angeordnet sind.

Im ***n*-Butan** unterscheiden sich die verschiedenen Konformationen um die zentrale σ-C^2-C^3-Bindung aufgrund der sterischen Wechselwirkungen der größeren Methylgruppen energetisch stärker voneinander als im Ethan.

Bezüglich der beiden mittleren C-Atome des Butans sind *drei gestaffelte Konformationen* möglich. Man bezeichnet sie als *anti-periplanare* (anti)- bzw. als *gauche-* oder *skew-Konformation.* Wie in o Abb. 3.67 skizziert, ist die *anti-Konformation* (Diederwinkel: 180°), in der die beiden Methylgruppen am weitesten voneinander entfernt sind, um **3,8 kJ mol^{-1}** stabiler als die *zwei gauche-Konformationen* (Diederwinkel: 60°), in denen die Methylgruppen benachbart sind. [Statt der Bezeichnungen gauche/skew wird auch der Ausdruck syn-klinal verwendet (siehe ▸ Kap. 3.3.3.2, o Abb. 3.59).] Die genannten Konformationen besitzen keine Torsionsspannung. Bei Raumtemperatur besteht *n*-Butan aus einem Gemisch von **72%** an *anti-* und **28%** an *gauche-Konformeren.* Die Rotationsbarriere zwischen der anti- und den gauche-Konformationen beträgt **15,9 kJ mol^{-1}** [vgl. **MC-Fragen Nr. 326, 413, 415, 1694, 1695, 1775, 1776**].
Zu beachten ist, dass für *n*-Butan *zwei ekliptische (syn-periplanare) Konformationen* existieren. Eine – mit einer CH_3-H-Wechselwirkung – wird beim Übergang von der anti- in die gauche-Konformation durchlaufen; sie ist um 15,9 kJ mol^{-1} weniger stabil als die anti-Konformation. Die zweite – mit einer CH_3-CH_3-Wechselwirkung – zeigt

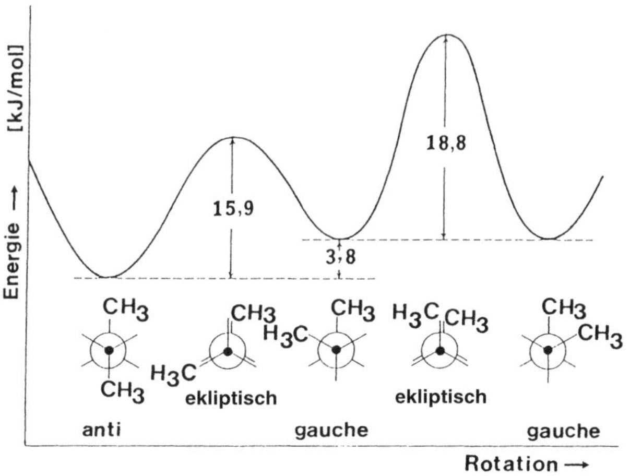

o Abb. 3.67 Änderung der potentiellen Energie des *n*-Butans als Funktion des Drehwinkels um die C^2-C^3-Bindung

sich als Rotationsbarriere bei der gegenseitigen Umwandlung der beiden gauche-Konformationen. Die höchste Energieschwelle von 18,8 kJ mol^{-1} ist dann zu überwinden, wenn die beiden Methylgruppen quasi aneinander „vorbeischwingen".

An Faktoren, die die *Stabilität einer Konformation* beeinflussen, sind zu nennen:

- Jede Abweichung vom „normalen" *Bindungswinkel* erzeugt eine *Winkelspannung*.
- Jede Abweichung aus der *gestaffelten Anordnung* führt zum Auftreten einer *Torsionsspannung*.
- Eine *Gruppenhäufung* ist von einer *van-der Waals-Spannung* (Spannung durch sterische Abstoßung) begleitet.

Moleküle, die in Konformationen vorliegen, welche Energieminima entsprechen, bezeichnet man als **Konformere.** Vom *n*-Butan existieren somit drei Konformere, die anti- und die zwei gauche-Konformationen. Die beiden gauche-Konformationen sind enantiomer zueinander, d. h., sie verhalten sich wie Bild zu Spiegelbild. Zusammen bilden sie ein Racemat, dessen Komponenten sich rasch ineinander umwandeln. Die anti-Konformation ist ein achirales Diastereomer der beiden gauche-Formen.

Bei *höheren Alkanen* sind noch mehr ausgezeichnete Konformationen möglich als beim *n*-Butan. Wie Röntgenstrukturanalysen beweisen, treten im festen Zustand nur gestreckte, *zickzackförmige Ketten* auf, wobei die H-Atome durchwegs in *anti-Stellung* zueinander stehen.

3.3.5.2 Konformationen des Buta-1,3-diens

Bezüglich der Rotation um die zentrale C-C-Einfachbindung sind beim **Buta-1,3-dien** *zwei ebene Konformationen* bevorzugt, die als *transoide* (s-trans) und *cisoide*-Form (s-cis) bezeichnet werden (s steht für Einfachbindung). Die Rotationsbarriere beträgt etwa **20,5 kJ mol^{-1}** und ist um rund 8 kJ mol^{-1} höher als im *n*-Butan. Bei Raumtemperatur liegt der überwiegende Teil von Buta-1,3-dien in der um **9,6 kJ mol^{-1}** energieärmeren transoiden Konformation vor. Die cisoide-Form ist energiereicher, weil sich in ihr zwei endständige Wasserstoffe räumlich sehr nahe kommen.

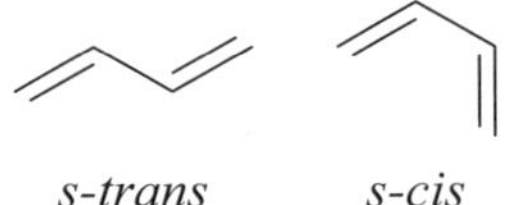

s-trans *s-cis*

3.3.6 Stereochemie von Cycloalkanen

3.3.6.1 Ringstabilität und Baeyersche Spannungstheorie

Aufgrund ihrer unterschiedlichen Bildungstendenz sowie struktureller und chemischer Besonderheiten ist es zweckmäßig, *Cycloalkane* in *„kleine"* Ringe mit 3 und 4 Gliedern, in *„normale"* mit 5–7, in *„mittlere"* mit 8–12 und in *„große"* Ringe mit 13 und mehr Gliedern (C-Atomen) zu unterteilen.

Baeyer hat als Erster versucht, eine Erklärung für die unterschiedliche Bildungstendenz und Stabilität von Cycloalkanen in Abhängigkeit von ihrer Ringgröße zu finden. Er nahm *irrtümlicherweise* an, alle Ringe seien eben gebaut und machte dann die auftretende *Ringspannung* – infolge beträchtlich vom Tetraederwinkel (109,5°) abweichender Bindungswinkel *(Deformation der Bindungswinkel) – allein* für die mangelhafte Stabilität eines Ringsystems verantwortlich.

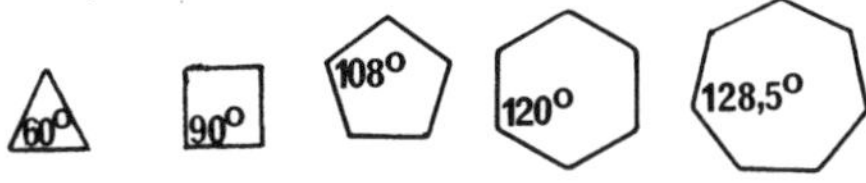

Besonders klein sind die Bindungswinkel beim **Cyclopropan** und **Cyclobutan**. Deshalb sind diese Ringsysteme gespannt und weniger stabil als **Cyclopentan**, für das Baeyer eine maximale Stabilität postulierte. Für größere Ringe – wie **Cyclohexan** oder **Cycloheptan** - müsste man wiederum eine Abnahme der Stabilität aufgrund gespreizter Bindungswinkel erwarten. Dies ist *nicht* korrekt, da Cyclohexan und Cycloheptan in etwa die gleiche Stabilität besitzen wie Cyclopentan. Die *Theorie der Ringspannung* hat daher *nur bei kleinen Ringen* eine gewisse Berechtigung [vgl. **MC-Frage Nr. 439**].

Brauchbare Hinweise über die *Stabilität von Cycloalkanen* erhält man aus ihren in ▫Tab. 3.33 aufgelisteten *Verbrennungswärmen* (siehe auch ▸Kap. 3.1.7.4). Diese sind umso höher, je energiereicher die betreffenden Bindungen sind [vgl. **MC-Frage Nr. 507**].

Bei offenkettigen, unverzweigten *Alkanen* findet man eine Verbrennungswärme von 658,6 kJ mol^{-1} pro CH_2-Gruppe. Für **Cyclohexan** und Ringsysteme mit mehr als zwölf C-Atomen ergibt sich annähernd der gleiche Wert. Sie sind im Hinblick auf ihre Stabilität mit geradkettigen Alkanen vergleichbar. Der Cyclohexanring in der Sesselkonformation ist frei von jeglicher Ringspannung, und Cycloalkane mit mehr als zwölf Ringgliedern stellen im Grunde genommen Paraffinketten dar, deren Enden spannungsfrei zu einem Ring geschlossen sind.

3.3.6.2 Pitzer-Spannung in Cycloalkanen

Neben der Ringspannung tragen auch *abstoßende Wechselwirkungen zwischen ekliptischen H-Atomen* (bzw. anderen Substituenten) zur *Destabilisierung kleiner Ringe* bei. Diese *konformative Spannung* wird als **Pitzer-Spannung** bezeichnet [vgl. **MC-Fragen Nr. 437–439**].

▫ **Tab. 3.33 Verbrennungswärmen von Cycloalkanen pro CH_2-Gruppe [in kJ mol^{-1}]**

Cyclopropan	697,1	Cyclohexan	658,6
Cyclobutan	686,2	Cycloheptan	662,3
Cyclopentan	664,0	Cyclooctan	663,6

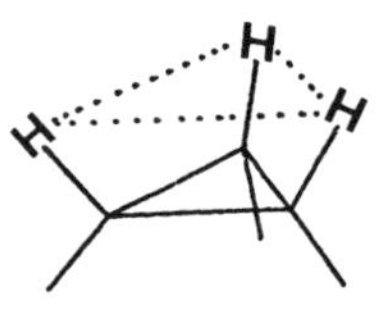

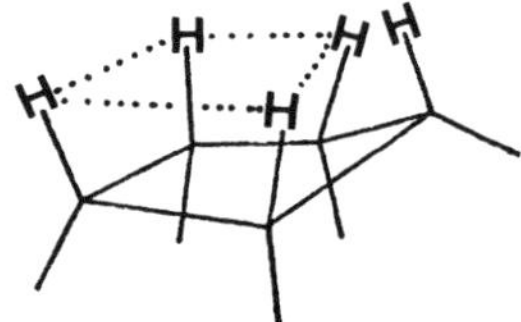

Cyclopropan Cyclobutan Cyclopentan

Das Ringgerüst des **Cyclopentans** ist *nicht eben* gebaut. Zwar wäre die Ringspannung in einer ebenen pentagonalen Ringstruktur [Bindungswinkel: 108°] gering, jedoch wären dann alle Wasserstoffatome ekliptisch angeordnet, was eine erhöhte Pitzer-Spannung zur Folge hätte. Der Cyclopentanring ist leicht gebogen, d. h. vier C-Atome liegen nahezu in einer Ebene und ein C-Atom ragt etwas aus dieser Ringebene heraus (Gestalt eines „Briefumschlags"). In diesem dynamisch veränderlichen *Envelop-Konformer* ist die Pitzer-Spannung erheblich reduziert und die Ringspannung nur geringfügig vergrößert. Das Envelop-Konformer steht mit einer Halbsessel-Form im Gleichgewicht [vgl. **MC-Fragen Nr. 436, 439**].

Aus dem gleichen Grund liegt auch **Cyclobutan** unter Normalbedingungen in einer *nicht-ebenen Konformation* vor. Eine CH_2-Gruppe ist mit einem Winkel von etwa 25° aus der Ebene der drei restlichen CH_2-Gruppen herausgehoben. Die aufgrund des gewellten Baus von Cyclobutan erhöhte Winkelspannung wird durch die verminderte Pitzer-Spannung mehr als kompensiert. Der C-C-Abstand im Cyclobutan beträgt 157 pm und ist geringfügig größer als in einem Alkan (154 pm) [vgl. **MC-Frage Nr. 439**].

Die Pitzer-Spannung tritt besonders stark beim **Cyclopropan** in Erscheinung, weil die Abstoßung zwischen den ekliptischen Wasserstoffen durch Deformation von Bindungswinkeln nur in geringem Maße gemindert werden kann. Aus rein geometrischen Gründen wäre für Cyclopropan ein CCC-Bindungswinkel von 60° zu erwarten. Bei linear überlappenden sp^3-Hybrid-AO müsste sich ein Winkel von 109,5° ergeben. Elektronenbeugungsaufnahmen von Cyclopropan zeigen aber, dass die drei C-Atome einen Winkel von etwa 101° einschließen und die H-C-H-Bindungen einen Winkel von etwa 120° bilden [vgl. **MC-Frage Nr. 432**].

Aufgrund dieser Befunde besitzen die C-Atome des Cyclopropans keinen reinen sp^3-Hybridcharakter. Man nimmt an, wie ○Abb. 3.68a illustriert, dass die Überlappung der sp^3-AO nicht linear, sondern in gebogener Weise erfolgt. Man spricht von *bananenartig gebogenen τ-Bindungen* oder von **Coulson-Moffit-Orbitalen**. Die daraus resultierende verminderte Bindungsstärke und erhöhte Ringspannung im Cyclopropan zeigt sich auch an dessen relativ hoher Reaktivität (siehe ▸Kap. 3.4.5.2). Der C-C-Abstand im Cyclopropan ist mit 152 pm etwas kürzer als der von σ-C-C-Bindungen (154 pm) und weist auf einen erhöhten p-Charakter der C-Hybridatomorbitale hin.

Demgegenüber wurde von Walsh für Cyclopropan ein Modell (○Abb. 3.68b) mit sp^2-Hybridorbitalen entwickelt. Die Überlappung von je zwei sp^2-Hybrid-AO mit den s-Orbitalen der Wasserstoffe führt zur Bildung der σ-C-H-Bindungen. Danach verbleibt jedem C-Atom noch je ein sp^2-Hybrid-AO, das in das Ringzentrum hineinragt, und deren Überlappung zu einer antibindenden Wechselwirkung führen. Zusätzlich steht jedem C-Atom noch ein p-Orbital zur Verfügung, die in der Ringebene liegen und deren Überlappung die C-C-Bindungen aufbauen. Mit dem **Walsh-**

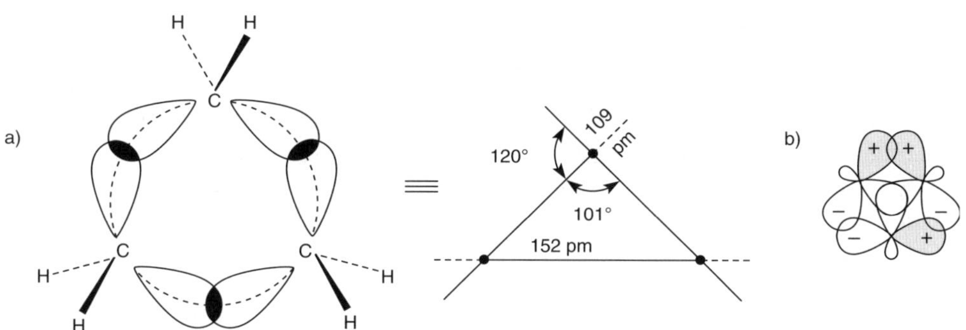

o Abb. 3.68 Orbitalmodelle des Cyclopropans
a) Coulson-Moffit-Orbitalmodell mit gebogenen Bindungen
b) Walsh-Orbitale

Modell konnten die chemischen Reaktivitäten des Cyclopropans sowie die Ergebnisse einiger physikalisch-chemischer Messungen besser interpretiert werden [vgl. **MC-Frage Nr. 509**].

3.3.6.3 Konformationen des Cyclohexans

Konformationsisomerie wird auch beim **Cyclohexan**, der wichtigsten carbocyclischen Verbindung, beobachtet. Die *stabilste Konformation* des nicht eben gebauten Cyclo-

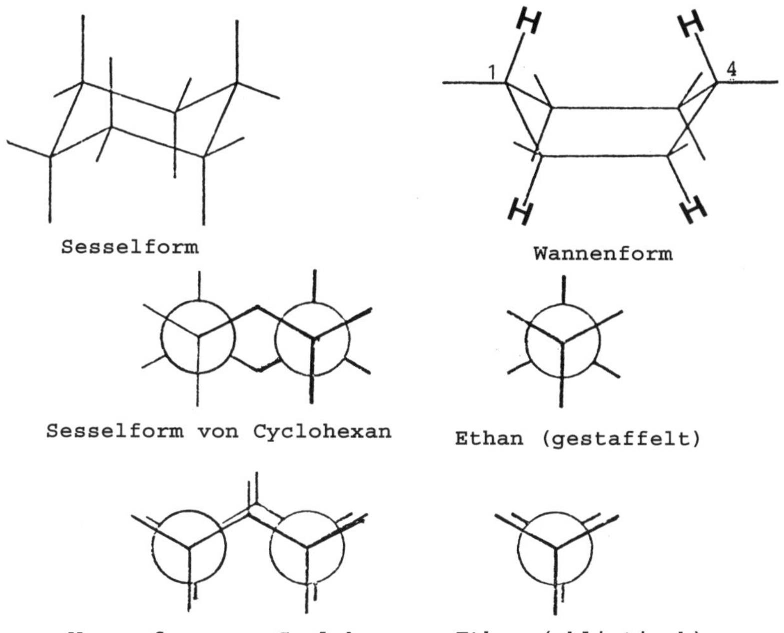

o Abb. 3.69 Perspektivische Darstellung und Newman-Projektion von Konformationen des Cyclohexans und Ethans

Organische Chemie

hexanringes ist die **Sesselform**, in der weder Baeyer- noch Pitzer-Spannung auftreten. Dieses *Konformer* besitzt eine dreizählige Symmetrieachse und die sechs, sp^3-hybridisierten C-Atome des Ringes sind alternierend in zwei parallelen Ebenen mit jeweils drei C-Atomen angeordnet. Wie o Abb. 3.69 zeigt, nehmen alle Wasserstoffatome eine gestaffelte Konformation ein und die Bindungswinkel entsprechen in etwa dem Tetraederwinkel [vgl. **MC-Fragen Nr. 439, 507**].

Die Sesselform des Cyclohexans kann in die **Wannenform** umgewandelt werden, wobei eine **Halbsesselform** durchlaufen wird und, wie in o Abb. 3.70 dargestellt, eine Energiebarriere von **46 kJ mol^{-1}** zu überwinden ist.

Die *Wannenform* ist frei von klassischer Ringspannung durch Winkeldeformation. Allerdings tritt *Pitzer-Spannung* als Folge der ekliptisch angeordneten, seitlichen H-Atome auf [vgl. **MC-Fragen Nr. 437, 443**].

Darüber hinaus kommen sich in der Wannenform die beiden nach innen gerichteten Wasserstoffe an C-1 und C-4 relativ nahe, sodass sich ihre van der Waals-Radien überschneiden und eine gewisse Abstoßung eintritt. [Der Abstand der beiden H-Atome beträgt etwa 180 pm, die Summe der van der Waals-Radien zweier H-Atome ca. 240 pm.]

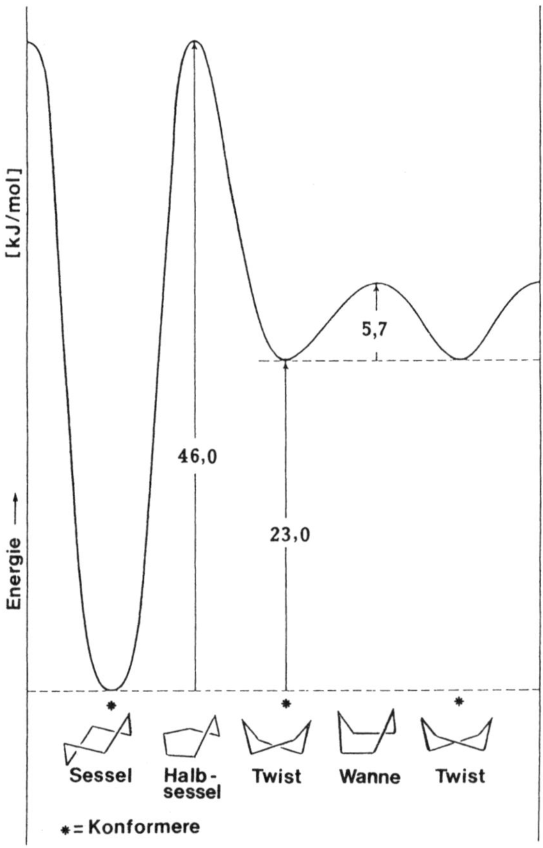

o **Abb.3.70 Potentielle Energie des Cyclohexans in Abhängigkeit von seinen Konformationen**

Pitzer-Spannung und *van der Waals-Abstoßung* führen dazu, dass die Wannenform um rund **29 kJ mol^{-1}** energiereicher ist als die Sesselkonformation.

In der Wannenform können sowohl Pitzer-Spannung als auch van der Waals-Abstoßung durch eine leichte Verzerrung gemindert werden, wobei die Wannenform in die **Twist-Form** übergeht. Diese ist um etwa **6 kJ mol^{-1}** energieärmer als die Wannenform, stellt also ein *Konformer* dar. Die Twist-Form ist aber um ca. **23 kJ mol^{-1}** weniger stabil als die Sesselform, sodass normalerweise der *Cyclohexanring ausschließlich in der Sesselkonformation vorliegt.*

In der Sesselform hat man nach ihrer Orientierung zwei verschiedene Arten von C-H-Bindungen zu unterscheiden. Zum einen können die *Bindungen* weitgehend parallel zur dreizähligen Symmetrieachse angeordnet sein und zwar drei C-H-Bindungen oberhalb und drei unterhalb der Ringebene. Diese Bindungen nennt man *axial* (abgekürzt „**a**"). Die restlichen sechs C-H-Bindungen liegen unter einem Winkel von rund 70° mehr oder weniger in der Ringebene. Sie werden als *äquatorial* (abgekürzt „**e**") bezeichnet.

Wird nun eines der H-Atome im Cyclohexan durch ein anderes Atom oder eine andere Atomgruppe ersetzt, so kann der Substituent (R) axial oder äquatorial angeordnet sein.

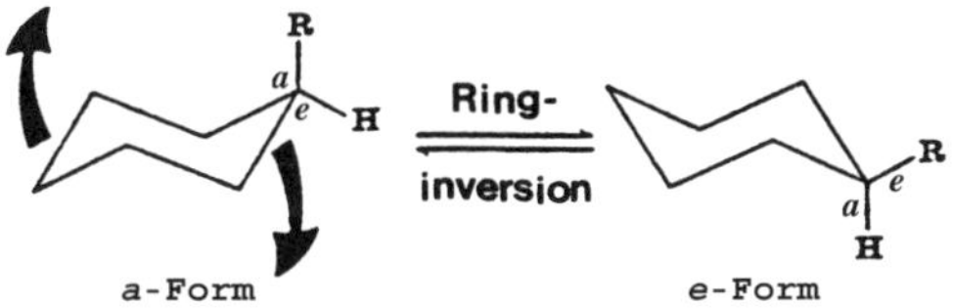

R
a
e
H
Ring-
inversion
R
e
a
H
a-Form
e-Form

Cyclohexan besitzt aber eine dynamisch veränderbare Struktur. Die gemeinsame Rotation um die C-C-Bindungen überführt die eine Sesselkonformation in eine zweite. Beim „Umklappen des Ringes" (*Ringinversion*) in die andere Sesselform, bei der eine flexible Wannenform durchlaufen wird, findet gleichzeitig auch ein Wechsel in der Stellung der Substituenten statt. *Aus allen axialen Substituenten werden äquatoriale, und alle äquatoriale Gruppen nehmen danach eine axiale Position ein.* Die Energiebarriere von ca. 46 kJ mol^{-1} für die Inversion beider Sesselformen kann durch die Energie der thermischen Bewegung überwunden werden, sodass beide Konformere miteinander im *Gleichgewicht* stehen und bei Raumtemperatur *nicht* als Reinsubstanzen isolierbar sind [vgl. **MC-Fragen Nr. 442, 444, 445, 447, 451, 507, 1696, 1697, 1783**].

Monosubstituierte Cyclohexan-Derivate treten in zwei diastereomeren Sesselformen auf, in denen der Substituent axial bzw. äquatorial angeordnet ist. Man bezeichnet sie als a-Form bzw. e-Form. Über eine gemeinsame flexible Wannenform können beide Isomere ineinander umgewandelt werden.

Die relative *Stabilität* beider Isomeren hängt u. a. von der Art des Substituenten ab. Bei Alkyl-substituierten Cyclohexan-Derivaten ist das *e-Isomer* um etwa 7–19 kJ mol^{-1} *stabiler* als das a-Isomer, wobei die Energiedifferenz mit der Größe der Alkylgruppe zunimmt. Zum Beispiel existiert **Methylcyclohexan** bei Raumtemperatur als ein Gleichgewichtsgemisch zweier Konformerer mit 95% in der e-Form und nur 5% in der a-Form.

Ursache für diese Stabilitätsunterschiede ist die abstoßende Wechselwirkung zwischen einer axialen Alkylgruppe an C-1 und den H-Atomen an C-3 und C-5 *(1,3-diaxiale Wechselwirkung),* die sich vor allem bei voluminösen Substituenten bemerkbar macht.

Bei *mehrfach-substituierten Cyclohexan-Derivaten* ist die Sesselkonformation am stabilsten, bei der möglichst viele, und zwar vor allem große Substituenten eine äquatoriale Lage einnehmen [vgl. **MC-Frage Nr. 447**].

Die geringere sterische Behinderung der äquatorialen Position zeigt sich auch in der Reaktivität dieser Verbindungen. So lassen sich z. B. äquatoriale Hydroxylgruppen leichter verestern als axiale und umgekehrt sind Ester des Typs II wesentlich rascher zu verseifen als solche des Typs I.

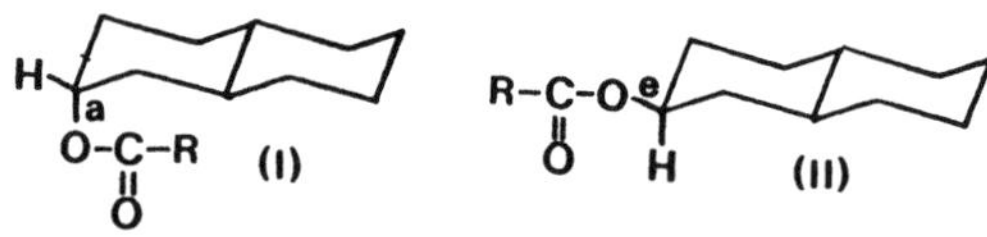

Zusammenfassend lässt sich über die Stereochemie des Cyclohexans und seiner Derivate ausführen, dass

- die Sesselkonformationen stabiler sind als die Twist-Formen,
- die stabilsten Konformationen jene sind, in denen die größten Substituenten äquatorial stehen. Die äquatoriale Lage ist umso mehr bevorzugt, je voluminöser ein Substituent ist.

3.3.7 Spiegelbildisomerie mit zentraler Chiralität

3.3.7.1 Moleküle mit asymmetrischem Kohlenstoff

Die organische Chemie kennt eine Reihe von Verbindungen, wie z. B. **Benzil** [C_6H_5-CO-CO-C_6H_5], deren optische Aktivität an die Kristallstruktur gebunden ist. In der Regel ist jedoch das optische Drehvermögen eine Eigenschaft, die von der Struktur und nicht vom Aggregatzustand der betreffenden Substanz abhängt.

Die Voraussetzungen für das Auftreten enantiomerer Molekülstrukturen wurden bereits in ▸Kap. 3.3.1.3 vorgestellt. Bei den weitaus meisten Enantiomeren ist die Ursache der Chiralität ein Kohlenstoffatom, das mit *vier unterschiedlichen Liganden* substituiert ist *(asymmetrisches C-Atom, Asymmetriezentrum, Chiralitätszentrum)* [vgl. **MC-Fragen Nr. 375, 387, 392–398, 402, 403, 1708, 1735, 1738**].

Im Prinzip reichen bereits isotope Substitutionsunterschiede aus, um Chiralität zu erzeugen. So ist beispielsweise **(1D)-Ethanol** [H_3C-*CHD-OH] eine optisch aktive Substanz. [Es ist üblich, ein asymmetrisch substituiertes C-Atom in Strukturformeln durch einen * zu kennzeichnen.]

Darüber hinaus existieren jedoch eine ganze Reihe optisch aktiver Verbindungen *ohne* asymmetrisches C-Atom und es gibt viele Substanzen, die zwar chirale C-Atome enthalten, aber trotzdem nicht optisch aktiv sind (siehe ▸Kap. 3.3.1.4 und ▸Kap. 3.3.7.4).

> Das Vorhandensein von asymmetrisch substituierten C-Atomen ist weder eine notwendige noch ausreichende Bedingung für das Auftreten von Chiralität [vgl. **MC-Frage Nr. 353**]

Die in ○Abb. 3.71 dargestellten Raumstrukturen des **Butan-2-ols** zeigen deutlich, wie das Vorhandensein eines Chiralitätszentrums zwei spiegelbildliche Isomere zur Folge hat, die eine nicht miteinander zur Deckung zu bringende Konfiguration besitzen. [Zur *Nomenklatur* chiraler Substanzen siehe ▸Kap. 3.3.4; zur *graphischen Darstellung* von Spiegelbildisomeren siehe ▸Kap. 3.3.3].

3.3.7.2 Prochiralität (Enantiotopie, Diastereotopie)

Viele Substanzen enthalten identische Atome, die zwar an dasselbe C-Atom gebunden sind, sich aber in ihrer *Topologie* unterscheiden. Führt man z. B. die Substitution eines H-Atoms am C-1 (bzw. am C-3) des **1,3-Dichlorpropans** durch, so entsteht ein chirales Molekül und man erhält ein Racemat.

```
     R                     H                     H
     |*                    |                     |*
  Cl-C-CH2CH2Cl   ←    Cl-C-CH2CH2Cl   →     Cl-C-CH2CH2Cl
     |                     |                     |
     H                     H                     R
```

Die Wasserstoffe an C-1 oder C-3 sind zwar chemisch, nicht aber topologisch äquivalent. Man bezeichnet sie als *heterotop* oder *enantiotop*, weil Enantiomere als Substitutionsprodukte gebildet werden [vgl. **MC-Frage Nr. 391**].

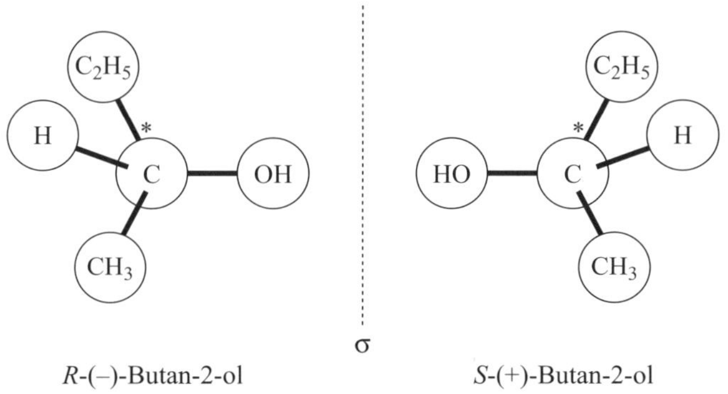

○ **Abb. 3.71 Konfigurationen des Butan-2-ols**

Würde man die gleiche Reaktion am C-2 des 1,3-Dichlorpropans durchführen, resultierten daraus identische Moleküle. Die Wasserstoffatome an C-2 sind also chemisch und topologisch äquivalent *(homotop)*.

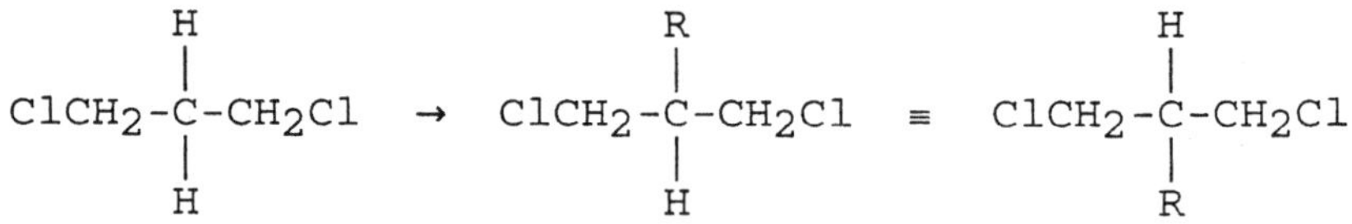

$$ClCH_2\text{-}C(H)(H)\text{-}CH_2Cl \rightarrow ClCH_2\text{-}C(R)(H)\text{-}CH_2Cl \equiv ClCH_2\text{-}C(H)(R)\text{-}CH_2Cl$$

1,3-Dichlorpropan ist bezüglich C-1 und C-3 *prochiral* und beide Kohlenstoffatome werden als ein *Prochiralitätszentrum* bezeichnet. Ganz allgemein ist jedes Molekül oder jede Struktur prochiral, die eine, und zwar nur *eine Symmetrieebene* besitzt. Die Symmetrieebene teilt dabei das Molekül in zwei Hälften, die nicht miteinander zur Deckung gebracht werden können [vgl. **MC-Fragen Nr. 381–384, 391, 1738**].

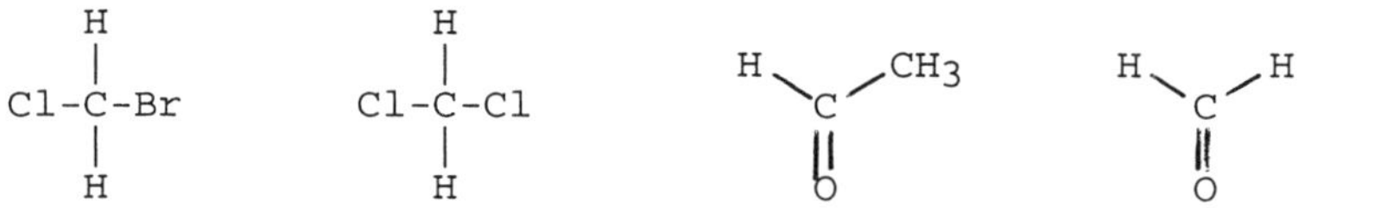

$Cl\text{-}CH_2\text{-}Br$	$Cl\text{-}CH_2\text{-}Cl$	$H(CH_3)C{=}O$	$H_2C{=}O$
prochiral	**nicht prochiral**	**prochiral**	**nicht prochiral**

Beispielsweise ist die *Carbonylgruppe* von *Ketonen mit zwei unterschiedlichen Alkyl- oder Arylresten* wie im **Butan-2-on** oder ein *unsymmetrisch substituiertes Alken* wie **Styren** prochiral, da Reaktionen an diesen Verbindungen zu einem neuen Chiralitätszentrum führen können. So entsteht bei der Reduktion von Butan-2-on mit einem achiralen Reduktionsmittel wie Wasserstoff ein Enantiomerenpaar; auch die HBr-Anlagerung an Styren führt zu einem Racemat.

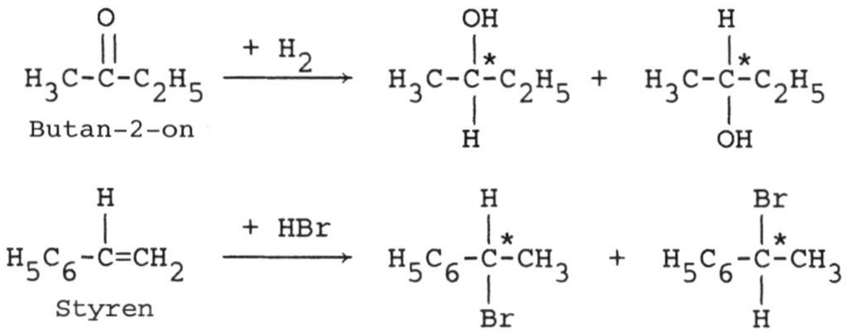

$$\underset{\text{Butan-2-on}}{H_3C\text{-}C(=O)\text{-}C_2H_5} \xrightarrow{+\,H_2} H_3C\text{-}C^{*}(OH)(H)\text{-}C_2H_5 + H_3C\text{-}C^{*}(H)(OH)\text{-}C_2H_5$$

$$\underset{\text{Styren}}{H_5C_6\text{-}C(H){=}CH_2} \xrightarrow{+\,HBr} H_5C_6\text{-}C^{*}(H)(Br)\text{-}CH_3 + H_5C_6\text{-}C^{*}(Br)(H)\text{-}CH_3$$

Diastereotope Gruppen liegen vor, wenn sich bei Reaktionen an chemisch äquivalenten Atomen oder Atomgruppen Diastereomere ergeben. Zum Beispiel sind die beiden H-Atome am C-3 der ***S*-2-Aminobuttersäure** diastereotop, weil bei ihrer Substitution diastereomere Produkte entstehen können.

```
 1COOH                  COOH           COOH
  2|*                    |*             |*
H2N-C-H     ——→     H2N-C-H        H2N-C-H
  3|                     |*     +       |*
 H-C-H                R-C-H          H-C-R
  4|                     |              |
   CH3                  CH3            CH3
[2S]                [2S, 3R]       [2S, 3S]
```


3.3.7.3 Moleküle mit mehreren Chiralitätszentren, Diastereomerie

Bei Substanzen mit *einem* asymmetrischen C-Atom existiert *nur ein Enantiomerenpaar.* Enthält ein Molekül mehrere Chiralitätszentren, so wächst die Zahl der möglichen Stereoisomeren. *Bei n Asymmetriezentren sind* 2^n *optische Isomere zu erwarten,* sofern darunter keine Verbindungen sind, die eine Symmetrieebene enthalten und *meso-Formen* darstellen. Die **2^n-Regel** setzt voraus, dass die n Chiralitätszentren *nicht gleichartig* substituiert sind.

> Für eine Verbindung mit n Chiralitätszentren wird die Anzahl der maximal möglichen Stereoisomeren durch den Ausdruck 2^n wiedergegeben. Die Zahl der Stereoisomeren reduziert sich, wenn *meso*-Formen auftreten.

Besitzt z. B. eine Substanz 4 Chiralitätszentren, so sind nach der 2^n-Regel insgesamt 16 Stereoisomere (= 8 Enantiomerenpaare = 8 Racemate) möglich. Zu beachten ist, dass in Molekülen mit mehreren Chiralitätszentren zwei zueinander enantiomere Moleküle an *allen* Asymmetriezentren eine entgegengesetzte Konfiguration besitzen [vgl. **MC-Fragen Nr. 353, 363, 364, 379**].

Als einfaches Beispiel für Stereoisomere mit *zwei gleichen Chiralitätszentren* seien die in ○Abb. 3.72 gezeigten Tetrosen **Erythrose** und **Threose** genannt [siehe hierzu auch ▸Kap. 3.16.1 und **MC-Fragen Nr. 409, 411, 421, 422, 1418–1420**].

Von den vier stereoisomeren Tetrosen bilden D-Erythrose (1) und L-Erythrose (2) sowie L-Threose (3) und D-Threose (4) jeweils ein Enantiomerenpaar. Die Enantiomeren unterscheiden sich in der Konfiguration *beider* chiraler C-Atome [C-2 und C-3]. Alle anderen Beziehungen sind *diastereomer* zueinander [(1) und (3), (1) und (4), (2) und (3) sowie (2) und (4)].

Die möglichen stereoisomeren Beziehungen für Substanzen mit *zwei ungleichen Chiralitätszentren* sind in ○Abb. 3.73 graphisch dargestellt [vgl. **MC-Fragen Nr. 423, 489–491, 497, 499, 500, 1418–1420**].

3.3.7.4 Erythro-, threo- und meso-Formen, Epimere

Die Vorsilben „*erythro*" und „*threo*" werden häufig zur Kennzeichnung von *Diastereomeren* mit *zwei benachbarten asymmetrischen C-Atomen* benutzt, an denen zwei gleiche oder zumindest ähnliche Substituenten vorhanden sind. Liegen diese in der Fischer-Projektion auf der gleichen Seite, handelt es sich um die ***erythro*-Form**, befinden sie sich auf verschiedenen Seiten der Hauptkette, spricht man von der ***threo*-Form** [vgl. **MC-Fragen Nr. 423, 1420**].

(1) D-Erythrose

(2) L-Erythrose

(3) L-Threose

(4) D-Threose

o Abb. 3.72 Sägebock, Newman- und Fischer-Projektion von Tetrosen
[In der Newman-Projektion sind die Substituenten mit G (groß), M (mittel) und K (klein) gekennzeichnet. Nach dem CIP-System entspricht (1) dem 2*R*,3*R*-, (2) dem 2*S*,3*S*-, (3) dem 2*R*,3*S*- und (4) dem 2*S*,3*R*-Isomer.]

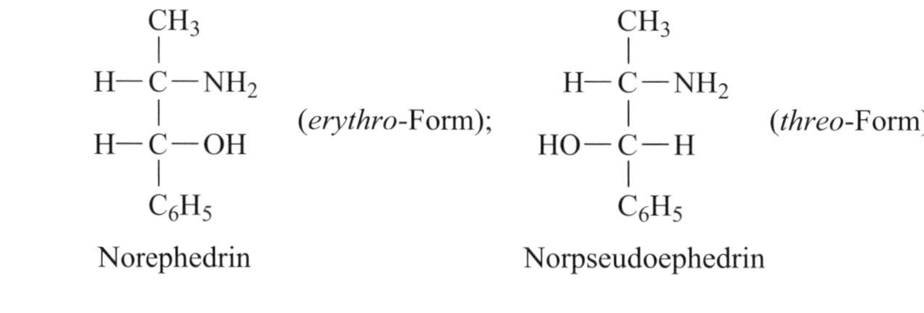

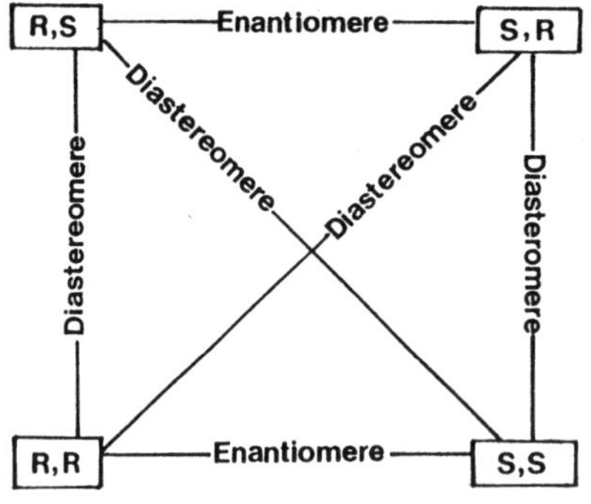

o Abb. 3.73 Stereoisomere Beziehungen für eine Substanz mit zwei ungleichen Chiralitätszentren

Die Zahl der möglichen Stereoisomeren reduziert sich, wenn die Substanz *gleichartig substituierte Chiralitätszentren* enthält. Das bekannteste Beispiel hierfür ist die **Weinsäure (2,3-Dihydroxybutandisäure, 2,3-Dihydroxybernsteinsäure)**, die in der rechtsdrehenden und linksdrehenden Form, als inaktives Racemat (**Traubensäure**) sowie in der gleichfalls inaktiven *meso-Form* auftreten kann. Einige Eigenschaften dieser Substanzen sind in ◘Tab. 3.34 zusammengestellt [vgl. **MC-Fragen Nr. 353, 356, 376, 377, 408, 410, 489–491, 1115, 1197, 1212**].

Die *drei* stereoisomeren Weinsäuren lassen sich durch folgende Fischer-Projektionsformeln beschreiben:

```
                    σ
       COOH         |        COOH                 COOH           COOH
        |*          |         |*                   |*              |*
  HO—C—H          |    H—C—OH              H—C—OH      HO—C—H
        |           |         |            ----------|---------------|---------- σ
        |*          |         |*                   |*              |*
    H—C—OH        |   HO—C—H               H—C—OH      HO—C—H
        |           |         |                    |               |
       COOH         |        COOH                 COOH           COOH

  D(–)-Weinsäure     L(+)-Weinsäure             meso-Weinsäure
     [2S, 3S]           [2R, 3R]              (optisch inaktiv)
```

D(–)- und **L(+)-Weinsäure** sind chiral (enantiomer). Die zu beiden Isomeren diastereomeren Strukturen sind *identisch*, da die Konfiguration des Moleküls durch eine Drehung der Formel um 180° in der Projektionsebene *nicht* verändert wird. Das Molekül besitzt eine *Symmetrieebene* und wird ***meso*-Weinsäure** (*erythro*-2,3-Dihydroxybutandisäure) genannt.

Allgemein benutzt man das Präfix „*meso*" zur Kennzeichnung des optisch inaktiven Isomers einer Verbindung, die noch in optisch aktiven Strukturen auftreten kann. Die folgenden Beispiele sollen den Begriff der *meso*-Form nochmals verdeutlichen und die Umwandlung einer Sägebock-Projektion in die Fischer-Projektion aufzeigen.

◘ Tab. 3.34 Eigenschaften der 2,3-Dihydroxybernsteinsäuren

Isomer	Spez. Drehung (in Wasser)	Schmp. (°C)	Löslichkeit in Wasser (g/100g)
(+)-Form	+ 11,98°	170	147 (bei 25 °C)
(–)-Form	– 11,98°	170	147 (bei 25 °C)
(±)-Racemat	inaktiv	206	25 (bei 25 °C)
meso-Form	inaktiv	140	120 (bei 15 °C)

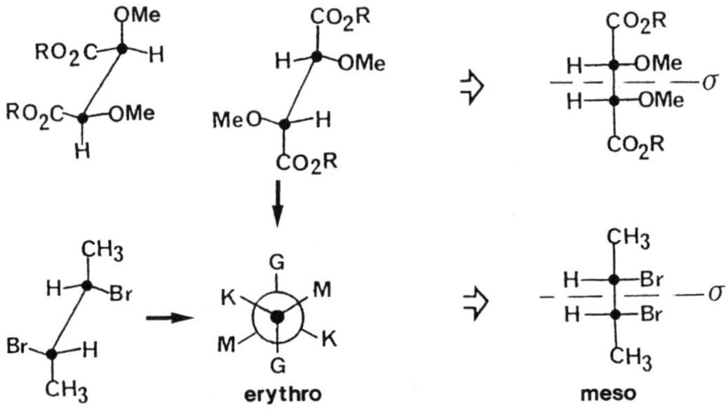

Als weiteres Beispiel für das Auftreten einer optisch inaktiven *meso*-Form neben optisch aktiven Formen sei **2,6-Dihydroxyheptan-4-on** genannt; nachfolgend sind die verschiedenen Isomeren dieser Verbindung in sog. *Skelettformeln* wiedergegeben [vgl. **MC-Frage Nr. 405**].

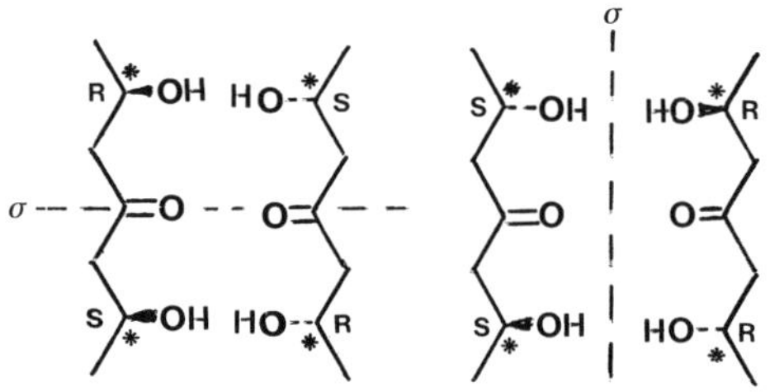

meso-Form optisch aktiv

Moleküle mit mehreren chiralen C-Atomen, die sich nur in der Konfiguration an *einem* C-Atom unterscheiden werden *Epimere* genannt. Epimere sind *Diastereomere*. Unter *Epimerisierung* versteht man dann die Konfigurationsumkehr an nur *einem* asymmetrisch substituierten C-Atom in einem Molekül mit mehreren Chiralitätszentren. Ein Beispiel hierfür ist die Umwandlung von **D-Glucose** in **D-Mannose** [siehe auch ▸Kap. 3.16.3.2 und **MC-Frage Nr. 354**].

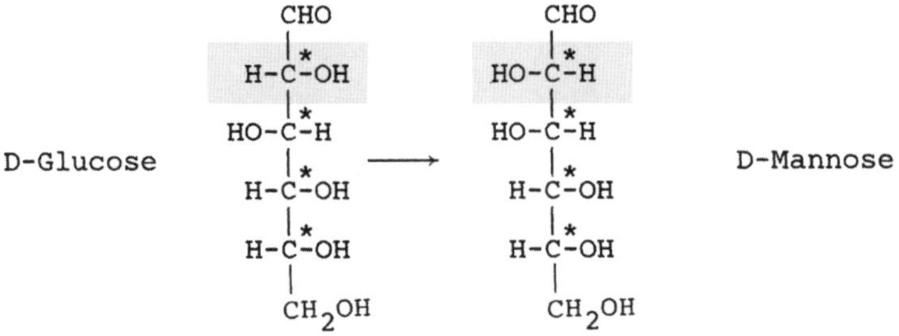

```
               CHO              CHO
               |*               |*
              H-C-OH          HO-C-H
               |*               |*
             HO-C-H           HO-C-H
D-Glucose      |*      --->     |*       D-Mannose
              H-C-OH           H-C-OH
               |*               |*
              H-C-OH           H-C-OH
               |                |
              CH2OH            CH2OH
```

Weitere Beispiele für Epimere sind die Paare D-Erythrose/L-Threose, L-Erythrose/D-Threose sowie D-Ribose/D-Arabinose [vgl. **MC-Frage Nr. 1799**].

3.3.7.5 Chiralität alicyclischer Ringsysteme

Monosubstituierte Cycloalkane, auch solche mit einer exocyclischen Doppelbindung, besitzen *stets* eine Spiegelebene und sind *achiral.* Dies gilt allerdings nicht für monosubstituierte *Cycloalken-Derivate.* Auch (geminal) *1,1-disubstituierte Cycloalkane* sind *achiral* [vgl. **MC-Fragen Nr. 400, 402**].

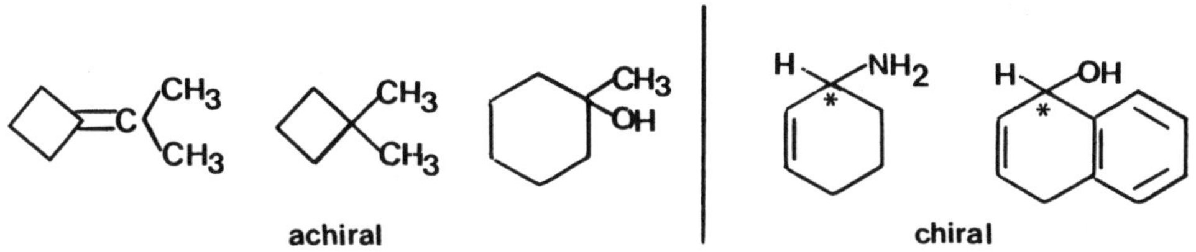

achiral | chiral

Ein (nicht geminal) *disubstituiertes Cycloalkan* mit einer *ungeraden Anzahl von Ring-C-Atomen,* wie z. B. Cyclopropan- oder Cyclopentan-Derivate, mit *zwei unterschiedlichen Substituenten* besitzt zwei chirale Atome und existiert in vier optisch isomeren Formen (zwei zueinander diastereomere Enantiomerenpaare), wie dies nachfolgend am Beispiel des **2-Methylcyclopropylchlorids** gezeigt wird.

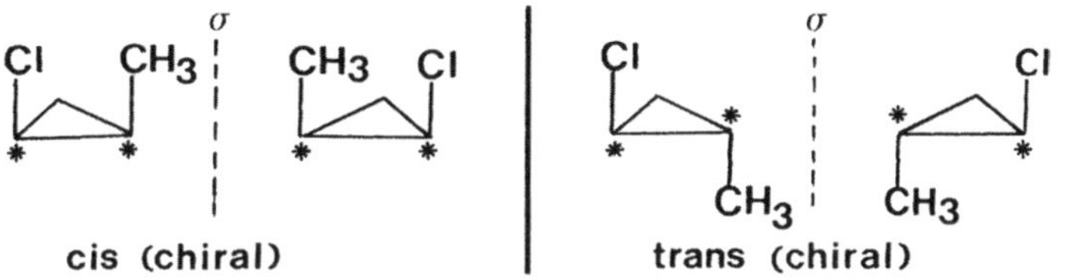

cis (chiral) | trans (chiral)

Bei *zwei gleichen Substituenten* wie im **1,2-Dichlorcyclopropan** [R = Cl] ist das jeweilige *trans*-Isomer chiral, während die diastereomere *cis*-Konfiguration eine Symmetrieebene enthält und achiral ist [vgl. **MC-Fragen Nr. 397, 399, 431**].

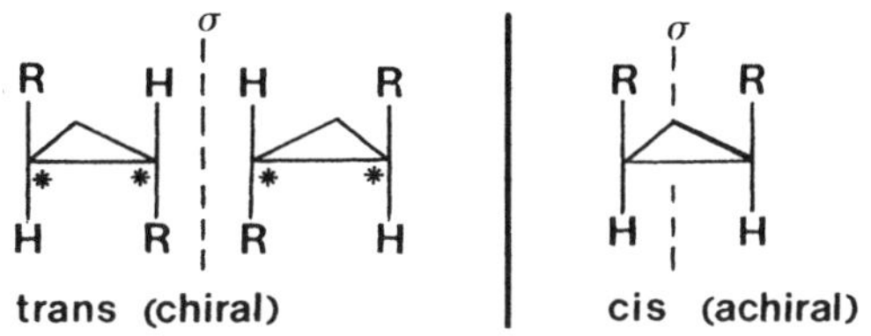

trans (chiral) | cis (achiral)

Somit sind für **1,2-Dimethylcyclopropan** [R = CH_3] oder **Cyclopropan-1,2-dicarbonsäure** [R = COOH] drei Stereoisomere denkbar, weil für das *trans*-Isomer ein Enantiomerenpaar [(1*R*,2*R*)- und (1*S*,2*S*)-Cyclopropan-1,2-dicarbonsäure] existiert und das jeweilige *cis*-Isomer achiral ist [vgl. **MC-Fragen Nr. 380, 400**].

Analoge Betrachtungen lassen sich auch für *1,2-* und *1,3-disubstituierte Cyclopentan-Derivate mit unterschiedlicher Substitution* anstellen, wie die nachfolgenden Strukturformeln für **2-Methylcyclopentylchlorid** bzw. **3-Methylcyclopentylchlorid** belegen.

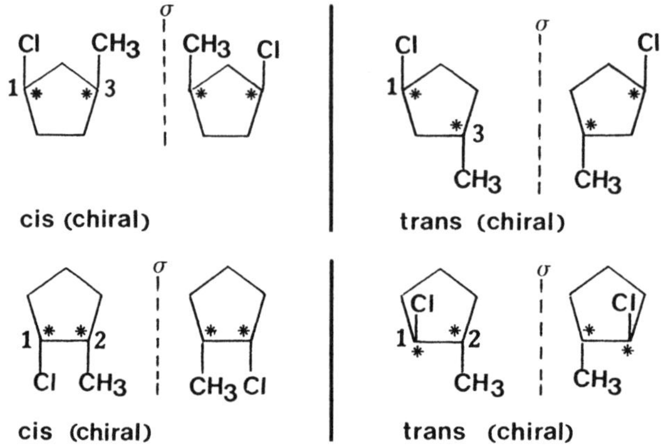

Bei *disubstituierten Cyclopentan-Derivaten mit gleichen Substituenten* ist bei 1,3-Substitution das *trans*-Isomer chiral, das *cis*-Isomer hingegen achiral. Entsprechendes gilt auch für 1,2-disubstituierte Cyclopentan-Derivate mit zwei gleichen Resten wie **1,2-Dichlorcyclopentan** [vgl. **MC-Frage Nr. 1691**].

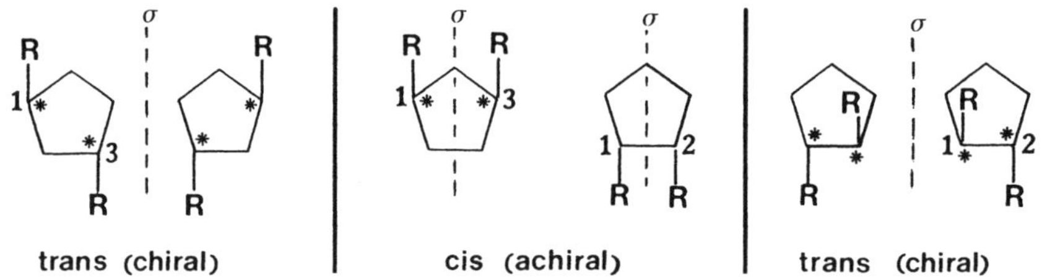

Bei *Cycloalkanen* mit einer *geraden Anzahl von Ringgliedern* besitzen die *disubstituierten Derivate,* deren Substituenten sich am Ring genau gegenüberstehen eine Spiegelebene und sind achiral. Die folgenden Beispiele von *Cyclobutan-Derivaten* sollen dies verdeutlichen [vgl. **MC-Fragen Nr. 433, 434**]

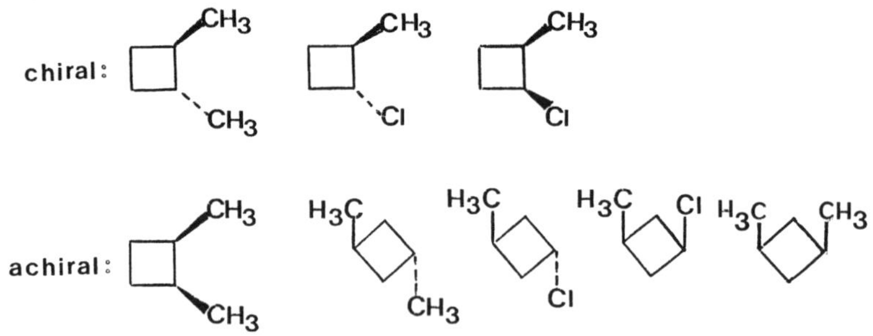

Bei Cyclobutan-Derivaten mit zwei unterschiedlichen Resten wie **2-Methylcyclobutylchlorid** oder **2-Methylcyclobutancarbonsäure** sind sowohl die *cis*- als auch die *trans*-Form chiral, sodass für solche Moleküle gemäß der 2^n-Regel insgesamt 4 Konfigurationsisomere (2 Enantiomerenpaare) [1*S*,2*S* - 1*R*,2*R* - 1*S*,2*R* - 1*R*,2*S*] auftreten können [vgl. **MC-Frage Nr. 435**].

Während Cyclopropan, Cyclobutan und Cyclopentan eben oder nahezu eben gebaut sind, müssen bei *Cyclohexan-Derivaten die unterschiedlichen Ringkonformationen* berücksichtigt werden.

Trans-1,2-disubstituierte Cyclohexan-Derivate mit zwei gleichen Substituenten wie ***trans*-1,2-Dichlorcyclohexan** oder ***trans*-1,2-Dimethylcyclohexan** bzw. ***trans*-Cyclohexan-1,2-diol** besitzen zwei asymmetrisch substituierte C-Atome und existieren sowohl in der diaxialen als auch in diäquatorialen Konformation in *zwei enantiomeren Formen*. Bei der Ringinversion geht z. B. das diaxiale Konformer in das diäquatoriale über und nicht in das Isomer mit der spiegelbildlichen Konfiguration [zur *E*/*Z*-Isomerie von Cycloalkanen siehe nachfolgendes ▸Kap. 3.3.12 – vgl. **MC-Fragen Nr. 396. 446, 1783**].

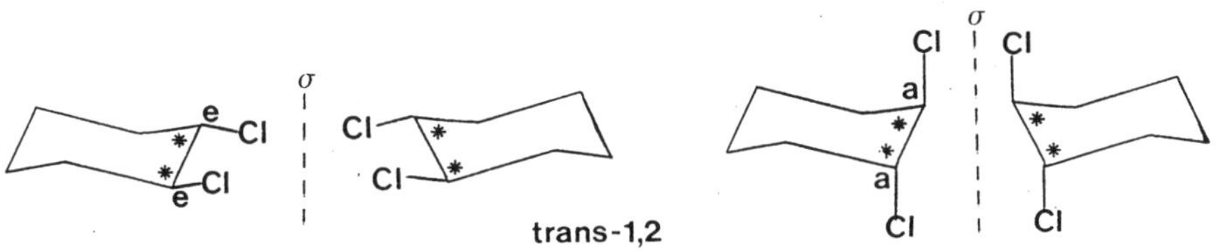

σ e Cl e Cl Cl Cl trans-1,2 σ Cl a a Cl Cl Cl

Im ***cis*-1,2-Dichlorcyclohexan** steht ein Chloratom axial, das andere äquatorial. Dieses Konformer ist zwar chiral, es wandelt sich aber durch Ringinversion rasch in sein Spiegelbild um. Da beide Konformere gleich stabil sind und die Energiebarriere ihrer gegenseitigen Umwandlung niedrig ist, können Subtanzen wie ***cis*-1,2-Dichlorcyclohexan** oder ***cis*-1,2-Dimethylcyclohexan** bei Raumtemperatur *nicht* in Enantiomere gespalten werden [vgl. **MC-Fragen Nr. 441, 444**].

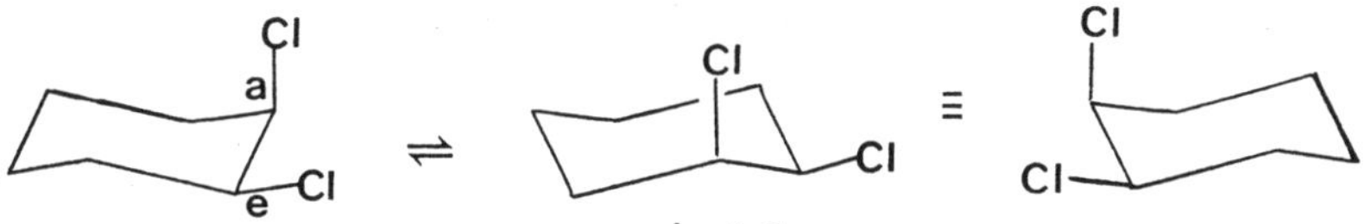

Cl a e Cl ⇌ Cl Cl ≡ Cl Cl cis-1,2

Cis-1,3-disubstituerte Cyclohexan-Derivate mit gleichen Resten wie z. B. ***cis*-1,3-Dimethylcyclohexan**, ***cis*-1,3-Dichlorcyclohexan** oder ***cis*-Cyclohexan-1,3-dicarbonsäure** sind *nicht chiral*. Diese Verbindungen besitzen zwar zwei asymmetrisch substituierte C-Atome, durch die Kohlenstoffatome C-2 und C-5 geht aber eine Spiegelebene. Es handelt sich also um *meso*-Verbindungen. Dagegen ist das jeweilige *trans-Isomer* chiral und lässt sich in Enantiomere spalten [vgl. **MC-Fragen Nr. 447, 484, 1733**].

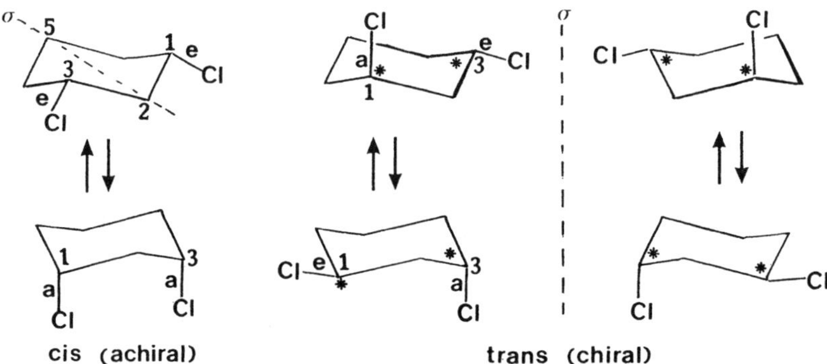

cis (achiral) trans (chiral)

Bei *1,4-disubstituierten Cyclohexan-Derivaten* mit zwei gleichen Resten wie **1,4-Dichlorcyclohexan** oder **1,4-Dimercaptocyclohexan** sind beide Stereoisomere *achiral*. Durch die Atome C-1 und C-4 geht eine Spiegelebene [vgl. **MC-Frage Nr. 453**].

Nimmt der Substitutionsgrad des Cyclohexan-Ringes zu, so steigt die Zahl der möglichen Stereoisomeren. Sind gleiche Substituenten vorhanden, können *meso-Formen* auftreten. Beispielsweise existieren vom **Hexachlorcyclohexan** 9 Stereoisomere (7 *meso*-Formen und 2 Enantiomere) [siehe auch ▸Kap. 3.3.12 und **MC-Fragen Nr. 398, 405, 412, 452, 453**].

achiral :

chiral :

3.3.8 Spiegelbildisomerie ohne asymmetrisches C-Atom

Neben Substanzen mit *zentraler Chiralität* kennt man auch eine Reihe optisch aktiver Verbindungen, die kein asymmetrisch substituiertes C-Atom enthalten. Besonders häufig sind *axialchirale Moleküle* und *Moleküle mit planarer Chiralität.* Zu chiralen Molekülen zählen auch solche mit Schraubenwindungen *(Helicität)* [vgl. **MC-Fragen Nr. 356, 357**].

3.3.8.1 Allen-Isomerie (axialchirale Moleküle)

Stereochemische Untersuchungen an *kumulierten Bindungssystemen mit einer* **geraden** *Anzahl von Doppelbindungen* zeigten, dass bestimmte *substituierte Allen-Derivate* weder eine Symmetrieebene noch ein Symmetriezentrum besitzen und in enantiomeren Strukturen auftreten.

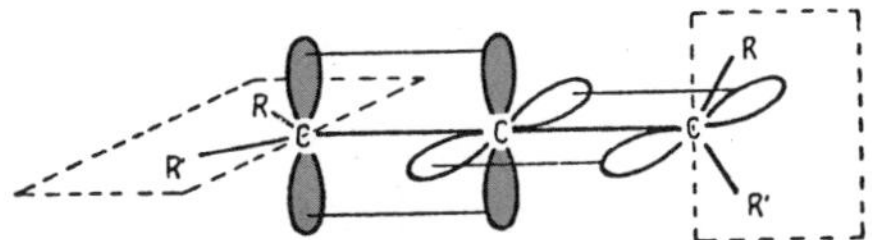

o Abb. 3.74 Orbitalmodell substituierter Allen-Derivate

$(R)(R')C{=}C{=}C(R)(R')$: $(H_5C_6)(H)C{=}C{=}C(H)(C_6H_5)$ oder $(H_3C)(H)C{=}C{=}C(CH_3)(H)$

Die *notwendige und ausreichende Bedingung* für die *Chiralität* dieser Moleküle ist **R** ≠ **R'** [vgl. **MC-Fragen Nr. 388, 398, 400, 401, 404, 465, 474, 476–478, 1771**].

Wie **o** Abb. 3.74 illustriert, sind in substituierten *Allenen* [$R_2C{=}C{=}CR_2$] die beiden äußeren C-Atome sp^2- und das mittlere sp-hybridisiert. Vom zentralen Kohlenstoff gehen daher zwei π-Bindungen aus, deren Ebenen senkrecht aufeinanderstehen. Hieraus resultiert für die Moleküle eine von drei C-Atomen gebildete *Chiralitätsachse* und damit die Möglichkeit in enantiomeren Konfigurationen zu existieren (zur E/Z-Isomerie von *Kumulenen* siehe ▸Kap. 3.3.11.3).

3.3.8.2 Spirane und verwandte Verbindungen

Auch bei bestimmten *Cyclohexyliden-Derivaten* und *Spiranen* beruht die optische Aktivität auf einer *axialen Chiralität*.

(1) (2) (3)

(4) (5) (6)

4-Methylcyclohexylidenessigsäure (1) war die erste Verbindung ohne asymmetrisch substituiertes C-Atom, die in Enantiomere gespalten werden konnte [vgl. **MC-Fragen Nr. 386, 404**].

In den *Spiroverbindungen* (2)–(6) ist das Spiro-C-Atom sp^3-hybridisiert. Dies hat zur Folge, dass jeweils zwei Bindungen in einer Ebene liegen und beide Ebenen senkrecht zueinander angeordnet sind. Sofern in Molekülen wie (3) und (6) die Substituenten **a** und **b** unterschiedlich sind, tritt Enantiomerie auf [vgl. **MC-Fragen Nr. 397–399, 401, 404, 517**].

3.3.8.3 Atropisomerie

Im **Biphenyl** [H_5C_6-C_6H_5] sind die beiden Benzenringe um die sie verbindende C-C-Achse relativ frei drehbar. In der Gasphase und in Lösung sind die Ringe um etwa 45° gegeneinander verdreht, während festes Biphenyl völlig eben gebaut ist. Tragen jedoch beide Phenylreste in den *ortho-Positionen voluminöse Substituenten,* die eine

Rotation verhindern, so bleiben die Ringe in einer *schiefen Lage fixiert* und das Molekül wird *axial chiral* [vgl. **MC-Frage Nr. 383**].

Diese spezielle Form der Enantiomerie von Substanzen, wie der in ○Abb. 3.75 vorgestellten **2,2'-Dinitrodiphensäure** (6,6'-Dinitrobiphenyl-2,2'dicarbonsäure), bei denen es sich letztlich um stabile *Konformationsisomere* handelt, wird als *Atropisomerie* bezeichnet [vgl. **MC-Fragen Nr. 397, 416, 417**].

Wie ○Abb. 3.76 veranschaulicht, ist das Auftreten von *Atropisomerie* an zwei *Voraussetzungen* gebunden. Im Molekül darf keiner der beiden Ringe, wie in den Substanzen (3) und (4), eine zur Ringebene senkrecht stehende Spiegelebene besitzen. Darüber hinaus müssen die *ortho*-ständigen Substituenten so sperrig sein, dass sie der gegenseitigen Umwandlung der Enantiomeren eine hohe Rotationsbarriere entgegensetzen.

Tragen die Phenylringe kleine Reste in *ortho*-Stellung (z. B. F-Atome), so wandeln sich die spiegelbildlichen Konformationen rasch ineinander um. Besitzt jeder Ring in der *ortho*-Position einen kleinen und einen mittelgroßen Substituenten (z. B. ein F-Atom und eine NH_2-Gruppe), so sind die Enantiomeren bei Raumtemperatur zwar fassbar, racemisieren aber leicht bei höheren Temperaturen.

3.3.8.4 Planare Chiralität und Helicität

Weitere Beispiele chiraler Verbindungen sind substituierte *Paracyclophane* und *Ansa-Verbindungen* sowie das *Hexahelicen*. Bei Einführung großer Substituenten in Ansa-Verbindungen bzw. bei engen Zwischenketten in Paracyclophanen ist die freie Drehbarkeit des Phenylrestes um die *para*-Achse behindert, was zur Molekülasymmetrie und damit zu optischer Aktivität führt [vgl. **MC-Frage Nr. 390**].

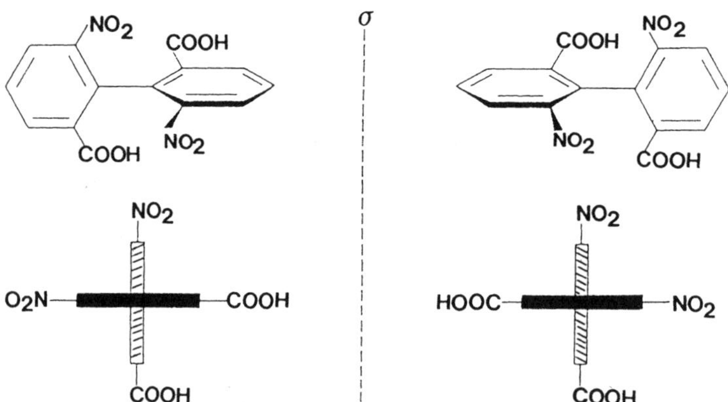

○ **Abb. 3.75 Spiegelbildisomerie der 2,2'-Dinitrodiphensäure**

(1) chiral (2) (3) achiral (4)

○ **Abb. 3.76 Raummodelle von Biphenyl-Derivaten**

[2,2]-Paracyclophan　　　　Ansa-Verbindung

Beim in ○Abb. 3.77 dargestellten **Hexahelicen** werden die Phenylreste durch die gegenseitige Behinderung der „endständigen" Wasserstoffe etwas aus der Koplanarität herausgedrängt und das Molekül besitzt einen spiralenförmigen, *axial chiralen* Bau.

3.3.9 Spiegelbildisomerie an Heteroatomen

Die optische Aktivität ist keineswegs auf chirale Kohlenstoffatome beschränkt, sondern findet sich auch bei *anderen Elementen* [Si, Ge, N, P, As, Sb, S] *mit tetraedrischer Anordnung von vier unterschiedlichen Liganden,* wobei ein *freies Elektronenpaar* als vierter Ligand fungieren kann. Nachfolgend sind einige Stoffklassen mit chiralem Heteroatom aufgelistet [vgl. **MC-Fragen Nr. 356, 357, 385, 389, 401, 481, 482, 1772**].

$[R^2\text{-}N^+R^1R^3R^4]\,X^-$	$R^1\text{-}N^+(O^-)(R^3)\text{-}R^2$	$[R^2\text{-}S^+R^1\text{-}R^3]\,X^-$	$R^1\text{-}S(=O)\text{-}R^2$	$R^1\text{-}S(=O)\text{-}X$
quartäres Ammoniumsalz	Aminoxid	Sulfonium-salz	Sulfoxid	Sulfin-säure-Derivate

Stickstoffatome als Chiralitätszentren: Aufgrund ihrer pyramidalen Struktur sind *Amine mit drei unterschiedlichen Resten chiral.* Die Moleküle besitzen annähernd eine tetraedrische Geometrie, wobei das nichtbindende Elektronenpaar als vierter Ligand anzusehen ist [vgl. **MC-Frage Nr. 479**].

Allerdings gelang es bisher *nicht*, *tertiäre Amine* wie ***N*-Ethyl-*N*-methylanilin** oder *sekundäre Amine* wie ***N*-Isopropyl-*N*-methylamin** in optische Antipoden zu spalten.

Wie ○Abb. 3.78 schematisch veranschaulicht, erklärt man das Ausbleiben der optischen Aktivität von chiralen Aminen mit der Annahme, dass das zentrale N-Atom durch die Ebene der drei Liganden „hindurchschwingen" kann und somit eine rasche Racemisierung eintritt. Die Aktivierungsenergie der *Stickstoff-Inversion* beträgt etwa 25 kJ mol^{-1} [vgl. **MC-Frage Nr. 480**].

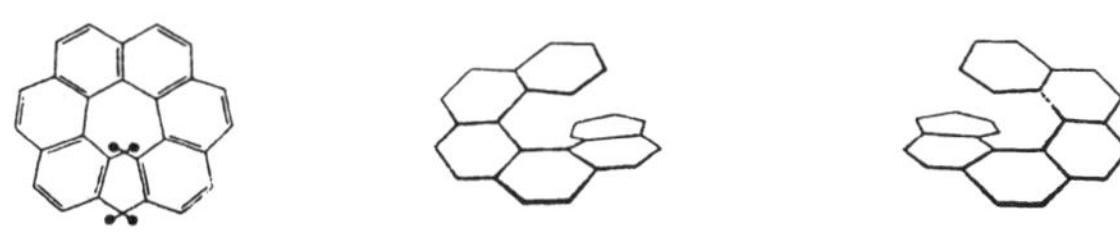

○ **Abb. 3.77 Räumliche Struktur des Hexahelicens**

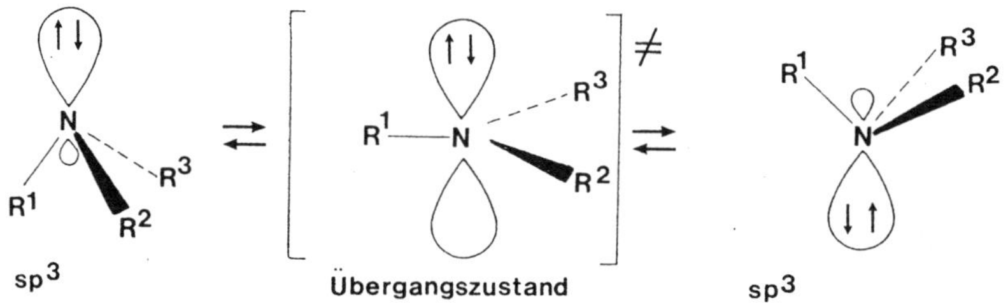

○ **Abb. 3.78 Stickstoff-Inversion bei Aminen**

Wird allerdings das chirale N-Atom in ein Ringgerüst eingebaut, das ein „Hindurchschwingen“ verhindert, so können solche Verbindungen in Enantiomere getrennt werden. Dieses Prinzip wurde in den sog. *Trögerschen Basen* verifiziert, in denen die beiden tertiären N-Atome über eine Methylenbrücke in einem Ringsystem fixiert sind. Auch *Chinuclidin-Derivate* wie **Chinin** oder **Chinidin** besitzen ein chirales N-Atom [vgl. **MC-Fragen Nr. 401, 460**].

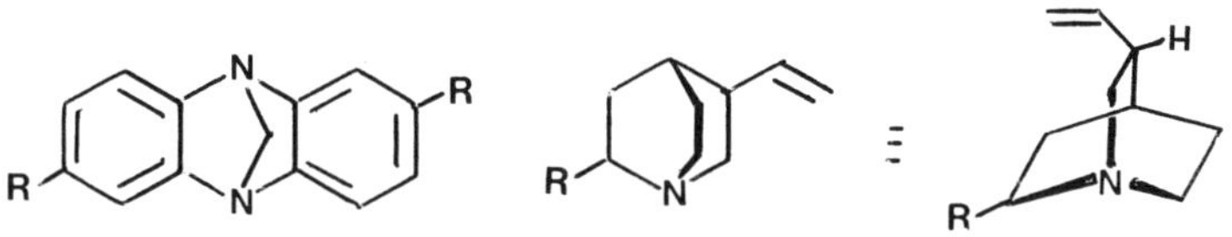

Trögersche Basen **Chinuclidin-Derivate**

Darüber hinaus ist bei unterschiedlich substituierten *quartären Ammoniumsalzen* oder *Aminoxiden* eine Inversion nicht möglich, sodass sie sich in optische Antipoden spalten lassen.

3.3.10 Trennmethoden von Konfigurationsisomeren

Enantiomere können dadurch erkannt und unterschieden werden, dass *diastereomere Beziehungen* auftreten, wenn man beide optischen Antipoden mit dem gleichen chiralen Stoff oder dem gleichen chiralen Medium in irgendeine Wechselwirkung bringt. Dieser Sachverhalt wird zur Zerlegung von Racematen in die optisch aktiven Komponenten genutzt, wobei folgende Methoden herangezogen werden [vgl. **MC-Fragen Nr. 365, 372**]:

- **Racematspaltung über diastereomere Salze**

Nach diesem am häufigsten durchgeführten Verfahren lassen sich die *Racemate chiraler Säuren* durch *Salzbildung mit einer optisch aktiven Base* [z. B. 1-Phenylethylamin, Brucin, Strychnin, Chinin, Cinchonin] in Diastereomere überführen, die anschließend aufgrund ihres unterschiedlichen Löslichkeitsverhaltens durch *fraktionierte Kristallisation* getrennt werden können.

Wie in ○ Abb. 3.79 skizziert, löst man nach der Isolierung der diastereomeren Salze die Hilfsbase durch Behandeln mit einer starken Säure und gewinnt so die undissoziierte, optisch reine (+)- und (–)-Säure (HA).

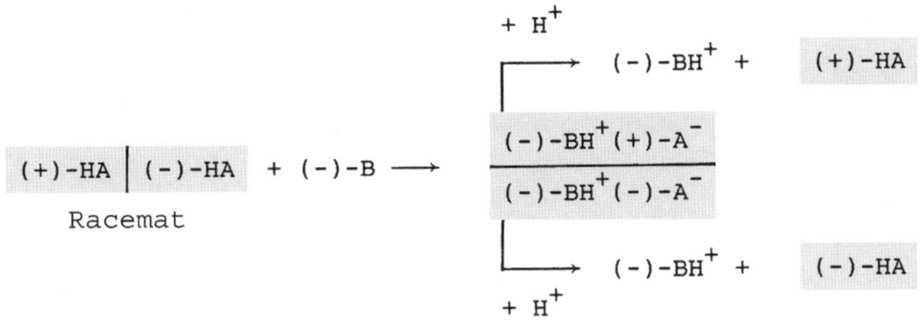

(+)-HA | (−)-HA + (−)-B ⟶ (−)-BH$^+$(+)-A$^-$ / (−)-BH$^+$(−)-A$^-$

Racemat

+ H$^+$ ⟶ (−)-BH$^+$ + (+)-HA

+ H$^+$ ⟶ (−)-BH$^+$ + (−)-HA

○ Abb. 3.79 Racematspaltung chiraler Säuren

In analoger Weise lassen sich auch die *Racemate chiraler Basen* mithilfe einer optisch aktiven Säure [z. B. *R,R*- oder *S,S*-Weinsäure, Dibenzoylweinsäure, Äpfelsäure, Camphersulfonsäure, (*S*)-Mandelsäure] in ihre Enantiomere zerlegen [vgl. **MC-Frage Nr. 366**].

Wenn sich diastereomere Salze nicht auf direktem Wege herstellen lassen, versucht man ein Derivat des Racemats zu synthetisieren, das die Möglichkeit zur Salzbildung bietet. Wie in ○Abb. 3.80 beschrieben, verestert man z. B. *chirale Alkohole* zunächst mit **Phthalsäureanhydrid** zu sauren **Phthalsäurehalbestern**, deren Verseifung nach erfolgter Trennung ihrer diastereomeren Salze die optisch reinen Alkohole liefert.

• **Chromatographische Racematspaltung**

Sie gelingt, wenn man *chirale stationäre Phasen* (Cyclodextrine, Stärke usw.) einsetzt. Die beiden Enantiomeren werden unterschiedlich stark zurückgehalten und können somit fraktioniert eluiert werden [vgl. **MC-Fragen Nr. 354, 365**].

• **Kinetische Racematspaltung**

Enantiomere reagieren mit einem chiralen Reagenz über *diastereomere Übergangszustände* (siehe ▸Kap. 3.3.2). Diese besitzen verschiedene Aktivierungsenergien und

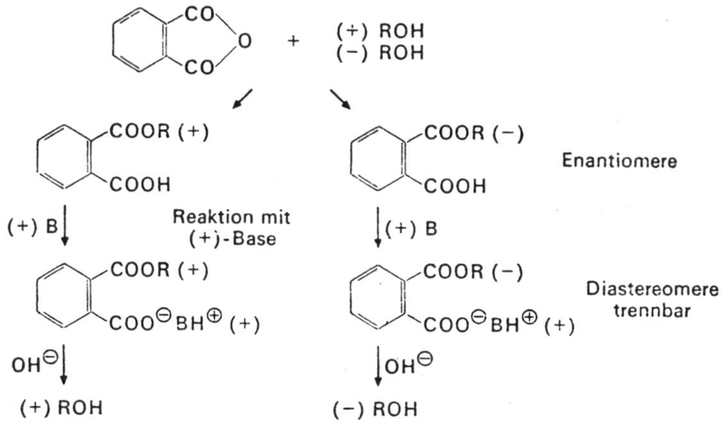

(+) ROH
(−) ROH
COOR (+) / COOH
COOR (−) / COOH
Enantiomere
(+) B
Reaktion mit (+)-Base
(+) B
COOR (+) / COO$^\ominus$BH$^\oplus$ (+)
COOR (−) / COO$^\ominus$BH$^\oplus$ (+)
Diastereomere trennbar
OH$^\ominus$
OH$^\ominus$
(+) ROH
(−) ROH

○ Abb. 3.80 Racematspaltung chiraler Alkohole

führen zu unterschiedlichen Reaktionsgeschwindigkeiten der beiden Enantiomeren. Ist dieser Unterschied hinreichend groß, so bildet sich das eine Produkt wesentlich rascher als das andere und man kann eine Racematspaltung dadurch erreichen, dass man die Reaktion rechtzeitig abbricht.

- **Biochemische Racematspaltung**

Hierbei nutzt man aus, dass *Enzyme* selbst chiral sind, streng *stereospezifisch wirken* und von beiden Enantiomeren oft nur die eine Form chemisch modifizieren oder abbauen, während das zweite Enantiomer unverändert bleibt. Nachteil des Verfahrens ist der gelegentliche Verlust eines Antipoden.

Als weitere Methoden der Racematspaltung sind die Bildung von *Harnstoff-Einschlussverbindungen (Clathrate)* sowie die *Kristallauslese* bei bestimmten *Konglomeraten* zu nennen.

3.3.11 Geometrische Isomerie an Doppelbindungssystemen

3.3.11.1 Stereochemie von Alkenen und Cycloalkenen

Die Elektronenstruktur einer C=C-Doppelbindung kann am besten mit der Annahme einer sp^2-Hybridisierung der beiden C-Atome beschrieben werden. Jedes Kohlenstoffatom verfügt über drei sp^2-Hybrid-AO, die in einer gemeinsamen Ebene liegen. Die *π-Bindung* zwischen beiden p-Orbitalen, die nicht an der Hybridisierung teilgenommen haben, ist senkrecht dazu angeordnet. Dies hat zur Folge, dass die *freie Drehbarkeit um die C=C-Doppelbindung aufgehoben* ist. Mit anderen Worten, für die „Rotation" um eine Doppelbindung müsste eine ziemlich hohe Energiebarriere überwunden werden, nämlich die Dissoziationsenergie der π-Bindung von etwa 274,5 $kJ\ mol^{-1}$.

Bei *Alkenen* sind daher bei Raumtemperatur zwei stabile Anordnungen des Molekülgerüstes möglich, die als *cis*- oder *trans*-Form bzw. als *Z*- oder *E*-Form bezeichnet werden. So befinden sich im **(Z)-But-2-en** die beiden Methylgruppen auf derselben Seite der C=C-Doppelbindung, während sich die Methylgruppen im **(*E*)-But-2-en** diametral gegenüberstehen [siehe auch ▸Kap. 3.3.4.4 und **MC-Fragen Nr. 326, 483, 495, 1774**].

```
             4              1            4
  H         CH3            H3C          CH3
   \2    3/                  \2     3/
    C==C                       C==C
   /    \                     /     \
H3C       H                  H       H
 1

   E-But-2-en               Z-But-2-en
     (trans)                   (cis)
```

E-But-2-en (*trans*) *Z*-But-2-en (*cis*)

Cis/*trans*-Isomere haben *unterschiedliche chemische, spektroskopische und physikalische Eigenschaften* (Siedepunkt, Schmelzpunkt, Brechungsindex, Dipolmoment, Dichte) und besitzen unterschiedliche thermodynamische Stabilitäten (Energieinhalte) [vgl. **MC-Fragen Nr. 462–464**].

Cis/trans-**Isomere**, wie sie an Doppelbindungen oder alicyclischen Ringsystemen auftreten können, sind **Diastereomere**. Sie unterscheiden sich in ihren chemischen und physikalischen Eigenschaften, wobei im Allgemeinen das *trans*-Isomer einen tieferen Siedepunkt und höheren Schmelzpunkt besitzt, und in der Regel thermodynamisch stabiler ist als das *cis*-Isomer.

Die folgenden Beispiele sollen dies belegen, wobei es von einem konstitutionell unsymmetrischen, offenkettigen Alken mit **n** Doppelbindungen $\mathbf{2^n}$ Diastereomere gibt. Bei symmetrisch substituierten Alkenen mit n-Doppelbindungen reduziert sich dagegen die Zahl der möglichen Diastereomeren. So sind zum Beispiel von einer Verbindung wie [C_6H_5-(CH=CH)$_2$-C_6H_5] nur 3 Stereoisomere (*E,E – Z,Z – E,Z = Z,E*) denkbar [vgl. **MC-Frage Nr. 475**].

Eine aufschlussreiche Methode zur *Konfigurationsermittlung von Alkenen* ist die *Messung des Dipolmomentes* (μ). Bei zwei gleichen Substituenten besitzt die *trans*-Form eine Symmetrieebene und somit kompensieren sich die Teilmomente. Das Dipolmoment der *trans*-Form ist gleich Null, während das der *cis*-Form einen endlichen Wert (siehe hierzu Ehlers, **Chemie I**, ▸Kap. 1.4.5.3). Auch mithilfe der IR- und NMR-Spektroskopie lassen sich *E*/*Z*-Isomere unterscheiden.

Im Allgemeinen ist das Isomer am stabilsten, bei dem die Substituenten mit der höchsten Polarität und der größten Raumerfüllung die *trans-Lage* einnehmen. Zum Beispiel ist **(*E*)-But-2-en** um 5,4 kJ/mol energieärmer als das *cis*-Isomer. Eine Ausnahme bilden *1,2-Dichlorethene.* Hier ist das *cis*-Isomer um 4,8 kJ/mol stabiler als die *E*-Form.

```
H3C      CH3   H3C       H           Cl       Cl   Cl       H
   \    /         \     /              \     /       \     /
    C=C            C=C          ;       C=C           C=C
   /    \         /     \              /     \       /     \
H          H     H       CH3          H       H     H       Cl
      Z               E                    Z             E
          But-2-en                          1,2-Dichlorethen
```

	Z	*E*	*Z*	*E*
Sdp.	3,8 °C	1,0 °C	60,3 °C	48,4 °C
μ			1,85 D	0 D

Es überrascht, dass wichtige, in der Natur vorkommende Fettsäuren, wie **Ölsäure**, **Linolsäure**, **Linolensäure** oder **Arachidonsäure** *cis-konfiguriert* sind. Die zur Ölsäure diastereomere **Elaidinsäure** hat demzufolge eine *E*-Konfiguration. Unter dem Einfluss von Stickoxiden wandelt sich die Ölsäure in einer Gleichgewichtsreaktion in die stabilere Elaidinsäure um (siehe auch ▸Kap. 3.13.1.4).

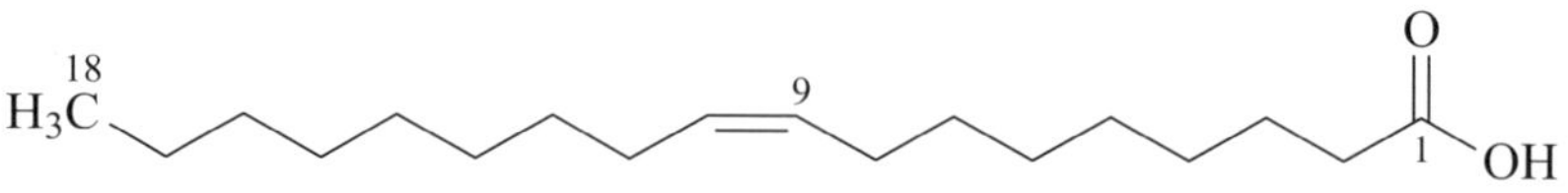

H_3C (18) … (9) … (1) OH, O

Ölsäure [(*9Z*)-Octadeca-9-ensäure (Schmp.: 17 °C)

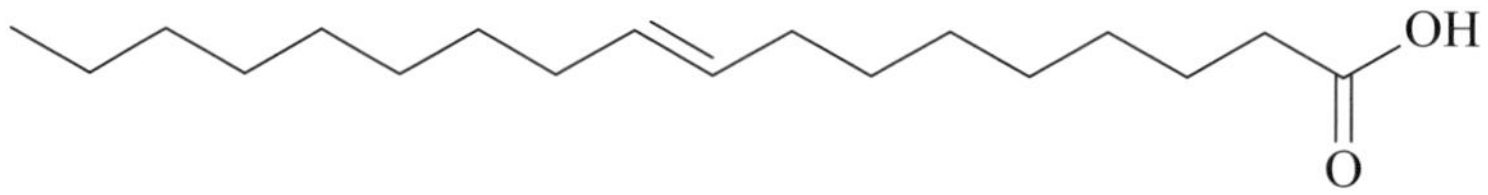

OH, O

Elaidinsäure [(*9E*)-Octadeca-9-ensäure (Schmp.: 44 °C)

Auch von den 2-Butensäuren gibt es zwei *E*/*Z*-Isomere. Die *trans*-konfigurierte **Crotonsäure** und die *cis*-konfigurierte **Isocrotonsäure**. Beim Erhitzen oder bei UV-Bestrahlung isomerisiert Isocrotonsäure in einer Gleichgewichtsreaktion zu Crotonsäure. Auch 2-Butendisäuren treten als *E*/*Z*-Isomere auf. Bei längerem Erhitzen auf 150 °C wandelt sich die *Z*-konfigurierte **Maleinsäure** [(*Z*)-But-2-en-1,4-disäure] in die diastereomere, stabilere und *E*-konfigurierte **Fumarsäure** [(*E*)-But-2-en-1,4-disäure] um [vgl. **MC-Fragen Nr. 465, 470, 471, 486, 1127**].

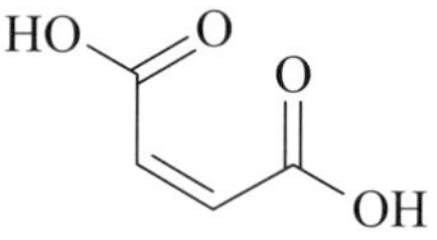

Maleinsäure	Fumarsäure
(*Z*)-Butendisäure	(*E*)-Butendisäure
Schmp.: > 135 °C (Zers.)	Schmp.: 287 °C
$pK_{s1} = 1{,}92$	$pK_{s1} = 3{,}02$

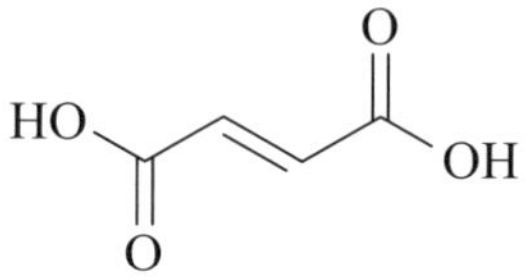

Crotonsäure	Isocrotonsäure
(*E*)-2-Butensäure	(*Z*)-2-Butensäure
Schmp.: 71,6 °C	Schmp.: 15 °C
$pK_{s1} = 4{,}69$	–

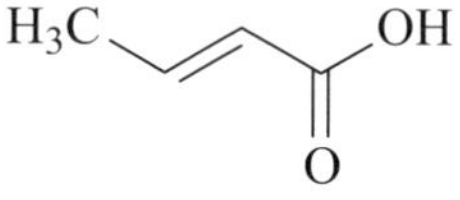

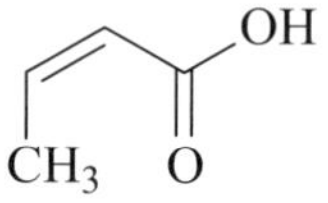

Für die Umlagerung des in der Regel stabileren *trans*-Isomers in die *cis*-Form ist eine bestimmte *Isomerisierungsenergie* erforderlich. Sie wird meistens photochemisch durch UV-Licht oder durch Wärme zugeführt. Man kann die *cis*/*trans*-Isomerisierung so deuten, dass im angeregten Zustand zunächst eine *Homolyse* des π-Elektronenpaares der C=C-Doppelbindung in zwei Einzelelektronen erfolgt, wodurch eine Rotation der Molekülhälften um 180° ermöglicht wird. Anschließend bildet sich die C=C-Doppelbindung der isomeren Form zurück.

In *Cycloalkenen* mit weniger als 8 C-Atomen wie z. B. **Cyclohexen** tritt keine geometrische Isomerie auf, weil sich eine *trans*-Konfiguration in kleinen Ringen infolge der damit verbundenen extremen Spannung *nicht* realisieren lässt. Der kleinste Ring, der eine *trans*-konfigurierte Doppelbindung erlaubt, ist achtgliedrig. **(E)-Cycloocten** ist um etwa 37,7 kJ mol^{-1} weniger stabil als das *cis*-Isomer. Erst vom **Cycloundecen** an aufwärts wird die *trans*-Form beständiger als das *cis*-Isomer.

Beim **Cyclohexen** und seinen Derivaten sind wiederum unterschiedliche, durch Energiezufuhr ineinander umwandelbare Konformationen zu berücksichtigen. Dabei stellt die Wannenform (II) die energiereichste und die beiden Halbsesselformen (I, III) die thermodynamisch stabilere Konformation dar [vgl. **MC-Fragen Nr. 458, 459**].

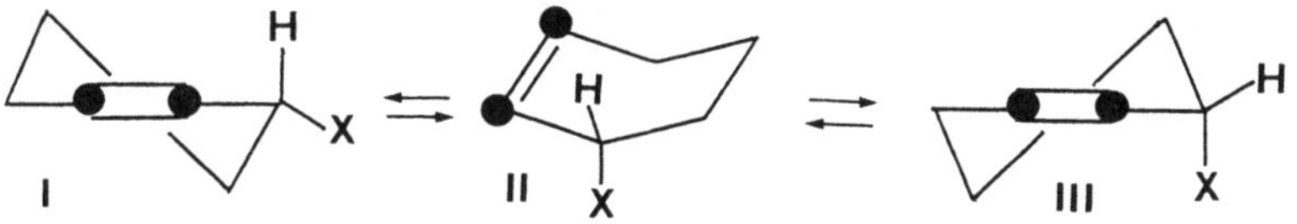

I ⇌ II ⇌ III

3.3.11.2 *E*/*Z*-Isomerie an Stickstoff-Doppelbindungen

Die *E*/*Z*-Isomerie ist bei ungesättigten Systemen nicht auf C=C-Doppelbindungen beschränkt, sondern kann bei geeigneter Substitution auch bei C=N-Doppelbindungen [*Azomethine, Oxime, Hydrazone*] und N=N-Doppelbindungen [*Azoverbindungen*] auftreten. In diesen Fällen werden die geometrischen Isomeren manchmal noch als ***syn-*** oder ***anti*-Form** bezeichnet, jedoch sollte man auch hier vorrangig die *E*/*Z*-Nomenklatur verwenden [vgl. **MC-Fragen Nr. 465, 472, 473, 497, 1011**].

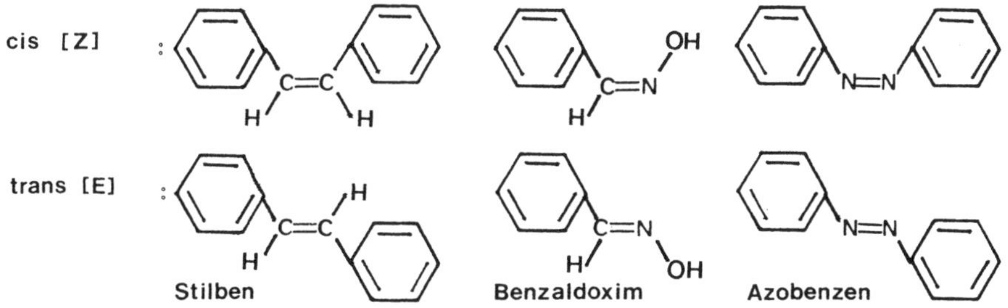

cis [Z] :

trans [E] :

Stilben Benzaldoxim Azobenzen

3.3.11.3 Stereochemie von Kumulenen

Modellstudien an Kumulenen belegen, dass in Verbindungen mit einer *ungeraden Anzahl von kumulierten C=C-Doppelbindungen cis/trans*-Isomerie auftreten kann.

Wie ○Abb. 3.81 zeigt, sind die mittleren C-Atome in Kumulenen sp-, die beiden endständigen sp^2-hybridisiert. Dies führt dazu, dass in diesen Molekülen die jeweiligen Substituentenpaare in einer Ebene liegen und das Auftreten von *E*/*Z*-Isomeren ermöglichen [vgl. **MC-Fragen Nr. 404, 474, 476, 477, 1771**].

Organische Chemie

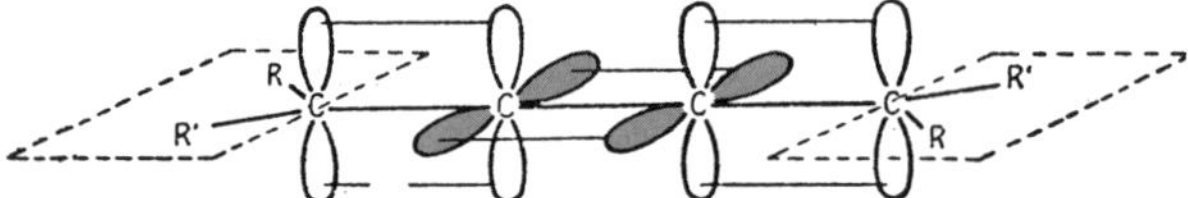

○ Abb. 3.81 cis/trans-Isomerie von Kumulenen

> Unsymmetrisch substituierte Kumulene zeigen in Abhängigkeit von der Anzahl kumulierter C=C-Doppelbindungen abwechselnd optische (gerade Anzahl) Isomerie und *cis/trans*-Isomerie (ungerade Anzahl) [siehe auch ▶Kap. 3.3.8.1].

3.3.12 Geometrische Isomerie an Cycloalkanen

Durch den Ringschluss wird bei Cycloalkanen die freie Drehbarkeit um die jeweiligen C-C-Bindungsachsen aufgehoben, sodass bei *disubstituierten Cycloalkanen E/Z-isomere Strukturen* auftreten. Die beiden Substituenten können im **Cyclopropan**, **Cyclobutan** oder **Cyclopentan** auf derselben Seite (*cis*-Konfiguration) oder auf entgegengesetzten Seiten (*trans*-Konfiguration) des nahezu planaren Ringgerüstes liegen. Zusätzlich zur geometrischen Isomerie können solche Moleküle noch chiral gebaut sein [vgl. **MC-Fragen Nr. 464, 465, 508**].

CH_3 CH_3 CH_3 CH_3

cis *trans*

Bei *disubstituierten Cyclohexan-Derivaten* sind darüber hinaus auch die unterschiedlichen *Ringkonformationen* zu berücksichtigen. Gleichfalls treten spiegelbildisomere Konfigurationen auf, wenn sich die Substituenten in einer 1,2-*trans*- oder 1,3-*trans*-Lage befinden. 1,4-disubstituierte Cyclohexan-Derivate sind in jedem Fall achiral.

Bei ***cis*-1,2-disubstituierten Cyclohexanen** ist ein Substituent *äquatorial,* der andere *axial* angeordnet, wobei die Sesselform überwiegt, bei der der größere von beiden Substituenten eine äquatoriale Lage einnimmt. Für das entsprechende *trans-Isomer* ist eine *diäquatoriale* oder *diaxiale Stellung* der Substituenten möglich. Beide Stereoisomere sind energetisch nicht gleichwertig und das Konformerengleichgewicht liegt weitgehend auf der Seite des Isomers mit *diäquatorialer Position* der Substituenten [vgl. **MC-Frage Nr. 444, 446, 450**].

***cis*-1.2**

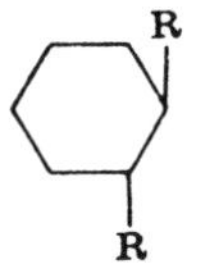

trans-1.2

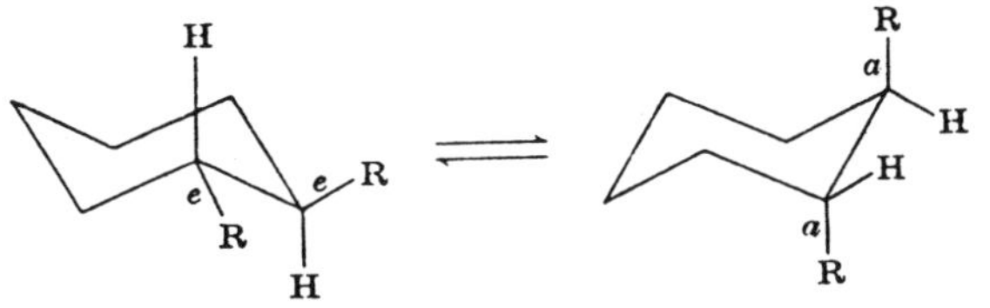

Für **1,3-disubstituierte Cyclohexan-Derivate** existieren folgende Stereoisomere, wobei die *cis*-Form aufgrund der diäquatorialen Lage der Substituenten stabiler ist als das *trans*-Isomer [vgl. **MC-Fragen Nr. 447, 449, 450, 1733**].

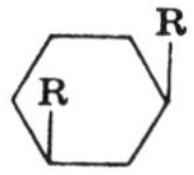

cis-1.3

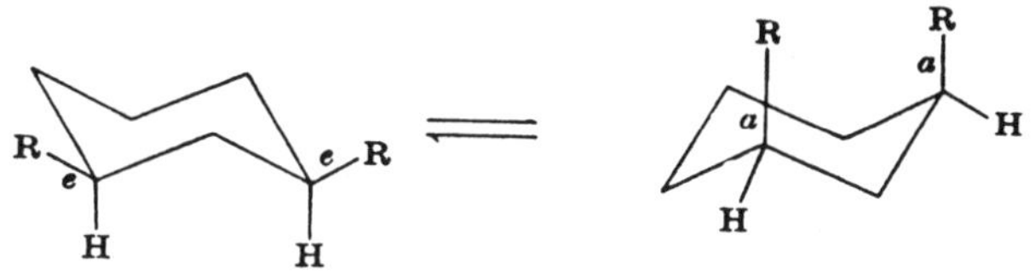

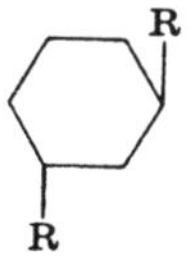

trans-1.3

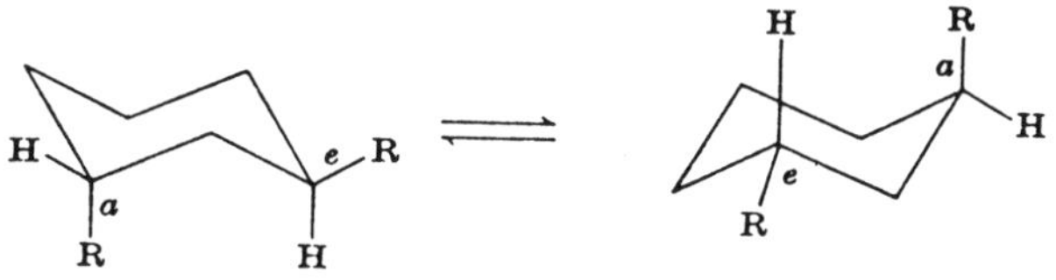

Bei **1,4-disubstituierten Cyclohexanen** ist die *trans*-Konfiguration energetisch günstiger als die *cis*-Anordnung der Substituenten [vgl. **MC-Fragen Nr. 448, 450, 465, 483, 1430**].

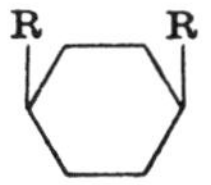

cis-1.4

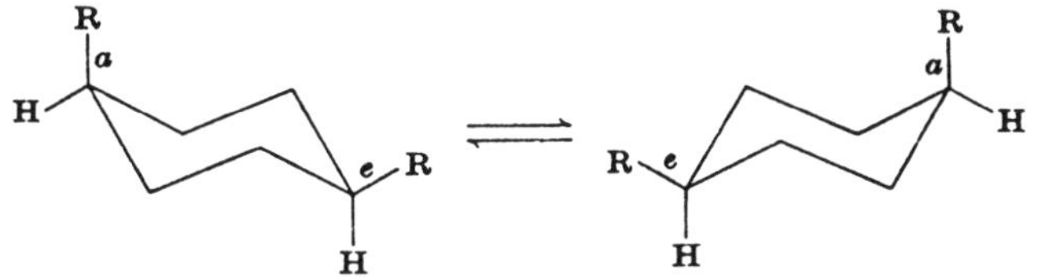

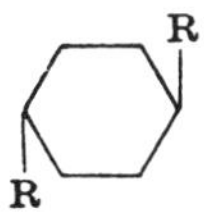

trans-1.4

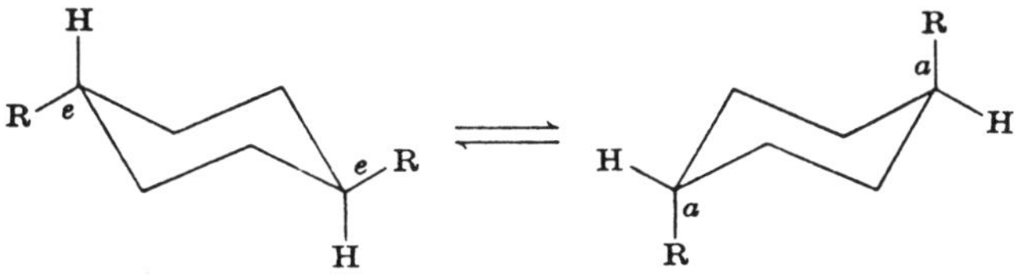

Zeichnerische Darstellung: In einer ebenen Projektion derartiger Ringverbindungen zeichnet man die Substituenten, die oberhalb der Ringebene angeordnet sind, mit durchgezogenen Linien. Substituenten, die sich unterhalb der Ringebene befinden, sind durch gestrichelte (punktierte) Linien dargestellt. Häufig werden die Wasserstoffatome nicht eingezeichnet. Die verschiedenen Möglichkeiten zur graphischen Darstellung von substituierten Cycloalkanen seien nochmals am Beispiel des ***trans*-1,2-Dimethylcyclohexans** erläutert [vgl. **MC-Frage Nr. 446**].

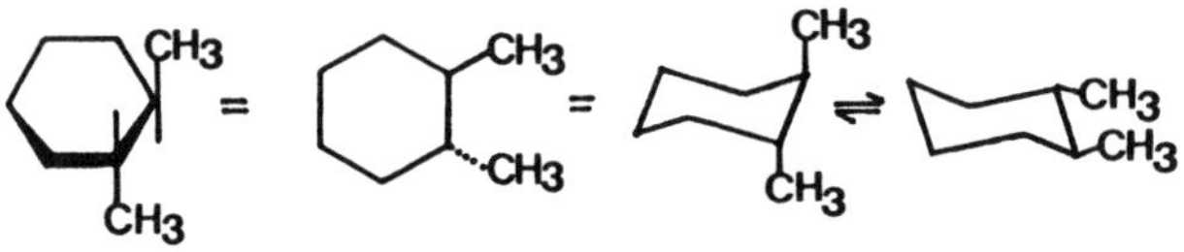

CH_3 CH_3 = CH_3 CH_3 = CH_3 CH_3 ⇄ CH_3 CH_3

Bicyclische Ringsysteme: Alicyclische Systeme können auf unterschiedliche Art und Weise miteinander verbunden sein, wobei die Ringe kein, ein oder zwei gemeinsame C-Atome besitzen.

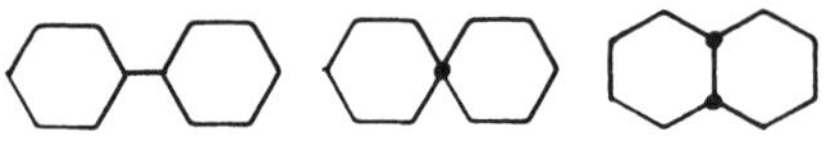

a b c

Im **Cyclohexylcyclohexan** (a) sind die beiden Ringe frei um die sie verbindende C-C-Achse drehbar. Im **Spiro[5.5]undecan** (b) sind beide Ringe senkrecht zueinander angeordnet, sodass bei entsprechender Substitution optische Isomerie auftreten kann (siehe ▸Kap. 3.3.8.2). Beim **Decalin** (c) sind schließlich unterschiedliche geometrische Isomere zu berücksichtigen.

Decalin (Bicyclo[4.4.0]decan) ist durch katalytische Hydrierung von **Naphthalen** darstellbar. Die beiden in einer spannungsfreien *Zweisessel-Konformation* vorliegenden Cyclohexanringe können *cis-* oder *trans-ständig* miteinander verknüpft sein. Die Isomeren lassen sich durch fraktionierte Destillation trennen. Im ***trans*-Decalin** stehen beide H-Atome an den Verknüpfungspunkten in *axialer Lage,* während im *cis-Isomer* ein H-Atom *axial* und das andere *äquatorial* angeordnet ist. Das *trans*-Isomer ist um etwa 10 kJ mol^{-1} stabiler als die *cis*-Konfiguration [vgl. **MC-Fragen Nr. 455–457, 500, 513**].

H a a H H a H e

trans-Decalin *cis*-Decalin

Meistens bevorzugt man zur graphischen Darstellung anstelle der Konformationsformeln die vereinfachte Projektionsschreibweise, in der die *trans-* bzw. *cis*-Verknüpfungsstellen durch Punkte oder durch ausgezogene bzw. unterbrochene Linien wiedergegeben werden. Eine punktierte Linie deutet an, dass sich ein Substituent unterhalb *(α-ständig)* der Projektionsebene befindet, durchgezogene Linien kennzeichnen oberhalb *(β-ständig)* der Projektionsebene angeordnete Substituenten.

H oder H H oder H

trans-Decalin *cis*-Decalin

Analoge stereochemische Betrachtungen wie für Decalin lassen sich auch für **Hydrindan** anstellen. Wie die Verbrennungswärmen zeigen, ist *trans*-Hydrindan um 7,5 kJ mol^{-1} stabiler als das *cis*-Isomer. Beim *trans*-Hydrindan liegt eine axial/axiale und beim *cis*-Isomer eine axial/äquatoriale Verknüpfung beider Ringsysteme vor [vgl. **MC-Frage Nr. 454**].

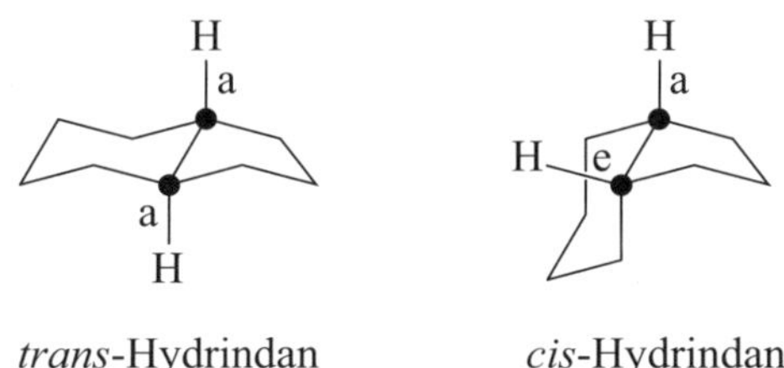

trans-Hydrindan *cis*-Hydrindan

Brückenringsysteme: Eine weitere Art *bicyclischer Ringsysteme* kommt dadurch zustande, dass z. B. im Cyclohexanmolekül zwischen den Atomen C-1 und C-4 eine „Brücke" geschlagen wird, die aus einer oder mehreren Methylengruppen bestehen kann. Der einfachste Vertreter dieser Substanzklasse ist **Bicyclo[2.2.1]heptan** (**Norbornan**). Zur *Nomenklatur* von Brückenringsystemen siehe ▸Kap. 3.4.1.5.

Bicyclo[2.2.1]heptan Bicyclo[2.2.2]octan

Die Stabilität von Brückensystemen wird entscheidend von der *Ringspannung* beeinflusst, wobei die Wannenform des Cyclohexanringes gegenüber einer Sesselkonformation begünstigt ist. Nur in der Wannenkonformation lassen sich die beiden Atome C-1 und C-4 soweit einander annähern, dass ihre *cis*-ständigen Bindungen durch eine Methylen- oder Ethylenbrücke miteinander verknüpft werden können. Während sich die Ethylenbrücke im **Bicyclo[2.2.2]octan** völlig spannungsfrei anordnen lässt, besitzt das **Bicyclo[2.2.1]heptan** eine Spannungsenergie von etwa 347,7 kJ mol^{-1}.

Darüber hinaus ist anzumerken, dass die *Bredtsche Regel,* wonach von einem Brückenkopfatom keine Doppelbindung ausgeht, für bicyclische Ringsysteme mit höhergliedrigen Ringen nicht gilt, weil in solchen Bicyclen die der Ausbildung einer Brückendoppelbindung entgegenwirkende Ringspannung abgenommen hat [siehe auch ▸Kap. 3.2.10.4 und **MC-Frage Nr. 518**].

3.4 Alkane, Cycloalkane

3.4.1 Struktur und Nomenklatur

Kohlenwasserstoffe enthalten nur die Elemente Kohlenstoff und Wasserstoff. Sie lassen sich unterteilen in:

- *gesättigte Kohlenwasserstoffe* (Alkane oder veraltet „Paraffine", Cycloalkane),
- *ungesättigte Kohlenwasserstoffe* (Alkene oder veraltet „Olefine", Cycloalkene, Alkine) (siehe ▸Kap. 3.5),
- *aromatische Kohlenwasserstoffe* (siehe ▸Kap. 3.6).

3.4.1.1 Homologe Reihe der Alkane

Eine Reihe von Verbindungen, deren benachbarte Glieder sich jeweils nur um eine CH_2-Gruppe unterscheiden, nennt man eine *homologe Reihe.* Ihre einzelnen Glieder werden als *Homologe* bezeichnet [z. B. Benzen-Toluen (C_6H_5-H – $C_6H_5CH_2$-H), Oxalsäure-Malonsäure (HOOC-COOH – HOOC-CH_2-COOH), Phenylessigsäure – 3-Phenylpropionsäure (C_6H_5-CH_2-COOH – C_6H_5-CH_2-CH_2-COOH)] [vgl. **MC-Frage Nr. 351**].

Die *homologe Reihe der Alkane* leitet sich vom **Methan** [CH_4] ab. Die Molekularformeln der Alkane entsprechen der allgemeinen Zusammensetzung $\mathbf{C_nH_{2n+2}}$. Während die ersten vier Glieder der Reihe Trivialnamen tragen, erfolgt die Benennung der Alkane mit fünf und mehr C-Atomen mit dem griechischen Zahlenwert für die Anzahl der C-Atome und der Endung **-an**.

Die Namen der Alkane gelten sowohl für *lineare* als auch für *verzweigte* Moleküle. Bereits für eine Verbindung der Summenformel (C_4H_{10}) existieren zwei *Strukturisomere*. Man kennzeichnet den unverzweigten, *„normalen"* Kohlenwasserstoff durch das Präfix ***n*-**, und unterscheidet davon die andere Struktur durch die Vorsilbe **Iso-**.

$$CH_3CH_2CH_2CH_3 \quad n\text{-Butan} \;; \quad CH_3\underset{\displaystyle}{\overset{\displaystyle CH_3\atop|}{C}}HCH_3 \quad \text{Isobutan}$$

Wie ◘Tab. 3.35 ausweist, wächst die Isomerenzahl mit steigender Zahl der C-Atome. Während für Butan mit ***n*-Butan** und **Isobutan** (**2-Methylpropan**) zwei Isomere existieren, tritt Pentan (Summenformel: C_5H_{12}) bereits in drei unterschiedlichen

Tab. 3.35 Homologe Reihe der Alkane [C_nH_{2n+2}]

Name	Zahl der C-Atome	Zahl der Isomeren	Name	Zahl der C-Atome	Zahl der Isomeren
Methan	1	1	Heptan	7	9
Ethan	2	1	Octan	8	18
Propan	3	1	Nonan	9	35
Butan	4	2	Decan	10	75
Pentan	5	3	Undecan	11	159
Hexan	6	5	Dodecan	12	355

Konstitutionsisomeren auf: ***n*-Pentan, Isopentan** (**2-Methylbutan**) und **Neopentan** (**2,2-Dimethylpropan**) [vgl. **MC-Fragen Nr. 347, 1693**].

Bei höheren Kohlenwasserstoffen ist die Vorsilbe **Iso-** der Gruppierung (1) vorbehalten, während die Gruppierung (2) mit dem Präfix **Neo-** gekennzeichnet wird.

(1) $CH_3-CH(CH_3)-R$ Iso-   (2) $CH_3-C(CH_3)_2-R$ Neo-

3.4.1.2 IUPAC-Nomenklatur der Alkane

Das IUPAC-System basiert auf dem Prinzip, eine Substanz *als Derivat der längsten im Molekül vorkommenden Kohlenstoffkette* aufzufassen. Daraus lassen sich für die Benennung von Alkanen folgende Regeln ableiten:

1. Als *Hauptkette* wählt man das längste, fortlaufende Kohlenstoffgerüst und leitet davon die Struktur der jeweiligen Verbindung ab.
2. Die Kohlenstoffkette wird so nummeriert, dass die Alkyl-substituierten C-Atome *(Verzweigungspunkte)* die niedrigsten Ziffern enthalten.
3. Wenn gleiche Alkylreste mehrfach als *Seitenketten* auftreten, wird dies durch die Vorsilbe **Di-**, **Tri-**, **Tetra-** usw. angezeigt, wobei jede Gruppe ihre eigene Nummerierung bekommt.
4. Sind mehrere unterschiedliche Alkylgruppen vorhanden, so werden sie in *alphabetischer Reihenfolge* genannt. Präfixe wie *prim.*, *sek.* oder *tert.* werden ignoriert. Vorsilben wie Cyclo-, Iso- oder Neo- zählen aber bei der alphabetischen Anordnung der Gruppennamen.
5. Die Beschreibung einer Seitenkette wird von der Hauptkette dadurch abgegrenzt, dass man sie in Klammern setzt. Eine Seitenkette komplizierterer Struktur wird wiederum als Derivat der längsten C-Kette in dieser Seitenkette aufgefasst, beginnend mit dem C-Atom, das direkt mit der Hauptkette verbunden ist.
6. Befinden sich mehrere Seitenketten in äquivalenten Positionen, dann erhält die in der alphabetischen Reihenfolge zuerst genannte Gruppe die niedrigere Ziffer.

Das folgende Anwendungsbeispiel fasst diese Regeln nochmals zusammen [vgl. **MC-Frage Nr. 501**]:

```
                      CH3
                       |
             CH3-CH2-C-CH3        CH3
                       |            |
CH3-CH2-CH2-CH2-CH2-CH-CH2-CH2-CH-CH3
10   9    8    7    6   5  4    3   2  1
5-(1,1-Dimethylpropyl)-2-methyldecan
```

3.4.1.3 Bezeichnung von Alkylresten

Eine *Gruppe* oder ein *Rest* ist ein Molekülteil, bei dem eine Ansammlung von Atomen als Einheit betrachtet wird. Als **funktionelle Gruppen** bezeichnet man Strukturen, die die Stoffklasse kennzeichnen und zugleich deren Eigenschaften bestimmen.

Bei Alkylgruppen entsteht der Gruppenname durch Ersatz der Endung -an im betreffenden Alkan durch die Endung **-yl**. Die freie Valenz ist immer mit dem *Lokanten* 1 zu beziffern, was aber nicht gesondert angegeben werden muss. In den ◘Tab. 3.36 und ◘Tab. 3.37 sind einige häufig vorkommende Alkylreste aufgelistet.

◘ Tab. 3.36 Struktur ausgewählter einwertiger Alkylreste

Primärer Alkylrest $R-CH_2-$	CH_3- Methyl CH_3-CH_2- Ethyl $CH_3-(CH_2)_2-$ *n*-Propyl $CH_3-(CH_2)_3-$ *n*-Butyl $CH_3-(CH_2)_4-$ *n*-Pentyl (*n*-Amyl)	CH_3 | $CH_3-CH-CH_2-$ Isobutyl $CH_3-CH-(CH_2)_2-$ | CH_3 Isopentyl (Isoamyl)	CH_3 | CH_3-C-CH_2- | CH_3 Neopentyl
Sekundärer Alkylrest $R-CH-$ | R	CH_3-CH- | CH_3 Isopropyl CH_3-CH_2-CH- | CH_3 *sek*-Butyl	Tertiärer Alkylrest R | $R-C-$ | R	CH_3 | CH_3-C- | CH_3 *tert*-Butyl CH_3 | CH_3-CH_2-C- | CH_3 *tert*-Pentyl (*tert*-Amyl)

◘ Tab. 3.37 Trivialnamen und systematische Nomenklatur einwertiger Alkylreste

Alkylrest	Trivialname	Systematische Bezeichnung
$(CH_3)_2CH$-	Isopropyl-	2-Propyl-
$CH_3CH_2CH(CH_3)$-	*sek*-Butyl-	1-Methylpropyl- (Butan-2-yl-)
$(CH_3)_3C$-	*tert*-Butyl-	1,1-Dimethylethyl-
$CH_3CH_2C(CH_3)_2$-	*tert*-Pentyl-, *tert*-Amyl-	1,1-Dimethylpropyl-
$(CH_3)_3C$-CH_2-	Neopentyl-	2,2-Dimethylpropyl-

▫ Tab. 3.38 Struktur einiger zweiwertiger Alkylreste

CH_3-CH=	Ethyliden	-CH_2-	Methylen
		-CH_2CH_2-	Ethylen
CH_3-CH_2-CH=	Propyliden	-$CH_2CH_2CH_2$-	Trimethylen
$(CH_3)_2C$=	Isopropyliden (1-Methylethyliden)	-$(CH_2)_4$-	Tetramethylen
		-$CH_2CH(CH_3)$-	Propylen

Die Benennung zweiwertiger Alkylreste erfolgt – ausgehend vom Stammkohlenwasserstoff – entweder durch die Endung **-ylen** (zwei freie Valenzen an den beiden endständigen C-Atomen) oder durch die Endung **-yliden** (zwei freie Valenzen am selben C-Atom). ▫Tab. 3.38 zeigt die Strukturen ausgewählter zweiwertiger Alkylreste.

3.4.1.4 Arten von Kohlenstoff- und Wasserstoffatomen

Ein *primäres Kohlenstoffatom* ist nur mit einem weiteren, ein *sekundäres* mit zwei, ein *tertiäres* mit drei und ein *quartäres* mit vier anderen C-Atomen verknüpft. Ein *Wasserstoffatom* wird mit *primär, sekundär* oder *tertiär* gekennzeichnet, je nachdem mit welchem C-Atom es verbunden ist.

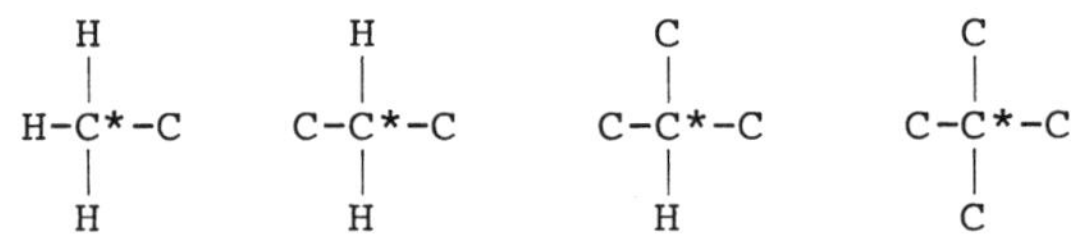

3.4.1.5 Cycloalkane und kondensierte Ringsysteme

Cycloalkane sind gesättigte Kohlenwasserstoffe mit *ringförmig* geschlossenem *Kohlenstoffgerüst,* deren elementare Zusammensetzung der Summenformel C_nH_{2n} entspricht [vgl. **MC-Fragen Nr. 507, 1331, 1737**].

Die Namen der gesättigten monocyclischen Kohlenwasserstoffe werden aus der Bezeichnung der unverzweigten, offenkettigen Alkane gleicher C-Zahl und der Vorsilbe „**Cyclo-**" gebildet.

Cyclopropan	**Cyclobutan**	**Cyclopentan**	**Cyclohexan**
(C_3H_6)	**(C_4H_8)**	**(C_5H_{10})**	**(C_6H_{12})**

Einwertige Reste dieser Substanzen werden durch den Ersatz der Endung -an durch **-yl** charakterisiert, z. B.:

Cyclohexyl-Rest Cycloheptyl-Rest

Zur rationellen Bezeichnung eines *kondensierten Ringsystems* mit zwei gemeinsamen C-Atomen folgt nach dem Präfix „**Bicyclo**" in eckigen Klammern die Anzahl der C-Atome in den Brückengliedern, wobei man mit der längsten Brücke beginnt und Brückenatome nicht mitzählt. (Als *Brückenatome* bezeichnet man die C-Atome, über welche die Verknüpfung der einzelnen Ringe stattfindet. Sie sind in den nachfolgenden Formeln durch einen Punkt gekennzeichnet.) Danach wird der Name des Alkans genannt, der sich aus der Zahl aller Ringglieder ergibt. Die Nummerierung beginnt an einem Brückenatom, folgt der längsten Brücke und geht auf der nächstkürzeren zurück; schließlich nummeriert man die letzte Brücke. Cyclische Verbindungen, die aus drei oder mehr miteinander kondensierten Ringen bestehen, werden in analoger Weise unter Verwendung der Präfixe „**Tricyclo**", „**Tetracyclo**" usw. benannt [vgl. **MC-Fragen Nr. 512, 515, 516**].

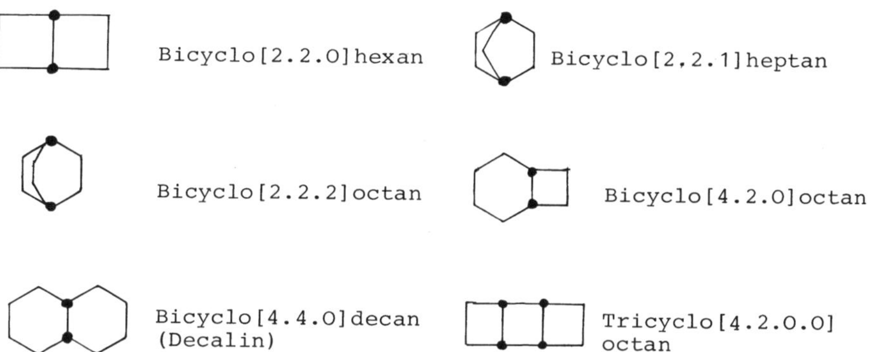

Bicyclische Verbindungen, die nur ein gemeinsames C-Atom enthalten, bezeichnet man als *Spiroverbindungen*. Ihre Nomenklatur basiert auf folgendem Schema, wobei die Zahlen in den eckigen Klammern nach abnehmender Größe angeordnet werden [vgl. **MC-Frage Nr. 1798**]:

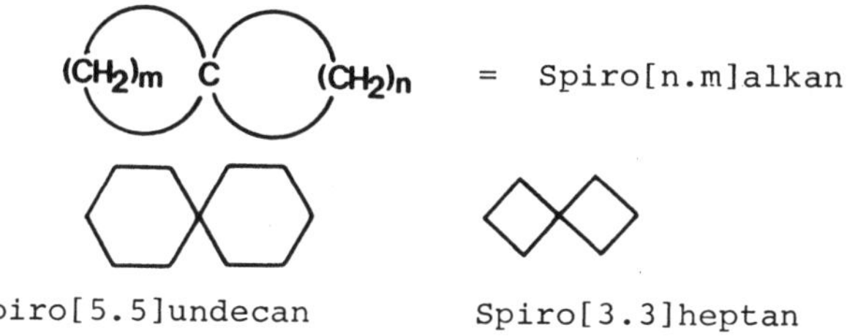

Einige andere bicyclische Ringsysteme wurden bereits im ▸Kap. 3.3.12 vorgestellt. Als weitere polycyclische Kohlenwasserstoffe sind **Adamantan (Tricyclo[3.3.1.1] decan)** und das isomere **Twistan** zu nennen. **Perhydrocyclopenta[a]phenanthren** stellt das Grundgerüst der *Steroidhormone* dar; es wird auch als **Steran** (oder **Gonan**) bezeichnet.

Adamantan Twistan Steran (Gonan)

3.4.2 Stereochemie der Alkane und Cycloalkane

Die Bindungsverhältnisse von C-C-Einfachbindungen waren Gegenstand des ▸Kap. 3.1.2. Die isomeren *Konformationen* von Alkanen und Cycloalkanen wurden im ▸Kap. 3.3.5.1 und ▸Kap. 3.3.6.2 beschrieben. Zur *geometrischen Isomerie* von Cycloalkanen siehe ▸Kap. 3.3.12. Zur *Chiralität* alicyclischer Ringsysteme wird auf ▸Kap. 3.3.7.5 verwiesen.

3.4.3 Physikalische Eigenschaften von Alkanen und Cycloalkanen

Die ersten vier Glieder der homologen Reihe der Alkane sind bei Raumtemperatur *gasförmig*, *n*-Pentan und die höheren Homologen bis C_{16} sind *flüssig*, die danach folgenden Glieder sind *fest*.

Während die gasförmigen und festen Alkane geruchlos sind, besitzen die flüssigen Paraffine den typischen „Benzingeruch". Alle Alkane haben eine geringere Dichte als Wasser und sind sämtlich in Wasser unlöslich. Sie haben *lipophile* („fettliebende") bzw. *hydrophobe* („wasserfeindliche") Eigenschaften.

Innerhalb der homologen Reihe der *n-Alkane* beobachtet man ein *stetiges Ansteigen der Siedepunkte*. Dies ist auf die mit zunehmender Molmasse stärker werdenden *van der Waals-Kräfte (Dispersionskräfte)* zurückzuführen [siehe Ehlers, **Chemie I**, ▸Kap. 1.7.1.2]. Dabei nimmt die *Siedepunktsdifferenz* zweier benachbarter Alkane mit steigender Molmasse ab. Folglich lassen sich die niederen Glieder der homologen Reihe leichter als die höheren durch *fraktionierte Destillation* trennen. Die Siedepunkte der *n*-Alkane liegen ausnahmslos höher als die der isomeren, verzweigten Kohlenwasserstoffe gleicher C-Zahl.

Dieser *Einfluss der Verzweigung* auf den *Siedepunkt* wird bei allen organischen Stoffklassen beobachtet. Durch die Kettenverzweigung nimmt die Raumstruktur eines Moleküls immer mehr eine kugelförmige Gestalt an. Dadurch verringert sich die Oberfläche des Moleküls, die zwischenmolekularen Bindungskräfte werden schwächer und können schon bei einer tieferen Temperatur überwunden werden [vgl. **MC-Frage Nr. 506**].

Wie die Zahlenwerte in ▫Tab. 3.39 belegen, zeigen auch die *Schmelzpunkte der n-Alkane* bis C_{24} ein gesetzmäßiges, allerdings alternierendes Verhalten. Alkane mit einer geraden Anzahl von C-Atomen schmelzen aufgrund unterschiedlicher Kristallstrukturen relativ höher als die mit einer ungeraden Anzahl von C-Atomen.

Tab. 3.39 Schmelzpunkte und Siedepunkte von Alkanen und Cycloalkanen [in °C]

Kohlenwasserstoff	Sdp.	Schmp.	Kohlenwasserstoff	Sdp.	Schmp.
Methan	– 164	– 184	*n*-Heptan	98,3	– 90,5
Ethan	– 88,5	– 172,1	*n*-Octan	125,8	– 57
Propan	– 44,5	– 189,9	*n*-Nonan	150,6	– 51
n-Butan	– 0,5	– 135	*n*-Decan	173,8	– 30,1
Isobutan	– 10,5	– 145	Cyclopropan	– 34,5	– 127
n-Pentan	36,2	– 130,8	Cyclobutan	11	– 80
Isopentan	28,0	– 158,6	Cyclopentan	49,5	– 93,3
Neopentan	9,5	– 19,8	Cyclohexan	81	6,4
n-Hexan	68,8	– 93,5	Cycloheptan	118	– 12

Cycloalkane ähneln in ihren physikalischen Eigenschaften den offenkettigen Analogen, sieden aber in der Regel bei höheren Temperaturen als die offenkettigen Alkane gleicher Kohlenstoff-Zahl [vgl. **MC-Frage Nr. 508**].

3.4.4 Darstellung und Reaktionen von Alkanen

3.4.4.1 Darstellung von Alkanen

Im technischen Maßstab gewinnt man die gesättigten Kohlenwasserstoffe durch fraktionierte Destillation aus *Erdgas* oder *Erdöl*. Da aber – wie Tab. 3.35 belegt – die Zahl der Isomeren ab C_5 stark ansteigt und deren Siedepunktsbereiche sich z.T. überschneiden, ist eine destillative Trennung schwierig. Daher müssen zur *Reindarstellung höherer Alkane spezielle Synthesemethoden* herangezogen werden. Als Startmaterialien für die Alkansynthese dienen vorrangig *Alkene, Halogenalkane (Alkylhalogenide)* und *Carbonsäuren.*

(1) Die *katalytische Hydrierung von Alkenen* läuft nahezu quantitativ unter Erhalt des C-Gerüstes ab (siehe ▸Kap. 3.2.19.1). Die als Edukte verwendeten Alkene gewinnt man in der Regel durch *Dehydratisierung von Alkoholen* (siehe ▸Kap. 3.5.3).

$$C_nH_{2n} + H_2 \xrightarrow{\text{Katalysator}} C_nH_{2n+2}$$

(2) Bei der Herstellung von Alkanen aus *Halogenalkanen (Alkylhalogeniden)* besteht im Allgemeinen der erste Reaktionsschritt in der Umwandlung eines Alkohols in ein Halogenalkan. Meistens dienen HBr oder HI als Reagenzien. Das gebildete Alkylhalogenid wird anschließend katalytisch hydrogenolysiert. Der Kontakt ist zur Bindung des Halogenwasserstoffs auf einem basischen Träger niedergeschlagen. *Iodalkane* lassen sich auch mit überschüssiger Iodwasserstoffsäure reduzieren.

$$\text{R-OH} + \text{HX} \xrightarrow{-H_2O} \text{R-X} \xrightarrow[\text{Pd/BaCO}_3]{+\,H_2} \text{R-H} + \text{HX}$$

$$\text{R-OH} + \text{HI} \xrightarrow{-H_2O} \text{R-I} \xrightarrow{+\,\text{HI}} \text{R-H} + I_2$$

(3) Darüber hinaus können *Alkylhalogenide* in *Organometallverbindungen* übergeführt werden, die anschließend mit weiterem Alkylhalogenid unter Metallhalogenid-Abspaltung reagieren oder mit Wasser zersetzt werden.

- Die **Wurtz-Synthese** beruht auf dem erstgenannten Prinzip. Hierzu werden vorzugsweise Alkylbromide oder Alkyliodide mit metallischem Natrium umgesetzt, wobei durch Halogen-Metall-Austausch *Natriumorganyle* als Zwischenstufe auftreten. Da bei dieser Reaktion zwei Alkylreste miteinander verknüpft werden, ist sie besonders zur Synthese höherer, symmetrischer Alkane geeignet [vgl. **MC-Fragen Nr. 728, 732, 734, 736**].

$$\text{R-Hal} + 2\ \text{Na} \xrightarrow{-\text{NaHal}} \text{R-Na} \xrightarrow[-\ \text{NaHal}]{+\ \text{R-Hal}} \text{R-R}$$

z. B.: $CH_3\text{-I} + 2\ \text{Na} \xrightarrow{-\text{NaI}} CH_3\text{-Na} + CH_3\text{-I} \rightarrow CH_3\text{-}CH_3 + \text{NaI}$

Durch Verwendung von *Halogenbenzenen* lassen sich auch *Alkylaromaten* herstellen (**Wurtz-Fittig-Reaktion**).

$$\text{Ar-Hal} + 2\ \text{Na} \xrightarrow{-\text{NaHal}} \text{Ar-Na} \xrightarrow[-\text{NaHal}]{+\text{R-Hal}} \text{Ar-R}$$

Bei der Umsetzung von *1,3-Dihalogenalkanen* mit Natrium oder Zink erhält man in einer *intramolekularen* Variante der Wurtz-Reaktion *Cyclopropan-Derivate.*

```
 |  |  |                    |
-C--C--C-                  -C
 |  |  |                    | >C<
 X     X   +  Zn  ---->    -C        +  ZnX2
                            |
```

- Im zweiten Fall arbeitet man vor allem mit Zink oder Lithium bzw. mit **Grignard-Verbindungen** (RMgX) und zersetzt die aus den Alkylhalogeniden gebildeten Metallorganyle mit Wasser. Grignard-Verbindungen erhält man durch Umsetzung von Alkylhalogeniden mit metallischem Magnesium [siehe auch ▸Kap. 3.8.3.1 und **MC-Fragen Nr. 742, 745**].

$$2\ \text{R-X} + \text{Zn} \xrightarrow{-\ ZnX_2} \text{R-Zn-R} \xrightarrow{+\ 2\ H_2O} 2\text{-R-H} + Zn(OH)_2$$

z.B.: $2\ CH_3CH_2X \rightarrow Zn(CH_2CH_3)_2 + 2\ H_2O \rightarrow 2\ CH_3\text{-}CH_3 + Zn(OH)_2$
$CH_3CH_2X \rightarrow CH_3CH_2Li + H_2O \rightarrow CH_3\text{-}CH_3 + LiOH$

$$\text{R-X} + \text{Mg} \rightarrow \text{R-Mg-X} + H_2O \rightarrow \text{R-H} + \text{Mg(OH)X}$$

Anstelle von Wasser können auch Alkohole oder andere Reagenzien mit aciden H-Atomen zur Spaltung der Metallorganyle eingesetzt werden (siehe **Zerewitinow-Reaktion**, ▸Kap. 3.8.3.1).

- Die Synthese höherer Alkane gelingt durch Umsetzung von Grignard-Reagenzien oder Lithiumkupferorganylen mit Alkylhalogeniden [vgl. **MC-Frage Nr. 505**].

$$\text{R-MgX} + \text{R'-X} \rightarrow \text{R-R'} + MgX_2$$
$$\text{R-X} + R_2\text{'CuLi} \rightarrow \text{R-R'} + \text{R'Cu} + \text{LiX}$$

z. B.: $C_2H_5Cl + (C_2H_5)_2CuLi \rightarrow CH_3CH_2CH_2CH_3 + CH_3CH_2Cu + LiCl$

(4) *Carbonsäuren* oder deren Na-Salze können durch *Thermolyse* zu dem um ein C-Atom ärmeren Alkan decarboxyliert werden (siehe auch ▸Kap. 3.13.3).

$$\text{R-COONa} + \text{NaOH} \xrightarrow{\Delta} \text{R-H} + Na_2CO_3$$

(5) Bei der **Alkansynthese nach Kolbe** elektrolysiert man konzentrierte Lösungen der *Alkalisalze von Carbonsäuren.* An der Kathode bildet sich Wasserstoff und an der Anode entsteht ein Gemisch aus CO_2 und dem Alkan.

$$2\ \text{R-COONa} + 2\ H_2O \xrightarrow{\text{Elektrolyse}} \underset{\text{Anode}}{[\text{R-R} + 2\ CO_2]} + \underset{\text{Kathode}}{[2\ \text{NaOH} + H_2]}$$

Die *Elektrolyse* gelingt am besten mit Carbonsäuren mittlerer Kettenlänge. Die Reaktion verläuft *radikalisch.* Da im Verlauf der Reaktion *zwei gleiche Alkylradikale* miteinander rekombinieren, liefert die Kolbe-Reaktion nur geradzahlige Kohlenwasserstoffe [vgl. **MC-Fragen Nr. 502, 1765**].

$$2\ \text{R-COO}^- \xrightarrow{-\,2\,e^-} \underset{\text{Carboxylat-Radikal}}{2\ \text{R-COO}\cdot} \xrightarrow{-\,2\,CO_2} \underset{\text{Alkylradikal}}{2\ \text{R}\cdot} \xrightarrow{\text{Dimerisierung}} \text{R-R}$$

Beispielsweise erhält man bei der Elektrolyse des Natriumsalzes der **Valeriansäure** reines ***n*-Octan** [vgl. **MC-Frage Nr. 504**].

$$2\ CH_3CH_2CH_2CH_2\text{-COONa} \longrightarrow CH_3\text{-}(CH_2)_6\text{-}CH_3$$

Wenig praktische Bedeutung besitzt die Elektrolyse von Carboxylat-Gemischen. Elektrolysiert man z. B. eine wässrige Lösung von Natriumacetat (CH_3COONa) *und* Natriumpropionat (CH_3CH_2COONa), erhält man aufgrund möglicher Radikalrekombinationen Ethan (CH_3-CH_3), Propan (CH_3-CH_2CH_3) und Butan (CH_3CH_2-CH_2CH_3) als Reaktionsprodukte [vgl. **MC-Frage Nr. 503**].

3.4.4.2 Reaktionen von Alkanen

Die wichtigsten radikalisch verlaufenden *Reaktionen* von Alkanen wie Halogenierungen oder die Sulfochlorierung wurden bereits im ▸Kap. 3.2.4.3 vorgestellt. Die Oxidation von Alkanen wurde im ▸Kap. 3.2.18.1 beschrieben. Pyrolyse-Reaktionen (Crack-Prozesse) waren Gegenstand des ▸Kap. 3.2.18.4.

3.4.5 Darstellung und Reaktionen von Cycloalkanen

3.4.5.1 Darstellung von Cycloalkanen

Mit Ausnahme der durch katalytische Hydrierung von Benzen-Derivaten leicht zugänglichen Cyclohexan-Abkömmlinge werden alle alicyclischen Verbindungen durch *Ringschlussreaktionen* hergestellt.

Einige dieser Reaktionen wurden bereits im ▸Kap. 3.2.14.4 „*Cycloadditionen*" besprochen. Danach lassen sich Cyclopropan-Derivate durch Addition von Carbenen an Alkene gewinnen, Cyclobutan-Derivate erhält man durch Dimerisierung von

Alkenen und für den Aufbau sechsgliedriger Ringsysteme ist besonders die Diels-Alder-Reaktion geeignet. Cyclobutan-Derivate lassen sich auch synthetisieren durch Umsetzung von Malonester-Derivaten mit 1,3-Dibrompropan im basischen Milieu. Darüber hinaus sei auch auf einige *„Umlagerungen"* hingewiesen, die unter *Ringverengung* bzw. *Ringerweiterung* verlaufen (siehe ▸Kap. 3.2.16.2). Die Herstellung von Cyclopropan-Derivaten durch *intramolekulare Wurtz-Reaktion* wurde im voranstehenden Abschnitt diskutiert. Die unter Cyclisierung ablaufende *Dieckmann-Reaktion* wird im ▸Kap. 3.14.4.3 vorgestellt. Als weitere Synthesemethoden, vor allem zur Darstellung von *Cycloalkanonen,* seien genannt:

- Pyrolyse von *Dicarbonsäuren* in Gegenwart von $Ba(OH)_2$,

$$(CH_2)_n(COO^-)_2\ Ba^{2+} \longrightarrow (CH_2)_n\,C{=}O + BaCO_3$$

- intramolekulare **Thorpe-Reaktion** von *Dinitrilen* in Anwesenheit basischer Kondensationsmittel (z. B. Natriumethanolat).

$$(CH_2)_n(CH_2CN)_2 \xrightarrow{\text{Base}} (CH_2)_n[CH_2{-}C({=}NH){-}CH(CN)] \xrightarrow[H_2O]{H^+} (CH_2)_n[CH_2{-}C({=}O){-}CH(COOH)] \xrightarrow[-CO_2]{\text{Hitze}} (CH_2)_{n+2}\,C{=}O$$

Ruggli-Ziegler-Verdünnungsprinzip: Das Prinzip wird bei intramolekularen Cyclisierungen zur Synthese höhergliedriger Ringsysteme angewendet.

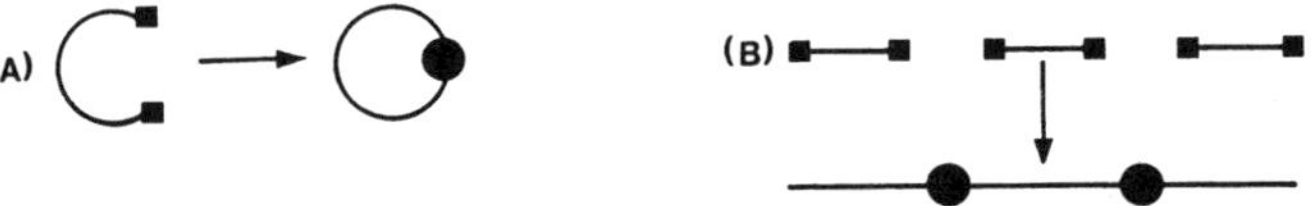

Während bei fünf- und sechsgliedrigen Ringen die *intramolekulare* Reaktion (A) stets schneller verläuft, ist im Allgemeinen – ausgehend von längerkettigen Edukten – bei der Synthese höhergliedriger Ringsysteme unter gleichen Reaktionsbedingungen die *intermolekulare* Reaktion (B) bevorzugt.

Beide Reaktionen unterscheiden sich aber in ihrer *Reaktionsmolekularität* (siehe Ehlers, **Chemie I**, ▸Kap. 1.13.3). *Die Ringschlussreaktion ist monomolekular.* Somit ändert sich die Wahrscheinlichkeit des Zusammentreffens beider Molekülenden selbst bei großer Verdünnung nicht. Die Zahl der Zusammenstöße zweier verschiedener Moleküle bei der bimolekularen, intermolekularen Reaktion nimmt hingegen mit wachsender Verdünnung ab. Durch Verdünnung der Edukte kann somit die intermolekulare Reaktion unterdrückt werden. Experimentell erreicht man eine sehr hohe Verdünnung dadurch, dass man die zu cyclisierende Komponente dem Reaktionsansatz in speziell konstruierten Apparaturen nur sehr langsam (über Stunden/Tage) zudosiert [vgl. **MC-Frage Nr. 511**].

3.4.5.2 Reaktionen von Cycloalkanen

Die alicyclischen Kohlenwasserstoffe gehen die gleichen Reaktionen ein wie ihre offenkettigen Analoga. Cycloalkane lassen sich vor allem radikalisch substituieren. Beispielsweise reagieren sie mit Chlor unter der Einwirkung von UV-Licht zu *Cycloalkylchloriden* [siehe ▸Kap. 3.2.4.3 und **MC-Frage Nr. 507**].

Das narkotisch wirksame **Cyclopropan** sowie **Cyclobutan** unterscheiden sich jedoch in ihrem Reaktionsverhalten grundlegend von den übrigen Verbindungen dieser Stoffklasse. Ihr Ringsystem kann leicht, unter Bildung offenkettiger Produkte aufgespalten werden [vgl. **MC-Frage Nr. 508**].

$$X{-}Y + \text{cyclo-}(H_2C{-}CH_2{-}CH_2) \longrightarrow Y{-}CH_2CH_2CH_2{-}X$$

So entsteht z. B. **Propan** bei der Hydrogenolyse von Cyclopropan. Die Umsetzung von Cyclopropan mit Brom ergibt **1,3-Dibrompropan** und mit HI bildet sich ***n*-Propyliodid**. Ebenso kann Cyclobutan mit Wasserstoff bei 200 °C in ***n*-Butan** umgewandelt werden.

3.5 Alkene, Alkine, Diene und Polyene

3.5.1 Struktur und Nomenklatur

3.5.1.1 Alkene, Diene und Polyene

Alkene (oder *Olefine*) unterscheiden sich von den entsprechenden gesättigten Kohlenwasserstoffen durch das Vorhandensein einer *C=C-Doppelbindung.* Sie besitzen somit bei gleicher Kohlenstoffzahl zwei Wasserstoffatome weniger als das analoge offenkettige Alkan. Die Molekularformel von *Monoenen* entspricht der allgemeinen Zusammensetzung $\mathbf{C_nH_{2n}}$ [vgl. **MC-Fragen Nr. 519, 1737**].

Die *homologe Reihe der Alkene* beginnt mit folgenden Gliedern:

$CH_2{=}CH_2$	**Ethen (Ethylen)**
$CH_2{=}CH{-}CH_3$	**Propen (Propylen)**
$CH_2{=}CH{-}CH_2CH_3$	**But-1-en (Butylen)**
$CH_2{=}CH{-}CH_2CH_2CH_3$	**Pent-1-en (Amylen)**

Bei der älteren *Trivialnomenklatur* wird die Endung -an des entsprechenden Alkans durch die Endung **-ylen** ersetzt, und einfache Verbindungen werden als Derivate des **Ethylens** aufgefasst.

$(CH_3)_2C{=}C(CH_3)_2$; $Cl_2C{=}CHCl$

Tetramethylethylen ; **Trichlorethylen**

Daneben sind noch Trivialnamen gebräuchlich:

$C_6H_5{-}CH{=}CH_2$; $C_6H_5{-}CH{=}CH{-}C_6H_5$

Styren (Vinylbenzen) ; **Stilben (1,2-Diphenylethen)**

Für die systematische Bezeichnung der Alkene nach dem *IUPAC-System* gelten folgende Regeln:

1. Man wählt als Grundstruktur die längste C-Kette, die die C=C-Doppelbindung enthält. Der Name dieser Grundstruktur leitet sich vom entsprechenden Alkan gleicher C-Zahl ab durch Ersatz der Endung -an gegen die Silbe (Suffix) **-en**. Dabei

wird als *Hauptkette* das C-Gerüst definiert, das die größte Anzahl an C=C-Doppelbindungen enthält.

2. Die Lage der C=C-Doppelbindung ist zu kennzeichnen, wobei die C-Kette von dem der Doppelbindung näheren Kettenende aus nummeriert wird. Da eine Doppelbindung immer ein C-Atom mit dem zahlenmäßig nächst höheren verbindet, ist lediglich die *erste Ziffer* als Lokant anzugeben.
3. Substituenten werden dem Namen der Grundstruktur – unter Bezifferung ihrer Position – als Vorsilben vorangestellt.
4. Bei Bedarf werden *Konfigurationsisomere* durch die Vorsilbe *cis* oder *trans* bzw. ***Z*** oder ***E*** charakterisiert (siehe Kap. 3.3.4.4).
5. Sind in einem Molekül mehrere Doppelbindungen vorhanden, so wird dies durch Einfügen von **di-, tri-, tetra-** (usw.) vor der Endsilbe **-en** angezeigt. Vorangestellte Ziffern geben die Stellenbezeichnungen der Doppelbindungen an.

Als Beispiele für die Anwendung dieser Regeln seien genannt:

$$\begin{array}{ccccccccc} ^{1} & & ^{2} & & ^{3} & & ^{4} & & ^{5} \\ CH_2 & = & C & - & CH_2 & - & CH & - & CH_3 \\ & & | & & & & | & & \\ & & C_2H_5 & & & & CH_3 & & \end{array} \quad ; \quad \begin{array}{ccccccc} ^{1} & & ^{2} & & ^{3} & & ^{4} \\ H_2C & = & C & - & C & = & CH_2 \\ & & | & & | & & \\ & & H_3C & & CH_3 & & \end{array}$$

2-Ethyl-4-methylpent-1-en **2,3-Dimethylbuta-1,3-dien**

Darüber hinaus hat man bei *Dienen* noch verschiedene *Arten von Doppelbindungen* zu unterscheiden. Wie die nachfolgend vorgestellten Pentadiene zeigen, spricht man von *isolierten, konjugierten* oder *kumulierten* Bindungen.

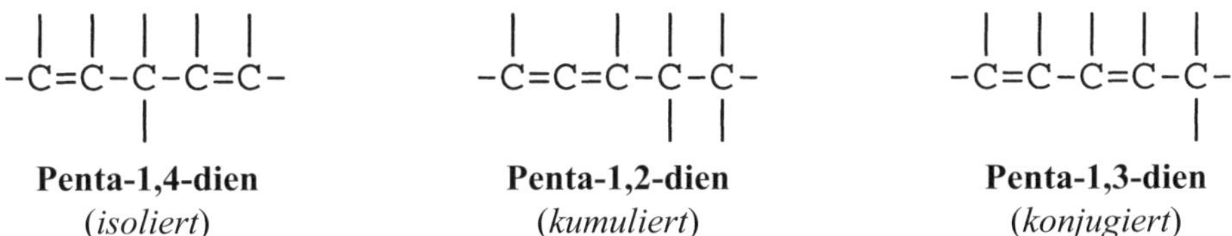

Penta-1,4-dien (*isoliert*) **Penta-1,2-dien** (*kumuliert*) **Penta-1,3-dien** (*konjugiert*)

Für manche Diene existieren wiederum Spezialnamen.

$CH_2{=}C{=}CH_2$ **Allen (Propadien)**

$CH_2{=}C(CH_3){-}CH{=}CH_2$ **Isopren (2-Methylbuta-1,3-dien)**

Die Bezeichnung von *Alkenylgruppen* folgt den Regeln wie sie für Alkylreste abgeleitet wurden (siehe Kap. 3.4.1.3); ihre Namen enden jedoch auf **-enyl**. Die Stellung der Doppelbindung wird durch eine vorangestellte Ziffer angegeben, wobei man vom C-Atom mit der freien Valenz ausgeht.

$\overset{4}{CH_3}\overset{3}{CH_2}{-}\overset{2}{CH}{=}\overset{1}{CH}{-}$; $\overset{4}{CH_3}{-}\overset{3}{CH}{=}\overset{2}{CH}{-}\overset{1}{CH_2}{-}$; $\overset{4}{CH_2}{=}\overset{3}{CH}{-}\overset{2}{CH_2}\overset{1}{CH_2}{-}$

Buten-1-yl- But-2-en-1-yl- But-3-en-1-yl-

Ausnahmen bilden Alkenylgruppen, für die Trivialnamen gebräuchlich sind [vgl. **MC-Frage Nr. 1328**]:

$H_2C=$	**Methylen-Rest**	
$-CH=$	**Methin-Rest**	
$CH_2=CH-$	**Vinyl-Rest**	**(Ethenyl-Rest)**
$-CH=CH-$	**Vinylen-Rest**	
$H_2C=C=$	**Vinyliden-Rest**	
$(CH_3)_2C=$	**Isopropyliden-Rest**	
$CH_2=CH-CH_2-$	**Allyl-Rest**	**(Prop2-en-1-yl-Rest)**
$CH_3-CH=CH-CH_2-$	**Crotylrest**	**(But-2-en-1-yl-Rest)**

3.5.1.2 Alkine

Sie enthalten eine *C≡C-Dreifachbindung* und ihre Summenformel entspricht der allgemeinen Zusammensetzung $\mathbf{C_nH_{2n-2}}$. Ihre systematische Bezeichnung erfolgt durch Ersatz der Endung -an im Namen des entsprechenden Alkans durch die Silbe **-in**. Die *homologe Reihe der Alkine* beginnt mit den Gliedern:

$HC\equiv CH$	**Ethin**	**(Acetylen)**
$HC\equiv C\text{-}CH_3$	**Propin**	**(Methylacetylen)**
$HC\equiv C\text{-}CH_2CH_3$	**But-1-in**	**(Ethylacetylen)**
$HC\equiv C\text{-}CH_2CH_2CH_3$	**Pent-1-in**	**(Propylacetylen)**

In der Trivialnomenklatur können Alkine auch als Derivate des **Acetylens** angesehen werden. Die Lage der Dreifachbindung wird – falls notwendig – durch eine Ziffer angegeben.

$$\overset{1}{C}H_3-\underset{\displaystyle CH_3}{\overset{2}{C}H}-\overset{3}{C}\equiv\overset{4}{C}-\underset{\displaystyle CH_3}{\overset{5}{C}H}-\overset{6}{C}H_3$$

2,5-Dimethylhex-3-in
(Diisopropylacetylen)

In komplizierteren Strukturen wird die Alkinylgruppe als Vorsilbe verwendet.

$C_6H_{11}-C\equiv CH$ **Ethinylcyclohexan**

Ein Kohlenwasserstoff, der eine Doppelbindung *und* eine Dreifachbindung enthält, wird als *Alkenin* bezeichnet, wobei die Doppelbindung bei der Nummerierung die niedrigere Ziffer bekommt **(„en" vor „in")**. Dies ist eine Ausnahme von der Regel, dass die am Ende stehende Gruppe die Zählweise bestimmt.

$$\overset{1}{C}H_2=\overset{2}{C}H-\overset{3}{C}H=\overset{4}{C}H-\overset{5}{C}\equiv\overset{6}{C}H$$

Hexa-1,3-dien-5-in

Substanzen, die eine HO-Gruppe *und* eine C≡C-Dreifachbindung besitzen, heissen *Alkinole.* Hier ist die Endsilbe **-ol** für die Nummerierung entscheidend und steht am Ende des chemischen Namens.

```
4  3 2    1
HC≡C-CH2-CH2OH        But-3-in-1-ol
```

Die Bezeichnung von *Alkinylgruppen* erfolgt entsprechend der von Alkylgruppen durch Anhängen der Endung **-inyl**.

HC≡C—	**Ethinyl-Rest**	
$HC{\equiv}C{-}CH_2{-}$	**Prop-2-in-1-yl-Rest**	**(Propargyl-Rest)**
$CH_3{-}C{\equiv}C{-}$	**Prop-1-in-1-yl-Rest**	

3.5.2 Molekülbau von Alkenen, Dienen und Alkinen

Die Bindungsverhältnisse von Alkenen und Dienen wurden bereits im ▸Kap. 3.1.3 und ▸Kap. 3.1.9 vorgestellt. Die *E/Z-Isomerie* von Doppelbindungssystemen war Gegenstand der ▸Kap. 3.3.4.4 und ▸Kap. 3.3.11.1. Die Bindungsverhältnisse von Alkinen wurden im ▸Kap. 3.1.4 beschrieben.

3.5.3 Darstellung von Alkenen

Für die Synthese von Alkenen stehen folgende Methoden zur Verfügung:

(1) Zur industriellen Gewinnung *niederer Alkene* (C_2-C_5) dienen verschiedene *Crackverfahren (steam-cracking)* höherer, gesättigter Kohlenwasserstoffe. Als Hauptprodukte werden vor allem **Ethylen** und **Propylen** erhalten (siehe Kap. 3.2.18.4).

(2) In manchen Fällen ist die *partielle Hydrierung von Alkinen* an Lindlar-Katalysatoren ein nützliches Syntheseverfahren zur Darstellung von *cis-Alkenen.* Reduziert man Alkine in flüssigem Ammoniak mit unedlen Metallen (Li, Na), so entstehen *trans-Alkene* [siehe auch ▸Kap. 3.2.19.1 und **MC-Fragen Nr. 539–541**].

(3) Die wichtigsten Methoden zur Einführung einer C=C-Doppelbindung sind die [vgl. **MC-Fragen Nr. 520–522**]:

- *Dehydratisierung von Alkoholen*; die Alkohole können zuvor auch in die entsprechenden Alkyltosylate (CH_3-C_6H_4-SO_2-OR) umgewandelt und dann thermisch gespalten werden.

```
    | |              | |
HO-C-C-H  +  H+  →  -C=C-  +  H3O+
    | |
```

- *Dehydrohalogenierung von Halogenalkanen* (Alkylhalogeniden)

```
   | |              | |
X-C-C-H  +  B|  →  -C=C-  +  BH+X-
   | |
```

- *Thermolye (Pyrolyse) von Carbonsäurealkylestern*

$$\mathrm{H{-}\overset{|}{\underset{|}{C}}{-}\overset{|}{\underset{|}{C}}{-}O{-}\underset{\underset{O}{\|}}{C}{-}R \;\rightarrow\; {-}\overset{|}{C}{=}\overset{|}{C}{-} \;+\; R{-}COOH}$$

- *Hofmann-Eliminierung quartärer Ammoniumbasen*

$$\left[\mathrm{R_3\overset{+}{N}{-}\overset{|}{\underset{|}{C}}{-}\overset{|}{\underset{|}{C}}{-}H}\right]\mathrm{HO^-} \;\rightarrow\; \mathrm{{-}\overset{|}{C}{=}\overset{|}{C}{-} \;+\; R_3N \;+\; H_2O}$$

- *Enthalogenierung vicinaler Dihalogenide*

$$\mathrm{X{-}\overset{|}{\underset{|}{C}}{-}\overset{|}{\underset{|}{C}}{-}X \;+\; Zn \;\rightarrow\; {-}\overset{|}{C}{=}\overset{|}{C}{-} \;+\; ZnX_2}$$

Diese *Eliminierungsreaktionen,* die in der Regel zu Isomerengemischen führen, wurden bereits im ▸Kap. 3.2.10 (◻Tab. 3.13) beschrieben, sodass an dieser Stelle nur einige präparative Aspekte diskutiert werden sollen.

- **Dehydratisierung von Alkoholen**: Sie wird meistens durch Erhitzen des Alkohols mit H_2SO_4, H_3PO_4, $ZnCl_2$ oder an Al_2O_3-Kontakten durchgeführt. Die Leichtigkeit der Dehydratisierung steigt vom primären zum tertiären Alkohol hin an. Im Wesentlichen wird bei der Säurekatalyse ein E1-Mechanismus durchlaufen, sodass mit umgelagerten Produkten zu rechnen ist. Als Nebenprodukte entstehen *Ether* [R-O-R] und in Gegenwart von Schwefelsäure auch *Mono-* [$RO\text{-}SO_3H$] und *Dialkylsulfate* [$RO\text{-}SO_2\text{-}OR$] [vgl. **MC-Fragen Nr. 132, 133, 522**].
  Alkohole, die sich nur schwer dehydratisieren lassen, überführt man zuvor in *Alkyltosylate,* die anschließend thermisch gespalten werden.

$$\underset{\text{Alkohol}}{\mathrm{H{-}\overset{|}{\underset{|}{C}}{-}\overset{|}{\underset{|}{C}}{-}\overset{|}{O}H}} \longrightarrow \underset{\text{Alkyltosylat}}{\mathrm{H{-}\overset{|}{\underset{|}{C}}{-}\overset{|}{\underset{|}{C}}{-}\overset{|}{O}{-}SO_2{-}Ar}} \xrightarrow{\Delta} \underset{\text{Alken}}{\mathrm{{-}\overset{|}{C}{=}\overset{|}{C}{-}}} + \mathrm{Ar{-}SO_3H}$$

  Besonders leicht dehydratisieren *β-Hydroxycarbonylverbindungen* unter Bildung vinyloger (konjugierter) Systeme.

$$\mathrm{{-}\underset{\underset{HO}{|}}{\overset{|}{C}}{-}\underset{\underset{H}{|}}{\overset{|}{C}}{-}\overset{|}{C}{=}O} \longrightarrow \mathrm{{-}\overset{|}{\underset{\beta}{C}}{=}\overset{|}{\underset{\alpha}{C}}{-}\overset{|}{C}{=}O} + \mathrm{H_2O}$$

- **Dehydrohalogenierung von Halogenalkanen**: Sie läuft in Gegenwart hochkonzentrierter, starker Basen nach einem bimolekularen Mechanismus (E2) ab. Als Basen werden vor allem Alkalihydroxide, Alkalialkoholate, Alkaliamide und tertiäre Amine (Pyridin, Triethylamin) eingesetzt. Als Lösungsmittel verwendet man Alkohole oder dipolar-aprotische Solventien. Auch hier steigt die Leichtigkeit der Halogenwasserstoff-Abspaltung vom primären zum tertiären Halogenalkan hin an. Von präparativem Interesse ist die Bildung von *Ketenen* durch Behandeln von *Säurechloriden* mit Basen.

$$\underset{\text{H Cl}}{R_2C(H)\text{-}C(Cl)\text{=O}} + R_3N \xrightarrow{[E2]} \underset{\text{Keten}}{R_2C\text{=}C\text{=O}} + R_3NH^+Cl^-$$

(4) Wittig-Reaktion: Diese aufbauende *Carbonylolefinierung* ist ein außerordentlich wertvolles Verfahren zur Synthese von Alkenen und Dienen [vgl. **MC-Fragen Nr. 269, 524, 526, 527, 1080**].

Hierbei werden *Phosphinalkylene (Phosphor-Ylide)* an Aldehyde oder Ketone addiert. Über betainartige Zwischenstufen entstehen *Alkene* und *Phosphinoxide*. Meistens werden Triphenylphosphinalkylene als Edukte eingesetzt.

$$R^2\text{-}C(R^1)\text{=O} + (C_6H_5)_3P\text{=}C(R^3)\text{-}R^4 \quad \text{oder} \quad R^2\text{-}C(R^1)\text{=}P(C_6H_5)_3 + O\text{=}C(R^3)\text{-}R^4$$

$$-(C_6H_5)_3P\text{=O} \qquad \downarrow \qquad \text{-Triphenylphosphinoxid}$$

$$\underset{\text{Alken}}{R^1R^2C\text{=}CR^3R^4}$$

Die C=C-Doppelbindung wird ausschließlich am Ort der ursprünglichen Carbonylgruppe gebildet; Isomerisierungen werden nicht beobachtet [vgl. **MC-Fragen Nr. 527, 529, 530**].

Zum Beispiel führt die Umsetzung von **Aceton** mit dem aus Triphenylphosphin und **2-Brombutan** hergestellten Phosphor-Ylid zu **2,3-Dimethylpent-2-en** als Reaktionsprodukt.

$$H_3C\text{-}C(CH_3)\text{=O} + Br\text{-}CH(CH_3)\text{-}CH_2\text{-}CH_3 \xrightarrow{(C_6H_5)_3P} H_3C\text{-}C(CH_3)\text{=}C(CH_3)\text{-}CH_2\text{-}CH_3$$

Der Reaktionsmechanismus ist so zu deuten, dass das negativierte C-Atom des Phosphinalkylens nucleophil den positivierten Carbonylkohlenstoff angreift. Das primär gebildete *Betain* cyclisiert zum neutralen *Oxaphosphetan*. Letzteres zerfällt bei 0 °C meistens spontan in ein Phosphinoxid (z. B. Triphenylphosphinoxid) und ein *Alken*.

$$R_2C\text{=O} + CR_2\text{=}P(C_6H_5)_3 \longrightarrow \underset{\text{Betain}}{R_2C(O^-)\text{-}CR_2(^+P(C_6H_5)_3)} \longrightarrow \underset{\text{Oxaphosphetan}}{R_2C\text{-}CR_2 \text{ (O-P}(C_6H_5)_3\text{)}}$$

$$\longrightarrow (C_6H_5)_3P\text{=O} + R_2C\text{=}CR_2$$

Das intermediär auftretende Betain (Oxaphosphetan) kann in der *threo-* oder *erythro-Form* vorliegen (siehe ▸Kap. 3.3.7.4). Dabei würde durch die Eliminierung des Phosphinoxids aus der *threo-Form* ein ***trans*-Alken** entstehen, während die *erythro-Form* das ***cis*-Alken** liefert. Normalerweise bilden sich beide Betaine im gleichen Maße, sodass Isomerengemische anfallen. Bei geschickter Wahl der Reaktionsbedingungen bzw. der Edukte kann das *E*- oder *Z*-Isomer jedoch bevorzugt erhalten werden [vgl. **MC-Frage Nr. 526**].

Die Wittig-Reaktion eignet sich auch zur technischen Darstellung von *Polyenen* wie z. B. die in der Natur vorkommenden Substanzen **Vitamin A** und **Vitamin D** sowie β-**Carotin** [vgl. **MC-Fragen Nr. 527, 1344**].

Darüber hinaus lassen sich mit dieser Reaktion C=C-Doppelbindungen in Positionen einbauen, die durch andere Methoden nur sehr schwer zugänglich sind. Als Beispiele seien die Darstellung von *β,γ-ungesättigten Carbonsäuren s*owie von Substanzen mit einer *Exomethylen-Gruppierung* genannt [vgl. **MC-Fragen Nr. 526, 530, 531**].

Als Beispiel zur Synthese von ungesättigten Carbonsäuren oder ihren Derivaten sei die Herstellung von **Zimtsäureethylester** genannt. Hierzu wird *Benzaldehyd* [C_6H_5-CH=O] mit dem aus *Chloressigsäureethylester* [Cl-CH_2-$CO_2C_2H_5$] und Triphenylphosphin erhaltenen Phosphor-Ylid umgesetzt.

$$C_6H_5\text{-}CH{=}O + Cl\text{-}CH_2\text{-}CO_2CH_2CH_3 \xrightarrow{(C_6H_5)_3P} C_6H_5\text{-}CH{=}CH\text{-}CO_2CH_2CH_3$$

Die Wittig-Reaktion ist eine wichtige Synthesemethode zur Darstellung von Alkenen aus Carbonylverbindungen, wobei formal der Carbonylsauerstoff (=O) durch die Gruppierung (=CR_2) ersetzt wird. Die Lage der C=C-Doppelbindung in den gebildeten Alkenen ist eindeutig. Nahezu jede Carbonylverbindung und jedes P-Ylid können eingesetzt werden.

Darstellung der Phosphinalkylene: Alkylhalogenide reagieren mit Triphenylphosphin nach einem S_N2-Mechanismus zu kristallinen *Phosphoniumsalzen.* Aus den quartären Salzen lässt sich mit starken Basen [Lithiumalkylen, Phenyllithium, Alkalialkoholaten] unter Bildung von *Phosphinalkylenen (Phosphor-Ylide)* ein α-ständiges H-Atom ablösen [vgl. **MC-Frage Nr. 528**].

$$(C_6H_5)_3P + X\text{-}CH_2\text{-}R \longrightarrow [(C_6H_5)_3\overset{+}{P}\text{-}\overset{\alpha}{C}H_2\text{-}R]\ X^-$$

$$\xrightarrow[-\ LiX,\ -\ C_6H_6]{+\ LiC_6H_5} \left[\underset{\text{Ylid}}{(C_6H_5)_3\overset{+}{P}\text{-}\overset{\ominus}{C}H\text{-}R} \leftrightarrow \underset{\text{Ylen}}{(C_6H_5)_3P{=}CH\text{-}R}\right]$$

Unter einem **Ylid** versteht man ganz allgemein eine Verbindung, in der ein C-Atom mit negativer Ladung direkt an ein Heteroatom mit positiver Ladung gebunden ist [vgl. **MC-Frage Nr. 528**].

Die wesentlich instabileren *Stickstoff-Ylide* lassen sich nur in der Ylid-Form wiedergeben, während beim Phosphor unter Beteiligung von d-Orbitalen eine Oktettaufweitung zum Ylen möglich ist.

$$\left[R_3\overset{+}{N}\text{-}\overset{\ominus}{C}H\text{-}R\right]\ \textbf{Stickstoff-Ylid} \qquad \left[R_2\overset{+}{S}\text{-}\overset{\ominus}{C}H\text{-}R\right]\ \textbf{Schwefel-Ylid}$$

[5] Bei der **Alken-Metathese** vollzieht sich bei Temperaturen über 100 °C und hohen Drücken von 20–30 bar in Gegenwart von wolfram- oder molybdänhaltigen Katalysatoren ein Austausch von Alkylidengruppen.

$$R^1\text{-}CH{=}CH\text{-}R^2 + R^3\text{-}CH{=}CH\text{-}R^4 \rightarrow R^1\text{-}CH{=}CH\text{-}R^3 + R^2\text{-}CH{=}CH\text{-}R^4$$
$$R^1\text{-}CH{=}CH_2 + H_2C{=}CH\text{-}R^2 \rightarrow H_2C{=}CH_2 + R_1\text{-}CH{=}CH\text{-}R^2$$

Wenn im letztgenannten Reaktionsbeispiel die Reste R^1 und R^2 über ein C-Gerüst miteinander verknüpft sind, kommt zu einem *Ringschluss*. Die **Ringschluss-Metathese** kann daher zur Herstellung von *Cycloalkenen* mit einer Ringgröße ab 5 bis etwa 30 C-Atomen genutzt werden [vgl. **MC-Frage Nr. 1698**].

$$\xrightarrow[-H_2C{=}CH_2]{\text{Kat.}}$$

3.5.4 Reaktionen von Alkenen

Alkene besitzen eine hohe Neigung durch *Addition* von Reagenzien in gesättigte Verbindungen überzugehen. Viele Reagenzien [H_2SO_4, MnO_4^-, IBr, ICl, HOCl] lagern sich *ohne* Zuhilfenahme eines Katalysators an, während einige andere [H_2O, H_2] die Anwesenheit eines Katalysators erfordern [vgl. **MC-Fragen Nr. 148, 149**].

```
 | |                 | |
-C=C-  +  X-Y  -->  X-C-C-Y
                     | |
```

Der sterische Ablauf und die Regioselektivität dieser *elektrophilen Additionsreaktionen* wurden im ▸Kap. 3.2.11 beschrieben. Die unter *anti*-Markownikow-Orientierung verlaufenden *radikalischen Additionen* waren Gegenstand des ▸Kap. 3.2.13. *Cycloadditionen* wurden im ▸Kap. 3.2.14.4 vorgestellt, die *katalytische Hydrierung* von Alkenen wurde im ▸Kap. 3.2.19.1 behandelt und *Oxidationsreaktionen* an Alkenen mit Peroxysäuren, Permanganat oder Ozon wurden im ▸Kap. 3.2.18.3 diskutiert. Daher sollen in den folgenden Abschnitten lediglich einige präparative Aspekte dieser Additionsreaktionen angesprochen werden.

(1) Addition von Halogenen und Unterhalogenigen Säuren: Die *stereospezifische Trans-Addition* von Chlor oder Brom an eine C=C-Doppelbindung verläuft glatt und oft quantitativ. Allerdings reagieren sterisch gehinderte Alkene oder solche mit einer geringen Elektronendichte nur langsam oder überhaupt nicht. Die Anlagerung des reaktionsträgen Iods gelingt nur in Ausnahmefällen. Hingegen erfolgt die Umsetzung von Alkenen mit elementarem Fluor so heftig, dass Fragmentierungen eintreten. Die C≡C-Dreifachbindung ist weniger reaktiv, sodass ein *Alkenin* selektiv halogeniert werden kann.

$$H_2C{=}CH{-}CH_2{-}C{\equiv}CH \; + \; Br_2 \longrightarrow BrCH_2{-}CHBr{-}CH_2{-}C{\equiv}CH$$

Gelegentlich werden auch Substitutionsreaktionen unter Erhalt der C=C-Doppelbindung beobachtet. Diese Halogenierungen in *Allylstellung* lassen sich jedoch gezielter mit *N-Halogensuccinimiden* durchführen [siehe hierzu ▸Kap. 3.2.4.3, „*Wohl-Ziegler-Reaktion*“ und **MC-Frage Nr. 78**].

$$H_3C{-}C(CH_3){=}CH_2 + Cl_2 \xrightarrow{S_R} ClCH_2{-}C(CH_3){=}CH_2 + HCl$$

$$H_3C{-}C(CH_3){=}CH_2 + Cl_2 \xrightarrow{A_E} ClCH_2{-}C(CH_3)_2{-}Cl$$

Isobuten (2-Methylpropen)

Dient *Wasser* als Solvens für die Halogenaddition, so treten *Halogenhydrine* als Nebenprodukte auf. Will man sie als Hauptprodukte isolieren, empfiehlt sich die direkte Anlagerung von Unterhalogenigen Säuren an Alkene.

(2) Addition von Protonsäuren und Wasser: Bei der zweistufig, nicht stereospezifisch ablaufenden A_E-Reaktion von *Halogenwasserstoffen* an Alkene entstehen *Alkylhalogenide*. Je reaktionsträger das eingesetzte Alken ist, desto stärker muss die reagierende Säure sein. So setzt sich **Ethen** zwar mit HBr und HI, nicht aber mit HCl um. Die Addition von HCl erfolgt jedoch in Gegenwart von Lewis-Säuren wie $ZnCl_2$ oder $AlCl_3$.

```
  | |             | |,  + X⁻        | |
H-C=C-  +  H⁺ --> H2C-C⁺ ------> H2C-C-X
                    |               |
```

Auch *Wasser* lässt sich aufgrund seiner geringen Acidität *nicht* direkt an die C=C-Doppelbindung anlagern. Die *Hydratisierung von Alkenen* gelingt erst in Gegenwart starker Säuren (H_2SO_4, HNO_3). Oxonium- und Carbeniumionen werden als Zwischenprodukte durchlaufen. Die Addition von Wasser an Alkene erfolgt *regioselektiv* entsprechend der Markownikow-Regel; **Propen** wird somit zu **Propan-2-ol** (Isopropanol) hydratisiert [vgl. **MC-Fragen Nr. 155, 781, 782**].

```
  | |               - H2O      | |,   + H2O     | | +       - H⁺    | |
H-C=C-  +  H3O⁺  ---------> H2C-C⁺ --------> H2C-C-OH2  -------> H2C-C-OH
                                 |                |                    |
```

(3) Hydroborierung: Hierunter versteht man die Addition von Boranen, meistens **Diboran** [B_2H_6], an C=C-, C=O- und C=N-Doppelbindungen oder Dreifachbindungen. Diboran wird aus BF_3 und $NaBH_4$ hergestellt und ist in den zur Hydroborierung verwendeten etherischen Lösungen als Ether-Monomerkomplex [$R_2O \cdot BH_3$] gut löslich.

Am besten untersucht ist die *Addition von Diboran an Alkene.* Die Reaktion verläuft *regioselektiv* als **anti-Markownikow-syn-Addition** unter Bildung isolierbarer Trialkylborane [vgl. **MC-Fragen Nr. 532–535**].

```
                            [   |     |   ]≠
  | |          |            [ R-C-----C-H ]        | |
R-C=C-H  +  H-B-    ->      [   :     :   ]  ->  R-C---C-H
                            [   H-----B-  ]        |   |
                            [         |   ]        H  -B-
```

Die *Syn-Addition* ist eine Folge des *Vierzentren-Übergangszustandes,* wobei die Anlagerung des Diborans an die Doppelbindung von der sterisch weniger behinderten Seite aus erfolgt. Die *anti-Markownikow-Orientierung* ergibt sich aus der Polarisationsrichtung der B-H-Bindung, in der das Boratom der positivierte Bindungspartner ist und das H-Atom Hydridcharakter besitzt.

Die intermediär gebildeten, *monomer* vorliegenden *Trialkylborane* sind wichtige Zwischenprodukte zur Herstellung von:

- *Kohlenwasserstoffen* durch Protolyse mit wasserfreien Carbonsäuren,
- *Alkoholen* durch Oxidation mit alkalischem H_2O_2,
- *Ketonen* durch Oxidation mit CrO_3,
- *Aminen* durch Behandeln mit Amidosulfonsäure,
- *Alkylhalogeniden* durch Umsetzung mit N-Halogenverbindungen.

```
     | |                      | |             (R-COOH)                    | |
6  -C=C-  +  B2H6  ---> 2  (H-C-C-)3B  ---------------------------> 6 H-C-C-H
                              | |        |                                | |
                                         |    (H2O2/HO-)
                           Trialkyl-     |                                | |
                           boran         |----------------------> 6 H-C-C-OH
                                         |                                | |
                                         |    (H2N-SO3H)                  | |
                                         |----------------------> 6 H-C-C-NH2
                                         |                                | |
                                         |    (R2N-Cl)                    | |
                                         |----------------------> 6 H-C-C-Cl
                                         |                                | |
                                         |    (CrO3)                      | |
                                         |----------------------> 6 H-C-C=O
                                                                          |
```

Im Allgemeinen werden die an der Luft wenig beständigen Trialkylborane nicht isoliert, sondern *in situ* in die gewünschten Produkte übergeführt.

Präparatives Interesse besitzt vor allem die Oxidation der Bororganyle mit alkalischem H_2O_2 zu *Alkoholen,* die formal einer *anti-Markownikow-Hydratisierung* eines Alkens entspricht [vgl. **MC-Fragen Nr. 522, 533, 534**].

```
                      + H2O/H2SO4
                    ------------------> CH3-CH(OH)-CH3     (Markownikow)
CH3-CH=CH2  ---|                        Propan-2-ol
Propen         |   1) + B2H6
               |------------------> CH3-CH2-CH2OH      (anti-Markownikow)
                   2) H2O2/HO-          Propan-1-ol
```

Beispielsweise erhält man bei der Hydroborierung des **1,2-Dimethylcyclopentens** mit nachfolgender Oxidation ausschließlich ***cis*-1,2-Dimethylcyclopentanol** und **1-Methylcyclopenten** liefert **(*E*)-2-Methylcyclopentanol**.

H3C CH3 → H3C H OH CH3 ; H3C → H3C H OH H

Die *Cis*-Addition von Diboran an Alkene führt zu Trialkylboranen, wobei das Boratom regioselektiv an das wasserstoffreichere C-Atom der C=C-Doppelbindung tritt. Durch Oxidation der Trialkylborane mit alkalischer H_2O_2-Lösung erhält man Alkohole. Der Vorteil der Methode ist neben der anti-Markownikow-Orientierung das Fehlen jeglicher Umlagerungen.

(4) Oxosynthese (Hydroformylierung): Hierunter versteht man die bei hohen Drucken in Gegenwart eines Cobalt-Katalysators ablaufende gleichzeitige Anlagerung von *Kohlenmonoxid* und *Wasserstoff* an ein Alken unter Bildung von *Aldehyden.*

$$R\text{-}CH{=}CH_2 + CO + H_2 \rightarrow R\text{-}CH_2\text{-}CH_2\text{-}CH{=}O$$
$$\phantom{R\text{-}CH{=}CH_2 + CO + H_2} \rightarrow R\text{-}CH(CH_3)\text{-}CH{=}O$$

Welches Produkt letztlich überwiegt, hängt in hohem Maße von der Art des Substituenten (R) ab. Beispiele für die Oxosynthese sind die technische Herstellung von **Propanal** aus **Ethen** (R = H) und von **Butanal** aus **Propen** (R = CH_3).

(5) Heck-Reaktion: Bei dieser Reaktion werden Alkene [R-CH=CH_2] in Gegenwart von *Palladiumkomplexen* mit Arylhalogeniden [Ar-Hal] bzw. Vinylhalogeniden unter Erhalt der Doppelbindung umgesetzt. Die Reaktion ist eine der Methoden zur Knüpfung von C,C-Bindungen [vgl. **MC-Frage Nr. 1699**].

$$R\text{-}CH{=}CH_2 + Hal\text{-}Ar \rightarrow R\text{-}CH{=}CH\text{-}Ar + HHal$$

(6) Nachweis von Alkenen: Zum qualitativen Nachweis von C=C-Doppelbindungen dient vor allem die Entfärbung einer Brom-Lösung in CCl_4 oder einer kalten, verdünnten wässrigen Permanganat-Lösung [**Baeyer-Probe**] (siehe auch ▸Kap. 3.2.18.3). Alkine reagieren ähnlich.

Die Addition von Ozon an die C=C-Doppelbindung liefert Hinweise auf deren Lage und ist somit eine wichtige Methode zur *Konstitutionsermittlung* von Alkenen (siehe ▸Kap. 3.2.18.3).

3.5.5 Darstellung und Reaktionen von Dienen

Diene sind Substanzen mit zwei C=C-Doppelbindungen. *Isolierte* Doppelbindungen beeinflussen einander wenig. Deshalb reagiert jede Doppelbindung, als sei sie die einzige im Molekül. *1,3-Diene* mit *konjugierten* Doppelbindungen unterscheiden sich jedoch von einfachen Alkenen in mehrfacher Hinsicht:

- Sie sind stabiler.
- Sie gehen elektrophile 1,4- und 1,2-Additionen ein.
- Sie verhalten sich bei radikalisch ablaufenden Additionen reaktionsfähiger.

Die hohe Stabilität konjugierter Bindungssysteme macht sich auch dadurch bemerkbar, dass solche Systeme – falls möglich – bei Eliminierungsreaktionen bevorzugt gebildet werden.

Darstellung: Viele Diene können auf ähnlichen Synthesewegen hergestellt werden wie Monoene. Vorrangig zu nennen sind die *Wittig-Reaktion* (siehe ▸Kap. 3.5.3) sowie die *Hofmann-Eliminierung von cyclischen Aminen* (siehe ▸Kap. 3.2.10.5). **Buta-1,3-dien** und **Isopren** (2-Methylbuta-1,3-dien) werden technisch durch *Ethinylierung* von **Formaldehyd** bzw. **Aceton** gewonnen (siehe ▸Kap. 3.5.7.3).

Reaktionen: Elektrophile Additionsreaktionen an konjugierten Dienen waren Gegenstand des ▸Kap. 3.2.11.5. Die *Diels-Alder-Reaktion* wurde im ▸Kap. 3.2.14.5 vorgestellt.

Zur **Allen-Isomerie** von *1,2-Dienen* mit einem *kumulierten* Bindungssystem siehe ▸Kap. 3.3.8.1 und ▸Kap. 3.3.11.3.

3.5.6 Darstellung von Alkinen

Alkine werden überwiegend durch basenkatalysierte *Dehydrohalogenierung* von *1,1-* und *1,2-Dihalogeniden* hergestellt. Die Reaktion verläuft schrittweise, wobei *Vinylhalogenide* als Zwischenstufen durchlaufen werden.

```
R-CHX-CHX-R ──┐      schnell                       langsam
              ├──────────────────→ R-CH=CX-R ─────────────────→ R-C≡C-R
R-CH2-CX2-R ──┘      - HX        Vinylhalogenid      - HX        Alkin
```

Als Basen werden Alkaliamide in flüss. NH_3 oder in unpolaren Lösungsmitteln bzw. alkoholische Lösungen von Alkalihydroxiden oder Alkalialkoholaten eingesetzt. Bei Verwendung von Alkalihydroxiden ist mit einer Isomerisierung der C≡C-Dreifachbindung in das „Innere des Moleküls" zu rechnen, da disubstituierte Alkine thermodynamisch stabiler sind als solche mit einer endständigen C≡CH-Gruppierung (**Acetylen-Allen-Umlagerung**).

```
               + KOH/EtOH
R-CH2-C≡CH  ──────────────→ R-CH=C=CH2 ──→ R-C≡C-CH3
1-Alkin          170 °C                      2-Alkin
```

Darüber hinaus gelingt die Darstellung von Alkinen durch:

- Dehalogenierung vicinaler Tetrahalogenide,
  $R\text{-}CX_2\text{-}CX_2\text{-}R + 2\,Zn \rightarrow R\text{-}C{\equiv}C\text{-}R + 2\,ZnX_2$
- Umsetzung von Acetyliden mit primären Alkylhalogeniden.
  $R\text{-}C{\equiv}C|^-Na^+ + X\text{-}R' \rightarrow R\text{-}C{\equiv}C\text{-}R' + NaX$

Aufgrund der hohen Basizität des **Acetylid-Ions** $[RC{\equiv}C|^-]$ ist die Reaktion auf primäre Alkylhalogenide beschränkt. Sekundäre und tertiäre Halogenalkane werden in einer E2-Reaktion zu Alkenen dehydrohalogeniert.

Für die **Synthese des Acetylens (Ethin)** sind folgende Methoden geeignet:

- aus den *Elementen* bei 2500 °C an Kohleelektroden
  $2\,C + H_2 \rightarrow 2\,HC{\equiv}CH$
- aus *Calciumcarbid* (Calciumacetylenid) durch Zersetzung mit Wasser. Das salzartige Calciumcarbid, das C_2^{2-}-Ionen enthält, kann aus Calciumoxid (Kalk) und Koks gewonnen werden [vgl. **MC-Fragen Nr. 542, 543**].
  $CaO + 3\,C \rightarrow CaC_2 + CO$
  $CaC_2 + 2\,H_2O \rightarrow HC{\equiv}CH + Ca(OH)_2$
- aus *Methan* durch kurzzeitige (0,1 sec) Pyrolyse bei 1400 °C.
  $2\,CH_4 \rightarrow HC{\equiv}CH + 3\,H_2$

3.5.7 Reaktionen von Alkinen

3.5.7.1 Acidität der Alkine

Der endständige Wasserstoff in monosubstituierten Alkinen ist relativ acid. **Acetylen** [$pK_a = 25$] ist zwar weniger stark sauer als Wasser [$pK_a = 15{,}7$], aber deutlich acider als Ammoniak, Ethen oder Methan. Daher werden Acetylen und seine monosubstituierten Derivate durch Amid-Ionen zu den entsprechenden korrespondierenden *Carbanionen* deprotoniert [vgl. **MC-Fragen Nr. 728, 1649**].

$$R\text{-}C{\equiv}C\text{-}H \; + \; NH_2^{\ominus} \rightleftharpoons R\text{-}C{\equiv}C|^{\ominus} \; + \; NH_3$$

Die relativ hohe Acidität des Acetylens ist eine Folge der sp-Hybridisierung des acetylenischen Kohlenstoffs. Je höher nämlich der s-Anteil des freien Elektronenpaars eines Carbanions ist, desto geringer ist seine Basizität. Einer geringeren Basizität entspricht aber eine höhere Acidität der korrespondierenden Säure.

Basenstärke ↑				Säurestärke ↓
H_3C^-	[sp^3]	CH_4	(pK_a = 49)	
$H_2C{=}CH^-$	[sp^2]	$H_2C{=}CH_2$	(pK_a = 44)	
$HC{\equiv}C^-$	[sp]	$HC{\equiv}CH$	(pK_a = 25)	

Acetylen und monosubstituierte Alkine ergeben mit einer Reihe von Schwermetallionen [Ag^+, Cu^{2+}] unlösliche Salze, sog. *Acetylide* (Acetylenide). Die Bildung dieser Salze kann zum qualitativen *Nachweis* der RC≡CH-Funktion herangezogen werden.

3.5.7.2 Additionsreaktionen von Alkinen

Die sp-Hybridisierung mit ihrer zentrosymmetrischen Ladungsdichteverteilung der α-Elektronen führt zu einer herabgesetzten Reaktivität der C≡C-Dreifachbindung gegenüber elektrophilen Reagenzien. Dafür tritt die Reaktionsfähigkeit des Acetylens gegenüber nucleophilen Reagenzien [Aminen, Alkoholaten] stärker in den Vordergrund [vgl. **MC-Fragen Nr. 540, 541**].

Die *katalytische Hydrierung* der *Alkine* liefert normalerweise *Alkane* als Reaktionsprodukte, in Gegenwart eines Lindlar-Katalysators bleibt die Hydrierung aber auf der Stufe des *Z*-Alkens stehen. Reduziert man dagegen Alkine mit elektronenübertragenden Reagenzien (Li, Na in flüss. NH_3) so bilden sich *E*-Alkene [siehe auch ▸Kap. 3.2.19.1 und **MC-Fragen Nr. 539–541**].

Die Dreifachbindung reagiert in gleicher Weise mit *Halogenen* oder *Halogenwasserstoffen* wie eine Doppelbindung. Bei der Reaktion von Alkinen mit $Cl_2/FeCl_3$ können vicinal dichlorierte Alkene [R-CCl=CCl-R] als Zwischenprodukte isoliert werden [vgl. **MC-Fragen Nr. 538, 539**].

$$R\text{-}C{\equiv}C\text{-}R \xrightarrow{+X_2} R\text{-}CX{=}CX\text{-}R \xrightarrow{+X_2} R\text{-}CX_2\text{-}CX_2\text{-}R$$

$$R\text{-}C{\equiv}C\text{-}R \xrightarrow{+HX} R\text{-}CH{=}CX\text{-}R \xrightarrow{+HX} R\text{-}CH_2\text{-}CX_2\text{-}R$$

Die bei der *Addition von Wasser* in Anwesenheit von H_2SO_4 und $HgSO_4$ gebildeten *Enole* tautomerisieren zu *Carbonylverbindungen* [vgl. **MC-Frage Nr. 792**].

$$R\text{-}C{\equiv}C\text{-}R + H_2O \xrightarrow{(H_2SO_4/HgSO_4)} R\text{-}CH{=}C(R)\text{-}OH \rightleftharpoons R\text{-}CH_2\text{-}C(R){=}O$$

Organische Chemie

Aus **Acetylen** [R=H] entsteht **Acetaldehyd (Ethanal)**, während aus substituierten Alkinen *Ketone* gebildet werden. So gewinnt man **Aceton** durch saure Hydratisierung von *Propin*. C=C-Doppelbindungen reagieren im Allgemeinen *nicht* unter den Bedingungen der Hydratisierung von Alkinen [vgl. **MC-Frage 982**].

$$\underset{\text{Propin}}{CH_3-C\equiv CH} + H_2O \xrightarrow{(H_2SO_4/HgSO_4)} \underset{\text{Aceton}}{CH_3-\overset{\overset{O}{\|}}{C}-CH_3}$$

Die regioselektiv und als *Syn*-Addition verlaufende *Hydroborierung von Alkinen* mit Diboran (aus $NaBH_4/BF_3$) führt zu *Trivinylboranen* (Alkenylboranen). Diese ergeben bei der Protolyse mit Essigsäure *cis-Alkene* bzw. liefern bei der Oxidation mit alkalischer H_2O_2-Lösung *Aldehyde* oder *Ketone* [vgl. **MC-Fragen Nr. 535, 539**].

$$6\,RC\equiv CR + B_2H_6 \longrightarrow \underset{\text{Trivinylboran}}{2\,(RCH=CR)_3B} \xrightarrow{(HOAc)} 6\ \underset{cis\text{-Alken}}{(R)(H)C=C(R)(H)}$$

$$2\,(RCH=CR)_3B \xrightarrow{(H_2O_2/HO^-)} \underset{\text{Enol}}{6\,RCH=\underset{\underset{OH}{|}}{C}-R} \rightleftharpoons \underset{\text{Keton}}{6\,RCH_2-\underset{\underset{O}{\|}}{C}-R}$$

$$6\,RC\equiv CH + B_2H_6 \longrightarrow \underset{\text{Trivinylboran}}{2\,(RCH=CH)_3B} \xrightarrow{(H_2O_2/HO^-)} \underset{\text{Aldehyd}}{6\,RCH_2-CH=O}$$

Bemerkenswert ist, dass mit dieser Reaktionsfolge aus monosubstituierten Alkinen [RC≡CH] *Aldehyde* [R-CH_2-CH=O] gebildet werden, während bei der direkten Hydratisierung mit $H_2O/H_2SO_4/HgSO_4$ *Methylketone* [R-CO-CH_3] entstehen.

$$R-CO-CH_3 \xleftarrow{\text{Hydratisierung}} R-C\equiv C-H \xrightarrow{\text{Hydroborierung}} R-CH_2-CH=O$$

3.5.7.3 Reppe-Synthesen

Unter dem Begriff Reppe-Synthesen fasst man folgende Reaktionen zusammen:

(1) Vinylierung: Hierunter versteht man die Umsetzung von **Acetylen** oder seinen Monosubstitutionsprodukten mit Verbindungen, die einen *aciden Wasserstoff* enthalten [Alkohole, Mercaptane, Amine, Imine, Amide, Imide, Carbonsäuren, Cyanwasserstoff]. Dabei handelt es sich um nucleophile Additionsreaktionen an die C≡C-Dreifachbindung unter Bildung von *Vinyl-Derivaten*. Bei der Umsetzung mit Alkoholen in Gegenwart von Alkoholaten entstehen *Enolether*. Acetylen selbst reagiert mit Alkoholen zu *Vinylethern*, während die Reaktion von Acetylen mit Carbonsäuren zu *Vinylestern* führt. Zum Beispiel bildet sich **Vinylpropionat** bei der Anlagerung von **Propionsäure** an **Ethin** [vgl. **MC-Fragen Nr. 536, 537, 541**].

HC≡CH + ROH	→	RO-CH=CH_2	**Vinylether**
HC≡CH + C_2H_5-COOH	→	C_2H_5-COO-CH=CH_2	**Vinylpropionat**

Mit Cyanwasserstoff reagiert Ethin in Gegenwart von Cu(I)-chlorid zu Acrylnitril [vgl. **MC-Fragen Nr. 537–539**].

HC≡CH + H-C≡N → H_2C=CH-C≡N
Acrylnitril

(2) Ethinylierung: Als Ethinylierung bezeichnet man die Addition von Acetylen oder monosubstituierten Alkinen an *Carbonylverbindungen* in Gegenwart von Cu-acetylid als Katalysator. Dabei bleibt die C≡C-Dreifachbindung erhalten. Die Ethinylierung von Ketonen wird meistens in flüss. NH_3 in Anwesenheit von molaren Mengen an Natriumamid ($NaNH_2$) durchgeführt. Es bilden sich *Alkinole*.

$$\text{R-C≡CH} \xrightarrow[-\,NH_3]{+\,NH_2^-} \text{R-C≡C|}^- \xrightarrow{+\,R_2C=O} \text{R-C≡C-CR}_2\text{-O}^- \xrightarrow{(H^+)} \text{R-C≡C-CR}_2\text{-OH}$$

Alkinol

Mit **Acetylen** können *Alkinole* und *Alkindiole* hergestellt werden.

$$\text{R-CH=O} + \text{HC≡CH} \xrightarrow{(CuC_2)} \text{R-CH(OH)-C≡CH} \quad \text{Alkinol}$$

$$\xrightarrow{+\,\text{R-CH=O}} \text{R-CH(OH)-C≡C-CH(OH)-R} \quad \text{Alkindiol}$$

Bei höheren Aldehyden nimmt die Tendenz zur Bildung von Alkindiolen ab. Ketone reagieren in analoger Weise.

Die technische Bedeutung der Ethinylierung liegt in der Synthese des **But-2-in-1,4-diols** bzw. des **Propargylalkohols** (Prop-2-in-1-ol) aus **Acetylen** und **Formaldehyd** bzw. des **2-Methylbut-3-in-2-ols** aus **Acetylen** und **Aceton**. But-2-in-1,4-diol dient nach seiner Hydrierung zu **Butan-1,4-diol** als Ausgangsmaterial zur Herstellung von **Buta-1,3-dien** und **Tetrahydrofuran** [vgl. **MC-Frage Nr. 537**].

$$H_2C{=}O + HC{\equiv}CH \longrightarrow \underset{\text{Propargylalkohol}}{HOCH_2{-}C{\equiv}CH} \xrightarrow{+\ CH_2O} \underset{\text{But-2-in-1,4-diol}}{HOCH_2{-}C{\equiv}C{-}CH_2OH} \xrightarrow{+\ H_2}$$

$$\underset{\text{Butan-1,4-diol}}{H_2C(OH){-}CH_2{-}CH_2{-}CH_2(OH)} \xrightarrow{-\ H_2O} \underset{\text{Tetrahydrofuran}}{(H_2C{-}CH_2{-}CH_2{-}CH_2{-}O)} \xrightarrow{-\ H_2O} \underset{\text{Buta-1,3-dien}}{H_2C{=}CH{-}CH{=}CH_2}$$

Aus 2-Methylbut-3-in-2-ol kann **2-Methylbuta-1,3-dien (Isopren)** dargestellt werden.

$$\underset{\text{Aceton}}{H_3C{-}C(CH_3){=}O} + HC{\equiv}CH \longrightarrow \underset{\text{2-Methylbut-3-in-2-ol}}{H_3C{-}C(CH_3)(OH){-}C{\equiv}CH} \xrightarrow[+\ H_2]{\text{Lindlar}} H_3C{-}C(CH_3)(OH){-}CH{=}CH_2$$

$$\xrightarrow{-\ H_2O} \underset{\text{Isopren}}{H_2C{=}C(CH_3){-}CH{=}CH_2}$$

(3) Cyclisierung (Cyclooligomerisation): Die cyclisierende *Polymerisation von Acetylen* erfolgt bei erhöhten Temperaturen und hohen Drucken unter dem Einfluss spezifischer Katalysatoren und führt zu Cyclopolyalkenen. So trimerisiert Acetylen zu **Benzen** und die Tetramerisierung führt zu **Cyclooctatetraen** [vgl. **MC-Fragen Nr. 538, 539**].

$$\text{Benzen} \xleftarrow[n:3]{} n\ HC{\equiv}CH \xrightarrow[n:4]{} \text{Cyclooctatetraen}$$

(4) Carbonylierung: Hierunter versteht man Druckreaktionen zwischen Acetylen und *Kohlenmonoxid* in Gegenwart von Verbindungen mit *aciden H-Atomen* [Wasser, Alkohole, Thiole, Ammoniak, Amine, Carbonsäuren] und Metallcarbonylen, insbesondere Nickeltetracarbonyl [$Ni(CO)_4$] als Katalysator [vgl. **MC-Frage Nr. 537**].

$$\underset{\text{Acrylsäure}}{H_2C{=}CH{-}COOH} \xleftarrow{(H_2O)} HC{\equiv}CH + CO \xrightarrow{(ROH)} \underset{\text{Acrylsäureester}}{H_2C{=}CH{-}COOR}$$

3.6 Aromatische Kohlenwasserstoffe

3.6.1 Nomenklatur

3.6.1.1 Benzen-Derivate

Aromatische Kohlenwasserstoffe werden ganz allgemein als *Arene* bezeichnet. Zur Kennzeichnung einer Arylgruppe in Strukturformeln benutzt man deshalb die Abkürzung „**Ar**“.

Grundkörper vieler aromatischer Verbindungen ist das „**Benzol**“. Da jedoch nach der IUPAC-Nomenklatur die Endung „-ol“ für eine Hydroxylgruppe steht und diese im Benzol nicht vorhanden ist, haben wir uns im Rahmen dieses Buches der angelsächsischen bzw. französischen Bezeichnungsweise angepasst und benennen Benzol und seine Derivate als *Benzen-Verbindungen.* Diese Vorgehensweise wird auch dadurch gestützt, dass in neueren MC-Fragen die Benzen-Nomenklatur verwendet wird.

Danach erfolgt die Benennung von Benzen-Derivaten in der Weise, dass dem Wort **-benzen** der Name des jeweiligen Substituenten vorangestellt wird, z. B. Chlorbenzen, Nitrobenzen.

Darüber hinaus tragen viele Benzen-Derivate *Trivialnamen.* Beispielsweise wird Methylbenzen als **Toluen**, Aminobenzen als **Anilin** und Hydroxybenzen als **Phenol** bezeichnet.

Bei mehrfach substituierten Benzen-Derivaten ist die Möglichkeit zur Bildung von *Stellungsisomeren* gegeben. Bei *disubstituierten Benzen-Derivaten* sind drei Isomere möglich, die durch die Vorsilben ***ortho-* (*o*)**, ***meta-* (*m*)** und ***para-* (*p*)** charakterisiert werden.

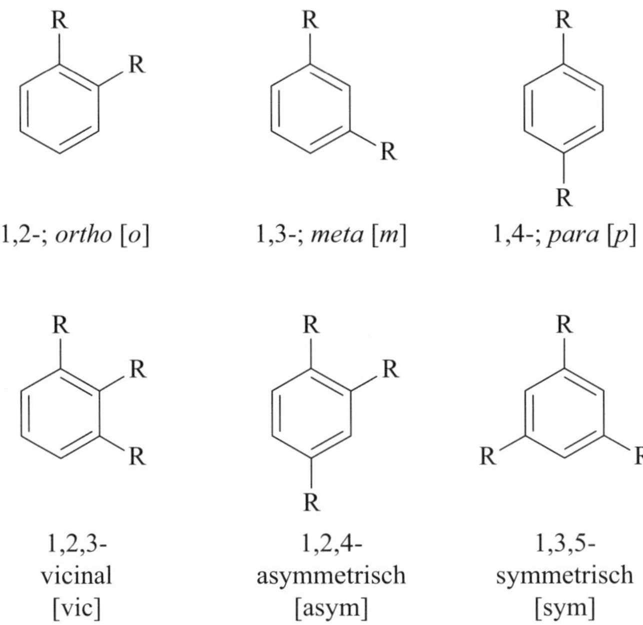

Für ein trisubstituiertes Benzen-Derivat mit drei verschiedenen Resten existieren bereits 10 Konstitutionsisomere, für ein identisch trisubstituiertes Naphthalen-Derivat sind 14 Stellungsisomere möglich [vgl. **MC-Frage Nr. 553**].

Zur eindeutigen Kennzeichnung solcher Substanzen nummeriert man die C-Atome im Benzen von 1 bis 6, wobei den Substituenten die jeweils niedrigsten Ziffern (niedrigste Zahlenkombination) zugeteilt werden.

Wenn keiner der Substituenten dem Molekül einen Trivialnamen verleiht, werden die Namen der Substituenten in *alphabetischer Reihenfolge* genannt, wie z. B. *m*-Chlornitrobenzen, *p*-Bromiodbenzen, und man kennzeichnet ihre Positionen durch Zahlenwerte.

Führt eine der Gruppen zu einem *Trivialnamen,* so wird die Verbindung als Derivat dieser speziellen Stoffklasse angesehen, wie beispielsweise *o*-Nitrotoluen, *m*-Bromphenol. Hierbei wird der Gruppe, die der Substanz den Trivialnamen verleiht, die Position 1 zugeordnet. Für die Benennung *polysubstituierter Benzene* sollten generell Zahlenwerte benutzt werden.

3.6.1.2 Aliphatisch-aromatische Kohlenwasserstoffe

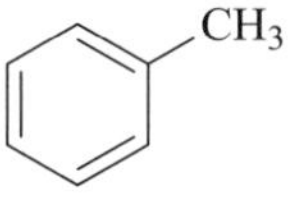

Toluen (Methylbenzen)   Ethylbenzen 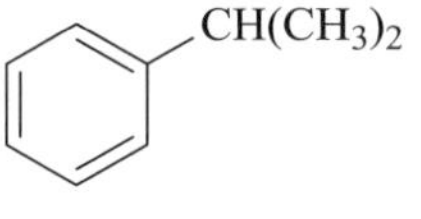   Isopropylbenzen (Cumen)   *p*-Cymen

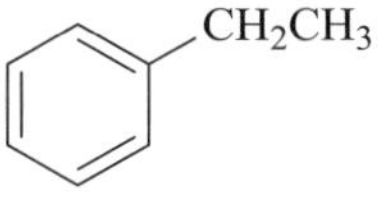

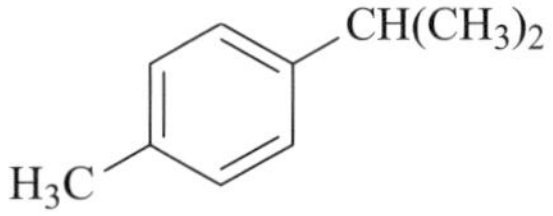

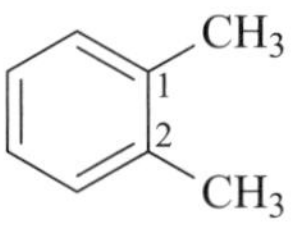

o-Xylen (1,2-Dimethylbenzen)   Mesitylen 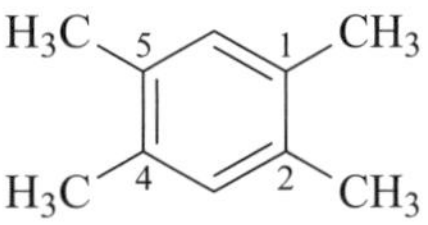   Duren

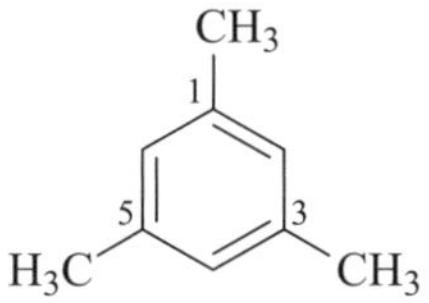

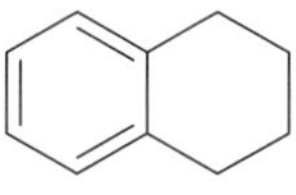

Tetralin 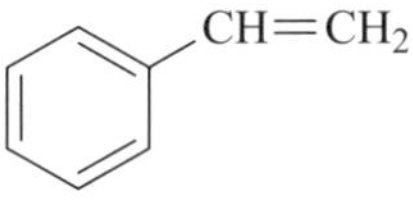   Styren (Vinylbenzen)   Stilben

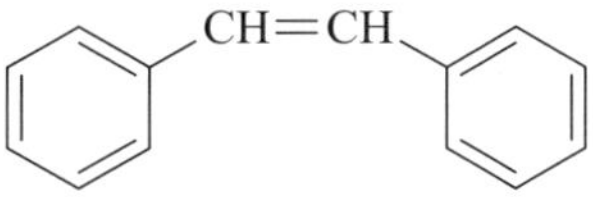

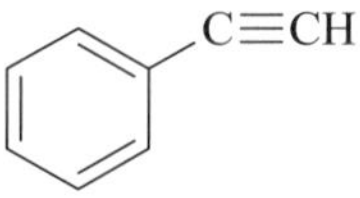

Phenylacetylen 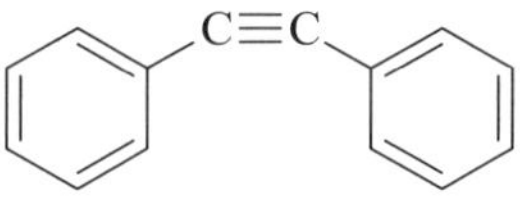   Tolan

Alkylbenzene (Abk.: **Ar-R**) werden in der Weise benannt, dass man an den Namen des Alkylsubstituenten das Wort **-benzen** anhängt, z. B. Ethylbenzen, Isopropylbenzen (**Cumen**, **Cumol**). Das einfachste Alkylbenzen, *Methylbenzen*, trägt den Trivialnamen **Toluen** (**Toluol**).

Bei *Dialkylbenzenen* werden die beiden Substituenten unter Kennzeichnung ihrer Position in alphabetischer Reihenfolge genannt, beispielsweise *m*-Ethylisopropylbenzen. Dimethylbenzene tragen den Trivialnamen ***o*-**, ***p*-** oder ***m*-Xylen**. Dialkylbenzene mit einer Methylgruppe werden als Derivate des Toluens betrachtet, z. B. *p*-Isopropyltoluen (***p*-Cymen**). Bei Dialkyl-substituierten Benzenen kann der Alkylrest auch zu einem Ring geschlossen sein, wie z. B. beim **Tetralin** [vgl. **MC-Frage Nr. 514**].

Alkylbenzene mit komplizierterer Seitenkette werden als *Phenyl-substituierte Alkane* benannt, z. B. 2-Phenylbutan.

Alkenylbenzene werden als substituierte Alkene betrachtet. Das einfachste Alkenylbenzen besitzt den Trivialnamen **Styren** (Styrol, Vinylbenzen, Ethenylbenzen oder Phenylethylen) und 1,2-Diphenylethen wird **Stilben** genannt.

Alkinylbenzene können als substituierte Alkine angesehen werden, oder sie führen gleichfalls Spezialnamen. *Diphenylacetylen* trägt auch den Trivialnamen **Tolan**.

Arylreste: Wird ein H-Atom aus dem Kern des aromatischen Kohlenwasserstoffs entfernt, so verbleiben Arylgruppen wie z. B. die *Phenyl-Gruppe* oder der *Tolyl-Rest*. Die Wegnahme eines H-Atoms aus der Seitenkette des Toluens führt zum *Benzyl-Rest*.

C_6H_5-	$H_3C-C_6H_4-$	$C_6H_5-CH_2-$	$C_6H_5-CH=$
Phenyl- (Abk.: **Ph**)	***o*-, *m*-, *p*-Tolyl-** **(Methylphenyl-)**	**Benzyl-** **(Phenylmethyl-)**	**Benzal-Rest** **(Phenylmethyliden-)** **(Benzyliden-)**

3.6.1.3 Kondensierte und polycyclische aromatische Ringsysteme

Unter *kondensierten Aromaten* versteht man hochgliedrige Ringsysteme, deren einzelne Kohlenstoffringe gemeinsame C-Atome aufweisen.

Eine Verknüpfungsmöglichkeit stellt die **Anellierung** dar, bei der zwei oder mehrere Ringe über jeweils *zwei* gemeinsame Kohlenstoffatome miteinander verbunden sind (*ortho-kondensierte Ringsysteme*). Man nennt diejenigen Kohlenwasserstoffe, deren Benzenringe *linear anelliert* sind *Acene* (Anthracen, Tetracen), während *angular anellierte* Systeme als *Phene* (Phenanthren) bezeichnet werden [vgl. **MC-Fragen Nr. 544, 546–550**].

Der *aromatische Charakter der Acene* nimmt in der Reihe vom Benzen über Naphthalen und Anthracen zum Tetracen (Naphthacen) hin ab. *Phene* als angular annellierte Systeme enthalten mehr „aromatische Elektronensextette" und sind daher stärker aromatisch als Acene [vgl. **MC-Frage Nr. 580**].

Inden · Fluoren · Azulen

Naphthalen · Anthracen · Naphthacen (Tetracen)

Phenanthren · Chrysen

Die aromatischen Ringe können auch über *drei* gemeinsame C-Atome miteinander verknüpft sein [vgl. **MC-Fragen Nr. 545, 551**].

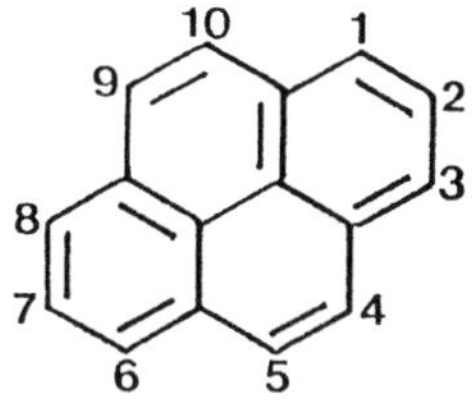

Pyren

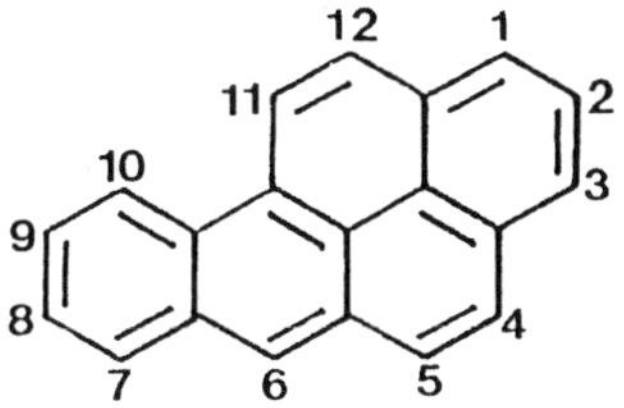

3,4-Benzpyren (Benzo[a]pyren)

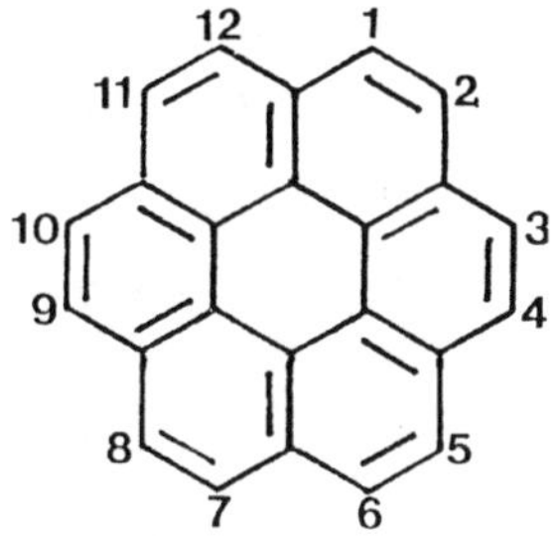

Coronen

Eine weitere Gruppe mehrkerniger Aromaten enthält Ringe, die über Einfachbindungen miteinander verbunden sind, wie z. B. **Biphenyl (Diphenyl)**.

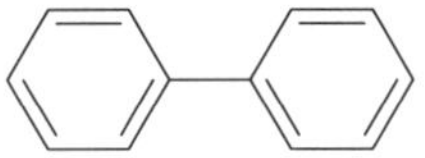

Diphenyl  ; *p*-Terphenyl

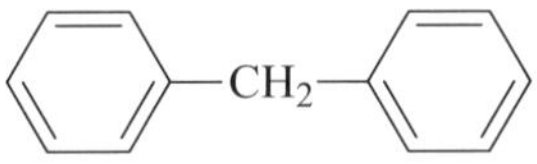

Diphenylmethan 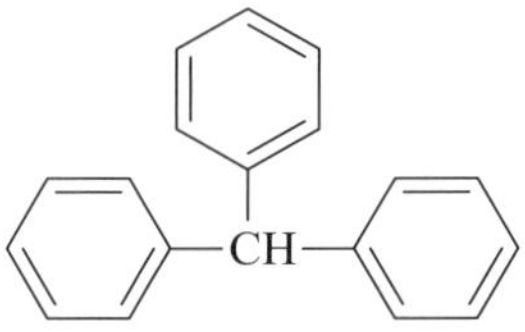 ; Triphenylmethan 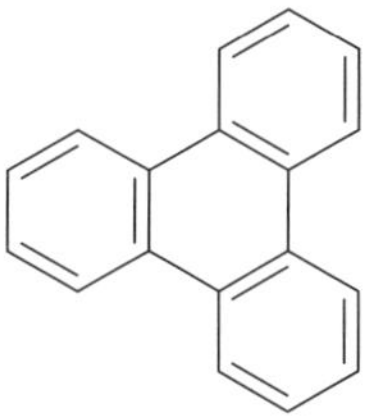 ; Triphenylen

Triphenylmethan-Derivate (Tritan-Derivate, Triarylmethan-Derivate) stellen eine wichtige Klasse von Farbstoffen (Phenolphthalein, Phenolrot, Malachitgrün, Kristallviolett, Fuchsin u. a.) dar, die als Indikatoren in der pharmazeutischen Analytik von Bedeutung sind. *Phenolphthalein* wird auch als Laxans verwendet [siehe Ehlers, **Analytik II**, ▸Kap. 6.1.5 und **MC-Fragen Nr. 1679, 1684**].

Polycyclische Aromaten wie *Cyclophane* oder *Helicene,* die vor allem aus stereochemischer Sicht interessant sind, wurden im ▸Kap. 3.3.8.4 beschrieben.

3.6.2 Struktur und chemische Eigenschaften

Die Klassifizierung von aromatischen Kohlenwasserstoffen in *benzoide* und *nichtbenzoide Aromaten,* die *Valenzisomere des Benzens* sowie die allgemeinen *Kriterien des aromatischen Zustandes* wurden im ▸Kap. 3.1.10 vorgestellt. *Heteroaromaten* sind Gegenstand des ▸Kap. 3.15.2.

Die mechanistischen Grundlagen der *elektrophilen* und *nucleophilen Substitution* an Aromaten wurden im ▸Kap. 3.2.6 und ▸Kap. 3.2.7 behandelt. Die präparativen Aspekte dieser Reaktionen werden im nachfolgenden Abschnitt beschrieben. Die *katalytische Hydrierung* und die *Birch-Reduktion* von Aromaten wurden in den

▸Kap. 3.2.19.1 und ▸Kap. 3.2.19.3 vorgestellt. Die *Ozonolyse des Benzens* und weitere *Oxidationsreaktionen* an Aromaten waren Gegenstand der ▸Kap. 3.2.18.2 und ▸Kap. 3.2.18.3.

3.6.3 Gewinnung und Synthese

Aromatische Kohlenwasserstoffe und deren Abkömmlinge sind Bestandteile des *Steinkohlenteers,* eine Flüssigkeit, die bei der Verkokung von Steinkohle anfällt. Darüber hinaus enthält Steinkohlenteer auch saure und basische Substanzen sowie Heteroaromaten. Der Rohteer wird durch *fraktionierte Destillation* aufgearbeitet. In steigendem Maße werden jedoch Benzen und seine Homologen (Toluen, Xylen) aus *Erdöl* gewonnen.

Benzen ist eine farblose, toxische (carcinogene) und charakteristisch riechende Flüssigkeit [Schmp. 5,5 °C; Sdp. 80,1 °C], die mit stark rußender Flamme brennt und mit den gängigen organischen Lösungsmitteln in jedem Verhältnis mischbar ist; Wasser wird bis zu 1% in Benzen gelöst. Das Azeotrop mit Wasser siedet bei 69,2 °C.

Zur Herstellung von Benzen können neben der technischen Gewinnung aus Erdöl und Kohle folgende Verfahren dienen:

- Cyclisierung von Acetylen (siehe ▸Kap. 3.5.7.3),
- Decarboxylierung von Benzoesäure,
- Dehydrierende Cyclisierung und Aromatisierung von *n*-Hexan,
- Dehydrierung eines Methylpentan-Cyclohexan-Gemischs,
- Desalkylierung von Alkylbenzenen.

Alkylbenzene können aus Erdöl, Kokereigas oder Steinkohlenteer gewonnen werden. Darüber hinaus lassen sich Alkylbenzene auch synthetisch auf folgenden Wegen herstellen:

- *Wurtz-Fittig-Reaktion* (siehe ▸Kap. 3.4.4.1),
- *Friedel-Crafts-Alkylierung* (siehe ▸Kap. 3.6.4.2),
- *Reduktion* von Acylaromaten nach *Clemmensen* oder *Wolff-Kishner* (siehe ▸Kap. 3.2.19.5).

3.6.4 Chemische Eigenschaften und Reaktionen

3.6.4.1 Additionsreaktionen

Die Addition von Chlor oder Brom an Benzen gelingt nur bei gleichzeitiger Bestrahlung mit UV-Licht (*Photohalogenierung*). Die Reaktion läuft nach einem *Radikal-Kettenmechanismus* ab und liefert **Hexachlorcyclohexan** bzw. **Hexabromcyclohexan** als Endprodukte [vgl. **MC-Fragen Nr. 564, 598**].

Cl_2 (hν)

Hexachlorcyclohexan

Besonders leicht ist der mittlere Ring des **Anthracens** (in 9,10-Position) zu Additionsreaktionen befähigt, da nach erfolgter Addition zwei benzoide Systeme in den äußeren Ringen entstehen. Mit Chlor oder Brom reagiert Anthracen zu **9,10-Dichlor-** bzw.

9,10-Dibrom-dihydroanthracen und beim Bestrahlen einer Anthracen-Lösung in einer O_2-Atmosphäre mit UV-Licht bildet sich **Anthracenperoxid** [vgl. **MC-Frage Nr. 561**].

$$\text{Anthracen} \xrightarrow{+O_2\,(h\nu)} \text{Anthracenperoxid}$$

3.6.4.2 Elektrophile Substitutionen an Aromaten

• Halogenierung

Als Halogenierungsmittel dienen die molekularen Halogene, wobei die Reaktivität von Chlor zum Iod hin abnimmt. Da Fluor C,C-Bindungen spaltet, müssen fluorierte Aromaten auf anderen Synthesewegen hergestellt werden (siehe ▸Kap. 3.10.6.3 „*Schiemann-Reaktion*").

Die direkte Halogenierung eines Aromaten gelingt nur in Anwesenheit von katalytischen Mengen an *Lewis-Säuren* (AlX_3, FeX_3) als *Halogenüberträger.* Die Lewis-Säure verursacht eine stärkere Polarisierung der X-X-Bindung und erhöht dadurch die Reaktionsfähigkeit des Halogenmoleküls (X_2). Formal fungiert ein *Halonium-Ion* (X^+) als elektrophiles Agens [vgl. **MC-Fragen Nr. 143, 597, 601, 806, 1741**].

$$\text{Ar-}\mathbf{H} + X_2 \rightarrow \text{Ar-}\mathbf{X} + HX$$

Darüber hinaus ist *Eisenpulver* als Katalysator geeignet, da es zunächst mit dem elementaren Halogen zur Lewis-Säure FeX_3 reagiert. Auch desaktivierte Aromaten lassen sich halogenieren. So bildet sich aus Nitrobenzen in Gegenwart von $FeBr_3$ beim Behandeln mit Brom ***m*-Bromnitrobenzen**. Demgegenüber werden aktivierte Aromaten wie Phenol- oder Anilin-Derivate auch ohne Katalysator halogeniert.

Im Gegensatz zur Chlorierung oder Bromierung verläuft die *Iodierung reversibel.* Daher gelingt die direkte Iodierung von Benzen zu **Iodbenzen** nur, wenn man die gebildete Iodwasserstoffsäure durch Oxidationsmittel [HNO_3, H_3AsO_4, H_2O_2] oder mit HgO (als HgI_2) kontinuierlich aus dem Gleichgewicht entfernt.

$$4\,C_6H_6 + 2\,I_2 + 2\,HNO_3 \rightarrow 4\,C_6H_5\text{-}I + N_2O_3 + 3\,H_2O$$

Darüber hinaus ist die Reaktivität des Iods so gering, dass sich im Allgemeinen nur aktivierte Aromaten (Phenole, Anilin-Derivate) direkt iodieren lassen. Besser gelingt die Iodierung, wenn man statt elementarem Iod Iodmonochlorid (I-Cl) oder Iodmonobromid (I-Br) einsetzt. In der Praxis bevorzugt man für die *Darstellung von Aryliodiden* aber die *Sandmeyer-Reaktion* (siehe ▸Kap. 3.10.6.3.) oder die Herstellung aus *Arylthallium-Verbindungen* (siehe nachfolgender Abschnitt).

Halogenatome als Substituenten des aromatischen Ringes verringern zwar dessen Reaktivität, die Desaktivierung ist aber nicht so stark, um eine Weiterhalogenierung zu verhindern. Bei einem Halogen-Überschuss entstehen hauptsächlich *para-* und *ortho-Disubstitutionsprodukte,* die allerdings oft schwierig zu trennen sind [vgl. **MC-Frage Nr. 708**].

Aktivierte Aromaten werden an allen verfügbaren Positionen polyhalogeniert. Beispielsweise liefert die Bromierung von **4-Methylanilin** (*p*-Toluidin) **2,6-Dibrom-4-methylanilin** und ***o*-Kresol** ergibt **4,6-Dibrom-*o*-kresol** [vgl. **MC-Frage Nr. 604**].

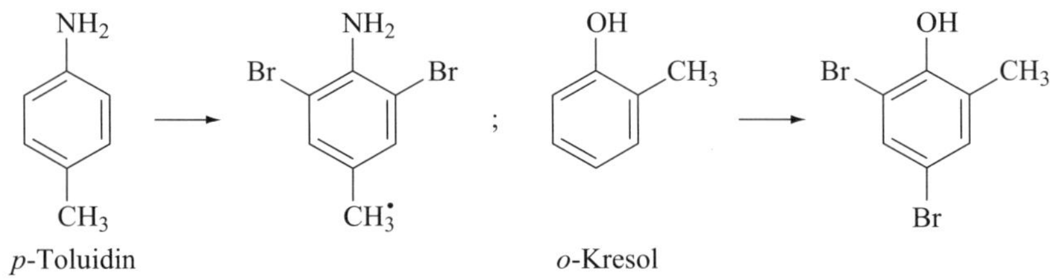

p-Toluidin *o*-Kresol

Phenol wird von Bromwasser in **2,4,6-Tribromphenol** umgewandelt, jedoch kann die Bromierung auf der Stufe des **2,4-Dibromphenols** angehalten werden. Darüber hinaus wird 2,4,6-Tribromphenol durch überschüssiges Brom zu **2,4,4,6-Tetrabromcyclohexa-2,5-dien-1-on** oxidiert, das sich mit HI oder $NaHSO_3$ wieder zu 2,4,6-Tribromphenol reduzieren lässt. **Salicylsäure** und **4-Hydroxybenzoesäure** werden unter gleichzeitiger Decarboxylierung ebenfalls in 2,4,6-Tribromphenol übergeführt, während die entsprechenden *Ester* unter Erhalt der Esterfunktion nur Dibromierungsprodukte ergeben [siehe Ehlers, **Analytik II**, ▸Kap. 7.2.5.4 „*Bromometrie*" und **MC-Fragen Nr. 605–607**].

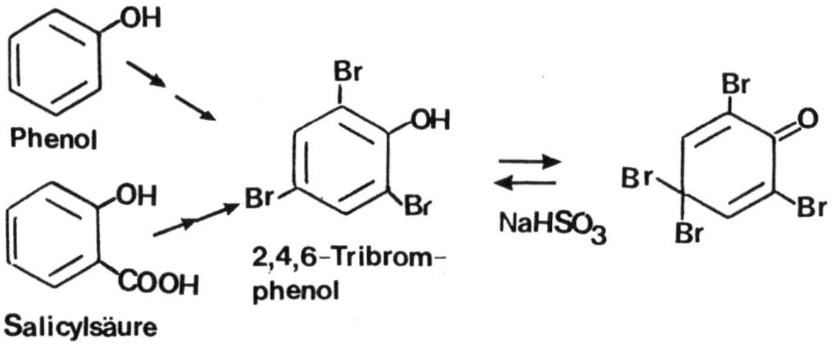

Phenol

Salicylsäure

2,4,6-Tribromphenol

Halogenierung von Alkylbenzenen: Hier ist mit einer radikalischen Substitution in der Seitenkette als *Konkurrenzreaktion* zu rechnen. Dabei kann für den bevorzugten Ablauf der Kernsubstitution bzw. der Seitenketten-Halogenierung folgende Regel herangezogen werden:

> **„KKK" = Kälte – Katalysator = Kern (S_E)**
> **„SSS" = Sonne – Siedehitze = Seitenkette (S_R)**

Zum Beispiel lässt sich die *Seitenkette des Toluens* in Anwesenheit von UV-Licht oder Radikalstartern (α,α'-Azobisisobutyronitril, Dibenzoylperoxid) nach einem Radikalkettenmechanismus stufenweise zur Trichlormethyl-Gruppe chlorieren [siehe auch ▸Kap. 3.2.4.3 und **MC-Fragen Nr. 599, 600, 602, 603, 656**].

$$C_6H_5\text{-}CH_3 \xrightarrow[-\ HCl]{+\ Cl_2} C_6H_5\text{-}CH_2Cl \xrightarrow[-\ HCl]{+\ Cl_2} C_6H_5\text{-}CHCl_2 \xrightarrow[-\ HCl]{+\ Cl_2} C_6H_5\text{-}CCl_3$$

Toluen Benzylchlorid Benzalchlorid Benzotrichlorid

Thalliumorganische Verbindungen: Behandelt man aromatische Verbindungen mit einer Lösung von Thalliumtrifluoracetat in Trifluoressigsäure, so entstehen Arylthallium-di-trifluoracetate.

$$Ar\text{-}H + Tl(OOC\text{-}CF_3)_3 \longrightarrow Ar\text{-}Tl(OOC\text{-}CF_3)_2 + CF_3\text{-}COOH$$

Der Organothallium-Rest kann anschließend durch andere Atome oder Gruppen ersetzt werden, sodass auf diese Weise z. B. *Phenole* oder *Aryliodide* zugänglich werden.

$$Ar\text{-}Tl(OOC\text{-}CF_3)_2 \xrightarrow{Ox.} Ar\text{-}OH \quad \text{Phenole}$$

$$Ar\text{-}Tl(OOC\text{-}CF_3)_2 \xrightarrow{+\ KI} Ar\text{-}I \quad \text{Aryliodide}$$

- **Nitrierung**

Die *irreversible* Nitrierung ist die am gründlichsten untersuchte elektrophile Substitutionsreaktion an Aromaten. Als elektrophiles Agens fungiert das *Nitryl-Kation (Nitronium-Ion)* **[NO_2^+]**,

$$Ar\text{-}H + O{=}\overset{+}{N}{=}O \longrightarrow Ar\text{-}NO_2 + H^+$$

das in einer Reihe von Substanzen der allgemeinen Formel $X\text{-}NO_2$ vorgebildet ist [vgl. **MC-Fragen Nr. 608, 610–612**].

$HO\text{-}NO_2$ (HNO_3)	$O_2NO\text{-}NO_2$ (N_2O_5)	$R\text{-}C(=O)\text{-}O\text{-}NO_2$	$C_2H_5O\text{-}NO_2$
Salpetersäure	**Distickstoffpentoxid**	**Acylnitrat**	**Ethylnitrat**

Darüber hinaus ist auch Nitroniumtetrafluoroborat [$NO_2^+BF_4^-$] als Nitrierungsmittel gebräuchlich. Aus *Salpetersäure* bildet sich das Nitryl-Kation durch *Autoprotolyse.*

$$2\ HNO_3 \underset{\text{schnell}}{\overset{-\ NO_3^-}{\rightleftharpoons}} [H_2\overset{+}{O}\text{-}NO_2] \underset{\text{langsam}}{\overset{-\ H_2O}{\rightleftharpoons}} NO_2^+$$

Nitratacidium-Ion **Nitronium-Ion**

Organische Chemie

Allerdings liegt das Gleichgewicht der Autoprotolyse weitgehend auf der linken Seite, sodass reine Salpetersäure nur schwach nitrierend wirkt. Die nitrierende Wirkung kann deutlich erhöht werden, wenn man konzentrierte Schwefelsäure hinzufügt. Ein solches HNO_3/H_2SO_4-Gemisch wird als *Nitriersäure* bezeichnet [vgl. **MC-Frage Nr. 611**].

$$HNO_3 + H_2SO_4 \rightleftharpoons [H_2NO_3{}^{+}HSO_4{}^{-}] \rightleftharpoons NO_2{}^{+} + H_3O^{+} + SO_4{}^{2-}$$

In der Praxis muss man die *Aktivität des Nitrierungsmittels* der *Reaktivität des Aromaten* anpassen. Phenole und Phenolether werden bereits von verdünnter Salpetersäure nitriert, während **Brombenzen** mit Nitriersäure in ***p*-Bromnitrobenzen** umgewandelt wird. Mithilfe von Nitriersäure lassen sich auch desaktivierte Aromaten wie **Acetophenon** [C_6H_5-CO-CH_3], **Benzaldehyd** [C_6H_5-CH=O], **Benzoesäure** [C_6H_5-COOH] oder **Nitrobenzen** [C_6H_5-NO_2] in ihre *meta*-substituierten Nitrierungsprodukte überführen. Auch ein stark desaktivierter Aromat wie im ***p*-Chlornitrobenzen** reagiert mit Nitriersäure in guten Ausbeuten zu **4-Chlor-1,3-dinitrobenzen** [vgl. **MC-Fragen Nr. 641, 1741**].

Trotz des stark desaktivierenden Charakters lässt sich auch ***p*-Chlornitrobenzen** in guten Ausbeuten in **4-Chlor-1,3-dinitrobenzen** umwandeln. Da die Nitrogruppe die Reaktivität des Aromaten gegenüber einem weiteren elektrophilen Angriff herabsetzt, besteht die Gefahr einer Zweitnitrierung im Allgemeinen nur bei aktivierten Aromaten [vgl. **MC-Frage Nr. 614**].

Benzen selbst wird bei 30–40 °C von Nitriersäure in **Nitrobenzen** umgewandelt. Um **1,3-Dinitrobenzen** zu erhalten, muss die Reaktionstemperatur auf 90–110 °C erhöht werden. Die Bildung von **1,3,5-Trinitrobenzen** gelingt nur noch unter sehr energiereichen Bedingungen (tagelanges Erhitzen mit rauchender Nitriersäure). Dagegen führt die stufenweise Nitrierung von **Toluen** - über ***p*-Nitrotoluen** – glatt zu **2,4,6-Trinitrotoluen (TNT)**. **Naphthalen** wird von HNO_3 in Eisessig in **1-Nitronaphthalen** umgewandelt [vgl. **MC-Fragen Nr. 593, 612, 613**].

Bei der Nitrierung des im Vergleich zu Benzen reaktiveren **Phenols** mit verd. HNO_3 entsteht zu 40% ***ortho-*** und zu 15% ***para*-Nitrophenol**. Die Reaktion läuft als sog. *nitrosierende Nitrierung* ab. Verd. HNO_3 enthält häufig etwas *Salpetrige Säure,* deren Dehydratisierung zum elektrophilen *Nitrosyl-Kation* **[NO^+]** führt. Dieses greift den aromatischen Ring unter Bildung von **Nitrosophenol** an, das anschließend von Salpetersäure zu Nitrophenol oxidiert wird. Da sich hierbei HNO_2 zurückbildet, verläuft die Reaktion *autokatalytisch* [vgl. **MC-Fragen Nr. 611, 612, 616, 808, 818, 820**].

$$HNO_3 + HNO_2 \xrightarrow[- NO_3^-]{} H_2\overset{+}{O}\text{-}N{=}O \xrightarrow[- H_2O]{} NO^+$$

$$\underset{}{C_6H_5\text{-}OH} + NO^+ \xrightarrow[(S_E)]{- H^+} \underset{\text{Nitrosophenol}}{O{=}N\text{-}C_6H_4\text{-}OH} \xrightarrow[(Ox.)]{+ HNO_3/ - HNO_2} \underset{\text{Nitrophenol}}{O_2N\text{-}C_6H_4\text{-}OH}$$

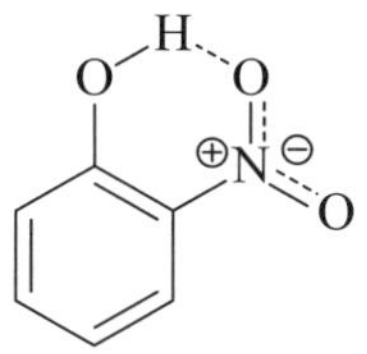

o-Nitrophenol

Beide isomeren Nitrophenole können durch Wasserdampfdestillation getrennt werden. ***Ortho*-Nitrophenol** ist im Gegensatz zu seinem *para*-Isomer *wasserdampfflüchtig,* weil das H-Atom der HO-Gruppe aufgrund der intramolekularen H-Brücke zur orthoständigen Nitrogruppe keine Wasserstoffbrücke mehr zu Lösungsmittelmolekülen ausbilden kann. Daher besitzt *o*-Nitrophenol im Vergleich zu seinem *para*-Isomer eine höhere Flüchtigkeit und eine geringere Löslichkeit in Wasser.

Mit konz. HNO_3 lassen sich *o*- und *p*-Nitrophenol zu **2,4-Dinitrophenol** nitrieren. Dagegen können auf diese Weise *Polynitrophenole* wie **Pikrinsäure (2,4,6-Trinitrophenol)** *nicht* durch direkte Nitrierung von Phenol hergestellt werden. Zu ihrer Darstellung wählt man einen Umweg, indem man **Phenol** zunächst mit konz. H_2SO_4 sulfoniert und danach mit konz. HNO_3 nitriert. Dabei werden gleichzeitig auch die beiden Sulfonsäuregruppen elektrophil gegen Nitrogruppen ausgetauscht [vgl. **MC-Fragen Nr. 593, 611, 616, 809, 818, 821, 967**].

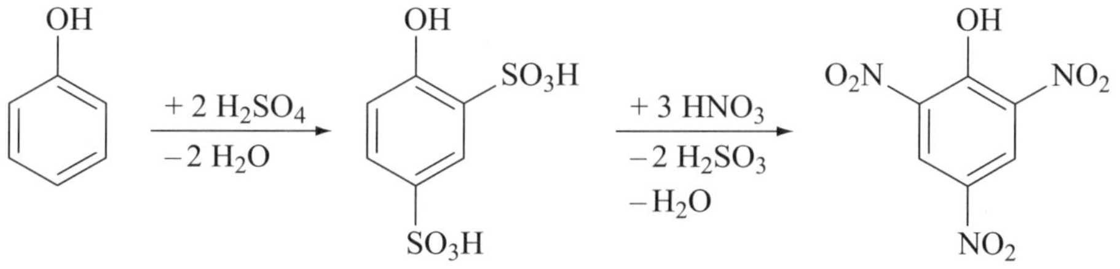

$$\text{Phenol} \xrightarrow[-2\,H_2O]{+2\,H_2SO_4} \text{Phenol-2,4-disulfonsäure} \xrightarrow[-2\,H_2SO_3,\ -H_2O]{+3\,HNO_3} \text{Pikrinsäure}$$

Phenol Phenol-2,4-disulfonsäure Pikrinsäure

Die häufigsten *Nebenreaktionen* bei der Nitrierung sind *Oxidationen.* Daher können **Anilin** und seine Derivate nur in Form ihrer *N*-Acylverbindungen wie z. B. **Acetanilid** [C_6H_5-NH-$COCH_3$] oder in stark schwefelsaurer Lösung nitriert werden. Im letzteren Fall erhält man überwiegend ***m*-Nitranilin**, weil in stark saurem Milieu die konjugierte Säure, das **Aniliniumion** [C_6H_5-NH_3^+], vorliegt. Nitriert man dagegen Anilin mit *verdünnter* Salpetersäure, so erhält man neben Oxidationsprodukten ein Gemisch aus ***ortho*-** und ***para*-Nitranilin** [vgl. **MC-Fragen Nr. 614, 615, 870, 871**].

Aus präparativer Sicht ist auch von Bedeutung, dass **Acetanilid** in konz. H_2SO_4 überwiegend das *para*- Nitroprodukt liefert, während in Eisessig mit HNO_3 bevorzugt das *ortho*-Isomer gebildet wird.

Auch Phenole und aromatische Aldehyde können durch HNO_3 leicht oxidiert werden, sodass es günstiger ist, sie erst nach vorheriger Einführung von *Schutzgruppen* zu nitrieren.

Die synthetisierten *Nitroarene* sind wertvolle Ausgangsstoffe zur *Herstellung aromatischer Amine* und anderer Reduktionsprodukte (siehe hierzu ▸Kap. 3.2.19.7).

- **Nitrosierung**

Unter Nitrosierung versteht man die Einführung der Nitrosogruppe in den Aromaten mit *Salpetriger Säure* [HNO_2] in schwach saurer Lösung [vgl. **MC-Frage Nr. 590**].

$$HNO_2 + H^+ \rightleftharpoons \left[H_2O\text{-}\overset{+}{N}\text{=}O\right] \xrightarrow{-\,H_2O} [NO^+] \xrightarrow[-\,H^+]{+\,Ar\text{-}H} Ar\text{-}N\text{=}O$$

Da das *Nitrosyl-Kation* **[NO⁺]** in situ nur in geringen Mengen erzeugt werden kann, bleibt die Reaktion auf aktivierte Aromaten (Phenole, tertiäre arom. Amine) beschränkt. Zum Beispiel wird ***N,N*-Dimethylanilin** durch $NaNO_2$/HCl in ***p*-Nitroso-*N,N*-dimethylanilin** umgewandelt. Die erhaltenen Nitrosoverbindungen können leicht zu Nitro-Derivaten oxidiert oder zu Aminen reduziert werden [vgl. **MC-Frage Nr. 668**].

• **Sulfonierung**

Die Sulfonierung von Aromaten ist im Gegensatz zu den meisten anderen elektrophilen Substitutionen eine *reversible Reaktion,* wobei die Rückreaktion bei erhöhten Temperaturen einsetzt. Darüber hinaus zeigt die Sulfonierung einen deutlichen *kinetischen Isotopeneffekt,* d. h. Wasserstoff wird etwa doppelt so schnell aus dem Aromaten abgespalten wie Deuterium [vgl. **MC-Fragen Nr. 591, 617, 965, 967**].

$$Ar\text{-}H + H_2SO_4 \rightleftharpoons Ar\text{-}SO_3H + H_2O$$

Bei höheren Temperaturen ist trotz des desaktivierenden Charakters der SO_3H-Gruppe mit Mehrfachsulfonierungen zu rechnen. So liefert **Benzen** bei Raumtemperatur **Benzensulfonsäure**; bei hohen Temperaturen läuft die Reaktion über die ***m*-Benzendisulfonsäure** weiter zur **1,3,5-Benzentrisulfonsäure** [vgl. **MC-Frage Nr. 965**].

Als *Sulfonierungsmittel* sind 70–100%ige H_2SO_4 oder *Oleum* mit unterschiedlichen SO_3-Gehalten gebräuchlich. Als eigentliches *Elektrophil* wird *Schwefeltrioxid* **[SO_3]** angesehen [vgl. **MC-Fragen Nr. 593, 618, 966**].

$$2\,H_2SO_4 \xrightleftharpoons{\text{Autoprotolyse}} SO_3 + H_3O^+ + HSO_4^-$$

$$C_6H_6 + \delta^+S(=O)_2{=}O\delta^- \rightleftharpoons [\sigma\text{-Komplex}: C_6H_6^{\oplus}(H)(SO_3^-)] \rightleftharpoons C_6H_5\text{-}SO_3H$$

σ-Komplex

Die *Bariumsalze* der gebildeten *Arylsulfonsäuren* sind im Gegensatz zu $BaSO_4$ wasserlöslich, sodass ein Überschuss an H_2SO_4 durch Ausfällen mit $BaCl_2$ beseitigt werden kann. Die Salze der Arylsulfonsäuren werden als *Arylsulfonate* bezeichnet [vgl. **MC-Fragen Nr. 965, 966**].

Die Reversibilität der Reaktion ist aus präparativer Sicht bedeutsam, weil man dadurch die desaktivierende, *meta-dirigierende* Wirkung einer Sulfonsäuregruppe für den gezielten Angriff von anderen Elektrophilen nutzen und anschließend die SO_3H-Gruppe durch Behandeln mit Wasserdampf oder durch Erhitzen in verd. H_2SO_4 durch ein H-Atom wieder ersetzen kann.

Infolge der Reversibilität der Sulfonierung kann auch der Ort des elektrophilen Angriffs von den Reaktionsbedingungen abhängen. Zum Beispiel bildet sich bei der

Sulfonierung von Naphthalen bei Temperaturen unterhalb 80 °C *(kinetische Reaktionskontrolle/geringere Aktivierungsenthalpie)* vorwiegend **1-Naphthalensulfonsäure**. Bei Temperaturen oberhalb 120 °C *(thermodynamische Reaktionskontrolle)* zerfällt diese jedoch wieder in die Ausgangskomponenten, und es entsteht schließlich die thermodynamisch stabilere **2-Naphthalensulfonsäure** [vgl. **MC-Fragen Nr. 595, 596, 619, 620**].

SO_3H T>120 °C 1 2 Naphthalen + SO_3 T<80 °C T>120 °C SO_3H

Auch bei der Sulfonierung muss die *Reaktivität des Sulfonierungsmittels* auf die Aktivität des Aromaten abgestimmt werden. H_2SO_4 – als schwächstes Sulfonierungsagens – lässt sich nur bei aktivierten aromatischen Systemen verwenden. Zur Sulfonierung desaktivierter Aromaten setzt man *rauchende Schwefelsäure* (SO_3/H_2SO_4) ein.

Durch „Verbacken" von Anilinhydrogensulfat bei 200 °C erhält man **4-Aminobenzensulfonsäure** (*Sulfanilsäure*), die als Zwitterion vorliegen kann [siehe auch ▸Kap. 3.11.4.3 und **MC-Fragen Nr. 968–971**].

$$[C_6H_5-NH_3^{\oplus}]\,HSO_4^{\ominus} \xrightarrow{-H_2O} HO_3S-C_6H_4-NH_2$$

Sulfanilsäure

Die häufigste und durch höhere Temperaturen begünstigte *Nebenreaktion* ist die *Sulfonbildung*, bei der die entstandene Arensulfonsäure als sulfonierendes Agens wirkt.

$$Ar\text{-}SO_3H \xrightarrow[-\,H_2O]{+\,H^+} [Ar\text{-}SO_2^{\ +}] \xrightarrow[-\,H^+]{+\,Ar\text{-}H} Ar\text{-}SO_2\text{-}Ar$$

Sulfon

Die Sulfonbildung kann durch einen Überschuss an Sulfonierungsmittel zurückgedrängt werden. Darüber hinaus wirken H_2SO_4 und Oleum bei höheren Temperaturen auch *oxidierend*. Die gebildeten Arylsulfonsäuren besitzen jedoch *keine* oxidierenden Eigenschaften [vgl. **MC-Frage Nr. 965**].

Sulfonsäuren sind gut wasserlöslich, sodass ihre Isolierung oft Schwierigkeiten bereitet. In vielen Fällen gelingt es aber, das Natriumsulfonat aus der wässrigen Lösung durch Zusatz von NaCl oder Na_2SO_4 auszusalzen.

$$Ar\text{-}SO_3H + NaCl \longrightarrow Ar\text{-}SO_3Na\downarrow + HCl$$

- **Sulfochlorierung (Chlorsulfonierung)**

Als Reagenz setzt man überschüssige *Chlorsulfonsäure* ein. Es entstehen *Sulfonsäurechloride*, die in Wasser schwer löslich sind und sich darin wesentlich langsamer zersetzen als die meisten Carbonsäurechloride. Viele Sulfonsäurechloride sind – im Gegensatz zu den Sulfonsäuren – destillierbar.

$$\text{Ar-H} + \text{Cl-SO}_3\text{H} \xrightarrow{-\text{HCl}} \text{Ar-SO}_3\text{H} \xrightarrow[-\text{H}_2\text{SO}_4]{+\text{ClSO}_3\text{H}} \text{Ar-SO}_2\text{Cl}$$

Sulfochloride sind wichtige Ausgangsstoffe zur Herstellung von *Sulfonamiden* und *Sulfonsäureestern* (siehe ▸Kap. 3.11.4.4).

Ein technisch wichtiges Beispiel dieser Reaktionsabfolge ist die Herstellung des Süßstoffes **Saccharin** nach dem *Remsen-Fahrberg-Verfahren*. Man geht von Toluen aus, dessen Chlorsulfonierung neben *p*-Toluensulfonsäurechlorid auch das *ortho*-Isomer liefert. *o*-Toluensulfonsäurechlorid wird anschließend mit Ammoniak in *o*-Toluensulfonamid umgewandelt. Die nachfolgende Chromsäure-Oxidation führt zu *o*-Sulfamoylbenzoesäure, die beim Erhitzen intramolekular Wasser abspaltet unter Bildung von Saccharin. Saccharin bildet als NH-acide Verbindung mit Natronlauge ein wasserlösliches Natriumsalz [vgl. **MC-Fragen Nr. 672, 972, 1654**].

Toluen → *o*-Toluensulfonylchlorid ($+\text{NH}_3$, $-\text{HCl}$) → *o*-Toluensulfonamid ([O]) → *o*-Sulfamoylbenzoesäure ($(\text{H}^\oplus)$, $-\text{H}_2\text{O}$) → Saccharin

• **Friedel-Crafts-Alkylierung**

Alkylhalogenide (R-X) sind in Gegenwart von Lewis-Säuren zur elektrophilen Substitution an Aromaten befähigt.

$$\text{Ar-H} + \text{R-X} \xrightarrow{(\text{AlCl}_3)} \text{Ar-R} + \text{HX}$$

Die Elektrophilie steigt vom primären zum tertiären Halogenalkan hin an, wobei primäre Alkylhalogenide weitgehend in der Form (1) vorliegen, während die Polarisierung der C-X-Bindung sekundärer und tertiärer Halogenalkane zur Bildung von Ionenpaaren (2) führen dürfte.

$$\text{R-Cl} + \text{AlCl}_3 \rightleftharpoons \left[\overset{\delta^+}{\text{R}}\ldots\text{Cl}\ldots\overset{\delta^-}{\text{AlCl}_3}\right]_{(1)} \rightleftharpoons [\text{R}^+\cdot\text{AlCl}_4^-]_{(2)}$$

Die Reaktivität der Alkylhalogenide nimmt vom Fluorid zum Iodid hin ab. *Polyhalogenide,* die nur gleichartige Halogenatome enthalten, reagieren gewöhnlich intermolekular mit mehreren Molekülen des Aromaten.

So ergibt die Umsetzung von Benzen [C_6H_6] mit *Dichlormethan* [CH_2Cl_2] **Diphenylmethan** [C_6H_5-CH_2-C_6H_5] als Reaktionsprodukt. Mit *Chloroform* [$CHCl_3$] bildet sich **Triphenylmethan** [$(C_6H_5)_3CH$], während die Reaktion mit *Kohlenstofftetrachlorid* [CCl_4] aus sterischen Gründen zu **Triphenylmethylchlorid (Tritylchlorid)** [$(C_6H_5)_3C$-Cl] führt. Triphenylmethan wird als Reaktionsprodukt auch erhalten bei der Alkylierung von Benzen mit *Benzalchlorid* [C_6H_5-$CHCl_2$]. Schließlich kann aus 1,2-*Dichlorethan*

[Cl-CH_2CH_2-Cl] und Benzen **1,2-Diphenylethan** [C_6H_5-CH_2CH_2-C_6H_5] hergestellt werden [vgl. **MC-Frage Nr. 670**].

C_6H_6 **Benzen**

+ CH_2Cl_2	→	$(C_6H_5)_2CH_2$
+ $CHCl_3$	→	$(C_6H_5)_3CH$
+ C_6H_5-$CHCl_2$	→	$(C_6H_5)_3CH$
+ CCl_4	→	$(C_6H_5)_3C$-Cl
+ $ClCH_2CH_2Cl$	→	C_6H_5-CH_2CH_2-C_6H_5

Die FC-Alkylierung mit Alkylhalogeniden erfordert stets einen *Katalysator,* wobei folgende Abstufung in der katalytischen Wirksamkeit von Lewis-Säuren beobachtet wurde [vgl. **MC-Fragen Nr. 628, 629**].

$$AlCl_3 > FeCl_3 > BF_3 > TiCl_4 > ZnCl_2 > SnCl_4$$

Bei reaktiven Halogeniden genügen geringe Mengen eines weniger stark wirksamen Katalysators, während bei den reaktionsträgeren primären Alkylhalogeniden größere Mengen an $AlCl_3$ erforderlich sind.

Ausser *Alkylhalogeniden* sind auch *Alkyltosylate, Alkene* und *Alkohole* als *Alkylierungsmittel* geeignet. Für die Alkylierung mit Alkoholen und Alkenen werden meistens *Protonsäuren* [H_3PO_4, H_2SO_4, H_2F_2] oder BF_3 als Katalysatoren verwendet. Die Umsetzung mit Alkenen verläuft entsprechend der Regel von Markownikow. Alkohole benötigen molare Mengen an Katalysator, weil das bei der Reaktion gebildete *Wasser* den Katalysator unwirksam macht.

Die Herstellung von ***tert*-Butylbenzen** veranschaulicht nochmals die unterschiedlichen Synthesevarianten der FC-Alkylierung:

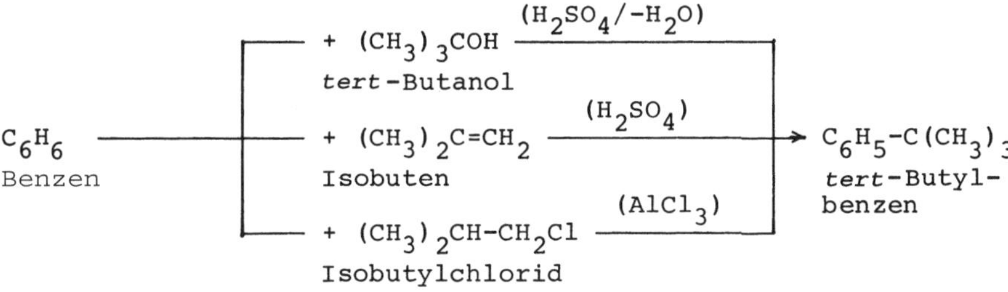

Die Friedel-Crafts-Alkylierung hat nur eine begrenzte praktische Bedeutung, weil oft keine einheitlichen Produkte gebildet werden.

- Der entstehende Alkylaromat ist infolge des +I-Effektes der Alkylgruppe basischer (reaktiver) als der Ausgangsaromat und wird dementsprechend bevorzugt weiteralkyliert *(Mehrfachalkylierung)*.
  Manchmal hat die Mehrfachalkylierung aber einen praktischen Nutzen, wie z. B. bei der Darstellung von **Duren (1,2,4,5-Tetramethylbenzen)** durch Umsetzung einer Mischung der stellungsisomeren *Xylene* (Dimethylbenzene) mit Methylchlorid [CH_3Cl].

$$o\text{-}, m\text{-}, p\text{-Xylen} + 2\,CH_3Cl \xrightarrow{(AlCl_3)} \text{Duren}$$

- Die FC-Alkylierung verläuft *reversibel* und führt im Allgemeinen zum thermodynamisch stabilsten Produkt. So erhält man bei der Zweitsubstitution eines Alkylbenzens neben der erwarteten *o/p*-Orientierung in merklichen Mengen auch das *meta-Produkt.*
  Die Reversibilität der Reaktion ist aber für präparative Zwecke nutzbar, indem bestimmte Positionen des aromatischen Ringgerüstes durch *tertiäre Butylgruppen* blockiert werden, die durch FC-Alkylierung in das Ringsystem einzuführen sind. Auf späteren Synthesestufen lassen sich diese Schutzgruppen leicht wieder abspalten.
- Selbst unter milden Reaktionsbedingungen liefern primäre bzw. sekundäre Alkylhalogenide meistens sekundär oder tertiär Alkyl-substituierte Aromaten *(Isomerisierungen im Alkylteil).* Es handelt sich dabei um eine für die elektrophil angreifenden Carbeniumionen charakteristische Wagner-Meerwein-artige Umlagerung zum stabileren Kation. So liefert die Alkylierung von Benzen mit 1-Chlor- oder 1-Brompropan neben ***n*-Propylbenzen** vor allem **Isopropylbenzen** (**Cumen, Cumol**) als Hauptprodukt.

$$\underset{n\text{-Propylhalogenid}}{CH_3CH_2CH_2X} \xrightarrow{-\,X^-} CH_3CH_2CH_2^+ \longrightarrow CH_3\overset{+}{C}HCH_3 \xrightarrow[-\,H^+]{+\,C_6H_6} \underset{\text{Isopropylbenzen}}{C_6H_5\text{-}CH(CH_3)_2}$$

Darüber hinaus kann **Isopropylbenzen** durch Umsetzung von **Propen** mit Benzen in Gegenwart von H_3PO_4 hergestellt werden [vgl. **MC-Fragen Nr. 522, 630–632, 671**].

Ein weiteres Beispiel für Isomerisierungen im Alkylteil bei Friedel-Crafts-Alkylierungen ist die Umsetzung von Benzen mit **1-Chlor-2,2-dimethylpropan** (*Neopentylchlorid*) in Gegenwart von $AlCl_3$, bei der nach 1,2-Alkylverschiebung in ein stabileres tertiäres Carbeniumion praktisch nur **2-Methyl-2-phenylbutan** als Reaktionsprodukt gebildet wird [vgl. **MC-Frage Nr. 633**].

$$CH_3\text{-}C(CH_3)_2\text{-}CH_2Cl \xrightarrow{-Cl^-} [CH_3\text{-}C(CH_3)_2\text{-}CH_2^+]$$

$$\xrightarrow{\sim CH_3^-} [CH_3\text{-}\overset{+}{C}(CH_3)\text{-}CH_2\text{-}CH_3] + C_6H_6 \xrightarrow{-H^+} C_6H_5\text{-}C(CH_3)_2\text{-}CH_2\text{-}CH_3$$

Als *Substrate* bei Friedel-Crafts-Alkylierungen dienen Benzen und im Vergleich zu Benzen reaktionsfähigere Aromaten, während die Alkylierung desaktivierter Aromaten geringer Basizität (Nucleophilie) im Allgemeinen nicht gelingt. Auch *Phenole* und *aromatische Amine* lassen sich schlecht alkylieren, weil die Lewis-Säure mit diesen Gruppen unter Bildung schwer löslicher Komplexe koordiniert, die nur langsam weiterreagieren. Ethergruppen können durch Lewis-Katalysatoren gespalten werden [vgl. **MC-Frage Nr. 668**].

Die FC-Alkylierung wird auch zum Aufbau von kondensierten *Ringsystemen* herangezogen. So cyclisiert z. B. **1-Chlor-4-phenylbutan** in Anwesenheit von $AlCl_3$ leicht zu **Tetralin** (1,2,3,4-Tetrahydronaphthalen) [vgl. **MC-Frage Nr. 514**].

Cl — $AlCl_3$ →

Tetralin

Die Friedel-Crafts-Alkylierung ist die wichtigste Methode zur Einführung von Alkylresten in aromatische Ringsysteme. Als Substrate können Benzen, Alkylbenzene, Halogenbenzene sowie Naphthalen und Anthracen alkyliert werden. Als Alkylierungsmittel eignen sich Substanzen, die in Gegenwart von Lewis-Säuren oder Protonsäuren Carbeniumionen bilden: Alkylhalogenide – Alkohole – Alkene.
Die Reaktion verläuft reversibel, sodass bei kinetischer oder thermodynamischer Reaktionskontrolle unterschiedliche Produktzusammensetzungen resultieren. Weitere Nachteile der Reaktion sind die Mehrfachalkylierung und Wagner-Meerwein-artige Umlagerungen in der Alkyl-Seitenkette.

- **Friedel-Crafts-Acylierung**

Die FC-Acylierung ist die wichtigste Synthesemethode zur Darstellung von *Arylalkylketonen* oder *Diarylketonen.* Als *Acylierungsmittel* werden Carbonsäurehalogenide [R-CO-X], Carbonsäureanhydride [R-CO-O-CO-R] und Carbonsäuren [R-COOH] verwendet [vgl. **MC-Fragen Nr. 641, 673**]

$$\text{Ar-H} + \text{R-C(=O)-Cl} \xrightarrow[(AlCl_3)]{} \text{Ar-C(=O)-R} + \text{HCl}$$

Der Carbonylsauerstoff dieser Reagenzien ist genügend basisch und bildet mit Lewis-Säuren ($AlCl_3$, $ZnCl_2$ u. a.) Komplexe. In vielen Fällen ist dieser Komplex hinreichend elektrophil, um mit Aromaten zu reagieren. In anderen Fällen steht der Komplex im Gleichgewicht mit geringen Mengen an stark elektrophilen *Acyliumionen.*

$$\text{R-C(Cl)=O} + AlCl_3 \rightleftharpoons \left[\text{R-}\overset{\delta+}{\text{C}}\text{(Cl)=}\text{O}\cdots\overset{\delta-}{AlCl_3}\right] \rightleftharpoons [\text{R-}\overset{+}{\text{C}}\text{=O}\ (AlCl_4^-)]$$

Acyliumion (Acylkation)

Ein wesentlicher *Unterschied* zwischen der *FC-Alkylierung* und der *Acylierung* besteht darin, dass bei der Alkylierung nur katalytische Mengen an Lewis-Säure, bei der Acylierung dagegen *überstöchiometrische Mengen an Katalysator* erforderlich sind. In analoger Weise wie mit dem Acylierungsmittel bildet $AlCl_3$ auch mit dem entstehenden *Keton einen Komplex,* der unter den Reaktionsbedingungen stabil ist und anschließend mit Wasser oder verd. HCl zersetzt werden muss. Acylierungen mit Säurehalogeniden benötigen daher *mindestens molare Mengen* an Katalysator. Bei den Umsetzungen mit Carbonsäureanhydriden bindet die gebildete Carbonsäure noch ein weiteres Mol der Lewis-Säure, sodass insgesamt 2 Mol $AlCl_3$ benötigt werden.

```
                              (2 AlCl3)
Ar-H + R-C-O-C-R ──────────→ Ar-C=O...AlCl3 + R-C=O...AlCl3
         ‖   ‖                   |               |
         O   O                   R               OH
```

Der *Anwendungsbereich* der Friedel-Crafts-Acylierung erstreckt sich auf aromatische Kohlenwasserstoffe wie Benzen oder Naphthalen, Alkyl-substituierte Aromaten, Arylhalogenide (oberhalb 50 °C) und reaktive Heteroaromaten wie Furan, Pyrrol oder Thiophen. Aus sterischen Gründen erhält man bei der Acylierung vor allem das *para*-Substitutionsprodukt [vgl. **MC-Fragen Nr. 625, 626**].

Benzen liefert mit **Acetylchlorid** in Gegenwart von $AlCl_3$ *Acetophenon*; auch **Naphthalen** wird glatt acetyliert. Die Orientierung der Substitution richtet sich beim Naphthalen aber nach dem verwendeten Lösungsmittel. In Tetrachlorethan oder Schwefelkohlenstoff entsteht hauptsächlich **1-Acetylnaphthalen**, während man in Nitrobenzen vorzugsweise **2-Acetylnaphthalen** erhält [vgl. **MC-Fragen Nr. 595, 755**].

Aromatische Amine liefern schlechte Ausbeuten; hier tritt hauptsächlich *N-Acylierung* ein. Hingegen lassen sich *N,N*-dialkylierte Aniline unter milden Bedingungen acylieren. Ein reaktiver Heteroaromat wie **Pyrrol** kann sogar *ohne Zusatz eines Katalysators* mit Acetanhydrid acetyliert werden [vgl. **MC-Frage Nr. 624**].

Pyrrol $\xrightarrow{Ac_2O}$ 2-Acetylpyrrol (Pyrrol-C(=O)-CH_3)

Pyrrol

Aromaten mit desaktivierenden, *meta*-dirigierenden Gruppen [NO_2, CN, COR] sind *nicht acylierbar*, sodass – im Gegensatz zur FC-Alkylierung – eine Zweitsubstitution nicht eintreten kann. **Nitrobenzen** wird häufig sogar als Lösungsmittel für die FC-Acylierungen verwendet [vgl. **MC-Fragen Nr. 622, 623, 668, 1740, 1741**].

Während sich *Phenolether* wie **Anisol** unter milden Bedingungen substituieren lassen, verlaufen viele *Phenol-Acylierungen* mit mäßigen Ausbeuten. Problematisch ist hierbei die Veresterung des phenolischen Hydroxyls. **Phenol** selbst bildet mit $AlCl_3$ zunächst Phenoxyaluminiumchlorid.

$$C_6H_5\text{-}OH + AlCl_3 \rightarrow HCl + C_6H_5\text{-}O\text{-}AlCl_2$$

Erhitzt man dieses Salz in Anwesenheit eines Säurechlorids auf Temperaturen von 120–140 °C, so erfolgt in niedrigen Ausbeuten Acylierung in *ortho-* und *para*-Stellung.

Zur direkten Darstellung von acylierten Phenolen verwendet man daher Carbonsäuren in Gegenwart von BF_3 oder synthetisiert sie aus *Nitrilen* mittels der *Houben-Hoesch-Reaktion*. Eine weitere Herstellungsmethode ist die *Fries-Verschiebung von Phenolestern* (siehe ▸Kap. 3.2.17.1).

Die Friedel-Crafts-Acylierung lässt sich auch zum Aufbau kondensierter Ringsysteme nutzen. Als Beispiel sei die Synthese des **Anthrachinons** aus **Benzen** und **Phthalsäureanhydrid** genannt, bei der Benzophenon-2-carbonsäure als Zwischenprodukt auftritt.

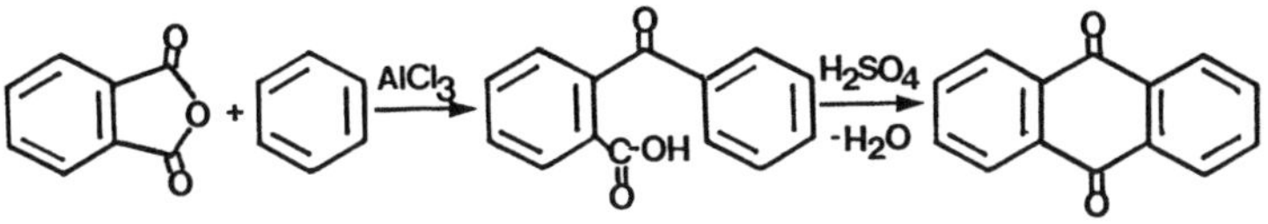

Anthrachinon

Setzt man 2 Mol **Phenol** mit **Phthalsäureanhydrid** in Gegenwart von H_2SO_4 um, entsteht **Phenolphthalein**, während die Reaktion mit 2 Mol **Resorcin** zu **Fluorescein** führt. Aus **Diphenylamin-2-carbonsäure** bildet sich in schwefelsaurem Milieu **Acridon** [vgl. **MC-Frage Nr. 627**].

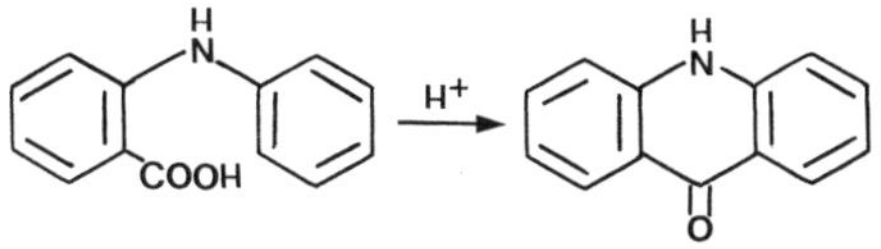

Acridon

Als *Lösungsmittel* für die FC-Acylierung kann ein Überschuss des Aromaten dienen. Oft verwendet man Schwefelkohlenstoff, Dichlormethan, 1,2-Dichlorethan oder Nitrobenzen als Solventien. Chlorbenzen ist nur unterhalb von 50 °C als Lösungsmittel einsetzbar. Bei höheren Temperaturen wird es acyliert.

Die Friedel-Crafts-Acylierung ist eine wichtige Synthesemethode für Ketone, in denen die Carbonylgruppe direkt mit einem aromatischen Ringsystem verknüpft ist. Als Substrate werden Aromaten eingesetzt, die mindestens so reaktiv wie ein Halogenbenzen sind. Acylierungsmittel sind in Anwesenheit von Lewis-Säuren vorzugsweise Acylhalogenide und Carbonsäureanhydride. Als Elektrophil diskutiert man ein Acyliumion.

- **Formylierungen am Aromaten**

Unter Formylierung im engeren Sinne versteht man die Einführung der CH=O-Gruppierung in aromatische Ringsysteme. Präparativ bedeutsam sind [vgl. **MC-Fragen Nr. 589, 635, 985**]:

- *Reimer-Tiemann-Synthese,*
- *Vilsmeier-Haack-Reaktion,*
- *Gattermann-Reaktion* und ihre Varianten nach *Adams* und *Koch,*
- *Sommelet-Reaktion* (siehe ▸Kap. 3.12.2.2).

Reimer-Tiemann-Reaktion: Sie dient durch Behandeln von *Phenolen* mit *Chloroform* in alkalischer Lösung zur Synthese von aromatischen *ortho-Hydroxyaldehyden.* Nur wenn beide *ortho*-Positionen besetzt sind, erhält man das *p*-Substitutionsprodukt. Auch reaktive Heteroaromaten wie **Pyrrol** oder **Indol** reagieren zu den entsprechenden Aldehyden, während Phenole mit desaktivierenden Substituenten keine Reaktion eingehen.

Primär bildet sich unter α-Eliminierung aus Chloroform und Alkalihydroxiden *Dichlorcarben* [CCl_2] als Zwischenprodukt [vgl. **MC-Fragen Nr. 51, 634, 664, 665, 987**].

$$Cl_3CH + HO^- \rightarrow CCl_2 + Cl^- + H_2O$$

Dieses lagert sich elektrophil an das mesomere Phenolat-Ion an. Die nachfolgende Rearomatisierung führt zu einem Benzalderivat, das anschließend zum Aldehyd verseift wird. Nach dem Ansäuern kann der gebildete **Salicylaldehyd** durch Wasserdampfdestillation aus dem Reaktionsgemisch abgetrennt werden [vgl. **MC-Frage Nr. 636**].

$|CCl_2$; CCl_2 ; $CHCl_2$

$+H_2O$, $-2HCl$; CHO ; $+ H^+$

Salicylaldehyd

Vilsmeier-Haack-Reaktion: Die Formylierung nach Vilsmeier-Haack kann nur mit reaktionsfähigen Aromaten wie *Phenolen, Phenolethern* [Methylphenylether], *sekundären* [*N*-Methylanilin] und *tertiären aromatischen Aminen* [*N,N*-Dimethylanilin] sowie einigen *reaktiven Heteroaromaten* [Thiophen, Pyrrol, Indol] durchgeführt werden [vgl. **MC-Fragen Nr. 637, 640, 663, 987**].

$$Ar\text{-}H + R_2N\text{-}CH{=}O \xrightarrow{(POCl_3)} Ar\text{-}CH{=}O + R_2NH$$

N,N-disubstituierte Formamide [N,N-Dimethylformamid, N-Methylformanilid] in Gegenwart von äquivalenten Mengen *Phosphoroxidchlorid* [$POCl_3$] werden als Formylierungsreagenzien verwendet. Als Lösungsmittel dienen Benzen, Chlorbenzen oder überschüssiges Dimethylformamid [vgl. **MC-Fragen Nr. 638, 639**].

Elektrophiles Agens ist vermutlich ein mesomeriestabilisiertes *Chloriminium-Ion*, das sich auf folgende Weise bildet:

$$Cl\text{-}P(=O)(Cl)\text{-}Cl + O{=}CH\text{-}\overline{N}R_2 \rightleftharpoons \left[Cl_2P(=O)\text{-}O\text{-}CH{=}\overset{+}{N}R_2\right]Cl^- \rightleftharpoons Cl_2P(=O)\text{-}O\text{-}CH(Cl)\text{-}\overline{N}R_2 \rightleftharpoons$$

$$Cl_2PO_2^- + \left[H\text{-}C(Cl){=}\overset{+}{N}R_2 \leftrightarrow H\text{-}\overset{+}{C}(Cl)\text{-}\overline{N}R_2\right] \quad \text{Chloriminium-Ion}$$

Das Chloriminium-Ion reagiert mit aktivierten Aromaten zu einem α-Chloramin, das leicht zum Aldehyd hydrolysiert.

$$\text{Ar-H} + \left[\begin{array}{c}\overset{+}{\text{H-C=NR}_2}\\ |\\ \text{Cl}\end{array}\right] \xrightarrow{-\,H^+} \begin{array}{c}\alpha\\ \text{Ar-CH-NR}_2\\ |\\ \text{Cl}\end{array} \xrightarrow[-\,HCl\;\; -\,HNR_2]{+\,H_2O} \text{Ar-CH=O}$$

Formylierung nach Gattermann: Die Acylierung von Aromaten mit *Formylhalogeniden* sollte aromatische Aldehyde ergeben. Mit Ausnahme von Formylfluorid sind aber die übrigen Halogenide der Ameisensäure sowie ihr Anhydrid instabil.

An deren Stelle lässt sich nach *Gattermann-Koch* ein Gemisch aus *Kohlenmonoxid* und *Chlorwasserstoff* in Gegenwart von $AlCl_3$ und CuCl zur Formylierung einsetzen. Als elektrophiles Agens wird das HCO^+-Ion diskutiert, das sich allerdings *nur* mit Benzen und Alkyl-substituierten Aromaten in befriedigender Ausbeute umsetzt [vgl. **MC-Fragen Nr. 986, 1088, 1089**].

Die nach Gattermann-Koch nicht darstellbaren Aldehyde von *Phenolen* oder *Phenolethern* können jedoch in Anwesenheit von Lewis-Säuren bei der Umsetzung mit *Cyanwasserstoff* [HCN] und HCl erhalten werden. Die Formylgruppe orientiert sich bevorzugt in die *para*-Position zum aktivierenden Rest. Als Elektrophil ist der aus $AlCl_3$ und *Formimidchlorid* gebildete Komplex anzusehen.

$$\text{H-C}\equiv\text{N} + \text{HCl} \longrightarrow \underset{\text{Formimidchlorid}}{\begin{array}{c}\text{Cl}\\ |\\ \text{H-C=NH}\end{array}} \xrightarrow{(AlCl_3)} \left[\begin{array}{c}\text{Cl}\\ |\\ \text{H-}\underset{\delta+}{\text{C}}\text{=NH}\ldots\underset{\delta-}{\text{Al}}\text{Cl}_3\end{array}\right]$$

Bei der Reaktion entsteht zunächst das Hydrochlorid eines *Aldimins*, das anschließend zum Aldehyd hydrolysiert.

$$\text{Ar-H} + \text{HCN} + \text{HCl} \xrightarrow{(AlCl_3)} [\text{Ar-CH=}\overset{+}{\text{N}}\text{H}_2]\text{Cl}^- \xrightarrow{\text{Hydrolyse}} \text{Ar-CH=O}$$

Völlig analog verläuft die *Houben-Hoesch-Ketonsynthese* unter Verwendung von *Nitrilen* und HCl in Anwesenheit von wasserfreiem $ZnCl_2$ als Katalysator.

$$\text{Ar-H} + \text{R-CN} + \text{HCl} \xrightarrow{(ZnCl_2)} \left[\begin{array}{c}\text{R}\\ |\\ \text{Ar-C=}\overset{+}{\text{N}}\text{H}_2\end{array}\right]\text{Cl}^- \xrightarrow{\text{Hydrolyse}} \begin{array}{c}\text{O}\\ \|\\ \text{Ar-C-R}\end{array}$$

Die Formylierung nach *Adams* vermeidet das Arbeiten mit Blausäure. Diese wird erst während der Reaktion aus *Zinkcyanid* mit HCl-Gas in Freiheit gesetzt.

- **Carboxylierungen am Aromaten (Kolbe-Schmitt-Reaktion)**

Phenolate lassen sich bei erhöhten Temperaturen (120–200 °C) und erhöhten Drucken (4–7 at) durch das schwach elektrophile *Kohlendioxid* zu *Phenolcarbonsäuren* carboxylieren. Die Reaktion sei am Beispiel der technischen *Salicylsäure-Synthese* erläutert [vgl. **MC-Fragen Nr. 589, 592, 642–644, 671, 1101**].

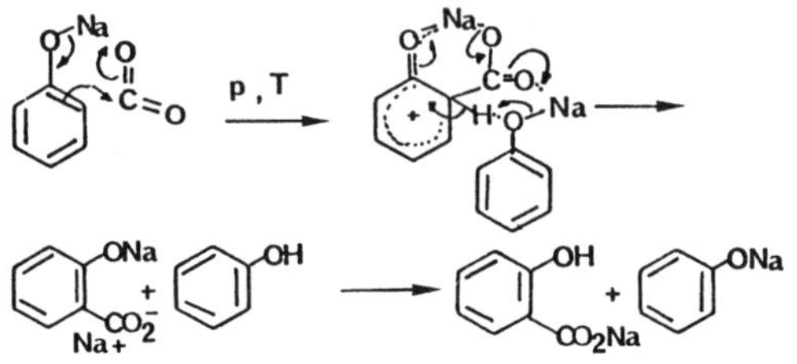

Beim skizzierten *Chelatmechanismus* übernimmt ein Natriumion die Rolle des elektrophilen, die Polarität der C=O-Bindung erhöhenden Koordinationspartners. Ein zweites Phenolat-Ion löst das zu substituierende Proton ab. Beim Arbeiten unter Druck wird das primär gebildete Dinatriumsalz der Salicylsäure in **Natriumsalicylat** umgewandelt.

Die *Orientierung* der Carboxyl-Gruppe bei der Kolbe-Schmitt-Reaktion ist von der Temperatur und dem *Ionenradius* des zur Phenolat-Bildung verwendeten Metallions abhängig. Während **Natriumphenolat** fast ausschließlich zu **Natriumsalicylat** carboxyliert wird, bildet sich mit **Kaliumphenolat** überwiegend das Kaliumsalz der **4-Hydroxybenzoesäure** [vgl. **MC-Fragen Nr. 642–644, 807, 811, 837, 1116**].

Der Einfluss der Reaktionstemperatur auf die Produktbildung zeigt sich am Beispiel der Carboxylierung des Natriumsalzes des **2-Naphthols**.

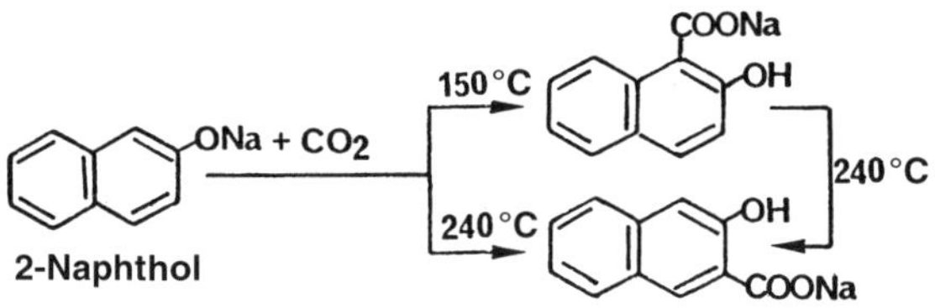

Auch *mehrwertige Phenole* lassen sich carboxylieren. Aus ***m*-Aminophenol** wird ***p*-Aminosalicylsäure** gebildet. **Benzoesäure** reagiert mit CO_2 zu **Terephthalsäure**.

Die mithilfe der Kolbe-Schmitt-Carboxylierung aus Phenol herstellbare Salicylsäure kann mit Essigsäureanhydrid in **Acetylsalicylsäure** (2-Acetoxybenzoesäure) umgewandelt werden [vgl. **MC-Frage Nr. 671**].

- **Chlormethylierung (Blanc-Reaktion)**

Die Einführung der *Chlormethyl-Gruppe* [-CH_2Cl] in Benzen und aktivierte Aromaten gelingt in einer S_E-Reaktion mit *Formaldehyd* und *Chlorwasserstoff* in Gegenwart von Säuren [$AlCl_3$, $ZnCl_2$, H_3PO_4, H_2SO_4].

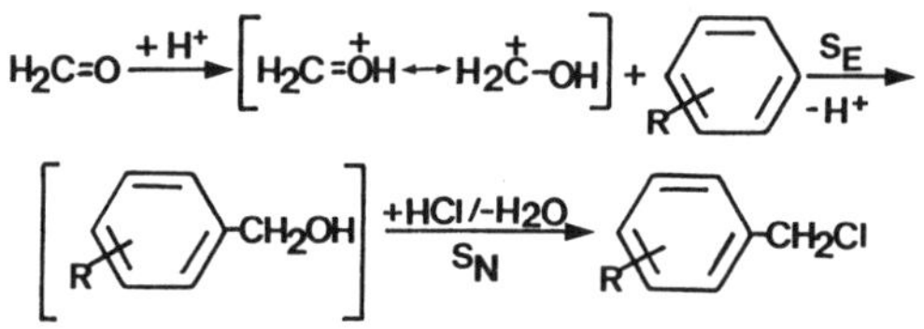

Aus den zunächst durch *Hydroxymethylierung* gebildeten *Benzylalkoholen* erhält man die gewünschten *Benzylchloride* durch die nachfolgende S_N-Reaktion mit dem anwesenden Chlorwasserstoff [vgl. **MC-Frage Nr. 590**].

$$Ar\text{-}CH_2OH + H^+ \rightleftharpoons Ar\text{-}CH_2\text{-}\overset{+}{O}H_2 \xrightarrow{-H_2O} [Ar\text{-}CH_2^+]$$

$$\underset{\text{Diarylmethan}}{Ar\text{-}CH_2\text{-}Ar} \xleftarrow[-H^+]{+Ar\text{-}H} [Ar\text{-}CH_2^+] \xrightarrow[-H^+]{+HCl} \underset{\text{Benzylchlorid}}{Ar\text{-}CH_2\text{-}Cl}$$

Die parallele Bildung von *Diarylmethanen* lässt sich nicht immer unterdrücken, besonders bei Verwendung von reaktiven aromatischen Substraten.

- **Hydroxyalkylierung**

Analog zur Chlormethylierung können auch Aldehyde und Ketone mit Aromaten kondensieren. Die zunächst gebildeten Alkohole reagieren anschließend mit einem Überschuss des Aromaten zu *Diarylmethan-Derivaten* (Ar-CR_2-Ar).

$$Ar\text{-}H + R_2C{=}O \xrightarrow{(H^+)} Ar\text{-}\overset{OH}{\overset{|}{C}}R_2 \xrightarrow[-H_2O]{+H^+} [Ar\text{-}\overset{+}{C}R_2] \xrightarrow[-H^+]{+Ar\text{-}H} Ar\text{-}CR_2\text{-}Ar$$

In der Technik wird die Reaktion zur Herstellung des Insektizids **DDT [Di(4-chlorphenyl)trichlorethan]** aus **Chloral** [Cl_3C-CH=O] und 2 Mol **Chlorbenzen** [C_6H_5-Cl] genutzt [vgl. **MC-Frage Nr. 674**].

- **Azokupplung**

Beispiele für diese S_E-Reaktion sind Gegenstand des ▸Kap. 3.10.6.3 [vgl. **MC-Fragen Nr. 589, 590, 668, 1711**].

3.6.4.3 Nucleophile Substitutionen an Aromaten

Die unterschiedlichen Mechanismen von S_NAr-Reaktionen wurden im ▸Kap. 3.2.7 vorgestellt, sodass im nachfolgenden Abschnitt vor allem die präparativen Aspekte dieser Reaktionen detaillierter beschrieben werden.

- **Halogenbenzen-Derivate als Substrate**

Während sich **Chlorbenzen** nur unter drastischen Bedingungen [10%ige NaOH bei 350 °C] zu **Phenol** hydrolysieren lässt, gelingt der Ersatz des Halogens im ***o-*** oder ***p*-Chlornitrobenzen** schon mit Natriumcarbonat-Lösung bei 130 °C. **2,4-Dinitrochlorbenzen** ist noch reaktiver und **2,4,6-Trinitrochlorbenzen** (**Pikrylchlorid**) besitzt schließlich die Reaktivität eines Säurechlorids und wird schon von verdünnter Natronlauge hydrolysiert [vgl. **MC-Fragen Nr. 654, 657, 668, 802–804, 1613, 1690, 1741, 1743**].

Organische Chemie

Chlorbenzen $\xrightarrow[\text{(Raschig-Verfahren) (Dow-Verfahren)}]{\text{10\% NaOH, 350 °C, 300 at}}$ Phenol

p-Chlornitrobenzen $\xrightarrow{\text{15\% NaOH, 160 °C}}$ *p*-Nitrophenol

2,4-Dinitrochlorbenzen $\xrightarrow{\text{wässr. } Na_2CO_3\text{, 130 °C}}$ 2,4-Dinitrophenol

2,4,6-Trinitrochlorbenzen $\xrightarrow{H_2O\text{, Hitze}}$ 2,4,6-Trinitrophenol (Pikrinsäure)

p-Chlornitrobenzen $\xrightarrow{CH_3O^-/CH_3OH}$ *p*-Nitroanisol

2,4-Dinitrochlorbenzen $\xrightarrow{H_2N-NH_2\text{, EtOH, Hitze}}$ 2,4-Dinitrophenylhydrazin

Aufgrund der leichten Reaktion von *Nitroarenen* mit HO^--Ionen sollten nitrierte Aromaten nicht über Ätzkali getrocknet werden. Selbst **Nitrobenzen** bildet beim Stehenlassen über KOH ***p*-Nitrophenol**.

Der *Mechanismus* dieser nucleophilen Substitutionen entspricht dem einer *Additions-Eliminierungs-Reaktion,* wobei sich die Halogene in der Reihe I < Br < Cl << F zunehmend leichter austauschen lassen [vgl. **MC-Frage Nr. 652**].

Die Umsetzung von **2,4-Dinitrochlorbenzen** mit Hydrazin zu **2,4-Dinitrophenylhydrazin** besitzt technische Bedeutung. Darüber hinaus kann die Reaktion von 2,4-Dinitrochlorbenzen oder 2,4-Dinitrofluorbenzen mit Aminen, Alkoholen, Phenolen, Mercaptanen und Thiophenolen zum *Nachweis* dieser Substanzen herangezogen werden [vgl. **MC-Frage Nr. 910**].

Von besonderem Interesse ist die *Bestimmung N-terminaler Aminosäuren* in *Peptiden* (Proteinen) nach *Sanger.* Das Peptid wird hierzu mit **2,4-Dinitrofluorbenzen** umgesetzt und anschließend hydrolysiert. Die endständige Aminosäure liegt danach als 2,4-Dinitrophenyl-Derivat vor und kann leicht von den übrigen Aminosäuren abgetrennt und identifiziert werden [vgl. **MC-Frage Nr. 1523**].

$H_2N-CH(R)-C(=O)-$Peptid + $O_2N-C_6H_3(NO_2)-F \xrightarrow{-HF}$

$O_2N-C_6H_3(NO_2)-N(H)-CH(R)-C(=O)-$Peptid $\longrightarrow O_2N-C_6H_3(NO_2)-N(H)-CH(R)-COOH$

+ Aminosäuren

Abschließend ist anzumerken, dass sich aromatisch gebundene Halogenatome nur dann nucleophil substituieren lassen, wenn sie durch *ortho-* oder *para*-ständige -I/-M-Substituenten hinreichend aktiviert sind.

Die *Hydrolyse des Chlorbenzens zu Phenol* mit NaOH erfordert drastische Reaktionsbedingungen. Hierbei tritt die HO-Gruppe nicht nur an das C-Atom [52%], an dem sich das Chloratom befand, sondern sie findet sich auch am benachbarten C-Atom [48%] wieder. In analoger Weise erhält man bei der *Aminierung* von ***p*-Chlortoluen** mit $NaNH_2$ [KNH_2] in *flüssigem Ammoniak* ein Gemisch aus **4-** und **3-Aminotoluen** (*p-/m*-Toluidin) [vgl. **MC-Fragen Nr. 593, 648, 650, 1743**].

Diese Befunde sind nur vereinbar mit einer S_NAr-Reaktion nach einem *Eliminierungs-Additions-Mechanismus* über *Arine* als Zwischenstufe [vgl. **MC-Fragen Nr. 645, 648, 650, 651, 1727, 1743**].

• Arylsulfonsäuren und Arylsulfonate als Substrate

Auch die *Sulfonsäure-Gruppe* ist relativ leicht gegen *Hydroxidionen* oder *Cyanidionen* nucleophil substituierbar, wobei in der Technik besonders häufig die *Alkalischmelze* von *Arensulfonsäuren* zu *Phenolen* genutzt wird [vgl. **MC-Fragen Nr. 590, 802–805, 966, 967**].

$$Ar{-}SO_3H \ + \ X^- \longrightarrow Ar{-}X \ + \ HSO_3^- \quad [X^- = CN^-, \ HO^-]$$

Aus **Benzensulfonsäure** entsteht **Phenol** und aus ***m*-Benzendisulfonsäure** bildet sich **Resorcin**. Die Umsetzung von ***m*-Aminobenzensulfonsäure** liefert bei der Alkalischmelze ***m*-Aminophenol**. Durch Umsetzung der Pyridin-3-sulfonsäure mit NaCN ist **3-Cyanopyridin** (**Nicotinsäurenitril**) darstellbar.

• Heteroaromaten als Substrate

Von den nucleophilen Substitutionsreaktionen an Heteroaromaten ist vor allem die *Tschitschibabin-Reaktion* zur Herstellung von **2-** bzw. **4-Aminopyridin** oder **2-** bzw. **4-Aminochinolin-Derivaten** von Bedeutung.

Dabei reagiert das aus $NaNH_2$ und Pyridin durch Hydridtransfer gebildete *Natriumhydrid* mit dem aciden Wasserstoff des 2-Aminopyridins zu H_2. Die anschließende Hydrolyse des entstandenen Natriumsalzes führt zu **2-Aminopyridin** [vgl. **MC-Fragen Nr. 646, 653, 660, 1351, 1387**].

3.6.5 Substituenteneffekte und Syntheseplanung

Der Einfluss von Substituenten auf die Reaktivität von Aromaten und Heteroaromaten und deren dirigierende Wirkung auf die *elektrophile* bzw. *nucleophile Zweit-*

Organische Chemie

substitution wurde bereits in ▸Kap. 3.2.6.2 und ▸Kap. 3.2.7.4 behandelt [vgl. **MC-Fragen Nr. 675–693**].

Diese Substituenteneffekte sind bei der Syntheseplanung zu beachten. Zum Beispiel lässt sich ***p*-Bromacetophenon** in der Weise synthetisieren, dass man Benzen zunächst mit [Br_2/Fe] bromiert und anschließend das erhaltene **Brombenzen** nach Friedel-Crafts mit [$CH_3COCl/AlCl_3$] acetyliert. Die umgekehrte Reaktionsfolge führt nicht zum gewünschten Syntheseziel, da die Acetylgruppe des Acetophenons einen Zweitsubstituenten in die *meta*-Position dirigiert.

Als weiteres Beispiel sei die Herstellung von ***m*-Nitroacetophenon** genannt. Hier wird zunächst Benzen nach Friedel-Crafts mit Acetylchlorid/$AlCl_3$ zu *Acetophenon* acetyliert und danach im zweiten Reaktionsschritt eine Nitrierung durchgeführt. Würde man zuerst nitrieren, so wäre das aromatische Ringsystem desaktiviert und ließe sich nicht nach Friedel-Crafts acylieren [vgl. **MC-Fragen Nr. 1740, 1741**]

Abschließend sei noch auf die für Synthesezwecke nutzbare, reversibel blockierende Wirkung der *Sulfonsäuregruppierung* und der *tert-Butyl-Schutzgruppe* hingewiesen.

3.7 Halogenkohlenwasserstoffe

3.7.1 Nomenklatur

Alkylhalogenide (Halogenalkane) sind Verbindungen der allgemeinen Formel **R-X**, in denen R eine Alkylgruppe darstellt und X für ein Halogenatom steht. **Ar-X** ist dementsprechend das Formelsymbol für ein *Arylhalogenid (Halogenaren)*.

Alkylhalogenide betrachtete man früher als „Salze von Alkylgruppen". Dies führte zu Bezeichnungen wie Methyliodid, Isopropylbromid usw. Für die *systematische Nomenklatur* von Halogenalkanen nach IUPAC werden sie als Halogen-Derivate von Alkanen angesehen. Für ihre Bezeichnung gelten dann folgende Regeln:

- In der zu benennenden Verbindung sucht man die *längste Kohlenstoffkette*, die das *Halogenatom* enthält. Die C-Kette wird so nummeriert, dass das Halogen-substituierte C-Atom die niedrigste Ziffer erhält.
- Die Substituenten werden unter Kennzeichnung ihrer Position in *alphabetischer Reihenfolge* genannt. Der zuerst genannte Substituent trägt die niedrigste Ziffer. Die Vorsilben di-, tri-, tetra- usw. geben die Anzahl identischer Halogenatome an.

Die folgende Beispiele sollen beide Nomenklatursysteme nochmals verdeutlichen.

CH_3I	CH_3CH_2Br	CH_3-CHCl-CH_3
Methyliodid (Iodmethan)	Ethylbromid (Brommethan)	Isopropylchlorid (2-Chlorpropan)
C_6H_5-I	C_6H_5-CH_2Cl	F_2ClC-$CClF_2$
Iodbenzen	Benzylchlorid	1,2-Dichlor-1,1,2,2-tetrafluorethan

Die Stellung weiterer Substituenten kann durch einen griechischen Buchstaben markiert werden, wobei ω für das letzte Glied einer Kette verwendet wird.

```
                 X
ω      γ β α |  α
C......C-C-C-C-C
```

Darüber hinaus sind bei *Dihalogeniden* auch Bezeichnungen wie *geminal* (gem.) oder *vicinal* (vic.) gebräuchlich.

CH_3-CBr_2-CH_3	CH_3-CHBr-CH_2Br
2,2-Dibrompropan	**1,2-Dibrompropan**
= *gem. Dihalogenid*	= *vic. Dihalogenid*

Für einige Substanzen existieren *Trivialnamen.*

ClHC=CCl_2 **Trichlorethylen**	CH_2=CHCl **Vinylchlorid**	CH_2=CH-CH_2Cl **Allylchlorid**
HC≡C-CH_2Cl **Propargylchlorid**	C_6H_5-$CHCl_2$ **Benzalchlorid**	C_6H_5-CCl_3 **Benzotrichlorid**

Alkylhalogenide, die in α-Position eine Hydroxylgruppe tragen, werden als *Halogenhydrine* [Hal-C-C-OH] bezeichnet.

Auch bei mehrfach *halogenierten Methan-Derivaten* benutzt man häufig Trivialnamen.

Allg. Formel	**Beispiele**		
CH_2X_2 Methylenhalogenid	**CH_2Cl_2 Methylenchlorid (Dichlormethan)**	**CH_2Br_2 Methylenbromid (Dibrommethan)**	**CH_2I_2 Methyleniodid (Diiodmethan)**
CHX_3 Haloform-Derivat	**$CHCl_3$ Chloroform (Trichlormethan)**	**$CHBr_3$ Bromoform (Tribrommethan)**	**CHI_3 Iodoform (Triiodmethan)**
CX_4 Kohlenstofftetrahalogenid	**CCl_4 Kohlenstofftetrachlorid (Tetrachlormethan, Tetrachlorkohlenstoff)**		

Zur Nomenklatur von *Arylhalogeniden* siehe ▸Kap. 3.6.1.

3.7.2 Darstellung von Alkylhalogeniden

3.7.2.1 Halogenierung von Alkanen, Alkenen und Alkoholen

Als allgemein anwendbare Darstellungsverfahren von Halogenalkanen sind zu nennen [vgl. **MC-Fragen Nr. 694–698, 700, 1742**]:

(1) Umsetzung von Alkoholen mit Halogenwasserstoffen: Die nucleophile Substitution der Hydroxylgruppe von Alkoholen durch Halogenwasserstoffe wird bei höheren Temperaturen – oft in Gegenwart eines Katalysators [H_2SO_4, $ZnCl_2$] – durchgeführt.

$$R\text{-}OH + HX \rightleftharpoons R\text{-}X + H_2O$$

Die Reaktivität von HX nimmt in der Reihe HI > HBr > HCl >> HF ab. Chlorwasserstoff ist bereits so wenig reaktionsfähig, dass nur noch tertiäre Alkohole und Benzylalkohole reagieren. Die Reaktivität von HCl kann gesteigert werden, wenn man $ZnCl_2$ als Katalysator hinzufügt [vgl. **MC-Fragen Nr. 694, 695, 1702, 1742**].

Als *Nebenreaktion* werden Eliminierungen und Umlagerungen beobachtet. Darüber hinaus kann *Iodwasserstoff* - besonders bei Verwendung von tertiären Alkoholen – auch reduzierend wirken unter Bildung von Alkanen [vgl. **MC-Fragen Nr. 697, 698**].

$$R_3C\text{-}OH + HI \xrightarrow{-\,H_2O} R_3C\text{-}I \xrightarrow{-\,HI} R_3C\text{-}H + I_2$$

(2) Umsetzung von Alkoholen mit anorganischen Säurehalogeniden [PCl_5, PCl_3, PBr_3, PI_3, $SOCl_2$]: Diese Verfahrensvariante ist vorzuziehen, wenn sekundäre, tertiäre oder hochverzweigte Alkohole als Substrate verwendet werden. Die Anwesenheit säurebindender Reagenzien (Pyridin, Triethylamin) verhindert weitgehend Eliminierungen unter Bildung von Alkenen. PBr_3 und PI_3 werden *in situ* aus rotem Phosphor und den entsprechenden elementaren Halogenen erzeugt [vgl. **MC-Fragen Nr. 694, 695, 697–699, 1702, 1742**].

$$3\,R\text{-}OH + PX_3 \rightarrow 3\,R\text{-}X + H_3PO_3$$
$$R\text{-}OH + PCl_5 \rightarrow R\text{-}Cl + POCl_3 + HCl$$
$$R\text{-}OH + SOCl_2 \rightarrow R\text{-}Cl + SO_2 + HCl$$

Die Reaktionen verlaufen im Allgemeinen nach einem S_N2-Mechanismus, sodass bei chiralen Alkoholen Inversion eintritt. Als Zwischenstufen werden Säureester [ROSOCl, $ROPX_2$, $(RO)_2PX$, $(RO)_3P$] durchlaufen. In Abwesenheit von Basen wie Pyridin als Säurefänger wird bei der Umsetzung mit Thionylchlorid ein S_Ni-Mechanismus angenommen (siehe auch ▸Kap. 3.2.5.12). Bei der Reaktion von Carbonylverbindungen mit Phosphorpentachlorid entstehen *geminale Dichloride*.

$$R_2C{=}O + PCl_5 \rightarrow R_2CCl_2 + POCl_3$$

(3) Radikalische Halogenierung von Kohlenwasserstoffen: Die Chlorierung oder Bromierung von *Alkanen* war Gegenstand des ▸Kap. 3.2.4.3 [vgl. **MC-Frage Nr. 696**].

$$R_3C\text{-}H + X_2 \xrightarrow{(S_R)} R_3C\text{-}X + HX$$

Die radikalisch verlaufende *Allylhalogenierung* mit *N*-Halogensuccinimiden (*Wohl-Ziegler-Reaktion*) wurde gleichfalls im ▸Kap. 3.2.4.3 behandelt.

(4) Halogenwasserstoff-Addition an Alkene: Die mechanistischen Grundlagen dieser elektrophilen Additionsreaktion wurden im ▸Kap. 3.2.11.3 vorgestellt. Präparative Aspekte der Reaktion wurden im ▸Kap. 3.5.4 besprochen [vgl. **MC-Fragen Nr. 696, 1742**].

$$HC{=}C- + HX \xrightarrow{(A_E)} -CH_2\text{-}C\text{-}X$$

Die *Addition von Halogenen* an Alkene führt zu *1,2-Dihalogeniden,* die Anlagerung von *Hypohalogenigen Säuren* ergibt *Halogenhydrine*.

```
 | |            | |
-C=C- + X-Y  → X-C-C-Y      [X = Hal; Y = Hal, HO]
                | |
```

(5) Hunsdiecker-Reaktion: Die *Silbersalze von Carbonsäuren* decarboxylieren beim Behandeln mit Brom oder Iod in CCl_4 unter Bildung von *Alkylbromiden* bzw. *Alkyliodiden* [vgl. **MC-Fragen Nr. 502, 700**].

$$R\text{-}COO^-Ag^+ + Br_2 \longrightarrow R\text{-}Br + AgBr + CO_2$$

$$\underset{\text{Silberacetat}}{CH_3\text{-}COO^-Ag^+} + I_2 \rightarrow \underset{\text{Methyliodid}}{CH_3I} + AgI + CO_2$$

Die Reaktion verläuft radikalisch. (Reaktionen, in denen ein C-Atom aus dem Molekül eliminiert wird, bezeichnet man auch als „**Abbaureaktionen**".)

(6) Finkelstein-Reaktion: Halogenatome in Alkylchloriden oder Alkylbromiden lassen sich in einer **S_N2-Reaktion** durch Iodid substituieren.

$$R\text{-}Br + NaI \xrightarrow{\text{(Aceton)}} R\text{-}I + NaBr\downarrow$$

Die Reaktion dient im Allgemeinen zur Darstellung *primärer Alkyliodide.* Sekundäre und tertiäre Alkyliodide sind auf diese Weise nicht zugänglich. Allerdings gelingt die Synthese von *Alkylfluoriden*, wenn man in dipolar-aprotischen Lösungsmitteln (Ethylenglycol) arbeitet und Alkyliodide oder Alkyltosylate als Substrate einsetzt [vgl. **MC-Frage Nr. 1742**].

(7) Synthese von Fluoralkanen: Die direkte Fluorierung von Alkanen mit F_2 oder CoF_3 führt zu Polyfluoriden bzw. zu Verbindungen, in denen alle H-Atome durch F-Atome ersetzt sind.

$$-(CH_2)_n- + 2\,n\,F_2 \longrightarrow -(CF_2)_n- + 2\,n\,HF$$

$$-(CH_2)_n- + 4\,n\,CoF_3 \longrightarrow -(CF_2)_n- + 2\,n\,HF + 4\,n\,CoF_2$$

Einige technisch wichtige Fluorverbindungen werden durch Substitution von Chlorid gegen Fluor mit SbF_3 oder HF in Gegenwart von $SbCl_5$ als Katalysator gewonnen. Der Zusatz der Lewis-Säure begünstigt einen S_N1-Mechanismus. Als Beispiel sei die Synthese des **Dichlordifluormethans** [CCl_2F_2] aus Tetrachlorkohlenstoff [CCl_4] genannt.

$$3\,R\text{-}Cl + SbF_3 \longrightarrow 3\,R\text{-}F + SbCl_3$$

$$3\,CCl_4 + 2\,SbF_3 \xrightarrow{(SbCl_5)} 3\,CCl_2F_2 + 2\,SbCl_3$$

$$CCl_4 + 2\,HF \xrightarrow{(SbCl_5)} CCl_2F_2 + 2\,HCl$$

Ein weiterer Fluorüberträger ist *Schwefeltetrafluorid* [SF_4], das für die Umwandlung von Carbonylverbindungen [$R_2C{=}O$] in geminale Difluoride [R_2CF_2] geeignet ist.

Gleichzeitig im Molekül vorhandene C,C-Mehrfachbindungen werden nicht angegriffen.

$$R_2C{=}O \; + \; SF_4 \longrightarrow R_2CF_2 \; + \; SOF_2$$

$$R{-}COOH \; + \; SF_4 \xrightarrow[-\,HF]{-\,SOF_2} R{-}COF \xrightarrow[-\,SOF_2]{+\,SF_4} R{-}CF_3$$

3.7.2.2 Halogenierung von Carbonylverbindungen

Die *α-Halogenierung* von Aldehyden und Ketonen kann *basen-* oder *säurekatalysiert* durchgeführt werden. Formal handelt es sich um eine *elektrophile Substitution am gesättigten Kohlenstoff* [vgl. **MC-Frage Nr. 86**].

$$H{-}\overset{|}{\underset{|}{C}}{-}\overset{|}{C}{=}O \; + \; X_2 \xrightarrow{-\,HX} X{-}\overset{|}{\underset{|}{C}}{-}\overset{|}{C}{=}O \quad [X_2 = Cl_2,\ Br_2,\ I_2]$$

Präparativ wird die Reaktion vor allem zur Darstellung von *Phenacylhalogeniden* aus *Acetophenon-Derivaten* genutzt [vgl. **MC-Frage Nr. 1011**].

$$\underset{\text{Acetophenon}}{C_6H_5{-}CO{-}CH_3} \; + \; Br_2 \longrightarrow \underset{\text{Phenacylbromid}}{C_6H_5{-}CO{-}CH_2Br} \; + \; HBr$$

Die Halogenierung kann auch ohne Katalysatorzusatz erfolgen. Die Reaktion verläuft dann *autokatalytisch,* weil während der Reaktion ein Äquivalent Säure [HX] freigesetzt wird [vgl. **MC-Fragen Nr. 723, 724**].

Für die *Basenkatalyse* benötigt man zur Bindung des gebildeten Halogenwasserstoffs stöchiometrische Mengen einer Base. Als reaktive Zwischenstufen treten mesomeriestabilisierte Enolat-Ionen auf.

$$H{-}\overset{|}{\underset{|}{C}}{-}\overset{|}{C}{=}O \xrightarrow[-\,BH^+]{+\,B} \left[{-}\overset{|}{\underset{\ominus}{\underline{C}}}{-}\overset{|}{C}{=}O \longleftrightarrow {-}\overset{|}{C}{=}\overset{|}{C}{-}O^{\ominus} \right] \xrightarrow[-\,X^-]{+\,X_2} X{-}\overset{|}{\underset{|}{C}}{-}\overset{|}{C}{=}O$$

Die Zugabe einer *Säure* katalysiert die *Enolisierung* der Carbonylverbindung; die Halogenierung kann dann als elektrophile Halogenaddition an eine Doppelbindung angesehen werden. Die *Reaktionsgeschwindigkeit* hängt nur von den Konzentrationen der Carbonylverbindung und der Säure ab. Sie ist *unabhängig* von der Konzentration des Halogens [vgl. **MC-Frage Nr. 722**].

$$H{-}\overset{|}{\underset{|}{C}}{-}\overset{|}{C}{=}O \xrightarrow{(H^+)} {-}\overset{|}{C}{=}\overset{|}{C}{-}OH \xrightarrow[-\,X^-]{+\,X_2} X{-}\overset{|}{\underset{|}{C}}{-}\overset{|}{\underset{+}{C}}{-}OH \xrightarrow{-\,H^+} X{-}\overset{|}{\underset{|}{C}}{-}\overset{|}{C}{=}O$$

Bei der säurekatalysierten Reaktion verlaufen die nachfolgenden Halogenierungen langsamer als die Ersthalogenierung, sodass man in α-Stellung *monohalogenierte Carbonylverbindungen* als Reaktionsprodukte erhalten kann. Bei der Basenkatalyse laufen hingegen die nachfolgenden Halogenierungen schneller ab, weil die bereits halogenierte Carbonylverbindung eine höhere CH-Acidität besitzt. Deshalb werden im Alkalischen häufig alle verfügbaren α-H-Atome durch Halogen substituiert.

Das aus *Methylketonen* intermediär gebildete *Trihalogenmethylketon* wird in situ unter Abspaltung des betreffenden Haloform-Derivates hydrolysiert. Man erhält um ein C-Atom verkürzte *Carbonsäuren* als Reaktionsprodukte. Zum Beispiel lässt sich auf diese Weise **Acetophenon** (R=C_6H_5) zu **Benzoesäure** (R=C_6H_5) bzw. deren Natriumsalz abbauen [siehe auch ▸Kap. 3.2.18.7 „*Haloform-Reaktion*“ und **MC-Fragen Nr. 593, 719–721, 725, 1011**].

$R\text{-}CO\text{-}CH_3$ →	$R\text{-}CO\text{-}CX_3$ →	$R\text{-}COOH$ +	HCX_3
Methylketon	**Trihalogen-methylketon**	**Carbon-säure**	**Haloform**

Setzt man eine alkalische Iod-Lösung (I_2) als Halogenierungsmedium ein, so bildet sich das *gelbe* **Iodoform** [HCI_3], das einen charakteristischen Geruch und Schmelzpunkt (Schmp. 119 °C) besitzt. Die Iodoform-Bildung kann daher zum *Nachweis* von *sekundären Methylalkoholen* (CH_3-CHOH-R) und *Methylketonen* (CH_3-CO-R) herangezogen werden [siehe auch Ehlers, **Analytik I**, ▸Kap. 3.5.3.11 „*Iodoform-Probe*“ und **MC-Fragen Nr. 1006, 1008**].

Während sich *Aldehyde, Ketone* oder *β-Dicarbonylverbindungen* leicht in α-Stellung halogenieren lassen, ist die Carbonylgruppe in *Carbonsäuren* zu wenig reaktiv, um eine direkte α-Halogenierung zu ermöglichen.

Die α-Halogenierung von Carbonsäuren gelingt erst auf Zusatz katalytischer Mengen eines *Phosphortrihalogenids* (**Hell-Volhard-Zelinsky-Reaktion**). Da Phosphor und elementare Halogene rasch miteinander zu PX_3 reagieren, erhitzt man einfach die Carbonsäuren mit Halogenen in Gegenwart von *rotem Phosphor.* Intermediär bildet sich ein in der α-Position aktiviertes *Carbonsäurehalogenid*, dessen Enolform anschließend zum *α-Halogenacylhalogenid* reagiert. Die nachfolgende Umhalogenierung liefert die freie *α-Halogencarbonsäure* und neues Säurehalogenid. Die Reaktion verläuft *regioselektiv,* d. h., nur der Wasserstoff am α-C-Atom wird substituiert [vgl. **MC-Frage Nr. 726**].

$$3\,X_2 + 2\,P \longrightarrow 2\,PX_3$$

$$3\,R\text{-}CH_2\text{-}COOH + PX_3 \longrightarrow 3\,R\text{-}CH_2\text{-}COX$$

$$R\text{-}CH_2\text{-}\overset{O}{\overset{\|}{C}}\text{-}X \rightleftharpoons R\text{-}CH\text{=}\overset{OH}{\overset{|}{C}}\text{-}X \xrightarrow[-\,HX]{+\,X_2} R\text{-}\overset{X}{\overset{|}{C}H}\text{-}\overset{O}{\overset{\|}{C}}\text{-}X \xrightarrow{+\,R\text{-}CH_2\text{-}COOH}$$

$$R\text{-}CH_2\text{-}COX + R\text{-}CHX\text{-}COOH \quad \alpha\text{-Halogencarbonsäure}$$

Bei Einsatz *stöchiometrischer* Mengen an PX_3 isoliert man das *α-halogenierte Acylhalogenid* als Reaktionsprodukt.

3.7.3 Eigenschaften und Verwendung von Alkylhalogeniden

Monohalogenalkane: **Chlormethan** (Methylchlorid, CH_3Cl), **Brommethan** (Methylbromid, CH_3Br) und **Chlorethan** (Ethylchlorid, CH_3CH_2Cl) sind bei Raumtemperatur gasförmig. Die höheren Glieder dieser homologen Reihen sind meistens flüssig, einige sind fest.

Die *Siedepunkte* der Alkylhalogenide liegen höher als die der entsprechenden Alkane gleicher C-Zahl; sie nehmen mit Verlängerung der Alkylkette stetig zu. Verzweigte Halogenalkane besitzen niedrigere Siedepunkte als die jeweiligen *n*-Isomeren. Bei einer bestimmten Alkylgruppe steigt der Siedepunkt mit zunehmender Atommasse des Halogens.

Alkylhalogenide sind in Wasser nahezu unlöslich, sie lösen sich aber in Alkoholen und Ethern. Halogenalkane sind wichtige Ausgangsstoffe zur Herstellung einer Vielzahl organischer Stoffklassen. **Chlormethan** und insbesondere das reaktionsfähige **Iodmethan** (Methyliodid) [CH_3I] sind häufig benutzte *Methylierungsmittel.*

Höherhalogenierte Alkane: Hierzu zählen u. a. Methylenhalogenide [CH_2X_2], Haloforme [Trihalogenmethane, CHX_3] sowie Kohlenstofftetrahalogenide [CX_4], die vor allem als Lösungsmittel verwendet werden, zumal sie *nicht* oder nur *schwer entflammbar* sind. **Tetrachlorkohlenstoff** (Tetrachlormethan, Kohlenstofftetrachlorid) [CCl_4] verursacht Leberschäden [vgl. **MC-Fragen Nr. 709, 718**].

Chloroform (**Trichlormethan**), das formal als Trichlorid der Orthoameisensäure aufgefasst werden kann, besitzt narkotische Eigenschaften. Es reagiert unter Lichteinwirkung mit Sauerstoff zu *Phosgen* [$COCl_2$] und Chlorwasserstoff. Zur Vermeidung der Phosgenbildung wird Chloroform deshalb mit 0,5% Ethanol stabilisiert. Chloroform ist eine Brönsted-Säure, die mit Natriumalkoholaten *Orthoameisensäureester* [$HC(OR)_3$] bildet. Als CH-acide Verbindung reagiert Chloroform mit wässrigen Alkalihydroxid-Lösungen unter α-Eliminierung zu *Dichlorcarben* [CCl_2]. Das elektrophile Dichlorcarben ist Zwischenprodukt der *Reimer-Tiemann-Reaktion* zur Synthese von Phenolaldehyden und der *Isonitrilreaktion* zum Nachweis primärer Amine [vgl. **MC-Fragen Nr. 45–47, 50, 51, 63, 634, 664, 665, 709, 713–717, 861, 862, 1078, 1703**].

$$HC(OR)_3 \xleftarrow{+RO^-} HCCl_3 \xrightarrow{+HO^-} |CCl_2$$

Bei längerer Einwirkung von Alkalihydroxid-Lösungen geht Chloroform schließlich in **Formiat** [$HCOO^-$] als Endprodukt über [vgl. **MC-Fragen Nr. 709, 713, 715, 717, 1703**].

$$HCCl_3 + 4\,NaOH \rightarrow HCOO^-Na^+ + 3\,NaCl + 2\,H_2O$$

Zur Synthese des Chloroforms können herangezogen werden:

- *Methanchlorierung* (siehe ▸Kap. 3.2.4.3),
- *Haloform-Reaktion* von **Ethanol** oder **Aceton**.

In der Technik wird Ethanol mit wässrigem Chlorkalk [CaClOCl] umgesetzt. Das gebildete Hypochlorit dehydriert Ethanol zu **Acetaldehyd**, der anschließend zu **Chloralhydrat** (Trichloracetaldehyd) chloriert wird. Letzteres wird durch das anwesende Calciumhydroxid unter C-C-Spaltung zu $CHCl_3$ und Calciumformiat hydrolysiert [vgl. **MC-Fragen Nr. 709–712**]

$$CH_3CH_2OH \xrightarrow[- HCl]{+ Cl_2} CH_3CHO \xrightarrow[- HCl]{+ Cl_2} CCl_3CH(OH)_2 \xrightarrow[- H_2O]{+ HO^-} CHCl_3 + HCOO^-$$

Ethanol — Acetaldehyd — Chloralhydrat — Chloroform

Ausgehend von **Aceton** findet zunächst eine Chlorierung zu *1,1,1-Trichloraceton* statt, das hydrolytisch zu Chloroform und Calciumacetat gespalten wird [vgl. **MC-Fragen Nr. 710, 711**].

$$CH_3COCH_3 \xrightarrow[- HCl]{+ Cl_2} CH_3COCCl_3 \xrightarrow{+ HO^-} CH_3COO^- + CHCl_3$$

Aceton — Trichloraceton

Fluorkohlenwasserstoffe: Die C-F-Bindung besitzt eine hohe thermodynamische Stabilität und ist sehr viel reaktionsträger als die anderen C-Halogen-Bindungen. Einige *Fluorchlorkohlenwasserstoffe* (FCKW) wurden aufgrund ihrer hohen Beständigkeit, der Nichtbrennbarkeit, des niedrigen Siedepunktes und der geringen Toxizität als Kältemittel oder als Treibmittel für Aerosole eingesetzt. FCKW tragen aber in hohem Maße zum Abbau der Ozonschicht in der Stratosphäre bei, so dass ihr Einsatz heute in vielen Anwendungsbereichen verboten ist.

Polytetrafluorethylen oder *Polytrifluorchlorethylen* sind wichtige Kunststoffe, die sich durch eine hohe Hitzebeständigkeit und außerordentliche chemische Widerstandsfähigkeit auszeichnen.

$$n\ F_2C{=}CF_2 \longrightarrow -(CF_2{-}CF_2{-}CF_2{-}CF_2)_{n/2}-$$

Tetrafluorethylen

1-Brom-1-chlor-2,2,2-trifluorethan (Halothan) [CF_3-CHBrCl] ist ein häufig eingesetztes Inhalationsnarkotikum.

3.7.4 Reaktionen von Alkylhalogeniden

Alkylhalogenide sind Substrate zahlreicher Reaktionen der organischen Chemie; sie werden vorzugsweise als *Alkylantien* verwendet. Die mechanistischen Grundlagen dieser *nucleophilen Substitutionsreaktionen* am gesättigten C-Atom wurden im ▸Kap. 3.2.5 vorgestellt. ◘Tab. 3.40 fasst nochmals die wichtigsten Reaktionen dieses Typs zusammen [vgl. **MC-Fragen Nr. 702–705, 707**].

Die *Dehydrohalogenierung* von Alkylhalogeniden zu *Alkenen* ist eine typische β-*Eliminierungsreaktion*. Sie wurde im ▸Kap. 3.2.10 und im ▸Kap. 3.5.3 detailliert beschrieben.

Die α-*Eliminierung* von Halogenalkanen ergibt *Carbene* (siehe ▸Kap. 3.1.11.5). Darüber hinaus lassen sich Alkylhalogenide in *metallorganische Verbindungen*, insbesondere *Grignard-Reagenzien* überführen (siehe ▸Kap. 3.8.2).

Reaktionen von Polyhalogeniden: Die *Dehalogenierung* von geminalen oder vicinalen *Dihalogeniden* führt zu Vinylhalogeniden und Alkinen (siehe ▸Kap. 3.5.6). Durch Dehalogenierung von 1,3-Dihalogeniden können Cyclopropan-Derivate hergestellt werden (siehe ▸Kap. 3.4.4.1 „*intramolekulare Wurtz-Reaktion*“).

Tab. 3.40 S_N-Reaktionen an Halogenalkanen [Substrat: R-X]

Reagenz	Produkt
Halogenid (Y^-)	Alkylhalogenid (R-Y) *(Finkelstein)*
Hydroxid (HO^-)	Alkohol (R-OH) [Epoxid]
Alkoholat (RO^-)	Ether (RO-R)
Phenolat (ArO^-)	Phenolether (ArO-R)
Ether (R_2O/BF_3)	Onium-Salz (Oxoniumsalz) ($R_3O^+X^-$)
Hydrogensulfid (HS^-)	Mercaptan (R-SH)
Mercaptid (RS^-)	Disulfid (RS-R)
Dialkylsulfid (R_2S)	Sulfoniumsalz ($R_3S^+X^-$)
Hydrogensulfit (HSO_3^-)	Alkansulfonsäure ($R\text{-}SO_3H$)
Thioharnstoff [$S{=}C(NH_2)_2$]	S-Alkylisothiouroniumsalz [$R\text{-}S\text{-}C(NH_2)_2^+X^-$]
Ammoniak (NH_3)	prim. Amin ($R\text{-}NH_2$)
prim. Amin (RNH_2)	sek. Amin (R_2NH)
sek. Amin (R_2NH)	tert. Amin (R_3N)
tert. Amin (R_3N)	quart. Ammoniumsalz ($R_4N^+X^-$)
Phosphin (R_3P)	quart. Phosphoniumsalz ($R_4P^+X^-$)
Silbercarboxylat (RCOOAg)	Ester (RCOO-R)
Cyanid (CN^-)	Nitril (R-CN), Isonitril (R-NC)
Nitrit (NO_2^-)	Nitroalkan ($R\text{-}NO_2$), Nitrit (R-ONO)
Malonester [$CH_2(COOR)_2$]	Alkylmalonester [$R\text{-}CH(COOR)_2$] Dialkylmalonester [$R_2C(COOR)_2$]
Acetessigester ($CH_3CO\text{-}CH_2\text{-}COOR$)	Alkylacetessigester ($CH_3CO\text{-}CHR\text{-}COOR$)
Aromat (Ar-H)	Alkylaromat (Ar-R) *(Friedel-Crafts)*

Geminale Di- und Trihalogenide lassen sich im sauren oder alkalischen Milieu verseifen. Aus *Dihalogeniden* entstehen *Carbonylverbindungen*, aus *Trihalogeniden* werden *Carbonsäuren* gebildet, wobei die Reaktion auf der Stufe des Säurehalogenids [RCOCl] angehalten werden kann.

$$R_2CCl_2 + H_2O \longrightarrow R_2C{=}O + 2\ HCl$$

$$RCCl_3 + H_2O \xrightarrow[-\ 2\ HCl]{} [RCOCl] \xrightarrow[+\ H_2O]{} RCOOH + HCl$$

Für die Verseifung der Dihalogenide dürfen keine starken Basen verwendet werden, weil die gebildeten Carbonylverbindungen in Gegenwart von Alkali aldolartig miteinander reagieren oder eine Cannizzaro-Reaktion eingehen (siehe ▸Kap. 3.12.6.1 und ▸Kap. 3.12.7.1). Daher werden beispielsweise *Benzalhalogenide* [$\mathbf{ArCHX_2}$] am besten mit konz. H_2SO_4 zu aromatischen Aldehyden (Ar-CH=O) hydrolysiert.

Identifizierung von Alkylhalogeniden: Da die freien Elektronenpaare der NH_2-Gruppen die Elektronendichte am S-Atom des *Thioharnstoffs* erhöhen, besitzt der Schwefel nucleophile Eigenschaften und reagiert bereitwillig mit den positivierten Kohlenstoffatomen in Halogenalkanen zu *S-Alkylisothiouroniumsalzen*. Diese Salze können zur Identifizierung von Halogenalkanen herangezogen werden. Meistens werden hierzu die gut kristallisierenden *Pikrate* [X^- = Anion der Pikrinsäure] hergestellt.

$$H_2N-\overset{\delta+}{C}(=\overline{\underline{S}}^{\,\delta-})-NH_2 + RX \rightarrow \left[H_2\overline{N}-C(=\overset{+}{\overline{S}}-R)-\overline{N}H_2 \leftrightarrow H_2\overset{+}{N}=C(-\overline{S}-R)-\overline{N}H_2 \leftrightarrow H_2\overline{N}-C(-\overline{S}-R)=\overset{+}{N}H_2\right]X^-$$

Ein weiterer Nachweis von organischen Halogenverbindungen ist die **Beilstein-Reaktion**. Hierbei erhitzt man eine kleine Substanzprobe auf einem Kupferdraht in der nichtleuchtenden Bunsenflamme. Bei Anwesenheit von Halogenen zeigt die Flamme eine charakteristische *blaugrüne Färbung*, die von verdampfenden *Kupferhalogeniden* herrührt [siehe Ehlers, **Analytik I**, ▸Kap. 3.4.5.1 und **MC-Fragen Nr. 706, 1445, 1593**].

3.7.5 Darstellung und Reaktionen von Arylhalogeniden

3.7.5.1 Darstellung und Eigenschaften von Halogenarenen

Arylhalogenide (**Ar-X**) sind Substanzen, in denen das Halogenatom direkt mit einem aromatischen Ringsystem verknüpft ist. ◘Tab. 3.41 informiert über die wichtigsten Methoden ihrer Darstellung [vgl. **MC-Fragen Nr. 694, 695, 701, 708**].

Halogenarene sind in Wasser unlöslich, sie lösen sich aber in den gängigen organischen Solventien. Die *Monohalogenbenzene* sind farblose Flüssigkeiten, deren Siedepunkte mit steigender Atommasse des Halogens zunehmen. Die isomeren *Dihalogenbenzene* haben praktisch den gleichen Siedepunkt, ihre Schmelzpunkte differieren jedoch stark. Der Schmelzpunkt des jeweiligen *para*-Isomers ist stets um 70–100 °C höher als derjenige der *ortho*- oder *meta*-Verbindung.

◘ **Tab. 3.41 Methoden zur Synthese von Arylhalogeniden**

Substrat	Reagenz	Anmerkung	Kap.
Ar-H	Cl_2, Br_2 in Ggw. einer Lewis-Säure	Kernhalogenierung	3.6.4.2
	I_2 + HgO oder I_2 + HNO_3, ICl, IBr	Direkte Iodierung	
	1. $Tl(OOCCF_3)_3$ 2. KI	Iodierung über Arylthalliumverbindungen	
Ar-N_2^+	$Na^+BF_4^-$	Schiemann-Reaktion	3.10.6.3
	I_2	Iodierung (ohne Kat.)	
	Cl^-/Cu^+ oder Cu $Br^-(Cu^+$ oder Cu	Sandmeyer-Reaktion	
Chinone	Halogenwasserstoff	Halogenhydrochinone	3.9.5.2

3.7.5.2 Reaktionen von Halogenarenen

Arylhalogenide zeigen eine gewisse Reaktionsträgheit gegenüber nucleophilen Reagenzien. Das Halogenatom wird jedoch für S_N-Reaktionen stark aktiviert, wenn das aromatische Ringsystem in *ortho-* oder *para-*Stellung elektronenanziehende Substituenten (z. B. NO_2) enthält. Die nucleophilen Substitutionen an aktivierten Halogenarenen verlaufen entweder nach einem *Additions-Eliminierungs-Mechanismus* über ein *Meisenheimer-Salz* oder nach einem *Eliminierungs-Additions-Mechanismus* über *Arine* als Zwischenprodukte.

Hinsichtlich *elektrophiler Substitutionsreaktionen* an Arylhalogeniden ist auszuführen, dass **Fluorbenzen** die Reaktivität des Benzens besitzt, die anderen *Halogenbenzene* aber im Vergleich zu Benzen für S_E-Reaktionen desaktiviert sind. Alle Halogenbenzene dirigieren einen Zweitsubstituenten in die *ortho-* und *para-*Position [vgl. **MC-Frage Nr. 1743**].

Darüber hinaus sind **Brombenzen** und **Iodbenzen** geeignete Edukte für die Herstellung von *Grignard-Verbindungen.* Chlorierte Aromaten bilden normalerweise keine Grignard-Reagenzien, sie lassen sich jedoch in *Aryllithium-Verbindungen* überführen [siehe ▸Kap. 3.8.2 und **MC-Fragen Nr. 708, 741, 1743**].

3.8 Metallorganische Verbindungen

3.8.1 Bindungstypen und Nomenklatur

3.8.1.1 Metall-Kohlenstoff-Bindung

Von den meisten Metallen und Halbmetallen sind Verbindungen bekannt, in denen Alkyl- oder Aryl-Reste *direkt* an ein Metallatom gebunden sind. Da Metalle elektropositive Elemente sind, besitzen die **kovalenten Metall-Kohlenstoff-Bindungen** einen hohen ionogenen Anteil, der vom Metall und dessen Elektronegativität abhängt.

Das *Kohlenstoffatom* ist der *negativ polarisierte, carbanionoide Bindungspartner,* sodass metallorganische Verbindungen *nucleophile Reagenzien* darstellen. Wie ▫Tab. 3.42 ausweist, wächst der **Ionencharakter** der C-Me-Bindung mit zunehmender Elektronegativitätsdifferenz zwischen dem Kohlenstoff- und dem Metallatom [vgl. **MC-Frage Nr. 727, 731**].

$$[\mathrm{R{-}Me} \longleftrightarrow \mathrm{R|^{-}Me^{+}}] \equiv \overset{\delta^-}{\mathrm{R}}\text{—}\overset{\delta^+}{\mathrm{Me}}$$

Die Polarität der C-Metall-Bindung bewirkt auch, dass nahezu alle metallorganischen Verbindungen *hydrolyseempfindlich* sind. Sie müssen unter *Feuchtigkeitsausschluss* hergestellt werden. Darüber hinaus sind viele Metallorganyle *sauerstoffempfindlich,* bis hin zur *Selbstentzündung* [vgl. **MC-Fragen Nr. 727, 731, 740, 1667**].

$$\mathrm{R{-}Me} + \mathrm{H_2O} \longrightarrow \mathrm{R{-}H} + \mathrm{Me^{+}HO^{-}}$$
$$\mathrm{R{-}Me} + 1/2\ \mathrm{O_2} \longrightarrow \mathrm{RO^{-}Me^{+}}$$

Im Allgemeinen wächst die chemische Reaktionsfähigkeit der Metallorganyle mit zunehmendem Ionencharakter der C-Me-Bindung. *Kalium-* und *Natriumorganyle* gehören zu den reaktionsfähigsten Stoffen; sie sind reaktiver als die entsprechenden

▫ **Tab. 42 Prozentualer Ionencharakter einiger Metall-Kohlenstoff-Bindungen**

C-K	51	C-Li	43	C-Al	22	C-Cd	15
C-Na	47	C-Mg	35	C-Zn	18	C-Hg	9

Lithium-organischen Verbindungen. Es sind salzähnliche, schwer flüchtige und in wenig polaren Solventien schlecht lösliche Substanzen. Im Gegensatz dazu sind die mehr kovalenten *Dialkylquecksilberverbindungen* weniger reaktionsfähig, beständiger gegenüber Luft und Wasser und lösen sich gut in verschiedenen aprotischen Lösungsmitteln [Ether, Alkane u. a.]. Einfache *Alkyllithium-Verbindungen* sind im Kristallzustand *oligomer* [vgl. **MC-Frage Nr. 727**].

Aufgrund ihrer hohen Reaktivität werden Metallorganyle im Allgemeinen bei Synthesen nicht in Reinform eingesetzt bzw. isoliert, sondern *in situ* erzeugt und direkt umgesetzt.

3.8.1.2 Nomenklatur von Metallorganylen

Die Namen der metallorganischen Verbindungen werden durch Voranstellen der Substituentenbezeichnung vor den Namen des Metalls gebildet und in einem Wort geschrieben.

C_6H_5-Li	$CH_3CH_2CH_2CH_2-Li$	$(CH_3)_2Cd$	$(CH_3CH_2)_4Pb$
Phenyllithium	*n*-Butyllithium	Dimethylcadmium	Tetraethylblei

Einige Metallorganyle nutzen nicht alle verfügbaren Valenzen des Metalls für Bindungen zu Kohlenstoffatomen, sondern sind gleichzeitig noch mit anorganischen Resten verknüpft. Diese Substanzen werden als organische Derivate der entsprechenden anorganischen Salze benannt.

CH_3-MgI	C_6H_5-MgBr	CH_3CH_2-HgCl
Methylmagnesiumiodid	Phenylmagnesiumbromid	Ethylquecksilberchlorid

Verbindungen des Typs [**R-MgX**] werden ganz allgemein als *Grignard-Reagenzien* bezeichnet.

3.8.2 Herstellung metallorganischer Verbindungen

Bei der Synthese von Metallorganylen geht man meistens von den entsprechenden *Metallen* und *Alkyl-* bzw. *Arylhalogeniden* aus. Die Reaktivität des Halogenids nimmt vom Iodid zum Chlorid hin ab. Fluoride reagieren kaum. Die Bildung von metallorganischen Verbindungen aus einem Metall und einem Halogenalkan ist eine typische bimolekulare elektrophile Substitution (**S_E2-Reaktion**) [siehe auch ▸Kap. 3.2.9.1 und **MC-Fragen Nr. 728–730, 732**].

$$\mathbf{R\text{-}X + 2\,Me \rightarrow R\text{-}Me + MeX}$$
$$CH_3CH_2CH_2CH_2Cl + 2\,Li \rightarrow CH_3CH_2CH_2CH_2\text{-}Li + LiCl$$
$$C_6H_5\text{-}Br + 2\,Li \rightarrow C_6H_5\text{-}Li + LiBr$$

Organonatrium- und *Organokalium-Verbindungen* können auf diese Weise nicht hergestellt werden; es entstehen vielmehr *Alkane* als Reaktionsprodukte [siehe ▸Kap. 3.4.4.1 „*Wurtz-Reaktion*" und **MC-Fragen Nr. 728, 732, 734**].

Einige metallorganische Verbindungen können auch hergestellt werden, indem man von einem Metallorganyl ausgeht und dieses mit einem anorganischen Metallhalogenid unter Austausch des Metallatoms umsetzt. Die Reaktion läuft aber nur ab, wenn das Metall mit dem höher negativen Normalpotential das anorganische Salz [Me*X] bildet. Beispielsweise sind auf diese Weise *Cadmium-organische Verbindungen* [E°(Cd) = -0,40 V] aus *Grignard-Reagenzien* [E°(Mg) = -2,37 V] darstellbar und *Lithiumorganyle* [E°(Li) = -3,04 V] lassen sich in *Organoquecksilber-Verbindungen* [E°(Hg) = +0,85 V] umwandeln [vgl. **MC-Fragen Nr. 728, 731, 733**].

R-Me	**+**	**Me*X**	**→**	**R-Me***	**+**	**MeX**
2 R-MgI	+	$CdCl_2$	→	R_2Cd	+	MgI_2 + $MgCl_2$
R-MgCl	+	$HgCl_2$	→	R-HgCl	+	$MgCl_2$
C_6H_5-Li	+	$HgBr_2$	→	C_6H_5-HgBr	+	LiBr
CH_3-Li	+	$Ti(OR)_3Cl$	→	$CH_3Ti(OR)_3$	+	LiCl

Darüber hinaus besteht die Möglichkeit das Metallatom einer Organometall-Verbindung direkt durch ein anderes Metall zu substituieren. Solche **Ummetallierungen** verlaufen dann glatt, wenn das zu ersetzende Metall (Me) ein positiveres Normalpotential besitzt. Daher werden *Dialkylquecksilber-Verbindungen* aufgrund des positiven Normalpotentials von Quecksilber besonders häufig als Substrate eingesetzt [vgl. **MC-Fragen Nr. 728, 732, 733**].

R-Me	**+**	**Me***	**→**	**R-Me***	**+**	**Me**
$(CH_3)_2Hg$	+	2 Na	→	2 CH_3Na	+	Hg

Herstellung und Struktur von Grignard-Reagenzien: Üblicherweise wird die Herstellung von Grignard-Reagenzien so durchgeführt, dass man Magnesiumspäne mit der wasserfreien Lösung des Halogenids – ggf. unter Zusatz von Iod als Katalysator – umsetzt. Als inerte Lösungsmittel, die keine aciden H-Atome enthalten dürfen, dienen Ether (insbesondere Diethylether, Tetrahydrofuran) und Trialkylamine [vgl. **MC-Fragen Nr. 734, 739–741, 750**].

$$CH_2{=}CH\text{-}CH_2\text{-}Br + Mg \rightarrow CH_2{=}CH\text{-}CH_2\text{-}MgBr.$$

Als *Halogenide* [R-X] können primäre, sekundäre und tertiäre Alkylhalogenide, Allyl- und Benzylhalogenide verwendet werden. Die Reaktionsgeschwindigkeit der *Alkylhalogenide* nimmt vom Iodid zum Chlorid hin ab. *Alkylfluoride* sind als Substrate ungeeignet [vgl. **MC-Frage Nr. 737**].

Von den *Halogenarenen* bilden die *Arylbromide* mit Magnesium in Diethylether in normaler Weise Grignard-Verbindungen, während *Arylchloride* unter diesen Bedingungen *nicht* reagieren. Demzufolge liefert ***p*-Bromchlorbenzen** ein chloriertes Grignard-Reagenz [vgl. **MC-Fragen Nr. 708, 1743**].

$$Cl\text{-}C_6H_4\text{-}Br + Mg \xrightarrow{Et_2O} Cl\text{-}C_6H_4\text{-}Mg\text{-}Br$$

Aus Arylchloriden sind Grignard-Verbindungen jedoch herstellbar, wenn man Tetrahydrofuran als Lösungsmittel einsetzt. Aryliodide ergeben mäßige Ausbeuten und

Arylfluoride reagieren überhaupt nicht. In diesem Zusammenhang sei auch auf die Bildung von **Dehydrobenzen** durch Umsetzung von ***o*-Bromfluorbenzen** mit metallischem Magnesium hingewiesen.

$$\text{o-}C_6H_4BrF + Mg \xrightarrow[\text{[THF]}]{-\,MgFBr} C_6H_4 \text{ (Dehydrobenzen)}$$

Naturgemäß kann man Grignard-Verbindungen nur aus solchen Substanzen herstellen, die keine weiteren funktionellen Gruppen enthalten, die mit derartigen Verbindungen reagieren können.

Man nimmt an, dass in Grignard-Verbindungen die *Kohlenstoff-Magnesium-Bindung* zwar kovalent, jedoch stark polarisiert ist, wobei der *Kohlenstoff carbanionoiden Charakter* besitzt. Die *Magnesium-Halogen-Bindung* ist überwiegend ionischer Natur.

$$R\text{-}X + Mg \rightarrow \left[\overset{\delta^-}{R}\text{—}\overset{\delta^+}{Mg}\text{-}X \longleftrightarrow R\text{-}Mg^+X^- \right]$$

Wie die Lewis-Strukturen von Grignard-Verbindungen zeigen, verfügt das Mg-Atom über ein unvollständiges Oktett, das durch Koordinierung mit nucleophilen Partnern, z. B. Lösungsmittelmolekülen, aufgefüllt werden kann. Aufgrund dieser *Solvatation* des Magnesiums ist ein Lösungsmittel mit Lewis-Base-Charakter für die Bildung der Grignard-Reagenzien essentiell.

H_3C, H_3C – Mg – (Br, Br) – Mg (OR_2, OR_2, OR_2, OR_2) ; R'—Mg—Hal (koordiniert von zwei R_2O)

Die *Struktur der Grignard-Verbindungen* ist noch nicht in allen Einzelheiten geklärt. Sie hängt u. a. von der Konzentration der Lösung, dem Lösungsmittel sowie der Struktur des Halogenids ab. Nach **Schlenk** soll in Lösungen folgendes *Gleichgewicht* existieren.

$$\underset{(I)}{2\,RMgX} \rightleftharpoons \underset{(II)}{R\text{-}Mg\langle X_2 \rangle Mg\text{-}R} \rightleftharpoons \underset{(III)}{R_2Mg + MgX_2} \rightleftharpoons \underset{(IV)}{R\text{-}Mg\langle R,X \rangle Mg\text{-}X}$$

In etherischen Lösungen geringer Konzentration liegt wahrscheinlich die Form (I) vor, während in THF *Dimere* vom Typ (II) zu dominieren scheinen. In Triethylamin als Solvens überwiegt schließlich die Form (III). Da in Dioxan unlösliches MgX_2 ausfällt, dürften solche Lösungen vor allem *Magnesiumdialkyle* (III) enthalten [vgl. **MC-Frage Nr. 740**].

Bei der Herstellung von Grignard-Verbindungen aus Halogenalkanen findet eine Umpolung statt. Aus dem positiv polarisierten Kohlenstoff im Halogenalkan wird ein negativ polarisiertes C-Atom in der Grignard-Verbindung. Als Umpolung bezeichnet man generell einen Vorgang, bei dem sich die Polarität eines Atoms oder einer funktionellen Gruppe umkehrt.

3.8.3 Reaktionen von metallorganischen Verbindungen

3.8.3.1 Grignard-Reaktion

Aufgrund der hohen Polarität der Kohlenstoff-Magnesium-Bindung, wobei das C-Atom die negative Partialladung trägt, sind *Grignard-Verbindungen* [R-MgX] *nucleophile Reagenzien,* die sich bereitwillig mit Elektrophilen umsetzen, wie z. B.:

[A] *Substanzen mit acidem Wasserstoff,*
[B] *Alkylhalogeniden,*
[C] *Metallhalogeniden,*
[D] *Verbindungen mit polaren Mehrfachbindungen*
[C=O, C=S, C=N, C≡N, N=O, S=O].

Die hohe nucleophile Kraft der Grignard-Reagenzien führt dazu, dass solche Reaktionen meistens *irreversibel* verlaufen.

[A] Reaktionen mit Substanzen, die acide H-Atome enthalten: Grignard-Verbindungen reagieren spontan mit *Wasser* unter Bildung eines *Kohlenwasserstoffs* und des betreffenden Metallhydroxids (siehe auch ▸Kap. 3.4.4.1). In analoger Weise reagieren sie auch mit anderen *Substanzen, die „aktiven Wasserstoff"* enthalten. Hierzu zählen Alkohole, Enole, Carbonsäuren, Phenole, Mercaptane, Thiophenole, primäre und sekundäre Amine, primäre und sekundäre Amide, Imide, Pyrrol, Acetylen und monosubstituierte Alkine sowie andere stark CH-acide Verbindungen [Acetessigsäureethylester, Acetylaceton, Benzoylacetophenon, Cyclopenta-1,3-dien].

Bei diesen Reaktionen wird einfach die schwächere Säure [R-H] durch die stärkere Säure [z. B. **Wasser, Methanol, Essigsäure, Anilin, Acetamid, Thiophenol, Acetessigester**] aus ihren Salzen in Freiheit gesetzt [vgl. **MC-Fragen Nr. 523, 739, 742–749, 753, 765, 779, 1745, 1781**].

$$\text{R-MgX} + H_2O \rightarrow \text{R-H} + \text{Mg(OH)X}$$
$$\text{R-MgX} + D_2O \rightarrow \text{R-H} + \text{Mg(OD)X}$$
$$\text{R-MgX} + HC{\equiv}CH \rightarrow \text{R-H} + \text{Mg}(C{\equiv}CH)\text{X}$$
$$\text{R-MgX} + CH_3OH \rightarrow \text{R-H} + \text{Mg}(OCH_3)\text{X}$$
$$\text{R-MgX} + C_6H_5OH \rightarrow \text{R-H} + \text{Mg}(OC_6H_5)\text{X}$$
$$\text{R-MgX} + C_6H_5SH \rightarrow \text{R-H} + \text{Mg}(SC_6H_5)\text{X}$$
$$\text{R-MgX} + C_6H_5NH_2 \rightarrow \text{R-H} + \text{Mg}(NHC_6H_5)\text{X}$$
$$\text{R-MgX} + CH_3COOH \rightarrow \text{R-H} + \text{Mg}(OOCCH_3)\text{X}$$
$$\text{R-MgX} + CH_3CONH_2 \rightarrow \text{R-H} + \text{Mg}(NHCOCH_3)\text{X}$$
$$\text{R-MgX} + CH_3\text{-}\underset{\underset{O}{\|}}{C}\text{-}CH_2\text{-}COOCH_2CH_3 \rightarrow \text{R-H} + CH_3\text{-}\underset{\underset{OMgX}{|}}{C}{=}CH\text{-}COOCH_2CH_3$$

↑ **stärkere Säure** ↑ **schwächere Säure**

Verwendet man *Methylmagnesiumhalogenide* wie z. B. **Methylmagnesiumiodid**, so erhält man für *jedes* acide H-Atom des Substrats ein Mol **Methan**, das sich gasvolumetrisch bestimmen lässt *(Zerewitinow-Verfahren)* [vgl. **MC-Fragen Nr. 742–746, 770**].

$$CH_3\text{-}MgI \quad + \quad H\text{-}Y \longrightarrow CH_4\uparrow \quad + \quad Y\text{-}MgI$$

Die Methode kann deshalb bei der Konstitutionsermittlung organischer Verbindungen zum *Nachweis von aktivem Wasserstoff* sowie zur Bestimmung der Anzahl „aktiver“ H-Atome eines Moleküls herangezogen werden. Sie bietet ferner die Möglichkeit Grignard-Verbindungen herzustellen, die auf dem üblichen Wege nicht oder nur schwer zugänglich sind [z. B. Grignard-Reagenzien von Pyrrol, monosubstituierten Alkinen u. a.].

$$R\text{-}C\equiv C\text{-}H \quad + \quad CH_3\text{-}MgBr \longrightarrow CH_4\uparrow \quad + \quad R\text{-}C\equiv C\text{-}MgBr$$

[B] Reaktionen mit Alkylhalogeniden: Hierbei entstehen in einer der *Wurtz-Synthese* ähnelnden Reaktion *Alkane* als Reaktionsprodukte. Beispielsweise bildet sich ***n*-Propan** bei der Umsetzung von Methylmagnesiumbromid mit Ethyliodid [vgl. **MC-Frage Nr. 746**].

$$\mathbf{R\text{-}MgX + X\text{-}R' \rightarrow R\text{-}R' + MgX_2}$$
$$CH_3MgBr + CH_3CH_2I \rightarrow CH_3CH_2CH_3 + MgBrI$$

Besonders leicht reagieren tertiäre Alkyl-, Allyl- und Benzylhalogenide. Die Bildung von Alkanen macht sich bei der Herstellung von Grignard-Verbindungen als *Nebenreaktion* störend bemerkbar.

[C] Reaktionen mit Metallhalogeniden: Mit Halogeniden von Metallen und Halbmetallen [B, Si, Pb, Sn, Hg, Cd, u. a.], die „edler“ als Magnesium sind, reagieren Grignard-Verbindungen unter Austausch des Halogens gegen Aryl- oder Alkylgruppen. Präparative Bedeutung besitzt die Reaktion vor allem zur Darstellung von *Cadmium-organischen Verbindungen* [vgl. **MC-Fragen Nr. 731, 733**].

BF_3	+	3 R-MgCl	→	R_3B	+	3 MgFCl
$CdCl_2$	+	2 R-MgCl	→	R_2Cd	+	2 $MgCl_2$
$PbCl_4$	+	4 R-MgCl	→	R_4Pb	+	4 $MgCl_2$
$HgCl_2$	+	2 R-MgI	→	R_2Hg	+	MgI_2 + $MgCl_2$

Mit Ag- und Cu(II)-Halogeniden verläuft die Reaktion jedoch abweichend vom üblichen Schema. Unter Abscheidung des elementaren Metalls entstehen *Kohlenwasserstoffe* doppelter C-Zahl.

$$2\ R\text{-}MgBr + 2\ AgBr \rightarrow R\text{-}R + 2\ MgBr_2 + 2\ Ag\downarrow$$

[D] Addition von Grignard-Reagenzien an Substanzen mit polaren Mehrfachbindungen: Bei diesen für die Herstellung einer Vielzahl organischer Verbindungen wertvollen Reaktionen lagert sich der Magnesiumhalogen-Rest als „Kation“ stets an das elektronegativere Element der Mehrfachbindung an; der *Organylrest* tritt als „Carb-

Organische Chemie

anion“ an das *Atom mit der geringeren Elektronegativität.* ◘Tab. 3.43 gibt Auskunft über Produkte und Substrate dieses Reaktionstyps [vgl. **MC-Fragen Nr. 730, 739, 751–753**].

Die meisten dieser Reaktionen können auch mit *Organolithium-Verbindungen* durchgeführt werden. Im Allgemeinen sind Lithiumorganyle jedoch reaktiver als Grignard-Reagenzien und addieren sich z. B. auch an polare C=C-Doppelbindungen.

$$R_2C{=}CH_2 + R'\text{-}Li \rightarrow R_2C(Li)\text{-}CH_2\text{-}R'$$

Zu den einzelnen Reaktionen von Grignard-Verbindungen lässt sich ausführen:

- Die Reaktion von Grignard-Verbindungen mit monosubstituierten *Oxiranen* (Epoxiden) führt zu *primären Alkoholen* [vgl. **MC-Fragen Nr. 743, 757, 794, 842**].

$$R'MgX + \underset{\text{Oxiran}}{R\text{-}CH\overset{O}{-}CH_2} \longrightarrow R\text{-}\underset{\underset{R'}{|}}{CH}\text{-}CH_2\text{-}OMgX \xrightarrow[-\ MgOHX]{+\ H_2O} R\text{-}\underset{\underset{R'}{|}}{CH}\text{-}CH_2OH$$

Praktische Bedeutung hat vor allem die Umsetzung mit **Ethylenoxid** [R = H], bei der primäre Alkohole entstehen, die zwei C-Atome mehr enthalten als die Grignard-Verbindung *(Einführung einer Hydroxyethylgruppe).*

- Die Reaktion von Grignard-Reagenzien mit *Carbonylverbindungen* besitzt eine große Anwendungsbreite zur *Darstellung von Alkoholen.* Bei der Umsetzung mit aliphatischen und aromatischen *Aldehyden* erhält man *sekundäre Alkohole* [vgl. **MC-Fragen Nr. 730, 743, 757, 759, 766, 771, 772, 782–784, 995, 1001**].

$$R\text{—}CH{=}O + R'MgX \longrightarrow R\text{—}\underset{\underset{OMgX}{|}}{CH}\text{—}R' \xrightarrow[+\,H_2O]{} R\text{—}\underset{\underset{OH}{|}}{CH}\text{—}R' + MgOHX$$

$$\underset{\textbf{Acetaldehyd}}{CH_3\text{—}CH{=}O} + CH_3\text{—}MgBr \longrightarrow\longrightarrow \underset{\textbf{Propan-2-ol}}{CH_3\text{—}CHOH\text{—}CH_3}$$

$$\underset{\textbf{Propionaldehyd}}{CH_3CH_2\text{—}CH{=}O} + CH_3CH_2\text{—}MgI \longrightarrow\longrightarrow \underset{\textbf{Pentan-2-ol}}{CH_3CH_2\text{—}CHOH\text{—}CH_3CH_2}$$

Die Variabilität der Grignard-Reaktion zur Herstellung von Alkoholen zeigt sich auch daran, dass häufig ein und dasselbe Zielmolekül mithilfe unterschiedlicher Stoffkombinationen synthetisiert werden kann. So erhält man zum Beispiel **1-Phenylbutan-1-ol** [C_6H_5-CHOH-$CH_2CH_2CH_3$] sowohl bei der Umsetzung von Benzaldehyd [C_6H_5-CH=O] mit *n*-Propylmagnesiumbromid [$CH_3CH_2CH_2$-MgBr] als auch bei der Reaktion von Butanal [$CH_3CH_2CH_2$-CH=O] mit Phenylmagnesiumbromid [C_6H_5-MgBr] [vgl. **MC-Frage Nr. 757**]

$$\left.\begin{matrix} C_6H_5\text{—}CH{=}O + BrMg\text{—}CH_2CH_2CH_3 \\ C_6H_5\text{—}MgBr + O{=}CH\text{—}CH_2CH_2CH_3 \end{matrix}\right] \longrightarrow C_6H_5\text{—}CHOH\text{—}CH_2CH_2CH_3$$

◻ Tab. 3.43 Grignard-Reaktion mit Mehrfachbindungssystemen

Substrat	Produkt	Substrat	Produkt
Oxiran	prim. Alkohol	Keten	Keton
Formaldehyd	prim. Alkohol	Ameisensäureester	sek. Alkohol
Aldehyd	sek. Alkohol	Orthoameisensäureester	Aldehyd
Keton	tert. Alkohol		
Carbonsäureester	tert. Alkohol	Kohlensäureester	tert. Alkohol
		Nitril	Keton
Säurechlorid	tert. Alkohol	Kohlendioxid	Carbonsäure
Säureanhydrid	tert. Alkohol	Schwefeldioxid	Sulfinsäure
Azomethin	sek. Amin	Thioketon	Mercaptan
Chinon	Chinol	Nitrosoverbindung	Hydroxylamin
Isocyanat	Carbonsäureamid	Schwefelkohlenstoff	Dithiocarbonsäure

Mit **Formaldehyd** [R=H] entstehen hingegen *primäre Alkohole*. So gewinnt man **Benzylalkohol** durch Umsetzung von Formaldehyd mit Phenylmagnesiumbromid und anschließende Zersetzung mit Wasser [vgl. **MC-Fragen Nr. 740, 742, 745, 760, 764, 768, 779, 781**].

$$H_2C{=}O + C_6H_5\text{-}MgBr \rightarrow\rightarrow C_6H_5\text{-}CH_2OH \quad \textbf{Benzylalkohol}$$

Demgegenüber führt die Addition von Grignard-Verbindungen an *Ketone* zu *tertiären Alkoholen*. Auch hier zeigt die Variabilität des Verfahrens an der Herstellung von **2-Phenylpropan-2-ol** mithilfe unterschiedlicher Stoffkombinationen [vgl. **MC-Fragen Nr. 730, 740, 743, 758, 763, 767, 769, 780, 1704**].

$$R_2C{=}O + R'MgX \rightarrow \underset{\displaystyle OMgX}{R_2C\text{-}R'} \xrightarrow{+H_2O} \underset{\displaystyle OH}{R_2C\text{-}R'} + MgOHX$$

$$\underset{\textbf{Acetophenon}}{C_6H_5\text{-}CO\text{-}CH_3} + CH_3MgI \rightarrow\rightarrow \underset{\textbf{2-Phenylpropan-2-ol}}{C_6H_5\text{-}C(OH)(CH_3)_2} \leftarrow\leftarrow C_6H_5\text{-}MgBr + \underset{\textbf{Aceton}}{CH_3\text{-}CO\text{-}CH_3}$$

Mit *α,β-ungesättigten Carbonylverbindungen* reagieren Grignard-Reagenzien sowohl im Sinne einer **1,2-** als auch einer **1,4-Addition**. Die meisten α,β-ungesättigten Aldehyde ergeben eine normale 1,2-Addition an die C=O-Gruppe unter Bindung eines Alkohols, während α,β-ungesättigte Ketone erhebliche Mengen des 1,4-Adduktes liefern, was letztlich auf eine Anlagerung des Grignard-Reagenzes an die C=C-Doppelbindung hinausläuft [vgl. **MC-Fragen Nr. 737, 738**].

$$R\text{-}CH{=}CH\text{-}\underset{\displaystyle R''}{C}{=}O + R'MgBr \rightarrow R\text{-}\underset{\displaystyle R'}{CH}\text{-}CH{=}\underset{\displaystyle R''}{C}\text{-}OMgBr \xrightarrow[-\,HOMgBr]{+H_2O} R\text{-}\underset{\displaystyle R'}{CH}\text{-}CH_2\text{-}\underset{\displaystyle R''}{C}{=}O$$

- Bei der Reaktion von Grignard-Verbindungen mit *Kohlendioxid* erhält man *Carbonsäuren* [vgl. **MC-Fragen Nr. 730, 740, 756, 1100, 1102, 1168**].

$$R'MgX + CO_2 \longrightarrow R'COO\text{-}MgX \xrightarrow{+ (H_2O/H^+)} R'COOH$$

CO_2 reagiert mit *Lithium-organischen Verbindungen* in analoger Weise zu Lithiumsalzen von Carbonsäuren, die mit überschüssigem Reagenz zu *Ketonen* weiterreagieren [vgl. **MC-Frage Nr. 737**].

$$CO_2 + R\text{-}Li \longrightarrow R\text{-}COOLi \xrightarrow{+ R\text{-}Li} R_2C(OLi)_2 \xrightarrow{+ H_2O} R_2C{=}O$$

- Beim Behandeln von *Chinonen* mit Grignard-Reagenzien reagiert nur eine C=O-Gruppe unter Bildung von *Chinolen* [vgl. **MC-Fragen Nr. 826, 827**].

RMgX, H2O
R OMgX
R OH

- Die Anlagerung von Grignard-Verbindungen an *Carbonsäure-Derivate* [Ester, Anhydride und Halogenide] folgt dem üblichen Mechanismus. Zunächst bildet sich durch die Addition des Grignard-Reagenzes an die C=O-Doppelbindung ein tetraedrisches Zwischenprodukt, aus dem sich z. B. bei *Carbonsäureestern* anschließend ein Alkoholat-Molekül abspaltet. Das dabei entstehende *Keton* reagiert aufgrund seiner höheren Carbonylaktivität bevorzugt mit einem weiteren Molekül des Grignard-Reagenzes unter Bildung eines *tertiären Alkohols,* der *zwei identische Reste* enthält, die aus dem Reagenz stammen. Nur in Einzelfällen (bei sterischer Hinderung) lässt sich das Keton als Reaktionsprodukt isolieren [vgl. **MC-Fragen Nr. 670, 755, 761, 1704, 1780**].

$$\underset{\text{Ester}}{R\text{-}COOR''} + R'MgX \longrightarrow RR'C(OR'')(OMgX) \xrightarrow{- R''OMgX} \underset{\text{Keton}}{RR'C{=}O}$$

$$\xrightarrow{+ R'MgX} RR'R'C\text{-}OMgX \xrightarrow[- MgOHX]{+ H_2O} \underset{\text{tert. Alkohol}}{RR'R'C\text{-}OH}$$

Zum Beispiel reagiert *Benzoesäuremethylester* [C_6H_5-$COOCH_3$] mit zwei Molekülen Phenylmagnesiumbromid [C_6H_5-MgBr] zu **Triphenylcarbinol** [$(C_6H_5)_3C$-OH] [vgl. **MC-Frage Nr. 670**].

$$C_6H_5\text{-}CO_2CH_3 + 2\ C_6H_5\text{-}MgBr \rightarrow \rightarrow (C_6H_5)_3C\text{-}OH$$

Unter analogen Reaktionsbedingungen ergeben *Ameisensäureester* [HCOOR] *sekundäre Alkohole. Kohlensäureester* [$OC(OR)_2$] liefern *tertiäre Alkohole,* bei denen alle *drei Reste* vom Grignard-Reagenz übertragen werden.

$$H\text{-}COOR + 2\ R'MgX \longrightarrow R'_2CHOH + (ROH)$$
$$O{=}C(OR)_2 + 3\ R'MgX \longrightarrow R'_3C\text{-}OH + (2\ ROH)$$

Bei Verwendung von *Orthoameisensäureestern* wie z. B. **Ethylorthoformiat** können *Aldehyde* als Reaktionsprodukte erhalten werden; die Reaktion verläuft über das betreffende *Acetal* als Zwischenstufe [vgl. **MC-Frage Nr. 762**].

$$R'MgX + HC(OEt)_3 \xrightarrow{-\ Mg(OEt)X} \underset{\text{Acetal}}{R'CH(OEt)_2} \xrightarrow[(-\ EtOH)]{(H_2O/H^+)} \underset{\text{Aldehyd}}{R'CH{=}O}$$

Die Reaktion eines *Acylhalogenids* mit einem Überschuss an Grignard-Verbindung führt ebenfalls zu einem *tertiären Alkohol.* Allerdings ist es – zumindest bei tiefen Temperaturen und bei Einsatz äquivalenter Mengen – möglich, die intermediär gebildeten *Ketone* zu isolieren, da Carbonsäurehalogenide reaktiver sind als Ketone und somit die Anlagerung von Grignard-Reagenzien an Ketone viel langsamer abläuft.

$$R\text{-}C(=O)\text{-}Cl + R'MgX \xrightarrow{-\ MgXCl} R\text{-}C(=O)\text{-}R' \xrightarrow{+\ R'MgX} R\text{-}C(OMgX)(R')\text{-}R' \xrightarrow[-\ MgOHX]{+\ H_2O} R\text{-}C(OH)(R')\text{-}R'$$

Setzt man jedoch *Carbonsäurechloride* mit bestimmten *Cadmium-organischen Verbindungen* um, so reicht deren Reaktivität nur noch aus, sich an Acylchloride anzulagern, während *Ketone* unverändert bleiben und als Reaktionsprodukte anfallen [vgl. **MC-Frage Nr. 737**]

$$R'_2Cd + 2\ R\text{-}COCl \xrightarrow[-\ CdCl_2]{} 2\ R\text{-}CO\text{-}R' \quad [R' = \text{prim. Alkyl, Vinyl, Aryl}]$$

Vorteil des Organocadmium-Prozesses ist, dass andere funktionelle Gruppen [NO_2, C≡N, C=O, COOR], die normalerweise mit Grignard-Verbindungen reagieren, *nicht* angegriffen werden. Nachteil der Methode ist die thermische Instabilität zahlreicher Organocadmium-Verbindungen.

Die Grignard-Reaktion ist eine wichtige Methode zur Darstellung von Alkoholen unter gleichzeitiger Knüpfung von C-C-Bindungen.
Hierbei entstehen aus Epoxiden und Formaldehyd primäre Alkohole, während die Umsetzung von Aldehyden oder Ameisensäureestern zu sekundären Alkoholen führt. Tertiäre Alkohole sind die Produkte der Umsetzung von Grignard-Reagenzien mit Ketonen, Carbonsäureestern, Carbonsäurehalogeniden und Kohlensäureestern.
Carbonsäureester und Acylhalogenide ergeben tertiäre Alkohole, bei denen zwei Reste äquivalent sind, während Kohlensäureester tertiäre Alkohole liefern, bei denen die drei Gruppen des Carbinols aus dem Reagenz stammen. Tertiäre Alkohole mit drei unterschiedlichen Resten können nur aus unsymmetrischen Ketonen hergestellt werden.

- Durch Addition von Grignard-Verbindungen an *Nitrile* und anschließende Hydrolyse des intermediär gebildeten *Ketimins* werden *Ketone* erhalten. Obwohl das primär entstehende Salz des Ketimins eine C=N-Doppelbindung enthält, reagiert es nicht mit dem Metallorganyl, weil dadurch ein Teilchen entstehen würde, bei dem zwei negative Ladungen am selben Atom lokalisiert wären [vgl. **MC-Fragen Nr. 743, 772, 1003, 1005, 1188**].

$$R\text{-}C\equiv N + R'MgX \longrightarrow R\text{-}C(R')\text{=}N^{-}MgX^{+} \xrightarrow[-\ MgOHX]{+\ H_2O} R\text{-}C(R')\text{=}NH \xrightarrow[-\ NH_3]{+\ H_2O} R\text{-}C(R')\text{=}O$$

Beispielsweise kann **Pentan-3-on** [CH_3CH_2-CO-CH_2CH_3] durch Umsetzung von *Propionitril* [CH_3CH_2-C≡N] mit Ethylmagnesiumbromid gewonnen werden. Die Reaktion von *Benzonitril* [C_6H_5-C≡N] mit Methylmagnesiumbromid liefert **Acetophenon** [C_6H_5-CO-CH_3] als Reaktionsprodukt [vgl. **MC-Fragen Nr. 754, 755**].

$$CH_3CH_2\text{-}C\equiv N + CH_3CH_2\text{-}MgBr \rightarrow\rightarrow CH_3CH_2\text{-}CO\text{-}CH_2CH_3$$
$$C_6H_5\text{-}C\equiv N + CH_3\text{-}MgBr \rightarrow\rightarrow C_6H_5\text{-}CO\text{-}CH_3$$

- Die Anlagerung von Grignard-Reagenzien an *Azomethine* führt zu *sekundären Aminen.* Im Allgemeinen reagieren nur die Schiffschen Basen aromatischer Aldehyde [Ar-CH=N-R] mit befriedigenden Ausbeuten.

$$R\text{-}CH\text{=}N\text{-}R + R'MgX \longrightarrow R\text{-}CH(R')\text{-}N(MgX)\text{-}R \xrightarrow[-\ MgOHX]{+\ H_2O} R\text{-}CH(R')\text{-}N(H)\text{-}R$$

- Die bei tiefen Temperaturen durchgeführte Reaktion von *Ketenen* mit Grignard-Reagenzien ergibt *Ketone* als Reaktionsprodukte.

$$R_2C\text{=}C\text{=}O \xrightarrow{+\ R'MgX} R_2C\text{=}C(R')\text{-}OMgX \xrightarrow[-\ MgOHX]{+\ H_2O} R_2C\text{=}C(R')\text{-}OH \rightleftharpoons R_2C(H)\text{-}C(R')\text{=}O$$

- Aus *Thioketonen* und Grignard-Verbindungen werden Mercaptane erhalten.

$$R_2C\text{=}S + R'MgX \longrightarrow R_2C(R')\text{-}S\text{-}MgX \xrightarrow[-\ MgOHX]{+\ H_2O} R_2C(R')\text{-}SH$$

Grenzen der Reaktion: Die hohe Reaktivität der Grignard-Verbindungen beeinträchtigt zugleich auch ihre Anwendungsmöglichkeiten. Grignard-Verbindungen reagieren nicht nur mit Wasser und anderen protischen Stoffen, sondern auch mit CO_2 und O_2, sodass die Reaktion stets unter Luft- und Feuchtigkeitsausschluss durchzuführen ist. Die *Oxidation* von Grignard-Reagenzien mit Sauerstoff führt über die Salze von *Hydroperoxiden* [R-O-OH] schließlich zu *Alkoholen* [R-OH].

$$RMgX + O_2 \longrightarrow R\text{-}OOMgX \xrightarrow{+ RMgX} 2\ R\text{-}OMgX \xrightarrow[- MgXCl]{+ HCl} 2\ R\text{-}OH$$

Reaktionsmechanismus: Der Mechanismus der Grignard-Reaktion ist noch nicht in allen Einzelheiten geklärt. Die Bildung eines viergliedrigen cyclischen Übergangszustandes wird als plausibel erachtet.

R'-Mg-X + $R_2C{=}O$ → [R'-Mg-X ⋮ ⋮ $R_2C{=}O$] → R' | R_2C-O-Mg-X

Alternativ dazu wird auch ein sechsgliedriger *cyclischer Übergangszustand* diskutiert, an dem zwei Moleküle der Grignard-Verbindung beteiligt sind. Anstelle eines zweiten Grignard-Moleküls (R'MgX) kann auch eine Lewis-Säure wie MgX_2 in den cyclischen Übergangszustand eingebaut werden.

R–C(R'')=O —(+ 2 R'MgX)→ [R_2C ··· R' ··· Mg ··· R'(X) ··· Mg(X) ··· O] —(– R'MgX)→ R–C(R'')(R')–OMgX —(+ H_2O, – MgOHX)→ R–C(R'')(R')–OH

Von einigen Autoren wird – vor allem bei aromatischen oder ungesättigten Carbonylverbindungen als Substraten – durch Einelektronenübertragung auch die Bildung von *Ketylen* postuliert.

R'-Mg-X + >C=O → [R'• + •C-O-Mg-X] → R'-C-O-Mg-X

Ketyl

Nebenreaktionen: Sie treten vorzugsweise dann auf, wenn sich aus *sterischen Gründen* der skizzierte cyclische Übergangszustand nicht ausbilden kann.

Bei Substraten oder Grignard-Reagenzien mit *voluminösen Gruppen* hat nur ein Molekül der Mg-organischen Verbindung Platz im cyclischen Komplex. In solchen Fällen wird oft ein (kleineres) *Hydridion* anstelle des Organylrestes auf das Substrat übertragen (**Grignard-Reduktion**).

Dabei entsteht aus einem *Keton* ein *sekundärer Alkohol* und aus dem *Alkylmagnesiumhalogenid* bildet sich ein *Alken*. Mit dieser Reduktion ist immer dann zu rechnen, wenn die Grignard-Verbindung über ein β-ständiges H-Atom verfügt.

[R_2C=O ··· H–CR_2(β)–CR_2(α)–Mg(X)] —Grignard-Reduktion→ R_2C(H)(OMgX) + $CR_2{=}CR_2$

Bei einer zweiten *Nebenreaktion* gehen sterisch gehinderte Ketone, die über einen α-ständigen Wasserstoff verfügen, beim Angriff von Grignard-Reagenzien in *Enole* über.

```
 α    H
R2C      R'                 R2C
 |        |      ──→          ‖         +    R'-H
R-C=O------MgX              R-C-OMgX

                            Enolat
```

3.8.3.2 Reformatzky-Reaktion

β-Hydroxycarbonsäureester werden erhalten, wenn man *Aldehyde* oder *Ketone* mit einem *α-Halogencarbonsäureester* in Gegenwart von *Zink* in einem inerten Lösungsmittel reagieren lässt. Ziel der Reformatzky-Reaktion ist die Synthese von *α,β-ungesättigten Carbonsäureestern,* die leicht durch Dehydratisierung – mitunter schon während der Reaktion – aus den β-Hydroxyestern entstehen. Darüber hinaus gestattet die Reaktion durch Verseifung der gebildeten Ester auch die Darstellung von *β-Hydroxycarbonsäuren* bzw. von *α,β-ungesättigten Carbonsäuren* [vgl. **MC-Frage Nr. 1210**].

```
              + Zn                            + R2C=O
Br-CH2-COOR' ──────→ Br-Zn-CH2-COOR' ────────────→ R2C-CH2-COOR'
             (Et2O)                                   |
                                                    OZnBr

                  OH
+ (H2O/H+)        |                - H2O
──────────→ R2C-CH2-COOR' ──────→ R2C=CH-COOR'
               β   α
           β-Hydroxyester          α,β-ungesätt. Ester
             |    [Verseifung]        |
             ↓                        ↓
                          (H+)
           R2C-CH2-COOH ──────→ R2C=CH-COOH
              |           -H2O
              OH

           β-Hydroxycarbonsäure   α,β-ungesätt. Carbonsäure
```

Als Zwischenprodukt entsteht eine *Organozink-Verbindung,* die viel weniger reaktionsfähig ist als die entsprechende Mg-organische Verbindung. Sie reagiert nicht mehr mit der reaktionsträgeren Estergruppe, sondern nur noch mit der Carbonylgruppe von Aldehyden und Ketonen. Aldehyde reagieren im Allgemeinen leichter als Ketone.

Als α-Halogenester werden vor allem *α-Bromcarbonsäureester* eingesetzt, weil die entsprechenden Chlorverbindungen zu langsam reagieren und die reaktiveren Iodester nur schwer zugänglich sind.

Da die gebildeten ungesättigten Verbindungen sich leicht katalytisch hydrieren lassen, ist die Reformatzky-Reaktion auch ein Syntheseverfahren mit breitem Anwendungsbereich zur *Darstellung von Carbonsäuren,* wobei die Reaktanden wie folgt zu wählen sind [R^1, R^2, R^3 = H, Alkyl, Aryl].

$$R^1\text{-}\underset{}{\overset{R^2}{\overset{|}{C}}}\text{=O} + \text{Br-}\overset{R^3}{\overset{|}{C}}\text{H-COOEt} \xrightarrow{(Zn)} R^1\text{-}\underset{HO}{\underset{|}{\overset{R^2}{\overset{|}{C}}}}\text{—}\underset{H}{\underset{|}{\overset{R^3}{\overset{|}{C}}}}\text{-COOEt} \xrightarrow{-\ H_2O}$$

$$R^1\text{-}\overset{R^2}{\overset{|}{C}}\text{=}\overset{R^3}{\overset{|}{C}}\text{-COOEt} \xrightarrow{+\ H_2} R^1\text{-}\underset{H}{\underset{|}{\overset{R^2}{\overset{|}{C}}}}\text{—}\underset{H}{\underset{|}{\overset{R^3}{\overset{|}{C}}}}\text{-COOEt} \xrightarrow{(H_2O/H^+)} R^1\text{-}\underset{H}{\underset{|}{\overset{R^2}{\overset{|}{C}}}}\text{—}\underset{H}{\underset{|}{\overset{R^3}{\overset{|}{C}}}}\text{-COOH}$$

3.9 Alkohole, Phenole, Ether, Chinone

3.9.1 Strukturen und Nomenklatur

Alkohole, Phenole und *Ether* können formal als Derivate des Wassers [HOH] angesehen werden. Alkohole und Phenole enthalten *Hydroxylgruppen* (HO) als funktionelles Strukturelement und sind Monosubstitutionsprodukte des Wassers, während Ether disubstituierte Derivate des Wassers darstellen.

```
R-O-H  =  Alkohol          Ar-O-H  =  Phenol
R-O-R  =  Ether            Ar-O-R  =  Phenolether
```

3.9.1.1 Alkohole

Man charakterisiert ein Kohlenstoffatom je nach der Anzahl der weiteren C-Atome, mit denen es verknüpft ist, als *primar, sekundär* oder *tertiär.* In analoger Weise werden Alkohole entsprechend ihrem Substitutionsgrad am Kohlenstoffatom, das die HO-Gruppe trägt, unterteilt in [vgl. **MC-Fragen Nr. 773, 775–777, 844, 1343, 1428, 1429, 1446, 1447, 1449, 1782, 1790**]:

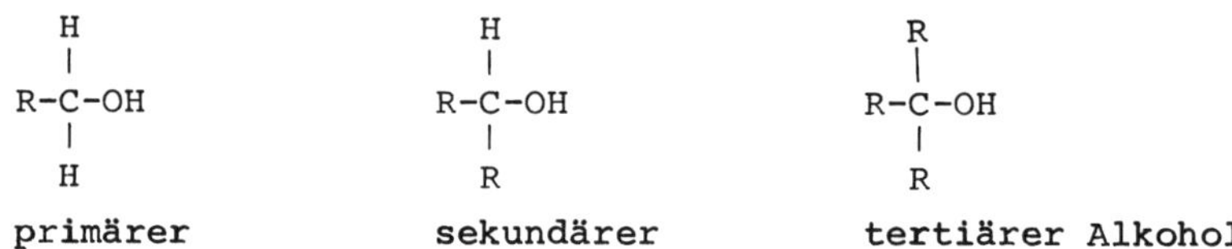

Darüber hinaus ist aufgrund der *Anzahl* der in einem Molekül vorhandenen *Hydroxylgruppen* folgende Klassifizierung vorzunehmen.

```
C-C-C-C            C-C-C-C            C-C-C—C
|                  |   |              |   |  |
OH                 OH  OH             OH  OH OH
einwertiger        zweiwertiger       dreiwertiger Alkohol
```

Nomenklatur: Alkohole können auf unterschiedliche Weise benannt werden. Gebräuchlich sind folgende Bezeichnungsweisen:
(1) Alkyl-Alkohol-System: An den Namen des Alkylrestes wird das Wort *„alkohol"* angehängt. Zur Angabe eines weiteren Substituenten dienen die Buchstaben des griechischen Alphabets. Dabei benutzt man den Buchstaben *„omega"*, wenn der zweite Substituent am Ende der Kohlenstoffkette steht. Das die HO-Gruppe tragende C-Atom wird mit *„alpha"* gekennzeichnet.

$CH_3CH_2CH_2OH$	$CH_3CH(OH)CH_3$	$BrCH_2(CH_2)_nCH_2OH$
n-Propylalkohol (Propan-1-ol)	Isopropylalkohol (Propan-2-ol)	ω-Bromalkohol
γ β α $CH_3CH(Cl)CH_2CH_2OH$	β α $C_6H_5CH_2CH_2OH$	α β $C_6H_5CH(OH)CH_3$
γ-Chlorbutylalkohol	β-Phenylethylalkohol	α-Phenylethylalkohol

(2) Carbinol-System: Der einfachste Alkohol *Methanol* [**H_3C-OH**] wird *Carbinol* genannt und andere Alkohole werden als Substitutionsprodukte des Carbinols betrachtet. Die Namen werden in einem Wort geschrieben. Weitere Substituenten werden in alphabetischer Reihenfolge genannt.

$$CH_3CH_2-\overset{\displaystyle CH_3}{\underset{\displaystyle OH}{\overset{|}{\underset{|}{C}}}}-CH_2CH_3 \qquad CH_3CH_2-\overset{\displaystyle H}{\underset{\displaystyle OH}{\overset{|}{\underset{|}{C}}}}-C_6H_5$$

Diethylmethylcarbinol (3-Methylpentan-3-ol) — Ethylphenylcarbinol (1-Phenylpropanol)

(3) IUPAC-System: Danach wird der Name des Alkohols aus der Bezeichnung des zugrundeliegenden *Alkans* und der Endung **-ol** gebildet. Deshalb nennt man diese Substanzen auch **Alkanole**. Die *homologe Reihe* der einwertigen Alkanole gehorcht der allgemeinen Summenformel [$\mathbf{C_nH_{2n+2}O}$].

CH_3OH	CH_3CH_2OH	$CH_3CH_2CH_2CH_2OH$	$CH_3CH_2CH(OH)CH_3$
Methanol	Ethanol	Butan-1-ol	Butan-2-ol

Alkohole mit ungesättigten Gruppen erhalten die Endung **-enol** bzw. **-inol**. Als Grundstruktur wird die längste fortlaufende Kohlenstoffkette gewählt, welche die Hydroxylgruppe enthält. Diese Kette wird in der Weise nummeriert, dass die HO-Gruppe die niedrigste Ziffer erhält. Bei einigen Alkoholen sind *Trivialnamen* gebräuchlich.

$H_2C=CH-CH_2OH$	$HC\equiv C-CH_2OH$
Prop-2-en-1-ol	Prop-2-in-1-ol
Allylalkohol, 2-Propenol	Propargylalkohol, 2-Propinol

Weitere Substituenten werden als Präfixe vorangestellt, wobei die Position der HO-Gruppe deren Bezifferung bestimmt.

Organische Chemie

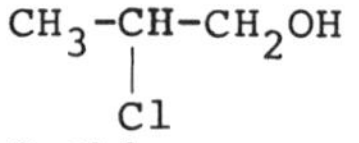

```
CH3-CH-CH2OH              CH3-CH-CH2-CH-CH3
    |                         |       |
    Cl                        CH3     OH
2-Chlorpropanol           4-Methylpentan-2-ol
```

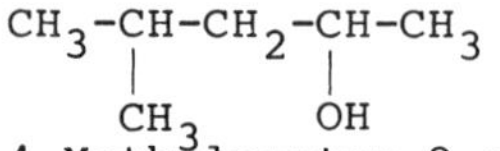

Bei Substanzen komplizierterer Struktur ist es sinnvoll, die *Hydroxylgruppe als Substituent* zu betrachten und sie durch das Präfix „**Hydroxy**" zu kennzeichnen.

Mehrwertige Alkohole erhalten die Endung **-diol**, **-triol, tetrol** usw.

```
HOCH2CH2OH          Ethan-1,2-diol   (Ethylenglycol)
HOCH2CH(OH)CH3      Propan-1,2-diol  (Propylenglycol)
HOCH2CH2CH2OH       Propan-1,3-diol  (Trimethylenglycol)
```

1,2-Diole (vicinale Diole) werden auch als *Glycole* bezeichnet. Darüber hinaus existieren für eine Reihe mehrwertiger Alkohole auch Spezialnamen [vgl. **MC-Fragen Nr. 786, 1429**].

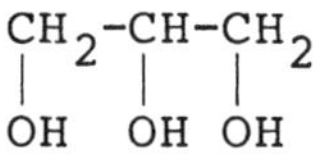

```
                        CH2OH              C6H5           H3C CH3
                        |                  |                 |   |
CH2-CH-CH2       HOCH2-C-CH2OH       C6H5-CHOH        H3C-C---C-CH3
|   |   |               |                                 |   |
OH  OH  OH              CH2OH                             HO  OH
Glycerol         Pentaerythrol       Benzhydrol       Pinakol
(Propan-         (Pentaerythrit)     (Diphenyl-       (2,3-Dimethyl-
1,2,3-triol)                         carbinol)        butan-2,3-diol)
```

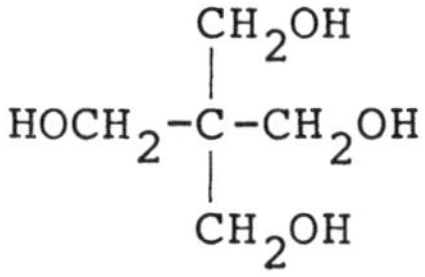

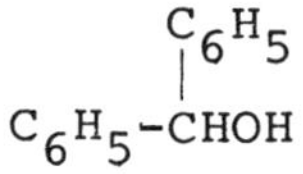

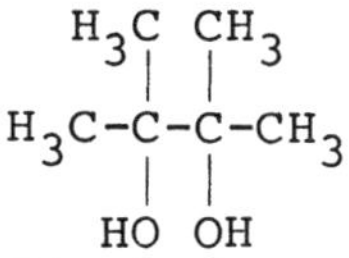

Bei der pharmazeutisch wichtigen Gruppe von *Aminoalkoholen*, die gleichzeitig eine Amino- und eine Hydroxylgruppe als Strukturelemente enthalten, bildet bei der Benennung der Verbindung der Alkohol die Stammverbindung wie z. B. 2-*Aminoethanol* [$H_2NCH_2CH_2$**OH**] [vgl. **MC-Frage Nr. 848**].

3.9.1.2 Phenole

Der Ausdruck **Phenol** wird sowohl für die Stammverbindung „Hydroxybenzen" als auch zur Kennzeichnung von Verbindungen genutzt, in denen eine Hydroxylgruppe direkt an ein aromatisches Ringsystem gebunden ist *(Hydroxyarene)*.

Je nach der Anzahl der HO-Gruppen untergliedert man diese Substanzklasse in *einwertige, zweiwertige, dreiwertige Phenole* usw. Die Strukturen einiger ausgewählter Phenole sind nachfolgend wiedergegeben [vgl. **MC-Fragen Nr. 796–801, 812, 818**].

Einwertige Phenole:

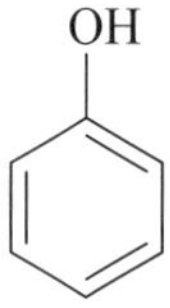

OH | OH, CH_3 | OH, CH_3 | OH, CH_3 | OH, H_3C, CH_3

Phenol 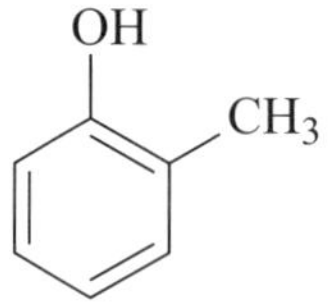 | *o*-Kresol 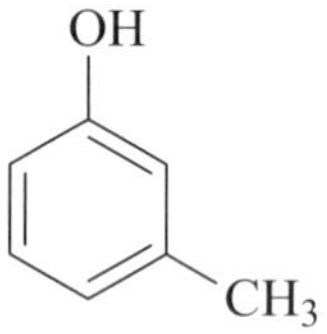 | *m*-Kresol  | *p*-Kresol 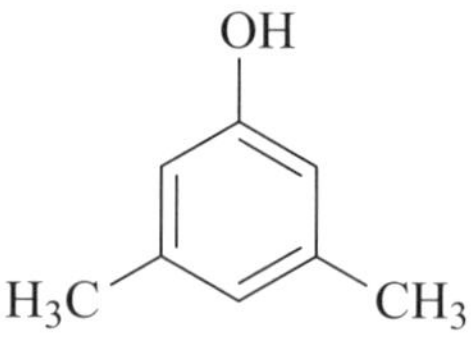 | 3,5-Xylenol

Thymol 1-Naphthol 2-Naphthol

Pikrinsäure Salicylsäure Salicylaldehyd

Zweiwertige Phenole:

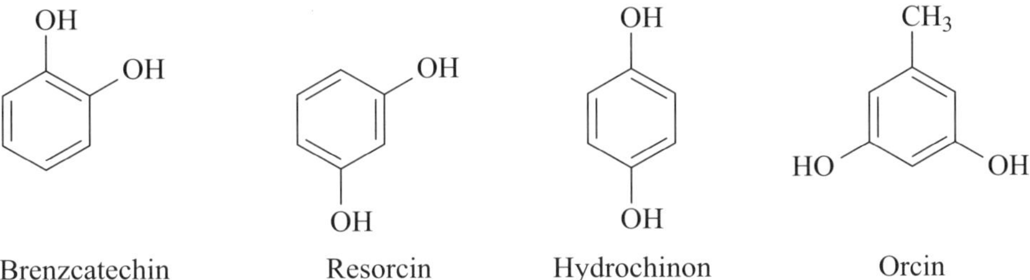

Brenzcatechin Resorcin Hydrochinon Orcin

Dreiwertige Phenole:

Pyrogallol Phloroglucin Hydroxyhydrochinon Gallussäure

Nomenklatur: Substituierte Phenole werden als Derivate der Stammverbindung **Phenol** angesehen und entsprechend bezeichnet, z. B. *p*-Chlorphenol, 2,4-Dinitrophenol. *Methylphenole* tragen den Trivialnamen **Kresol**, *Dimethylphenole* werden als **Xylenole** bezeichnet.

Suffixe wie Sulfonsäure, Carbonsäure u. a. besitzen eine höhere Priorität. Falls diese Gruppen vorhanden sind, wird die *Vorsilbe „Hydroxy“* verwendet, wie z. B. 4-Hydroxybenzoesäure, *o*-Hydroxybenzaldehyd oder 2,4-Dihydroxybenzensulfonsäure.

Für eine Reihe dieser Verbindungen existieren Spezialnamen. So nennt man die *o*-Hydroxybenzoesäure auch **Salicylsäure** und die Bezeichnung **Gallussäure** ist synonym mit 3,4,5-Trihydroxybenzoesäure; 5-Methylresorcin wird als **Orcin** bezeichnet.

3.9.1.3 Chinone

Chinone sind Oxidationsprodukte zweiwertiger Phenole. Formal können sie auch als Diketo-Derivate des Cyclohexadiens aufgefasst werden. Je nach der Stellung der beiden Carbonylgruppen zueinander unterscheidet man zwischen *ortho-* und *para-chinoiden Systemen.*

Nachfolgend sind einige wichtige chinoide Verbindungen aufgelistet. Sie führen teilweise Trivialnamen, wie z. B. **Chloranil** [2,3,5,6-Tetrachlor-*p*-benzochinon] oder **Menadion** [2-Methylnaphthochinon].

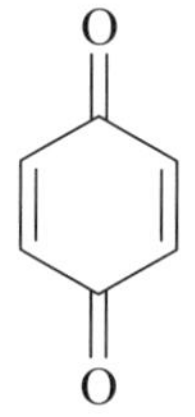

O O O O
O H$_3$C CH$_3$ Cl Cl
H$_3$C CH$_3$ Cl Cl
O O O

1,4-Benzochinon (*p*-Benzochinon) 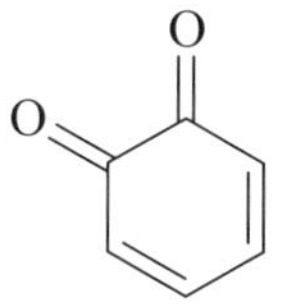 1,2-Benzochinon (*o*-Benzochinon) 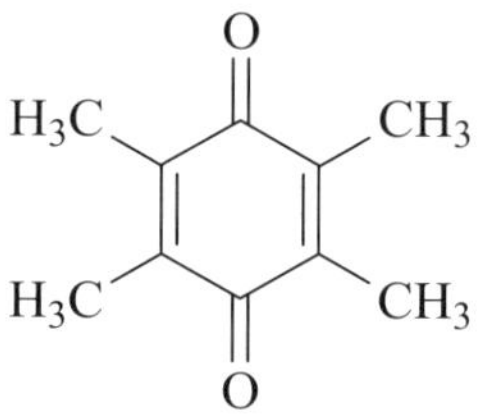 Durochinon 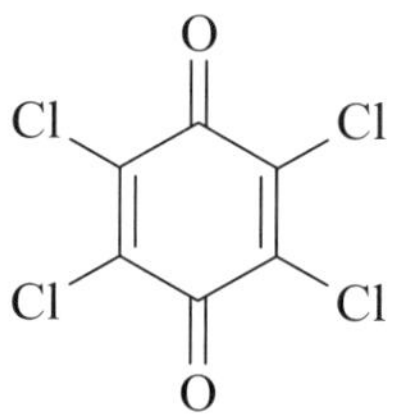 Chloranil

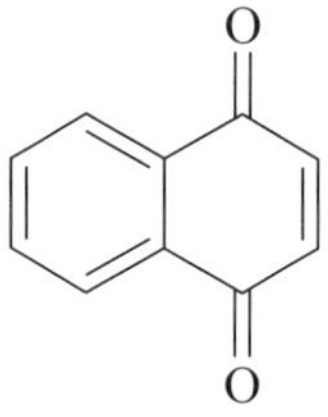

O O O O
O CH$_3$
O O O

1,4-Naphthochinon 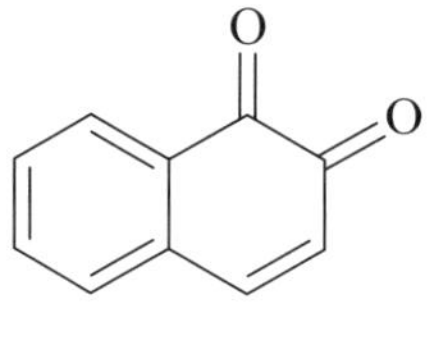 1,2-Naphthochinon 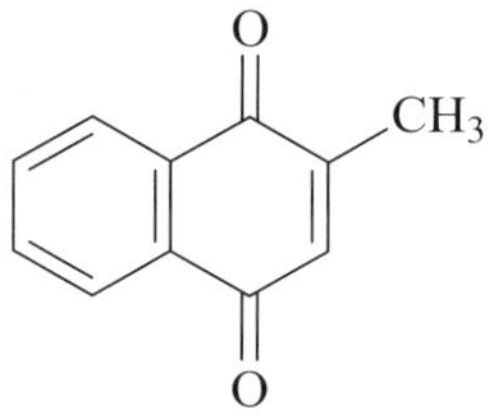 Menadion 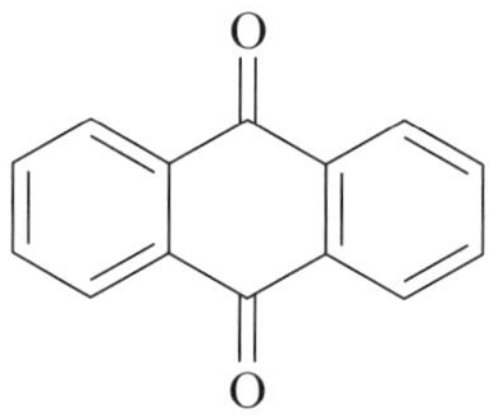 9,10-Anthrachinon

3.9.1.4 Ether

Wird das H-Atom der Hydroxylgruppe eines Alkohols oder Phenols durch einen Alkyl- bzw. Aryl-Rest ersetzt, so gelangt man zur Stoffklasse der *Ether.* Aufgrund ihrer Struktur unterteilt man sie in *einfache, symmetrische* (zwei gleiche Alkylgruppen) oder *gemischte Ether* (zwei unterschiedliche Alkylgruppen), *Aralkylether (Phenolether, Phenylether)* und *Diarylether* [vgl. **MC-Fragen Nr. 1027, 1233, 1327, 1328, 1330, 1744**].

R-O-R =	**symmetrischer Dialkylether**
R-O-R' =	**unsymmetrischer (gemischter) Dialkylether**
Ar-O-R =	**Aralkylether (Phenolether, Phenylether)**
Ar-O-Ar =	**Diarylether**

Die Namen dieser Substanzen werden in der Weise gebildet, dass man die beiden Gruppen, die mit dem Sauerstoff verbunden sind, dem Wort *„ether"* in alphabetischer Reihenfolge vorangestellt. Für symmetrische Ether benutzt man die Vorsibe **Di-**.

CH_3-O-CH_2CH_3	CH_3CH_2-O-CH_2CH_3	C_6H_5-O-$C(CH_3)_3$
Ethylmethylether	Diethylether	*tert*-Butylphenylether

Nach den IUPAC-Regeln werden Ether als *Alkoxyalkane* benannt, wobei die größere Alkylgruppe als Grundgerüst gewählt wird.

CH_3CH_2-O-CH_2CH_2-O-CH_2CH_3	CH_3CH_2-O-$CH_2CH_2CH_2OH$
1,2-Diethoxyethan	3-Ethoxypropanol

Phenylether (Phenolether) werden nach dem IUPAC-System als *Alkoxyarene* bezeichnet. Methoxybenzen, der einfachste Phenylether, trägt den Trivialnamen **Anisol** (Methylphenylether). Darüber hinaus führen viele in ätherischen Ölen auftretende Phenylether Spezialnamen.

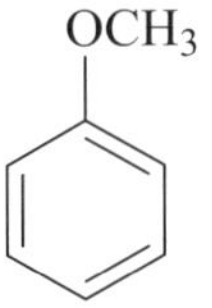

OCH_3 — Anisol; O, CH_3 — Phenetol; OCH_3, OH — Guajacol; OCH_3, OCH_3 — Veratrol

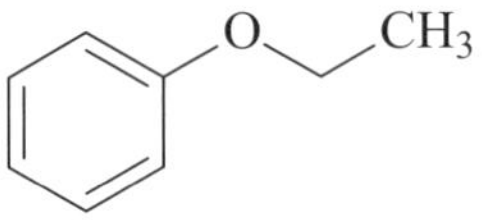

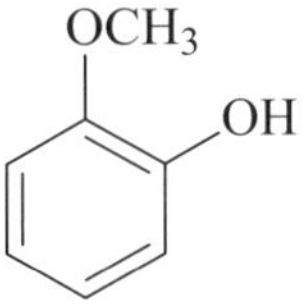

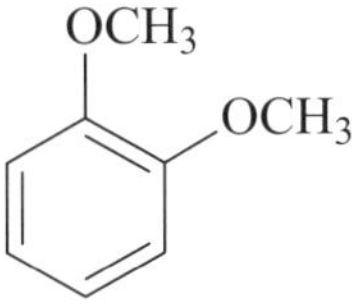

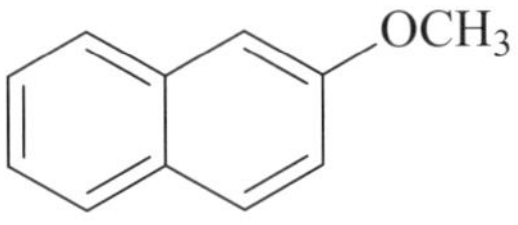

OCH_3 — Nerolin; CH_3, H_3CO — Anethol; H_3CO, HO — Eugenol

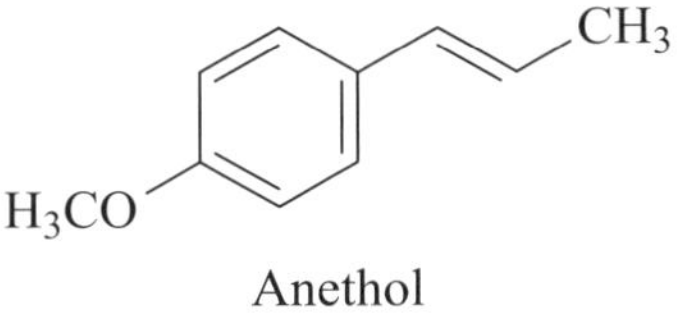

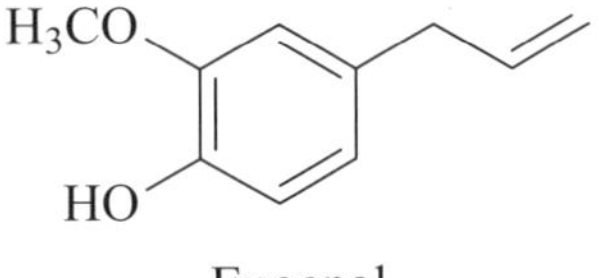

Zu den *cyclischen Ethern* zählen u. a. die mit Wasser mischbaren Substanzen **Tetrahydrofuran** und **1,4-Dioxan** sowie die Stoffklasse der *Epoxide (Oxirane)*. Solche cyclischen Ether können auch als *Heteroaliphaten* betrachtet werden [siehe ▸Kap. 3.15.1.1 und **MC-Frage Nr. 1154**].

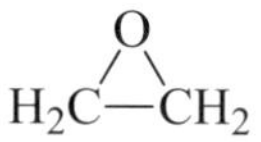

Ethylenoxid (Oxiran) — Propylenoxid (Methyloxiran) — Epichlorhydrin (Chlormethyloxiran)

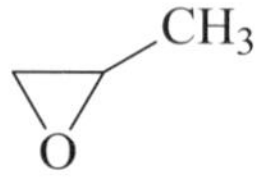

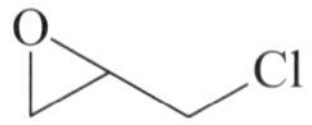

Tetrahydrofuran 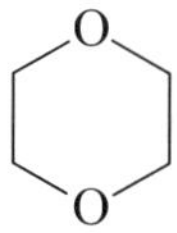 — 1,4-Dioxan 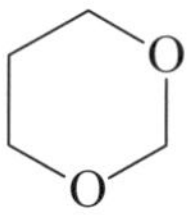 — 1,3-Dioxan

Ether, in denen ein ungesättigter Rest über ein sp^2-hybridisiertes C-Atom direkt an den Ethersauerstoff gebunden ist, werden als *Enolether* (C=C-O-R) bezeichnet [vgl. **MC-Fragen Nr. 839, 1225**].

3.9.1.5 Derivate des Wasserstoffperoxids

Auch vom *Wasserstoffperoxid* [**H**-O-O-**H**] leiten sich eine Reihe organischer Stoffklassen ab, in denen ein H-Atom oder beide H-Atome durch organische Reste ersetzt wurden. Zu diesen Substanzklassen zählen u.a. **Hydroperoxide** [R-O-O-H], **Peroxide** [R-O-O-R], **Acylperoxide** (*Peroxycarbonsäuren*) [R-CO-O-O-H] sowie **Diacylperoxide** [R-CO-O-O-CO-R]. An wichtigen Vertretern dieser Stoffklassen sind zu nennen:

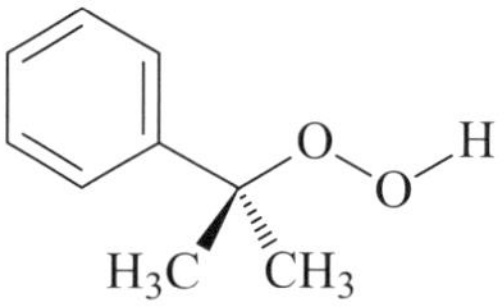

Cumenhydroperoxid 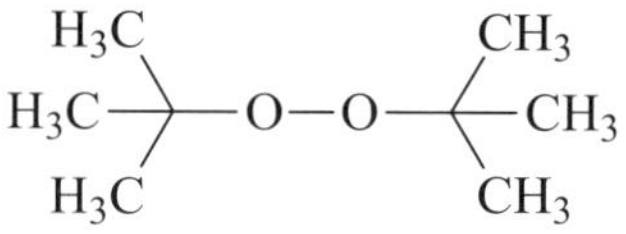 — Di-*tert*-Butylperoxid 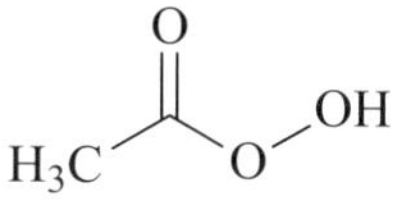 — Peroxyessigsäure

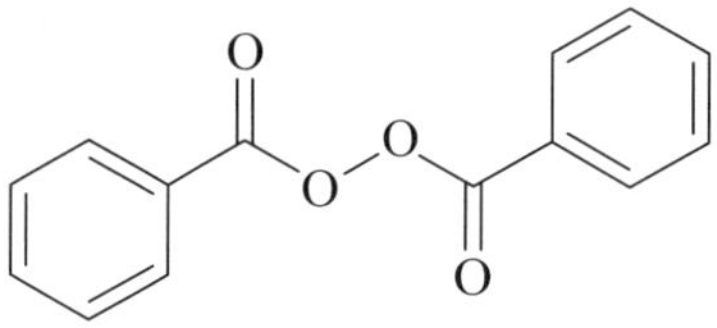

Dibenzoylperoxid 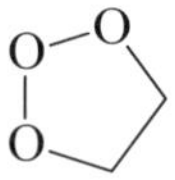 — 1,2,3-Trioxolan (Molozonid) — 1,2,4-Trioxolan (Ozonid)

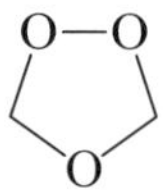

3.9.2 Darstellung, Eigenschaften und Reaktionen von Alkoholen

3.9.2.1 Herstellung von Alkoholen

Alkohole lassen sich darstellen aus:

(1) *Halogenalkanen* durch *nucleophile Substitution* des Halogenatoms in einer siedenden wässrigen Alkalihydroxid- oder Silberhydroxid-Lösung. Oft verwendet man ein Gemisch aus Wasser und Dioxan als Solvens oder schüttelt das reaktive Alkylhalogenid einfach mit einer Na_2CO_3-Lösung [vgl. **MC-Frage Nr. 782**].

$$CH_3CH_2CH_2CH_2CH_2Br + HO^- \xrightarrow[\Delta]{-Br^-} CH_3CH_2CH_2CH_2CH_2OH$$

Ausbeutelimitierende *Nebenreaktionen* sind die Etherbildung und Eliminierungen.

(2) *Alkenen* durch protonenkatalysierte Anlagerung von Wasser oder durch *Hydroborierung* und anschließendes Behandeln mit einer alkalischen H_2O_2-Lösung [siehe ▸Kap. 3.5.4 und **MC-Fragen Nr. 533, 534, 781, 782**].

$$\underset{\text{Pent-1-en}}{CH_3CH_2CH_2CH{=}CH_2} + H_2O \xrightarrow{(H_2SO_4)} \underset{\text{Pentan-2-ol}}{CH_3CH_2CH_2CH(OH)CH_3}$$

Darüber hinaus reagieren Alkene mit Quecksilber(II)-acetat in Anwesenheit von Wasser zu Hydroxyquecksilber-Verbindungen, die in situ mit $NaBH_4$ zu Alkoholen reduziert werden *(Hydroxymercurierung)*.

$$R(R)C{=}C(R)R + Hg(OAc)_2 + H_2O \xrightarrow{-\,HOAc} R\text{-}C(R)(OH)\text{-}C(R)(Hg\text{-}OAc)\text{-}R \xrightarrow[-\,HOAc\;(NaBH_4)]{-\,Hg^0} R\text{-}C(R)(OH)\text{-}C(R)(H)\text{-}R$$

Die Hydratisierung erfolgt normalerweise als *Anti-Addition* unter *Markownikow-Orientierung.* Vorteil der Hydroxymercurierung von Alkenen ist ihr breiter Anwendungsbereich sowie das Fehlen jeglicher Umlagerungen.

(3) *primären aliphatischen Aminen* durch *Diazotierung* in wässriger Lösung mit Salpetriger Säure [siehe ▸Kap. 3.10.3.4 und **MC-Frage Nr. 781**].

$$CH_3CH_2NH_2 + HNO_2 \rightarrow CH_3CH_2OH + N_2\uparrow + H_2O$$

(4) *Epoxiden* (Oxirane) durch Reduktion mit komplexen Hydriden (siehe ▸Kap. 3.9.6.6) oder durch Umsetzung mit Grignard-Verbindungen (siehe ▸Kap. 3.8.3.1).

(5) *Carbonylverbindungen* [Aldehyde, Ketone] durch *katalytische Hydrierung* (siehe ▸Kap. 3.2.19.1) oder durch Reduktion mit *komplexen Hydriden* [$LiAlH_4$, $NaBH_4$] bzw. mit Aluminiumisopropylat nach *Meerwein-Ponndorf-Verley* [siehe ▸Kap. 3.2.19.5 und **MC-Fragen Nr. 307–310, 779–783**].

$$\underset{\text{Pentan-2-on}}{CH_3COCH_2CH_2CH_3} \xrightarrow{(NaBH_4)} \underset{\text{Pentan-2-ol}}{CH_3CH(OH)CH_2CH_2CH_3}$$

$$\underset{\text{Crotonaldehyd}}{CH_3CH{=}CHCH{=}O} + 2\,H_2 \xrightarrow[\text{Druck}]{\text{Kat.}} \underset{\text{Butan-1-ol}}{CH_3CH_2CH_2CH_2OH}$$

Durch Umsetzung von *Carbonylverbindungen* mit *Grignard-Reagenzien* bilden sich aus Formaldehyd primäre, aus Aldehyden sekundäre und aus Ketonen tertiäre Alkohole [siehe ▸Kap. 3.8.3.1 und **MC-Fragen Nr. 701, 751, 759, 760, 764, 766–769, 771, 779–782**].

$$\underset{\text{Formaldehyd}}{H_2C{=}O} + CH_3MgI \rightarrow\rightarrow \underset{\text{Ethanol}}{CH_3CH_2OH}$$

$$\underset{\text{Acetaldehyd}}{CH_3CH{=}O} + CH_3CH_2CH_2MgI \rightarrow\rightarrow \underset{\text{Pentan-2-ol}}{CH_3CH(OH)CH_2CH_2CH_3}$$

(6) *nicht enolisierbaren Aldehyden* durch eine *gekreuzte Cannizzaro-Reaktion* (siehe ▸Kap. 3.12.7.1).

(7) *Carbonsäure-Derivaten* [Ester, Chloride] durch Reduktion mit $LiAlH_4$ oder mit metallischem Natrium *(Bouveault-Blanc-Reaktion)* unter Bildung primärer Alkohole [siehe ▸Kap. 3.2.19.4 und ▸Kap. 3.2.19.6 sowie **MC-Fragen Nr. 779–781**].

Die Anlagerung von Grignard-Verbindungen an Carbonsäure-Derivate [Ester, Halogenide] führt zu *tertiären Alkoholen*, bei denen zwei Reste identisch sind und aus dem Grignard-Reagenz stammen (siehe ▸Kap. 3.8.3.1).

$$R^1\text{-CO-X} + 2\,R^2\text{-MgBr} \rightarrow R^1R^2R^2\text{C-OH} + \text{MgBrX}\ [X = \text{Hal}, OR^3].$$

3.9.2.2 Herstellung von Glycolen

1,2-Diole (vicinale Diole, *Glycole*) [HO-C-C-OH] lassen sich herstellen aus [vgl. **MC-Fragen Nr. 792–794**]:

(1) *Epoxiden* durch hydrolytische Ringspaltung, wobei *trans*-Diole gebildet werden (siehe ▸Kap. 3.2.18.3).

(2) *Alkenen* durch Oxidation mit OsO_4 oder $KMnO_4$, die zu *cis*-Diolen führt, bzw. durch Umsetzung mit alkalischer H_2O_2-Lösung, bei der *trans*-Diole entstehen (siehe ▸Kap. 3.2.18.3).

(3) *Halogenhydrinen* durch Erhitzen in einer siedenden, wässrigen Alkalihydroxid-Lösung unter Bildung von *trans*-Glycolen.

$$\text{—C=C—} \xrightarrow{\text{Ox}} \text{HO—C—C—OH} \xleftarrow{S_N} \text{HO—C—C—Hal}$$

(4) *Ketonen* durch Reduktion mit unedlen Metallen. Hierbei treten Radikalanionen *(Ketyle)* als Zwischenprodukte auf.

$$2\,R_2C{=}O \xrightarrow{\text{Mg}} 2\,R_2\dot{C}\text{-}O^- \longrightarrow R_2C(OH)\text{-}C(OH)R_2$$

3.9.2.3 Physikalische Eigenschaften von Alkoholen

Löslichkeit: Die *niederen Alkohole* sind farblose, *hydrophile* Flüssigkeiten, die sich bis C-3 in jedem Verhältnis mit Wasser mischen und sowohl in polaren wie unpolaren Lösungsmitteln löslich sind. Alkohole mittlerer Kettenlänge (C-4 bis C-11) sind ölige, mit Wasser nur noch begrenzt mischbare Flüssigkeiten. Die *höheren Alkohole* sind fest, geschmack- und geruchlos. Sie sind in Wasser unlöslich. Da mit steigender Molmasse der Einfluss der *hydrophoben* Kohlenstoffkette immer mehr den der Hydroxylgruppe übertrifft, ähneln langkettige Alkohole in ihren physikalischen Eigenschaften den Alkanen gleicher C-Zahl und sind nur noch in lipophilen Solventien löslich [vgl. **MC-Fragen Nr. 785, 790**].

Bei *mehrwertigen Alkoholen* steigt die Wasserlöslichkeit der Verbindungen stark an, während ihre Löslichkeit in Ether und Ethanol abnimmt. So mischt sich **Glycerol** noch in jedem Verhältnis mit Wasser und Ethanol, jedoch nicht mehr mit Ether.

Siedepunkte: ◘Tab. 3.44 informiert über die Siedepunkte einiger ausgewählter Alkohole. Die drei ersten Glieder der *homologen Reihe der Alkohole* sieden tiefer als Wasser. Von zwei strukturisomeren Alkoholen besitzt der *n*-Alkohol stets den höheren Siedepunkt [vgl. **MC-Fragen Nr. 785, 787–790**].

Wasserstoffbrückenbindung: Die relativ hohen Siedepunkte der *niederen Alkohole* sind – wie der des Wassers – auf eine *Molekülassoziation* durch *intermolekulare Wasserstoffbrückenbindungen* zurückzuführen. Hierbei bilden sich durch H-Brücken zwischen dem Wasserstoffatom der HO-Gruppe eines und dem Sauerstoffatom eines zweiten Alkohol-Moleküls Ketten folgenden Typs (H-Brücken sind durch punktierte Linien angedeutet) [vgl. **MC-Fragen Nr. 785, 786**].

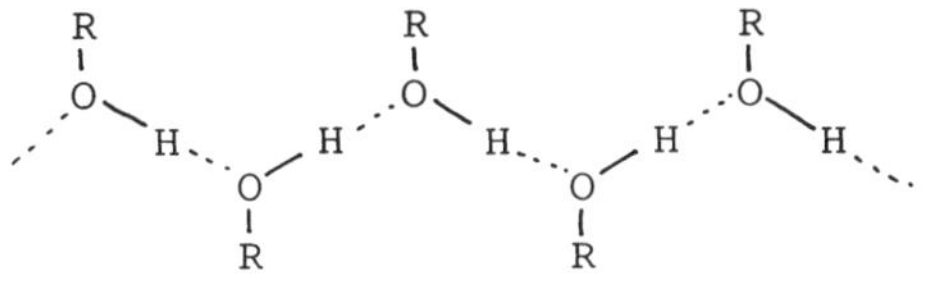

Die H-O-Bindungslänge in Alkoholen beträgt etwa 96 pm, der Bindungsabstand zwischen den Wasserstoffbrücken liegt bei etwa 207 pm, die Bindungsenergie der H-Brückenbindung beträgt etwa 21 kJ mol^{-1}.

Derartige Assoziate sind in festem Zustand stabil; in flüssiger Phase reißen bereits einige H-Brücken ab und im Dampfzustand sowie in sehr verdünnten Lösungen mit unpolaren Lösungsmitteln liegen die Alkohol-Moleküle weitgehend *monomer* vor. Mit steigender Molekülmasse nehmen die durch die Länge der C-Kette bedingten van der Waals-Kräfte zu und übertreffen schließlich die Wirkung der Wasserstoffbrücken.

◘ Tab. 3.44 Siedepunkte einfacher Alkohole

Alkohol	Sdp. [°C]	Alkohol	Sdp. [°C]
Methanol	64,7	Propan-2-ol	82,8
Ethanol	78,3	Butan-2-ol	99,0
Propan-1-ol	97,0	Isobutylalkohol	107,9
Butan-1-ol	117,7	*tert*-Butanol	82,2
Pentan-1-ol	138	Ethylenglycol	197,3
Hexan-1-ol	157	Glycerol	290 (Zers.)

Die niederen Alkohole sind wasserlöslich, während die auf *n*-Butanol folgenden Alkohole nur noch begrenzt mit Wasser mischbar sind.
Alkohole sind assoziierte Flüssigkeiten. In verdünnten Lösungen in unpolaren Solventien sowie im Dampfzustand liegen sie jedoch weitgehend monomer vor.
Bei den Alkoholen steigt der Siedepunkt mit zunehmender Molmasse und erniedrigt sich mit zunehmendem Verzweigungsgrad. Von zwei strukturisomeren Alkoholen besitzt der geradkettige stets den höheren Siedepunkt.
Das Löslichkeitsverhalten der Alkohole und ihre relativ hohen Siedepunkte werden durch Wasserstoffbrückenbindungen hervorgerufen.

3.9.2.4 Reaktionen von Alkoholen

Die verschiedenen *Substitutions-* und *Eliminierungsreaktionen am Carbinol-System* wurden in früheren Kapiteln bereits ausführlich behandelt. Sie lassen sich wie folgt zusammenfassen:

```
    H
    |          ⇐  Acidität, Esterbildung
    O
    |          ⇐  Substitution, Eliminierung
  R-C-R
    |          ⇐  Oxidation
    H
```

Über die wichtigsten Reaktionen zur *Spaltung der C-O-* bzw. zur *Spaltung der O-H-Bindung* von Alkoholen informiert ▫Tab. 3.45.

Als wichtige Reaktionen von *1,2-Diolen* sind die *Glycolspaltung* (siehe ▸Kap. 3.2.18.5) und die *Pinakol-Umlagerung* (siehe ▸Kap. 3.2.16.2) zu nennen.

Acidität der Alkohole: Alkohole sind *schwache Ampholyte* mit pK_s-Werten von 16–18. Ihre Acidität ist deutlich geringer als die von Phenolen und nimmt in der Reihe *Methanol > primärer > sekundärer > tertiärer Alkohol* ab. Die konjugierten Säuren bzw. Basen von Alkoholen, das *Alkoxonium-* [$\mathbf{ROH_2^+}$] bzw. das *Alkoxid-Ion* (Alkanolat- oder Alkoholat-Ion) [$\mathbf{RO^-}$], sind demzufolge sehr starke Säuren bzw. sehr starke Basen [vgl. **MC-Fragen Nr. 786, 1667**].

$$\underset{\text{Ethanolat}}{C_2H_5\text{-}O^-} \underset{-\,H^+}{\overset{+\,H^+}{\rightleftharpoons}} C_2H_5\text{-}O\text{-}H \underset{-\,H^+}{\overset{+\,H^+}{\rightleftharpoons}} \underset{\text{Ethyloxonium-Ion}}{C_2H_5\text{-}\overset{+}{O}H_2}$$

Metallalkoxide entstehen u. a. bei der Umsetzung von Alkoholen mit unedlen Metallen. Bei dieser exotherm verlaufenden Redoxreaktion entsteht Wasserstoff als weiteres Reaktionsprodukt [vgl. **MC-Fragen Nr. 790, 791**].

Tab. 3.45 Reaktionen von Alkoholen

Einteilung	Reaktion	Kapitel
Spaltung der C-O-Bindung	Bildung von *Halogenalkanen* durch Umsetzung mit HX, H_2SO_4/NaX, LiCl/DMF, NaBr/DMF, NaBr/DMSO, PCl_5, PCl_3, PBr_3, $SOCl_2$	3.7.2.1
	Dehydratisierung zu *Alkenen* an Al_2O_3-Kontakten oder in Ggw. von Säuren	3.5.3
	Protonenkatalysierte Dehydratisierung zu *Ethern*	3.9.6.1
	Esterbildung mit anorganischen Sauerstoffsäuren [H_2SO_4, H_3PO_4, $POCl_3$]	3.9.3
Spaltung der O-H-Bindung	Bildung von *Alkanolaten* mit unedlen Metallen, NaH, $NaNH_2$	3.19.3.2
	Oxidation primärer Alkohole zu Aldehyden bzw. Carbonsäuren und Dehydrierung sekundärer Alkohole zu Ketonen	3.2.18.5
	Esterbildung durch Umsetzung mit Säurechloriden bzw. unter Protonenkatalyse durch Reaktion mit Carbonsäuren	3.13.6.1
	Bildung von *Sulfonsäureestern* durch Umsetzung mit Sulfochloriden	3.11.4.2

$$C_3H_7\text{-}OH + Na \longrightarrow \underset{\text{Natriumisopropanolat}}{C_3H_7\text{-}O^-Na^+} + 1/2\, H_2\uparrow$$

Zur Alkoholat-Bildung können auch starke Basen wie Natriumamid oder Natriumhydrid eingesetzt werden [vgl. **MC-Frage Nr. 1667**].

Alkoholate werden in der präparativen Chemie als basische Kondensationsmittel [z. B. Kalium-*tert*-butanolat] in nichtwässrigem Milieu oder als nucleophile *Alkylierungsmittel* [Methanolat, Ethanolat] eingesetzt.

Nachweis: Zur Identifizierung von Alkoholen können ihre *Ester* mit Benzoesäure, *p*-Nitro- oder 3,5-Dinitrobenzoesäure dienen. Hierzu werden die Alkohole mit den entsprechenden Säurechloriden oder Anhydriden in Gegenwart einer Base umgesetzt.

$$R\text{-}O\text{-}H + Ar\text{-}\underset{\underset{O}{\|}}{C}\text{-}Cl \xrightarrow[-\ HCl]{(Pyridin)} Ar\text{-}\underset{\underset{O}{\|}}{C}\text{-}O\text{-}R \qquad \text{Ester}$$

Darüber hinaus lassen sich zum Nachweis von Alkoholen auch *Arylisocyanate* verwenden, die den Alkohol unter Bildung von *Urethanen* (Carbaminsäureester) anlagern (siehe auch Ehlers, **Analytik I**, ▸Kap. 3.5.3.5).

$$\text{R-O-H} + \text{Ar-N=C=O} \longrightarrow \underset{\substack{|\\ \text{H}}}{\text{Ar-N}}\text{-}\underset{\substack{\|\\ \text{O}}}{\text{C}}\text{-O-R} \qquad \text{Urethan}$$

3.9.2.5 Ausgewählte Alkohole

(1) Methanol (Methylalkohol, Carbinol, Holzgeist) [CH_3OH] wird in der Technik durch Hydrierung von Kohlenmonoxid in Gegenwart von Übergangsmetall-Katalysatoren gewonnen.

$$CO + 2\,H_2 \xrightarrow[\text{[ZnO/Cr}_2\text{O}_3\text{]}]{400\ °C,\ 200\ bar} CH_3OH$$

Methanol ist eine wasserklare, mit nichtleuchtender, blassblauer Flamme brennende Flüssigkeit, die sich mit den gängigen organischen Lösungsmitteln unbegrenzt mischt. Methanol ist stark *giftig* und wird in der Technik als Lösungs- und Methylierungsmittel verwendet. Es lässt sich über die Zwischenstufen *Formaldehyd* [$H_2C{=}O$] und *Ameisensäure* [HCOOH] zu Kohlendioxid [CO_2] oxidieren [vgl. **MC-Fragen Nr. 790, 956**].

$$H_3C\text{-}OH \rightarrow H_2C{=}O \rightarrow HCOOH \rightarrow CO_2$$

(2) Ethanol (Ethylalkohol, Weingeist) [CH_3CH_2OH] wird hergestellt durch:
(a) *alkoholische Gärung von Hexosen,*

$$C_6H_{12}O_6 \xrightarrow{\text{(Zymase)}} 2\,C_2H_5OH + 2\,CO_2 \qquad \Delta H = -108{,}8\ kJ\ mol^{-1}$$

(b) *Hydratisierung von Ethylen* in Anwesenheit von Schwefelsäure, wobei in exothermer Reaktion zunächst *Ethylhydrogensulfat* und *Diethylsulfat* gebildet werden, die anschließend bei 70–100 °C mit Wasser zu Ethanol hydrolysieren.

$$\underset{\text{Ethen}}{CH_2{=}CH_2} \xrightarrow{H_2SO_4} \underset{\text{Ethylhydrogen-sulfat}}{C_2H_5O\text{-}SO_3H} \xrightarrow[-\,H_2O]{H_2SO_4} \underset{\text{Diethylsulfat}}{(C_2H_5O)_2SO_2} \xrightarrow[-\,H_2SO_4]{+\,H_2O} \underset{\text{Ethanol}}{C_2H_5OH}$$

(c) *Reduktion von Acetaldehyd.*

Ethanol ist eine wasserähnliche, mit blassblauer Flamme brennende Flüssigkeit. Ethanol bildet mit 4,4% Wasser ein bei 78,15 °C siedendes *Azeotrop*. Der überwiegende Teil des industriell produzierten Ethanols dient zur Herstellung von *Acetaldehyd* [$CH_3CH{=}O$] und *Essigsäure* [CH_3COOH].

$$CH_3CH_2OH \xrightarrow{[O]} CH_3CH{=}O \xrightarrow{[O]} CH_3COOH$$

Für gewerbliche Zwecke wird Ethanol durch Zusatz von Butan-2-on oder Pyridin ungenießbar gemacht. Er wird *vergällt*. In zunehmenden Maße wird Ethanol als Zusatz von Kraftstoffen verwendet.

(3) Propan-2-ol (Isopropylalkohol) [$CH_3CHOHCH_3$] ist eine farblose Flüssigkeit, die durch Hydratisierung von *Propen* [$H_2C{=}CHCH_3$] in Gegenwart von H_2SO_4 als Katalysator gewonnen wird. Isopropylalkohol dient in der Technik zur Darstellung von *Aceton* [CH_3-CO-CH_3].

(4) Ethan-1,2-diol (Ethylenglycol) [$HOCH_2$-CH_2OH], der einfachste zweiwertige (vicinale) Alkohol, wird hergestellt durch [vgl. **MC-Frage Nr. 786**]:

- Hydrolyse von 1,2-Dibromethan,
- Hydrolyse von Ethylenoxid oder
- Oxidation von Ethen mit OsO_4, $KMnO_4$ bzw. H_2O_2 und nachfolgende Hydrolyse der intermediären Reaktionsprodukte.

Ethandiol – ein farbloses viskoses Öl – ist mit Wasser und Ethanol mischbar; es wird als Frostschutzmittel verwendet und dient zur Darstellung von **1,4-Dioxan**. Seine Mono- [$ROCH_2CH_2OH$] und Dialkylether [$ROCH_2CH_2OR$] sind wichtige Lösungsmittel.

(5) Glycerol (Glycerin, Propan-1,2,3-triol) [$HOCH_2$-CHOH-CH_2OH], der einfachste dreiwertige Alkohol, ist eine farblose, sirupöse und wasserlösliche Flüssigkeit (Sdp. 290 °C unter Zers.). Glycerol kommt in der Natur als Ester höherer Carbonsäuren [*Fette, fette Öle*] vor [siehe hierzu ▸Kap. 3.13.1.4 und **MC-Fragen Nr. 790, 1115, 1128**].

Glycerol kann durch saure oder alkalische Hydrolyse von Fetten (*Fettspaltung*) gewonnen werden. In der Technik erfolgt die Herstellung von Glycerol [vgl. **MC-Frage Nr. 795**]:

- aus **Propen** über Allylchlorid und Epichlorhydrin als Zwischenprodukte,

$$\underset{\text{Propen}}{H_2C{=}CHCH_3} \rightarrow \underset{\text{Allylchlorid}}{H_2C{=}CHCH_2Cl} \rightarrow \underset{\text{Epichlorhydrin}}{H_2C\underset{O}{-}CH\text{-}CH_2Cl} \rightarrow \underset{\text{Glycerol}}{HOH_2C\text{-}CHOH\text{-}CH_2OH}$$

- bzw. durch Hydrolyse von **2,3-Dichlorpropan-1-ol** oder durch Epoxidierung von **Allylalkohol** und nachfolgende protonenkatalysierte Hydrolyse des intermediären Oxirans.

$$\underset{\text{2,3-Dichlorpropan-1-ol}}{ClCH_2\text{-}CHCl\text{-}CH_2OH} \xrightarrow{(NaOH)} \underset{\text{Glycerol}}{HOCH_2\text{-}CHOH\text{-}CH_2OH}$$

$$\underset{\text{Allylalkohol}}{H_2C{=}CH\text{-}CH_2OH} \xrightarrow{(RCO_3H)} \underset{\text{Hydroxymethyloxiran}}{H_2C\underset{O}{-}CH\text{-}CH_2OH} \xrightarrow{+\ H_2O/H^+} \text{Glycerol}$$

- Beim Erhitzen von Glycerol mit $KHSO_4$ entsteht **Acrolein**.

$$HOCH_2\text{-}CHOH\text{-}CH_2OH \xrightarrow{\Delta} \underset{\text{Acrolein}}{H_2C{=}CH\text{-}CH{=}O} + 2\ H_2O$$

Der größte Bedarf an Glycerol wird für die Herstellung von **Nitroglycerin** (Glyceroltrinitrat) benötigt.

3.9.3 Ester anorganischer Säuren

Ester sind die Reaktionsprodukte der Umsetzung eines Alkohols mit einer organischen oder anorganischen Säure unter Abspaltung von Wasser. Die Ester der Halogenwasserstoffsäuren wurden als *Alkylhalogenide* bereits im ▸Kap. 3.7 beschrieben [vgl. **MC-Frage Nr. 1173**].

3.9.3.1 Ester der Schwefelsäure

H_2SO_4 vermag sowohl stark *saure Monoester* als auch *neutrale Diester* zu bilden. Sie werden unter Voranstellen des Namens der Alkylreste als *Hydrogensulfate* bzw. *Sulfate* bezeichnet.

$$CH_3CH_2\text{-O-}\overset{\overset{\large O}{\|}}{\underset{\underset{\large O}{\|}}{S}}\text{-O-H} \qquad CH_3CH_2\text{-O-}\overset{\overset{\large O}{\|}}{\underset{\underset{\large O}{\|}}{S}}\text{-O-}CH_2CH_3 \qquad CH_3\text{-O-}\overset{\overset{\large O}{\|}}{\underset{\underset{\large O}{\|}}{S}}\text{-O-}CH_3$$

Ethylhydrogensulfat (Ethylschwefelsäure) — Diethylsulfat — Dimethylsulfat

Ethylschwefelsäure, die ein wasserlösliches Bariumsalz bildet, kann aus Ethanol und H_2SO_4 bzw. durch Einleiten von SO_3 oder durch Anlagerung von H_2SO_4 an Ethen erhalten werden,

$$CH_3CH_2\text{-OH} \xrightarrow[(SO_3)]{(H_2SO_4)} CH_3CH_2\text{-O-}SO_3H \xleftarrow{(H_2SO_4)} H_2C\text{=}CH_2$$

während man **Dimethylsulfat** durch Umsetzung von überschüssigem Methanol mit rauchender Schwefelsäure gewinnt.

$$2\ CH_3OH + H_2SO_4 \longrightarrow CH_3\text{-O-}SO_2\text{-O-}CH_3 + 2\ H_2O$$

Dimethylsulfat, eine toxische, bei 188 °C siedende Flüssigkeit wird vor allem als *Methylierungsmittel* verwendet. Hierbei werden *acide Wasserstoffe* von Hydroxyl- [Alkohole, Phenole], Mercapto-, Amino- oder Imino-Gruppen in Anwesenheit von Alkalihydroxiden gegen die Methylgruppe ausgetauscht. Im Allgemeinen gibt Dimethylsulfat in diesen Reaktionen *nur eine* Methylgruppe unter Bildung eines resonanzstabilisierten Monomethylsulfat-Anions ab [vgl. **MC-Fragen Nr. 961, 962, 1173**].

$$X\text{-H} + H_3CO\text{-}SO_2\text{-}OCH_3 + HO^- \longrightarrow X\text{-}CH_3 + H_2O + CH_3O\text{-}SO_3^-$$

In analoger Weise kann **Diethylsulfat** als *Ethylierungsmittel* eingesetzt werden.

Neben den beiden Alkylestern der Schwefelsäure werden auch *Sulfonsäureester* [R-SO_2-OR´] wie z. B. **Methansulfonsäuremethylester** [CH_3-SO_2-OCH_3] oder

***p*-Toluensulfonsäuremethylester** [CH_3-C_6H_4-SO_2-OCH_3] als *Alkylierungsmittel* eingesetzt [vgl. **MC-Fragen Nr. 961, 962**].

Die Natriumsalze langkettiger ***n*-Alkylsulfate** (Monoalkylsulfate, Schwefelsäuremonoester) [RO-$SO_3^-Na^+$] – herstellbar durch Umsetzung von höheren einwertigen Alkoholen (Fettalkoholen) mit konzentrierter Schwefelsäure – sind wasserlöslich und besitzen die gleichen oberflächenaktiven Eigenschaften wie Alkaliseifen [R-COO^-Me^+]. Die Natriumalkylsulfate können daher als Waschmittel genutzt werden. Im Gegensatz zu den Calciumsalzen höherer Carbonsäuren (Calciumseifen) sind jedoch die Calciumsalze von *n*-Alkylsulfaten in Wasser löslich [siehe auch ▸Kap. 3.13.1.4 und **MC-Fragen Nr. 962, 963, 966, 1133, 1134**].

3.9.3.2 Ester der Salpetersäure

Alkylnitrate [R-O-NO_2] sind aus Alkoholen und konz. HNO_3 zugänglich. Als Nebenreaktion wird eine Oxidation des Alkohols beobachtet. Deshalb bevorzugt man im Laboratorium zur Darstellung von Alkylnitraten die Umsetzung von Iod- oder Bromalkanen mit Silbernitrat [vgl. **MC-Frage Nr. 1173**].

$$CH_3CH_2OH + HNO_3 \rightarrow CH_3CH_2\text{-}O\text{-}NO_2 + H_2O$$

Ethylnitrat

$$CH_2(OH)CH(OH)CH_2OH + 3\ HNO_3 \rightarrow CH_2(ONO_2)CH(ONO_2)CH_2ONO_2 + 3\ H_2O$$

Nitroglycerin

$$(CH_3)_3C\text{-}Br + AgNO_3 \rightarrow (CH_3)_3C\text{-}O\text{-}NO_2 + AgBr$$

***tert*-Butylnitrat**

Neben **Nitroglycerin** (Glyceroltrinitrat) zählt auch **Nitrocellulose** zu den wichtigen Estern der Salpetersäure.

3.9.3.3 Ester der Salpetrigen Säure

Alkylnitrite [R-O-N=O] wie z. B. **Ethylnitrit** oder **Isoamylnitrit** bilden sich bei der Umsetzung von N_2O_3 mit Alkoholen bzw. in Gegenwart einer Säure beim Einwirken einer wässrigen Alkalinitrit-Lösung auf Alkohole.

$$2\ R\text{-}O\text{-}H + N_2O_3 \xrightarrow{-\ H_2O} 2\ R\text{-}O\text{-}N{=}O \xleftarrow{-\ H_2O} 2\ R\text{-}O\text{-}H + 2\ H\text{-}O\text{-}N{=}O$$

Alkylnitrite werden in der präparativen Chemie häufig anstelle von Alkalinitriten verwendet, um in organischen Solventien Salpetrige Säure zu erzeugen (siehe ▸Kap. 3.10.3.4).

Organische Chemie

3.9.3.4 Ester der Phosphorsäure

Man unterscheidet drei Reihen von organischen Phosphaten (Phosphorsäureester):

```
      O              O              O              S
      ‖              ‖              ‖              ‖
R-O-P-O-H      R-O-P-O-R      R-O-P-O-R      R-O-P-O-R
      |              |              |              |
      OH             OH             OR             OR
Monoalkyl-     Dialkyl-       Trialkyl-      Trialkyl-
phosphat       phosphat       phosphat       thiophosphat
```

Technisch bedeutsam sind hochsiedende neutrale Phosphorsäureester, die durch Umsetzung von $POCl_3$ mit Alkoholen oder Phenolen darstellbar sind.

$$O{=}PCl_3 + 3\ ROH \rightarrow O{=}P(OR)_3 + 3\ HCl$$

Organische Phosphate spielen in der belebten Natur eine bedeutsame Rolle (Nukleotide, DNA, energiereiche Phosphate wie ATP, Phospholipide). Eine Reihe aromatischer Ester der Phosphorsäure bzw. der Thiophosphorsäure werden als *Pestizide* eingesetzt.

3.9.4 Darstellung, Eigenschaften und Reaktionen von Phenolen

3.9.4.1 Herstellung von Phenolen

Als allgemein anwendbare Methoden zur Darstellung von Phenolen sind gebräuchlich:

(1) *Alkalischmelze von Arylsulfonsäuren*: Beispielsweise wird in der Technik **Phenol** durch Alkalischmelze aus Natriumbenzensulfonat und **Resorcin** aus dem Natriumsalz der *m*-Benzendisulfonsäure hergestellt.

$$Ar\text{-}SO_3^-Na^+ + 2\ NaOH \xrightarrow{\Delta} Ar\text{-}O^-Na^+ + Na_2SO_3 + H_2O$$

Hierbei verdrängt das stark basische HO^--Ion die Sulfonsäuregruppe in einer **S_NAr-Reaktion**. Das Zusammenschmelzen von Alkalihydroxiden mit Arensulfonsäuren ist ein ausgezeichneter Syntheseweg für Phenole, sofern sich die aromatischen Substrate sulfonieren lassen und keine Alkali-empfindlichen Gruppen enthalten [siehe auch ▸Kap. 3.6.4.3 und **MC-Fragen Nr. 802–805**].

(2) *Hydrolyse von Halogenarenen*, die bei höheren Temperaturen und Drücken mit 10%iger NaOH- oder Na_2CO_3-Lösung durchgeführt wird [siehe ▸Kap. 3.6.4.3 „*Dow-Prozess/Raschig-Verfahren*“ und **MC-Fragen Nr. 658, 802–804**].

$$Ar\text{-}Cl + 2\ NaOH \rightarrow Ar\text{-}O^-Na^+ + NaCl + H_2O$$

Die Reaktion gelingt dann besonders leicht, wenn das Halogenatom durch *ortho*/*para*-ständige elektronenanziehende Substituenten (z. B. NO_2) aktiviert ist. Die Leichtigkeit des Austauschs steigt mit der Anzahl der vorhandenen Substituenten. So erfolgt die Hydrolyse von **1-Chlor-2,4,6-trinitrobenzen** zu **2,4,6-Trinitrophenol** (**Pikrinsäure**) im Vergleich zur Hydrolyse von **1-Chlor-4-nitrobenzen** zu **4-Nitrophenol** bei deutlich niedrigerer Temperatur und niedrigerem pH-Wert.

(3) Aus *primären Aminen* durch *Diazotierung* mit Salpetriger Säure und anschließendes Verkochen der gebildeten *Arendiazoniumsalze*. Zum Beispiel erhält man ***m*-Nitrophenol** durch Verkochen von ***m*-Nitrophenyldiazoniumchlorid** [siehe auch ▸Kap. 3.10.6.3 und **MC-Fragen Nr. 802–804, 936**].
Die als Ausgangssubstanzen eingesetzten Arylamine sind bequem durch Nitrierung von Aromaten und nachfolgende Reduktion der entstandenen Nitroarene darstellbar.

$$\text{Ar-NO}_2 \xrightarrow{[H]} \text{Ar-NH}_2 \xrightarrow{(HNO_2)} \text{Ar-N}_2^+ \xrightarrow{(H_2O)} \text{Ar-OH}$$

(4) Bei der *Spaltung* des durch Luftoxidation von Isopropylbenzen zugänglichen **Cumenhydroperoxids** (Cumolhydroperoxid) mit Säuren bilden sich **Phenol** und **Aceton** [siehe ▸Kap. 3.2.16.4 „*Hook-Synthese*" und **MC-Fragen Nr. 249–251, 802–804, 1004**].

$$\underset{\textbf{Isopropylbenzen}}{C_6H_5\text{-}CH(CH_3)_2} + O_2 \rightarrow\rightarrow \underset{\textbf{Phenol}}{C_6H_5\text{-}OH} + \underset{\textbf{Aceton}}{CH_3\text{-}CO\text{-}CH_3}$$

(5) *Etherspaltung nach Zeisel* mit Iodwasserstoff von in der Natur vorkommenden oder synthetisch hergestellten *Phenolethern* [Ar-O-Alkyl] [siehe ▸Kap. 3.9.6.5 und **MC-Fragen Nr. 837, 838**].

$$\text{Ar-OCH}_3 + \textbf{HI} \longrightarrow \textbf{Ar-OH} + CH_3I$$

(6) *Oxidation von Arylthalliumsalzen* mit Bleitetraacetat in Anwesenheit von Triphenylphosphin. Primär entsteht ein Phenolester der Trifluoressigsäure, der anschließend hydrolysiert wird (siehe ▸Kap. 3.6.4.2).

$$\text{Ar-H} \rightarrow \text{Ar-Tl(OOCCF}_3)_2 \xrightarrow[Ph_3P]{Pb(OAc)_4} \text{Ar-O-}\underset{\underset{O}{\|}}{C}\text{-CF}_3 \xrightarrow[-\ CF_3COOH]{+\ H_2O} \text{Ar-OH}$$

3.9.4.2 Eigenschaften von Phenolen

Ähnlich wie bei Alkanolen bewirkt die Hydroxylgruppe auch bei Phenolen durch Ausbildung *intermolekularer Wasserstoffbrücken* eine Erhöhung der Schmelz- und Siedepunkte.

Phenole verhalten sich in mancher Hinsicht aber anders als Alkohole, weil die Reaktivität der HO-Gruppe durch die Wechselwirkung mit dem aromatischen π-Elektronensystem beeinflusst wird.

Beispielsweise sind Phenole beträchtlich *acider* als Alkanole, was auf die Mesomeriestabilisierung des Phenolat-Ions zurückzuführen ist; Phenole lösen sich deshalb in wässrigen Alkalihydroxid-Lösungen unter Bildung von Phenolat-Anionen [siehe auch ▸Kap. 3.19.3.1 und **MC-Frage Nr. 805**].

$$\text{Ar-O-}\mathbf{H} + \text{NaOH} \rightarrow \text{Ar-O}^-\text{Na}^+ + \text{H}_2\text{O}$$

Phenol selbst besitzt einen pK_s-Wert von 9,99, die pK_s-Werte substituierter Phenole liegen im Bereich von 7–10. Aus diesem Grund reagieren *Phenolate* [Ar-O⁻] in wässriger Lösung *alkalisch*. *Nitrophenole* sind deutlich acider als Phenol und sie bilden gelb bis rot gefärbte Alkalisalze. **2-Nitrophenol** (pK_s = 7,21) und **4-Nitrophenol** (pK_s = 7,16) besitzen eine vergleichbare Säurestärke. Beide Substanzen sind um den Faktor 10 acider als **3-Nitrophenol** (pK_s = 8,38), bei dem nur der –I-Effekt der Nitrogruppe wirksam wird [vgl. **MC-Fragen Nr. 616, 805, 818–820**].

Phenole sind jedoch schwächere Säuren als Carbonsäuren. Eine *Trennung von Phenolen und Carbonsäuren* ist durch Ausschütteln mit einer wässrigen $NaHCO_3$-Lösung möglich, weil die geringe Basizität des Hydrogencarbonat-Ions nicht ausreicht, Phenole in die konjugierten Basen zu überführen. Die stärker aciden Carbonsäuren gehen hingegen als Carboxylate in Lösung [vgl. **MC-Frage Nr. 805**].

$$\text{Ar-OH} + \text{HCO}_3^- \nrightarrow \text{keine Reaktion}$$
$$\text{R-COOH} + \text{HCO}_3^- \rightarrow \text{R-COO}^- + \text{H}_2\text{O} + \text{CO}_2\uparrow$$

Einige substitutierte Phenole wie ***o*-Nitrophenol** und **Salicylsäure** unterscheiden sich in ihren physikalischen Eigenschaften stark von ihren *meta*- oder *para*-Isomeren. Zum Beispiel ist *o*-Nitrophenol im Gegensatz zu *p*-Nitrophenol wasserdampfflüchtig und schmilzt beträchtlich tiefer. 2-Nitrophenol schmilzt bei 44 °C, während der Schmelzpunkt von 4-Nitrophenol bei 113–115 °C liegt. Auch **Salicylsäure** (*o*-Hydroxybenzoesäure) ist im Gegensatz zu ihrem *para*-Isomer wasserdampfflüchtig. Ursache hierfür ist das Vorliegen *intramolekularer Wasserstoffbrücken* bei den betreffenden *ortho*-Isomeren.

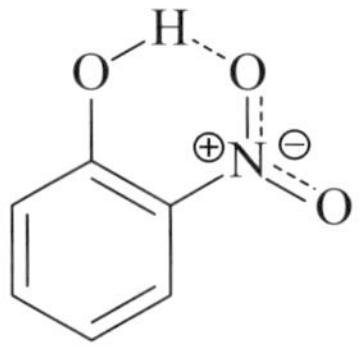

o-Nitrophenol 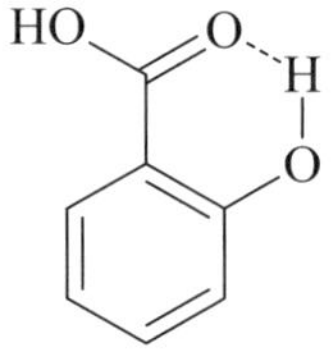 Salicylsäure

3.9.4.3 Ausgewählte Phenole

(1) Phenol (*Hydroxybenzen*) bildet farblose Kristalle (Schmp. 41 °C) von charakteristischem Geruch und schwach saurem Charakter (pK_s = 9,99). Die Substanz ist hygroskopisch und wird bereits mit einem Wassergehalt >6% flüssig. An der Luft verfärbt sich Phenol infolge *Oxidation rosa*. Phenol hat antibakterielle und ätzende Eigenschaften.

Wässrige Lösungen von Phenol reagieren schwach sauer (pH etwa 6) und sind nur in niedriger oder sehr hoher Phenolkonzentration homogen. Die Löslichkeit ist stark temperaturabhängig. Oberhalb von 66 °C mischt sich Phenol in jedem Verhältnis mit Wasser. Andere Phenole sind größtenteils in Wasser unlöslich.

(2) Resorcin (*m-Dihydroxybenzen*) ist eine farblose Substanz (Schmp. 110 °C), die sich an der Luft und unter Lichteinwirkung leicht verfärbt. Sie ist eine schwache zweibasische Säure (pK_{s1} = 9,48; pK_{s2} = 12,08), die sich gut in Wasser, Ethanol und Diethylether löst [vgl. **MC-Fragen Nr. 813, 814, 815**].
(3) Hydrochinon (*p*-Dihydroxybenzen) ist ein farbloser, polymorpher Feststoff (Schmp. 170 °C). Hydrochinon besitzt stärkere reduzierende Eigenschaften als **Brenzcatechin** (*o*-Dihydroxybenzen) und wird leicht zu 1,4-Benzochinon oxidiert. Beide Diphenole färben sich an feuchter Luft dunkel [vgl. **MC-Fragen Nr. 815, 816**].
(4) Pikrinsäure (2,4,6-Trinitrophenol) kristallisiert in gelben Blättchen (Schmp. 122 °C). Die Substanz reagiert stark sauer (pK_s = 0,29) und besitzt einen bitteren Geschmack. Pikrinsäure bildet mit vielen organischen Basen gut kristallisierende *Pikrate*, die zu deren Nachweis dienen können. Mit kondensierten Aromaten wie *Naphthalen* bildet Pikrinsäure *charge-transfer-Komplexe* [siehe auch ▸Kap. 3.9.5.2 und **MC-Frage Nr. 821**].

3.9.4.4 Reaktionen von Phenolen

S_EAr-Reaktionen an Phenolen einschließlich Carboxylierungen wurden bereits im ▸Kap. 3.6.4.2 vorgestellt. Über den Einfluss des phenolischen Hydroxyls auf die Reaktivität des aromatischen Systems sowie die dirigierende Wirkung bei elektrophilen Zweitsubstitutionen informierte ▸Kap. 3.2.6.2 [vgl. **MC-Fragen Nr. 807–811**].

Die *Kupplung von Phenolen* mit Arendiazoniumsalzen zu *Azoverbindungen* ist Gegenstand des ▸Kap. 3.10.6.3 und Oxidationsreaktionen von Phenolen werden im nachfolgenden Abschnitt beschrieben.

Phenolether (Phenylether) (Ar-OR) werden im ▸Kap. 3.9.6.1 behandelt. *Phenolester* (Phenylester) (RCO-OAr) sind die Edukte der *Fries-Reaktion*, mit deren Hilfe sich **Acylphenole** gewinnen lassen [siehe ▸Kap. 3.2.17.1 und **MC-Frage Nr. 822**].

Viele Phenole ergeben mit *Eisen(III)-chlorid* charakteristische Farbreaktionen, die zu ihrem **Nachweis** herangezogen werden. Darüber hinaus lassen sich Phenole auch durch ihre Bromierungsprodukte, ihre Ester und Ether identifizieren (siehe Ehlers, **Analytik I**, ▸Kap. 3.5.3.8).

3.9.5 Darstellung, Eigenschaften und Reaktionen von Chinonen

Die rot, orange bis gelb gefärbten Chinone – Diketo-Derivate des Cyclohexadiens – können auch als Oxidationsprodukte zweiwertiger Phenole angesehen werden. Je nach der Stellung der beiden Carbonylgruppen zueinander unterscheidet man zwischen *ortho-chinoiden* [1,2-] und *para-chinoiden* [1,4-] *Bindungssystemen;* die Existenz eines *meta*-chinoiden Systems ist aufgrund der Bindungsverhältnisse in einem sechsgliedrigen Ringsystem nicht möglich, sodass *Resorcin* bei der Oxidation kein *m*-Benzochinon bildet [vgl. **MC-Fragen Nr. 812, 817**].

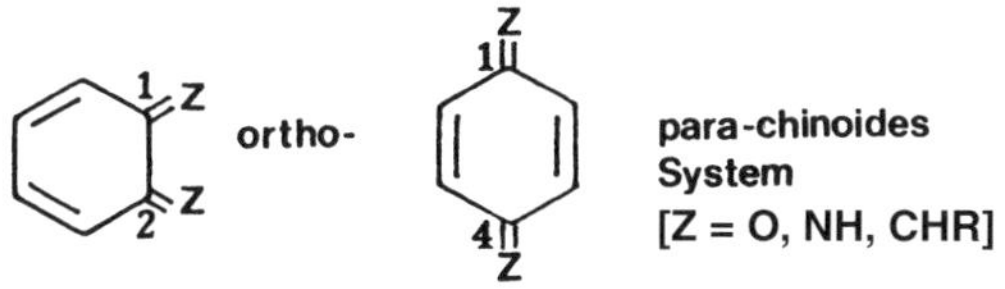

ortho- para-chinoides System
[Z = O, NH, CHR]

In Chinonen kann der doppelt gebundene Sauerstoff auch durch =NH, =NR bzw. $=CH_2$, =CHR, $=CR_2$ ersetzt sein.

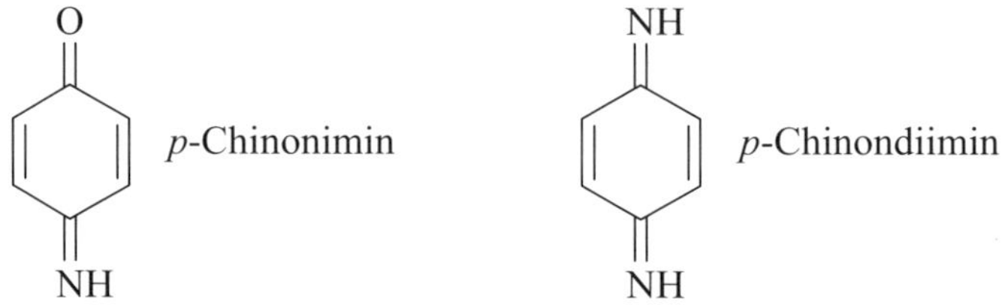

p-Chinonimin

p-Chinondiimin

3.9.5.1 Herstellung von Chinonen

Chinone können dargestellt werden:

(1) durch *Oxidation aromatischer Kohlenwasserstoffe* mit Chromsäure, H_2O_2 oder O_2 in Gegenwart von V_2O_5 (siehe ▸Kap. 3.2.18.2). Die Oxidation ist dann erleichtert, wenn die zur Carbonylgruppe konjugierte Doppelbindung durch Alkyl- oder Arylreste stabilisiert ist.

So lässt sich z. B. **Benzen** nur schwer zu *p*-Benzochinon oxidieren, **Anthracen** und **Phenanthren** sind hingegen leicht zu den entsprechenden chinoiden Strukturen oxidierbar, während **Naphthalen** eine Mittelstellung einnimmt.

(2) durch *Oxidation ortho-* und *para-disubstituierter Aromaten* wie z. B. Dihydroxybenzen-Derivaten, Aminophenolen oder aromatischen Diaminen, wobei zur Darstellung von *para*-Chinonen häufig die Oxidation mit Chromsäure durchgeführt wird. Für die Synthese der deutlich weniger stabilen *ortho*-Chinone hat sich Silberoxid in etherischer Lösung bewährt. [vgl. **MC-Fragen Nr. 267, 268**].

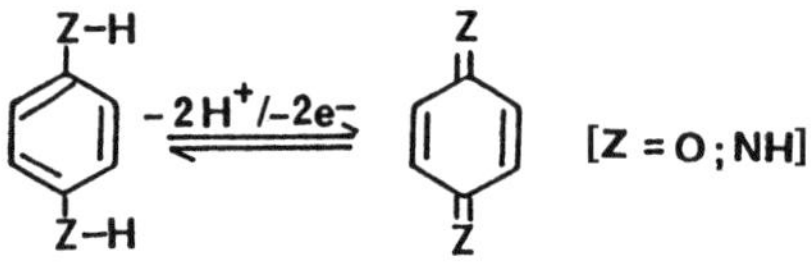

$$-2H^+/-2e^-$$ [Z = O; NH]

Zum Beispiel wird ***p*-Benzochinon** in der Technik durch *Dehydrierung* von **Anilin** mit $K_2Cr_2O_7$ oder MnO_2 in schwefelsaurer Lösung hergestellt. Darüber hinaus ist Kaliumnitrosodisulfonat (*Fremy Salz*) ($K_2[^{\bullet}NO(SO_3)_2]$) ein starkes Oxidationsmittel, das Phenole in Chinone überführen kann.

(3) aus dem durch Hydrolyse von *p*-Nitroso-*N,N*-dimethylanilin leicht zugänglichen **4-Nitrosophenol**, das rasch zum stabileren Chinonmonoxim tautomerisiert. Dessen hydrolytische Spaltung ergibt **1,4-Benzochinon** und Hydroxylamin [vgl. **MC-Fragen Nr. 820, 824**].

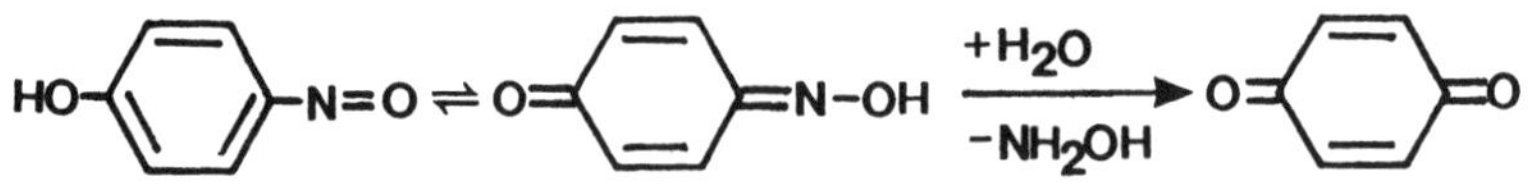

HO–C₆H₄–N=O ⇌ O=C₆H₄=N–OH $\xrightarrow[-NH_2OH]{+H_2O}$ O=C₆H₄=O

(4) 9,10-Anthrachinon ist ein Reaktionsprodukt der technischen H_2O_2-Darstellung (siehe Ehlers, **Chemie I**, ▸Kap. 2.4.2.1).

$$\text{Anthrahydrochinon} + O_2 \rightleftharpoons \text{9,10-Anthrachinon} + H_2O_2$$

Darüber hinaus gewinnt man 9,10-Anthrachinon durch Friedel-Crafts-Acylierung von Benzen. Hierzu kondensiert man *Phthalsäureanhydrid* in Gegenwart von $AlCl_3$ mit *Benzen* zu *o-Benzoylbenzoesäure*, die sich anschließend mit konz. H_2SO_4 unter intramolekularer Wasserabspaltung zum Chinon cyclisieren lässt.

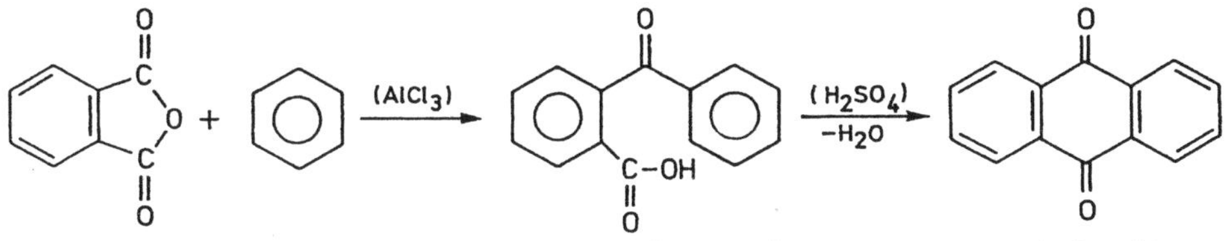

Phthalsäureanhydrid + Benzen —($AlCl_3$)→ *o*-Benzoylbenzoesäure —(H_2SO_4), $-H_2O$→ Anthrachinon

Anthrachinon-Derivate wie das natürlich vorkommende **Alizarin** (1,2-Dihydroxy-anthrachinon) oder das **Chinalizarin** (1,4-Dihydroxy-anthrachinon) spielen als Farbstoffe eine wichtige Rolle [vgl. **MC-Fragen Nr. 1344, 1683**].

3.9.5.2 Reaktionen der Chinone

Redoxgleichgewichte: Die *reversible Oxidation* von **Hydrochinon** zu ***p*-Benzochinon** verläuft in zwei Ein-Elektronen-Schritten [vgl. **MC-Fragen Nr. 812, 815, 816, 825, 828, 1713**].

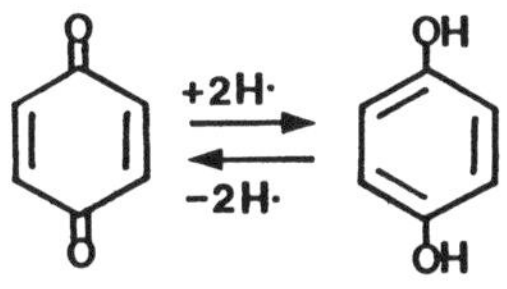

p-Benzochinon $\underset{-2H\cdot}{\overset{+2H\cdot}{\rightleftharpoons}}$ Hydrochinon

Als Zwischenprodukt entsteht das in Wasser schwer lösliche, grüne **Chinhydron** mit einem Schmp. von 171 °C. Das gleiche Addukt wird erhalten, wenn man äquimolare Lösungen von *p*-Benzochinon und Hydrochinon zusammengießt. Die Struktur des Chinhydrons ist in ○Abb. 3.82 dargestellt.

Man führt die Bildung und die Farbe dieses Adduktes auf eine Wechselwirkung zweier π-Elektronensysteme zurück, von denen aufgrund mesomerer und induktiver Effekte das eine einen π -Elektronenmangel, das andere einen π -Elektronenüberschuss aufweist [*Elektronen-donator-Akzeptor-Komplexe, charge transfer-Komplexe*]. Zusätzlich wird der *Ladungsübertragungskomplex* durch Wasserstoffbrücken stabilisiert [vgl. **MC-Fragen Nr. 806, 815, 825, 828, 1713**].

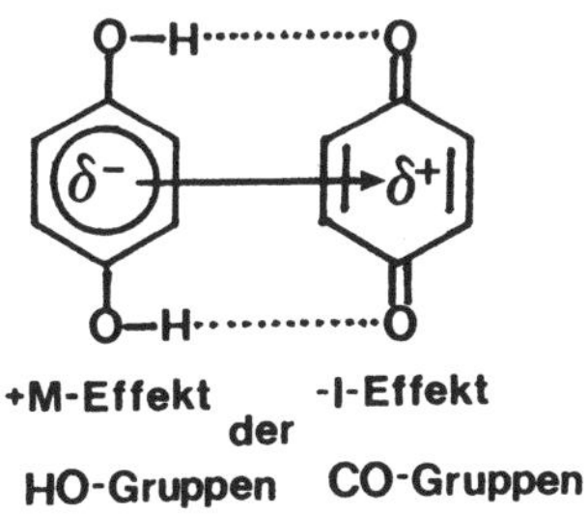

+M-Effekt der HO-Gruppen; -I-Effekt der CO-Gruppen

○ Abb. 82 Struktur des Chinhydrons

Auch andere Aromaten wie **1,3,5-Trinitrobenzen** oder **2,4,6-Trinitrophenol** (*Pikrinsäure*) können aufgrund des –I/–M-Effektes der Nitrogruppen als π -Elektronenakzeptoren in charge-transfer-Komplexen fungieren.

Im *alkalischen Milieu* sind Chinhydrone unbeständig und zerfallen in mesomeriestabilisierte, radikalische *Semichinon-Anionen.* Semichinone entstehen auch bei der *Reduktion von Chinonen* in alkalischer Lösung. Das Chinon ist dabei umso leichter reduzierbar, je positiver sein Redoxpotential ist [vgl. **MC-Fragen Nr. 815, 823**].

+2 HO⁻ / −2 H₂O → 2 [...]

Das *Redoxpotential* eines Chinons ist *pH-abhängig* und wird durch elektronenliefernde Gruppen [-NH_2, -NR_2, -OH, -OR, -CH_3] verringert, während elektronenanziehende Gruppen [-NO_2, -SO_3Na, -CN, -Hal] es erhöhen. Darüber hinaus nehmen die Redoxpotentiale mit zunehmender *Anellierung* in der Reihe Benzochinon – Naphthochinon – Anthrachinon ab, d. h., die chinoide Struktur wird zunehmend stabiler. Daher ist z. B. ***p*-Durochinon** (2,3,5,6-Tetramethyl-1,4-benzochinon) aufgrund der elektronenliefernden Methylgruppen ein schwächeres und **Chloranil** (2,3,5,6-Tetrachlor-*p*-benzochinon) durch den Elektronensog der Chlor-Substituenten ein stärkeres Oxidationsmittel als das unsubstituierte 1,4-Benzochinon. ▫Tab. 3.46 gibt Auskunft über die Normalpotentiale einiger Chinon-Derivate [vgl. **MC-Frage Nr. 825**].

Additionsreaktionen: Chinone sind α,β-ungesättigte Carbonylverbindungen und zeigen die typischen Reaktionen solcher Strukturen. So reagieren Verbindungen mit beweglichem Wasserstoff [HCl, Anilin, Methanol] mit Chinonen im Sinne einer *Michael-Addition* zu einem 1,4-Addukt, das sich spontan in ein aromatisches System umlagert. Dieses lässt sich erneut zu einem Benzochinon oxidieren. Addition und nachfolgende Oxidation können mehrmals hintereinander durchgeführt werden, sodass schließlich tetrasubstituierte Chinone als Reaktionsprodukte entstehen [vgl. **MC-Fragen Nr. 825, 826, 868, 1713**].

▫ Tab. 3.46 Normalpotentiale einiger Chinone in alkoholischer Lösung bei 25°C (in Volt)

Chinon	E°	Chinon	E°
o-Benzochinon	+0,792	2-Methyl-1,4-naphthochinon	+0,408
p-Benzochinon	+0,711	2-Hydroxy-1,4-naphthochinon	+0,356
1,4-Naphthochinon	+0,493	2-Methoxy-1,4-naphthochinon	+0,353
9,10-Anthrachinon	+0,155	2-Brom-*p*-benzochinon	+0,720

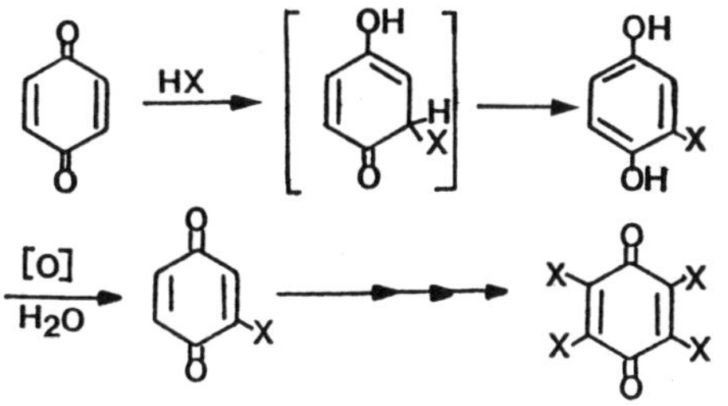

Bei der Reaktion von 1,4-Benzochinon mit elementarem Brom erfolgt hingegen eine normale, stufenweise Addition an die C=C-Doppelbindung [vgl. **MC-Fragen Nr. 825, 827**].

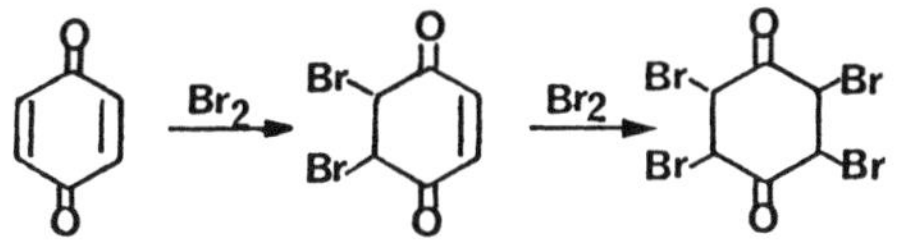

Darüber hinaus sei an den Einsatz von Benzochinonen als Dienophil in *Diels-Alder-Reaktionen* erinnert (siehe ▸Kap. 3.2.14.5). Über die Anlagerung von *Grignard-Reagenzien* an Chinone zu *Chinolen* informierte ▸Kap. 3.8.3.1 [vgl. **MC-Fragen Nr. 826, 827, 1713**].

3.9.6 Darstellung, Eigenschaften und Reaktionen von Ethern und Oxiranen

3.9.6.1 Herstellung von Ethern

Zur Darstellung von Ethern dienen – ausgehend von *Alkoholen* und *Alkenen* – folgende präparative Methoden:

(1) *Ethersynthese nach Williamson* durch Umsetzung von *Alkalialkoholaten* bzw. *Phenolaten* als Nucleophile mit *Halogenalkanen* (besonders Bromiden und Iodiden), *Dialkylsulfaten* oder *Toluensulfonaten* (Tosylaten). Die Reaktion verläuft nach einem **S_N2-Mechanismus**. Je nach Wahl der Reaktanden können *symmetrische* oder *unsymmetrische (gemischte) Ether* synthetisiert werden [vgl. **MC-Fragen Nr. 659, 778, 784, 829, 830**].

$$R\text{-}O^-Na^+ \quad + \quad R'\text{-}X \longrightarrow \quad R\text{-}O\text{-}R' \quad + \quad NaX$$

Die eingesetzten Alkanolate können sich von primären, sekundären oder tertiären Alkoholen ableiten. Das Alkylhalogenid *muss* aber primär und ohne β-Verzweigung sein. Andernfalls tritt *Eliminierung* zu einem Alken ein, wie der Versuch der Darstellung von **Isopropylmethylether** aus unterschiedlichen Edukten belegt [vgl. **MC-Frage Nr. 830**].

Organische Chemie

$$(CH_3)_2CH{-}I + CH_3O^-Na^+ \longrightarrow CH_3CH{=}CH_2 + CH_3OH + NaI$$

Propen

$$(CH_3)_2CH{-}O{-}CH_3 \xleftarrow{-\,NaI} CH_3{-}I + (CH_3)_2CH{-}O^-Na^+$$

Isopropylmethylether

Diarylether sind aufgrund der mangelnden Reaktivität von Halogenarenen auf diese Weise *nicht* darstellbar, es sei denn, das Halogenatom ist durch *o*/*p*-ständige Nitrogruppen aktiviert [vgl. **MC-Frage Nr. 829**].
Bei der Synthese von *Dialkylethern* müssen *wasserfreie* Lösungsmittel (DMF, DMSO, Aceton) verwendet werden, weil das Gleichgewicht der Alkoholat-Bildung infolge der hohen Basizität des Alkanolat-Ions (RO^-) in Wasser weitgehend auf der Seite des Alkohols liegt [vgl. **MC-Frage Nr. 830**].

$$RO^- + H_2O \rightleftharpoons ROH + HO^-$$

Hingegen lassen sich *Phenolate* in wässrig-alkoholischer Lösung zu *Alkylphenylethern* alkylieren, da das Phenolat-Ion (ArO^-) im Vergleich zum HO^--Ion schwächer basisch ist [vgl. **MC-Frage Nr. 830**].

$$ArO^- + H_2O \rightleftharpoons Ar{-}OH + HO^-$$

Zur Darstellung von *Phenolethern* verwendet man vor allem Dialkylsulfate oder Tosylate. Für die *Methylierung von Phenolen* eignen sich in alkalischer Lösung vor allem *Dimethylsulfat* [CH_3O-SO_2-**OCH_3**], *p-Toluensulfonsäuremethylester* [CH_3-C_6H_4-SO_2-**OCH_3**] und *Methyliodid* [**CH_3**-I] [vgl. **MC-Fragen Nr. 810, 832**].

$$Ar{-}O^- + CH_3O{-}SO_2{-}OCH_3 \longrightarrow Ar{-}OCH_3 + CH_3O{-}SO_3^-$$

$$Ar{-}O^- + CH_3O{-}SO_2{-}C_6H_4{-}CH_3 \longrightarrow Ar{-}OCH_3 + CH_3{-}C_6H_4{-}SO_3^-$$

Für die Herstellung von *Ethylethern* [R-O-CH_2CH_3, Ar-O-CH_2CH_3] wird *Diethylsulfat* [CH_3CH_2O-SO_2-OCH_2CH_3] eingesetzt. Alkylbromide und -iodide bilden die bevorzugten Reagenzien zur Synthese *höherer Ether*.
In Einzelfällen können *Aralkylether* auch durch eine **S_NAr-Reaktion** erhalten werden. Aus Phenyldiazoniumchlorid gewinnt man **Anisol** durch „Verkochen" in einer Methanolat-Lösung und *2,4-Dinitrochlorbenzen* lässt sich auf diese Weise glatt in **2,4-Dinitroanisol** umwandeln [siehe auch ▸Kap. 3.6.4.3 und ▸Kap. 3.10.6.3 sowie **MC-Frage Nr. 921**].
(2) *Alkylierung mit Diazoalkanen:* Aliphatische Diazoverbindungen besitzen nucleophile Eigenschaften. Nach der Addition eines Protons spaltet sich aus dem gebildeten Diazoniumion elementarer Stickstoff ab und die entstehenden Carbeniumionen stabilisieren sich durch Anlagerung eines nucleophilen Partners (Phenolat, Carboxylat) [vgl. **MC-Frage Nr. 912**].

$$\text{R-COOH} \rightleftharpoons \text{R-COO}^- + \text{H}^+$$
$$\text{Ar-OH} \rightleftharpoons \text{Ar-O}^- + \text{H}^+$$

$$\underset{\text{Diazoalkan}}{\text{R-}\overset{\ominus}{\text{C}}\text{H-}\overset{+}{\text{N}}{\equiv}\text{N}} + \text{H}^+ \longrightarrow \underset{\text{Alkyldiazoniumion}}{\text{R-CH}_2\text{-}\overset{+}{\text{N}}{\equiv}\text{N}} \xrightarrow{-\text{N}_2} \underset{\text{Carbeniumion}}{\text{R-CH}_2^{\ +}}$$

$$\underset{\text{Alkylphenylether}}{\text{Ar-O-CH}_2\text{-R}} \xleftarrow{+\text{Ar-O}^-} \text{R-CH}_2^{\ +} \xrightarrow{+\text{R-COO}^-} \underset{\text{Carbonsäureester}}{\text{R-COO-CH}_2\text{-R}}$$

Die Darstellung von *Carbonsäuremethylestern* oder *Methylphenylethern* mit *Diazomethan* [CH_2N_2] hat präparative und analytische Bedeutung. Da das Methyl-Kation keine großen sterischen Anforderungen stellt, lassen sich auch sterisch gehinderte Carbonsäuren mit Diazomethan verestern [vgl. **MC-Fragen Nr. 832, 911, 1183**].
Die Acidität von *Alkoholen* reicht *nicht* aus, um mit Diazomethan zu Methylethern zu reagieren. Der Zusatz katalytischer Mengen an $\mathbf{BF_3}$ ermöglicht jedoch auch ihre Veretherung.

$$\text{ROH} + \text{BF}_3 \longrightarrow [\text{R-O-BF}_3]^-\text{H}^+ \xrightarrow[-\text{N}_2/-\text{BF}_3]{+\text{CH}_2\text{N}_2} \text{R-O-CH}_3$$

(3) *Dehydratisierung von Alkoholen:* Dieses Verfahren kann praktisch nur zur Gewinnung *symmetrischer Dialkylether* herangezogen werden. Bei der protonenkatalysierten Veretherung bildet sich primär ein *Oxoniumion,* das von einem weiteren Alkoholmolekül S_N2-artig angegriffen wird. Daneben ist ein S_N1-Mechanismus über ein Carbeniumion zu diskutieren. Bei Verwendung von H_2SO_4 als Katalysator kann die Reaktion auch über ein Alkylhydrogensulfat als Zwischenprodukt ablaufen [vgl. **MC-Frage Nr. 831**].

$$\text{R-O-H} + \text{H}^+ \rightleftharpoons \left[\text{R-}\overset{+}{\underset{\text{H}}{\text{O}}}\text{-H}\right] \underset{-\text{H}_2\text{O}}{\overset{+\text{ROH}}{\rightleftharpoons}} \left[\text{R-}\overset{+}{\underset{\text{H}}{\text{O}}}\text{-R}\right] \overset{-\text{H}^+}{\rightleftharpoons} \text{R-O-R}$$

$$\left[\text{R-}\overset{+}{\underset{\text{H}}{\text{O}}}\text{-H}\right] \xrightarrow{-\text{H}_2\text{O}} \text{R}^+ \xrightarrow[-\text{H}^+]{+\text{ROH}} \text{R-O-R}$$

Primäre Alkohole reagieren mit guten Ausbeuten, während sekundäre und tertiäre Alkohole vorzugsweise zu Alkenen dehydratisieren. In der Technik dehydratisiert man Alkohole meistens an Al_2O_3-Kontakten.

(4) *Addition von Alkoholen an Alkene:* Sie ist in Gegenwart eines sauren Katalysators vor allem für die Darstellung von *Dialkylethern* geeignet.

$$\text{-CH=}\overset{|}{\text{C}}\text{-} + \text{ROH} \xrightarrow{(\text{H}^+)} \text{-CH}_2\text{-}\overset{|}{\underset{|}{\text{C}}}\text{-OR}$$

Organische Chemie

(5) *Alkoxymercurierung von Alkenen:* Hierzu wird ein Alken zu einem Gemisch des Alkohols mit der stöchiometrischen Menge an Hg(II)-acetat hinzugefügt. Die intermediär gebildeten Alkoxyquecksilber-Verbindungen werden nicht isoliert, sondern direkt mit $NaBH_4$ zu Ethern reduziert.

$$\mathrm{-\overset{|}{C}=\overset{|}{C}-} + \mathrm{ROH} + \mathrm{Hg(OAc)_2} \xrightarrow{-\ \mathrm{HOAc}} \mathrm{RO-\underset{|}{\overset{|}{C}}-\underset{|}{\overset{|}{C}}-Hg-OAc} \xrightarrow[-\ \mathrm{Hg^o},\ -\ \mathrm{HOAc}]{\mathrm{NaBH_4}} \mathrm{RO-\underset{|}{\overset{|}{C}}-\underset{|}{\overset{|}{C}}-H}$$

Die Reaktionsfolge entspricht der Markownikow-Addition eines Alkohols an ein Alken. Vorteil der Reaktion ist das Fehlen von konkurrierenden Eliminierungen.

3.9.6.2 Herstellung von Epoxiden (Oxiranen)

Die etherähnlichen *Epoxide (Oxirane)* enthalten einen reaktionsfähigen, leicht zu öffnenden Dreiring und können wie folgt hergestellt werden [vgl. **MC-Frage Nr. 843**]:
(1) *Oxidation von Alkenen* mit Peroxysäuren oder mit Sauerstoff in Gegenwart von Silber (siehe ▸Kap. 3.2.18.3 „*Prileschajew-Reaktion*").

$$\mathrm{-\overset{|}{C}=\overset{|}{C}-} + \mathrm{RCO_3H} \xrightarrow{(\mathrm{CHCl_3})} \mathrm{-\overset{|}{C}\overset{O}{\frown}\overset{|}{C}-} + \mathrm{RCO_2H}$$

(2) *Dehydrohalogenierung von Halogenhydrinen* in Anwesenheit von tertiären Aminen. Diese **„innere S_N2-Reaktion"** erfordert die *anti*-Beziehung der beiden miteinander reagierenden Gruppen.

$$\mathrm{H-O-\underset{|}{\overset{|}{C}}-\underset{|}{\overset{|}{C}}-X} + \mathrm{R_3N} \longrightarrow \mathrm{-\overset{|}{C}\overset{O}{\frown}\overset{|}{C}-} + \mathrm{R_3NH^+X^-}$$

(3) Bei der Umsetzung von *Chloressigsäureestern mit Carbonylverbindungen* (Aldehyde, Ketone) entstehen isolierbare Glycidester, die ein Oxiran-Ringsystem enthalten (siehe ▸Kap. 3.12.2.1 „*Darzens-Reaktion*").

3.9.6.3 Physikalisch-chemische Eigenschaften von Ethern

Dialkylether haben, wie ◘Tab. 3.47 ausweist, niedrigere Siedepunkte als die entsprechenden Alkohole gleicher Molmasse. Sie besitzen zwar ein Dipolmoment [Diethylether: 1,8 D], ihre Moleküle können jedoch untereinander *keine Wasserstoffbrücken* bilden, sodass Molekülassoziationen ausbleiben. **Dimethylether** und **Ethylmethylether** sind bei Raumtemperatur gasförmig [vgl. **MC-Fragen Nr. 788, 833**].

Die Wasserlöslichkeit von Ethern ist geringer als die der Alkohole, aus denen sie gebildet wurden. Jedoch ist die Mischbarkeit der Ether mit Wasser durchaus mit der

◘ **Tab. 3.47 Siedepunkte einiger Alkohole und Ether (in °C)**

Ethanol	+ 78,3	Dimethylether	– 24,8
Propan-1-ol	+ 97,0	Ethylmethylether	+ 7,4
Butan-1-ol	+ 117,7	Diethylether	+ 34,6

Wasserlöslichkeit von Alkanolen *gleicher C-Zahl* vergleichbar. So sind zum Beispiel 6,8 g Butan-1-ol und 9,2 g Diethylether in 100 g Wasser löslich. Die allgemeine Regel, dass Substanzen mit weniger als 4 C-Atomen pro O-Atom in Wasser löslich sind, gilt auch für Ether. Die partielle Mischbarkeit der Ether mit Wasser beruht auf der Ausbildung *intermolekularer H-Brücken* zwischen Ether- und Wassermolekülen [vgl. **MC-Fragen Nr. 833, 1372**].

```
R-O ... H-O
  |       |
  R       H
```

Tetrahydrofuran [Sdp. 65,8 °C] ist mit Wasser in jedem Verhältnis mischbar, weil infolge seiner kompakteren cyclischen Struktur das freie Elektronenpaar im THF viel leichter für H-Brücken zur Verfügung steht als das des Diethylethers. Auch **1,4-Dioxan** (Sdp. 101 °C) besitzt eine hohe Löslichkeit in Wasser [vgl. **MC-Fragen Nr. 834, 835**].

Niedere Ether haben eine große Bedeutung als inerte Lösungsmittel, besonders zur extraktiven Isolierung organischer Substanzen *(„Ausäthern")*. Sie sind unempfindlich gegenüber Alkali, Alkalimetallen, Oxidations- und Reduktionsmitteln. Beim Stehenlassen an der Luft erfolgt hingegen *Autoxidation* unter Bildung explosiver *Etherperoxide* (siehe ▸Kap. 3.2.4.3). **Diethylether** besitzt narkotische Eigenschaften; seine Dämpfe sind schwerer als Luft.

3.9.6.4 Makrocyclische Polyether (Kronenether)

Im Prinzip handelt es sich um Oligomere des **Ethylenglycols** [$(-OCH_2CH_2-)_n$].

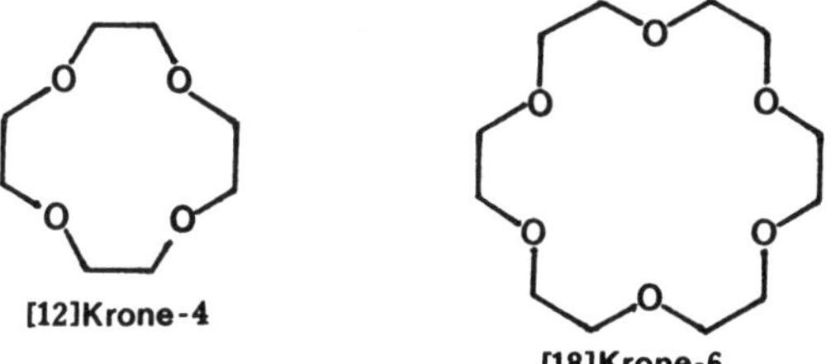

Die Kurzbezeichnung „[a]Krone-b" bedeutet, dass ein a-gliedriges Ringsystem vorliegt, das b-Sauerstoffatome enthält.

Kronenether bilden als Liganden *(Kryptanden)* aufgrund von Ion-Dipol-Wechselwirkungen mit vielen Metallionen einschließlich der Alkali- und Erdalkali-Elemente stabile Komplexe *(Kryptate)*; vor allem dann, wenn diese Zentralionen genau in den „inneren Hohlraum" des Ringes passen. Die negativ polarisierten Sauerstoffatome koordinieren mit dem Metallion, während das äußere C-Gerüst den Komplexen einen lipophilen Charakter verleiht. Daher sind viele Kryptate in organischen Lösungsmitteln löslich [vgl. **MC-Frage Nr. 655**].

Kronenether beschleunigen in homogener Phase **S_N2-Reaktionen**, wenn das verwendete Lösungsmittel Anionen nicht gut solvatisiert. Nach Bindung des Kations als Kryptat steigt die Reaktivität des „nackten", wenig solvatisierten Anions stark an (siehe ▸Kap. 3.2.5.5 *„Anionaktivierung"*).

3.9.6.5 Reaktionen von Ethern

- **Oxidation**: Ether sind weitgehend oxidationsresistent. Enthalten diese Ether jedoch in Nachbarstellung zum Sauerstoff eine Methylengruppe [R-O-$\mathbf{CH_2}$-R′], wie z. B. Diethylether oder 1,4-Dioxan, so reagieren sie unter Lichteinfluss bereitwillig mit Luftsauerstoff zu hochexplosiven Peroxiden. Die Peroxid-Bildung verläuft nach einem Radikalmechanismus [siehe ▸Kap. 3.2.4.3 und **MC-Fragen Nr. 273, 274**].
  Zum *Nachweis von Peroxiden* schüttelt man den Ether mit einer wässrigen KI-Lösung oder mit Eisenammoniumsulfat und KSCN. Die Bildung von Iod bzw. des roten Fe(III)-rhodanids zeigt das Verhandensein von Peroxiden an.

$$2\ I^- \xrightarrow{\text{(Peroxid)}} I_2$$

$$Fe^{2+} \xrightarrow{\text{(Peroxid)}} Fe^{3+} \xrightarrow{+\ n\ SCN^-} [Fe(SCN)_n]^{+3-n} \quad (n = 1\text{-}6)$$

  Peroxid-haltige Ether werden durch Schütteln mit einer $FeSO_4$-Lösung bzw. durch Säulenchromatographie an Al_2O_3 gereinigt.

- **Basizität**: Während Ether gegenüber den meisten Basen unempfindlich sind, verhalten sie sich gegenüber starken Proton- [$HClO_4$] oder Lewis-Säuren [BF_3] als *Basen* und bilden *Oxoniumsalze* [vgl. **MC-Frage Nr. 836**].

$$R_2O \ + \ HX \longrightarrow R_2\overset{+}{O}H \cdot X^-$$

  Aus Alkylfluoriden und Bortrifluorid-Etheraten erhält man tertiäre Oxoniumsalze [vgl. **MC-Fragen Nr. 836, 962**].

$$R_2O \cdot BF_3 \ + \ R'F \rightarrow R\text{-}\overset{+}{\underset{R'}{\underset{|}{O}}}\text{-}R \ + \ BF_4^-$$

  Diese eignen sich als *Alkylierungsmittel,* d. h. sie spalten leicht Alkyl-Kationen ab, die mit Nucleophilen reagieren können. Ein Beispiel hierfür ist die Bildung von *Sulfoniumsalzen* aus Sulfiden [siehe auch ▸Kap. 3.11.3.2 und **MC-Frage Nr. 836**].

$$R_2\overset{+}{O}\text{-}R' \cdot BF_4^- \ + \ R_2S \longrightarrow R_2O \ + \ R_2\overset{+}{S}\text{-}R' \cdot BF_4^-$$

- **Etherspaltung**: Sie gelingt bei höheren Temperaturen vor allem mit 48%iger HBr in Eisessig oder mit *Iodwasserstoffsäure.* Aus *Dialkylethern* entsteht zunächst ein Alkylhalogenid und ein Alkohol. Letzterer kann jedoch mit der überschüssigen Säure zum *Halogenalkan* weiterreagieren.

$$R\text{-}O\text{-}R \ + \ HX \longrightarrow R\text{-}X + [ROH] \xrightarrow[-\ H_2O]{(HX)} 2\ R\text{-}X$$

  Alkylarylether werden von Säuren in analoger Weise gespalten. Da die Phenylgruppe jedoch gegenüber Nucleophilen inert ist, wird stets die Alkyl-Sauerstoff-

Bindung unter Bildung von Phenolen und Alkylhalogeniden gelöst [vgl. **MC-Frage Nr. 837**].

$$C_6H_5\text{-}O\text{-}CH_3 + HI \rightarrow C_6H_5\text{-}OH + CH_3\text{-}I$$

Anisol **Phenol** **Methyliodid**

$$C_6H_5\text{-}CH_2\text{-}O\text{-}C_6H_5 + HBr \rightarrow C_6H_5\text{-}OH + C_6H_5\text{-}CH_2\text{-}Br$$

Benzylphenylether **Phenol** **Benzylbromid**

In diesen Reaktionen wird der protonierte Ether vom Halogenid-Ion nach einem S_N1- oder S_N2-Mechanismus angegriffen und dabei der schwach basische Alkohol aus dem Molekül verdrängt. Der mechanistische Ablauf der Etherspaltung hängt von den gewählten Reaktionsbedingungen und der Struktur des Ethers ab. Erwartungsgemäß neigt eine primäre Alkylgruppe zur S_N2-Reaktion, eine tertiäre zum S_N1-Prozess.

$$R\text{-}O\text{-}R + H^+ \longrightarrow R\text{-}\overset{+}{O}(H)\text{-}R \begin{cases} \xrightarrow{+X^-} R\text{-}X + H\text{-}O\text{-}R & [S_N2] \\ \xrightarrow{-ROH} R^+ \xrightarrow{+X^-} R\text{-}X & [S_N1] \end{cases}$$

Iodwasserstoff als Reagenz der Wahl spaltet sowohl Dialkylether als auch Arylalkylether, während *Diarylether* gegenüber HI weitgehend stabil sind.
Auf dem Prinzip der Etherspaltung mit HI beruht die quantitative Methode zur *Methoxylgruppen-Bestimmung nach Zeisel.* Während aliphatische Ether gegenüber Alkali stabil sind, können *Alkylarylether* durch stark basische Reagenzien gespalten werden, weil das Phenoxid-Ion bei S_N2-Reaktionen eine viel bessere Abgangsgruppe darstellt als das Alkoxid-Ion.

- **Claisen-Umlagerung**: Zur intramolekularen Umlagerung von *Allylarylethern* siehe ▸Kap. 3.2.14.3.

3.9.6.6 Reaktionen von Epoxiden (Oxiranen)

Oxirane sind infolge ihrer hohen Ringspannung sehr reaktive Substanzen, die unter dem katalytischen Einfluss von Säuren mit Nucleophilen leicht unter *Ringöffnung* reagieren [vgl. **MC-Fragen Nr. 839–842, 1154**].

$$\text{-C}\overset{O}{\frown}\text{C-} \xrightarrow{+H^+} \text{-C}\overset{\overset{+}{O}\text{-H}}{\frown}\text{C-} \begin{cases} \xrightarrow{+H_2O} HO\text{-}C\text{-}C\text{-}OH & \text{1,2-Diol (Glycol)} \\ \xrightarrow{+ROH} RO\text{-}C\text{-}C\text{-}OH & \text{Monoglycolether} \\ \xrightarrow{+HX} HO\text{-}C\text{-}C\text{-}X & \text{Halogenhydrin} \end{cases}$$

Die gleichen Reaktionen sind auch mit *Basen* möglich. Dies steht im Gegensatz zum Verhalten von Dialkylethern, die gegenüber Basen inert sind.

Organische Chemie

$$\text{Epoxid} \begin{cases} + NH_3 \longrightarrow H_2N\text{-}C\text{-}C\text{-}OH & \text{Aminoalkohol} \\ + RNH_2 \longrightarrow RHN\text{-}C\text{-}C\text{-}OH \\ + RO^- \longrightarrow RO\text{-}C\text{-}C\text{-}O^- \xrightarrow{+H^+} RO\text{-}C\text{-}C\text{-}OH \\ + HO^- \longrightarrow HO\text{-}C\text{-}C\text{-}O^- \xrightarrow{+H^+} HO\text{-}C\text{-}C\text{-}OH \end{cases}$$

Wie die Reaktionen an unsymmetrischen Epoxiden zeigen, führen jedoch die Säure- und Basen-katalysierte Ringöffnung zu unterschiedlichen Produkten. Bei der Säurekatalyse tritt ein Nucleophil an das C-Atom des Oxiran-Ringes, welches das stabilere Carbeniumion bildet. Die Basen-katalysierte Ringöffnung erfolgt an dem Kohlenstoff, der sterisch am wenigsten gehindert ist.

$$(CH_3)_2C\overset{O}{—}CH_2 + CH_3OH \begin{cases} \xrightarrow{\text{(Säure)}} (CH_3)_2C(OCH_3)\text{-}CH_2\text{-}OH \\ \xrightarrow{\text{(Base)}} (CH_3)_2C(OH)\text{-}CH_2\text{-}OCH_3 \end{cases}$$

In Abwesenheit eines reaktiven Nucleophils lagern sich Oxirane unter dem Einfluss von Lewis-Säuren in *Carbonylverbindungen* um.

$$(CH_3)_2C\overset{O}{—}CH_2 \xrightarrow{(BF_3\cdot Et_2O)} (CH_3)_2CH\text{-}CH{=}O$$

Komplexe Hydride reagieren mit Epoxiden unter Bildung von *Alkoholen.* Das Hydridion tritt in der Regel an das am wenigsten substituierte C-Atom.

$$R\text{-}CH\overset{O}{—}CH_2 \xrightarrow{(LiAlH_4)} R\text{-}CH(OH)\text{-}CH_3$$

Der Oxiran-Ring kann auch mit Organolithium-Verbindungen oder *Grignard-Reagenzien* geöffnet werden. Es entstehen *primäre Alkohole* mit einem um zwei Atome verlängerten Kohlenstoffgerüst. Auch eine Ringöffnung mit Cyanwasserstoff oder Mercaptanen ist möglich [siehe ▸Kap. 3.8.3.1 und **MC-Frage Nr. 842**].

$$R\text{-}CH\overset{O}{—}CH_2 + R'MgX \longrightarrow \longrightarrow RR'CH\text{-}CH_2OH$$

3.10 Stickstoffverbindungen

3.10.1 Struktur und Nomenklatur von Aminen

3.10.1.1 Struktur von Aminen

Amine sind *Substitutionsprodukte des Ammoniaks* [NH_3]. Je nach der Anzahl der Alkyl- oder Arylreste, die direkt mit dem N-Atom verknüpft sind, unterscheidet man:

- **primäre Amine [RNH_2]**,
- **sekundäre Amine [R_2NH]**,
- **tertiäre Amine [R_3N]** und
- **quartäre Ammoniumsalze [$R_4N^+X^-$]**.

Im Gegensatz zur bisherigen Klassifizierung von Substanzen bezieht man bei Aminen die Bezeichnungen *„primär“*, *„sekundär“* und *„tertiär“ nicht* auf das C-Atom, das die funktionelle Gruppe trägt, sondern auf die Anzahl der organischen Reste, die direkt mit dem N-Atom verbunden sind. Zum Beispiel ist ***tert*-Butylamin** [$(CH_3)_3C\text{-}NH_2$] ein primäres Amin [vgl. **MC-Fragen Nr. 844, 847, 1326, 1330**].

In sekundären und tertiären Aminen sowie in quartären Ammoniumsalzen können die mit dem Stickstoff verknüpften Reste gleich oder verschieden sein.

Der Aminstickstoff ist *sp^3-hybridisiert.* Vom N-Atom gehen drei σ-Bindungen aus, das vierte sp^3-Hybridorbital wird vom *nichtbindenden Elektronenpaar* besetzt. Das freie Elektronenpaar ist verantwortlich für die *Basizität* und *Nucleophilie* der Amine. Aufgrund der *pyramidalen Geometrie* sind Amine mit drei unterschiedlichen Resten *chiral* [siehe ▸Kap. 3.3.9 und **MC-Frage Nr. 479**].

3.10.1.2 Nomenklatur von Aminen

Primäre aliphatische Amine können als Derivate des betreffenden Kohlenwasserstoffs unter Voranstellen des Präfix *„Amino“* benannt werden, z. B. Aminomethan [CH_3NH_2]. Bei *sekundären* und *tertiären Aminen* bildet man ein Präfix, das alle Substituentennamen enthält, ausgenommen den der größten Alkylgruppe, der die Grundstruktur bestimmt, z. B. *N*-Methylethylamin [$CH_3NHCH_2CH_3$].

Nach den IUPAC-Regeln benutzte man dagegen früher das Suffix *„amin“*, das man an den Namen der Alkylgruppe anhängte, z. B. Methylamin. Neuerdings wird die Aminogruppe an das Ende des Namens des zugrundeliegenden Alkans gestellt, z. B.

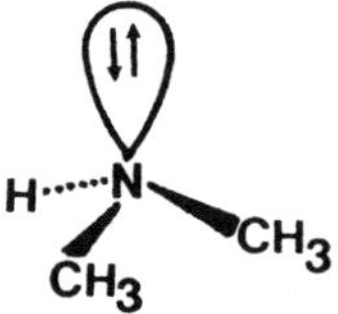

o Abb. 3.83 Raumstruktur von Dimethylamin

Methanamin. Unsymmetrisch *substituierte Amine* werden als N-substituierte Derivate eines primären Amins aufgefasst. Als Grundstruktur wählt man dabei das primäre Amin mit dem komplizierteren Alkylrest. Sind mehrere Reste gleich, so wird das Zahlwort **Di-** oder **Tri-** vorangestellt. In analoger Weise erfolgt die Benennung von *Diaminen, Polyaminen* usw.

Die folgenden Beispiele sollen die genannten Nomenklatursysteme nochmals verdeutlichen.

CH_3NH_2	$(CH_3)_2NH$	$(CH_3)_3N$	$CH_3CH_2CH_2NH_2$
Methylamin	**Dimethylamin**	**Trimethylamin**	***n*-Propylamin**
Aminomethan	***N*-Methyl-**	***N,N*-Dimethyl-**	**1-Aminopropan**
Methanamin	**methanamin**	**methanamin**	**Propan-1-amin**

$CH_3NHCH_2CH_3$	$CH_3N(C_2H_5)_2$	$(CH_3)_2CHCH_2CH_2N(C_2H_5)_2$
***N*-Methylethylamin**	***N*-Methyldiethylamin**	**1-(Diethylamino)-3-methylbutan**

$C_6H_5CH_2NH_2$	$H_2NCH_2CH_2NH_2$	$H_2NCH_2CH_2CH_2CH_2NH_2$
Benzylamin	**1,2-Diaminoethan**	**1,4-Diaminobutan**
Phenyl-	**Ethan-1,2-diamin**	**Butan-1,4-diamin**
methanamin	**(Ethylendiamin)**	

Die Bezeichnung von Aminen als Derivate des Stammhydridnamens **Azan** [NH_3] wird noch nicht durchgängig praktiziert. Danach kann **Methylamin** [CH_3NH_2] auch als *Methylazan* benannt werden. Alternative Bezeichnungen für **Triphenylamin** [$(C_6H_5)_3N$] wären dann *Triphenylazan* bzw. *N,N-Diphenylbenzenamin.*

Viele *aromatische Amine* können als Substitutionsprodukte des **Anilins** (*Benzenamin*) [$C_6H_5NH_2$] aufgefasst und entsprechend gekennzeichnet werden, z.B. *N,N-Dimethylanilin, p-Nitroanilin, m-Bromanilin*. Andere Verbindungen werden dagegen durch die Vorsilbe „*Amino*" charakterisiert, z. B. *p-Aminobenzoesäure, p-Dimethylaminobenzaldehyd*. Natürlich existieren für aromatische Amine auch die oben angeführten Alternativen zu ihrer Benennung. So kann **2-Naphthylamin** (β-Naphthylamin) auch als *Naphthalin-2-amin* bzw. als *Naphthalin-2-ylazan* bezeichnet werden.

Für eine Reihe aromatischer Amine existieren wiederum Trivialnamen: ***p*-Toluidin** (4-Aminotoluen), ***m*-Anisidin** (3-Methoxyanilin), ***p*-Phenetidin** (4-Ethoxyanilin), **Sulfanilsäure** (4-Aminobenzensulfonsäure), **Anthranilsäure** (2-Aminobenzoesäure) oder **Benzidin** (4,4´-Diaminobiphenyl). Benzen-Derivate mit zwei Aminogruppen werden als *Phenylendiamine* bezeichnet [vgl. **MC-Fragen Nr. 845, 846**].

Aromatische Amine

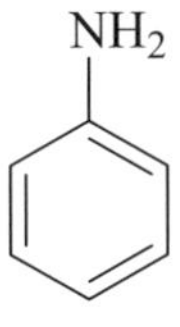

Anilin 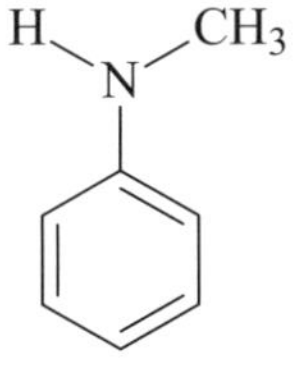 *N*-Methylanilin 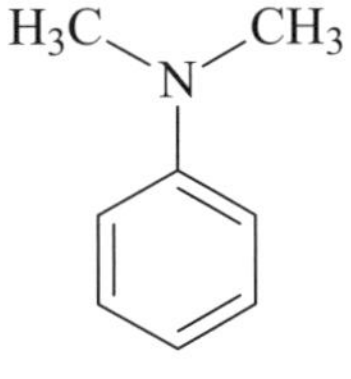 *N*,*N*-Dimethylanilin 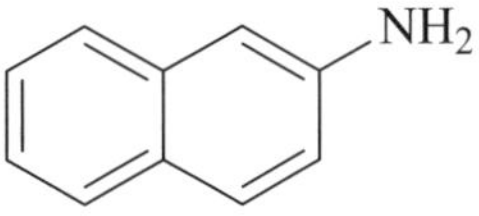 2-Naphthylamin

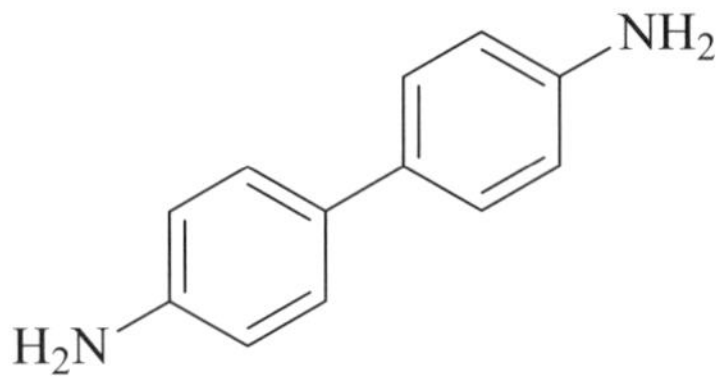

Benzidin 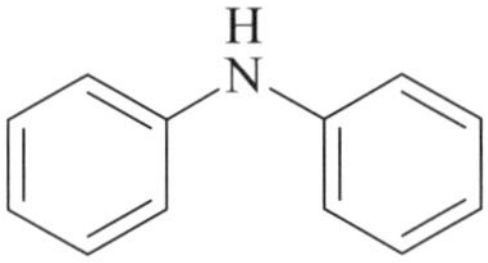 Diphenylamin 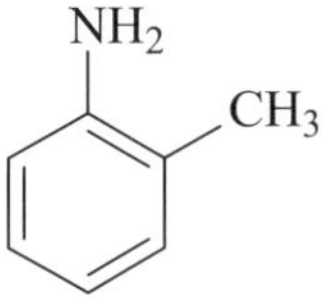 *o*-Toluidin

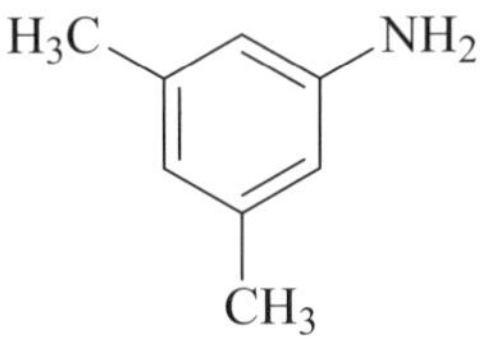

3,5-Xylidin 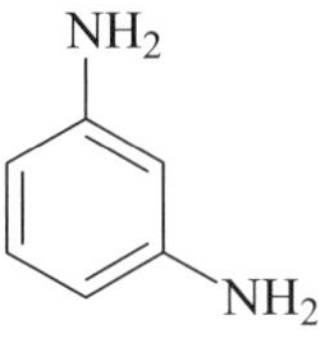 *m*-Phenylendiamin  *p*-Nitranilin

Cyclische sekundäre Amine wie z. B. **Aziridin**, **Pyrrolidin** oder **Piperidin** können auch den Heteroaliphaten zugeordnet werden (siehe ▸Kap. 3.15.1.1).

Cyclische Amine

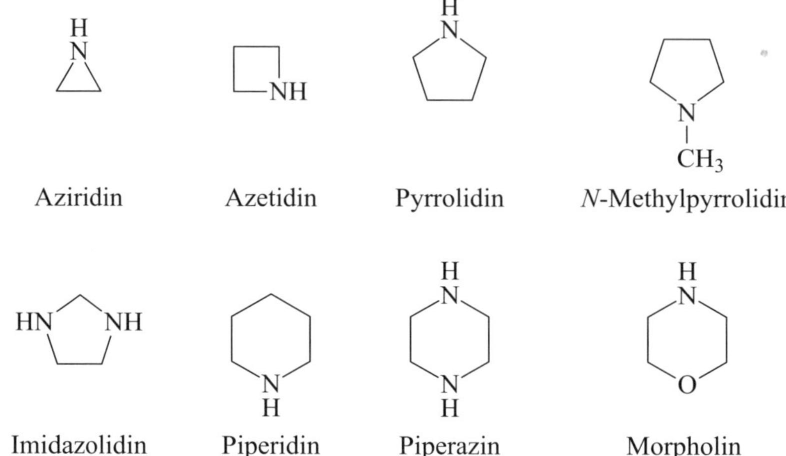

Salze von Aminen werden entweder als Derivate des entsprechenden Ammonium-Ions oder als Verbindungen des jeweiligen Amins mit der betreffenden Säure benannt.

$[CH_3-\overset{+}{N}H_2(-CH_3)]Cl^-$ **Dimethylammoniumchlorid**
Dimethylaminhydrochlorid

Quartäre Verbindungen werden als *Ammoniumsalze* formuliert.

$(CH_3)_4N^+]I^-$ **Tetramethylammoniumiodid**

Sind im Molekül weitere Heteroatome vorhanden, richtet sich die Benennung nach der *Rangordnung der Substituenten.* Danach rangiert zum Beispiel die Aminogruppe vor einem Halogenatom, aber nach der Hydroxylgruppe.

$Cl-CH_2-CH_2-NH_2$ $HO-CH_2-CH_2-NH_2$
2-Chlorethylamin aber **2-Aminoethanol (Ethanolamin)**

Daher wird die nachfolgend abgebildete Verbindung als **2-*n*-Butylamino-1-(4-hydroxyphenyl)-ethanol** bezeichnet [vgl. **MC-Frage Nr. 848**].

$HO-C_6H_4-CH(OH)-CH_2-NH-(CH_2)_3-CH_3$

3.10.2 Darstellung und Eigenschaften von Aminen

3.10.2.1 Herstellung von Aminen

Als wichtige Methoden zur Synthese von Aminen sind zu nennen:

(1) Alkylierung von Ammoniak: Halogenalkane, Alkylsulfate und Alkyltosylate reagieren in wässriger oder alkoholischer Lösung im Sinne einer *nucleophilen Substitution* mit Ammoniak.

$$R{-}X + NH_3 \rightarrow RNH_3^+]X^- \xrightleftharpoons{(NH_3)} RNH_2 + NH_4^+]X^-$$

$$RNH_2 + R{-}X \rightarrow R_2NH_2^+]X^- \xrightleftharpoons{(NH_3)} R_2NH + NH_4^+]X^-$$

$$R_2NH + R{-}X \rightarrow R_3NH^+]X^- \xrightleftharpoons{(NH_3)} R_3N + NH_4^+]X^-$$

$$R_3N + R{-}X \rightarrow R_4N^+]X^-$$

Das zunächst gebildete primäre Amin [RNH_2] konkurriert als Nucleophil mit NH_3 um ein weiteres Molekül des Alkylhalogenids [RX]. Daher entstehen in Folgereaktionen neben primären auch sekundäre [R_2NH] und tertiäre Amine [R_3N] sowie quartäre Ammoniumsalze [$R_4N^+X^-$]. Die Trennung eines solchen Gemischs gelingt manchmal durch fraktionierte Destillation. Selbst bei Verwendung eines großen NH_3-Überschusses lässt sich die Mehrfachalkylierung nicht verhindern [vgl. **MC-Frage Nr. 849**].

In der Technik setzt man *Alkohole als Alkylierungsmittel* ein. So ergibt die Umsetzung von Ammoniak mit **Methanol** an Al_2O_3-Kontakten bei 450 °C und 15 bar ein Gemisch von **Methylamin** [CH_3NH_2], **Dimethylamin** [$(CH_3)_2NH$] und **Trimethylamin** [$(CH_3)_3N$], das anschließend durch fraktionierte Destillation getrennt wird.

Zur *Darstellung reiner primärer* oder *sekundärer Amine* muss man den Weg der *indirekten Alkylierung* wählen. Hierbei wird ein *reversibel blockiertes* Derivat des Ammoniaks, das nur noch ein oder zwei substituierbare H-Atome enthält, mit einem Alkylhalogenid umgesetzt. Anschließend wird die *Schutzgruppe* wieder abgespalten.

(2) Gabriel-Synthese: Zur gezielten Synthese *primärer aliphatischer Amine* setzt man **Phthalimid-Kalium** mit *Halogenalkanen* in DMF als Solvens um. [**Phthalimid** selbst besitzt als NH-acide Verbindung (pK_s= 8,3) keine nucleophilen Eigenschaften.]
Die intermediär auftretenden *N-Alkylphthalimid-Derivate* werden bei 150–170 °C mit Salzsäure zum primären Amin und Phthalsäure hydrolysiert. Schonender ist die *Hydrazinolyse*, bei der neben dem primären Amin das cyclische **Phthalsäurehydrazid** (Phthalazin) gebildet wird [vgl. **MC-Fragen Nr. 849–851, 855–858, 860, 863, 1785**].

Organische Chemie

Phthalimid-Kalium

N-Alkylphthalimid

R-NH2 prim. Amin

Phthalazin

In analoger Weise lassen sich auch α-*Halogencarbonsäuren* ammonolysieren. Als Reaktionsprodukte werden α-*Aminosäuren* erhalten (siehe ▸Kap. 3.17.3.1). Die als Edukte verwendeten α-Halogencarbonsäuren sind leicht aus Carbonsäuren durch eine Hell-Volhard-Zelinsky-Reaktion herstellbar (siehe ▸Kap. 3.7.2.2).

(3) Alkylierung von Sulfonamiden und Azomethinen: Zur Synthese *sekundärer aliphatischer Amine* lässt man Alkylhalogenide mit den Alkalisalzen von *N*-Alkylarylsulfonamiden reagieren; anschließend hydrolysiert man die gebildeten tertiären Sulfonamide zur Arylsulfonsäure [$ArSO_3H$] und sekundären Aminen. Bevorzugt werden die *Anionen sekundärer Toluensulfonamide* als nucleophile Reagenzien eingesetzt.

$$\underset{\text{sek. Arylsulfonamid}}{Ar\text{-}SO_2\text{-}NHR} + HO^- \xrightarrow{-H_2O} [Ar\text{-}SO_2\text{-}NR]^- \xrightarrow[-X^-]{+R'X} \underset{\text{tert. Sulfonamid}}{Ar\text{-}SO_2\text{-}NRR'}$$

$$\xrightarrow{+H_2O/H^+} Ar\text{-}SO_3H + HNRR' \quad \text{sek. Amin}$$

Auf einem ähnlichen Syntheseweg sind sekundäre Amine auch durch Alkylierung von *Azomethinen (Iminen)* zugänglich.

$$\underset{\text{Aldehyd}}{Ar\text{-}CH{=}O} + \underset{\text{prim. Amin}}{R\text{-}NH_2} \xrightarrow{-H_2O} \underset{\text{Azomethin}}{Ar\text{-}CH{=}N\text{-}R} \xrightarrow{+R'X} [Ar\text{-}CH{=}\overset{+}{N}RR']X^-$$

$$\xrightarrow{+H_2O/H^+} Ar\text{-}CH{=}O + HNRR' \quad \text{sek. Amin}$$

(4) Aminierung von Aromaten: *Primäre Arylamine* können durch Umsetzung von *Halogenbenzenen* mit *Alkaliamiden* in flüssigem Ammoniak gewonnen werden. Die Reaktion verläuft über *Arine* als Zwischenstufe [vgl. **MC-Fragen Nr. 648, 865**].

$$\text{Ar-X} + \text{NaNH}_2 \xrightarrow{(\text{NH}_3\ \text{fl.})} \text{Ar-NH}_2 + \text{NaX}$$

Ist das Arylhalogenid durch *o*/*p*-ständige Nitrogruppen hinreichend aktiviert, so lässt sich das Halogenatom auch nach einem Additions-Eliminations-Mechanismus durch NH_3, RNH_2 oder R_2NH nucleophil substituieren. Beispielsweise erhält man ***p*-Nitranilin** durch Erhitzen von *p*-Chlornitrobenzen mit alkoholischer Ammoniak-Lösung und **Pikrylamin** (2,4,6-Trinitroanilin) wird beim Behandeln von 1-Chlor-2,4,6-trinitrobenzen mit flüssigem Ammoniak gebildet. Die mechanistischen und präparativen Aspekte dieser S_NAr-Reaktionen wurden bereits in ▸Kap. 3.2.7 und ▸Kap. 3.6.4.3 vorgestellt.

NO2 / Cl (*p*-Chlornitrobenzen) $\xrightarrow[-\text{HCl}]{+\text{NH}_3}$ NO2 / NH2 (*p*-Nitranilin)

p-Chlornitrobenzen *p*-Nitranilin

(5) Reduktion von Nitroverbindungen: *Primäre Amine* sind die Reaktionsprodukte der Reduktion von *Nitroalkanen* oder *Nitroarenen* im sauren Milieu. Die Methode eignet sich besonders zur Synthese primärer aromatischer Amine [siehe ▸Kap. 3.2.19.7 und **MC-Fragen Nr. 853, 859, 863, 865, 866, 869, 1785**].

$$\text{R-NO}_2 \xrightarrow[\text{oder } \text{H}_2/\text{Kat.}]{\text{Metall/H}^+} \text{R-NH}_2$$

(6) Reduktion von Alkylaziden: Alkylazide [RN_3], die durch Umsetzung von Halogenalkanen mit NaN_3 zugänglich sind, werden durch $LiAlH_4$ oder durch katalytische Hydrierung zu *primären Aminen* reduziert [vgl. **MC-Frage Nr. 1785**].

$$\text{R-Br} + \text{NaN}_3 \xrightarrow[S_N]{-\ \text{NaBr}} \text{R-N}_3 \xrightarrow{\text{LiAlH}_4} \text{R-NH}_2$$

(7) Reduktive Aminierung von Carbonylverbindungen: Aldehyde und Ketone kondensieren mit NH_3 zu *Iminen,* mit primären Aminen zu *Azomethinen* (Iminen) und mit sekundären Aminen zu *Enaminen,* die sich *in situ* katalytisch [RaNi] zu Aminen hydrieren lassen [siehe ▸Kap. 3.2.19.1 „*reduktive Aminierung*" und **MC-Fragen Nr. 322, 850, 858**].

Organische Chemie

$$R_2C{=}O \begin{cases} + NH_3 + H_2 \longrightarrow R_2CH\text{-}NH_2 & \text{primäres Amin} \\ + RNH_2 + H_2 \longrightarrow R_2CH\text{-}NHR & \text{sekundäres Amin} \\ + R_2NH + H_2 \longrightarrow R_2CH\text{-}NR_2 & \text{tertiäres Amin} \end{cases}$$

Eine Variante der reduktiven Aminierung ist die *Eschweiler-Clarke-Reaktion*, die ausgehend von einem sekundären Amin [R_2NH] zur Synthese *tertiärer Methylamine* [$R_2N\text{-}CH_3$] genutzt wird. Als weiteres Edukt dient Formaldehyd, als Reduktionsmittel (*Hydriddonator*) wird *Ameisensäure* verwendet. Für die Hydridübertragung auf das gebildete *Iminiumion* wird ein cyclischer Übergangszustand diskutiert.

$$R_2NH + CH_2{=}O \rightleftharpoons R_2N\text{-}CH_2\text{-}OH \xrightarrow[-\,H_2O \atop +\,HCOOH]{+\,H^+} [R_2\overset{+}{N}{=}CH_2 \cdots H\text{-}C(=O)\text{-}O]$$

$$\longrightarrow R_2N\text{-}CH_3 + CO_2 + H^+$$

Eine ältere Variante dieses Verfahrens ist die *Leuckart-Wallach-Reaktion*. Sie liefert zwar geringere Ausbeuten, ist jedoch allgemeiner anwendbar. Bei dieser Methode wird ein *Keton* mit Ammoniumformiat oder substituierten Formamiden auf Temperaturen um 200 °C erhitzt [vgl. **MC-Fragen Nr. 1076, 1082**].

$$R_2C{=}O + H\text{-}C({=}O)\text{-}N(CH_3)_2 \longrightarrow R_2CH\text{-}N(CH_3)_2$$

(8) Reduktion von Oximen: Aldoxime und Ketoxime können durch Umsetzung von Carbonylverbindungen mit Hydroxylamin hergestellt und anschließend zu *primären Aminen* reduziert werden. Als Reduktionsmittel haben sich $LiAlH_4$, Na/EtOH sowie die katalytische Hydrierung bewährt [vgl. **MC-Frage Nr. 859**].

$$R_2C{=}O \xrightarrow[-\,H_2O]{+\,H_2NOH} \underset{\text{Oxim}}{R_2C{=}N\text{-}OH} \xrightarrow[-\,H_2O]{Na/EtOH} \underset{\text{prim. Amin}}{R_2CH\text{-}NH_2}$$

(9) Reduktion von Nitrilen und Isonitrilen: *Primäre Amine* werden auch durch Reduktion von Nitrilen (R-C≡N) mit katalytisch angeregtem Wasserstoff oder $LiAlH_4$ erhalten. Aus präparativer Sicht ist somit die C≡N-Gruppierung einer CH_2NH_2-Gruppe äquivalent. Die Reaktion verläuft über ein *Imin* (R-CH=NH) als Zwischenstufe [vgl. **MC-Fragen Nr. 858, 859, 1785**].

$$R\text{-}C{\equiv}N \xrightarrow{+\,H_2} [R\text{-}CH{=}NH] \xrightarrow{+\,H_2} R\text{-}CH_2\text{-}NH_2$$

Die katalytische Hydrierung von *Isonitrilen* führt zu *sekundären Methylaminen*. Die Reduktion gelingt auch mit komplexen Hydriden [vgl. **MC-Fragen Nr. 850, 1193**].

$$R\text{-}\overline{N}{=}\overline{C} + 2\ H_2 \longrightarrow R\text{-}NH\text{-}CH_3$$

(10) Reduktion von Carbonsäureamiden: Amide können mit $LiAlH_4$ in guten Ausbeuten zu Aminen reduziert werden. Auch Diboran [B_2H_6] eignet sich als Reduktionsmittel [vgl. **MC-Fragen Nr. 853, 857, 859, 1785**].

prim. Amid	$R\text{-}CO\text{-}NH_2$	$\xrightarrow{LiAlH_4}$	$R\text{-}CH_2\text{-}NH_2$	prim. Amin
sek. Amid	$R\text{-}CO\text{-}NHR$	$\longrightarrow$	$R\text{-}CH_2\text{-}NHR$	sek. Amin
tert. Amid	$R\text{-}CO\text{-}NR_2$	$\longrightarrow$	$R\text{-}CH_2\text{-}NR_2$	tert. Amin

(11) Abbau von Carbonsäure-Derivaten: Die Umlagerungen von Carbonsäure-Derivaten nach *Schmidt, Hofmann, Curtius* und *Lossen* führen unter *Verlust des Carboxy-Kohlenstoffs* zu *primären Aminen.* Als gemeinsame Zwischenstufe wird ein *Isocyanat* angenommen [siehe ▸Kap. 3.2.16.3 und **MC-Fragen Nr. 849–854, 864, 892, 896, 900**].

$R\text{-}CO\text{-}NH_2$ (prim. Säureamid) — NaOCl oder $NaOH/Br_2$
$R\text{-}CO\text{-}N_3$ (Säureazid) — Thermolyse oder $h\nu$
$R\text{-}CO\text{-}NHOH$ (Hydroxamsäure) — Δ

$$\longrightarrow R\text{-}N{=}C{=}O \text{ (Isocyanat)} \xrightarrow[-\ CO_2]{+\ H_2O} R\text{-}NH_2 \text{ (prim. Amin)}$$

(12) Spaltung von *p*-Nitroso-dialkylanilinen: Die elektrophile Nitrosierung von *N,N*-disubstituierten Anilin-Derivaten mit anschließender alkalischer Spaltung der intermediär auftretenden Nitrosoverbindungen liefert neben *p*-Nitrosophenol auch *Dialkylamine* [vgl. **MC-Frage Nr. 858**].

$$p\text{-}O{=}N\text{-}C_6H_4\text{-}NR_2 + HO^- \longrightarrow p\text{-}O{=}N\text{-}C_6H_4\text{-}O^- + R_2NH$$

(13) Hofmann-Eliminierung: *Tertiäre Amine* sind gezielt durch Thermolyse von quartären Ammoniumhydroxiden synthetisierbar, wobei allerdings die Reaktion eher zur Herstellung von Alkenen genutzt wird [siehe auch ▸Kap. 3.2.10.5 und **MC-Fragen Nr. 125, 126, 521, 525**].

$$CH_3\text{-}CH_2\text{-}\overset{+}{N}R_3\ HO^- \xrightarrow{\Delta} CH_2{=}CH_2 + H_2O + R_3N$$

(14) Bromcyanabbau: Bromcyan [BrCN] reagiert mit tertiären Aminen zu quartären Ammoniumsalzen, die unter Abspaltung eines Alkylbromids in ein *Dialkylcyanamid* übergehen. Dessen Hydrolyse führt zu einer Carbaminsäure, die spontan zum *sekundären Amin* decarboxyliert.

Organische Chemie

$$R_3N \xrightarrow{+\ BrCN} R_3\overset{+}{N}\text{-}C{\equiv}N]Br^- \xrightarrow{-\ RBr} R_2N\text{-}C{\equiv}N \xrightarrow[-\ NH_3]{+\ H_2O} [R_2N\text{-}COOH]$$

tert. Amin — Cyanamid — Carbaminsäure

$$\longrightarrow CO_2 + R_2NH \quad \text{sek. Amin}$$

(15) Spaltung von Azoverbindungen: Die reduktive Spaltung von Derivaten des Azobenzens (C_6H_5-N=N-C_6H_5) mit Zinn/HCl, Natriumdithionit ($Na_2S_2O_4$) oder Titan(III)-chlorid ($TiCl_3$) hat keine große Bedeutung für die präparative Herstellung aromatischer Amine. Unter den genannten Bedingungen lässt sich beispielsweise *p-Aminoazobenzen* in *Anilin* und ***p*-Phenylendiamin** überführen. Aus *4-Hydroxyazobenzen* wird ***p*-Aminophenol** erhalten [vgl. **MC-Frage Nr. 850**].

$$C_6H_5\text{-}N{=}N\text{-}C_6H_4\text{-}NH_2 + \text{„4H"} \rightarrow C_6H_5\text{-}NH_2 + p\text{-}H_2N\text{-}C_6H_4\text{-}NH_2$$

***p*-Aminoazobenzen** — **Anilin** — ***p*-Phenylendiamin**

o Abb. 3.84 fasst nochmals – ausgehend von einem *Alkylhalogenid* – die wichtigsten Synthesewege zur Darstellung *primärer Amine* zusammen. Beachten Sie, dass durch geschickte Wahl des Syntheseweges die *Länge der Kohlenstoffkette* beibehalten, um 1 C-Atom verlängert bzw. um 1 C-Atom verkürzt werden kann.

3.10.2.2 Eigenschaften von Aminen

In den grundlegenden Eigenschaften wie *Basizität* und *Nucleophilie* unterscheiden sich primäre, sekundäre und tertiäre Amine nur graduell. Dagegen hängen einige physikalisch-chemische Eigenschaften sowie die Produkte vieler Aminreaktionen von der Anzahl der mit dem Stickstoff verbundenen Wasserstoffatome ab.

Bei einfachen Aminen nehmen im Allgemeinen die Siedepunkte, Schmelzpunkte und Dichten mit steigender Molmasse zu. Außer den *gasförmigen,* in Wasser leicht

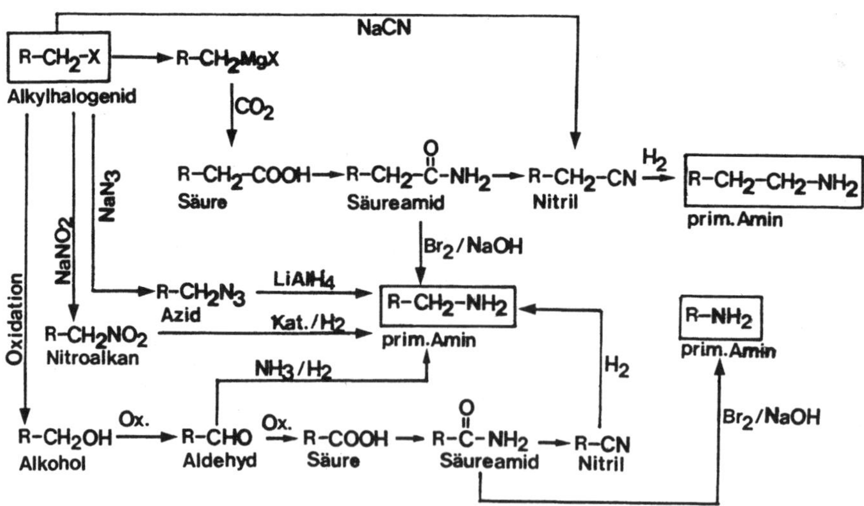

o **Abb. 3.84 Synthesewege zur Darstellung primärer Amine**

löslichen Stoffen **Methylamin** [CH_3NH_2], **Dimethylamin** [$(CH_3)_2NH$], **Trimethylamin** [$(CH_3)_3N$] und **Ethylamin** [$CH_3CH_2NH_2$] sind die meisten Amine Flüssigkeiten von Ammoniak-ähnlichem Geruch. Amine mittlerer C-Zahl riechen fischartig. Nur höhere Amine sind fest. Vom NH_3 unterscheiden sich die Amine u. a. durch ihre *Brennbarkeit.*

Die *Siedepunkte* von primären und sekundären Aminen sind im Vergleich zu denen der entsprechenden Kohlenwasserstoffe erhöht. Diese Siedepunktserhöhung ist wie bei Alkoholen auf die Ausbildung von *Wasserstoffbrücken* zurückzuführen. Allerdings sind die NH..N-Brückenbindungen schwächer als die OH..O-Brücken, sodass die Siedepunkte von Aminen zwischen denen der Alkane und Alkohole vergleichbarer Molekülmasse liegen. *Tertiäre Amine,* bei denen keine Molekülassoziation durch Wasserstoffbrücken möglich ist, sieden bei niedrigeren Temperaturen.

Die Bildung von intermolekularen H-Brücken ermöglicht auch, dass Amine (bis C-6) in Wasser und Alkoholen löslich sind. Die *Wasserlöslichkeit* nimmt erwartungsgemäß mit zunehmender Größe des Alkylrestes ab [vgl. **MC-Frage Nr. 864**].

Aromatische Amine, insbesondere **Anilin**, sind giftig. Sie werden leicht durch die Haut resorbiert. Manche aromatischen Amine, die in reinem Zustand farblos sind, färben sich an der Luft durch *Autoxidation* dunkel. Aromatische Amine sind in Wasser unlöslich, aber mit Wasserdampf flüchtig.

3.10.3 Reaktionen von Aminen

3.10.3.1 Säure-Base-Verhalten von Aminen

Amine besitzen wie Alkohole einen *amphoteren Charakter.* Während jedoch bei Alkoholen die sauren Eigenschaften stärker ausgeprägt sind als die basischen, zeigen Amine – verglichen mit ihrer Neigung ein Proton abzugeben – eine höhere Tendenz zur Anlagerung eines Protons. *Primäre* und *sekundäre Amine* reagieren daher nur mit sehr starken Basen [metallorganische Reagenzien] als schwache Säuren. Auch mit Alkalimetallen bilden Amine, wie z. B. **Anilin**, unter Protonenabgabe salzartige Verbindungen [siehe hierzu ▸Kap. 3.8.3.1 „*Zerewitinow-Reaktion*" und **MC-Fragen Nr. 739, 746**].

$$[R_2NH_2]^+ \xleftarrow{+\ H^+} R_2\overline{N}H \xrightarrow{+\ C_6H_5\text{-}Li} [R_2\underline{\overline{N}}]^-Li^+ \; + \; C_6H_6$$

Die *Basizität von Aminen* und ihre Abhängigkeit von strukturellen Einflüssen wird im ▸Kap. 3.19.5 „Säuren und Basen der organischen Chemie" ausführlich behandelt. Danach bilden Amine mit Carbonsäuren und Mineralsäuren *in Wasser lösliche Ammoniumsalze,* sogar in den Fällen, in denen das Amin unlöslich in Wasser ist. Die Salzbildung *chiraler Amine* wird zur Racematspaltung enantiomerer Säuren genutzt [siehe ▸Kap. 3.3.10 und **MC-Frage Nr. 866**].

Eine generelle Methode zur Herstellung von **Aminhydrochloriden** ist die Umsetzung von primären, sekundären oder tertiären Aminen mit in Ether gelöstem Chlorwasserstoff; aus diesen Lösungen schlagen sich die Hydrochloride im Allgemeinen als schwer lösliche Stoffe nieder. Durch Behandeln mit starken Basen wie Alkalihydroxiden lassen sich die betreffenden Amine wieder zurückgewinnen.

$$R_3N + HCl \rightarrow R_3NH^+Cl^-\downarrow + HO^- \rightarrow R_3N + Cl^- + H_2O$$

Die *Basizität von Aminen* korreliert im Allgemeinen mit ihren *nucleophilen Eigenschaften*. Deshalb sind z. B. primäre aliphatische Amine nicht nur stärkere Basen als primäre aromatische Amine, sondern auch reaktionsfähigere Nucleophile [vgl. **MC-Frage Nr. 860**].

3.10.3.2 Oxidation von Aminen

Primäre Amine sind leicht oxidierbar, sodass häufig schon beim Stehenlassen an der Luft *Autoxidation* zu komplex zusammengesetzten Gemischen eintritt. Dies gilt besonders für aromatische Amine wie *Anilin* oder die *Toluidine* (Methylaniline).

Darüber hinaus lassen sich *primäre aliphatische Amine* mit H_2O_2 selektiv zu *Aldoximen, sekundäre Amine* zu disubstituierten *Hydroxylamin-Derivaten* und *tertiäre Amine* zu *Aminoxiden* oxidieren.

		H_2O_2		
prim. Amin	RCH_2NH_2	$\longrightarrow$	$RCH{=}N{-}OH$	Aldoxim
sek. Amin	R_2NH	$\longrightarrow$	$R_2N{-}OH$	Hydroxylamin
tert. Amin	R_3N	$\longrightarrow$	$R_3N{\rightarrow}O$	Aminoxid

In **Aminoxiden** liegt eine semipolare Bindung vor, d. h., der kovalenten N-O-Bindung ist eine Ionenbeziehung überlagert. Zur *Cope-Eliminierung* von Aminoxiden siehe ▸Kap. 3.2.10.7.

Primäre aromatische Amine können durch Peroxomonoschwefelsäure zu Nitrosoverbindungen oxidiert werden, während die Umsetzung mit Trifluorperoxyessigsäure Nitroderivate liefert.

$$Ar{-}NO_2 \xleftarrow{(CF_3CO_3H)} Ar{-}NH_2 \xrightarrow{(H_2SO_5)} Ar{-}N{=}O$$

Präparativ nutzt man auch die Oxidation von primären aliphatischen Aminen mit tertiärem Alkylrest zur Darstellung von *tertiären Nitroalkanen.*

$$R_3C{-}NH_2 \xrightarrow{(KMnO_4)} R_3C{-}NO_2$$

3.10.3.3 Isonitrilreaktion

Primäre aliphatische und *aromatische Amine* ergeben mit Chloroform in Gegenwart von Alkalihydroxiden unangenehm riechende *Isonitrile (Isocyanide).* Zunächst entsteht aus Chloroform ($CHCl_3$) unter α-Eliminierung *Dichlorcarben* (Dichlormethylen), das sich aufgrund seines Elektronensextetts elektrophil an das freie Elektronenpaar des Aminstickstoffs anlagert. Das entstandene Betain geht unter dem Einfluss der Base und unter Abspaltung von 2 Mol HCl in das entsprechende Isonitril über [vgl. **MC-Fragen Nr. 51, 66, 634, 716, 717, 861, 862, 866, 897, 1098, 1186**].

$$CHCl_3 + HO^- \longrightarrow CCl_2 + H_2O + Cl^-$$

$$R\text{-}NH_2 \xrightarrow{+\,CCl_2} \left[\overset{+}{R\text{-}NH_2}\text{-}\overset{\ominus}{\bar{C}}Cl_2\right]_{\text{Betain}} \xrightarrow[-\,2\,HCl]{(HO^-)} \left[R\text{-}\bar{N}{=}C| \leftrightarrow R\text{-}\overset{+}{N}{\equiv}\overset{\ominus}{C}|\right]_{\text{Isonitril}}$$

Die *katalytische Hydrierung* von *Isonitrilen* liefert sekundäre Methylamine. Beim Behandeln mit verdünnten Mineralsäuren werden Isonitrile dagegen zu primären Aminen und Ameisensäure gespalten.

$$R\text{-}NH\text{-}CH_3 \xleftarrow{(H_2)} R\text{-}NC \xrightarrow{(H^+/H_2O)} R\text{-}NH_2 + HCOOH$$

3.10.3.4 Verhalten gegenüber Salpetriger Säure

Die Reaktionen von primären, sekundären oder tertiären Aminen in wässriger Lösung mit Salpetriger Säure ergeben unterschiedliche Produkte, die zur analytischen Unterscheidung von Amingemischen herangezogen werden können. In der Regel erzeugt man das elektrophile Reagenz – letztlich das Nitrosyl-Kation [NO^+] bzw. ein Nitrosylhalogenid [ONX] – in situ aus *Alkalinitriten* durch Zusatz von Mineralsäuren oder Essigsäure.

- **Primäre aliphatische Amine**: Sie reagieren mit HNO_2 zu einem *N-Nitroso-Derivat*, das sich in die tautomere *Isonitroso-Verbindung (Diazohydroxid)* umlagert. Das protonierte Diazohydroxid dehydratisiert zum *Diazoniumion*, in dem die Struktur des molekularen Stickstoffs vorgebildet ist. Alkandiazoniumionen sind instabil und eliminieren spontan N_2 unter Bildung von Carbeniumionen, die nach einem S_N1- oder E1-Mechanismus zu *Alkoholen* bzw. *Alkenen* weiterreagieren [vgl. **MC-Fragen Nr. 781, 860, 872, 873**].

$$R\text{-}CH_2\text{-}CH_2\text{-}NH_2 \xrightarrow[-\,H^+]{+\,NO^+} \underset{\textbf{N-Nitrosamin}}{R\text{-}CH_2\text{-}CH_2\text{-}\overset{H}{N}\text{-}N{=}O} \rightleftharpoons \underset{\textbf{Diazohydroxid}}{R\text{-}CH_2\text{-}CH_2\text{-}N{=}N\text{-}OH} \xrightarrow[-\,H_2O]{+\,H^+}$$

$$\underset{\textbf{Diazoniumion}}{R\text{-}CH_2\text{-}CH_2\text{-}\overset{+}{N}{\equiv}N} \xrightarrow{-\,N_2\uparrow} \underset{\textbf{Carbeniumion}}{R\text{-}CH_2\text{-}\overset{+}{C}H_2}$$

$$R\text{-}CH_2\text{-}\overset{+}{C}H_2 \xrightarrow[(S_N1)]{+\,H_2O} R\text{-}CH_2\text{-}CH_2OH \quad \textbf{Alkohol}$$

$$R\text{-}CH_2\text{-}\overset{+}{C}H_2 \xrightarrow{\sim H^-} \underset{\textbf{Carbeniumion}}{R\text{-}\overset{+}{C}H\text{-}CH_3}$$

$$\xrightarrow[(E1)]{-\,H^+} R\text{-}CH{=}CH_2 \quad \textbf{Alken}$$

$$R\text{-}\overset{+}{C}H\text{-}CH_3 \xrightarrow[(S_N1)]{+\,H_2O} R\text{-}CHOH\text{-}CH_3 \quad \textbf{Alkohol}$$

Das primär gebildete Carbeniumion kann zuvor zu einem energieärmeren Ion isomerisieren. Zum Beispiel liefert die *Desaminierung* von *Propyl-1-amin* 7% **Propan-1-ol**, 32–40% **Propan-2-ol** und 25% **Propen** [vgl. **MC-Frage Nr. 874**].

Auf der Desaminierung und der volumetrischen Messung des freigesetzten N_2 beruht die *van Slyke-Methode* zur quantitativen Bestimmung von primären Aminen, Aminosäuren und primären Carbonsäureamiden [vgl. **MC-Frage Nr. 872**].

- **Primäre aromatische Amine**: Die gebildeten *Aryldiazoniumionen* [Ar-N_2^+] sind in Lösung infolge der Konjugation der Diazogruppe mit dem aromatischen System bei Temperaturen unterhalb von 5 °C hinreichend stabil und stellen wertvolle Edukte für *Folgereaktionen* dar [siehe hierzu ▸Kap. 3.10.6.3 und **MC-Frage Nr. 913**].
- **Sekundäre Amine**: Sie reagieren mit HNO_2 zu *N-Nitrosaminen,* wobei aromatische *N*-Nitrosamine zur Umlagerung in *p*-Nitrosoarylamine neigen. Zum Beispiel liefert die Umsetzung von ***N*-Methylanilin** mit $NaNO_2$/HCl zunächst ***N*-Nitroso-*N*-methylanilin**, das in der Hitze zum ***p*-Nitroso-*N*-methylanilin** isomerisiert [siehe ▸Kap. 3.2.17 *„Fischer-Hepp-Umlagerung“* und **MC-Fragen Nr. 872, 893**].

$$R_2NH \xrightarrow[-\ H^+]{+\ NO^+} R_2N\text{-}N{=}O \qquad \text{N-Nitrosamin}$$

$$Ar\text{-}NHR \rightarrow Ar\text{-}NR\text{-}N{=}O \rightarrow O{=}N\text{-}Ar\text{-}NHR$$

Nitrosamine sind im Allgemeinen gelb bis orange gefärbte, in Wasser wenig lösliche Öle, die sich mit konz. HCl wieder in das betreffende Amin überführen lassen. Einige *Dialkylnitrosamine* wirken stark *cancerogen.*

- **Tertiäre aliphatische Amine**: Sie reagieren bei Raumtemperatur im stark sauren Milieu normalerweise *nicht* mit HNO_2. Im schwach sauren Medium und bei erhöhten Temperaturen wird jedoch eine Entalkylierung beobachtet. Es entsteht ein Nitrosamin bzw. ein sekundäres Amin, während der abgespaltene Alkylrest zum Aldehyd dehydriert wird [vgl. **MC-Frage Nr. 872**].

$$R\text{-}CH_2\text{-}NR_2 \xrightarrow{+\ NO^+} R\text{-}CH_2\text{-}\overset{+}{N}R_2(\text{-}N{=}O) \xrightarrow{+\ H_2O} R\text{-}CH{=}O + R_2N\text{-}N{=}O$$

$$R\text{-}CH_2\text{-}\overset{+}{N}R_2(\text{-}N{=}O) \xrightarrow{+\ H_2O} R\text{-}CH{=}O + R_2NH + HNO_2$$

- **Tertiäre Amine mit aromatischem Rest**: Hier erfolgt durch S_E-Reaktion eine *C-Nitrosierung* des Arylrestes. Beispielsweise erhält man bei der Umsetzung von ***N,N*-Dimethylanilin** mit Natriumnitrit in salzsaurer Lösung das Hydrochlorid des ***N,N*-Dimethyl-4-nitrosoanilins** [siehe hierzu auch ▸Kap. 3.6.4.2 und **MC-Frage Nr. 875**].

$$\text{N,N-Dimethylanilin} \xrightarrow{NaNO_2,\ HCl} \text{N,N-Dimethyl-4-nitrosoanilin (NO)}$$

N,N-Dimethylanilin *N,N*-Dimethyl-4-nitrosoanilin

3.10.3.5 Hinsberg-Trennung von Amingemischen

Die Umsetzung von Aminen mit *aromatischen Sulfonsäurechloriden* ist aus analytischer Sicht bedeutsam. Ein *primäres Amin* liefert ein in Alkalihydroxid-Lösungen lösliches Arylsulfonamid, während das aus einem *sekundären Amin* gebildete Produkt Alkali-unlöslich ist. *Tertiäre Amine* reagieren *nicht* mit Sulfochloriden.

$$Ar{-}SO_2Cl \longrightarrow \begin{cases} + RNH_2 \xrightarrow{-\,HCl} Ar{-}SO_2{-}NHR \xrightarrow[-\,H_2O]{+\,HO^-} [Ar{-}SO_2{-}NR]^- \\ + R_2NH \xrightarrow{-\,HCl} Ar{-}SO_2{-}NR_2 \xrightarrow{+\,HO^-}\!\!\!\!\!\!\!/\!/\;\; \text{keine Reaktion} \\ + R_3N \;/\!/\!\!\longrightarrow \text{keine Reaktion} \end{cases}$$

3.10.3.6 Verhalten gegenüber Kohlensäure-Derivaten

Auf der Additionstendenz des Stickstoffs an polare Doppelbindungen beruht auch die Umsetzung von primären und sekundären Aminen mit **Phosgen** [$COCl_2$] oder **Schwefelkohlenstoff** [CS_2]. Aus primären Aminen und Phosgen entstehen *Isocyanate (Isocyansäureester)*, aus sekundären Aminen tetrasubstituierte *Harnstoff-Derivate.*

$$R{-}NH_2 + Cl{-}\overset{\overset{O}{\|}}{C}{-}Cl \xrightarrow{-\,HCl} R{-}NH{-}\overset{\overset{O}{\|}}{C}{-}Cl \xrightarrow{-\,HCl} \underset{\text{Isocyanat}}{R{-}N{=}C{=}O}$$

$$R_2NH + Cl{-}\overset{\overset{O}{\|}}{C}{-}Cl + HNR_2 \xrightarrow{-\,2\,HCl} \underset{\text{Harnstoff-Derivat}}{R_2N{-}\overset{\overset{O}{\|}}{C}{-}NR_2}$$

Die gebildeten *Isocyanate* decarboxylieren in wässriger Lösung spontan zu primären Aminen und reagieren mit Alkoholen zu *Urethanen.* Aus ihrer Umsetzung mit Aminen resultieren substituierte *Harnstoff-Derivat*e (siehe auch ▸Kap. 3.2.16.3 „*Anionotrope Umlagerungen am Stickstoffatom*").

Bei der Reaktion von *Schwefelkohlenstoff* mit primären und sekundären Aminen bilden sich *N*-Alkyl-substituierte *Dithiocarbaminsäuren,* die in Form ihrer Ammoniumsalze anfallen. Die aus primären Aminen entstehenden Salze können in Gegenwart von Hg(II)-Ionen in *Senföle (Isothiocyanate)* [R-N=C=S] umgewandelt werden. Sekundäre Amine gehen diese Reaktion *nicht* ein [vgl. **MC-Fragen Nr. 901, 1147**].

$$\underset{\text{prim. Amin}}{2\,R{-}NH_2} + CS_2 \longrightarrow \left[R{-}NH{-}\underset{\underset{S}{\|}}{C}{-}S^-\right] R{-}NH_3^+ \xrightarrow[-\,HgS]{+\,Hg^{2+}} \underset{\text{Senföl}}{R{-}N{=}C{=}S}$$

$$\underset{\text{sek. Amin}}{2\,R_2NH} + CS_2 \longrightarrow \left[R_2N{-}\underset{\underset{S}{\|}}{C}{-}S^-\right] R_2NH_2^+ \xrightarrow[Hg(II)]{/\!/} \text{keine Reaktion}$$

3.10.3.7 Weitere Reaktionen von Aminen

Die *Aminolyse* von *Carbonsäure-Derivaten* (Halogenide, Ester, Anhydride) verläuft nach dem üblichen Additions-Eliminations-Mechanismus und führt zu *Carbonsäureamiden.* Diese *Acylierungen,* die auch zum **Nachweis** und zur Identifizierung von Aminen dienen, werden im Detail im ▸Kap. 3.13.7.1 vorgestellt. Durch zweifache Acylierung primärer Amine werden *Imide* erhalten [vgl. **MC-Frage Nr. 860**].

$$2\,R'\text{-}\underset{\underset{Cl}{|}}{C}\text{=O} + R\text{-}NH_2 \xrightarrow{-2\,HCl} R'\text{-CO-}\underset{\underset{R}{|}}{N}\text{-CO-}R' \quad \textbf{Imid}$$

Die Kondensationsreaktionen von NH_3 und Aminen mit *Carbonylverbindungen* (Aldehyden, Ketonen), die zu *Iminen* führt, sind Gegenstand des ▸Kap. 3.12.5.3 [vgl. **MC-Frage Nr. 860**].

Auf die *Alkylierung* von Aminen, insbesondere die *erschöpfende Methylierung* und den nachfolgenden *Hofmann-Abbau* der gebildeten quartären Ammoniumsalze zu *Alkenen* und *tertiären Aminen* wurde bereits im ▸Kap. 3.2.10.5 hingewiesen.

3.10.3.8 Ausgewählte Amine

(1) Methylamin (Methanamin) [CH_3-NH_2], das einfachste primäre Amin, ist ein farbloses, hochentzündliches Gas (Sdp. –6,3 °C). Es wird großtechnisch aus Methanol und Ammoniak bei höheren Temperaturen und höheren Drücken gewonnen. Aufgrund des +I-Effektes der Methylgruppe ist Methylamin (pK_b = 3,4) eine deutlich stärkere Base als Ammoniak (pK_b = 9,25) und besitzt eine mit dem *Dimethylamin* [CH_3-NH-CH_3] (pK_b = 3,29) vergleichbare Basenstärke. Methylamin ist über Wasserstoffbrückenbindungen assoziiert und ist in Wasser und Methanol gut löslich [vgl. **MC-Fragen Nr. 863, 864**].

(2) Anilin (Benzenamin, Aminobenzol) [C_6H_5-NH_2] ist ein farbloses, fast wasserunlösliches Öl (Sdp. 184 °C), das sich an der Luft infolge Autoxidation rasch dunkel färbt. Die Substanz ist giftig (Methämoglobinbildner). Anilin kann hergestellt werden durch:

- Reduktion von Nitrobenzen in saurer Lösung,
- Ammonolyse von Phenol *(Halcon-Verfahren),*
- Ammonolyse von Chlorbenzen.

Anilin (pK_b = 9,37) ist schwächer basisch als Methylamin (pK_b = 3,4) und seine wässrigen Lösungen färben rotes Lackmus nicht. Es löst sich in Essigsäure unter Bildung von **Aniliniumacetat**. Aniliniumsalze mit starken Säuren reagieren in wässriger Lösung sauer [vgl. **MC-Frage Nr. 867**].

$$\underset{\textbf{Anilin}}{C_6H_5\text{-}NH_2} + \underset{\textbf{Essigsäure}}{CH_3COOH} \rightarrow \underset{\textbf{Aniliniumacetat}}{[C_6H_5\text{-}NH_3^+\ CH_3COO^-]}$$

Mit Acetylchlorid reagiert Anilin zu **Acetanilid** [C_6H_5-NH-CO-CH_3], das häufig als Startmaterial bei elektrophilen Substitutionsreaktionen anstelle von Anilin eingesetzt wird. Die katalytische Hydrierung von Anilin führt zu *Cyclohexylamin* [C_6H_{11}-NH_2].

Anilin kann zum Phenyldiazoniumion diazotiert werden. Als Kupplungskomponente reagiert Anilin mit Arendiazoniumsalzen zu *Azoverbindungen* [C_6H_5-N=N-Ar] bzw. zu *Triazen-Derivaten* [C_6H_5-N=N-NH-Ar] [siehe hierzu auch ▸Kap. 3.10.6.3 und **MC-Fragen Nr. 865–869**].

Beim Versetzen mit Schwefelsäure bildet sich **Aniliniumhydrogensulfat**, durch dessen Erhitzen auf etwa 300 °C („*Verbacken*") man **Sulfanilsäure** (*p*-Aminobenzensulfonsäure) gewinnt [vgl. **MC-Fragen Nr. 869, 949, 969–971**].

Mit dem gelben *p-Benzochinon* reagiert Anilin in einer normalen Michael-Addition zu einem 1,4-Addukt, das rasch zu einem Diphenylamin-Derivat tautomerisiert [siehe ▸Kap. 3.9.5.2 und **MC-Frage Nr. 868**].

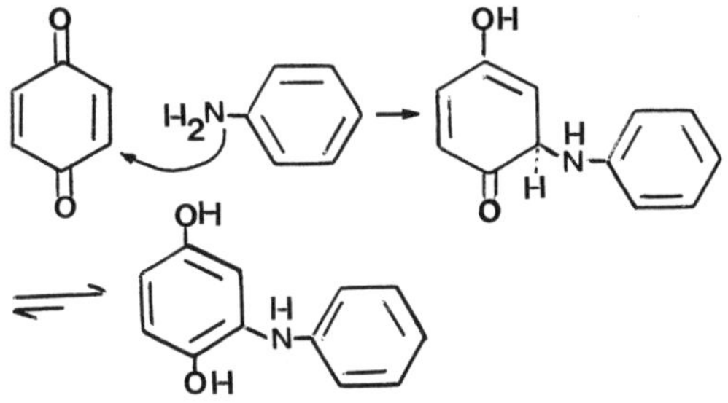

Die drei stellungsisomeren **Nitraniline** dienen zur Herstellung von Azofarbstoffen. Da die Nitrierung von Anilin von Oxidationen begleitet ist, geht man bei der Synthese von ***o*-Nitranilin** und ***p*-Nitranilin** von *Acetanilid* aus und spaltet anschließend die gebildeten Nitroacetanilide. ***m*-Nitranilin** ist durch partielle Reduktion von 1,3-*Dinitrobenzen* mit Natriumsulfid zugänglich [siehe auch ▸Kap. 3.2.19.7 und **MC-Frage Nr. 870**].

o-Nitranilin und *m*-Nitranilin sind wasserdampfflüchtig. *o*-Nitranilin (pK_b = 14,28), *m*-Nitranilin (pK_b = 11,55) und *p*-Nitranilin (pK_b = 13,02) sind aufgrund des –M/–I-Effektes der Nitrogruppe schwächer basisch als Anilin (pK_b = 9,37) und lösen sich nur in überschüssiger Säure. Ihre Hydrochloride sind im Unterschied zu den gelben Basen durch Protonierung der auxochromen Aminogruppe farblos. Im Gegensatz zu Anilin kann die Aminogruppe des *ortho*- und *para*-Nitranilins nucleophil durch eine Hydroxylgruppe ersetzt werden unter Bildung von ***ortho***- bzw. ***para*-Nitrophenol** [vgl. **MC-Fragen Nr. 869–871**].

3.10.4 Von Aminen abgeleitete Stoffklassen und weitere Stickstoffverbindungen

In den folgenden Übersichten werden ausgewählte Substanzklassen summarisch vorgestellt, die eine *C-N-Bindung* enthalten. Die Reste (R) können dabei gleich oder verschieden sein und – falls nichts anderes angegeben wird – Alkyl, Aryl oder Wasserstoff bedeuten.

Die Verfahren zur Synthese dieser Stoffe sowie ihre Reaktionen werden in den nachfolgenden Abschnitten noch eingehend diskutiert.

[A] Derivate des Ammoniaks [NH_3] und verwandte Verbindungen

[vgl. **MC-Fragen Nr. 877, 879, 881, 884–886, 888, 892, 896, 897, 899–901, 904, 905, 1036, 1037, 1786**]

prim. Amin	RNH_2	quart. Ammoniumsalz	$R_4N^+]X^-$
sek. Amin	R_2NH	quart. Ammoniumhydroxid	$R_4N^+]HO^-$
tert. Amin	R_3N		
Aminoxid	$R_3N{\rightarrow}O$	Ammoniumsalz	$R_3NH^+]X^-$
Imin (Aldimin, Ketimin)	$R_2C{=}NH$	Halbaminal	R_2C-NR_2 $\vert$ OH
Azomethin (Schiffsche Base)	$R_2C{=}NR$	Aminal	$R_2C(NR_2)_2$
		Enamin	$R_2C{=}CR-NR_2$
prim. Amid	$RCO-NH_2$	prim. Sulfonamid	RSO_2-NH_2
sek. Amid	$RCO-NHR$	sek. Sulfonamid	RSO_2-NHR
tert. Amid	$RCO-NR_2$	tert. Sulfonamid	RSO_2-NR_2
Imid	$(RCO)_2NH(R')$		
Urethan (Carbaminsäureester)	$RO-C-NR_2$ $\Vert$ O	Harnstoff-Derivat	$R_2N-C-NR_2$ $\Vert$ O
Amidin	$R-C-NR_2$ $\Vert$ NR	Guanidin-Derivat	$R_2N-C-NR_2$ $\Vert$ NR
Nitril (Cyanid)	$R-C{\equiv}N$	Isonitril (Isocyanid)	$R-\overline{N}{=}\overline{C}$
Nitriloxid	$R-C{\equiv}N{\rightarrow}O$	Cyanamid	$R_2N-C{\equiv}N$
Isocyanat (Isocyansäureester)	$R-N{=}C{=}O$	Isothiocyanat (Senföl)	R- =C=S
Cyanat	$R-O-C{\equiv}N$	Carbodiimid	$R-N{=}C{=}N-R$

[B] Derivate des Hydroxylamins [H_2N-OH]

[vgl. **MC-Fragen Nr. 903–905, 1032, 1786, 1795**]

N-subst. Hydroxylamin	$R-NH-OH$
N,N-disubst. Hydroxylamin	R_2N-OH
Oxim (Aldoxim, Ketoxim)	$R_2C{=}N-OH$
Oximether	$R_2C{=}N-OR$
Hydroxamsäure	$R-C-NH-OH \rightleftharpoons R-C{=}N-OH$ $\Vert$ (O) / $\vert$ (OH) O / OH

[C] Derivate des Stickstoffs [N_2] und Hydrazins (Diazan) [H_2N-NH_2]
[vgl. **MC-Fragen Nr. 883, 889, 891, 898, 902, 904, 905, 907, 908, 1032, 1709, 1710, 1796**]

Verbindung	Formel
Monoalkyl(aryl)hydrazin	R-NH-NH_2
sym. Dialkyl(aryl)hydrazin	R-NH-NH-R
asym. Dialkyl(aryl)hydrazin	R_2N-NH_2
Hydrazobenzen-Derivat	Ar-NH-NH-Ar
Hydrazon	R_2C=N-NH-R
Azin	R_2C=N-N=CR_2
Hydrazid	R-CO-NH-NH_2
Diacylhydrazin	RCO-NH-NH-OCR
Azoalkan (Dialkyldiazen)	R-N=N-R
Azobenzen-Derivat (Diaryldiazen)	Ar-N=N-Ar
Azoxyverbindung	R-N=$\overset{+}{N}$(-O^-)-R
Triazen-Derivat	R-N=N-NH-R
Alkyl(aryl)diazoniumsalz	R-$\overset{+}{N}$≡N] X^-
Diazohydroxid	R-N=N-OH
Diazoalkan	$R_2\overset{\ominus}{C}$-$\overset{+}{N}$≡N

[D] Derivate der Stickstoffwasserstoffsäure [HN_3]

Azid	R-N_3	Carbonsäureazid	R-CO-N_3

[E] Derivate der Salpetersäure [HNO_3] und Salpetrigen Säure [HNO_2]
[vgl. **MC-Fragen Nr. 876, 880, 893**]

Verbindung	Formel
C-Nitrosoverbindung	R_3C-N=O
Isonitrosoverbindung (Oxim)	R_2CH-N=O ⇌ R_2C=N-OH
N-Nitrosamin	R_2N-N=O
Alkyl(aryl)nitrit (Salpetrigsäureester)	R-O-N=O
Alkyl(aryl)nitrat (Salpetersäureester)	R-O-NO_2
prim. Nitroalkan	RCH_2-NO_2
sek. Nitroalkan	R_2CH-NO_2
tert. Nitroalkan	R_3C-NO_2
Nitroaren	Ar-NO_2

3.10.5 Darstellung und Reaktionen von Diazoverbindungen

3.10.5.1 Synthese von Diazoverbindungen

Diazoalkane haben die allgemeine Formel **[R_2CN_2]**. Sie sind *nicht* durch Diazotierung primärer aliphatischer Amine darstellbar, weil in deren Molekül kein acider, α-ständiger Wasserstoff vorhanden ist. Deshalb läuft bei *Alkyldiazoniumionen* die N_2-Eliminierung zum Carbeniumion schneller ab als die Deprotonierung zum Diazoalkan.

```
            (HNO2)       α        - N2
R2CH-NH2 ---------> R2CH-N2+  -------> R2CH+  --->  Alkohol, Alken
prim. Amin          Diazoniumion        Carbeniumion
                          |
                          |  - H+
                          |___//_____>  R2CN2      Diazoalkan
```

Zur Herstellung von Diazoalkanen geht man daher von acylierten oder sulfonierten primären Aminen aus. Diese werden zunächst nitrosiert und anschließend in einem Zweiphasensystem [Et_2O/H_2O] mit Alkalihydroxid-Lösungen gespalten, wobei ein Diazotat-Ion als Zwischenstufe durchlaufen wird.

```
                     - HO-                          - HO-              ⊖   +
R-C-N-CH2-R'     ------------>  -O-N=N-CH2-R'   ------------>   R'-C̄H-N≡N̄
  ‖ |                - H2O
  O N=O              - RCOO-     Diazotat-Ion                    Diazoalkan
N-Nitrosamid
```

Als Substrate zur Herstellung von Diazoalkanen haben sich folgende Nitrosamide bewährt:

```
                                                            O
                                                            ‖
H2N-C-N-CH2-R'          RO-C-N-CH2-R'          CH3-C6H4-S-N-CH2-R'
    ‖ |                    ‖ |                          ‖ |
    O N=O                  O N=O                        O N=O
Nitrosoalkyl-           Nitrosoalkyl-          Nitrosoalkyl-p-
harnstoffe              urethane               toluensulfonamide
```

Das weitaus wichtigste Diazoalkan ist **Diazomethan**, das wie folgt hergestellt werden kann [vgl. **MC-Fragen Nr. 911, 1710**]:

- aus ***N*-Nitrosomethylharnstoff** und KOH,

```
                 - HO-        ⊖  +                   + ⊖
H2N-C-N-CH3   ---------->  [ H2C̄-N≡N̄   <-->   H2C=N=N̄ ]
    ‖ |
    O N=O
```

- aus dem beständigeren ***N*-Nitroso-*N*-methyl-*p*-toluensulfonamid**.

$$CH_3\text{-}C_6H_4\text{-}SO_2\text{-}N(N{=}O)\text{-}CH_3 \xrightarrow{(HO^-)} CH_2N_2 + CH_3\text{-}C_6H_4\text{-}SO_3^- + H_2O$$

Das linear gebaute, mesomeriestabilisierte **Diazomethan** [CH_2N_2] ist giftig und in reinem Zustand hoch explosiv. Seine Lösungen (in Diethylether, Ethanol, Benzen) sind jedoch in der Kälte einige Tage haltbar.

Diazomethan reagiert mit Säuren – beispielsweise Bromwasserstoff – über Methandiazoniumbromid als Zwischenstufe zu **Methylbromid** [CH_3-Br]. Diazomethan ist daher ein häufig genutztes *Methylierungsmittel* für Verbindungen mit *aciden* H-Atomen (Phenole, Enole, Carbonsäuren). Alkohole reagieren nur in Gegenwart von Lewis-Säuren. Die Darstellung von *Carbonsäuremethylestern* oder *Phenylmethylethern* durch Umsetzung von Carbonsäuren bzw. Phenolen mit Diazomethan hat präparative und analytische Bedeutung. Mit dem CH-aciden **Acetessigester** reagiert Diazomethan zu einem Enolether. Zum Mechanismus dieser Reaktionen siehe ▸Kap. 3.9.6.1 [vgl. **MC-Fragen Nr. 911, 912**].

$$CH_3\text{-}C(=O)\text{-}CH_2\text{-}COOCH_2CH_3 + CH_2N_2 \rightarrow CH_3\text{-}C(OCH_3)\text{=}CH\text{-}COOCH_2CH_3 + N_2\uparrow$$

Diazomethan spaltet thermisch oder photochemisch leicht Stickstoff ab unter Bildung von **Carben** (Methylen) [CH_2]. Methylen addiert sich an C=C-Doppelbindungen, wodurch sich *Cyclopropan-Derivate* gewinnen lassen (siehe ▸Kap. 3.2.14.4). Diazomethan ist Reagenz zur *Homologisierung von Carbonsäuren* (siehe ▸Kap. 3.2.16.2 „*Arnst-Eistert-Reaktion*“).

Mit der C=O-Doppelbindung von Aldehyden und Ketonen reagiert Diazomethan zu einem Additionsprodukt, das nach N_2-Abspaltung zu Oxiranen (Epoxiden) führt. Als Nebenprodukte dieser Reaktion werden durch 1,2-Alkyl- oder durch Hydrid-Verschiebung Homologe der eingesetzten Carbonylverbindungen gebildet [vgl. **MC-Frage Nr. 983**].

$$\underset{\textbf{Oxiran}}{R_2C\overset{O}{—}CH_2} \xleftarrow{-N_2} R_2C{=}O \;+\; CH_2N_2 \xrightarrow{-N_2} R\text{-}CO\text{-}CH_2\text{-}R$$

Diazocarbonsäureester: Im Gegensatz zu den freien Aminosäuren oder primären Aminen erhält man bei der Umsetzung von α-Aminocarbonsäureestern mit HNO_2 die in der Kälte relativ beständigen, mesomeriestabilisierten Diazocarbonsäureester.

$$\underset{\text{Glycinester}}{H_2C(NH_2)\text{-}COOR} \xrightarrow{HNO_2} H_2C(N{=}N\text{-}OH)\text{-}COOR \xrightarrow[-\,H_2O]{+\,H^+} \underset{\text{Diazoessigester}}{\left[\overset{\ominus}{C}H(\overset{+}{N}{\equiv}N)\text{-}COOR \leftrightarrow CH(=\overset{+}{N}{=}\overset{\ominus}{N})\text{-}COOR \leftrightarrow CH(\overset{+}{N}{\equiv}N){=}C(O^{\ominus})\text{-}OR\right]}$$

α-Diazoketone: Sie bilden sich in analoger Weise beim Behandeln von α-*Aminoketonen* mit $NaNO_2$/HCl oder entstehen bei der Umsetzung von *Diazomethan* mit *Carbonsäurechloriden* als Zwischenprodukte der *Arndt-Eistert-Reaktion* [vgl. **MC-Frage Nr. 911**].

$$\underset{\underset{H_2N}{|}}{R-CH}-\underset{\underset{O}{\|}}{C}-R' \xrightarrow{(HNO_2)} \left[R-\underset{\underset{\underline{N}\equiv \overset{+}{N}}{|}}{\overset{\ominus}{\bar{C}}}-\underset{\underset{O}{\|}}{C}-R' \leftrightarrow \text{weitere mesomere Grenzstrukturen} \right]$$

3.10.5.2 Reaktionen von Diazoverbindungen

Diazoalkane besitzen *nucleophile Eigenschaften.* Bei der Addition eines Protons wird die Konjugationsmöglichkeit der Diazogruppe mit dem restlichen Molekül aufgehoben. Es entstehen unter N_2-Eliminierung Carbeniumionen, die sich durch Anlagerung eines Nucleophils oder durch Abspaltung eines Protons stabilisieren können. [*Bei Verwendung von Diazomethan:* **R = H**]. Für diese Reaktionen benutzt man im Allgemeinen die etherischen Lösungen der Diazoalkane, sodass das Proton aus dem Substrat stammt [vgl. **MC-Fragen Nr. 912, 1709**].

$$\underset{\text{Diazoalkan}}{R-\overset{\ominus}{\bar{C}}H-\overset{+}{N}\equiv \bar{N}} + H^+ \longrightarrow \underset{\text{Diazoniumion}}{R-CH_2-\overset{+}{N}\equiv N} \xrightarrow{-N_2} \underset{\text{Carbeniumion}}{R-\overset{+}{C}H_2}$$

$$R-CH_2^+ \begin{cases} + H_2O \longrightarrow R-CH_2OH & \text{Alkohol} \\ + X^- \longrightarrow R-CH_2X & \text{Alkylhalogenid} \\ + R'COO^- \longrightarrow R-CH_2-O-COR' & \text{Carbonsäureester} \\ + ArO^- \longrightarrow R-CH_2-O-Ar & \text{Phenolether} \end{cases}$$

Die Bereitschaft zur Addition eines Protons hängt von der Basizität der Diazoverbindung ab und nimmt in folgender Reihe zu:

Diazoketon < Diazoessigester < Diazoalkan < Diazomethan

3.10.6 Darstellung und Reaktionen von Diazoniumsalzen

3.10.6.1 Darstellung von Arendiazoniumsalzen

Primäre aromatische Amine reagieren mit *Salpetriger Säure* bei Temperaturen um 0 °C zu den entsprechenden *Aryldiazoniumsalzen* (Arendiazoniumsalzen). Die für die *Nitrosierung (Diazotierung)* notwendige HNO_2 wird in situ aus Alkalinitriten [$NaNO_2$, KNO_2] unter Zusatz einer Säure [HCl, H_2SO_4, HOAc] erzeugt [vgl. **MC-Fragen Nr. 867, 913**].

$$\underset{\substack{\text{Anilin-Hydrochlorid} \\ \text{Aniliniumchlorid}}}{C_6H_5-\overset{+}{N}H_3]Cl^-} + HNO_2 \longrightarrow \underset{\substack{\text{Benzendiazoniumchlorid} \\ \text{Phenyldiazoniumchlorid}}}{C_6H_5-\overset{+}{N}\equiv N]Cl^-} + 2\ H_2O$$

Je nach der eingesetzten Säure sind unterschiedliche Nitrosierungsagenzien wirksam.

$$NO_2^- + H^+ \longrightarrow HNO_2 \xrightarrow{+\,H^+} H_2NO_2^+ \xrightarrow[-\,H_2O]{+\,X^-} O{=}N{-}X \xrightarrow{-\,X^-} O{=}N^+$$

$[X^- = NO_2^-, Cl^-, HSO_4^-$ u.a.$]$

In Halogenwasserstoffsäuren ist es das betreffende *Nitrosylhalogenid* [O=N-X] (X=Br, Cl), in Schwefelsäure je nach Wassergehalt das *Nitrosoacidiumion* [$H_2NO_2^+$] oder das *Nitrosylsulfat* [O=N-O-SO_3^-], während das *Nitrosyl-Kation* [NO^+] nur in wenigen Fällen eine Rolle spielt.

Anstelle von Salpetriger Säure können in alkoholischer Lösung bei einem geringen Säurezusatz auch organische Salpetrigsäureester wie **Isoamylnitrit** [$CH_3CH(CH_3)CH_2CH_2O$-N=O] oder **Ethylnitrit** [CH_3CH_2O-N=O] zur Nitrosierung verwendet werden. Dies ist immer dann angezeigt, wenn die Ammoniumsalze in Wasser schwer löslich sind oder nur langsam mit HNO_2 reagieren.

$$Ar{-}\overset{+}{N}H_3]X^- + R{-}O{-}N{=}O \longrightarrow Ar{-}N_2^+]X^- + ROH + H_2O$$

Die *Diazotierung von primären aromatischen Aminen* läuft nach folgendem *Mechanismus* ab:

$$\underset{\text{prim. Arylamin}}{Ar{-}NH_2} \xrightleftharpoons{+\,H^+} Ar{-}NH_3^+ \xrightarrow[-\,HX]{+\,ONX} Ar{-}\overset{+}{N}H_2{-}NO \xrightarrow{-\,H^+}$$

$$\underset{\text{N-Nitrosamin}}{Ar{-}NH{-}N{=}O} \rightleftharpoons \underset{\text{Diazohydroxid}}{Ar{-}N{=}N{-}OH} \xrightarrow[-\,H_2O]{+\,H^+} \underset{\text{Diazoniumion}}{[Ar{-}\overset{+}{N}{\equiv}\underline{N} \leftrightarrow Ar{-}\underline{N}{=}\overset{+}{\underline{N}}]}$$

3.10.6.2 Eigenschaften von Arendiazoniumsalzen

Aryldiazoniumsalze sind farblose und kristalline Substanzen, die sich an der Luft dunkel färben und im trockenen Zustand unter N_2-Abspaltung detonieren. Die Diazoniumsalze starker Säuren sind in Wasser vollständig dissoziiert. Solche Lösungen reagieren neutral [vgl. **MC-Frage Nr. 914**].

Die im Vergleich zu Alkyldiazoniumionen erhöhte Stabilität von Arendiazoniumionen in Lösungen unterhalb von 5 °C ist eine Folge der Konjugation der Diazogruppe mit dem π-Elektronensystem des aromatischen Ringgerüstes. Die *Reaktivität* der mesomeriestabilisierten Diazoniumionen nimmt zu, wenn in *o*/*p*-Position Substituenten mit –I/–M-Effekten vorhanden sind. +I/+M-Substituenten senken hingegen die Reaktionsfähigkeit [vgl. **MC-Fragen Nr. 913, 915**].

In *wässriger Lösung* verhalten sich Diazoniumionen wie eine *zweibasige Säure* und bilden beim Versetzen mit Alkalihydroxiden *Diazotat-Anionen*. Hierbei überrascht, dass die Gleichgewichtskonstante $K_2 >> K_1$ ist. Dies bedeutet, dass in der Lösung das Arendiazohydroxid nur in geringer Konzentration auftritt. Erst oberhalb von pH~11,9 enthält die Lösung äquimolare Mengen an Diazohydroxid und Diazotat. Bei kleineren pH-Werten dominiert eindeutig das Diazoniumion [vgl. **MC-Fragen Nr. 889, 914**].

$$Ar{-}N_2^+ \xrightarrow[{[K_1]}]{+\,HO^-\ (\text{langsam})} Ar{-}N{=}N{-}OH \xrightarrow[{[K_2]}]{+\,HO^-\ (\text{rasch})} Ar{-}N{=}N{-}O^-$$

Diazoniumion — Diazohydroxid — Diazotat

Aufgrund ihrer N=N-Doppelbindung können *Diazotate* in einer *syn-* und *anti-Form* auftreten.

3.10.6.3 Reaktionen aromatischer Diazoniumsalze

Die Reaktionen von aromatischen Diazoniumionen, die hierzu nicht isoliert, sondern in situ erzeugt werden, lassen sich einteilen in:

- *Reaktionen, die unter Abspaltung der Diazogruppe verlaufen*
  - Verkochung,
  - Sandmeyer-Reaktion,
  - Reduktion.
- *Reaktionen, bei denen der Diazostickstoff im Molekül verbleibt*
  - Reduktion,
  - Azokupplung.

• Verkochen von Diazoniumsalzen

Während Aryldiazoniumionen bei tiefen Temperaturen relativ beständig sind, spalten sie beim Erhitzen oder beim Bestrahlen mit UV-Licht leicht Stickstoff ab unter Bildung eines *Arylkations* (Carbeniumion). Dieses reagiert mit in der Lösung vorhandenen Nucleophilen wie Wasser [siehe auch ▸Kap. 3.2.7.2 „S_N*Ar-Reaktionen nach einem Eliminations-Additions-Mechanismus*" und **MC-Fragen Nr. 616, 653, 802–804, 913, 917, 921, 924, 927, 936**].

In wässriger Lösung entstehen bevorzugt *Phenole*. Beispielsweise erhält man ***o*-Nitrophenol** bei der Diazotierung und anschließendem Verkochen von ***o*-Nitranilin**. *m-Nitrophenyldiazoniumchlorid* lässt sich in ***m*-Nitrophenol** umwandeln. Aus *m-Chloranilin* gewinnt man ***m*-Chlorphenol** [vgl. **MC-Fragen Nr. 616, 653, 818**].

Das Arylkation reagiert aber auch mit anderen in der Lösung anwesenden Nucleophilen, wie z. B. Halogenidionen.

$$Ar{-}OH \xleftarrow{+\ H_2O/H^+} Ar{-}N_2^+ \xrightarrow{+\ Cl^-} Ar{-}Cl$$

$$Ar{-}N_2^+ \xrightarrow[+\ HSO_4^-]{+\ SO_4^{2-}} \text{keine Reaktion}$$

Die konkurrierende Bildung von Arylchloriden ist zwar keine geeignete Methode zu ihrer Darstellung, sie mindert jedoch die Ausbeute an Phenolen. Daher führt man die Verkochung im Allgemeinen in schwefelsaurer Lösung durch, da Sulfat- und Hydrogensulfat-Ionen im Vergleich zu Wasser oder Halogenidionen schwächere Nucleophile darstellen.

Glatt lässt sich hingegen das Fluoridion unter Bildung von *Fluorarenen* einführen, indem man Diazoniumtetrafluoroborate in einem inerten Lösungsmittel erhitzt *(Schiemann-Reaktion)*. Im Gegensatz zu anderen Diazoniumsalzen sind die Fluoroborate im festen Zustand relativ beständig [vgl. **MC-Fragen Nr. 668, 701, 920–922**].

Erwärmt man Arendiazoniumsalze in *methanolischer Lösung,* so bilden sich *Anisol-Derivate.* Mit *höheren Alkoholen* entstehen infolge der reduzierenden Wirkung von Alkanolen anstelle des Ethers die betreffenden *aromatischen Kohlenwasserstoffe.*

$$Ar{-}N_2^+Cl^- + R{-}CH_2OH \longrightarrow Ar{-}H + R{-}CH{=}O + N_2 + HCl$$

Die Diazoniumgruppe lässt sich auch durch eine Reihe weiterer Substituenten (N_3^-, $H_2AsO_3^-$, $H_2SbO_3^-$) ersetzen. Beispielweise bildet sich **Phenylazid** [C_6H_5-N_3] bei der Umsetzung von Benzendiazoniumchlorid mit NaN_3. Phenylazid ist ein gelbes Öl, das nach Bittermandeln riecht [vgl. **MC-Fragen Nr. 922, 923**].

- **Reduktion**

Je nach den gewählten Reaktionsbedingungen können dabei *aromatische Kohlenwasserstoffe* oder unter Erhalt der Stickstoff-Funktion *Hydrazin-Derivate* gebildet werden [vgl. **MC-Fragen Nr. 923, 926**].

$$\underset{\text{Kohlenwasserstoff}}{Ar{-}H} \longleftarrow \underset{\text{Diazoniumion}}{Ar{-}\overset{+}{N}{\equiv}N} \longrightarrow \underset{\text{Arylhydrazin}}{Ar{-}NH{-}NH_2}$$

Die Reduktion von Diazoniumsalzen zu *Kohlenwasserstoffen* wird am besten mit Phosphinsäure [H_3PO_2], Phosphonsäure [H_3PO_3], Natriumstannit-Lösung [$NaSn(OH)_3$] oder Ameisensäure [HCOOH] durchgeführt.

Zur Bildung von *Arylhydrazinen* werden Natriumsulfit, Zn/HOAc oder $SnCl_2$/HCl als Reduktionsmittel eingesetzt. Bei der Einwirkung von Sulfit-Ionen bilden sich zunächst *Diazosulfonate,* die sich mit überschüssigem Reagenz in Phenylhydrazine umwandeln. Das Verfahren wird technisch zur Darstellung von **Phenylhydrazin** aus **Anilin** genutzt [vgl. **MC-Fragen Nr. 909, 910, 915, 918, 923, 924**].

$$Ar\text{-}N_2^+ + NaHSO_3 \xrightarrow{+\,H^+} \underset{\text{Diazosulfonat}}{Ar\text{-}N{=}N\text{-}SO_3Na} \xrightarrow{NaHSO_3} \underset{\text{Arylhydrazin}}{Ar\text{-}NH\text{-}NH_2}$$

Phenylhydrazine [Ar-NH-NH_2] besitzen reduzierende Eigenschaften; sie sind wichtige Reagenzien zur Charakterisierung von Carbonylverbindungen in Form ihrer *Phenylhydrazone* (siehe ▸Kap. 3.12.5.3) sowie zur Bildung von *Osazonen* (siehe ▸Kap. 3.16.3.5). Phenylhydrazine sind Ausgangsmaterialien für die *Indol-Synthese nach Fischer* und dienen auch zur Darstellung von *Pyrazolon-Derivaten* [siehe hierzu ▸Kap. 3.15.3.1 und **MC-Fragen Nr. 909, 910**].

• Sandmeyer-Reaktion

In vielen Fällen, in denen die N_2-Gruppe nicht durch ein einfaches Verkochen ausgetauscht werden kann, ist es möglich, sie nach Zugabe von *Kupfer* oder *Cu(I)-Salzen* durch andere Gruppen zu ersetzen. Vorteil der Reaktion ist, dass keine Isomeren auftreten und der Ort der Substitution durch die Stellung der Diazogruppe eindeutig festgelegt ist. Die Reaktion verläuft somit *regioselektiv.* Die nachfolgende Graphik vermittelt einen Eindruck über das Synthesepotential der Sandmeyer-Reaktion [vgl. **MC-Fragen Nr. 661, 694, 695, 708, 914, 919, 921, 922, 924, 925, 1188**].

$R\text{-}C_6H_4\text{-}\overset{+}{N}_2 \xrightarrow{-N_2}$

- $\xrightarrow{Cl^-;\ Cu^+}$ $R\text{-}C_6H_4\text{-}Cl$ Chlorbenzen
- $\xrightarrow{Br^-;\ Cu^+}$ $R\text{-}C_6H_4\text{-}Br$ Brombenzen
- $\xrightarrow[Cu]{Na_2SO_3}$ $R\text{-}C_6H_4\text{-}SO_3Na$ Benzensulfonsäure
- $\xrightarrow{CN^-;\ Cu^+}$ $R\text{-}C_6H_4\text{-}CN$ Benzonitril
- $\xrightarrow[Cu]{NaNO_2}$ $R\text{-}C_6H_4\text{-}NO_2$ Nitrobenzen

Die als Nebenprodukte auftretenden *Diarylverbindungen* weisen auf einen radikalischen Ablauf der Reaktion hin, wobei ein Cu(I)-Ion die Rolle des Elektronendonators bzw. -akzeptors übernimmt. Die aus Diazoniumionen und Cu(I) im geschwindigkeitsbestimmenden Teilschritt gebildeten *Arylradikale* reagieren anschließend mit dem Nucleophil zu Ar-X unter Rückbildung des Cu(I)-Katalysators bzw. die Arylradikale rekombinieren zu *Biphenyl-Derivaten* [Ar-Ar] [vgl. **MC-Fragen Nr. 921–923**].

$$Ar\text{-}N_2^+ + Cu^+ \longrightarrow Ar\cdot + N_2 + Cu^{2+}$$
$$Ar\cdot + X^- \longrightarrow Ar\text{-}X + e^-$$
$$Cu(II) + e^- \longrightarrow Cu(I)$$
$$Ar\cdot + Ar\cdot \longrightarrow Ar\text{-}Ar \quad \text{(Nebenreaktion)}$$

Der formulierte Mechanismus macht verständlich, warum leicht oxidierbare bzw. reversibel oxidierbare Reagenzien wie z. B. *Iodidionen keinen* Cu-Katalysator benötigen. Allerdings diskutiert man bei der Bildung von *Aryliodiden* aus aromatischen Diazoniumsalzen auch einen direkten nucleophilen Angriff des Iodidions auf ein intermediär auftretendes Arylkation.

$$Ar\text{-}N_2^+ + I^- \longrightarrow Ar\cdot + N_2 + 1/2\, I_2$$

$$Ar\cdot + I^- \longrightarrow Ar\text{-}I + e^-$$

$$1/2\, I_2 + e^- \longrightarrow I^-$$

Die Verwendung von Diazoniumsalzen zur Synthese polysubstituierter Aromaten sei nochmals an der Darstellung von **2,4-Dichlornitrobenzen** aufgezeigt. Die Substanz kann ausgehend von **3-Chlor-4-nitranilin** durch Diazotierung und nachfolgende Sandmeyer-Reaktion oder ausgehend von **2,4-Dichlor-5-nitranilin** durch Diazotierung und nachfolgende Reduktion synthetisiert werden [vgl. **MC-Frage Nr. 928**].

- **Azokupplung**

Aromatische Diazoniumsalze besitzen am endständigen Stickstoffatom der Diazoniumgruppe *elektrophile Eigenschaften*. Sie reagieren daher mit einer Reihe von Aromaten und Heteroaromaten im Sinne einer **S_EAr-Reaktion** zu *Azoverbindungen* (*Diazenverbindungen*) [Ar-N=N-Ar´] [vgl. **MC-Fragen Nr. 668, 913, 1711**].

$$Ar\text{-}N_2^+ + Ar\text{-}H \xrightarrow{(S_E)} Ar\text{-}N{=}N\text{-}Ar + H^+$$

Infolge der weitgehend delokalisierten Ladung sind Diazoniumionen relativ *schwache Elektrophile,* die *nur* mit stark *aktivierten Aromaten [Phenole, arom. Amine]* und einigen *π-elektronenreichen Heteroaromaten [Pyrrol, Indol]* kuppeln. –I/–M-Substituenten steigern, +I/+M-Substituenten senken hingegen die Reaktivität des Diazoniumions. Die Substitution findet fast ausschließlich in der *para-Position* statt. Die *o*-Position reagiert nur dann, wenn die *p*-Stellung blockiert ist [vgl. **MC-Fragen Nr. 915, 916, 924, 929, 930, 933**].

Einfluss des pH-Wertes: Für jede Kupplungsreaktion existiert ein optimaler pH-Wert. In stark saurem Milieu wird im Allgemeinen mit aromatischen Aminen und Phenolen keine Umsetzung beobachtet, weil die Konzentration an freiem Amin durch Salzbildung gemindert bzw. die Dissoziation des Phenols zum Phenolat stark zurückgedrängt wird.

$$Ar\text{-}NH_2 + H^+ \rightleftharpoons Ar\text{-}NH_3^+ \quad ; \quad Ar\text{-}OH \rightleftharpoons Ar\text{-}O^- + H^+$$

Im stark alkalischen Milieu ist die Bereitschaft des Amins zur Kupplung zwar ungeschwächt vorhanden, bei Phenolen durch Salzbildung sogar beträchtlich erhöht, aber die Konzentration an Diazoniumionen ist gering, weil sich Diazotat-Ionen bilden. Diazotate sind nicht mehr kupplungsfähig [vgl. **MC-Frage Nr. 915**].

$$Ar\text{-}\overset{+}{N}{\equiv}N \xrightarrow{+\,HO^-} Ar\text{-}N{=}N\text{-}OH \xrightarrow[-\,H_2O]{+\,HO^-} Ar\text{-}N{=}N\text{-}O^-$$

Diazoniumion — Diazohydroxid — Diazotat

Die günstigsten Bedingungen für die Azokupplung liegen deshalb bei *Aminen* als Kupplungskomponente im *schwach sauren,* bei *Phenolen im schwach alkalischen pH-Bereich* [vgl. **MC-Frage Nr. 932**].

Aromatische Amine als Kupplungskomponente: Durch Kupplung des Diazoniumsalzes mit *primären aromatischen Aminen* werden *Triazene (Diazoaminoverbindungen)* erhalten (**N-Kupplung**) [vgl. **MC-Fragen Nr. 867, 915, 1316**].

$$C_6H_5\text{-}NH_2 + \overset{+}{N}{\equiv}N\text{-}C_6H_5 \rightleftharpoons C_6H_5\text{-}\overset{+}{N}H_2\text{-}N{=}N\text{-}C_6H_5 \xrightarrow{-\,H^+}$$

$$C_6H_5\text{-}NH\text{-}N{=}N\text{-}C_6H_5 \xrightarrow[conc.]{+\,H^+} C_6H_5\text{-}N{=}N\text{-}C_6H_4\text{-}NH_2$$

Diazoaminobenzen (1,3-Diphenyltriazen) — p-Aminoazobenzen

Charakteristisch für Diazoaminoverbindungen ist ihre im sauren Milieu bei erhöhten Temperaturen leicht erfolgende Umlagerung zu *Aminoazoverbindungen* (siehe ▸Kap. 3.2.17). Allerdings ist anzumerken, dass die N-Kupplung auf Anilin, *ortho*- und *para*-substituierte Anilin-Derivate sowie *p*-Toluidin beschränkt ist. Bei anderen primären aromatischen Aminen erfolgt sofort eine C-Kupplung mit dem aromatischen Ringgerüst.

Setzt man ein *sekundäres Amin,* z. B. ***N*-Methylanilin**, als Substrat ein, so entsteht gleichfalls die Diazoaminoverbindung, die sich jedoch – teilweise schon in der Kälte – rasch in das Aminoazo-Derivat umlagert.

$$Ar\text{-}N_2^+ + Ar\text{-}NH\text{-}R \xrightarrow{+\,H^+} Ar\text{-}N{=}N\text{-}NR\text{-}Ar \longrightarrow Ar\text{-}N{=}N\text{-}Ar\text{-}NH\text{-}R$$

Im Gegensatz dazu reagieren *tertiäre aromatische Amine* direkt unter **C-Kupplung** zu *p-Aminoazoverbindungen.*

$$Ar\text{-}N_2^+ + Ar\text{-}NR_2 \xrightarrow{-\,H^+} Ar\text{-}N{=}N\text{-}Ar\text{-}NR_2$$

Die erhaltenen *Azoverbindungen* können zu Hydrazin-Derivaten oder zu primären aromatischen Aminen reduziert werden.

$$R\text{-}Ar\text{-}N{=}N\text{-}Ar\text{-}R' \xrightarrow{H_2} R\text{-}Ar\text{-}NH\text{-}NH\text{-}Ar\text{-}R' \xrightarrow{H_2} R\text{-}Ar\text{-}NH_2 + H_2N\text{-}Ar\text{-}R'$$

Methylorange (4-Dimethylaminoazobenzen-4'-sulfonsäure) wird durch Kuppeln von diazotierter Sulfanilsäure (4-Aminobenzensulfonsäure) mit *N,N*-Dimethylanilin hergestellt. Die verdünnte gelbe Lösung des acidobasischen Indikators schlägt auf Zusatz von Mineralsäuren unter Protonierung der Azogruppe und Bildung eines *mesomeriestabilisierten* Kations nach Rot um. In analoger Weise gewinnt man **Methylrot** (4-Dimethylaminoazobenzen-3'-carbonsäure) durch Kupplung von diazotierter Anthranilsäure (*o*-Aminobenzoesäure) mit *N,N*-Dimethylanilin [siehe auch Ehlers, **Analytik II**, ▸Kap. 6.1.5.4 „*Azofarbstoffe*" und **MC-Fragen Nr. 931, 934, 935, 1680**].

Phenole als Kupplungskomponente: Die Kupplung von Diazoniumsalzen mit Phenolen oder Naphtholen in schwach alkalischer Lösung erfolgt rascher als die mit Aminen im schwach sauren Milieu [vgl. **MC-Fragen Nr. 933, 1711**].

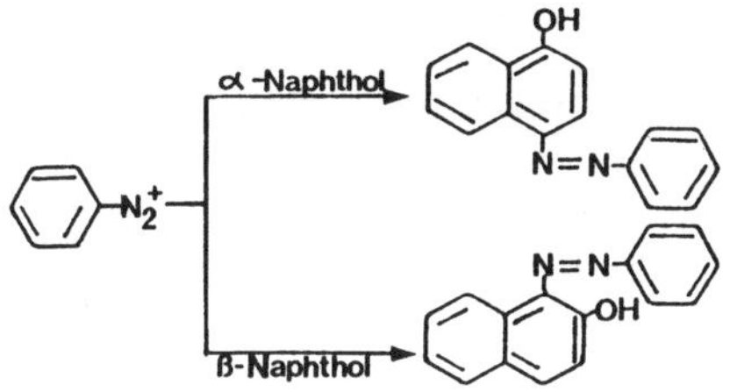

CH-acide Kupplungskomponenten: Diazoniumsalze kuppeln auch mit reaktiven Methylengruppen, wie sie z. B. in *1,3-Diketonen, β-Ketoestern* (**Acetessigester**) oder im **Malonester** vorliegen. Primär bilden sich Azoverbindungen, die aber spontan zu *Arylhydrazonen* tautomerisieren.

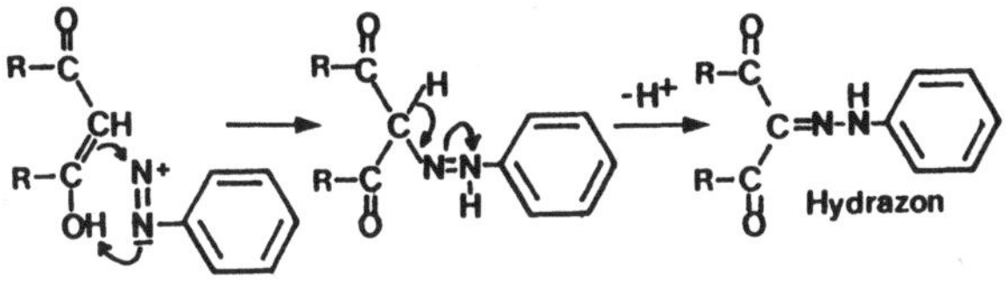

3.10.7 Darstellung, Eigenschaften und Reaktionen von Nitroverbindungen

3.10.7.1 Nitroalkane

Nomenklatur und Struktur: Nitroalkane leiten sich von Alkanen durch Ersatz eines H-Atoms gegen die *Nitrogruppe* [-NO_2] ab, wobei der Stickstoff *direkt* an ein C-Atom gebunden ist. Die homologe Reihe der Nitroalkane beginnt mit dem **Nitromethan** [CH_3NO_2].

Je nachdem, ob die NO_2-Gruppe an einem primären, sekundären oder tertiären Kohlenstoff haftet, spricht man von *primären, sekundären* bzw. *tertiären Nitroalkanen* [vgl. **MC-Frage Nr. 844**].

RCH_2-NO_2	R_2CH-NO_2	R_3C-NO_2
primäres	sekundäres	tertiäres Nitroalkan

Daneben existieren auch Polynitroalkane wie z. B. **Trinitromethan** (Nitro-Form) [$CH(NO_2)_3$] oder **Tetranitromethan** [$C(NO_2)_4$].

$$R-N \equiv \left[R-\overset{+}{N}\begin{matrix} \nearrow O \\ \searrow O^- \end{matrix} \longleftrightarrow R-\overset{+}{N}\begin{matrix} \nearrow O^- \\ \searrow O \end{matrix} \right]$$

o Abb. 3.85 Orbitalmodell der Nitrogruppe

In den Nitroalkanen ist das N-Atom unmittelbar mit einem sp^3-hybridisierten Kohlenstoff verknüpft. Da der Stickstoff maximal nur vierbindig auftritt, besitzen aliphatische Nitroverbindungen die in o Abb. 3.85 gezeigte Struktur.

Während ein O-Atom doppelt an das N-Atom gebunden ist, wird die Bindung des zweiten Sauerstoffs durch ein Elektronenpaar vermittelt, dem eine Ionenbeziehung überlagert ist. Solche Bindungen bezeichnet man als *semipolar.* Tatsächlich unterscheiden sich die beiden N-O-Bindungen aber nicht in ihren Bindungsverhältnissen. Sie sind vollkommen äquivalent. Nach der MO-Theorie überlappt ein p-Orbital des Stickstoffs mit jeweils einem p-Orbital der beiden Sauerstoffe, wobei π-MO entstehen, die 4 Elektronen enthalten und alle drei Atomkerne umhüllen. Die Nitrogruppe ist somit *mesomer,* d. h., zwei Elektronenpaare besetzen delokalisierte MO [vgl. **MC-Frage Nr. 937**].

Darstellung: Zur Darstellung von Nitroalkanen eignen sich folgende Methoden [vgl. **MC-Fragen Nr. 937, 938**]:

(1) *Radikalische Nitrierung von Alkanen:* Sie erfolgt mit Salpetersäure und ist nur in der Gasphase (400–450 °C) möglich.

(2) *Nitrierung von Halogenalkanen:* Die Darstellung primärer und sekundärer Nitroalkane gelingt im Labor durch Umsetzung von Alkylhalogeniden mit Alkalinitriten in DMF als Lösungsmittel. Die Ausbeuten an Nitroalkanen liegen zwischen 55–60%, daneben entstehen zu 24–30% die isomeren Alkylnitrite (siehe auch ▸Kap. 3.2.5.9 „S_N-*Reaktionen mit ambidenten Ionen*“).

$$R\text{-}I + NaNO_2 \xrightarrow{-\,NaI} \begin{cases} R\text{-}NO_2 & \text{Nitroalkan} \quad [S_N2] \\ R\text{-}O\text{-}N{=}O & \text{Alkylnitrit} \quad [S_N1] \end{cases}$$

Die Ausbeuten an primären Nitroalkanen sind höher, wenn man Silbernitrit als Reagenz verwendet.

$$CH_3(CH_2)_6CH_2I \xrightarrow{+\,AgNO_2} \underset{(83\%)}{CH_3(CH_2)_6CH_2\text{-}NO_2} + \underset{(11\%)}{CH_3(CH_2)_6CH_2\text{-}ONO}$$

(3) *Tertiäre Nitroalkane* gewinnt man durch Oxidation von primären Aminen mit tertiärem Alkylrest. Als Oxidans fungiert $KMnO_4$.

$$R_3C\text{-}NH_2 \xrightarrow{[O]} R_3C\text{-}NO_2$$

(4) Nitromethan kann durch Erhitzen von **Chloressigsäure** in wässriger $NaNO_2$-Lösung und anschließende spontane Decarboxylierung der intermediär gebildeten **Nitroessigsäure** hergestellt werden.

$$\underset{\text{Chloressigsäure}}{Cl\text{-}CH_2\text{-}COOH} \xrightarrow[-\ NaCl]{+\ NaNO_2} \underset{\text{Nitroessigsäure}}{O_2N\text{-}CH_2\text{-}COOH} \xrightarrow{-\ CO_2} \underset{\text{Nitromethan}}{CH_3\text{-}NO_2}$$

(5) Durch Einwirken von rauchender HNO_3 in der Kälte auf *Acetanhydrid* entsteht **Tetranitromethan** [$C(NO_2)_4$].

$$(CH_3COO)_2O + 4\ HNO_3 \longrightarrow C(NO_2)_4 + CH_3COOH + CO_2 + 3\ H_2O$$

Eigenschaften: Nitroalkane sind farblose, in Wasser nur wenig lösliche Flüssigkeiten. Zum Unterschied von tertiären Nitroverbindungen lösen sich aber *primäre* und *sekundäre Nitroalkane* unter Salzbildung in wässrigen Alkalihydroxid-Lösungen. Aus alkoholischer Lösung fallen diese Salze in fester Form an. Primäre und sekundäre Nitroalkane besitzen aufgrund der durch den –I-Effekt der Nitrogruppe induzierten leichten Abspaltbarkeit eines α-ständigen H-Atoms *CH-acide Eigenschaften* [vgl. **MC-Fragen Nr. 937, 1034, 1643, 1651, 1653, 1655, 1661, 1662, 1666**].

$$R_2\overset{\alpha}{C}(H)\text{-}\overset{+}{N}(=O)\text{-}O^- \xrightarrow[-\ H_2O]{+\ HO^-} \left[R_2\overset{\ominus}{C}\text{-}\overset{+}{N}(=O)\text{-}O^{\ominus} \longleftrightarrow R_2C{=}\overset{+}{N}(\text{-}O^{\ominus})\text{-}O^{\ominus} \right]$$

Der pK_s-Wert des **Nitromethans** beträgt 10,2, der von **Nitroethan** 8,5 und der von **2-Nitropropan** 7,8. Eine NO_2-Gruppe wirkt sich stärker acidifizierend aus als zwei Carbonylgruppen. Die relativ hohe Acidität primärer und sekundärer Nitroalkane ist auch darauf zurückzuführen, dass ihre konjugierten Basen resonanzstabilisiert sind.

In einigen Fällen konnte bei primären und sekundären Nitroalkanen ein Gleichgewicht zwischen der normalen und der aci-Nitro-Form nachgewiesen werden [siehe auch ▸Kap. 3.2.15.5 und **MC-Frage Nr. 937**].

$$\text{Nitro-Form} \quad \left[R_2CH\text{-}\overset{+}{N}(=O)\text{-}O^- \rightleftharpoons R_2C{=}\overset{+}{N}(\text{-}OH)\text{-}O^- \right] \quad \text{aci-Nitro-Form}$$

Reaktionen: Die *Reduktion* von Nitroverbindungen wurde im ▸Kap. 3.2.19.7 behandelt. Darüber hinaus sind an Reaktionen von Nitroverbindungen zu nennen:

(1) Mit *Carbonylverbindungen* in Anwesenheit einer Base reagieren primäre und sekundäre Nitroalkane im Sinne einer *Aldolreaktion* (siehe ▸Kap. 3.12.6.1). Aufgrund der hohen CH-Acidität von Nitroalkanen werden nur schwach basische Katalysatoren benötigt. Mit Formaldehyd reagieren alle verfügbaren α-ständigen Wasserstoffe der Nitroverbindung.

Organische Chemie

$$\underset{\textbf{Acetaldehyd}}{H_3C\text{-}CH{=}O} + \underset{\textbf{Nitromethan}}{H_3C\text{-}NO_2} \rightarrow \underset{\beta\text{-}\textbf{Hydroxynitropropan}}{H_3C\text{-}\overset{\beta}{C}H(OH)\text{-}\overset{\alpha}{C}H_2\text{-}NO_2}$$

$$\underset{\textbf{Formaldehyd}}{3\ H_2C{=}O} + \underset{\textbf{Nitromethan}}{H_3C\text{-}NO_2} \rightarrow \underset{\textbf{Tri(hydroxymethyl)nitromethan}}{(HOCH_2)_3C\text{-}NO_2}$$

$$\underset{\textbf{Formaldehyd}}{2\ H_2C{=}O} + \underset{\textbf{Nitroethan}}{H_3C\text{-}CH_2\text{-}NO_2} \rightarrow \underset{\textbf{2-Methyl-2-nitropropan-1,3-diol}}{H_3C\text{-}C(CH_2OH)_2\text{-}NO_2}$$

Bei der Reaktion mit aromatischen Aldehyden dehydratisieren die intermediär gebildeten β-Hydroxy-nitroverbindungen zu α,β-ungesättigten Nitro-Derivaten.

$$\underset{\text{Benzaldehyd}}{C_6H_5\text{-}CH{=}O} + CH_3\text{-}NO_2 \longrightarrow C_6H_5\text{-}CH(OH)\text{-}CH_2\text{-}NO_2 \longrightarrow \underset{\beta\text{-Nitrostyren}}{C_6H_5\text{-}CH{=}CH\text{-}NO_2}$$

Die Reduktion der durch Aldoladdition erhaltenen β-Hydroxy-nitroverbindungen ist ein bequemer Syntheseweg zu *1,2-Aminoalkoholen.*

(2) Eine *analytische Unterscheidung* zwischen primären, sekundären und tertiären Nitroalkanen ist durch Behandeln mit Salpetriger Säure möglich.

Primäre Nitroalkane reagieren zu farblosen *Nitrolsäuren,* die sich in wässrigen Alkalihydroxid-Lösungen unter Bildung tiefrot gefärbter Salze lösen. Sekundäre Nitroverbindungen ergeben blaugrün gefärbte *Pseudonitrole*, während tertiäre Nitroalkane nicht mit HNO_2 reagieren.

$$\underset{\text{prim. Nitroalkan}}{RCH_2\text{-}NO_2} + HNO_2 \xrightarrow[-\ H_2O]{} \underset{\text{Nitrolsäure}}{R\text{-}C({=}N\text{-}OH)\text{-}NO_2}$$

$$\underset{\text{sek. Nitroalkan}}{R_2CH\text{-}NO_2} + HNO_2 \xrightarrow[-\ H_2O]{} \underset{\text{Pseudonitrol}}{R_2C(N{=}O)\text{-}NO_2}$$

(3) *Aci-Nitroalkan-Spaltung* (**Nef-Reaktion**): Beim Versetzen von primären oder sekundären Nitroalkanen mit starken Mineralsäuren erhält man *Aldehyde* oder *Ketone* und Distickstoffmonoxid. Die Überführung der aliphatischen Nitroverbindung in die tautomere aci-Nitro-Form geschieht mit NaOH-Lösung.

$$2\ R\text{-}CH{=}\overset{+}{N}(O^-)\text{-}O^-\,Na^+ \xrightarrow[-\ Na^+]{+\ H^+} 2\ R\text{-}CH{=}\overset{+}{N}(OH)\text{-}O^- \xrightarrow[-\ N_2O\uparrow]{-\ H_2O} 2\ R\text{-}CH{=}O$$

(4) *Nitroalkan-Spaltung:* Die C-N-Bindung von Nitroalkanen kann auch direkt durch starke Mineralsäuren gespalten werden, wobei ein *intramolekularer Redoxprozess* abläuft. *Primäre Nitroalkane* ergeben durch Hydrolyse der intermediär auftretenden Hydroxamsäuren *Carbonsäuren* und Hydroxylamin. *Sekundäre Nitroalkane* liefern *Ketone* (die Zahlenangaben über den Atomen stellen die betreffenden Oxidationszahlen dar).

$$\underset{\text{prim. Nitroalkan}}{\overset{-1\ \ +3}{R\text{-}CH_2\text{-}NO_2}} \xrightarrow{+\,H^+} \underset{\text{Hydroxamsäure}}{\overset{-3\ \ +1}{R\text{-}CO\text{-}NHOH}} \xrightarrow{+\,H_2O} \underset{\text{Carbonsäure}}{R\text{-}COOH} + NH_2OH$$

$$\underset{\text{sek. Nitroalkan}}{2\ R_2CH\text{-}NO_2} \xrightarrow{+\,H^+} \underset{\text{Keton}}{2\ R_2C{=}O} + N_2O + H_2O$$

3.10.7.2 Aromatische Nitroverbindungen

Die Darstellung von *Nitroarenen* durch *elektrophile Nitrierung* aromatischer Substrate war Gegenstand des ▸Kap. 3.6.4.2. Die Einführung der Nitrogruppe über eine *Sandmeyer-Reaktion* hat kaum praktische Bedeutung.

Über den dirigierenden Einfluss der Nitrogruppe auf elektrophile Zweitsubstitutionen informierte ▸Kap. 3.2.6.2. Die präparativ wichtige Reduktion aromatischer Nitrogruppen wurde im ▸Kap. 3.2.19.7 vorgestellt.

3.10.8 Darstellung, Eigenschaften und Reaktionen von Nitrosoverbindungen

Primäre und sekundäre aliphatische *C-Nitrosoverbindungen* sind instabil. Sie tautomerisieren quantitativ zu **Oximen** (Isonitrosoverbindungen). Die Nitrosierung CH-acider Substrate folgt einem S_E-Mechanismus [siehe ▸Kap. 3.2.9 und ▸Kap. 3.2.15.5 sowie **MC-Fragen Nr. 219, 221, 876**].

$$-CH_2 \rightarrow -CH\text{-}N{=}O \rightarrow \underset{\text{Oxim}}{-C{=}N\text{-}OH}$$

Nitrosoarene sind durch elektrophile Nitrosierung aktivierter Aromaten herstellbar (siehe ▸Kap. 3.6.4.2). Darüber hinaus gelingt ihre Darstellung durch Oxidation von Arylaminen (siehe ▸Kap. 3.10.3.2).

Nitrosoverbindungen können zu primären Aminen reduziert bzw. zu Arylnitroverbindungen oxidiert werden. *p*-Nitrosophenole lassen sich in Chinone umwandeln (siehe ▸Kap. 3.9.5.1).

Bei der Umsetzung von *sekundären Aminen* mit Salpetriger Säure bilden sich *N-Nitrosamine* (siehe ▸Kap. 3.10.3.4). *N*-Nitrosamine können durch reduktive Verfahren wieder zu Aminen gespalten werden, sodass der Gesamtprozess eine nützliche Reinigungsmethode für sekundäre Amine darstellt. Darüber hinaus ist eine selektive Reduktion des *N*-Nitrosamins zu einem *Hydrazin-Derivat* möglich [vgl. **MC-Fragen Nr. 880, 893**].

$$R_2NH \xrightarrow[+\,HCl]{+\,NaNO_2} \underset{\text{Nitrosamin}}{R_2N\text{-}N{=}O} \xrightarrow[+\,HCl]{+\,SnCl_2} R_2NH \quad \text{sek. Amin}$$

$$R_2N\text{-}N{=}O \xrightarrow{[H]} R_2N\text{-}NH_2 \quad \text{Hydrazin}$$

Nitrosamine, insbesondere **Dimethylnitrosamin** [$(CH_3)_2N\text{-}NO$], wirken bei vielen Tierspezies stark *cancerogen.*

Organische Chemie

3.11 Schwefelverbindungen

3.11.1 Nomenklatur, Struktur und Bindungsverhältnisse von Schwefelverbindungen

3.11.1.1 Struktur und Nomenklatur

Alkanthiole (Mercaptane, Thioalkohole) [**R-SH**] sind die Schwefelanaloga der Alkohole. Sie können auch als Monoalkyl-Derivate des Schwefelwasserstoffs aufgefasst werden.

Ihre Benennung erfolgt durch Anhängen des Wortes *„thiol"* an den Namen des Kohlenwasserstoffs. Daneben ist das Suffix *„mercaptan"* an den Namen des Alkylrestes noch gebräuchlich. Bei Substanzen komplizierterer Struktur wird die SH-Gruppe als Substituent angesehen und mit *„Mercapto"* oder *„Sulfhydryl"* gekennzeichnet. Neuerdings wird die SH-Gruppe als **„Sulfanyl-Rest"** bezeichnet und dementsprechend sind Mercaptane als **Alkylsulfanyl-Verbindungen** zu betrachten.

CH_3-SH	**Methanthiol**	**(Methylmercaptan)**
$(CH_3)_2$CH-SH	**2-Propanthiol**	**(Isopropylmercaptan)**

Thiophenole [**Ar-SH**] sind die Schwefelanaloga der Phenole. Sie können auch als Monoaryl-Derivate des H_2S aufgefasst werden. Die Bezeichnung **Thiophenol** [C_6H_5-SH] dient auch zur Benennung des Grundkörpers dieser Substanzklasse [vgl. **MC-Frage Nr. 940**].

Sulfide [**R-S-R**] sind Disubstitutionsprodukte des Schwefelwasserstoffs. Je nachdem, ob die beiden Alkylreste gleich oder verschieden sind, unterteilt man sie in *symmetrische* [**R-S-R**] und *gemischte Dialkylsulfide* [**R-S-R'**]. Darüber hinaus kennt man *Arylalkylsulfide* [**Ar-S-R**] und *Diarylsulfide* [**Ar-S-Ar**]. Die veraltete Bezeichnung *Thioether* sollte für diese Stoffklasse nicht mehr verwendet werden [vgl. **MC-Frage Nr. 1341**].

Die Benennung der Sulfide erfolgt analog der der Ether. An den Namen der beiden Alkylreste wird das Wort *„sulfid"* angehängt. Nach dem IUPAC-System werden Sulfide als *Alkylthioalkane* bezeichnet; die größere der beiden Alkylgruppen bildet das Grundgerüst. Für die Bezeichnung von *Disulfiden* [**R-S-S-R**] gelten die gleichen Regeln unter Anhängen des Suffix *„disulfid"* [vgl. **MC-Frage Nr. 945**].

CH_3-S-CH_3	**Dimethylsulfid** (**Methylthiomethan**, **Methylsulfanylmethan**)
CH_3-S-CH_2CH_3	**Ethylmethylsulfid** (**Methylthioethan**, **Methylsulfanylethan**)
CH_3-S-C_6H_5	**Methylphenylsulfid** (**Methylthiobenzen**, „*Thioanisol*“)
CH_3-S-S-CH_3	**Dimethyldisulfid** (**Methyldisulfanylmethan**)

Alternativ können Sulfide (R-S-R) auch mit dem Stammnamen **Sulfan** bezeichnet werden. Danach wird z. B. *Dimethylsulfid* (CH_3-S-CH_3) auch als **Dimethylsulfan** benannt. In analoger Weise wären dann Disulfide (R-S-S-R) als **Disulfane** zu bezeichnen.

Sulfoniumsalze [$\mathbf{R_3S^+X^-}$] sind die Reaktionsprodukte der Umsetzung von Sulfiden mit Halogenalkanen. Bei der Oxidation von Sulfiden entstehen *Sulfoxide* [**R-SO-R**] und *Sulfone* [**R-SO$_2$-R**] [vgl. **MC-Fragen Nr. 942, 944, 946, 1337, 1338**].

Die letztgenannten Stoffklassen werden als *Alkylsulfinyl-* bzw. *Alkylsulfonyl-Derivate* bezeichnet. Geläufiger ist jedoch der analog den Sulfiden durch Anhängen der Suffixe „*sulfoxid*“ oder „*sulfon*“ gebildete Name.

Tab. 3.48 Redoxbeziehungen von Schwefelverbindungen

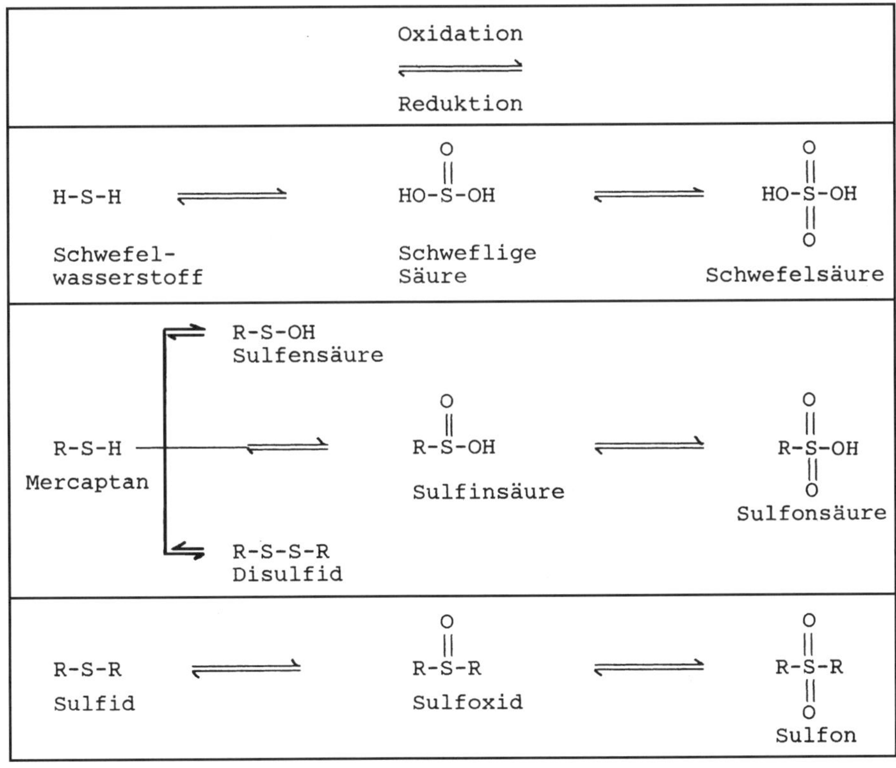

CH_3-SO-CH_3	**Methylsulfinylmethan**	(**Dimethylsulfoxid**)
CH_3-SO-CH_2CH_3	**Methylsulfinylethan**	(**Ethylmethylsulfoxid**)
CH_3-SO_2-CH_2CH_3	**Methylsulfonylethan**	(**Ethylmethylsulfon**)
C_6H_5-SO_2-C_6H_5	**Diphenylsulfon**	(**Phenylsulfon**)

Auch *Mercaptane* und *Thiophenole* lassen sich leicht oxidieren. Mit schwachen Oxidantien entstehen *Disulfide;* verwendet man dagegen starke Oxidationsmittel, so bilden sich *Sulfensäuren, Sulfinsäuren* oder *Sulfonsäuren.* ◘Tab. 3.48 fasst die reversiblen Redoxbeziehungen zwischen den einzelnen schwefelhaltigen Stoffklassen nochmals zusammen.

Zur Bezeichnung der organischen Schwefelsauerstoffsäuren wird an den Namen des Alkans oder Arens das Suffix *„sulfensäure"*, *„sulfinsäure"* oder *„sulfonsäure"* angehängt. Die Salze der Sulfonsäuren werden *Sulfonate* genannt [vgl. **MC-Fragen Nr. 941, 947, 948**].

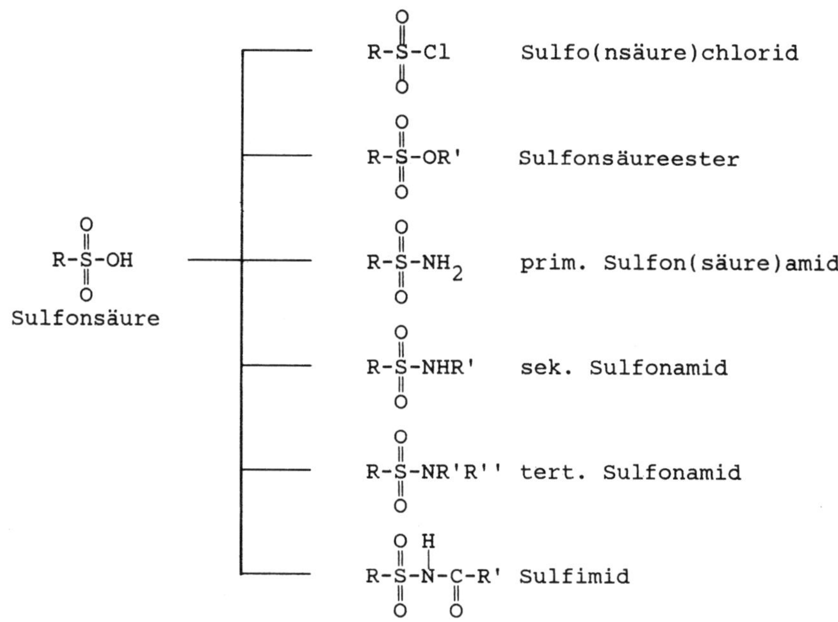

Die folgenden Beispiele sollen nochmals die Art der Benennung solcher Substanzen belegen. Für einige Schwefelverbindungen sind auch Trivialnamen gebräuchlich [vgl. **MC-Frage Nr. 949**].

CH_3-SO_3H	**Methansulfonsäure**
C_6H_5-SO_3H	**Benzensulfonsäure**
p-CH_3-C_6H_4-SO_3H	**Toluensulfonsäure**
m-HO_3S-C_6H_4-SO_3H	***m*-Benzendisulfonsäure**
CH_3-SO_2H	**Methansulfinsäure**
CH_3-SOH	**Methansulfensäure**

C_6H_5-SO_3-	**Benzensulfonyl-Rest**
p-CH_3-C_6H_4-SO_3-	**Tosylat-Rest**
C_6H_5-SO_3Na	**Natriumbenzensulfonat**
CH_3-$SO_3CH_2CH_3$	**Methansulfonsäureethylester**
p-CH_3-C_6H_4-SO_3CH_3	***p*-Toluensulfonsäuremethylester (Methyltosylat)**
p-CH_3-C_6H_4-SO_2Cl	***p*-Toluensulfonsäurechlorid (Tosylchlorid)**
C_6H_5-SO_2-NH_2	**Benzensulfonamid**
p-H_2N-C_6H_4-SO_3H	***p*-Aminobenzensulfonsäure (Sulfanilsäure)**
p-H_2N-C_6H_4-SO_2-NH_2	***p*-Aminobenzensulfonamid (Sulfanilamid)**

In komplizierteren Verbindungen kann es notwendig werden, die funktionellen Gruppen nicht mit Nachsilben sondern durch ein Präfix zu charakterisieren, so dass für die Bezeichnung von Schwefelverbindungen folgende Alternativen existieren:

Gruppe	Präfix	Suffix
-SH	Mercapto- (Sulfanyl-)	-thiol
-SO_3H	Sulfo(nyl)-	-sulfonsäure
-SO_2Cl	Chlorsulfonyl-	-sulfochlorid
-SO_2NH_2	Sulfamoyl	-sulfonamid

Eine Reihe von Schwefelverbindungen können als Thioanaloga von Carbonylverbindungen aufgefasst werden [vgl. **MC-Fragen Nr. 943, 951, 952**].

Thioaldehyd [R-CH=S] (**instabil**) **Thioketon** $R_2C=S$ (**stabil**)

Thiocarbonsäure R-C(=S)-OH ⇌ R-C(=O)-SH **Thioamid** R-C(=S)-NH_2

Thiolthioncarbonsäure (Dithionsäure) R-C(=S)-SH **Thioharnstoff** H_2N-C(=S)-NH_2

Xanthogenat RO-C(=S)-S^-Me^+ **Dithiocarbaminat** R_2N-C(=S)-S^-Me^+

Die drei letztgenannten Substanzklassen rechnet man auch zu den Derivaten des Schwefelkohlenstoffs, die im ▸Kap. 3.11.5 noch vorgestellt werden.

3.11.1.2 Bindungsverhältnisse von Schwefelverbindungen und Phosphorverbindungen

Schwefel und Phosphor sind Elemente der *3. Periode* des PSE. Wie aus ○Abb. 3.86 hervorgeht, wird bei diesen Elementen die *M-Schale* (n = 3) mit Elektronen aufgefüllt. Deshalb können an den Bindungen dieser Elemente auch d-Elektronen beteiligt sein und Hybridorbitale entstehen durch Vermischen von s-, p- und d-Atomorbitalen. Beispielsweise bildet der Schwefel sechs äquivalente sp^3d^2-Hybrid-AO, die auf die Ecken eines Oktaeders gerichtet sind. Der Phosphor betätigt fünf äquivalente sp^3d-Hybrid-AO mit trigonal-bipyramidaler Geometrie.

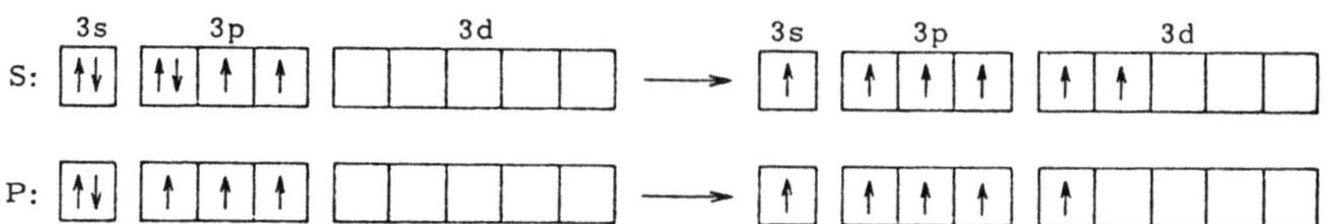

Abb. 3.86 Valenzelektronenkonfiguration des Schwefels und Phosphors im Grundzustand und im Hybridzustand

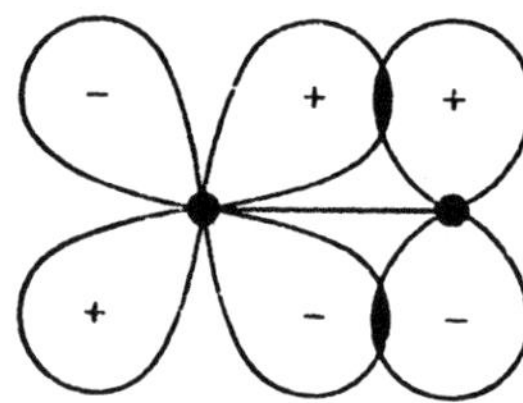

Abb. 3.87 Orbitalmodell der d_π-p_π-Bindung (schematisiert)

Während C=C-Doppelbindungen eine P_π-P_π-Bindung enthalten, können Doppelbindungen, die von Schwefel oder Phosphor ausgehen, auch dadurch entstehen, dass ein d-Orbital dieser Elemente mit dem p-Orbital eines Nachbaratoms überlappt (**d_π-p_π-Bindung**), wie dies schematisch in Abb. 3.87 dargestellt ist.

Zu beachten ist, dass d_π-p_π-Bindungen nicht wie P_π-P_π-Bindungen verlangen, dass sich die beiden miteinander verbundenen Atome mit ihren restlichen Substituenten in einer Ebene befinden müssen.

3.11.2 Darstellung, Eigenschaften und Reaktionen von Thiolen und Disulfiden

3.11.2.1 Herstellung von Alkanthiolen

Mercaptane (Alkanthiole) lassen sich synthetisieren durch [vgl. **MC-Fragen Nr. 953, 954**]:

(1) nucleophile Substitution von *Halogenalkanen* in ethanolischer Lösung mit Ammoniumhydrogensulfid oder *Alkalihydrogensulfiden* in Gegenwart von überschüssigem Schwefelwasserstoff.

$$R\text{-}X + HS^- \rightarrow X^- + R\text{-}SH \quad \text{Alkanthiol}$$

$$R\text{-}SH + HS^- \xrightarrow[-\,H_2S]{} R\text{-}S^- \xrightarrow[-\,X^-]{+\,RX} R\text{-}S\text{-}R \quad \text{Dialkylsulfid}$$

Als *Nebenprodukte* werden *Sulfide* gebildet, weil das durch Protolyse mit HS^- gebildete *Mercaptid* [RS^-] mit noch nicht-umgesetztem Alkylhalogenid reagieren kann. Ein Überschuss an Schwefelwasserstoff drängt die Protolyse zurück und erhöht die Ausbeute an Alkanthiolen.

(2) Destillation einer wässrigen Lösung aus KSH und *Kaliumalkylsulfaten.*

$$R\text{-}O\text{-}SO_3^-K^+ + HS^-K^+ \xrightarrow{\Delta} R\text{-}SH + K_2SO_4$$

(3) alkalische Hydrolyse von *S*-Alkylisothiouroniumsalzen, die bei der Umsetzung von Halogenalkanen mit Thioharnstoff gebildet werden (siehe auch ▸Kap. 3.7.4).

$$R\text{-}X + H_2N\text{-}\underset{\underset{S}{\|}}{C}\text{-}NH_2 \longrightarrow \left[H_2\overset{+}{N}{=}\underset{\underset{S-R}{|}}{C}\text{-}NH_2 \right] X^- \xrightarrow[+\, H_2O \;\; -\, NaX]{+\, NaOH} R\text{-}SH + CO_2 + 2\, NH_3$$

(4) Umsetzung von *Grignard-Reagenzien* mit Schwefel oder Thioketonen (siehe ▸Kap. 3.8.3.1).

$$R\text{-}MgX + S_8 \longrightarrow R\text{-}SMgX \xrightarrow[+\, HX]{} R\text{-}SH + MgX_2$$

$$R\text{-}MgX + R_2C{=}S \rightarrow\rightarrow R_3C\text{-}SH$$

(5) In der Technik wird **Methylmercaptan** (Methanthiol) [CH_3-SH] aus Methanol und Schwefelwasserstoff bei 400 °C an Al_2O_3-Kontakten gewonnen [vgl. **MC-Frage Nr. 953**].

$$CH_3\text{-}OH + H_2S \rightarrow CH_3\text{-}SH + H_2O$$

Das Thiol löst sich schlecht in Wasser und wird aufgrund seines Geruchs Erdgasen als Warnstoff zugesetzt.

(6) Cysteamin (2-Aminoethanthiol) [H_2N-CH_2CH_2-SH] wird als biogenes Amin bei der Decarboxylierung von *Cystein* gebildet. In der Technik gewinnt man es durch Umsetzung von *Aziridin* mit Schwefelwasserstoff. Cysteamin ist ein gut in Wasser unter alkalischer Reaktion löslicher Feststoff (Schmp. 97 °C). Cysteamin ist Bestandteil von Coenzym A und reagiert als zweizähniger Ligand mit Aldehyden zu cyclischen *N,S*-Acetalen [vgl. **MC-Frage Nr. 958**].

3.11.2.2 Eigenschaften von Alkanthiolen

Mit Ausnahme des gasförmigen **Methylmercaptans** sind niedere *Alkanthiole* bei Raumtemperatur *nichtassoziierte Flüssigkeiten* von widerlichem Geruch. Aufgrund des Fehlens starker intermolekularer Wasserstoffbrücken sieden sie tiefer als die Alkohole gleicher C-Zahl. Zum Vergleich sind in ▫Tab. 3.49 die Siedepunkte einiger Alkanthiole und Alkanole gleicher C-Zahl aufgelistet [vgl. **MC-Fragen Nr. 789, 954–956**].

Allerdings bilden sich in gewissem Ausmaß H-Brücken zwischen der sauren SH-Gruppe und dem Sauerstoffatom des Wassers aus, sodass niedere Thiole etwas wasserlöslich sind.

Alkanthiole sind wie Alkanole Ampholyte. Im Vergleich zu Alkoholen reagieren Mercaptane aber viel stärker *sauer*. Der pK_s-Wert von **Ethanthiol** (Ethylmercaptan) [CH_3CH_2-**SH**] beträgt 10,5, während *Ethanol* [CH_3CH_2-**OH**] einen pK_s-Wert von 15,9 besitzt. Alkanthiole bilden mit verdünnten Alkalihydroxid-Lösungen Salze, die man

▫ **Tab. 3.49 Siedepunkte einiger Mercaptane und Alkanole (in °C)**

Methylmercaptan	5,8	Methanol	64,7
Ethylmercaptan	35	Ethanol	78,3
n-Propylmercaptan	68	*n*-Propanol	97,0
n-Butylmercaptan	98	*n*-Butanol	117,7

Mercaptide oder *Thiolate* nennt. Von diesen Salzen sind besonders die Hg(II)-Salze in Wasser schwer löslich. Thiolate sind stärkere Nucleophile als Alkoholat-Ionen [vgl. **MC-Fragen Nr. 954–956**].

$$R\text{-}S\text{-}H + NaOH \rightleftharpoons R\text{-}S^-Na^+ + H_2O$$

$$Hg^{2+} + 2\,RS^- \rightarrow Hg(SR)_2\downarrow$$

3.11.2.3 Reaktionen von Alkanthiolen

Mercaptane (Alkanthiole) und Thiophenole haben reduzierende Eigenschaften; sie sind daher sehr empfindlich gegenüber Oxidationsmitteln. Beim Behandeln mit Iod-Lösung oder in Anwesenheit von Sauerstoff bilden sich *Disulfide.* Die Disulfid-Bindung ist schwach und kann durch Reduktionsmittel [Li/NH_3fl.] leicht wieder zum Thiol gespalten werden. Das *Thiol-Disulfid-Redoxsystem* spielt eine wichtige Rolle in biologischen Prozessen [vgl. **MC-Fragen Nr. 954–956, 1525**].

$$2\,\mathbf{HS}CH_2\text{-}CHNH_2\text{-}COOH \rightleftharpoons HOOC\text{-}CHNH_2\text{-}CH_2\mathbf{S\text{-}S}CH_2\text{-}CHNH_2\text{-}COOH + \text{“2H“}$$

Cystein **Cystin**

Cystin kann durch elektrochemische Reduktion wieder zu zwei Molekülen Cystein gespalten werden.

Bei Anwendung starker Oxidationsmittel entstehen *Sulfonsäuren* [R-SO_3H].

R-SH Mercaptan → R-S-S-R Disulfid

R-SH Mercaptan → R-SO_3H Sulfonsäure

Die Reduktion von *Sulfonsäuren* gelingt mit Zinkstaub in salzsaurer Lösung oder mit Phosphortribromid. Darüber hinaus sind *Sulfonsäurechloride* [R-SO_2Cl] mit Lithiumalanat zu Thiolen [R-SH] reduzierbar.

3.11.3 Darstellung und Reaktionen von Sulfiden, Sulfoxiden und Sulfonen

3.11.3.1 Darstellung von Sulfiden

Zur Herstellung von Sulfiden (Thioether) sind folgende Methoden geeignet [vgl. **MC-Frage Nr. 959**]:

(1) In Analogie zur *Williamsonschen Ethersynthese* lassen sich symmetrische und unsymmetrische (gemischte) Thioether durch Umsetzung von *Mercaptiden* mit *Halogenalkanen* synthetisieren.

$$R\text{-}S^- + R'\text{-}X \rightarrow R\text{-}S\text{-}R' + X^-$$
$$R\text{-}S^- + R\text{-}X \rightarrow R\text{-}S\text{-}R + X^-$$

Anstelle von Alkylhalogeniden können auch *Dialkylsulfate* als Alkylierungsmittel eingesetzt werden.

$$R\text{-}S^-Na^+ + (RO)_2SO_2 \rightarrow R\text{-}S\text{-}R + RO\text{-}SO_3^-Na^+$$

(2) Darüber hinaus sind Sulfide durch Erhitzen von *Alkylhalogeniden* mit *Alkalisulfiden* darstellbar.

$$2\,R\text{-}X + K_2S \rightarrow R\text{-}S\text{-}R + 2\,KX$$

(3) Die Reduktion von Sulfoxiden zu Sulfiden gelingt mit elementarem Zink in salzsaurem Milieu.

$$R\text{-}SO\text{-}R \xrightarrow{Zn/HCl} R\text{-}S\text{-}R$$

3.11.3.2 Reaktionen von Sulfiden

Sulfide (R_2S) sind in Wasser unlösliche Flüssigkeiten. Wie Ether können sie mit Iodwasserstoff zu Alkanthiolen (RSH) und Alkyliodiden (RI) gespalten werden. Mit Halogenalkanen (RX) reagieren sie zu *Sulfoniumsalzen* [$R_3S^+X^-$]. Sulfoniumsalze bilden sich auch bei der Umsetzung von Sulfiden mit Oxoniumtetrafluoroboraten [vgl. **MC-Fragen Nr. 960, 962**].

$$R\text{-}S\text{-}R + HI \rightarrow R\text{-}SH + R\text{-}I$$

$$R_2S \;+\; R\text{-}X \longrightarrow R_3S^+]X^-$$

$$R_2S + R_3O^+]BF_4^- \longrightarrow R_3S^+]BF_4^- \;+\; R_2O$$

Sulfoniumsalze, die am Schwefel drei unterschiedliche Substituenten tragen, sind *chiral* (siehe ▸Kap. 3.3.9). Sulfoniumiodide [$R_3S^+I^-$] lassen sich mit feuchtem Ag_2O in die stark basischen *Sulfoniumhydroxide* überführen, die beim Erhitzen in Sulfide, Alkene und Wasser fragmentieren (siehe ▸Kap. 3.2.10.5 „*Hofmann-Eliminierung*") [vgl. **MC-Frage Nr. 953**].

$$R_2\overset{+}{S}\text{-}\underset{|}{\overset{|}{C}}\text{-}\underset{|}{\overset{|}{C}}\text{-}H + HO^- \xrightarrow{\Delta} R\text{-}S\text{-}R \;+\; \text{-}\overset{|}{C}\text{=}\overset{|}{C}\text{-} \;+\; H_2O$$

Durch *Oxidation von Sulfiden* mit der berechneten Menge an H_2O_2 in essigsaurem Milieu oder mit verd. HNO_3 erhält man *Sulfoxide*. Bei einem Überschuss dieser Oxidationsmittel bzw. mit $KMnO_4$ entstehen *Sulfone*. In der Technik verwendet man Luftsauerstoff [vgl. **MC-Fragen Nr. 960, 1147**].

$$\underset{\text{Sulfid}}{R\text{-}S\text{-}R} \xrightarrow{[O]} \underset{\text{Sulfoxid}}{R\text{-}\overset{\overset{O}{\|}}{S}\text{-}R} \xrightarrow{[O]} \underset{\text{Sulfon}}{R\text{-}\underset{\underset{O}{\|}}{\overset{\overset{O}{\|}}{S}}\text{-}R}$$

Im Gegensatz zur P_π-P_π-Bindung in Carbonylverbindungen ist die Bindung in Sulfoxiden eine **d_π-p_π-Doppelbindung**. Sie ist nur in geringem Maße polarisierbar. Deshalb besitzt die *S=O-Gruppierung* eine im Vergleich zur C=O-Funktion deutlich *geringere Reaktivität*. Auch die *optische Aktivität unsymmetrischer Sulfoxide* [R-SO-R'] ist

Organische Chemie

dadurch erklärbar, dass sich d_π-p_π-Bindungen zwanglos in eine tetraedrische Struktur einpassen lassen (siehe ▸Kap. 3.3.9).

Der wichtigste Vertreter der Sulfoxide ist **Dimethylsulfoxid** (Methylsulfonylmethan, DMSO) [$(CH_3)_2S{=}O$]. DMSO ist eine farblose, hygroskopische Flüssigkeit [Sdp. 189 °C], die sich mit Wasser, Alkoholen und Benzen in jedem Verhältnis mischt. Sie besitzt eine hohe Dielektrizitätszahl ($\varepsilon = 46{,}7$) und wird häufig als Lösungsmittel für makromolekulare Stoffe verwendet. Als dipolar-aprotisches Solvens solvatisiert es relativ gut nur Kationen nicht aber Anionen und begünstigt daher **S_N2-Reaktionen**. DMSO ist zu **Dimethylsulfon** [$(CH_3)_2SO_2$] oxidierbar [vgl. **MC-Fragen Nr. 835, 976, 977**].

3.11.4 Darstellung, Eigenschaften und Reaktionen von Sulfonsäuren und ihren Derivaten

3.11.4.1 Aliphatische Sulfonsäuren

Darstellung: *Alkansulfonsäuren* [**R-SO_3H**] sind Substanzen, in denen die SO_3H-Gruppe *direkt* an ein sp^3-hybridisiertes C-Atom gebunden ist. Sie lassen sich nach einer der folgenden Methoden herstellen:

(1) *Oxidation von Mercaptanen* mit starken Oxidationsmitteln wie z. B. HNO_3.

(2) Umsetzung von *Alkyliodiden* mit *Alkalisulfiten*. Bei einem Überschuss an Halogenalkan entstehen *Alkylsulfonate* (Alkylsulfonsäureester).

$$R\text{-}I + K_2SO_3 \xrightarrow[-\ KI]{} R\text{-}SO_3K \longrightarrow R\text{-}SO_3H \quad \text{Alkansulfonsäure}$$

$$R\text{-}SO_3K \xrightarrow[-\ KI]{+\ RI} R\text{-}SO_2\text{-}OR \quad \text{Alkylsulfonat}$$

(3) *Sulfoxidation von Alkanen* in Anwesenheit von Radikalbildnern.

$$R\text{-}H + SO_2 + \tfrac{1}{2}\, O_2 \rightarrow R\text{-}SO_3H$$

(4) alkalische *Verseifung von Sulfonsäurechloriden.*

$$R\text{-}SO_2\text{-}Cl + 2\, NaOH \rightarrow R\text{-}SO_3Na + NaCl + H_2O$$

Eigenschaften: Aliphatische Sulfonsäuren sind hygroskopisch. Ihre Acidität entspricht der von Schwefelsäure. **Trifluormethansulfonsäure** [CF_3SO_3H] ist aufgrund des induktiven Effektes der drei F-Atome eine der stärksten bekannten Säuren ($pK_s = -20$). Die *Alkali-* und *Erdalkalisalze von Alkansulfonsäuren* [$RSO_3^-Me^+$ bzw. $(RSO_3^-)_2Me^{2+}$] sind wasserlöslich. *Natriumalkylsulfonate* [$RSO_3^-Na^+$] können als Waschmittel eingesetzt werden [vgl. **MC-Fragen Nr. 963, 964, 1133**].

3.11.4.2 Aliphatische Sulfonsäurechloride

Darstellung: *Alkylsulfonsäurechloride* [**R-SO_2Cl**] lassen sich herstellen durch:

(1) Umsetzung von *Alkylsulfonsäuren* mit Phosphorpentachlorid

$$R\text{-}SO_2\text{-}OH + PCl_5 \rightarrow R\text{-}SO_2\text{-}Cl + POCl_3 + HCl$$

(2) *Sulfochlorierung von Alkanen* mit SO_2 und Cl_2 in Gegenwart von Radikalbildnern (siehe ▸Kap. 3.2.4.3 „*Sulfochlorierung nach Reed*“).

$$R\text{-}H + SO_2 + Cl_2 \rightarrow R\text{-}SO_2\text{-}Cl + HCl$$

Reaktionen: Sulfonsäurechloride sind wichtige Substrate zur Synthese anderer schwefelhaltiger Verbindungen.

Ihre *Reduktion,* die auf der Stufe der *Sulfinsäure* [R-SO_2H] angehalten werden kann, führt zu *Mercaptanen* [RSH]. Sulfinsäuren sind auch durch Umsetzung von Grignard-Verbindungen mit SO_2 darstellbar (siehe ▸Kap. 3.8.3.1).

Die *Alkoholyse* von Sulfonsäurechloriden ergibt *Sulfonsäureester,* die *Aminolyse* liefert *Sulfonamide.* Aufgrund ihrer geringeren „Carbonylaktivität" (S=O-Reaktivität) sind Sulfonsäurechloride jedoch weniger reaktionsfähig als Carbonsäurechloride. So zersetzen sich Sulfonsäurechloride nur langsam mit Wasser. Einige aromatische Sulfonsäurechloride lassen sich sogar aus Wasser umkristallisieren. Die Alkoholyse und Aminolyse von Sulfochloriden wird am besten in Gegenwart säurebindender Mittel (NaOH, Pyridin) durchgeführt [vgl. **MC-Frage Nr. 905**].

$$R\text{-}SO_2Cl \begin{cases} + H_2O \longrightarrow R\text{-}SO_3H & \text{Sulfonsäure} \\ + R'OH \longrightarrow R\text{-}SO_3R' & \text{Sulfonsäureester} \\ + HNR_2 \longrightarrow R\text{-}SO_2NR_2 & \text{Sulfonamid} \end{cases}$$

Die bei der Umsetzung von *Methansulfonsäurechlorid* [CH_3-SO_2-Cl] mit Methanol gebildete **Methylmethansulfonsäure** [CH_3-SO_2-OCH_3] kann als *Methylierungsmittel* verwendet werden, wirkt aber stark cancerogen [vgl. **MC-Frage Nr. 962**].

3.11.4.3 Aromatische Sulfonsäuren

Darstellung: *Arensulfonsäuren* [**Ar-SO_3H**] sind leicht durch *elektrophile Substitution* von aromatischen Kohlenwasserstoffen mit rauchender H_2SO_4 oder Oleum herstellbar (siehe ▸Kap. 3.6.4.2). Im Gegensatz zu anderen S_E-Reaktionen verläuft die Sulfonierung *reversibel.* Die *Desulfonierung* gelingt bei höheren Temperaturen [vgl. **MC-Fragen Nr. 965–967**].

$$Ar\text{-}H + SO_3 \longrightarrow Ar\text{-}SO_3H \xrightarrow[T\,>\,150\,°C]{+\,H_2O\,(HCl)} Ar\text{-}H + H_2SO_4$$

Eigenschaften und Verwendung: Arylsulfonsäuren sind farblose, stark hygroskopische Substanzen, die sich leicht in Wasser lösen und vollständig dissoziieren. Ihre *Acidität* entspricht der von Schwefelsäure. **Benzensulfonsäure** [C_6H_5-SO_3H] besitzt einen pK_s-Wert von 0,7. Die Salze von Arensulfonsäuren werden als *Arensulfonate* bezeichnet [vgl. **MC-Fragen Nr. 965, 966**].

$$Ar\text{-}SO_3H + H_2O \rightarrow (Ar\text{-}SO_3^-)_{solv} + (H_3O^+)_{solv}$$

Da Sulfonsäuren nur schwer wasserfrei zu erhalten sind, isoliert man sie als Sulfonate durch *„Aussalzen"* mit einer gesättigten NaCl-Lösung. Die Natriumsalze sind zwar auch wasserlöslich, ihre Löslichkeit ist aber deutlich geringer als die von NaCl oder Na_2SO_4.

$$Ar\text{-}SO_3H + NaCl \rightarrow Ar\text{-}SO_3^-Na^+\downarrow + HCl$$

Calcium-, *Barium-* oder *Blei-Sulfonate* sind im Gegensatz zu den entsprechenden Sulfaten *wasserlöslich.*

Bemerkenswert ist, dass sich **Sulfanilsäure** (4-Aminobenzensulfonsäure) *nicht* in organischen Lösungsmitteln, Wasser oder wässrigen Säuren löst. Dagegen ist sie löslich in wässriger Alkalihydroxid-Lösung. Diese Befunde deuten daraufhin, dass Sulfanilsäure als ein *dipolares Zwitterion* (**Betain**) vorliegt. Diazotierte Sulfanilsäure ist Bestandteil von *Lunge-Reagenz* zum Nachweis von Nitrit-Ionen [siehe auch Ehlers, **Analytik I**, ▸Kap. 2.2.3.19 und **MC-Fragen Nr. 935, 966–971**].

Die freien Arylsulfonsäuren, insbesondere **Toluensulfonsäure**, werden aufgrund ihrer *geringen* Oxidationswirkung häufig anstelle von H_2SO_4 als saure Katalysatoren eingesetzt. Sie sind ferner Ausgangsstoffe für Pharmazeutika und Farbstoffe.

Von praktischer Bedeutung ist die elektrophile Substitution der SO_3H-Gruppe gegen die Nitrogruppe

$$\text{Ar-SO}_3\text{H} + \text{HNO}_3 \rightarrow \text{Ar-NO}_2 + \text{H}_2\text{SO}_4$$

sowie der nucleophile Austausch der Sulfogruppe gegen die HO- und CN-Gruppierung, der zu *Phenolen* bzw. *Arylcyaniden* führt. Die Reaktionen gelingen durch Schmelzen von Arylsulfonsäuren mit NaOH bzw. NaCN [siehe ▸Kap. 6.4.3.2 und **MC-Fragen Nr. 966, 967**].

$$\underset{\text{Arylcyanid}}{\text{Ar-CN}} \xleftarrow[-\ \text{Na}_2\text{SO}_3]{+\ \text{NaCN}} \underset{\text{Sulfonat}}{\text{Ar-SO}_3\text{Na}} \xrightarrow[-\ \text{Na}_2\text{SO}_3]{+\ \text{NaOH}} \underset{\text{Phenolat}}{\text{Ar-ONa}}$$

3.11.4.4 Arylsulfonsäurechloride

Darstellung: Die wichtigsten Vertreter sind **Benzen-** und **Toluensulfonsäurechlorid**. Zu ihrer Herstellung lässt man PCl_5, $POCl_3$ oder $SOCl_2$ auf die entsprechenden Arylsulfonsäuren bzw. deren Natriumsalze einwirken. Günstiger ist jedoch die *Chlorsulfonierung* von Aromaten mit Chlorsulfonsäure (siehe ▸Kap. 3.6.4.2).

Eigenschaften und Reaktionen: Arylsulfonsäurechloride sieden niedriger als die entsprechenden Sulfonsäuren, sodass sie sich durch Destillation reinigen lassen. Sie reagieren nur langsam und erst bei längerem Erhitzen mit Wasser.

Die *Alkoholyse* von Arylsulfochloriden führt in Gegenwart von Basen (NaOH, Pyridin) zu *Sulfonsäureestern.* **Toluensulfonsäurechlorid** (**Tosylchlorid**) wird zur Einführung der Tosyl-Gruppe [CH_3-C_6H_4-SO_2-] verwendet. *Alkyltosylate* [R'OTs] werden häufig anstelle von Halogenalkanen als *Alkylierungsmittel* eingesetzt.

$$\text{CH}_3\text{-C}_6\text{H}_4\text{-SO}_2\text{Cl} + \text{R'-OH} \longrightarrow \text{HCl} + \text{CH}_3\text{-C}_6\text{H}_4\text{-SO}_3\text{R'}\ [\equiv \text{R'-OTs}]$$

R'-OTs:
- + ROH ⟶ TsOH + R-O-R'   Ether
- + ArOH ⟶ TsOH + Ar-OR'   Phenolether
- + R-COOH ⟶ TsOH + R-COOR'   Ester

3.11.4.5 Arylsulfonamide

Die *Aminolyse* der Arylsulfonsäurechloride liefert aromatische Sulfonamide. Es sind gut kristallisierende Substanzen, die sich nur schwer hydrolysieren lassen. Am besten gelingt die *Amidspaltung* mit 30%iger HBr in Eisessig. Die im Vergleich zu Carbonsäureamiden langsamere Hydrolyse hat sterische und elektronische Ursachen.

$$Ar\text{-}SO_2\text{-}Cl + R_2NH \rightleftharpoons Ar\text{-}SO_2\text{-}NR_2 + HCl$$

NH-acide *monosubstituierte Sulfonamide* [Ar-SO_2-NHR] sind zwar schwächere Säuren als Carbonsäuren, sie besitzen jedoch eine den Phenolen vergleichbare Acidität, sodass sie in wässrigen Alkalihydroxid-Lösungen löslich sind, sofern die Aminkomponente aus weniger als 8 C-Atomen aufgebaut ist. *Disubstituierte Sulfonamide* [Ar-SO_2-NR_2] sind in Laugen unlöslich. Hierauf beruht die *Hinsberg-Reaktion* zur Identifizierung und Trennung von Amingemischen (siehe ▸Kap. 3.10.3.5).

Bei der Umsetzung von **Tosylchlorid** mit wässrigem Ammoniak bildet sich ***p*-Toluensulfonamid**. Dieses liefert bei Einwirkung von NaOCl-Lösung das Natriumsalz des ***N*-Chlor-*p*-toluensulfonamids** (Chloramin T), das sich auf Zusatz von NaCl kristallin als Trihydrat abscheidet.

$$H_3C\text{-}C_6H_4\text{-}SO_2\text{-}NH_2 + NaOCl \longrightarrow \left[H_3C\text{-}C_6H_4\text{-}SO_2\text{-}\overset{\ominus}{\bar{N}}\text{-}Cl\right] Na^{\oplus} + H_2O$$

p-Toluensulfonamid — Chloramin T

Chloramin T ist in trockenem Zustand ein farbloser, stabiler Feststoff, der in wässriger Lösung wie Hypochlorige Säure wirkt und als Desinfektionsmittel im Handel ist [vgl. **MC-Fragen Nr. 973–975**].

3.11.5 Thioderivate der Kohlensäure

Der Ersatz der einzelnen Sauerstoffatome der Kohlensäure führt zu nachfolgenden Säuretypen, von denen nur die *Trithiokohlensäure* im freien Zustand stabil ist.

$$HO\text{-}C(=O)\text{-}OH \quad \text{Kohlensäure}$$

$$HO\text{-}C(=S)\text{-}OH \; (\text{Thionkohlensäure}) \rightleftharpoons HO\text{-}C(SH)=O \; (\text{Thiolkohlensäure})$$

$$HO\text{-}C(=S)\text{-}SH \; (\text{Thiolthionkohlensäure}) \rightleftharpoons O=C(SH)\text{-}SH \; (\text{Dithiolkohlensäure})$$

$$HS\text{-}C(=S)\text{-}SH \quad \text{Trithiokohlensäure}$$

Als wichtige Derivate der Thionkohlensäure sind zu nennen:

$$H_2N{-}\overset{\overset{\large S}{\|}}{C}{-}NH_2$$
Thioharnstoff

$$H_2N{-}\overset{\overset{\large S}{\|}}{C}{-}NH{-}NH_2$$
Thiosemicarbazid

3.11.5.1 Schwefelkohlenstoff (Kohlendisulfid)

Schwefelkohlenstoff [CS_2] kann als Anhydrid der Thiolthionkohlensäure aufgefasst werden. CS_2 – eine farblose, leicht brennbare Flüssigkeit [Sdp. 46 °C] – besitzt ausgeprägte lipophile Eigenschaften und löst Fette, Öle sowie Harze [vgl. **MC-Frage Nr. 978**].

Schwefelkohlenstoff wird durch Überleiten von Schwefeldampf über glühende Kohle oder aus Methan und Schwefeldampf hergestellt.

$$CH_4 + 4\,S \xrightarrow{(Al_2O_3)} CS_2 + 2\,H_2S$$

In der Technik dient es zur Darstellung von **Tetrachlormethan** (Tetrachlorkohlenstoff):

$$CS_2 + 3\,Cl_2 \xrightarrow{(Fe)} CCl_4 + S_2Cl_2$$

Mit Alkalialkanolaten reagiert CS_2 zu den Alkalisalzen des jeweiligen *Xanthogensäureesters* (siehe ▸Kap. 3.2.10.7 „*Tschugaew-Reaktion*“). Mit primären Aminen entstehen *Dithiocarbaminate*, die sich in Gegenwart von Hg(II)-Salzen in *Senföle* umwandeln (siehe ▸Kap. 3.10.3.6). Bei der Umsetzung mit überschüssigem Hydrazin bildet sich **Thiocarbonohydrazid** [vgl. **MC-Frage Nr. 978**].

$$S{=}C{=}S + 2\,H_2N{-}NH_2 \longrightarrow H_2N{-}NH{-}\overset{\overset{\large S}{\|}}{C}{-}NH{-}NH_2 + H_2S$$

3.12 Aldehyde und Ketone

3.12.1 Nomenklatur von Carbonylverbindungen

3.12.1.1 Nomenklatur von Aldehyden

Aldehyde sind Verbindungen der allgemeinen Formel **[R-CH=O]**. Für ihre systematische Bezeichnung sehen die IUPAC-Richtlinien vor, an den Namen des entsprechenden Alkans die Silbe **„al"** anzuhängen.

Daneben ist es üblich, den Namen eines Aldehyds aus dem lateinischen Namen der Carbonsäure abzuleiten, zu der er oxidiert werden kann. Hierbei wird die Endung „at" im Namen des entsprechenden Carbonsäuresalzes durch das Wort *„aldehyd"* ersetzt.

Für die ersten Glieder der *homologen Reihe der Alkanale,* die der Summenformel [$C_nH_{2n}O$] gehorchen, ergeben sich folgende Bezeichnungen:

H-CH=O	**Formaldehyd**	(**Methanal**)
CH_3-CH=O	**Acetaldehyd**	(**Ethanal**)
CH_3CH_2-CH=O	**Propionaldehyd**	(**Propanal**)
$CH_3CH_2CH_2$-CH=O	***n*-Butyraldehyd**	(**Butanal**)
$CH_3CH_2CH_2CH_2$-CH=O	***n*-Valeraldehyd**	(**Pentanal**)

Seitenketten oder Substituenten werden durch Vorsilben charakterisiert. Ihre Stellung wird im IUPAC-System durch eine Ziffer angegeben, wobei das Carbonyl-C-Atom die Ziffer 1 erhält. In der älteren Aldehyd-Nomenklatur wird die Position durch einen griechischen Buchstaben markiert.

```
β  α
CH3CH-CH=O          α-Brompropionaldehyd
   |                2-Brompropanal
   Br

γ  β  α
CH3CHCH2-CH=O       β-Chlorbutyraldehyd
   |                3-Chlorbutanal
   Cl
```

Bei cyclischen Verbindungen oder Aldehyden komplizierterer Struktur wird das Wort *„carbaldehyd"* an den Namen des C-Gerüstes angehängt, wie z. B. **Cyclobutancarb-**

aldehyd. Muss eine Substanz nach einer anderen funktionellen Gruppe benannt werden, dann kann man den CH=O-Rest auch als *Formylgruppe* bezeichnen. Viele Aldehyde tragen zudem *Trivialnamen* wie **Acrolein** (Acrylaldehyd, Prop-2-enal) oder **Zimtaldehyd** (Cinnamaldehyd, (*E*)-3-Phenylprop-2-en-1-al) [vgl. **MC-Frage Nr. 979].**

Die folgenden Beispiele sollen die unterschiedlichen Bezeichnungsweisen für aliphatische Aldehyde nochmals verdeutlichen:

$Cl_3C\text{-}CH{=}O$ **Chloral** (**Trichloracetaldehyd**)
$HOCH_2\text{-}CH{=}O$ **Glycolaldehyd** (**2-Hydroxyethanal**)
$HOCH_2\text{-}CHOH\text{-}CH{=}O$ **Glycerinaldehyd** (**2,3-Dihydroxypropanal**)
$CH_3\text{-}CHOH\text{-}CH_2\text{-}CH{=}O$ **Acetaldol** (**β-Hydroxybutyraldehyd**)
$H_2C{=}CH\text{-}CH{=}O$ **Acrolein** (**Prop-2-enal**)
$CH_3CH{=}CH\text{-}CH{=}O$ **Crotonaldehyd** (**But-2-enal**)
$HC{\equiv}C\text{-}CH{=}O$ **Propargylaldehyd** (**Prop-2-inal**)
$O{=}CH\text{-}CH{=}O$ **Glyoxal** (**Oxaldialdehyd**)
$O{=}CH\text{-}CH_2\text{-}CH{=}O$ **Malon(di)aldehyd**
$O{=}CH\text{-}(CH_2)_2\text{-}CH{=}O$ **Succin(di)aldehyd**
$O{=}CH\text{-}(CH_2)_3\text{-}CH{=}O$ **Glutar(di)aldehyd**

An pharmazeutisch wichtigen ungesättigten Aldehyden sind **Geranial** und **Neral** zu nennen. Geranial ist die *trans*-Form und Neral die *cis*-Form des Monoterpenaldehyds *Citral* (3,7-Dimethylocta-2,6-dien-1-al), der als Aromastoff in Limonengräsern vorkommt.

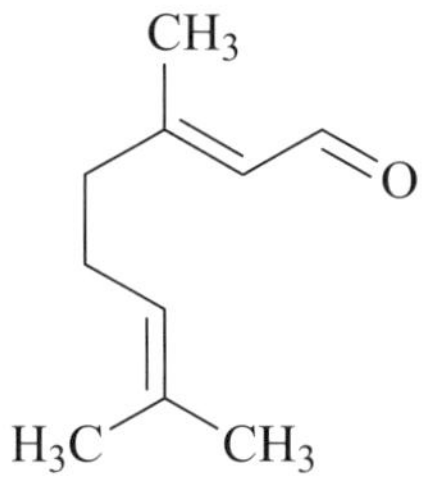

Geranial (Citral A)

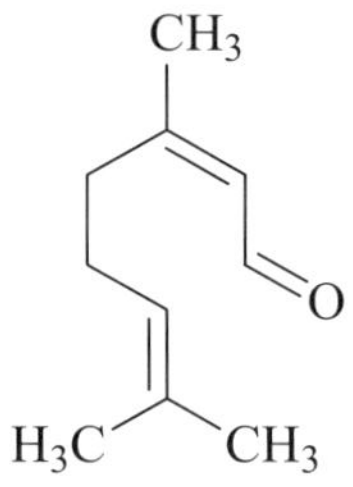

Neral (Citral B)

Beispiele für *aromatische Aldehyde* [**Ar-CH=O**], in denen die *Formylgruppe* direkt an ein aromatisches Ringsystems gebunden ist, bzw. für Aldehyde mit einen aromatischen Rest sind:

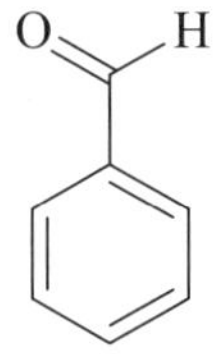

Benzaldehyd 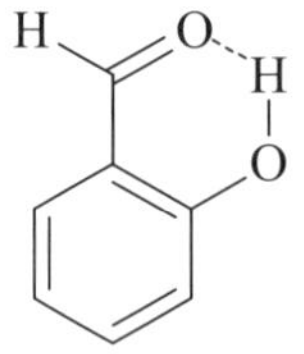 Salicylaldehyd 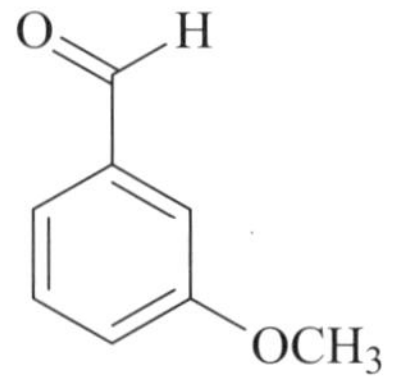 *m*-Anisaldehyd 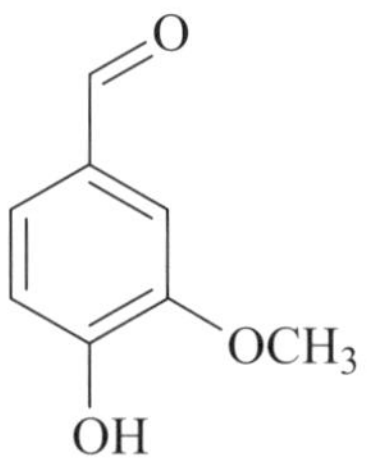 Vanillin

Piperonal Phthalaldehyd Terephthalaldehyd

Phenylethanal (Phenylacetaldehyd) Zimtaldehyd (Cinnamaldehyd)

Einige der Aldehyde können auch als Substitutionsprodukte des jeweiligen Grundkörpers gekennzeichnet werden, wie z. B. ***o*-Hydroxybenzaldehyd** anstelle des Trivialnamens Salicylaldehyd.

3.12.1.2 Nomenklatur von Ketonen

Ketone sind Verbindungen der allgemeinen Formel [$\mathbf{R_2C{=}O}$]. Auch für sie existieren unterschiedliche Nomenklatursysteme. Entweder wird an die Namen der beiden Reste – *geordnet in alphabetischer Reihenfolge* – das Wort *„keton"* angehängt, oder man legt nach der IUPAC-Nomenklatur den Namen des betreffenden Alkans zugrunde und ergänzt die Silbe **„on"**.

Bei *substituierten Ketonen* wird die längste Kohlenstoffkette des *Alkanons,* die die C=O-Funktion enthält, so durchnummeriert, dass der Carbonylkohlenstoff die niedrigste Ziffer erhält. Bei komplizierteren Ketonen kann die Vorsilbe **„oxo"** benutzt und durch eine Ziffer gekennzeichnet werden [vgl. **MC-Frage Nr. 1790**].

$CH_3-C(=O)-CH_3$	Aceton (Propanon ist nicht gebräuchlich)
$CH_3-C(=O)-CH_2-CH_3$	Ethylmethylketon (Butan-2-on)
$CH_3CH_2-C(=O)-CH_2CH_3$	Diethylketon (Pentan-3-on/3-Oxopentan)
$CH_3-C(=O)-CH{=}CH_2$	Methylvinylketon (But-3-en-2-on)

Für einige Ketone existieren wiederum *Trivialnamen.*

$(CH_3)_3C\text{-}CO\text{-}CH_3$	**Pinakolon**	(***tert*-Butylmethylketon**)
$CH_3CH(OH)\text{-}CO\text{-}CH_3$	**Acetoin**	(**3-Hydroxybutan-2-on**)
$(CH_3)_2C{=}CH\text{-}CO\text{-}CH_3$	**Mesityloxid**	(**4-Methylpent-3-en-2-on**)
$(CH_3)_2C{=}CH\text{-}CO\text{-}CH{=}C(CH_3)_2$	**Phoron**	(**2,6-Dimethyl-2,5-heptadien-4-on**)
$CH_3\text{-}CO\text{-}CO\text{-}CH_3$	**Diacetyl**	(**Butan-2,3-dion**)
$CH_3\text{-}CO\text{-}CH_2\text{-}CO\text{-}CH_3$	**Acetylaceton**	(**Pentan-2,4-dion**)
$CH_3\text{-}CO\text{-}(CH_2)_2\text{-}CO\text{-}CH_3$	**Acetonylaceton**	(**Hexan-2,5-dion**)

Nachfolgend sind einige cycloaliphatische Ketone abgebildet. Zu den cyclischen Ketonen gehört auch **(*R*)-Carvon** [2-Methyl-5-(1-methylethenyl)cyclohex-2-en-1-on], das in vielen ätherischen Ölen vorkommt und nach Minze riecht. Das *S*-Enantiomer hat einen Geruch nach Kümmel [vgl. **MC-Frage Nr. 981**].

Cycloaliphatische Ketone:

Cyclopentanon Cyclohexanon Cycloheptanon (Suberon) Campher (*R*)-Carvon

Arylketone, in denen die C=O-Funktion direkt an einen Benzenring gebunden ist, werden auch als *Phenon-Derivate* bezeichnet. Viele dieser Stoffe tragen wiederum Trivialnamen. An Beispielen für aromatische Ketone und Diketone seien genannt [vgl. **MC-Fragen Nr. 980, 1744**]:

Aromatische Ketone und Diketone:

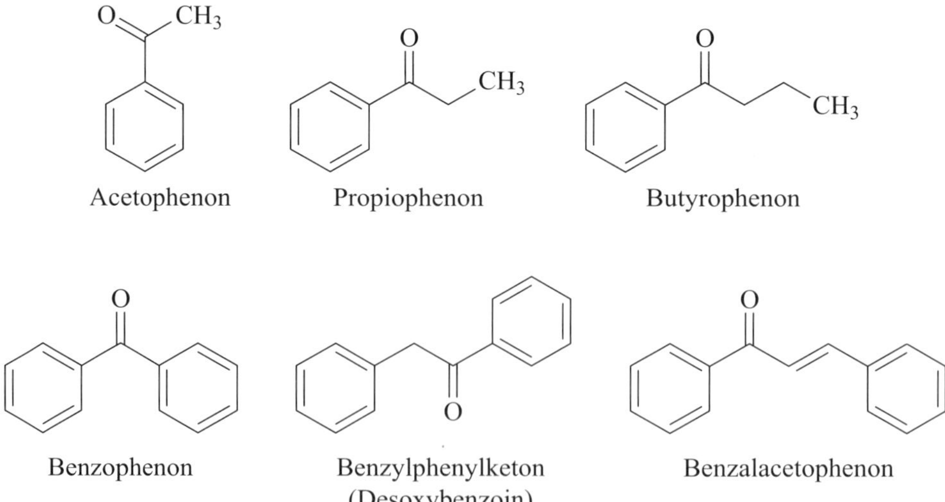

Acetophenon Propiophenon Butyrophenon

Benzophenon Benzylphenylketon (Desoxybenzoin) Benzalacetophenon

Benzalaceton Benzoylaceton Benzil

Benzoin Dibenzalaceton

Diketone: Je nach der Stellung der beiden Carbonylgruppen zueinander unterscheidet man:

R-CO-CO-R'	**1,2-Diketone**	(**α-Diketone**)
R-CO-CH_2-CO-R'	**1,3-Diketone**	(**β-Diketone**) usw.

Beispiele hierfür sind die α-Diketone **Benzil**, **Diacetyl** sowie das β-Diketon **Acetylaceton** [vgl. **MC-Frage Nr. 1041**].

Acyloine: Als Acyloine bezeichnet man *α-Hydroxyketone*, die beiderseits der Gruppierung [**-CHOH-CO-**] den gleichen Rest tragen, wie z. B. **Acetoin** [CH_3-CHOH-CO-CH_3].

3.12.2 Darstellung von Aldehyden und Ketonen

Reaktionen zur Herstellung von Carbonylverbindungen wurden in den voranstehenden Kapiteln mehrfach erwähnt. Daher werden diese Reaktionen in den folgenden Abschnitten nur in zusammengefasster Form beschrieben. Synthesemethoden, die bisher noch nicht diskutiert wurden, werden dagegen ausführlich behandelt.

3.12.2.1 Darstellung von Alkanalen

Aliphatische Aldehyde **[R-CH=O]** können hergestellt werden aus:

(1) *Alkenen* durch *Ozonolyse* und anschließende reduktive Aufarbeitung des gebildeten Ozonids (siehe ▸Kap. 3.2.18.3)

$$\text{R-CH=CH-R} \xrightarrow{[O_3]} \text{2 R-CH=O}$$

bzw. aus Alkenen durch *Hydroformylierung (Oxosynthese)* (siehe ▸Kap. 3.5.4).

$$\text{R-CH=CH}_2 + \text{CO} + \text{H}_2 \rightarrow \text{R-CH}_2\text{-CH}_2\text{-CH=O} + \text{R-CH(CH}_3\text{)-CH=O}$$

(2) *monosubstituierten Alkinen* durch *Hydroborierung* und nachfolgende Behandlung mit alkalischer H_2O_2-Lösung (siehe ▸Kap. 3.5.7.2).

$$R{-}C{\equiv}CH \xrightarrow[2.\ H_2O_2]{1.\ B_2H_6} R{-}CH_2{-}CH{=}O$$

(3) *primären Alkoholen* durch *Oxidation* mit Chromsäure bzw. durch *Dehydrierung* an Cu-Cr-Oxid-Kontakten (siehe ▸Kap. 3.2.18.5).

$$R{-}CH_2OH \xrightarrow{[O]} R{-}CH{=}O + [2\ H]$$

Infolge der leichten Weiteroxidation eines Aldehyds zur Carbonsäure ist das Verfahren in wässriger Lösung auf Verbindungen mit niederer Molmasse beschränkt, die sofort nach ihrer Bildung aus dem Reaktionsgemisch abdestilliert werden.
In Lösungsmitteln [$CHCl_3$, CH_2Cl_2], die keine Hydroxylgruppen enthalten, gelingt eine selektive Oxidation des Alkanols mit Bispyridiniumchrom(VI)-oxid [$CrO_3(C_5H_5N)_2$].

(4) *1,2-Diolen* durch *Glycolspaltung* mit Natriummetaperiodat oder Bleitetraacetat (siehe ▸Kap. 3.2.18.5).

$$R{-}CH(OH){-}CH(OH){-}R \rightarrow 2\ R{-}CH{=}O + [2\ H]$$

(5) *Carbonsäurechloriden* durch *Rosenmund-Reduktion* mit elementarem Wasserstoff in Gegenwart von $Pd/BaSO_4$. Die Weiterreduktion zum Alkohol wird durch selektives Vergiften des Katalysators mit schwefelhaltigen Substanzen (Thioharnstoff, Phenylsenföl) verhindert. Unter speziellen Bedingungen können auch *komplexe Hydride* als Reduktionsmittel verwendet werden (siehe ▸Kap. 3.2.19.1).

$$R{-}CO{-}Cl + H_2 \xrightarrow{[Pd/BaSO_4]} R{-}CH{=}O + HCl$$

(6) *Nitrilen* durch Reduktion mit Zinn(II)-chlorid in salzsaurem Milieu (*Stephen-Reduktion)*.

$$R{-}C{\equiv}N \xrightarrow{[SnCl_2/HCl]} R{-}CH{=}O$$

(7) *α-Halogencarbonsäureester* durch die *Darzens-Glycidester-Synthese*. Dabei werden in einem indifferenten Lösungsmittel ein *α-Chloressigsäureester* [$ClCH_2$-COOR] und ein *Aldehyd* [R-CH=O] oder ein *Keton* [R_2C=O] in Gegenwart basischer Kondensationsmittel (Alkanolaten, Natriumamid) *aldolartig* miteinander verknüpft [siehe auch ▸Kap. 3.12.6.1 und **MC-Fragen Nr. 843, 984**].
Zunächst reagiert der Halogenester mit der Base unter Bildung eines Carbanions, das sich an die C=O-Gruppe der Carbonylverbindung nucleophil addiert. Die vorsichtige Hydrolyse des nach einem intramolekularen S_N-Mechanismus gebildeten *Glycidesters* (Epoxycarbonsäureester) liefert die freie Glycidsäure, die beim Erhitzen unter Ringöffnung spontan zum Aldehyd decarboxyliert.

$$\underset{\mid\atop Cl}{\overset{\alpha}{H\text{-}CH\text{-}COOR'}} \xrightarrow[-\ R'OH]{+\ R'O^-} \left[{}^-|\underset{\mid\atop Cl}{CH\text{-}COOR'}\right] \xrightarrow{+\ R_2C=O} \left[\underset{{}^-O\ \ Cl}{R_2C\text{-}CH\text{-}COOR'}\right] \xrightarrow{-\ Cl^-}$$

$$\underset{\text{Glycidester}}{R_2C\overset{}{\underset{O}{\frown}}CH\text{-}COOR'} \xrightarrow[(H_2O)]{(HO^-)} \underset{\text{Glycidsäure}}{R_2C\underset{O}{\frown}CH\text{-}COOH} \xrightarrow[-\ CO_2]{\Delta} R_2C=CH\text{-}OH \rightleftharpoons R_2CH\text{-}CH=O$$

Der präparative Nutzen der Darzens-Kondensation besteht darin, dass man mit dieser Reaktion aus einem Aldehyd den *nächsthöheren homologen Aldehyd* synthetisieren kann.

$$R\text{-}CH=O\ +\ Cl\text{-}CH_2\text{-}COOR'\ \rightarrow\ \rightarrow\ \rightarrow\ R\text{-}CH_2\text{-}CH=O$$

Eine weitere Möglichkeit zur *Homologisierung von Carbonylverbindungen* ist die Anlagerung von Diazomethan als Carbenlieferant an die C=O-Doppelbindung von Aldehyden und Ketonen. Durch Hydrid- oder 1,2-Alkylverschiebung entstehen aus den intermediär gebildeten *Oxiranen* die um eine CH_2-Gruppe verlängerten nächsthöheren Carbonylverbindungen [siehe auch ▸Kap. 3.10.5.1 und **MC-Frage Nr. 983**].

$$R\text{-}CO\text{-}R + \mathbf{CH_2}N_2 \rightarrow \rightarrow \rightarrow R\text{-}CO\text{-}\mathbf{CH_2}\text{-}R + N_2$$

(8) Acetaldehyd [$CH_3CH=O$], der technisch wichtigste Aldehyd, kann im Labor- und Produktionsmaßstab hergestellt werden durch [vgl. **MC-Frage Nr. 982**]:

- Oxidation bzw. Dehydrierung von *Ethanol* [CH_3CH_2OH],
- Addition von Wasser an *Acetylen* [$HC\equiv CH$] (siehe ▸Kap. 3.5.7.2),
- Luftoxidation von *Ethen* [$CH_2=CH_2$] in Gegenwart von Pd(II)-Salzen *(Wacker-Hoechst-Verfahren),*
- Reduktion von *Acetylchlorid* [CH_3COCl] nach Rosenmund bzw. durch Reduktion mit komplexen Hydriden,
- Reduktion von *Acetonitril* [$CH_3C\equiv N$] mit speziellen komplexen Hydriden,
- Decarboxylierung von *Brenztraubensäure* [$CH_3COCOOH$],
- protonenkatalysierte Depolymerisation von *Paraldehyd.*

3.12.2.2 Darstellung aromatischer Aldehyde

Über die *Formylierung* von Aromaten nach *Gattermann, Vilsmeier-Haack* oder *Reimer-Tiemann* informiert ausführlich ▸Kap. 3.6.4.2. Als weitere Methoden zur Darstellung aromatischer Aldehyde [**Ar-CH=O**] sind zu nennen [vgl. **MC-Fragen Nr. 985–987**]:

(1) *Seitenkettenhalogenierung von Methylarenen* und Hydrolyse der gebildeten geminalen Dihalogenide (Benzalhalogenide) (siehe ▸Kap. 3.2.4.3 und ▸Kap. 3.6.4.2).

$$Ar\text{-}CH_3 \xrightarrow{(Cl_2)} Ar\text{-}CHCl_2 \xrightarrow{(H_2O)} Ar\text{-}CH=O$$

(2) *Oxidation von Methylarenen* mit Chromsäure in Acetanhydrid und Behandeln des gebildeten geminalen Diacetats mit einer wässrigen Säurelösung. Bei der *Etard-*

Reaktion verwendet man zur Oxidation von Methylarenen [Ar-CH_3] Chromylchlorid (CrO_2Cl_2) als Oxidationsmittel.

$$\text{Ar-CH}_3 \xrightarrow[(\text{Ac}_2\text{O})]{(\text{CrO}_3)} \text{Ar-CH(OOC-CH}_3)_2 \xrightarrow[(\text{H}^+)]{(\text{H}_2\text{O})} \text{Ar-CH=O}$$

(3) *Stephen-Reduktion von aromatischen Nitrilen* mit $SnCl_2$/HCl. Die Reduktion gelingt auch mit komplexen Hydriden [vgl. **MC-Frage Nr. 998**].

$$\text{Ar-C}\equiv\text{N} \xrightarrow{\text{HCl}} \text{Ar-C(Cl)=NH} \xrightarrow[\text{HCl}]{\text{SnCl}_2} [\text{Ar-CH=NH}_2{}^+]_2[\text{SnCl}_4]^{2-} \xrightarrow{(\text{H}_2\text{O})} \text{Ar-CHO}$$

(4) *Reduktion von aromatischen Säurechloriden* nach Rosenmund in Gegenwart eines Lindlar-Katalysators (siehe ▸Kap. 3.2.19.1).

(5) *Sommelet-Reaktion von Benzylhalogeniden.* Dabei entsteht in einer S_N-Reaktion beim Erhitzen von **Benzylchlorid** mit *Hexamethylentetramin* (Urotropin) zunächst ein quartäres Benzylammoniumsalz, das anschließend mit verdünnter Säure zu **Benzaldehyd** und *Methylamin* gespalten wird [vgl. **MC-Frage Nr. 1076**].

$$\text{C}_6\text{H}_5\text{-CH}_2\text{Cl} + \text{C}_6\text{H}_{12}\text{N}_4 \longrightarrow [\text{C}_6\text{H}_5\text{-CH}_2\text{-}\overset{+}{\text{N}}(\text{C}_6\text{H}_{12}\text{N}_3)]\text{Cl}^- \xrightarrow[(\text{H}^+)]{(\text{H}_2\text{O})}$$

$$\text{C}_6\text{H}_5\text{-CH=O} + \text{CH}_3\text{-NH}_3{}^+]\text{Cl}^- + 3\ \text{NH}_3 + 5\ \text{CH}_2\text{=O}$$

(6) *Oxidation von Benzylhalogeniden* mit *p*-Nitrosodimethylanilin in Gegenwart von Pyridin *(Kröhnke-Reaktion)*. Da die Reaktion unter milden Bedingungen abläuft, wird sie häufig zur Synthese *oxidationsempfindlicher Aldehyde* eingesetzt.

$$\underset{\textbf{Benzylhalogenid}}{\text{Ar–CH}_2\text{–X}} + \text{C}_5\text{H}_5\text{N} \xrightarrow[-\,\text{X}^-]{} \text{Ar–CH}_2\text{–}\overset{+}{\text{N}}\text{C}_5\text{H}_5$$

$$\xrightarrow[-\,\text{C}_5\text{H}_5\text{N}]{+\,\text{H}_2\text{N–C}_6\text{H}_4\text{–N=O}} \text{Ar–}\underset{\text{H}}{\text{CH}}\text{–}\underset{\text{O}}{\overset{+}{\text{N}}}\text{–C}_6\text{H}_4\text{–NH}_2 \xrightarrow[-\,\text{H}_2\text{O}]{+\,\text{HO}^-}$$

$$\text{Ar–CH=}\underset{\text{O}^-}{\overset{+}{\text{N}}}\text{–C}_6\text{H}_4\text{–NH}_2 \xrightarrow[(\text{H}^+)]{+\,\text{H}_2\text{O}} \underset{\textbf{Aldehyd}}{\text{Ar–CH=O}}$$

(7) Umsetzung aromatischer *Grignard-Verbindungen* mit **Ethylorthoformiat** und saure Hydrolyse der gebildeten *Acetale.* Die Methode ist auch zur Darstellung aliphatischer Aldehyde geeignet.

$$\text{Ar-Br} \rightarrow \text{Ar-Mg-Br} + \text{HC(OEt)}_3 \rightarrow \underset{\text{Acetal}}{\text{Ar-CH(OEt)}_2} \xrightarrow[(H_2O)]{(H^+)} \text{Ar-CH=O}$$

3.12.2.3 Darstellung von Alkanonen

Aliphatische Ketone lassen sich herstellen aus [vgl. **MC-Fragen Nr. 1003, 1004**]:

(1) *Alkenen* durch *Ozonolyse* und nachfolgende reduktive Aufarbeitung des gebildeten Ozonids (siehe ▸Kap. 3.2.18.3).

$$R_2C{=}CR_2 \xrightarrow{[O_3]} 2\ R_2C{=}O$$

(2) *Alkinen* durch saure *Hydratisierung* in Gegenwart von Hg(II)-Salzen (siehe ▸Kap. 3.5.7.2).

$$\text{R-C}{\equiv}\text{CH} + H_2O \rightarrow \text{R-CO-CH}_3 \qquad \textbf{Alkylmethylketon}$$

(3) *sekundären Alkoholen* durch *Oxidation* mit $KMnO_4$, $K_2Cr_2O_7$ oder CrO_3 bzw. durch *Dehydrierung* an Cu-Kontakten [siehe ▸Kap. 3.2.18.5 und **MC-Frage Nr. 1003**]

$$C_6H_5\text{-}CH_2\text{-CHOH-}CH_3 \xrightarrow{(CrO_3)} \underset{\textbf{Benzylmethylketon}}{C_6H_5\text{-}CH_2\text{-CO-}CH_3}$$

sowie durch Umsetzung mit Ketonen in Gegenwart von Al-*tert*-butanolat (siehe ▸Kap. 3.2.18.5 „*Oppenauer-Oxidation*“).

$$\text{R-}\underset{\displaystyle OH}{\underset{|}{\text{CH}}}\text{-R'} + CH_3\text{-}\underset{\displaystyle O}{\underset{\|}{\text{C}}}\text{-}CH_3 \xrightarrow[{[Al(OR)_3]}]{} \text{R-}\underset{\displaystyle O}{\underset{\|}{\text{C}}}\text{-R'} + CH_3\text{-}\underset{\displaystyle OH}{\underset{|}{\text{CH}}}\text{-}CH_3$$

(4) *1,2-Diolen* durch *Glycolspaltung* mit $Pb(OAc)_4$ oder $NaIO_4$ (siehe ▸Kap. 3.2.18.5)

$$R_2COH\text{-}CR_2OH \rightarrow 2\ R_2C{=}O + [2\ H]$$

bzw. mithilfe der *Pinakol-Umlagerung* durch Behandeln von Glycolen mit Säuren (siehe ▸Kap. 3.2.16.2).

$$R_2\underset{\displaystyle HO}{\underset{|}{C}}\text{-}\underset{\displaystyle OH}{\underset{|}{C}}R_2 \longrightarrow R_3C\text{-}\underset{\displaystyle O}{\underset{\|}{C}}\text{-R} + H_2O$$

(5) *Carbonsäuren* durch Pyrolyse *(Destillation)* ihrer Calcium- bzw. Bariumsalze an CdO_2- oder ThO_2-Kontakten.

$$\text{R-COOH} + \text{R-COOH} \rightarrow \text{R-CO-R} + CO_2 + H_2O$$

(6) *β-Ketocarbonsäureestern* durch *Ketonspaltung* und Decarboxylierung der intermediär auftretenden *β-Ketocarbonsäuren* (siehe ▸Kap. 3.14.6.1).

$$\underset{\substack{\| \quad | \\ O \quad R'}}{\text{R-C-CH-COOR''}} + H_2O \xrightarrow[(H^+)]{} \underset{\substack{\| \\ O}}{\text{R-C-CH}_2\text{-R'}} + CO_2 + \text{R''OH}$$

(7) *Carbonsäurechloriden* durch Reaktion mit *Organocadmiumverbindungen* (siehe ▸Kap. 3.8.3.1).

$$R'_2Cd + 2\ R\text{-}CO\text{-}Cl \rightarrow 2\ R\text{-}CO\text{-}R' + CdCl_2$$

(8) *Nitrilen* durch Umsetzung mit *Grignard-Reagenzien* und nachfolgende Hydrolyse [siehe ▸Kap. 3.8.3.1 und **MC-Frage Nr. 1005**].

$$\underset{\text{Acetonitril}}{CH_3\text{-}C{\equiv}N} + \underset{\text{Benzylmagnesium-chlorid}}{C_6H_5\text{-}CH_2\text{-}MgCl} \rightarrow \rightarrow \underset{\text{Benzyl-methylketon}}{CH_3\text{-}CO\text{-}CH_2\text{-}C_6H_5}$$

(9) **Aceton**, ein technisch wichtiges Keton, kann hergestellt werden durch [vgl. **MC-Fragen Nr. 275, 279, 1004, 1007, 1255, 1256**]:

- Oxidation oder Dehydrierung von Propan-2-ol [$CH_3CHOHCH_3$],
- Luftoxidation von Propen [$CH_2{=}CHCH_3$] in Gegenwart wässriger $PdCl_2$/ $CuCl_2$-Lösung (*Wacker-Höchst-Verfahren*),
- als Nebenprodukt der *Hockschen Phenolsynthese*, wobei Benzen, Propen und Luftsauerstoff als Reaktanden eingesetzt werden (siehe ▸Kap. 3.2.16.4).
- Ketonspaltung von Acetessigester unter Decarboxylierung der intermediär gebildeten *Acetessigsäure* (3-Oxobutansäure) [CH_3-CO-CH_3-COOH] (siehe ▸Kap. 3.14.6.1).

3.12.2.4 Darstellung aromatischer Ketone

Arylalkyl- oder Diarylketone können hergestellt werden durch:

- *Friedel-Crafts-Acylierung* (siehe ▸Kap. 3.6.4.2),
- *Houben-Hoesch-Reaktion* (siehe ▸Kap. 3.6.4.2),
- *Fries-Reaktion* (siehe ▸Kap. 3.2.17.1).

Eine weitere Methode zur Synthese von Arylalkylketonen ist die Grignard-Reaktion eines *Benzonitril-Derivates* mit einem Alkyl- oder Arylmagnesiumhalogenid [vgl. **MC-Fragen Nr. 742, 743, 1003, 1005**].

$$Ar\text{-}C{\equiv}N + R\text{-}MgX \rightarrow \left[\underset{\substack{\| \\ N\text{-}MgX}}{Ar\text{-}C\text{-}R}\right] \xrightarrow[-\ MgOHX]{+\ H_2O} \left[\underset{\substack{\| \\ NH}}{Ar\text{-}C\text{-}R}\right] \xrightarrow[-\ NH_3]{+\ H_2O} \underset{\substack{\| \\ O}}{Ar\text{-}C\text{-}R}$$

3.12.3 Eigenschaften von Carbonylverbindungen

3.12.3.1 Physikalisch-chemische Eigenschaften

Aldehyde und Ketone bilden untereinander *keine* Wasserstoffbrücken, sodass sie tiefer sieden als Alkanole oder Carbonsäuren vergleichbarer relativer Molekülmasse.

Aufgrund ihrer polaren Carbonylgruppe und den daraus resultierenden intermolekularen Dipol-Dipol-Wechselwirkungen sieden sie jedoch höher als unpolare Verbindungen wie z. B. Alkane gleicher C-Zahl. Wie bei anderen homologen Reihen steigen die *Siedepunkte* mit zunehmender Molmasse stetig an. In ▫Tab. 3.50 sind die Siedepunkte der ersten Glieder der Alkanale und der Alkanone im Vergleich zu den Siedepunkten anderer Stoffe gleicher C-Zahl aufgelistet. Die Zahlenwerte belegen den Einfluss von H-Brückenbindungen auf die Höhe des Siedepunktes [vgl. **MC-Fragen Nr. 788, 1002**].

Als Folge intermolekularer H-Brücken mit Wassermolekülen sowie der Bildung von Hydraten sind *niedere Aldehyde* und *Ketone* (bis C-5) *wasserlöslich.*

3.12.3.2 Ausgewählte Carbonylverbindungen

(a) Formaldehyd (*Methanal*) [$H_2C{=}O$], das technisch durch Oxidation von Methanol gewonnen wird, ist in reinem, wasserfreien Zustand ein stechend riechendes Gas, das nur wenig schwerer ist als Luft. Die Dämpfe sind brennbar. In wässriger Lösung liegt Formaldehyd überwiegend als *Hydrat* [HO-CH_2-OH] vor. Die 40%ige wässrige Lösung heißt *Formalin* [vgl. **MC-Fragen Nr. 990, 992**]

Formaldehyd geht die üblichen Aldehydreaktionen ein; ammoniakalische Silbernitrat-Lösung (*Tollens-Reagenz*) und alkalische Cu(II)-tartrat-Lösung (*Fehling-Reagenz*) werden reduziert [siehe auch Ehlers, **Analytik I**, ▸Kap. 3.5.3.11 und **MC-Frage Nr. 989**].

In verdünnter Kalilauge disproportioniert Formaldehyd zu **Methanol** und **Ameisensäure** (siehe ▸Kap. 3.12.7.1 „*Cannizzaro-Reaktion*"). Die Verwendung von Formaldehyd als Edukt der *Mannich-Reaktion* wird im ▸Kap. 3.12.6.6 beschrieben. Die Bildung von Formaldehydpolymeren wird im nachfolgenden Abschnitt behandelt [siehe ▸Kap. 3.12.3.3 und **MC-Fragen Nr. 988, 990, 992**].

Formaldehyd und **Methenamin**, sein Kondensationsprodukt mit Ammoniak, werden als Desinfektionsmittel verwendet. Formaldehyd besitzt ein Krebs erzeugendes Potential [siehe auch ▸Kap. 3.12.5.3 und **MC-Fragen Nr. 991, 992**].

(b) Acetaldehyd (*Ethanal*) [H_3C-CH=O] ist eine stechend riechende, brennbare Flüssigkeit, die bei 20,2 °C siedet. Sie mischt sich mit Wasser, Alkohol und Ether. Bei starkem Erhitzen (Pyrolyse) zerfällt Acetaldehyd in Methan und CO_2. Acetaldehyd ist ein Zwischenprodukt der alkoholischen Gärung und tritt in geringen Mengen in allen alkoholischen Getränken auf [vgl. **MC-Frage Nr. 788**].

▫ **Tab. 3.50 Siedepunkte einiger Alkanale und Alkanone (in °C)**

Methanal	-19	Methanol	64,7	Methan	-164	Ameisen-	101
Ethanal	20,2	Ethanol	78,3	Ethan	-88,5	säure	
Propanal	49	Propan-1-ol	97,0	Propan	-44,5	Essigsäure	118
Butanal	75	Propan-2-ol	82,6	*n*-Butan	-0,5	Propi-	141
Aceton	56,2	Butan-1-ol	117,7	Isobutan	-10,5	onsäure	
Butan-2-on	79,6	Butan-2-ol	99,0	-		Buttersäure	163
						Isobutter-	155
						säure	

Acetaldehyd ist wie Formaldehyd *redoxamphoter*; Acetaldehyd kann zu Essigsäure oxidiert und zu Ethanol reduziert werden und geht die üblichen Kondensationsreaktionen für Aldehyde ein (siehe nachfolgende Abschnitte). Die Umsetzung mit Grignard-Reagenzien zu sekundären Alkoholen wurde im ▸Kap. 3.8.3.1 vorgestellt [vgl. **MC-Fragen Nr. 989, 993–995**].

Acetaldehyd ist in der Technik ein wichtiges Startmaterial zur Herstellung von Essigsäure [H_3C-COOH], Ethanol [H_3C-CH_2OH], Acrolein [H_2C=CH-CHO], Acetaldol [CH_3-CHOH-CH_2-CHO], Crotonaldehyd [H_3C-CH=CH-CHO] und Buta-1,3-dien [H_2C=CH-CH=CH_2]. Acetaldehyd polymerisiert zu cyclischen Acetalen wie *Paraldehyd* oder *Metaldehyd* [siehe ▸Kap. 3.12.3.3 und **MC-Fragen Nr. 461, 996–998**].

(c) Benzaldehyd (*Benzencarbaldehyd*, *Phenylmethanal*) [C_6H_5-CHO], das technisch durch Halogenierung von *Toluol* mit nachfolgender Hydrolyse zugänglich ist, ist eine farblose nach Bittermandel riechende Flüssigkeit (künstliches Bittermandelöl), die bei 179 °C siedet. Benzaldehyd ist in Wasser wenig löslich, mischt sich aber in jedem Verhältnis mit Ethanol und Diethylether. Benzaldehyd reduziert ammoniakalische Silbernitrat- nicht aber Fehling-Lösung. Mit Natriumhydrogensulfit und Blausäure gibt Benzaldehyd die üblichen Additionsverbindungen. Zur radikalisch verlaufenden *Autoxidation von Benzaldehyd* siehe ▸Kap. 3.2.4.3 [vgl. **MC-Fragen Nr. 271, 272, 998**].

Benzaldehyd kondensiert mit 2 Molekülen *N,N-Dimethylanilin* [C_6H_5-NMe_2] in Gegenwart von $ZnCl_2$ zu einem farblosen Triphenylmethan-Derivat, dessen Oxidation zu **Malachitgrün** führt [siehe Ehlers, **Analytik II**, ▸Kap. 6.1.5.5 und **MC-Fragen Nr. 1681, 1684**].

(d) Aceton (*Dimethylketon*, *Propan-2-on*) [H_3C-CO-CH_3] ist eine farblose, brennbare Flüssigkeit, die bei 56,2 °C siedet. Sie ist mit Wasser, Ethanol und Diethylether in jedem Verhältnis mischbar. Aceton hat schwach CH-aciden Charakter ($pK_s \sim 20$) und ergibt als Methylketon eine positive Iodoform-Reaktion [vgl. **MC-Fragen Nr. 719, 720, 1006, 1008, 1161**].

Behandelt man Aceton mit konzentrierter Schwefelsäure, so trimerisiert es zu *Mesitylen* (1,3,5-Trimethylbenzen). Die pyrolytische Spaltung von Aceton an Cr/Ni-Kontakten führt zu *Keten* [H_2C=C=O] [vgl. **MC-Fragen Nr. 1007, 1009**].

$$CH_3COCH_3 \rightarrow CH_2{=}C{=}O + CH_4$$

$$3\ H_3C{-}CO{-}CH_3 \xrightarrow[-\ 3\ H_2O]{(\text{konz. } H_2SO_4)} C_6H_3(CH_3)_3$$

Mesitylen

Aceton kondensiert mit Cyclopenta-1,3-dien zu **Dimethylfulven**. Als *Fulvene* bezeichnet man ganz allgemein die aus Aldehyden oder Ketonen in alkalischem Milieu durch Umsetzung mit Cyclopentadienen erhaltenen, gelben bis orangefarbenen Reaktionsprodukte. Diese Derivate des 5-Methylen-cyclopenta-1,3-diens enthalten *gekreuzt konjugierte Doppelbindungen*. Das sind Bindungssysteme von mindestens drei alternierenden Doppel- und Einfachbindungen, die an einer Doppelbindung eine Verzweigung aufweisen [vgl. **MC-Frage Nr. 523**].

$$\text{Cyclopentadien} + O{=}C(CH_3)_2 \xrightarrow{-H_2O} \text{C}_5\text{H}_4{=}C(CH_3)_2$$

Dimethylfulven

(e) Diacetyl (*Biacetyl, Butan-2,3-dion, Dimethylglyoxal*) [$H_3C\text{-}CO\text{-}CO\text{-}CH_3$], das einfachste β-Diketon, ist eine gelbgrüne Flüssigkeit (Sdp.: 88 °C), die sich leicht (mit H_2O_2 oder $NaIO_4$) zu Essigsäure oxidieren lässt. Das Dioxim des Diacetyls (*Dimethylglyoxim*) gibt mit Nickel(II)-Salzen einen rosenroten, schwer löslichen Chelatkomplex [siehe auch Ehlers, **Analytik I**, ▸Kap. 2.3.2.10 und **MC-Fragen Nr. 1041–1043**].

(f) Acetylaceton (*Pentan-2,4-dion*) [$H_3C\text{-}CO\text{-}CH_2\text{-}CO\text{-}CH_3$] ist eine farblose Flüssigkeit (Sdp. 139 °C), die mit $FeCl_3$ unter Rotfärbung reagiert und mit vielen Leicht- und Schwermetallen stabile *Innerkomplexe* (sog. *Acetylacetonate*) bildet, die in organischen Lösungsmitteln löslich sind. Acetylaceton zeigt Keto-Enol-Tautomerie, wobei in der Enol-Form ein konjugiertes Bindungssystem vorliegt, das durch intramolekulare H-Brücken stabilisiert ist [siehe ▸Kap. 3.2.15.5 und **MC-Fragen Nr. 224, 226, 228, 229, 231, 233, 1040, 1041**].

3.12.3.3 Bildung von Polymeren

Aliphatische Aldehyde tendieren dazu, sich in exothermer Reaktion – besonders in Anwesenheit von Säuren – *acetalartig* zu höhermolekularen Verbindungen mit Ring- oder Kettenstrukturen zu vereinigen. Aufgrund der Acetalstruktur sind diese Substanzen in Alkalihydroxid-Lösungen stabil, hingegen gelingt die *protonenkatalysierte Depolymerisation* [vgl. **MC-Frage Nr. 212**].

$$RCH{=}O + HO^- \rightarrow HO\text{-}CHR\text{-}O^- + \mathbf{n}\ RCH{=}O \rightarrow HO\text{-}[CHR\text{-}O]_n\text{-}O^-$$
(Formaldehyd: R = H/Acetaldehyd: R = CH_3)

Die *Polymerisation des Formaldehyds* zu niedermolekularem **Paraformaldehyd** tritt bereits beim Eindampfen wässriger Formalin-Lösungen ein. Dabei entstehen *lineare* Kettenmoleküle.

$$n\ CH_2{=}O \rightarrow HO\text{-}(CH_2O)_{n-1}\text{-}CH_2OH$$

Daneben existiert auch eine hochmolekulare Form *(Polyformaldehyd, Polyoxymethylen)*. Ausser den kettenförmigen Polymeren des Formaldehyds kennt man auch ein *cyclisches Trimer* [**Trioxymethylen** oder **1,3,5-Trioxan**], das sich beim Abkühlen von Formaldehyd-Dämpfen in fester Form abscheidet. Es ist in Wasser und organischen Lösungsmitteln leicht löslich und besitzt infolge seiner Acetalstruktur keine reduzierenden Eigenschaften [vgl. **MC-Fragen Nr. 988, 990, 992**].

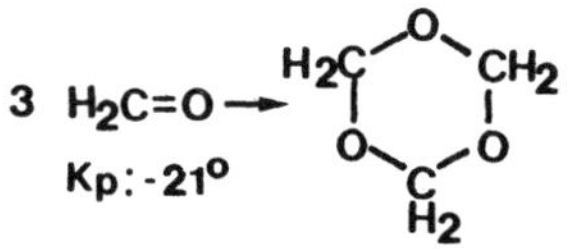

3 $H_2C{=}O$ → 1.3.5-Trioxan
Kp: -21°
1.3.5-Trioxan
Fp: 65°

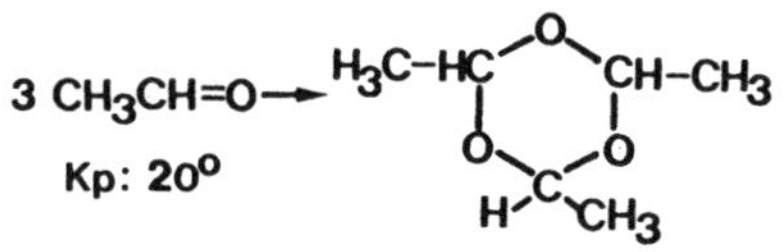

3 $CH_3CH{=}O$ → Paraldehyd
Kp: 20°
Paraldehyd
Kp: 125°

Acetaldehyd trimerisiert bei Raumtemperatur in Gegenwart von Schwefelsäure zu **Paraldehyd** [**2,4,6-Trimethyl-1,3,5-trioxan**], eine farblose, alkalistabile Flüssigkeit, die in Wasser und organischen Lösungsmitteln löslich ist. Aufgrund seiner Acetalstruktur zeigt Paraldehyd nicht mehr die typischen Aldehydreaktionen [vgl. **MC-Fragen Nr. 988, 996, 997**].

Das Ringsystem des Paraldehyds liegt in einer Sesselkonformation vor, sodass insgesamt vier Stereoisomere [(1)-(4)] denkbar wären. Es existieren aber nur die beiden Konfigurationsisomeren (1) und (2), in denen die beiden Methylgruppen an C-2 und C-6 eine äquatoriale Position einnehmen und die als *cis*- (1) und *trans*-Paraldehyd (2) bezeichnet werden. Die Strukturen (3) und (4) treten infolge sterischer Behinderung aufgrund der starken 1,3-Wechselwirkung der beiden *axialen* Methylgruppen an C-2 und C-4 nicht auf [vgl. **MC-Frage Nr. 461**].

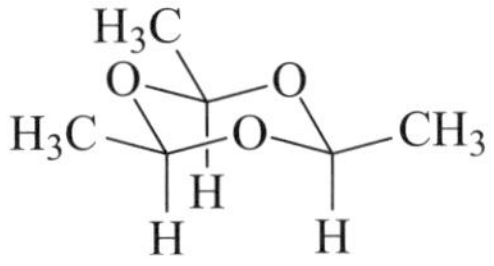

(1) 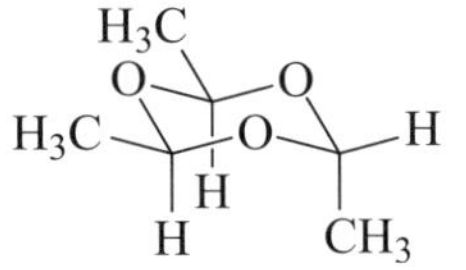 (2)

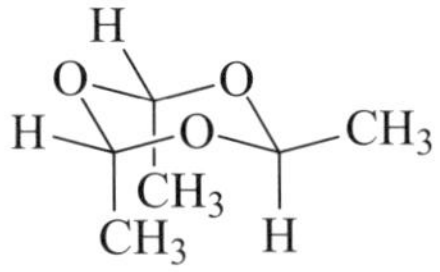

(3) 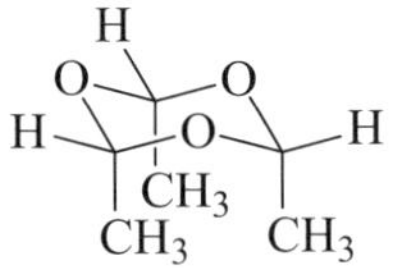 (4)

Vom Acetaldehyd ist auch ein cyclisches, festes Tetramer [Schmp. 45,5 °C] bekannt, das als **Metaldehyd** bezeichnet wird und als Brennspiritus im Handel ist [vgl. **MC-Frage Nr. 1712**].

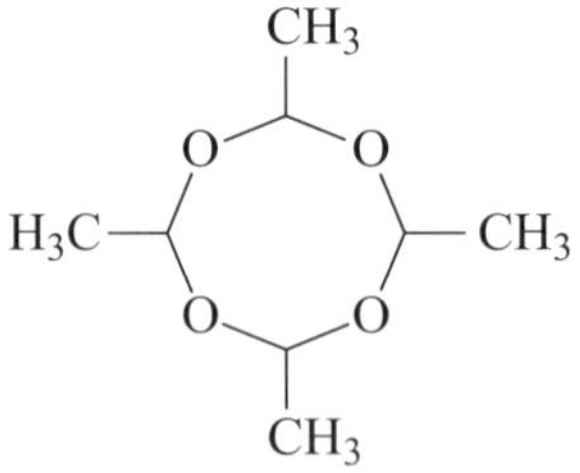

Metaldehyd

3.12.3.4 Reaktivität der Carbonylfunktion

Das reaktive Verhalten der C=O-Doppelbindung wurde bereits im ▸Kap. 3.2.15 vorgestellt. Die dort beschriebenen grundlegenden Eigenschaften der Carbonylgruppe können wie folgt zusammengefasst werden [vgl. **MC-Fragen Nr. 211, 212, 992, 1012, 1020, 1021**]:

> Eine eben gebaute Carbonylgruppe besitzt aufgrund der hohen Elektronegativität des Sauerstoffs dipolaren Charakter. Die π-Bindung ist leicht polarisierbar. Das Ausmaß dieser C=O-Polarisierung wird als Carbonylaktivität (Carbonylreaktivität) bezeichnet.
> Die Carbonylreaktivität kann durch Zusatz von Säuren erhöht werden. Die Carbonylaktivität von Formaldehyd ist größer als die von Acetaldehyd und im Allgemeinen besitzen Ketone eine geringere Carbonylreaktivität als Aldehyde.
> Elektrophile Reagenzien (Säuren) greifen am basischen Carbonylsauerstoff an, während die Addition von nucleophilen Reagenzien (Basen) am Carbonyl-C-Atom erfolgt. Der Primärschritt vieler Carbonylreaktionen ist die nucleophile Addition von Reagenzien an die C=O-Gruppe. Ein weiterer wichtiger Reaktionstyp sind Substitutionen acider Wasserstoffatome am α-C-Atom zur Carbonylgruppe. Solche Reaktionen am α-Kohlenstoff verlaufen im Allgemeinen basenkatalysiert.

3.12.4 Reaktionen von Carbonylverbindungen

Die mechanistischen Grundlagen *nucleophiler Additionsreaktionen an Aldehyde und Ketone* sind im ▸Kap. 3.2.15.6 beschrieben worden. Die *nucleophilen Additionen an vinylogen Carbonylverbindungen* waren Gegenstand des ▸Kap. 3.2.12.2. Daher sollen in den nachfolenden Abschnitten vor allem präparative Aspekte beider Reaktionstypen diskutiert werden.

Aufgrund ihrer zentralen Bedeutung für die Chemie von Carbonylverbindungen werden die Reaktionen der C=O-Gruppe mit:

- *Basen* (siehe ▸Kap. 3.12.5),
- *CH-aciden Verbindungen* (siehe ▸Kap. 3.12.6),
- *Hydridionen* (siehe ▸Kap. 3.12.7)

in eigenständigen Kapiteln behandelt.

A_N-Reaktionen mit Basen

$$\begin{array}{ccc} & \alpha & \\ R_2C & - & C=O \\ | & & | \\ H & & R \end{array}$$

CH-Acidität, Deprotonierung, Bildung von Carbanionen

Als weitere wichtige Reaktionen von Aldehyden und Ketonen sind zu nennen die:

- *Carbonylolefinierung* zur Herstellung von Alkenen und Dienen (siehe ▸Kap. 3.5.3 *„Wittig-Reaktion“).*
- *Umsetzung mit Grignard-Reagenzien* zur Synthese von Alkoholen; z. B. erhält man **Butan-2-ol** als Reaktionsprodukt bei der Umsetzung von Acetaldehyd mit Ethylmagnesiumbromid (siehe ▸Kap. 3.8.3.1).

$$CH_3\text{-}CH{=}O + CH_3CH_2\text{-}MgBr \rightarrow\rightarrow CH_3\text{-}CHOH\text{-}CH_2CH_3$$

- *Ethinylierung mit Acetylen-Derivaten* zur Herstellung von Alkinolen (siehe ▸Kap. 3.5.7.3).

Die *α-Halogenierung von Carbonylverbindungen* war Gegenstand des ▸Kap. 3.7.2.2. Durch die Reaktion von Ketonen mit Phosphorpentachlorid können je nach den gewählten Bedingungen *geminale Dichloride, Chloralkene* oder *Alkine* dargestellt werden.

$$R\text{-}CH_2\text{-}\underset{\underset{O}{\|}}{C}\text{-}R' \xrightarrow[-\ POCl_3]{+\ PCl_5} \underset{\text{gem. Dichlorid}}{R\text{-}CH_2\text{-}\overset{Cl}{\overset{|}{\underset{\underset{Cl}{|}}{C}}}\text{-}R'} \xrightarrow{-\ HCl} \underset{\text{Chloralken}}{R\text{-}CH{=}\underset{\underset{Cl}{|}}{C}\text{-}R'} \xrightarrow{-\ HCl} \underset{\text{Alkin}}{R\text{-}C{\equiv}C\text{-}R'}$$

Abschließend sei noch auf den *redoxamphoteren Charakter von Aldehyden* und ihre Neigung zur *Autoxidation* hingewiesen. Im Gegensatz zu Aldehyden besitzen einfache Ketone keine reduzierenden Eigenschaften und reagieren deshalb *nicht* mit *Fehlingscher Lösung* oder *Tollens-Reagenz* [vgl. **MC-Fragen Nr. 1006, 1099, 1445**].

$$R\text{-}CH_2OH \xleftarrow{\text{Reduktion}} R\text{-}CH{=}O \xrightarrow{\text{Oxidation}} R\text{-}COOH$$

Die generellen Möglichkeiten zur *Oxidation* der Carbonylfunktion wurden im ▸Kap. 3.2.18.6 diskutiert. Die *Baeyer-Villiger-Oxidation* von Ketonen zu Carbonsäureestern wurde im ▸Kap. 3.2.16.4 vorgestellt. *Reduktionsreaktionen* an Carbonylverbindungen waren Gegenstand des ▸Kap. 3.2.19.5.

3.12.5 Reaktionen von Carbonylverbindungen mit Basen

3.12.5.1 Reaktionen mit Sauerstoff-Nucleophilen

• Hydrat-Bildung

Die reversible Anlagerung von *Wasser* an die Carbonylgruppe führt zur Bildung instabiler *Hydrate (geminales* oder *1,1-Diol)*. Im Gleichgewichtszustand überwiegen im Allgemeinen die Edukte, und zwar umso stärker, je geringer die Carbonylreaktivität der C=O-Bindung ist.

$$R\text{-}CH{=}O + H_2O \overset{[K]}{\rightleftharpoons} R\text{-}CH(OH)_2$$

Für Aldehyde beträgt die **Gleichgewichtskonstante K** etwa **1**, für Ketone hat sie einen Wert von etwa **10^{-3}**. Daher enthalten wässrige Lösungen von Aldehyden etwa äquimolare Mengen an hydratisierten und nicht-hydratisierten Molekülen, während Ketone fast ausschließlich in der Ketoform [$R_2C=O$] vorliegen [vgl. **MC-Frage Nr. 1018**].

Demgegenüber hat die Gleichgewichtskonstante beim **Formaldehyd** einen Wert von ca. $\mathbf{10^3}$, sodass wässrige Formaldehyd-Lösungen *(Formalin)* nahezu vollständig (>99%) aus $CH_2(OH)_2$-Molekülen bestehen. Im Falle des Formaldehyds und Acetaldehyds können aus dem jeweiligen Hydrat noch acetalartige Oligomere entstehen. Die Hydratbildung ist allgemein säure- und basenkatalysiert [siehe auch ▸Kap. 3.2.15.8 und **MC-Fragen Nr. 774, 990, 992, 1018, 1019**].

Normalerweise sind Hydrate nicht isolierbar (*Erlenmeyer-Regel*). Dagegen erhöhen -I/-M-Substituenten am α-C-Atom die elektrophilen Eigenschaften des Carbonylkohlenstoffs und begünstigen die Hydratbildung. So beträgt die Gleichgewichtskonstante für **Trichloracetaldehyd** (*Chloral*) [$Cl_3C\text{-}CH=O$] etwa $\mathbf{3 \cdot 10^4}$. Daher liegt die Substanz in wässriger Lösung fast vollständig in der Hydratform vor und kann aus diesen Lösungen als kristallines Hydrat (Chloralhydrat) isoliert werden. **Chloralhydrat** (Schmp. 52 °C) war das erste synthetisch hergestellte Schlafmittel [vgl. **MC-Fragen Nr. 774, 1014, 1016, 1018, 1019**].

Als weitere *Ausnahmen der Erlenmeyer-Regel* sind zu nennen, wobei **Ninhydrin** (*Triketoindan, Indan*-1,2,3-*trion*) als Nachweisreagenz für Aminosäuren genutzt wird [siehe ▸Kap. 3.17.3.4 und **MC-Fragen Nr. 1013–1017, 1524**]:

Trichloracetaldehyd: (Chloral)	$Cl_3C\text{-}CH=O + H_2O \rightleftharpoons Cl_3C\text{-}CH(OH)_2$
Glyoxylsäure:	$HOOC\text{-}CH=O + H_2O \rightleftharpoons HOOC\text{-}CH(OH)_2$
Mesoxalsäure:	$(HOOC)_2C=O + H_2O \rightleftharpoons (HOOC)_2C(OH)_2$
Hexafluoraceton:	$(CF_3)_2C=O + H_2O \rightleftharpoons (CF_3)_2C(OH)_2$
Triketoindan: (Ninhydrin)	Triketoindan + H_2O ⇌ Ninhydrin (2,2-Dihydroxy-indan-1,3-dion)

Darüber hinaus bilden solche Verbindungen auch mit *Alkoholen, Ammoniak* und *Aminen* relativ stabile *Halbacetale* und *Halbaminale,* die im Falle des **Trichloracetaldehyds** als kristalline Feststoffe isolierbar sind; die Halbaminale und Halbacetale des Trichloracetaldehyds besitzen ein asymmetrisches C-Atom [vgl. **MC-Frage Nr. 1022**].

$Cl_3C\text{-}CH(OH)\text{-}OR$ Halbacetal $Cl_3C\text{-}CH(OH)\text{-}NH_2$ Halbaminal

- **Acetal- und Ketal-Bildung**

Carbonylverbindungen ergeben durch *nucleophile Addition von Alkoholen* zunächst instabile *Halbacetale* (Hemiacetale) oder *Halbketale* (Hemiketale), die sich in Gegenwart starker Säuren rasch in *Acetale* [$R\text{-}CH(OR)_2$] bzw. *Ketale* [$R_2C(OR)_2$] umwandeln [vgl. **MC-Fragen Nr. 777, 839, 1020, 1021, 1024, 1025, 1030, 1032, 1330, 1343, 1429**].

$$R\text{-}CH{=}O \xrightleftharpoons{+\ R'OH} \underset{\text{Halbacetal}}{R\text{-}CH(OH)\text{-}OR'} \xrightarrow[-\ H_2O]{+\ H^+} \left[R\text{-}\overset{+}{C}H\text{-}OR' \leftrightarrow R\text{-}CH{=}\overset{+}{O}R'\right]$$

$$\xrightarrow{+\ R'OH} \left[R\text{-}CH(OR')\text{-}\overset{+}{O}H\text{-}R'\right] \xrightarrow{-\ H^+} R\text{-}CH(OR')\text{-}OR' \quad \text{Acetal}$$

Beispielsweise bildet sich ***n*-Butyraldehyddimethylacetal** beim Einwirken von wasserfreier methanolischer HCl-Lösung auf **Butanal** [vgl. **MC-Frage Nr. 1023**].

$$CH_3CH_2CH_2\text{-}CH{=}O + 2\ CH_3OH \rightarrow CH_3CH_2CH_2\text{-}CH(OCH_3)_2 + H_2O$$

In analoger Weise entsteht bei der Umsetzung von *Phenylacetaldehyd* [C_6H_5-CH_2-CHO] mit Ethanol in Gegenwart von Säuren **Phenylacetaldehyddiethylacetal** (1,1-Diethoxy-2-phenylethan) [C_6H_5-CH_2-$CH(OCH_2CH_3)_2$] [vgl. **MC-Frage 1777**].

Bei der Acetalisierung der C=O-Funktion ist die nucleophile Anlagerung des Alkoholmoleküls unter Bildung des Halbacetals – wie die Addition von Wasser – durch Säuren und Basen katalysierbar. Dagegen läuft die nachfolgende Umsetzung des Halbacetals zum Acetal *nur* noch spezifisch säurekatalysiert ab.

Die Acetalisierung mit einwertigen Alkoholen in Anwesenheit von Mineralsäuren gelingt mit guten Ausbeuten nur bei niederen Aldehyden. Acetale höherer Aldehyde und Ketale sind auf diese Weise nur schwer zugänglich. Ihre Darstellung erfolgt zweckmäßigerweise durch Umsetzung der betreffenden Carbonylverbindung mit *Orthoameisensäureestern.*

$$R_2C{=}O + HC(OR')_3 \longrightarrow R_2C(OR')_2 + HCOOR'$$

Demgegenüber ist bei der *Bildung cyclischer Acetale* und *Ketale* mit 1,2- und 1,3-Diolen das Acetalisierungsgleichgewicht aufgrund eines günstigeren *Entropieeffektes* zur Produktseite hin verschoben.

Die Darstellung der wichtigen **1,3-Dioxolane** (*Ethylenacetale*, *Ethylenketale*) mit *Ethylenglycol* (Ethan-1,2-diol) [$HOCH_2$-CH_2OH] erfolgt meistens unter azeotroper Entfernung des Reaktionswassers. Unter diesen Bedingungen lassen sich auch Ketosäuren und ihre Ester, Hydroxyketone oder α-Halogenketone ketalisieren [vgl. **MC-Frage Nr. 1028**].

$$R_2C{=}O + \begin{matrix} HO\text{-}CH_2 \\ | \\ HO\text{-}CH_2 \end{matrix} \xrightarrow{-\ H_2O\uparrow} R_2C\!\begin{matrix} O\text{-}CH_2 \\ | \\ O\text{-}CH_2 \end{matrix} \quad \text{1,3-Dioxolan}$$

Durch verdünnte Säuren lassen sich Acetale [R-$CH(OR')_2$] und Ketale [$R_2C(OR')_2$] wieder in die Ausgangskomponenten spalten. Im alkalischen pH-Bereich sowie gegenüber Oxidationsmitteln sind Acetale und Ketale beständig, sodass sie als *Schutzgruppen von Carbonylverbindungen* im alkalischen Medium fungieren können.

Die Acetalisierung und Ketalisierung spielt vor allem in der Chemie der Kohlenhydrate zum *Schutz von Hydroxylgruppen* eine gewichtige Rolle (siehe ▸Kap. 3.16.3.9).

Acetale und Ketale reagieren nicht mit Grignard-Reagenzien und zeigen sich auch resistent gegenüber Reduktionsmitteln wie z. B. komplexen Hydriden. Man nutzt diesen Sachverhalt zur *selektiven Reduktion* von C=O-Doppelbindungen, wie die nachfolgende Reaktionssequenz ausgehend von **Acetessigester** [CH_3COCH_2COOEt] zeigt [vgl. **MC-Frage Nr. 1266**].

```
                                                        LiAlH4
H3C-C-CH2-COOEt  ------>  H3C-C-CH2-COOEt  ------>  H3C-C-CH2-CH2OH
    ||                        / \                       / \
    O                        O   O                     O   O
                             |   |                     |   |
                            H2C--CH2                  H2C--CH2

H+/H2O
------>  H3C-CO-CH2-CH2OH
         4-Hydroxy-butan-2-on
```

3.12.5.2 Reaktionen mit Schwefel-Nucleophilen

- **Mercaptal-Bildung**

Carbonylverbindungen reagieren mit *Mercaptanen* zu *Mercaptalen* (Thioacetale, Thioketale). Aufgrund der größeren Nucleophilie des Schwefels erfolgt die Reaktion leichter als die Acetal-Bildung mit Alkoholen [vgl. **MC-Frage Nr. 839**].

Mit *Thioethylenglycol* (Ethan-1,2-dithiol) [$HSCH_2$-CH_2SH] entstehen bei der Umsetzung mit Carbonylverbindungen **1,3-Dithiolane** (Thioethylenacetale, Thioethylenketale), die hydrolytisch nur schwer spaltbar sind. Sie lassen sich jedoch unter milden Bedingungen in Gegenwart von Raney-Nickel zu Kohlenwasserstoffen hydrogenolysieren [vgl. **MC-Frage Nr. 1793**].

```
              HS-CH2    - H2O         S-CH2  [RaNi]                  HS-CH2
R2C=O   +     |        ------>   R2C  |     ---------->  R2CH2  +    |
              HS-CH2                  S-CH2   + H2                   HS-CH2
Keton                            1,3-Dithiolan
```

Bei der Einwirkung von **Propan-1,3-dithiol** auf Aldehyde entstehen sechsgliedrige **1,3-Dithiane;** Dithiane und Dithiolane sind wertvolle Edukte für Synthesen. Zum Beispiel lässt sich in Dithianen mit *n*-Butyllithium (BuLi) unter *„Umpolung der Carbonylreaktivität“* ein Proton ablösen unter Bildung von *nucleophilen 1,3-Dithianyl-Anionen.* Diese Carbanionen sind mit Halogenalkanen alkylierbar, wodurch Thioketale entstehen, die sich mit $HgCl_2$ in wässrigem Acetonitril zu Ketonen spalten lassen. Somit kann man mit dieser Reaktionsfolge einen Aldehyd in ein Keton umwandeln (*Corey-Seebach-Reaktion)* [vgl. **MC-Frage Nr. 1788**].

Organische Chemie

$$R(H)C{=}O \xrightarrow[-H_2O]{+HS(CH_2)_3SH} \text{1,3-Dithian} \xrightarrow{(BuLi)} \text{Carbanion} \xrightarrow[-X^-]{R'X} RR'\text{-Dithian} \longrightarrow RR'C{=}O$$

Aldehyd 1,3-Dithian Carbanion

Keton

Mit **Cysteamin** (*Thioethanolamin*) [$H_2NCH_2CH_2SH$] bilden sich cyclische N,S-Acetale [vgl. **MC-Frage Nr. 958**].

• **Bisulfit-Addition**

Viele Carbonylverbindungen ergeben in reversibler Reaktion in konzentrierten Natriumhydrogensulfit-Lösungen ($NaHSO_3$) sog. „*Bisulfit-Additionsverbindungen*", die löslich in Wasser, aber schwer löslich in konzentrierten $NaHSO_3$-Lösungen und praktisch unlöslich in Ethern sind. Die Bildung dieser Addukte wird zur *Abtrennung und Reinigung von Carbonylverbindungen* genutzt. Ihre Spaltung gelingt in warmer Soda-Lösung (Na_2CO_3) oder mit verdünnten Säuren [vgl. **MC-Frage Nr. 998**].

$$R(H)R\,C{=}O + NaHSO_3 \longrightarrow R(H)R\,C(OH)SO_3Na$$

3.12.5.3 Reaktionen mit Stickstoff-Nucleophilen

• **Imin-Bildung**

Bei der Reaktion von *Ammoniak* mit Carbonylverbindungen entstehen *Imine* (Aldimin, Ketimin). Einige dieser Imine reagieren weiter zu oligomeren, aldolartigen Kondensationsprodukten [vgl. **MC-Fragen Nr. 860, 899**].

So bildet z. B. das Imin des **Acetaldehyds** ein cyclisches, trimeres *Aminal*,

$$CH_3\text{-}CH{=}O + NH_3 \xrightarrow{-H_2O} [CH_3\text{-}CH{=}NH] \rightarrow \text{(cyclisches Trimer)}$$

Acetaldimin

und **Formaldehyd** reagiert mit Ammoniak im Molverhältnis 3 : 2 zum säurelabilen **Hexamethylentetramin (Urotropin, Methenamin)**, das gleichfalls eine cyclische Aminalstruktur besitzt. Auch hier werden Imine als Zwischenstufen durchlaufen [vgl. **MC-Fragen Nr. 991, 992, 1320**].

$$6\ CH_2{=}O + 4\ NH_3 \xrightarrow{-H_2O} \text{Methenamin}$$

Methenamin

Benzaldehyd zeigt gegenüber NH_3 ein im Vergleich zu aliphatischen Aldehyden abweichendes Verhalten. Das primär gebildete Benzaldimin kondensiert mit überschüssigem Benzaldehyd zu **Hydrobenzamid**.

$$\underset{\text{Benzaldehyd}}{C_6H_5\text{-CHO}} + NH_3 \rightarrow H_2O + C_6H_5\text{-CH=NH} \quad \text{Benzaldimin}$$

$$\begin{matrix} C_6H_5\text{-CH=N}\boxed{H} \\ C_6H_5\text{-CH=N}\boxed{H} \end{matrix} + \boxed{O}\text{=CH-}C_6H_5 \xrightarrow{-H_2O} \begin{matrix} C_6H_5\text{-CH=N} \\ C_6H_5\text{-CH=N} \end{matrix}\!\!>\!\!\underset{}{\overset{H}{C}}\text{-}C_6H_5 \quad \text{Hydrobenzamid}$$

- **Azomethin-Bildung**

Carbonylverbindungen reagieren mit *primären Aminen* zu stabilen *Azomethinen (Imine)*. Die Reaktionen verlaufen dann glatt, wenn das entstehende Wasser laufend aus dem Reaktionsgemisch entfernt wird.

$$R_2C\text{=O} + H_2N\text{-R'} \xrightarrow{A_N} \underset{\text{Halbaminal}}{R_2C(OH)\text{-NH-R'}} \xrightarrow[-\,H_2O]{E} \underset{\text{Azomethin}}{R_2C\text{=N-R'}}$$

Setzt man *aromatische Aldehyde* [Ar-CH=O] ein, so bezeichnet man die erhaltenen beständigen Kondensationsprodukte auch als *Schiffsche Basen* [Ar-CH=N-R]. Aus der Umsetzung von Aldehyden mit *Anilin-Derivaten* [Ar-NH_2] resultieren *Anile* [R-CH=N-Ar] [vgl. **MC-Fragen Nr. 999, 1035**].

$$\underset{\textbf{Acetaldehyd}}{CH_3\text{-CH=O}} + \underset{\textbf{Anilin}}{H_2N\text{-}C_6H_5} \rightarrow CH_3\text{-CH=N-}C_6H_5 + H_2O$$

Häufig ist die säurekatalysierte, nucleophile Addition des Amins unter Bildung des *Halbaminals* geschwindigkeitsbestimmend. Halbaminale sind instabil und lassen sich nur in Ausnahmefällen isolieren. Bei der nachfolgenden Dehydratisierung wird ein Proton leichter vom Stickstoff abgespalten als vom zur Carbonylgruppe α-ständigen C-Atom, sodass primäre Amine in der Regel *keine* Enamine ergeben.

Ist aber eine Deprotonierung am α-Kohlenstoff dadurch begünstigt, dass sich ein konjugiertes System ausbilden kann, so lassen sich auch mit primären Aminen Enamine herstellen. Zum Beispiel führt die Umsetzung von **Acetessigester** mit primären Aminen oder NH_3 zu *β-Aminocrotonsäureestern.*

$$CH_3\text{-}\underset{\underset{O}{\|}}{C}\text{-}CH_2\text{-COOR} + H_2N\text{-R'} \xrightarrow[-\,H_2O]{} CH_3\text{-}\underset{\underset{NHR'}{|}}{C}\text{=CH-COOR}$$

Formaldehyd kann mit *primären Aminen* cyclische Aminale bilden [vgl. **MC-Frage Nr. 991**].

- **Enamin-Bildung**

Carbonylverbindungen, die über ein zur C=O-Gruppe α-ständiges Wasserstoffatom verfügen, kondensieren mit *sekundären Aminen* zu *Enaminen* [vgl. **MC-Fragen Nr. 1034, 1036, 1326**].

```
     α                A_N                         E
 R2C-C-H  +  HNR2  ------>  R2C-CH-NR2  ------------>  R2C=CH-NR2
   | ‖                          | |        - H2O
   H O                          H OH                   Enamin
```

• **Aminal-Bildung**

Aromatische Aldehyde [Ar-CH=O] wie **Benzaldehyd** [C_6H_5-CH=O] oder Aldehyde ohne ein α-ständiges Wasserstoffatom [R_3C-CH=O] wie **Pivaldehyd** (3,3-Dimethylpropanal, Trimethylacetaldehyd) [($H_3C)_3$C-CH=O] sowie **Formaldehyd** [H_2C=O] reagieren mit *sekundären Aminen* [R_2NH] zu alkalistabilen *Aminalen* [vgl. **MC-Fragen Nr. 839, 879, 886, 904, 991, 999, 1037**].

```
                   A_N                        S_N
Ar-C-H  +  HNR2  ------>  Ar-CH-NR2  ---------------->  Ar-CH-NR2
   ‖                         |         + HNR2              |
   O                         OH        - H2O               NR2
                          Halbaminal                     Aminal
```

• **Hydrazon-Bildung**

Die protonenkatalysierte Umsetzung von Carbonylverbindungen mit monosubstituierten *Hydrazin-Derivaten* [Phenylhydrazin, 4-Nitrophenylhydrazin, 2,4-Dinitrophenylhydrazin] liefert *Hydrazone* [vgl. **MC-Fragen Nr. 883, 910, 993, 994, 1000, 1032, 1796**].

$R_2C{=}O + H_2N\text{-}NH\text{-}Ar \rightarrow R_2C{=}N\text{-}NH\text{-}Ar + H_2O$
Hydrazon

z. B.: $CH_3\text{-}CH{=}O + H_2N\text{-}NH\text{-}C_6H_5 \rightarrow CH_3\text{-}CH{=}N\text{-}NH\text{-}C_6H_5 + H_2O$
Acetaldehyd Phenylhydrazin

Demgegenüber reagieren *α-Hydroxycarbonylverbindungen* mit Phenylhydrazin in der Hitze zu *Osazonen.* In der Kälte bildet sich dagegen das normale Phenylhydrazon.

```
-C=O                          - H2O         -C=N-NH-C6H5
 |    + 3 C6H5-NH-NH2  ------------->        |               +  C6H5-NH2
-CHOH                         - NH3         -C=N-NH-C6H5
                                            Osazon
```

Die *Osazon-Bildung* wird hauptsächlich zur Abtrennung und Charakterisierung von Kohlenhydraten genutzt (siehe ▸Kap. 3.16.3.5).

Bei der Umsetzung von Carbonylverbindungen mit *Hydrazin* entstehen zunächst Hydrazone, die sich mit einem Überschuss an Aldehyd oder Keton in ein *Azin* umwandeln.

```
                     - H2O                    + R2C=O
R2C=O + H2N-NH2  ---------->  R2C=NH-NH2  ------------->  R2C=N-N=CR2
                              Hydrazon        - H2O       Azin
```

Hydrazone sind die Edukte der *Wolff-Kishner-Reduktion* (siehe ▸Kap. 3.2.19.5).

- Semicarbazon-Bildung

Aus den Reaktionen von Aldehyden oder Ketonen mit **Semicarbazid** oder **Thiosemicarbazid** resultieren *Semicarbazone* bzw. *Thiosemicarbazone* [vgl. **MC-Fragen Nr. 887, 904, 1032, 1033**].

$$R_2C{=}O + H_2N{-}NH{-}\underset{\underset{X}{\|}}{C}{-}NH_2 \xrightarrow[- H_2O]{} R_2C{=}N{-}NH{-}\underset{\underset{X}{\|}}{C}{-}NH_2$$

Semicarbazid / **Thiosemicarbazid** → **Semicarbazon** (X = O) / **Thiosemicarbazon** (X = S)

- Oxim-Bildung

Carbonylverbindungen kondensieren mit **Hydroxylamin** bzw. dessen Hydrochlorid zu *Oximen* [vgl. **MC-Fragen Nr. 993, 1000, 1001, 1032, 1795**].

$$R_2C{=}O + H_2N{-}OH \rightarrow \underset{\textbf{Oxim}}{R_2C{=}N{-}OH} + H_2O$$

Ketoxime [$R_2C{=}N{-}OH$] sind die Ausgangsstoffe zur Herstellung von *Carbonsäureamiden* mittels *Beckmann-Umlagerung* (siehe ▸Kap. 3.2.16.3). Aldoxime [RCH=N-OH] lassen sich bequem zu *Nitrilen* dehydratisieren (siehe ▸Kap. 3.13.8.1).

Oxime, Azomethine und *Hydrazone* können aufgrund der C=N-Doppelbindung als ***E/Z*-Isomere** existieren [siehe hierzu ▸Kap. 3.3.11.2 und **MC-Fragen Nr. 465, 472, 473**].

Säurekatalyse: Die Acidität des Reaktionsmediums bei den Umsetzungen von Carbonylverbindungen mit Stickstoff-Nucleophilen entspricht einem Kompromiss. Die Lösung muss so sauer sein, dass ein Teil der Carbonylverbindung in protonierter Form vorliegt und der protonenkatalysierte Kondensationsschritt stattfinden kann. Sie darf aber nicht zu sauer sein, da dann die Konzentration an freien Stickstoffbasen, die in umgekehrter Beziehung zur Säurekonzentration steht, zu niedrig wird. Protonierte Stickstoffbasen besitzen keine nucleophilen Eigenschaften. In der Regel arbeitet man in Pufferlösungen bei einem pH-Wert, der dem pK_s-Wert der korrespondierenden Säure des Nucleophils entspricht (siehe ▸Kap. 3.2.15.8).

Identifizierung, Reinigung und Isolierung von Carbonylverbindungen: Die bei der Kondensation von Carbonylverbindungen mit Stickstoff-Nucleophilen erhaltenen Reaktionsprodukte können zur Isolierung, Reinigung und Charakterisierung von Aldehyden und Ketonen herangezogen werden.

Im Allgemeinen lassen sich die isolierten *Azomethine, Enamine, Oxime, Hydrazone* und *Semicarbazone* durch verdünnte Säuren wieder in die Ausgangskomponenten zerlegen und die Carbonylverbindungen zurückgewinnen.

Zur Identifizierung und Unterscheidung von *1,2-, 1,3-* und *1,4-Dicarbonylverbindungen* dienen die nachfolgend vorgestellten Reaktionen mit *o*-Phenylendiamin, Phenylhydrazin und Ammoniak, wobei heterocyclische Ringsysteme als Reaktionprodukte entstehen.

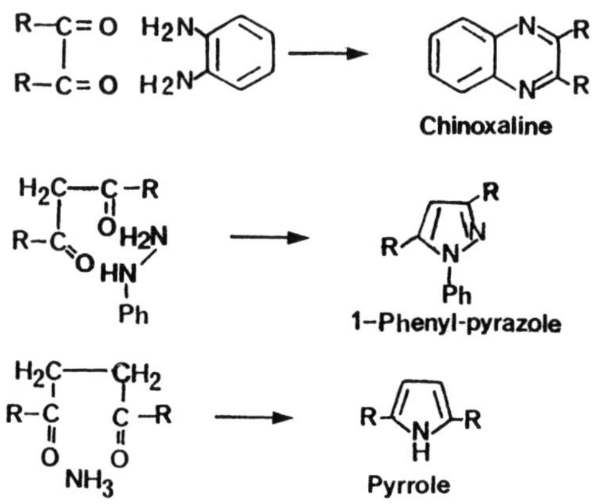

Chinoxaline

1-Phenyl-pyrazole

Pyrrole

3.12.6 Reaktionen von Carbonylverbindungen mit CH-aciden Verbindungen

Die grundlegenden mechanistischen Aspekte dieses Reaktionstyps wurden bereits im ▸Kap. 3.2.15.10 beschrieben. Daher beschäftigt sich der nachfolgende Abschnitt überwiegend mit präparativen Gesichtspunkten solcher Reaktionen.

Für die Diskussion dieser Reaktionen ist es sinnvoll, zwischen *enolisierbaren* (aldolisierbaren) und *nicht-enolisierbaren Carbonylverbindungen* zu unterscheiden. Man bezeichnet eine Carbonylverbindung als enolisierbar, wenn sie am α-Kohlenstoff zur C=O-Gruppe mindestens ein Wasserstoffatom besitzt. Solche Carbonylverbindungen [**>CH-CO-**] sind CH-acid und bilden in wässrig-alkalischer Lösung mesomeriestabilisierte *Carbanionen*.

3.12.6.1 Aldolreaktion

Im Allgemeinen kennzeichnet der Begriff „*Aldolreaktion*" Umsetzungen von Aldehyden und Ketonen (**Carbonylkomponente**) mit sich selbst oder anderen CH-aciden Verbindungen (**Methylenkomponente**).

Im engeren Sinne versteht man darunter die durch Säuren oder Basen katalysierte *Dimerisierung zweier Aldehyde*, die eine zur Carbonylgruppe α-ständige Methylgruppe (CH_3-) oder Methylengruppe (-CH_2-) enthalten. Die Aldehyd-Dimerisierung liefert *chirale β-Hydroxyaldehyde* als primäre nucleophile Additionsprodukte. Der Name „*Aldol*" ist eine Abkürzung für **Ald**ehydalkoh**ol** [vgl. **MC-Frage Nr. 1045**].

In einem nachgeschalteten Kondensationsschritt können die gebildeten Aldole zu *α,β-ungesättigten (vinylogen) Carbonylverbindungen* dehydratisieren. Viele Aldolreaktionen sind durch folgendes allgemeine Reaktionsschema zu beschreiben [vgl. **MC-Fragen Nr. 1044, 1046, 1047**]:

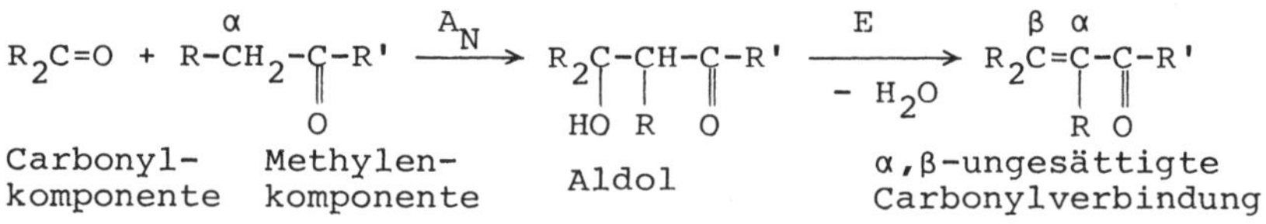

```
                      α          A_N                        E             β α
R2C=O  +  R-CH2-C-R'  ───────►  R2C-CH-C-R'  ──────────►  R2C=C-C-R'
                ‖                  |  |  ‖      - H2O           |  ‖
                O                  HO R  O                      R  O
Carbonyl-   Methylen-              Aldol              α,β-ungesättigte
komponente  komponente                                Carbonylverbindung
```

Die Aldolreaktion ist eine typische *Gleichgewichtsreaktion.* Ihre präparative Bedeutung liegt in der **Knüpfung von C-C-Bindungen**, d. h. im **Aufbau von Kohlenstoffgerüsten** [vgl. **MC-Frage Nr. 1045**].

Bei *basenkatalysierten* und bei niederen Temperaturen durchgeführten *intermolekularen Aldolreaktionen aliphatischer Aldehyde* lassen sich in der Regel die entstehenden Aldole als Reaktionsprodukte isolieren [vgl. **MC-Fragen Nr. 1044, 1050**].

$$2\ CH_3{-}CHO \longrightarrow CH_3{-}CH(OH){-}CH_2{-}CH{=}O$$

Acetaldehyd → **3-Hydroxybutanal (Acetaldol)**

$$2\ CH_3CH_2CH_2{-}CH{=}O \longrightarrow CH_3CH_2CH_2{-}CH(OH){-}CH(CH_2CH_3){-}CH{=}O$$

***n*-Butyraldehyd (Butanal)** → **3-Hydroxy-2-ethyl-hexanal**

Setzt man dagegen *aromatische Aldehyde* als Carbonylkomponente ein, so dehydratisieren die gebildeten Aldole spontan unter Ausbildung eines konjugierten Systems zu α,β-ungesättigten Carbonylverbindungen. Aromatische Aldehyde können in solchen Reaktionen, da sie über kein α-ständiges Wasserstoffatom verfügen, *nur* als Carbonylkomponente fungieren [vgl. **MC-Fragen Nr. 999, 1100**].

$$C_6H_5\text{-}CH{=}O + CH_3\text{-}CH{=}O \rightarrow [C_6H_5\text{-}CHOH\text{-}CH_2\text{-}CH{=}O] \rightarrow C_6H_5\text{-}CH{=}CH\text{-}CH{=}O$$

Benzaldehyd Acetaldehyd → **Zimtaldehyd**

Bei *sauer katalysierten Aldolreaktionen* entsteht *immer* das Kondensationsprodukt. Die meistens basenkatalysierte Aldoladdition ist umkehrbar. Aldole können durch Säuren oder Basen wieder in die Ausgangskomponenten gespalten werden. Auch die Aldolkondensation verläuft *reversibel.* Die *Gesamtreaktion* ist *thermodynamisch gesteuert.*

Intramolekulare Aldolreaktion: *Dicarbonylverbindungen* können eine intramolekulare Kondensation unter Bildung cyclischer Verbindungen eingehen. Die Reaktion wird besonders zur Synthese fünf- und sechsgliedriger Ringe genutzt. Beispielsweise führt die Aldolkondensation von 5-Oxohexanal zu **Cyclohex-2-en-1-on** und 4-Oxopentanal liefert **Cyclopent-2-en-1-on** [vgl. **MC-Fragen Nr. 1052, 1053**].

H_3C–CO–$(CH_2)_3$–CHO (α am H_3C) $\xrightarrow{-H_2O}$ Cyclohex-2-en-1-on (α)

5-Oxohexanal

Mit der Bildung cyclischer Verbindungen ist immer dann zu rechnen, wenn das Substrat Carbonyl- und Methylenkomponente zugleich ist. Als weiteres Beispiel ist Octan-2,7-dion [$H_3C\text{-}CO\text{-}(CH_2)_4\text{-}CO\text{-}CH_3$] zu nennen, das beim Behandeln mit Basen zu **1-Acetyl-2-methylcyclopenten** cyclisiert [vgl. **MC-Frage Nr. 1055**].

Base

Gekreuzte Aldolreaktion: Eine Aldolreaktion zwischen zwei unterschiedlichen Aldehyden ist präparativ ohne Bedeutung. Man erhält ein komplexes Gemisch aller vier möglichen Additionsprodukte. Gekreuzte Aldolreaktionen sind nur unter folgenden Bedingungen sinnvoll:

- Wenn eine der Ausgangskomponenten keinen α-ständigen Wasserstoff enthält (Formaldehyd, 2,2-Dimethylpropanal, aromatische Aldehyde) und somit *nicht* mit sich selbst reagieren kann [vgl. **MC-Fragen Nr. 1046, 1051**].
- Wenn sich die beiden Substrate in ihrer Carbonylreaktivität deutlich voneinander unterscheiden. Zum Beispiel reagieren Ketone sehr viel langsamer unter Selbstkondensation miteinander als Aldehyde, sodass die gekreuzte Aldolreaktion zwischen einem Keton und einem nicht-enolisierbaren Aldehyd problemlos gelingt.

Carbonylkomponente: *Aldehyde* sind äußerst reaktive Carbonylkomponenten und das Gleichgewicht der Aldolreaktion liegt weitgehend auf der Seite des β-Hydroxyaldehyds. **Formaldehyd** [$H_2C{=}O$] besitzt die weitaus größte Reaktivität und kann sich – im Gegensatz zu anderen Aldehyden – auch zu Addukten umsetzen, in denen *alle* α-ständigen H-Atome der Methylenkomponente substituiert sind [vgl. **MC-Fragen Nr. 286, 1060, 1061**].

$n \cdot CH_2{=}O$

- $+ CH_3CH{=}O$ (n = 3) → $(HOCH_2)_3C{-}CHO$ 2,2,2-Tris(hydroxy-methyl)-acetaldehyd
- $+ CH_3NO_2$ (n = 3) → $(HOCH_2)_3C{-}NO_2$ 2-Nitro-2-hydroxy-methyl-propan-1,3-diol
- $+ CH_3CH_2NO_2$ (n = 2) → $HOCH_2{-}C(NO_2)(CH_3){-}CH_2OH$ 2-Nitro-2-methyl-propan-1,3-diol

Im Allgemeinen findet man folgende Abstufung in der *Reaktionsfähigkeit von Carbonylkomponenten* [vgl. **MC-Frage Nr. 1046**]:

Formaldehyd > *n*-Alkanale > α-verzweigte Alkanale > Ketone

Ketone fungieren infolge ihrer geringeren Carbonylreaktivität in gemischten Aldolreaktionen mit Aldehyden *immer* als Methylenkomponente.

$$\underset{\text{Acetaldehyd}}{CH_3\text{-}C(=O)\text{-}H} + \underset{\text{Aceton}}{CH_3\text{-}C(=O)\text{-}CH_3} \longrightarrow \underset{\text{4-Hydroxypentan-2-on}}{CH_3\text{-}CH(OH)\text{-}CH_2\text{-}C(=O)\text{-}CH_3}$$

$$\not\longrightarrow CH_3\text{-}C(OH)(CH_3)\text{-}CH_2\text{-}CH{=}O$$

Besitzt ein Keton zwei CH-acide Positionen, so werden neben den Mono- auch Bisaddukte erhalten. So reagiert Aceton mit einem Äquivalent Benzaldehyd zu **Benzalaceton** (4-Phenylbut-3-en-2-on), während mit 2 Äquivalenten Benzaldehyd **Dibenzalaceton** (1,5-Diphenylpenta-1,4-dien-3-on) gebildet wird [vgl. **MC-Fragen Nr. 1012, 1049**].

$$\underset{\text{Aceton}}{CH_3\text{-}CO\text{-}CH_3} + \underset{\text{Benzaldehyd}}{C_6H_5\text{-}CH{=}O} \longrightarrow \underset{\text{Benzalaceton}}{C_6H_5\text{-}CH{=}CH\text{-}CO\text{-}CH_3}$$

$$\longrightarrow \underset{\text{Dibenzalaceton}}{C_6H_5\text{-}CH{=}CH\text{-}CO\text{-}CH{=}CH\text{-}C_6H_5}$$

Wird ein *unsymmetrisches Keton* wie z. B. **Butan-2-on** [R = CH_3] in die Reaktion eingesetzt, können zwei verschiedene Aldolisierungsprodukte entstehen.

$$R\text{-}CH_2\text{-}CO\text{-}CH_3 + R'\text{-}CH{=}O \longrightarrow R\text{-}CH_2\text{-}CO\text{-}CH{=}CH\text{-}R' \quad [a]$$

$$\longrightarrow R\text{-}C(=CH\text{-}R')\text{-}CO\text{-}CH_3 \quad [b]$$

Hierbei führt die sauer katalysierte Reaktion mit aromatischen Aldehyden in der Regel zu einer Kondensation mit der Methylengruppe [b], während im alkalischen Medium die Methylgruppe [a] bevorzugt angegriffen wird. Unverzweigte aliphatische Aldehyde reagieren meistens unabhängig vom Medium mit der Methylengruppe [b].

Methylenkomponente: Als Methylenkomponenten verwendet man *Carbonylverbindungen* mit α-ständigen CH- bzw. CH_2-Gruppen oder *vinyloge Carbonylverbindungen.* So reagiert zum Beispiel die γ-ständige Methylgruppe des **Crotonaldehyds** (But-2-enal) in Aldolreaktionen in analoger Weise wie die α-Methylgruppe des Acetaldehyds.

Weiterhin sind *1,3-Dicarbonylverbindungen* (Malonester, Acetessigester, Acetylaceton), *primäre* und *sekundäre Nitroalkane* (Nitromethan, Nitroethan) sowie *2- und 4-Alkyl-substituierte Stickstoffheterocyclen* (2- und 4-Methylpyridin, 2- und 4-Methylchinolin) als CH-acide Verbindungen einsetzbar [vgl. **MC-Frage Nr. 1048**].

Darüber hinaus können die Ester des Glycins und Chloressigsäureester sowie bestimmte *Kohlenwasserstoffe* (Cyclopenta-1,3-dien, Inden, Fluoren) als Methylenkomponente verwendet werden.

Basen: Als basische Katalysatoren kommen in Frage (geordnet nach zunehmender Basizität):

$$R_3N < HO^- < C_2H_5O^- < (CH_3)_3CO^- < NH_2^- < Ph_3C^-$$

Organische Chemie

Reaktionsmechanismus: Bei der *basenkatalysierten Aldolreaktion* bewirkt der Katalysator die Ablösung eines Protons aus der Methylenkomponente. Die intermediär auftretenden mesomeriestabilisierten Carbanionen liegen im Reaktionsgemisch nur in sehr geringer Konzentration vor. Durch die nachfolgende nucleophile Addition an das positivierte C-Atom der Carbonylkomponente werden die Carbanionen jedoch laufend dem Protolysegleichgewicht entzogen, sodass Aldolreaktionen mit recht guten Ausbeuten ablaufen. Die als Primäraddukte gebildeten Alkoholate reagieren als starke Basen mit einem im Reaktionsmilieu vorhandenen Protonendonator (z. B. Wasser) und gehen in das betreffende Aldol über [vgl. **MC-Fragen Nr. 1045, 1068**].

$$\overset{\alpha}{\mathrm{R{-}CH_2{-}CH{=}O}} \underset{-\,H_2O}{\overset{+\,HO^-}{\rightleftharpoons}} \left[\underset{\text{Carbanion}}{\mathrm{R{-}\overset{\ominus}{\bar{C}}H{-}CH{=}O}} \longleftrightarrow \underset{\text{Enolat-Ion}}{\mathrm{R{-}CH{=}CH{-}O^{\ominus}}}\right] \overset{+\,R-CH_2-CH=O}{\rightleftharpoons}$$

$$\left[\mathrm{R{-}CH_2{-}\underset{\underset{\ominus O}{|}}{CH}{-}\overset{\alpha}{\underset{\underset{R}{|}}{CH}}{-}CH{=}O}\right] \underset{-\,HO^-}{\overset{+\,H_2O}{\rightleftharpoons}} \mathrm{R{-}CH_2{-}\overset{\beta}{\underset{\underset{HO}{|}}{CH}}{-}\underset{\underset{R}{|}}{CH}{-}CH{=}O} \quad \text{Aldol}$$

Im Falle der Dimerisierung des **Acetaldehyds** zu **Acetaldol** folgt die Reaktion einem *Zeitgesetz 2. Ordnung.*

$$d[\text{Aldol}]/dt = k \cdot [\text{Acetaldehyd}] \cdot [HO^-]$$

Dies zeigt, dass hier die *Bildung des Carbanions geschwindigkeitsbestimmend* sein muss, und die nachfolgende Addition rasch abläuft.

Hingegen gehorcht die Dimerisierung des **Acetons** zu **Diacetonalkohol** (4-Hydroxy-4-methylpentan-2-on) einem *Zeitgesetz 3. Ordnung* [vgl. **MC-Fragen Nr. 1007, 1008**].

$$2\ \mathrm{CH_3{-}CO{-}CH_3} \overset{(OH^-)}{\rightleftharpoons} \underset{\text{Diacetonalkohol}}{\mathrm{CH_3{-}\overset{\overset{CH_3}{|}}{C}(OH){-}CH_2{-}\overset{\overset{O}{\|}}{C}{-}CH_3}}$$

$$d[\text{Ketol}]/dt = k' \cdot [\text{Aceton}]^2 \cdot [HO^-]$$

In diesem Beispiel ist aus sterischen und elektronischen Gründen die *Addition des Carbanions an die Carbonylkomponente geschwindigkeitsbestimmend.*

Verwendet man *stärkere Basen* als wässrige Alkalihydroxid-Lösungen oder führt man die Reaktion unter Erhitzen durch, so entsteht durch Elimination von Wasser aus dem primären Additionsprodukt eine α,β-ungesättigte Carbonylverbindung.

Die *Dehydratisierung* vollzieht sich wahrscheinlich nach einem **$E1_{CB}$-Mechanismus** (siehe ▸Kap. 3.2.10.3). Die Base deprotoniert zunächst das Aldol unter Bildung eines Carbanions, das sich anschließend durch Abspaltung eines Hydroxidions stabilisiert. Beide Teilschritte können aber mehr oder weniger synchron verlaufen, sodass für die Aldolkondensation auch ein **E2-Mechanismus** zu diskutieren wäre.

$$\mathrm{RCH_2\underset{\underset{HO}{|}}{CH}{-}\overset{\alpha}{\underset{\underset{H}{|}}{C}}R{-}\underset{\underset{O}{\|}}{C}{-}H} \underset{-\,H_2O}{\overset{+\,HO^-}{\rightleftharpoons}} \underset{\text{Carbanion}}{\left[\mathrm{RCH_2{-}\underset{\underset{HO}{|}}{CH}{-}\overset{\ominus}{\bar{C}}R{-}\underset{\underset{O}{\|}}{C}{-}H}\right]} \overset{-\,HO^-}{\rightleftharpoons} \mathrm{RCH_2{-}CH{=}CR{-}\underset{\underset{O}{\|}}{C}{-}H}$$

Die Aldolreaktion kann auch *säurekatalysiert* sein. Dabei wird zunächst die Carbonylkomponente protoniert und in ihre konjugierte Säure übergeführt. Die Säure katalysiert gleichzeitig die Enolisierung der Methylenkomponente, sodass nachfolgend die Addition eines Enols (nicht eines Carbanions!) eintritt. Der abschließende Kondensationsschritt verläuft nach einem **E1-Mechanismus**.

```
                                                     +                    +
R-CH2-CH=O  +  H+  ⇌  [R-CH2-CH=OH  ↔  R-CH2-CH-OH]
               (H+)
R-CH2-CH=O    ⇌    R-CH=CH-OH
                                                              β         +              - H+
       +
R-CH2-CH-OH + R-CH=CH-OH  ⇌  R-CH2-CH-CH-CH-OH   ⇌
                                                          |     |
                                                         HO    R

                                       + H+                                    - H+
R-CH2-CH-CH-C-H  ———————→  R-CH2-CH-CH-C-H  ———————→  R-CH2-CH=C-C-H
          |      |     ‖          - H2O                      +     |     ‖                                        |     ‖
         HO    R    O                                               R    O                                       R    O
```

Führt man die Aldolreaktion unter *basischen* Bedingungen durch, bestimmt im Allgemeinen die *Dehydratisierung* die Gesamtreaktionsgeschwindigkeit, während bei *protonenkatalysierten* Reaktionen meistens die *Addition des Enols geschwindigkeitsbestimmend* ist.
Synthetische Bedeutung der Aldolreaktion: Die mittels dieser Methode unter Erweiterung des C-Gerüstes hergestellten *vinylogen Carbonylverbindungen* können zu gesättigten Alkoholen reduziert werden. Darüber hinaus gelingt es, sowohl die C=C- als auch die C=O-Doppelbindung *regioselektiv* entweder zu α,β-ungesättigten Alkoholen oder zu gesättigten Carbonylverbindungen zu reduzieren [vgl. **MC-Frage Nr. 1054**].

```
 |  |  |                  |  |  |
-C=C-C=O  ——┬——→  -C-C-C-OH     gesättigter Alkohol
            │        |  |  |
vinyloge    │        H  H  H
Carbonyl-   │
verbindung  │              |
            ├——→  -C=C-C-OH     α,β-ungesättigter Alkohol
            │      |  |  |
            │            H
            │
            │      |  |  |
            └——→  -C-C-C=O      gesättigte Carbonylverbindung
                   |  |
                   H  H
```

Die **Aldolreaktion**, bei der Carbonylverbindungen (Carbonylkomponente) mit CH-aciden Verbindungen (Methylenkomponente) umgesetzt werden, ist eine wichtige Methode zur *Knüpfung von C-C-Bindungen*. Die Reaktion kann säure- oder basenkatalysiert ablaufen. Bei basenkatalysierten Aldolreaktionen findet im ersten Schritt eine Deprotonierung der Methylenkomponente statt, gefolgt von der nucleophilen Addition des gebildeten Carbanions an die Carbonylkomponente unter Bildung chiraler **β-Hydroxycarbonylverbindungen**. Daran schließt sich häufig ein Kondensationsschritt an und es entstehen nach der Dehydratisierung **α,β-ungesättigte (vinyloge) Carbonylverbindungen,** die sich regioselektiv zu Alkoholen oder zu gesättigten Carbonylverbindungen reduzieren lassen.

3.12.6.2 Knoevenagel-Reaktion

Die Knoevenagel-Reaktion dient zur Darstellung von *α,β-ungesättigten Carbonsäuren.* Aus mechanistischer Sicht ist sie ein *Spezialfall der Aldolkondensation,* bei der Methylenkomponenten besonders hoher CH-Acidität eingesetzt werden [Malonsäure, Malonhalbester, Malonester, Malondinitril, Cyanessigsäure, Cyanessigester, β-Diketone, β-Ketocarbonsäureester]. Infolge der Konjugationsmöglichkeit der Doppelbindung mit dem β-Dicarbonylsystem führt die Reaktion unter Wassereliminierung *immer* zu den entsprechenden ungesättigten Verbindungen [vgl. **MC-Fragen Nr. 1000, 1066–1068, 1077, 1086**].

$$R_2C{=}O \;+\; H_2C\begin{smallmatrix}X\\Y\end{smallmatrix} \xrightarrow{-\,H_2O} R_2C{=}C\begin{smallmatrix}X\\Y\end{smallmatrix}$$ [X, Y = COOH, COOR, CN, COR, NO_2]

Zum Beispiel erhält man bei der Umsetzung von *Benzaldehyd* [C_6H_5-CH=O] mit einem *Malonester* [$H_2C(COOR)_2$] zunächst *Benzalmalonester* [C_6H_5-CH=C$(COOR)_2$], dessen saure Hydrolyse unter gleichzeitiger Decarboxylierung zur energieärmeren *E*-Form der **Zimtsäure** [C_6H_5-CH=CH-COOH] führt [vgl. **MC-Fragen Nr. 999, 1066, 1069, 1070**].

$$C_6H_5\text{-}CH{=}O + H_2C(COOR)_2 \rightarrow C_6H_5\text{-}CH{=}C(COOR)_2 \rightarrow C_6H_5\text{-}CH{=}CH\text{-}COOH$$

Als basische Kondensationsmittel dienen NH_3, prim. und sek. Amine (Piperidin, Pyridin, Chinolin) sowie Ammoniumacetat. Zur Ausbeutesteigerung kann das entstehende Reaktionswasser azeotrop abdestilliert werden.

Bei der *Variante nach Knoevenagel-Doebner* setzt man **Malonsäure** als Methylenkomponente ein. Dabei wird das Kondensationsprodukt spontan decarboxyliert und man erhält direkt die *vinylogen Carbonsäuren*, wie dies die Umsetzung von **Butan-2-on** mit Malonsäure zu **3-Ethylcrotonsäure** zeigt [vgl. **MC-Frage Nr. 1242**].

$$\begin{matrix}CH_3CH_2\\ \;\;\;\;C{=}O\\ CH_3\end{matrix} \;+\; H_2C\begin{smallmatrix}COOH\\COOH\end{smallmatrix} \xrightarrow[-\,CO_2]{-\,H_2O} \begin{matrix}CH_3CH_2\\ \;\;\;\;C{=}CH\text{-}COOH\\ CH_3\end{matrix}$$

Butan-2-on 3-Ethylcrotonsäure

3.12.6.3 Perkin-Reaktion

Auch die Perkin-Synthese gleicht vom Prinzip her der Aldolreaktion. Hierbei kondensiert man das aus einem *Carbonsäureanhydrid* erzeugte Carbanion mit einem *aromatischen Aldehyd* zu einer *α,β-ungesättigten Carbonsäure.* Als basische Kondensationsmittel können tertiäre Amine (Pyridin), die Salze einer schwachen anorganischen Säure oder im Allgemeinen das Salz der dem Anhydrid zugrundeliegenden Säure eingesetzt werden.

Zum Beispiel gelingt es auf diese Weise **Zimtsäure** [C_6H_5-CH=CH-COOH] aus *Benzaldehyd* [Ar = C_6H_5] und *Acetanhydrid* [R = H] in Gegenwart von *Natriumacetat* herzustellen [vgl. **MC-Fragen Nr. 1064, 1065, 1081, 1101**].

```
                              ⊖
RCH2-CO       + B        [ RCH-CO    ]   + Ar-CH=O
       \O   ⇌            [       \O  ]  ──────────> Ar-CH-CH-C-O-C-CH2R
RCH2-CO/      - BH+      [ RCH2-CO/  ]              ⊖O   R  O   O
                           Carbanion

+ H2O                                       - H2O
──────────────────> Ar-CH-CH-COOH  ──────────>  Ar-CH=C-COOH
- RCH2COOH              HO  R                          R
```

Besitzt das verwendete Anhydrid an einem der beiden α-C-Atome zwei Wasserstoffe, erfolgt unter den Reaktionsbedingungen eine spontane Dehydratisierung zur vinylogen Säure. Nur bei Anhydriden der Form $[(R_2CHCO)_2O]$ erhält man β-Hydroxycarbonsäuren als Reaktionsprodukte, da in diesen Fällen eine Kondensation nicht möglich ist.

Setzt man bei der Perkin-Synthese anstelle von Benzaldehyd **Salicylaldehyd** als Edukt ein, so erhält man (*Z*)-*o*-Hydroxyzimtsäure (**Cumarinsäure**), die sofort intramolekular zu **Cumarin** dehydratisiert [vgl. **MC-Fragen Nr. 1064, 1200, 1215**].

CHO, OH → OH, COOH $\xrightarrow{-H_2O}$ O, O

Salicylaldehyd **Cumarinsäure** **Cumarin**

(*E*)-*o*-Hydroxyzimtsäure, die ebenfalls in der Natur vorkommt, bildet kein Lacton.

3.12.6.4 Cyanhydrin-Synthese

Durch basenkatalysierte Addition von Blausäure [HCN] an Carbonylverbindungen entstehen *Cyanhydrine* (α-Hydroxynitrile). Die Reaktion ist reversibel. Als basische Katalysatoren fungieren Alkalicyanide, Alkalicarbonate, NH_3 oder Amine. Angreifendes nucleophiles Agens ist ein Cyanid-Ion, dessen Addition an die C=O-Gruppe geschwindigkeitsbestimmend ist [vgl. **MC-Fragen Nr. 1001, 1008, 1039, 1077, 1087, 1089, 1188, 1717**].

```
R                      R  α OH
 \C=O   +   H-CN   →    \C/            Cyanhydrin
R/                     R/  \CN
```

Beispielweise lässt sich – ausgehend von Benzaldehyd [C_6H_5-CH=O] – mittels Cyanhydrin-Reaktion racemisches **Mandelsäurenitril** [C_6H_5-CHOH-C≡N] herstellen. Mandelsäurenitril ist eine ölige, gelbliche und giftige Flüssigkeit [vgl. **MC-Frage Nr. 592**].

$$C_6H_5\text{-CH=O} + HCN \rightarrow C_6H_5\text{-CHOH-C}\equiv N$$

Cyanhydrine von Aldehyden sind stabiler als die von Ketonen. –I-Substituenten in Nachbarstellung zur Carbonylgruppe erleichtern die Cyanhydrin-Bildung.

In alkalischer Lösung werden Cyanhydrine wieder in die Ausgangskomponenten gespalten, während man durch saure Hydrolyse *α-Hydroxycarbonsäuren* erhält [vgl. **MC-Fragen Nr. 1003, 1210, 1211, 1717**].

```
R2C-C≡N   ──────────→   R2C-COOH   α-Hydroxycarbonsäure
  |       (H2O/H+)        |
  OH                      OH
```

Führt man die Addition von Cyanwasserstoff in Anwesenheit äquimolarer Mengen Ammoniak oder eines primären bzw. sekundären Amins durch, entstehen *α-Aminonitrile,* die sich in saurer Lösung zu racemischen *α-Aminocarbonsäuren* verseifen lassen [siehe ▸Kap. 3.17.3.1 *„Strecker-Synthese"* und **MC-Fragen Nr. 1505–1508**].

```
          + HCN             NR2'                       NR2'
          + HNR2'            |          + 2 H2O          |
R-C-H   ──────────→       R-C-CN      ──────────→     R-C-COOH     α-Aminosäure
  ‖       - H2O              |          - NH3            |
  O                          H                           H
```

Die Cyanhydrin-Synthese kann auch zur Kettenverlängerung von *Aldosen* genutzt werden [siehe ▸Kap. 3.16.4.1 *„Kiliani-Fischer-Reaktion"* und **MC-Fragen Nr. 1039, 1444**].

3.12.6.5 Benzoinkondensation (Acyloin-Bildung)

Werden einige (nicht alle) *aromatische* und *heteroaromatische Aldehyde* in Gegenwart *katalytischer Mengen von Cyanidionen* in wässrig-alkoholischer Lösung erhitzt, dimerisieren sie unter Knüpfung einer C-C-Bindung zu racemischen *α-Hydroxyketonen (Acyloine)*. Die Reaktion, bei der eine *„Umpolung"* des Carbonylkohlenstoffs stattfindet, ist reversibel [vgl. **MC-Fragen Nr. 999, 1062, 1088, 1089**].

```
2 Ar-CH=O  ──────→  Ar-C-CH-Ar  ⇌  Ar-C=C-Ar
            (CN−)      ‖  |            |  |
                       O  OH           HO OH
                                       Acyloin
```

Das Cyanidion ist für diese Reaktion ein hochspezifischer Katalysator; es fungiert nacheinander als Nucleophil, Umpolungsreagenz und Austrittsgruppe. Formal kann die Gesamtreaktion als eine Kombination von Cyanhydrin-Synthese und Aldolreaktion angesehen werden. Der Ablauf der Benzoinkondensation lässt sich wie folgt formulieren [vgl. **MC-Fragen Nr. 1062, 1063**]:

```
                        CN          CN       H          CN  H
           + CN−         |           |       |           |  |        - CN−
Ar-CH=O  ───────→  Ar-C-H  ⇌  Ar-C|⊖  + C-Ar  →  Ar-C──C-Ar  ──────→
                         |           |       ‖           |  |       ~ H+
                         O⊖          OH      O          H-O O⊖
    O OH
    ‖ |
Ar-C-CH-Ar     Benzoin   [Ar = C6H5]
```

Im ersten Reaktionsschritt addiert sich das CN^--Ion reversibel an das positivierte Carbonyl-C-Atom eines aromatischen Aldehyds. Im entstehenden Anion ist der ursprüngliche Aldehydwasserstoff durch die α-ständige Cyangruppe hinreichend acidifiziert und wandert als Proton an den negativ geladenen Sauerstoff unter Bildung eines Carbanions. Dieses lagert sich an ein zweites Aldehydmolekül an. Das resultierende Anion eines *Cyandiols* stabilisiert sich unter Abspaltung von CN^- (Regenerierung des Katalysators) und gleichzeitiger Prototropie zum *Acyloin.*

Das aus Benzaldehyd [C_6H_5-CH=O] unter Cyanid-Katalyse leicht herstellbare **Benzoin** (2-Hydroxy-1,2-diphenylethanon) [C_6H_5-CHOH-CO-C_6H_5] kann mit Salpetersäure zu **Benzil** (1,2-Diphenylethandion) [C_6H_5-CO-CO-C_6H_5] oxidiert werden, dessen säurekatalysierte Umlagerung zu **Benzilsäure** [$(C_6H_5)_2$COH-COOH] führt [siehe auch ▸Kap. 3.2.16.2 und **MC-Fragen Nr. 241–244, 278, 1042**].

$$C_6H_5\text{-CHOH-CO-}C_6H_5 \rightarrow C_6H_5\text{-CO-CO-}C_6H_5 \rightarrow (C_6H_5)_2\text{COH-COOH}$$

3.12.6.6 Mannich-Reaktion

Als Mannich-Reaktion bezeichnet man die aldolähnliche Kondensation einer *CH-aciden Verbindung* mit einem *Aldehyd* (meistens *Formaldehyd*) und einem *primären* bzw. *sekundären Amin* zu einer *β-Aminocarbonylverbindung (Mannich-Base),* die in Form ihrer Salze anfällt. Die Mannich-Reaktion wird in saurer Lösung ausgeführt und erfordert die Einstellung eines optimalen pH-Wertes [vgl. **MC-Frage Nr. 1074**].

```
   |                              - H2O       α| β|  |
-C-C-H  +  O     +  H-N-       --------->   -C-C--C-N-
 ||  |     ||       |                        ||  |  |
 O       -C-H     Amin                       O      H

CH-acide     Aldehyd                         β-Aminoketon
komponente
```

Im Ergebnis ist die CH-acide Verbindung *aminoalkyliert,* bei Verwendung von Formaldehyd *aminomethyliert* worden. Als Beispiel sei die Umsetzung von **Propiophenon** mit **Formaldehyd** und **Dimethylamin** genannt.

```
                         H                - H2O                 α    β     H
C6H5-C-CH2  +  O  +  HN(CH3)2]Cl-      --------->   C6H5-C-CH-CH2-N(CH3)2 | Cl-
     || |      ||        +                               ||  |         +
     O CH3    CH2                                        O  CH3
```

In analoger Weise bildet auch **Acetophenon** [C_6H_5-$COCH_3$] mit Formaldehyd und Piperidinhydrochlorid eine Mannich-Base. Zur Herstellung von **3-Piperidino-1-phenylpropan-1-on** (β-Piperidylpropiophenon) kann man auch Piperidin nucleophil an das vinyloge 1-Phenylprop-2-en-1-on [C_6H_5-CO-CH=CH_2] addieren. Eine weitere Synthesemöglichkeit des Zielmoleküls ist die Umsetzung von Benzen nach Friedel-Crafts mit β-Chlorpropionylchlorid [Cl-CO-CH_2CH_2-Cl] gefolgt vom anschließenden Austausch des Chloratoms gegen den Piperidin-Rest [vgl. **MC-Fragen Nr. 342, 673**].

Organische Chemie

Acetophenon

Außer Formaldehyd können als Bindeglied zwischen Methylenkomponente und Amin auch andere aliphatische und aromatische Aldehyde, Ketone und α-Ketocarbonsäuren eingesetzt werden.

Als *Aminkomponente* werden aliphatische und cycloaliphatische Amine bevorzugt. Auch Ammoniak, Hydroxylamin und Hydrazin-Derivate lassen sich einbauen. Einheitliche Produkte entstehen nur bei Verwendung von sekundären Aminen. NH_3 und primäre Amine können unter Ersatz aller am N-Atom verfügbaren Wasserstoffe reagieren [vgl. **MC-Fragen Nr. 1072, 1073**]:

$$\underset{\text{Acetophenon}}{3\ C_6H_5\text{-}CO\text{-}CH_3} + 3\ CH_2{=}O + NH_3 \rightarrow \underset{\text{Tris-Mannich-Base}}{N(CH_2\text{-}CH_2\text{-}CO\text{-}C_6H_5)_3}$$

Als *CH-acide Verbindungen* (**Methylenkomponente**) werden Aldehyde, Ketone, Nitroalkane, Methylpyridine, Chinaldin, monosubstituierte Alkine und HCN verwendet. Darüber hinaus lassen sich auch aktivierte Aromaten und Heteroaromaten [Phenol, Thiophen, Pyrrol, Indol] aminoalkylieren [vgl. **MC-Frage Nr. 1071**].

Zum Beispiel erhält man aus **Indol**, Formaldehyd und Dimethylamin das Alkaloid **Gramin** (**3-Dimethylaminomethylindol**) [vgl. **MC-Fragen Nr. 590, 1075**].

Gramin

Monosubstituierte Acetylen-Derivate reagieren wie folgt mit Formaldehyd und einem sekundären Amin.

$$R'\text{-}C{\equiv}C\text{-}H + H_2C{=}O + HNR_2 \rightarrow R'\text{-}C{\equiv}C\text{-}CH_2\text{-}NR_2 + H_2O$$

Bei *unsymmetrischen Ketonen* [z. B. **Butan-2-on**] als Methylenkomponente werden im Allgemeinen – wie bei einer säurekatalysierten Reaktion vom Aldoltyp zu erwarten ist – *verzweigte Mannich-Basen* als Reaktionsprodukte erhalten.

$$\underset{\text{Butan-2-on}}{\overset{\alpha\qquad\quad\alpha}{CH_3\text{-}CO\text{-}CH_2\text{-}CH_3}} \xrightarrow[+\ HNR_2]{+\ CH_2{=}O} CH_3\text{-}\underset{\underset{O}{\|}}{C}\text{-}\underset{\underset{CH_3}{|}}{CH}\text{-}CH_2\text{-}NR_2$$

$$\not\rightarrow CH_3CH_2\text{-}CO\text{-}CH_2\text{-}CH_2\text{-}NR_2$$

Mechanismus: Zunächst reagiert das in einem vorgelagerten Protolysegleichgewicht gebildete freie Amin in der üblichen Weise mit Formaldehyd unter Bildung eines *Methyleniminium-Ions* [vgl. **MC-Frage Nr. 1079**].

$$R_2NH_2{}^+ \rightleftharpoons R_2NH + H^+$$

$$R_2NH + CH_2O \rightleftharpoons CH_2(OH){-}NR_2 \xrightarrow[-\,H_2O]{+\,H^+} \left[H_2\overset{+}{C}{-}\overline{N}R_2 \leftrightarrow H_2C{=}\overset{+}{N}R_2 \right]$$

Iminium-Ion

Das mesomeriestabilisierte Kation stellt einen stickstoffanalogen Formaldehyd dar und setzt sich im Sinne einer protonenkatalysierten Aldoladdition mit dem *Enol* der CH-aciden Komponente um.

$$O{=}C{-}C{-}H \rightleftharpoons HO{-}C{=}C{-} + H_2\overset{+}{C}{-}NR_2 \rightarrow HO{-}\overset{+}{C}{-}C{-}CH_2{-}NR_2$$

$$\xrightarrow{-\,H^+} O{=}C{-}C{-}CH_2{-}NR_2 \xrightarrow{+\,H^+} O{=}C{-}C{-}CH_2{-}\overset{+}{N}HR_2$$

Das Gelingen der Mannich-Reaktion setzt voraus, dass das *Amin gegenüber dem Aldehyd nucleophiler ist als die CH-acide Verbindung.* Andernfalls reagiert Formaldehyd bevorzugt mit der CH-aciden Komponente in einer Aldolreaktion. So lässt sich z. B. aus Malonester, Formaldehyd und Dialkylaminen *keine* Mannich-Base herstellen.

$$(ROOC)_2CH_2 + CH_2{=}O + HNR_2 \longrightarrow (ROOC)_2C{=}CH_2$$

$$(ROOC)_2CH_2 + CH_2{=}O + HNR_2 \not\longrightarrow (ROOC)_2CH{-}CH_2{-}NR_2$$

Erhitzt man das Salz oder die in freier Form instabile Mannich-Base auf höhere Temperaturen, so entstehen *Vinylketone.* Die Reduktion von Mannich-Basen bietet die Möglichkeit zur Synthese von *β-Aminoalkoholen.*

$$R{-}CO{-}\overset{\alpha}{C}H_2{-}\overset{\beta}{C}H_2{-}NR_2 \xrightarrow{\Delta} R{-}CO{-}CH{=}CH_2 + HNR_2$$

Vinylketon

$$R{-}CO{-}CH_2{-}CH_2{-}NR_2 \xrightarrow{[H]} R{-}CH(OH){-}\overset{\alpha}{C}H_2{-}\overset{\beta}{C}H_2{-}NR_2$$

β-Aminoalkohol

3.12.7 Reaktionen von Carbonylverbindungen mit Hydridionen

Die *Reduktion von Carbonylverbindungen* mit *komplexen Hydriden* [$LiAlH_4$, $NaBH_4$] war Gegenstand des ▸Kap. 3.2.19.4. Die *Meerwein-Ponndorf-Verley-Reduktion* von Ketonen wurde im ▸Kap. 3.2.19.5 vorgestellt. Als weitere Reaktionen, die unter **H-Anionotropie** (Übertragung eines Hydridions) verlaufen, seien die *Cannizzaro-Reaktion* und ihre Varianten genannt, die nachfolgend besprochen werden.

3.12.7.1 Cannizzaro-Reaktion (Aldehyd-Disproportionierung)

Aldehyde, die *kein* zur Carbonylgruppe α-ständiges Wasserstoffatom besitzen wie zum Beispiel

- Formaldehyd,
- nicht-enolisierbare aliphatische Aldehyde (Trimethylacetaldehyd),
- aromatische und heteroaromatische Aldehyde (Benzaldehyd, Furan-2-aldehyd),

disproportionieren unter dem Einfluss basischer Katalysatoren (Alkali-, Erdalkalihydroxide) zu *Carbonsäuren* und *Alkoholen*. Schwache Basen wie $Ca(OH)_2$ katalysieren die Reaktion besser als starke Basen [vgl. **MC-Fragen Nr. 269, 339, 592, 1000, 1056–1059, 1076, 1084, 1099**].

$$2\,R\text{-}CH{=}O + NaOH \rightarrow R\text{-}CH_2OH + R\text{-}COO^-Na^+$$

$$\text{z.B. } 2\,C_6H_5\text{-}CH{=}O + HO^- \rightarrow C_6H_5\text{-}CH_2OH + C_6H_5\text{-}COO^-$$

Benzaldehyd **Benzylalkohol** **Benzoat**

Bei *aldolisierbaren Aldehyden* erfolgt hingegen unter diesen Bedingungen ausschließlich eine Aldolreaktion, da deren Geschwindigkeit etwa **10fach** höher ist als die der Cannizzaro-Reaktion.

Der *Mechanismus* der Aldehyd-Disproportionierung ist noch nicht eindeutig gesichert. Man diskutiert einen *cyclischen Übergangszustand,* an dem zwei Aldehydmoleküle, das HO^--Ion und das Alkalikation beteiligt sind, und in dem die *Hydridübertragung* stattfindet. Es entsteht ein Alkoholat und die Carbonsäure, die sich durch Prototropie zum Alkohol und zum Carboxylat-Ion umwandeln.

α-Ketoaldehyde gehen eine innere Aldehyd-Disproportionierung ein unter Bildung von *α-Hydroxycarbonsäuren* (**intramolekulare Cannizzaro-Reaktion**).

Als Beispiele für diesen Reaktionstyp seien die Umwandlung von **Glyoxal** (*Ethandial*) [O=CH-CH=O] in Gegenwart von Natriumhydroxid-Lösung in **Glycolsäure** (*2-Hydroxyessigsäure*) [$HOCH_2$-COOH] und die Bildung von **Milchsäure** (*2-Hydroxypropionsäure*) [CH_3-CHOH-COOH] aus **Methylglyoxal** (2-Oxopropanal) [CH_3-CO-CH=O] angeführt [vgl. **MC-Fragen Nr. 233, 1043**].

$$O{=}CH\text{-}CH{=}O \rightarrow HOCH_2\text{-}COOH$$
$$CH_3\text{-}CO\text{-}CH{=}O \rightarrow CH_3\text{-}CHOH\text{-}COOH$$

Gekreuzte Cannizzaro-Reaktion: Ein Gemisch zweier Aldehyde kann zur Darstellung von *Alkoholen* verwendet werden, wenn man als zweite Komponente **Formaldehyd** einsetzt. In diesen Reaktionen fungiert der Formaldehyd stets als *Hydriddonator* und wird zu **Ameisensäure** (Formiat) oxidiert. Benzaldehyd wird dabei zu **Benzylalkohol** (R = C_6H_5) reduziert [vgl. **MC-Fragen Nr. 992, 1083, 1748**].

$$\text{R-CH=O} + \text{H}_2\text{C=O} \xrightarrow{\text{(NaOH)}} \text{R-CH}_2\text{OH} + \text{HCOOH (HCOONa)}$$

Enthält der Aldehyd noch α-ständige Wasserstoffatome, so findet eine Aldoladdition statt. Erst nach Ersatz aller α-ständigen H-Atome tritt mit weiterem Formaldehyd eine gekreuzte Cannizzaro-Reaktion ein. Ein Beispiel für diese Reaktionsabfolge ist die Darstellung von **Pentaerythritol** aus **Acetaldehyd** und **Formaldehyd** [vgl. **MC-Fragen Nr. 1060, 1061**].

$$\text{CH}_3\text{-CHO} \xrightarrow[\text{Aldol-Reaktion}]{+\ 3\ \text{CH}_2\text{O}} (\text{HOCH}_2)_3\text{C-CH=O} \xrightarrow[\text{Cannizzaro-Reaktion}]{+\ \text{CH}_2\text{=O}} \underset{\text{Pentaerythritol}}{(\text{HOCH}_2)_4\text{C}}$$

• **Cannizzaro-Tischtschenko-Reaktion**

Auch *enolisierbare Aldehyde* können im Sinne einer Cannizzaro-Reaktion reagieren, wenn man als Katalysator *Aluminiumalkoholate* verwendet. Aluminiumalkoholate [$Al(OR)_3$] sind zu schwach basisch, um eine Aldolreaktion auszulösen. Formal bildet sich bei der *Claisen-Tischtschenko-Reaktion* aus zwei Molekülen eines Aldehyds ein Carbonsäureester.

$$\text{R-CH=O} + \text{R-CH=O} \rightarrow \text{R-CO-O-CH}_2\text{-R}$$

Beispielweise lässt sich auf diese Weise aus **Acetaldehyd** [CH_3-CH=O] und Aluminumtriethanolat [$Al(OCH_2CH_3)_3$] als Katalysator **Essigsäureethylester** [CH_3-CO-CH_2CH_3] herstellen [vgl. **MC-Frage Nr. 1168**].

R
R-C(H)=O···H···C=O
O···Al/3···O-CH₂R'

→ R(H)C(H)-O-Al/3 + R-C(=O)-O-CH$_2$R'

Carbonsäureester

3.12.7.2 Zusammenfassung

Aldehyde, die am α-C-Atom Wasserstoffatome besitzen, dimerisieren in wässriger Alkalihydroxid-Lösung zu β-Hydroxycarbonylverbindungen (Aldol-Bildung), die zu α,β-ungesättigten (vinylogen) Carbonylverbindungen dehydratisieren können. Im weitesten Sinne bezeichnet man alle Umsetzungen von Carbonylverbindungen mit CH-aciden Substanzen als aldolähnliche Reaktionen. Solche Reaktionen sind wichtige präparative Methoden zur Knüpfung von C-C-Bindungen.

Aldehyde, die keinen α-Wasserstoff enthalten, disproportionieren in Gegenwart von Alkalihydroxiden zu einem Alkohol und dem Salz einer Carbonsäure (Cannizzaro-Reaktion). Einige 1,2-Diketone liefern dagegen im Alkalischen α-Hydroxycarbonsäuren (Benzilsäure-Umlagerung).

Das unterschiedliche Verhalten von enolisierbaren und nicht-enolisierbaren Carbonylverbindungen zeigt sich auch an ihren Reaktionen mit sekundären Aminen. Erstere liefern Enamine, letztere ergeben Aminale. Die Addition von Cyanwasserstoff an Carbonylverbindungen führt zu Cyanhydrinen. Aromatische Aldehyde wandeln sich dagegen in Anwesenheit katalytischer Mengen an Cyanidionen in Acyloine um (Benzoinkondensation).

3.13 Carbonsäuren und Carbonsäure-Derivate

3.13.1 Struktur und Nomenklatur

3.13.1.1 Carbonsäuren

Monocarbonsäuren sind OH-acide Verbindungen der allgemeinen Formel **[RCOOH]** bzw. **[Ar-COOH]**, worin R einen Alkylrest und Ar ein aromatisches Ringsystem bedeutet [vgl. **MC-Fragen Nr. 375, 1147, 1333, 1744**].

Ihre systematische Bezeichnung geht vom Kohlenwasserstoff aus, dessen Oxidation die Carbonsäure ergeben würde. An diesen Namen wird das Wort *„säure“* angehängt. Eine weitere Möglichkeit der Benennung besteht darin, den Kohlenwasserstoffrest (*ohne* das Carboxyl-C-Atom) zugrunde zu legen und durch das Suffix *„carbonsäure“* zu ergänzen. Darüber hinaus existieren für natürlich vorkommende sowie für viele aromatische Carbonsäuren *Trivialnamen.*

```
CH3CH-COOH     2-Methylpropansäure
    |          2-Propancarbonsäure
   CH3         Isobuttersäure
```

In ◻Tab. 3.51 sind ausgewählte Beispiele aliphatischer Carbonsäuren zusammen mit den beiden möglichen Bezeichnungsweisen aufgelistet [vgl. **MC-Fragen Nr. 1090, 1091, 1113**].

Die *homologe Reihe der Alkansäuren* gehorcht der allgemeinen Zusammensetzung $[\mathbf{C_nH_{2n}O_2}]$.

Die Bezeichnung *substituierter Carbonsäuren* erfolgt nach dem IUPAC-System in der Weise, dass man die längste C-Kette, welche die *Carboxylgruppe* [**-COOH**] enthält, am Carboxylkohlenstoff beginnend durchnummeriert und die Namen der Substituenten unter Kennzeichnung ihrer Position als Präfixe vorangestellt. wobei die Substituenten in alphabetischer Reihenfolge genannt werden. Danach hat die **5-Chlor-6-hydroxyhexansäure** folgende Strukturformel [vgl. **MC-Fragen Nr. 1718, 1787**]:

$$HOCH_2\text{-}CHCl\text{-}CH_2\text{-}CH_2\text{-}CH_2\text{-}COOH$$

Werden Trivialnamen benutzt, dann kennzeichnet man die Stellung des Substituenten mit α, β, usw., beginnend mit dem C-Atom, das dem Carboxylkohlenstoff unmittelbar benachbart ist.

```
5  4   3 2  1
δ  γ   β α
CH3CH2CHCH-COOH      3-Hydroxy-2-methylpentansäure
      |  |           β-Hydroxy-α-methylvaleriansäure
     HO CH3
```

◘Tab. 3.52 enthält einige wichtige substituierte Essigsäuren, in ◘Tab. 3.53 sind ausgewählte, pharmazeutisch relevante *Acylreste* aufgelistet und ◘Tab. 3.54 gibt Auskunft über eine Reihe ungesättigter Carbonsäuren.

In einigen Fällen ist es notwendig, eine Substanz, die eine Carboxylgruppe enthält, als Derivat einer anderen Stoffklasse zu benennen. In diesem Fall wird die COOH-Funktion durch das Präfix „*Carboxy*" charakterisiert.

Die einfachste *aromatische Carbonsäure* wird **Benzoesäure** (Phenylmethansäure, Benzencarbonsäure) [C_6H_5-COOH] genannt. Auch die Struktur aromatischer Carbonsäuren lässt sich mithilfe des IUPAC-Systems beschreiben. So kann das Antirheumatikum **Mefenaminsäure** als **2-[(2,3-Dimethylphenyl)amino]benzoesäure** bezeichnet werden [vgl. **MC-Fragen Nr. 1098, 1677**].

NH OH O H_3C CH_3

Mefenaminsäure
2-[(2,3-Dimethylphenyl)amino]benzoesäure

◘ **Tab. 3.51 Homologe Reihe der Alkansäuren**

Formel	Trivialname	IUPAC-Name
HCOOH	Ameisensäure	Methansäure
CH_3COOH	Essigsäure	Ethansäure
CH_3CH_2COOH	Propionsäure	Propansäure
$CH_3(CH_2)_2COOH$	Buttersäure	Butansäure
$CH_3(CH_2)_3COOH$	Valeriansäure	Pentansäure
$CH_3(CH_2)_4COOH$	Capronsäure	Hexansäure
$CH_3(CH_2)_5COOH$	Oenanthsäure	Heptansäure
$CH_3(CH_2)_6COOH$	Caprylsäure	Octansäure
$CH_3(CH_2)_7COOH$	Pelargonsäure	Nonansäure
$CH_3(CH_2)_8COOH$	Caprinsäure	Decansäure
$CH_3(CH_2)_{10}COOH$	Laurinsäure	Dodecansäure
$CH_3(CH_2)_{12}COOH$	Myristinsäure	Tetradecansäure
$CH_3(CH_2)_{14}COOH$	Palmitinsäure	Hexadecansäure
$CH_3(CH_2)_{16}COOH$	Stearinsäure	Octadecansäure

Tab. 3.52 Substituierte Essigsäuren

Formel	Trivialname	Formel	Trivialname
$ClCH_2COOH$	Chloressigsäure	$NCCH_2COOH$	Cyanessigsäure
Cl_3CCOOH	Trichloressigsäure	O_2NCH_2COOH	Nitroessigsäure
$(CH_3)_3CCOOH$	Trimethylessigsäure (Pivalinsäure)	$C_6H_5CH_2COOH$	Phenylessigsäure
		$C_6H_5OCH_2COOH$	Phenoxyessigsäure

Tab. 3.53 Wichtige Acylreste

Formel	Trivialname	Syst. Name
HCO-	Formyl-	Methanoyl-
CH_3CO-	Acetyl-	Ethanoyl-
CH_3CH_2CO-	Propionyl-	Propanoyl-
$CH_3(CH_2)_2CO$-	Butyryl-	Butanoyl-
$CH_3(CH_2)_3CO$-	Valeryl-	Pentanoyl-
C_6H_5CO-	Benzoyl-	Benzoyl-

Tab. 3.54 Ausgewählte Alkensäuren

Formel	Trivialname	IUPAC-Name
H_3C-CH=CH-COOH	Acrylsäure (Vinylcarbonsäure)	Propensäure
H_3C-CH=CH-COOH	Crotonsäure (trans)	*E*-But-2-ensäure
H_3C-CH=CH-COOH	Isocrotonsäure (cis)	*Z*-But-2-ensäure
H_2C=CH-CH_2-COOH	Vinylessigsäure	But-3-ensäure
H_2C=C(CH_3)-COOH	Methacrylsäure	2-Methylpropensäure
C_6H_5-CH=CH-COOH	Zimtsäure (β-Phenylacrylsäure)	3-Phenylpropensäure

Viele aromatische Carbonsäuren und Säuren mit aromatischen Resten tragen Trivialnamen. Zum Beispiel bezeichnet man Methylbenzoesäuren als *Toluylsäuren* und die Säuren des Naphthalens als *Naphthoesäuren.* Die *o*-Aminobenzoesäure trägt auch den Namen **Anthranilsäure** und *o*-Hydroxybenzoesäure wird auch als **Salicylsäure** bezeichnet. **Tropasäure** (3-Hydroxy-2-phenylpropionsäure) ist Bestandteil der Alkaloide *Hyoscyamin*, *Scopolamin* und des racemischen *Atropins*. **Mandelsäure** (2-Hydroxyphenylessigsäure, Phenylglycolsäure) kann aus bitteren Mandeln durch Behandeln mit verdünnter Salzsäure isoliert werden. Nachfolgend sind die Strukturformeln einiger pharmazeutisch wichtiger Säuren mit einem aromatischen Substituenten abgebildet [vgl. **MC-Fragen Nr. 950, 1092, 1093, 1201, 1202, 1336**].

Aromatische substituierte Carbonsäuren

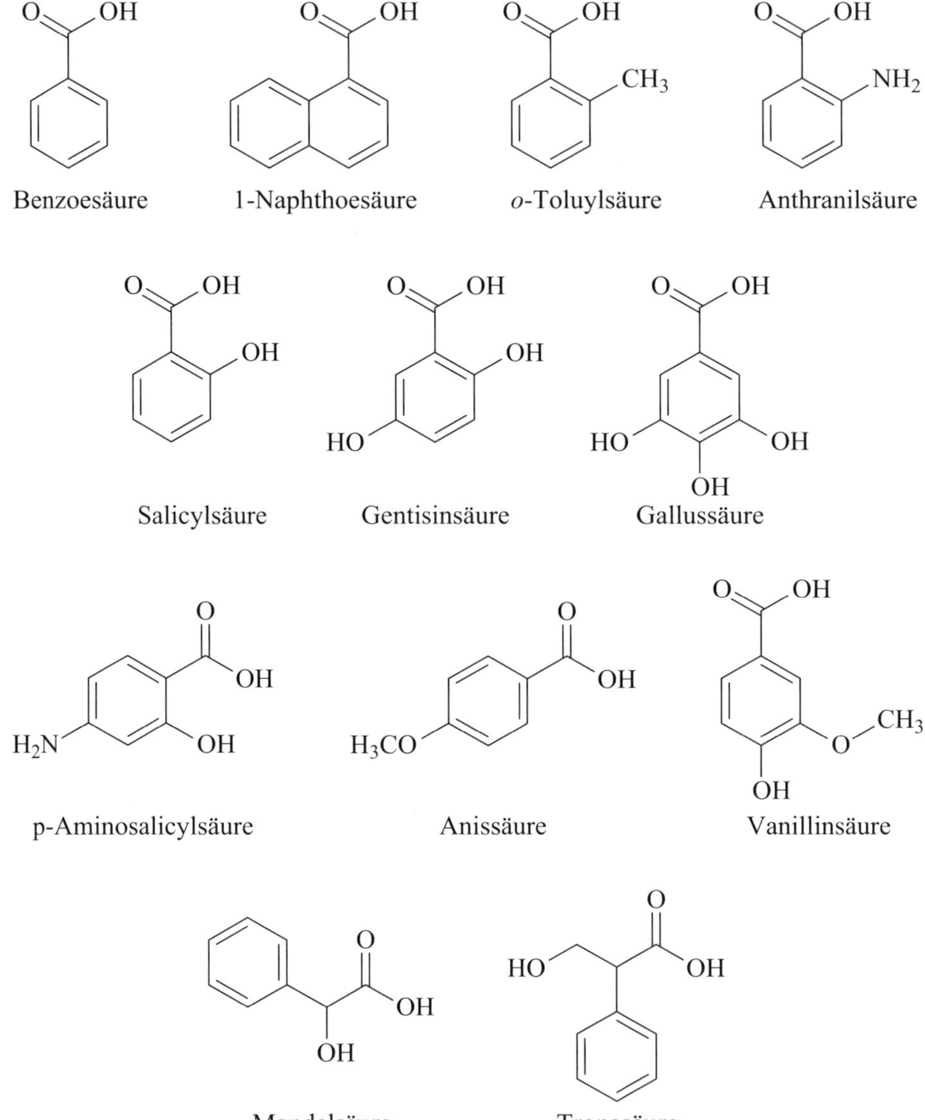

Tab. 3.55 Aliphatische und aromatische Dicarbonsäuren

IUPAC-Name	Trivialname	Formel
Ethandisäure	Oxalsäure	HOOC-COOH
Propandisäure	Malonsäure	HOOC-CH_2-COOH
Butandisäure	Bernsteinsäure	HOOC-$(CH_2)_2$-COOH
Pentandisäure	Glutarsäure	HOOC-$(CH_2)_3$-COOH
Hexandisäure	Adipinsäure	HOOC-$(CH_2)_4$-COOH
Heptandisäure	Pimelinsäure	HOOC-$(CH_2)_5$-COOH
Octandisäure	Suberinsäure*	HOOC-$(CH_2)_6$-COOH
Nonandisäure	Azelainsäure	HOOC-$(CH_2)_7$-COOH
Decandisäure	Sebacinsäure	HOOC-$(CH_2)_8$-COOH
Z-But-2-en-1,4-disäure	Maleinsäure	HOOC-CH=CH-COOH (cis)
E-But-2-en-1,4-disäure	Fumarsäure	HOOC-CH=CH-COOH (trans)
Benzen-1,2-dicarbonsäure	Phthalsäure	*ortho*-HOOC-C_6H_4-COOH
Benzen-1,3-dicarbonsäure	Isophthalsäure	*meta*-HOOC-C_6H_4-COOH
Benzen-1,4-dicarbonsäure	Terephthalsäure	*para*-HOOC-C_6H_4-COOH

* Wird auch als *Korksäure* bezeichnet.

Dicarbonsäuren: Auch Dicarbonsäuren führen häufig *Trivialnamen*. Nach IUPAC legt man für ihre Benennung den Namen des entsprechenden Kohlenwasserstoffs zugrunde und hängt das Wort *„dicarbonsäure"* bzw. *„disäure"* an, wie dies Tab. 3.55 ausweist [vgl. **MC-Fragen Nr. 1117–1121**].

Carbonsäuresalze: Der Name eines Carbonsäuresalzes wird nach den IUPAC-Regeln aus dem Namen des Kations und dem Namen der Säure gebildet, wobei man die Endung „säure" durch *„oat" (-at, -iat)* ersetzt, z. B. **Natriumethanoat** [$CH_3COO^-Na^+$]. Der entsprechende Trivialname wäre **Natriumacetat**.

3.13.1.2 Carbonsäure-Derivate

Als Carbonsäure-Derivate bezeichnet man alle Stoffklassen, die man durch einfache Hydrolyse in eine Carbonsäure umwandeln kann. Als wichtige Beispiele sind folgende Substanzklassen zu nennen [vgl. **MC-Fragen Nr. 64, 882, 898, 902–905, 1026, 1032, 1237, 1327, 1340, 1749, 1782, 1786**]:

Ersetzt man die C=O-Doppelbindung eines Carbonsäure-Derivates durch eine C=NH- oder C=NR-Gruppierung, dann gelangt man zu folgenden Substanzklassen [vgl. **MC-Fragen Nr. 884, 906, 1163, 1749**]:

Ausgangsverbindung	Derivat	Bezeichnung
R—CO—OH	R—CO—OR‘	Carbonsäureester (Ester)
	R—CO—OAr	Phenolester (Phenylester)
	R—C(OR‘)$_3$	Orthoester
	R—CO—NH$_2$	primäres Amid (Carbonsäureamid)
	R—CO—NHR‘	sekundäres Amid
	R—CO—NR‘R‘‘	tertiäres Amid
	R—CO—NR‘Ar	Anilid
	R—CO—Hal	Carbonsäurehalogenid
	R—CO—O—CO—R‘	Carbonsäureanhydrid
	R—CO—NH—CO—R‘	Imid
	R—CO—N$_3$	Carbonsäureazid
	R—CO—NHOH	Hydroxamsäure
	R—CO—NHNH$_2$	Carbonsäurehydrazid (Hydrazid)
	R—CO—OOH	Peroxycarbonsäure
	R—CO—O—O—CO—R	Diacylperoxid
	R—CN	Nitril
	R$_2$C=C=O	Keten

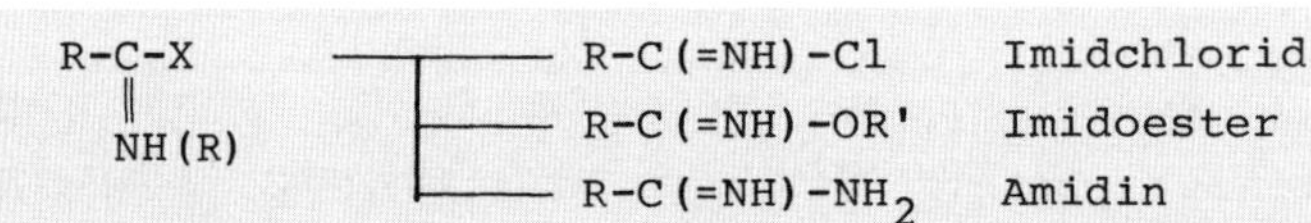

Zur Struktur *vinyloger* und *phenyloger Carbonsäuren* siehe ▸Kap. 3.1.9.4. Zur Struktur *cyclischer Amidine* (N=C-N), wie sie z. B. in Imidazol- und Purin-Derivaten vorliegen, siehe ▸Kap. 3.15.1.1 [vgl. **MC-Frage Nr. 884**].

◻ Tab. 3.56 Carbonsäureester und ihre Nomenklatur

Name	Formel	Alternativbezeichnung
Methylformiat	$HCOOCH_3$	Ameisensäuremethylester
Ethylacetat	$CH_3COOC_2H_5$	Essigsäureethylester
n-Butylacetat	$CH_3COOC_4H_9$	Essigsäure-*n*-butylester
Methylbutyrat	$C_3H_7COOCH_3$	Buttersäuremethylester
Methylbenzoat	$C_6H_5COOCH_3$	Benzoesäuremethylester

Carbonsäureester [**R-CO-OR'**] kurz auch „*Ester*" genannt, sind Substanzen, in denen die HO-Gruppe der Säure durch eine Alkoxy- oder Aryloxy-Gruppierung ersetzt wurde. Ihre systematische Bezeichnung erfolgt in der Weise, dass man dem Namen des jeweiligen Carbonsäuresalzes den Namen des Alkylrestes am Sauerstoffatom voranstellt. Man kann Ester aber auch so benennen, dass man an den Namen der Säure die Bezeichnung des Alkylrestes und daran das Wort „*ester*" anfügt. In ◻Tab. 3.56 sind einige ausgewählte Ester zusammen mit ihren alternativen Bezeichnungen aufgelistet [vgl. **MC-Frage Nr. 1164**].

$HCOOC_2H_5$ **Ethylformiat**
Ethylmethanoat
Ameisensäureethylester

CH_3COOCH_3 **Methylacetat**
Methylethanoat
Essigsäuremethylester

Carbonsäureamide [**R-CO-NR'R''**] sind Verbindungen, in denen die HO-Gruppe einer Säure durch eine Amino-Funktion ersetzt wurde. Das N-Atom kann hierbei keine, eine oder zwei (gleiche bzw. unterschiedliche) Alkyl- bzw. Arylreste tragen. ◻Tab. 3.57 enthält einige Beispiele von Carbonsäureamiden, kurz auch „*Amide*" genannt. Man unterscheidet daher *primäre* [**R-CO-NH$_2$**], *sekundäre* [**R-CO-NHR'**] und *tertiäre* Amide [**R-CO-NR'R''**] [vgl. **MC-Fragen Nr. 1232, 1233**].

Nach einem älteren System werden Amide in der Weise benannt, dass man an die Stelle der Endung [-at, -iat, -oat] eines Carbonsäuresalzes das Wort „*amid*" setzt. Das IUPAC-System bezeichnet sie als *Alkanamide.* Ist der Stickstoff substituiert, so werden der Bezeichnung des einfachen Amids ein **„*N*"** und die Namen der Substituenten vorangestellt. Amide, deren Aminkomponente ein Anilin-Derivat ist, werden auch als *Anilide* bezeichnet.

$CH_3CH_2CH_2CONH_2$ **Butyramid**
Butanamid

$CH_3CH_2CONHCH_3$ ***N*-Methylpropionamid**
***N*-Methylpropanamid**

Die Acylderivate des Hydroxylamins werden als *Hydroxamsäuren* [**R-CO-NHOH**] bezeichnet [vgl. **MC-Fragen Nr. 903, 905, 1715**].

Die Acylierung des Hydrazins führt zu *Carbonsäurehydraziden* [**R-CO-NH-NH$_2$**], die oft in Kurzform „*Hydrazide*" genannt werden.

◻ **Tab. 57 Ausgewählte Carbonsäureamide**

Name	Formel
Formamid	$H\text{-}CO\text{-}NH_2$
N-Methylformamid	$H\text{-}CO\text{-}NH\text{-}CH_3$
N,N-Dimethylformamid	$H\text{-}CO\text{-}N(CH_3)_2$
N-Methylformanilid	$H\text{-}CO\text{-}N(CH_3)\text{-}C_6H_5$
Acetamid	$CH_3\text{-}CO\text{-}NH_2$
Acetanilid	$CH_3\text{-}CO\text{-}NH\text{-}C_6H_5$
Propionamid	$CH_3CH_2\text{-}CO\text{-}NH_2$
Benz(oesäure)amid	$C_6H_5\text{-}CO\text{-}NH_2$
N-Methylbenzamid	$C_6H_5\text{-}CO\text{-}NH\text{-}CH_3$

◘ Tab. 3.58 Carbonsäurehalogenide und Carbonsäureanhydride

Name	Formel
Acetylchlorid	CH_3-COCl
Chloracetylchlorid	$ClCH_2$-COCl
Benzoylchlorid	C_6H_5-COCl
Acetanhydrid	CH_3-CO-O-CO-CH_3
Propionsäureanhydrid	C_2H_5-CO-O-CO-C_2H_5
Benzoesäureanhydrid	C_6H_5-CO-O-CO-C_6H_5

Carbonsäurehalogenide *(Acylhalogenide)* [**R-CO-Hal**] sind Substanzen, in denen die HO-Gruppe einer Säure durch ein Halogenatom substituiert wurde. Zu ihrer Benennung wird im Namen des Carbonsäuresalzes die Endung (-at, -iat, -oat) durch *„yl"* ersetzt und der Name des Halogenatoms hinzugefügt. Im IUPAC-System hängt man an die Bezeichnung des Alkans das Wort *„oylhalogenid"* an.

CH_3COCl	**Acetylchlorid**	$CH_3CHBrCOBr$	**α-Brompropionylbromid**
	Ethanoylchlorid		**2-Brompropanoylbromid**

Carbonsäureanhydride [**R-CO-O-CO-R'**], in Kurzform auch als *„Anhydride"* bezeichnet, sind Verbindungen, die durch intermolekulare Dehydratisierung aus zwei Molekülen Säure bzw. durch intramolekulare Wasserabspaltung aus einer Dicarbonsäure entstehen. Zu ihrer Benennung wird dem Namen der Carbonsäure das Wort *„anhydrid"* hinzugefügt. Bei *gemischten Anhydriden* aus zwei unterschiedlichen Säuren werden die beiden Säurenamen in alphabetischer Reihenfolge genannt, gefolgt von dem Wort „anhydrid". In ◘Tab. 3.58 sind die Formeln einiger pharmazeutisch wichtiger Acylhalogenide und Anhydride zusammengestellt. An *cyclischen Carbonsäureanhydriden* und *Imiden* sind zu nennen:

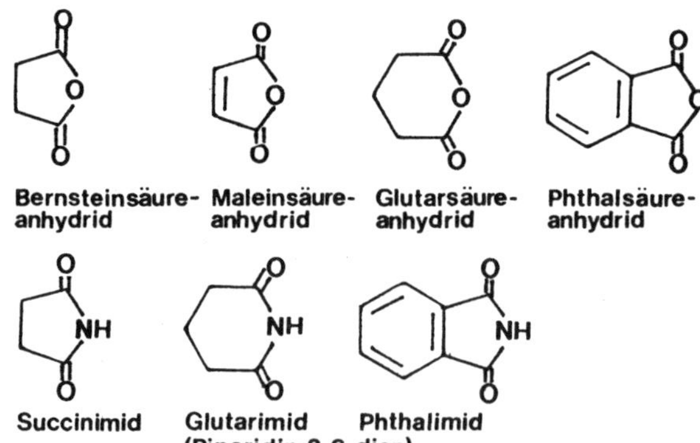

Als **Imide** [**R'-CO-NR-CO-R'**] bezeichnet man Substanzen, in denen das Stickstoffatom im Ammoniak oder in primären Aminen zweifach acyliert wurde. Diese Teilstruktur findet sich in der pharmazeutischen wichtigen Substanzklasse der *„Hydantoine"* wieder, die auch als Harnstoff-Derivate aufgefasst werden können [siehe ▸Kap. 3.15.1.1 und **MC-Fragen Nr. 860, 1340**].

◘ Tab. 3.59 Bezeichnungen einiger Carboxy-Gruppierungen

Gruppe	Vorsilbe	Gruppe	Vorsilbe
-COOH	Carboxy	-$CONH_2$	Carbamoyl
-CO_2CH_3	Methoxycarbonyl	-COCl	Chlorcarbonyl
-$CO_2C_2H_5$	Ethoxycarbonyl	-CN	Cyan

◘ Tab. 3.60 Carbonitrile und deren Nomenklatur

Name	Formel	Alternativname
Acetonitril	CH_3-CN	Methylcyanid
Propionitril	CH_3-CH_2-CN	Ethylcyanid
n-Butyronitril	CH_3-$(CH_2)_2$-CN	Propylcyanid
Benzonitril	C_6H_5-CN	Phenylcyanid
Phenylacetonitril	C_6H_5-CH_2-CN	Benzylcyanid

Ketene sind „innere Anhydride" von Carbonsäuren. Man unterscheidet zwischen *Aldoketenen* [**RHC=C=O**] und *Ketoketenen* [**R_2C=C=O**]. Wichtige Beispiele für Ketene sind [vgl. **MC-Fragen Nr. 64, 882, 1031**]:

H_2C=C=O **Keten** $(C_6H_5)_2$C=C=O **Diphenylketen**

Gelegentlich ist es notwendig, eine Säure als Derivat einer anderen Substanzklasse zu bezeichnen. Einige der in diesem Fall zu verwendenden Vorsilben sind in ◘Tab. 3.59 aufgelistet.

Carbonitrile [**R-C≡N**], kurz auch *„Nitrile"* genannt, sind Substanzen, die eine C≡N-Dreifachbindung als funktionelle Gruppe enthalten. Sie können als Alkyl- bzw. Aryl-Derivate des Cyanwasserstoffs [H-CN] aufgefasst und als *Cyanide* bezeichnet werden. Darüber hinaus kann man – wie ◘Tab. 3.60 ausweist – den Namen eines Nitrils auch vom Carbonsäuresalz ableiten, zu dem es verseifbar ist, und dessen Endung (-at, -iat-, -oat) durch das Suffix *„onitril"* ersetzen. Eine weitere Bezeichnungsalternative ist, an den Namen des zugrundeliegenden Alkans das Wort *„nitril"* anzuhängen. Demnach kann **Acetonitril** (*Methylcyanid*) auch als **Ethannitril** bezeichnet werden [vgl. **MC-Frage Nr. 1185**].

Manchmal ist es notwendig, die CN-Gruppe als Substituent durch Voranstellen des Wortes *„Cyan(o)"* zu bezeichnen, wie z. B. **Cyanessigsäure** [NC-CH_2-COOH].

3.13.1.3 Derivate der Kohlensäure

Kohlensäure [**HO-CO-OH**] ist wie die meisten geminalen Dihydroxyverbindungen bei Raumtemperatur instabil (*Erlenmeyer-Regel*). Die Säure zerfällt spontan in Kohlendioxid und Wasser. Von ihren Derivaten sind die Substanzen *instabil,* die noch über *eine freie* Hydroxylgruppe verfügen. Demgegenüber sind Diester, Diamide und Orthoester *stabile Verbindungen* [vgl. **MC-Fragen Nr. 878, 881, 885, 1147, 1336, 1340, 1341, 1343, 1670, 1786**].

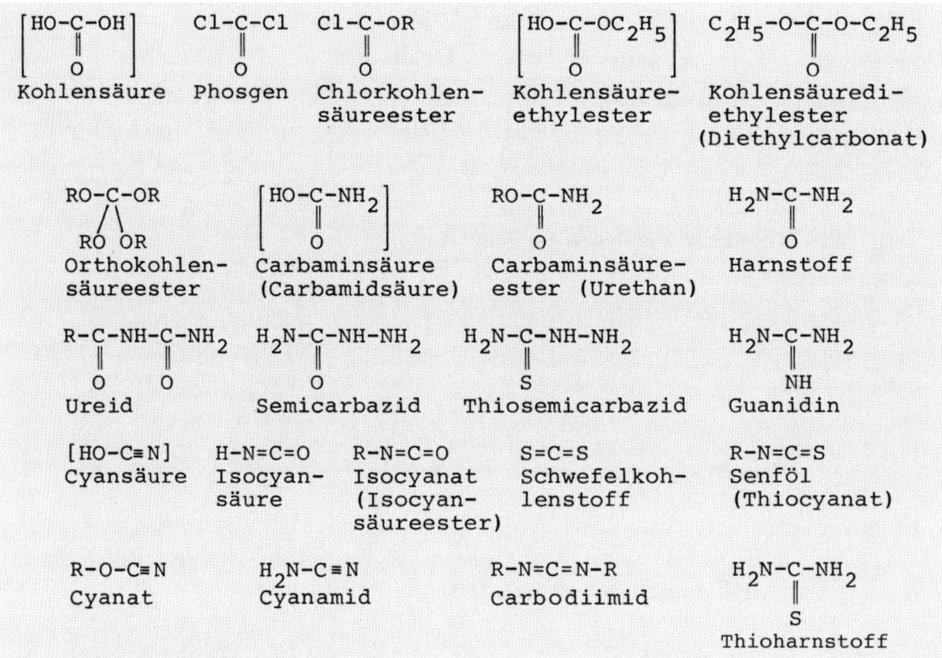

Ureide [**R-CO-NH-CO-NH**$_2$] sind amidartige Derivate organischer Säuren mit Harnstoff, sog. *Acylharnstoffe;* dabei tritt an die Stelle der NH_2-Gruppe eines Amids die Gruppierung [-NH-CO-NH_2].

CH_3-C(=O)-NH-C(=O)-NH_2 Essigsäureureid Acetylharnstoff

3.13.1.4 Fette – Seifen – Wachse

Seifen: Die *Alkalisalze* [R-COO^-Me^+] *höherer Carbonsäuren* (C_{12}-C_{20}) werden als Seifen bezeichnet. Es sind *oberflächenaktive* Stoffe (Tenside) mit einem großen *hydrophoben* Kohlenwasserstoffrest und einer kleineren *hydrophilen* Carboxyl-Gruppe (sog. *anionenaktive Substanzen*).

Alkaliseifen (Natronseifen, Kaliseifen) werden beim Kochen von Fetten und Wachsen mit Alkalihydroxid-Lösungen erhalten. Als Alkalisalze schwacher Säuren reagieren sie in wässriger Lösung alkalisch und bilden mit dem für die temporäre Wasserhärte verantwortlichen Calciumhydrogencarbonat [$Ca(HCO_3)_2$] in Wasser schwer lösliche Calciumsalze (*Calciumseifen*), die ausflocken.

Seifen emulgieren nicht wasserlösliche Fette und Öltröpfchen und setzen die Oberflächenspannung von Wasser herab [vgl. **MC-Fragen Nr. 1129–1131, 1133**].

Darüber hinaus verwendet man zur Desinfektion auch *kationenaktive Substanzen,* sog. **Invertseifen.** Es handelt sich hierbei um *quartäre Ammoniumsalze* [$R_4N^+X^-$] mit mindestens einem langkettigen Kohlenwasserstoffrest. Wie der Name *„Invertseife"* ausdrückt, ist hier der waschaktive Teil nicht wie sonst ein Anion, sondern ein Kation. Die wässrigen Lösungen von Invertseifen reagieren neutral [vgl. **MC-Fragen Nr. 1130–1133**].

Tab. 3.61 In der Natur vorkommende Fettsäuren

Trivialname	IUPAC-Bezeichnung
Laurinsäure	Dodecansäure [C_{12}]
Myristinsäure	Tetradecansäure [C_{14}]
Palmitinsäure	Hexadecansäure [C_{16}]
Stearinsäure	Octadecansäure [C_{18}]
Ölsäure	*(Z)*-Octadec-9-ensäure [C_{18}]
[Elaidinsäure]	*(E)*-Octadec-9-ensäure [C_{18}]
Linolsäure	*(Z,Z)*-Octadeca-9,12-diensäure [C_{18}]
Linolensäure	*(Z,Z,Z)*-Octadeca-9,12,15-triensäure [C_{18}]

Die gleiche Waschwirkung wie Seifen haben auch die *Natriumsalze* von *n-Alkylsulfaten* [$ROSO_3Na$] mit längerkettigem Kohlenwasserstoffrest [vgl. **MC-Fragen Nr. 963, 964, 1131, 1133**].

Wachse [$R\text{-}(CH_2)_m\text{-}CO\text{-}O\text{-}(CH_2)_n\text{-}R'$] sind die *Monoester* unverzweigter, meistens geradzahliger, langkettiger Carbonsäuren mit höheren, unverzweigten primären Alkoholen (C_{16}-C_{36}) (*Fettalkoholen*) [vgl. **MC-Fragen Nr. 1128, 1129, 1134**].

Fette sind natürlich vorkommende *Triester* langkettiger, in der Regel geradzahliger Carbonsäuren (*Fettsäuren*) mit dem dreiwertigen *Glycerol* (Propan-1,2,3-triol) als Alkoholkomponente [vgl. **MC-Fragen Nr. 1092, 1113, 1114**].

In Tab. 3.61 sind einige häufig in Fetten vorkommende gesättigte und ungesättigte Fettsäuren aufgelistet. In den natürlichen Fetten liegen ungesättigte Fettsäuren in der Z-Konfiguration vor. So ist die cis-konfigurierte **Ölsäure** (Octadec-9-ensäure) ein weit verbreiteter Bestandteil von Fetten, während das *trans*-Isomer **Elaidinsäure** nur in geringen Mengen, z. B. in Margarine, auftritt. Der Gehalt an ungesättigten Fettsäuren wird in der Fettanalytik mittels „*Iodzahl*" (Addition von Brom oder Interhalogenen an die C=C-Doppelbindung) bestimmt [siehe Ehlers, **Analytik II**, ▸Kap. 7.2.3.7 und **MC-Fragen Nr. 1114, 1128, 1129**].

Fette werden auch als *Glyceride* bezeichnet; je nachdem ob eine, zwei oder alle drei alkoholischen Hydroxylgruppen des Glycerols verestert sind, unterscheidet man Monoglyceride, Diglyceride und Triglyceride, wobei unter *Fetten* im engeren Sinne nur **Triglyceride** zu verstehen sind. Die Fettsäuren in Di- und Triglyceriden können gleich oder verschieden sein. Bei der alkalischen Hydrolyse von Fetten (*Fettspaltung, Verseifung*) entstehen *Seifen* und *Glycerol* [vgl. **MC-Fragen Nr. 1129, 1130**].

```
CH2-O-CO-R1      CH2-OH          CH2-O-CO-R1     CH2-O-CO-R1
|                |               |               |
CH-OH            CH-O-CO-R1      CH-O-CO-R2      CH-O-CO-R2
|                |               |               |
CH2-OH           CH2-OH          CH2-OH          CH2-O-CO-R3
Monoglycerid     Monoglycerid    Diglycerid      Triglycerid
```

Fette, die ungesättigte Säuren als Acylkomponenten enthalten, neigen zur *Autoxidation* unter Bildung von Hydroperoxiden [**R-O-O-H**] (siehe auch ▸Kap. 3.2.4.3).

```
R-CH2-CH=CH-CH2-R  --(O2)-->  R-CH2-CH=CH-CH-R    Hydroperoxid
                                          |
                                         OOH
```

Die Bildung von Hydroperoxiden spielt eine Schlüsselrolle beim Ranzigwerden von Fetten.

3.13.2 Darstellung und Eigenschaften von Carbonsäuren

3.13.2.1 Darstellung aliphatischer Carbonsäuren

Alkansäuren können hergestellt werden [vgl. **MC-Fragen Nr. 1099–1101, 1168**]:

(1) durch *Oxidation primärer Alkohole* mit $KMnO_4$, CrO_3, Ag_2O oder konz. HNO_3, wobei *Aldehyde* als Zwischenstufen auftreten. Die Oxidation mit Salpetersäure ist bei Vorliegen säureempfindlicher Gruppen nicht anwendbar. Die Oxidation von Aldehyden zu Carbonsäuren gelingt schon mit milden Oxidantien wie H_2O_2 (siehe ▸Kap. 3.2.18.5 und ▸Kap. 3.2.18.6).

$$\text{R-CH}_2\text{OH} \xrightarrow{[O]} [\text{R-CH=O}] \xrightarrow{[O]} \text{R-COOH}$$

(2) durch Addition von *Grignard-Reagenzien* oder Lithiumorganylen an *Kohlendioxid* (siehe ▸Kap. 3.8.3.1). Dabei leitet man CO_2 in die Lösung eines Metallorganyls ein oder gießt die metallorganische Verbindung direkt auf Trockeneis.

$$\text{R-X} \xrightarrow{(Mg)} \text{R-Mg-X} \xrightarrow{+\ CO_2} \text{R-COOMgX} \xrightarrow{(H_2O)} \text{R-COOH}$$

(3) aus *Halogenalkanen* durch Umsetzung mit Alkalicyaniden und nachfolgende säure- oder basenkatalysierte *Verseifung* der gebildeten *Nitrile.* Bei schwer hydrolysierbaren Nitrilen ist es vorteilhafter, diese zunächst in die entsprechenden Imidoester umzuwandeln, die sich leichter spalten lassen.

$$\text{R-X} + \text{CN}^- \xrightarrow[S_N2]{-\ X^-} \underset{\text{Nitril}}{\text{R-C}\equiv\text{N}} \xrightarrow[-\ NH_3]{+\ 2\ H_2O} \underset{\text{Carbonsäure}}{\text{R-COOH}}$$

$$\text{R-C}\equiv\text{N} \xrightarrow{+\ R'OH,\ +\ HCl} \underset{\text{Imidoester·HCl}}{[\text{R-C(=}\overset{+}{\text{N}}\text{H}_2\text{)-OR'}]\text{Cl}^-} \longrightarrow \underset{\text{Carbonsäureester}}{\text{R-COOR'}} \xrightarrow{(H_2O)} \text{R-COOH}$$

(4) aus *Halogenalkanen* durch Kondensation mit *Malonester* und anschließende Verseifung und Decarboxylierung der gebildeten Alkyl- und Dialkylmalonester (siehe ▸Kap. 3.14.6.3).

$$\text{R-X} + \underset{\text{Malonester}}{\text{H}_2\text{C(COOR')}_2} \rightarrow \underset{\text{Alkylmalonester}}{\text{R-CH(COOR')}_2} \xrightarrow[-\ R'OH,\ -\ CO_2]{(H_2O)} \underset{\text{monosubst. Essigsäure}}{\text{R-CH}_2\text{-COOH}}$$

$$\text{R-CH(COOR')}_2 \xrightarrow{+\ R\text{-}X} \underset{\text{Dialkylmalonester}}{\text{R}_2\text{C(COOR')}_2} \xrightarrow[-\ R'OH,\ -\ CO_2]{(H_2O)} \underset{\text{disubst. Essigsäure}}{\text{R}_2\text{CH-COOH}}$$

(5) durch *Cannizzaro-Reaktion* von Aldehyden ohne α-ständiges H-Atom (nicht-aldolisierbare Aldehyde). Die Reaktion ist auch zur Herstellung aromatischer Carbonsäuren geeignet; als weiteres Reaktionsprodukt entsteht der betreffende Alkohol (siehe ▸Kap. 3.12.7.1).

$$2\ R_3C\text{-}CH{=}O \xrightarrow{(HO^-)} R_3C\text{-}COOH + [R_3C\text{-}CH_2OH]$$

(6) aus *Aldehyden* oder *Ketonen* mittels einer **Knoevenagel-Doebner-Reaktion** durch Umsetzung mit Malonester oder Cyanessigester und anschließende Verseifung der Intermediärprodukte zu *α,β-ungesättigten Carbonsäuren,* die sich zu gesättigten Säuren hydrieren lassen. Auch die *Perkin-Reaktion* ist zur Synthese vinyloger Carbonsäuren geeignet (siehe ▸Kap. 3.12.6.2 und ▸Kap. 3.12.6.3).

$$R_2C{=}O + H_2C(COOR')_2 \xrightarrow{-H_2O} R_2C{=}C(COOR')_2 \xrightarrow[-R'OH,\ -CO_2]{(H_2O)} R_2C{=}CH{-}COOH$$

(7) aus *Ketonen* durch *Baeyer-Villiger-Oxidation* mit Peroxysäuren und nachfolgende Hydrolyse der primär gebildeten Ester (siehe ▸Kap. 3.2.16.4).

$$R_2C{=}O \xrightarrow[-R'CO_2H]{+R'CO_3H} R\text{-}COOR \xrightarrow[-ROH]{(H_2O)} R\text{-}COOH$$

(8) aus *Methylketonen* durch Haloform-Reaktion (siehe ▸Kap. 3.2.18.7).

$$R\text{-}CO\text{-}CH_3 \xrightarrow{(Cl_2)} R\text{-}CO\text{-}CCl_3 \xrightarrow[-HCCl_3]{(HO^-)} R\text{-}COOH$$

(9) aus *Carbonsäurechloriden* durch *Arndt-Eistert-Reaktion* mit *Diazomethan.* Im Ergebnis führt diese Reaktionsfolge zur *Kettenverlängerung* einer Carbonsäure (bzw. eines Carbonsäure-Derivates) um eine CH_2-Gruppe [siehe auch ▸Kap. 3.2.16.2 und **MC-Frage Nr. 911**].

$$R\text{-}CO\text{-}Cl \xrightarrow[-HCl]{+CH_2N_2} \underset{\text{Diazoketon}}{R\text{-}CO\text{-}CHN_2} \xrightarrow[\sim R^-]{-N_2} \underset{\text{Keten}}{R\text{-}CH{=}C{=}O} \xrightarrow{(H_2O)} R\text{-}CH_2\text{-}COOH$$

(10) durch *Hydrolyse* von *Carbonsäureestern*, *Anhydriden*, *Amiden* oder *Nitrilen* (siehe ▸Kap. 3.13.5 bis ▸Kap. 3.13.8).

(11) durch *Säurespaltung* von *β-Ketoestern,* insbesondere *substituierten Acetessigestern* (siehe ▸Kap. 3.14.6.2).

$$CH_3\text{-}\underset{\underset{O}{\|}}{C}\text{-}\underset{\underset{R}{|}}{CH}\text{-}COOR' \xrightarrow[(HO^-)]{} [CH_3COOH] + [R'OH] + R\text{-}CH_2\text{-}COOH$$

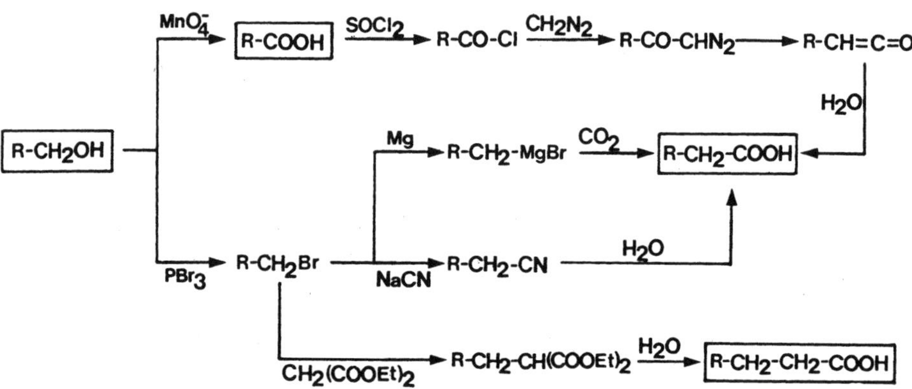

o Abb. 3.88 Methoden zur Synthese aliphatischer Carbonsäuren

(12) durch *Carbonylierung von Alkenen.* Bei dieser industriell genutzten Synthesemethode lässt man Alkene in Gegenwart von Nickeltetracarbonyl [$Ni(CO)_4$] mit Wasser und Kohlenmonoxid reagieren. Infolge der Isomerisierung des intermediär gebildeten Carbeniumions ist die Methode vor allem zur Synthese von Carbonsäuren mit sekundärem bzw. tertiärem Alkylrest geeignet.

$$R\text{-}CH{=}CH_2 + CO + H_2O \xrightarrow[200\ \text{bar}]{250\ ^\circ C} R\text{-}CH(CH_3)\text{-}COOH$$

Beispielsweise erhält man auf diese Weise **Propionsäure** aus Ethen [R = H] und die Reaktion von Propen [R = CH_3] führt zu **Isobuttersäure** (2-Methylpropansäure).
Die o Abb. 3.88 fasst nochmals – ausgehend von einem primären Alkohol – die wichtigsten Methoden zur Darstellung von Carbonsäuren zusammen.

3.13.2.2 Darstellung aromatischer Carbonsäuren

Aromatische Carbonsäuren können hergestellt werden aus [vgl. **MC-Fragen Nr. 719, 721, 1102**]:

(1) *Methylarenen* oder längerkettigen *Alkylbenzenen* durch Oxidation mit $KMnO_4$ oder konz. HNO_3 (siehe ▸ Kap. 3.2.18.1).

$$Ar\text{-}CH_3 \xrightarrow{[O]} Ar\text{-}COOH$$

(2) *Arylhalogeniden* durch Carboxylierung ihrer Grignard-Verbindungen (siehe ▸ Kap. 3.8.3.1).

$$Ar\text{-}Br + Mg \rightarrow Ar\text{-}MgBr \xrightarrow{+\ CO_2} Ar\text{-}COOMgBr \xrightarrow{(H_2O)} Ar\text{-}COOH$$

(3) *Benzotrichlorid-Derivaten* durch Hydrolyse (siehe ▸ Kap. 3.2.4.3)

$$Ar\text{-}CCl_3 \xrightarrow{(H_2O)} Ar\text{-}COOH$$

(4) *Metallarenen* durch Carboxylierung von Aryllithium-Verbindungen

$$\text{Ar-Li} \xrightarrow{+\ CO_2} \text{Ar-COOLi} \xrightarrow{+\ H_2O} \text{Ar-COOH} + \text{LiOH}$$

(5) *aromatischen Aldehyden* durch Disproportionierung im alkalischen Milieu *(Cannizzaro-Reaktion)* (siehe ▸Kap. 3.12.7.1).
(6) *Methylarylketonen* durch *Haloform-Reaktion* (siehe ▸Kap. 3.2.18.7).

$$\text{Ar-CO-CH}_3 \xrightarrow{(Cl_2)} \text{Ar-CO-CCl}_3 \xrightarrow[-\ HCCl_3]{(HO^-)} \text{Ar-COOH}$$

(7) *Phenolen* durch Carboxylierung (siehe ▸Kap. 3.6.4.2 „*Kolbe-Schmitt-Reaktion*").
(8) *Arylnitrilen* durch alkalische oder saure *Hydrolyse.* Arylnitrile sind zugänglich aus *Arylaminen* durch eine *Sandmeyer-Reaktion* (siehe ▸Kap. 3.10.6.3) oder durch *Cyanid-Schmelze* von *Arylsulfonsäuren* (siehe ▸Kap. 3.6.4.3) bzw. durch *Dehydratisierung* von *Arylaldoximen.*

$$\underset{\text{Arylamin}}{\text{Ar-NH}_2} \xrightarrow{(HNO_2)} \text{Ar-N}_2^+ \xrightarrow{(CuCN)} \underset{\text{Nitril}}{\text{Ar-CN}} \xrightarrow{(H_2O)} \text{Ar-COOH}$$

$$\underset{\text{Sulfonsäure}}{\text{Ar-SO}_3\text{H}} \xrightarrow[\text{Schmelze}]{+\ CN^-} \text{Ar-CN} \xleftarrow[-\ H_2O]{(Ac_2O)} \underset{\text{Aldoxim}}{\text{Ar-CH=N-OH}}$$

3.13.2.3 Darstellung von Dicarbonsäuren

Viele der genannten Methoden zur Herstellung von Monocarbonsäuren sind bei Vorliegen *bifunktioneller Substanzen* (z. B. Dinitrile, Dialdehyde, Dimethylarene u. a.) auch zur Synthese von Dicarbonsäuren geeignet [vgl. **MC-Frage Nr. 1122**].

Beispielsweise erhält man bei der Umsetzung von **Chloressigsäure** mit Cyanidionen Cyanessigsäure, die sich zu **Malonsäure** hydrolysieren lässt, und **1,3-Dibrompropan** kann über 1,3-Dicyanopropan in **Glutarsäure** umgewandelt werden.

$$\underset{\textbf{Chloressigsäure}}{\text{ClCH}_2\text{-COOH}} \rightarrow \text{NC-CH}_2\text{-COOH} \rightarrow \underset{\textbf{Malonsäure}}{\text{HOOC-CH}_2\text{-COOH}}$$

$$\underset{\textbf{1,3-Dibrompropan}}{\text{Br-CH}_2\text{CH}_2\text{CH}_2\text{-Br}} \rightarrow \text{NC-(CH}_2)_3\text{-CN} \rightarrow \underset{\textbf{Glutarsäure}}{\text{HOOC-(CH}_2)_3\text{-COOH}}$$

Eine weitere Synthesemöglichkeit besteht in der Oxidation von *cyclischen Alkenen* oder *Cycloalkanonen.* Zum Beispiel sind *Adipinsäure-Derivate* leicht durch Oxidation der entsprechenden Cyclohexan-Verbindungen zugänglich (siehe ▸Kap. 3.2.18.1).

Aromatische Dicarbonsäuren können wie das Beispiel der Herstellung von **Phthalsäure** zeigt, durch Oxidation von *kondensierten Aromaten* oder *Dimethylarenen* gewonnen werden. Ein weiteres Beispiel ist die technische Herstellung von **Tereph-**

thalsäure durch Luftoxidation von ***p*-Xylen** [siehe auch ▸Kap. 3.2.18.1 und **MC-Frage Nr. 1102**].

o-Xylen $\xrightarrow[\text{Co(III) HOAc}]{HNO_3 \text{ oder } O_2}$ o-Toluylsäure $\xrightarrow[\text{Co(III) HOAc}]{O_2}$ Phthalsäure

Naphthalen $\xrightarrow[V_2O_5]{O_2}$ Phthalsäure

3.13.2.4 Eigenschaften von Monocarbonsäuren

Die Anfangsglieder (bis C-9) der *homologen Reihe der Alkansäuren* sind farblose, stechend riechende Flüssigkeiten. Die ersten vier Säuren dieser Reihe mischen sich in jedem Verhältnis mit Wasser. Diese Lösungen reagieren sauer. Carbonsäuren mit mehr als 9 C-Atomen sind nahezu geruchlos und paraffinartig, da hier die Carboxylgruppe nur noch geringfügig das physikalische Verhalten beeinflusst. Mit zunehmender Kettenlänge nimmt die *Wasserlöslichkeit* merklich ab [vgl. **MC-Frage Nr. 1115**].

In Analogie zu den *n*-Alkanen zeigen die *Schmelzpunkte* der unverzweigten Alkansäuren ein *alternierendes Verhalten.* D.h., Carbonsäuren mit gerader C-Zahl schmelzen stets höher als die benachbarten Säuren mit einer ungeraden Anzahl von Kohlenstoffen. In *kristalliner Form* bilden die Kohlenwasserstoffreste von linearen Monocarbonsäuren eine *Zick-Zack-Anordnung* [vgl. **MC-Frage Nr. 1103**].

Bemerkenswert ist, dass die Säuren im festen und flüssigen Zustand sowie in unpolaren Lösungsmitteln eine doppelt so hohe relative Molmasse aufweisen wie dies ihrer Summenformel entsprechen würde. Sie liegen infolge von *Wasserstoffbrücken* als *dimere Assoziate* vor [vgl. **MC-Fragen Nr. 1103, 1104, 1110–1112**].

```
      O...H-O
     //      \
R-C            C-R
     \      //
      O-H...O
```

Diese ringförmigen Doppelmoleküle sind so stabil, dass z. B. **Essigsäure** in nicht allzu verdünnter, wässriger Lösung sowie im Dampfzustand bei Siedetemperatur eine dimere Struktur besitzt. Erst bei sehr starker Verdünnung und hohen Temperaturen werden diese Assoziate in monomere Moleküle gespalten.

Auch die *Wasserlöslichkeit* niederer Alkansäuren ist auf eine Assoziatbildung zurückzuführen. Mit zunehmender Verdünnung erfolgt zunächst ein Einbau von Wassermolekülen in das Dimer, bis schließlich bei starker Verdünnung die Säuren als Monomer in das Assoziatgerüst des Wassers eingelagert werden.

```
            H                              H   H
            |                              |   |
      O→H-O→H-O                        O→H-O→H-O→. . .
R-C<          >C-R               R-C<
      O-H←O-H←O                        O-H←O-H←O-H←. . .
          |                                |   |
          H                                H   H
```

Monocarbonsäuren verhalten sich mit Ausnahme der **Ameisensäure** gegenüber *Oxidationsmitteln* resistent [vgl. **MC-Frage Nr. 1103**].

Acidität: Carbonsäuren sind schwache Säuren und ihre Säurestärke nimmt ausgehend von der Ameisensäure, über Essigsäure mit zunehmender Molekülmasse (zunehmender Kettenlänge) ab [siehe ▸Kap. 3.19.2.1 und **MC-Fragen Nr. 1103, 1104**].

Der im Vergleich zu Alkoholen stärker saure Charakter der Hydroxylgruppe einer COOH-Funktion ist auf die benachbarte C=O-Doppelbindung zurückzuführen. Sie erleichtert durch ihren –I-Effekt die Ablösung des Protons. Darüber hinaus ist das entstehende *Carboxylat-Ion* (die konjugierte Base) mesomeriestabilisiert und daher energetisch begünstigt. Das Carboxylat-Anion weist praktisch keine *Carbonylaktivität* mehr auf. Trotz der Mesomeriestabilisierung des Carboxylat-Ions ist insgesamt die Deprotonierung von Carbonsäuren ein *endergonischer Prozess* und das Dissoziationsgleichgewicht von Monocarbonsäuren in Wasser liegt auf Seiten der undissoziierten Säure [siehe auch ▸Kap. 3.2.15.3 und **MC-Fragen Nr. 32–35, 1104, 1111**].

```
R-C-O-H  +  B  ⇌  [ R-C-O⁻  ↔  R-C=O  ]  +  BH⁺
  ‖                   ‖          |
  O                   O          O⁻
```

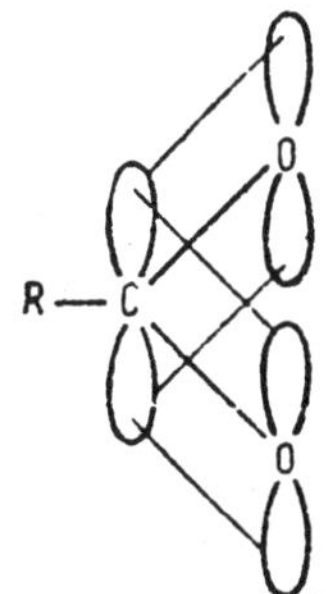

o Abb. 3.89 Orbitalmodell des Carboxylat-Ions

oAbb. 3.89 zeigt das Orbitalmodell des mesomeriestabilisierten Carboxylat-Ions [R-**COO**⁻]. Das C-Atom ist sp^2-hybridisiert, beide Sauerstoffatome sind äquivalent, die negative Ladung ist delokalisiert und die vier π-Elektronen verteilen sich auf zwei Molekülorbitale [vgl. **MC-Frage Nr. 1126**].

Von den *Salzen der Alkansäuren* sind die Alkalisalze gut wasserlöslich, während die Erdalkali- und einige Schwermetallsalze in Wasser schwer löslich sind. Die Alkalisalze reagieren in wässriger Lösung alkalisch. Die Alkalisalze höherer Fettsäuren heißen auch *Alkaliseifen*, sie bilden in Wasser kolloidale Lösungen [siehe auch ▸Kap. 3.13.1.4 und **MC-Fragen Nr. 1113, 1130**].

3.13.2.5 Eigenschaften von Dicarbonsäuren

Sämtliche Dicarbonsäuren sind kristalline Substanzen, deren Wasserlöslichkeit mit steigender relativer Molekülmasse abnimmt. Mit Ausnahme der **Oxalsäure** sind sie gegenüber Oxidationsmitteln beständig. Ihre *Schmelzpunkte* zeigen gleichfalls ein *alternierendes Verhalten*. Dies bedeutet, dass die Dicarbonsäure mit einer geraden Zahl von C-Atomen stets höher schmilzt als die nachfolgende Dicarbonsäure mit einer ungeraden Anzahl von Kohlenstoffen.

Im Vergleich zu Monocarbonsäuren reagieren die Anfangsglieder der homologen Reihe der Dicarbonsäuren infolge des wechselseitigen Einflusses der beiden Carboxylgruppen (–I-Effekt) stärker sauer. Sie dissoziieren stufenweise. Erwartungsgemäß nimmt ihre Acidität mit zunehmender Entfernung der beiden Carboxylgruppen rasch ab (siehe ▸Kap. 3.19.2.4).

Das chemische Verhalten einer Dicarbonsäure ähnelt dem einer Monocarbonsäure, jedoch zeigen Dicarbonsäuren auch Reaktionen, die von der relativen Stellung der beiden COOH-Funktionen zueinander abhängen. Hierzu zählt vor allem das *thermische Verhalten von Dicarbonsäuren*, das im nachfolgenden ▸Kap. 3.13.3 noch ausführlich beschrieben wird.

3.13.2.6 Ausgewählte Monocarbonsäuren

(a) Ameisensäure (Methansäure) [**HCOOH**], die stärkste Alkansäure ($pK_s = 3{,}77$), wird in der Technik aus Kohlenmonoxid und NaOH bei hohen Temperaturen und Drücken gewonnen [vgl. **MC-Frage Nr. 1109**].

$$\mathrm{CO + NaOH \xrightarrow[7\ bar]{200\ °C} \underset{Natriumformiat}{HCOONa} \xrightarrow{(H^+)} HCOOH}$$

Auch bei der alkalischen Hydrolyse von *Chloroform* [$CHCl_3$] bzw. der Oxidation von *Methanol* [CH_3OH] oder *Formaldehyd* [H_2CO] entsteht Ameisensäure. Sie wird auch gebildet bei der Haloform-Reaktion von *Ethanol* [CH_3CH_2OH] bzw. der alkalischen Spaltung des intermediär auftretenden *Chlorals* [Cl_3CCHO]. Darüber hinaus ist sie eines der Reaktionsprodukte der gekreuzten Cannizzaro-Reaktion (siehe ▸Kap. 3.12.7.1).

Ameisensäure ist eine farblose Flüssigkeit (Sdp. 100,7 °C) von stechendem Geruch. Sie kann formal als *„Hydroxyformaldehyd“* [**HO-CH=O**] aufgefasst werden und besitzt daher reduzierende Eigenschaften. Von starken Oxidationsmitteln wird Ameisensäure in Kohlendioxid [CO_2] und Wasser umgewandelt. Unter der katalytischen Wirkung von H_2SO_4 zerfällt sie in CO und Wasser. Ihre Salze heißen **Formiate**.

$$\mathrm{CO + H_2O \xleftarrow{(H_2SO_4)} HCOOH \xrightarrow{[O]} CO_2 + H_2O}$$

(b) Essigsäure (Ethansäure) [$\mathbf{CH_3COOH}$] kann durch *Oxidation* von *Ethanol* (über *Acetaldehyd* als Zwischenprodukt) bzw. durch katalytische *Carbonylierung* von *Methanol* hergestellt werden [vgl. **MC-Frage Nr. 1110**].

$$\mathrm{CH_3OH + CO \xrightarrow[[Co_2(CO)_8]]{210\ °C/500\ bar} CH_3\text{-}COOH}$$

Reine Essigsäure *(Eisessig)* schmilzt bei 16,5 °C und siedet bei 118 °C; ihre Salze heißen **Acetate**. Essigsäure ist aufgrund ihrer Oxidationsresistenz ein häufig benutztes Lösungsmittel bei Oxidationsprozessen [vgl. **MC-Fragen Nr. 788, 1110**].

Wasserfreie Essigsäure ist zur Autoprotolyse befähigt unter Bildung mesomeriestabilisierter Acetat- und Acetacidium-Ionen [vgl. **MC-Frage Nr. 1111**].

$$2\ CH_3\text{-}COOH \leftrightarrow CH_3\text{-}COOH_2^+ + CH_3\text{-}COO^-$$

Acetacidium-Ion Acetat-Ion

Mit Ausnahme von *Quecksilber(I)-acetat* und *Silberacetat* sind Acetate in Wasser löslich. Die Salze der Essigsäure mit starken Basen wie *Natriumacetat* reagieren in Wasser alkalisch; eine wässrige Lösung von *Ammoniumacetat* reagiert hingegen neutral. Wässrige Lösungen von Natriumacetat und Essigsäure finden als „*Acetatpuffer*" breite Verwendung in der analytischen Chemie. Eine wässrige Lösung äquimolarer Mengen von Natriumacetat/Essigsäure besitzt einen pH-Wert von **4,76**; dies entspricht dem pK_s-Wert der Essigsäure [siehe auch Ehlers, **Chemie I**, ▸Kap. 1.11.5 „*Henderson-Hasselbalch-Gleichung*" und **MC-Frage Nr. 1112**].

(c) Benzoesäure (Phenylmethansäure, Benzencarbonsäure) [C_6H_5COOH], die wichtigste aromatische Carbonsäure, wird in der Technik durch *Oxidation* von *Toluen* gewonnen. Die Darstellung durch *Hydrolyse* von *Benzonitril* ist nur im Labormaßstab von Bedeutung. Eine weitere Synthesemöglichkeit ist die Umsetzung von Phenylmagnesiumbromid mit CO_2 nach Grignard [vgl. **MC-Fragen Nr. 285, 802–804, 1102, 1116, 1124**].

Benzoesäure ist eine feste [Schmp. 122 °C], in Wasser wenig lösliche Substanz. Sie ist aufgrund des –I-Effektes des Phenylrestes acider [$pK_s = 4{,}21$] als die analoge gesättigte **Cyclohexancarbonsäure** [$pK_s = 4{,}89$], aber weniger acid als Ameisensäure (siehe auch ▸Kap. 3.19.2.3). Ihre Salze nennt man **Benzoate**. Sie ist im Vergleich zu Benzen weniger reaktiv bei S_EAr-Reaktionen und dirigiert einen Zweitsubstituenten in die *meta*-Position [vgl. **MC-Frage Nr. 1116**].

(d) Zimtsäure (β-Phenylacrylsäure) [$C_6H_5\text{-}CH{=}CH\text{-}COOH$], die einfachste aromatische Carbonsäure mit ungesättigter Seitenkette, kann dargestellt werden durch [vgl. **MC-Fragen Nr. 1064, 1065**]:

- Knoevenagel-Reaktion aus Benzaldehyd und einem Malonsäure-Derivat (siehe ▸Kap. 3.12.6.2),
- Perkin-Reaktion aus Benzaldehyd und Acetanhydrid in Anwesenheit von Natriumacetat (siehe ▸Kap. 3.12.6.3).

Die mit Hilfe dieser Reaktionen hergestellte Zimtsäure (Schmp. 134 °C) ist *trans*-konfiguriert. Beim Bestrahlen mit UV-Licht isomerisiert die *E*-Form in die energiereichere *Z*-Form, die **Allozimtsäure** (Schmp. 68 °C) genannt wird. Beide Isomere ($pK_s = 4{,}44$) sind acider als Essigsäure ($pK_s = 4{,}76$). An die C=C-Doppelbindung kann 1 Mol Brom addiert werden. Beim Erhitzen decarboxyliert Zimtsäure zu **Styren** (Vinylbenzen) [vgl. **MC-Frage Nr. 1105**].

$$\underset{\text{Styren}}{C_6H_5\text{-}CH{=}CH_2} \xleftarrow{-\ CO_2} \underset{\text{Zimtsäure}}{C_6H_5\text{-}CH{=}CH\text{-}COOH} \xrightarrow{+\ Br_2} C_6H_5\text{-}\underset{H}{\overset{Br}{C}}\text{—}\underset{Br}{\overset{H}{C}}\text{-}COOH$$

Zimtsäure kann photochemisch unter Ringbildung zu *Cyclobutan-Derivaten* dimerisieren [siehe ▸Kap. 3.2.14.4 und **MC-Fragen Nr. 510, 1064, 1065**].

Organische Chemie

3.13.2.7 Ausgewählte Dicarbonsäuren

(a) Oxalsäure (Ethandisäure, Kleesäure) [**HOOC-COOH**], die einfachste Dicarbonsäure, kann gewonnen werden durch Hydrolyse von *Dicyan* [N≡C-C≡N] oder durch rasches Erhitzen von *Natriumformiat* auf 360 °C in Anwesenheit von Ätznatron, wobei unter Dehydrierung **Natriumoxalat** gebildet wird [vgl. **MC-Frage Nr. 1123**].

$$2\ \text{H-COONa} \xrightarrow[-\ H_2]{\Delta} \underset{\text{Natriumoxalat}}{\text{NaOOC-COONa}} \xrightarrow{(H_3O^+)} \text{HOOC-COOH}$$

Oxalsäure ist in der 1. Protolysestufe eine starke Säure (pK_{s1} = 1,23; pK_{s2} = 4,19), aber nur mäßig löslich in Wasser. Die Säure zerfällt beim Erhitzen mit konz. H_2SO_4 unter Disproportionierung in CO, CO_2 und H_2O. Von Permanganat werden die freie Säure und ihre Salze zu Kohlendioxid oxidiert.

(b) Malonsäure (Propandisäure) [**HOOC-CH$_2$-COOH**] stellt man am besten durch Umsetzung von *Chloressigsäure* mit KCN und anschließende saure Verseifung der gebildeten *Cyanessigsäure* her [vgl. **MC-Frage Nr. 1126**].

Die kristalline Malonsäure (Schmp. 135,6 °C) decarboxyliert beim Erhitzen über ihren Schmelzpunkt hinaus zu **Essigsäure**. Beim Erhitzen mit P_2O_5 dehydratisiert Malonsäure zu **Kohlensuboxid** [O=C=C=C=O]. Ihre Salze heißen **Malonate**. Der Diethylester („*Malonester*") ist mit seiner „aktiven" Methylengruppe ein wichtiger Synthesebaustein für eine Vielzahl von Verbindungen [siehe hierzu ▸Kap. 3.14.6.3 und **MC-Fragen Nr. 1099, 1105, 1125, 1126**].

(c) Bernsteinsäure (Butandisäure, Succinylsäure) [**HOOC-CH$_2$CH$_2$-COOH**] (Schmp. 186 °C) kann durch Umsetzung von 1,2-*Dibromethan* [Br-CH_2CH_2-Br] mit Kaliumcyanid und nachfolgende saure Hydrolyse des entstehenden 1,4-Butandinitrils [NC-CH_2CH_2-CN] erhalten werden. Darüber hinaus ist sie durch katalytische Hydrierung von *Maleinsäure* oder *Fumarsäure* [HOOC-CH=CH-COOH] zugänglich [vgl. **MC-Frage Nr. 1124**].

Ihre Salze heißen **Succinate**. Beim Erhitzen geht die Säure unter Wasserabspaltung in das cyclische **Bernsteinsäureanhydrid** über. Die Destillation von *Ammoniumsuccinat* führt zu **Succinimid** [vgl. **MC-Fragen Nr. 1152, 1209**].

(d) Phthalsäure (Benzen-1,2-dicarbonsäure) wird durch Oxidation von *o*-Xylen oder Naphthalen dargestellt (siehe ▸Kap. 3.2.18.1). Die Säure spaltet bereits unterhalb ihres Schmelzpunktes Wasser ab unter Bildung des cyclischen **Phthalsäureanhydrids**. Das Anhydrid reagiert mit NH_3 zu **Phthalimid**, und aus der Umsetzung von Phthalsäurediestern mit primären Aminen resultieren ebenfalls cyclische Imide. **Phthalsäureester** *(Phthalate)* dienen als Weichmacher für Kunststoffe [vgl. **MC-Frage Nr. 1124**].

(e) Terephthalsäure (Benzen-1,4-dicarbonsäure) wird technisch durch Oxidation von *p*-Xylen hergestellt. Terephthalsäureester sind Ausgangsstoffe zur Synthese von *Polyesterfasern*. Terephthalsäure bildet kein Anhydrid und ist in Wasser und organischen Lösungsmitteln schwer löslich (siehe ▸Kap. 3.18.2.3).

(f) Maleinsäure (*Z*-But-2-en-1,4-disäure) erhält man durch Wasseranlagerung an Maleinsäureanhydrid. Maleinsäure [Schmp. < 135 °C (Zers.)] ist eine farblose Substanz und löst sich leicht in Wasser; ihre Salze heißen **Maleate**. **Maleinsäureanhydrid**

selbst gewinnt man heute in der Technik durch katalytische Oxidation von Benzen oder Butan mit Luftsauerstoff. Maleinsäure-Derivate sind wichtige Philodiene in Diels-Alder-Reaktionen und dienen auch zur Herstellung von Polyesterharzen [siehe ▸Kap. 3.2.14.5 und **MC-Fragen Nr. 470, 471, 1204, 1585**].

(g) Fumarsäure (*E*-But-2-en-1,4-disäure) wird durch Kochen von *2-Brombernsteinsäure* mit Laugen unter HBr-Abspaltung hergestellt. Die Säure sublimiert bei 200 °C und ist im Gegensatz zu Maleinsäure in Wasser schwer löslich; ihre Salze heißen **Fumarate**. Fumarsäure (pK_{s1} = 3,02; pK_{s2} = 4,38) reagiert in wässriger Lösung in der 1. Protolysestufe deutlich weniger sauer als Maleinsäure (pK_{s1} = 1,9; pK_{s2} = 6,5) (siehe hierzu auch ▸Kap. 3.19.2.4).

3.13.3 Reaktionen von Carbonsäuren

Die Chemie der Carbonsäuren kann wie folgt klassifiziert werden:

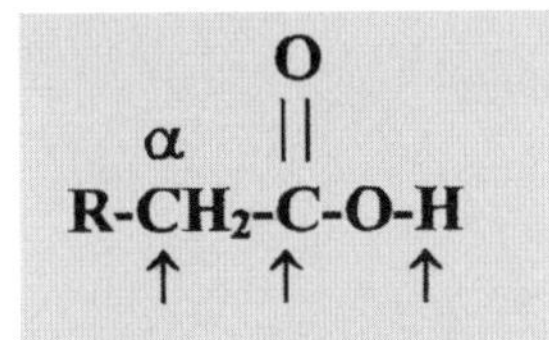

- Reaktionen, die an der aciden HO-Gruppe stattfinden [z. B. Salzbildung, Umsetzung mit Diazomethan],
- Reaktionen, die am α-C-Atom zur COOH-Gruppe ablaufen [z. B. α-Halogenierung nach Hell-Volhard-Zelinsky],
- nucleophile Additionsreaktionen an der C=O-Doppelbindung mit nachfolgender Eliminierung der HO-Gruppe [z. B. Veresterung, Amidbildung u. a.],
- Abbaureaktionen von Carbonsäuren [Decarboxylierung – Hunsdiecker-Reaktion – Kolbe-Elektrolyse].

Die mechanistischen Aspekte der sauer oder basisch katalysierten Addition nucleophiler Reagenzien an die C=O-Doppelbindung mit nachfolgender Eliminierung der Hydroxylgruppe (**S_N2t-Reaktion**) wurden bereits im ▸Kap. 3.2.8 ausführlich diskutiert. Die Chemie der auf diesem Wege zugänglichen Halogenide, Anhydride, Ester und Amide sind Gegenstand der nachfolgenden Kapitel. *Reduktionsreaktionen* von Carbonsäuren und ihren Derivaten wurden im ▸Kap. 3.2.19.6 besprochen. Die Umsetzungen von Carboxylverbindungen mit *metallorganischen Reagenzien* wurden im ▸Kap. 3.8.3.1 behandelt.

Reaktionen an der Hydroxylgruppe: Die sauren Eigenschaften von Carbonsäuren *(Salzbildung)* einschließlich der Abhängigkeit ihrer Acidität von strukturellen Faktoren werden in ▸Kap. 3.19.2.1 vorgestellt. Zur Bildung von *Carbonsäuremethylestern* mit *Diazomethan* siehe ▸Kap. 3.10.5.2.

Decarboxylierung: Die Abspaltung von Kohlendioxid aus Carbonsäuren ist ein *intramolekularer Redoxprozess,* bei dem die Carboxylfunktion zu CO_2 oxidiert wird [vgl. **MC-Frage Nr. 1106**].

$$R\text{-}COOH \rightarrow R\text{-}H + CO_2\uparrow$$

Die Tendenz zur Decarboxylierung ist bei gesättigten, unverzweigten Carbonsäuren gering; α-ständige, elektronenanziehende –I-Substituenten, wie sie z. B. in *β-Ketosäuren* oder *Malonsäure-Derivaten* anzutreffen sind, erleichtern diesen intramolekularen Redoxvorgang. Die Decarboxylierung solcher Substanzen erfolgt oft schon bei leichtem Erwärmen. Für die CO_2-Abspaltung aus β-Ketosäuren und substituierten Malonsäuren wird ein cyclischer Übergangszustand diskutiert. Als Reaktionsprodukte entstehen mono- oder disubstituierte Essigsäure-Derivate bzw. Methylketone [vgl. **MC-Fragen Nr. 1099, 1105–1108, 1126, 1255, 1256, 1752, 1792**].

$R_2C(COOH)_2$ **disubst. Malonsäure**	→	$R_2CH\text{-}COOH + CO_2\uparrow$ **disubst. Essigsäure**
$R\text{-}CO\text{-}CH_2\text{-}COOH$ **β-Ketosäure**	→	$R\text{-}CO\text{-}CH_3 + CO_2\uparrow$ **Methylketon**
$Cl_3C\text{-}COOH$ **Trichloressigsäure**	→	$CHCl_3 + CO_2\uparrow$ **Chloroform**
$O_2N\text{-}CH_2\text{-}COOH$ **Nitroessigsäure**	→	$CH_3\text{-}NO_2 + CO_2\uparrow$ **Nitromethan**
$CH_3\text{-}CO\text{-}CH_2\text{-}COOH$ **Acetessigsäure**	→	$CH_3\text{-}CO\text{-}CH_3 + CO_2\uparrow$ **Aceton**

Als weitere *Abbaureaktionen* von Carbonsäuren sind die radikalisch verlaufende *Hunsdiecker-Reaktion* zu Alkylhalogeniden (siehe ▸Kap. 3.7.2.1) und die *Kolbe-Elektrolyse* zu Alkanen (siehe ▸Kap. 3.4.4.1) zu nennen.

Thermolyse von Dicarbonsäuren: Die gegenseitige Stellung der beiden Carboxylgruppen in Dicarbonsäuren zeigt sich vor allem in ihrem Verhalten beim Erhitzen.

- Wasserfreie **Oxalsäure** ist sublimierbar, zersetzt sich jedoch bei hohen Temperaturen zu CO_2 und Ameisensäure. Letztere zerfällt bei den gewählten Bedingungen in CO und Wasser.

$$HOOC\text{-}COOH \xrightarrow[-\ CO_2]{} H\text{-}COOH \rightarrow CO + H_2O$$

- **Malonsäure** decarboxyliert beim Erhitzen auf 150 °C unter Bildung von Essigsäure [vgl. **MC-Fragen Nr. 1105, 1126**].
- Sind die beiden Carboxylgruppen wie in der **Bernsteinsäure** bzw. **Glutarsäure** durch zwei oder drei Methylengruppen voneinander getrennt, so entstehen unter Dehydratisierung *cyclische Anhydride* [vgl. **MC-Frage Nr. 1152**].

$$\begin{matrix} CH_2\text{—}COOH \\ | \\ (CH_2)_n\text{-}COOH \end{matrix} \xrightarrow[-\ H_2O]{\Delta} \begin{matrix} CH_2\text{—}C{=}O \\ | \quad\quad\ \ O \\ (CH_2)_n\text{-}C{=}O \end{matrix} \quad (n = 1\text{–}2)$$

Zur Bindung des bei der Reaktion gebildeten Wassers fügt man Acetanhydrid, Acetylchlorid, PCl_5, $POCl_3$ oder P_2O_5 hinzu.

Auch die *cis*-konfigurierte **Maleinsäure** bildet beim Erhitzen auf 160 °C ein cyclisches Anhydrid, während **Fumarsäure**, die *E*-Form der 2-Butendisäure, kein cyclisches Anhydrid ergibt.

- Befinden sich zwischen den beiden COOH-Gruppen wie in der **Adipinsäure**, **Pimelinsäure** oder **Korksäure** 4–6 Methylengruppen, so entstehen beim Erhitzen – insbesondere ihrer Ca- bzw. Ba-Salze – unter Decarboxylierung *Cycloalkanone*.

$$(H_2C)_m\langle CH\text{-}COOH, C(=O)OH \rangle \xrightarrow{m:\ 3\text{-}5} (H_2C)_m\langle CH_2, C{=}O \rangle + CO_2 + H_2O$$

- Bei Dicarbonsäuren, deren COOH-Funktionen noch weiter voneinander entfernt sind, erfolgt eine intermolekulare Wasserabspaltung unter Bildung linear-polymerer Anhydride.

α-Halogenierung: Die regioselektiv verlaufende Halogenierung von Carbonsäuren in Gegenwart von rotem Phosphor liefert *α-Halogencarbonsäuren* [siehe ▸Kap. 3.7.2.2 „*Hell-Volhard-Zelinsky-Reaktion*" und **MC-Frage Nr. 726**].

$$R\text{-}\overset{\alpha}{C}H(H)\text{-}COOH + X_2 \xrightarrow[-\ HX]{[P_{rot}]} R\text{-}CH(X)\text{-}COOH \quad (X_2 = Cl_2,\ Br_2)$$

α-Halogencarbonsäuren und ihre Ester sind wichtige Synthesebausteine zur Herstellung einer Reihe von Stoffklassen.

$$R\text{-}\overset{\alpha}{C}H(X)\text{-}COOH \xrightarrow{+\ H_2O} R\text{-}CH(OH)\text{-}COOH \quad \alpha\text{-Hydroxycarbonsäure}$$

$$R\text{-}\overset{\alpha}{C}H(X)\text{-}COOH \xrightarrow{+\ HNR_2} R\text{-}CH(NR_2)\text{-}COOH \quad \alpha\text{-Aminocarbonsäure}$$

$$R\text{-}\overset{\alpha}{C}H(X)\text{-}COOH \xrightarrow{+\ CN^-} R\text{-}CH(CN)\text{-}COOH \rightarrow R\text{-}CH(COOH)\text{-}COOH \quad \text{subst. Malonsäure}$$

α-Halogencarbonsäure

3.13.4 Darstellung und Reaktionen von Carbonsäurehalogeniden

3.13.4.1 Bildung von Carbonsäurehalogeniden

Die wichtigste und allgemeinste Methode zur Darstellung von *Acylhalogeniden* ist die Umsetzung einer Carbonsäure mit *anorganischen Säurehalogeniden* [PCl_5, PCl_3, PBr_3 und $SOCl_2$]. Zur Herstellung von *Carbonsäurechloriden* hat sich auch *Oxalylchlorid* [Cl-CO-CO-Cl] in Gegenwart katalytischer Mengen an Dimethylformamid (DMF) bewährt [vgl. **MC-Frage Nr. 1149**].

$$R\text{-}COOH + PCl_5 \rightarrow R\text{-}CO\text{-}Cl + POCl_3 + HCl$$
$$R\text{-}COOH + SOCl_2 \rightarrow R\text{-}CO\text{-}Cl + SO_2 + HCl$$
$$3\ R\text{-}COOH + PBr_3 \rightarrow 3\ R\text{-}CO\text{-}Br + H_3PO_3$$

Phosphorpentachlorid [PCl_5] ist das am kräftigsten wirkende Reagenz; es wird nur ein Chloratom genutzt. Die Methode wird dann angewandt, wenn andere Varianten versagt haben. *Thionylchlorid* [$SOCl_2$] besitzt die geringste Reaktivität der genannten Agenzien und wird stets im Überschuss eingesetzt. $SOCl_2$ eignet sich *nicht* zur Darstellung von flüchtigen Säurechloriden (z. B. **Acetylchlorid**), da diese zu stark vom entweichenden Schwefeldioxid und Chlorwasserstoff mitgerissen werden und die destillative Abtrennung des Reagenzüberschusses demzufolge schwierig ist.

3.13.4.2 Reaktionen von Carbonsäurehalogeniden

Über die wichtigsten Reaktionen von Acylhalogeniden informiert ◘Tab. 3.62 [vgl. **MC-Fragen Nr. 213, 1148, 1154**].

Im Allgemeinen reagieren Acylhalogenide mit nucleophilen Reagenzien gleich schnell. Die zu beobachtende langsamere Reaktion höherer Acylhalogenide ist oft eine Folge ihrer geringeren Löslichkeit. In der Regel führt man die Umsetzungen von Acylhalogeniden mit Nucleophilen zur Bindung der freigesetzten Halogenwasserstoffsäure in Gegenwart einer Base [Amin, NaOH] durch, vor allem dann, wenn die gebildeten Reaktionsprodukte säurelabil sind.

◘ Tab. 3.62 Reaktionen von Carbonsäurehalogeniden

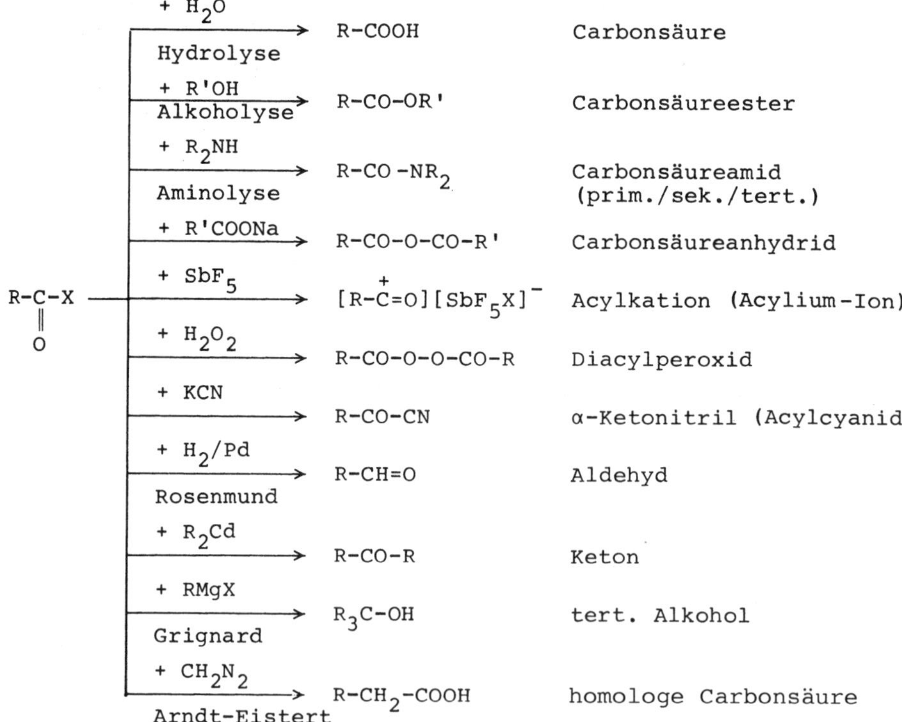

Edukt	Reagenz / Reaktion	Produkt	Bezeichnung
R-C(=O)-X	$+ H_2O$, Hydrolyse	R-COOH	Carbonsäure
	+ R'OH, Alkoholyse	R-CO-OR'	Carbonsäureester
	$+ R_2NH$, Aminolyse	$R\text{-}CO\text{-}NR_2$	Carbonsäureamid (prim./sek./tert.)
	+ R'COONa	R-CO-O-CO-R'	Carbonsäureanhydrid
	$+ SbF_5$	$[R\text{-}\overset{+}{C}{=}O][SbF_5X]^-$	Acylkation (Acylium-Ion)
	$+ H_2O_2$	R-CO-O-O-CO-R	Diacylperoxid
	+ KCN	R-CO-CN	α-Ketonitril (Acylcyanid
	$+ H_2/Pd$, Rosenmund	R-CH=O	Aldehyd
	$+ R_2Cd$	R-CO-R	Keton
	+ RMgX, Grignard	$R_3C\text{-}OH$	tert. Alkohol
	$+ CH_2N_2$, Arndt-Eistert	$R\text{-}CH_2\text{-}COOH$	homologe Carbonsäure

3.13.5 Darstellung und Reaktionen von Carbonsäureanhydriden und Ketenen

Die Wasserabspaltung aus Carbonsäuren führt formal zu zwei unterschiedlichen Stoffklassen, je nachdem, ob sie *intra-* oder *intermolekular* erfolgt. Im ersten Fall entstehen *Ketene*, im zweiten Fall bilden sich *Carbonsäureanhydride*.

$$R\text{-}\overset{\alpha}{C}H_2\text{-}COOH \xrightarrow{-\ H_2O} R\text{-}CH{=}C{=}O \qquad \text{Keten}$$

$$2\ R\text{-}CH_2\text{-}COOH \xrightarrow{-\ H_2O} R\text{-}CH_2\text{-}CO\text{-}O\text{-}CO\text{-}CH_2\text{-}R \qquad \text{Anhydrid}$$

Einige *Dicarbonsäuren* (Phthalsäure, Bernsteinsäure, Maleinsäure, Glutarsäure) dehydratisieren zu fünf- oder sechsgliedrigen, *cyclischen Anhydriden.*

$$Z(COOH)_2 \xrightarrow[-H_2O]{\Delta} Z(CO)_2O \qquad [Z = -(CH_2)_n- \quad \text{mit } n = 2-3]$$

3.13.5.1 Bildung von Carbonsäureanhydriden und Ketenen

(1) Im Laboratorium stellt man Carbonsäureanhydride am besten durch Einwirken von Acylhalogeniden auf die Alkalisalze von Carbonsäuren in einem inerten Lösungsmittel (THF) her. Das Verfahren eignet sich auch zur Synthese *gemischter Anhydride.*

$$R\text{-}COO^-Na^+ \ + \ Cl\text{-}CO\text{-}R' \rightarrow R\text{-}CO\text{-}O\text{-}CO\text{-}R' \ + \ NaCl$$

(2) *Cyclische Anhydride* gewinnt man durch Behandeln von Dicarbonsäuren mit Acetanhydrid, wobei die gebildete Essigsäure als niedrigst siedende Komponente laufend aus dem Reaktionsgemisch abdestilliert wird [$Z = -(CH_2)_n-$ mit n = 2–3] [vgl. **MC-Frage Nr. 1152**].

$$Z(COOH)_2 + Ac_2O \rightarrow Z(CO)_2O + 2\ HOAc$$

Kp: Ac_2O 140 °C; HOAc 118 °C

(3) Acetanhydrid (Essigsäureanhydrid) – wichtigster Vertreter dieser Substanzklasse – wird technisch durch Umsetzung von **Keten** mit Eisessig gewonnen.

$$H_2C{=}C{=}O \ + \ CH_3\text{-}COOH \rightarrow CH_3\text{-}CO\text{-}O\text{-}CO\text{-}CH_3$$

(4) *Ketene* lassen sich aus Carbonsäurechloriden durch HCl-Abspaltung mittels Triethylamin oder elementarem Zink herstellen.

$$R_2CH\text{-}COCl \rightarrow R_2C{=}C{=}O \ + \ HCl$$

3.13.5.2 Eigenschaften und Reaktionen von Anhydriden und Ketenen

Die meisten *Carbonsäureanhydride* sind farblose Flüssigkeiten, deren Siedepunkte höher liegen als die der entsprechenden Säuren. Die niederen Anhydride reagieren aufgrund ihrer hohen Carbonylreaktivität lebhaft mit Nucleophilen, allerdings weit weniger heftig als die entsprechenden Carbonsäurechloride. Wie die nachfolgenden Reaktionsbeispiele des **Acetanhydrids** zeigen, finden Carbonsäureanhydride Verwendung als *Acylierungsmittel* zur Herstellung von *Estern* und *Amiden* [vgl. **MC-Fragen Nr. 1153, 1178**].

CH_3-CO-O-CO-CH_3 (Acetanhydrid)

- $+ H_2O$ od. HCl_v → CH_3-COOH (Essigsäure)
- $+ NH_3$ → CH_3-$CONH_2$ (Acetamid)
- $+ CH_3OH$ → CH_3-$COOCH_3$ (Essigsäuremethylester)
- $+ C_2H_5NH_2$ → CH_3-$CONHC_2H_5$ (*N*-Ethylacetamid)

Bei der Reaktion von cyclischen Anhydriden wie z. B. **Phthalsäureanhydrid** mit *Alkoholen* entstehen *Halbester*, die zu ihrer Identifizierung sowie zur *Racematspaltung chiraler Alkohole* über die diastereomeren Salze dieser Halbester mit einer optischen aktiven Base herangezogen werden können (siehe ▸Kap. 3.3.10).

Phthalsäureanhydrid + ROH → C_6H_4(COOR)(COOH)

Ketene treten als Zwischenprodukte der *Arndt-Eistert-Synthese* auf; ihr Reaktionsverhalten wurde bereits im ▸Kap. 3.2.16.2 besprochen. Die nachfolgenden Reaktionen fassen dies am Beispiel des **Ketens** nochmals zusammen [vgl. **MC-Fragen Nr. 64, 1150, 1151, 1156, 1168, 1750**].

CH_2=C=O (Keten)

- $+ H_2O$ → CH_3-COOH (Essigsäure)
- $+ NH_3$ → CH_3-$CONH_2$ (Acetamid)
- $+ h\nu$ → CH_2 + CO (Carben)
- $+ CH_3NH_2$ → CH_3-$CONHCH_3$ (*N*-Methylacetamid)
- $+ C_2H_5OH$ → CH_3-$COOC_2H_5$ (Essigsäureethylester)

3.13.6 Darstellung und Reaktionen von Carbonsäureestern

3.13.6.1 Herstellung von Carbonsäureestern

(1) Veresterung von Carbonsäuren: Die protonenkatalysierte Bildung von Estern aus Alkoholen und Carbonsäuren ist eine typische *Gleichgewichtsreaktion* und erfordert im Allgemeinen erhöhte Reaktionstemperaturen [vgl. **MC-Fragen Nr. 1167, 1169, 1173, 1750**].

$$\underset{\text{Säure}}{\text{R-COOH}} + \underset{\text{Alkohol}}{\text{R'OH}} \xrightleftharpoons{(H^+)} \underset{\text{Ester}}{\text{R-COOR'}} + \underset{\text{Wasser}}{H_2O}$$

Infolge ihrer geringen Carbonylreaktivität reagieren Carbonsäuren nur langsam mit Alkoholen. Erst der Zusatz starker Säuren [H_2SO_4, HCl, Sulfonsäuren, saure Ionenaustauscher] als Katalysator sorgt für eine hinreichende Reaktionsbeschleunigung. Dabei ist die Veresterungsgeschwindigkeit der H^+-Ionenkonzentration direkt proportional [vgl. **MC-Frage Nr. 1174**].
Eine weitgehend quantitative Esterbildung wird erreicht, wenn man bei gegebener Säuremenge die Konzentration des Alkohols vergrößert, d. h., mit überschüssigem Alkohol verestert, oder die Konzentration des Wassers durch kontinuierliches Entfernen aus dem Gleichgewicht verringert. Letzteres geschieht durch *wasserbindende Mittel* oder durch *azeotrope Destillation* (Zusatz von Benzen oder Toluen) [vgl. **MC-Frage Nr. 1167**].
Die *Veresterungsgeschwindigkeit* steigt erwartungsgemäß an, je stärker positiviert der Carboxylkohlenstoff ist. Mit anderen Worten, die Geschwindigkeit der Esterbildung nimmt zu mit steigender Acidität der Säure. So reagieren **Ameisensäure**, **Oxalsäure** und **Brenztraubensäure** auch ohne zusätzlichen Katalysator [vgl. **MC-Frage Nr. 1172**].
Sterische Faktoren haben ebenfalls einen starken Einfluss auf die Veresterungsgeschwindigkeit. Mit steigender Raumerfüllung des mit der Carboxylgruppe verbundenen Restes und mit steigender Raumerfüllung des Alkohols nimmt die Geschwindigkeit der Esterbildung ab. **Trimethylessigsäure** (Pivalinsäure) [$(CH_3)_3C$-COOH], *ortho*-substituierte Benzoesäuren und tertiäre Alkohole reagieren daher nur langsam. Dies führt zu folgenden Reaktivitätsabstufungen für die reagierenden Komponenten [vgl. **MC-Frage Nr. 1179**]:

Reaktivitäten bei Veresterungen

Alkohol: CH_3OH > prim. > sek. > tert. ROH
Säure: H-COOH > CH_3-COOH > RCH_2-COOH > R_2CH-COOH > R_3C-COOH

Der **S_N2t-Mechanismus** (siehe ▸Kap. 3.2.8.1) der säurekatalysierten Esterbildung aus Carbonsäuren und *primären* oder *sekundären Alkoholen* lässt sich folgendermassen deuten: Zunächst erfolgt die Addition eines Protons an das Sauerstoffatom der Carboxylgruppe unter Bildung eines mesomeriestabilisierten *Acyloxoniumions,* in dem das Carboxyl-C-Atom stark positiviert ist. Nach der Anlagerung des nucleophilen Alkohols zu einem tetraedrischen Zwischenprodukt wird Wasser eliminiert. Die anschließende Deprotonierung einer mesomeriestabilisierten, kationischen Zwischenstufe führt zum Carbonsäureester [vgl. **MC-Frage Nr. 1170**].

Organische Chemie

```
 OH            ┌ OH         +OH         OH  ┐             OH
 |             │ | +         ‖          |   │  + R'OH     |        - H+
R-C=O + H+ ⇌   │R-C=OH ↔ R-C-OH ↔ R-C-OH   │   ⇌        R-C-OH    ⇌
               │     Acyloxoniumion    +    │             |
               └                            ┘           H-O-R'
                                                          +

 OH         ┌ +OH2 ┐
 |     + H+ │  |   │ - H2O  ┌  +                          +  ┐   - H+
R-C-OH  ⇌   │R-C-OH│  ⇌     │R-C-OH  ↔  R-C-OH  ↔  R-C=OH   │    ⇌    R-C=O
 |          │  |   │        │  |         +‖          |      │           |
 OR'        └ O-R' ┘        └ O-R'      +O-R'       O-R'   ┘          O-R'
```

Die Teilschritte der Veresterung, in denen eine C-O-Bindung gespalten wird, besitzen höhere *Aktivierungsenergien* als die Protonen-Übertragungsschritte. Letztere erfolgen wie alle einfachen Säure-Base-Reaktionen mit relativ hoher Geschwindigkeit.

Durch *Isotopenmarkierung* konnte bewiesen werden, dass sich bei der *Veresterung primärer und sekundärer Alkohole* das abgespaltene Wassermolekül aus der HO-Gruppe der Carbonsäure und dem H-Atom des Alkohols zusammensetzt. Führt man die Esterbildung mit einem ^{18}O-markierten Alkohol durch, so findet sich das Isotop im Ester wieder.

```
R-C-OH + H-18O-R'  →  R-C-18O-R'  +  H-O-H
  ‖                     ‖
  O                     O
```

Bei der *Veresterung von Carbonsäuren mit tertiären Alkoholen* wird hingegen das alkoholische Hydroxyl eliminiert,

```
R-C-OH + H-18O-R'  →  R-C-O-R'  +  H-18O-H
  ‖                     ‖
  O                     O
```

da hier durch den +I-Effekt der drei Alkylreste die Bildung eines *tertiären Carbeniumions* aus dem Alkohol begünstigt ist. Im nachfolgenden Reaktionsschritt greift das Carbokation *elektrophil* den Sauerstoff der Carboxylgruppe an unter Bildung eines mesomeriestabilisierten Kations, dessen Deprotonierung den tertiären Ester ergibt [vgl. **MC-Frage Nr. 1174**].

```
        + H+           +      - H2O       +       + R-COOH
R3C-OH   ⇌     R3C-OH2          ⇌      R3C         ⇌
               Oxoniumion             Carbeniumion
    +                                 - H+
┌R-C=O-CR3  ↔  R-C-O-CR3┐              ⇌     R-C-O-CR3
│  |             +‖     │                      ‖
└  OH            +OH    ┘                      O
```

Die *Veresterung sterisch gehinderter Säuren* [z. B. Pivalinsäure, *ortho*-substituierte Benzoesäuren] in Gegenwart von konz. H_2SO_4 verläuft nach einem **A_{AC}1-Mechanismus** über *Acyliumionen*.

```
                + H+              +        + ROH
Ar-COOH  ─────────>  [Ar-C=O]  ──────────>  Ar-COOR
         - H2O      Acyliumion  - H+
```

(2) Alkoholyse von Carbonsäurechloriden und Carbonsäureanhydriden: Infolge der hohen Carbonylreaktivität von Acylhalogeniden und Anhydriden erfolgt die *Acylierung* von Alkoholen mit diesen Reagenzien meistens quantitativ und wesentlich leichter als die Veresterung von Carbonsäuren [vgl. **MC-Fragen Nr. 1166, 1168, 1169, 1750**].

```
R-CO-Cl   +  R'OH  →  R-COOR'  +  HCl
(R-CO)2O  +  R'OH  →  R-COOR'  +  R-COOH
```

Als säurebindendes Agens verwendet man Pyridin *(Einhorn-Variante)* oder wässrige NaOH-Lösungen *(Schotten-Baumann-Variante)*, sofern das Säurechlorid wasserlöslich ist. Auch andere tertiäre Amine sind als Protonenakzeptoren geeignet. Die Reaktionen laufen nach dem üblichen Additions-Eliminations-Mechanismus [S_N2t] ab (X = Hal, RCOO).

```
                      ┌   X       ┐           X
        + R'OH        │   | +     │  ~H+      |            - HX
R-C=O  ─────────>     │ R-C-O-R'  │ ──────>  R-C-O-R'  ──────────>  R-C-O-R'
  |                   │  -| |     │           |                       ‖
  X                   └   O H     ┘          O-H                      O
```

Als Beispiel sei die Synthese des **Buttersäure-4-nitrobenzylesters** durch Umsetzung von 4-Nitrobenzylalkohol mit Buttersäurechlorid oder Buttersäureanhydrid angeführt.

(3) Alkylierung von Carbonsäuresalzen: Die Natrium- und Silbersalze von Carbonsäuren reagieren mit primären Alkylhalogeniden, besonders Benzylhalogeniden, in einer S_N2-Reaktion zu Carbonsäureestern. **Dimethylsulfat** in alkalischer Lösung wird häufig als Alkylierungsmittel zur Darstellung von *Methylestern* verwendet [vgl. **MC-Fragen Nr. 1168, 1169, 1173, 1750**].

$$Ar\text{-}CH_2Cl + RCOO^-Ag^+ \rightarrow Ar\text{-}CH_2\text{-}O\text{-}CO\text{-}R + AgCl$$

$$R\text{-}COOH + NaOH + (CH_3O)_2SO_2 \rightarrow R\text{-}COOCH_3 + H_2O + CH_3O\text{-}SO_3^-Na^+$$

Die Reaktion von Carboxylaten mit *Phenacylbromiden* kann zu ihrer Identifizierung herangezogen werden [vgl. **MC-Frage Nr. 1165**].

```
CH3-C-O-Na+  +  BrCH2-C-C6H5  ──────────>  CH3-C-O-CH2-C-C6H5
    ‖                 ‖          - NaBr         ‖        ‖
    O                 O                         O        O
```

(4) Alkylierung von Carbonsäuren: Zur Herstellung von *Methylestern* eignet sich die Reaktion von Carbonsäuren mit **Diazomethan** [CH_2N_2] [vgl. **MC-Fragen Nr. 911, 1169**].

Organische Chemie

$$R\text{-}COOH + CH_2N_2 \rightarrow [R\text{-}COO^- \cdot CH_3N_2^+] \rightarrow R\text{-}COOCH_3 + N_2$$

Der Primärschritt ist eine einfache Säure-Base-Reaktion, in der die Carbonsäure ein Proton auf das basische C-Atom des Diazomethans überträgt. Das intermediär auftretende Ionenpaar reagiert sofort nach einem S_N2-Mechanismus weiter, wobei das Carboxylat-Ion als Nucleophil und der Stickstoff als Abgangsgruppe fungieren.
Eine Variante dieser Methode ist die *Veresterung von Carbonsäuren mit Alkenen* in Anwesenheit von 95%iger H_2SO_4, $ZnCl_2$, oder BF_3, die um so quantitativer verläuft, je acider die Säure und je verzweigter das Alken ist. Besonders gut lassen sich auf diese Weise *tert. Butylester* durch Umsetzung mit **Isobuten** herstellen.

$$R\text{-}COOH + (CH_3)_2C{=}CH_2 \rightarrow R\text{-}CO\text{-}OC(CH_3)_3$$

(5) Umesterung: Zur Darstellung von Estern können als Edukte auch Carbonsäureester eingesetzt werden. Die *Alkoholyse eines Carbonsäureesters* (Umesterung) kann durch Säuren *und* durch Basen katalysiert werden [vgl. **MC-Frage Nr. 1171**].

$$R\text{-}COOCH_3 + R'OH \rightleftharpoons R\text{-}COOR' + CH_3OH$$

Auch hier handelt es sich um eine typische *Gleichgewichtsreaktion* nach einem nucleophilen Additions-Eliminierungs-Mechanismus. Am besten setzt man einen *Methylester* mit einem Überschuss an einem *höheren Alkohol* um und destilliert das abgespaltene Methanol laufend aus dem Reaktionsgemisch ab. Zum Beispiel kann nach dieser Methode **Buttersäure-4-nitrobenzylester** bequem aus Buttersäuremethylester und 4-Nitrobenzylalkohol hergestellt werden.

$$CH_3CH_2CH_2CO\text{-}OCH_3 + O_2N\text{-}C_6H_4\text{-}CH_2OH \rightarrow CH_3CH_2CH_2CO\text{-}OCH_2\text{-}C_6H_4\text{-}NO_2$$

Umesterungen sind sowohl zum *Austausch der Alkoxygruppe* als auch zum *Austausch des Acylrestes* geeignet.

$$R\text{-}COOR' + R''COOH \rightarrow R''COOR' + R\text{-}COOH$$

(6) Alkoholyse von Nitrilen: Die Umwandlung eines Nitrils in einen Imidoester und dessen Hydrolyse ist ein besonders schonendes Verfahren zur Synthese von Carbonsäureestern (siehe ▸Kap. 3.13.8.2 „*Pinner-Reaktion*").

$$R\text{-}CN + R'OH + HCl \rightarrow \left[R\text{-}\underset{\underset{{}^{+}NH_2}{\|}}{C}\text{-}OR' \right] Cl^- \xrightarrow[- NH_4Cl]{(H_2O)} R\text{-}\underset{\underset{O}{\|}}{C}\text{-}OR'$$

Durch Alkoholyse der Imidoester-Hydrochloride werden *Orthoester* gebildet, die unter anderem als Reagenzien zur *Ketalisierung* von Ketonen dienen [siehe ▸Kap. 3.12.5.1 und **MC-Fragen Nr. 904, 1026, 1032, 1163**].

$$\left[\begin{array}{l}\text{R-C-OR}'\\ \;\;\| \\ \;{}^{+}\text{NH}_2\end{array}\right]\text{Cl}^- + 2\,\text{R}'\text{-OH} \rightarrow \underset{\textbf{Orthoester}}{\text{R-C(OR}')_3} + \text{NH}_4\text{Cl}$$

Orthocarbonsäureester sind gegenüber Basen stabil, werden jedoch leicht durch verdünnte Säuren gespalten, wobei der betreffende Alkohol und die betreffende Carbonsäure entstehen.
Orthoameisensäureester [$HC(OR)_3$] erhält man auch durch Umsetzung von Chloroform mit Alkoholaten.

$$HCCl_3 + 3\,R'O^- \rightarrow HC(OR')_3 + 3\,Cl^-$$

(7) Weitere Methoden: Zur *Alkoholyse von Ketenen* siehe ▸Kap. 3.13.5.2. Die Umsetzung von *Aldehyden* mit Aluminiumalkoholaten *(Cannizzaro-Tischtschenko-Reaktion)* wurde im ▸Kap. 3.12.7.1 vorgestellt. Die *Baeyer-Villiger-Oxidation* von *Ketonen* zu Carbonsäureestern war Gegenstand des ▸Kap. 3.2.16.4.

3.13.6.2 Physikalische Eigenschaften von Carbonsäureestern

Die niederen Glieder aliphatischer Carbonsäureester (C1-C5) sind Flüssigkeiten von fruchtartigem Geruch *(Fruchtester)*, die höheren Ester sind geruchlos. Ester reagieren neutral und sind mit Wasser nur wenig oder überhaupt nicht mischbar. Sie lösen sich aber in den gängigen organischen Lösungsmitteln.

Infolge des Fehlens von Assoziationen durch intermolekulare Wasserstoffbrückenbindungen sind Carbonsäureester nichtassoziierte Flüssigkeiten. Sie sieden daher tiefer als die entsprechenden Carbonsäuren. Zum Beispiel siedet der *brennbare Essigsäureethylester* (*Ethylacetat*) bereits bei 77 °C verglichen mit der höher siedenden Essigsäure (Sdp. 118 °C).

3.13.6.3 Reaktionen von Carbonsäureestern

Über die wichtigsten Reaktionen von Carbonsäureestern informiert ▫Tab. 3.63 [vgl. **MC-Fragen Nr. 1181, 1182**].
Hydrolyse von Carbonsäureestern: Die Verseifung eines Esters kann sowohl im sauren als auch im alkalischen Medium durchgeführt werden. In reinem Wasser werden Ester nur langsam gespalten.
Bei der *alkalischen Verseifung* greift ein Hydroxid-Ion nucleophil das C-Atom der Alkoxycarbonylgruppe an. Das entstandene tetraedrische Additionsprodukt stabilisiert sich unter Abspaltung des Alkohols und Bildung des entsprechenden *Salzes der Carbonsäure* (Additions-Eliminations-Mechanismus) [vgl. **MC-Fragen Nr. 1174–1176**].

$$\text{R-}\overset{\overset{\text{O}}{\|}}{\text{C}}\text{-O-R}' \underset{\text{langsam}}{\overset{+\ \text{HO}^-}{\rightleftharpoons}} \left[\text{R-}\overset{\overset{\text{O}^-}{|}}{\underset{\underset{\text{O-H}}{|}}{\text{C}}}\text{-O-R}'\right] \underset{\text{schnell}}{\overset{-\ \text{R}'\text{O}^-}{\rightleftharpoons}} \text{R-}\overset{\overset{\text{O}}{\|}}{\underset{\underset{\text{O-H}}{|}}{\text{C}}} \xrightarrow[\text{schnell}]{+\ \text{RO}^-,\ -\ \text{ROH}} \text{R-}\overset{\overset{\text{O}}{\|}}{\underset{\underset{\text{O}^-}{|}}{\text{C}}}$$

Tab. 3.63 Reaktionen von Carbonsäureestern

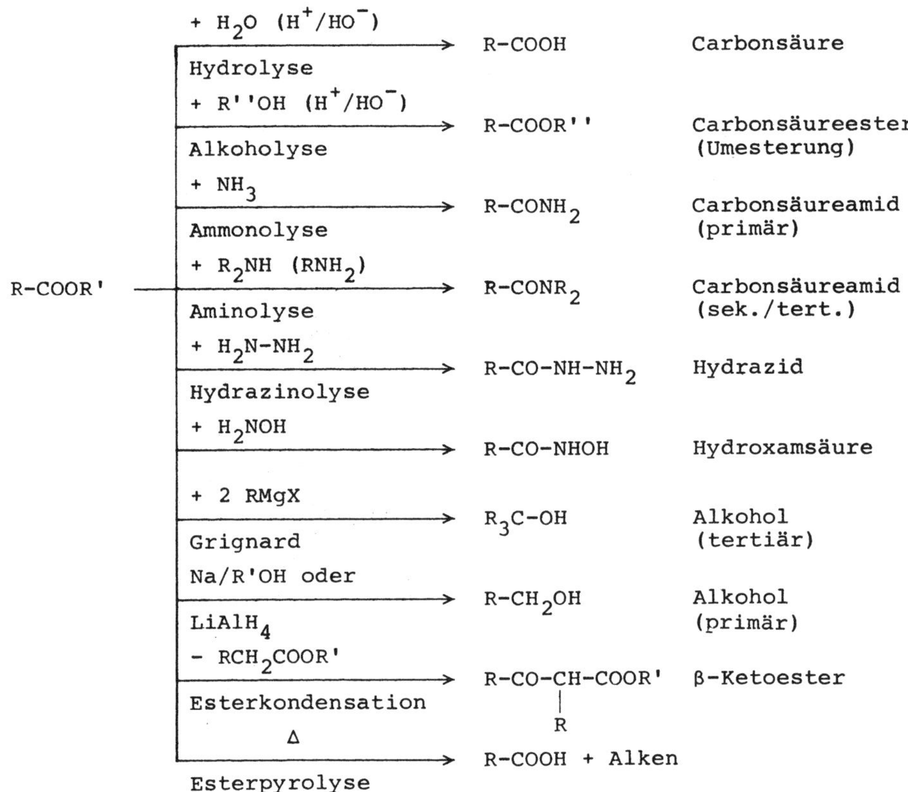

Nach *Ingold* wird dieser Ablauf als **B_{AC}2-Mechanismus** bezeichnet *(basenkatalysierte Acyl-Sauerstoff-Trennung zweiter Ordnung)*. Beweisend hierfür ist, dass die Hydrolyse von *Estern optisch aktiver Alkohole* unter *Konfigurationserhalt* verläuft. Bei einem normalen S_N2-Mechanismus müsste eine Konfigurationsumkehr eintreten.

Der Vorteil der alkalischen Esterverseifung besteht darin, dass der letzte Schritt praktisch *irreversibel* ist, weil die hohe thermodynamische Stabilität der Carboxylat-Ionen ihre Rückreaktion mit Alkoholen zu Estern verhindert; mit anderen Worten, das gebildete Carboxylat-Ion ist gegenüber Nucleophilen nahezu völlig inert. Da das Alkalihydroxid bei der Reaktion verbraucht wird, ist mindestens *ein Äquivalent Base* erforderlich [vgl. **MC-Fragen Nr. 1174–1176**].

Ester werden im Allgemeinen umso rascher verseift, je leichter sie gebildet werden; d. h., auch die Verseifung ist stark von den elektrophilen Eigenschaften der Carbonylgruppe und von sterischen Faktoren abhängig. So nimmt erwartungsgemäß die *Verseifungsgeschwindigkeit* in folgender Reihe von links nach rechts stark ab:

CH_3-COOR > CH_3CH_2-COOR > $(CH_3)_2$CH-COOR > $(CH_3)_3$C-COOR
R-$COOCH_3$ > R-$COOCH_2CH_3$ > R-COOCH$(CH_3)_2$ > R-COOC$(CH_3)_3$

Besonders hydrolyseempfindlich sind die Methylester starker Säuren.

Die *säurekatalysierte Verseifung* von *Estern primärer* und *sekundärer Alkohole* ist die *Umkehrung* der protonenkatalysierten Veresterung. Die dort skizzierte Reaktionsfolge, bei der ebenfalls eine Acyl-Sauerstoff-Bindung gespalten wird, bezeichnet man als **A_{AC}2-Mechanismus**. Bei der Verseifung von Estern chiraler Alkohole nach (A_{AC}2) wird wiederum eine Retention der Konfiguration beobachtet. Das Symbol „A" weist auf die Katalyse durch eine Säure (Acid) hin. Die *bimolekular* ablaufende Reaktion ist ein *Gleichgewichtsprozess,* sodass bei der sauren Hydrolyse immer noch eine gewisse Menge an Ester im Gleichgewicht vorhanden ist [vgl. **MC-Fragen Nr. 724, 784, 1175–1177, 1183, 1184, 1235, 1794**].

Während sich *Ester tertiärer Alkohole* nur schwer alkalisch verseifen lassen, gelingt die protonenkatalysierte Reaktion wider Erwarten leicht. Diese Reaktionen verlaufen unter *Spaltung einer Alkyl-Sauerstoff-Bindung* über Carbokationen als Intermediate. Dabei entstehen über den protonierten Ester als Zwischenstufe die jeweilige Carbonsäure und je nach den Reaktionsbedingungen aus dem tertiären Carbeniumion ein tertiärer Alkohol oder ein Alken. Erwartungsgemäß werden *Ester chiraler tertiärer Alkohole* bei der Verseifung nach einem S_N1-Mechanismus *racemisiert* [vgl. **MC-Frage Nr. 1174**].

R-C(=O)-O-C$(CH_3)_3$ + H^+ ⇌ [R-C(=O^+-H)-O-C$(CH_3)_3$] ⇌ R-COOH + CH_3-C^+(CH_3)-CH_3

$(CH_3)_3C^+$ —($-H^+$)→ CH_3-C(CH_3)=CH_2 Isobuten

$(CH_3)_3C^+$ —($+H_2O$)→ $(CH_3)_3$ C-OH *tert*-Butanol

Auch bei der sauren Hydrolyse von *Benzylestern* wird die intermediäre Bildung eines Benzyl-Kations [C_6H_5-CH_2^+] diskutiert. Die Hydrolyse von *Estern mit starker sterischer Hinderung* läuft – in Umkehrung ihrer Bildung – nach einem **A_{AC}1-Mechanismus** ab *(säurekatalysierte Acyl-Sauerstoff-Spaltung über ein Acyliumion*) [vgl. **MC-Frage Nr. 1175**].

Die wesentlichen Unterschiede bei der Hydrolyse von Estern primärer, sekundärer und tertiärer Alkohole lassen sich wie folgt zusammenfassen.

Bei der basen- und säurekatalysierten Hydrolyse von Estern primärer und sekundärer Alkohole wird eine Acyl-Sauerstoff-Bindung gespalten [$B_{AC}2$ bzw. $A_{AC}2$]. Sterisch gehinderte Ester lassen sich über Acyliumionen nach $A_{AC}1$ verseifen. Die Verseifung von Estern tertiärer Alkohole bzw. von Benzylestern erfolgt unter Spaltung der Alkyl-Sauerstoff-Bindung nach einem S_N1-Mechanismus.

Bei der Hydrolyse von *Malonsäureestern* und *Phthalsäureestern* ist zu beachten, dass die erste Estergruppe viel leichter verseifbar ist als die zweite, sodass u.U. auch die *Halbester* isoliert werden können.

Reaktionen von Estern mit Stickstoff-Nucleophilen: Die *Ammonolyse* mit Ammoniak, die *Aminolyse* mit primären und sekundären Aminen sowie die *Hydrazinolyse*, die im nachfolgenden Kapitel beschrieben werden, lassen sich aufgrund der hohen Carbonylreaktivität der Esterfunktion unter relativ milden Bedingungen durchführen. Die Reaktivität von N-Nucleophilen nimmt parallel mit ihrer Basenstärke zu und nimmt ab, je sperriger die Stickstoffverbindungen sind.

Die Reaktionsfähigkeit eines Esters gegenüber NH_3, primären oder sekundären Aminen ist vergleichbar mit seiner Reaktivität gegenüber Wasser. Ester, deren Carbonylaktivität durch elektronenanziehende Substituenten gesteigert ist, reagieren besonders leicht. *β-Ketoester* ergeben häufig ein Gemisch aus β-Ketosäureamiden und β-Aminoacrylsäureester-Derivaten, wobei letztere überwiegen. Zum Beispiel liefert *Acetessigester* [R = CH_3] vorzugsweise β-Amino-substituierte *Crotonsäureester.*

```
R-C-CH2-C-OR'  +  R''-NH2  →  R-C-CH2-C-NHR''  <  R-C=CH-COOR'
  ‖     ‖                       ‖     ‖               |
  O     O                       O     O               NHR''
```

Die Umsetzung von Carbonsäureestern mit Hydroxylamin und die Rotfärbung der gebildeten *Hydroxamsäuren* auf Zusatz von $FeCl_3$ kann zum analytischen *Nachweis* der Esterfunktionen dienen. Die gebildeten Hydroxamsäuren sind schwache Säuren (pK_s ~9), die *Fehlingsche Lösung* reduzieren (siehe auch Ehlers, **Analytik I**, ▸Kap. 3.5.3.20 „*Hydroxamsäure-Reaktion*“).

Weitere Reaktionen: Die *Claisen-* und *Dieckmann-Kondensation* von Carbonsäureestern sind Gegenstand des nachfolgenden ▸Kap. 3.14.4.3. Zur thermischen *Cis*-Eliminierung von Carbonsäureestern *(Esterpyrolyse)* siehe ▸Kap. 3.2.10.7. Die Umsetzung von *Grignard-Reagenzien* mit Carbonsäureestern unter Bildung tertiärer Alkohole wurde im ▸Kap. 3.8.3.1 beschrieben. *Reduktionsreaktionen* von Estern mit metallischem Natrium in alkoholischer Lösung *(Bouveault-Blanc-Reaktion)* oder mit komplexen Hydriden wurde in den ▸Kap. 3.2.19.4 und ▸Kap. 3.2.19.6 vorgestellt [vgl. **MC-Fragen Nr. 1148, 1180**].

Eine recht interessante Reaktion von Carbonsäureestern oder Ketonen ist die *Methenylierung der C=O-Doppelbindung* mithilfe von Titan-Aluminiumorganylen *(Tebbe-Grubbs-Reagenz)*. Die Reaktion bietet gegenüber der Wittig-Reaktion einige Vorteile.

$$\underset{\displaystyle \overset{\|}{O}}{R-C-OR'} + [(C_2H_5)_2Ti-\mathbf{CH_2}-Al(CH_3)_2] \rightarrow \underset{\displaystyle \overset{\|}{\mathbf{CH_2}}}{R-C-OR'}$$

3.13.7 Darstellung und Reaktionen von Carbonsäureamiden

3.13.7.1 Herstellung von Carbonsäureamiden

(1) Aminolyse von Carbonsäure-Derivaten: Amide können durch Umsetzung von *Säurehalogeniden, Säureanhydriden* oder *Estern* mit Ammoniak, primären oder sekundären Aminen leicht hergestellt werden, wobei die Reaktionen mit den beiden erstgenannten Acylierungsmitteln bereits in der Kälte ablaufen. Die Reaktionen von Carbonsäureestern mit Stickstoff-Nucleophilen erfordern meistens höhere Temperaturen [vgl. **MC-Fragen Nr. 1155, 1156, 1181, 1183**].

$$\underset{\displaystyle \overset{\|}{O}}{R-C-X} \longrightarrow \begin{cases} \xrightarrow{+\,NH_3} R-CO-NH_2 & \text{primäres Amid} \\ \xrightarrow{+\,RNH_2} R-CO-NHR & \text{sekundäres Amid} \\ \xrightarrow{+\,R_2NH} R-CO-NR_2 & \text{tertiäres Amid} \end{cases}$$

[X = Hal-, R'COO-, R'O-]

Die Reaktionen folgen einem normalen *Additions-Eliminations-Mechanismus* unter Bildung tetraedrisch konfigurierter Zwischenprodukte.

$$\underset{\displaystyle \overset{\|}{O}}{R-C-X} + NH_3 \rightleftharpoons \left[R-\underset{\displaystyle \overset{|}{O^-}}{\overset{\displaystyle X}{\overset{|}{C}}}-\overset{+}{N}H_3 \right] \xrightarrow{\sim H^+} R-\underset{\displaystyle \overset{|}{O-H}}{\overset{\displaystyle X}{\overset{|}{C}}}-NH_2 \xrightarrow{-\,HX} \underset{\displaystyle \overset{\|}{O}}{R-C-NH_2}$$

Bei der Aminolyse der Acylhalogenide und Anhydride bindet die freigesetzte Säure ein Mol Amin, sofern nicht Pyridin *(Einhorn-Variante)* bzw. andere tertiäre Amine oder Alkalihydroxide *(Schotten-Baumann-Variante)* als säurebindende Mittel zugesetzt werden.

(2) Ammonolyse von Carbonsäuren: Primär reagieren Carbonsäuren mit Ammoniak (bzw. einem Amin) unter Salzbildung. Bei Raumtemperatur sind die entstehenden *Ammoniumcarboxylate* stabil. Erst ihre Pyrolyse liefert unter Eliminierung von Wasser die entsprechenden Amide. Die Reaktion läuft nur ab, weil das *Ammoniumcarboxylat* als Salz einer schwachen Säure und einer schwachen Base mit einer beträchtlichen Menge der konjugierten Säure und Base im Gleichgewicht steht. Im eigentlichen Dehydratisierungsschritt addiert sich wahrscheinlich Ammoniak (bzw. das Amin) nucleophil an die C=O-Doppelbindung [vgl. **MC-Frage Nr. 1155**].

$$R-COOH + NH_3 \rightleftharpoons R-COO^-\,NH_4^+ \xrightarrow{\Delta} R-CO-NH_2 + H_2O$$

(3) Die *Partialhydrolyse von Nitrilen* führt zu primären Carbonsäureamiden [siehe ▸Kap. 3.13.8.2 und **MC-Frage Nr. 1155**].

$$\text{R-CN} + H_2O \xrightarrow{(H^+ \text{ od. } HO^-)} \text{R-CONH}_2$$

(4) Zur Darstellung von Carbonsäureamiden durch die *Beckmann-Umlagerung* von Oximen oder durch die *Schmidt-Reaktion* siehe ▸Kap. 3.2.16.3.

3.13.7.2 Eigenschaften und Struktur von Carbonsäureamiden

(a) Carbonsäureamide sind in der Regel gut kristallisierende Substanzen. Lediglich die *Formamide* sind bei Raumtemperatur flüssig. Aufgrund starker intermolekularer Wasserstoffbrücken liegen die Siedepunkte primärer und sekundärer Amide relativ hoch. ***N,N*-Dimethylformamid**, ein häufig benutztes dipolar-aprotisches Lösungsmittel, ist gut wasserlöslich [vgl. **MC-Frage Nr. 1161**].

Amide dienen in der analytischen Chemie zum **Nachweis** von primären und sekundären Aminen [als *Acetamide, Benzamide*] oder von Carbonsäuren [als *Anilide, Benzylamide*] (siehe auch Ehlers, **Analytik I**, ▸Kap. 3.5.3.14).

(b) Carbonsäureamide sind durch *Mesomerie* stabilisiert. Infolge des partiellen Doppelbindungscharakters der C-N-Bindung ist die freie Drehbarkeit *N*-alkylierter [R-CO-NHR] und besonders *N,N*-dialkylierter Amide [R-CO-NR_2] um die C-N-Bindung eingeschränkt [vgl. **MC-Fragen Nr. 1141–1143, 1157, 1158, 1325**].

$$\left[\text{R-C(=O)-}\overline{N}H_2 \longleftrightarrow \text{R-C(-O}^-\text{)=}\overset{+}{N}H_2\right]$$

(c) Die wässrigen Lösungen von Säureamiden wie z. B. ***N*-Methylacetamid** [CH_3CO-$NHCH_3$] reagieren *neutral.* Amide besitzen *Ampholytcharakter.* Gegenüber starken Säuren wie Mineralsäuren verhalten sie sich wie *äußerst schwache Basen* [vgl. **MC-Fragen Nr. 1157, 1159**].

$$\left[\text{R-C(=}\overset{+}{O}H\text{)-}\overline{N}H_2 \longleftrightarrow \text{R-C(-OH)=}\overset{+}{N}H_2\right]X^- \quad \text{(Mesomerie im Kation)}$$

Mit starken Basen wie z. B. $NaNH_2$ reagieren sie als *schwache, NH-acide Verbindungen.*

$$\left[\text{R-C(=O)-NH}^- \longleftrightarrow \text{R-C(-O}^-\text{)=NH}\right]Na^+ \quad \text{(Mesomerie im Anion)}$$

3.13.7.3 Reaktionen von Carbonsäureamiden

(1) *Primäre Carbonsäureamide* können durch Behandeln mit wasserentziehenden Mitteln (P_2O_5, $POCl_3$, $SOCl_2$, Ac_2O) bei höheren Temperaturen zu Nitrilen dehydratisiert werden.

$$\text{R-CO-NH}_2 \rightarrow \text{R-C}\equiv\text{N} + H_2O$$

(2) Der *Hofmann-Abbau* primärer Amide führt zu primären Aminen (siehe ▸Kap. 3.2.16.3).

$$R\text{-}CO\text{-}NH_2 \rightarrow \rightarrow R\text{-}NH_2$$

(3) Da Amine bzw. das Amidion schlechte Abgangsgruppen sind, erfordert die *Hydrolyse* von Amiden zu Carbonsäuren generell drastischere Bedingungen als die Verseifung von Carbonsäureestern. Die Bedingungen (mehrstündiges Kochen mit konzentrierten wässrigen Säuren oder konzentrierten Alkalihydroxid-Lösungen) sind vergleichbar mit denen der Nitrilverseifung. Die Mechanismen der Hydrolyse entsprechen denen der Esterspaltung (**$A_{AC}2$** und **$B_{AC}2$**). Bei primären Amiden gelingt eine Desaminierung auch mit Salpetriger Säure (HNO_2) [vgl. **MC-Fragen Nr. 1157, 1160**].

$$R\text{-}CO\text{-}NH_2 + HNO_2 \rightarrow R\text{-}COOH + N_2\uparrow + H_2O$$

(4) Die *Reduktion* von Amiden mit *komplexen Hydriden* führt entweder zu Aminen oder zu Aldehyden (siehe ▸Kap. 3.2.19.4).

(5) Beim Erhitzen von Carbonsäureamiden mit Phosphorpentasulfid entstehen *Thioamide*.

$$R\text{-}C(=O)\text{-}NH_2 \xrightarrow{(P_2S_5)} \underset{\text{Aminothion-Form}}{R\text{-}C(=S)\text{-}NH_2} \rightleftharpoons \underset{\text{Imidothiol-Form}}{R\text{-}C(SH)=NH}$$

3.13.8 Darstellung und Reaktionen von Carbonitrilen (Nitrilen)

Die niederen aliphatischen Nitrile sind farblose Flüssigkeiten, die höheren kristalline Substanzen. Sie sind weniger giftig als Blausäure (Cyanwasserstoff) [HCN].

3.13.8.1 Herstellung von Carbonitrilen

Nitrile lassen sich darstellen durch:

(1) Cyanid-Alkylierung *(Kolbe-Nitrilsynthese)*: Bei der Umsetzung von *Alkylhalogeniden* mit Metallcyaniden in wässrig-alkoholischer Lösung entstehen Gemische von *Nitrilen* und *Isonitrilen.* Das Mengenverhältnis [Nitril/Isonitril] wird beeinflusst vom Reaktionstyp und dem verwendeten *ambidenten Reagenz* [siehe ▸Kap. 3.2.5.9 und **MC-Fragen Nr. 66, 107–109, 111, 1089, 1187, 1189**].

$$R\text{-}X + {}^{-}|C{\equiv}N| \longrightarrow \begin{cases} \underset{\text{Nitril}}{R\text{-}C{\equiv}\overline{N}} + X^- & [S_N2] \\ \underset{\text{Isonitril}}{R\text{-}\overset{+}{N}{\equiv}C|^-} + X^- & [S_N1] \end{cases}$$

Bei *primären Halogenalkanen* und *Benzylhalogeniden* verläuft die Reaktion mit *Alkalicyaniden* auch in gut solvatisierenden Lösungsmitteln nach einem S_N2-Mecha-

nismus unter Bildung von *Nitrilen.* Die an ihrem äußerst unangenehmen Geruch leicht zu erkennenden Isonitrile werden nur in untergeordnetem Maße gebildet und können durch Behandeln des Reaktionsansatzes mit verd. H_2SO_4 entfernt werden. Im Allgemeinen nimmt die Reaktionsgeschwindigkeit in der Reihe Alkyliodid > Alkylbromid > Alkylchlorid ab [vgl. **MC-Fragen Nr. 1189, 1193**].
Auch sekundäre Bromide und Chloride lassen sich – allerdings mit geringeren Ausbeuten – als Substrate einsetzen, während tertiäre Halogenalkane nicht mehr in der gewünschten Weise reagieren.
Schwermetallcyanide liefern höhere Anteile an Isonitrilen, wobei mit *Silbercyanid* fast ausschließlich *Isonitrile* erhalten werden [vgl. **MC-Frage Nr. 1186**].
(2) *Sandmeyer-Reaktion:* Zur Umsetzung von Aryldiazoniumsalzen mit CN^--Ionen in Anwesenheit eines Cu(I)-Katalysators siehe ▸Kap. 3.10.6.3 [vgl. **MC-Frage Nr. 1188**].

$$Ar{-}N_2^+ + CuCN \rightarrow Ar{-}CN + N_2 + Cu^+$$

(3) Aromatische Nitrile entstehen auch beim Zusammenschmelzen von Natriumarylsulfonaten mit Natriumcyanid (siehe ▸Kap. 3.6.4.3 „*Cyanid-Schmelze*“).

$$Ar{-}SO_3Na + NaCN \rightarrow Ar{-}CN + Na_2SO_3$$

(4) *Primäre Carbonsäureamide* können durch Erhitzen mit wasserentziehenden Reagenzien (P_2O_5, Amidosulfonsäure) zu Nitrilen dehydratisiert werden.

$$R{-}CO{-}NH_2 \rightarrow R{-}C{\equiv}N + H_2O$$

(5) Nitrile erhält man unter Abspaltung von Wasser auch beim Erhitzen von *Aldoximen* mit Acetanhydrid, z. B. [vgl. **MC-Fragen Nr. 1186, 1190**]:

$$\underset{\text{Acetaldoxim}}{CH_3{-}\overset{H}{C}{=}N{-}OH} + Ac_2O \rightarrow \underset{\text{Acetonitril}}{CH_3{-}C{\equiv}N} + 2\ HOAc$$

(6) *Cyanhydrine* (α-Hydroxynitrile) lassen sich durch Addition von HCN an Carbonylverbindungen synthetisieren [siehe ▸Kap. 3.12.6.4 und ▸Kap. 3.17.3.1 „*Strecker-Synthese*“ sowie **MC-Fragen Nr. 1001, 1008, 1039, 1087, 1088, 1188, 1717**].

$$R{-}CH{=}O + HCN \rightarrow R{-}CH(OH){-}CN$$

3.13.8.2 Reaktionen von Carbonitrilen

Nitrile sind *heteroanaloge Carbonylverbindungen,* d. h., die C≡N-Dreifachbindung gleicht in ihrem Reaktionsverhalten der C=O-Doppelbindung (siehe ▸Kap. 3.2.15.11). Der Stickstoff der C≡N-Bindung ist negativ polarisiert und das C-Atom stellt das elektrophile Reaktionszentrum dar, an das man Nucleophile anlagern kann. Carbonitrile zeigen deshalb folgende Reaktionen.

Hydrolyse: Nitrile gehen beim Erhitzen mit starken Basen oder Mineralsäuren unter Abspaltung von NH_3 (bzw NH_4^+) in *Carbonsäuren* über. Unter geeigneten Bedingungen [konz. H_2SO_4 oder wässrige $NaOH/H_2O_2$-Lösung] können die als Zwischenprodukte gebildeten Imide, die spontan zu den stabileren *primären Amiden* tautomerisieren, isoliert werden [vgl. **MC-Fragen Nr. 849, 1099, 1100, 1102, 1191, 1194, 1195**].

```
H-O-H + R-C≡N + H⁺  ⇌  [R-C=NH   ]
                        [  |      ]   - H⁺
                        [ ⁺OH₂    ]  ──────┐
                                           ├──→ R-C=NH  ⇌  R-C-NH₂
                                   + H₂O   │      |          ‖
HO⁻  +  R-C≡N  ⇌  [R-C=N⁻]        ───────┘      OH         O
                   [  |   ]         - HO⁻        Imid       Amid
                   [  OH  ]                          |
                                                     ↓
                                                  R-COOH
                                                  Säure
```

Die Leichtigkeit der Hydrolyse steigt von der an einen tertiären Kohlenstoff gebundenen Nitrilgruppe zu der mit einem primären C-Atom verknüpften Cyangruppe hin an. Aromatische Nitrile mit großen *ortho*-ständigen Substituenten sind besonders schwer zu verseifen. Die Hydrolyse von Nitrilen wird am häufigsten in saurem Medium durchgeführt. *Cyanhydrine* lassen sich *nur sauer* verseifen.

Alkoholyse: In Gegenwart von wasserfreiem Chlorwasserstoff lagern sich Alkohole an die C≡N-Dreifachbindung an unter Bildung von *Imidoester-Hydrochloriden* [vgl. **MC-Fragen Nr. 906, 1194**].

```
                                 ⁺NH₂
                                  ‖
R'OH + R-C≡N + HCl_g  →       [R-C-OR'] Cl⁻
```

Imidoester (Iminoester) werden durch Wasser in *Carbonsäureester* umgewandelt. Ihre Alkoholyse führt zu *Orthoestern* und bei der Einwirkung von Ammoniak bilden sich *Amidine (Pinner-Reaktion).*

```
                         + H₂O/H⁺
                       ┌──────────→  R-C-OR'            Ester
                       │ - NH₄Cl       ‖
                       │               O
                       │ + 2 R'OH
[R-C-OR'] Cl⁻  ────────┼──────────→  R-C(OR')₃          Orthoester
[  ‖     ]             │ - NH₄Cl
[ ⁺NH₂   ]             │               ⁺NH₂
Imidoester · HCl       │ + NH₃(fl.)     ‖
                       └──────────→  [R-C-NH₂] Cl⁻      Amidin · HCl
```

Imidoester sind Substanzen, in denen das O-Atom eines Carbonsäureesters durch die Imino-Funktion ersetzt wurde. *Amidine* leiten sich von Carbonsäureamiden durch Ersatz des doppelt gebundenen Sauerstoffs gegen die Iminogruppe ab. Die wichtigste Methode zur Darstellung von Amidinen ist die *Ammonolyse von Imidoestern*. Amidine sind starke Basen, die mit Säuren mesomeriestabilisierte Kationen bilden (siehe ▸Kap. 3.19.5.3).

Reduktion: Bei der katalytischen Hydrierung von Nitrilen entstehen *primäre Amine* [vgl. **MC-Frage Nr. 1191**].

$$R{-}C{\equiv}N + 2\ H_2 \xrightarrow[200\ °C]{Druck} R{-}CH_2{-}NH_2$$

Als Reduktionsmittel können auch komplexe Hydride oder Natrium in Ethanol verwendet werden. Reduziert man hingegen etherische Lösungen von Nitrilen bei tiefen Temperaturen mit $LiAlH_4$, so bleibt die Reduktion auf der Stufe des Aldimins stehen, das anschließend zum *Aldehyd* hydrolysiert werden kann. Die Reduktion mit Diisobutylaluminiumhydrid (DIBAH) liefert gleichfalls den Aldehyd als Reaktionsprodukt.

$$R{-}C{\equiv}N \rightarrow \underset{\text{Aldimin}}{R{-}CH{=}NH} \rightarrow R{-}CH{=}O$$

Aldehyde entstehen in Gegenwart von wasserfreiem $SnCl_2$ auch beim Einleiten von Chlorwasserstoff in die etherische Lösung eines *aromatischen Nitrils*, wobei primär ein Aldimin-Hexachlorostannat gebildet wird (*Stephen-Reduktion*) [vgl. **MC-Frage Nr. 1192**].

$$Ar{-}CN + 2\ HCl + H_2SnCl_4 \rightarrow [Ar{-}CH{=}NH_2]^+[HSnCl_6]^- \xrightarrow{+\ H_2O} Ar{-}CH{=}O$$

Grignard-Reaktion: Die Umsetzung von Nitrilen mit Grignard-Verbindungen führt zu Ketiminen, die leicht zu *Ketonen* hydrolysieren [siehe auch ▸Kap. 3.8.3.1 und **MC-Fragen Nr. 743, 754, 755, 772, 1003, 1005, 1188**].

$$\underset{\text{Nitril}}{R{-}CN} + R'MgX \rightarrow R{-}\underset{\substack{|\\R'}}{C}{=}N{-}MgX \xrightarrow[-\ HOMgX]{+\ H_2O} \underset{\text{Ketimin}}{R{-}\underset{\substack{|\\R'}}{C}{=}NH} \xrightarrow[-\ NH_3]{+\ H_2O} \underset{\text{Keton}}{R{-}\underset{\substack{|\\R'}}{C}{=}O}$$

3.13.9 Derivate der Kohlensäure

Die *Kohlensäure* [HO-CO-OH] ist in freiem Zustand nicht existenzfähig. Dies trifft auch für ihre Derivate zu, die noch *eine* freie Hydroxylgruppe enthalten.

Eine formelmäßige Zusammenstellung von Kohlensäure-Derivaten findet sich in ▸Kap. 3.13.1.3. Die Thioderivate der Kohlensäure wurden im ▸Kap. 3.11.5 vorgestellt. An Verbindungen und Substanzklassen, die als stabile Derivate der Kohlensäure aufgefasst werden können, sind zu nennen:

Phosgen [Cl-CO-Cl], das Dichlorid der Kohlensäure, ist ein farbloses, äußerst giftiges Gas, das sich verflüssigen lässt. Es wird durch Überleiten von Kohlenmonoxid und Chlor über Aktivkohle oder durch Luftoxidation von Chloroform hergestellt [vgl. **MC-Frage Nr. 1135**].

$$CO + Cl_2 \rightarrow COCl_2 \xleftarrow{-\,HCl} CHCl_3 + \tfrac{1}{2}\,O_2$$

Phosgen zeigt die typischen Reaktionen eines Säurechlorids.
Kohlensäureester: Durch Umsetzung von Phosgen mit Alkoholen lassen sich *Chlorkohlensäureester* (Chlorameisensäureester/Alkylchlorcarbonate) gewinnen, die mit überschüssigem Alkohol zu *Kohlensäurediestern (Dialkylcarbonate)* reagieren [vgl. **MC-Frage Nr. 1136**].

$$\underset{\text{Phosgen}}{Cl{-}C({=}O){-}Cl} + ROH \xrightarrow{-\,HCl} \underset{\text{Chlorameisensäureester}}{Cl{-}C({=}O){-}OR} \xrightarrow[-\,HCl]{+\,ROH} \underset{\text{Dialkylcarbonat}}{RO{-}C({=}O){-}OR}$$

Durch Behandeln von *Trichlornitromethan* (Chlorpykrin, Nitrochloroform) [$Cl_3C\text{-}NO_2$] mit Alkanolaten werden *Orthokohlensäureester* [$C(OR)_4$] gebildet.

$$Cl_3C{-}NO_2 + 4\ RO^-Na^+ \rightarrow C(OR)_4 + NaNO_2 + 3\ NaCl$$

Carbaminsäureester (**Carbamidsäureester/Urethane/Carbamate**): Im Gegensatz zur Carbaminsäure [$HO\text{-}CO\text{-}NH_2$], dem Monoamid der Kohlensäure, sind ihre Ester [$RO\text{-}CO\text{-}NH_2$] stabile Verbindungen. Sie können synthetisiert werden durch [vgl. **MC-Fragen Nr. 885, 1136, 1140**]:
(1) Ammonolyse von Chlorkohlensäureestern,

$$RO{-}CO{-}Cl + NH_3 \rightarrow RO{-}CO{-}NH_2 + HCl$$

(2) Addition von Alkoholen an Isocyansäureester (Isocyanate).

$$R'OH + R{-}N{=}C{=}O \rightarrow R'O{-}CO{-}NHR$$

Die Reaktionen mit aromatischen Isocyanaten, insbesondere **Phenylisocyanat** [$C_6H_5\text{-}N{=}C{=}O$], dienen zur Identifizierung von Alkoholen. Carbaminsäureester sind in der Regel hydrolysestabiler als Carbonsäureester.
Die Thioanaloga der Carbamate erhält man durch Anlagerung von Schwefelwasserstoff an Cyanate.

$$\underset{\textbf{Arylcyanat}}{Ar{-}O{-}C{\equiv}N} + H_2S \rightarrow \underset{\textbf{O-Arylthiocarbamat}}{ArO{-}C({=}S){-}NH_2}$$

Am N-Atom substituierte Carbaminsäuren [R-NH-**CO-O**H] sind instabil und decarboxylieren leicht zu primären Aminen [$R\text{-}NH_2$]. Solche Substanzen sind Zwischenprodukte des Hofmann-Abbaus von primären Carbonsäureamiden [siehe ▸Kap. 3.2.16.3 und **MC-Fragen Nr. 260, 261, 1792**].

1,3-Oxazolidin-2-on-Derivate können als *cyclische Urethane* aufgefasst werden. Von dieser Substanzklasse leiten sich einige wichtige Antibiotika ab [vgl. **MC-Frage Nr. 1139**].

1,3-Oxazolidin-2-on

Harnstoff [H_2N-CO-NH_2], das mesomeriestabilisierte Diamid der Kohlensäure, kann dargestellt werden durch [vgl. **MC-Fragen Nr. 800, 1138, 1141–1144**]:

(1) Eindampfen einer wässrigen Lösung von Ammoniumcyanat *(Wöhler-Synthese),*

$$N{\equiv}C{-}O^{-}NH_4^{+} \rightarrow H_2N{-}CO{-}NH_2$$

(2) Ammonolyse von Phosgen,

$$Cl{-}CO{-}Cl + 2\ NH_3 \rightarrow H_2N{-}CO{-}NH_2 + 2\ HCl$$

(3) Ammonolyse von Chlorameisensäureestern, Urethanen oder Kohlensäurediestern.

$$RO{-}C({=}O){-}OR + 2\ NH_3 \rightarrow H_2N{-}C({=}O){-}NH_2 + 2\ ROH$$

Dialkylcarbonat

(4) In technischem Maßstab gewinnt man Harnstoff aus Ammoniak und Kohlendioxid, wobei intermediär Ammoniumcarbamat entsteht.

$$2\ NH_3 + CO_2 \rightarrow H_2N{-}COO^{-}NH_4^{+} \rightarrow H_2N{-}CO{-}NH_2 + H_2O$$

N-alkylierte Harnstoffe werden durch Einwirken von primären oder sekundären Aminen auf Isocyanate hergestellt.

$$R'NH_2 + R{-}N{=}C{=}O \rightarrow R{-}NH{-}CO{-}NH{-}R'$$

Harnstoff [Schmp. 132,7 °C] ist löslich in Wasser und Alkoholen. Die Substanz ist eine sehr schwache Base, die nur mit starken Mineralsäuren Salze bildet. Beim Erhitzen mit Säuren oder Basen tritt Hydrolyse ein; mit Salzsäure entsteht Ammoniumchlorid und Kohlendioxid [vgl. **MC-Fragen Nr. 1141, 1143, 1629**].

$$H_2N{-}CO{-}NH_2 + 2\ HCl + H_2O \rightarrow CO_2\uparrow + 2\ NH_4Cl$$

Mit Salpetriger Säure reagiert Harnstoff zu N_2 und CO_2 [siehe auch Ehlers, **Analytik I**, ▸Kap. 2.2.3.19 und **MC-Fragen Nr. 1141–1143, 1145**].

$$H_2N\text{-}CO\text{-}NH_2 + 2\,HNO_2 \rightarrow CO_2\uparrow + N_2\uparrow + 3\,H_2O$$

Die Umsetzungen von Harnstoff mit Säurechloriden oder Estern führt zu *Acylharnstoffen* (*Ureide*) [R-CO-NH-CO-NH_2]. Wässrige Harnstoff-Lösungen denaturieren Proteine und Nucleinsäuren. Harnstoff findet in zunehmendem Maße Verwendung als Stickstoffquelle in Düngemitteln [vgl. **MC-Frage Nr. 1144**].

Guanidin (Iminoharnstoff) wird hergestellt durch Erhitzen von Cyanamid mit Ammoniumchlorid, wobei das Hydrochlorid des Guanidins anfällt [vgl. **MC-Fragen Nr. 878, 1137, 1146, 1301, 1707**].

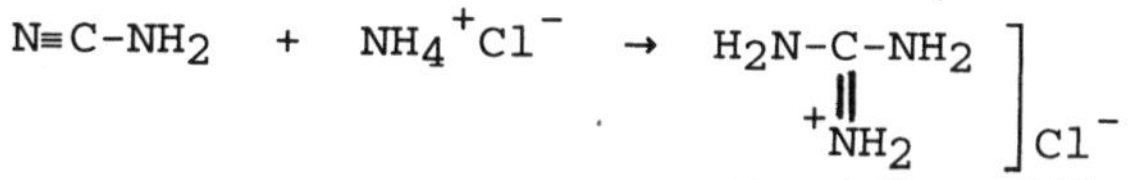

$$N{\equiv}C\text{-}NH_2 + NH_4^+Cl^- \rightarrow \left[H_2N\text{-}C(={}^+NH_2)\text{-}NH_2\right]Cl^-$$

Guanidin · HCl

In freier Form ist Guanidin nur schwer isolierbar. Seine Basizität entspricht der von Alkalihydroxiden [siehe ▸Kap. 3.19.5.3 und **MC-Fragen Nr. 1628, 1630, 1632**].

Biologisch wichtige Guanidin-Derivate sind **L-Arginin** (siehe ▸Kap. 3.17.1.1) sowie **Kreatin** und **Kreatinin**. Kreatin gewinnt man durch Anlagerung von Cyanamid an **Sarkosin** (*N*-Methylglycin). Durch Behandeln mit konz. HCl lässt sich Kreatin zu Kreatinin dehydratisieren.

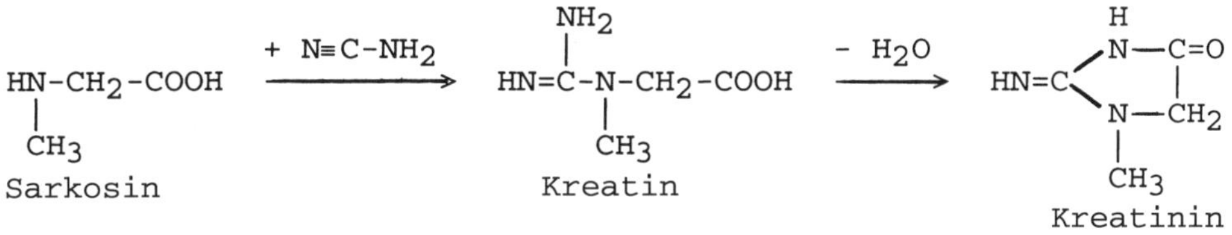

$$HN(CH_3)\text{-}CH_2\text{-}COOH \xrightarrow{+\ N\equiv C\text{-}NH_2} HN{=}C(NH_2)\text{-}N(CH_3)\text{-}CH_2\text{-}COOH \xrightarrow{-\ H_2O} \text{Kreatinin}$$

Sarkosin — Kreatin — Kreatinin (HN=C< im Ring: N(H)—C=O, N(CH₃)—CH₂)

3.14 Hydroxycarbonsäuren und Ketocarbonsäuren

3.14.1 Nomenklatur der Säuren und Salze

3.14.1.1 Nomenklatur polyfunktioneller Verbindungen

Bei der Benennung polyfunktioneller Substanzen ist die Wahl zu treffen, welche der charakteristischen Gruppen als *Hauptfunktion* fungiert und somit die Zugehörigkeit zu einer bestimmten *Stoffklasse* festlegt.

Als *Substituent* oder *charakteristische Gruppe* bezeichnet man dabei jedes Atom oder jede Atomgruppe (*funktionelle Gruppe*), die ein Wasserstoffatom in einem Stammsystem ersetzt.

In der **substitutiven Nomenklatur** der IUPAC werden die Namen dieser charakteristischen Gruppen dem Stammnamen in Form geeigneter Kürzel als Vorsilben (*Präfixe*) oder als Nachsilben (*Suffixe*) beigegeben.

Die allgemein akzeptierte Prioritätsreihenfolge charakteristischer Gruppen ist, wobei die *ranghöchste Gruppe* als **Suffix** genommen wird und die Stoffklasse bestimmt [vgl. **MC-Fragen Nr. 848, 1098, 1185, 1342, 1671, 1674–1678, 1718, 1719, 1787**]:

Radikale > Anionen > Kationen > Zwitterionen > Carbonsäuren (-COOH) > Sulfonsäuren ($-SO_3H$) > Carbonsäureanhydride (-CO-O-CO-) > Carbonsäureester (-CO-OR) > Carbonsäurehalogenide (-CO-Hal) > Carbonsäureamide (-CO-NH-) > Carbonitrile (-C≡N) > Aldehyde (-CH=O) > Ketone (-C=O) > Alkohole (R-OH) > Phenole (Ar-OH) > Mercaptane (R-SH) > Amine ($-NH_2$, -NH-) > Ether (R-O-R) > Alkine (-C≡C-) > Alkene (-C=C-)

Da **Alkene** und **Alkine** nie durch Vorsilben benannt werden, setzt man sie als weitere Endungen unmittelbar *vor* das Suffix, das die charakteristische Gruppe mit der ranghöchsten Priorität kennzeichnet [vgl. **MC-Frage Nr. 981**].

Die nachfolgend genannten Substituenten treten in polyfunktionellen Verbindungen *immer* als **Präfixe** auf (geordnet in alphabetischer Reihenfolge) [vgl. **MC-Fragen Nr. 1672, 1673**]:

Alkoxy (-OR) – Aryloxy (-OAr) – Azido ($-N_3$) – Brom (-Br) – Chlor (-Cl) – Cyanato (-OCN) – Diazinyl (Hydrazino) ($-NH-NH_2$) – Diazo ($=N_2$) – Epoxy (-O-) – Fluor (-F) – Hydroxyamino (-NHOH) – Iod (-I) – Isocyanato (-NCO) – Isocyano (-NC) – Nitro ($-NO_2$) – Nitroso (-NO) – Thiocyanato (-SCN).

Alle anderen charakteristischen Gruppen können in systematischen Namen als *Präfixe und/oder als Suffixe* verwendet werden. Erwähnenswert ist noch, dass in der Rangfolge von Ionen in **Salzen** zwischen der Bezeichnungsweise nach IUPAC und der nach *Chemical Abstracts* Unterschiede bestehen (IUPAC: Anion > Kation – C.A.: Kation > Anion) [vgl. **MC-Fragen Nr. 1678, 1719**].

3.14.1.2 Hydroxycarbonsäuren, Polyhydroxycarbonsäuren

Unter *Hydroxysäuren* versteht man Carbonsäure-Derivate, in denen eine oder mehrere H-Atome der Alkylkette durch Hydroxylgruppen ersetzt sind.

Sie werden als substituierte Carbonsäuren benannt. Die Stellung der HO-Gruppe kann durch einen griechischen Buchstaben oder durch Angabe einer Ziffer markiert werden. Die Zahl der Hydroxylgruppen wird durch Hinzufügen der Silben *di, tri, tetra* usw. kenntlich gemacht.

```
 α 1                     β 2 1                  γ 3 2 1
-C-COOH                 -C-C-COOH              -C-C-C-COOH
 |                       | |                    | | |
HO                      HO                     HO
α-Hydroxycarbonsäure    β-Hydroxycarbonsäure   γ-Hydroxycarbonsäure
2-Hydroxycarbonsäure    3-Hydroxycarbonsäure   4-Hydroxycarbonsäure
```

In vielen Fällen tragen Hydroxycarbonsäuren jedoch *Trivialnamen*, wie dies ▫Tab. 3.64 ausweist [vgl. **MC-Fragen Nr. 1196–1198**].

3.14.1.3 Aldehydcarbonsäuren, Ketocarbonsäuren

Sie können als Oxidationsprodukte von Hydroxycarbonsäuren aufgefasst werden. Je nach der Stellung der Oxo-Gruppe zur Carboxyl-Funktion unterscheidet man zwischen α-, β-, γ-, δ-Ketocarbonsäuren *(Ketosäuren)*. Viele von ihnen führen *Spezialnamen*. Einige pharmazeutisch wichtige Oxocarbonsäuren sind in ▫Tab. 3.65 aufgelistet [vgl. **MC-Fragen Nr. 1199, 1255, 1257**].

Salze: Die Bezeichnung folgt den allgemeinen Regeln zur Benennung von Carbonsäuresalzen. Danach kann man beispielsweise das Salz der Acetessigsäure [$CH_3COCH_2COO^-$] als **Acetylacetat** oder als **3-Oxobutyrat** kennzeichnen. Wie ▫Tab. 3.66 belegt, tragen in Einzelfällen die Salze von Hydroxy- und Ketocarbonsäuren besondere Namen. Darüber hinaus sind Trivialnamen gebräuchlich. So bezeichnet man das Mono-Kaliumsalz der Weinsäure (Kaliumhydrogentartrat) als *Weinstein* und ihr Kaliumnatriumsalz wird *Seignettesalz* genannt [vgl. **MC-Fragen Nr. 1205–1208, 1212**].

Tab. 3.64 Ausgewählte Hydroxycarbonsäuren

Trivialname	Systematischer Name	Formel
Glycolsäure	Hydroxyethansäure	$HOCH_2\text{-}COOH$
Milchsäure	2-Hydroxypropansäure	$CH_3\text{-}CHOH\text{-}COOH$
Glycerinsäure	2,3-Dihydroxypropansäure	$HOCH_2\text{-}CHOH\text{-}COOH$
Mandelsäure	2-Hydroxy-2-phenylethansäure	$C_6H_5\text{-}CHOH\text{-}COOH$
Benzilsäure	2-Hydroxy-2,2-diphenylethansäure	$(C_6H_5)_2COH\text{-}COOH$
Tartronsäure	Hydroxypropandisäure	$HOCH(COOH)_2$
Äpfelsäure	Hydroxybutandisäure	$HO\text{-}CH\text{-}COOH$ | $CH_2\text{-}COOH$
Weinsäure	2,3-Dihydroxybutandisäure	$HO\text{-}CH\text{-}COOH$ | $HO\text{-}CH\text{-}COOH$
Citronensäure	2-Hydroxy-1,2,3-propantri-carbonsäure	$CH_2\text{-}COOH$ | $HO\text{-}C\text{-}COOH$ | $CH_2\text{-}COOH$

Tab. 3.65 Wichtige Oxocarbonsäuren

Trivialname	Systematischer Name	Formel
Glyoxylsäure	2-Oxoessigsäure	$O{=}CH\text{-}COOH$
Formylessigsäure	3-Oxopropionsäure	$O{=}CH\text{-}CH_2COOH$
Brenztraubensäure	2-Oxopropionsäure	$CH_3\text{-}CO\text{-}COOH$
Acetessigsäure	3-Oxobuttersäure	$CH_3\text{-}CO\text{-}CH_2\text{-}COOH$
Lävulinsäure	4-Oxovaleriansäure	$CH_3\text{-}CO\text{-}CH_2\text{-}CH_2\text{-}COOH$
Mesoxalsäure	2-Oxomalonsäure	$HOOC\text{-}CO\text{-}COOH$
Oxalessigsäure	2-Oxobernsteinsäure	$HOOC\text{-}CO\text{-}CH_2\text{-}COOH$
Acetondicarbonsäure	3-Oxoglutarsäure	$HOOC\text{-}CH_2\text{-}CO\text{-}CH_2\text{-}COOH$

Tab. 3.66 Salze von Hydroxycarbonsäuren und Ketocarbonsäuren

Name der Säure	Name des Salzes
Milchsäure	Lactat
Äpfelsäure	Malat
Weinsäure	Tartrat
Citronensäure	Citrat
Brenztraubensäure	Pyruvat
Mandelsäure	Amygdalat/Mandelat

3.14.2 Darstellung, Eigenschaften und Reaktionen von Hydroxycarbonsäuren

3.14.2.1 Herstellung von α-Hydroxycarbonsäuren

α-Hydroxycarbonsäuren lassen sich synthetisieren durch:

(1) Hydrolyse von *α-Halogencarbonsäuren,* die ihrerseits aus Alkansäuren durch eine *Hell-Volhard-Zelinsky-Reaktion* darstellbar sind (siehe ▸Kap. 3.7.2.2).

```
   α          + H2O
R-CH-COOH  ----------> R-CH-COOH
  |           - HX       |
  X                      OH
```

Die nucleophile Substitution eines Halogenatoms ist jedoch nicht zur Herstellung von *β-Hydroxysäuren* geeignet, da hier unter dem Einfluss einer Base leicht Eliminierung zu ungesättigten Carbonsäuren eintritt.

$$R\text{-}CHX\text{-}CH_2\text{-}COOH \rightarrow R\text{-}CH{=}CH\text{-}COOH + HX$$

(2) saure Hydrolyse von *Cyanhydrinen,* die durch Umsetzung von Carbonylverbindungen mit HCN zugänglich sind. Auf diese Weise ist **Mandelsäure** (2-Hydroxy-2-phenylethansäure) durch Addition von HCN an *Benzaldehyd* (R = C_6H_5) und anschließende Verseifung des gebildeten *Mandelsäurenitrils* herstellbar [siehe ▸Kap. 3.12.6.4 und **MC-Fragen Nr. 592, 1210, 1211**].

```
R-CH=O + HCN → R-CH-CN → R-CH-COOH
                 |          |
                 OH         OH
```

(3) Reduktion von *α-Ketocarbonsäuren,* z. B. kann **Brenztraubensäure** [R = CH_3] zu **Milchsäure** (2-Hydroxypropionsäure) reduziert werden [vgl. **MC-Fragen Nr. 270, 1211**].

$$R\text{-}CO\text{-}COOH + \text{„2 H"} \rightarrow R\text{-}CHOH\text{-}COOH$$

(4) *Benzilsäure-Umlagerung* von *1,2-Diketonen* [siehe ▸Kap. 3.2.16.2 und **MC-Fragen Nr. 241–244, 592, 1042, 1043, 1101**].

$$R\text{-}CO\text{-}CO\text{-}R \xrightarrow{(HO^-)} R_2C(OH)\text{-}COOH$$

(5) Hydrolyse von *Lactiden* [siehe nachfolgender Abschnitt und **MC-Frage Nr. 1211**].

(6) *Desaminierung* von *α-Aminosäuren* mit Salpetriger Säure nach *van Slyke* [siehe ▸Kap. 3.17.3.4 und **MC-Fragen Nr. 1210, 1211**].

```
   α           + NaNO2
R-CH-COOH  -------------> R-CH-COOH
  |            + HCl        |
  NH2                       OH
```

3.14.2.2 Darstellung von β-Hydroxycarbonsäuren

Die Methode der Wahl zur Herstellung von *β-Hydroxycarbonsäuren* ist die *Reformatzky-Reaktion* von Carbonylverbindungen mit einem α-Halogencarbonsäureester in Gegenwart von metallischem Zink. Die Reaktion wurde bereits im ▸Kap. 3.8.3.2 beschrieben [vgl. **MC-Frage Nr. 1210**].

$$R_2C{=}O + X\text{-}CH_2\text{-}COOR' \rightarrow \rightarrow R_2\overset{\beta}{C}(OH)\text{-}CH_2\text{-}COOR'$$

3.14.2.3 Darstellung von γ- und δ-Hydroxycarbonsäuren

γ- und δ-Hydroxycarbonsäuren, die auch als Abbauprodukte von Kohlenhydraten auftreten, werden hergestellt durch:

(1) alkalische Hydrolyse der entsprechenden Halogenverbindungen. γ- und δ-Hydroxycarbonsäuren können nur in Form ihrer Alkalisalze isoliert werden, da sie beim Ansäuern spontan lactonisieren (siehe nachfolgender Abschnitt).

$$R\text{-}CH(X)\text{-}(CH_2)_n\text{-}COOH \xrightarrow[-\ HX]{+\ HO^-} R\text{-}CH(OH)\text{-}(CH_2)_n\text{-}COO^- \qquad [n = 1{,}2]$$

(2) Reduktion von *γ- oder δ-Ketocarbonsäuren.*

(3) Spaltung von *γ- oder δ-Lactonen,* die z. B. durch *Baeyer-Villiger-Oxidation* von *Cycloalkanonen* erhalten werden [siehe ▸Kap. 3.2.16.4 und **MC-Frage Nr. 1210**].

3.14.2.4 Eigenschaften von Hydroxycarbonsäuren

Mit Ausnahme der **Glycolsäure** sind die niederen Hydroxycarbonsäuren bei Raumtemperatur flüssig. Sie sind in Wasser leichter löslich als die unsubstituierten Alkansäuren gleicher C-Zahl; sie lösen sich jedoch im Vergleich zu diesen weniger gut in Ethern [vgl. **MC-Frage Nr. 1115**].

Darüber hinaus sind *Hydroxysäuren* schwerer flüchtig als die Carbonsäuren gleicher C-Zahl, wie dies die Schmelz- und Siedepunkte ausgewählter Säuren in ◘Tab. 3.67 belegen. Zum Beispiel besitzt **Milchsäure** [CH_3-CH**OH**-COOH] eine deutlich höhere Siedetemperatur als Propionsäure [CH_3-CH_2-COOH].

Alle *α-Hydroxycarbonsäuren* sind *chiral* mit Ausnahme der *optisch inaktiven* Säuren **Glycolsäure** [$HOCH_2$-COOH], **Hydroxymalonsäure** [$HOCH(COOH)_2$], **Benzilsäure** [$(C_6H_5)_2$CHOH-COOH] und der **Citronensäure** [HOOC-COH($CH_2COOH)_2$]. Auch ***meso*-Weinsäure** (*erythro*-2,3-Dihydroxybutandisäure) ist optisch inaktiv. Zur Festlegung der relativen Konfiguration von Hydroxycarbonsäuren siehe ▸Kap. 3.3.4.2 [vgl. **MC-Fragen Nr. 393, 1125**].

α-Hydroxycarbonsäuren sind acider als Alkansäuren gleicher Kohlenstoffzahl. So hat z. B. **Milchsäure** [CH_3CHOH-COOH] einen pK_s-Wert von 3,87 im Vergleich zu pK_s=4,88 für **Propionsäure** [CH_3CH_2-COOH] (siehe auch ▸Kap. 3.19.2.2).

▫ Tab. 3.67 Schmelzpunkte und Siedepunkte von Hydroxycarbonsäuren und Ketocarbonsäuren im Vergleich zu Alkansäuren gleicher Kohlenstoffzahl

Säure	Schmp. (°C)	Sdp. (°C)
Essigsäure	16,5	118
Glycolsäure	80	–
Glyoxylsäure	98	–
Propionsäure	–21	141
D,L-Milchsäure	17	119 (12 Torr)
Brenztraubensäure	12	165 (Zers.)
Buttersäure	– 6	163
Acetessigsäure	–	[1]
Bernsteinsäure	184	235[2]
D,L-Äpfelsäure	131	(Zers.)
D,L-Weinsäure	206	(Zers.)

[1] Zerfällt schon bei T < 100 °C in CO_2 und Aceton [vgl. **MC-Fragen Nr. 1255, 1256**]
[2] Es erfolgt Anhydrid-Bildung (siehe ▶Kap. 3.13.3)

Viele Hydroxysäuren [Citronensäure, Weinsäure u. a.] sind zur Bildung von stabilen *Chelatkomplexen* mit zahlreichen Schwermetallionen befähigt. Sie werden deshalb häufig in der analytischen Chemie zur Maskierung dieser Ionen eingesetzt.

3.14.2.5 Reaktionen von Hydroxycarbonsäuren

Das chemische Verhalten dieser Substanzen ist gekennzeichnet durch das gleichzeitige Vorhandensein eines alkoholischen Hydroxyls und einer Carboxylgruppe. Sie zeigen die für beide Gruppen charakteristischen Reaktionen (siehe ▸Kap. 3.9.2.4 und ▸Kap. 3.13.3). Darüber hinaus ist ihr Reaktionsverhalten geprägt von der wechselseitigen Beeinflussung beider funktioneller Gruppen.

Eine besondere Eigenschaft der **α**-Hydroxycarbonsäuren ist ihr Verhalten gegenüber Schwefelsäure. Verwendet man konz. H_2SO_4, so erfolgt eine *Decarbonylierung*, während mit verd. H_2SO_4 Ameisensäure abgespalten wird.

$$\text{R-CH(OH)-COOH} \rightarrow \text{R-CH=O} + [\text{HCOOH}] \rightarrow \text{CO} + H_2O$$

Dehydratisierung: Hydroxysäuren spalten beim Erhitzen – insbesondere in saurer Lösung – leicht Wasser ab. Je nach der Stellung der beiden funktionellen Gruppen zueinander entstehen unterschiedliche Produkte.

α-Hydroxycarbonsäuren bilden unter intermolekularer Dehydratisierung Derivate des 1,4-Dioxan-2,5-dions, sog. *Lactide* [vgl. **MC-Fragen Nr. 1216, 1234**].

$$2\ R_2C(OH)\text{-}COOH \xrightarrow{-2H_2O} \text{Lactid}$$

β-Hydroxysäuren spalten intramolekular Wasser ab. Da die Konjugation einer Doppelbindung mit der C=O-Gruppe einer Säure weit weniger stabilisierend ist als mit der Carbonylgruppe eines Aldehyds oder Ketons, entstehen bei der Dehydratisierung von 3-Hydroxysäuren neben α,β-ungesättigten auch β,γ-ungesättigte Carbonsäuren [vgl. **MC-Fragen Nr. 1216, 1234**].

$$\underset{}{R-\overset{\gamma}{C}H_2-\overset{\beta}{C}HOH-\overset{\alpha}{C}H_2-COOH} \xrightarrow{-\ H_2O} R\overset{\gamma}{C}H=\overset{\beta}{C}H-CH_2-COOH + RCH_2-\overset{\beta}{C}H=\overset{\alpha}{C}H-COOH$$

Beispielsweise dehydratisiert **Äpfelsäure** beim raschen Erhitzen auf 250 °C zur *cis*-konfigurierten **Maleinsäure** [vgl. **MC-Frage Nr. 1125**].

$$\begin{array}{c} HO-CH_2-COOH \\ | \\ CH_2-COOH \end{array} \xrightarrow{\Delta} \begin{array}{c} HC-COOH \\ \| \\ HC-COOH \end{array} + H_2O$$

Äpfelsäure → **Maleinsäure**

Bei **γ**- und **δ**-*Hydroxycarbonsäuren* erfolgt eine intramolekulare Eliminierung von Wasser unter Bildung von *γ*- bzw. *δ-Lactonen.* Die Lacton-Bildung ist wie die normale Veresterung ein Gleichgewichtsprozess [vgl. **MC-Fragen Nr. 1216, 1330**].

-C-C-C-C=O (OH … OH) → γ-Lacton ; -C-C-C-C-C=O (OH … OH) → δ-Lacton

γ-Lacton δ-Lacton

Sind Hydroxylgruppe und Carbonylfunktion noch weiter voneinander entfernt, bilden sich beim Erwärmen der Hydroxysäuren keine Lactone sondern *Polyester,* weil die Bildungstendenz cyclischer Verbindungen mit mehr als sechs Ringgliedern gering ist.

Polyfunktionelle Hydroxysäuren zeigen mitunter ein etwas abweichendes Verhalten. Erhitzt man z. B. **D,L-Weinsäure** (Traubensäure, 2,3-Dihydroxybutandisäure) mit *Kaliumhydrogensulfat,* so entsteht **Brenztraubensäure**, wobei zunächst durch protonenkatalysierte Dehydratisierung (β-Eliminierung) **Hydroxymaleinsäure** gebildet wird, die zu **Oxalessigsäure** tautomerisiert. Letztere decarboxyliert als β-Ketosäure unter den Pyrolysebedingungen leicht zu Brenztraubensäure [vgl. **MC-Fragen Nr. 1213, 1214, 1253, 1254**].

$$\begin{array}{c} HO-CH-COOH \\ | \\ HO-CH-COOH \end{array} \xrightarrow{-\ H_2O} \begin{array}{c} CH-COOH \\ \| \\ C(OH)-COOH \end{array} \rightleftharpoons \begin{array}{c} CH_2-COOH \\ | \\ O=C-COOH \end{array} \xrightarrow{-\ CO_2} \begin{array}{c} CH_3 \\ | \\ O=C-COOH \end{array}$$

D,L-Weinsäure → Hydroxymaleinsäure ⇌ Oxalessigsäure → Brenztraubensäure

Beim Erhitzen von **Citronensäure** auf 175 °C erfolgt – wie erwartet – eine intramolekulare Dehydratisierung zu **Aconitsäure** [vgl. **MC-Frage Nr. 1125**].

$$\begin{array}{c} CH_2-COOH \\ | \\ HO-C-COOH \\ | \\ CH_2-COOH \end{array} \xrightarrow{-\ H_2O} \begin{array}{c} CH-COOH \\ \| \\ C-COOH \\ | \\ CH_2-COOH \end{array}$$

Aconitsäure

Demgegenüber wird beim Einwirken von konz. H_2SO_4 auf **Citronensäure** eine *Dehydratisierung* unter gleichzeitiger *Decarbonylierung* zu **Acetondicarbonsäure** beobachtet. Letztere spaltet bei längerem Erhitzen nochmals zwei Moleküle CO_2 ab und geht in **Aceton** über.

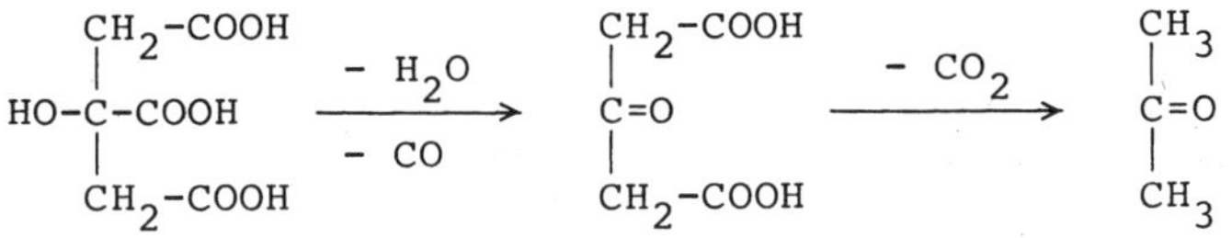

```
  CH2-COOH                  CH2-COOH                   CH3
  |          - H2O          |             - CO2        |
HO-C-COOH  --------->       C=O         ---------->    C=O
  |          - CO           |                          |
  CH2-COOH                  CH2-COOH                   CH3
                       Acetondicarbonsäure
```

3.14.3 Darstellung und Reaktionsverhalten von Lactonen und Lactamen

Lactone sind als innere (cyclische) Ester aufzufassen, die formal aus Hydroxycarbonsäuren durch intramolekulare Wasserabspaltung entstehen. Man untergliedert in α-, β-, γ-, δ- oder höhergliedrige Lactonen. Eine entsprechende Untergliedering gilt auch für *Lactame*, die man als innere (cyclische) Amide ansehen kann. In Lactamen ist der Ringsauerstoff der Lactone durch eine NH- oder NR-Gruppierung ersetzt [vgl. **MC-Fragen Nr. 777, 1217–1224, 1226, 1232, 1233, 1236, 1343, 1798**].

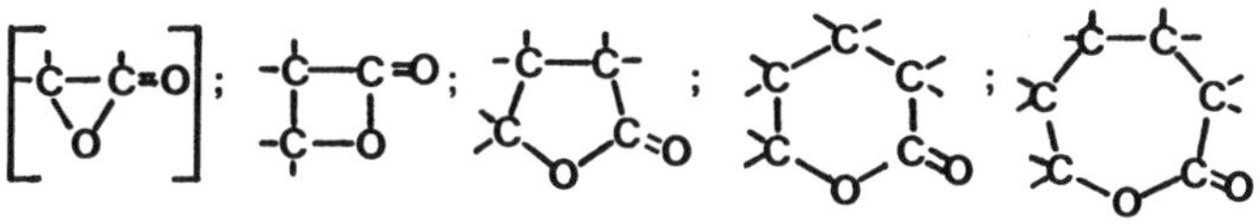

α-, β-, γ-, δ-, ε-Lacton

Die Benennung von Lactonen erfolgt in der Art, dass man an den Namen des nicht-hydroxylierten Alkans gleicher C-Zahl die Endung *-olid* anhängt. Dabei wird die Stellung des die Hydroxylgruppe tragenden C-Atoms, das am Ringschluss beteiligt ist, als Zahlenwert der Endung -olid vorangestellt, z. B. β-Propiolacton = Propan-3-olid, γ-Butyrolacton = Butan-4-olid, usw.

Einige Lactone tragen wiederum Trivialnamen. Darüber hinaus können manche dieser Substanzen – wie die nachfolgenden Beispiele belegen – auch als Derivate von Heterocyclen aufgefasst werden [siehe ▸Kap. 3.15.1.1 und **MC-Fragen Nr. 1297, 1314, 1449, 1700**].

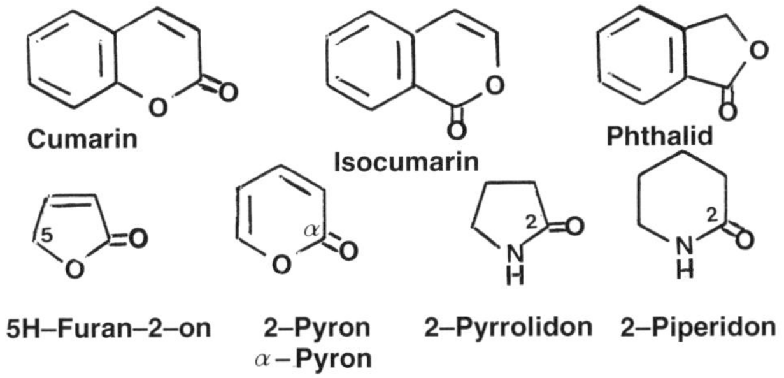

Cumarin   Isocumarin   Phthalid

5H-Furan-2-on   2-Pyron α-Pyron   2-Pyrrolidon   2-Piperidon

3.14.3.1 Darstellung von Lactonen und Lactamen

Während *α-Lactone* nur in Lösung als Intermediate bestimmter S_N-Reaktionen nachgewiesen wurden (siehe ▸Kap. 3.2.5.13), entstehen γ- und δ-Lactone leicht durch Dehydratisierung der entsprechenden Hydroxycarbonsäuren.

β-Lactone lassen sich nur mithilfe spezieller Methoden synthetisieren, z. B. durch Umsetzung von *Ketenen* mit *Aldehyden*.

```
                                  R2C——C=O
R2C=C=O    +    RCH=O    →           |    |           β-Lacton
 Keten                            RHC——O
```

Dabei führt die Umsetzung von Keten ($H_2C{=}C{=}O$) mit Formaldehyd ($H_2C{=}O$) zum Grundkörper der β-Lactone, dem **Propan-3-olid** *(β-Propiolacton)*. Die Dimerisierung von Keten selbst liefert hingegen **Diketen** *(β-Methylenpropiolacton)* [siehe ▸Kap. 3.2.14.4 und **MC-Fragen Nr. 510, 1228, 1230**].

In analoger Weise sind aus der Reaktion von Aldiminen oder Ketiminen mit Ketenen *β*-Lactame zugänglich [vgl. **MC-Frage Nr. 1234**].

```
                                     R2C——C=O
R2C=C=O    +    R2C=N-R'  →             |    |         β-Lactam
                                     R2C——N-R'
```

Höhergliedrige Lactone werden am besten durch Oxidation cyclischer Ketone mit Peroxomonoschwefelsäure (H_2SO_5) oder Peroxycarbonsäuren (RCO_3H) hergestellt (siehe ▸Kap. 3.2.16.4 „*Baeyer-Villiger-Oxidation*").

$$(CH_2)_n\,C{=}O \xrightarrow[-\,H_2SO_4]{+\,H_2SO_5} (CH_2)_n\,C{=}O \text{ (über O im Ring)}$$

Cycloalkanon → Lacton

Höhergliedrige Lactame erhält man durch *Ammonolyse* der entsprechenden Lactone mit NH_3 oder primären Aminen und nachfolgende Dehydratisierung der intermediär gebildeten Hydroxycarbonsäureamide bzw. sie entstehen durch Abspaltung von Wasser aus γ- oder δ-Aminosäuren [siehe ▸Kap. 3.17.3.4 und **MC-Fragen Nr. 1216, 1234**].

3.14.3.2 Eigenschaften und Reaktionen von Lactonen

Aufgrund des Fehlens von H-Brückenbindungen sieden Lactone niedriger als die entsprechenden Hydroxysäuren. Lactone reagieren neutral.

Die Reaktivität der Lactone ist überwiegend auf die Lacton-Funktion beschränkt. Bei ihrer *Reduktion* mit Natriumamalgam in saurer Lösung entstehen die betreffenden Carbonsäuren, während die Reduktion mit $LiAlH_4$ zu Diolen führt [vgl. **MC-Frage Nr. 311**].

```
                          LiAlH4      H2C——CH2        Na(Hg)
R-CH-CH2CH2-CH2OH   ←————————          |    |       ————————→   R-(CH2)3-COOH
  |                                  RHC    C=O      (H+)
  OH                                    \  /
                                         O
```

In wässrigem Medium sind Lactone relativ stabil. Die *Aufspaltung des Lactonringes* erfolgt jedoch leicht mit Halogenwasserstoffsäuren, Cyanwasserstoff, Natriumhydrogensulfit oder Stickstoff-Nucleophilen unter Bildung entsprechend substituierter Carbonsäure-Derivate. Bei der alkalischen Ringöffnung bilden sich Salze von Hydroxycarbonsäuren. Mit Ammoniak entstehen Hydroxycarbonsäureamide, die leicht zu *Lactamen* dehydratisieren. Mit Hydroxylamin reagieren Lactone zu Hydroxy-substituierten Hydroxamsäuren. Einige typische Ringöffnungsreaktionen von Lactonen seien nochmals am Beispiel der Reaktionen von **γ-Butyrolacton** (Butan-4-olid, α-Pyrrolidon) erläutert [vgl. **MC-Fragen Nr. 1156, 1229**].

γ-Butyrolacton $\xrightarrow{+NH_3}$ $HO-CH_2-CH_2-CH_2-C(=O)-NH_2$ $\xrightarrow{-H_2O}$ γ-Butyrolactam (α-Pyrrolidon)

γ-Butyrolacton $\xrightarrow{+HCl}$ $ClCH_2-CH_2-CH_2-COOH$ γ-Chlorbuttersäure

γ-Butyrolacton $\xrightarrow{HO^-/H_2O}$ $HO-CH_2-CH_2-CH_2-COO^-$ 4-Hydroxybutyrat

γ-Butyrolacton $\xrightarrow{H_2NOH}$ $HO-CH_2-CH_2-CH_2-CONHOH$ 4-Hydroxybutanhydroxamsäure

In analoger Weise führt die hydrolytische *Ringöffnung* von *Lactamen* zu Aminosäuren.

3.14.4 Darstellung von Ketocarbonsäuren

3.14.4.1 Herstellung von α-Ketocarbonsäuren

Als allgemein anwendbare Methoden zur Synthese von α-Ketosäuren können herangezogen werden die:

(1) Oxidation von α-Hydroxycarbonsäuren [R-CHOH-COOH].

(2) Hydrolyse von *Acylcyaniden* [R-CO-CN], die durch Umsetzung von Säurechloriden mit Cyanidionen zugänglich sind [vgl. **MC-Frage Nr. 1148**].

$$R\text{-}COCl + CN^- \rightarrow R\text{-}CO\text{-}CN \rightarrow R\text{-}CO\text{-}COOH$$

(3) Kondensation von Carbonsäureestern mit einem Oxalsäureester und anschließende Hydrolyse und Decarboxylierung des Kondensationsproduktes [siehe auch nachfolgende Abschnitte und **MC-Frage Nr. 1248**].

$$R\text{-}CH_2\text{-}COOR' + R'O\text{-}C(=O)\text{-}COOR' \rightarrow R\text{-}CH(COOR')\text{-}C(=O)\text{-}COOR' \rightarrow R\text{-}CH_2\text{-}\overset{\alpha}{C}(=O)\text{-}COOH$$

Die beiden einfachsten α-Oxocarbonsäuren können ausgehend von **Weinsäure** hergestellt werden. Deren Glycolspaltung mit Bleitetraacetat führt zu **Glyoxylsäure**, während beim Erhitzen mit $KHSO_4$ **Brenztraubensäure** entsteht.

$$\begin{array}{l} \text{HO-CH-COOH} \\ \quad | \\ \text{HO-CH-COOH} \\ \text{Weinsäure} \end{array} \begin{array}{l} \xrightarrow{+\ Pb(OAc)_4} 2\ \text{O=CH-COOH} \quad \text{Glyoxylsäure} \\ \xrightarrow{+\ KHSO_4} CH_3\text{-CO-COOH} \quad \text{Brenztraubensäure} \end{array}$$

3.14.4.2 Herstellung von β-Ketocarbonsäuren und ihren Estern

Zur Gewinnung dieser Substanzen können verschiedene Varianten der Esterkondensation dienen:

(1) Kondensation von 2 Mol Carbonsäureester *(Claisen-Reaktion)*. Beispielsweise führt die Selbstkondensation von Essigsäureethylester in Gegenwart von Natriumethanolat zu **Acetessigsäureethylester** (Ethyl-3-oxobutanoat, 3-Oxobutansäureethylester), in Kurzform „*Acetessigester*" genannt [vgl. **MC-Fragen Nr. 1238, 1240, 1243, 1248, 1260–1263**].

$$2\ CH_3\text{-}COOC_2H_5 \xrightarrow{(EtO^-)} \underset{\text{Acetessigester}}{CH_3\text{-}CO\text{-}CH_2\text{-}COOC_2H_5} + C_2H_5OH$$

Eine Alternative zur Herstellung von Acetessigester ist die Umsetzung von **Diketen** (β-Methylenpropiolacton, 4-Methylen-oxetan-2-on) mit Ethanol [vgl. **MC-Frage Nr. 1261**].

$$\begin{array}{l} H_2C\text{=}C\text{—}CH_2 \\ \quad\ \ |\quad\ \ | \\ \quad\ \ O\text{—}C\text{=}O \end{array} + C_2H_5OH \rightarrow CH_3\text{-}\underset{\underset{O}{\|}}{C}\text{-}CH_2\text{-}\underset{\underset{O}{\|}}{C}\text{-}O\text{-}C_2H_5$$

(2) Acylierung von Acetessigester mit Säurechloriden und nachfolgende Esterspaltung nach Hunsdiecker (siehe ▸Kap. 3.14.6.1).

$$CH_3\text{-}CO\text{-}CH_2\text{-}COOEt \xrightarrow{+\ R\text{-}COCl} CH_3\text{-}CO\text{-}\underset{\underset{O=C-R}{|}}{CH}\text{-}COOEt \rightarrow R\text{-}\underset{\underset{O}{\|}}{C}\text{-}CH_2\text{-}COOEt$$

3.14.4.3 Esterkondensation und verwandte Reaktionen

Die Esterkondensation zählt zu den aldolähnlichen Reaktionen. Dabei wird ein *Carbonsäureester* als *Carbonylkomponente* mit folgenden CH-aciden Verbindungen als *Methylenkomponente* zu *β-Dicarbonylverbindungen* umgesetzt [vgl. **MC-Frage Nr. 1248**]:

- mit *Carbonsäureestern* zu *β-Ketosäureestern*.

$$R\text{-}CH_2\text{-}\underset{\underset{O}{\|}}{C}\text{-}[OR' + H]\text{-}\underset{\underset{R}{|}}{CH}\text{-}COOR' \xrightarrow[-\ R'OH]{} R\text{-}CH_2\text{-}\underset{\underset{O}{\|}}{C}\text{-}\underset{\underset{R}{|}}{CH}\text{-}COOR'$$

Beispielsweise lässt sich – ausgehend von **Phenylessigsäure** bzw. ihrem Ethylester – das Racemat des **3-Oxo-2,4-diphenyl-buttersäureethylesters** auf folgendem Syntheseweg herstellen [vgl. **MC-Fragen Nr. 1246, 1247, 1276**]:

$$2\ C_6H_5\text{-}CH_2\text{-}COOH \xrightarrow[-\ H_2O]{+\ EtOH/H^+} 2\ C_6H_5\text{-}CH_2\text{-}COOEt$$

Phenylessigsäure → Phenylessigsäureethylester

$$\xrightarrow[-\ EtOH]{Toluen/NaOEt} C_6H_5\text{-}CH_2\text{-}\underset{\underset{O}{\|}}{C}\text{-}\overset{*}{\underset{\underset{C_6H_5}{|}}{C}}H\text{-}COOEt$$

D,L-3-Oxo-2,4-diphenylbuttersäureethylester

- mit *Ketonen* zu *β*-Diketonen (*1,3-Diketonen*).

$$R^1\text{-}\underset{\underset{O}{\|}}{C}\text{-}[OR' + H]\text{-}\underset{\underset{R^2}{|}}{C}H\text{-}\underset{\underset{O}{\|}}{C}\text{-}R^3 \xrightarrow[-\ R'OH]{} R^1\text{-}\underset{\underset{O}{\|}}{\overset{\beta}{C}}\text{-}\underset{\underset{R^2}{|}}{\overset{\alpha}{C}}H\text{-}\underset{\underset{O}{\|}}{C}\text{-}R^3$$

- mit *Nitrilen* zu *β*-Ketonitrilen.

$$R^1\text{-}\underset{\underset{O}{\|}}{C}\text{-}[OR' + H]\text{-}\underset{\underset{R^2}{|}}{C}H\text{-}CN \xrightarrow[-\ R'OH]{} R^1\text{-}\underset{\underset{O}{\|}}{C}\text{-}\underset{\underset{R^2}{|}}{C}H\text{-}CN$$

Die große präparative Bedeutung der Esterkondensation besteht darin, dass es auf diese Weise gelingt, unter *Knüpfung von C-C-Bindungen Verbindungen mit mehreren funktionellen Gruppen zu synthetisieren.*

Außer den genannten Substanzklassen können auch primäre und sekundäre *Nitroalkane* sowie einige Kohlenwasserstoffe vom Diphenylmethan- oder Fluoren-Typ als *Methylenkomponente* eingesetzt werden.

Als *Carbonylkomponente* dienen neben Alkancarbonsäureestern auch Kohlensäure-, Ameisensäure-, Oxalsäure- und Benzoesäureester.

Infolge der relativ geringen Carbonylaktivität der Esterfunktion erfordert die Reaktion die Anwesenheit eines stark basischen Kondensationsmittels (Alkalialkoholate, Alkaliamide, Alkalihydride u. a.). Eine Esterkondensation, die mit *Alkalialkoholaten* als Katalysator durchgeführt wird, bezeichnet man ganz allgemein als **Claisen-Kondensation** [vgl. **MC-Fragen Nr. 1077, 1240, 1243**].

Reaktionsmechanismus: Der Reaktionsablauf der Esterkondensation kann dreistufig formuliert werden, wobei jeder Teilschritt reversibel ist. Zunächst wird unter dem Einfluss des basischen Kondensationsmittels [RO^-Na^+] aus der Methylenkomponente [MK] ein mesomeriestabilisiertes *Carbanion* gebildet.

$$\underset{[MK]}{R\text{-}\overset{\alpha}{C}H_2\text{-}COOR'} \underset{-\ R'OH}{\overset{+\ R'O^-Na^+}{\rightleftharpoons}} \left[R\text{-}\overset{\ominus}{C}H\text{-}\underset{\underset{O}{\|}}{C}\text{-}OR' \longleftrightarrow R\text{-}CH{=}\underset{\underset{O^{\ominus}}{|}}{C}\text{-}OR'\right] Na^+$$

Carbanion

Anschließend erfolgt die *nucleophile Addition* des Carbanions an das Carbonyl-C-Atom der Carbonylkomponente [CK], wobei im intermediär auftretenden *cyclischen Komplex* das Metallkation als Koordinationszentrum fungiert. Dadurch wird

Organische Chemie

die Polarisation der Carbonylgruppe verstärkt. Im nachfolgenden *irreversiblen* Reaktionsschritt wird durch Abspaltung eines Alkoholmoleküls ein *Enolat-Ion* gebildet.

```
      OR'       R               R    H                            R
      |         |                \  /                             |
RCH2-C   +  ⊖|CH-COOR'  ⇌    R'O  C        C-OR'   - R'OH   R-CH2-C=C-C-OR'
      ‖         Na+               C   ‖          ------->          |   ‖
      O                      RCH2  |   O                 irr.      NaO  O
                                   O    
                                    Na
[CK]            [MK]                                            Enolat-Ion
```

Im abschließenden Reaktionsschritt wird das Enolat-Anion durch Ansäuern des Reaktionsgemischs in den β-Ketoester übergeführt.

```
                          + H+/-Na+                                          β
RCH2-C=C-COOR'      ------------------>  RCH2-C=C-COOR'  ⇌  RCH2-C-CH-COOR'
     | |             (Aufarbeitung)           | |                 ‖ |
   NaO R                                     HO R                 O R
Enolat-Ion                                   Enol              β-Ketoester
```

Das Gleichgewicht des ersten Teilschritts liegt weitgehend auf der Seite der Edukte. Trotzdem laufen Esterkondensationen mit befriedigenden Ausbeuten ab, weil als Endprodukt in einem *irreversiblen* Schritt ein *Enolat-Ion* gebildet wird. Aus diesem Grund gelingt die Esterkondensation in Anwesenheit von *Alkoholat als Base* nur dann, wenn die *Methylenkomponente ein enolisierbares Reaktionsprodukt* liefert, d. h., sie muss über mindestens *zwei acide H-Atome* am α-C-Atom verfügen [vgl. **MC-Frage Nr. 1239**].

Deshalb lässt sich z. B. **Isobuttersäureethylester** [$(CH_3)_2CH\text{-}COOEt$] *nicht* unter *Claisen-Bedingungen* zu einem β-Ketoester kondensieren. Nur bei Verwendung von wesentlich stärkeren Basen [Natriumamid, Triphenylmethannatrium] ist eine Kondensation möglich, weil dann bei der Enolisierung ein H-Atom vom γ-Kohlenstoff abgespalten werden kann, das wesentlich weniger acid ist.

```
                          + EtO−
2 (CH3)2CH−COOEt      ----------//-->  keine Kondensation
Ethylisobutyrat       |
                      |   + NH2−     [      ⊖  O  CH3                   ⊖O  CH3        ]
                      -------------> [ (CH3)2C−C−C−COOEt  <-->  (CH3)2C=C−C−COOEt ]
                                     [ Na+          CH3          Na+        CH3       ]
```

Eine weitere Voraussetzung für den Ablauf der Esterkondensation ist, dass das resonanzstabilisierte Enolat-Anion schwächer basisch ist als das verwendete Kondensationsmittel. Da das eingesetzte *Alkoholat* während der Reaktion verbraucht wird, sind mindestens *molare Mengen an Katalysator* erforderlich.

Das Gleichgewicht kann zugunsten des Reaktionsproduktes verschoben werden, wenn man mit alkoholfreiem Alkoholat kondensiert. Noch wirksamer ist, den während der Reaktion entstehenden Alkohol durch Abdestillieren laufend aus dem Gleichgewicht zu entfernen.

Zusammenfassung: Die **Esterkondensation** ist eine Gleichgewichtsreaktion, bei der ein Carbonsäureester als *Carbonylkomponente* fungiert. Die Reaktion ist eine wichtige Synthesemethode zur Knüpfung einer C-C-Bindung unter Bildung eines polyfunktionellen β-Ketocarbonsäureesters. Die Esterkondensation gelingt mit einem basischen Kondensationsmittel vor allem dann, wenn die eingesetzte *Methylenkomponente* (Ester, Keton, Nitril) über zwei acide Wasserstoffatome verfügt, sodass im abschließenden irreversiblen Reaktionsschritt ein mesomeriestabilisiertes *Enolat-Ion* gebildet werden kann. Dieser abschließende irreversible Schritt unter Bildung des Enolat-Ions ist die treibende Kraft für die gesamte Esterkondensation. Von **Claisen-Reaktion** spricht man, wenn als basisches Kondensationsmittel ein Alkalialkanolat verwendet wird.

Die Bedeutung der Bildung des Enolat-Ions für den Ablauf der Esterkondensation soll nochmals am Beispiel der Synthese von **Acetessigester** durch Selbstkondensation von **Essigsäureethylester** (**Ethylacetat**) unter der Katalyse von Natriumethanolat (EtO^-Na^+) verdeutlicht werden. Voraussetzung für das Gelingen der Reaktion ist, dass die stärkere Säure *Acetessigester* ($pK_s = 11$) die schwächere Säure *Ethanol* ($pK_s = 16$) aus ihrem Salz freisetzt unter Bildung der korrespondierenden Base **Natriumacetessigester**. Die Gleichgewichtskonstante für diesen abschließenden Teilschritt beträgt etwa $K = 10^5$.

```
                        (EtO⁻)          O                 + EtO⁻          O⁻
                                        ‖                                 |
2 CH3COOEt          ⇌               CH3C-CH2COOEt      ────────→      CH3C=CHCOOEt + EtOH
                                                         [K]
                                    Acetessigester                             Ethanol
                                    [stärkere Säure]                  [schwächere Säure]
```

Kondensationen mit Kohlensäure-, Ameisensäure- und Oxalsäureestern: Diese Ester besitzen eine hohe Carbonylreaktivität, sie verfügen jedoch über keine α-ständige Methylengruppe. Daher reagieren diese Ester in *gemischten (gekreuzten) Esterkondensationen* mit anderen Carbonsäureestern *stets* als Carbonylkomponente. Auch aromatische Ester wie z. B. **Benzoesäureethylester** [C_6H_5-$COOC_2H_5$] fungieren ausschließlich als Carbonylkomponente.

```
R'O-C-[OR' + H]-CH-X  →  R'O-C-CH-X       [X = COOR', COR'', CN]
    ‖           |             ‖ |
    O           R             O R
Kohlensäureester

R'O-C-C-[OR'  +  H]-CH-X  →  R'O-C-C-CH-X
    ‖ ‖             |            ‖ ‖ |
    O O             R            O O R
Oxalsäureester

H-C-[OR' +  H]-CH-X  →  H-C-CH-X   ⇌   H-C=C-X
  ‖            |          ‖ |            | |
  O            R          O R           HO R
Ameisensäureester
```

Organische Chemie

Das Gesamtresultat einer gemischten Claisen-Kondensation zweier Carbonsäureester lässt sich durch folgende Formelgleichung wiedergeben:

$$R^1\text{-CO-[OR' + H]-CR}^2\text{R}^3\text{-COOR'} \rightarrow R^1\text{-CO-CR}^2\text{R}^3\text{-COOR'}$$

Die besten Ergebnisse erzielt man, wenn R^1 keinen α-ständigen Wasserstoff enthält und weder R^2 noch R^3 ein H-Atom darstellen.

Die aus einem *Oxalsäureester* und einem *Carbonsäureester* erhaltenen Tricarbonylverbindungen decarbonylieren beim Erhitzen auf 120 °C unter Bildung *substituierter Malonsäureester.* Die direkte Hydrolyse der Kondensationsprodukte und nachfolgende Decarboxylierung liefert α-Ketosäuren [vgl. **MC-Frage Nr. 1248**].

$$\underset{\text{Carbonsäureester}}{R\text{-CH}_2\text{-COOR'}} + \underset{\text{Oxalester}}{R'\text{OOC-COOR'}} \xrightarrow{-\,R'OH} R\text{-CH(COOR')-CO-COOR'}$$

$$R\text{-CH(COOR')-CO-COOR'} \xrightarrow[-\,CO]{120\ ^\circ C} RCH(COOR')_2 \quad \text{Malonsäureester}$$

$$R\text{-CH(COOR')-CO-COOR'} \xrightarrow[-\,CO_2]{+\,H_2O} R\text{-CH}_2\text{-CO-COOH} \quad \alpha\text{-Ketosäure}$$

Als Beispiel einer gemischten Esterkondensation zwischen einem *Oxalsäureester* und einem *Keton* sei die Umsetzung von **Cyclohexanon** zu einem **Cyclohexanon-2-carbonsäureester** genannt.

Cyclohexanon + ROOC-COOR —(-ROH)→ 2-(C(=O)-COOR)-cyclohexanon —(-CO)→ 2-COOR-cyclohexanon

Cyclohexanon

• Dieckmann-Kondensation

Bei dieser Variante einer *intramolekularen Esterkondensation* wird die Carbonylgruppe von einem im gleichen Molekül erzeugten negativ geladenen C-Atom unter Ringschluss angegriffen [vgl. **MC-Fragen Nr. 1241, 1244**].

$$R\text{-C(=O)-CR}_2^{\ominus} + R\text{-C(=O)-OR'} \xrightarrow[-\,R'O^-]{} R\text{-C(=O)-CR}_2\text{-C(=O)-R} \quad \text{Claisen (intermolekular)}$$

$$R\text{-C(=O)-CR}^{\ominus}\text{(—)} \ \ \text{C(=O)-OR'} \xrightarrow[-\,R'O^-]{} R\text{-C(=O)-CR(—)-C(=O)} \ \text{(Ring)} \quad \text{Dieckmann (intramolekular)}$$

Aus sterischen Gründen ist die Bildung fünf- und sechsgliedriger, spannungsfreier Ringsysteme bevorzugt.

Beispielsweise ergibt die Dieckmann-Reaktion eines *Adipinsäureesters* einen Cyclopentanon-2-carbonsäureester, und aus einem *Pimelinsäureester* entsteht das entsprechende Cyclohexanon-Derivat. Durch saure Hydrolyse dieser Ester und die anschließende Decarboxylierung der gebildeten freien β-Ketosäuren erhält man *Cycloalkanone.*

Adipinsäureester → Cyclopentanon

Pimelinsäureester → Cyclohexanon

Demgegenüber verläuft die Esterkondensation eines *Bernsteinsäureesters* zunächst intermolekular; dem schließt sich jedoch im zweiten Schritt die intramolekulare Reaktion an unter Bildung eines Cyclohexan-2,5-dion-1,4-dicarbonsäureesters.

Bernsteinsäureester

3.14.5 Reaktionsverhalten von Ketocarbonsäuren

Keto-Enol-Tautomerie: Über die Keto-Enol-Gleichgewichte von β-Dicarbonylverbindungen, insbesondere deren Abhängigkeit von strukturellen Faktoren oder von Lösungsmitteleinflüssen wurde bereits im ▸Kap. 3.2.15.5 berichtet.

α-Ketosäuren: α-Ketocarbonsäuren sind in freiem Zustand *beständig.* Sie zeigen die Eigenschaften ihrer funktionellen Gruppen. Eine für α-Ketosäuren typische Reaktion ist die Eliminierung von Kohlenmonoxid (*Decarbonylierung*) beim Erhitzen mit konz. H_2SO_4 [vgl. **MC-Fragen Nr. 1012, 1248, 1249**].

$$\text{R-CO-COH} \rightarrow \text{R-COOH} + \text{CO}$$

- **Brenztraubensäure** (α-Ketopropionsäure, 2-Oxopropansäure) [$\mathbf{CH_3\text{-}CO\text{-}COOH}$] ist eine farblose, mit Wasser mischbare Flüssigkeit [Sdp. 165 °C]. Ihre Acidität [pK_s = 2,49] ist höher als die von Milchsäure [pK_s = 3,90] und Propionsäure [pK_s = 4,87]. Ihre Salze heissen **Pyruvate**.

Brenztraubensäure lässt sich zu Milchsäure reduzieren. Beim Behandeln mit verd. H_2SO_4 bei 150 °C zerfällt sie in **Acetaldehyd** und CO_2, während sie beim Erhitzen mit konz. H_2SO_4 zu **Essigsäure** decarbonyliert [vgl. **MC-Fragen Nr. 982, 1012, 1251, 1252**].

$$\underset{\text{Acetaldehyd}}{CH_3\text{-}CH{=}O} \xleftarrow[-\ CO_2]{\text{verd. } H_2SO_4} \underset{\text{Brenztraubensäure}}{CH_3\text{-}CO\text{-}COOH} \xrightarrow[-\ CO]{\text{konz. } H_2SO_4} \underset{\text{Essigsäure}}{CH_3\text{-}COOH}$$

β-Ketosäuren: Im Gegensatz zu α-Ketosäuren sind β-Ketocarbonsäuren im freien Zustand *instabil* und decarboxylieren leicht. Die *Decarboxylierung* läuft nach einem cyclischen Mechanismus ab [siehe ▸Kap. 3.2.10.7 und **MC-Fragen Nr. 1249–1251, 1255**].

$$\text{R-CO-CH}_2\text{-COOH} \rightarrow \text{R-CO-CH}_3 + \text{CO}_2\uparrow$$

Wichtiger als die freien β-Ketosäuren sind ihre Ester, die wertvolle Synthesebausteine darstellen (siehe nachfolgendes Kapitel).

- **Acetessigsäureethylester** (Ethyl-3-oxobutanoat, 3-Oxobutansäureethylester, Kurzform: „*Acetessigester*") [**CH_3-CO-CH_2-$COOCH_2CH_3$**], der wichtigste β-Ketoester, ist eine farblose Flüssigkeit [Sdp. 180 °C], die unverdünnt und bei Raumtemperatur überwiegend in der Keto-Form (zu ca. 92 %) vorliegt.

Das Enol des Acetessigesters, das durch eine intramolekulare Wasserstoffbrücke stabilisiert ist, lässt sich durch Behandeln mit Brom in **α-Bromacetessigsäureethylester** [CH_3-CO-CHBr-$COOCH_2CH_3$] überführen und zeigt eine positive Eisen(III)-chlorid-Reaktion. Keto- und Enolform des Acetessigesters lassen sich bei tiefen Temperaturen trennen [vgl. **MC-Fragen Nr. 1249, 1259**].

Die Ketogruppe des Acetessigesters reagiert mit den üblichen Carbonylreagenzien. Mit *Phenylhydrazin* bildet sich zunächst das normale Phenylhydrazon, das aber in einem nachfolgenden Reaktionsschritt unter Abspaltung von Ethanol zu **1-Phenyl-3-methyl-pyrazolin-5-on** cyclisiert [siehe ▸Kap. 3.15.3.2 und **MC-Fragen Nr. 1260, 1261, 1357**].

Die *aktivierte Methylengruppe* des Acetessigesters lässt sich nach gängigen Methoden elektrophil substituieren. Beispielsweise reagiert die CH_2-Gruppe mit Salpetriger Säure zu **Isonitrosoaceton**, dem Monoxim des Methylglyoxals [CH_3-CO-CH=O].

```
                      (HNO2)                              (H2O)
CH3-C-CH2-COOEt    --------->   CH3-C-C-COOEt    ------------->   CH3-C-C-H
    ||                              ||  ||          - EtOH             ||  ||
    O                               O  N-OH         - CO2              O  N-OH
                                Isonitroso-                       Isonitroso-
                                acetessigester                    aceton
```

Wie jede Säure bildet Acetessigester mit metallischem Natrium unter Wasserstoffentwicklung ein Salz, den **Natriumacetessigester**, dessen *ambidentes Anion* resonanzstabilisiert ist. Natriumacetessigester entsteht auch beim Behandeln von Acetessigester mit Natriumethanolat [vgl. **MC-Fragen Nr. 1249, 1259–1263, 1265**].

```
[          ⊖                                                    ]
[  H3C-C-CH-C-OCH2CH3    <-->    H3C-C=CH-C-OCH2CH3             ]
[      ||   ||                       |     ||                   ]
[      O    O                        O⊖    O                    ]  Na+
        Natriumacetessigester
```

Mit Iod reagiert Acetessigester zu **Diacetylbernsteinsäureester** [vgl. **MC-Frage Nr. 1264**].

```
                           + I2  (NaOH)
2 CH3CO-CH2-COOEt    ------------------->   CH3-CO-CH-COOEt
                           - 2 HI                  |
                                            CH3-CO-CH-COOEt
```

3.14.6 Reaktionen von CH-aciden Carbonsäure-Derivaten

3.14.6.1 Alkylierung und Acylierung von β-Dicarbonylverbindungen

β-Dicarbonylverbindungen (β-Diketone, β-Ketoester, Malonester) besitzen eine *reaktive, acide Methylengruppe,* die in Gegenwart basischer Katalysatoren *acyliert* oder *alkyliert* werden kann. Die erhaltenen Produkte lassen sich auf unterschiedliche Weise spalten, sodass mit dieser Reaktionsfolge eine Vielzahl von Stoffklassen zugänglich sind.

- **Acylierung**: Hierbei reagieren die Metallenolate von β-Dicarbonylverbindungen mit aliphatischen oder aromatischen *Säurechloriden* zu *α-Acyl-β-dicarbonyl-Derivaten*. Unter bestimmten Bedingungen wird neben der **C-Acylierung** eines Carbanions auch eine **O-Acylierung** am Enolat-Sauerstoff beobachtet. Vor allem die Acylierung der *freien* β-Dicarbonylverbindungen in *Pyridin* führt zu den O-acylierten *Enolestern* [vgl. **MC-Fragen Nr. 1261, 1265**].

```
                                - NaCl          α
R-C=CH-COOR'  +  R''C-Cl  ----------------->  R-C-CH-COOR'     (C-Acylierung)
  |                  ||     |                   || |
  O⁻Na⁺              O      |                   O CO-R''
β-Ketoester                 |                 α-Acyl-β-ketoester
(Enol-Form)                 |
                            ----------------->  R-C=CH-COOR'     (O-Acylierung)
                                                  |
                                                  O-CO-R''
                                                Enolester
```

- **Esterspaltung nach Hunsdiecker**: In den durch **C-Acylierung** von β-Ketoestern hergestellten α-Acyl-β-ketoestern liegt gleichzeitig ein β-Diketon und ein β-Ketoester vor. Die Spaltung dieser Substanzen in alkoholischer Alkoholat-Lösung setzt stets an der β-Diketon-Struktur ein und führt zu einem neuen *β*-Ketocarbonsäureester. Formal wird mit dieser Reaktionssequenz der Rest [R] eines β-Ketoesters durch den Rest [R''] ersetzt.

```
                                          Esterspaltung
[R]-C-CH2-COOR'  →  R-C-CH-COOR'   ---------------------->  [R'']-C-CH2-COOR'
    ||                 || |              - RCOOR'                 ||
    O                  O CO-R''                                   O
```

- **Alkylierung**: CH-acide Verbindungen lassen sich alkylieren, wenn man sie in Anwesenheit basischer Katalysatoren mit Halogenalkanen, Alkylsulfaten oder Alkyltosylaten umsetzt. Es handelt sich hierbei um eine **S_N-Reaktion**, in der das Anion des CH-aciden Reaktanden als *ambidentes Nucleophil* fungiert [siehe ▸Kap. 3.2.5.9 und **MC-Fragen Nr. 1261, 1263, 1268**].

```
┌                  ┐                     α
  R-C-CH-COOR'           ┌─> R-C-CH-COOR' →  [Dialkylierung]
    ‖ ⊖  Na+     + R''X  │     ‖  |
    O          ──────────┤     O  R''
     ↕           - NaX   │  α-Alkyl-β-ketoester (C-Alkylierung)
  R-C=CH-COOR'           │
    |                    └─> R-C=CH-COOR'
    O⊖Na+                      |
└                  ┘           OR''
                             Enolether          (O-Alkylierung)
```

Als Beispiel sei die Ethylierung des **Benzoylessigsäureethylesters** in Gegenwart von Natriumethanolat angeführt.

$$C_6H_5\text{-CO-}CH_2\text{-}COOC_2H_5 \xrightarrow[+\ C_2H_5Br]{(NaOEt)} C_6H_5\text{-CO-}\underset{\displaystyle C_2H_5}{\underset{|}{CH}}\text{-}COOC_2H_5$$

α-Ethyl-benzoylethylacetat

Mit *primären Halogenalkanen* entstehen in einer **S_N2-Reaktion** nahezu ausschließlich **C-Alkylierungsprodukte**, während die Umsetzung mit sekundären Alkylhalogeniden neben der C-Alkylierung in gewissem Ausmaß unter Bildung von Enolethern auch zur *O-Alkylierung* führt. Darüber hinaus nimmt die Menge an O-Alkylierungsprodukten vom Alkylchlorid zum Alkyliodid hin deutlich ab. Erwartungsgemäß können *Arylhalogenide nicht* als Reagenzien verwendet werden. Selbst bei Einsatz äquimolarer Mengen an Alkylierungsmittel ist stets mit *Dialkylierungsprodukten* zu rechnen [vgl. **MC-Frage Nr. 1264**].

- **Spaltung von β-Dicarbonylverbindungen:** Da alle Teilschritte der Claisen-Kondensation reversibel sind, lassen sich β-Ketoester oder β-Diketone mit *alkoholischer Alkoholat-Lösung* wieder spalten (**Esterspaltung**). Für die Umkehrung der Claisen-Kondensation genügen katalytische Mengen an Alkoholat, da bei der Rückreaktion die Base nicht verbraucht wird.

```
                           OR'
                 + R'O⁻     | ↷            - RCOOR'          ⊖
R-C-CH-COOR'  ─────────>  R-C-CH-COOR'  ──────────>  R"-CH-COOR'
  ‖  |                    ↶‖  |                           |
  O  R"                   ⊖O  R"               + R'OH     |  -R'O⊖
                                                          ↓
β-Ketoester                                       R"-CH2-COOR'
                                                  subst. Essigester
```

Lässt man an Stelle von Alkoholaten eine *konzentrierte wässrige Alkalihydroxid-Lösung* auf β-Dicarbonylverbindungen einwirken, so läuft die Spaltung vollständig ab und man erhält nach Ansäuern *Carbonsäuren* als Reaktionsprodukte (**Säurespaltung**). Acetessigester selbst wird daher in Umkehrung seiner Bildung mit konzentrierter Natronlauge zu *Natriumacetat* gespalten [vgl. **MC-Fragen Nr. 1250, 1271**].

Als Nebenreaktion der Säurespaltung von β-Ketoestern tritt in erheblichem Maße die **Ketonspaltung** auf, bei der primär nur die Esterfunktion verseift wird und die entstehenden, instabilen *freien β-Ketosäuren* spontan CO_2 abspalten unter Bildung eines *Ketons*. Die Ketonspaltung erfolgt vor allem in *verdünnten Säuren oder Laugen* [vgl. **MC-Frage Nr. 1085**].

Die unterschiedlichen Spaltungsvarianten von substituierten β-Ketoestern führen somit zu folgenden Produkten [vgl. **MC-Frage Nr. 1265**]:

```
R—C—CH—COOR''  ──┬── Esterspaltung ──►  R—COOR''  +  R'—CH2—COOR''
  ‖   |          │
  O   R'         ├── Säurespaltung ──►  R—COOH  +  R'—CH2—COOH
 β-Ketoester     │
                 └── Ketonspaltung ──►  R—CO—CH2—R'
```

Die verschiedenen Möglichkeiten, β-Dicarbonylverbindungen für Synthesezwecke zu nutzen, sollen am Beispiel der Reaktionen des *Acetessigesters* und des *Malonesters* nochmals zusammenfassend vorgestellt werden.

3.14.6.2 Acetessigester-Synthesen

Die zur Estercarbonylgruppe α-ständigen H-Atome des Acetessigesters sind acid. Mit Natriumethanolat entsteht ein *resonanzstabilisiertes, ambidentes Anion (Natriumacetessigester),* das sowohl am carbanionischen Kohlenstoff (der Methylengruppe) als auch am enolischen Sauerstoff (der Carbonylgruppe) *elektrophil* angreifbar ist.

Alkylierung: Die Reaktionsbedingungen können so gewählt werden, dass die **C-Alkylierung** überwiegt. Die primär erhaltenen Monoalkylierungsprodukte lassen sich anschließend in analoger Weise zu Dialkylierungsprodukten substituieren.

```
CH3-C-CH2-COOEt    + NaOEt    [CH3-C-CH-COOEt  <-->  CH3-C=CH-COOEt]
    ‖             <======>         ‖ ⊖        Na+         |
    O              - EtOH          O                      O⊖
Acetessigester                Carbanion             Enolat-Anion
                                        Natriumacetessigester

+ R1X       CH3-C-CH-COOEt    >    [CH3-C=CH-COOEt]
------>         ‖ |                      |
- NaX           O R1                     OR1
            C-Alkylierung          O-Alkylierung
            α-Alkylacetessig-      Enolether
            ester
                                        R2
             |                          |
             |  + NaOEt                 |
             └──────────────►  CH3-C-C-COOEt   α-Dialkylacetessigester
                + R2X              ‖ |
                                   O R1
```

Beispielsweise reagiert Acetessigester mit **Bromessigsäureethylester** in Gegenwart von Natriumethanolat hauptsächlich zu folgendem Produkt [vgl. **MC-Frage Nr. 1268**]:

```
        O                    O                          O          O
        ‖                    ‖          - HBr           ‖          ‖
H5C2O-C-CH2-[Br  +  H]-CH-C-OC2H5   ------->   H5C2O-C-CH2-CH-C-OC2H5
                         |                                  |
                       O=C-CH3                            O=C-CH3
```

Durch die beiden benachbarten Carbonylfunktionen (–I-Effekt) sind in den α-Alkylacetessigester-Derivaten die vom Methylenkohlenstoff ausgehenden C-C-Bindungen gelockert und können leicht und auf unterschiedliche Weise gespalten werden.

$$CH_3-C(=O)-CH(R^1)-COOEt \xrightarrow[-\ HOAc]{\text{Säurespaltung}} R^1-CH_2-COOH$$

monosubst. Essigsäure

$$\alpha\text{-Alkylacetessigester} \xrightarrow{\text{Ketonspaltung}} \left[CH_3-C(=O)-CH(R^1)-COOH\right] \xrightarrow[-\ CO_2]{\Delta} CH_3-CO-CH_2-R^1$$

monosubst. Aceton

$$CH_3-C(=O)-C(R^1)(R^2)-COOEt \xrightarrow[-\ HOAc]{\text{Säurespaltung}} R^1R^2CH-COOH$$

disubst. Essigsäure

$$\alpha\text{-Dialkylacetessigester} \xrightarrow{\text{Ketonspaltung}} \left[CH_3-C(=O)-C(R^1)(R^2)-COOH\right] \xrightarrow[-\ CO_2]{\Delta} CH_3-CO-CHR^1R^2$$

disubst. Aceton

Die leichte Alkylierbarkeit des Methylen-C-Atoms zusammen mit den beiden Spaltungsmöglichkeiten substituierter Acetessigester eröffnet einen Syntheseweg sowohl in die Stoffklasse der *Ketone* als auch ein Verfahren zur Herstellung *substituierter Essigsäuren.* Während der Reaktionsfolge zur Darstellung von Ketonen eine große präparative Bedeutung zukommt, wird zur Synthese alkylierter Essigsäuren im Allgemeinen der Reaktionssequenz über die Verseifung und Decarboxylierung substituierter Malonester der Vorzug gegeben.

Die Acetessigester-Synthese von Ketonen führt zu einem Acetonmolekül, in dem ein oder zwei Wasserstoffatome gegen Alkylgruppen ausgetauscht sind.

Das *Synthesepotential von Acetessigester* soll mit den nachfolgenden Beispielen nochmals verdeutlicht werden, wobei anzumerken ist, dass die Monoalkylierungsprodukte des Acetessigesters *chirale* Verbindungen darstellen [vgl. **MC-Fragen Nr. 1267, 1269, 1270, 1272–1275, 1279, 1751**].

(1) $$CH_3-C(=O)-CH_2-COOEt \xrightarrow[+\ C_2H_5I]{(NaOEt)} CH_3-C(=O)-\overset{*}{C}H(CH_2CH_3)-COOEt \rightleftharpoons CH_3-C(OH)=C(CH_2CH_3)-COOEt$$

Acetessigester — α-Ethylacetessigester

$$\alpha\text{-Ethylacetessigester} \xrightarrow[+\ \text{konz. NaOH}]{\text{Säurespaltung}} CH_3CH_2-CH_2-COOH$$

Buttersäure

$$\alpha\text{-Ethylacetessigester} \xrightarrow[+\ \text{verd. NaOH}]{\text{Ketonspaltung}} CH_3CH_2-CH_2-CO-CH_3$$

Pentan-2-on (Methylpropylketon)

(2) $CH_3-C(=O)-CH(CH_2CH_2CH_3)-COOEt$ —Säurespaltung→ $CH_3CH_2CH_2-CH_2-COOH$

α-Propylacetessigester → Valeriansäure

(3) $CH_3-C(=O)-CH(CH_2-C_6H_5)-COOEt$ —Säurespaltung→ $C_6H_5-CH_2-CH_2-COOH$ 3-Phenylpropionsäure

α-Benzylacetessigester —+ verd. NaOH, Ketonspaltung→ $CH_3-CO-CH_2-CH_2-C_6H_5$ 4-Phenylbutan-2-on

(4) $CH_3-C(=O)-CH(CH_2CH(CH_3)_2)-COOEt$ —Ketonspaltung→ $(CH_3)_2CHCH_2-CH_2-CO-CH_3$

α-Isobutylacetessigester → 5-Methylhexan-2-on

Organische Chemie

Acylierung: Durch Einwirken von Säurechloriden (R' = Alkyl, Aryl) auf Natriumacetessigester bilden sich je nach den Versuchsbedingungen O- und C-Acylierungsprodukte. In Gegenwart von Pyridin beobachtet man vorzugsweise O-Acylierung, während in *polaren Lösungsmitteln* durch **C-Acylierung** praktisch ausschließlich *α*-Acylacetessigester gebildet werden. Diese können durch die *Esterspaltung nach Hunsdiecker* in neue *β*-Ketocarbonsäureester umgewandelt werden, in denen formal die Methylgruppe des Acetessigesters durch den Rest [R'] ersetzt wurde.

$CH_3-C(=O)-CH_2-COOEt$ (Acetessigester) —Acylierung, + R'COCl (NaOEt)→ $CH_3-C(=O)-\overset{\alpha}{C}H(CO-R')-COOEt$ (α-Acyl-acetessigester)

—Esterspaltung, − CH_3COOEt→ $R'-CO-CH_2-COOEt$ β-Ketoester

3.14.6.3 Malonester-Synthesen

Dieses Verfahren dient zur *Herstellung von Carbonsäuren.* Die Methylengruppe des **Malonsäurediethylesters** *(„Malonester")* ist durch den acidifizierenden Einfluss (–I-Effekt) der beiden Estercarbonyle stark aktiviert. Mit Alkalialkoholaten bildet sich ein mesomeriestabilisiertes Carbanion, das durch Alkylierungs- und Acylierungsmittel elektrophil substituierbar ist.

Alkylierung: Behandelt man das mesomere Anion mit Alkylhalogeniden, so kommt es zur stufenweisen C-Alkylierung, die zu mono- und disubstituierten *Alkylmalonestern* führt. Nach deren Hydrolyse (**Säurespaltung**) spalten die *thermolabilen* freien *Malonsäure-Derivate* leicht CO_2 ab unter Bildung *substituierter Essigsäuren* [vgl. **MC-Frage Nr. 1279**].

$$\underset{\text{Malonester}}{H_2C(COOEt)_2} \underset{-\ EtOH}{\overset{+\ NaOEt}{\rightleftharpoons}} \underset{\text{Carbanion}}{Na^+\ {}^{\ominus}|CH(COOEt)_2} \underset{-\ NaX}{\overset{+\ R'X}{\longrightarrow}}$$

$$\underset{\text{Alkylmalonester}}{R'CH(COOEt)_2} \xrightarrow{\text{Hydrolyse}} [R'CH(COOH)_2] \xrightarrow{-\ CO_2} \underset{\text{subst. Essigsäure}}{R'CH_2\text{-}COOH}$$

$$+\ NaOEt \downarrow R''X$$

$$\underset{\text{Dialkylmalonester}}{R''R'C(COOEt)_2} \underset{-\ CO_2}{\overset{\text{Hydrolyse}}{\longrightarrow}} \underset{\text{disubst. Essigsäure}}{R''R'CH\text{-}COOH}$$

Zum Beispiel liefert die Säurespaltung von **Dimethylmalonsäurediethylester α-Methylpropionsäure** (Isobuttersäure).

$$(CH_3)_2C(COOEt)_2 \rightarrow (CH_3)_2CH\text{-}COOH$$

Die Malonester-Synthese führt zu einer Essigsäure, in der ein oder zwei Wasserstoffatome gegen Alkylgruppen ersetzt wurden.

Mit *Dihalogenalkanen* kann die Alkylierung von Malonester auch zum Aufbau von Ringgerüsten genutzt werden. Beispielsweise erhält man bei der Umsetzung von **1,3-Dibrompropan** mit Malonester in Gegenwart von Natriumethanolat **Cyclobutan-1,1-dicarbonsäurediethylester** [vgl. **MC-Frage Nr. 510**].

$$\begin{matrix} H_2C\text{-}Br \\ | \\ H_2C\text{-}CH_2\text{-}Br \end{matrix} + H_2C(COOEt)_2 \underset{-\ 2\ HBr}{\overset{(Base)}{\longrightarrow}} \begin{matrix} H_2C - C(COOEt)_2 \\ |\quad\quad | \\ H_2C - CH_2 \end{matrix}$$

Acylierung: Die Umsetzung von Malonsäurediethylester mit Säurechloriden führt in Anwesenheit basischer Katalysatoren zu *Acylmalonestern,* die sich zu *Methylketonen* spalten lassen.

$$\underset{\text{Malonester}}{H_2C(COOEt)_2} \xrightarrow{+\ RCOCl} \underset{\text{Acylmalonester}}{R\text{-}CO\text{-}CH(COOEt)_2} \xrightarrow{\text{Säurespaltung}}$$

$$\underset{\text{Acylmalonsäure}}{R\text{-}CO\text{-}CH(COOH)_2} \xrightarrow[-\ CO_2]{} \underset{\text{β-Ketosäure}}{R\text{-}CO\text{-}CH_2\text{-}COOH} \xrightarrow[-\ CO_2]{} \underset{\text{Methylketon}}{R\text{-}CO\text{-}CH_3}$$

Als Beispiel sei die Umwandlung des **Benzoylmalonsäurediethylesters** in **Acetophenon** angeführt [vgl. **MC-Frage Nr. 1278**].

$$\underset{\text{Benzoylmalonester}}{C_6H_5\text{-}CO\text{-}CH(COOEt)_2} \rightarrow \underset{\text{Acetophenon}}{C_6H_5\text{-}CO\text{-}CH_3}$$

• **Knoevenagel-Reaktion**

Malonester kann als *Methylenkomponente* auch mit Aldehyden und Ketonen umgesetzt werden. Die nachfolgende Hydrolyse und Decarboxylierung der Reaktionsprodukte (R = Alkyl, Aryl) ermöglicht den Zugang zu α,β-ungesättigten Carbonsäuren, die sich zu *Alkansäuren* hydrieren lassen.

$$EtOOC-CH_2-COOEt$$

$$\xrightarrow{+\ R-CH=O} EtOOC-\underset{\underset{CH-R}{\|}}{C}-COOEt \xrightarrow{\text{Hydrolyse und Decarboxylierung}} R-CH=CH-COOH$$

$$\xrightarrow{+\ R_2C=O} EtOOC-\underset{\underset{CR_2}{\|}}{C}-COOEt \xrightarrow{\text{Hydrolyse und Decarboxylierung}} R_2C=C-COOH$$

Ein Beispiel für dieses Verfahren ist die Darstellung von **3-Phenylpropionsäure** aus **Benzaldehyd** [vgl. **MC-Fragen Nr. 1277, 1279**].

$$\underset{\text{Benzaldehyd}}{C_6H_5-CH=O} + \underset{\text{Malonester}}{CH_2(COOEt)_2} \rightarrow \underset{\text{Benzalmalonester}}{C_6H_5-CH=C(COOEt)_2} \rightarrow$$

$$\xrightarrow[-\ CO_2]{\text{Hydrolyse}} \underset{\text{Zimtsäure}}{C_6H_5-CH=CH-COOH} \xrightarrow{+\ H_2} \underset{\text{3-Phenylpropionsäure}}{C_6H_5-CH_2-CH_2-COOH}$$

• **Stobbe-Kondensation**

Auch Bernsteinsäureester reagieren mit Carbonylverbindungen (R = Alkyl, Aryl) in Gegenwart von Kalium-*tert*-butanolat im Sinne einer *Aldolreaktion*. Die Hydrolyse des Kondensationsproduktes mit Bromwasserstoffsäure liefert ein γ-Lacton bzw. eine β,γ-ungesättigte Carbonsäure, die sich beide zu gesättigten Monocarbonsäuren hydrieren lassen [vgl. **MC-Frage Nr. 1077**].

$$R_2C=O + \begin{matrix} H_2C-COOR' \\ | \\ H_2C-COOR' \end{matrix} \xrightarrow[-\ H_2O]{\text{Base}} \begin{matrix} R_2C=C-COOR' \\ | \\ H_2C-COOR' \end{matrix} \xrightarrow[-\ R'OH,\ -\ CO_2]{+\ HBr,\ H_2O}$$

$$\begin{matrix} H_2C - CH_2 \\ | \quad\quad | \\ R_2C \quad C=O \\ \setminus O / \end{matrix} \quad \text{oder} \quad R_2C=CH-CH_2-COOH \xrightarrow{[H]} \underset{\gamma\text{-substituierte Buttersäure}}{R_2CH-CH_2-CH_2-COOH}$$

3.15 Heterocyclen

3.15.1 Struktur und Nomenklatur

3.15.1.1 Einführung

Allen *Heterocyclen* ist gemeinsam, dass in ihr Ringgerüst neben Kohlenstoffatomen noch andere Atome, insbesondere **Stickstoff-, Sauerstoff-** und/oder **Schwefelatome**, eingebaut sind. Darüber hinaus sind Heterocyclen bekannt, die als Heteroatome B, Si, P, As oder Se enthalten. Es ist im Rahmen dieses Buches nur möglich, einen knappen Überblick über die wichtigsten Stoffgruppen zu geben, wobei wir uns auf **fünf-** und **sechsgliedrige Ringsysteme**, die N-, O- und/oder S-haltig sind, beschränken wollen.

Heterocyclen lassen sich einteilen in:

- nicht-aromatische Verbindungen (Heteroaliphaten),
- aromatische Verbindungen (Heteroarene, Hetarene),

wobei die letztgenannte Gruppe weiter unterteilt werden kann in:

- π-elektronenreiche Heteroaromaten,
- π-elektronenarme Heteroaromaten.

Einige Beispiele von *nicht-aromatischen Heterocyclen* sind in ◘Tab. 3.68 zusammengestellt. Diese Substanzen unterscheiden sich in ihren physikalischen und chemischen Eigenschaften kaum von ihren offenkettigen Analoga. So sind die mit Wasser mischbaren Verbindungen **Tetrahydrofuran** und **1,4-Dioxan** typische Ether; **Pyrrolidin** oder **Piperidin** sind typische sekundäre Amine. Die Eigenschaften dieser Substanzen wurden bereits im entsprechenden Kapitel der jeweiligen Stoffklasse besprochen [vgl. **MC-Fragen Nr. 834, 835, 842, 991, 992, 1028, 1154, 1304, 1311, 1312, 1320, 1331–1333, 1339–1341, 1372**].

Bei den *aromatischen Heterocyclen* erscheint es sinnvoll, sie in folgende Substanzgruppen zu untergliedern:

- Fünfring-Heteroaromaten mit einem Heteroatom einschließlich ihrer benzoanellierten Derivate,
- Fünfring-Heteroaromaten mit zwei und mehr Heteroatomen,
- Sechsringheteroaromaten mit einem Heteroatom einschließlich ihrer benzoanellierten Derivate,

- Sechsringheteroaromaten mit zwei und mehr Heteroatomen,
- bicyclische Heteroaromaten.

In ◻Tab. 3.69 sind einige Fünfring-Heteroaromaten mit einem Heteroatom zusammen mit ihren benzoanellierten Derivaten aufgelistet [vgl. **MC-Fragen Nr. 1286, 1292, 1293, 1305, 1320, 1321, 1326, 1327, 1329, 1331, 1341, 1384, 1793**].

◻ **Tab. 3.68 Ausgewählte nicht-aromatische Heterocyclen**

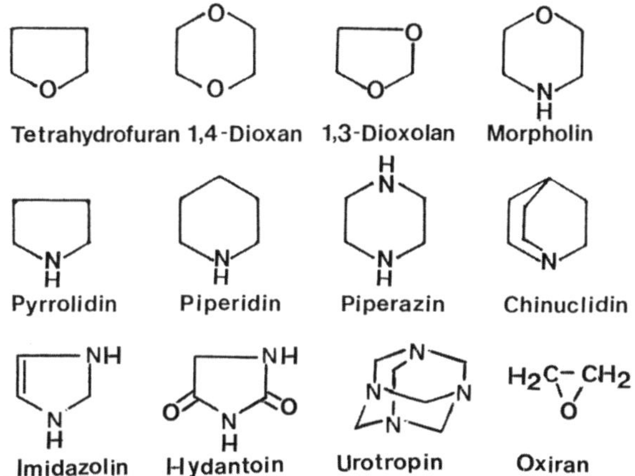

◻ **Tab. 3.69 Fünfring-Heteroaromaten mit einem Heteroatom und ausgewählte Derivate**

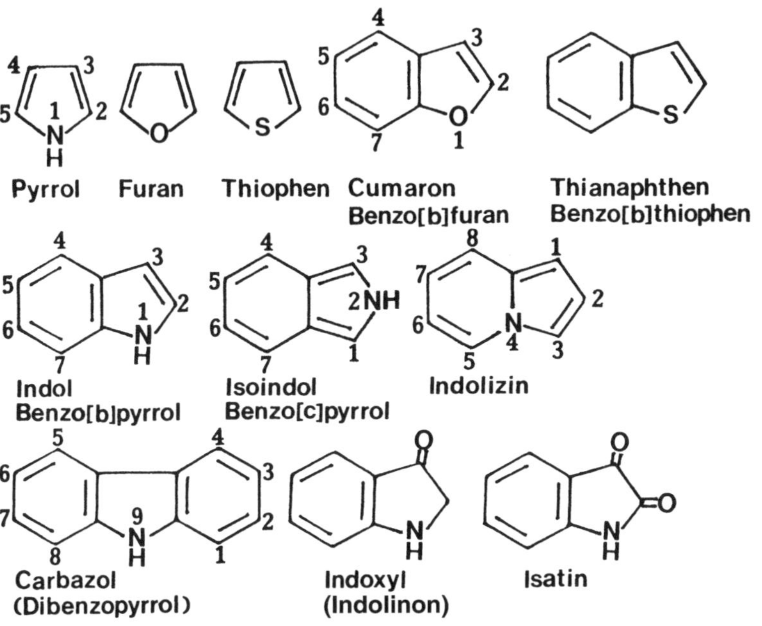

◻Tab. 3.70 enthält Fünfring-Heteroaromaten mit zwei und mehr Heteroatomen. Dazu zählen auch **Imidazol**-Derivate, die eine *cyclische Amidin*-Partialstruktur besitzen [vgl. **MC-Fragen Nr. 1280, 1282, 1289, 1303, 1308, 1321, 1322, 1324, 1334**].
◻Tab. 3.71 zeigt ausgewählte Sechsring-Heteroaromaten zusammen mit wichtigen Derivaten, insbesondere Pyridin-Verbindungen sowie benzoanellierte, sechsgliedrige Ringsysteme [vgl. **MC-Fragen Nr. 1288, 1296, 1297, 1306, 1313, 1314, 1317–1320, 1323, 1328, 1330, 1332, 1333, 1753**].
In ◻Tab. 3.72 sind einige Sechsring-Heteroaromaten mit zwei und mehr Heteroatomen zusammen mit wichtigen pharmazeutisch relevanten Pyrimidin-Derivaten abgebildet [vgl. **MC-Fragen Nr. 1281, 1283–1285, 1287, 1290, 1291, 1294, 1295, 1307, 1309, 1310, 1315, 1753**].
◻Tab. 3.73 zeigt eine Reihe pharmazeutisch bedeutsamer, bicyclischer Heterocyclen, von denen die **Purin**-Derivate wiederum über eine *cyclische Amidin*-Teilstruktur verfügen [vgl. **MC-Fragen Nr. 1298–1300, 1302, 1319, 1321, 1322, 1344**].

3.15.1.2 Nomenklatur

Wie die ◻Tab. 3.68–3.73 dokumentieren, umfasst die Nomenklatur der Heterocyclen eine Vielzahl von Namen für die individuellen Ringsysteme sowie *Trivialnamen* für spezielle Verbindungen.

Zwar existiert eine systematische Nomenklatur zur Bezeichnung dieser Verbindungen, jedoch wird sie häufig nur in den Fällen angewandt, in denen die übliche Nomenklatur für spezielle Namen unhandlich wird.

Die **IUPAC-Nomenklatur** versucht, die *Größe des Ringsystems,* den *Sättigungsgrad* und die *Natur des Heteroatoms* durch die Bezeichnung der betreffenden Verbindung eindeutig zu beschreiben. In dieser sog. *„a-Nomenklatur"* wird die Art des Heteroatoms durch eine *Vorsilbe* gekennzeichnet [*Oxa* = Sauerstoff, *Aza* = Stickstoff, *Thia* = Schwefel], wobei in Verbindung mit dem Wortstamm der Buchstabe „a" weggelassen wird. Die Ringgröße und der Sättigungsgrad wird durch den *Wortstamm* ausgedrückt.

◻ **Tab. 3.70 Fünfring-Heteroaromaten mit zwei und mehr Heteroatomen**

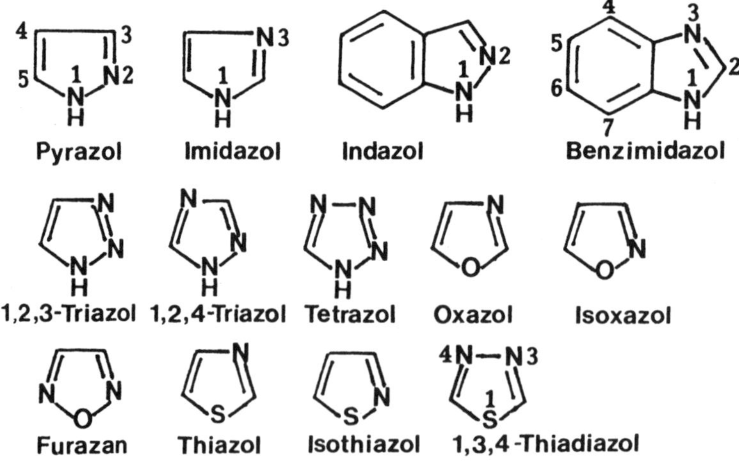

Tab. 3.71 Sechsring-Heteroaromaten mit einem Heteroatom und ausgewählte Derivate

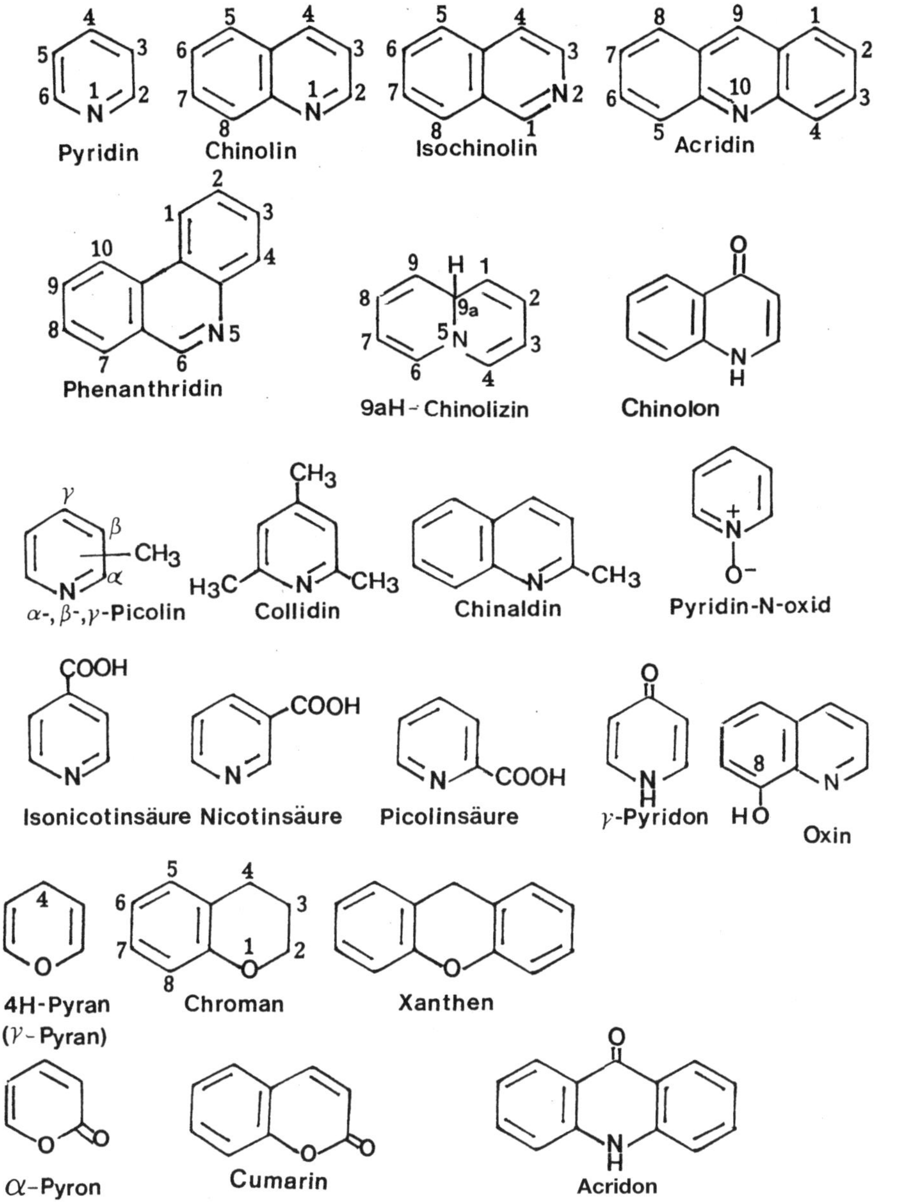

Pyridin, Chinolin, Isochinolin, Acridin, Phenanthridin, 9aH-Chinolizin, Chinolon, α-, β-, γ-Picolin, Collidin, Chinaldin, Pyridin-N-oxid, Isonicotinsäure, Nicotinsäure, Picolinsäure, γ-Pyridon, Oxin, 4H-Pyran (γ-Pyran), Chroman, Xanthen, α-Pyron, Cumarin, Acridon

Die wichtigsten Wortstämme sind in Tab. 3.74 aufgelistet. Sind mehrere identische Heteroatome im Ring enthalten, wird dies durch die Silben *di-*, *tri-*, *tetra-* usw. in Verbindung mit den jeweiligen Vorsilben kenntlich gemacht.

Bei mehreren Heteroatomen werden diese in abnehmender Reihenfolge entsprechend ihrer Stellung im PSE genannt. Sind carbocyclische mit heterocyclischen Ring-

Tab. 3.72 Sechsring-Heteroaromaten mit zwei und mehr Heteroatom und ausgewählte Pyrimidin-Derivate

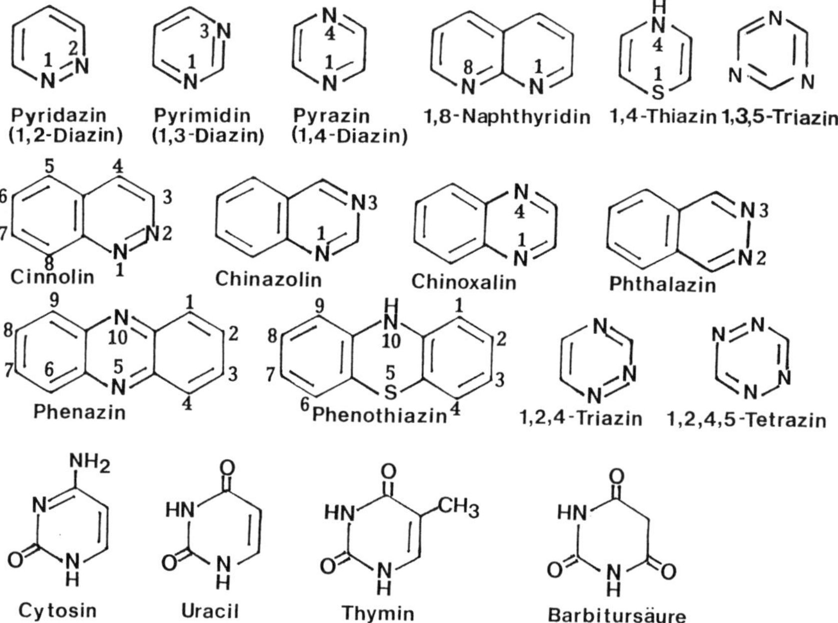

Tab. 3.73 Bicyclische Heterocyclen

Purin Pteridin Harnsäure

Adenin Guanin Hypoxanthin Xanthin

Theobromin Theophyllin Coffein

Tab. 3.74 Wortstämme zur Charakterisierung der Ringgröße und des Sättigungsgrades von Heterocyclen

Zahl der Ringatome	N enthaltende Ringe		Ringe ohne Stickstoff	
	ungesättigt	gesättigt	ungesättigt	gesättigt
3	-irin	-iridin	-iren	-iran
4	-etin	-etidin	-etin	-etan
5	-ol	-olidin	-ol	-olan
6	-in	[1]	-in	-an
7	-epin	[1]	-epin	-epan
8	-ocin	[1]	-ocin	-ocan

[1] Der gesättigte Charakter wird durch das Präfix „*Perhydro*" vor dem Wortstamm angegeben.

systemen kondensiert, soll als Stammverbindung stets der Heterocyclus gewählt werden. Für einige in den obigen Tabellen enthaltene Heterocyclen ergeben sich dadurch folgende systematische Bezeichnungen:

Oxolan (Tetrahydrofuran) – Azolidin (Pyrrolidin) – Azol (Pyrrol) – 1,2-Diazol (Pyrazol) – 1,3-Diazol (Imidazol) – 1,4-Diazin (Pyrazin) – usw.

Als weitere Beispiele sind anzuführen [vgl. **MC-Frage Nr. 1374**]:

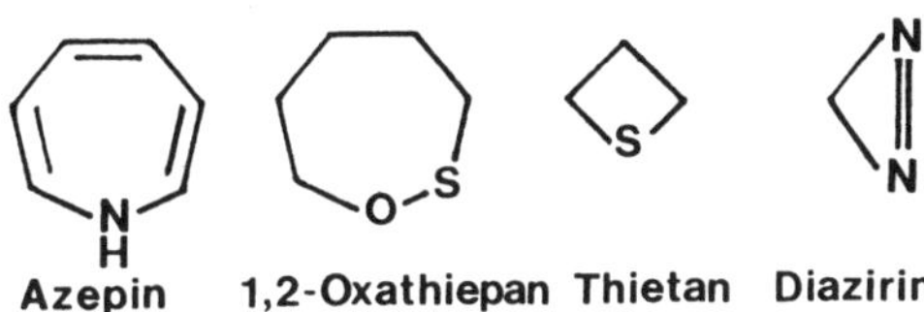

Über andere Bezeichnungsweisen von Heterocyclen wird auf die einschlägige Literatur zur „Nomenklatur organischer Verbindungen" verwiesen.

3.15.2 Eigenschaften von Heterocyclen

Im ▸Kap. 3.2.6.2 wurde der Einfluss diskutiert, den ein Substituent, der über ein N- oder O-Atom an einen Aromaten gebunden ist, auf die Elektronenverteilung des aromatischen Systems ausübt. Als wesentliches Ergebnis ist festzuhalten, dass je nach der Art des Substituenten die *π-Elektronendichte* an den einzelnen Ringpositionen erhöht oder vermindert wird, und dass dies durch *mesomere* und *induktive Effekte* zustandekommt.

Werden solche Heteroatome (N,O,S) selbst Glied eines Kohlenstoffringes, kommt es auch hier zu einer von Eins abweichenden π-Elektronendichte an den C-Atomen des Ringgerüstes, wobei gleichfalls induktive und mesomere Einflüsse die auslösenden Momente sind.

3.15.2.1 π-Elektronenüberschuss-Heteroaromaten

Der *aromatische Charakter* der drei Heterocyclen **Furan**, **Pyrrol** und **Thiophen** beruht darauf, dass die vier p-Elektronen der sp^2-hybridisierten C-Atome zusammen mit dem freien Elektronenpaar des gleichfalls sp^2-hybridisierten Heteroatoms ein delokalisiertes aromatisches *Elektronensextett* bilden [vgl. **MC-Fragen Nr. 1373, 1374, 1381–1383**].

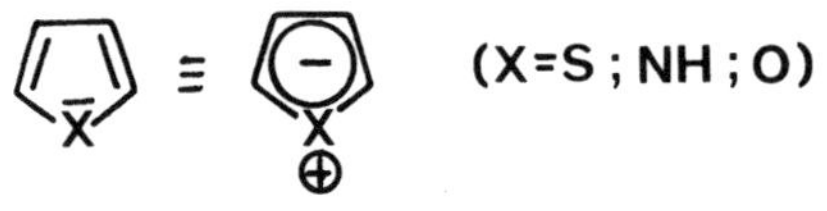

(X=S ; NH ; O)

Dennoch ist der aromatische Charakter der genannten Verbindungen weit weniger stark ausgeprägt als der des Benzens, weil bei diesen Substanzen die völlige Delokalisierung der π-Elektronen eine Ladungstrennung zur Folge hätte. Nach dem *VB-Modell* wird diese *unsymmetrische Ladungsverteilung* in Fünfring-Heteroaromaten dadurch zum Ausdruck gebracht, dass man – im Gegensatz zum Benzen – nur eine einzige *Grenzstruktur* formulieren kann, in der keine getrennten Ladungen auftreten.

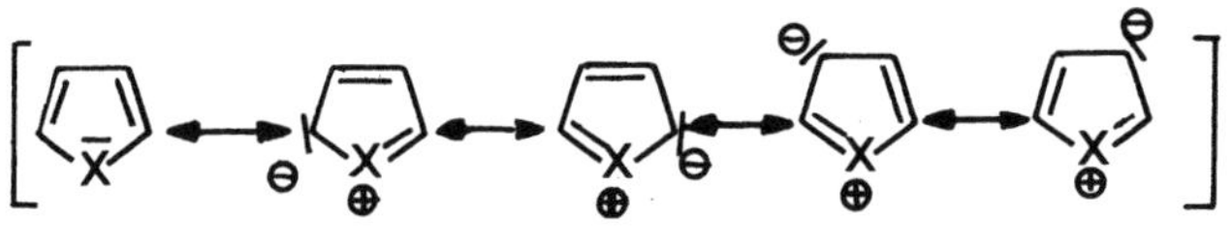

Die gezeigten Resonanzstrukturen besitzen unterschiedliche Energieinhalte und sind nicht gleichwertig. Je größer aber die Energiedifferenz zwischen den einzelnen Grenzstrukturen ist, desto geringer ist die Mesomerieenergie des betreffenden Ringsystems. Deshalb sind, wie ◘Tab. 3.75 ausweist, die *empirischen Resonanzenergien* der Fünfring-Heteroaromaten, die aus den *Verbrennungswärmen* abgeschätzt werden können, kleiner als die des Benzens (siehe auch ▸Kap. 3.1.10.2, ◘Tab. 3.5).

Aus der Beteiligung zwitterionischer Grenzstrukturen folgt, dass an den C-Atomen Elektronen akkumuliert sind, während das Heteroatom partiell an Elektronen verarmt. Das Heteroatom bewirkt in all diesen Fällen einen *π-Elektronenüberschuss an den Ring-C-Atomen* [6 Elektronen verteilen sich auf 5 und nicht wie im Benzen auf 6 Ringatome], über dessen Größe MO-Berechnungen Auskunft geben.

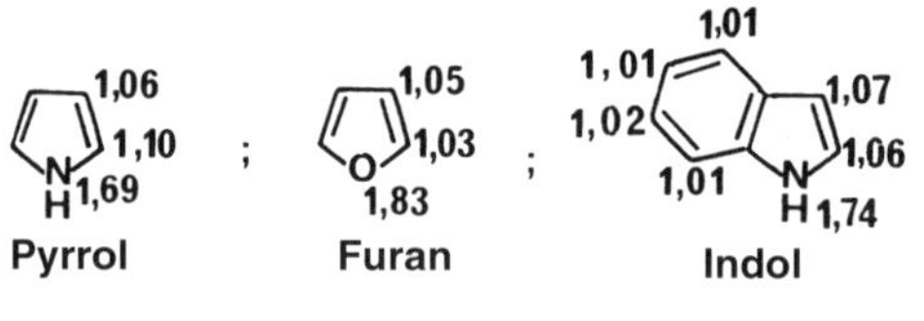

1,06 1,10 1,69 Pyrrol ; 1,05 1,03 1,83 Furan ; 1,01 1,01 1,02 1,01 1,07 1,06 1,74 Indol

Man erkennt, dass z. B. die *Kohlenstoffatome des Pyrrols* mit Werten von 1,10 und 1,06 eine höhere π-Elektronendichte aufweisen als die C-Atome des Benzens (Wert: 1,00), sodass für Pyrrol eine gesteigerte Reaktivität gegenüber elektrophilen Reagenzien zu erwarten ist. Dies wird durch die Praxis bestätigt.

Tab. 3.75 Mesomerieenergie einiger Fünfring-Heteroaromaten

Heteroaromat	Mesomerieenergie
Thiophen	121,8 kJ/mol
Pyrrol	90,4 kJ/mol
Furan	68,8 kJ/mol
[Benzen]	150,2 kJ/mol

Die Berechnungen zeigen ebenso den unterschiedlichen Einfluss des Heteroatoms. Zum Beispiel ist das Sauerstoffatom weit weniger als das Stickstoffatom befähigt, eines seiner freien Elektronenpaare für die Konjugation mit den übrigen π-Elektronen zur Verfügung zu stellen. Somit ist die Elektronendichte am *O-Atom des Furans* größer als die am N-Atom des Pyrrols (bei weitgehender Lokalisierung des freien Elektronenpaars am Heteroatom wäre der Wert 2,00 zu erwarten). Die Unterschiede in den Elektronendichten am Heteroatom im Furan und Pyrrol ist letztlich auf die *größere Elektronegativität des Sauerstoffs* zurückzuführen, dessen Neigung zur Elektronenabgabe deutlich geringer ist als die des Stickstoffs. Die geringste Elektronegativität der genannten Heteroatome besitzt das Schwefelatom. Daher nimmt der **aromatische Charakter** der Fünfring-Heteroaromaten wie folgt zu [vgl. **MC-Frage Nr. 1376**]:

Furan < Pyrrol < Thiophen << Benzen

Darüber hinaus belegen Berechnungen, dass das freie Elektronenpaar beim **Indol** stärker am Stickstoff lokalisiert ist als im Pyrrol (Wert: 1,74 im Vergleich zu 1,69). Dies weist darauf hin, dass in den *benzoanellierten Heteroaromaten* der aromatische Charakter noch weiter herabgesetzt ist.

Beweisend für die *Aromatizität* der o.a. Substanzen sind:

- die völlige koplanare Anordnung des gesamten Ringsystems,
- der Ringstromeffekt (NMR-Spektroskopie),
- die Bereitschaft für S_E-Reaktionen,
- die Bindungslängen, Verbrennungswärmen und die Dipolmomente.

Chemische Eigenschaften: Der am schwächsten ausgeprägte aromatische Charakter des **Furans** zeigt sich u. a. daran, dass Furan in vielerlei Hinsicht einem Ether gleicht. Darüber hinaus besitzt Furan Dien-Charakter und geht mit Dienophilen eine *Diels-Alder-Reaktion* ein, während Pyrrol und Thiophen unter den üblichen Bedingungen kein Diels-Alder-Addukt ergeben [siehe ▸Kap. 3.2.14.5 und **MC-Fragen Nr. 190, 195, 196, 199, 205, 1373, 1375, 1376**].

Die relativ hohe Aromatizität des **Thiophens** hat zur Folge dass S_E-Reaktionen an dieser Verbindung meistens unter milden Bedingungen und mit guten Ausbeuten ablaufen.

Die Beteiligung des freien Elektronenpaars am N-Atom des **Pyrrols** an der Delokalisierung des π-Systems bewirkt eine Abnahme des basischen Charakters. Pyrrol ($pK_b = 13{,}6$) ist eine deutlich schwächere Base im Vergleich zu Pyrrolidin [$pK_b = 2{,}73$] [siehe auch ▸Kap. 3.19.6 und **MC-Frage Nr. 1373**].

Darüber hinaus hat Pyrrol auch schwach saure (NH-acide) Eigenschaften (pK_s = 25). Pyrrol bildet mit Alkalimetallen und Alkalihydroxiden Salze und reagiert mit Grignard-Derivaten als NH-acide Verbindung. Demgegenüber bilden Thiophen und Furan nur mit sehr starken Basen Salze, wobei das H-Atom an C-2 als Proton abgelöst wird [vgl. **MC-Frage Nr. 1376**].

+ CH_3MgBr $\xrightarrow{-CH_4\uparrow}$ [↔] $^{\oplus}MgBr$

+ C_6H_5Me ⟶ $^{\oplus}Me$ + C_6H_6

Furan, Pyrrol oder **Thiophen** werden bei *elektrophilen Substitutionsreaktionen* bevorzugt in *Stellung 2* angegriffen. Ist diese Position besetzt, so ist eine Substitution auch an C-3 möglich. Erwartungsgemäß ist beim **Indol** aufgrund der erhöhten π-Elektronendichte die *Position 3* der bevorzugte Angriffsort für Elektrophile. Dies ist auch beim **Benzo[b]thiophen** (**Thianaphthen**) der Fall, während im **Benzo[b]furan** (**Cumaron**) weiterhin die Stellung 2 am reaktivsten ist [siehe auch ▸Kap. 3.2.6.7 und **MC-Fragen Nr. 624, 625, 640, 1373, 1375, 1376, 1381, 1382**].
Azole: Azole sind Fünfring-Heteroaromaten, die neben Stickstoff ein weiteres Heteroatom enthalten. Sie zählen ebenfalls zu den π-elektronenreichen Heteroaromaten, sind aber aufgrund des zweiten Heteroatoms weniger reaktiv als Furan, Pyrrol oder Thiophen. Für die Azole ergeben sich im Allgemeinen folgende Reihen abnehmender Reaktivität [vgl. **MC-Fragen Nr. 1378, 1386, 1631**]:

1,2-Azole : Pyrazol > Isothiazol > Isoxazol
1,3-Azole : Imidazol > Thiazol > Oxazol

Pyrazol lässt sich durch *elektrophile Reagenzien* vor allem in *Position 4* substituieren, während beim **Imidazol** S_E-Reaktionen an den *Positionen 4* und *5* eintreten. Allerdings ergibt Imidazol mit Säurechloriden keine Friedel-Crafts-Reaktion. **Thiazol** ist nur dann in *Stellung 5* elektrophil substituierbar, wenn sich in Position 2 des Ringgerüstes eine Elektronendonator-Gruppe (NH_2, OH) befindet.

Als Folge intermolekularer H-Brücken sind – im Gegensatz zu den anderen Azolen – **Pyrazol** und **Imidazol** bei Raumtemperatur fest. Über die basischen Eigenschaften dieser Verbindungen informiert ▸Kap. 3.19.6.

3.15.2.2 π-Elektronenmangel-Heteroaromaten

Ersetzt man im Benzen das Strukturelement [-CH=] durch [-N=], so bewirkt das Stickstoffatom einen π-Elektronenmangel an den Kohlenstoffatomen des Ringes. Alle Ring-C-Atome werden für einen elektrophilen Angriff desaktiviert, besonders aber die Atome C-2, C-4 und C-6. **Pyridin** ist hinsichtlich seiner Reaktivität mit Nitrobenzen vergleichbar. Darüber hinaus ist für Elektrophile das freie Elektronenpaar am

N-Atom die reaktivste Stelle. Die Positionen an C-2, C-3 oder C-4 des Pyridinringes werden auch mit α, β und γ gekennzeichnet [vgl. **MC-Fragen Nr. 1373, 1374, 1377, 1387–1389, 1720**].

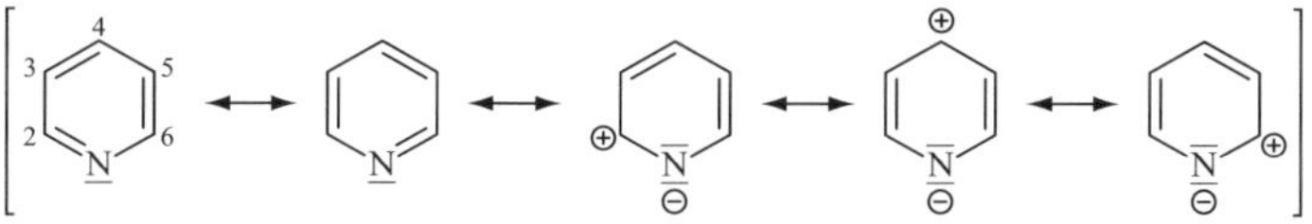

Die Werte der berechneten π-Elektronendichten im **Pyridin, Pyrimidin, 1,3,5-Triazin** und **Chinolin** dokumentieren, dass das Elektronendefizit an den einzelnen Ringkohlenstoffatomen durch Einführung zusätzlicher Heteroatome noch verstärkt wird [vgl. **MC-Fragen Nr. 1325, 1378, 1387**].

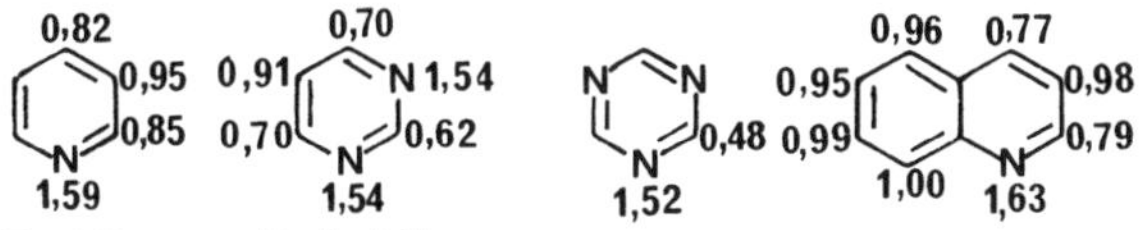

Pyridin Pyrimidin 1,3,5 Triazin Chinolin

Wie ▫Tab. 3.76 zeigt, nimmt parallel dazu auch die Mesomerieenergie des jeweiligen Ringsystems ab. Dieser Minderung des aromatischen Charakters entspricht eine zunehmende Neigung der genannten Substanzen zum hydrolytischen Abbau.

Da die C-Atome des Pyridins elektronendefizienter sind als die im Benzen, lassen sich **S_E-Reaktionen** nur unter drastischen Bedingungen durchführen, wobei der neue Substituent erwartungsgemäß in die am wenigsten desaktivierte *Stellung 3* eintritt. Friedel-Crafts-Reaktionen sind – wie nachfolgend begründet – mit Pyridin nicht durchführbar [siehe ▸Kap. 3.2.6.7 und **MC-Frage Nr. 1378**].

Wesentlich glatter verlaufen **S_N-Reaktionen** am Pyridin-Gerüst, die vorzugsweise an den *Positionen 2 oder* 6 stattfinden. Sind beide Positionen besetzt, erfolgt die S_N-Reaktion an *C-4* [siehe ▸Kap. 3.2.7.2 und ▸Kap. 3.6.4.3 „*Tschitschibabin-Reaktion*" sowie **MC-Fragen Nr. 646, 653, 660, 1351**].

S_E-Reaktionen am Pyridin sind noch weiter erschwert, wenn man sie in saurer Lösung durchführt, weil im dann vorliegenden positiv geladenen **Pyridiniumion** die Elektronegativität des Ringstickstoffs deutlich erhöht ist, wodurch die π-Elektronendichte an den Kohlenstoffatomen noch stärker vermindert wird. *Pyridiniumsalze* sind deshalb gegenüber Elektrophilen in hohem Maße reaktionsträge.

Ist der Heterocyclus wie im **Chinolin** mit einem Benzenring anelliert, lassen sich im heterocyclischen Teil **S_N-Reaktionen** an den *Positionen 2* und *4* durchführen, während

▫ Tab. 3.76 Mesomerieenergie einiger Sechsring-Heteroaromaten

Heteroaromat	Mesomerieenergie
Pyridin	116,7 kJ/mol
Pyrimidin	108,8 kJ/mol
1,3,5-Triazin	83,7 kJ/mol
[Benzen]	150,2 kJ/mol

Elektrophile am Benzenring, insbesondere an *C-5* und *C-8* angreifen [vgl. **MC-Frage Nr. 1393**].

Diazin-Derivate: Diazine sind sechsgliedrige, π-elektronenarme Heteroaromaten mit zwei N-Atomen (**Pyrazin, Pyrimidin** und **Pyridazin**). Aufgrund des zweiten Heteroatoms sind diese Substanzen gegenüber Elektrophilen noch weniger reaktiv als Pyridin.

Pyran-Derivate: Von den beiden Sauerstoffanalogen des Pyridins, dem **α**- und **γ**-Pyran, ist nur letzteres bekannt. Beim γ-Pyran handelt es sich *nicht* um eine aromatische Verbindung. Zwar sind formal 6π-Elektronen vorhanden, deren durchgehende Konjugation zu einem ringförmig geschlossenen, delokalisierten Elektronensextett aber durch die Methylengruppe verhindert wird. γ-Pyran, eine wasserklare, sich an der Luft braun färbende Verbindung, verhält sich wie ein reaktives Olefin.

Aromatisches Verhalten ist erst bei *Pyrilium-Salzen* zu erwarten, da hier ein aromatisches π-Elektronensextett vorhanden ist. Allerdings ist das bisher vorliegende experimentelle Material zu gering, um allgemeingültige Aussagen über das Verhalten des Pyriliumions bei Substitutionsreaktionen machen zu können [vgl. **MC-Fragen Nr. 1753**].

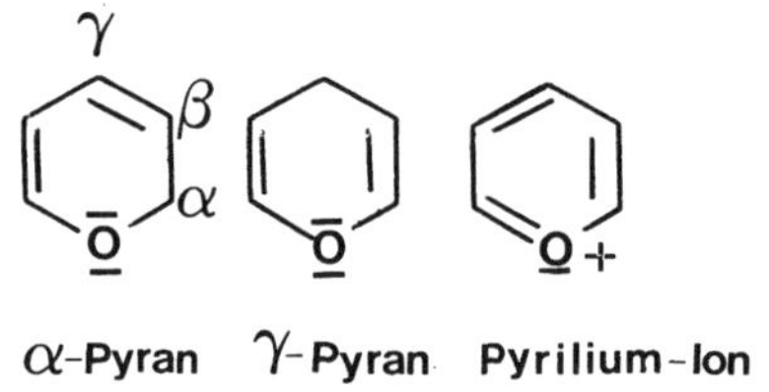

γ β α O O O+

α-Pyran γ-Pyran Pyrilium-Ion

3.15.3 Darstellung von Heteroaromaten

3.15.3.1 Synthese von Fünfring-Heteroaromaten mit einem Heteroatom

Ausgangsmaterial für die technische Darstellung von **Furan** ist **Furfural**, das aus Hemicellulosen durch Behandeln mit Säuren zugänglich ist (siehe ▸Kap. 3.16.3.1). Bei der *Cannizzaro-Reaktion* von **Furfural** (Furan-2-aldehyd) entstehen **Furfurylalkohol** und **Furan-2-carbonsäure**. Letztere decarboxyliert beim Erhitzen zu Furan [vgl. **MC-Fragen Nr. 1058, 1375**].

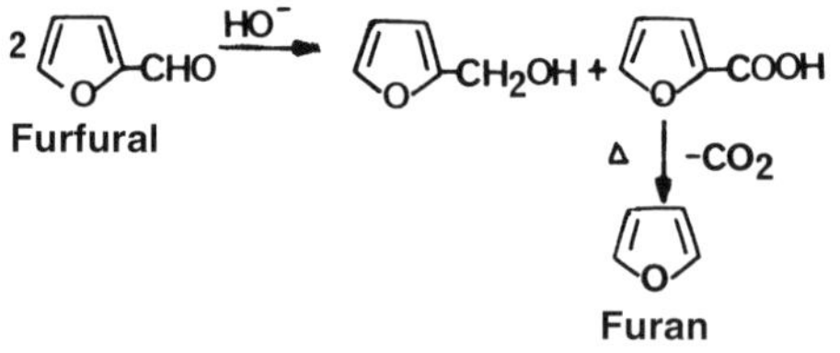

2 CHO → (HO^-) CH_2OH + COOH

Furfural

Δ ↓ $-CO_2$

Furan

Pyrrol, das aus Furan und Ammoniak bei 400 °C erhalten wird, kommt in geringen Mengen auch im Steinkohlenteer vor und kann daraus gewonnen werden. Eine alternative Synthesemethode ist die Umsetzung von **But-2-in-1,4-diol** mit Ammoniak unter hohen Drücken. But-2-in-1,4-diol ist durch Ethinylierung von Formaldehyd darstellbar [siehe ▸Kap. 3.5.7.3 und **MC-Frage Nr. 1352**].

$$H_2C(OH)-C\equiv C-CH_2(OH) \xrightarrow[-\ 2\ H_2O]{+\ NH_3} \text{Pyrrol}$$

Pyrrol

Thiophen findet sich als Begleiter des Benzens im Steinkohlenteer. Die ähnlichen Siedepunkte [Sdp.(Thiophen) = 84 °C; Sdp.(Benzen) = 80 °C] schließen eine Trennung durch fraktionierte Destillation aus. Die Schmelzpunkte [Schmp.(Thiophen) = –38 °C; Schmp.(Benzen) = 5,5 °C] liegen zwar relativ weit auseinander, aber beim Erstarren des Benzens wird Thiophen in dessen Kristallgitter eingebaut. Man muss deshalb Thiophen mit $AlCl_3$, H_2SO_4, $ClSO_3H$ oder RaNi zerstören, um Thiophen-freies Benzen zu erhalten. In der Technik gewinnt man Thiophen aus ***n*-Butan** oder **Buta-1,3-dien** und *elementarem Schwefel* [vgl. **MC-Fragen Nr. 1381, 1382**].

$$n\text{-}C_4H_{10} + S \xrightarrow{650\,°C} \text{Thiophen} + H_2S \longleftarrow \text{Buta-1,3-dien} + S$$

Thiophen

Zur präparativen Herstellung von substituierten Derivaten dieser Heterocyclen stehen folgende Verfahren zur Verfügung:

Paal-Knorr-Reaktion: Sie ist die allgemeinste Methode zur Darstellung fünfgliedriger Heteroaromaten, insbesondere von 2,5-disubstitutierten Derivaten. Ausgehend von *1,4-Dicarbonylverbindungen* können mit Dehydratisierungs-Agenzien (trockenes HCl-Gas, wasserfreies $ZnCl_2$, P_2O_5) *Furane,* durch Umsetzung mit einem anorganischen Sulfid (P_2S_5, P_4S_7) *Thiophene,* und durch Reaktion mit Ammoniak *Pyrrole* hergestellt werden. Verwendet man anstelle von NH_3 ein primäres Amin, so entstehen *N-substituierte Pyrrol-Derivate* [vgl. **MC-Fragen Nr. 1345, 1347, 1354**].

$$R\text{-CO-CH}_2\text{-CH}_2\text{-CO-R} \xrightarrow[160\,°C]{P_2O_5} \text{2,5-R}_2\text{-Furan}$$
$$\xrightarrow[100\,°C]{R\text{-}NH_2} \text{1,2,5-R}_3\text{-Pyrrol}$$
$$\xrightarrow[\Delta]{P_2S_5} \text{2,5-R}_2\text{-Thiophen}$$

Beispielsweise bildet sich **Pyrrol** bei der Umsetzung von *Succindialdehyd* (Butan-1,4-dial) mit Ammoniak.

$$H_2C(-CHO)-CH_2(-CHO) + NH_3 \longrightarrow H_2C-CH_2,\ HO\text{-}CH\ \ C{=}O,\ NH \longrightarrow \text{2,5-Dihydroxypyrrolidin} \xrightarrow{-\ H_2O} \text{Pyrrol}$$

Acetylaceton (Hexan-2,5-dion) reagiert hingegen mit NH_3 zu **2,5-Dimethylpyrrrol** und ergibt bei der Reaktion mit P_2S_5 **2,5-Dimethylthiophen**.

Knorr-Pyrrol-Synthese: Hier kondensiert man ein *α-Aminoketon* bzw. einen α-Amino-β-ketoester mit Verbindungen (Ketone, β-Ketoester), die neben der Carbonylgruppe noch eine aktive Methylengruppe enthalten. Es lassen sich vor allem C-substituierte Pyrrole darstellen. α-Aminoketone gewinnt man durch Nitrosierung von β-Ketoestern oder β-Diketonen und nachfolgende Reduktion der gebildeten Oxime mit Zink in Eisessig [vgl. **MC-Frage Nr. 1353**].

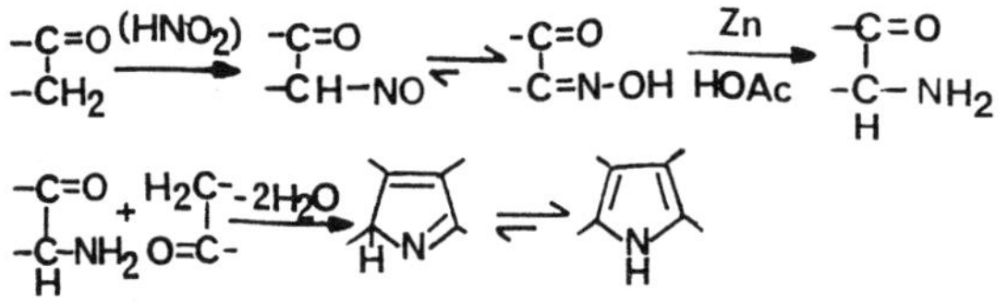

Weitere Herstellungsverfahren: Bei einer dritten Synthesemethode geht man von *α*-Chlorketonen und β-Ketoestern aus, die beim Behandeln mit einer Base cyclisieren. Dabei entstehen in Abhängigkeit von der verwendeten Base *Furane (Feist-Benary-Reaktion)* oder *Pyrrol-Derivate (Pyrrol-Synthese nach Hantzsch)* [vgl. **MC-Frage Nr. 1345**].

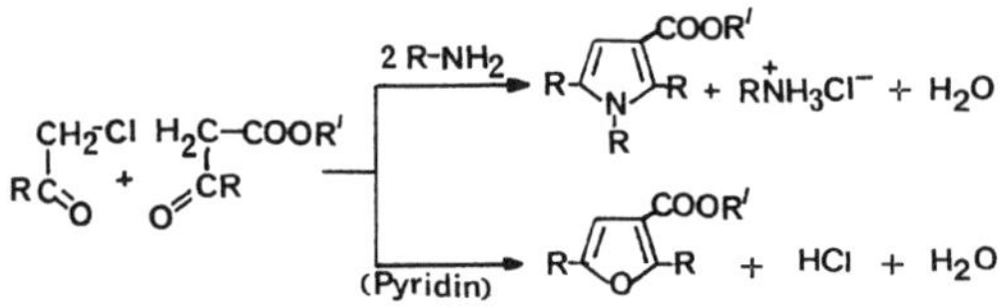

Fischer-Indol-Synthese: Das Indol-Gerüst lässt sich aus Phenylhydrazonen von Aldehyden oder Ketonen unter der Einwirkung von H_2SO_4 oder von Lewis-Säuren wie $ZnCl_2$ aufbauen. Die intramolekulare Reaktion verläuft über einen *[3,3]-sigmatropen Schritt* [siehe ▸Kap. 3.2.14.3 und **MC-Fragen Nr. 1361, 1364, 1384, 1385**].

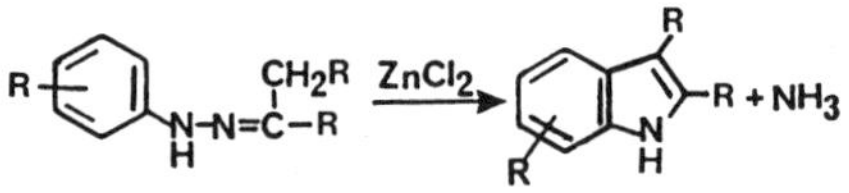

Allerdings ist der Grundkörper aus Acetaldehydphenylhydrazon *nicht* herstellbar. Man ist hier auf einen Umweg angewiesen und synthetisiert **Indol** aus dem **Brenztraubensäurephenylhydrazon**, wobei zunächst die leicht decarboxylierbare **Indol-2-carbonsäure** gebildet wird.

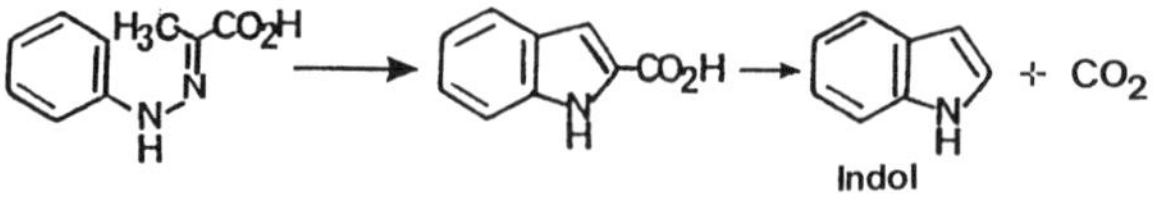

Indol

Durch Verwendung von ^{15}N-Isotopen-markierten Substraten konnte folgender Reaktionsablauf wahrscheinlich gemacht werden. Zunächst *tautomerisiert* unter dem Einfluss des sauren Katalysators das *Phenylhydrazon* (I) zu einem *En-Hydrazin* (II). Dieses unterliegt einer protonenkatalysierten *Umlagerung,* die zu (IV) führt. Daraus entsteht unter *Eliminierung* von NH_3 (bzw. NH_4^+) das substituierte Indol (V) [vgl. **MC-Fragen Nr. 1362, 1363**].

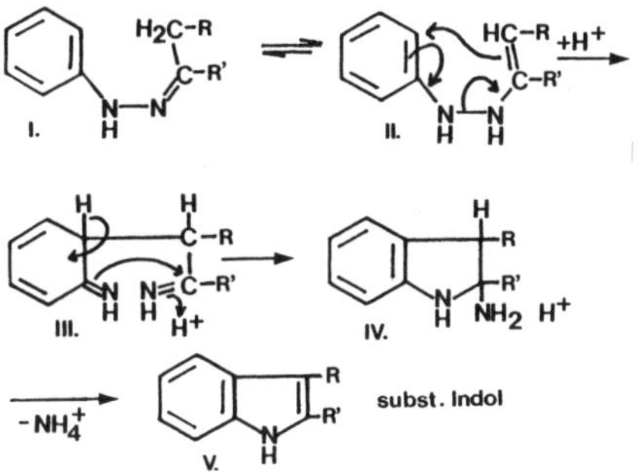

subst. Indol

Beispielsweise bildet sich aus **4-Methylphenylhydrazin** und **Acetophenon** in Anwesenheit von $ZnCl_2$ als Katalysator **5-Methyl-2-phenylindol** [vgl. **MC-Frage Nr. 1359**].

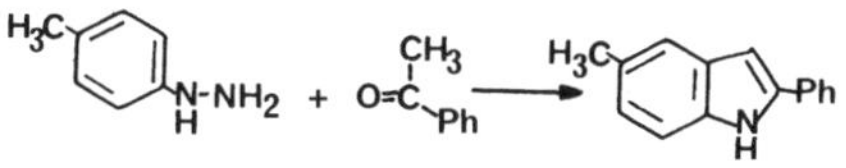

In einigen Fällen hängt die Richtung der Indol-Bildung vom eingesetzten Katalysator ab. So liefert Phenylacetonphenylhydrazon in Gegenwart von Chlorwasserstoff als Katalysator **2-Methyl-3-phenylindol**, während mit Phosphorsäure **2-Benzylindol** gebildet wird.

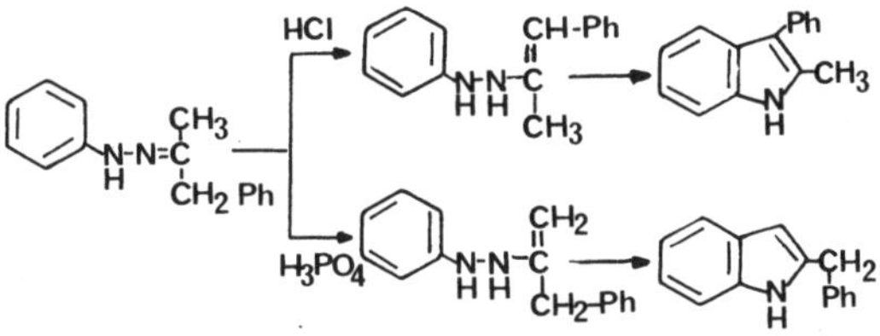

Die Umsetzung von *p*-Methoxyphenylhydrazin mit 4-Oxopentansäuremethylester kann zum Aufbau des 3-Indolylessigsäure-Gerüstes genutzt werden [vgl. **MC-Frage Nr. 1360**].

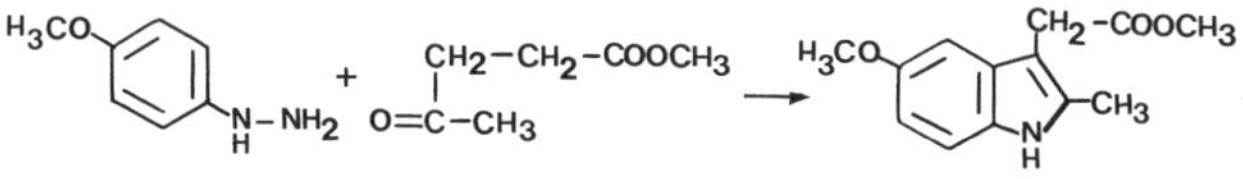

Indigo-Synthese nach Heumann: Zur technischen Herstellung des blauen, in der Natur als Glucosid vorkommenden **Indigo** kondensiert man Anilin (C_6H_5-NH_2) mit Chloressigsäure ($ClCH_2COOH$) zu *N*-Phenylglycin (C_6H_5-NH-CH_2-COOH), dessen alkalische Schmelze unter Ringschluss zu **Indoxyl** führt. Bei der nachfolgenden Luftoxidation wandelt sich Indoxyl in Indigo um [vgl. **MC-Frage Nr. 1344**].

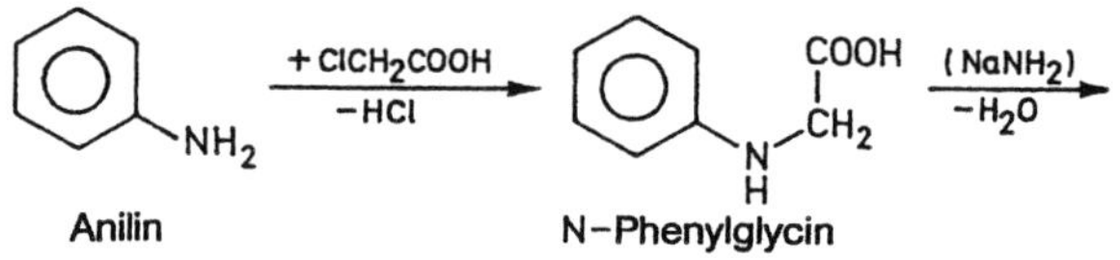

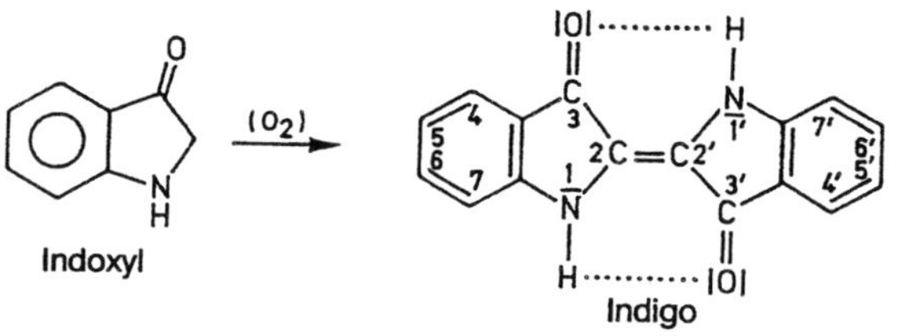

Anilin + $ClCH_2COOH$ / $-HCl$ → N-Phenylglycin; $(NaNH_2)$ / $-H_2O$ →

Indoxyl (O_2) → Indigo

3.15.3.2 Synthese von Fünfring-Heteroaromaten mit zwei Heteroatomen

Pyrazol-Synthese: Pyrazole können durch intermolekulare Kondensation von *β*-Dicarbonylverbindungen (1,3-Diketon, β-Ketoester, Malonester) mit einem *Hydrazin-Derivat* in Gegenwart einer Säure erhalten werden.

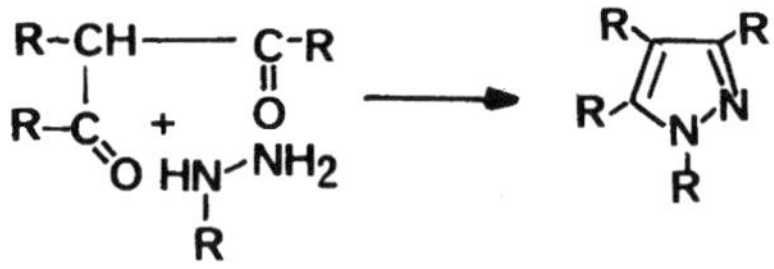

So bildet sich bei der Umsetzung von **Acetessigester** mit **Phenylhydrazin** zunächst das betreffende Phenylhydrazon, das anschließend unter intramolekularer Aminolyse der Estergruppe zu **1-Phenyl-3-methylpyrazolin-5-on** cyclisiert [vgl. **MC-Fragen Nr. 1260, 1261, 1357**].

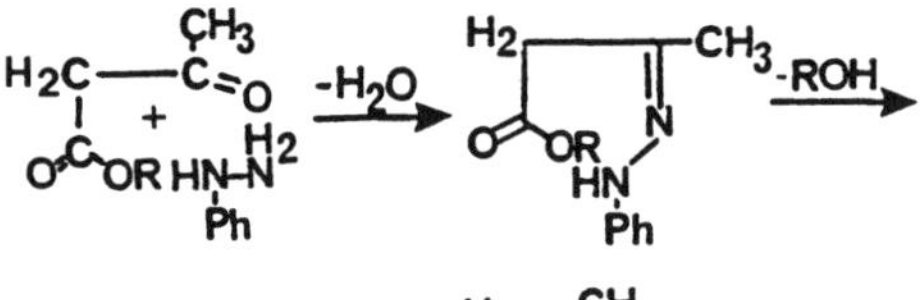

$-H_2O$ → $-ROH$ →

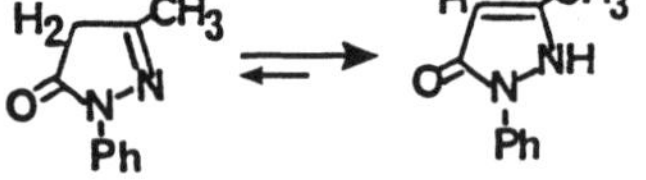

In analoger Weise entstehen *1,2-Diphenylpyrazolin-3,5-dione* bei der Reaktion von *Malonester-Derivaten* mit *Hydrazobenzen.*

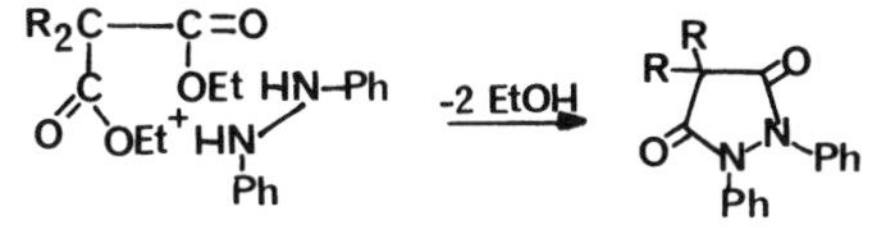

Pyrazol-Derivate können auch mithilfe einer 1,3-*dipolaren Cycloaddition* hergestellt werden; beispielsweise entsteht ein Pyrazoltricarbonsäureester bei der Umsetzung von Diazoessigester mit Acetylendicarbonsäure [siehe hierzu ▸Kap. 3.2.14.4 und **MC-Frage Nr. 1355**].

Durch sauer katalysierte, intramolekulare Kondensation von *o*-Acylphenylhydrazinen werden in Position 3-substituierte 1,2-**Benzpyrazol**-Derivate (**Indazole, 1,2-Benzodiazole**) erhalten. Anstelle der Acylderivate kann man auch die entsprechenden Acetale als Edukte einsetzen. So gewinnt man aus *o-Acetylphenylhydrazindiethylacetal* beim Behandeln mit Säuren durch spontane Cyclisierung **3-Methyl-1H-indazol** [vgl. **MC-Frage Nr. 1356**].

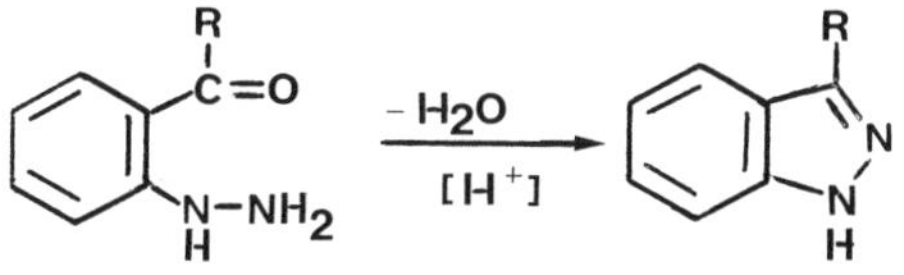

Indazol

Hydantoin-Synthese: **Hydantoine** (**Imidazolidin-2,4-dione**) enthalten eine Imid- (-CO-NH-CO-) bzw. eine Harnstoff-Teilstruktur (-NH-CO-NH-). Den Grundkörper selbst gewinnt man durch Umsetzung von *Glycin* [$H_2N\text{-}CH_2\text{-}COOH$] mit Kaliumcyanat [$K^{+-}O\text{-}C\equiv N$]. Das als Antiepileptikum verwendete **5,5-Diphenylhydantoin** (*Phenytoin)* wird hingegen aus *Benzilsäure* und *Harnstoff* hergestellt [vgl. **MC-Fragen Nr. 1339, 1340**].

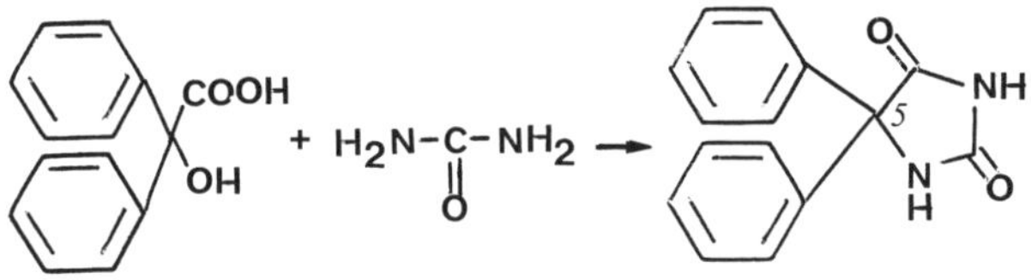

Diphenylhydantoin

Hantzsch-Thiazol-Synthese: Thiazol-Derivate entstehen bei der Kondensation von α-Halogenketonen mit Thioamiden. **Thiazol** selbst wird hergestellt aus *α-Chloracetaldehyd* ($R^1, R^2 = H; X = Cl$) und *Thioformamid* ($R^3 = H$) [vgl. **MC-Fragen Nr. 1358, 1731**].

$$R^1{-}C{=}O \;(R^2{-}CH{-}X) + H_2N{-}C(=S){-}R^3 \xrightarrow[-\,HX]{-\,H_2O} \text{Thiazol } (R^1, R^2, R^3)$$

3.15.3.3 Synthese von Sechsring-Heteroaromaten mit einem Heteroatom

Pyridin (Sdp. 116 °C) ist eine farblose, mit Wasser in jedem Verhältnis mischbare Flüssigkeit von unangenehmem Geruch. Pyridin [pK_b = 8,77] reagiert schwach basisch und bildet mit Chlorwasserstoff kristallines **Pyridinhydrochlorid** (**Pyridiniumchlorid**), das bei 145 °C schmilzt [vgl. **MC-Fragen Nr. 1161, 1372**].

Pyridin ist Bestandteil des *Steinkohleteers*. Die aus dem Steinkohlenteer isolierten Basen enthalten neben Pyridin auch seine Monomethyl-Derivate *(Picoline)*, die Dimethyl-Derivate *(Lutidine)* sowie Trimethylpyridine *(Collidine)*. Auch **Chinolin** und **Isochinolin** sind im Steinkohlenteer enthalten.

Als allgemeine Synthesen für Pyridin-Verbindungen und andere Sechsring-Heteroaromaten stehen zur Verfügung:

Hantzsch-Pyridin-Synthese: Hierzu lässt man zwei Moleküle eines *β-Ketoesters* mit einem *Aldehyd* und *Ammoniak* reagieren. Das zunächst auftretende Derivat des *1,4-Dihydropyridins* neigt zur Aromatisierung und kann leicht – meistens mit HNO_3 – zu einer Pyridin-Verbindung oxidiert werden [vgl. **MC-Fragen Nr. 1346, 1365, 1366**].

(R′=Ester)

-H_2 | Ox.

Bei diesem Verfahren verknüpft die Carbonylgruppe des Aldehyds die aktiven Methylengruppen der beiden β-Ketoester-Moleküle miteinander und der aus NH_3 eingebaute Stickstoff vervollständigt die Cyclisierung. Gleichzeitig fungiert NH_3 als Kondensationsmittel (Protonenakzeptor).

Im Primärschritt reagiert der Aldehyd mit einem Molekül des β-Ketoesters im Sinne einer *Knoevenagel-Reaktion* zu einer *vinylogen Carbonylverbindung,* während parallel dazu Ammoniak und ein zweites Molekül des β-Ketoesters zu einem *Enamin* abreagieren. Beide Intermediärprodukte cyclisieren anschließend in einer Art *Michael-Addition* zum 1,4-Dihydropyridin [vgl. **MC-Frage Nr. 1366**].

Skraup-Chinolin-Synthese und Variante nach Doebner-von Miller: Zur Synthese von Chinolin-Derivaten addiert man ein *primäres aromatisches Amin* im Sinne einer Michael-Addition an **Acrolein** (*Skraup-Variante*) oder an eine *α,β*-ungesättigte Carbonylverbindung (Doebner-von Miller-Variante) und dehydriert anschließend das intermediär gebildete *1,2-Dihydro-Derivat* zum Heteroaromaten [vgl. **MC-Fragen Nr. 1348, 1367, 1370, 1371, 1393**].

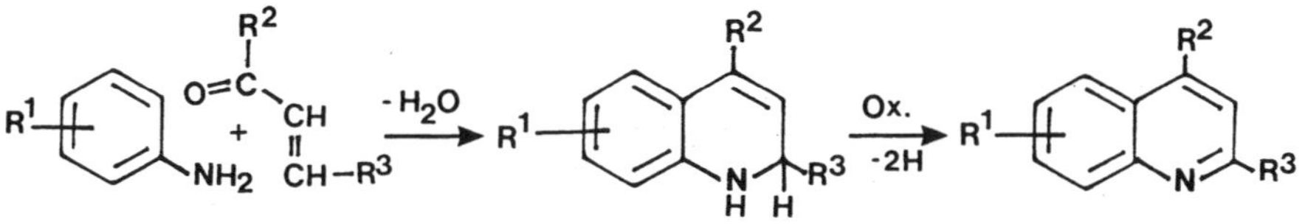

Aus **Anilin** und **Acrolein** [CH_2=CH-CH=O] – in situ durch Dehydratisierung von **Glycerol** mit H_2SO_4 hergestellt – entsteht **Chinolin**, mit **Methylvinylketon** [CH_3-CO-CH=CH_2] bildet sich **4-Methylchinolin (Lepidin)**, während **Crotonaldehyd** [CH_3-CH=CH-CH=O] und Anilin miteinander zu **2-Methylchinolin (Chinaldin)** reagieren. Anstelle von Anilin kann auch **Acetanilid** verwendet werden, das während der Reaktion zu Anilin hydrolysiert. Aus Glycerol (Acrolein) und ***p*-Toluidin** ist **6-Methylchinolin** darstellbar. Setzt man ***m*-Toluidin** als Edukt ein, so erhält man **5-Methylchinolin** als Reaktionsprodukt [vgl. **MC-Fragen Nr. 1368, 1369, 1371, 1755**].

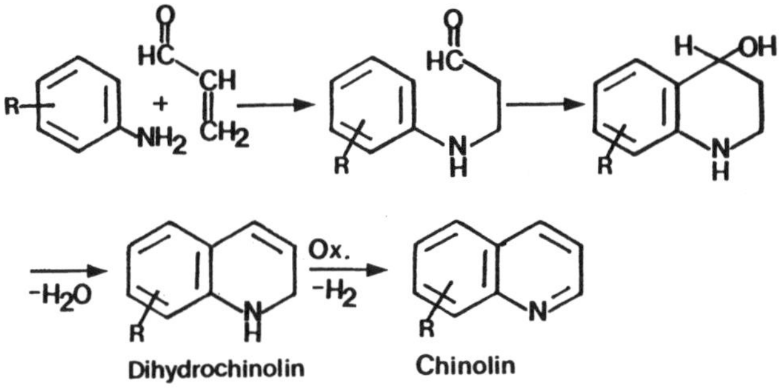

Dihydrochinolin Chinolin

Zunächst erfolgt die *nucleophile Anlagerung* des Anilin-Derivates unter *anti-Markownikow-Orientierung* nach Art einer *Michael-Addition* an die vinyloge Carbonylverbindung (siehe ▸Kap. 3.2.12.3). Daran schließt sich eine *sauer* katalysierte, intramolekulare Aldehydkondensation mit dem aromatischen Ringsystem an unter Bildung des *1,2-Dihydrochinolins.* Dieses wird zum Chinolin oxidiert, wobei als Dehydrierungsmittel meistens *Nitrobenzen* eingesetzt wird. Als Oxidantien sind auch Arsen(V)-oxid (As_4O_{10}) oder Eisen(III)-chlorid ($FeCl_3$) geeignet [vgl. **MC-Fragen Nr. 1370, 1371**].

Friedländer-Synthese: Hierbei wird ***o*-Aminobenzaldehyd** unter alkalischen Bedingungen und bei höheren Temperaturen mit Aldehyden oder Ketonen, die in α-Position zur Carbonylgruppe über eine aktive CH_2-Gruppe verfügen, zu Chinolin-Derivaten kondensiert. **Chinolin** selbst erhält man bei der Reaktion von *o*-Aminobenzaldehyd mit *Acetaldehyd* [CH_3-CH=O] [vgl. **MC-Frage Nr. 1755**].

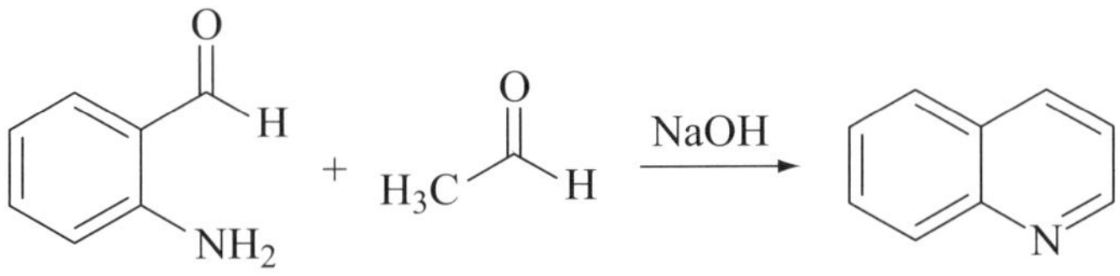

Bischler-Napieralski-Synthese: Sie dient zur Herstellung von *Isochinolinen.* Hierbei wird ein N-acyliertes β-Phenylethylamin-Derivat mit wasserabspaltenden Mitteln behandelt. Als Primärprodukt tritt ein 3,4-Dihydroisochinolin auf, das anschließend zum Heteroaromaten dehydriert werden muss [vgl. **MC-Fragen Nr. 1349, 1350**].

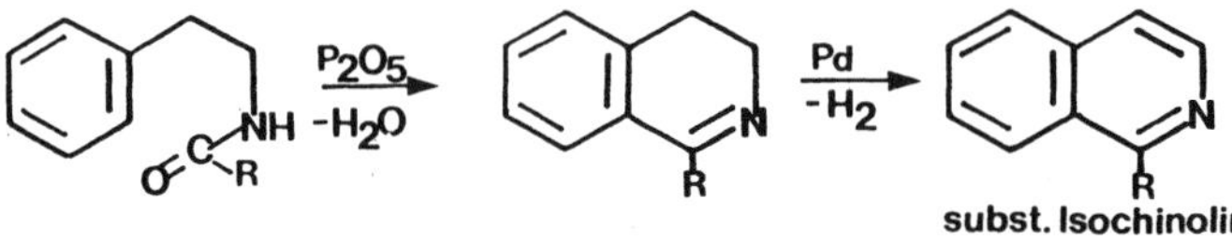

subst. Isochinolin

3.15.3.4 Synthese von Sechsring-Heteroaromaten mit zwei Heteroatomen

Barbiturat-Synthese: Die unsubstituierte **Barbitursäure**, die man auch als hydroxyliertes Pyrimidin-Derivat auffassen kann, ist pharmakologisch unwirksam.

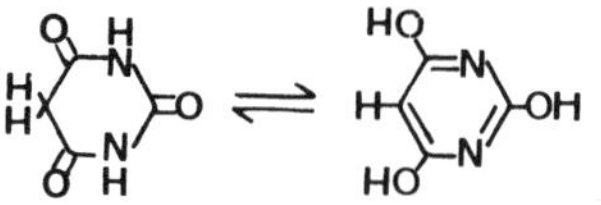

Barbitursäure

Zu den pharmakologisch wirksamen 5,5-disubstituierten Barbituraten gelangt man durch Umsetzung von entsprechend substituierten *Malonester-Derivaten* mit *Harnstoff* oder *N-Alkylharnstoffen* [vgl. **MC-Frage Nr. 1395**].

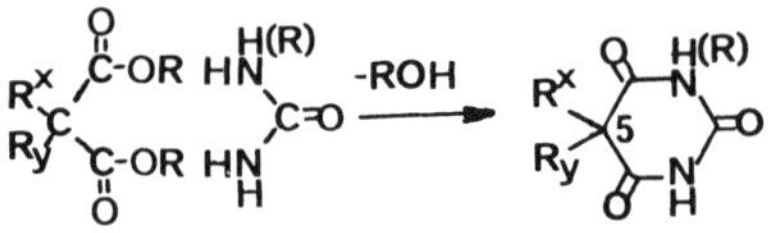

Synthese von Diazinen: Zum Aufbau des *Pyrimidin-Gerüstes* geht man von einem C-3-Körper aus (Cyanessigester, Malondialdehyd, Malondinitril, Malonester, β-Dialdehyd, β-Ketoester, β-Ketonitril) und cyclisiert die betreffende 1,3-Dicarbonylverbindung mit einem Amidin oder einem Harnstoff-Derivat.

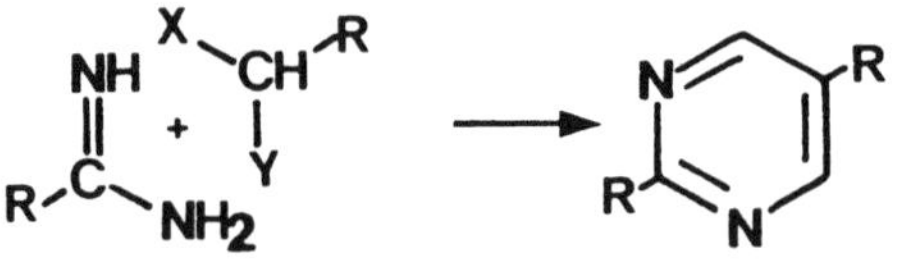

Pyridazine stellt man am besten durch Umsetzung von 1,4-Dicarbonylverbindungen mit Hydrazin her.

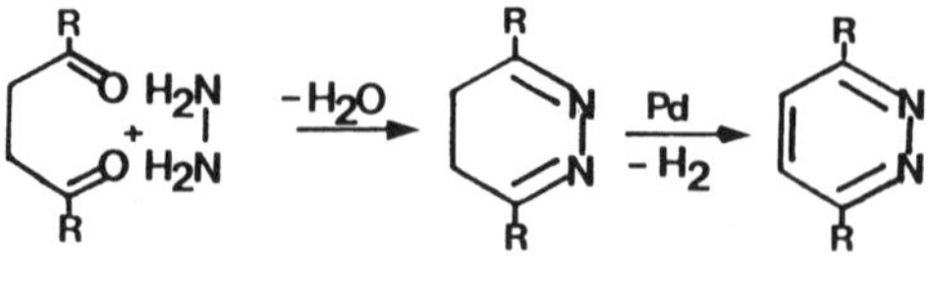

Pyrazine erhält man durch Dimerisierung von α-Aminocarbonylverbindungen. Das zunächst gebildete Dihydropyrazin kann anschließend zum aromatischen System oxidiert werden.

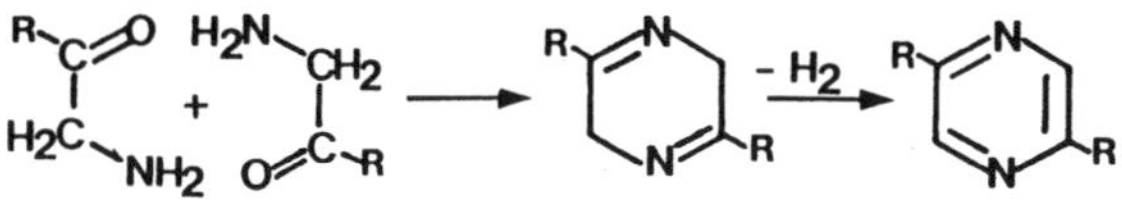

3.15.4 Reaktionen von Heteroaromaten

3.15.4.1 π-Elektronenüberschuss-Heteroaromaten

Furan polymerisiert unter dem Einfluss starker Säuren bzw. wird partiell unter Ringöffnung hydrolysiert. Die *Säureempfindlichkeit* bedingt, dass elektrophile Substitutionen am Furan nur unter milden Bedingungen glatt verlaufen. Die hydrolytische *Ringöffnung* ist im Wesentlichen eine Umkehrung der Paal-Knorr-Synthese, sodass die vorsichtige Hydrolyse von Furan-Derivaten wieder zu 1,4-Dicarbonylverbindungen führt. Furan kann in Diels-Alder-Reaktionen als Dien-Komponente eingesetzt werden [siehe ▸Kap. 3.2.14.5 und **MC-Fragen Nr. 190, 195, 196, 199, 205, 1374–1376, 1379, 1380, 1630**].

Auch **Pyrrol** ist extrem säureempfindlich. Im protonierten Zustand verhält es sich wie ein reaktives Dien und polymerisiert rasch.

Die Säureempfindlichkeit des **Thiophens** ist dagegen nicht so stark ausgeprägt. Bei Raumtemperatur tritt erst in konzentrierter H_2SO_4 eine Polymerisation ein. Von kalter konzentrierter Schwefelsäure wird Thiophen sulfoniert. Im Gegensatz zu Furan geht Thiophen unter den *üblichen* Bedingungen *keine* Diels-Alder-Reaktion ein [vgl. **MC-Fragen Nr. 190, 196, 1381, 1382**].

Sowohl **Pyrrol** als auch **Furan** sind ziemlich oxidationsempfindlich und werden – ähnlich wie Phenole oder Aniline – schon beim Stehenlassen an der Luft zu dunkelgefärbten Produkten oxidiert. **Thiophen** kann zu einem Sulfon (**Thiophendioxid**) oxidiert werden [vgl. **MC-Frage Nr. 1381**].

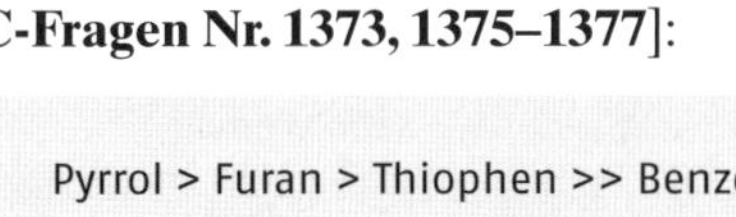

Thiophendioxid

Alle drei Heterocyclen sind gegenüber Elektrophilen, die vorzugsweise an der *Position 2* angreifen, reaktiver als Benzen, wobei die Reaktionsfähigkeit in folgender Reihe abnimmt [vgl. **MC-Fragen Nr. 1373, 1375–1377**]:

Pyrrol > Furan > Thiophen >> Benzen

Aufgrund der hohen Reaktivität genügen häufig schon milde Bedingungen, um eine S_E-Reaktion herbeizuführen. Andererseits verlangt die hohe Säureempfindlichkeit des Furans und Pyrrols die Anwendung schonender Substitutionsbedingungen. In den

Tab. 3.77 bis Tab. 3.79 sind nochmals ausgewählte Reaktionen von Furan, Pyrrol und Thiophen aufgelistet.

Elektrophile Zweitsubstitution: Die Position eines Zweitsubstituenten wird in monosubstituierten Furanen, Pyrrolen oder Thiophen-Derivaten sowohl durch den dirigierenden Einfluss der bereits vorhandenen Gruppe als auch durch die dirigierende Wirkung des Heteroatoms bestimmt.

3-substituierte Verbindungen werden von Elektrophilen in Position 5 angegriffen, wenn die vorhandene Gruppe elektronenanziehend (A) wirkt. Die Substitution erfolgt hingegen in Position 2, wenn der Erstsubstituent Elektronendonator-Eigenschaften (D) besitzt.

Die weitere Substitution an *2-substituierten Furanen* findet meistens an C-5 statt. Bei 2-substituierten *Pyrrol-* oder *Thiophen-Derivaten* kann der Zweitangriff an C-4 oder C-5 erfolgen, wenn es sich beim Erstsubstituenten um einen Elektronenakzeptor (A) handelt, bzw. an C-3 oder C-5, falls die bereits vorhandene Gruppe elektronenspendend (D) ist.

(X: S,NH) ; (X:O,S,NH)

Benzoanellierte Ringsysteme: Die reaktivste Stelle für elektrophile Substitutionsreaktionen am **Benzofuran** ist C-2. Falls diese Position besetzt ist, reagiert C-3. Im **Benzothiophen** sind C-2 und C-3 weitgehend gleichwertig.

Bei elektrophilen Substitutionen reagiert **Indol** als *Enamin* fast ausschließlich in 3-Stellung. Falls diese Position besetzt ist, greift das Elektrophil an C-2 an, wenn der

Tab. 3.77 Elektrophile Substitutionen am Furan

Reagenz	Produkt (2-Substituent)	Reaktion
CH_3COONO_2 / Acetylnitrat	$-NO_2$	Nitrierung
SO_3 / Pyridin	$-SO_3H$	Sulfonierung
Ac_2O / $Et_2O\text{-}BF_3$	$-C(=O)-CH_3$	Acylierung
1. HCN/HCl / 2. H_2O	$-CHO$	Formylierung
Br_2 / Dioxan	$-Br$	Bromierung
$C_6H_5N_2^+ Cl^-$	$-N{=}N-C_6H_5$	Azokupplung
H_2 / Pd, 7 bar	(Tetrahydrofuran)	Hydrierung

Tab. 3.78 Elektrophile Substitutionen am Pyrrol

Reagenz	Produkt	Reaktion
CH_3COONO_2	2-Nitropyrrol (NO_2)	Nitrierung
SO_3, Pyridin/90 °C	Pyrrol-2-sulfonsäure (SO_3H)	Sulfonierung
$CHCl_3$, KOH	Pyrrol-2-carbaldehyd (CHO)	Formylierung
Ac_2O, 250 °C	2-Acetylpyrrol ($C(=O)-CH_3$)	Acylierung
Br_2, EtOH	Tetrabrompyrrol (Br, Br, Br, Br)	Bromierung
$C_6H_5N_2^+ Cl^-$	$N{=}N{-}C_6H_5$	Azokupplung
H_2/Pt, HOAc	Pyrrolidin	Hydrierung

Tab. 3.79 Eletrophile Substitutionen am Thiophen

Reagenz	Produkt	Reaktion
CH_3COONO_2, Ac_2O	2-Nitrothiophen (NO_2)	Nitrierung
H_2SO_4	Thiophen-2-sulfonsäure (SO_3H)	Sulfonierung
Ac_2O, H_3PO_4	2-Acetylthiophen ($C(=O)-CH_3$)	Acylierung
Br_2, Benzen	2,5-Dibromthiophen (Br, Br)	Bromierung
I_2/HgO, Benzen	2-Iodthiophen (I)	Iodierung
CH_2O, HCl g	CH_2Cl	Chlormethylierung
$(CH_3)_2C{=}CH_2$, H_2SO_4	$C(CH_3)_3$	Alkylierung

vorhandene Substituent den Aromaten aktiviert. Befindet sich am C-3 des Indols eine desaktivierende Gruppe, findet die Zweitsubstituion im Benzenring an *C-4* oder *C-6* statt. Bei diesen Substitutionen ist zu beachten, dass Indol mit Säuren keine Salze bildet, sondern – vor allem in der Wärme – zu harzigen Produkten polymerisiert [vgl. **MC-Fragen Nr. 1384, 1385**].

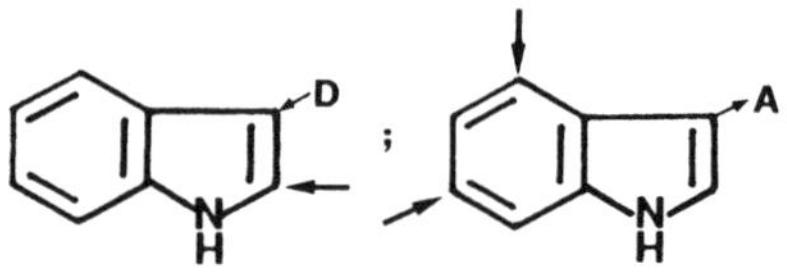

Azole: Bei diesen Heteroaromaten ist im Allgemeinen das Atom C-4 die reaktivste Stelle für S_E-Reaktionen.

3.15.4.2 π-Elektronenmangel-Heteroaromaten

Das freie Elektronenpaar am N-Atom des **Pyridins** verleiht dem Molekül basische und nucleophile Eigenschaften zugleich. Die Basizität des Pyridins (pK_b = 8,77) ist deutlich geringer als die von Piperidin (pK_b = 2,88) (siehe auch ▸Kap. 3.19.5.1 und ▸Kap. 3.19.6). Pyridin ist am N-Atom alkylierbar und bildet mit vielen Säuren *Pyridiniumsalze.* Deshalb wird es oft als Katalysator und „Protonenfänger" in Reaktionen eingesetzt, bei denen starke Säuren gebildet werden. Pyridiniumchlorid [$C_5H_5NH^+Cl^-$] protolysiert in wässriger Lösung. Solche Lösungen reagieren sauer [vgl. **MC-Fragen Nr. 1388, 1389**].

Pyridin-Derivate sind gegenüber Oxidationsmitteln relativ inert. Daher wird Pyridin häufig bei Oxidationen mit CrO_3 als Lösungsmittel verwendet. Allerdings ist es – wie andere tertiäre Amine auch – unter geeigneten Bedingungen zum **Pyridin-N-oxid** oxidierbar.

Auf die aus der Elektronendichteverteilung des Pyridins herrührenden Schwierigkeiten bei elektrophilen Substitutionen und auf die Leichtigkeit, mit der sich nucleophile Substitutionen durchführen lassen, wurde bereits hingewiesen. Die *Tschitschibabin-Reaktion* wurde im ▸Kap. 3.6.4.3 vorgestellt.

▫Tab. 3.80 zeigt einige ausgewählte nucleophile und elektrophile Substitutionsreaktionen des Pyridins. Friedel-Crafts-Reaktionen sind mit Pyridin nicht durchführbar [vgl. **MC-Fragen Nr. 653, 660, 1351, 1387–1391, 1720**].

Nachzutragen ist, dass Alkylsubstituenten oder Aminogruppen wie erwartet die Reaktivität gegenüber Elektrophilen erhöhen. Die reaktivste Stelle des Pyridins für S_E-Reaktionen ist C-3. S_N-Reaktionen, die gewöhnlich nach einem Additions-Eliminations-Mechanismus ablaufen, finden vorzugsweise an den Atomen C-2 oder C-6 statt. Nur wenn diese beiden Positionen besetzt sind, tritt das Nucleophil an C-4 [vgl. **MC-Fragen Nr. 1378, 1720**].

S_E-Reaktionen werden auch dadurch erschwert, dass sie häufig nur im sauren Milieu durchführbar sind. Unter diesen Bedingungen liegt Pyridin protoniert oder an Lewis-Säuren koordiniert vor, wodurch der Elektronenmangel an den Ring-C-Atomen noch verstärkt wird.

Der stark positivierte Charakter der C-Atome 2, 4 und 6 hat auch zur Folge, dass sich ein Halogenatom in diesen Positionen leicht gegen Hydroxyl-, Amino- oder Mercapto-Gruppen austauschen lässt. **2-Chlor-** und **4-Chlorpyridin** ähneln in dieser Hinsicht dem *o*- bzw. *p*-Chlornitrobenzen. In ▫Tab. 3.81 sind einige Reaktionen des **2-Chlorpyridins** zusammengestellt [vgl. **MC-Fragen Nr. 655, 1389, 1391**].

Erwähnenswert ist, dass man bei einigen Substitutionen an 3- oder 4-Halogenpyridin-Derivaten auch *umgelagerte Produkte* erhält. Zum Beispiel entstehen bei der

Tab. 3.80 Substitutionsreaktionen am Pyridin

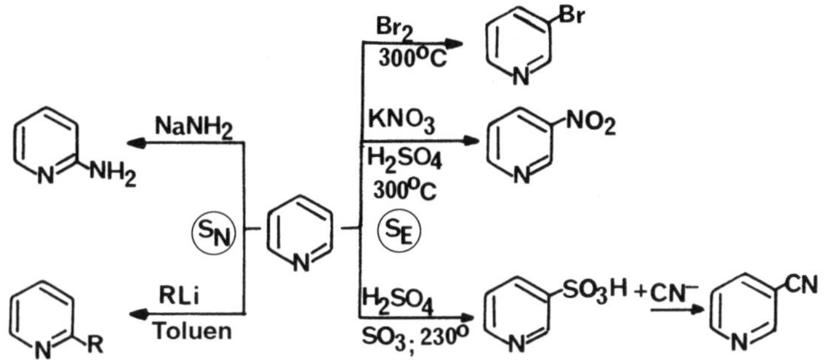

Tab. 3.81 Reaktionen des 2-Chlorpyridins

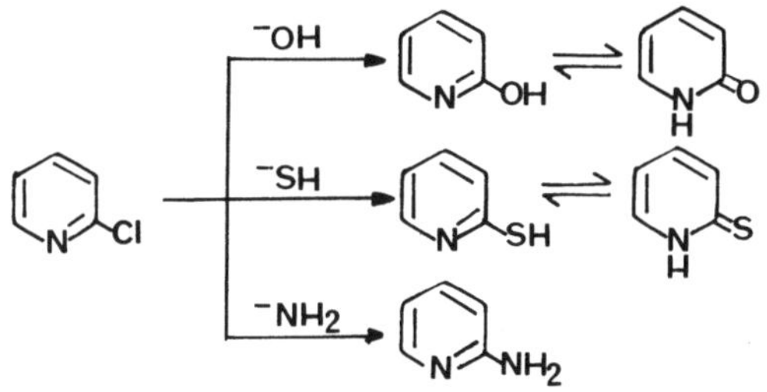

Umsetzung von **3-Chlorpyridin** mit KNH_2 in NH_3 **4-Aminopyridin** [45%] und **3-Aminopyridin** [25%]. Die Substitution verläuft somit über ein *Arin* als Zwischenprodukt.

Aus den gleichen Gründen sind auch 2- und 4-ständige Methylgruppen in hohem Maße aktiviert. So kondensieren **2-** und **4-Methylpyridin** mit Aldehyden; sie lassen sich alkylieren und können zu Carbonsäuren oxidiert werden. Ihre CH-Acidität entspricht der von Methylketonen. Die erhöhte Acidität dieser Positionen ist auf die Delokalisierung der negativen Ladung des intermediär gebildeten Anions zurückzuführen.

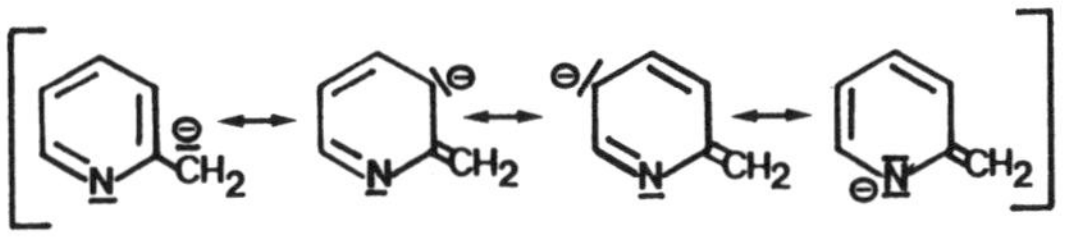

Tab. 3.82 zeigt einige ausgewählte Reaktionen von **2-Methylpyridin** (α-Picolin).

Wie bereits erwähnt, kann man Pyridin mit primären Halogenalkanen in *N-Alkylpyridiniumsalze* umwandeln. Mit 30%igem H_2O_2 in Eisessig wird das N-Oxid gebildet [vgl. **MC-Fragen Nr. 1390, 1391**].

Tab. 3.82 Reaktionen des 2-Methylpyridins

Pyridin-N-oxid ist insofern eine interessante Verbindung, da sie je nach den elektronischen Verhältnissen des angreifenden Reagenzes unterschiedlich zu reagieren vermag. Sowohl elektrophile als auch nucleophile Substitutionen in den Positionen 2 und 4 sind durchführbar, wobei S_E-Reaktionen im Vergleich zu Pyridin erleichtert sind [vgl. **MC-Frage Nr. 1387**].

Pyridin-N-oxid

Im Allgemeinen findet die elektrophile Substitution an C-4 des N-Oxids statt. Behandelt man substituierte Pyridin-N-oxide mit PCl_3 bzw. mit Fe/HOAc oder mit katalytisch angeregtem Wasserstoff, so wird der Sauerstoff wieder abgespalten. Auf diesem Syntheseweg lassen sich deshalb Pyridin-Derivate herstellen, die sonst nur schwer zugänglich sind.

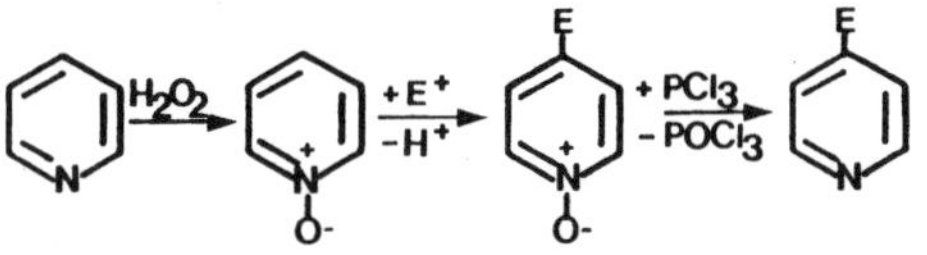

Substitutionen an Benzopyridinen: **Chinolin** und **Isochinolin** sind gegenüber elektrophilen Agenzien reaktionsfähiger als Pyridin. Arbeitet man in stark saurer Lösung, dann reagiert die protonierte Form dieser Heterocyclen und die Substitution erfolgt im Benzenring an C-5 und C-8. Chinolin-N-oxid ist leichter elektrophil zu substituieren als der Grundkörper, wobei vorzugsweise C-4 angegriffen wird [vgl. **MC-Frage Nr. 1393**].

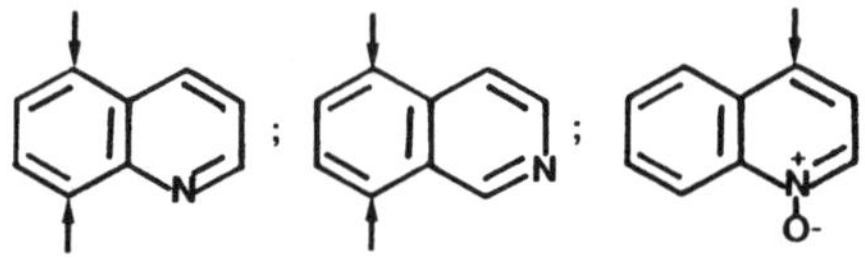

Chinolin und Isochinolin lassen sich auch als Substrate für eine Tschitschibabin-Reaktion einsetzen. 2- und 4-Alkylchinoline sowie 1-Alkylisochinoline zeigen ein den 2- und 4-Alkylpyridinen analoges Reaktionsverhalten.
Behandelt man Chinolin mit starken Oxidationsmitteln ($KMnO_4$, CrO_3), so bildet sich unter Aufspaltung des aromatischen Ringsystems **Chinolinsäure** (*Pyridin-2,3-dicarbonsäure*) [siehe ▸Kap. 3.2.18.2 und **MC-Frage Nr. 1394**].
Substitutionen am Pyrimidin: Das Vorhandensein eines zweiten Stickstoffs im aromatischen Ringgerüst erniedrigt dessen Elektronendichte erheblich, sodass Pyrimidin gegenüber Elektrophilen ausgesprochen reaktionsträge ist. Die für eine Substitution notwendigen drastischen Reaktionsbedingungen führen oft zur Zerstörung des heterocyclischen Ringsystems. Nur wenn aktivierende Substituenten [HO, NH_2] vorhanden sind, ist eine elektrophile Substitution möglich, die ausschließlich an der am wenigsten desaktivierten Position 5 des Pyrimidins stattfindet.

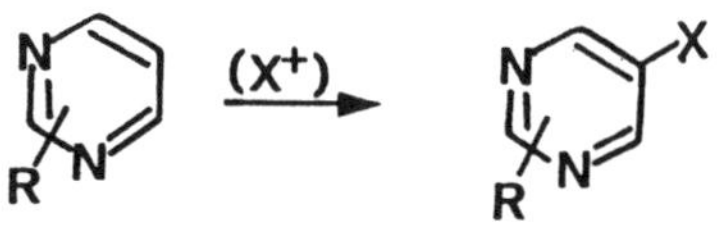

Praktische Bedeutung besitzen lediglich die Nitrierung (HNO_3/HOAc), die Nitrosierung ($NaNO_2$/HCl) sowie die Bromierung des Pyrimidins. S_N-Reaktionen lassen sich erwartungsgemäß leichter durchführen, insbesondere an C-2 und C-4. Diese Reaktionen scheinen nach einem Additions-Eliminations-Mechanismus abzulaufen.
Eigenschaften von Purinen: Purin-Derivate zählen zu den physiologisch wichtigsten bicyclischen, heteroaromatischen Ringsystemen. Der Heterocylus besitzt ein aromatisches 10π-Elektronensystem; seine basischen Eigenschaften sind mit der *cyclischen Amidin*-Teilstruktur im fünfgliedrigen Imidazol-Ring erklärbar (siehe ▸Kap. 3.19.6).

Purin (*7H*-Imidazo[4,5-d]pyrimidin, 3,5,7-Triazaindol) selbst ist eine farblose Substanz (Schmp. 217 °C), die aus **Harnsäure** gewonnen werden kann.

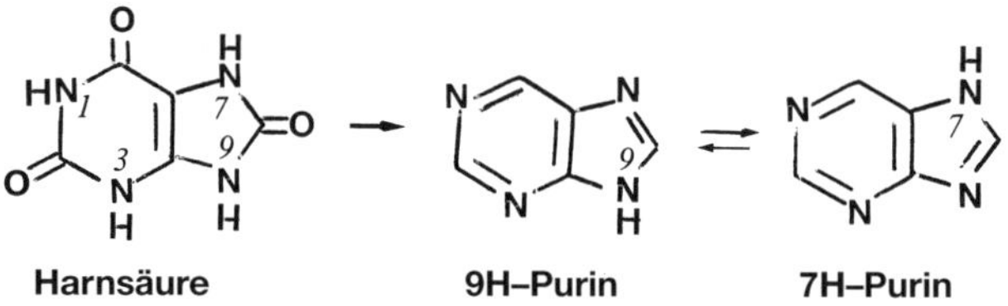

Harnsäure 9H–Purin 7H–Purin

Harnsäure ist eine schwache Säure ($pK_s = 5{,}75$) und kaum in Wasser löslich. Die Salze der Harnsäure heißen *Urate*. Zum analytischen *Nachweis* von Harnsäure und anderen Xanthin-Derivaten dient die Umsetzung mit HNO_3/NH_3, die zum Ammoniumsalz der *Purpursäure* führt (*Murexid-Reaktion*) [siehe Ehlers, **Analytik I**, ▸Kap. 3.5.4.4 und **MC-Frage Nr. 1685**].

Pharmazeutische Bedeutung besitzen auch die N-methylierten Xanthin-Derivate wie **Theophyllin** (*1,3-Dimethylxanthin*), **Theobromin** (*3,7-Dimethylxanthin*) sowie **Coffein** (*1,3,7-Trimethylxanthin*). Zur acidimetrischen Gehaltsbestimmung der Dimethylxanthine siehe Ehlers, **Analytik II**, ▸Kap. 6.2.4.3 [vgl. **MC-Fragen Nr. 1344, 1396**].

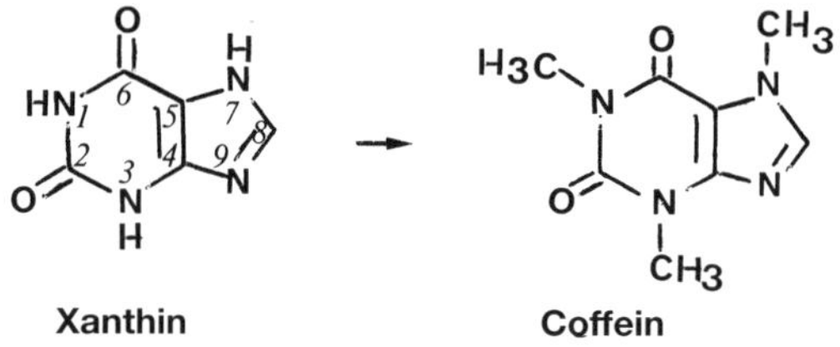

Xanthin Coffein

Eigenschaften von Phenothiazinen: Phenothiazin-Derivate finden breite Anwendung als Pharmaka und als Farbstoffe. Der wichtigste Phenothiazin-Farbstoff ist **Methylenblau,** der zum farblosen *Leukomethylenblau* reduziert werden kann. Zur Identitätsprüfung auf Phenothiazinen siehe Ehlers, **Analytik I**, ▸Kap. 3.5.4.5 [vgl. **MC-Fragen Nr. 1681, 1682**].

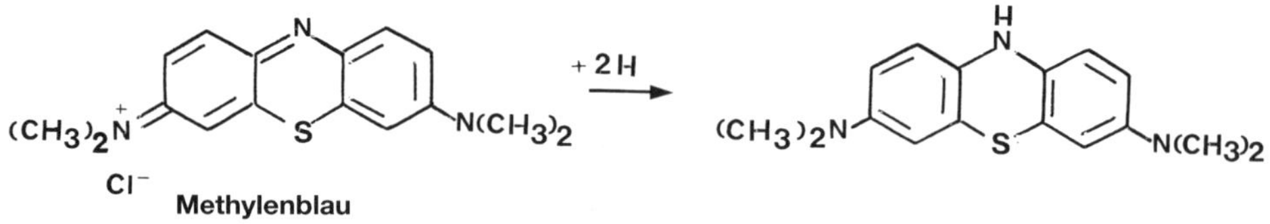

Methylenblau

3.16 Kohlenhydrate

3.16.1 Definition, Einteilung und Nomenklatur

Als **Kohlenhydrate** bezeichnet man eine Gruppe von Naturstoffen, die mit den einfachen *Zuckern (Saccharide)* eng verwandt sind. Ursprünglich fasste man unter diesem Begriff Substanzen zusammen, die neben Kohlenstoff noch Sauerstoff und Wasserstoff im Atomverhältnis 1:2 enthalten und der Summenformel [$\mathbf{C_nH_{2n}O_n}$] entsprechen. Zum Beispiel hat **Glucose** die elementare Zusammensetzung [$C_6H_{12}O_6$] und kann formal als „Hydrat des Kohlenstoffs" [$C_6(H_2O)_6$] angesehen werden.

Diese Definition ist heute aber nicht mehr streng gültig, da zu den Kohlenhydraten eine Vielzahl von Substanzen gehören, die von obiger Elementzusammensetzung abweichen. Darüber hinaus können solche Stoffe auch Schwefel oder Stickstoff als Molekülbausteine enthalten.

Als **Zucker** bezeichnet man im Allgemeinen *Polyhydroxycarbonylverbindungen,* die häufig in einer cyclischen Halbacetal-Form vorliegen (siehe nachfolgenden Abschnitt). Aufgrund ihrer zahlreichen Hydroxylgruppen zeigen Zucker ein stark hydrophiles (lipophobes), d. h. wasserlösliches Verhalten [vgl. **MC-Frage Nr. 1115**].

Viele Kohlenhydrate zersetzen sich bereits bei gelindem Erwärmen [$T > 150$ °C]; sie sind nicht destillierbar und meistens auch nicht unzersetzt schmelzbar. Dies ist ein Indiz dafür, dass die zwischenmolekularen Kräfte stärker sind als die Bindungskräfte zwischen den einzelnen Atomen.

Nach der Anzahl ihrer monomeren Bausteine unterteilt man Kohlenhydrate in:

- **Monosaccharide**, die nicht weiter zu kleineren „Einheiten" hydrolysiert werden können.
- **Oligosaccharide**, in denen 2 bis 8 Monosaccharide *acetalartig* miteinander verbunden sind; sie werden je nach der Anzahl ihrer monomeren Bausteine als *Disaccharide, Trisaccharide, Tetrasaccharide* usw. bezeichnet.
- **Polysaccharide** mit mehr als 8 Untereinheiten. Die natürlichen Polysaccharide bestehen in der Regel aus 100–3000 Monosacchariden.

Oligosaccharide und *Polysaccharide* lassen sich hydrolytisch oder auf enzymatischem Wege in Monosaccharide spalten. Fast alle in der Natur vorkommenden Kohlenhydrate liegen in *optisch aktiver Form* vor.

Monosaccharide können aufgrund der *Zahl ihrer C-Atome* weiter unterteilt werden in [vgl. **MC-Fragen Nr. 1425, 1431, 1433, 1438**]:

Triosen – Tetrosen – Pentosen – Hexosen – Heptosen

Die am weitesten verbreiteten Monosaccharide sind Pentosen und Hexosen. In diesen Verbindungen kann die Carbonylfunktion als Aldehyd-Gruppe [R-CH=O] oder als Keto-Gruppe [R_2C=O] vorliegen. Man spricht dann von *Aldosen* bzw. *Ketosen.*

```
 H-C=O        H-C=O        H2C-OH        H2C-OH
   |            |            |              |
HO-C-H        H-C-OH        C=O            C=O
   |            |            |              |
 H-C-OH      HO-C-H        H-C-OH         H-C-OH
   |            |            |              |
 H2C-OH       H-C-OH       H-C-OH        HO-C-H
                |            |              |
              H-C-OH       H2C-OH         H-C-OH
                |                           |
              H2C-OH                      H2C-OH
Threose      Glucose      Ribulose       Sorbose
```

Danach kann **Glucose** durch den Ausdruck *Aldohexose* charakterisiert werden; **Threose** ist eine *Aldotetrose,* **Ribulose** eine *Ketopentose* und **Sorbose** eine *Ketohexose* [vgl. **MC-Fragen Nr. 1399, 1401**].

Eine *systematische Nomenklatur* für Zucker existiert nicht. Im Allgemeinen wird ein *Trivialname* in Verbindung mit der Endung *„ose"* verwendet. Über die wichtigsten Aldosen informiert der in ◻Tab. 3.83 gezeigte Stammbaum dieser Stoffklasse [vgl. **MC-Fragen Nr. 1397–1399, 1401, 1402, 1407, 1408, 1418–1420, 1425, 1436, 1450**].

Als *Desoxyzucker* bezeichnet man Monosaccharide, in denen eine oder zwei Hydroxylgruppen durch ein Wasserstoffatom ersetzt wurden. Wichtige *Desoxyaldosen* sind **L-Rhamnose** (6-Desoxy-L-mannose), **D-Digitoxose** und vor allem **2-Desoxyribose**, die als Baustein der Desoxyribonucleinsäuren auftritt [vgl. **MC-Frage Nr. 1402**].

```
 H-C=O          H-C=O          H-C=O
   |              |              |
 H-C-OH         H-C-H          H-C-H
   |              |              |
 H-C-OH         H-C-OH         H-C-OH
   |              |              |
HO-C-H          H-C-OH         H-C-OH
   |              |              |
HO-C-H          H-C-OH         H2C-OH
   |              |
  CH3            CH3
L-Rhamnose     D-Digitoxose    2-Desoxyribose
```

Aminozucker *(Aminoaldosen):* In einigen Aldohexosen ist die Hydroxylgruppe an C-2 durch eine Aminogruppe ersetzt worden. Die wichtigsten Verbindungen dieses Typs sind **D-Glucosamin** und **D-Galactosamin**, die vor allem in Form ihrer *N*-Acetyl-Derivate als Bausteine stickstoffhaltiger Polysaccharide auftreten [vgl. **MC-Fragen Nr. 1440, 1441**].

```
  H-C=O                              H-C=O
    |                                  |
  H-C-NH2                            H-C-NH2
    |                                  |
 HO-C-H    D-Glucosamin             HO-C-H    D-Galactosamin
    |                                  |
  H-C-OH                            HO-C-H
    |                                  |
  H-C-OH                             H-C-OH
    |                                  |
 H2C-OH                             H2C-OH
```

Glykoside: Glykoside sind acetalartige Derivate von Kohlenhydraten, in denen der mit der Cyclohalbacetal-Form eines Zuckers verbundene Rest, das sog. *Aglykon,* meistens mit dem Sauerstoffatom am *anomeren C-Atom* des Kohlenhydrats verknüpft ist (siehe ▸Kap. 3.16.2.3).

Je nach dem zugrundeliegenden Zuckerbaustein spricht man bei Glykosiden von einem **Glucosid**, **Mannosid** oder **Galactosid**. Die Ringgröße der Cyclohalbacetal-Form wird durch die Bezeichnung *„pyranosid"* oder *„furanosid"* angezeigt.

Zu den natürlichen Glykosiden zählen auch *Oligosaccharide* und *Polysaccharide.* Hier ist die glykosidische HO-Gruppe an C-1 nicht mit einem beliebigen Alkohol oder Phenol sondern mit einer glykosidischen bzw. alkoholischen Hydroxylgruppe eines weiteren Zuckermoleküls acetalisiert.

◻ Tab. 3.83 Stammbaum der D-Aldosen

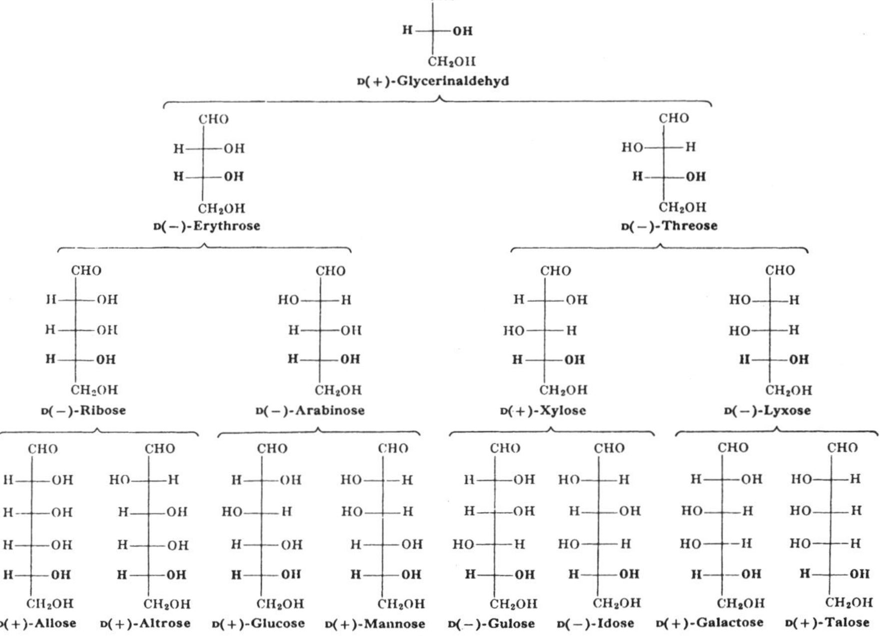

3.16.2 Stereochemie der Kohlenhydrate

3.16.2.1 Relative Konfiguration der Zucker

Als *Bezugssubstanz* für die Zugehörigkeit der Monosaccharide zur D- oder L-Reihe dient **Glycerinaldehyd** (2,3-Dihydroxypropanal). Glycerinaldehyd, eine *Triose,* besitzt ein Chiralitätszentrum und existiert in zwei enantiomeren Formen (siehe auch ▸Kap. 3.3.4.1).

```
        H-C=O                    H-C=O
         *|                       *|
        H-C-OH  ←            →  HO-C-H
          |                        |
        H₂C-OH                   H₂C-OH
D-(+)-Glycerinaldehyd     L-(-)-Glycerinaldehyd
R-(+)-Glycerinaldehyd     S-(-)-Glycerinaldehyd
```

Nach Übereinkunft haben – unabhängig von ihrem Drehsinn – *alle D-Zucker an dem asymmetrischen Kohlenstoffatom, das von der Carbonylgruppe am weitesten entfernt ist, dieselbe Stereochemie wie D-(+)-Glycerinaldehyd.* Zucker mit der entgegengesetzten Konfiguration an diesem Zentrum gehören der L-Reihe an. Wie die Fischer-Projektion von **D-Glucose** und **L-Glucose** belegt, unterscheiden sich die beiden Enantiomeren in der Konfiguration an *allen* asymmetrischen C-Atomen [vgl. **MC-Fragen Nr. 353, 380, 419, 420, 493, 1757**].

```
1        H-C=O              H-C=O              H₂C-OH
          *|                 *|                  |
2        H-C-OH            HO-C-H               C=O
          *|                 *|                 *|
3       HO-C-H              H-C-OH            HO-C-H
          *|                 *|                 *|
4        H-C-OH            HO-C-H              H-C-OH
          *|                 *|                 *|
5        H-C-OH  ←     →   HO-C-H              H-C-OH   ←
           |                  |                  |
6        H₂C-OH             H₂C-OH             H₂C-OH
     D-(+)-Glucose      L-(-)-Glucose     D-(-)-Fructose
```

Da es für eine Substanz mit n Chiralitätszentren insgesamt $\mathbf{2^n}$ mögliche optische Isomere gibt, existieren 2 Aldotriosen, 4 Aldotetrosen, 8 Aldopentosen, 16 Aldohexosen [8 Enantiomerenpaare] sowie 8 Ketohexosen. Die Hälfte dieser Verbindungen leitet sich vom D-(+)-Glycerinaldehyd ab und zählt zur D-Reihe, die andere Hälfte gehört zur L-Reihe. In der Regel sind die natürlich vorkommenden Kohlenhydrate am höchsten bezifferten asymmetrischen C-Atom *D-* bzw. *R-konfiguriert.* Nach der CIP-Nomenklatur wird D-Glucose als **2R,3S,4R,5R,6-Pentahydroxyhexanal** bezeichnet [vgl. **MC-Fragen Nr. 1417, 1421, 1425**].

3.16.2.2 Epimerie

Verbindungen mit mehreren asymmetrischen C-Atomen, die sich *nur* in der Konfiguration an einem *einzigen* Chiralitätszentrum unterscheiden, nennt man *Epimere. Epimere sind Diastereomere.*

Zum Beispiel sind **D-Glucose** und **D-Mannose** bezüglich C-2 und **D-Galactose** und **D-Glucose** bezüglich C-4 epimer. **D-Ribose** und **D-Arabinose** sind epimer bezüglich des Atoms C-3 [vgl. **MC-Fragen Nr. 354, 1417, 1425, 1431, 1437, 1799**].

3.16.2.3 Cyclohalbacetal-Struktur der Zucker (Anomerie)

Die Aldehyd- und Keto-Formeln der Monosaccharide werden all deren Eigenschaften nicht gerecht. Beispielsweise findet keine Addition von $NaHSO_3$ oder NH_3 an die C=O-Doppelbindung statt. Außerdem tritt bei Aldosen keine Farbreaktion mit Fuchsin-Schwefliger Säure (Schiffs Reagenz) ein (siehe Ehlers, **Analytik I**, ▸Kap. 2.2.3.3 und ▸Kap. 3.5.3.11).

Ursache hierfür ist die *intramolekulare* Addition einer Hydroxylgruppe des gleichen Zuckermoleküls an seine Carbonylfunktion unter Bildung eines Ringgerüstes.

Wie bekannt, reagieren Aldehyde mit Alkoholen über Halbacetale zu Acetalen.

$$\text{R-CH=O} \xrightarrow[(H^+)]{+\ R'OH} \underset{\text{Halbacetal}}{\text{R-CH}\begin{smallmatrix}\diagup OH \\ \diagdown OR'\end{smallmatrix}} \xrightarrow[-\ H_2O]{+\ R'OH} \underset{\text{Acetal}}{\text{R-CH}\begin{smallmatrix}\diagup OR' \\ \diagdown OR'\end{smallmatrix}}$$

Bei Aldohexosen ist z. B. die Bildung eines *cyclischen Halbacetals* mit der HO-Gruppe an C-5 möglich unter Ausbildung eines gesättigten *Pyran-Ringes.* Daneben existieren auch einfache Zucker, in denen die HO-Gruppe an C-4 den Ringschluss herbeiführt, wodurch ein gesättigter *Furan-Ring* gebildet wird.

Pyran Furan

Deshalb hat man nach *Haworth* bei Monosacchariden zwischen *Pyranosen* und *Furanosen* zu unterscheiden. Bei Aldohexosen ist die pyranoide Form bevorzugt.

Substanzen mit einer 4- oder 5-Hydroxyaldehyd-Teilstruktur liegen in Lösung überwiegend als cyclische Halbacetale vor. Sauerstoffhaltige 5-gliedrige Ringstrukturen bezeichnet man als Furanosen, 6-gliedrige Ringsysteme als Pyranosen.

Durch den Ringschluss zum *Cyclohalbacetal* entsteht aus dem ursprünglichen Carbonylkohlenstoff [C-1] ein neues *Chiralitätszentrum,* sodass z. B. für Glucose *zwei diastereomere D-Glucopyranosen* möglich sind, die als **α-Form** und **β-Form** bezeichnet werden. **α-D-Glucopyranose** und **β-D-Glucopyranose** stehen über eine offenkettige Struktur *(al-Form)* miteinander im *Gleichgewicht.* Nach *Tollens* schreibt man in den Fischer-Projektionen der Monosaccharide die an C-1 haftende HO-Gruppe der *α-Form* nach *rechts* und in der *β-Form* nach *links.* Bei L-Zuckern ist es umgekehrt [siehe ▸Kap. 3.16.2.1 und **MC-Fragen Nr. 498, 1422–1424, 1429, 1430, 1757**].

Organische Chemie

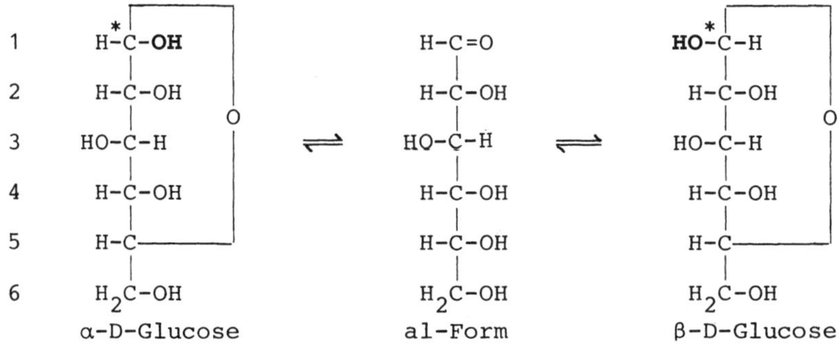

```
        ┌──────┐               ┌──────┐
      * │      │             * │      │
1    H-C-OH    │   H-C=O    HO-C-H    │
       |       │     |         |      │
2    H-C-OH    │   H-C-OH    H-C-OH   │
       |       O     |         |      O
3   HO-C-H     │ ⇌ HO-C-H  ⇌ HO-C-H   │
       |       │     |         |      │
4    H-C-OH    │   H-C-OH    H-C-OH   │
       |       │     |         |      │
5    H-C───────┘   H-C-OH    H-C──────┘
       |             |         |
6   H2C-OH        H2C-OH    H2C-OH
 α-D-Glucose      al-Form   β-D-Glucose
```

Derartige cyclische Halbacetale werden *Lactole* genannt. Sie sind mit der offenkettigen Aldehyd-Form tautomer, sodass man auch von einer *Oxo-Cyclo-Tautomerie* spricht.

Da die Konzentration der al-Form in diesem Gleichgewicht äußerst gering ist, zeigt eine wässrige Zucker-Lösung im *IR-Spektrum* keine charakteristische Carbonylabsorption. Darüber hinaus treten bestimmte typische Aldehydreaktionen nicht ein.

Zwei *diastereomere* Monosaccharide, die sich nur in der Konfiguration an C-1, dem *anomeren C-Atom* (Acetal-Kohlenstoff) unterscheiden, werden als *Anomere* bezeichnet. Anomere Zucker wie **α-D-Glucose** (α-D-Glucopyranose) und **β-D-Glucose** (β-D-Glucopyranose) bilden naturgemäß mit Phenylhydrazin das gleiche *Osazon* [siehe ▸Kap. 3.16.3.5 und **MC-Fragen Nr. 380, 1417, 1422, 1435, 1757–1759**].

3.16.2.4 Konformationen der Pyranosen

Der Tetrahydropyran-Ring der Hexosen ist nicht eben gebaut, sondern liegt in Analogie zu Cyclohexan-Derivaten in einer energetisch begünstigten *Sesselkonformation* vor. Wie beim Cyclohexan sind auch bei Aldosen für jedes der beiden Anomere zwei alternative Sesselkonformationen möglich, deren Energieunterschied auf ca. 25 kJ · mol^{-1} geschätzt wurde. Dabei ist die Konformation am stabilsten, in der die voluminöse CH_2OH-Gruppe äquatorial angeordnet ist [vgl. **MC-Fragen Nr. 1422–1424, 1757–1759**].

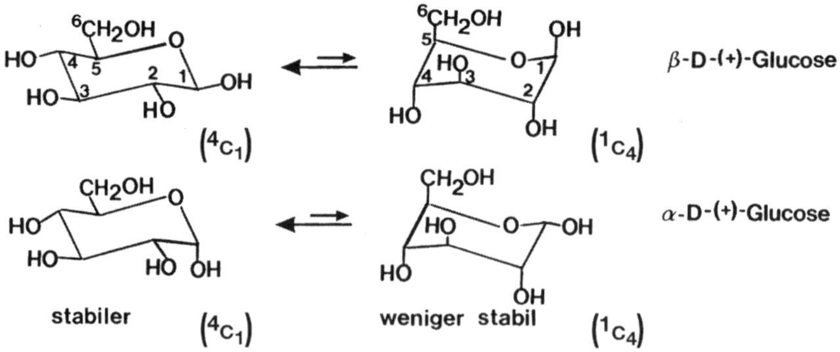

β-D-(+)-Glucose: ($^4C_1$) ⇌ ($^1C_4$)

α-D-(+)-Glucose: ($^4C_1$) stabiler ⇌ ($^1C_4$) weniger stabil

In der stabileren β-D-Glucose befinden sich auch alle Hydroxylgruppen in äquatorialer Lage, während in der anomeren α-D-Glucose die HO-Gruppe am anomeren C-1 die axiale Position einnimmt. Aus den Stellungen der beiden Hydroxylgruppen an C-1 und C-2 zueinander geht hervor, dass die **α-D-Glucose** der *cis-1,2-Form* und die **β-D-Glucose** einer *trans-1,2-Form* entspricht.

Für eine *Unterscheidung* der verschiedenen *Sesselkonformationen* in Pyranosen, die durch „Umklappen des Pyranoseringes" miteinander in einem Gleichgewicht stehen, ist folgende Bezeichnungsweise zu verwenden. Man bildet aus dem Sauerstoffatom und den C-Atomen 2, 3 und 5 des Pyranoseringes eine Ebene. Das C-Atom des Pyranoseringes, das sich oberhalb dieser Ebene befindet wird als Positionsziffer vor die Bezeichnung der Ringkonformation (**C** = chair) geschrieben und *hoch* gesetzt; das C-Atom, das unter dieser Ebene liegt wird dahinter geschrieben und *tief* gesetzt.

Das stabilere Konformer der α-D-Glucose mit axialer HO-Gruppe an C-1 besitzt demnach eine **$^4C_1$-Konformation**, während im weniger stabilen Konformer mit äquatorialer HO-Gruppe an C-1 die **$^1C_4$-Konformation** vorliegt. Die $^4C_1$-Konformation der α-D-Glucose ist etwa um 13,4 kJ/mol energieärmer als das $^1C_4$-Konformer. Der Energieunterschied zwischen α- und β-D-Glucose beträgt dagegen nur etwa 1 kJ/mol [vgl. **MC-Fragen Nr. 1426, 1427**].

Von den acht D-Aldohexosen ist die β-D-Glucose die einzige, in der alle fünf Substituenten des Tetrahydropyran-Ringes eine äquatoriale Lage einnehmen können, und für die meisten Aldosen ist die Konformation mit äquatorialer CH_2OH-Gruppe die jeweils stabilere.

Organische Chemie

3.16.2.5 Projektionsformeln der Zucker

Für die formelmäßige Darstellung der Glucose und anderer Zucker existieren folgende Möglichkeiten [vgl. **MC-Fragen Nr. 498, 1422, 1424**]:

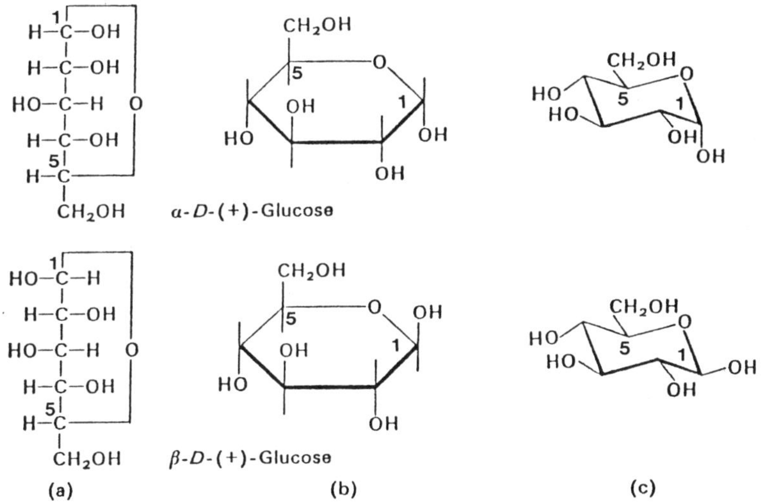

α-D-(+)-Glucose

β-D-(+)-Glucose

(a) (b) (c)

Die Formeln **(a)** bringen die strukturellen Beziehungen zur offenkettigen Form am besten zum Ausdruck und entsprechen der *Fischer-Projektion* (siehe ▸Kap. 3.3.3.2).

In der *Haworth-Projektion* **(b)** wird der Cyclohalbacetal-Ring der Hexosen als ein planares Sechseck geschrieben, bei dem sich das Sauerstoffatom in der rechten oberen Ecke befindet. Substituenten werden als gerade Linien durch die Ecken des Sechsecks angedeutet. Die *HO-Gruppe* am anomeren C-Atom ist beim *β-Anomer* nach *oben,* beim *α-Anomer* nach *unten* gerichtet. Die unmittelbar mit dem Ringgerüst verknüpften H-Atome werden oft weggelassen.

Bei der Umwandlung der Fischer-Projektion in die Haworth-Formel ist zu berücksichtigen, dass eine Hydroxylgruppe, die in der Fischer-Projektion nach *links* weist, in der Haworth-Formel nach *oben* zeigt.

Die *Konformationsformeln* **(c)** geben schließlich die räumliche Anordnung der Atome am besten wieder.

3.16.2.6 Mutarotation

Anomere Zucker können in reiner, kristalliner Form isoliert werden. Löst man eines der reinen Anomeren in Wasser oder einem anderen Lösungsmittel, dann verändert sich die *optische Drehung* der Lösung allmählich bis ein Gleichgewichtswert (konstanter Endwert) erreicht ist. Dieser entspricht der *spezifischen Drehung* des jeweiligen Zuckers und ist von dessen Konzentration unabhängig. Der Endwert ist jedoch abhängig vom verwendeten Lösungsmittel (siehe Ehlers, **Analytik II**, ▸Kap. 11.3).

Dieses Phänomen, das *Mutarotation* genannt wird, ergibt sich aus der gegenseitigen Umwandlung der beiden anomeren Zucker. Die Umwandlung läuft wahrscheinlich über die al-Form als gemeinsame Zwischenverbindung ab.

Werden z. B. α-D-Glucose und β-D-Glucose in reiner Form in Wasser gelöst, so liegen die Anfangswerte der optischen Drehung bei ca. +112,2° bzw. bei +18,7°. Nach einiger Zeit zeigen beide Lösungen den gleichen Endwert von +52,7°. Die *Geschwindigkeit* der Endwerteinstellung hängt stark von der *Temperatur* und dem *pH-Wert* der Lösung ab und ist sowohl säure- als auch basenkatalysiert. Geringe Mengen an Alkali führen zu einem unmessbar raschen Verlauf der Gleichgewichtseinstellung, die nach dem normalen Mechanismus der Bildung und Hydrolyse von Acetalen abläuft [vgl. **MC-Fragen Nr. 1435, 1443, 1457**].

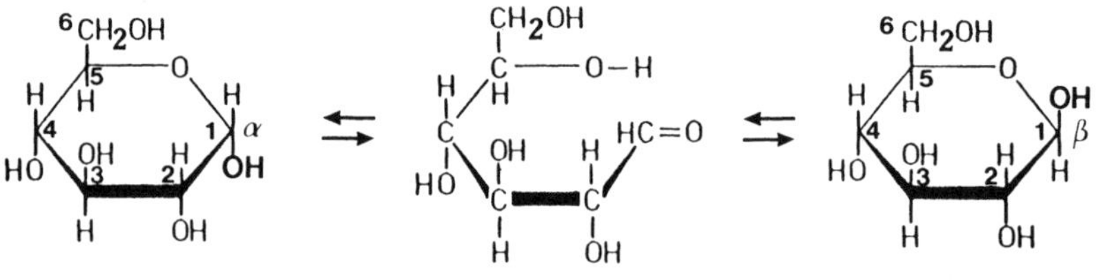

α-D-Glucose (36%) [Schmp. 146°c – $[\alpha]_D = +112{,}2°$] ⇄ D-Glucose (<0,1%) *al*-Form ⇄ β-D-Glucose (64%) [Schmp. 150°c – $[\alpha]_D = +18{,}7°$]

Gleichgewicht in Wasser $[\alpha]_D = +52{,}7°$

Zu beachten ist, dass der Endwert *nicht* dem arithmetischen Mittel der beiden Drehwerte entspricht, d. h., die Mutarotation führt zu unterschiedlichen Mengen an Anomeren. Die β-D-Glucose (ca. 63,6 %) überwiegt gegenüber der α-Form (ca. 36,4 %), was sterische Ursache hat. Die β-Form stellt bezüglich der beiden HO-Gruppen an C-1 und C-2 die energetisch günstigere *trans*-Anordnung dar.

Neutrale wässrige Lösungen von *Glykosiden* zeigen hingegen *keine* Mutarotation, weil sie in neutraler wässriger Lösung stabile Acetale darstellen.

3.16.3 Reaktionen der Monosaccharide

Die einfachen Zucker sind *Polyhydroxyaldehyde* oder *Polyhydroxyketone.* Ihre funktionellen Gruppen lassen sich unter bestimmten Bedingungen mit den üblichen Reagenzien nachweisen. Darüber hinaus treten spezielle Umsetzungen an der Hydroxylgruppe ein, die der Carbonylfunktion unmittelbar benachbart ist.

3.16.3.1 Verhalten gegenüber Säuren

Gegenüber verdünnten Säuren sind Aldosen relativ beständig. Verdünnte Säuren katalysieren aber die gegenseitige Umwandlung von α- und β-Aldosen. Behandelt man jedoch Aldosen mit 12%iger HCl-Lösung (Destillation), so erfolgt eine Dehydratisierung zu Derivaten des **Furfurals** [vgl. **MC-Fragen Nr. 1058, 1375**].

```
HO-CH─────────CH-OH                         HC──────CH
   |           |        - 3 H2O             ||      ||
 R-CH         CH-CH=O  ─────────>         R-C\     /C-CH=O
   |           |                              \ O /
  OH          HO

R = H     : Pentose          →   Furfural
    CH3   : 6-Desoxyhexose   →   5-Methylfurfural
    CH2OH : Hexose           →   5-Hydroxymethylfurfural
```

Das aus Hexosen gebildete **5-Hydroxymethylfurfural** geht schließlich unter Abspaltung von Ameisensäure in **Lävulinsäure** (γ-Ketovaleriansäure, 4-Oxopentansäure) [$CH_3COCH_2CH_2COOH$] über.

3.16.3.2 Verhalten gegenüber Alkali

Aldosen und Ketosen sind als enolisierbare Carbonylverbindungen in alkalischer Lösung nicht beständig. *Verdünnte* Alkalihydroxid-Lösungen bewirken eine *Isomerisierung (Lobry-de-Bruyn-van-Ekenstein-Umlagerung)*. Die Reaktion verläuft über ein gemeinsames *Endiol* [vgl. **MC-Frage Nr. 1439**].

```
                           H-C=O
                             |
                           H-C-OH      D-Glucose
                             |
                             R

                             ⇅

             H-C=O         H-C-OH        H2C-OH
               |             ||            |
D-Mannose   HO-C-H    ⇌      C-OH   ⇌      C=O     D-Fructose
               |             |             |
               R             R             R
                          Endiol
```

Wie das Schema zeigt, werden die Epimeren *Glucose* und *Mannose* ebenso wie *Fructose* in Anwesenheit von Hydroxid-Ionen unter α-Inversion tautomerisiert. Im Gleichgewicht, das sich nach einigen Tagen eingestellt hat, überwiegt die D-Glucose.

Konzentrierte Alkalihydroxid-Lösungen führen zu einer Spaltung von Aldosen und Ketosen in kleinere Fragmente *(Umkehrung der Aldoladdition,* siehe auch ▸Kap. 3.12.6.1).

Aus **D-Fructose** bilden sich im alkalischen Milieu **Dihydroxyaceton** (Propan-1,3-diol-2-on, *Glyceron*) [$HOCH_2$-CO-CH_2OH] und **Glycerinaldehyd** (2,3-Dihydroxypropanal, *Glyceral*) [$HOCH_2$-CHOH-CH=O]. Aus letzterem entsteht durch weiteren Abbau schließlich **Glycolaldehyd** (2-Hydroxyethanal) [$HOCH_2$-CH=O] und **Formaldehyd** (Methanal) [H_2C=O].

```
  H2C-OH                H2C-OH
    |                     |
   C=O                   C=O
    |                     |
 HO-C-H      + HO⁻      H2C-OH
 ----|----   ------->      +
  H-C-OH                H-C=O                       H-C=O
    |                     |                           |
  H-C-OH                H-C-OH        + HO⁻         H2C-OH
    |                   ---|----    -------->         +
  H2C-OH                H2C-OH                      H2C=O
D-Fructose
```

3.16.3.3 Reduktion von Monosacchariden

Durch geeignete Reduktionsmittel (Natriumamalgam, komplexe Hydride, kat. Hydrierung) können Monosaccharide zu *Polyalkokolen (Zuckeralkoholen)* reduziert werden.

$$\text{R-CH=O} \xrightarrow{[2\ H]} \text{R-CH}_2\text{OH}$$

Die Reduktion findet wahrscheinlich aus der offenkettigen Form statt, die in geringer Menge mit den Cyclohalbacetal-Formen im Gleichgewicht vorliegt. Da die al-Form ständig verbraucht wird, verschiebt sich das Gleichgewicht, bis schließlich der gesamte Zucker reduziert ist.

Aus D-Mannose bildet sich **D-Mannitol**, aus D-Glucose **D-Sorbitol** (**Glucitol**) und aus D-Galactose entsteht **D-Dulcitol**. Die Reduktion von *Ketosen* führt zu einem neuen Chiralitätszentrum und somit zu einem Diastereomerenpaar des entsprechenden Zuckeralkohols.

Zum Beispiel wird **D-Fructose** zu einem Gemisch aus **D-Sorbitol** und **D-Mannitol** reduziert, wobei letzterer überwiegt [vgl. **MC-Frage Nr. 1416**].

```
  H2C-OH                 H2C-OH                  H2C-OH
    |        [2 H]         |                       |
   C=O     -------->    H-C-OH         +         HO-C-H
    |                      |                       |
    R                      R                       R
D-Fructose             D-Sorbitol              D-Mannitol
```

Die *Zuckeralkohole* ähneln in ihren Eigenschaften den Kohlenhydraten; es fehlen ihnen jedoch die durch die Carbonylgruppe bedingte Instabilität gegenüber Alkali und die Möglichkeit zur Cyclohalbacetal-Bildung. Durch Reduktion von *Hexosen* mit Iodwasserstoff und rotem Phosphor erhält man ***n*-Hexan**.

3.16.3.4 Oxidation von Monosacchariden

Monosaccharide können verhältnismäßig leicht oxidiert werden, wobei je nach den verwendeten Oxidantien unterschiedliche Produkte gebildet werden [vgl. **MC-Fragen Nr. 407, 1409–1414, 1442**].

```
                                        + Br2      COOH
                                      ┌────────>    |
H-C=O          H-C=O                  │           (CHOH)n
  |              |                    │             |
(CHOH)n <──── (CHOH)n ────────────────┤           CH2-OH
  |              |                    │          Aldonsäure
COOH           CH2-OH                 │
Uronsäure      Aldose                 │ + HNO3     COOH
                                      └────────>    |
                                                  (CHOH)n
                                                    |
                                                   COOH
                                         Aldarsäure (Zuckersäure)
```

Bei Aldosen ist die Aldehyd-Funktion die oxidationsempfindlichste Gruppe. Milde Oxidationsmittel wie Bromwasser oder verd. HNO_3 oxidieren *Aldosen* zu *Aldonsäuren*. *Ketosen* werden unter diesen Bedingungen nicht angegriffen, sodass die Reaktion zur *Unterscheidung von Aldosen und Ketosen* genutzt werden kann.

Aldonsäuren, die nur im Alkalischen in Form ihrer Salze beständig sind, bilden als Hydroxyalkansäuren unter Wasserabspaltung *Lactone*, wobei die Bildung eines *γ-Lactons* bevorzugt ist [siehe ▸Kap. 3.14.3.1 und **MC-Frage Nr. 1411**].

```
  H-C=O                       COOH                      O=C──────┐
    |                          |                          |      |
  H-C-OH                     H-C-OH                     H-C-OH   |
    |           [O]            |          - H2O           |      O
 HO-C-H      ────────>      HO-C-H      ────────>      HO-C-H    |
    |                          |                          |      |
  H-C-OH                     H-C-OH                     H-C──────┘
    |                          |                          |
  H-C-OH                     H-C-OH                     H-C-OH
    |                          |                          |
  H2C-OH                     H2C-OH                     H2C-OH
 D-Glucose               D-Gluconsäure          D-Gluconsäure-γ-lacton
```

Liegt der Zucker als *Glykosid* vor, dann ist der anomere Kohlenstoff C-1 geschützt und das Molekül ist gegenüber milden Oxidationsmitteln beständig. Solche Substanzen werden daher – im Gegensatz zu den *reduzierenden Zuckern* – als *nicht-reduzierende Zucker* bezeichnet.

Zu den reduzierenden Zuckern zählt man Kohlenhydrate, die Fehling-Lösung oder Tollens-Reagenz reduzieren. Alle Monosaccharide, Aldosen wie Ketosen, sind reduzierende Zucker. Auch die meisten Disaccharide gehören dazu, mit Ausnahme der Saccharose, die ein nicht-reduzierender Zucker ist. Glykoside zählen ebenfalls zu den nicht-reduzierenden Zuckern. Reduzierende Zucker zeigen Mutarotation, nicht reduzierende Zucker zeigen keine Mutarotation.

Durch stärkere Oxidationsmittel (z. B. konz. HNO_3) wird neben der Aldehyd-Funktion auch die primäre Alkoholgruppe bis zur Stufe der Carbonsäure oxidiert und man erhält Polyhydroxydicarbonsäuren, sog. *Zuckersäuren (Aldarsäuren).*

D-Galactose geht hierbei in **Schleimsäure** (**D-Galactarsäure**) über. Diese Säure stellt eine optisch inaktive *meso-Form* dar; ihre Salze heißen *Mucate* [vgl. **MC-Frage Nr. 1415**].

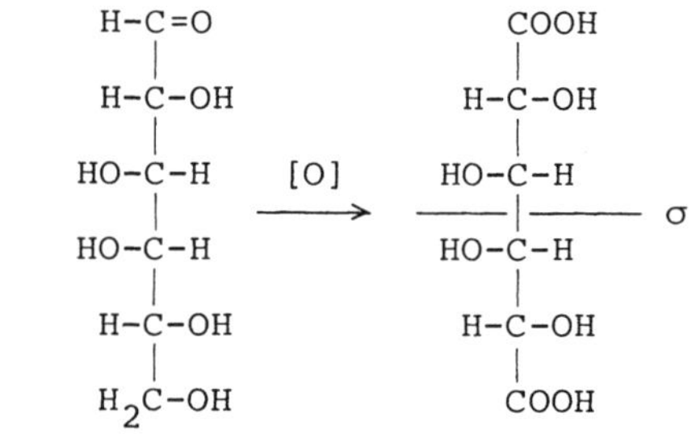

```
  H-C=O                 COOH
    |                    |
  H-C-OH               H-C-OH
    |                    |
 HO-C-H      [O]      HO-C-H
    |       ---->     ---|---    σ
 HO-C-H               HO-C-H
    |                    |
  H-C-OH               H-C-OH
    |                    |
 H2C-OH                 COOH
D-Galactose         Schleimsäure
```

Sämtliche Zuckersäuren bilden leicht Monolactone *(Lactonsäuren),* in einigen Fällen auch Dilactone.

Behandelt man *Ketosen* mit starken Oxidationsmitteln, so erhält man unter Aufspaltung des C-Gerüstes Carbonsäuren mit einer geringeren Anzahl von C-Atomen.

Die Oxidation eines *Glykosids* mit nachfolgender hydrolytischer Spaltung der glykosidischen Bindung führt zu den physiologisch bedeutsamen *Uronsäuren,* in denen die Aldehyd-Funktion an C-1 einer Hexose noch erhalten ist und nur die CH_2OH-Gruppierung an C-6 zur Carboxylgruppe oxidiert wurde. Die Uronsäuren existieren – im Gegensatz zu Aldonsäuren und Aldarsäuren – in einer α- und einer β-Form.

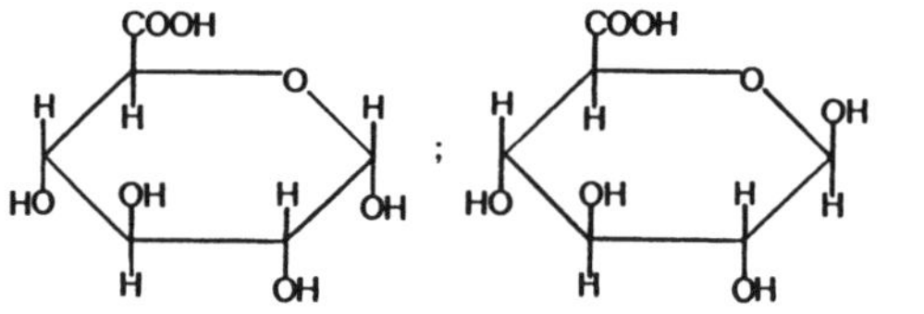

α-D-Glucuronsäure ; β-D-Glucuronsäure

Glycolspaltung: Zucker, die vicinale HO-Gruppen enthalten, werden durch Periodat gespalten. Beispielsweise liefert **Glucose** bei der *Malaprade-Reaktion* fünf Äquivalente Ameisensäure und ein Äquivalent Formaldehyd, das aus der Oxidation der primären Alkohol-Funktion an C-6 resultiert (siehe auch ▸Kap. 3.2.18.5).

3.16.3.5 Nachweisreaktionen von Monosacchariden

Sie beruhen in der Regel auf der leichten Oxidierbarkeit von Aldosen im alkalischen Medium zu *Aldonsäuren.* Diese Reaktionen bieten *keine* Möglichkeit zur Unterscheidung zwischen Aldosen und Ketosen, da unter den alkalischen Bedingungen stets mit einer gegenseitigen Isomerisierung zu rechnen ist (siehe ▸Kap. 3.16.3.2).

Darüber hinaus dient die Bildung kristalliner Substanzen durch Umsetzung mit den üblichen Carbonylreagenzien zur Identifizierung von Monosacchariden. Analytisch wichtige Nachweisreaktionen sind [vgl. **MC-Fragen Nr. 989, 1445**]:

(1) Tollens-Reaktion: Beim Erwärmen mit einer ammoniakalischen Silbersalz-Lösung scheidet sich elementares Silber ab.
(2) Fehling-Reaktion: Beim Erhitzen mit einer alkalischen Cu(II)-tartrat-Lösung fällt gelbrotes Cu(I)-oxid aus.
(3) Nylander-Reaktion: Beim Erwärmen mit einer alkalischen Bi(III)-Salzlösung erfolgt Abscheidung von metallischem Bismut.
(4) Oxim-Bildung durch Umsetzung mit Hydroxylamin.
(5) Phenylhydrazon-Bildung: Aldosen und Ketosen bilden mit *äquimolaren* Mengen von Phenylhydrazin ein definiertes Phenylhydrazon.
(6) Osazon-Bildung: Beim Erhitzen mit *überschüssigem Phenylhydrazin* in verdünnter Essigsäure fallen *gelb-gefärbte*, kristalline Osazone aus.

• Bildung von Osazonen

Bei der Umsetzung von Monosacchariden mit Phenylhydrazin reagiert die Carbonylgruppe in gewohnter Weise unter Bildung des betreffenden *Phenylhydrazons.* In schwach essigsaurer Lösung entstehen daraus mit einem Überschuss an Phenylhydrazin die schwer löslichen *Osazone.*

Man vermutet, dass die der Phenylhydrazon-Gruppierung benachbarte Alkoholgruppe unter der Einwirkung eines zweiten Moleküls Phenylhydrazin dehydriert wird und sich ein *Osonhydrazon* bildet. Die dabei freigesetzten beiden H-Atome hydrogenolysieren Phenylhydrazin zu *Ammoniak* und *Anilin.* Anschließend kondensiert ein *drittes* Molekül Phenylhydrazin mit der entstandenen Carbonylgruppe zum *Osazon.*

$$\underset{\text{Aldose}}{\begin{array}{l}\mathrm{H{-}C{=}O}\\ \mathrm{H{-}C{-}OH}\\ \mathrm{R}\end{array}} \xrightarrow[-\,H_2O]{+\,H_2N{-}NH{-}C_6H_5} \underset{\text{Phenylhydrazon}}{\begin{array}{l}\mathrm{H{-}C{=}N{-}NH{-}C_6H_5}\\ \mathrm{H{-}C{-}OH}\\ \mathrm{R}\end{array}} \xrightarrow[-\,H_2N{-}C_6H_5,\ -\,NH_3]{+\,H_2N{-}NH{-}C_6H_5}$$

$$\underset{\text{Osonhydrazon}}{\begin{array}{l}\mathrm{H{-}C{=}N{-}NH{-}C_6H_5}\\ \mathrm{C{=}O}\\ \mathrm{R}\end{array}} \xrightarrow[-\,H_2O]{+\,H_2N{-}NH{-}C_6H_5} \underset{\text{Osazon}}{\begin{array}{l}\mathrm{H{-}C{=}N{-}NH{-}C_6H_5}\\ \mathrm{C{=}N{-}NH{-}C_6H_5}\\ \mathrm{R}\end{array}}$$

Die Osazone einfacher Zucker besitzen einen charakteristischen Schmelzpunkt und können deshalb zur Identifizierung von Monosacchariden herangezogen werden. Sie lassen ferner Rückschlüsse auf die Stereochemie der betreffenden Zucker zu.

Zum Beispiel ergeben die beiden epimeren Hexosen **D-Glucose** und **D-Mannose** sowie **D-Fructose** das gleiche *Osazon.* Sie müssen daher in den Konfigurationen der Chiralitätszentren an C-4 und C-5 übereinstimmen. Darüber hinaus besitzen D-Glucose und D-Mannose auch die gleiche Stereochemie an C-3 [vgl. **MC-Fragen Nr. 1435, 1439, 1452–1456, 1800**].

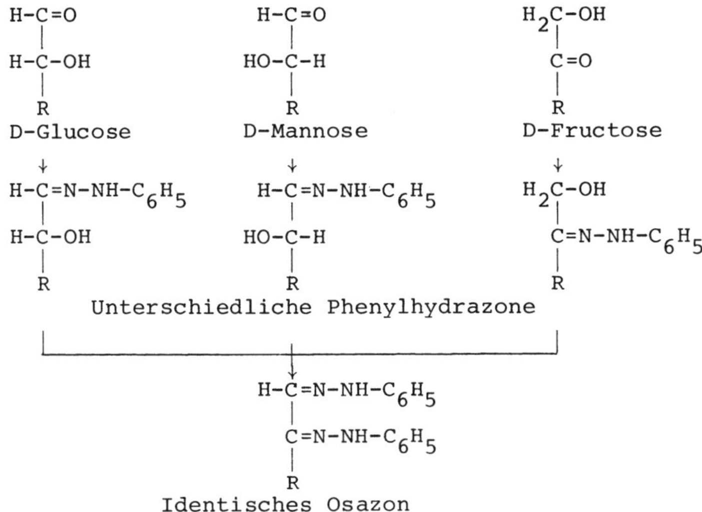

> Zwei diastereomere Aldosen, die sich nur in der Konfiguration an C-2 unterscheiden, werden Epimere genannt. Eine Möglichkeit, zwei Aldosen als Epimere zu erkennen, bietet die Bildung des gleichen Osazons.

Die Osazone lassen sich durch Behandeln mit starken Säuren oder besser durch Kochen mit Benzaldehyd (stabileres Hydrazon) zu *Osonen* (α-Ketoaldehyde) spalten. Bei der Reduktion von Osonen mit Natriumamalgam in schwach saurer Lösung wird die Aldehydgruppe an C-1 wesentlich rascher reduziert als die Keto-Funktion an C-2, sodass man z. B. **D-Glucose** durch diese Reaktionsfolge [Osazon → Oson] in **D-Fructose** überführen kann.

H-C=N-NH-C_6H_5 / C=N-NH-C_6H_5 / R (Aldose-Osazon) $\xrightarrow[-\,2\ C_6H_5CH=N-NHC_6H_5]{+\,2\ C_6H_5CH=O}$ H-C=O / C=O / R (Oson) $\xrightarrow{[Na/Hg]}$ H_2C-OH / C=O / R (Ketose)

3.16.3.6 Bildung von Estern

Die alkoholischen Hydroxyl-Funktionen von Zuckermolekülen sowie die anomere Hydroxylgruppe können mit den gängigen Methoden verestert werden. Üblicherweise verwendet man zur *Acetylierung Acetanhydrid* in Gegenwart saurer (H_2SO_4, $ZnCl_2$) oder basischer Katalysatoren (Pyridin, NaOAc).

Hexosen gehen in *Pentaacetate* über und *Pentosen* bilden *Tetraacetate*. Die Acetate reduzieren Fehlingsche Lösung *nicht*, da die anomere Hydroxylgruppe an C-1 ebenfalls verestert vorliegt und diese Ester keine freie Aldehyd-Funktion [R-CH=O] mehr enthalten. Die Ester können aber in einer α- und einer β-Form vorliegen.

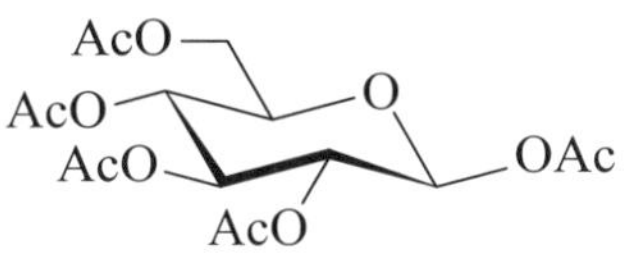

Glucosepentaacetat 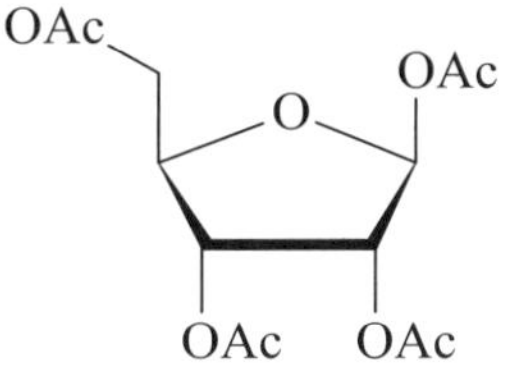 | Ribosetetraacetat

3.16.3.7 Bildung von Glykosiden

Löst man eine Aldose in einem Alkohol und versetzt die Lösung mit einer Mineralsäure als Katalysator, so bildet sich ein *cyclisches Acetal*, das als α- und β-Anomer auftreten kann. Die cyclischen Acetale werden *Glykoside* genannt. Ein Glykosid, das sich von der Glucose ableitet, nennt man **Glucosid**, eines der Galactose wird als **Galactosid** bezeichnet. Die Ringgröße des cyclischen Acetals wird durch die Ausdrücke *„-pyranosid"* bzw. *„-furanosid"* kenntlich gemacht [vgl. **MC-Frage Nr. 1458**].

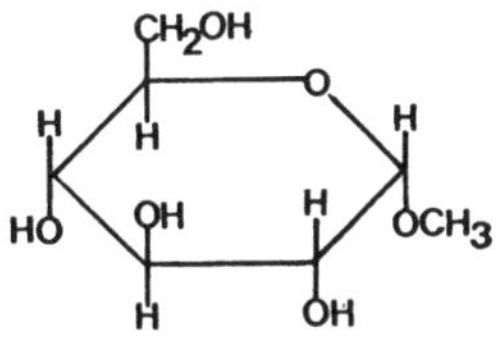

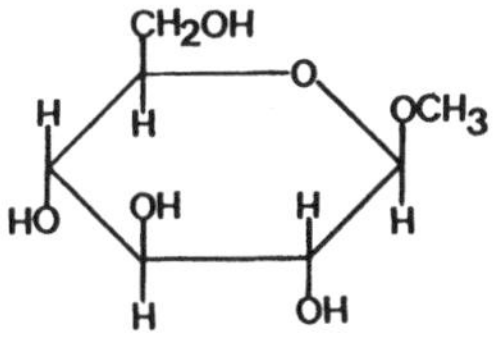

Methyl-α-D-glucosid ; Methyl-β-D-glucosid

Glykoside bilden sich *nur* unter sauren Bedingungen. Ihre protonenkatalysierte Bildung ist ein reversibler Prozess. Glykoside lassen sich daher mit verdünnten Mineralsäuren wieder spalten, wobei im Allgemeinen Pyranoside beständiger sind als Furanoside. Während man unter sauren Bedingungen ein Gemisch der beiden anomeren Zucker erhält, verläuft die enzymatische Glykosidspaltung häufig spezifisch; d. h., je nach der Substratspezifität des Enzyms *(Glucosidase)* wird bevorzugt die α- oder die β-Form hydrolysiert.

3.16.3.8 Bildung von Ethern

Unter den Bedingungen der Glykosid-Bildung werden die restlichen alkoholischen Gruppen nicht angegriffen. Sie können aber mithilfe der *Williamsonschen Synthese* verethert werden (siehe ▸Kap. 3.9.6.1). Man erhält z. B. permethylierte Verbindungen durch Umsetzung mit Methyliodid/Ag_2O oder Dimethylsulfat/NaOH.

Die Methylether der Kohlenhydrate besitzen die tiefstmöglichen Siedepunkte aller Zucker-Derivate, sodass sie sich im Hochvakuum unzersetzt destillieren lassen. Sie sind aber für synthetische Zwecke kaum brauchbar, weil die Etherspaltung stets mit einer Zerstörung des C-Gerüstes verbunden ist.

3.16.3.9 Bildung von Acetalen und Ketalen

1,2- und 1,3-Diole reagieren mit Carbonylverbindungen in Anwesenheit eines sauren Katalysators zu Acetalen oder Ketalen (siehe ▸Kap. 3.12.5.1). Sofern das Diol, wie in Zuckermolekülen, selbst cyclisch ist, bildet sich aus sterischen Gründen nur dann ein Acetal oder Ketal, wenn die beiden HO-Gruppen *cis-ständig* sind. Darüber hinaus ist zu beachten, dass sich Edukt und Produkt auch in ihrer Ringgröße unterscheiden können. Dies ist vor allem der Fall, wenn die stabilere Pyranose-Form keine vicinalen *cis*-Hydroxylgruppen enthält, diese aber in der Furanose-Form vorhanden sind.

Beispielsweise reagiert **D-Galactose** mit Aceton zu einem Diketal mit pyranoidem Ringgerüst, weil im α-Anomer zwei Paar vicinale cis-HO-Gruppen vorliegen.

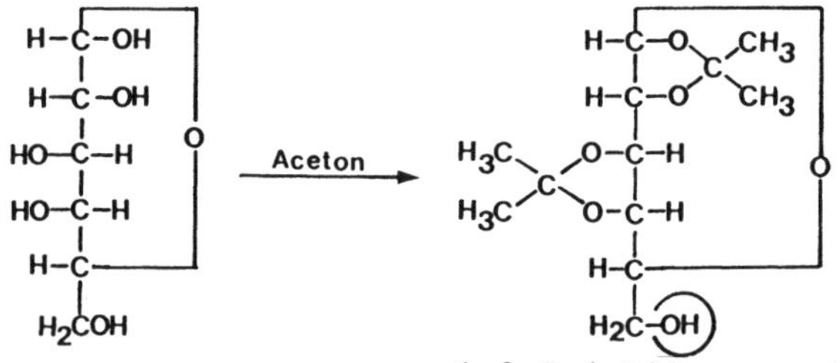

α-D-Galactose —Aceton→ 1,2,3,4-Diisopropyliden-α-D-galactopyranosid

Demgegenüber ergibt **D-Glucose** ein Diketal mit furanoidem Ring.

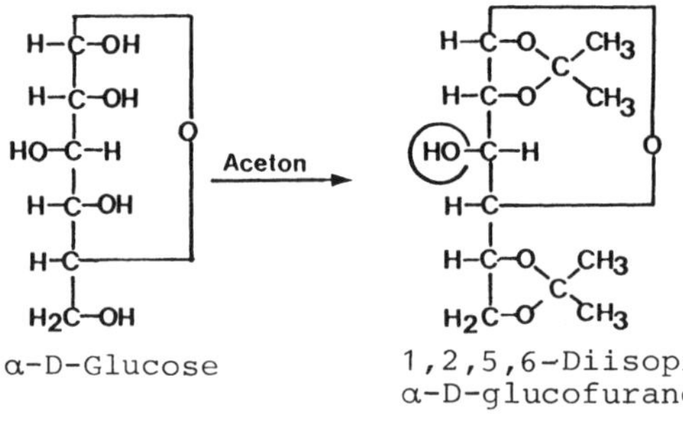

α-D-Glucose —Aceton→ 1,2,5,6-Diisopropyliden-α-D-glucofuranosid

Die cyclischen Acetale sind wertvolle Synthesevorstufen, da die Acetalgruppierung im neutralen und alkalischen Medium beständig ist. An den restlichen, ungeschützten HO-Gruppen – bei der Glucose z.B. an C-3 – kann man die in diesem Kapitel vorgestellten Reaktionen von Kohlenhydraten durchführen. Danach werden die acetalischen *Schutzgruppen* mit verdünnten Säuren wieder abgespalten.

3.16.4 Aufbau und Abbau von Kohlenhydraten

Präparative Bedeutung besitzen Reaktionen, bei denen das Kohlenstoffgerüst des betreffenden Zuckers jeweils um ein C-Atom verlängert bzw. verkürzt wird.

3.16.4.1 Kettenverlängerung

Kiliani-Fischer-Synthese: Behandelt man z. B. **D-Glycerinaldehyd** mit HCN, so erhält man ein Gemisch zweier diastereomerer *Cyanhydrine,* die sich zu Aldonsäuren hydrolysieren lassen (siehe auch ▸Kap. 3.12.6.4). Die Aldonsäure dehydratisieren im sauren Milieu zu Aldolactonen, die anschließend mit Natriumamalgam oder $NaBH_4$ zu Aldosen reduziert werden [vgl. **MC-Frage Nr. 1444**].

```
                                CN           COOH            H-C=O
                                |            |               |
                        ┌──> H-C-OH  -->  H-C-OH   -->    H-C-OH
                        │       |            |               |
                        │    H-C-OH       H-C-OH          H-C-OH
H-C=O                   │       |            |               |
 |       + HCN          │    H2C-OH       H2C-OH          H2C-OH
H-C-OH ─────────────────┤                                D-Erythrose
 |                      │       CN           COOH            H-C=O
H2C-OH                  │       |            |               |
D-Glycerin-             │    HO-C-H       HO-C-H          HO-C-H
aldehyd                 │       |            |               |
                        └──> H-C-OH  -->  H-C-OH   -->    H-C-OH
                                |            |               |
                             H2C-OH       H2C-OH          H2C-OH
                                                         D-Threose
```

Die aus Glycerinaldehyd mithilfe der Kiliani-Fischer-Reaktion gebildeten Tetrosen lassen sich mit der gleichen Reaktionssequenz in Aldopentosen, und diese danach in Aldohexosen umwandeln (usw.). Da bei der Cyanhydrin-Bildung ein neues Chiralitätszentrum erzeugt wird, werden bei Kettenverlängerungen nach Kiliani-Fischer – im Allgemeinen in unterschiedlichen Mengen – immer zwei zueinander diastereomere Zucker gebildet.

3.16.4.2 Kettenverkürzung

Ruff-Abbau: Aldosen werden zunächst mit Bromwasser zu Aldonsäuren oxidiert. Deren Calciumsalze lassen sich mit H_2O_2/Fe(III) in α-Ketoaldonsäuren überführen, die leicht decarboxylieren.

```
H-C=O               COOH                   COOH
 |       + Br2       |       Ca-Salz        |      - CO2
H-C-OH  ------->  H-C-OH   ----------->    C=O   -------->  H-C=O
 |                   |       + H2O2/        |                |
 R                   R       Fe(III)        R                R
```

Da bei dieser Reaktionsfolge die Asymmetrie an C-2 verlorengeht, ergeben Aldohexosen, die sich nur in der Konfiguration an diesem C-Atom unterscheiden, die gleiche Aldopentose.

Wohl-Abbau (Umkehrung der Kiliani-Fischer-Synthese): Hierbei setzt man eine Aldose mit Hydroxylamin um und dehydratisiert das gebildete Oxim mit Acetanhydrid zum Nitril. Dabei werden gleichzeitig die HO-Gruppen verestert. Bei der nachfolgenden *alkalischen* Esterverseifung wird aus dem intermediär auftretenden Cyanhy-drin HCN abgespalten, wodurch eine um ein C-Atom verkürzte Aldose entsteht.

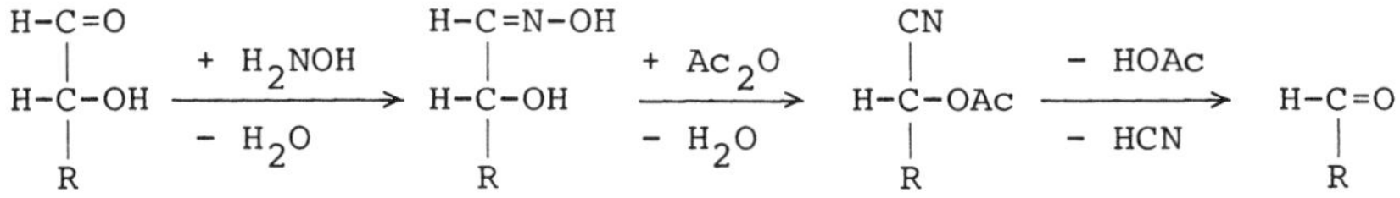

```
H-C=O                    H-C=N-OH                CN
  |      + H2NOH            |       + Ac2O        |       - HOAc
H-C-OH ----------->     H-C-OH   ---------->  H-C-OAc  ----------->  H-C=O
  |      - H2O              |       - H2O         |       - HCN         |
  R                         R                     R                     R
```

3.16.5 Ausgewählte Monosaccharide

3.16.5.1 Ausgewählte Pentosen

Pentosen sind im Tier- und Pflanzenreich weit verbreitet. Die wichtigsten Aldopentosen, die durch Hefe nicht vergoren werden, sind **D-(–)-Ribose** und **D-(–)-2-Desoxyribose**. Beide Pentosen, die gewöhnlich als Furanosen vorliegen, sind Bestandteil der Nucleoside und Nucleotide. In Nucleosiden und Nucleotiden ist die Ribose bzw. die Desoxyribose über C-1 **N-glykosidisch** mit Purin- oder Pyrimidinbasen verknüpft [vgl. **MC-Fragen Nr. 1399, 1407, 1408, 1433, 1434**].

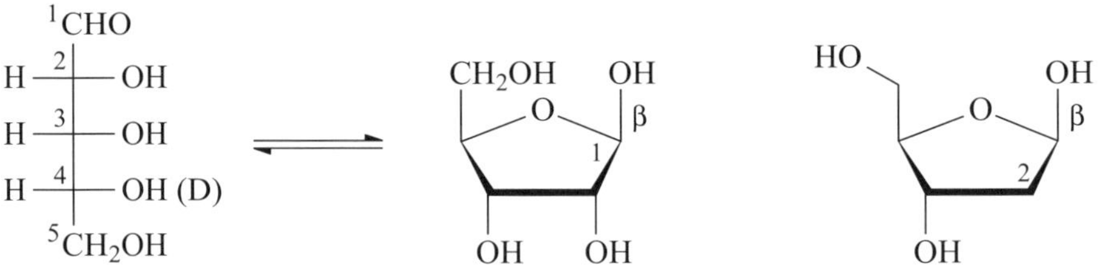

```
   1CHO
H -2-- OH
H -3-- OH
H -4-- OH (D)
   5CH2OH
```

D-Ribose (offenkettige Form) (Fischer-Projektion) ⇌ β-D-Ribofuranose (Cyclohalbacetal-Form) (Haworth-Projektion)

β-D(–)-2-Desoxyribose (Cyclohalbacetal-Form) (Haworth-Projektion)

D-(+)-Arabinose kommt als Glykosid in der Aloe vor und gibt das gleiche Osazon wie die epimere D-(–)-Ribose. **D-Ribulose**, eine Ketopentose, ist ein Stoffwechselzwischenprodukt des Glucose-Abbaus. Pentosen ergeben bei der Destillation mit Salzsäure **Furfural** [vgl. **MC-Fragen Nr. 1399, 1400**].

3.16.5.2 Ausgewählte Hexosen

Von den 16 möglichen Aldohexosen kommen nur 4 in der Natur vor.

D-(+)-Glucose (Traubenzucker, Dextrose) spielt im Tier- und Pflanzenreich die Rolle einer biogenetischen Schlüsselsubstanz. **D-(+)-Mannose** und **D-(+)-Galactose** sind Bestandteil von Oligo- und Polysacchariden. **L-Galactose** wurde aus bestimmten Algen isoliert. Die Zucker besitzen folgende Konstitution:

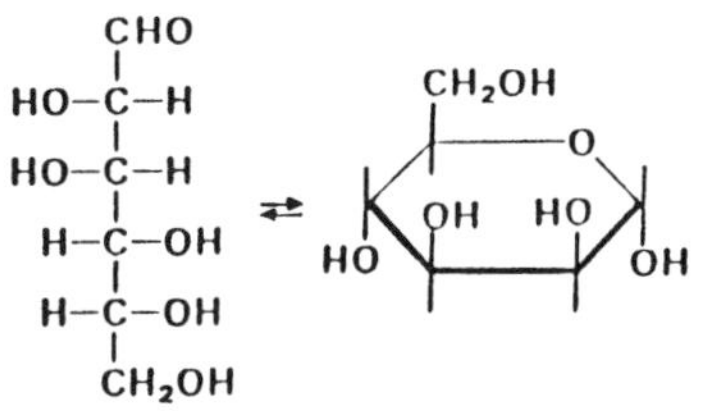

α-D-(+)-Mannose 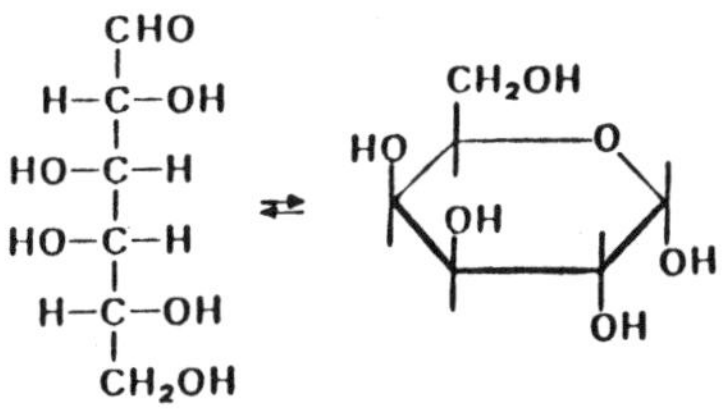   α-D-(+)-Galactose

In analoger Weise wie Aldosen sind auch Ketosen zur *Lactol-Bildung* befähigt, nur mit dem Unterschied, dass hier der Pyranring der Hexosen vom C-Atom 6 zum C-Atom 2 geschlossen wird. Die Anomeren der **D-(–)-Fructose** (*Fruchtzucker, Lävulose*) lassen sich durch folgende Haworth-Projektionen beschreiben [vgl. **MC-Frage Nr. 1438**]:

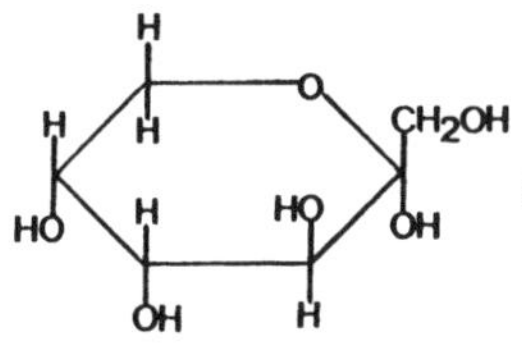

α-D-Fructopyranose 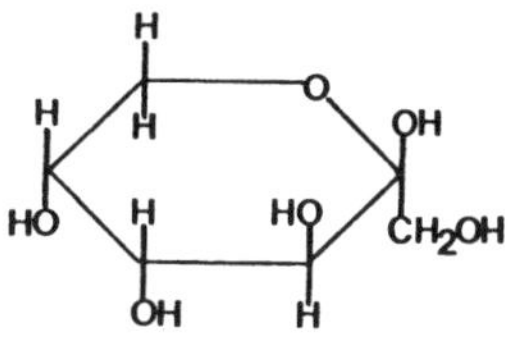   β-D-Fructopyranose

Die Fructofuranosen sind unbeständig und nur als Glykoside *(Furanoside)* haltbar. Zum Beispiel ist D-Fructofuranose ein Baustein des *Rohrzuckers* und des Polysaccharids *Inulin*. Fructose reduziert sowohl Fehlingsche Lösung als auch Tollens-Reagenz [vgl. **MC-Fragen Nr. 1398, 1439**].

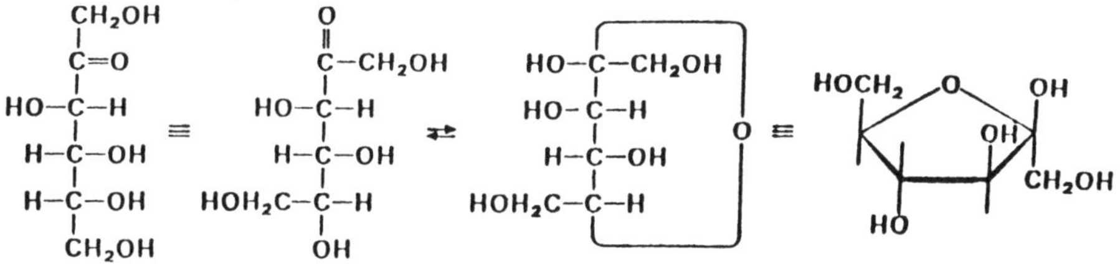

D-(–)-Fructose   β-D-(–)-Fructofuranose

L-(–)-Sorbose ist eine Ketohexose, die durch enzymatische Oxidation von D-Sorbitol gewonnen wird. Sie tritt bei der technischen Ascorbinsäure-Herstellung als Zwischenprodukt auf [vgl. **MC-Fragen Nr. 1399–1401**].

D-Glucosamin (2-Amino-2-desoxy-glucopyranose) ist ein Aminozucker, bei dem die HO-Funktion an C-2 der D-Glucose durch eine NH_2-Gruppe ersetzt ist. D-Glucosamin ist Bestandteil des natürlichen Polysaccharids *Chitin*. Das Molekül bildet ein kristallines Hydrochlorid, zeigt Mutarotation und zählt zu den reduzierenden Zuckern. Glucosamin ist durch Strecker-Synthese aus D-Arabinose oder D-Lyxose herstellbar [vgl. **MC-Fragen Nr. 1440, 1441**].

3.16.5.3 Von Zuckern abgeleitete Verbindungen

L(+)-Ascorbinsäure (L-*xylo*-Ascorbinsäure, *Vitamin C*) ist in der belebten Natur weit verbreitet und kommt in vielen frischen Früchten und zahlreichen Gemüsesorten vor. Die technische Herstellung der Ascorbinsäure geht von D-Glucose oder D-Sorbitol aus. Vitamin C ist *wasserlöslich* und zersetzt sich beim Erhitzen [vgl. **MC-Frage Nr. 1115**].

Das Molekül verfügt an C-5 über eine sekundäre und an C-6 über eine primäre Alkohol-Funktion. Die *Endiol*-Partialstruktur (*Redukton-Gruppierung*) [**HO-C=C-OH**] an C-2 und C-3 ist verantwortlich für die sauren und die reduzierenden Eigenschaften der Ascorbinsäure. Die γ-Lacton-Gruppierung ist chemisch weitgehend inert. Ascorbinsäure weist an C-4 und C-5 zwei Asymmetriezentren auf, so dass insgesamt vier Stereoisomere möglich sind, von denen aber nur die L(+)-Form die volle Vitamin C-Wirksamkeit entfaltet [vgl. **MC-Fragen Nr. 267, 1095, 1446–1451**].

Ascorbinsäure ist eine zweibasische, vinyloge Carbonsäure und besitzt an C-3 eine stark acide HO-Gruppe ($pK_{s1} = 4{,}17$), während die Hydroxylgruppe an C-2 eine sehr schwache Säure ($pK_{s2} = 11{,}57$) darstellt. In wässriger Lösung – bei der Titration und bei Salzbildungen – verbraucht das Molekül daher nur ein Äquivalent Lauge [siehe auch ▸Kap. 3.1.9.4 und Ehlers, **Analytik II**, ▸Kap. 6.1.3.2 sowie **MC-Fragen Nr. 1095, 1451**].

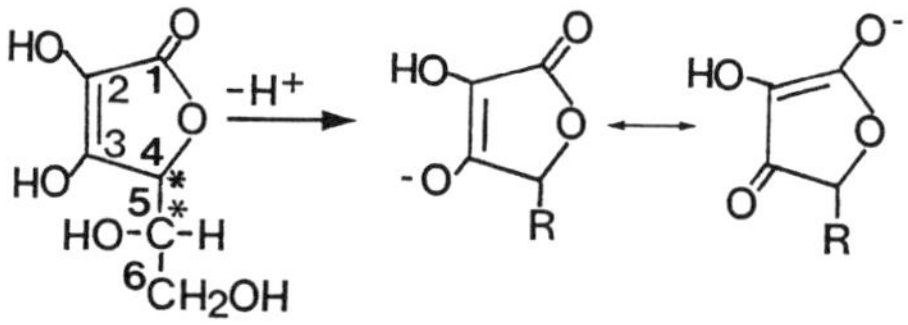

Ascorbinsäure wird von milden Oxidationsmitteln wie Iod, Fehlingsche Lösung oder Tollens-Reagenz zu **Dehydroascorbinsäure** oxidiert, die in wässriger Lösung in bishydratisierter Form vorliegt. Dehydroascorbinsäure besitzt noch die volle Vitamin C-Wirksamkeit (siehe Ehlers, **Analytik II**, ▸Kap. 7.2.3.4).

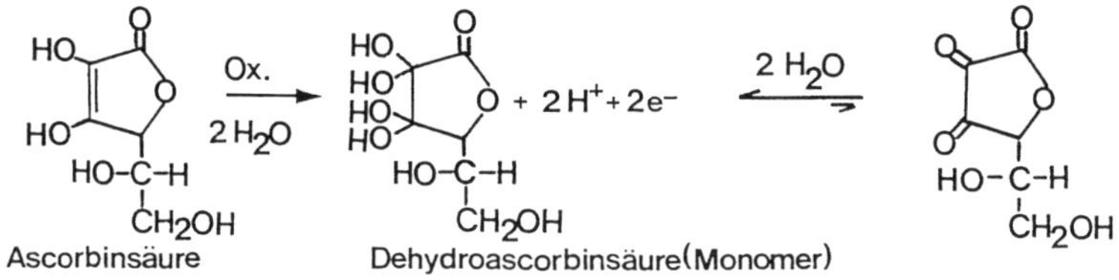

3.16.6 Ausgewählte Oligosaccharide und Polysaccharide

3.16.6.1 Wichtige Disaccharide

Disaccharide sind Verbindungen, in denen ein zweites Zuckermolekül unter Abspaltung von Wasser mit einem Monosaccharid-Baustein glykosidisch (acetalartig) verknüpft ist.

Grundsätzlich hat man bei den Cyclohalbacetal-Formen von Monosacchariden zwischen *glykosidischen (anomeren)* [in Aldosen an C-1, in Ketosen an C-2] und *alko-*

holischen Hydroxylgruppen zu unterscheiden. Für die glykosidische Verknüpfung zweier Zuckermoleküle zu einem Disaccharid existieren somit zwei Alternativen:

Bauprinzip 1 (1,1-Verknüpfung): Hier erfolgt der Wasseraustritt zwischen den beiden glykosidischen (anomeren) Hydroxylgruppen. Mit diesen Disacchariden lassen sich die verschiedenen *Carbonylreaktionen nicht* mehr ausführen. Der Zucker bildet mit Phenylhydrazin kein Osazon, wirkt nichtreduzierend und zeigt auch keine Mutarotation.

Bauprinzip 2 (1,4- oder 1,6-Verknüpfung): Hier vollzieht sich die Acetal-Bildung vom anomeren C-Atom des einen zu einem alkoholischen C-Atom (meistens C-4 oder C-6) des zweiten Monosaccharids. Hierbei bleibt die Halbacetal-Form des zweiten Zuckermoleküls erhalten, sodass das Disaccharid in einer α-Form und in einer β-Form auftritt, die im Gleichgewicht mit der offenkettigen al-Form stehen. Solche Disaccharide zeigen die üblichen Carbonylreaktionen, wirken also reduzierend. An wichtigen Disacchariden sind zu nennen:

In der **Maltose** (**Malzzucker**) sind zwei Moleküle **D-(+)-Glucose** *α*-1,4-glykosidisch (Bauprinzip 2) miteinander verknüpft. Maltose kann daher in anomeren Formen auftreten, reduziert Fehlingsche Lösung, bildet ein Osazon und zeigt Mutarotation [vgl. **MC-Fragen Nr. 1397, 1398, 1403, 1459, 1461, 1469, 1471, 1473**].

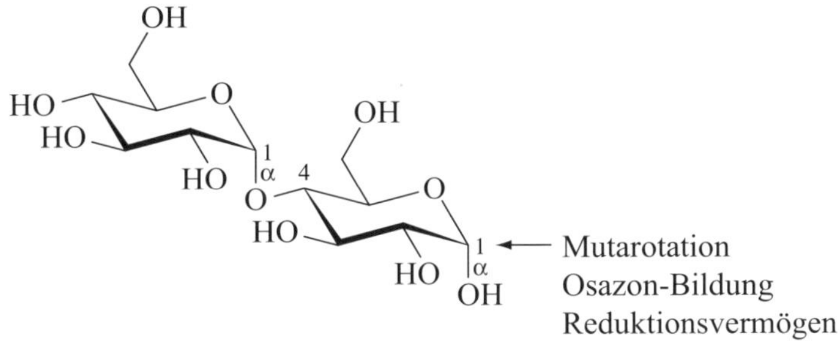

Mutarotation
Osazon-Bildung
Reduktionsvermögen

Malzzucker (Maltose) [α-Form]
1-(α-D-Glucopyranosyl)-4-α-D-glucopyranose
(Konformationsformel)

(+)-Maltose kann aus *Stärke* durch partielle enzymatische Hydrolyse mit *Diastase* erhalten werden.

Lactose (**Milchzucker**) ist ebenfalls ein reduzierendes Disaccharid, bildet ein Osazon und zeigt das Phänomen der Mutarotation, weil sich wie bei der Maltose in Wasser Anomeren-Gleichgewichte ausbilden können. Im Milchzucker sind **D-Glucose** und **D-Galactose** *β*-1,4-glykosidisch (Bauprinzip 2) miteinander verbunden [vgl. **MC-Fragen Nr. 989, 1397, 1398, 1403, 1404, 1460, 1461, 1466–1469**].

Milchzucker (Lactose) [β-Form]
4-(β-D-Galactopyranosyl)-D-glucopyranose
(Haworth-Projektion)

Der **Saccharose** (**Rohrzucker, Sucrose**), das wichtigste Disaccharid, *fehlen* die typischen Eigenschaften der Monosaccharide wie Reduktionsvermögen, Osazon-Bildung und Mutarotation.

Im Rohrzucker sind **α-D-Glucose** und **β-D-Fructose** acetalartig über die beiden anomeren C-Atome (C-1 bzw. C-2) miteinander verknüpft (Bauprinzip 1). (+)-Saccharose ist somit ein α-D-Glucopyranosyl-β-D-fructofuranosid [vgl. **MC-Fragen Nr. 1397, 1398, 1403, 1405, 1438, 1461, 1465, 1466, 1470**].

Rohrzucker (Saccharose)
1-(α-D-Glucopyranosyl)-2-β-D-fructofuranosid
(Haworth-Projektion)

Die wässrige Lösung der Saccharose ist rechtsdrehend ($[\alpha]_D = + 66{,}5°$). Die saure Hydrolyse der Acetal-Funktion führt zu einem äquimolaren Gemisch von D-Glucose ($[\alpha]_D = + 52{,}7°$) und D-Fructose ($[\alpha]_D = - 92{,}4°$). Da letztere stärker nach links als die D-Glucose nach rechts dreht, geht die Rechtsdrehung des Rohrzuckers in eine Linksdrehung über. Daher bezeichnet man die Spaltung des Rohrzuckers auch als „Inversion" und das entstehende Zuckergemisch als *Invertzucker.* Einige Organismen besitzen Enzyme *(Invertasen),* die gleichfalls die Hydrolyse der Saccharose katalysieren [vgl. **MC-Fragen Nr. 1439, 1462–1464**].

$$\text{Saccharose} \xrightarrow[\text{Invertase}]{H_3O^+ \text{ oder}} [\alpha/\beta\text{-D-Glucose}] + [\alpha/\beta\text{-D-Fructose}]$$

$[\alpha]_D = +66{,}5^\circ$ | $[\alpha]_D = +52{,}7^\circ$ | $[\alpha]_D = -92{,}4^\circ$

$[\alpha]_D \sim -20^\circ$

Cellobiose wirkt wie Maltose reduzierend, bildet ein Osazon und zeigt in wässriger Lösung Mutarotation. Sie besteht aus zwei Molekülen **D-Glucose**, die aber im Gegensatz zur Maltose *β-1,4-glykosidisch* miteinander verbunden sind (Bauprinzip 2). Cellobiose ist ein Abbauprodukt der *Cellulose* [vgl. **MC-Fragen Nr. 1397, 1398, 1406, 1461, 1472**].

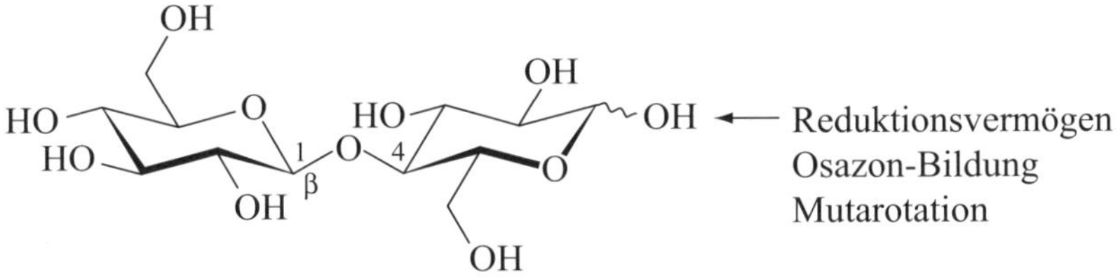

Reduktionsvermögen
Osazon-Bildung
Mutarotation

Cellobiose
1-(β-D-Glucopyranosyl)-4-D-glucopyranose
(Konformationsformel)

Trehalose besteht aus zwei Molekülen **D-Glucose** mit *α-1,1-glykosidischer* Verknüpfung (Bauprinzip 1) und zählt daher zu den nichtreduzierenden Zuckern [vgl. **MC-Frage Nr. 1403**].

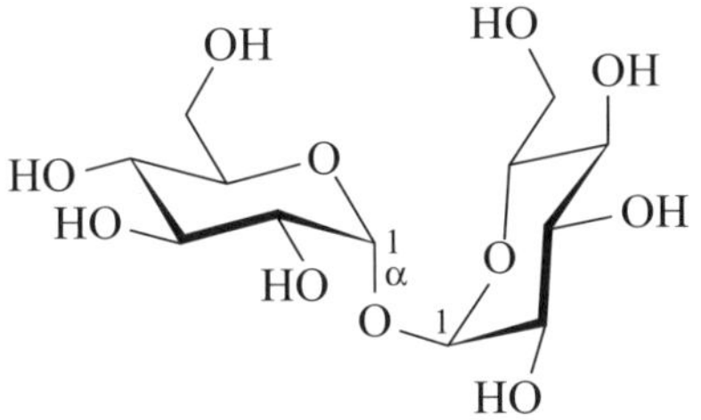

Trehalose
1-(α-Glucopyranosyl)-1-α-glucopyranosid
(Konformationsformel)

Gentiobiose kommt in der Natur nicht frei vor und wird durch Hydrolyse des Glykosids Amygdalin gewonnen. In ihr sind zwei Moleküle **Glucose** *β-1,6-glykosidisch* miteinander verbunden.

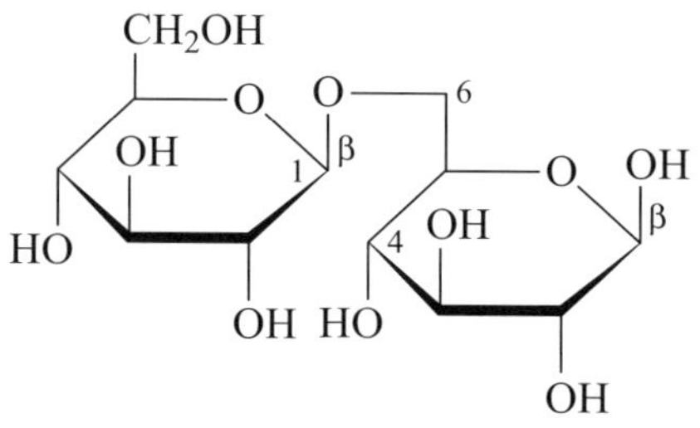

Gentiobiose [β-Form]
1-(β-D-Glucopyranosyl)-6-D-glucopyranose
(Haworth-Projektion)

3.16.6.2 Ausgewählte Trisaccharide

Raffinose ist ein Trisaccharid bestehend aus **D-Galactose**, **D-Glucose** und **D-Fructose**, das aus Zuckerrüben gewonnen wird. Die Raffinose zählt zu den nichtreduzierenden Zuckern, da alle anomeren Hydroxylgruppen an den glykosidischen Bindungen beteiligt sind [vgl. **MC-Frage Nr. 1403**].

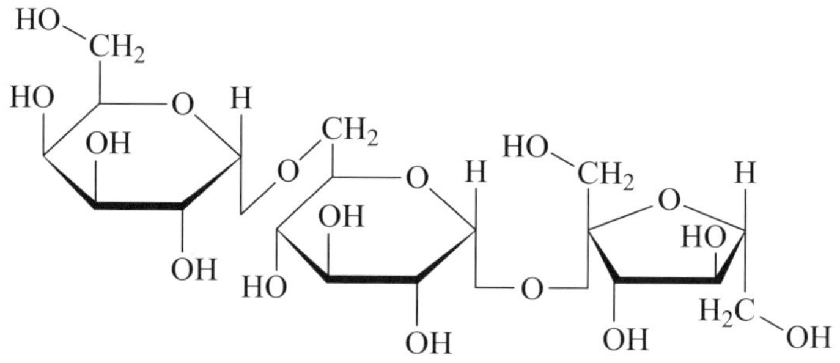

Raffinose (α-D-Galactosylsucrose)

3.16.6.3 Wichtige Polysaccharide

Polysaccharide sind *hochmolekulare Stoffe,* in denen die Monosaccharid-Bausteine untereinander meistens *1,4-glykosidisch* verknüpft sind. Wie ○Abb. 3.90 veranschaulicht, können Polysaccharide eine lineare Struktur besitzen, sie können aber auch verzweigt sein. Darüber hinaus sind cyclische Polysaccharide bekannt.

Derartige hochpolymere Zucker zeigen ganz andere physikalische und chemische Eigenschaften als Mono- oder Disaccharide. Die meisten Polysaccharide sind in Wasser nicht oder nur kolloidal löslich.

Polysaccharide können durch saure oder enzymatische Hydrolyse zu kleineren Untereinheiten oder zu Monosacchariden gespalten werden. An natürlich vorkommenden Polysacchariden sind zu nennen:

Stärke ist das wichtigste pflanzliche Reservekohlenhydrat und zugleich eines der wichtigsten Nahrungsmittel. Durch das Enzym *Diastase* wird Stärke in *Maltose* umge-

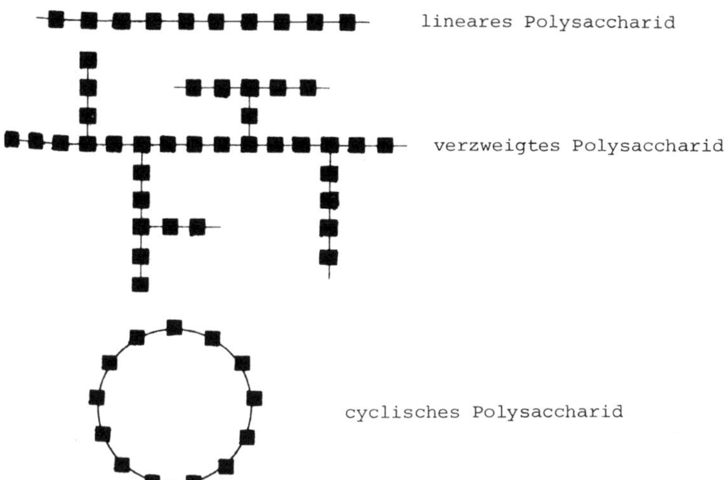

○ Abb. 3.90 Arten von Polysacchariden

wandelt. Stärke besteht aus α-D-(+)-Glucose-Untereinheiten. Sie ist keine einheitliche Verbindung [vgl. **MC-Frage Nr. 1566**].

Stärkekörner enthalten als Hüllsubstanz das *wasserunlösliche* **Amylopektin** (etwa 80%) und in ihrem Innern die *wasserlösliche* **Amylose** (etwa 20%). Beide Polysaccharide unterscheiden sich in ihrem physikalischen und chemischen Verhalten.

Die *Amylose* [Molmasse: 50000–160000] bildet, wie ○Abb. 3.91 zeigt, unverzweigte Ketten aus Glucose-Molekülen mit *α-1,4-glykosidischen* Bindungen.
Die Röntgenstrukturanalyse der Amylose belegt, dass die Ketten *schraubenförmig* gewunden sind, wobei etwa 6 Glucose-Einheiten eine Windung ergeben. In den dadurch entstehenden Hohlraum wird bei der *Iod-Stärke-Reaktion* unter Violettfärbung Iod eingelagert (siehe Ehlers, **Analytik II**, ▸Kap. 7.2.3.2).

Amylopektin [Molmasse ca. 400 000] besteht wie die Amylose aus Glucose-Einheiten, die jedoch in verzweigten Ketten angeordnet sind. Ihre Verknüpfung erfolgt innerhalb des linearen Kettenteils α-1,4-glykosidisch und an den Verzweigungspunkten α-1,6-glykosidisch. Amylopektin gibt mit elementarem Iod nur eine bräunliche Färbung.

Glykogen ist das Reservekohlenhydrat der Säugetiere und des menschlichen Organismus; es wird vorwiegend in der Leber und im Muskel gespeichert und besteht aus α-D-Glucose-Einheiten. Seine Molmasse ist höher als die des Amylopektins, und Glykogen ist noch beträchtlich stärker verzweigt als Amylopektin.

○ Abb. 3.91 Ausschnitt aus einer Amylose-Kette

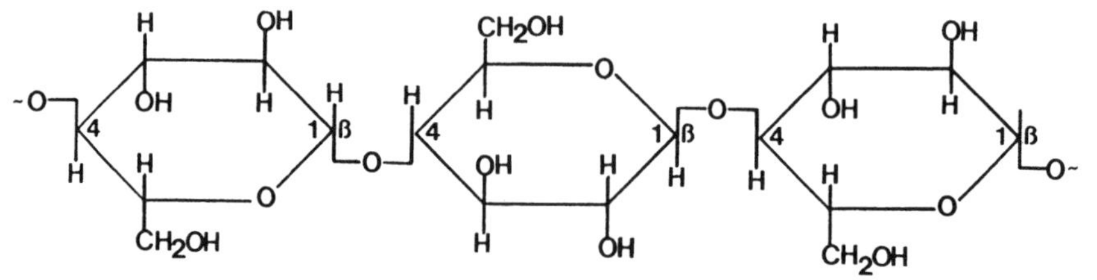

○ Abb. 3.92 Ausschnitt aus einer Cellulose-Kette

Cellulose, ein Polyacetal, ist der Hauptbestandteil der pflanzlichen Zellwand und ist das am häufigsten vorkommende und technisch wichtigste Kohlenhydrat. Es dient zur Herstellung von verschiedenen Kunstseiden, Cellophan, Celluloid, Zellwolle, Nitrocellulose und nicht zuletzt *Papier* [vgl. **MC-Fragen Nr. 1561, 1565, 1756**].

Wie ○Abb. 3.92 illustriert, besteht Cellulose aus langen, *unverzweigten,* aus **D-Glucose** aufgebauten Fadenmolekülen, die – im Gegensatz zur Amylose – *β-1,4-glykosidisch* miteinander verbunden sind. Molmasse-Bestimmungen ergeben je nach der Herkunft der Cellulose Werte von 200000 bis 2 Millionen Dalton.

Im Gegensatz zur Stärke kann Cellulose durch *Amylasen,* die nur α-1,4-glykosidische Bindungen hydrolysieren, *nicht* abgebaut werden. Enzyme, die β-glykosidische Bindungen spalten können, sind im menschlichen Verdauungstrakt nicht vorhanden, sodass die Cellulose für unsere Ernährung einen *Ballaststoff* darstellt.

3.17 Aminosäuren und Peptide

3.17.1 Einteilung, Nomenklatur und Stereochemie von Aminosäuren

3.17.1.1 Einteilung von Aminosäuren

Je nach der Stellung der Aminogruppe unterscheidet man **zwischen α-, β-, γ-Aminocarbonsäuren** usw. [vgl. **MC-Frage Nr. 1147**].

```
   *    −               *        −
R-CH-COO             R-CH-CH2-COO
  +|                   +|
   NH3                  NH3
α-Aminocarbonsäure    β-Aminocarbonsäure
```

α-Aminocarbonsäuren (auch kurz **Aminosäuren** genannt), die sich nur im Aufbau des Restes R unterscheiden, besitzen als Bausteine von *Proteinen* und *Peptiden* eine große physiologische Bedeutung. In ◘Tab. 3.84 sind die wichtigsten in der Natur vorkommenden Aminosäuren aufgelistet.

Aufgrund der Konstitution des Restes R, der aliphatischer oder aromatischer Natur sein kann und z.T. durch weitere funktionelle Gruppen substituiert ist, unterteilt man Aminosäuren in [vgl. **MC-Fragen Nr. 1474–1492, 1495, 1497, 1498, 1502, 1508, 1509, 1528, 1802**]:

- *neutrale, aliphatische Aminosäuren*
  (Glycin – Alanin – Valin – Leucin – Isoleucin)
- *neutrale, aromatische Aminosäuren*
  (Phenylalanin – Tyrosin – Tryptophan [heteroaromatisch])
- *neutrale, schwefelhaltige Aminosäuren*
  (Cystein – Cystin – Methionin)
- *neutrale, hydroxylgruppenhaltige Aminosäuren*
  (Serin – Threonin)
- *neutrale, cyclische Aminosäuren (Iminosäuren)*
  (Prolin – Hydroxyprolin [heteroaliphatisch])
- *saure Aminosäuren (Aminodicarbonsäuren)*
  (Asparaginsäure – Glutaminsäure)
- *Amide von Aminodicarbonsäuren*
  (Asparagin – Glutamin)
- *basische Aminosäuren (Diaminocarbonsäuren)*
  (Arginin – Ornithin – Lysin – Histidin [heteroaromatisch]).

◻ Tab. 3.84 Häufig vorkommende Aminosäuren

[Der Ampholytcharakter der Aminosäuren ist in den Konstitutionsformeln der ◻Tab. 3.84 nicht berücksichtigt.]

Name	Symbol		Formel	IEP
Glycin	Gly	G	H_2NCH_2COOH	6,07
Alanin	Ala	A	$CH_3CH(NH_2)COOH$	6,00
Valin	Val	V	$(CH_3)_2CHCH(NH_2)COOH$	5,96
Leucin	Leu	L	$(CH_3)_2CHCH_2CH(NH_2)COOH$	6,02
Isoleucin	Ile	I	$CH_3CH_2CH(CH_3)CH(NH_2)COOH$	5,98
Phenylalanin	Phe	F	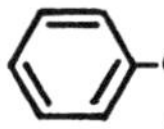 –$CH_2CH(NH_2)COOH$	5,48
Tyrosin	Tyr	Y	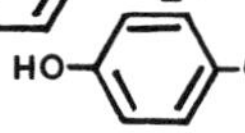 HO– –$CH_2CH(NH_2)COOH$	5,66
Prolin	Pro	P	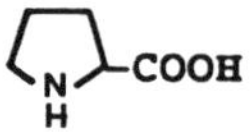 N H –COOH	6,30
Hydroxyprolin	Hyp	P	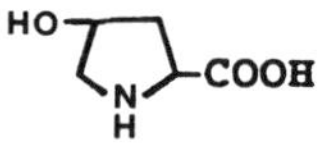 HO– N H –COOH	5,83
Serin	Ser	S	$HOCH_2CH(NH_2)COOH$	5,68
Threonin	Thr	T	$CH_3CH(OH)CH(NH_2)COOH$	5,63
Cystein	Cys	C	$HSCH_2CH(NH_2)COOH$	5,05
Cystin			$[-SCH_2CH(NH_2)COOH]_2$	4,80
Methionin	Met	M	$CH_3SCH_2CH(NH_2)COOH$	5,74
Tryptophan	Trp	W	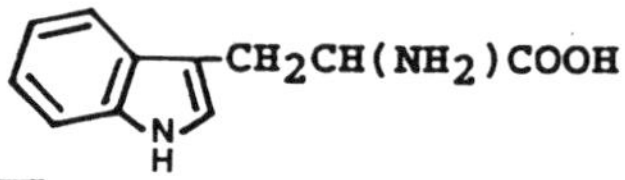 –$CH_2CH(NH_2)COOH$ N H	5,89
Histidin	His	H	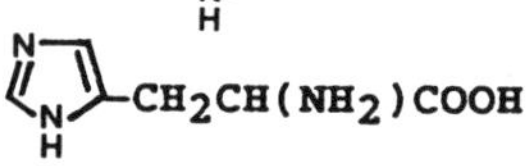 N N H –$CH_2CH(NH_2)COOH$	7,59
Asparaginsäure	Asp	D	$HOOCCH_2CH(NH_2)COOH$	2,77
Glutaminsäure	Glu	E	$HOOCCH_2CH_2CH(NH_2)COOH$	3,22
Asparagin	Asn	N	$H_2NCOCH_2CH(NH_2)COOH$	
Glutamin	Gln	Q	$H_2NCOCH_2CH_2CH(NH_2)COOH$	
Arginin	Arg	R	$HN{=}C(H_2N)NCH_2CH_2CH_2CH(NH_2)COOH$ (N–H)	10,76
Lysin	Lys	K	$H_2NCH_2CH_2CH_2CH_2CH(NH_2)COOH$	9,74
Ornithin	Orn		$H_2NCH_2CH_2CH_2CH(NH_2)COOH$	9,70

IEP = Isoelektrischer Punkt

Als heteroaromatische Aminosäuren enthalten *Tryptophan* einen Indol- und *Histidin* einen Imidazol-Rest, während die α-ständige, sekundäre Aminogruppe im *Prolin* bzw. *3-Hydroxyprolin* als Iminogruppe Bestandteil eines Pyrrolidin-Ringsystems ist [vgl. **MC-Fragen Nr. 1373, 1492**].

Der basische Charakter von *Histidin* resultiert aus der cyclischen Amidin-Partialstruktur des Imidazol-Heterocyclus. Es wird das Atom N-3 des Imidazol-Restes protoniert. Im *Arginin* rühren die ausgeprägten basischen Eigenschaften von der ω-ständigen Guanidin-Gruppe her [vgl. **MC-Fragen Nr. 1493, 1494, 1496, 1722, 1760**].

3.17.1.2 Essentielle Aminosäuren

Die Angabe „essentielle Aminosäure“ bedeutet, dass diese Aminosäure mit der Nahrung zugeführt werden muss. Nicht essentielle Aminosäuren können vom Organismus aus Vorstufen selbst synthetisiert werden.

Für den menschlichen Organismus *nicht essentiell* sind: Glycin – Alanin – Serin – Cystein – Cystin – Tyrosin – Asparaginsäure – Glutaminsäure – Prolin und Hydroxyprolin [vgl. **MC-Fragen Nr. 1509, 1529**].

3.17.1.3 Proteinogene Aminosäuren

Grundsätzlich hat man zu unterscheiden zwischen Aminosäuren, die eine Funktion als Proteinbaustein *und* im Stoffwechsel einer Zelle besitzen *(proteinogene Aminosäure)* und Aminosäuren, die *nur* im Stoffwechsel der Zelle Verwendung finden *(nicht-proteinogene Aminosäure)*.

Zu den *nicht proteinogenen* Aminosäuren zählen u. a. Ornithin – Homocystein – 5-Hydroxytryptophan – 2,4-Dihydroxyphenylalanin – β-Alanin und γ-Aminobuttersäure.

3.17.1.4 Nomenklatur

Die natürlichen Aminosäuren führen meistens *Trivialnamen.* Sie können aber auch als substituierte Carbonsäuren aufgefasst werden. Die Lage des Substituenten wird durch einen griechischen Buchstaben markiert, wobei das α-C-Atom die Carboxylgruppe trägt. Nach dieser Nomenklatur wird z. B. **Serin** als **α-Amino-β-hydroxypropionsäure** bezeichnet. In der IUPAC-Nomenklatur wird die Stellung des Substituenten durch einen Zahlenwert angegeben. **Threonin** heißt nach diesem System **2-Amino-3-hydroxybutansäure**.

Für den normalen Gebrauch werden Aminosäuren mit einem *Dreibuchstabencode* abgekürzt. Die *Einbuchstabensymbole* finden in speziellen Fällen Anwendung (siehe ◘Tab. 3.84).

3.17.1.5 Stereochemie

Mit Ausnahme des *achiralen Glycins* besitzen alle α-Aminosäuren mindestens *ein asymmetrisches C-Atom* und können in zwei spiegelbildlichen (enantiomeren) Konfigurationen auftreten. **Isoleucin, Threonin, Hydroxyprolin** und **Cystin** enthalten *zwei Chiralitätszentren* [vgl. **MC-Fragen Nr. 1499–1501, 1509, 1510, 1513**].

Die Zugehörigkeit der Aminosäuren zur D- oder L-Reihe wird durch den Vergleich mit D-Glycerinaldehyd ermittelt. Nahezu *alle natürlichen,* durch Hydrolyse aus Eiweißstoffen gewonnenen α-Aminosäuren sind *L-konfiguriert* bzw. besitzen nach der Cahn-Ingold-Prelog-Nomenklatur *S-Konfiguration.* Aufgrund der höheren Priorität der CH_2SH-Gruppe im Vergleich zur Carboxylgruppe muss aber L-Cystein nach dem CIP-System als ***R*-Cystein** bezeichnet werden [siehe ▸Kap. 3.3.4 und **MC-Fragen Nr. 426, 427, 429, 1509, 1511, 1526**].

```
    COO⁻          |      COO⁻                       COO⁻
    | +           |    + |                        + |
  H-C-NH3         |  H3N-C-H          ;         H3N-C-H
    |             |      |                          |
    CH3           |      CH3                        CH2SH
  D-Alanin        |   L-Alanin                  L-Cystein
  R-Alanin        |   S-Alanin                  R-Cystein
```

3.17.2 Eigenschaften von α-Aminosäuren

3.17.2.1 Ampholytcharakter

Aminosäuren können sowohl Protonen aufnehmen als auch abgeben, verhalten sich also wie Säuren und Basen und gehören zur Gruppe der *Ampholyte.* Durch Bildung eines *inneren Salzes,* bei der das Carboxylproton von der α-ständigen Aminogruppe gebunden wird, können Aminosäuren als *Zwitterionen* (Betain-Struktur) – auch im kristallinen Zustand – vorliegen [vgl. **MC-Fragen Nr. 1510, 1511, 1513**].

```
R-CH-COOH        ⇌       R-CH-COO⁻          H3C-CH-COO⁻
  |                         |                    |
  NH2                      ⁺NH3                 ⁺N(CH3)3
Aminosäure              Zwitterion              Betain
```

Für den zwitterionischen Charakter der α-Aminosäuren sprechen folgende Befunde:

- Zwitterionische Verbindungen sind stark polare Stoffe, bei denen die intermolekulare Anziehung zu relativ stabilen Kristallgitterstrukturen führt. Dementsprechend sind die *Schmelzpunkte* der Aminosäuren im Allgemeinen höher als die der entsprechenden Carbonsäuren. Die meisten Aminosäuren zersetzen sich beim Schmelzen und lassen sich nicht unzersetzt destillieren [vgl. **MC-Frage Nr. 1509**].
- Aminosäuren *lösen* sich z.T. in *Wasser.* Ihre Löslichkeit in Alkoholen ist gering. In Ethern sowie unpolaren Solventien sind sie nahezu unlöslich.
- Aminosäuren besitzen eine hohe *Dielektrizitätszahl* und ein hohes *Dipolmoment.*
- Ihre *Säure-* und *Basenkonstanten* sind auffallend klein. Die ambidenten α-Aminosäuren mit einer α-Alkylseitenkette besitzen aufgrund ihrer Carboxylgruppe einen pK-Wert zwischen 1,8 und 2,6 und aufgrund ihrer Aminogruppe einen zweiten pK-Wert von 8,8 bis 10,7. ◻Tab. 3.85 informiert über die wichtigsten physikalischen Daten von α-Aminosäuren [vgl. **MC-Fragen Nr. 1515, 1723**].

3.17.2.2 Säure-Base-Verhalten (Protolysengleichgewichte)

Aufgrund der zwitterionischen Struktur ist die in wässriger Lösung sauer reagierende Gruppe einer α-Aminosäure die protonierte Aminofunktion [NH_3^+], deren potentiometrisch bestimmte Acidität den pK_{s1}-Wert ergibt. Ihre Basizität (pK_b- bzw. pK_{s2}-Wert) bezieht sich auf das Carboxylat-Ion [COO^-]. Die wässrige Lösung einer Aminosäure reagiert schwach sauer oder schwach alkalisch, je nachdem, ob der acide Charakter der NH_3^+-Gruppe oder die Basizität der COO^--Funktion überwiegt.

Aminosäuren können sowohl mit Säuren als auch mit Basen Salze bilden. Im sauren Milieu liegen sie als Kation, im Alkalischen als Anion vor. Beispielsweise zeigt

□ Tab. 3.85 Physikalische Eigenschaften von α-Aminosäuren

Aminosäure	Zers. [°C]	Wasserlöslichkeit [g/100ml] bei 25 °C	pK_1	pK_2	pK_3
Alanin	297	16,54	2,35	9,87	
Arginin	244	sehr hoch	1,82	8,99	13,20
Asparagin	234	3,11	2,02	8,80	
Asparaginsäure	270	0,54	1,99	3,90	10,00
Cystein	185	–	1,86	8,35	10,34
Glutamin	247	3,60	2,17	9,13	
Glutaminsäure	233	0,86	2,13	4,32	9,95
Glycin	287	24,99	2,35	9,78	
Histidin	284	4,29	1,81	6,05	9,15
Isoleucin	293	4,12	2,32	9,76	
Leucin	225	2,19	2,33	9,74	
Lysin	280	sehr hoch	2,16	9,20	10,80
Methionin	283	3,40	2,17	9,27	
Phenylalanin	220	2,97	2,58	9,24	
Prolin	228	162,30	1,95	10,64	
Serin	225	5,00	2,19	9,44	
Threonin	289	20,50	2,09	9,10	
Tryptophan	342	1,14	2,43	9,44	
Tyrosin	315	0,05	2,20	9,11	10,07
Valin		8,85	2,29	9,72	

Alanin (2-Aminopropansäure) folgendes Dissoziationsverhalten [vgl. **MC-Fragen Nr. 1511, 1512, 1514**].

```
      COOH                COO⁻                COO⁻
    +  |                +  |                   |
  H3N-C-H    ⇌     H3N-C-H     ⇌      H2N-C-H
       |                   |                   |
      CH3                 CH3                 CH3
  pH 1,0            pH 6,0              pH 11,0
  Kation            Zwitterion          Anion
```

Liegt die Aminosäure als *Zwitterion* vor, so tritt im elektrischen Feld *keine* Ionenwanderung ein. Der diesem Zustand entsprechende pH-Wert (**pI-Wert**) wird *„isoelektrischer Punkt"* (IEP) genannt [vgl. **MC-Fragen Nr. 1510, 1511, 1525**].

Nun sind Aminocarbonsäuren etwas stärker sauer als basisch, sodass der isoelektrische Punkt in wässriger Lösung im Allgemeinen unterhalb von pH = 7 liegt, wie dies die Werte in □Tab. 3.84 belegen. Diesen Sachverhält bestätigt auch die in ○Abb. 3.93 gezeigte *Titrationskurve von Glycin*, aus der sich neben dem pI-Wert auch die pK_s-Werte der Aminosäure bestimmen lassen [vgl. **MC-Frage Nr. 1518**].

Organische Chemie

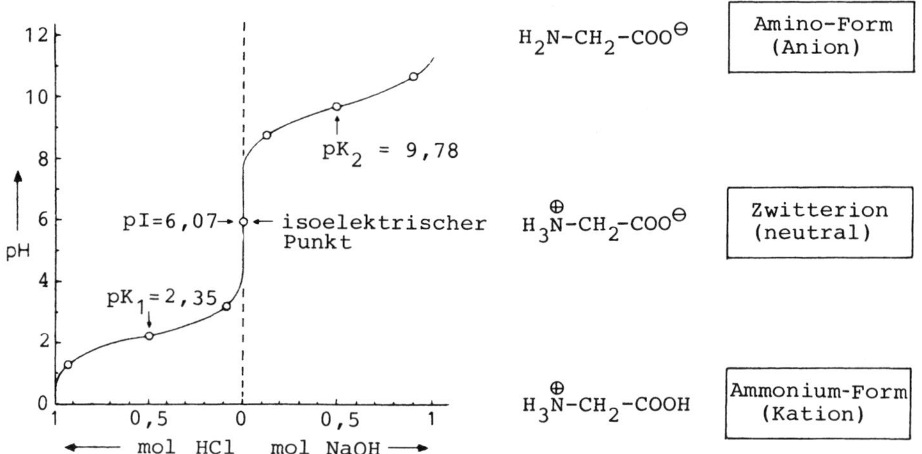

○ Abb.3.93 Titrationskurve des Glycins (als weitere Kurvenpunkte wurden auch die pK ± 1-Werte bei 0,1 M-HCl und 0,9 M-NaOH eingezeichnet)

Beim isoelektrischen Punkt erreicht die Konzentration der Zwitterionen ein Maximum, die Löslichkeit der Aminosäure ein Minimum.

Bei einfachen Aminosäuren ist der *„isoelektrische Punkt"* gleich dem *arithmetischen Mittel* der beiden *pK-Werte.* Zum Beispiel besitzt **L-Serin** die pK-Werte 2,2 und 9,2, sodass sich der pI-Wert (isoelektrischer pH-Wert) von L-Serin zu **5,7** berechnet. Eine Aminosäure mit den Werten $pK_{s1} = 2$ und $pK_{s2} = 8$ besitzt demzufolge einen IEP bei pH = 5 [vgl. **MC-Fragen Nr. 1516, 1801**].

Aminosäuren, die mehrere dissoziierbare Gruppen enthalten, ergeben kompliziertere Titrationskurven. Zum Beispiel zeigt die Aminodicarbonsäure **Glutaminsäure** folgendes Dissoziationsverhalten [vgl. **MC-Fragen Nr. 1517, 1518**].

$H_3\overset{+}{N}-CH(COOH)-(CH_2)_2-COOH$	⇌	$H_3\overset{+}{N}-CH(COO^-)-(CH_2)_2-COOH$	⇌	$H_3\overset{+}{N}-CH(COO^-)-(CH_2)_2-COO^-$	⇌	$H_2N-CH(COO^-)-(CH_2)_2-COO^-$
pH 1,0 Monokation		pH 3,2 Zwitterion		pH 6,6 Monoanion		pH 11,0 Dianion

Das Dissoziationsverhalten der Diaminocarbonsäure **Lysin** lässt sich durch folgende Formeln beschreiben [vgl. **MC-Frage Nr. 1526**].

```
   COOH                COO⁻               COO⁻               COO⁻
 + |                 + |                   |                  |
H3N-C-H    ⇌       H3N-C-H     ⇌        H2N-C-H     ⇌       H2N-C-H
     |                 |                   |                  |
  (CH2)4            (CH2)4              (CH2)4             (CH2)4
  +|                +|                  +|                    |
   NH3               NH3                 NH3                 NH2
pH 1,0             pH 5,6              pH 9,7             pH 11,0
Dikation           Monokation          Zwitterion         Monoanion
```

Auch basische Aminosäuren wie **Histidin** oder **Arginin** liegen bei pH = 1 als Dikation mit undissoziierter Carboxylgruppe [R-COOH] und protonierter Aminogruppe [$R\text{-}NH_3^+$] vor, wobei beim Histidin das Atom N-3 des Imidazol-Restes und beim Arginin die Guanidin-Gruppe noch protoniert sind [vgl. **MC-Fragen Nr. 1722, 1760**].

3.17.3 Darstellung und Reaktionsverhalten von Aminosäuren

3.17.3.1 3.17.3.1 Herstellung von α-Aminocarbonsäuren

Zur präparativen Gewinnung von α-Aminosäuren können folgende Methoden herangezogen werden [vgl. **MC-Fragen Nr. 1506, 1507**].

(1) *Behandeln von α-Halogencarbonsäuren mit überschüssigem konzentriertern Ammoniak*: Die α-Halogencarbonsäuren sind durch eine *Hell-Volhard-Zelinsky-Reaktion* zugänglich (siehe ▸Kap. 3.7.2.2). Im Gegensatz zur Umsetzung von Halogenalkanen mit Ammoniak verläuft die Herstellung der Aminosäuren günstiger, weil die Aminogruppe in den Säuren weniger basisch ist als in einem Amin. Deshalb ist die Geschwindigkeit der Zweitalkylierung deutlich herabgesetzt.

```
R-CH-COOH  +  2 NH3 → R-CH-COOH  +  NH4Br
  |                    |
  Br                   NH2
```

Zum Beispiel erhält man ***N*-Phenylglycin** [C_6H_5-NH-CH_2-COOH] bei der Umsetzung von Anilin [C_6H_5-NH_2] mit Monochloressigsäure [$ClCH_2$-COOH].

(2) *Strecker-Synthese:* Eine allgemein anwendbare Methode ist die Umsetzung von *Cyanhydrinen* mit Ammoniak und nachfolgende saure Verseifung der gebildeten *α-Aminonitrile* [siehe ▸Kap. 3.12.6.4 und **MC-Fragen Nr. 993, 1508**].

```
                    - H2O                        (H2O)
R-CH-CN + NH3    ---------->   R-CH-CN     ------------->    R-CH-COOH
  |                              |             (H+)            |
  OH                             NH2                           NH2
Cyanhydrin                     α-Aminonitril                 α-Aminosäure
```

α-Aminonitrile erhält man auch auf direktem Wege aus Aldehyden und HCN in Anwesenheit von NH_3. Wahrscheinlich erfolgt die Bildung der α-Aminonitrile durch Addition von HCN an das intermediär auftretende Imin.

```
               - H2O                     + HCN
R-CH=O + NH3  -------->   R-CH=NH    ------------>   R-CH(NH2)-CN
Aldehyd                   Imin                       α-Aminonitril
```

Zum Beispiel kann auf diese Weise **Phenylalanin** aus **Phenylacetaldehyd**, KCN und NH_4Cl/NH_3 dargestellt werden [vgl. **MC-Frage Nr. 1505**].

$$C_6H_5\text{-}CH_2\text{-}CH{=}O \rightarrow \rightarrow C_6H_5\text{-}CH_2\text{-}CH(NH_2)\text{-}COOH$$

Phenylacetaldehyd **Phenylalanin**

Prolin mit seiner cyclischen, sekundären Aminogruppe ist *nicht* mit der Strecker-Methode herstellbar.
Jedoch dient die Strecker-Synthese zur Gewinnung von **Ethylendiamintetraessigsäure (Edetinsäure)** [$(HOOCCH_2)_2N\text{-}CH_2CH_2\text{-}N(CH_2COOH)_2$], die bezüglich ihrer Reaktivität einer sauren Aminosäure entspricht. Zu ihrer Herstellung setzt man Ethylendiamin ($H_2NCH_2CH_2NH_2$) mit Formaldehyd ($H_2C{=}O$) und Blausäure um und verseift anschließend das gebildete Tetranitril. Edetinsäure ist ein wichtiger *Chelatligand* in der Komplexometrie [siehe hierzu Ehlers, **Analytik II**, ▸Kap. 9.1.1 und **MC-Frage Nr. 1668**].

$$4\ HCN + 4\ CH_2{=}O + H_2N\text{-}CH_2CH_2\text{-}NH_2 \rightarrow (NC\text{-}CH_2)_2\text{-}N\text{-}CH_2CH_2\text{-}N(CH_2\text{-}CN)_2 + 4\ H_2O$$

$$(NC\text{-}CH_2)_2N\text{-}CH_2CH_2\text{-}N(CH_2CN)_2 \xrightarrow{(HO^-)} (HOOCCH_2)_2N\text{-}CH_2CH_2\text{-}N(CH_2COOH)_2$$

(3) α-Aminosäuren sind auch durch *reduktive Aminierung* von *α-Ketosäuren* zugänglich (siehe ▸Kap. 3.2.19.1).

$$R\text{-}C({=}O)\text{-}COOH + NH_3 \xrightarrow[-\ H_2O]{} R\text{-}C({=}NH)\text{-}COOH \xrightarrow[Kat.]{+\ H_2} R\text{-}CH(NH_2)\text{-}COOH$$

(4) *Modifizierte Gabriel-Synthese:* Ein gleichfalls allgemein anwendbares Verfahren zur Synthese von α-Aminosäuren ist die Bromierung von *Malonester* zu Brommalonester und dessen nachfolgende Umsetzung mit Kaliumphthalimid zum *N*-Phthalimidomalonester [vgl. **MC-Fragen Nr. 1506, 1507**].
Dieser Ester kann als CH-acide Verbindung in Gegenwart einer Base alkyliert und anschließend hydrolysiert werden, wobei Phthalsäure abgespalten wird und die Estergruppen verseift werden. Das dabei gebildete Malonsäure-Derivat decarboxyliert unter den Reaktionsbedingungen spontan zur α-Aminosäure.

$$\text{Phthalimid-}|\overline{N}|^{\ominus}K^{\oplus} + Br\text{-}CH(COOR')\text{-}COOR' \xrightarrow{-KBr} \text{Phthalimid-}N\text{-}CH(COOR')\text{-}COOR'$$

$$\xrightarrow[(RO^-)]{+RCl} \text{Phthalimid-}N\text{-}C(R)(COOR')\text{-}COOR' \xrightarrow[-CO_2,\ -ROH]{+H_2O,\ +H^+} C_6H_4(COOH)_2 + R\text{-}CH(NH_2)\text{-}COOH$$

(5) Technische Herstellung: Da – wie unten beschrieben – die Trennung racemischer Aminosäure-Gemische schwierig ist, werden heute die meisten Aminosäuren enantiomerenrein durch Fermentation von geeigneten Mikroorganismen hergestellt. Die technisch wichtigsten Aminosäuren sind *L-Glutaminsäure*, *L-Lysin* und racemisches *Methionin*.

3.17.3.2 Herstellung von β-Aminosäuren

Die gängigste Methode zur Darstellung von β-Aminocarbonsäuren ist die nucleophile Addition von Ammoniak (bzw. von prim. oder sek. Aminen) an *α,β*-ungesättigte Carbonsäuren (siehe auch ▸Kap. 3.2.12.1). Die gebildeten β-Aminosäuren spalten beim Erhitzen leicht wieder NH_3 ab unter Rückbildung der vinylogenen Säure.

$$\overset{\beta}{\text{R-CH}}=\overset{\alpha}{\text{CH}}\text{-COOH} + NH_3 \rightleftharpoons \text{R-}\underset{\overset{|}{^{+}NH_3}}{\text{CH}}\text{-CH}_2\text{-COO}^-$$

3.17.3.3 Racematspaltung

Aminosäuren, die mithilfe chemischer Reaktionen hergestellt wurden, liegen als *Racemat* vor. Gewöhnlich ist man aber nur an einem der beiden Enantiomeren interessiert. Eine Möglichkeit zur Racematspaltung des Enantiomerengemischs ist die Trennung über *diastereomere Salze* (siehe ▸Kap. 3.3.10).

Hierzu wird die Aminosäure zunächst N-acyliert (meistens benzoyliert oder acetyliert), damit sie ihren amphoteren Charakter verliert. Das saure D,L-*N*-Acylderivat wird anschließend mit Brucin, Strychnin oder einer anderen optisch aktiven Base versetzt. Die dabei anfallenden diastereomeren Salze unterscheiden sich z. B. in ihrer Löslichkeit und können durch fraktionierte Kristallisation getrennt werden. Nach alkalischer Hydrolyse der getrennten Salze erhält man die enantiomerenreinen Aminosäuren. Der Prozess ist nochmals in ○Abb. 3.94 am Beispiel des D,L-Valins schematisch dargestellt.

Trotz ihrer Einfachheit leidet die Trennmethode über diastereomere Salze an einigen gravierenden Nachteilen. Das weniger lösliche Diastereomer ist gewöhnlich mit dem anderen Salz verunreinigt. Zur Reinigung sind oft mehrere, langwierige Umkristallisationen erforderlich.

3.17.3.4 Reaktionsverhalten von Aminosäuren

Komplexbildung mit Cu(II): Zur Isolierung und Identifizierung überführt man α-Aminosäuren bisweilen in die blauen, kristallinen Kupfersalze, die sich beim Erwärmen der Aminosäuren in wässriger Lösung mit Cu(II) bilden, und die als Chelatkomplexe vorliegen. Diese Komplexe können zur kolorimetrischen Bestimmung von α-Aminosäuren herangezogen werden.

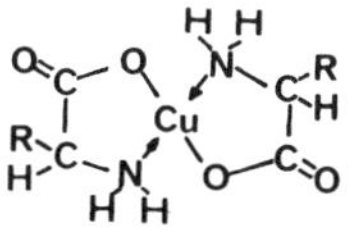

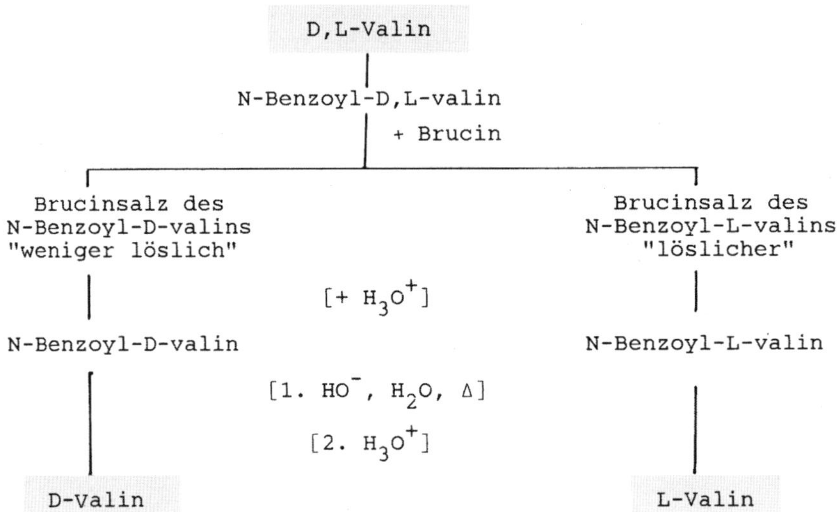

o **Abb. 3.94 Racematspaltung von Aminosäuren über diastereomere Salze**

Ninhydrin-Reaktion: Aminosäuren ergeben mit 1,2,3-Triketoindan-Hydrat (Ninhydrin, Indan-1,2,3-trion), eine charakteristische *blauviolette* Farbreaktion. Die Bildung des Farbstoffs, dessen Absorptionsmaximum bei 570 nm liegt, erfolgt gemäß nachfolgenden Gleichungen [vgl. **MC-Fragen Nr. 1523, 1524**]:

Ninhydrin + H_2N-CH(R)-COOH $\xrightarrow{-2\,H_2O}$ =N-CH(R)-COOH $\xrightarrow{-CO_2}$ =N-CH_2-R ⇌ (H) N=CH-R $\xrightarrow[-RCHO]{+H_2O}$

(H) NH_2 + (HO)(HO) $\xrightarrow{-2\,H_2O}$

(H) -N= ⇌ (OH) -N= blauviolett

Die Ninhydrin-Reaktion ist sehr empfindlich, aber wenig spezifisch. Wie obige Formelgleichungen dokumentieren, liefern die meisten Aminosäuren – unabhängig von ihrer Konstitution – mit Ninhydrin das gleiche Reaktionsprodukt. Die Reaktion wird von **Prolin**, das eine sekundäre Aminogruppe besitzt, *nicht* gegeben. Mit Prolin läuft eine andere Reaktion ab.

Racemisierung: Chirale Aminosäuren mit α-ständigem Wasserstoff racemisieren leicht unter dem Einfluss von Alkalihydroxiden (siehe ▸Kap. 3.3.1.5).

Desaminierung: Aminosäuren reagieren mit Salpetriger Säure analog den primären aliphatischen Aminen. Unter N_2-Eliminierung bilden sich *α*-Hydroxycarbonsäuren. Die *van Slyke-Methode* ist auch für quantitative Bestimmungen brauchbar. N-substituierte Aminosäuren bilden Nitrosamine, N,N-disubstituierte Säuren reagieren nicht [siehe ▸Kap. 3.10.3.4 und **MC-Fragen Nr. 872, 1210, 1211, 1510**].

```
                  + HNO2
R-CH-COOH  ─────────────>  R-CH-COOH  +  N2↑
  |                          |
  NH2      - H2O             OH
```

Veresterung: Die Carboxylgruppe von Aminosäuren kann mit den üblichen Methoden verestert werden. Die freien Ester reagieren infolge der Blockierung der aciden Funktion relativ stark basisch. Die Ester werden häufig in Form ihrer kristallinen Hydrochloride [$X^- = Cl^-$] oder Toluensulfonate [$X^- = H_3C\text{-}C_6H_4\text{-}SO_3^-$] isoliert.

```
R-CH-COOH  +  R'OH  +  HX  ─────────>  R-CH-COOR'
  |                          - H2O       +|
  NH2                                    NH3]X⁻
```

Methyl- und Ethylester gewinnt man am besten durch Behandeln einer Suspension der Aminosäure in dem betreffenden Alkohol mit wasserfreiem Chlorwasserstoff oder $SOCl_2$. Die Benzylester werden in der Regel mit Benzensulfonsäure als Katalysator hergestellt. Das bei der Reaktion entstehende Wasser wird durch azeotrope Destillation entfernt.

Benzylester sind besonders nützliche Synthesevorprodukte, weil sie durch nicht-hydrolytische Methoden, z. B. durch *Hydrogenolyse*, wieder in die freien Säuren übergeführt werden können.

```
R-CH-CO-O-CH2-C6H5  +  H2  →  R-CH-COOH  +  C6H5-CH3
  |                             |
  NH2                           NH2          Toluen
```

N-Acylierung: Die Acylierung der Aminogruppe erfolgt am besten unter basischen Bedingungen, weil nur dann eine nennenswerte Konzentration an freiem Amin im Reaktionsgemisch vorhanden ist. Gebräuchlich sind vor allem die *N-Benzoylierung* mit Benzoylchlorid [$C_6H_5\text{-}COCl$] unter *Schotten-Baumann-Bedingungen* und die *N-Acetylierung* mit Acetanhydrid (siehe ▸Kap. 3.13.7.1).

```
                            + NaOH
R-CH-COOH  +  R'-COCl  ──────────────>  R-CH-COOH
  |                         - NaCl        |
  NH2                       - H2O         NH-CO-R'
```

Azomethin-Bildung: Die freie Aminogruppe reagiert mit Aldehyden unter Bildung von Iminen. Da Imine deutlich weniger basisch sind als die freie primäre Aminogruppe wird der pH-Wert einer wässrigen Aminosäure-Lösung auf Zusatz von *Formaldehyd* gesenkt [siehe Ehlers, **Analytik II**, ▸Kap. 6.2.4.2 „*Formoltitration*" und **MC-Frage Nr. 1510**].

$$\text{R-CH(NH}_2\text{)-COOH} + \text{H}_2\text{C=O} \xrightarrow{-\text{H}_2\text{O}} \text{R-CH(N=CH}_2\text{)-COOH}$$

Thermolyse von Aminosäuren: Beim Erhitzen von Aminosäuren bilden sich in Abhängigkeit von der Stellung der Aminogruppe unterschiedliche Produkte.

- *α-Aminosäuren* gehen beim Erhitzen unter intermolekularer Dehydratisierung in *2,5-Diketopiperazine (2,5-Dioxopiperazine)* über. Die Ausbeuten liegen deutlich höher, wenn man α-Aminocarbonsäureester als Edukte einsetzt [vgl. **MC-Fragen Nr. 1216, 1234, 1519–1521**].

$$2\ \text{R-CH(NH}_2\text{)-COOH} \xrightarrow{-2\,\text{H}_2\text{O}} \text{Diketopiperazin}$$

Diketopiperazin

Beim trockenen Erhitzen von α-Aminosäuren mit Natronkalk erfolgt dagegen Decarboxylierung unter Bildung von *Aminen*. So entsteht bei der Decarboxylierung von **Glycin** [H_2N-CH_2-**COO**H) *Methylamin* [CH_3-NH_2], aus **Serin** [$HOCH_2$-$CHNH_2$-**COO**H] bildet sich *Ethanolamin* [$HOCH_2$-CH_2NH_2] und **Glutaminsäure** [HOOC-CH_2-CH_2-$CHNH_2$-**COO**H] decarboxyliert zu *γ-Aminobuttersäure* [H_2NCH_2-CH_2-CH_2-COOH] [vgl. **MC-Frage Nr. 1522**].

$$\text{R-CH(NH}_2\text{)-COOH} \xrightarrow[-\ \text{CO}_2]{(\text{NaOH/CaO})} \text{R-CH}_2\text{-NH}_2$$

- *β-Aminosäuren* ergeben beim Erhitzen oder Schmelzen unter NH_3-Abspaltung *α,β-ungesättigte Carbonsäuren* [vgl. **MC-Frage Nr. 1519**].

$$\text{R-CH(NH}_2\text{)-CH}_2\text{-COOH} \rightarrow \text{R-CH=CH-COOH} + \text{NH}_3$$

- *γ- und δ-Aminocarbonsäuren* spalten intramolekular Wasser ab unter Bildung von *Lactamen*. So spaltet **4-Aminobuttersäure** [H_2NCH_2-CH_2-CH_2-COOH] intramolekular Wasser ab unter Bildung von **γ-Butyrolactam** (α-Pyrrolidon) [vgl. **MC-Frage Nr. 1519**].

$$\text{H}_2\text{N-CH}_2\text{-CH}_2\text{-CH}_2\text{-COOH} \xrightarrow{-\text{H}_2\text{O}} \gamma\text{-Butyrolactam}$$

- Aminosäuren, in denen die Aminogruppe noch weiter von der Carboxylgruppe entfernt ist, wie z. B. in der **ε-Aminocapronsäure** (6-Aminohexansäure) [$H_2N(CH_2)_5COOH$], kondensieren zu hochmolekularen Stoffen (siehe ▸Kap. 3.18.2.3).

3.17.3.5 Biogene Amine

Amine, die aus Aminosäuren durch CO_2-Abspaltung gebildet werden, bezeichnet man als *biogene* oder *proteinogene Amine*. Viele dieser Amine besitzen als Gewebshormone oder Coenzyme eine wichtige biochemische Bedeutung.

5-Hydroxytryptamin (*Serotonin*), gebildet aus 5-Hydroxytryptophan, und **Dopamin** (3,4-Dihydroxyphenylethylamin), gebildet aus 3,4-Dihydroxyphenylalanin, sind wichtige Neurotransmitter.

Histamin, gebildet durch Decarboxylierung von Histidin, kommt in fast allen Körperzellen vor und spielt eine Schlüsselrolle bei Gewebsverletzungen und allergischen Prozessen.

HO HN NH_2 Serotonin

HO HO NH_2 Dopamin

N HN NH_2 Histamin

Cysteamin (*Thioethanolamin*) [H_2N-CH_2-CH_2-SH] entsteht durch CO_2-Abspaltung aus Cystein und ist Bestandteil von *Coenzym A*. Wie alle Mercaptane wird es zum Disulfid Cystamin oxidiert. **Cystamin** [$H_2NCH_2CH_2$-S-S-$CH_2CH_2NH_2$] kann auch als Decarboxylierungsprodukt von Cystin angesehen werden. Cysteamin bildet mit vielen Übergangsmetallen Chelatkomplexe und wird aufgrund seiner Radikalfänger-Eigenschaften zur Behandlung von Strahlenschäden eingesetzt [vgl. **MC-Frage Nr. 958**].

Aus *Lysin* (2,6-Diaminohexansäure) bildet sich durch Decarboxylierung **Pentan-1,5-diamin** ($H_2NCH_2CH_2CH_2CH_2CH_2NH_2$) [vgl. **MC-Fragen Nr. 1522, 1526**].

3.17.4 Grundzüge der Peptidchemie

3.17.4.1 Einleitung

Proteine spielen physiologisch eine bedeutsame Rolle als Gerüststoffe des tierischen und menschlichen Organismus. Als Bestandteil von Enzymen regeln sie Stoffwechselvorgänge und in Form der Nucleoproteine sind sie an der Vermehrung lebender Substanz und an der Vererbung beteiligt.

Proteine (Eiweiße) und *Peptide* sind *Aminosäurebiopolymere* (Polyamide); sie bestehen aus *unverzweigten Ketten* von α-Aminosäuren, die miteinander durch *Peptidbindungen* [**-CO-NH-**] zu Makromolekülen verknüpft sind. Die eben gebaute Peptidbindung entsteht formal durch intermolekulare Wasserabspaltung aus zwei Aminosäuren. Dadurch gehen die freien α-Amino- und α-Carboxylgruppen verloren und liegen in nicht cyclischen Biopolymeren *nur* an den Enden in freier Form vor, wie dies die formale Bildung eines Dipeptids belegt [vgl. **MC-Frage Nr. 1525**].

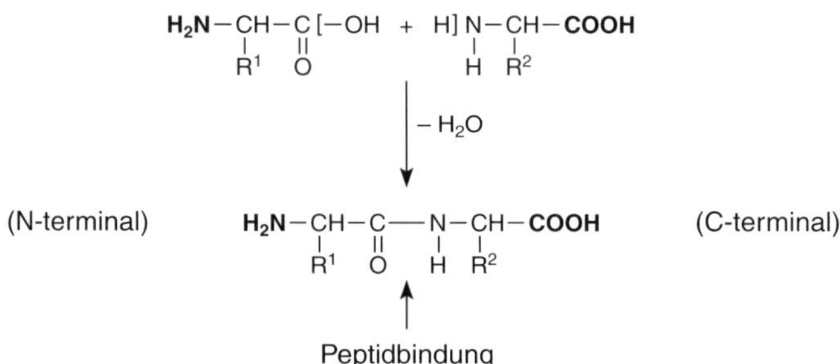

Jedes Protein (Peptid) besitzt eine spezifische Zusammensetzung und Reihenfolge (**Sequenz**) seiner Aminosäuren. Mit den *20 proteinogenen Aminosäuren* kann eine Vielzahl von Polymeren unterschiedlicher Sequenz gebildet werden. Zum Beispiel lassen sich aus zwei Molekülen Glycin und einem Molekül Valin drei isomere Tripeptide herstellen,

Gly-Gly-Val | Gly-Val-Gly | Val-Gly-Gly

und aus je einem Molekül Cystein, Alanin und Glycin können bereits sechs unterschiedliche Tripeptide synthetisiert werden [vgl. **MC-Frage Nr. 1527**].

Cys-Ala-Gly | Ala-Cys-Gly | Ala-Gly-Cys
Gly-Ala-Cys | Gly-Cys-Ala | Cys-Gly-Ala

Zur formelmäßigen Darstellung von Peptiden und Proteinen benutzt man im Allgemeinen die *Dreibuchstabenabkürzungen* und schreibt die *N-terminale* (aminoterminale) Aminosäure (mit freier NH_2-Gruppe) auf die *linke* und die *C-terminale* (carboxyterminale) Aminosäure (mit freier COOH-Gruppe) auf die *rechte* Seite der Peptidkette.

3.17.4.2 Einteilung und Klassifizierung

Gewöhnlich unterteilt man Aminosäurebiopolymere nach der *Kettenlänge* in *kurzkettige Peptide* und *langkettige Proteine,* wobei man übereingekommen ist, die Grenze bei etwa 100 Aminosäuren zu ziehen. Peptide mit weniger als 10 Aminosäuren werden als *Oligopeptide,* mit mehr als 10 Aminosäuren als *Polypeptide* bezeichnet [vgl. **MC-Frage Nr. 1567**].

Polypeptide werden nach der *Anzahl ihrer Aminosäuren* unter Verwendung griechischer Zahlenwerte benannt. Ein Oktapeptid enthält also acht Aminosäuren.

Die Gruppe der Proteine kann nach verschiedenen Kriterien klassifiziert werden. Grundsätzlich hat man zu unterscheiden zwischen *einfachen Proteinen,* deren Hydrolyse *nur* Aminosäuren liefert, und *zusammengesetzten Proteinen,* die zusätzlich noch einen *Nichtproteinanteil (prosthetische Gruppe)* enthalten. Je nachdem, ob die prosthetische Gruppe eine Nucleinsäure, ein Saccharid, eine chromophore Gruppe, ein

Lipid oder ein Metallion darstellt, spricht man von *Nucleo-*, *Glyco-*, *Chromo-*, *Lipo-* oder *Metalloproteinen.*

Auch die Gestalt eines Proteins kann als Klassifizierungsmerkmal herangezogen werden. Danach unterscheidet man zwischen fadenförmigen *(fibrilliäre)* und kugelförmigen *(globuläre)* Proteinen. Gerüstproteine besitzen einen faserförmigen Bau, während Enzyme und Transportproteine globulärer Natur sind. Globulärproteine zeichnen sich durch eine gute *Wasserlöslichkeit* aus, während sich Fibrilliärproteine in Wasser und verdünnten Säuren nicht lösen.

3.17.4.3 Struktur und Eigenschaften von Proteinen

Proteine sind lineare Polymere und besitzen einen hierarchischen Aufbau. Die *Sequenz der Aminosäuren* in den Polypeptidketten bildet die Basis und wird als **Primärstruktur** bezeichnet. *Disulfid-Brücken* zwischen zwei Cystein-Molekülen innerhalb einer Kette oder zwischen zwei Polypeptidketten führen zu einer Art Quervernetzung von Peptidsträngen.

Die *chemischen Eigenschaften* von Proteinen werden vor allem durch die verschiedenen Seitenketten [R] bestimmt. Da sie sowohl saure als auch basische Gruppen enthalten, besitzen Proteine *Ampholytcharakter.* Am *isoelektrischen Punkt* ist die Gesamtzahl positiv geladener Gruppen identisch der Zahl negativ geladener Gruppierungen. Die Ampholytnatur der Proteine bedingt auch ihre *Puffereigenschaften.* Durch das Auftreten geladener Strukturen können *Ionenbindungen* zu weiteren Bindungspartnern aufgebaut werden. Proteine lassen sich daher durch *elektrophoretische* und *Ionenaustauschvorgänge* trennen [siehe Ehlers, **Analytik II**, ▸Kap. 10.8.2 und ▸Kap. 12.5 sowie **MC-Frage Nr. 1538**].

Die nächsthöhere Organisationsebene der Proteine ist ihre **Sekundärstruktur**, bei der es sich um regelmäßige, räumliche Anordnungen (Faltblatt, α-Helix) handelt, die eine optimale Bildung von *Wasserstoffbrückenbindungen* erlauben [vgl. **MC-Frage Nr. 1538**].

Die danach folgende Organisationsstufe ist die **Tertiärstruktur**, für deren Entstehung vor allem *hydrophobe Wechselwirkungen* (van der Waals-Kräfte) verantwortlich sind. Darüber hinaus sind in vielen Fällen die Oberflächen von Proteinen so beschaffen, dass sie zu größeren Gebilden (**Quartärstruktur**) assoziieren können.

Unter geeigneten Bedingungen kann man die dreidimensionale Struktur der Proteine zerstören. Diesen Vorgang bezeichnet man als *Denaturierung.* Proteine denaturieren meistens bei extremen Temperaturen und pH-Werten.

3.17.4.4 Sequenzbestimmungen

Eine der grundlegenden Aufgaben der Peptidchemie ist die *Festlegung der Aminosäuresequenz (Primärstruktur).* Sie wird ausgeführt durch Kombination von Partialhydrolysen verbunden mit der Bestimmung der terminalen Aminosäuren.

Für die Ermittlung der *N-terminalen Aminosäure* hat sich **2,4-Dinitrofluorbenzen** (**DNF**) *(Sanger-Reagenz)* bewährt (siehe ▸Kap. 3.6.4.3). In Peptiden reagiert neben der N-terminalen Aminosäure auch die ε-Aminogruppe des Lysins. Die im Prinzip gleiche Bestimmungsmethode mit 1-Dimethylaminonaphthalen-5-sulfonylchlorid (**Dansylchlorid**) ist etwa um den Faktor 10^2 empfindlicher [vgl. **MC-Frage Nr. 1523**].

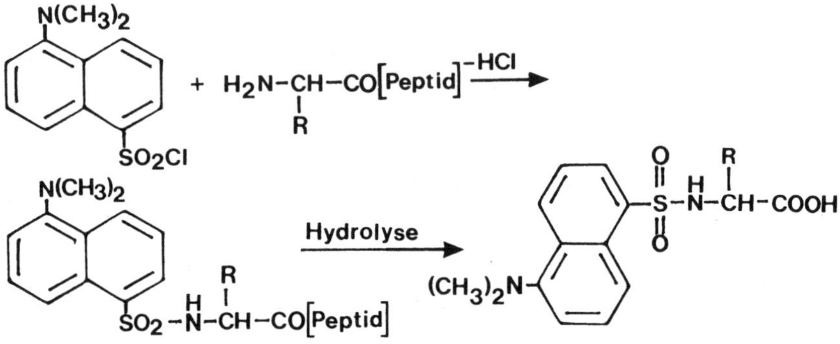

Beim *Edman-Abbau* reagiert die *N-terminale Aminosäure* mit *Phenylisothiocyanat* unter Bildung eines *Thioharnstoff-Derivates.* Durch milde saure Hydrolyse mit verd. HCl wird die N-terminale Aminosäure unter Cyclisierung als substituiertes *Phenylthiohydantoin* abgetrennt und identifiziert, während die restliche Peptidkette mit neuer N-terminaler Aminosäure intakt bleibt. Die schrittweise, vielfach wiederholte Abtrennung der jeweils N-terminalen Aminosäure erlaubt schließlich die komplette Sequenzierung des Peptids. Der Edman-Abbau wird heute vollautomatisch durchgeführt [vgl. **MC-Frage Nr. 1531**].

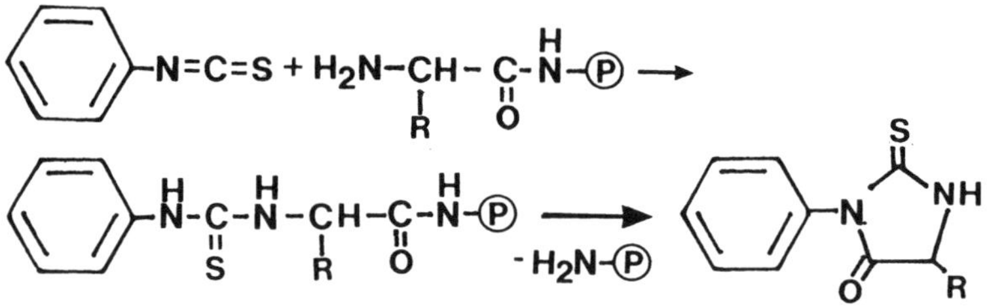

Zur Bestimmung der *C-terminalen Aminosäure* kann man das Peptid mit Hydrazin umsetzen. Dabei werden alle Aminosäuren mit Ausnahme der C-terminalen in Säurehydrazide umgewandelt. Günstiger ist jedoch, die C-terminale Säure dadurch zu ermitteln, dass man das Peptid mit einer *Carboxypeptidase* behandelt. Carboxypeptidasen sind Enzyme, die nur solche Peptidbindungen spalten, die einer freien α-Carboxylgruppe benachbart sind.

Bei der Strukturanalyse vieler Peptide und Proteine ist es zusätzlich notwendig, sie in kleinere Bruchstücke zu fragmentieren und diese zu analysieren. Am geeignetsten hierfür ist die enzymatische Hydrolyse mit verschiedenen *Proteasen* (Trypsin, Chymotrypsin, Pepsin u. a.).

Enthält ein Peptid *Disulfid-Brücken,* müssen diese vor der eigentlichen Sequenzierung oxidativ mit Peroxyameisensäure gespalten werden.

3.17.4.5 Peptidsynthesen

Bei der amidartigen Verknüpfung zweier Aminosäuren können im Prinzip vier unterschiedliche Reaktionsprodukte entstehen, zwei durch Kondensation mit sich selbst und zwei durch gekreuzte Kondensation mit der jeweils anderen Aminosäure [vgl. **MC-Frage Nr. 1531**].

Für einen einheitlichen Reaktionsablauf ist es deshalb erforderlich, die *Aminogruppe* des einen Reaktanden und die *Carboxylgruppe* des anderen zu *schützen*. Da eine Aminogruppe zu schwach nucleophil ist, um direkt mit einer Carboxylgruppe unter Amidbildung zu reagieren, ist es gleichzeitig notwendig, die zu *kondensierende Carboxylgruppe* zu *aktivieren*.

Darüber hinaus sind bei Peptidsynthesen stets Reaktionsbedingungen zu wählen, unter denen eine *Racemisierung nicht* eintreten kann.

Der prinzipielle Ablauf der Synthese eines Peptids ist in ∘ Abb. 3.95 am Beispiel der Darstellung eines Dipeptids skizziert.
Die Peptidsynthesen können in Lösung ausgeführt werden. Revolutioniert wurde das Verfahren jedoch durch die von *Merrifield* eingeführte *Festphasentechnik*. Hierbei wird das Peptid oder Protein an der Oberfläche eines unlöslichen Polymers synthetisiert. Der Vorteil dieser Technik liegt in der Leichtigkeit der Durchführung und in den hohen Gesamtausbeuten [vgl. **MC-Frage Nr. 1530**].

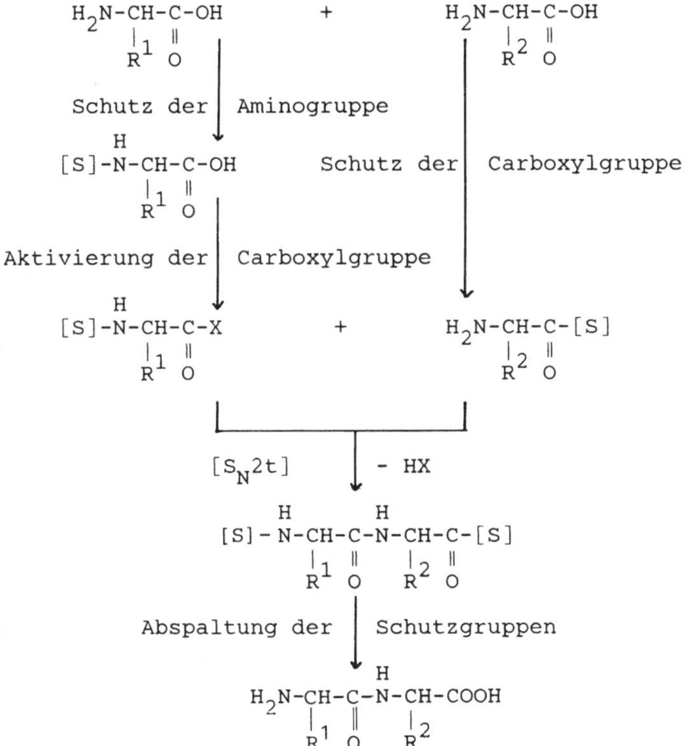

∘ **Abb. 3.95 Reaktionssequenz zur gezielten Darstellung eines Dipeptids**

Die für den Ablauf einer gezielten Peptidsynthese erforderlichen **Schutzgruppen** müssen folgende Bedingungen erfüllen:

- Sie müssen leicht in das Molekül einzuführen sein.
- Sie müssen unter den Reaktionsbedingungen der Amidbildung stabil sein.
- Sie müssen unter Bedingungen entfernt werden können, bei denen die Amidbindung (Peptidbindung) intakt bleibt.

Carboxylgruppen schützt man normalerweise durch Umwandlung in *Methyl-, Ethyl-* oder *Benzylester*, da Ester leichter als Amide zu hydrolysieren sind. Benzylester können auch durch Hydrogenolyse gespalten werden (siehe voranstehende Abschnitte). Zu ihrem Schutz kann man die Carboxylgruppe einer Aminosäure auch mit Isobuten/ H_2SO_4 in den betreffenden *tert*-Butylester überführen.

Von den vielen verwendeten *Amino-Schutzgruppen* sollen näher betrachtet werden:

Die *Benzyloxycarbonyl-Gruppe* [„Carbobenzoxy", abgekürzt Z- oder Cbo-Gruppe] wird durch Behandeln der Aminosäure mit Benzylchlorformiat in alkalischer Lösung eingeführt. Der Benzylrest lässt sich anschließend hydrogenolytisch als Toluen wieder abspalten. Die dabei gebildete Carbaminsäure [R-NH-**CO-O**H] decarboxyliert spontan zum primären Amin [$R\text{-}NH_2$].

$$C_6H_5CH_2\text{-O-}\underset{\underset{O}{\|}}{C}\text{-Cl} + H_2N\text{-}\underset{\underset{R}{|}}{CH}\text{-COOH} \xrightarrow{-\,HCl} C_6H_5CH_2\text{-O-}\underset{\underset{O}{\|}}{C}\text{-}\underset{H}{N}\text{-}\underset{\underset{R}{|}}{CH}\text{-COOH}$$

Die *tert-Butoxycarbonyl-Gruppe* (Boc-Gruppe) wird durch Umsetzung der Aminosäure mit *tert*-Butylazidoformiat eingeführt. Die Boc-Gruppe kann durch saure Hydrolyse entfernt werden. Die Boc-Gruppe zerfällt bei der Abspaltung in Isobuten [$(CH_3)_2C{=}CH_2$] und Kohlendioxid [vgl. **MC-Frage Nr. 1531**].

$$(CH_3)_3C\text{-O-}\underset{\underset{O}{\|}}{C}\text{-}N_3 + H_2N\text{-}\underset{\underset{R}{|}}{CH}\text{-COOH} \xrightarrow{-\,HN_3} (CH_3)_3C\text{-O-}\underset{\underset{O}{\|}}{C}\text{-}\underset{H}{N}\text{-}\underset{\underset{R}{|}}{CH}\text{-COOH}$$

Weiterhin sind als Reagenzien zur Einführung von Aminoschutzgruppen Di-*tert*-butyldicarbonat und Chlorameisensäure-9-fluorenylmethylester geeignet [vgl. **MC-Fragen Nr. 1536, 1537**].

Chlorameisensäure-9-fluorenylmethylester

$$(CH_3)_3C\text{-O-}\underset{\underset{O}{\|}}{C}\text{-O-}\underset{\underset{O}{\|}}{C}\text{-O-}C(CH_3)_3$$

Di-*tert*-butyldicarbonat

Zur *Aktivierung der Carboxylgruppe* kann diese z. B. mit Phosgen [Cl-CO-Cl] in Toluen in das betreffende *Acylhalogenid* [R-CO-Cl] (*Säurechlorid-Methode*) umgewandelt werden. Auch *Acylazide* [R-CO-N_3] (*Azid-Methode*) oder *aktivierte Ester* wie z. B. *p*-Nitrophenylester (*Ester-Methode*) lassen sich zur Acylierung von Aminogruppen einsetzen. Darüber hinaus werden *gemischte Anhydride* [R-CO-O-CO-R′] (*Carbonsäureanhydrid-Methode*) als reaktive Carboxylverbindungen eingesetzt. Sehr gebräuchlich sind auch Aktivester mit 1-*Hydroxybenzotriazol* [vgl. **MC-Fragen Nr. 1530–1533**].

```
        N
         \\
          N
         /
        N
        |
        OH
```

1-Hydroxybenzotriazol (HOBt)

Bei der folgenden Substanz handelt es sich demnach um ein *N-geschütztes* und *C-aktiviertes Alanin-Derivat* [vgl. **MC-Fragen Nr. 1503, 1504**].

```
                 CH3
                 |
H3C-O-C-O-C-CH-N-C-O-C(CH3)3
      ‖   ‖    H ‖
      O   O      O
```

Eine weitere nützliche Methode zur Knüpfung einer Peptidbindung ist die *Carbodiimid-Methode.* Hierbei reagieren eine *N*-Acylaminosäure mit einem Aminosäureester in Anwesenheit von **Dicyclohexylcarbodiimid** (C_6H_{11}-N=C=N-C_6H_{11}) zu einem Dipeptid-Derivat unter Abspaltung von Dicyclohexylharnstoff [vgl. **MC-Fragen Nr. 1531–1533, 1535**].

```
      R¹ O                                    R¹ O   NH-C6H11
    H |  ‖                                  H |  ‖   |
RCO-N-CH-C-OH + C6H11-N=C=N-C6H11 → RCO-N-CH-C-O-C=N-C6H11 +

   R²               R¹ O  R²                   O
   |              H |  ‖H |                  H ‖ H
H2N-CH-COOR′ → RCO-N-CH-C-N-CH-COOR′ + C6H11-N-C-N-C6H11
```

Anstelle von Dicyclohexylcarbodiimid kann man die Knüpfung der Peptidbindung auch in Gegenwart von ***N,N*'-Carbonyl-di-imidazol** durchführen *(Azolid-Methode)*. Dabei reagiert die N-acylierte Aminosäure zunächst zu einem Imidazolid, das anschließend mit einem Aminocarbonsäureester [$R^2CH(NH_2)$-COOR'] umgesetzt wird [vgl. **MC-Fragen Nr. 1532–1534**].

$$RCO{-}NH{-}CH(R^1){-}C(=O){-}OH + \text{Im}{-}N{-}C(=O){-}N{-}\text{Im} \longrightarrow$$

$$RCO{-}NH{-}CH(R^1){-}C(=O){-}N\text{Im} + H_2N{-}CH(R^2){-}COOR'$$

Imidazolid

$$\longrightarrow RCO{-}NH{-}CH(R^1){-}C(=O){-}NH{-}CH(R^2){-}COOR'$$

3.18 Synthetische Polymere

3.18.1 Grundbegriffe der Polymerchemie

Als **Makromolekül** oder **Polymer** bezeichnet man einen hochmolekularen natürlichen oder synthetischen Stoff, in dem mehrere hundert Atome kovalent miteinander verknüpft sind. Als untere Molmassengrenze werden etwa 10 000 atomare Masseneinheiten angesehen. Die meisten Makromoleküle zeigen ein relativ einfaches Bauprinzip, in dem sich ein und derselbe Grundkörper, das sog. **Monomer**, im Polymer n-mal wiederholt.

Zu den *natürlichen* Makromolekülen zählen *Polysaccharide* wie Stärke oder Cellulose, die man auch als Polyacetale auffassen kann. *Polyelektrolyte* wie *Proteine* (Eiweiße) gehören zu den Polyamiden. *Nucleinsäuren* und *Polyphosphate* können als Polyester angesehen werden. Auch *Kautschuk*, der sich aus Isopren-Monomeren aufbaut, ist ein *Biopolymer* [siehe ▸Kap. 3.16.6.3 und ▸Kap. 3.17.4.1 sowie **MC-Fragen Nr. 1560–1567**].

Darüber hinaus existiert eine Vielzahl synthetisch hergestellter makromolekularer Stoffe (Kunststoffe, Kunstharze, Kunstfasern, Elastomere, u.a.m.), die vorrangig in diesem Kapitel besprochen werden.

3.18.1.1 Monomere, Polymere und Copolymere

Monomer ist die Bezeichnung für einfache Moleküle, aus denen Polymere aufgebaut sind. Wichtige Monomere, die man vorzugsweise für Polymerisationsreaktionen einsetzt, sind substituierte *Alkene,* insbesonders substituierte *Vinyl-Derivate,* und *Diene*. In Polykondensationen und Polyadditionen werden vor allem *polyfunktionelle Substrate* (Diole, Triole, Dicarbonsäuren, Diamine, Aminocarbonsäuren u. a.) als Grundbausteine verwendet.

Von **Homopolymerisation** spricht man, wenn das Polymer aus einem *einzigen Monomer* aufgebaut ist. **Copolymerisation** (Mischpolymerisation) liegt vor, wenn zwei oder mehrere unterschiedliche, polymerisationsfähige Substanzen so miteinander reagieren, dass das Makromolekül diese Monomeren als Grundbausteine enthält. Die *Zusammensetzung des Copolymers* hängt im Wesentlichen von den Konzentrationen der Monomeren und ihren relativen Reaktivitäten ab. Je größer diese sind, desto bevorzugter wird das betreffende Monomer in das Polymer eingebaut. Im Allgemeinen unterscheidet man zwischen einer [vgl. **MC-Frage Nr. 1568**]:

- *statistischen (regellosen) Copolymerisation,*
  [A – A – B – A – B – B – B – A]
- *alternierenden Copolymerisation,*
  [A – B – A – B – A – B – A – B]
- *Blockpolymerisation.*
  [A – A – A – A – B – B – B – B]

Die Copolymerisate besitzen in der Regel gegenüber den Homopolymerisaten verbesserte Eigenschaften.

3.18.1.2 Molmassen von Polymeren und deren Bestimmung

Im Gegensatz zu niedermolekularen Stoffen ist bei hochmolekularen Substanzen die Molmasse nicht exakt anzugeben. Hochmolekulare Verbindungen stellen stets *Gemische* mehrerer ähnlicher, nicht voneinander trennbarer Molekülarten dar, die das gleiche Bauprinzip aufweisen. Maßgeblich für die *Einheitlichkeit* eines Makromoleküls ist das *gleichartige Bauprinzip* und nicht die Molekülmasse.

Die chemischen und physikalischen Eigenschaften solcher Substanzen werden vor allem durch die *Art der Verknüpfung* der monomeren Bausteine und durch die *Gestalt* des Makromoleküls bestimmt. Besonders häufig sind fadenförmige, lineare oder schwach vernetzte Polymere. Im Allgemeinen liegt ein hochmolekularer Stoff nicht in völlig kristalliner Form vor. Nur in kleinen Bezirken (sog. *Kristalliten*) herrscht eine gewisse „Ordnung".

Die konventionellen Methoden zur Molmassenbestimmung sind für hochmolekulare Stoffe nicht geeignet. Zur *Ermittlung der mittleren relativen Molmasse* von Polymeren verwendet man die direkte Messung des *osmotischen Drucks*. Als weitere Methoden zur Molmassenbestimmung haben sich die Ermittlung der *Diffusionsgeschwindigkeit*, der *Sedimentationsgeschwindigkeit* in der Ultrazentrifuge und die Messung der *Viskosität* von Lösungen hochmolekularer Stoffe bewährt. Die mittleren Molmassen von Polymeren liegen in der Größenordnung von 10^4 und darüber [vgl. **MC-Frage Nr. 1594**].

3.18.1.3 Polyreaktionen

Unter diesem Begriff fasst man alle Reaktionen zusammen, bei denen ein hochmolekularer Stoff gebildet wird. Man unterscheidet zwischen einer:

- Polymerisation,
- Polykondensation,
- Polyaddition.

Während Polymerisationen in einer Kettenreaktion ablaufen, ist für Polyadditionen und Polykondensationen eine stufenweise Bildung des Makromoleküls charakteristisch. ◘Tab. 3.86 gibt Auskunft über die Arten der Verknüpfung von Monomeren zu Polymeren und nennt wichtige Beispiele makromolekularer Stoffe [vgl. **MC-Fragen Nr. 1561–1563**].

Tab. 3.86 Verknüpfungsarten hochmolekularer Stoffe

Bindungsart	Struktur-element	Polyreaktion	Beispiele
C-C-Bindung		| -C-C- |		Polymerisation	Polyolefine (PVC, PVP, PTFE) Polydiene (Kautschuk)
Ester-Bindung	| -C-O-C- ‖ | O	Polykondensation	Polyesterfasern Nucleinsäuren
Amid-Bindung	| -C-N-C- ‖	| O H	Polykondensation	Polyamidfasern (Perlon, Nylon) Proteine
Urethan-Bindung	-N-C-O- | ‖ H O	Polyaddition	Polyurethane Polyether
Acetal-Bindung		| -C-O-C- |		Polykondensation	Polysaccharide Polymerisate des Formaldehyds

3.18.2 Synthese von Polymeren (Polyreaktionen)

3.18.2.1 Polymerisationen

Unter Polymerisation versteht man eine Polyreaktion, bei der unter dem Einfluss von *Initiatoren,* Wärme, Licht oder ionisierender Strahlung monomere, ungesättigte Verbindungen *(Alkene, Diene)* mit sich selbst oder anderen ungesättigten Monomeren reagieren und Polymere bilden. Der nach einem Kettenmechanismus ablaufende Prozess lässt sich in allgemeiner Form wie folgt beschreiben:

```
n CH2=CH   →   -[CH2-CH-]n-
      |              |
      R              R
  Monomer       Polymer (Polymerisat)
```

Beispielsweise reagiert *Tetrafluorethen* [$F_2C{=}CF_2$] unter hohen Druck in stark exothermer Reaktion nach einem radikalischen Mechanismus zu **Polytetrafluorethylen** (PTFE, *Teflon*™), das vor allem für Antihaftbeschichtungen eingesetzt wird [vgl. **MC-Fragen Nr. 1544, 1550**].

$$n\ C_2F_4 \rightarrow -(CF_2)_n-$$

Als **Polymerisationsgrad** (Kettenlänge) bezeichnet man dabei die Anzahl n der monomeren Einheiten, die das Polymer aufbauen. Zum Beispiel beträgt für das nachfolgend gezeigte Polymer der Polymerisationsgrad des Butadiens gleich *drei* [vgl. **MC-Fragen Nr. 1574, 1762**]:

```
                  |                        |
H3C-CH=CH-CH2-CH2-CH=CH-CH2-CH2-CH=CH-CH3
                  |                        |
```

Das nachfolgend aufgelistete Polymer enthält 7 Propyl-Einheiten:

```
CH3      CH3       CH3       CH3       CH3       CH3       CH3
 |        |         |         |         |         |         |
CH3-CH-|CH2-CH- |CH2-CH- |CH2-CH- |CH2-CH- |CH2-CH- |CH2-CH-H
```

Bei Alkenen läuft die Polymerisation letztlich auf die Umwandlung von π-Bindungen in σ-Bindungen hinaus, wobei der entscheidende Schritt, die Aktivierung der C=C-Doppelbindung, auf unterschiedliche Weise möglich ist.

```
                                          | | | | | |
-C=C-  +  -C=C-  +  -C=C-  →   -C-C-C-C-C-C-
 | |       | |       | |        | | | | | |
```

Solche Reaktionen können über Carbeniumionen *(kationische Polymerisation)*, Radikale *(radikalische Polymerisation)* oder über Carbanionen *(anionische Polymerisation)* als Zwischenprodukte verlaufen [vgl. **MC-Frage Nr. 1577**].

Polymerisationsreaktionen liefern im Allgemeinen lineare Makromoleküle, mitunter können sich durch Unregelmäßigkeiten im Ablauf der Reaktion auch Kettenverzweigungen ergeben. Der Verzweigungsgrad hat einen starken Einfluss auf die physikalischen und chemischen Eigenschaften des Polymers.

Radikalische Polymerisation: C=C-Doppelbindungen sind zur Anlagerung von Radikalen befähigt. Ein aus einem *Initiator* erzeugtes *Startradikal* entkoppelt die π-Bindung und tritt irreversibel mit einem der beiden π-Elektronen in Reaktion. Dadurch entsteht ein neues Kohlenstoffradikal, das mit weiteren Alkenmolekülen reagieren kann *(Kettenwachstum)*, wodurch schließlich ein kettenförmiges, hochmolekulares *Polyolefin* gebildet wird [siehe ▸Kap. 3.2.13 und **MC-Frage Nr. 144**].

$$X\cdot + CH_2{=}CH{-}R \xrightarrow{\text{Kettenstart}} X{-}CH_2{-}\dot{C}H{-}R \xrightarrow[\text{Kettenwachstum}]{+\,n\,CH_2=CH-R}$$

$$X{-}CH_2{-}\underset{R}{CH}{-}[{-}CH_2{-}\underset{R}{CH}{-}]_{n-1}{-}CH_2{-}\underset{R}{CH}\cdot$$

Die zum Starten der Reaktion notwendigen Radikale [X•] werden entweder durch *Thermolyse von Initiatoren* (O_2, H_2O_2, Peroxiden wie Diacylperoxiden, insbesondere Dibenzoylperoxid und Azoverbindungen wie α,α'-Azobisisobutyronitril), durch photochemische Prozesse oder durch Erwärmen der Monomeren erzeugt [siehe ▸Kap. 3.2.4.3 und **MC-Fragen Nr. 78, 1578**].

Bei der Kettenfortpflanzung wird von unsymmetrischen Alkenen das stabilere der beiden möglichen Radikale gebildet.

$$X\cdot + \underset{\text{Styren}}{C_6H_5\text{-}CH{=}CH_2} \longrightarrow \underset{\text{stabiler}}{C_6H_5\text{-}\dot{C}H\text{-}CH_2X} \rightarrow \underset{\text{Polystyrol}}{X\text{-}CH_2\text{-}[CH(C_6H_5)\text{-}CH_2]_n\text{-}CH(C_6H_5)\text{-}CH_2\text{-}Y}$$

$$X\cdot + C_6H_5\text{-}CH{=}CH_2 \not\longrightarrow \underset{\text{weniger stabil}}{C_6H_5\text{-}CHX\text{-}\dot{C}H_2}$$

Die *Endgruppen* [X, Y] hängen vom verwendeten Starter und den *Kettenabbruchreaktionen* ab. Zu den wichtigsten Abbruchschritten, in denen Radikale verbraucht werden, zählen die *Disproportionierung* und die *Dimerisierung* von Radikalen.

$$2\ R(CH_2)_nCH_2\text{-}\dot{C}H_2 \longrightarrow \underset{\text{Disproportionierung}}{R(CH_2)_nCH{=}CH_2 + R(CH_2)_nCH_2\text{-}CH_3}$$

$$2\ R(CH_2)_nCH_2\text{-}\dot{C}H_2 \longrightarrow \underset{\text{Dimerisierung}}{R(CH_2)_nCH_2CH_2CH_2CH_2(CH_2)_nR}$$

Sämtliche Radikalkettenpolymerisationen lassen sich durch *Inhibitoren* (Phenole, Chinone, Nitroaromaten und Amine) verlangsamen oder komplett verhindern.

Die *Kettenlänge (Polymerisationsgrad)* nimmt im Allgemeinen mit sinkender Temperatur, abnehmender Konzentration an Startradikalen und steigender Konzentration an Monomeren zu. Sie kann bis zu einer durchschnittlichen Molmasse von etwa 10^7 ansteigen.

Da Polymere durch die üblichen chemischen Methoden nicht zu reinigen sind, müssen stets reine Ausgangsstoffe verwendet werden. Dies vor allem auch deshalb, weil Verunreinigungen einen unkontrollierten Ablauf der Polymerisation verursachen können, der zu Kettenverzweigungen führt.

Kationische Polymerisation: Olefine können auch unter dem katalytischen Einfluss einer Säure bzw. in Gegenwart anderer elektrophiler Katalysatoren polymerisieren [vgl. **MC-Frage Nr. 1576**].

Als Initiatoren verwendet man z. B. *Lewis-Säuren* (BF_3, $AlCl_3$, $TiCl_4$, $SnCl_4$), denen als Cokatalysatoren Wasser oder andere prototrope Verbindungen zugesetzt werden müssen. Diese liefern die für die Anfangsphase der Polymerisation erforderlichen H^+-Ionen.

Das nach der Addition eines Protons an das Alkenmonomer gebildete Carbeniumion lagert sich in der Phase des Kettenwachstums an ein weiteres Olefinmolekül an, wodurch ein neues Carbeniumion erzeugt wird. Die Wiederholung dieses Vorgangs führt schließlich zum Polymer. Der Abbruch der Kette erfolgt meistens durch Abspaltung eines Protons, wobei 1- und 2-Alkene nebeneinander entstehen. Antioxidantien haben im Allgemeinen keinen Einfluss auf den Polymerisationsprozess [vgl. **MC-Frage Nr. 1576**].

$$HX + BF_3 \rightarrow [BF_3X^-]H^+ \quad + \quad CH_2{=}CH\text{-}R \xrightarrow{\text{Ionenbildung}} CH_3\text{-}\overset{+}{C}H\text{-}R$$

$$\xrightarrow[\text{Kettenwachstum}]{+\ n\ CH_2=CH-R} CH_3\text{-}CH(R)\text{-}[\text{-}CH_2\text{-}CH(R)\text{-}]_{n-1}\text{-}CH_2\text{-}\overset{+}{C}H(R)$$

$$\xrightarrow[\text{Kettenabbruch}]{-\ H^+} CH_3\text{-}CH(R)\text{-}[\text{-}CH_2\text{-}CH(R)\text{-}]_{n-1}\text{-}CH{=}C(R)H$$

Besonders leicht lassen sich Alkene wie **Isobuten** [$(CH_3)_2C{=}CH_2$] kationisch polymerisieren, weil hier einerseits als Intermediat ein tertiäres Carbeniumion auftritt, und andererseits Isobuten genügend basisch ist, um mit sich selbst zu reagieren. Bei den meisten einfachen Alkenen bleibt der Prozess auf der Stufe des Dimers oder Trimers stehen.

Technisch werden auf diese Weise vor allem **Styren** [C_6H_5-CH=CH_2] und **Vinylether** [RO-CH=CH_2] in *Polystyren* bzw. *Polyvinylether* umgewandelt. **Ethylen** (Ethen, $H_2C{=}CH_2$) lässt sich in Gegenwart von Lewis-Säuren (z. B. $AlCl_3$, BF_3) in niedermolekulare, flüssige bis hochviskose Polymere überführen, die als Schmieröle Verwendung finden [vgl. **MC-Frage Nr. 1577**].

Im Allgemeinen wächst bei der kationischen Polymerisation die Kettenlänge (Polymerisationsgrad) mit fallender Temperatur und steigender Reinheit der eingesetzten Monomeren. Die mittlere Molmasse kann bis auf 10^5 ansteigen. Zur kationischen Polymerisation von Oxiranen (Ethylenoxide) siehe ▸Kap. 3.18.2.4.

Anionische Polymerisation: Alkene sind aufgrund ihres basischen Charakters normalerweise nicht in der Lage, nucleophile Reagenzien anzulagern. Die nucleophile Kraft einiger extrem reaktionsfähiger Basen, insbesondere metallorganische Verbindungen wie *n*-Butyllithium [$CH_3CH_2CH_2CH_2Li$], ist jedoch so groß, dass eine nucleophile Addition an die C=C-Doppelbindung erzwungen werden kann [vgl. **MC-Frage Nr. 1761**].

Beispiele für diesen durch Carbanionen eingeleiteten Reaktionstyp sind die anionischen Polymerisationen von *Acrylsäureestern* [CH_2=CH-COOR], *Acrylnitril* [CH_2=CH-CN] und einigen *konjugierten Dienen.* Der Kettenabbruch erfolgt durch Kationen.

$$R_3C|^{\ominus} + H_2C{=}CH{-}R' \rightarrow R_3C{-}CH_2{-}\overset{\ominus}{\bar{C}}H{-}R' \xrightarrow[\text{Kettenwachstum}]{+\ n\ CH_2=CH-R'} R_3C{-}CH_2{-}\underset{}{\overset{R'}{\overset{|}{C}}}H{-}[CH_2{-}\overset{R'}{\overset{|}{C}}H{-}]_{n-1}{-}CH_2{-}\overset{\ominus}{\bar{C}}H{-}R'$$

Konjugierte Diene sind aufgrund ihrer stärkeren Elektronendelokalisierung und der damit verbundenen größeren Polarisierbarkeit der C=C-Doppelbindungen reaktionsfähiger als Alkene. Zum Beispiel ergeben sie mit Natrium metallorganische Verbindungen, die sich nucleophil an weitere Dien-Moleküle anlagern können. Im Gegensatz zur radikalischen Polymerisation der Diene, bei der eine 1,4-Addition eintritt, findet hier vorzugsweise eine 1,2-Verknüpfung statt.

$$\underset{\underset{CH=CH_2}{|}}{CH_2{=}CH} + 2\ Na \rightarrow Na{-}CH_2{-}\underset{\underset{CH=CH_2}{|}}{CH}{-}Na \xrightarrow{+\ \text{Dien}} Na{-}CH_2{-}\underset{\underset{CH=CH_2}{|}}{CH}{-}CH_2{-}\underset{\underset{CH=CH_2}{|}}{CH}{-}Na \quad \text{usw.}$$

Unter sorgfältig kontrollierten Reaktionsbedingungen gibt es bei der anionischen Polymerisation normalerweise *keine* schnell ablaufenden Schritte, die einen Kettenabbruch bewirken. Daher wird die Polymerisation erst unterbrochen, wenn alles

Monomer verbraucht ist. Das Reaktionsgemisch enthält dann aber immer noch reaktive Moleküle, sog. *„lebende Polymere"*. Gibt man erneut ein Monomer hinzu, so wachsen diese Moleküle weiter. Sie können erst „abgetötet" werden, wenn man prototrope Substanzen wie z. B. Wasser hinzufügt, die mit Carbanionen reagieren.

Die Polymerisation von Alkenen und Dienen kann nach einem Radikalkettenmechanismus oder einem Ionenkettenmechanismus ablaufen. Die radikalische Polymerisation wird durch Initiatoren (Radikalbildner) ausgelöst und kann durch Inhibitoren (Antioxidantien) verlangsamt oder verhindert werden. Die ionische Polymerisation kann durch elektrophile (saure) oder nucleophile (basische) Katalysatoren initiiert und im Allgemeinen nicht durch Antioxidantien inhibiert werden. Im ersten Fall spricht man von einem kationischen Reaktionstyp, der über ein Carbeniumion verläuft, im zweiten Fall vom anionoiden Reaktionstyp, bei dem Carbanionen als Zwischenprodukte auftreten. Die meisten Alkenpolymerisationen werden radikalisch eingeleitet.

Polymerisation von Alkenen: Nicht alle Olefine lassen sich gleich gut polymerisieren. Zum Teil sind drastische Reaktionsbedingungen (hohe Drucke und Temperaturen) erforderlich. Besonders glatt verlaufen Polymerisationen dann, wenn die intermediär auftretenden Radikale, Carbeniumionen und Carbanionen durch entsprechende Substituenten, z. B. ungesättigte Gruppierungen, stabilisiert werden.

Am häufigsten polymerisiert man in *wässriger Emulsion,* wozu jedoch wasserlösliche Substanzen erforderlich sind. Auch *Suspensionen* des Monomers in einem geeigneten Lösungsmittel können eingesetzt werden. Da alle Polymerisationen *exotherm* verlaufen, stellt die *Ableitung der entstehenden Reaktionswärme* bei der praktischen Durchführung ein großes Problem dar, zumal ein starker Temperaturanstieg zu unkontrollierbar raschen Polymerisationen unter Bildung verzweigter Ketten führen kann.

Der Einfluss der Prozessparameter auf die Eigenschaften des synthetisierten Polymers sei verkürzt am Beispiel der Herstellung von **Polyethylen** beschrieben. **Ethylen** (Ethen) lässt sich bei hohen Drucken (1000–2000 bar) und etwa 200 °C in ein hochmolekulares, verzweigtes Polymer umwandeln, das sich durch eine hohe Elastizität und Biegsamkeit auszeichnet. Bei Normaldruck und in Gegenwart von metallorganischen Katalysatoren wird ein weitgehend kristallines Polymer erhalten. Führt man dagegen die Ethylen-Polymerisation in einem Lösungsmittel in Gegenwart von Diacylperoxiden bei 110–120 °C und 200–300 bar Druck durch, so entstehen höhermolekulare, wachsartige Polyethylene [vgl. **MC-Frage Nr. 1577**].

In ◘ Tab. 3.87 sind einige Beispiele technisch wichtiger Polymerisate *(Vinylpolymere)* zusammen mit den monomeren Startmaterialien aufgelistet. Interessant ist, dass sich Polyvinylacetate mit Methanol unter Abspaltung von Methylacetat (CH_3COOCH_3) und unter Erhaltung des Polymergerüstes zu *Polyvinylalkoholen* ($\text{-[}CH_2\text{-}CHOH]_n\text{-}$) umestern lassen. Polyvinylalkohole haben stärkeähnliche Eigenschaften [vgl. **MC-Fragen Nr. 1539, 1542–1544, 1550, 1551, 1555, 1558, 1559, 1575, 1724, 1725**].

Polymerisation von Dienen: Konjugierte Diene lassen sich ebenfalls radikalisch oder ionisch polymerisieren.

Tab. 87 Technisch wichtige Polyolefine

Monomer		Polymer	
Ethen	$CH_2{=}CH_2$	Polyethylen (Polyethen)	$-[CH_2-CH_2]_n-$
Propen	$CH_2{=}CHCH_3$	Polypropylen (Polypropen)	$-[CH_2-CH(CH_3)]_n-$
But-1-en	$CH_2{=}CHC_2H_5$	Polybutylen (Polybuten)	$-[CH_2-CH(C_2H_5)]_n-$
Styren	$CH_2{=}CHC_6H_5$	Polystyrol (Polystyren)	$-[CH_2-CH(C_6H_5)]_n-$
Vinylchlorid	$CH_2{=}CHCl$	Polyvinylchlorid (PVC)	$-[CH_2-CH(Cl)]_n-$
Tetrafluorethen	$CF_2{=}CF_2$	Polytetrafluorethylen (PTFE)	$-[CF_2-CF_2]_n-$
Vinylether	$CH_2{=}CHOR$	Polyvinylether	$-[CH_2-CH(OR)]_n-$
Vinylacetat	$CH_2{=}CHOAc$	Polyvinylacetat	$-[CH_2-CH(OAc)]_n-$
Acrylnitril	$CH_2{=}CHCN$	Polyacrylnitril	$-[CH_2-CH(CN)]_n-$
Acrylsäureester	$CH_2{=}CHCOOR$	Polyacrylsäureester	$-[CH_2-CH(COOR)]_n-$
Methacrylsäureester	$CH_2{=}C(CH_3)COOR$	Polymethacrylsäureester	$-[CH_2-C(CH_3)(COOR)]_n-$

Dien $n\ CH_2{=}C(R){-}CH{=}CH_2 \rightarrow -[CH_2{-}C(R){=}CH{-}CH_2]_n-$ Polydien

Diese Polymere unterscheiden sich von den oben genannten Polyolefinen dadurch, dass jede Einheit noch eine weitere C=C-Doppelbindung enthält. Darüber hinaus werden in Abhängigkeit von den gewählten Reaktionsbedingungen 1,2- bzw. 1,4-verknüpfte Produkte oder Gemische aus beiden erhalten. Des Weiteren kann die Polymerisation zu *cis*- und *trans*-konfigurierten Polymerisaten führen.

cis-1,4-　　trans-1,4-　　1,2-Verknüpfung

Polydiene finden sich auch in der Natur. Beispiele hierfür sind **Kautschuk**, ein *cis-1,4-Polyisopren*, mit einem Polymerisationsgrad um 5000 und **Guttapercha**, ein *trans-1,4-Polyisopren* [vgl. **MC-Fragen Nr. 1560, 1564**].

Kautschuk　　Guttapercha

Die technische Radikalpolymerisation von **Isopren** (2-Methylbuta-1,3-dien) [CH_2=C(CH_3)-CH=CH_2] liefert zwar auch ein 1,4-verknüpftes Produkt, da aber fast ausschließlich *trans*-konfigurierte Polymere gebildet werden, war das Material aufgrund seiner geringeren Elastizität zur Verwendung als Elastomer ungeeignet. Deshalb waren die mengenmäßig wichtigsten Synthesekautschuke zunächst Polymerisate des **Chloroprens** (2-Chlorbuta-1,3-dien) [H_2C=CCl-CH=CH_2]. *Polychloropren* trägt den Handelsnamen *Neopren*™. Durch den Einsatz von *Koordinationskatalysatoren* ist es mittlerweile gelungen, auch Isopren stereospezifisch *cis*-1,4 zu polymerisieren [vgl. **MC-Frage Nr. 1556**].

Polychloropren

3.18.2.2 Koordinationspolymerisation (Stereospezifische Polymerisation)

Ziegler-Natta-Katalysatoren (Koordinationskatalysatoren) sind Komplexe aus einem Übergangsmetallhalogenid [z. B. $TiCl_4$] und einer metallorganischen Verbindung [z. B. *Aluminiumtrialkyle* (AlR_3), insbesondere *Aluminiumtriethyl*] [vgl. **MC-Frage Nr. 1595**].

Diese Katalysatoren polymerisieren einfache Alkene nach einem Mechanismus, bei dem der Carbanion-Charakter der C-Al-Bindung und die Fähigkeit des Übergangsmetalls Titan, sich mit der π-Bindung des Alkens zu koordinieren, eine wesentliche Rolle spielen.

Die Polymerisation, bei der das Aluminiumorganyl den Part des nucleophilen Initiators übernimmt, läuft auf eine Einschiebung des Monomers in die Bindung zwischen dem Metall und der wachsenden Alkylkette hinaus *(Insertionsmechanismus)*.

$$-CH_2-CH_2-Ti\equiv \; + \; CH_2=CH_2 \; \rightarrow \; \underset{\vdots \quad \vdots \atop CH_2=CH_2}{-CH_2-CH_2-Ti\equiv} \; \rightarrow \; -CH_2-CH_2-CH_2-CH_2-Ti\equiv \; \rightarrow$$

Die Polymerisation mit Koordinationskatalysatoren besitzt gegenüber der radikalischen Polymerisation zwei entscheidende Vorteile:

- Man erhält *linear* polymerisierte Makromoleküle.
- Sie ermöglicht die *stereochemische Kontrolle* der Polyreaktion.

Stereochemie: Bei der Polymerisation von *Monomeren* der allgemeinen Form **R-CH=CH$_2$** ist jedes zweite Kohlenstoffatom im entstehenden Makromolekül *chiral,* sodass unterschiedlich konfigurierte Polymere auftreten können, die wie folgt klassifiziert werden:

- *Ataktisches Polymer:* Es liegt ein Polymer mit Asymmetriezentren vor, deren Konfiguration eine unregelmäßige Abfolge zeigt. Polymere aus Radikalkettenpolymerisationen sind ataktisch [vgl. **MC-Frage Nr. 1571**].
- *Isotaktisches Polymer:* Es liegt ein Polymer mit Asymmetriezentren vor, die alle die gleiche Konfiguration besitzen [vgl. **MC-Fragen Nr. 1569, 1573**].
- *Syndiotaktisches Polymer:* Es liegt ein Polymer mit Asymmetriezentren vor, die alternierend *R*- und *S*-Konfiguration besitzen [vgl. **MC-Fragen Nr. 1570, 1572**].

ataktisch

$$-CH_2\overset{R}{C}HCH_2\overset{R}{C}HCH_2\underset{R}{C}HCH_2\overset{R}{C}HCH_2\underset{R}{C}HCH_2\underset{R}{C}H-$$

isotaktisch

$$-CH_2\overset{R}{C}HCH_2\overset{R}{C}HCH_2\overset{R}{C}HCH_2\overset{R}{C}HCH_2\overset{R}{C}HCH_2\overset{R}{C}H-$$

syndiotaktisch

$$-CH_2\overset{R}{C}HCH_2\underset{R}{C}HCH_2\overset{R}{C}HCH_2\underset{R}{C}HCH_2\overset{R}{C}HCH_2\underset{R}{C}H-$$

Polymerisationen mit Ziegler-Natta-Katalysatoren verlaufen *stereoselektiv;* d. h., je nach den Reaktionsbedingungen können isotaktische oder syndiotaktische Produkte hergestellt werden. Solche Polymere besitzen einen höheren *Kristallisationsgrad* und damit einen höheren Schmelzpunkt, eine größere Dichte und eine höhere mechanische Festigkeit, während ataktisches Material wegen seiner unregelmäßigen Struktur weitgehend *amorph* ist [vgl. **MC-Frage Nr. 1577**].

3.18.2.3 Kondensationspolymerisationen

Auch durch fortgesetzte, stufenweise *Kondensationen* lassen sich Monomere unter Austritt einfacher Moleküle [z. B. Wasser] zu hochmolekularen Substanzen vereinigen. Verwendet man dabei *bifunktionelle* Moleküle, so erhält man fadenförmige Polymere. Ist einer der Grundbausteine *trifunktionell,* dann entstehen räumlich vernetzte Makromoleküle. An wichtigen Polykondensationsprodukten sind zu nennen:

Polyamide: Das Bauprinzip der *Proteine* lässt sich auch mit synthetischen Monomeren realisieren. Die Herstellung der ersten Polyamidfasern basierte auf der Polykondensation von aliphatischen Dicarbonsäuren mit Diaminen. Zum Beispiel ist **Nylon-6.6** ein Copolymer aus **Adipinsäure** und **1,6-Diaminohexan** (Hexan-1,6-diamin) und wird durch Erhitzen der beiden Monomeren hergestellt [vgl. **MC-Fragen Nr. 1540, 1545, 1554, 1562, 1575**].

$$HOOC-(CH_2)_4-COOH + H_2N-(CH_2)_6-NH_2 \xrightarrow[-H_2O]{}$$

Adipinsäure 1,6-Diaminohexan

$$-\left[\overset{H}{N}-(CH_2)_6-\overset{H}{N}-\overset{O}{\overset{\|}{C}}-(CH_2)_4-\overset{O}{\overset{\|}{C}}\right]_n-$$

Nylon-6.6

Das geschmolzene Polymer mit einer Molmasse von etwa 10 000 wird direkt zu Fäden versponnen, die sich durch eine hohe Reißfestigkeit und Elastizität auszeichnen.

Ein anderes Polykondensat ist **Nylon-6** *(Perlon*™*)*, das aus **6-Aminohexansäure** hergestellt wird. Das eigentliche Monomer ist jedoch das cyclische Amid **ε-Caprolactam**. ε-Caprolactam wird aus Cyclohexanonoxim durch Beckmann-Umlagerung hergestellt [siehe ▸Kap. 3.2.16.3 und **MC-Fragen Nr. 257, 258, 1519, 1557, 1590–1592**].

$$H_2N-(CH_2)_5-COOH$$

6-Aminohexansäure

Caprolactam

$$\longrightarrow -\left[\overset{H}{N}-(CH_2)_5-\overset{O}{\overset{\|}{C}}\right]_n-$$

Perlon

Polyester: Sie entstehen aus *bi-* und *trifunktionellen Alkoholen* [Ethylenglycol (Ethan-1,2-diol), Glycerol (Propan-1,2,3-triol)] und gesättigten, ungesättigten oder aromatischen *Dicarbonsäuren* (Bernsteinsäure, Adipinsäure, Maleinsäure, Phthalsäure, Terephthalsäure) [vgl. **MC-Fragen Nr. 1563, 1585**].

Das Prinzip dieser Polykondensationen soll am Beispiel der Umsetzung von **Dimethylterephthalat** mit **Ethylenglycol** (Ethan-1,2-diol) zu *Polyethylenterephthalat* (PET) vorgestellt werden. Solche Polymere werden als Polyesterfasern (*Trevira*™, *Diolen*™) oder als thermoplastische Kunststoffe zur Herstellung von PET-Flaschen verwendet [vgl. **MC-Fragen Nr. 1541, 1803**]

$$n\ H_3C{-}O{-}CO{-}C_6H_4{-}CO{-}O{-}CH_3 \quad + \quad n\ HO{-}(CH_2)_2{-}OH$$

Dimethylterephthalat Ethylenglycol

$$\downarrow$$

$$H_3C{-}\left[O{-}CO{-}C_6H_4{-}CO{-}O{-}(CH_2)_2\right]_n{-}OH \quad + \quad (2n\text{-}1)\ H_3C{-}OH$$

Polyethylenterephthalat (PET)

Kondensiert man **Phthalsäureanhydrid** mit **Glycerol**, so erhält man ein stark vernetztes Alkydharz. Eine weitere Gruppe an Polyesterharzen bilden *Polycarbonate* (Makrolon), die man durch Umsetzung von Phosgen [Cl-CO-Cl] mit Diphenolen erhält [vgl. **MC-Frage Nr. 1553**].

$$-\left[O{-}C_6H_4{-}C(CH_3)_2{-}C_6H_4{-}O{-}C({=}O)\right]_n{-}O{-}$$

Polycarbonat

Phenol-Formaldehyd-Polymerisate: Stark vernetzte Polymere (Bakelite) entstehen bei der Umsetzung von **Formaldehyd** und **Phenol** in Gegenwart saurer oder basischer Katalysatoren. Ihr Kondensationsgrad und somit ihre Eigenschaften variieren stark mit den angewandten Reaktionsbedingungen. Zuerst reagiert Phenol mit Formaldehyd im Sinne einer Hydroxymethylierung zu ***ortho-*** und ***para*-Hydroxymethylphenol**, die dann polymerisieren [siehe auch ▸Kap. 3.6.4.2 und **MC-Fragen Nr. 1587–1589**].

3.18.2.4 Polyadditionen

Polymere können aus Monomeren auch durch fortgesetzte, stufenweise Addition aufgebaut werden. Bifunktionelle Moleküle ergeben lineare Makromoleküle. Bei geeigneter Wahl der Ausgangsverbindungen ist es möglich, sie nachträglich miteinander zu vernetzen und dadurch zu härten.

Polyurethane: Sie entstehen durch Reaktion von *bi-* und *trifunktionellen Alkoholen* mit *Di-* und *Polyisocyanaten*. Als Beispiel sei die Umsetzung von **Butan-1,4-diol** [HO-$(CH_2)_4$-OH] mit **Hexamethylendiisocyanat** (Hexan-1,6-diisocyanat) [O=C=N-$(CH_2)_6$-N=C=O] angeführt, die ein kettenförmiges Polyurethan folgender Struktur ergibt [vgl. **MC-Fragen Nr. 1546, 1552, 1579–1584**].

```
-[-O-(CH2)4-O-C-N-(CH2)6-N-C-O-(CH2)4]x-O-
              ‖ H        H ‖
              O            O
```

Setzt man anstelle der mehrwertigen Alkohole Diamine mit Diisocyanaten um, so erhält man **Polyharnstoffe** [vgl. **MC-Fragen Nr. 1580, 1584**].

Polyether (Epoxidharze): Sie entstehen durch Kondensation von *mehrwertigen Alkoholen* oder *Phenolen* mit *Epoxiden,* die in Nachbarstellung zum Oxiranring noch einen reaktionsfähigen Substituenten tragen. Als Epoxidkomponente verwendet man meistens **Epichlorhydrin**.

Aber auch **Ethylenoxid** (Oxiran) [$(CH_2)_2O$] selbst besitzt als Monomer eine große Neigung zur Polymerisation. Beispielsweise bilden sich aus Ethylenoxid durch kationische Polymerisation in Gegenwart von $SnCl_4$ **Polyethylenglykole** (PEG), die je nach Polymerisationsgrad viskose Flüssigkeiten oder wachsartige Feststoffe (Carbowachse) darstellen, die wasserlöslich sind. Bei dieser Polymerisation erreicht man den Kettenabbruch durch Zusatz von wenig Wasser [vgl. **MC-Fragen Nr. 1547, 1586**].

$$n\,(CH_2)_2O + H_2O \rightarrow HO\text{-}CH_2\text{-}CH_2\text{-}[O\text{-}CH_2\text{-}CH_2]_{n-1}\text{-}OH$$

Polyethylenglykol

3.18.3 Klassifizierung von Polymeren

Polymere lassen sich aufgrund ihrer Eigenschaften untergliedern in:

Thermoplaste (z. B. Polyethylen, Polystyrol, Polyamide, PVC), die weitgehend aus unvernetzten Fadenmolekülen bestehen, sind bei gewöhnlicher Temperatur harte und sogar spröde Kunststoffe. Sie erweichen beim Erwärmen und werden dadurch mechanisch verformbar. Bei hohen Temperaturen gehen sie in den Zustand einer viskosen Flüssigkeit über.

Elastomere (z. B. schwach vernetzte *cis*-1,4-Polydiene) ist eine Sammelbezeichnung für natürliche und künstliche Polymere mit einem gummielastischen Verhalten. Elastomere sind überwiegend amorph und nicht schmelzbar.

Duromere (Duroplaste) (z. B. Phenol-Formaldehyd-Harze) sind räumlich stark vernetzte Polymere, die bei gewöhnlicher Temperatur unter Krafteinwirkung nur geringe und reversible Dehnungen zulassen. Sie müssen direkt in der fertigen Form hergestellt und mechanisch bearbeitet werden.

Darüber hinaus existieren zahlreiche Übergänge zwischen diesen Gruppen hochmolekularer Verbindungen.

3.19 Säuren und Basen der organischen Chemie

Säure-Base-Systeme wurden bereits im Band Ehlers, **Chemie I**, ▸ Kap. 1.11 vorgestellt, wobei besonders auf die Abschnitte *„Säure-Base-Begriffe“* und *„Stärke von Säuren und Basen“* hingewiesen wird. Die dort gemachten Ausführungen sind weitgehend auf die organische Chemie übertragbar. Schwerpunkt des folgenden Kapitels ist deshalb der Zusammenhang zwischen der chemischen Struktur und der Acidität bzw. Basizität einer organischen Verbindung.

Generell können die Stärke einer Säure (Acidität) und die Stärke einer Base (Basizität) durch die Gleichgewichtskonstanten (K_s-Wert bzw. K_b-Wert) ihrer Reaktion mit Wasser charakterisiert werden. Anstelle der Gleichgewichtskonstanten gibt man häufig deren negativen dekadischen Logarithmus (pK_s-Wert bzw. pK_b-Wert) an. Es gilt:

Je kleiner der pK_s-Wert einer Säure ist, desto stärker ist die betreffende Säure und desto schwächer basisch ist ihre korrespondierende Base. Je kleiner der pK_b-Wert einer Base ist, desto höher ist ihre Basenstärke und umso geringer ist die Acidität der dazu korrespondierenden Säure. In Wasser addieren sich pK_s-Wert (Säureexponent) und pK_b-Wert (Basenexponent) eines korrespondierenden Säure-Base-Paares bei 22 °C zum Wert 14.

3.19.1 Klassifizierung saurer und basischer Stoffe

Je nachdem, mit welchem Atom das dissoziierbare Proton verbunden ist, lassen sich **organische Säuren** unterteilen in:

- *OH-acide Verbindungen* (Carbonsäuren, Enole, Phenole, Alkohole, Sulfonsäuren),
- *SH-acide Verbindungen* (Mercaptane, Thiophenole),
- *NH-acide Verbindungen* (Imide, Sulfimide, Sulfonamide, gewisse heterocyclische Ringsysteme mit einer NH-Gruppierung),
- *CH-acide Verbindungen* (bestimmte Kohlenwasserstoffe sowie Carbonylverbindungen, Dicarbonylverbindungen, heteroanaloge Carbonylverbindungen und Carbonsäure-Derivate mit jeweils einer α-ständigen C-H-Bindung).

An **organischen Basen** sind zu nennen:
- *stickstoffhaltige Basen* (Amine, Amidine, N-Heterocyclen),
- *sauerstoffhaltige Basen* (Pyrone, Flavone, Ether).

Einige Substanzklassen wie *Alkohole* und *Amine* zeigen ein *amphoteres Verhalten.*

3.19.2 Acidität von Carbonsäuren, Hydroxycarbonsäuren, Ketocarbonsäuren und Sulfonsäuren

3.19.2.1 Acidität von Carbonsäuren

Das Hydroxylproton der *Carboxylgruppe* [R-COO**H**] kann leicht an Basen abgegeben werden, weil die negative Ladung des resultierenden *Carboxylat-Ions* [R-COO$^-$] über drei Atome delokalisiert ist, was zur Stabilisierung der *konjugierten Base* [R-COO$^-$] führt und somit deren Bildung erleichtert.

Den entscheidenden Beitrag der Delokalisierung zur Stabilität der konjugierten Base erkennt man daran, dass Alkohole im Vergleich zu Carbonsäuren sehr viel schwächere Säuren sind [ca. 12 Zehnerpotenzen]. Eine Mesomeriestabilisierung ist im Alkoholat-Ion [RO$^-$] nicht möglich [vgl. **MC-Fragen Nr. 32–35**].

$$\underset{\text{Essigsäure}}{CH_3\text{-}C(=O)\text{-}O\text{-}H} \xrightarrow{-H^+} \left[CH_3\text{-}C(=O)\text{-}O^- \longleftrightarrow CH_3\text{-}C(\text{-}O^-)\text{=}O\right] \quad (pK_s = 4{,}76)$$

$$\underset{\text{Ethanol}}{CH_3\text{-}CH_2\text{-}O\text{-}H} \xrightarrow{-H^+} CH_3\text{-}CH_2\text{-}O^- \quad (pK_s = 16)$$

Trotz der Mesomerie des Carboxylat-Anions ist die *Dissoziation* einer Carbonsäure ein *endergonischer Vorgang* [$\Delta G°$ ist positiv], weil – infolge der ordnenden Wirkung der *Hydratation* – mit der Ionisierung eine *Entropieabnahme* verbunden ist.

3.19.2.2 Gesättigte aliphatische und araliphatische Carbonsäuren

Aliphatische Carbonsäuren sind relativ schwache Säuren. Beispielsweise ist eine 0,1 M-wässrige Essigsäure-Lösung nur zu 1,3% dissoziiert. Die in ◘Tab. 3.88 aufgelisteten pK_s-Werte belegen, dass die *Acidität von Carbonsäuren erhöht* wird, wenn die COOH-Gruppe mit *Substituenten* verknüpft ist, die einen **–I-Effekt** (Halogen, Hydroxyl, Alkoxy) besitzen [vgl. **MC-Fragen Nr. 1104, 1597–1604, 1606, 1608, 1617, 1618, 1664, 1666, 1669, 1791**].

Daher sind 2-*Hydroxyalkanäuren* und 2-*Halogenalkansäuren* stärkere Säuren (kleinerer pK_s-Wert) als die Alkansäuren gleicher C-Zahl. Auch die im Vergleich zu **Essigsäure** (pK_s = 4,76) [**H**-CH_2-COOH] höhere Acidität der **Phenylessigsäure** (pK_s = 4,28) [$\mathbf{C_6H_5}$-CH_2-COOH] ist auf den –I-Effekt des Phenylrestes zurückzuführen.

Die aciditätssteigernde Wirkung des –I-Effektes beruht auf einer Destabilisierung der COOH-Funktion, während das Carboxylat-Ion als konjugierte Base infolge der stärkeren Delokalisierung der negativen Ladung stabilisiert wird. Der –I-Effekt nimmt mit wachsender Entfernung von der Carboxylgruppe rasch ab, wie die pK_s-Werte der *Chlorbuttersäuren* in ◘Tab. 3.88 belegen. Umgekehrt nimmt die Säurestärke

Organische Chemie

Tab. 3.88 pK_s-Werte gesättigter und monosubstituierter Carbonsäuren

Säure	Formel	pK_s
Ameisensäure	H-COOH	3,77
Essigsäure	CH_3-COOH	4,76
Propionsäure	CH_3CH_2-COOH	4,87
Buttersäure	$CH_3CH_2CH_2$-COOH	4,82
Pivalinsäure	$(CH_3)_3C$-COOH	5,02
Cyclopentancarbonsäure	C_5H_9-COOH	3,96
Cyclohexancarbonsäure	C_6H_{11}-COOH	4,86
Palmitinsäure	CH_3-$(CH_2)_{14}$-COOH	5,70
Fluoressigsäure	FCH_2-COOH	2,66
Chloressigsäure	$ClCH_2$-COOH	2,81
Bromessigsäure	$BrCH_2$-COOH	2,87
Iodessigsäure	ICH_2-COOH	3,13
Dichloressigsäure	Cl_2CH-COOH	1,29
Trichloressigsäure	Cl_3C-COOH	0,65
Difluoressigsäure	F_2CH-COOH	1,24
Trifluoressigsäure	F_3C-COOH	0,23
3-Chlorpropionsäure	$ClCH_2$-CH_2-COOH	4,10
2-Chlorbuttersäure	CH_3-CH_2-CHCl-COOH	2,86
3-Chlorbuttersäure	CH_3-CHCl-CH_2-COOH	4,05
4-Chlorbuttersäure	$ClCH_2$-CH_2-CH_2-COOH	4,52
Glycolsäure	$HOCH_2$-COOH	3,83
Milchsäure	CH_3-CHOH-COOH	3,87
Methoxyessigsäure	CH_3O-CH_2-COOH	3,48
Phenoxyessigsäure	C_6H_5-O-CH_2-COOH	3,17
Mandelsäure	C_6H_5-CHOH-COOH	3,37
Phenylessigsäure	C_6H_5-CH_2-COOH	4,28
Indol-3-essigsäure	C_8H_6N-CH_2-COOH	4,75
Cyanessigsäure	NC-CH_2-COOH	2,44
Nitroessigsäure	O_2N-CH_2-COOH	1,68

substituierter Alkansäuren mit steigender Anzahl der elektronegativen Substituenten zu. **Trifluoressigsäure** (pK_s = 0,23) [F_3C-COOH] und **Trichloressigsäure** (pK_s = 0,65) [Cl_3C-COOH] sind starke Säuren.

Substituenten mit einem **+I-Effekt** *verringern* hingegen die *Stärke* einer *Carbonsäure*, wie dies in Tab. 3.88 die pK_s-Werte der Ameisensäure, Essigsäure, Propionsäure und Trimethylessigsäure (Pivalinsäure) belegen. Je stärker hierbei der +I-Effekt des jeweiligen Substituenten ist, umso schwächer ist die betreffende Säure [vgl. **MC-Frage Nr. 1110**].

```
      -I                                               +I
   R-COOH          >          HCOOH         >        R-COOH

Acidität erhöht            Ameisensäure          Acidität erniedrigt
pKs wird kleiner           pKs = 3,77            pKs wird größer
```

◘ Tab. 3.89 pK_s-Werte ungesättigter, aromatischer und heteroaromatischer Monocarbonsäuren

Säure	Formel	pK_s
Acrylsäure	$H_2C{=}CH\text{-}COOH$	4,26
Vinylessigsäure	$H_2C{=}CH\text{-}CH_2\text{-}COOH$	4,31
Crotonsäure	$CH_2\text{-}CH{=}CH\text{-}COOH$	4.69
Zimtsäure (*trans*)	$C_6H_5\text{-}CH{=}CH\text{-}COOH$	4,44
Allozimtsäure (*cis*)	$C_6H_5\text{-}CH{=}CH\text{-}COOH$	3,96
Propiolsäure	$HC{\equiv}C\text{-}COOH$	1,94
Benzoesäure	$C_6H_5\text{-}COOH$	4,22
1-Naphthoesäure	$C_{10}H_7\text{-}COOH$	3,68
2-Naphthoesäure	$C_{10}H_7\text{-}COOH$	4,17
Furan-2-carbonsäure	$C_4H_3O\text{-}COOH$	3,16
Furan-3-carbonsäure	$C_4H_3O\text{-}COOH$	4,00
Pyridin-2-carbonsäure	$C_5H_4N\text{-}COOH$	5,52
Pyridin-3-carbonsäure	$C_5H_4N\text{-}COOH$	4,85
Pyridin-4-carbonsäure	$C_5H_4N\text{-}COOH$	4,96

3.19.2.3 Ungesättigte und aromatische Carbonsäuren

In ◘Tab. 3.89 sind die pK_s-Werte einiger ungesättigter, aromatischer und heteroaromatischer Carbonsäuren aufgelistet.

Diese Substanzen besitzen aufgrund des induktiven Effektes (–I-Effekt) des ungesättigten Strukturelements eine etwas *höhere Acidität* als die Alkansäuren gleicher C-Zahl. C=C-Doppelbindungen und C≡C-Dreifachbindungen wirken elektronenanziehend auf Nachbargruppen, weil sp^2- und sp-hybridisierte C-Atome im Vergleich zum sp^3-hybridisierten Kohlenstoff aufgrund ihres höheren s-Anteils eine *größere Elektronegativität* besitzen. Auch mesomere Effekte beeinflussen die Säurestärke dieser Verbindungen.

Obwohl in der **Benzoesäure** ($pK_s = 4{,}22$) [$C_6H_5\text{-}COOH$] die Carboxylgruppe direkt an ein aromatisches Ringsystem gebunden ist und der –I-Effekt stärker ausgeprägt sein sollte, besitzt diese Säure nur eine geringfügig höhere Acidität verglichen mit **Phenylessigsäure** ($pK_s = 4{,}28$) [$C_6H_5\text{-}CH_2\text{-}COOH$]. Dies ist eine Folge der Stabilisierung der COOH-Funktion durch den +M-Effekt des Phenylrestes. Das *Benzoat-Ion* [$C_6H_5\text{-}COO^-$] wird dagegen durch den +M-Effekt des Benzenrings destabilisiert, weil dadurch die negative Ladungsdichte der Carboxylat-Gruppe erhöht wird [vgl. **MC-Fragen Nr. 30, 1603, 1604, 1607**].

Organische Chemie

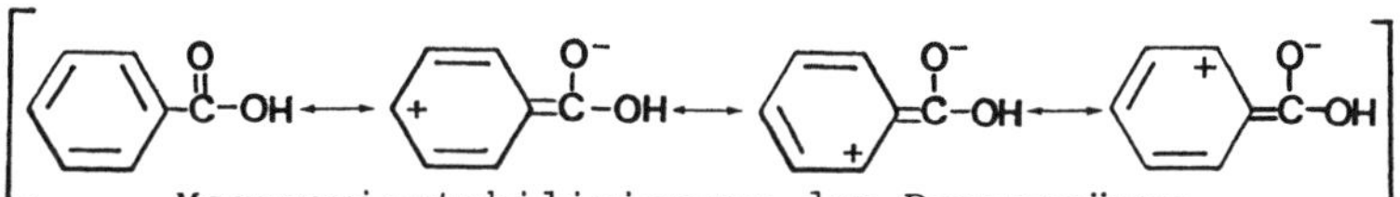

Mesomeriestabilisierung der Benzoesäure

Ähnliche Überlegungen lassen sich auch für **Acrylsäure** ($pK_s = 4{,}26$) [$H_2C{=}CH{-}COOH$] und **Vinylessigsäure** ($pK_s = 4{,}34$) [$H_2C{=}CH{-}CH_2{-}COOH$] anstellen, die beide aufgrund des ungesättigten Strukturelements acider sind und in Wasser stärker dissoziieren als die gesättigte **Propionsäure** ($pK_s = 4{,}87$) [$CH_3{-}CH_2{-}COOH$]. Die höhere Acidität ist auch hier auf die sp^2-Hybridisierung des Kohlenstoffs zurückzuführen. Dieser elektronenanziehende Effekt ist bei C≡C-Dreifachbindungen noch stärker ausgeprägt, sodass **Propiolsäure** ($pK_s = 1{,}94$) [HC≡C-COOH] eine noch höhere Säurestärke besitzt. Zusätzlich wird bei diesen ungesättigten Säuren das nach der Deprotonierung vorliegende Carboxylat-Ion durch die C,C-Mehrfachbindung stabilisiert [vgl. **MC-Fragen Nr. 1602, 1791**].

Die in ◘Tab. 3.89 aufgelisteten pK_s-Werte einiger *Furan-* und *Pyridincarbonsäuren* belegen den Einfluss der höheren Elektronegativität des O-Atoms im Vergleich zu einem N-Atom. Die geringere Säurestärke der **Pyridin-2-carbonsäure** (Picolinsäure) ($pK_s = 5{,}52$) wird mit der Ausbildung einer Wasserstoffbrücke zwischen dem Stickstoffatom und dem Carboxylwasserstoffatom erklärt, was die Ablösung eines Protons erschwert.

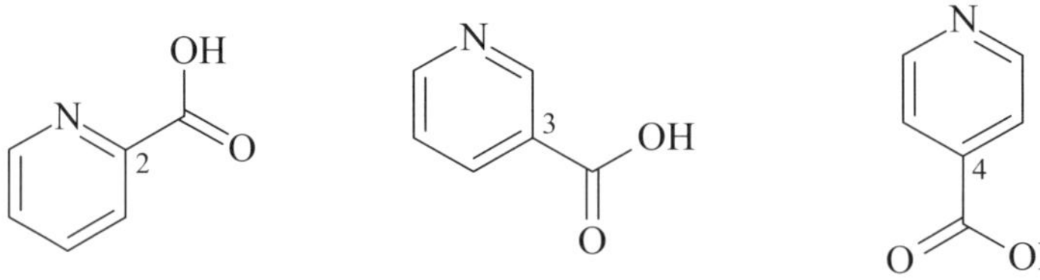

Picolinsäure $pK_s = 5{,}52$ | Nicotinsäure $pK_s = 4{,}85$ | Isonicotinsäure $pK_s = 4{,}96$

Substituierte Benzoesäuren [***o,m,p*-X-C_6H_4-COOH**]: ◘Tab. 3.90 informiert über die pK_s-Werte einiger Benzoesäure-Derivate [vgl. **MC-Frage Nr. 1609**].

Als Regel kann gelten, dass alle Faktoren, welche die Carboxyl-Funktion [R-COOH] destabilisieren und die Stabilität der Carboxylat-Gruppe [$R{-}COO^-$] erhöhen, zu einer Steigerung der Säurestärke führen, da sie die Deprotonierung der betreffenden Verbindung erleichtern.

◘ **Tab. 3.90 pK_s-Werte substituierter Benzoesäuren [X-C_6H_4-COOH]**

X	H	CH_3	OH	OCH_3	NH_2	Cl	Br	NO_2	COOH*
ortho	4,22	3,89	2,75	4,08	4,97	2,89	2,82	2,22	2,95
meta	4,22	4,28	4,12	4,09	4,82	3,82	3,85	3,44	3,46
para	4,22	4,35	4,54	4,49	4,93	4,03	4,18	3,42	3,40

* pK_{s1}-Wert

So erhöhen alle Substituenten (–I/–M), welche die Elektronendichte des Ringsystems erniedrigen, die Acidität der Säure. Dagegen verringern im Allgemeinen Substituenten (+I/+M), welche die Elektronendichte des Ringsystems erhöhen, die Stärke der betreffenden Säure. Dabei ist zu beachten, dass der *mesomere Effekt* eines Substituenten die Säurestärke nur dann beeinflusst, wenn sich der Substituent in *ortho-* oder *para-Position* zur Carboxylgruppe befindet. Substituenten in *meta-Position* wirken ausschließlich durch ihren induktiven Effekt.

–M-Substituenten stabilisieren durch ihren Konjugationseffekt das Carboxylat-Ion, was die Deprotonierung begünstigt. So sind **2-Nitrobenzoesäure** ($pK_s = 2{,}22$) und **4-Nitrobenzoesäure** ($pK_s = 3{,}42$) acider als *Benzoesäure* ($pK_s = 4{,}22$).

Bei den *halogenierten Benzoesäuren* dominiert der **–I**-Effekt, dessen Einfluss mit zunehmender Entfernung des Halogenatoms von der Carboxylgruppe geringer wird. Folglich nimmt die Säurestärke halogenierter *Brom-* oder *Chlorbenzoesäuren* in der Reihe *ortho* > *meta* > *para* ab [vgl. **MC-Fragen Nr. 1611**].

+M-Substituenten können sogar einen –I-Effekt überkompensieren, was zu einer Minderung der Säurestärke führt. Dies belegt die Zunahme der pK_s-Werte in der Reihe **4-Chlorbenzoesäure** ($pK_s = 4{,}03$) < **Benzoesäure** ($pK_s = 4{,}22$) < **4-Hydroxybenzoesäure** ($pK_s = 4{,}54$) < **4-Aminobenzoesäure** ($pK_s = 4{,}93$).

◘Tab. 3.90 belegt auch, dass *ortho-Substituenten* in vielen (nicht allen!) Fällen die Säurestärke der Benzoesäure um 1-2 Zehnerpotenzen erhöhen. Dies gilt auch für Alkylgruppen, die aufgrund ihres **+I**-Effektes die Säurestärke mindern sollten. Daher ist ***o*-Toluylsäure** (**2-Methylbenzoesäure**) ($pK_s = 3{,}91$) acider als *Benzoesäure* ($pK_s = 4{,}22$).

Auffallend ist die relativ hohe Acidität der **Salicylsäure** (**2-Hydroxybenzoesäure**) ($pK_s = 2{,}75$). Die **2,6-Dihydroxybenzoesäure** ($pK_s = 1{,}29$) ist sogar 830-mal acider als Benzoesäure, während **3,5-Dihydroxybenzoesäure** ($pK_s = 4{,}04$) eine im Vergleich zur Benzoesäure nur geringfügig höhere Säurestärke besitzt. Auch **Acetylsalicylsäure** (**2-Acetoxybenzoesäure**) ($pK_s = 3{,}49$) ist stärker sauer als Benzoesäure.

Dieses Verhalten kann wie folgt erklärt werden: Bei der *ortho-Substitution* stehen sich Carboxylgruppe und Substituent räumlich so nahe, dass sie sich gegenseitig sterisch behindern und die COOH-Gruppe keine vollständig koplanare Lage mit dem Benzenring mehr einnehmen kann. Die Carboxylgruppe ist daher nicht optimal mit dem Phenylrest konjugiert, was die Stabilität der Carbonsäure mindert. Der aciditätserhöhende Einfluss vieler *ortho*-Substituenten wird als ***ortho*-Effekt** bezeichnet.

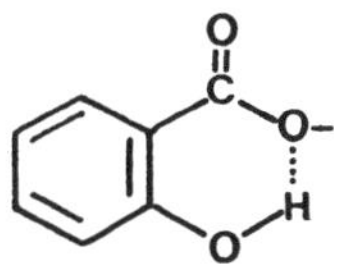

Salicylat-Ion

Bei der **Salicylsäure** wird das Säureanion zusätzlich noch durch eine *intramolekulare Wasserstoffbrückenbindung* stabilisiert. Die Ausbildung einer solchen H-Brücke hat auch zur Folge, dass Salicylsäure im Vergleich zur 4-Hydroxybenzoesäure wasserdampfflüchtig ist [vgl. **MC-Fragen Nr. 1603, 1610, 1612**].

3.19.2.4 Acidität von Dicarbonsäuren

Man fand, dass bei Dicarbonsäuren die erste Dissoziationskonstante [K_1] größer und die zweite [K_2] kleiner ist als die Dissoziationskonstante entsprechender aliphatischer Monocarbonsäuren.

$$[K_1]: \quad HOOC\text{-}(CH_2)_n\text{-}COOH \rightarrow HOOC\text{-}(CH_2)_n\text{-}COO^- + H^+$$
$$[K_2]: \quad HOOC\text{-}(CH_2)_n\text{-}COO^- \rightarrow {}^-OOC\text{-}(CH_2)_n\text{-}COO^- + H^+$$

Daraus kann man ableiten, dass die zweite Carboxylgruppe die Acidität der ersten erhöht, im Monoanion jedoch die COO^--Gruppe die Dissoziation des zweiten Protons erschwert. In unmittelbarer Nachbarschaft (**Oxalsäure**) beeinflussen sich zwei Carboxylgruppen in hohem Maße. Diese Wechselwirkung nimmt erwartungsgemäß ab (**Malonsäure → Adipinsäure**), je weiter die beiden COOH-Funktionen voneinander entfernt sind.

Dies zeigen die in ▫Tab. 3.91 aufgelisteten pK_s-Werte einiger mehrwertiger Carbonsäuren [vgl. **MC-Fragen Nr. 1125, 1127, 1602, 1603**].

Ungesättigte und aromatische Dicarbonsäuren: In der ersten Dissoziationsstufe ist die *cis*-konfigurierte **Maleinsäure** (pK_{s1} = 1,03) eine viele stärkere Säure als die *trans*-isomere **Fumarsäure** (pK_{s1} = 3,02).

H H
C=C
O=C C=O
OH···O⊖

Hydrogenmaleat

▫ **Tab. 3.91 pK_s-Werte von Dicarbonsäuren und Tricarbonsäuren**

Säure	Formel	pK_{s1}	pK_{s2}	pK_{s3}
Oxalsäure	HOOC-COOH	1,23	4,19	-
Malonsäure	$HOOC\text{-}CH_2\text{-}COOH$	2,83	5,69	-
Bernsteinsäure	$HOOC\text{-}CH_2CH_2\text{-}COOH$	4,16	5,61	-
Glutarsäure	$HOOC\text{-}CH_2CH_2CH_2\text{-}COOH$	4,32	5,42	-
Adipinsäure	$HOOC\text{-}CH_2CH_2CH_2CH_2\text{-}COOH$	4,43	5,52	-
Äpfelsäure	$HOOC\text{-}CHOH\text{-}CH_2\text{-}COOH$	3,46	5,10	-
Weinsäure	HOOC-CHOH-CHOH-COOH	2,98	4,34	-
Citronensäure	$HOOC\text{-}COH(CH_2\text{-}COOH)_2$	3,13	4,76	6,34
Fumarsäure	*E*-HOOC-CH=CH-COOH	3,02	4,38	-
Maleinsäure	*Z*-HOOC-CH=CH-COOH	1,03	6,27	-
Phthalsäure	*o*-$HOOC\text{-}C_6H_4\text{-}COOH$	2,95	5,41	-
Isophthalsäure	*m*-$HOOC\text{-}C_6H_4\text{-}COOH$	3,62	4,60	-
Terephthalsäure	*p*-$HOOC\text{-}C_6H_4\text{-}COOH$	3,54	4,46	-
Chinolinsäure	2,3-$HOOC\text{-}C_5H_3N\text{-}COOH$	2,41	5,05	-
Dipicolinsäure	2,6-$HOOC\text{-}C_5H_3N\text{-}COOH$	2,17	4,97	-

Ursache hierfür ist, dass das **Hydrogenmaleat-Ion** durch eine *intramolekulare Wasserstoffbrücke* stabilisiert wird, die aufgrund der ebenen *cis*-Anordnung und der Bildung eines spannungsfreien, sechsgliedrigen Ringes besonders günstige Verhältnisse vorfindet; dies erleichtert die Deprotonierung der Maleinsäure [vgl. **MC-Frage Nr. 1127**].

In der zweiten Dissoziationsstufe ist die Fumarsäure ($pK_{s2} = 4{,}38$) hingegen acider als Maleinsäure ($pK_{s2} = 6{,}27$), weil ein Proton aus dem Fumarat-Anion leichter abgetrennt werden kann als aus dem cyclischen Hydrogenmaleat-Ion.

Bei den drei stellungsisomeren *Benzendicarbonsäuren* besitzt die *ortho*-disubstituierte **Phthalsäure** ($pK_{s1} = 2{,}95$) aufgrund des *ortho-Effektes* die höchste Acidität, jedoch ist das **Phthalat-Ion** ($pK_{s2} = 5{,}54$) aus den oben angeführten Gründen von den drei stellungsisomeren Monoanionen der Benzendicarbonsäuren die schwächste Säure.

3.19.2.5 Acidität von Sulfonsäuren

Sulfonsäuren [**R-SO$_3$H**] sind als Derivate der Schwefelsäure starke Säuren und in Wasser vollständig dissoziiert. Ihre Anionen sind kaum basisch und ihre Alkalisalze reagieren in Wasser neutral [vgl. **MC-Fragen Nr. 1637, 1706**].

$$R\text{-}SO_3H \;+\; H_2O \;\rightleftharpoons\; R\text{-}SO_3^- \;+\; H_3O^+$$

Die Acidität aliphatischer [**Methansulfonsäure** ($pK_s = -0{,}6$)] und aromatischer Sulfonsäuren [**Benzensulfonsäure** ($pK_s = 0{,}7$); ***p*-Toluensulfonsäure** ($pK_s = -0{,}7$)] entspricht in etwa der von Schwefelsäure. Bei Anwesenheit positivierender Substituenten in *ortho*- und *para*-Stellung steigt die Acidität. Zum Beispiel ist die **2,4-Dinitrobenzensulfonsäure** stärker sauer als H_2SO_4.

3.19.3 Säure-Base-Verhalten von Alkoholen, Phenolen, Enolen und Ethern

3.19.3.1 Säurestärke von Phenolen

Die im Vergleich zu Alkoholen [Alkyl-OH] deutlich höhere Acidität der Phenole [**Aryl-OH**] ist darauf zurückzuführen, dass die bei der Deprotonierung entstehende korrespondierende Base, das **Phenolat-Ion** [**Ar-O$^-$**], infolge Mesomerie stabilisiert wird. Zwar ist auch das Phenol mesomeriestabilisiert, die Elektronendelokalisierung ist jedoch im Phenolat-Ion sehr viel stärker ausgeprägt [vgl. **MC-Fragen Nr. 30, 32, 34, 487, 1658, 1666, 1705**].

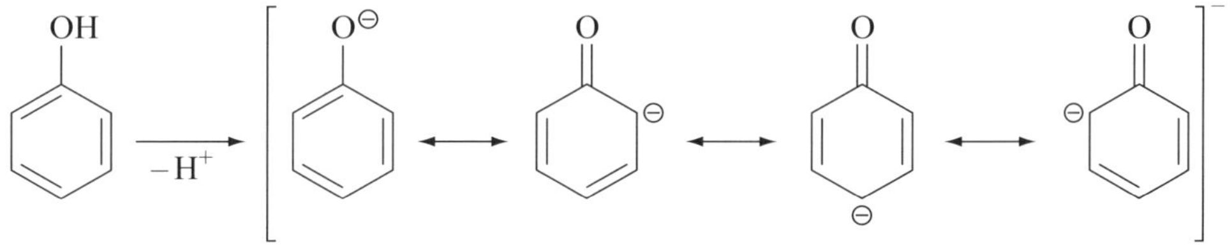

Mesomerie im Phenolat-Ion

□Tab. 3.92 informiert über die pK_s-Werte ausgewählter Phenole der allgemeinen Formel [X-C_6H_4-OH]. Im Prinzip wirken sich Substituenten am aromatischen Ringsystem auf die Säurestärke eines Phenols in ähnlicher Weise aus wie dies bei den Benzoesäure-Derivaten beschrieben wurde. Allerdings besteht ein gravierender Unterschied: Die Hydroxylgruppe besitzt im Gegensatz Carboxylgruppe einen **+M**-Effekt [vgl. **MC-Fragen Nr. 1610, 1614, 1616, 1617**].

Die Acidität eines Phenols wird erhöht, wenn der Benzenkern zusätzlich elektronenanziehende Gruppen enthält. Hierbei nimmt der **–I**-Effekt – wie die pK_s-Werte der *Chlorphenole* belegen – in der Reihe *ortho* > *meta* > *para* mit zunehmender Entfernung des Substituenten von der Hydroxylgruppe ab.

Ein konjugativer **–M**-Effekt wird nur wirksam, wenn sich der Zweitsubstituent in *ortho-* bzw. *para*-Stellung zur HO-Gruppe befindet. Gruppen in der *meta*-Position wirken wiederum nur über ihren induktiven Effekt. Aus den genannten Gründen sind Substanzen wie ***m*-Chlorphenol** (pK_s = 9,08) oder **Salicylaldehyd (2-Hydroxybenzaldehyd)** (pK_s = 8,80) acider als Phenol (pK_s = 9,99) [vgl. **MC-Fragen Nr. 1614, 1636**].

Besonders ausgeprägt ist die Erhöhung der Säurestärke eines Phenols bei gleichgerichtetem **–I/–M**-Effekt. So sind alle *Nitrophenole* stärkere Säuren als Phenol. Darüber hinaus sind **2-Nitrophenol** (pK_s = 7,21) und **4-Nitrophenol** (pK_s = 7,16) stärker sauer als **3-Nitrophenol** (pK_s = 8,38), bei dem nur der –I-Effekt wirksam wird. Zudem ist das 2- und 4-Nitrophenolat-Ion stärker mesomeriestabilisiert als 3-Nitrophenolat [vgl. **MC-Fragen Nr. 616, 818–820, 1613, 1664**].

Die Säurestärke eines Phenols steigt noch weiter an, wenn sich mehrere elektronenanziehende Substituenten am Benzenring befinden, wie dies die pK_s-Werte von **2,4-Dinitrophenol** (pK_s = 4,09) und **2,4,6-Trinitrophenol** (*Pikrinsäure*) (pK_s = 0,29) belegen [vgl. **MC-Fragen Nr. 1610, 1613**].

Die Säurestärke eines Phenols wird erniedrigt, wenn das aromatische Ringsystem mit elektronenliefernden Substituenten (**+I/+M**) verknüpft ist. So sind **4-Methylphenol** (pK_s = 10,26) und **3,4-Dimethylphenol** (pK_s = 10,30) schwächere Protonsäuren als Phenol, weil der **+I**-Effekt der Methylgruppe die Elektronendichte am Atom C-1 erhöht, das die phenolische Hydroxylgruppe trägt [vgl. **MC-Frage Nr. 1615**].

Die pK_s-Werte der *Dihydroxybenzen-Derivate* dokumentieren den Einfluss des induktiven und mesomeren Gesamteffektes eines Zweitsubstituenten. So sind **Brenzcatechin** (pK_s = 9,48) [–I > +M] und **Resorcin** (pK_s = 9,44) [–I] acider als *Phenol* (pK_s = 9,99), während **Hydrochinon** (pK_s = 10,85) [–I < +M)] eine schwächere Säure als Phenol darstellt.

Weitere Unterschiede zwischen der Phenol- und Benzoesäure-Reihe bestehen hinsichtlich des „**ortho-Effektes**". Eine der Ursachen für die Aciditätserhöhung *ortho-*

□ **Tab. 3.92 pK_s-Werte von Phenol-Derivaten [X-C_6H_4-OH]**

X	H	OH**	CH_3	Cl	NO_2	CHO	COOH*
ortho	9,99	9,48	10,28	8,48	7,21	8,80	12,28
meta	9,99	9,44	10,09	9,08	8,38	8,00	9,78
para	9,99	10,85	10,26	9,38	7,16	8,66	9,31

** pK_{s1} * pK_{s2}

substituierter Benzoesäuren, die sterische Hinderung der Konjugation zwischen der COOH-Gruppe und dem aromatischen Ringgerüst, entfällt bei den Phenolen. Daher zeigt eine *ortho-ständige Methylgruppe* das erwartete Verhalten, indem sie die Acidität des Phenols aufgrund ihres +I-Effektes mindert.

Phenole sind acider als Alkohole, jedoch um einige Größenordnungen weniger sauer als Carbonsäuren. Die im Vergleich zu den Carbonsäuren deutlich geringere Acidität der Phenole zeigt sich u. a. darin, dass sich wasserunlösliche Phenole im Gegensatz zu Carbonsäuren nicht mehr in wässriger Bicarbonat-Lösung auflösen.

3.19.3.2 Säure-Base-Verhalten von Alkoholen

Alkohole zählen wie Wasser zu den *amphiprotischen Lösungsmitteln.* Die Hydroxylgruppe kann als *sehr schwache* Säure und Base wirken. Die Acidität und Basizität der Alkohole sind geringer als die von Wasser.

$$\underset{\text{Alkoxonium-Ion}}{R\text{-}\overset{+}{O}H_2} \xleftarrow{+\,H^+} \underset{\text{Alkohol}}{R\text{-}OH} \xrightarrow{-\,H^+} \underset{\text{Alkanolat-Ion}}{R\text{-}O^-}$$

Die *Acidität* nimmt infolge des +I-Effektes der Alkylgruppen in der Reihe *primärer > sekundärer > tertiärer* Alkohol ab. Dies dokumentiert sich auch in den pK_s-Werten niederer, einwertiger Alkanole [**Methanol** ($pK_s = 16$), **Ethanol** ($pK_s = 16$) und **Propan-2-ol** ($pK_s = 18$)] [vgl. **MC-Fragen Nr. 1617, 1618, 1641, 1666, 1706, 1747**].

Die korrespondierenden Säuren und Basen der Alkohole, die *Alkoxonium-Ionen* bzw. *Alkanolat-Ionen* (Alkoholat-Ionen), sind demzufolge *sehr starke* Säuren und Basen. Alkoholate entstehen durch direkte Reaktion von unedlen Metallen mit einem Alkohol. Sie werden auch durch Umsetzung von Alkanolen mit sehr starken Basen erhalten [vgl. **MC-Fragen Nr. 790, 791, 1667**].

Aluminiumalkoholate [$Al(OR)_3$] sind im Gegensatz zu *Natriumalkanolaten* in organischen Lösungsmitteln löslich und unzersetzt destillierbar. Sie können als homöopolare Verbindungen angesehen werden. Alkoxygruppen stehen daher *nicht* als freie Anionen für Reaktionen zur Verfügung, sodass die Basizität von Aluminiumalkanolaten gering ist. Sie können z. B. nicht mehr oder nur in untergeordnetem Maße Aldolreaktionen katalysieren und finden deshalb Verwendung bei der *Meerwein-Ponndorf-Verley-Reduktion* (siehe ▸Kap. 3.2.19.5) und der *Claisen-Tischtschenko-Reaktion* (siehe ▸Kap. 3.12.7.1).

3.19.3.3 Basizität von sauerstoffhaltigen Verbindungen

Bei sauerstoffhaltigen Substanzen wie z. B. *Ethern,* die von Natur aus viel schwächer basisch sind als Stickstoff-Verbindungen vergleichbarer Struktur, findet man eine nennenswerte Basizität *nur* dann, wenn bei der Protonierung ein mesomeriestabilisiertes Oxoniumion entstehen kann, wie dies bei γ-Pyronen der Fall ist.

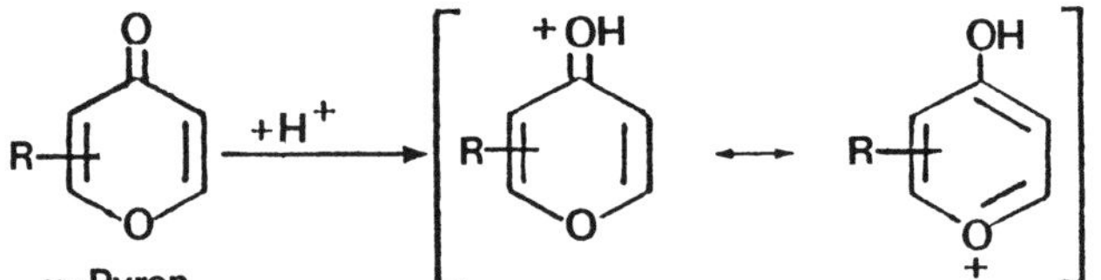

γ-Pyron

Analoges trifft auch auf *α,β-ungesättigte Carbonylverbindungen* zu.

$$-C{=}C{-}C{=}O + H^+ \rightarrow \left[-C{=}C{-}C{=}\overset{+}{O}{-}H \leftrightarrow -\overset{+}{C}{-}C{=}C{-}O{-}H\right]$$

Bei sauerstoffhaltigen Verbindungen, die keine mesomeriestabilisierten Oxoniumionen bilden (z. B. Alkanole, Dialkylether), kann die Anlagerung eines Protons nur in sehr starken Säuren (z. B. konz. H_2SO_4) stattfinden. Beim Verdünnen mit Wasser werden die Alkohole und Ether wieder zurückgebildet [vgl. **MC-Frage Nr. 836**].

$$CH_3CH_2{-}OH + H_2SO_4 \rightleftharpoons CH_3CH_2{-}\overset{+}{O}H_2 + HSO_4^-$$

$$CH_3CH_2{-}O{-}CH_2{-}CH_3 + H_2SO_4 \rightleftharpoons CH_3CH_2{-}\underset{H}{\overset{+}{O}}{-}CH_2CH_3 + HSO_4^-$$

3.19.4 SH-acide, NH-acide und CH-acide Verbindungen

3.19.4.1 SH-Acidität

Alkanthiole (*Mercaptane*) [**R-SH**] sind im Gegensatz zu Alkoholen *Säuren*, die mit wässriger Alkalihydroxid-Lösung Salze (*Mercaptide*) bilden. Dies verläuft parallel mit der Zunahme der Säurestärke von Wasser (pK_s = 15,74) zu Schwefelwasserstoff (pK_s = 6,92).

$$R{-}S{-}\mathbf{H} + NaOH \rightarrow R{-}S^-Na^+ + H_2O$$

Wie die pK_s-Werte belegen, sind Mercaptane [**Methylmercaptan** (pK_s = 10,3); **Ethylmercaptan** (pK_s = 12,0); **n-Butylmercaptan** (pK_s = 12,4); **Benzylmercaptan** (11,8)] jedoch schwächer sauer als Schwefelwasserstoff (1. Protolysestufe) [vgl. **MC-Fragen Nr. 1640, 1706, 1747**].

In Analogie zu Phenolen sind *Thiophenole* [**Ar-SH**] noch acider als Alkanthiole. So besitzt **Thiophenol** (pK_s = 6,62) [C_6H_5-SH] eine dem Schwefelwasserstoff vergleichbare Acidität [vgl. **MC-Fragen Nr. 1618, 1638, 1657, 1747**].

3.19.4.2 NH-Acidität

N-H-Bindungen haben normalerweise infolge der geringeren Elektronegativität des Stickstoffs eine niedrigere Acidität als O-H-Bindungen. Die Acidität solcher Bindungen kann beträchtlich gesteigert werden, wenn Gruppen mit einem –I-Effekt wie z. B. *Acyl-* (RCO-) oder *Sulfonylgruppen* (RSO_2-) auf die N-H-Bindung wirken, wobei die Sulfonylgruppierung auf eine benachbarte N-H-Bindung stärker acidifizierend wirkt als die Acylgruppe. Daher besitzen *primäre* (RCO-NH_2) und *sekundäre Carbonsäure-*

amide (RCO-NH-R'), *primäre* (RSO_2-NH_2) und *sekundäre Sulfonamide* (RSO_2-NH-R'), *Imide* (R-CO-NH-CO-R'), *Sulfimide* (R-SO_2-NH-CO-R') oder *Sulfonylharnstoff-Derivate* (RSO_2-NH-CO-NH-R') saure Eigenschaften und sind häufig in Laugen löslich. Je stärker ausgeprägt die sauren Eigenschaften dieser Substanzen sind, desto schwächer ist ihr basischer Charakter [vgl. **MC-Fragen Nr. 1633, 1648, 1650, 1665, 1666, 1670**].

NH-Verbindungen lassen sich auch dann relativ leicht deprotonieren, wenn dabei eine energetisch begünstigte, mesomeriestabilisierte korrespondierende Base entstehen kann. Zum Beispiel ist die merkliche Acidität mancher *stickstoffhaltiger Heteroaromaten* wie **Imidazol, 1,2,3-** und **1,2,4-Triazol** oder **1,2,3,4-Tetrazol** auf die Bildung stabiler Anionen zurückzuführen [vgl. **MC-Frage Nr. 1386**].

+B / $-BH^+$

1,2,4-Triazol

Auch die sauren Eigenschaften von *Carbonsäureimiden* [R-CO-N**H**-CO-R] wie z. B. **Phthalimid** (pK_s = 8,3) sind damit erklärbar [vgl. **MC-Fragen Nr. 1630, 1633, 1635, 1644, 1660**].

```
    H                     O H                   O H O
    |                     || |                  || | ||
R-N-R'        →       R-C-N-R'        →     R-C-N-C-R'
sek. Amin             sek. Amid             Imid
(basisch)                                   (NH-acid)

 + B      [  O⊖   O              O    O             O    O⊖ ]
          [  |    ||             ||   ||            ||   |  ]
 ------>  [ R-C=N-C-R'   ↔   R-C-N-C-R'    ↔    R-C-N=C-R' ]
 - BH+    [                       ⊖                         ]
```

An pharmazeutisch wichtigen NH-aciden Verbindungen seien die nachfolgend aufgelisteten Substanzen und Substanzklassen genannt. Zu erwähnen ist, dass die unsubstituierte **Barbitursäure** (pK_s = 4,01) neben der NH-Acidität auch CH-acide Eigenschaften an C-5 besitzt. Jedoch sind die pharmakologisch wichtigen 5,5-disubstituierten Barbiturate wie **5,5-Diethylbarbitursäure** (pK_s = 7,4) deutlich schwächer NH-acid. Primäre Sulfonamide wie **Benzensulfonamid** (pK_s = 10,1) [C_6H_5-SO_2-NH_2] haben eine den Phenolen vergleichbare Acidität [vgl. **MC-Fragen Nr. 1395, 1633, 1639, 1645, 1646, 1648, 1650, 1652, 1654, 1656, 1665, 1666, 1670**].

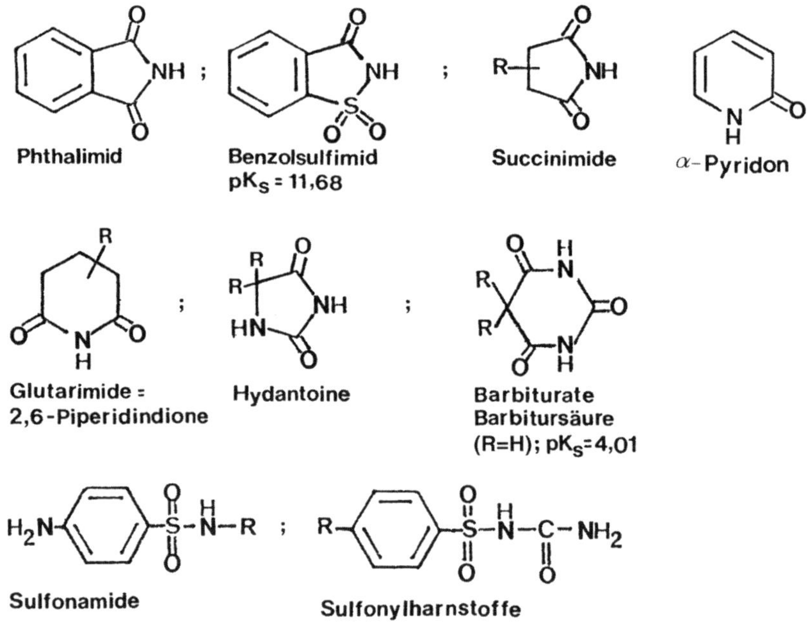

Phthalimid; Benzolsulfimid $pK_S = 11{,}68$; Succinimide; α-Pyridon

Glutarimide = 2,6-Piperidindione; Hydantoine; Barbiturate Barbitursäure (R=H); $pK_S = 4{,}01$

Sulfonamide; Sulfonylharnstoffe

Auch *primäre* [R-N**H**$_2$] und *sekundäre Amine* [R$_2$N**H**] können als sehr schwache Säuren reagieren. So wandelt sich **Diisopropylamin** [((CH$_3$)$_2$CH)$_2$N**H**] mit Phenyllithium [C$_6$H$_5$Li] oder *n*-Butyllithium [C$_4$H$_9$Li] in etherischer Lösung zu **Lithiumdiisopropylamid** (LDA) um. Das wasserlösliche LDA ist eine starke Base ($pK_b = -26$), die in der organischen Chemie häufig zur Deprotonierung CH-acider Verbindungen eingesetzt wird [vgl. **MC-Fragen Nr. 728, 1621, 1632, 1663, 1784**].

$$[(CH_3)_2CH]_2N + 2\ CH_3CH_2CH_2CH_2Li \rightarrow [(CH_3)_2CH]_2N^-Li^+ + 2\ CH_3CH_2CH_2CH_3$$

Diisopropylamin → **Lithiumdiisopropylamid**

3.19.4.3 CH-Acidität

Auch die *C-H-Bindung* besitzt unter dem Einfluss mesomerer und induktiver Strukturfaktoren deutlich saure Eigenschaften. Allerdings ist die Acidität von C-H-Bindungen meistens gering, sodass im wässrigen Medium keine messbare Dissoziation des Protons erfolgt. Zudem benötigen solche prototropen Reaktionen, die eine heterolytische Spaltung einer C-H-Bindung zur Folge haben, eine größere Aktivierungsenergie. Deshalb werden sich die Gleichgewichte langsamer einstellen als bei Reaktionen, in denen N-H-, S-H- oder O-H-Bindungen dissoziieren.

Die weitaus wichtigsten CH-aciden Verbindungen leiten sich von *Carbonylverbindungen* (Aldehyde, Ketone), *Dicarbonylverbindungen* (β-Diketone, β-Ketoester) und *heteroanalogen Carbonylverbindungen* (Nitrile, Nitroalkane) ab, sofern diese Substanzen über mindestens eine α-ständige C-H-Bindung verfügen. Bei der Deprotonierung solcher Substanzen entstehen *mesomeriestabilisierte Carbanionen*. Zahlreiche

Tab. 3.93 pK_s-Werte ausgewählter CH-Säuren

Säure	pK_s	Säure	pK_s
Methan	48	Ethin (Acetylen)	25
Diphenylmethan	35	Phenylacetylen	23
Triphenylmethan	33	Inden	20
Ethan	50	Fluoren	22
Ethen (Ethylen)	44	Cyclopenta-1,3-dien	16

Verbindungen dieses Typs wurden bereits in den ▸Kap. 3.2.15.4 und ▸Kap. 3.2.15.11 vorgestellt. Ihre pK_s-Werte sind dort in Tab. 3.26 aufgelistet. Tab. 3.93 enthält die Säureexponenten einiger weiterer CH-acider Substanzen [vgl. **MC-Fragen Nr. 523, 1634, 1642, 1643, 1647, 1649, 1651, 1653, 1659, 1661, 1662, 1666, 1732, 1788**].

Im Allgemeinen nimmt die Acidität von Kohlenwasserstoffen mit zunehmendem s-Anteil des C-Atoms in der Reihe $sp^3 < sp^2 < sp$ zu. Der –I-Effekt und die erhöhte Elektronegativität sp-hybridisierter C-Atome erklärt den sauren Charakter von *Acetylen-Derivaten* [siehe ▸Kap. 3.5.7.1 und **MC-Fragen Nr. 10, 728**].

Die Acidität des **Indens** und **Fluorens** hat die gleiche Ursache wie die des stärker sauren **Cyclopenta-1,3-diens**. Beim Cyclopenta-1,3-dien haben wir die Ursache für die besonders große Mesomeriestabilisierung des Anions bereits kennengelernt; sie ist eine Folge des aus der Deprotonierung resultierenden aromatischen π-Elektronensextetts [siehe ▸Kap. 3.1.10.5 und **MC-Fragen Nr. 523, 1788**].

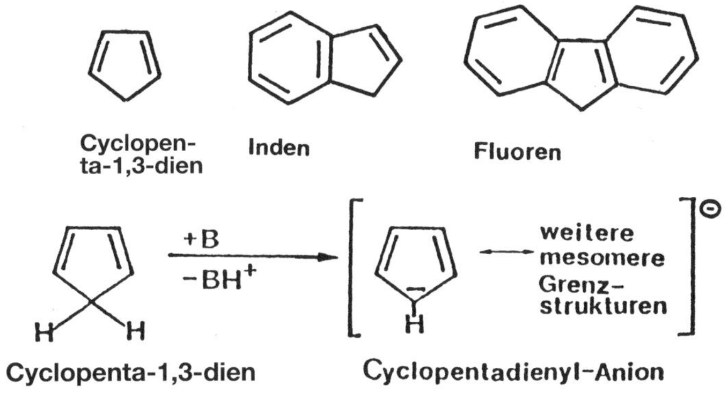

Cyclopenta-1,3-dien   Inden   Fluoren

Cyclopenta-1,3-dien $\xrightarrow[-BH^+]{+B}$ [Cyclopentadienyl-Anion ⟵ weitere mesomere Grenzstrukturen]$^{\ominus}$

Cyclopenta-1,3-dien   Cyclopentadienyl-Anion

Auch die *arylierten Methan-Derivate* (Diphenylmethan, Triphenylmethan) gehören zu den sauren Kohlenwasserstoffen, weil der Übergang von der „CH-Säure" mit tetraedrischem Methan-C-Atom in ein weitgehend eingeebnetes Carbanion mit einem Gewinn an Mesomerieenergie verbunden ist.

3.19.5 Basizität von Aminen, Amiden und Amidinen

Generell ist auszuführen, dass die Stärke von Stickstoff-Basen davon abhängt, wie leicht das freie Elektronenpaar für eine Protonierung zur Verfügung steht und wie stabil das resultierende Ammoniumion ist.

3.19.5.1 Aliphatische und cycloaliphatische Amine

Alkylamine sind erwartungsgemäß aufgrund des +I-Effektes der Alkylgruppen stärker basisch als Ammoniak. Wie die pK_b-Werte (Basenexponenten) in ◘Tab. 3.94 belegen, steigt die Basizität in *wässriger* Lösung in folgender Reihe an:

NH_3 < primäres Amin < tertiäres Amin < sekundäres Amin

Überraschenderweise sind *tertiäre Amine* schwächer basisch als sekundäre Amine. Die Ursache hierfür liegt in der *sterischen Hinderung der Solvatation* durch die drei Alkylreste. Die Basizität eines Amins wird nämlich nicht nur durch die Elektronendichte am N-Atom bestimmt, sondern sie hängt auch davon ab, in welchem Ausmaß das durch Anlagerung eines Protons gebildete *Ammoniumion* solvatisiert und damit stabilisiert werden kann.

Je mehr H-Atome mit dem Stickstoffatom des Ammoniumions verknüpft sind, desto besser sind die Möglichkeiten zur Solvatisierung des Ions durch Ausbildung von *Wasserstoffbrücken* mit dem Lösungsmittel Wasser.

◘ Tab. 3.94 pK_b-Werte organischer Basen

Base	Formel	pK_b
Methylamin	CH_3NH_2	3,36
Dimethylamin	$(CH_3)_2NH$	3,29
Trimethylamin	$(CH_3)_3N$	4,26
Ethylamin	$CH_3CH_2NH_2$	3,25
Diethylamin	$(CH_3CH_2)_2NH$	3,02
Triethylamin	$(CH_3CH_2)_3N$	3,24
n-Propylamin	$CH_3CH_2CH_2NH_2$	3,29
Diisopropylamin	$[(CH_3)_2CH]_2NH$	3,43
n-Butylamin	$CH_3CH_2CH_2CH_2NH_2$	3,23
sek-Butylamin	$CH_3CH_2CH(CH_3)NH_2$	3,36
tert-Butylamin	$(CH_3)_3CNH_2$	3,17
Cyclohexylamin	$C_6H_{11}NH_2$	3,36
Benzylamin	$C_6H_5CH_2NH_2$	4,65
2-Aminoethanol	$HOCH_2CH_2NH_2$	4,50
3-Aminopropan-2-ol	$HOCH_2CH_2CH_2NH_2$	4,04
Anilin	$C_6H_5NH_2$	9,37
N-Methylanilin	$C_6H_5NHCH_3$	9,15
N,*N*-Dimethylanilin	$C_6H_5N(CH_3)_2$	8,85
Diphenylamin	$(C_6H_5)_2NH$	13,20
1-Naphthylamin	$C_{10}H_7NH_2$	10,08
2-Naphthylamin	$C_{10}H_7NH_2$	9,84
Acetamid	$CH_3\text{-}C(=O)\text{-}NH_2$	13,37
Harnstoff	$H_2N\text{-}C(=O)\text{-}NH_2$	13,82
Acetamidin	$CH_3\text{-}C(=NH)\text{-}NH_2$	1,60
Guanidin	$H_2N\text{-}C(=NH)\text{-}NH_2$	0,30

$$R_2\overset{+}{N}\begin{matrix} \diagup H\leftarrow OH_2 \\ \diagdown H\leftarrow OH_2 \end{matrix} \quad > \quad R_3\overset{+}{N}—H\leftarrow OH_2$$

In der Reihe NH_3, RNH_2, R_2NH und R_3N verstärkt zwar der +I-Effekt der Alkylgruppen die Basizität, jedoch wird gleichzeitig die Stabilisierung des Ammoniumions durch Hydratation immer schwächer, sodass die Basizität abnimmt. Diese gegenläufigen Effekte bewirken schließlich, dass beim *Übergang von einem sekundären zu einem tertiären Amin die Basizität abnimmt.*

Eine starke Stütze für diesen Befund ist, dass in Lösungsmitteln [z. B. $CHCl_3$], die keine H-Brücken ausbilden können und damit geringer solvatisieren, die Basizität in der erwarteten Reihenfolge *primäres < sekundäres < tertiäres Amin* zunimmt.

In ◘Tab. 3.94 sind die pK_b-Werte einiger einwertiger, organischen Basen aufgelistet. Dabei ist zu beachten: Je kleiner der pK_b-Wert ist, desto größer ist die Basenstärke der betreffenden Verbindung [vgl. **MC-Fragen Nr. 1619, 1620, 1622, 1623, 1626, 1627, 1629, 1708, 1716, 1746**].

Cyclische Amine wie **Pyrrolidin** (pK_b= 2,73), **Piperidin** (pK_b = 2,88) oder **Chinuclidin** (pK_b = 3,35) verhalten sich bezüglich ihren basischen Eigenschaften wie sekundäre bzw. tertiäre offenkettige Amine.

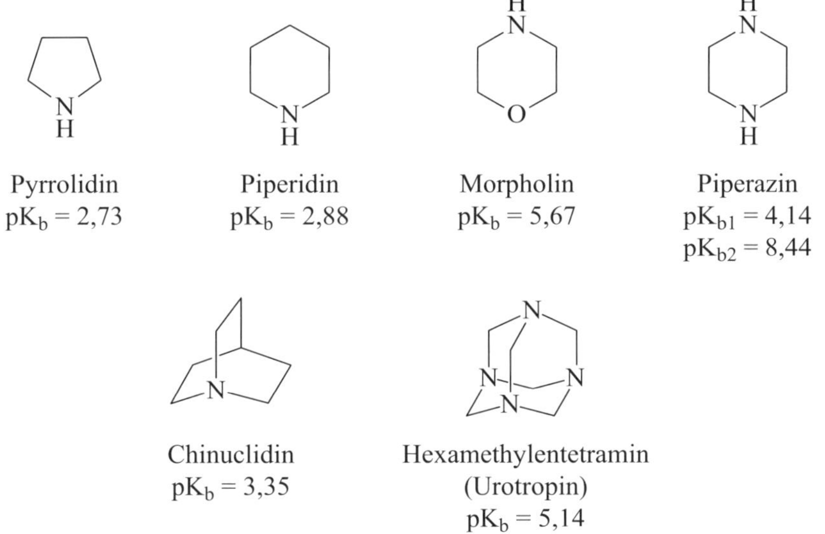

◘Tab. 3.95 zeigt die pK_b-Werte einiger ausgewählter *Diamine*. Man erkennt am Beispiel von **Piperazin** (pK_{b1} = 4,14; pK_{b2} = 8,44), dass Diamine erwartungsgemäß in der ersten Protolysestufe deutlich stärkere Basen darstellen als in der zweiten Protolysestufe. Die signifikante Minderung der basischen Eigenschaften von *aromatischen Diaminen* wie **Benzidin** (pK_{b1} = 9,03; pK_{b2} = 10,25) wird im nachfolgenden Abschnitt diskutiert.

Tab. 3.95 pK_b-Werte ausgewählter Diamine

Base	Formel	pK_{b1}	pK_{b2}
Ethylendiamin	$H_2N\text{-}CH_2CH_2\text{-}NH_2$	4,05	7,10
Pentan-1,5-diamin	$H_2N\text{-}(CH_2)_5\text{-}NH_2$	3,75	4,87
Benzidin	$H_2N\text{-}C_6H_4\text{-}C_6H_4\text{-}NH_2$	9,03	10,25
m-Phenylendiamin	$H_2N\text{-}C_6H_4\text{-}NH_2$	9,22	11,44
p-Phenylendiamin	$H_2N\text{-}C_6H_4\text{-}NH_2$	8,02	10,82

3.19.5.2 Aromatische Amine

Die Basizität von *Arylaminen* unterliegt denselben Einflüssen wie die Acidität der Phenole. –I/–M-Substituenten stabilisieren in beiden Fällen die Base. Sie verringern daher die Basizität von aromatischen Aminen. Wie die pK_b-Werte einiger *Anilin-Derivate* in Tab. 3.96 belegen, ist dieser Effekt aus sterischen und elektronischen Gründen besonders stark bei *ortho*-ständigen Substituenten ausgeprägt [vgl. **MC-Fragen Nr. 869, 1620, 1624, 1627, 1629, 1630, 1663**].

Anilin selbst ist bedeutend weniger basisch als primäre Alkylamine, weil beim Anilinmolekül die Einbeziehung des freien Elektronenpaars am Stickstoff in die Mesomerie des Aromaten die Basizität herabsetzt. Durch diesen Effekt wird die freie Base stabilisiert. Darüber hinaus ist im Anilin die NH_2-Gruppe an ein sp^2-hybridisiertes, elektronegativeres C-Atom gebunden. Die Konjugation des freien Elektronenpaars der NH_2-Gruppe zum Aromaten geht bei der Anlagerung eines Protons unter Bildung des *Aniliniumions* [$C_6H_5\text{-}NH_3^+$] verloren.

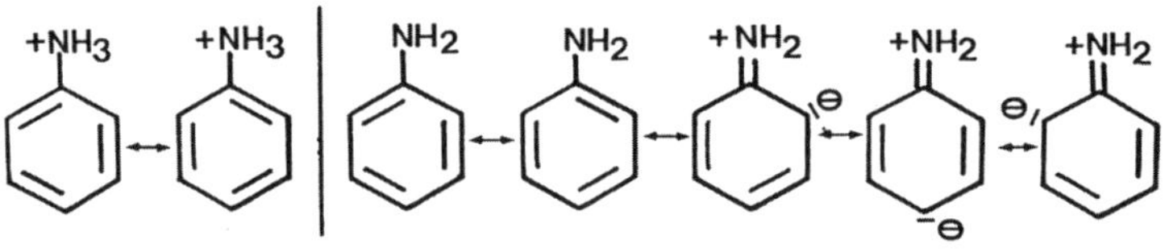

Mesomeriestabilisierung im Anilin/Aniliniumion

Durch den +I-Effekt der Methylgruppen steigt die Basizität in der Reihe **Anilin** (pK_b = 9,37) < ***N*-Methylanilin** (pK_b = 9,15) < ***N,N*-Dimethylanilin** (pK_b = 8,85) merklich an.

Diphenylamin (pK_b= 13,20) ist noch schwächer basisch als *Anilin* (pK_b = 9,37), weil hier das freie Elektronenpaar am Stickstoffatom über zwei Phenlyreste delokalisiert ist. **Triphenylamin** [$(C_6H_5)_3N$] ist unter normalen Bedingungen überhaupt nicht mehr basisch.

Tab. 3.96 pK_b-Werte substituierter Anilin-Derivate [$X\text{-}C_6H_4\text{-}NH_2$]

X	H	CH_3	OH	OCH_3	F	Cl	Br	NO_2
ortho	9,37	9,56	9,28	9,48	10,80	11,35	11,47	14,26
meta	9,37	9,30	9,83	9,80	10,43	10,48	10,42	11,53
para	9,37	8,92	8,50	8,69	9,35	10,00	10,14	13,00

Die drei *Nitroanilin-Derivate* sind alle schwächer basisch als Anilin. Die höhere Basizität von **4-Nitroanilin** ($pK_b = 13{,}00$) im Vergleich zu **2-Nitroanilin** ($pK_b = 14{,}26$) wird damit begründet, dass der –M-Effekt der Nitrogruppe in der *para*-Position stärker wirksam ist als in *ortho*-Stellung. Bei **3-Nitroanilin** ($pK_b = 11{,}53$) macht sich in der *meta*-Position nur noch der –I-Effekt der NO_2-Gruppe bemerkbar, sodass diese Verbindung im Vergleich zu beiden anderen Nitroanilinen eine größere Basenstärke besitzt [vgl. **MC-Fragen Nr. 869–871**].

3.19.5.3 Säureamide – Amidine – Guanidin

```
R-C-NH2        R-C-N-C-R'       R-C-NH2         H2N-C-NH2
  ‖              ‖ H ‖            ‖                ‖
  O              O   O            NH(R)            NH
Amid           Imid             Amidin          Guanidin
```

Die unmittelbare Nachbarschaft von Carbonylgruppen oder anderen ungesättigten Strukturelementen zum freien Elektronenpaar eines Stickstoffatoms wirkt sich stark basizitätsmindernd aus. Als Ursache hierfür ist vor allem der konjugative Effekt zu nennen.

So reagieren *Carbonsäureamide* wie **Acetamid** ($pK_b = 13{,}37$) infolge der Mesomeriestabilisierung der primären Amidgruppe [R-**CO-NH₂**] in Wasser nur noch schwach basisch; die wässrigen Lösungen von Amiden reagieren neutral [vgl. **MC-Fragen Nr. 1157, 1627, 1630, 1662, 1663, 1784**].

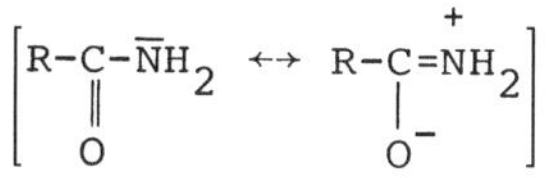

```
                    +
[R-C-N̄H2   ←→   R-C=NH2]
   ‖               |
   O               O⁻
```

Verknüpft man eine NH-Funktion mit zwei C=O-Gruppierungen, so sind die resultierenden *Imide* schon so sauer, dass sie mit Alkalihydroxiden Salze bilden.

$$(RCO)_2NH + HO^- \rightarrow (RCO)_2N^- + H_2O$$

In einigen Fällen wird dagegen die konjugierte Säure in hohem Maße durch Mesomerie stabilisiert, sodass die Basizität der betreffenden Verbindung signifikant zunimmt. Ein Beispiel hierfür ist **Guanidin** ($pK_b = 0{,}30$), eine der stärksten organischen Basen. Bei dieser Verbindung führt die hohe Symmetrie und der ebene Bau des durch Protonierung entstehenden **Guanidiniumions** zu einem im Vergleich zu **Harnstoff** ($pK_b = 13{,}82$) besonders energiearmen, mesomeriestabilisierten Zustand [vgl. **MC-Fragen Nr. 29, 1143, 1146, 1301, 1620, 1627–1632, 1707**].

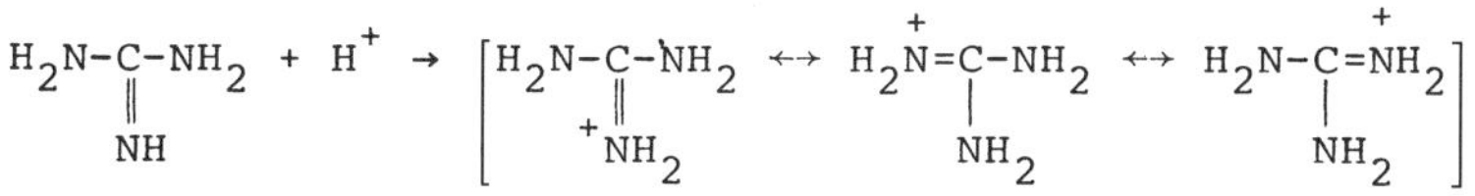

```
                                            +                    +
H2N-C-NH2  +  H+  →  [H2N-C-NH2   ←→   H2N=C-NH2   ←→   H2N-C=NH2]
    ‖                     ‖                |                 |
    NH                   +NH2              NH2               NH2
```

Eine ähnliche Situation ist bei *Amidinen* anzutreffen. Allerdings ist bei Amidinen die Stabilisierung des korrespondierenden Kations durch Ladungsdelokalisierung nicht so stark ausgeprägt wie im Guanidinumion. Trotzdem zählen Substanzen wie

Acetamidin ($pK_b = 1{,}6$) oder **Benzamidin** ($pK_b = 2{,}6$) zu den starken Basen [vgl. **MC-Frage Nr. 1162**].

$$CH_3-\underset{\underset{\underline{N}H}{\|}}{C}-\overline{N}H_2 + H^+ \rightarrow \left[CH_3-\underset{\underset{^+NH_2}{\|}}{C}-\overline{N}H_2 \leftrightarrow CH_3-\underset{\underset{\underline{N}H_2}{|}}{C}=\overset{+}{N}H_2\right]$$

3.19.6 Basizität stickstoffhaltiger Heterocyclen

▫Tab. 3.97 informiert über die Basenexponenten einiger Heteroaromaten und ihrer Derivate [vgl. **MC-Fragen Nr. 1619, 1622**].

Die relative geringe Basizität von π-elektronenarmen Heteroaromaten wie **Pyridin** ($pK_b = 8{,}77$) oder **Chinolin** ($pK_b = 9{,}06$) im Vergleich zu cycloaliphatischen Aminen wie *Piperidin* ($pK_b = 2{,}88$) beruht auf der *sp²-Hybridisierung* des Ringstickstoffatoms, wodurch dessen Elektronegativität erhöht und seine Protonenaffinität erniedrigt wird [vgl. **MC-Fragen Nr. 1388, 1389, 1625, 1627–1629, 1631, 1632, 1789**].

+ H⁺ / − H⁺

Pyridin ⇌ Pyridiniumion | Chinolin ⇌ Chinoliniumion

Der obige Befund ist typisch für alle stickstoffhaltigen Basen, deren N-Atom an einer Mehrfachbindung beteiligt ist. Als Ursache kann angesehen werden, dass der *s-Charakter des Orbitals*, in dem sich das freie Elektronenpaar befindet, in der Reihe $sp^3 < sp^2 < sp$ zunimmt, sodass das freie Elektronenpaar in dieser Richtung stärker zum Stickstoff hingezogen und fester an ihn gebunden wird. Sie gehen dadurch weniger leicht eine Bindung zu einem Proton ein. Dies ist gleichbedeutend mit einer Basizitätsabnahme in der Reihe sp^3- > sp^2- > sp-hybridisierter N-Atome, und erklärt auch,

▫ **Tab. 3.97 pK_b-Werte heteroaromatischer Basen**

Heteroaromat	pK_b	Heteroaromat	pK_b
Pyrrol	13,60	Adenin	9,80
Imidazol	7,05	Pteridin	9,95
Pyrazol	11,50	Pyridin	8,77
Thiazol	11,56	2-Methylpyridin	8,06
Chinolin	9,06	3-Methylpyridin	8,37
Isochinolin	8,58	4-Methylpyridin	7,97
Acridin	8,57	2-Aminopyridin	7,29
Pyrazin	13,60	3-Aminopyridin	7,97
Pyrimidin	12,87	4-Aminopyridin	4,89
Pyridazin	11,71	4-Chlorpyridin	10,11
Cytosin	9,70	4-Brompyridin	10,25

warum z. B. *Azomethine* [R-N=CH-R'] im Vergleich zu primären Aminen [$R-NH_2$], aus denen sie gebildet werden, erheblich schwächere Basen darstellen.

Basizität	—— abnehmend ——>		
Bindungstyp	-N̄- (mit Bindung nach unten)	> =N̄-	> ≡N̄
Orbitalcharakter des freien Elektronenpaars	sp^3	sp^2	sp

Beim **Pyrrol** ist das nicht-bindende Elektronenpaar des N-Atoms an der Ausbildung eines delokalisierten π-Elektronensextetts beteiligt. Eine Protonenanlagerung hätte eine Aufhebung des aromatischen Charakters zur Folge. Pyrrol ist deshalb eine extrem schwache Base und wird unter forcierten Bedingungen von Mineralsäuren an Position C-2 und nicht am Ringstickstoff protoniert. Gegenüber starken Basen wirkt Pyrrol als Säure (NH-acide Verbindung) [vgl. **MC-Fragen Nr. 1373, 1375, 1376, 1383**].

Pyrrol

+H⁺

forcierte Bedingungen

weitere mesomere Grenzstrukturen

starke Base

Na⊕

Imidazol, das eine cyclische Amidin-Struktur besitzt, ist eine stärkere Base (pK_b = 7,05) als Pyrrol (pK_b = 13,60), weil die Addition eines Protons am stärker basischen **N-3** stattfindet und hierdurch ein hoch symmetrisches, mesomeriestabilisiertes Kation entsteht. Wie Pyrrol besitzt Imidazol aufgrund seiner N-H-Bindung auch eine schwache NH-Acidität und kann z. B. mit Kaliumhydrid (K^+H^-) in THF deprotoniert werden [vgl. **MC-Fragen Nr. 1322, 1386, 1631**].

+H⁺

Imidazol Imidazoliumion

Sind die beiden N-Atome in *Azolen* unmittelbar benachbart wie im **Pyrazol** (pK_b = 11,5) oder werden wie im **1,2,4-Triazol** noch weitere N-Atome in das Ringgerüst eingebaut, so ist trotz ähnlich günstiger Mesomeriebedingungen die Basizität beträchtlich vermindert, weil nun offenbar der –I-Effekt des zusätzlichen Stickstoffatoms stärker zur Geltung kommt.

Pyrazol ; Triazol

Aminosubstituierte Heterocyclen: Die Mesomeriestabilisierung der korrespondierenden Säure ist für die hohe Basizität mancher Amino-substituierter Heteroaromaten verantwortlich. So ist z. B. die Basizität von **4-Aminopyridin** (pK_b = 4,89) fast so groß wie von aliphatischen Aminen, obwohl **3-Aminopyridin** (pK_b = 7,97) kaum basischer als *Pyridin* (pK_b = 8,77) ist.

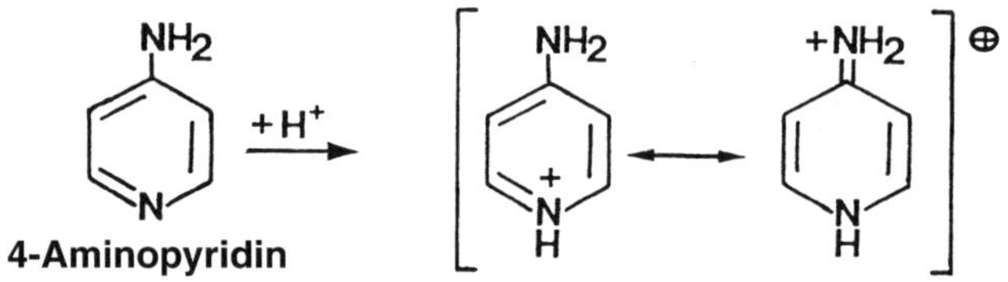

4-Aminopyridin $\xrightarrow{+H^+}$ [...]$^{\oplus}$

Während für das Kation des 3-Aminopyridins eine Resonanzstabilisierung *nicht* möglich ist, entsteht beim 4-Aminopyridin durch Addition eines Protons ein mesomeriestabilisiertes Kation. Aus dem gleichen Grund zeigen alle Amino-substituierten Derivate stickstoffhaltiger Heteroaromaten dann eine relativ hohe Basizität, wenn sich die Aminogruppe in einer mesomeriefähigen Position – also in *ortho-* oder *para-*Stellung – zum Ringstickstoff befindet. In diesen Fällen können die betreffenden Substanzen als *cyclische (vinyloge) Amidine* aufgefasst werden (siehe ▸Kap. 3.1.9.4).

Anhang

Verzeichnis der Wortabkürzungen

Abb. = Abbildung
Abh. = Abhängigkeit
abh. = abhängig
Abk. = Abkürzung
abs(ol). = absolut
Add. = Addition
äquiv. = äquivalent
aliph. = aliphatisch
alk(al). = alkalisch
alkohol. = alkoholisch
allg. = allgemein
ammon. = ammoniakalisch
anal. = analytisch
Anm. = Anmerkung
anorg. = anorganisch
AO = Atomorbital
arith. = arithmetisch
arom. = aromatisch
asym(m). = asymmetrisch
Atm.(atm) = Atmosphäre
ATP = Adenosintriphosphat
Ausb. = Ausbeute

bas. = basisch
ber. = berechnet
bes. = besonders
Best. = Bestimmung
bez. = bezeichnet
Bldg. = Bildung
bzgl. = bezüglich
bzw. = beziehungsweise
Bsp. = Beispiel
BuLi = Butyllithium

C. A. = Chemical Abstracts
ca. = circa
chem. = chemisch
CIP = Cahn-Ingold-Prelog
CK = Carbonylkomponente
conc. = konzentriert
const. = konstant

Darst. = Darstellung
DCCI = Dicyclohexylcarbodiimid
DDT = 1,1,1-Trichlor-2,2-bis (*p*-chlorphenyl)-ethan
Dest. = Destillation
dest. = destilliert
d. h. = das heißt
DIBAH = Diisobutylaluminium hydrid
Diss. = Dissoziation
diss. = dissoziiert
disubst. = disubstituiert
DMF = Dimethylformamid
DMSO = Dimethylsulfoxid
DNF = 2,4-Dinitrofluorbenzen
DNP = 2,4-Dinitrophenylhydrazin
DNS = Desoxyribonucleinsäure

ee = Enantiomerenüberschuss (enantiomeric excess)
eff. = effektiv
Eig. = Eigenschaft
Einfl. = Einfluss
Einw. = Einwirkung
elektr. = elektrisch
EN = Elektronegativität
ESR = Elektronenspinresonanz
ethanol. = ethanolisch
exp. = experimentell

FC = Friedel-Crafts
FCKW = Fluorchlorkohlenwasserstoff
fl(üss). = flüssig
Flüss. = Flüssigkeit
frakt. = fraktioniert

gasf. = gasförmig
gef. = gefunden
gem. = geminal
gesätt. = gesättigt
Gew. = Gewicht
ggf. = gegebenenfalls

Ggs. = Gegensatz
Ggw. = Gegenwart
GK = Gegenstandskatalog
Gl. = Gleichung

Herst. = Herstellung
heteroarom. = heteroaromatisch
HMO = Hückel-Molekülorbital
HMPT = Hexamethylphosphorsäuretriamid
HOBt = 1-Hydroxybenzotriazol

IEP = Isoelektrischer Punkt
irr. = irreversibel
IUPAC = International Union of Pure and Applied Chemistry

Kap. = Kapitel
Kat. = Katalysator
kat. = katalysiert
konj. = konjugiert
Konz. = Konzentration
konz. = konzentriert
korr. = korrespondierend
krist. = kristallisiert
KW = Kohlenwasserstoff

LDA = Lithiumdiisopropylamid
lösl. = löslich
Lsg. = Lösung
Lsgm. = Lösungsmittel

magn. = magnetisch
max. = maximal
med. = medizinisch
metall. = metallisch
MK = Methylenkomponente
MO = Molekülorbital
monosubst. = monosubstituiert
MWG = Massenwirkungsgesetz

nasc. = nascierend(er)
NBS = *N*-Bromsuccinimid
NCS = *N*-Chlorsuccinimid
neg. = negativ(e)
NMR = Kernmagnetische Resonanz

o. = oben, obig
o.a. = oben angeführt
od. = oder
org. = organisch
Ox. = Oxidation
ox. = oxidiert
OZ = Ordnungszahl

PEG = Polyethylenglykol
PET = Polyethylenglycolterephthalat
pharm. = pharmazeutisch
photochem. = photochemisch
phys. = physikalisch
pos. = positiv
präp. = präparativ
prim. = primär
PSE = Periodensystem der Elemente
PTFE = Polytetrafluorethylen
PVC = Polyvinylchlorid
PVP = Polyvinylpyrrolidon

qual. = qualitativ
quant. = quantitativ
quart. = quartär

rac. = racemisch
RaNi = Raney-Nickel
Red. = Reduktion
red. = reduziert
rel. = relativ
rev. = reversibel
RG = Reaktionsgeschwindigkeit

S. = Seite
s. = siehe
s.a. = siehe auch
Schmp. = Schmelzpunkt
Sdp. = Siedepunkt
sek. = sekundär

spez. = spezifisch
s.o. = siehe oben
sog. = so genannt
solv. = solvatisiert
s.u. = siehe unten
subst. = substituiert
swl. = schwer löslich
sym(m). = symmetrisch
syst. = systematisch(er)

Tab. = Tabelle
techn. = technisch
Temp. = Temperatur
tempabh. = temperaturabhängig
tert. = tertiär
tetrasubst. = tetrasubstituiert
THF = Tetrahydrofuran
TM = trade mark (Handelsname)
TNT = Trinitrotoluen

u. a. = unten angeführt unter anderem
u. a. m. = und andere mehr
unabh. = unabhängig
Uml. = Umlagerung
ungesätt. = ungesättigt
unsubst. = unsubstituiert
usw. = und so weiter
u.U. = unter Umständen
VB = Valenzbindung
Verd. = Verdünnung
verd. = verdünnt
Verf. = Verfahren
Vers. = Versuch
versch. = verschieden
vgl. = vergleiche
vic. = vicinal
Vol. = Volumen

wässr. = wässrig

z. B. = zum Beispiel
Zers. = Zersetzung
z.T. = zum Teil
z.Z. = zur Zeit

Verzeichnis der Zeichen und Symbole

\+ = positive Ladung
– = negative Ladung, freies Elektronenpaar
(+) = rechtsdrehend
(–) = linksdrehend
% = Prozent
[ ] = Zeichen für Konzentration
Zeichen für komplexes Ion
Kennzeichnung der Dimension
Instabiles Zwischenprodukt
Δ = Reaktions..., Differenz
Zeichen für Erhitzen, Hitze
→ = Zeichen für eine einseitig verlaufende Reaktion
⇌ = Zeichen für eine umkehrbare Reaktion
↔ = Mesomeriepfeil
(I), (II),... = Zeichen für die Wertigkeit
einwertig, zweiwertig...

A = Addition
a = axial, antarafacial
A_E = Elektrophile Addition
A_N = Nucleophile Addition
A_R = Radikalische Addition
Å = Ångstroem (10^{-8} cm)
ab = antibindend
Ac = Acetyl-Rest
Ac_2O = Acetanhydrid
Alk = Alkyl-Rest
Ar = Aryl-Rest, Elementsymbol Argon
at(atm) = Atmosphäre

b = bindend
B = allg. Symbol für Base, Elementsymbol Bor
BH^+ = korr. Säure zur Base B

C = Elementsymbol Kohlenstoff
°C = Grad Celsius
C-2 = C-Atom, nummeriert (z. B. Kohlenstoffatom 2 der Glucose)
5-C = Anzahl der C-Atome (fünf C-Atome)
Ch = Chinon
ChH_2 = Hydrochinon
cm = Zentimeter

D = Dexter (Konfigurationsbezeichnung)
Debye (Einheit des Dipolmomentes)

E	= Eliminierung, Potential, Energie Entgegen (E-Z-System), Elektrophil
E^+	= Elektrophil
E_A	= Aktivierungsenergie (-enthalpie)
E1	= Monomolekulare Eliminierung
E2	= Bimolekulare Eliminierung
$E1_{CB}$	= Monomolekulare Eliminierung über konjugate Base
e	= äquatorial
e^-	= Elektron, negative Elementarladung
EA	= Elektronenaffinität
EN	= Elektronegativität
Et	= Ethyl-Rest
Et_3N	= Triethylamin
EtO^-	= Ethylat (Ethanolat)
Et_2O	= Diethylether
EtOH	= Ethanol
f	= partieller Geschwindigkeitsfaktor, Aktivitätskoeffizient
Fp	= Schmelzpunkt
g	= Gramm
ΔG	= Freie Reaktionsenthalpie
ΔH	= Reaktionsenthalpie, -wärme, Wärmetönung einer Reaktion
H	= Elementsymbol Wasserstoff, Enthalpie
Hal^-	= Halogenidion
HA	= allg. Symbol für Säure
HAm	= Ameisensäure
HHal	= Halogenwasserstoffsäure
HOAc	= Essigsäure
HX	= Säure, bes. Halogenwasserstoffsäure
I	= Inversion, Induktiver Effekt
IE	= Ionisierungsenergie (-potential)
IR	= Infraroter Spektralbereich
k	= Geschwindigkeitskonstante
K	= Kelvin, Gleichgewichtskonstante Elementsymbol Kalium
kbar	= Kilobar
kcal	= Kilokalorie
kJ	= Kilojoule
Kp	= Siedepunkt
l	= Länge, Abstand, Strecke
L	= Laevis (Konfigurationsbezeichnung)
lg(log)	= dekadischer Logarithmus

ln	= natürlicher Logarithmus
m	= meta
M	= Mesomerer Effekt
Me	= Metallatom, Methylgruppe
Me^+	= einwertiges Metallion, bes. Alkaliion
MeO^-	= Methylat (Methanolat)
MeOH	= Alkalihydroxid, Methanol
mol^{-1}	= pro Mol Substrat
n	= normal, geradkettig
N	= Elementsymbol Stickstoff, Nucleophil
NaOAc	= Natriumacetat
nm	= Nanometer (10^{-7} cm)
Nu	= Nucleophil
o	= ortho
O	= Elementsymbol Sauerstoff
p	= para
P	= Elementsymbol Phosphor
Ph	= Phenyl-Rest
pH	= Wasserstoffionenexponent
pI	= isoelektrischer pH-Wert
$pK_{s(a)}$	= Säureexponent
pK_b	= Basenexponent
pm	= Pikometer
R	= Radikalisch..., Organischer Rest über C gebunden, Retention, Rectus (Konfigurationsbezeichnung)
RO^-	= Alkoholat (Alkanolat)
ROH	= Alkohol (Alkanol)
S	= Elementsymbol Schwefel, Substitution Sinister (Konfigurationsbezeichnung)
s	= suprafacial, single
S_N	= Nucleophile Substitution
S_N1	= Monomolekulare nucleophile Substitution
S_N2	= Bimolekulare nucleophile Substitution
S_N2t	= Bimolekulare nucleophile Substitution über ein tetragonales Zwischenprodukt
S_Ni	= innere nucleophile Substitution
S_E	= Elektrophile Substitution
S_E1	= Monomolekulare elektrophile Substitution
S_E2	= Bimolekulare elektrophile Substitution
S_EAr	= Elektrophile Substitution am Aromaten

S_NAr = Nucleophile Substitution am Aromaten
S_R = Radikalische Substitution
sp^x = Hybridisierungsgrad

t = Temperatur in Grad Celsius, Zeit
T = Temperatur in Kelvin
Ts = Tosyl-Rest (Toluensulfonat-Rest)
TsOH = Toluensulfonsäure

UV = Ultravioletter Spektralbereich

VIS = Sichtbarer Spektralbereich

X^- = allg. Symbol für Nucleophil, bes. Halogenid
X^+, Y^+ = allg. Symbol für Elektrophil

Z = Zusammen (E/Z-System)

Sachregister

B

C

D

F

I

J

K

L

M

O

Q

R

W

Der Autor

Prof. Dr. Eberhard Ehlers

Studium der Chemie in Frankfurt/Main, 1970 Diplomarbeit in Organischer Chemie, 1974 Promotion in Pharmazeutischer Chemie. 1976 Lehrauftrag für Pharmazeutische Chemie an der Universität Frankfurt/Main, 1987 Habilitation und Venia legendi im Fach Pharmazeutische Chemie ebendort. 1975 bis 2006 Tätigkeiten in Forschung und Management in der Pharmazeutischen Industrie.

Autor mehrer Kurzlehrbücher für Qualitative und Quantitative Analytik sowie Anorganische und Organische Chemie beim Deutschen Apotheker Verlag, Stuttgart.